DER NEUE KOSMOS WELT— ALMANACH & ATLAS 2021

DATEN | FAKTEN | KARTEN

DER NEUE KOSMOS

WELT-ALMANACH & ATLAS 2021

DATEN | FAKTEN | KARTEN

KOSMOS

Aus Gründen der besseren Lesbarkeit wird auf die gleichzeitige Verwendung männlicher und weiblicher Sprachformen verzichtet.
Sämtliche Personenbezeichnungen gelten gleichwohl für beiderlei Geschlecht.

VORWORT

Die Welt entdecken, die Welt erleben, die Welt verstehen, dieser Dreiklang treibt uns Menschen seit jeher dazu an, unsere Kenntnisse über die höchst unterschiedlichen Länder dieser Erde und unseren Horizont ständig zu erweitern. Gerade das Wissen um das Erscheinungsbild der Welt mittels Daten, Fakten und Karten trägt dazu bei, die heutige Zeit und unsere sich kontinuierlich verändernden Lebensumstände besser zu begreifen. Um einen wissenschaftlich fundierten, aber leicht verständlichen Blick über den Tellerrand zu ermöglichen, haben wir den neuen **KOSMOS Welt- Almanach & Atlas** von Grund auf neu erarbeitet und mit den aktuellsten Inhalten ausgestattet.

Wir tragen in diesem Werk der Globalisierung Rechnung indem wir, ungeachtet ihrer Größe, ihrer Lage oder ihrer politischen Bedeutung über sämtliche Staaten und Länder der Erde informieren und Einflüsse und Zusammenhänge aufzeigen.

Nach den *GLOBALEN THEMEN* folgt der zentrale Kern- und Ausgangspunkt des Werks, die *STAATEN IM FOKUS*, die neben den aktuellsten verfügbaren Statistikdaten auch jeden der 196 Staaten mit einem Rückblick über die politischen, wirtschaftlichen und sozialen Ereignisse, von Mitte 2019 bis Mitte des aktuellen Jahres, umfassend und ausführlich darstellen. Mit den Kapiteln *EUROPÄISCHE UNION, VEREINTE NATIONEN und INTERNATIONALE ORGANISATIONEN* sowie den Kapiteln *WIRTSCHAFT* und *UMWELT* erweitern wir den Blick auf das große Ganze, das unsere Welt und unser Leben bestimmt.

Dieser ausführliche Thementeil bietet, zusammen mit den *GLOBALEN THEMEN,* relevantes Wissen und macht unsere komplexe Welt verständlicher. Ein *GLOSSAR* hilft bei zahlreichen Begriffen und Abkürzungen.

Ein besonderes Highlight ist der vollständige *WELTATLAS,* der präzise Kartografie und fundierte geografische Informationen perfekt vereint. Alle Kartenskizzen im *ALMANACH* besitzen einen Verweis auf die entsprechende Seite im *WELTATLAS,* der beste Orientierung bietet.

Der neue **KOSMOS Welt- Almanach & Atlas** ist das perfekte Nachschlagewerk für alle politisch, wirtschaftlich und an ihrer Umwelt Interessierten. Handlich, leicht und im besten Sinne preiswert sollte der neue **KOSMOS Welt-Almanach & Atlas** in der Schule, im Studium, im Beruf oder auf Reisen immer dabei sein.

Die KOSMOS-Kartografie — Stuttgart, im Juli 2020

INHALTSVERZEICHNIS

Weltatlas

Pandemien

Ob Pest, Pocken oder Typhus: Epidemien haben schon immer große Ängste ausgelöst – und ihre Folgen waren oft verheerend. Wie etwa im Fall der Pest, der im 14. Jahrhundert ein Drittel der europäischen Bevölkerung zum Opfer fiel. Trotz medizinischem Fortschritt und hygienischen Verbesserungen sind Epidemien auch heute nicht aus der Welt zu schaffen. **Artensterben, Massentierhaltung und Klimawandel** erhöhen das Risiko, dass Viren von Tieren auf den Menschen überspringen – eine häufige Ursache von Epidemien. Durch die **Globalisierung** und die damit verbundene internationale Mobilität haben es Epidemien sogar vielfach leichter, zu Pandemien – also weltumspannenden Infektionskrankheiten – zu werden. So ist Covid-19 in diesem Jahrhundert bereits die fünfte Pandemie. Andere wie SARS 2003 grassierten nur kurze Zeit und verschwanden dann wieder, waren wie im Fall von MERS weniger ansteckend als befürchtet oder wurden in ihrer Gefährlichkeit überschätzt wie die sog. „Schweinegrippe". Aber noch immer stirbt jedes Jahr etwa eine dreiviertel Million Menschen an HIV/AIDS, auch die Cholera fordert weiterhin zahlreiche Todesopfer.

SARS-CoV (Severe acute respiratory syndrome) 2002/2003

Ursprung: Nicht restlos geklärt. Entweder Mutation eines bereits unter Menschen grassierenden harmlosen Coronavirus zu einer aggressiven Variante oder durch Überspringen von einem tierischen auf einen menschlichen Wirt.
Symptome: Fieber, Kopf- und Gliederschmerzen, Husten, häufig Lungenentzündung, in einigen Fällen Durchfall
Inkubationszeit: 2-7 Tage
Letalität: 9.6 %
Behandlung: Keine spezielle Therapie verfügbar. Eingesetzt wurden das Hepatitis-Medikament Ribavirin sowie verschiedene Antibiotika.
Impfstoff: Keiner
Status: Seit 2004 keine Fälle mehr

Am 11.2.2003 meldet China der Weltgesundheitsorganisation WHO 300 Fälle einer bis dahin unbekannten Form von Lungenentzündung, die seit November 2002 in der Provinz Guangdong aufgetreten sind. 5 Menschen sind bereits daran gestorben. Es wird die erste Pandemie des neuen Jahrtausends und gleichzeitig das erste Auftreten des Coronavirus vom Typ SARS-CoV. „Patient Null" ist ausgerechnet ein Lungenfacharzt, Liu Jianlun aus Guangzhou, der sich bei der Behandlung Erkrankter infiziert hat und auf den letztlich etwa 4 000 SARS-Fälle zurückgehen. Am 21.2.2003 reist der Arzt zu einer Hochzeitsfeier nach Hongkong. Er bekommt Fieber und Husten und wird in ein Hongkonger Krankenhaus eingeliefert, wo er am 4. März stirbt. Vorher steckt er noch etwa ein Dutzend Menschen an – Pflegekräfte im Krankenhaus, aber auch andere Gäste in seinem Hotel. Sie bringen das Virus unwissentlich in ihre Heimatländer: nach Kanada, Singapur, Taiwan, Vietnam und von dort in weitere asiatische Länder und nach Europa.
Nach Deutschland kommt SARS am 15.3.2003, als ein Flugzeug mit einem wahrscheinlich infizierten Arzt aus Singapur in Frankfurt zwischenlandet. Der Betroffene selbst hat die Behörden über seinen Verdacht informiert. Die schicken die deutschen Passagiere in Quarantäne und informieren die Gesundheitsbehörden der Zielländer der Weiterreisenden. Der Arzt aus Singapur wird isoliert und in ein Krankenhaus gebracht. Die Ärzte vermuten anfangs ein Influenzavirus hinter der Erkrankung. Doch fast zeitgleich entdecken US-Forscher und Wissenschaftler des Hamburger Bernhard-Nocht-Instituts Ende März, dass die Krankheit von einem Coronavirus verursacht wird. Deutschland kommt mit 9 SARS-Fällen glimpflich davon, während zwischen November 2002 und Juli 2003 8 096 Menschen in etwa 25 Ländern erkranken, die meisten davon in China. 774 sterben an der Krankheit, bevor sie im Sommer 2003 abebbt. Am 19.5.2004 erklärt die WHO die SARS-Pandemie für überwunden. Seitdem sind keine neuen Fälle mehr aufgetreten.

MERS-CoV (Middle East respiratory syndrome-related coronavirus) seit 2012

Ursprung: Nicht restlos geklärt. MERS ist eng verwandt mit einem bei Fledermäusen vorkommenden Coronavirus.
Symptome: Fieber, Husten, Atemnot, häufig Lungenentzündung, gelegentlich Durchfall
Inkubationszeit: 1-2 Wochen
Behandlung: Zielt v. a. auf Linderung der Symptome ab, da keine spezielle Therapie verfügbar
Impfstoff: Wird erforscht
Letalität: 34.3 %

Unter den bisher aufgetretenen Coronaviren ist MERS das gefährlichste. Erstmals tritt MERS-CoV im Frühjahr 2012 als schwere Atemwegserkrankung auf der arabischen Halbinsel auf. Als Erreger wird ein Coronavirus identifiziert, dessen Genomsequenz sich allerdings deutlich von SARS-CoV unterscheidet. Als Hauptüberträger gelten Dromedare, von Mensch zu Mensch überträgt sich MERS dagegen nur bei engem Kontakt. Deshalb verbreitet sich die Krankheit zunächst auch nur langsam. Bis Ende Mai

2013 sind der WHO lediglich 50 Fälle bekannt, von denen allerdings 30 tödlich endeten.
Bis zum Januar 2020 ist die Zahl der an MERS Erkrankten auf 2 519 gestiegen, 866 Patienten starben. Obwohl inzwischen 27 Länder der WHO MERS-Infektionen gemeldet haben, bleibt Saudi-Arabien mit 80 % der Fälle Schwerpunkt der Pandemie. Lediglich in Südkorea kommt es 2015 zu einem größeren Ausbruch, nachdem ein aus Saudi-Arabien zurückgekehrter Infizierter in mehreren Krankenhäusern Ärzte, Pflegepersonal und Mitpatienten ansteckte. Zuletzt wurden im April und Mai 2020 9 neue Fälle aus Saudi-Arabien gemeldet, 5 davon mit tödlichem Ausgang.

HIV/AIDS

Beschreibung: Das Human Immunodeficiency Virus (HIV) greift das körpereigene Immunsystem an, speziell die CD4-Zellen in den weißen Blutkörperchen.
Symptome: Anfangs meist symptomlos, dann geschwollene Lymphknoten, Durchfall, Gewichtsverlust, später Anfälligkeit für seltene Infektionskrankheiten und Krebsarten
Behandlung: Nicht heilbar, aber antiretrovirale Therapie reduziert die Virenlast im Körper und das Übertragungsrisiko.

1981 häufen sich Berichte von US-amerikanischen Ärzten über lebensbedrohliche Lungenentzündungen und seltene Krebserkrankungen bei jungen, zuvor gesunden Männern. Viele sterben, ohne dass ihnen die Ärzte helfen können. Erst 1983 gelingt es, das Virus zu isolieren. Es ist der **Beginn der schwersten Pandemie** unserer Zeit, die mit bisher 36 Mio. möglicherweise sogar mehr Todesopfer gefordert hat als die Spanische Grippe 1918/19 und die die Entwicklung Subsahara-Afrikas nachhaltig beeinträchtigt hat. Doch auch wenn HIV/AIDS 1981 vom US Center for Desease Control als neue Krankheit eingestuft wurde, weiß man inzwischen, dass HIV sehr viel älter ist. Vermutlich ist das Virus bereits Anfang des 20. Jahrhunderts in Zentralafrika von Affen auf den Menschen übergesprungen. Der älteste gesicherte Nachweis einer HIV-Infektion stammt aus der Probe eines afrikanischen Patienten von 1959. Von Afrika ausgehend breitet sich HIV über die ganze Welt aus, erreicht ab den 1960er-Jahren über Haiti die USA und dann Europa. Der erste dokumentierte AIDS-Fall in Deutschland stammt aus dem Jahr 1978, wie man nachträglich an der Blutprobe eines Verstorbenen feststellte. Ihren Höhepunkt erreicht die Pandemie Mitte der 1990er-Jahre, als sich jedes Jahr fast 3 Mio. Menschen auf der Welt mit dem HI-Virus infizieren – etwa zwei Drittel davon in Subsahara-Afrika. Bis heute ist das südliche Afrika das Epizentrum der AIDS-Pandemie: Nach Schätzung der UN sind etwa in Eswatini 27.3 % der 15-49-Jährigen infiziert, in Lesotho 23.6 % und in Südafrika und Botswana jeweils etwas mehr als 20 %. Innerhalb Europas sind vor allem die Ukraine mit etwa 1 % Infizierten unter den 15-49-Jährigen betroffen – und Russland, wo geschätzt 1,5 Mio. Menschen HIV in sich tragen. Insgesamt jedoch geht durch Aufklärungskampagnen die Zahl der Neuinfektionen in vielen Ländern zurück. Auch leben dank antiretroviraler Therapie, zu der inzwischen weltweit 24.5 Mio. Infizierte Zugang haben, viele Menschen länger mit einer HIV-Infektion. Nach den jüngsten vorliegenden Zahlen der WHO waren 2018 37.9 Mio. Menschen weltweit mit HIV infiziert, darunter 1.7 Mio. Neuinfizierte, 770 000 starben.

Influenza (A) H1N1 2009 („Schweinegrippe")

Erreger: Influenzavirus, das aus einer neuen Kombination von Genen besteht, die bei Schweinen, Vögeln und Menschen Influenza auslösen.
Symptome: Fieber, Husten, Gliederschmerzen, manchmal Durchfall und Erbrechen
Inkubationszeit: 1-4 Tage
Letalität: Unklar, da Fallzahl nicht bekannt, geschätzt 0.4 %
Behandlung: Influenzamittel wie Tamiflu

Im März 2009 werden die mexikanischen Gesundheitsbehörden auf eine ungewöhnliche Häufung von Grippefällen unter jüngeren Menschen aufmerksam. Auch in den USA erkranken zwei Kinder an einer Grippe, die aber nicht durch eines der bekannten Viren ausgelöst wurde. Die US-Gesundheitsbehörde stellt fest, dass der Erreger einem H1N1-Virus ähnelt, das seit einiger Zeit unter Schweinen zirkuliert. Bis Mitte Mai meldet die WHO bereits 10 243 Krankheitsfälle aus 41 Ländern, der größte Teil der Erkrankten stammt aus den USA und aus Mexiko. 90 Menschen waren bis dahin an der neuen Krankheit gestorben. Am 11. Juni, als die WHO den Pandemiefall ausruft, sind 30 000 laborbestätigte Fälle aus 74 Ländern bekannt, davon 144 mit tödlichem Ausgang.
Nachdem festgestellt wird, dass die herkömmliche Grippeimpfung bei Influenza A (H1N1) 2009 nicht anschlägt, arbeiten verschiedene Pharmakonzerne fieberhaft an einem Impfstoff, der ab Herbst 2009 zur Verfügung steht. In Deutschland allerdings folgen nur etwa 8 % dem Aufruf der Bundesregierung, sich impfen zu lassen. Zum einen weil inzwischen bekannt ist, dass die neue Krankheit in den allermeisten Fällen einen harmlosen Verlauf nimmt. Zum anderen weil das Impfmittel wegen möglicher Nebenwirkungen in die Diskussion geraten ist. Selbst unter Fachleuten ist die Impfung umstritten. Ohnehin nehmen die Krankheitsfälle ab Mitte November deutlich ab.
Am 10.8.2010 erklärt die WHO die Schweinegrippe für nicht länger pandemisch. Wie viele Menschen

an der Krankheit gestorben sind, ist unklar: 18 500 Todesfälle waren laborbestätigt, die tatsächliche Zahl der Toten liegt nach Schätzungen um ein Vielfaches höher, zwischen 150 000 und 500 000. Für Deutschland geht das Robert-Koch-Institut aufgrund einer nachträglichen Analyse von 226 183 Fällen insgesamt und 256 Toten aus. Die damalige Direktorin des Grippeprogramms der WHO schätzt, ein Drittel der Weltbevölkerung dürfte inzwischen gegen die Schweinegrippe immun sein, weil sie infiziert waren – die meisten, ohne es zu merken.

Cholera

Beschreibung: Bakterielle Infektionskrankheit, die vor allem den Dünndarm befällt.
Erreger: Vibrio Cholerae, Subtyp „El Tor"
Symptome: Schwere Durchfälle und Erbrechen, die sehr schnell zu Dehydrierung führen und unbehandelt innerhalb kurzer Zeit zum Tod führen kann. Verläuft häufig symptomlos.
Inkubationszeit: 12 Stunden - 5 Tage
Letalität: 1-5 %, ohne Therapie bis zu 40 %
Impfstoff: Vorhanden

Was für viele klingt wie eine Krankheit des 19. Jahrhunderts, ist in einigen Teilen der Welt gegenwärtig immer noch sehr real. Der WHO zufolge befinden wir uns seit 1961 in der 7. Pandemie. Sie beginnt in Indonesien und wird durch einen Subtyp des Choleraerregers, „El Tor", ausgelöst. Rasch breitet sich die Krankheit über Ost- und Südostasien aus, erreicht 1963 Bangladesch, zwei Jahre später dann Iran, Irak und Bahrain. 1970 tritt sie in der Sowjetunion und in Ost- und Westafrika auf. Über Kenia, Uganda und Angola gelangt sie nach Spanien und Portugal und mit dem Flugzeug 1972 dann auch nach Australien und Neuseeland, wo 43 Fälle gemeldet wurden. 1973 erreicht sie Süditalien, 1974 Nigeria, 1978 die Malediven mit 11 000 Erkrankten. 1991 erfasst die Cholera dann von Peru ausgehend Lateinamerika, von den 390 000 gemeldeten Fällen enden etwa 12 000 tödlich. 2008/2009 sterben in Simbabwe 4 288 Menschen bei fast 100 000 Krankheitsfällen, meldet die WHO am 30.7.2009.
2010 wird Haiti zum Epizentrum der Cholerapandemie. Am 12.1.2010 verwüstet ein schweres Erdbeben große Teil des Karibikstaates. In den provisorischen Zeltstädten nördlich der Hauptstadt Port-au-Prince bricht im Oktober 2010 die Cholera aus und verbreitet sich rasch über das ganze Land. Ende Dezember waren 180 000 Menschen infiziert und knapp 4 000 gestorben. Bis 2018 sind 818 000 Fälle bekannt, davon mehr als 8 000 mit tödlichem Ausgang.
Noch gravierender ist die Cholera-Epidemie, die im September 2016 mitten im Bürgerkrieg im Jemen ausbricht: Allein für den Zeitraum von April 2017 - April 2018 meldet die WHO mehr als 1 Mio. Fälle.

SARS-CoV2 (Covid-19)

Von China ausgehend breitet sich das neuartige Coronavirus ab 2019 über die ganze Welt aus. Es löst schwere Atemwegserkrankungen aus, die bei älteren und vorerkrankten Menschen gehäuft tödlich enden. Im März 2020 ruft die WHO den Pandemiefall aus. Zu diesem Zeitpunkt hat sich das Zentrum der Covid-19-Infektionen von Ostasien nach Europa verschoben. Stark betroffen sind Spanien, Italien und Frankreich, auch Deutschland und die Schweiz weisen hohe Fallzahlen auf. Ende März steigen die Infektionszahlen in den USA rasant an, zunächst in New York und angrenzenden Bundesstaaten, ab Juni vorwiegend in den südlichen Bundesstaaten.
Im Mai weitet sich das Epizentrum der Pandemie nach Lateinamerika aus, wo vor allem in Brasilien die Zahl der Neuinfektionen exponentiell ansteigt.
In Afrika breitet sich das Coronavirus zunächst nur langsam aus, im Juni steigen die Neuinfektionen in Südafrika stark an, auch andere afrikanische Länder sind jetzt stärker betroffen.
Eine spezielle Therapie gegen Covid-19 gibt es Stand Juni 2020 noch nicht, getestet werden der Entzündungshemmer Dexamethason, das Ebola-Medikament Remdesivir, das Malariamittel Chloroquin, auch Medikamente gegen HIV sind im Gespräch. Außerdem sind mehr als 130 Impfstoff-Kandidaten in der Entwicklung, von denen allerdings erst 10 in klinischen Studien an Menschen getestet werden.

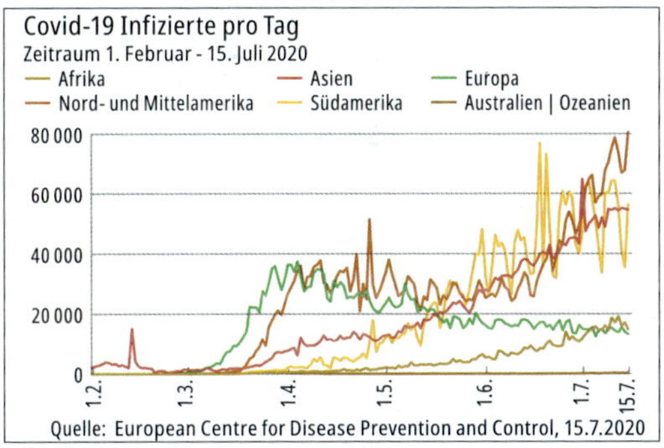

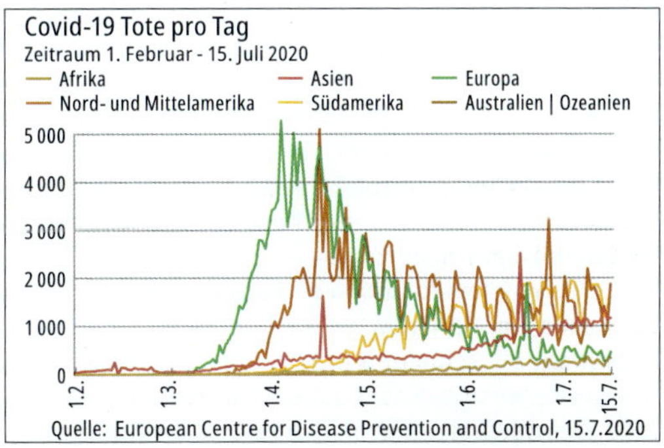

CORONA CHRONOLOGIE

31.12.2019: Der Arzt Li Wenliang berichtet in einer Online-Diskussionsgruppe von Medizinern über mehrere Fälle einer rätselhaften Viruserkrankung in Wuhan.

31.12.2019: China meldet die Krankheitsfälle der WHO.

9.1.2020: China meldet den ersten Todesfall.

11.1.: China veröffentlicht die Gensequenz des Coronavirus.

15.1.: In Thailand wird die erste Coronainfektion außerhalb Chinas registriert.

23.1.: Die Millionenstadt Wuhan wird komplett abgeriegelt.

25.1.: Frankreich meldet erste Infektionsfälle.

27.1.: In Deutschland wird der Mitarbeiter eines Autozulieferers aus Bayern positiv getestet.

29.1.: Verschiedene Airlines, darunter British Airways und die Lufthansa, streichen alle Flüge nach China.

30.1.: Die WHO ruft den globalen Gesundheitsnotstand aus.

11.2.: Die neue Krankheit bekommt den offiziellen Namen Covid-19.

14.2.: In Ägypten wird der erste Infektionsfall auf dem afrikanischen Kontinent gemeldet.

15.2.: Erster Corona-Todesfall in Europa: Ein 80-jähriger Tourist aus China stirbt in Paris. In Japan wird das Kreuzfahrtschiff „Diamond Princess" nach zahlreichen Infektionsfällen unter Quarantäne gestellt

20.2.: Die Zahl der Coronafälle außerhalb Chinas erreicht 1 000.

22.2.: In Italien werden die ersten Corona-Todesopfer gemeldet.

23.2.: In Norditalien werden mehrere Städte abgeriegelt, Schulen und Unternehmen geschlossen und der Karneval in Venedig abgesagt. Österreich stellt den Bahnverkehr nach Italien ein.

26.2.: In Brasilien wird erstmals ein Mensch positiv auf das Coronavirus getestet.

1.3.: New York meldet den ersten Corona-Infektionsfall.

5.3.: In Südafrika werden die ersten Infektionsfälle gemeldet.

8.3.: An der US-Börse erlebt der Dow Jones den größten Kurssturz seit der Finanzkrise 2008.

11.3.: WHO-Generaldirektor Tedros Adhanom Ghebreyesus erklärt Covid-19 zur Pandemie. Ganz Italien wird zur Sperrzone.

13.3.: Die WHO stuft Europa als Epizentrum der Pandemie ein. Dänemark, Polen und die Tschechische Republik schließen ihre Grenzen. Österreich und weitere europäische Länder, darunter Spanien, beschließen weitreichende Einschränkungen des öffentlichen Lebens. US-Präsident Trump ruft den nationalen Notstand aus.

16.3.: Deutschland schließt seine Grenze zu Frankreich, Österreich, Dänemark, Luxemburg und der Schweiz weitgehend.

17.3.: In Frankreich tritt eine landesweite Ausgangssperre in Kraft. Die EU-Staats- und Regierungschefs beschließen ein Einreiseverbot für Nicht-EU-Bürger. Die Fußball-EM 2020 wird verschoben.

18.3.: Der Eurovision Song Contest 2020, der am 16.5. in Rotterdam stattfinden sollte, wird abgesagt. Bundeskanzlerin Angela Merkel wendet sich in einer TV-Ansprache an die Nation und bezeichnet die Coronapandemie als Herausforderung von „historischem Ausmaß". In Portugal billigt das Parlament die Ausrufung des Ausnahmezustands.

19.3.: China meldet erstmals keine lokalen Neuinfektionen mehr. Australien und Neuseeland schließen ihre Grenzen.

21.3.: Die USA schließen die Grenze zu Kanada und Mexiko.

22.3.: Bund und Länder einigen sich auf strenge Ausgangs- und Kontaktbeschränkungen.

23.3.: In Großbritannien werden Ausgangsbeschränkungen verhängt.

24.3.: Die Olympischen Sommerspiele in Tokio werden auf 2021 verschoben. Die Fluggesellschaft Ryan Air kündigt an, für April und Mai sämtliche Flüge zu streichen.

25.3.: Die USA verabschieden das mit 2 Bio. $ größte Konjunkturpaket der jüngeren Geschichte. Der britische Thronfolger Prinz Charles (71) wird positiv auf das Coronavirus getestet.

26.3.: Die Zahl der Coronatoten in den USA übersteigt die 1 000. Papst Franziskus erteilt wegen der Coronakrise einen Sondersegen „Urbi et orbi" auf dem leeren Petersplatz in Rom.

27.3.: In Italien sterben an einem Tag fast 1 000 Menschen an Covid-19.

28.3.: Sri Lanka meldet den ersten Coronatoten.

29.3.: Die Schweizerischen Bundesbahnen (SBB) stellen den Zugverkehr mit Italien ein.

30.3.: Der EU-Rat bewilligt insg. 37 Mrd. € zur Abfederung der Pandemie. Die britische Fluggesellschaft Easyjet stellt bis auf Weiteres den Personenflugverkehr ein.

31.3.: Die brasilianische Regierung erlaubt den Einsatz des Militärs, um in der Coronakrise die öffentliche Ordnung aufrechtzuerhalten.

1.4.: Die UN-Klimakonferenz, die im November in Glasgow stattfinden sollte, wird verschoben.

2.4.: Das US-Arbeitsministerium meldet einen Anstieg der Arbeitslosenzahl im März um 6.6 Millionen.

3.4.: Die Zahl der gemeldeten Coronafälle weltweit übersteigt die 1-Mio.-Marke, etwa 53 000 sind an der Krankheit gestorben.
5.4.: Der britische Premierminister Boris Johnson wird wegen seiner Coronainfektion ins Krankenhaus eingeliefert.
7.4.: Die Ein- und Ausreisebeschränkungen aus Wuhan werden aufgehoben. Japans Ministerpräsident Shinzo Abe ruft den Notstand für Tokio und 6 weitere Provinzen aus.
8.4.: Die Zahl der gemeldeten Coronafälle in Afrika übersteigt 10 000.
9.4.: Die EU-Finanzminister beschließen ein über 500 Mrd. € schweres Hilfspaket für gefährdete Staaten, Unternehmen und Arbeitsplätze.
10.4.: Jemen meldet den ersten Coronafall.
15.4.: In den USA sterben erstmals mehr als 2 000 Coronainfizierte an einem Tag. Die Bill-und-Melinda-Gates-Stiftung spendet 150 Mio. $ für den Kampf gegen die Pandemie.
19.4.: Die Zahl der gemeldeten Coronainfektionen in Europa übersteigt die 1 Mio.
21.4.: Das Münchner Oktoberfest 2020 wird abgesagt.
24.4.: Die EU verlängert ihre Exportbeschränkungen für medizinische Ausrüstung um 30 Tage.
28.4.: Die Zahl der Coronainfizierten in den USA übersteigt 1 Mio. Der IWF gewährt Nigeria Nothilfe in Höhe von 3.4 Mrd. $, v. a. wegen des coronabedingten Verfalls der Ölpreise.
30.4.: Die USA melden 30 Mio. neue Arbeitslose seit März. Der russische Ministerpräsident Michail Mischustin wird positiv auf das Coronavirus getestet.
1.5.: In einigen US-Bundesstaaten werden die Beschränkungen des Alltagslebens gelockert.
4.5.: Viele EU-Staaten beginnen mit einer schrittweisen Lockerung der coronabedingten Beschränkungen. Eine von der EU-Kommission organisierte Geberkonferenz sammelte 7.4 Mrd. € für die Erforschung von Impfstoff und Medikamenten.
6.5.: Polen verschiebt die ursprünglich für den 10.5. anberaumte Präsidentschaftswahl.
9.5.: Die Färöer-Inseln erklären sich für coronafrei.
10.5.: In mehreren Schlachthöfen in Deutschland bricht unter den Mitarbeitern Covid-19 aus.
12.5.: Mit 232 000 gemeldeten Fälle ist Russland das am zweitstärksten von der Coronakrise betroffene Land der Welt.
14.5.: Innerhalb nur eines Tages werden in Brasilien 11 385 neue Coronafälle gemeldet.
19.5.: Südsudans Vizepräsident Riek Machar und mehrere Minister der Übergangsregierung werden positiv getestet.
Kanada verlängert die Grenzschließungen zu den USA bis zum 21. Juni.
21.5.: Die Zahl der weltweit gemeldeten Coronafälle übersteigt 5 Mio.
22.5.: Die WHO erklärt Lateinamerika zum neuen Epizentrum der Pandemie. Brasilien hat mit 330 890 die zweitmeisten gemeldeten Coronainfizierten der Welt.
25.5.: Die WHO setzt Tests mit Hydroxychloroquin aus.
27.5.: Frankreich und Luxemburg verbieten Behandlung von Coronapatienten mit Hydroxychloroquin. Die Zahl der Coronatoten in den USA übersteigt 100 000.
29.5.: Donald Trump beendet Zusammenarbeit der USA mit der WHO.
31.5.: Die Johns-Hopkins-Universität meldet mehr als 6 Mio. Infizierte und etwa 370 000 Tote durch Corona weltweit.
3.6.: Die deutsche Bundesregierung beschließt ein 130 Mrd. € schweres Konjunkturpaket. Die WHO nimmt Tests mit Hydroxychloroquin wieder auf.
4.6.: Frankreich sagt die traditionelle Militärparade am Nationalfeiertag am 14.7. ab. Ein von Großbritannien veranstalteter weltweiter Online-Impfgipfel sammelt 7.8 Mrd. € für die internationale Impf-Allianz Gavi.
5.6.: Die WHO empfiehlt das Tragen von Gesichtsmasken in überfüllten öffentlichen Einrichtungen.
8.6.: Neuseeland erklärt sich für coronafrei.
13.6.: Nach mehreren Dutzend Neuinfektionen werden in Peking mehrere Stadtviertel abgeriegelt. Als erstes deutsches Bundesland hebt Thüringen sämtliche Kontaktbeschränkungen auf.
15.6.: Die US-Arzneimittelbehörde FDA entzieht Hydroxychloroquin und Chloroquin wegen mangelnder Wirksamkeit die Sonderzulassung zur Behandlung von Covid-19. In zahlreichen US-Bundesstaaten steigt die Zahl der Neuinfektionen in der 2. Junihälfte rapide an. 14 Staaten nahmen daraufhin Lockerungen zurück.
16.6.: In Deutschland startet die Corona-Warn-App.
17.6.: Am 17.6. stoppt die WHO erneut klinische Tests mit Hydroxychloroquin.
20.6.: Nach 14 Wochen endet in Spanien der Corona-Notstand.
23.6.: Nach einem Massenausbruch von Covid-19 unter den Beschäftigten der Fleischfabrik Tönnies mit mehr als 1 500 Infizierten verhängen die Behörden einen erneuten Lockdown in den Landkreisen Gütersloh und Warendorf.
28.6.: Die Zahl der Coronainfizierten weltweit übersteigt die 10-Millionen-Marke. Knapp 500 000 Menschen sind gestorben.
30.6.: Der EU-Rat hebt die Einreisebeschränkungen für 15 Nicht-EU-Länder auf.

NORDAMERIKA
ATLANTISCHER OZEAN
PAZIFISCHER OZEAN
OZEANIEN
SÜDAMERIKA
Infizierte:
> 1 Million
500 000 - 1 Million
100 000 - 500 000
50 000 - 100 000
10 000 - 50 000
1 000 - 5 000
< 1 000
Keine Daten oder nachgewiesenen Fälle
Quelle: European Centre for Disease Prevention and Control, 15.7.2020

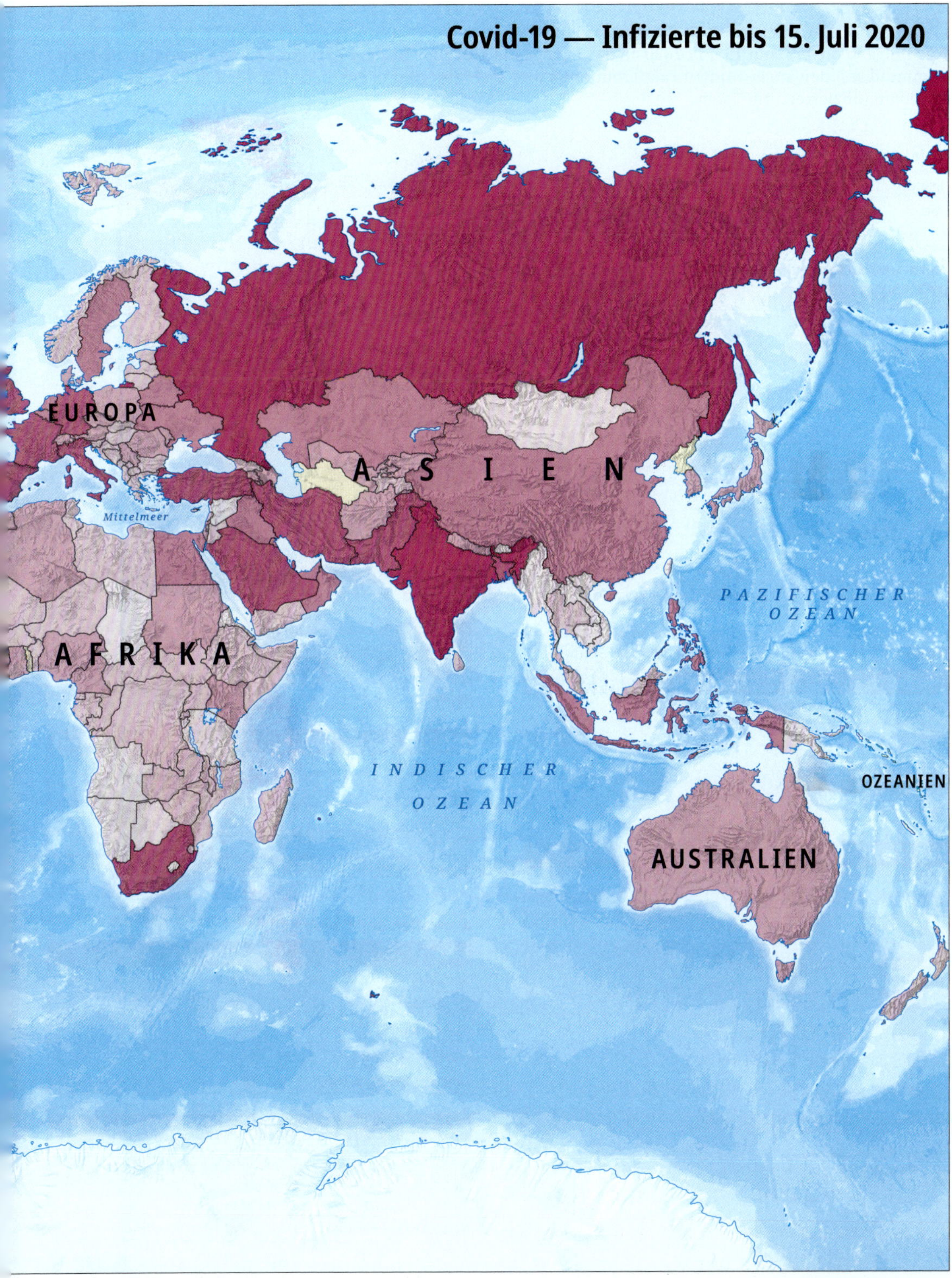
Covid-19 — Infizierte bis 15. Juli 2020
EUROPA
ASIEN
Mittelmeer
AFRIKA
PAZIFISCHER OZEAN
INDISCHER OZEAN
OZEANIEN
AUSTRALIEN

Zahlen

Nachfolgend die bis zum 15. Juli 2020 an das European Centre for Disease Prevention and Control, in Übereinstimmung mit den angewandten Falldefinitionen und Teststrategien in den betreffenden Ländern, gemeldeten Fälle von Infizierten und Toten.

Welt

Infizierte	13 299 163
Tote	578 319

Nord- und Südamerika

Infizierte:	7 028 445
USA	3 431 574
Brasilien	1 926 824
Peru	333 867
Chile	319 493
Mexiko	311 486

Tote:	294 659
USA	136 466
Brasilien	74 133
Mexiko	36 327
Peru	12 223
Kanada	8 798

Asien

Infizierte:	3 015 884
Indien	936 181
Iran	262 173
Pakistan	255 769
Saudi-Arabien	237 803
Türkei	214 993

Tote:	72 006
Indien	24 309
Iran	13 211
Türkei	5 402
Pakistan	5 386
China	4 642

Europa

Infizierte:	2 615 494
Russland	739 947
Großbritannien	2 91 373
Spanien	256 619
Italien	243 344
Deutschland	199 726

Tote:	197 957
Großbritannien	44 968
Italien	34 984
Frankreich	30 029
Spanien	28 409
Russland	1 614

Afrika

Infizierte:	626 726
Südafrika	298 292
Ägypten	83 930
Nigeria	33 616
Ghana	24 988
Algerien	20 216

Tote:	13 800
Südafrika	4 346
Ägypten	4 008
Algerien	1 028
Nigeria	754
Sudan	657

Australien und Ozeanien

Infizierte:	11 918
Australien	10 251
Neuseeland	1 197
Guam (USA)	313
Französisch-Polynesien	62
Nördliche Marianen (USA)	36

Tote:	137
Australien	108
Neuseeland	22
Guam (USA)	5
Nördliche Marianen (USA)	2

Konflikte

27 Kriege und bewaffnete Konflikte weltweit zählt die Arbeitsgemeinschaft Kriegsursachenforschung der Universität Hamburg für 2019. Am meisten betroffen war Afrika mit 10 Kriegen und bewaffneten Konflikten, gefolgt vom Nahen Osten mit 8 und Asien mit 7. In Lateinamerika und Europa wurde jeweils 1 Krieg bzw. bewaffneter Konflikt gezählt.

Weltpolitische Konflikte: Die größte weltpolitische Gefahr liegt dem **Global Risk Report des Weltwirtschaftsforums** zufolge derzeit in einer Beeinträchtigung der politischen Stabilität durch Handelskonflikte. Vor allem der Konflikt zwischen China und den USA nahm an Schärfe zu: So waren laut Bundesbank Ende 2019 zwei Drittel des Warenaustauschs beider Länder mit Strafzöllen belegt. Diese bestehen auch nach dem Abschluss eines ersten Handelsabkommens zwischen China und den USA am 15.1.2020 weiter. Zudem warf US-Präsident Trump der chinesischen Führung vor, durch Vertuschen des Covid-19-Ausbruchs für die weltweite Corona-Pandemie verantwortlich zu sein und begründete den Austritt der USA aus der WHO zum Juli 2020 damit, dass diese unter der Kontrolle Pekings stünde. Auch die Außenpolitik der USA stand unter dem Zeichen des Rückzugs aus ihrem internationalen Engagement: So schloss die US-Regierung am 29.2. ein Abkommen mit den afghanischen Taliban. Darin sicherten die USA einen Abzug sämtlicher Truppen aus Afghanistan binnen 14 Monaten zu, mit einem Teilabzug wurde bereits im März begonnen. Im Gegenzug garantierten die Taliban, dass von ihnen keine Gefahr für die Sicherheit der USA ausgehe, und verpflichten sich zur Aufnahme von innerafghanischen Friedensgesprächen. Trotz der bevorstehenden Verhandlungen kam es Mitte Juni in **Afghanistan** zu zahlreichen Anschlägen, bei denen dem Nationalen Sicherheitsrat Afghanistans zufolge innerhalb einer Woche 841 Angehörige der Sicherheitskräfte getötet wurden.
China seinerseits trat außenpolitisch immer deutlicher mit einem Führungsanspruch auf, der auch in der Politik gegenüber **Hongkong** seinen Ausdruck fand: Wegen eines geplanten Gesetzes, das die Auslieferung von Straftätern an China erleichtern sollte, war es im Sommer 2019 in Hongkong bereits zu Massenprotesten gekommen, die teilweise in Gewalt umschlugen. Nachdem der chinesische Volkskongress am 28.6. ein neues Sicherheitsgesetz für Hongkong verabschiedet hatte, das bestimmte oppositionelle Aktivitäten unter Strafe stellt, flammten die Demonstrationen wieder auf. Auch international rief das Gesetz Kritik hervor: Die USA setzten die Zuerkennung eines Sonderstatus für Hongkong aus, der den Export von Technologie und Rüstungsgütern in die ehemalige britische Kronkolonie erlaubt hatte. Zudem erließen sie Einreisebeschränkungen gegen Vertreter der Kommunistischen Partei Chinas. Die britische Regierung kündigte Visa-Erleichterungen für die 300 000 Hongkonger Bürger an, die den Status von „British Nationals Overseas" haben.

Kriege und bewaffnete Konflikte: Einer der größten Konfliktherde 2019/20 war weiterhin **Syrien**, wo sich die Situation durch die Einmischung internationaler Akteure verschärfte. Am 9.10.2019 startete die Türkei eine Offensive gegen das nordsyrische Kurdengebiet, wo der türkische Präsident Erdoğan eine „Schutzzone" errichten will, auch um syrische Flüchtlinge anzusiedeln. Die Kurden in Nordsyrien verbündeten sich unter dem Druck der Ereignisse mit dem Assad-Regime, das Truppen in die Region schickte. Im Dezember 2019 starteten syrische Regierungstruppen unterstützt von der russischen Luftwaffe einen neuen Angriff gegen die letzte im Land verbliebene **Rebellenhochburg Idlib**. Am 5.3.2020 vereinbarten der türkische Präsident Erdoğan und der russische Präsident Putin einen Waffenstillstand für die Region. Nach Schätzungen der Vereinten Nationen haben die militärischen Auseinandersetzungen um Idlib fast eine Million Menschen zur Flucht getrieben.
Der Krieg im Jemen, in dem sich vom Iran unterstützte schiitische Huthi-Milizen und die von Saudi-Arabien und weiteren arabischen Staaten unterstützte jemenitische Regierung gegenüberstehen, wurde 2019/20 fortgesetzt. Wegen der Corona-Pandemie hat sich die humanitäre Situation im Land weiter verschärft.
Auch in **Libyen** drohte der Bürgerkrieg immer mehr zum internationalen Stellvertreterkrieg zu werden. Dabei wird der aufständische General Chalifa Haftar von Russland, Ägypten und den Vereinigten Arabischen Emiraten unterstützt. Die Türkei und Katar stehen auf der Seite der Regierung. Seit Anfang Januar 2020 sind türkische Soldaten in Libyen stationiert.

Afrika südlich der Sahara war auch 2019/20 wieder Schauplatz zahlreicher Kriege und bewaffneter Konflikte. Nicht selten werden dabei in einem Land gleichzeitig mehrere Konflikte gewaltsam ausgetragen. In der **DR Kongo** etwa kämpfen in unterschiedlichen Landesteilen ethnische Gruppen um die Vorherrschaft. In der Provinz Ituri eskalierte der Konflikt, als im Juni 2019 etwa 200 Menschen getötet, zahlreiche Dörfer verwüstet und 300 000 Zivilisten in die Flucht getrieben wurden.
Islamistischer Terror sorgt inzwischen in mehreren afrikanischen Staaten für eine politische Destabilisierung. In **Somalia** kam es auch 2019/20 wieder zu zahlreichen Anschlägen der Al-Shabaab-Milizen.

U. a. tötete eine Autobombe in Mogadischu Ende Dezember etwa 80 Menschen. Islamistische Gruppen haben ihre terroristischen Aktivitäten von **Mali** aus in die Nachbarstaaten **Burkina Faso** und **Niger** ausgedehnt. In der Grenzregion haben sich die Richtungsstreitigkeiten unterschiedlicher islamistischer Milizen zum Krieg ausgeweitet. In **Nigeria** sorgte der Konflikt zwischen der Terrororganisation Boko Haram und Regierungstruppen 2019 für etwa 2 400 Tote. Zudem war Boko Haram auch in den Nachbarstaaten Kamerun und dem Tschad aktiv. Im Tschad etwa verübte Boko Haram am 24.3.2020 einen Anschlag auf den Militärstützpunkt Boma, bei dem 92 Soldaten ums Leben kamen. Auch in **Mosambik** nahm das Ausmaß islamistischen Terrors zu: In der Provinz Cabo Delgado im Norden des Landes verübten Islamisten 2019/2020 zahlreiche Anschläge gegen Militärstützpunkte und Zivilisten. Auf Seiten der Regierung waren auch Söldner des privaten russischen Sicherheitsunternehmens Gruppe Wagner in die Kämpfe involviert.

Innerhalb **Asiens** war **Myanmar** von einem verstärkt aufflammenden Konflikt betroffen: Im Bundesstaat Rakhine kam es wiederholt zu bewaffneten Auseinandersetzungen zwischen der buddhistischen Miliz Arakan Army und der Regierung, die Dutzende Tote forderten und zwischen 50 000 und 100 000 Menschen aus ihren Dörfern vertrieben.
Auch in der **indonesischen Provinz Papua** weitete sich ein jahrzehntealter Konflikt um die Unabhängigkeit der Region aus, nachdem die Polizei im Sommer 2019 43 Studenten aus Papua verhaftet hatte. Darauf kam es zu einer Reihe von Protesten und gewalttätigen Demonstrationen. Am 19.8. setzten Demonstranten das Parlamentsgebäude in Manokwari, West-Papua, in Brand. Am 23.9. brannten Demonstranten in Wamena, Papua, 80 Gebäude nieder und töteten mindestens 28 Bewohner.
Auf den **Philippinen** begann am 7.9.2019 die Entwaffnung der Rebellengruppe Moro Islamische Befreiungsfront (MILF). Die Maßnahme ist Teil eines Friedensabkommens zwischen der Regierung und den Separatisten auf der Insel Mindanao. Im Gegenzug soll auf Mindanao das autonome muslimische Gebiet Bangsamoro entstehen. Der Konflikt der Regierung mit anderen islamistischen Gruppen wie Abu Sayyaf ging dagegen unvermindert weiter.

In **Südamerika** weiteten sich die Konflikte zwischen Drogenkartellen und Regierung in **Mexiko** und **Brasilien** zu einem regelrechten Krieg aus. In Brasilien tötete die Polizei allein in den ersten 10 Monaten des Jahres 2019 mehr als 1 500 mutmaßliche Mitglieder von Drogengangs.

Im Konflikt in der **Ostukraine** einigten sich die Ukraine, Russland und Vertreter der prorussischen Separatisten am 1.10.2019 darauf, dass die umstrittenen Gebiete Donezk und Luhansk nach einer Wahl ggf. einen Sonderstatus erhalten sollen. Außerdem verständigten sich die Parteien auf einen Truppenabzug in einigen Pilotregionen.

UN-Friedensmissionen: Seit 1948 haben die Vereinten Nationen 71 Friedensmissionen durchgeführt, der größte Anteil entfällt mit 24 Operationen auf Afrika. Derzeit unterhalten die UN weltweit 13 UN-Friedensmissionen mit insg. 81 370 Einsatzkräften aus 121 Ländern. Die Kosten liegen nach den jüngsten vorliegenden Zahlen bei ca. 6.7 Mrd. $ pro Jahr. Einsatzschwerpunkt ist nach wie vor Afrika. Dort gibt es derzeit 7 Friedensmissionen, darunter eine sog. Hybridmission, die von den Vereinten Nationen und der Afrikanische Union gemeinsam durch-

geführt wird: **UNAMID** läuft seit 2007 und hat die Aufgabe, die Einhaltung des Waffenstillstands und des Darfur-Friedensabkommens von 2006 zu überwachen. Die Kosten liegen bei 258 Mio. $ pro Jahr. Die personalintensivste Friedensmission ist **UNMISS** im Südsudan. Dort sind derzeit mehr als 16 000 Einsatzkräfte stationiert. Einen ähnlichen Umfang hat mit über 15 000 Soldaten und Polizisten die bereits 1999 ins Leben gerufene Mission **MONUSCO**, die die Lage im Bürgerkriegsland DR Kongo stabilisieren soll. Als derzeit gefährlichster und teuerster Einsatz gilt die Mali-Mission **MINUSMA**. Vom Sicherheitsrat beschlossen wurde sie im April 2013. Im Rahmen der Mission sind fast 14 000 Soldaten und Polizisten in Mali stationiert, 209 Blauhelme sind dort seit 2013 ums Leben gekommen. Die Kosten der Mission liegen bei mehr als 1.2 Mrd. $ pro Jahr. Am 29.6.2020 verlängerte der UN-Sicherheitsrat MINUSMA um ein weiteres Jahr bis zum 30.6.2021.

Deutsche Beteiligung an Friedenseinsätzen: Deutschland beteiligt sich derzeit an mehreren UN-Missionen mit Soldaten und Polizisten: Größter Einsatz im Rahmen einer Blauhelmmission ist **MINUSMA** in Mali, wo die Bundeswehr mit 894 Soldaten vor Ort ist. Am 29.5.2020 verlängerte der Deutsche Bundestag das Mandat um ein weiteres Jahr bis zum 31.5.2021. Gleichzeitig erteilte er der Bundeswehr im Rahmen der **EU-Ausbildungsmission in Mali (EUTM)** ein erweitertes Mandat, das auch Burkina Faso und Niger einschließt und das Bundeswehr-Kontingent auf 450 erhöht.
Der größte Auslandseinsatz der Bundeswehr ist nach wie vor die Beteiligung an der NATO-Mission „Resolute Support" in Afghanistan mit knapp 1 300 Soldaten. Außerdem beteiligt sie sich mit maximal 600 Soldaten an der NATO-Mittelmeeroperation „Sea Guardian". Am 13.3.2020 verlängerte der Deutsche Bundestag die Mandate für „Resolute Support" und „Sea Guardian" bis zum 31.3.2021.

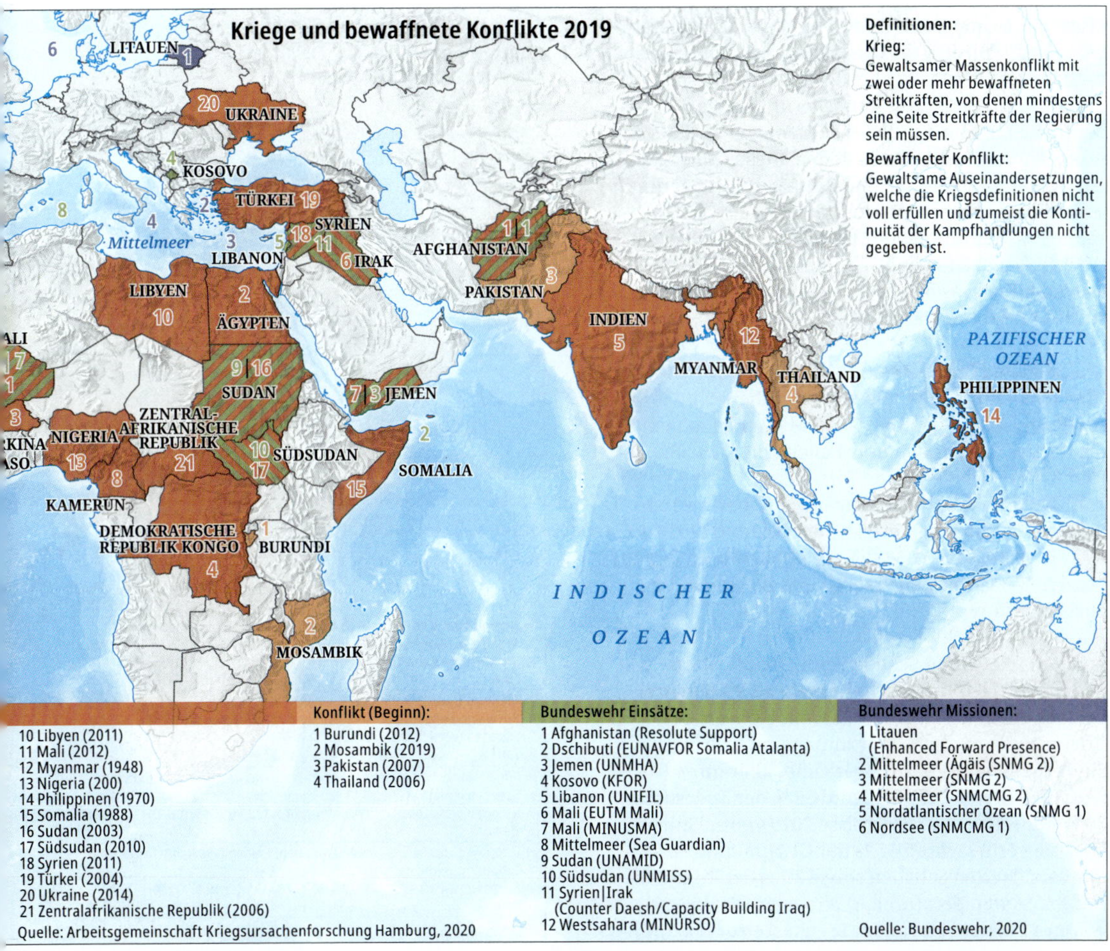

	Konflikt (Beginn):	Bundeswehr Einsätze:	Bundeswehr Missionen:
10 Libyen (2011) 11 Mali (2012) 12 Myanmar (1948) 13 Nigeria (200) 14 Philippinen (1970) 15 Somalia (1988) 16 Sudan (2003) 17 Südsudan (2010) 18 Syrien (2011) 19 Türkei (2004) 20 Ukraine (2014) 21 Zentralafrikanische Republik (2006)	1 Burundi (2012) 2 Mosambik (2019) 3 Pakistan (2007) 4 Thailand (2006)	1 Afghanistan (Resolute Support) 2 Dschibuti (EUNAVFOR Somalia Atalanta) 3 Jemen (UNMHA) 4 Kosovo (KFOR) 5 Libanon (UNIFIL) 6 Mali (EUTM Mali) 7 Mali (MINUSMA) 8 Mittelmeer (Sea Guardian) 9 Sudan (UNAMID) 10 Südsudan (UNMISS) 11 Syrien|Irak (Counter Daesh/Capacity Building Iraq) 12 Westsahara (MINURSO)	1 Litauen (Enhanced Forward Presence) 2 Mittelmeer (Ägäis (SNMG 2)) 3 Mittelmeer (SNMG 2) 4 Mittelmeer (SNMCMG 2) 5 Nordatlantischer Ozean (SNMG 1) 6 Nordsee (SNMCMG 1)

Quelle: Arbeitsgemeinschaft Kriegsursachenforschung Hamburg, 2020

Quelle: Bundeswehr, 2020

Naturkatastrophen

2019 registrierte die Rückversicherungs-Gesellschaft MunichRe 854 (2018: 853) relevante Schadensereignisse, deutlich mehr als im langjährigen Mittel (2010-19: 694, 1990-2019: 538). Als relevant definiert die MunichRe Ereignisse mit Todesopfern und ab einer Schadenshöhe, deren Schwellenwert sie entsprechend dem Entwicklungsstand eines Landes festlegt.

Die **Schadenwerte** lagen 2019 mit 166 Mrd. US-$ Gesamt- und nur 56.3 Mrd. US-$ versicherten Schäden niedriger als 2018 (191 Mrd. US-$ gesamt, 87.6 Mrd. US-$ versichert) und im Durchschnitt der letzten zehn Jahre (2010-19: 202.4 Mrd. US-$ gesamt, 70.7 Mrd. US-$ versichert), aber etwas höher als im Durchschnitt der letzten 30 Jahre (1990-2019: 156 Mrd. US-$ gesamt, 47 Mrd. US-$ versichert). Der vergleichsweise geringe Anteil versicherter Schäden hat zwei Ursachen: erstens den hohen Anteil an Flutschäden, die auch in Industrieländern seltener versichert sind als Sturmschäden; und zweitens die heftigen Naturkatastrophen in Entwicklungsländern mit immer noch großer Versicherungslücke. Die deutliche Zunahme inflationsbereinigter gesamtwirtschaftlicher Schäden seit den 1980er Jahren ist zurückzuführen auf die Zunahme von Werten durch sozio-ökonomisches Wachstum sowie auf die wachsende Konzentration von Personen und Werten in Hochrisikogebieten wie den hochwassergefährdeten Gebieten Europas oder den von Tornados heimgesuchten Regionen der USA.

Ursachen und Opferzahlen: 2019 war durch große Überschwemmungen und starke Erdbeben in Asien und Afrika geprägt; 9 435 Menschen kamen bei Naturkatastrophen ums Leben (2018: 14 982). Damit setzt sich der Trend fort, dass trotz steigender Zahl der Katastrophen weniger Menschen zu Tode kommen als im langjährigen Durchschnitt (2010-19: 37 105, 1990-2019: 51 543). Laut MunichRe ist das auf bessere Katastrophenvorsorge und Baustandards zurückzuführen.

Von den relevanten Schadensereignissen waren wie im langjährigen Durchschnitt **mehr als 90 % wetterbedingt**. An erster Stelle stehen mit 43 % erneut Überschwemmungen, Sturzfluten und Erdrutsche. Sie verursachten 29 % der Gesamt-, aber nur 4 % der versicherten Schäden, und 59 % der Todesopfer. 39 % der relevanten Ereignisse 2019 waren Stürme, aber sie verursachten 61 % der Gesamt- und 90 % der versicherten Schäden sowie 30 % der Todesfälle. Auf Extremtemperaturen, Dürre oder Waldbrände waren 11 % der relevanten Ereignisse zurückzuführen mit 9 % der Gesamt- und 6 % der versicherten Schäden sowie 7 % der Todesfälle. Wie immer folgen auch 2019 an letzter Stelle mit 7 % Erdbeben oder Vulkanausbrüche, sie verursachten nur 2 % der Gesamt- und 0.2 % versicherten Schäden, und mit 3 % ungewöhnlich wenige Todesfälle.

Die größte humanitäre Katastrophe entstand durch den Zyklon Idai, der über Mosambik und einige Nachbarländer zog. Am 15.3. traf er bei Windgeschwindigkeiten von ca. 165 km/h die Hafenstadt Beira, mit 500 000 Einwohnern die zweitgrößte Stadt Mosambiks. Mehr als 1 000 Menschen starben, Hunderttausende verloren ihre meist einfachen Häuser und ihren gesamten Besitz. Flutwelle und starke Niederschläge führten im Hinterland zu Überschwemmungen und zerstörten Ernten. Der Schaden in Höhe von 2.3 Mrd. US-$ entspricht etwa einem Zehntel der Wirtschaftsleistung Mosambiks, versichert war fast nichts davon. Am 25.4. traf Zyklon Kenneth mit Windgeschwindigkeiten von rund 220 km/h erneut Mosambik, diesmal im Norden bei Pemba; er gilt als

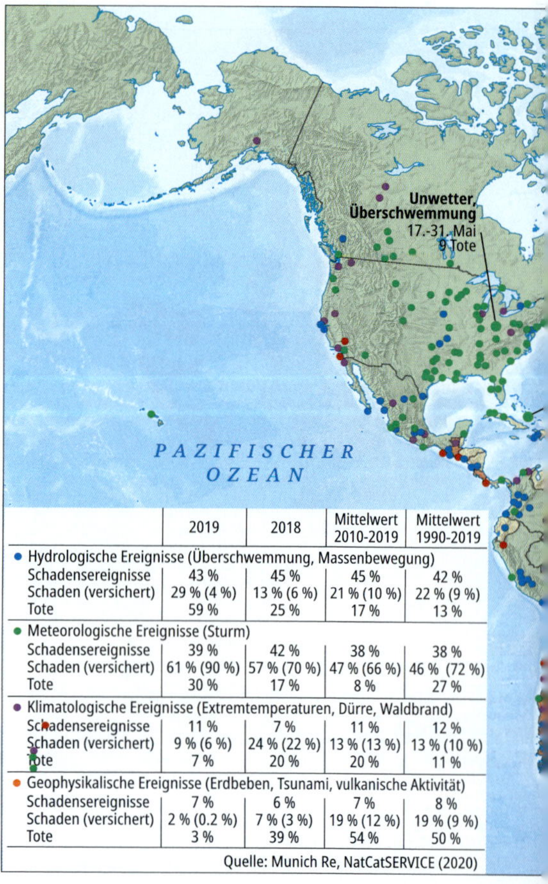

	2019	2018	Mittelwert 2010-2019	Mittelwert 1990-2019
• Hydrologische Ereignisse (Überschwemmung, Massenbewegung)				
Schadensereignisse	43 %	45 %	45 %	42 %
Schaden (versichert)	29 % (4 %)	13 % (6 %)	21 % (10 %)	22 % (9 %)
Tote	59 %	25 %	17 %	13 %
• Meteorologische Ereignisse (Sturm)				
Schadensereignisse	39 %	42 %	38 %	38 %
Schaden (versichert)	61 % (90 %)	57 % (70 %)	47 % (66 %)	46 % (72 %)
Tote	30 %	17 %	8 %	27 %
• Klimatologische Ereignisse (Extremtemperaturen, Dürre, Waldbrand)				
Schadensereignisse	11 %	7 %	11 %	12 %
Schaden (versichert)	9 % (6 %)	24 % (22 %)	13 % (13 %)	13 % (10 %)
Tote	7 %	20 %	20 %	11 %
• Geophysikalische Ereignisse (Erdbeben, Tsunami, vulkanische Aktivität)				
Schadensereignisse	7 %	6 %	7 %	8 %
Schaden (versichert)	2 % (0.2 %)	7 % (3 %)	19 % (12 %)	19 % (9 %)
Tote	3 %	39 %	54 %	50 %

Quelle: Munich Re, NatCatSERVICE (2020)

der stärkste Zyklon in der überlieferten Geschichte Mosambiks. 30 000 Menschen wurden evakuiert.

Mit 18 benannten Hurrikanen im Atlantik lag deren Zahl deutlich über dem Durchschnitt von 12; viele blieben aber auf dem Meer oder trafen nicht das US-Festland, sodass die USA vergleichsweise moderate Schäden zu verzeichnen hatten. Der stärkste Hurrikan, Dorian, traf am 1.9. mit rund 290 km/h die Bahamas und verharrte dort ungewöhnlich lange, was zu verheerenden Schäden führte. Die USA waren kaum betroffen, die Schäden lagen insgesamt bei 5.6 Mrd. US-$ (4 Mrd. US-$ versichert).

Die höchsten Schadenssummen entstanden durch zwei Zyklone in Japan. Faxai traf am 9.9. mit rund 170 km/h die Großstadt Chiba, Hagibis zog am 12.10. über Tokio und Yokohama. Der Sturm war schwächer, aber extreme Niederschläge mit bis zu 1 000 L/m² in zwei Tagen führten auch weitab vom Sturmzentrum zu Überschwemmungen. Die Gesamtschäden durch Hagibis werden auf 17 Mrd. US-$ geschätzt (10 Mrd. US-$ versichert), die stärker versicherten Sturmschäden durch Faxai auf 9 Mrd. US-$ (7 Mrd. US-$ versichert).

Die Waldbrandsaison in Australien begann wegen starker Trockenheit und Hitze ungewöhnlich früh im September, entwickelte sich sehr heftig und hielt über den gesamten Hochsommer bis Februar 2020 an. Immer wieder mussten Siedlungen evakuiert werden, mehrmals kamen die Brände in die Nähe großer Städte. Wegen starken Rauchs wurden in Sydney zeitweise Schulen und Behörden geschlossen.

Hitzewellen, Trockenheit und schwere Unwetter in Europa führten zu Ernteeinbußen. Hagelunwetter richteten weitere Schäden an, z. B. im Großraum München mit Körnern bis Golfballgröße (fast 1 Mrd. € Schäden, fast drei Viertel versichert). An der Adria erreichten die Hagelkörner sogar die Größe von Orangen; es gab viele Verletzte. Die Sommerunwetter in Europa führten insgesamt zu Schäden in Höhe von 2.2 Mrd. € (0.8 Mrd. vesichert).

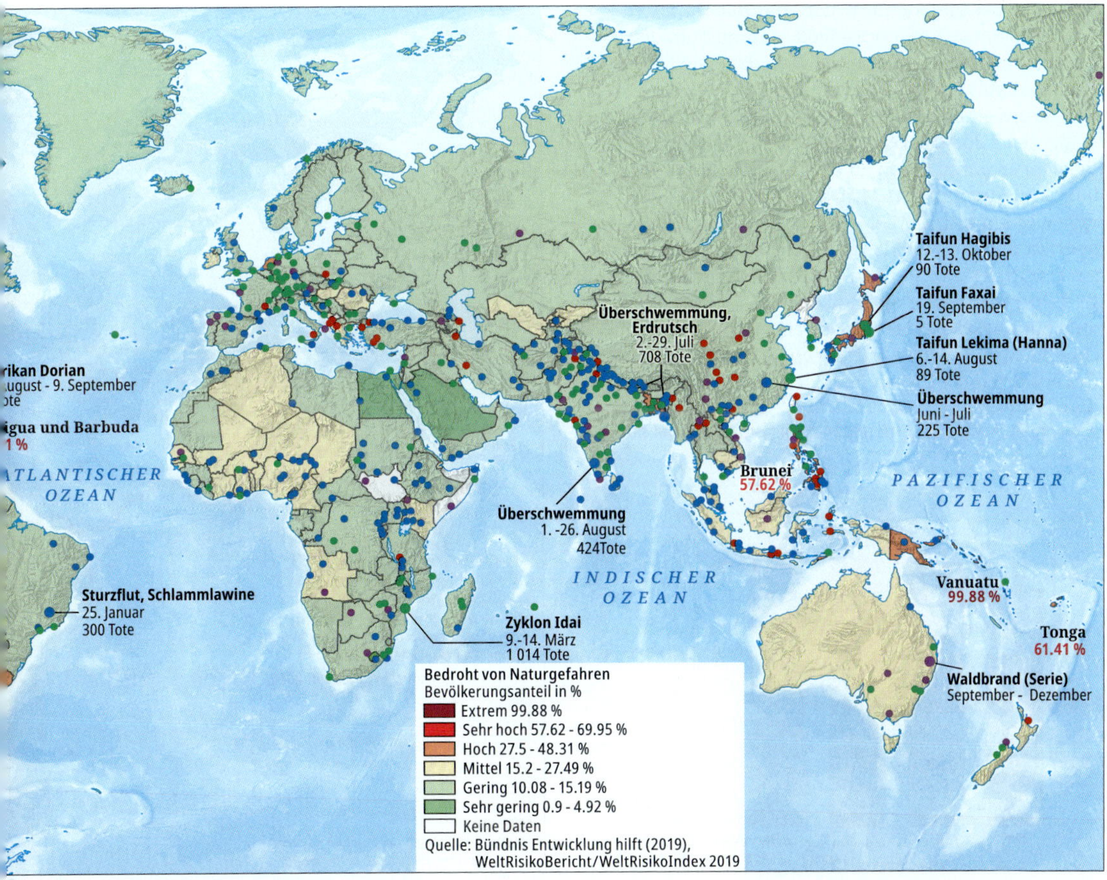

Bevölkerung

Anstieg der Weltbevölkerung, zunehmende Alterung, Migration und Urbanisierung – diese vier Megatrends bestimmen nach Einschätzung der Vereinten Nationen (UN) die gegenwärtige globale demografische Entwicklung. In ihrer jüngsten Bevölkerungsprognose von 2019 haben die UN das zu erwartende Bevölkerungswachstum gegenüber der vorigen Prognose zwar leicht nach unten korrigiert, vor allem für die zweite Jahrhunderthälfte. Dennoch bleibt der Anstieg beträchtlich.

Bevölkerungswachstum: 2019 lebten den UN zufolge rund 7.7 Mrd. Menschen auf der Welt. 2030 sollen es bereits 8.5 Mrd. sein. Bis 2050 wird die Weltbevölkerung auf 9.7 Mrd. angewachsen sein und am Ende des Jahrhunderts bei 10.9 Mrd. liegen (mittleres Szenario). Einen wesentlichen Anteil am globalen Bevölkerungswachstum wird Subsahara-Afrika haben: Dort leben gegenwärtig rund 1.06 Mrd. Menschen, was etwa 14 % der Weltbevölkerung entspricht. Zum Ende des Jahrhunderts wird dann mehr als jeder Dritte aus Subsahara-Afrika stammen. In den meisten anderen Weltregionen wird dagegen in den nächsten Jahrzehnten ein Ende des Bevölkerungswachstums erreicht: In Ost- und Südostasien etwa, wo derzeit 2.33 Mrd. Menschen leben, wird die Bevölkerungszahl schon ab 2030 zurückgehen: von dann 2.43 Mrd. auf 2.41 Mrd. 2050, am Jahrhundertende werden es 1.97 Mrd. sein. In Südasien, Lateinamerika und der Karibik wird sich der Trend dagegen erst in der zweiten Jahrhunderthälfte umkehren. Bis dahin wird es vor allem in Zentral- und Südasien noch ein starkes Bevölkerungswachstum geben von 2 auf 2.5 Mrd. bis 2050. Für Europa und Nordamerika erwarten die UN ein Bevölkerungswachstum von derzeit etwa 1.11 Mrd. auf 1.13 Mrd. 2050, bevor dann die Bevölkerungszahl bis 2100 auf 1.126 Mrd. sinken wird. Der größte Teil des Wachstums entfällt allerdings dabei auf die USA, während in Europa die Bevölkerungszahl stagniert bzw. leicht zurückgeht. Als bevölkerungsreichstes Land der Erde wird Indien bereits in wenigen Jahren China überholen.

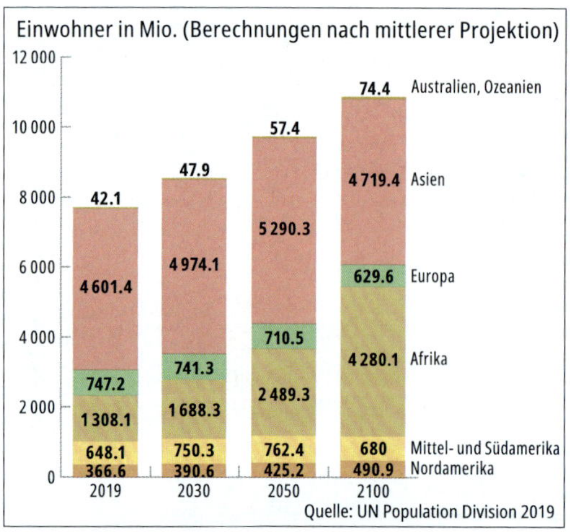

Quelle: UN Population Division 2019

Alterung: 2018 gab es zum ersten Mal mehr Menschen auf der Welt, die 65 Jahre oder älter waren, als Kinder unter fünf. Dieser Trend wird sich in den nächsten Jahrzehnten noch verstärken: Bereits 2050 wird die Gruppe der Über-65-Jährigen (2050: 1.5 Mrd.) nicht nur größer sein als die der Kinder unter 5 Jahren, sondern auch größer als die Gruppe der 15-24-Jährigen weltweit (1.3 Mrd.). V. a. in Europa, Nordamerika sowie in Ost- und Südostasien werden dann in vielen Ländern auf eine Person im Rentenalter weniger als zwei Personen im Erwerbsalter (25-64) kommen, was für den Arbeitsmarkt und die Sozialsysteme in den jeweiligen Ländern eine Herausforderung darstellt. Die Gründe für diese Entwicklung liegen zum einen in der Fertitilitäts-

rate (Anzahl der Kinder pro Frau im gebärfähigen Alter), die fast überall auf der Welt sinkt und im Durchschnitt derzeit 2.5 beträgt. Zum anderen in der höheren Lebenserwartung, die derzeit im Weltdurchschnitt bei 72.6 Jahren liegt und sich bis 2050 auf 77.1 erhöhen wird.

Migration: Internationale Migration ist in einigen Weltregionen zum nennenswerten Faktor für die Bevölkerungsentwicklung geworden. Nach **Weltregionen** betrachtet weisen Europa und Nordamerika, Australien und Neuseeland sowie Nordafrika und Westasien einen positiven Migrationssaldo auf, d. h. es wandern mehr Menschen ein als aus. So überstieg zwischen 2010 und 2020 die Zahl der Einwanderer nach Europa und Nordamerika die der Auswanderer um 25.9 Mio., in Nordafrika und Westasien um 2.2 Mio. und in Australien und Neuseeland um 1.9 Mio. Einen Bevölkerungsverlust durch Migration erlitten hingegen Zentral- und Südasien (-15.1 Mio.), Lateinamerika und die Karibik (-5.4 Mio.), Ost- und Südostasien (-5.2 Mio.). Auch Subsahara-Afrika verlor im vergangenen Jahrzehnt durch Migration 4.1 Mio. Menschen.

Urbanisierung: Bereits jetzt lebt mehr als die Hälfte (55 %) der Weltbevölkerung in Städten. Diese Tendenz wird sich nach UN-Einschätzung noch verstärken: Bis 2050 wird jeder Dritte in einem urbanen Großraum wohnen. Am ausgeprägtesten ist die Verstädterung in Nord- und Lateinamerika sowie der Karibik, wo mehr als 80 % der Menschen bereits in Städten leben. Auch in Europa ist der Urbanisierungsgrad mit 74.5 % hoch, während die Bevölkerung Asiens gerade dabei ist, die 50 %-Marke zu überschreiten. Afrika dagegen bleibt mit 42.5 % Stadtbevölkerung der am wenigsten urbanisierte Kontinent. Eine Folge der Urbanisierung ist auch die Entstehung von Städten mit mehr als 10 Mio. Einwohnern. Derzeit gibt es weltweit 33 solcher **Megacitys**, die meisten davon in Asien, wo sie insgesamt 529 Mio. Einwohner beherbergen, was 13 % der globalen Stadtbevölkerung entspricht. Die größte dieser Megacitys ist Tokio mit 37 Mio. Einwohnern, gefolgt von Delhi (29 Mio.), Schanghai (26 Mio.), São Paulo und Mexiko-Stadt (je 22 Mio.) (Einwohnerzahl jeweils inkl. Großraum).

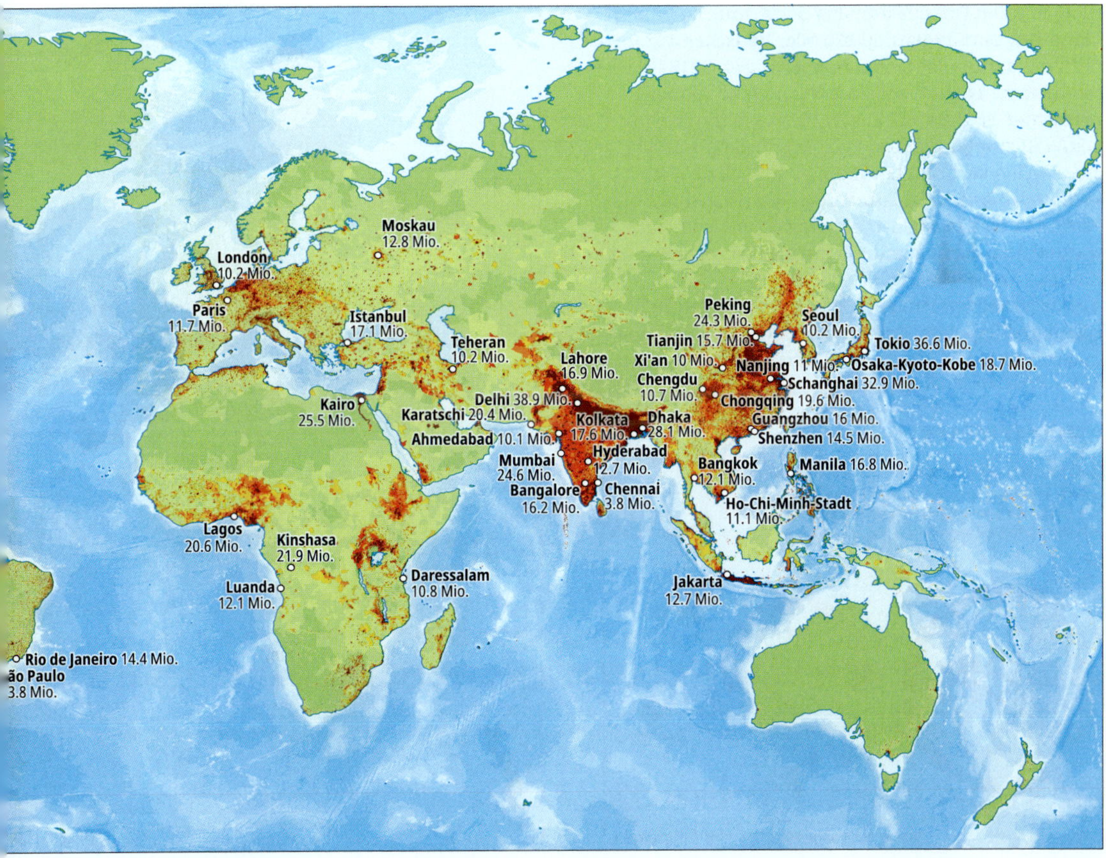

Ernährung

Fehlernährung ist zu einem globalen Gesundheitsproblem geworden, das jedes Jahr Millionen von Menschen das Leben kostet: Nach dem Global Nutrition Report der WHO ist jeder neunte Mensch auf der Welt von Hunger oder Unterernährung betroffen, jeder dritte ist übergewichtig oder fettleibig. 149 Mio. Kinder unter 5 Jahren leiden an Wachstumsverzögerung, 49.5 Mio. sind ausgezehrt und 40.1 Mio. Kinder unter 5 bereits übergewichtig. Große Ungleichheit hinsichtlich der Ernährungssituation herrscht nicht nur zwischen armen und reichen Ländern, sondern auch innerhalb der jeweiligen Länder. Diese Unterschiede auf der subnationalen Ebene werden inzwischen stärker in den Blick genommen und lösen sowohl mit Blick auf die Covid-19-Pandemie als auch auf den Klimawandel unter den Experten der WHO große Besorgnis aus. Denn es sind in jedem Land die ärmsten und verwundbarsten Gruppen, die am stärksten unter diesen Entwicklungen zu leiden haben.

Hunger: Allen Fortschritten bei der Armutsbekämpfung zum Trotz sind **820 Mio. Menschen** auf der Welt **unterernährt oder hungern** – seit 2015 ist die Tendenz wieder steigend. Nach Weltregionen betrachtet, ist Unterernährung dem Welthungerindex WHI zufolge nach wie vor in Subsahara-Afrika am meisten verbreitet. Auf einen ähnlichen Wert kommt die Region Südasien: Hier sind allerdings die Probleme weniger allgemeine Unterernährung als speziell Auszehrung und Wachstumsverzögerung bei Kindern unter 5 Jahren.
Am stärksten von Hunger betroffen ist die Zentralafrikanische Republik. Dort sind 60 % der Bevölkerung unterernährt und knapp die Hälfte der Kinder leidet unter Wachstumsverzögerung. Eine wesentliche Ursache für die Not ist der Bürgerkrieg, der seit 2013 in der Zentralafrikanischen Republik herrscht. Auch im Jemen steht hinter der Hungerkrise im Wesentlichen der Krieg, der seit 2014 das Land destabilisiert. Er hat alle Fortschritte zunichte gemacht, die hinsichtlich der Ernährungssituation seit 2000 erzielt wurden. Im Jemen hat nach einer Schätzung der Weltbank über die Hälfte der Bevölkerung keinen gesicherten Zugang zu ausreichender Nahrung, 61.1 % der Kinder leiden unter Wachstumsverzögerung und 17.9 % sind ausgezehrt. Auch für den Tschad, Madagaskar und Sambia stuft der WHI die Ernährungslage als „sehr ernst“ ein.

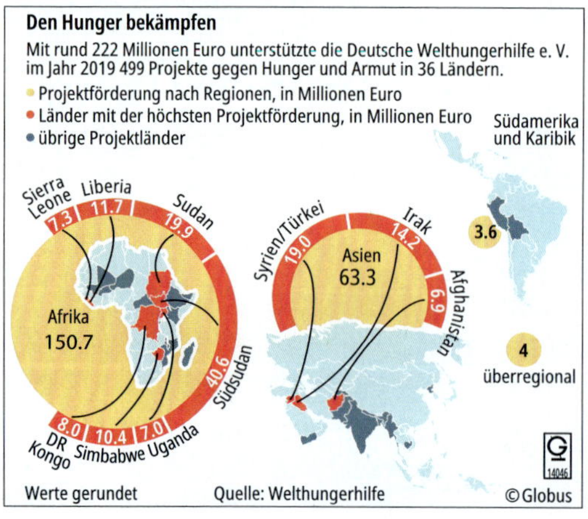

Klimawandel: Einen Grund dafür, dass die **Zahl der Hungernden** seit 2015 **wieder angestiegen** ist, sieht die FAO in klimatischen Extremereignissen wie Dürren, Stürmen oder Überschwemmungen. Gerade in Südasien und Subsahara-Afrika ist die Landwirtschaft bereits für minimale Temperaturschwankungen äußerst anfällig. Gleichzeitig bildet in diesen Regionen Landwirtschaft für viele die einzige ohnehin prekäre Existenzgrundlage. Verschärft wird die Situation

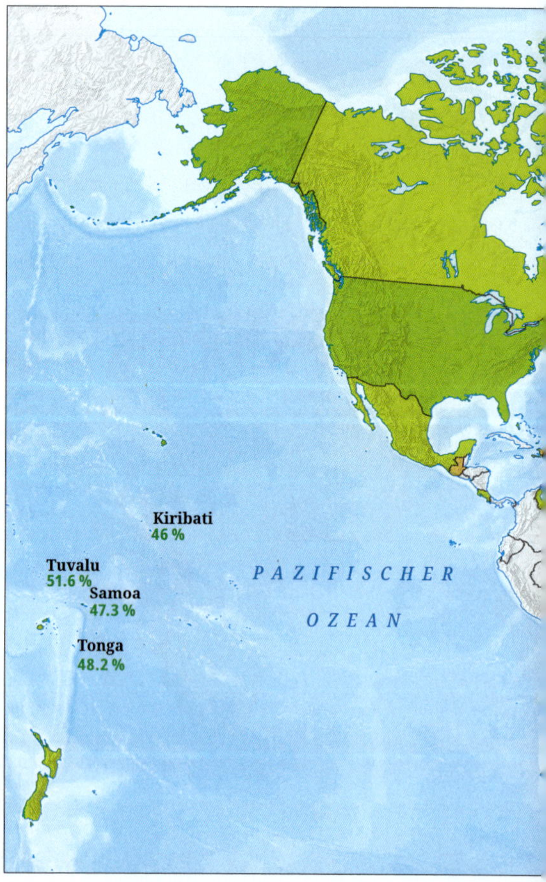

dadurch, dass die betroffenen Länder häufig nicht über die finanziellen Mittel und politischen Strukturen verfügen, um klimabedingte Anpassungsmaßnahmen für die Landwirtschaft umzusetzen. Vor diesem Hintergrund stuft der WHI insbesondere die Situation in der Zentralafrikanischen Republik und im Tschad als bedrohlich ein. Positive Beispiele sind hingegen Sambia oder Ruanda: Die Ernährungssituation beider Länder wird durch den Klimawandel fragiler, jedoch haben sie zunehmend erfolgreiche klimapolitische Rahmenbedingungen geschaffen.

Übergewicht und Fettleibigkeit: Rein zahlenmäßig betrachtet ist Übergewicht gegenüber Unterernährung inzwischen das größere globale Problem, stehen den 820 Mio. Unterernährten doch 2.2 Mrd. Übergewichtige (BMI >25) oder Fettleibige (BMI > 30) gegenüber. 677 Mio. Erwachsene weltweit sind fettleibig. Übergewicht und Fettleibigkeit finden sich nach wie vor am häufigsten in den reichen Industriestaaten: So stuft die WHO etwa 70 % der Erwachsenen in den USA als übergewichtig ein und 37.3 % als fettleibig. Aber auch Nordafrika und der Nahe Osten sind stark betroffen: So ist Ägypten weltweit das Land mit dem höchsten Durchschnittswert beim BMI, der mit 29.6 knapp unter der Grenze zur Fettleibigkeit liegt. Den niedrigsten Durchschnitts-BMI hat Vietnam mit 18.2. Übergewicht und Fettleibigkeit werden auch in Staaten mit einem hohen Anteil Unterernährter immer mehr zum Gesundheitsproblem: So ist selbst in einem Staat wie der Zentralafrikanischen Republik, wo 60 % der Bevölkerung unterernährt sind, fast jeder Vierte übergewichtig. Gerade in Afrika sind viele Staaten gleichzeitig mit mehreren Formen der Fehlernährung konfrontiert.

Weltweit dramatisch angestiegen sind **Übergewicht und Fettleibigkeit bei Kindern und Jugendlichen** von 4 % 1975 auf 18 % 2016. Insgesamt sind 340 Mio. Kinder und Jugendliche betroffen, die Mehrzahl von ihnen lebt in Entwicklungsländern und dort vor allem in den Städten. Prozentual ist der Anteil Übergewichtiger in der Altersgruppe 5-19 am höchsten in Ozeanien mit zum Teil mehr als 50 %, in Kuwait (42.4 %) und den USA (41.8 %).

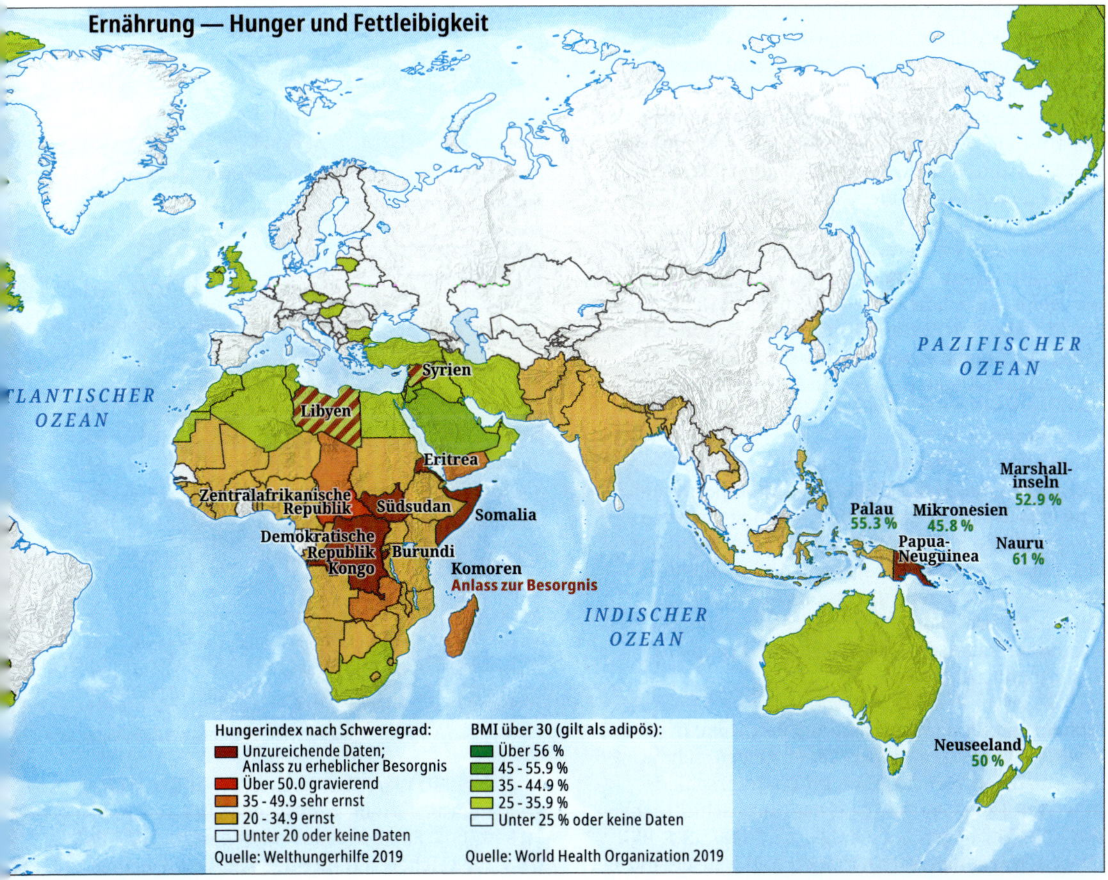

Reichtum und Armut

Es ist nicht leicht, verlässliche Daten zum Thema Reichtum zu erhalten. Die verfügbaren Statistiken weichen teilweise erheblich voneinander ab. Insbesondere seit der Aussetzung der Vermögenssteuer in Deutschland im Jahr 1997 hat sich die Lage belastbarer Vermögensstatistiken verschlechtert; ein großer Teil der Vermögen wird gar nicht erfasst. Kontroversen darüber, welche Statistiken tatsächlich Gültigkeit haben, sind unvermeidlich, denn letztlich beruhen diese immer auf Schätzungen. Auch die Messbarkeit von Reichtum ist komplex; neben Geldvermögen fließen, je nach Berechnungsgrundlage, beispielsweise auch Immobilien oder Firmenbeteiligungen ein, deren exakter Wert Schwankungen unterworfen und schwierig zu bestimmen ist.

Weltvermögen: 360.6 Billionen US-$ betrug dem **Global Wealth Report** der Schweizer Investmentbank Credit Suisse zufolge Mitte 2019 das gesamte Vermögen auf der Welt. Mit 114.61 Bio. US-$ ist fast ein Drittel davon in Nordamerika zu Hause, 90.75 Bio. $ in Europa. Asien (ohne China und Indien) besitzt ein Vermögen von 64.78 Bio. US-$. Nur knapp weniger an Vermögen weist allein China mit 63.83 Bio. US-$ auf. Auch Indien hat mit einem Vermögen von 12.61 Bio. US-$ mehr als die beiden ärmsten Weltregionen Lateinamerika (9.91 Bio. US-$) und Afrika (4.12 Bio. US-$).
Seit Ende 2017 ist das Weltvermögen damit um 2.6 % gewachsen. Nach Regionen betrachtet, weist vor allem Indien mit 5.2 % gegenüber 2018 ein überdurchschnittliches Vermögenswachstum auf, gefolgt von Lateinamerika (+4.9 %), Nordamerika (+3.7 %) und Afrika (+3.3 %). In China wuchs das Vermögen um 3.1 %, und am wenigsten groß waren die Zugewinne in Europa (+1.2 %).
Als aktuellen Trend bei der Entwicklung des Weltvermögens macht der Global Wealth Report einen Zuwachs der nicht-finanziellen Vermögenswerte wie Immobilien am globalen Vermögenszugewinn aus. Finanzvermögenswerte wie Aktien hingegen nahmen regional sehr unterschiedliche Entwicklungen: Während der Börsenwert von Aktien in Nordamerika anstieg, fiel er bspw. in Europa um durchschnittlich 10 %.

Globale Verteilung von Armut und Reichtum: In Pro-Kopf-Vermögen umgerechnet, zeigen sich in den einzelnen Weltregionen große Unterschiede. In weiten Teilen Afrikas liegt das durchschnittliche Pro-Kopf-Vermögen bei weniger als 5 000 US-$. In Europa, Nordamerika, Australien und Neuseeland hingegen bei mehr als 100 000 US-$. In Lateinamerika und Asien wiederum nehmen die meisten Länder nach Pro-Kopf-Vermögen eine mittlere Position ein, die entweder im Bereich von 5 000-25 000 US-$ liegt oder bei 25 000-100 000 US-$. Als Motor der Vermögensentwicklung stuft die Credit Suisse inzwischen nicht mehr Europa und Nordamerika ein, sondern die Schwellenländer, allen voran China. Das zeigt sich daran, dass China als eines der wenigen Länder relativ unbeschadet durch die Finanzkrise 2008 gekommen ist und spiegelt sich auch in der großen Zahl an Chinesen (65 %) wider, die mit einem Vermögen zwischen 10 000 und 100 000 US-$ inzwischen der globalen Mittelschicht zuzurechnen sind. Auch hat China mit 4.4 Mio. Millionären Japan von Platz 2 der Liste der Länder mit den meisten Millionären verdrängt. In jüngster Zeit hat sich das chinesische Wohlstandswachstum durch die weltwirtschaftlich schwierige Lage und den Handelsstreit mit den USA allerdings wieder verlangsamt.

Vermögen je Erwachsenen 2019

Reiche Staaten	US-$	Arme Staaten	US-$
Schweiz	564 653	Togo	1 241
USA	432 365	Tschad	1 167
Australien	386 058	Niger	1 126
Island	380 868	DR Kongo	1 084
Luxemburg	358 003	Mosambik	880
Neuseeland	304 124	Zentralafrikanische Republik	749
Singapur	297 873	Haiti	723
Kanada	294 255	Sierra Leone	693
Dänemark	284 022	Burundi	609
Großbritannien	280 049	Sudan	534

Quelle: Credit Suisse Global Wealth Report 2019

Medianvermögen 2019

Reiche Staaten	US-$	Arme Staaten	US-$
Schweiz	227 891	Niger	463
Australien	181 361	Tschad	453
Island	165 961	Lesotho	384
Luxemburg	139 789	DR Kongo	382
Belgien	117 093	Mosambik	352
Neuseeland	116 437	Sierra Leone	278
Japan	110 408	Burundi	250
Kanada	107 004	Zentralafrikanische Republik	244
Irland	104 842	Sudan	218
Frankreich	101 942	Haiti	214

Quelle: Credit Suisse Global Wealth Report 2019

Ungleichheit: Wäre das Vermögen auf der Welt gleichmäßig verteilt, besäße jeder Erwachsene 70 849 US-$. So aber gehört man bereits mit 7 087 US-$ zur reicheren Hälfte der Weltbevölkerung.

57 % der Weltbevölkerung (2.9 Mrd. Menschen) besitzen weniger als 10 000 $. Diese Zahl ist sowohl absolut als auch prozentual allerdings deutlich niedriger als in den Vorjahren, als 63.9% oder 3.211 Mrd. (2018) bzw. 70.1 % oder 3.47 Mrd. (2017) in diese Gruppe fielen. 33 % der Weltbevölkerung verfügen über ein Vermögen zwischen 10 000 und 100 000 $, 10 % zwischen 100 000 und 1 Mio. $. 1 % hat mehr als 1 Mio. $. Dieses reichste Prozent der erwachsenen Weltbevölkerung besitzt 44 % des gesamten Weltvermögens, gegenüber 34 % zu Anfang des Jahrhunderts. Nachdem der Anteil des obersten Prozents am Weltvermögen in den Jahren nach der Finanzkrise stark angestiegen war, ist er seit wenigen Jahren rückläufig: 2018 betrug er 45 %, 2017 46 %. Den Grund für diesen Rückgang sehen die Analysten der Credit Suisse vor allem darin, dass der Anteil von Realwerten gegenüber Finanzwerten am Vermögenswachstum zugenommen hat: Denn während das Vermögen der Angehörigen der Mittelschicht oft auf Immobilienbesitz basiert und die Immobilienpreise fast überall anstiegen, speist sich das Vermögen der Reichsten häufig zum großen Teil aus Finanzwerten, die derzeit starken Schwankungen ausgesetzt sind: In den USA etwa beläuft sich der Anteil der Finanzwerte am Vermögen des reichsten Prozents auf fast 80 %, auch in Deutschland und Frankreich liegt der Wert immerhin bei knapp 60 %.
Generell tragen zwei Faktoren zur globalen Vermögensungleichheit bei: ungleiche Verhältnisse zwischen den unterschiedlichen Ländern und ungleiche Verhältnisse innerhalb einzelner Länder. Hier sieht der Global Wealth Report deutliche Anzeichen dafür, dass die Ungleichheit zwischen den Ländern abnimmt und die globale Ungleichheit zu immer größeren Teilen auf ungleiche Vermögensverhältnisse innerhalb der einzelnen Länder zurückzuführen ist. Dass die Ungleichheit zwischen den Ländern abnimmt, ist allerdings kein weltumspannendes Phänomen, sondern v. a. auf den Aufstieg der Schwellenländer und hier insbesondere Chinas zurückzuführen. Auch das große Anwachsen der globalen Mittelschicht in den letzten 20 Jahren von 514 Mio. auf 1,7 Mrd. Menschen ist v.a. ein Resultat des Aufstiegs Chinas. So machen Chinesen auch inzwischen 48 % der Gruppe mit einem Vermögen zwischen 10 000 und 100 000 $ aus. Im Sockelbereich der Wohlstandspyramide (Vermögen < 10 000 US-$) befinden sich 90 % der Afrikaner und Inder – aber auch 30 % der erwachsenen Bevölkerung der entwickelten Länder besitzen weniger als 10 000 US-$. Bei vielen Europäern oder Nordamerikanern, die dieser Gruppe zuzuordnen sind, vermutet der Global Wealth Report allerdings lediglich eine temporäre Erscheinung, z. B. weil die betreffenden Personen jung und noch in der Ausbildung sind. In weiten Teilen Südasiens oder Afrikas hingegen haben große Teile der Bevölkerung nach wie vor so gut wie keine Chance, jemals aus der Gruppe der Vermögensarmen herauszukommen.

Alice Walton, Walmart-Erbin, mit einem geschätzten Vermögen von rund 55,5 Mrd. US-$ gilt sie als reichste Frau der Welt.

Jeff Bezos, Amazon-Gründer, gilt mit einem Vermögen von rund 152 Mrd. US-$ als reichster Mann der Welt.

Reichtum: 2019 gab es nach Schätzung des Global Wealth Reports 46.8 Mio. Millionäre auf der Welt. Von diesen besitzen 41.1 Mio. ein Vermögen zwischen 1 und 5 Mio. US-$, weitere 5.5 Mio. zwischen 5 und 50 Mio. US-$. 163 000 Personen besitzen zwischen 50 und 500 Mio. US-$, und die Zahl der Superreichen, deren Vermögen 500 Mio. US-$ oder mehr beträgt, beläuft sich auf weltweit 4 834. Mit knapp 20 Mio. kommt fast die Hälfte der Millionäre aus Nordamerika, gefolgt von Europa, wo 13.29 Mio. Millionäre zu Hause sind. Die geringste Millionärsdichte hat Afrika: Dort gab es 2019 lediglich 171 000 Millionäre. Nach Ländern aufgeschlüsselt, liegen die USA mit weitem Abstand an der Spitze, was die Zahl der Millionäre angeht (18.6 Mio.). An zweiter Stelle folgt China mit 4.4 Mio., an fünfter Deutschland mit 2.2 Mio. Millionären.

Armut: Während sich Reichtum gut durch Vermögen erfassen lässt, ist das Kriterium Vermögen zur Armutsmessung umstritten. Denn nicht jeder, der kein Vermögen besitzt, ist notwendigerweise arm, da er dennoch über ein Einkommen jenseits der Armutsgrenze verfügen kann. Als absolut arm gilt nach der Definition der Vereinten Nationen, wer mit weniger als 1.90 US-$ pro Tag auskommen muss. Darauf, diese extreme Armut bis 2030 aus der Welt zu schaffen, hat sich die Weltgemeinschaft in ihren 2015 verabschiedeten Nachhaltigen Entwicklungszielen (SDGs) verständigt. In ihrem jüngsten Bericht kommen die UN zu dem Schluss, dass dieses Ziel nicht erreicht werden kann, auch wenn der Anteil der absolut Armen an der Weltbevölkerung stetig zurückgeht: von 36 % 1990 auf 10 % 2010 und auf 8.6 % 2015.

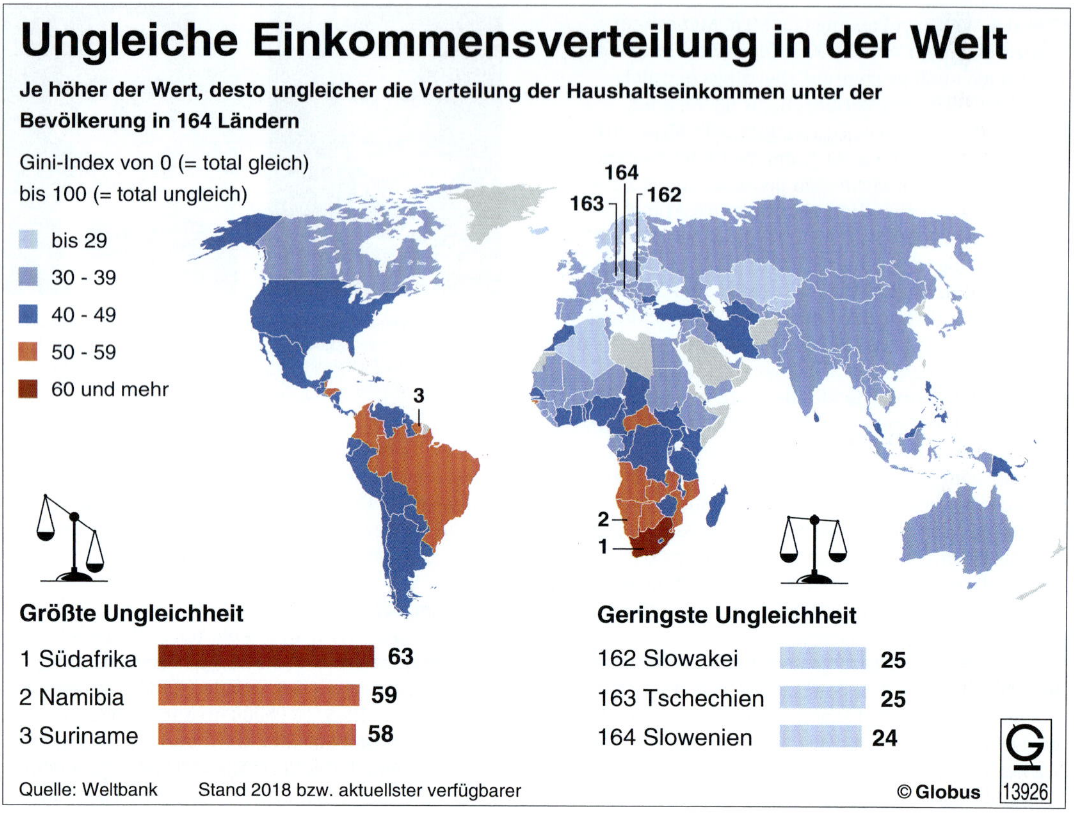

2030 werden es nach Schätzung der Vereinten Nationen immer noch 6 % sein. Überproportional von absoluter Armut betroffen sind Menschen, die auf dem Land leben: So gehören den Vereinten Nationen zufolge 79 % Prozent der Armen auf der Welt zur Landbevölkerung. Auch Kinder unter 14 Jahren sind überdurchschnittlich von Armut betroffen: Sie machen fast die Hälfte der absolut Armen aus. Rapide zurückgegangen ist in den letzten Jahrzehnten die Arbeitsarmut. Dennoch leben nach wie vor 8 % der Beschäftigten auf der Welt und ihre Familien in extremer Armut. In Subsahara-Afrika müssen sogar 38 % der Beschäftigten mit weniger als 1.90 US-$ am Tag auskommen.

Große Fortschritte in der Armutsbekämpfung hat vor allem Ostasien gemacht: Dort waren 1990 noch 52 % der Bevölkerung von extremer Armut betroffen, inzwischen sind es unter 1 %. Auch Südasien hat bei der Armutsbekämpfung aufgeholt, wenngleich 2015 dort immer noch gut 16 % der Menschen in absoluter Armut lebten.

Weiterhin ein Massenphänomen ist extreme Armut vor allem in vielen Ländern Subsahara-Afrikas: Von den 731 Mio. Menschen, die 2015 mit weniger als 1.90 US-$ pro Tag auskommen mussten, sind 400 Mio. in Subsahara-Afrika zu Hause. Die ärmsten Länder wie bspw. Malawi (2016) weisen auch nach den jüngsten vorliegenden Weltbank-Daten einen Anteil von etwa 70 % der Bevölkerung auf, der mit weniger als 1.90 US-$ am Tag auskommen muss. In Ländern wie Ruanda mit 55 % (2016) oder Tansania mit 49.1 % (2017) ist etwa die Hälfte der Menschen von extremer Armut betroffen. Doch auch in Subsahara gibt es Länder, die große Fortschritte bei der Armutsbekämpfung gemacht haben: In Gambia etwa betrug der Anteil der absolut Armen zuletzt etwa 10 % (2015), 1998 waren es noch über 70 %. Doch nicht überall geht die Kurve nach unten: In Angola etwa lag der Anteil der extrem Armen 2008 bei etwa 30 %, 2018 bei 47.6 %.

Staaten im Fokus

Benutzerhinweise

Flagge

Balken mit Farbe des Kontinents

Malaysia

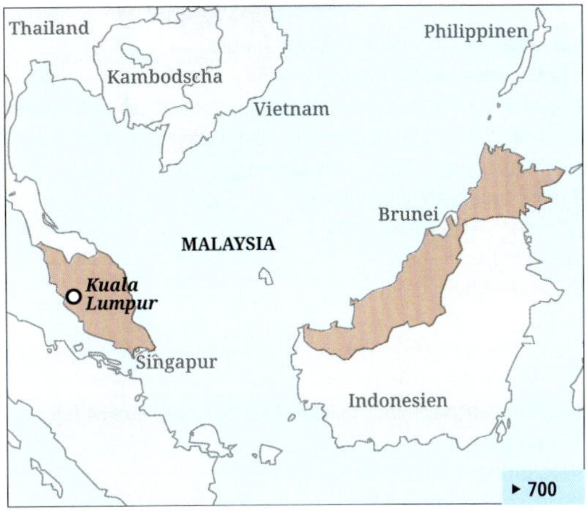

Übersichtskarte

Verweis zur Atlasseite

Fakten und statistische Daten

Ländername	Malaysia
Zeitzone	MEZ +7 h
Fläche in km²	330 345
Anzahl der Einwohner	31.9 Millionen
Einwohnerzahl pro km²	97
Hauptstadt	Kuala Lumpur
Regierungssitz	Putraja

WIRTSCHAFT UND VERKEHR

BIP: 364.7 Mrd. US-$

Wachstum BIP 2019: 4.3 %

BNE/Kopf: 11 137 US-$

Inflation: 0.9 %

Außenhandel: Import 205 Mrd. US-$, Export 238.2 Mrd. US-$

Erwerbstätige nach Sektoren: Landwirtschaft 10.4 %, Industrie 27 %, Dienstleistungen 62.6

Farben der Kontinente

- Afrika
- Asien
- Australien und Ozeanien
- Europa
- Nord- und Mittelamerika
- Südamerika

Die im Titel, der Übersichtskarte, in den Tabellen und anderen Elementen verwendeten Farben zeigen auf einem Blick die Zugehörigkeit eines Staates zu einem Kontinent. Gleichzeitig finden sich diese Farben auch in den politischen Übersichten im Atlasteil wieder.

Quellen zu den Fakten und Daten

Kategorie	Quellen mit Stand
Ländername	Verzeichnis der Staatennamen für den amtlichen Gebrauch in der Bundesrepublik Deutschland (Auswärtiges Amt)
Fläche in km²	World Development Indicators - Surface area (Weltbank, 2019)
Anzahl der Einwohner	World Development Indicators - Population, total (Weltbank, 2019)
Einwohnerzahl pro km²	Berechnet aus der Anzahl der Einwohner und der Fläche in km²
Hauptstadt, Regierungssitz	Länderverzeichnis für den amtlichen Gebrauch in der Bundesrepublik Deutschland (Auswärtiges Amt)
Bevölkerungsanteil	World Development Indicators - Population ages 0-14, total; Population ages 15-64, total; Population ages 65 and above, total (Weltbank, 2019)
Bevölkerungsverteilung	World Development Indicators - Urban population; Rural population (Weltbank, 2019)
Bevölkerungswachstum	Berechnet aus den Anzahlen der Einwohner 2018 und 2019
Lebenserwartung	Population estimates and projections - Life expectancy at birth, female; Life expectancy at birth, male (Weltbank, 2020)
Alphabetenrate	World Development Indicators - Literacy rate, adult female (ages 15 and above); Literacy rate, adult male (ages 15 and above) (Weltbank, 2018)
Bruttoinlandsprodukt (BIP)	World Development Indicators - GDP (current) (Weltbank, 2019); World Economic Outlook Database - Gross domestic product, current prices (Internationaler Währungsfonds, 2019)
Wachstum BIP	World Development Indicators - GDP growth (annual) (Weltbank, 2019); World Economic Outlook Database - Gross domestic product, constant prices (Internationaler Währungsfonds, 2019)
Bruttonationaleinkommen (BNE) pro Kopf	World Economic Outlook Database - Gross domestic product per capita (Internationaler Währungsfonds, 2019); World Development Indicators - GNI per capita (Weltbank, 2018)
Inflation	World Development Indicators - Inflation, consumer prices (annual) (Weltbank, 2019)
Außenhandel	WTO Data portal – Merchandise imports; Merchandise exports (Welthandelsorganisation, 2019)
Erwerbstätige nach Sektoren	World Development Indicators - Employment in agriculture; Employment in industry; Employment in services (Weltbank, 2019)
Arbeitslosenquote	World Development Indicators - Unemployment, total (Weltbank, 2019)
Energieverbrauch pro Kopf	World Development Indicators - Energy use (kg of oil equivalent per capita) (Weltbank, 2014)

Anmerkung: Neben den angegebenen Hauptquellen wurden verschiedene weitere Quellen genutzt.

Leichte Abweichungen in den Zahlen ergeben sich durch unterschiedliche Berechnungszeiträume und/oder durch Rundung der Werte.

Afghanistan

▸ 692

Ländername	Islamische Republik Afghanistan
Zeitzone	MEZ +3:30 h
Fläche in km²	652 860
Anzahl der Einwohner	38 Millionen
Einwohnerzahl pro km²	58
Hauptstadt	Kabul
Amtssprache	Dari, Paschtu
Verwaltungsgliederung	34 Provinzen
Wichtige Städte	Kabul, Herat, Kandahar, Mazar-e-Sharif, Jalalabad, Kunduz
Autokennzeichen | ISO-Code	AFG | AFG
Währung	1 Afghani = 100 Pul
Nationalfeiertag	19. August

Das unwirtliche Bergland am Hindukusch war von alters her Schauplatz kriegerischer Auseinandersetzungen und ein Durchgangsland mit wechselnden Herrschern. Die strategisch bedeutsame Lage und die Möglichkeit, diese Nahtstelle des asiatischen Handels zu kontrollieren, weckte häufig das Interesse fremder Mächte. In jüngster Zeit führte ein blutiger Bürgerkrieg das Land ins Chaos. Der internationale Militäreinsatz 2001 hat einer politischen Neuordnung den Weg geebnet. Sie wird aber seitdem vom Wiedererstarken der islamistischen Taliban bedroht. Afghanistan ist seit 2004 eine islamische Republik.

GEOGRAFIE

Geografische Lage: Von 29° 23' bis 38° 27' nördlicher Breite sowie von 60° 29' bis 74° 53' östlicher Länge
Höchster Punkt: Nowshak 7485 m
Klima: Kontinentales Steppenklima, im Südwesten Wüstenklima, im Nordosten Hochgebirgsklima

POLITIK

Staatsform: Islamische Präsidialrepublik
Staatsoberhaupt: Präsident
Legislative: Nationalversammlung, bestehend aus Volksvertretung mit 250 für 5 Jahre gewählten Mitgliedern und Ältestenrat mit 34 für 3 Jahre sowie 34 für 4 Jahre gewählten und 34 für 5 Jahre ernannten Mitgliedern
Jahr der Verfassung: 2004
Wahlrecht: 18 Jahre
Staatsreligion: Islam

BEVÖLKERUNG

Bevölkerungsanteil: <15 Jahre 42.5 %, 15-64 Jahre 54.9 %, >64 Jahre 2.6 %
Verteilung: Stadt 25.8 %, Land 74.2 %
Wachstum 2019: 2.4 %
Lebenserwartung: Frauen 67 Jahre, Männer 64 Jahre
Alphabetenrate: Frauen 29.8 %, Männer 55.5 %
Ethnische Gruppen: Paschtunen, Tadschiken, Hazara, Usbeken u. a.
Religionen: Muslime 99.7 %
Sprachen: Dari, Paschtu, Usbekisch, Englisch, Turkmenisch, Urdu, u. a.

WIRTSCHAFT UND VERKEHR

BIP: 19.1 Mrd. US-$
Wachstum BIP 2019: 3 %
BNE/Kopf: 513 US-$
Inflation: 2.3 %
Außenhandel: Import 7.31 Mrd. US-$, Export 1.05 Mrd. US-$
Erwerbstätige nach Sektoren: Landwirtschaft 42.8 %, Industrie 18.2 %, Dienstleistungen 39 %
Arbeitslosenquote: 11.1 %
Energieverbrauch/Kopf: Keine Angabe
Straßennetz: 34 903 km
Eisenbahnnetz: 75 km

RÜCKBLICK

Friedensabkommen: Am 29.2.2020 unterzeichneten Vertreter der USA und der aufständischen Taliban in Doha (Katar) eine Friedensvereinbarung. Darin **verpflichteten sich die USA zum Abzug** ihrer etwa 13 000 Armeeangehörigen in zwei Etappen bis zum 29.4.2021; diese Verpflichtung erstreckte sich außerdem auf Einheiten verbündeter Staaten im Rahmen der NATO-Mission „Resolute Support". **Im Gegenzug gaben die Taliban die Garantie ab, keine gegen die USA gerichteten terroristischen Gruppen wie Al-Qaida auf dem afghanischen Territorium zu dulden**. Zugleich willigten sie in Friedensgespräche mit der bislang von ihnen strikt als Verhandlungspartner abgelehnten afghanischen Regierung ein; ihr Beginn war auf den 10.3.2020 terminiert und sollte mit einem **Gefangenenaustausch** einhergehen. Die Übereinkunft war im Wesentlichen schon im Sommer 2019 unterschriftsreif, ein dazu anberaumtes Treffen mit der Taliban-Führung und Präsident Ashraf Ghani in Camp David wurde jedoch von US-Präsident Donald Trump am 7.9.2019 abgesagt. Die Verhandlungen wurden bald wieder aufgenommen, unterstützt durch die Freilassung hochrangiger Taliban aus US-Gewahrsam. US-Verhandlungsführer Zalmay Khalilzad konsultierte am 22.10.19 die NATO-Partner in Brüssel, danach die französische Regierung in Paris. Am 25.10. kam er in Moskau mit Vertretern Russlands, Pakistans und der VR China zusammen, die das Friedensabkommen begrüßten, China bot Peking als Ort künftiger Verhandlungen zwischen der afghanischen Regierung und den Taliban an. Bei den NATO-Mitgliedern stieß das Abkommen auf Zurückhaltung, da die autonome Widerstandskraft der legitimen Regierung gegenüber den Islamisten nicht gesichert schien. Dennoch erklärten die übrigen Missionsteilnehmer, ihre insgesamt etwa 6 700 Soldaten infolge des amerikanischen Rückzugs ebenfalls abziehen zu wollen.

Innerafghanische Friedensgespräche: Die in der Übereinkunft vorgesehenen Gespräche zwischen der Regierung und den Taliban stockten von Beginn an. Präsident Ashraf Ghani weigerte sich zunächst, wie vorgesehen 5 000 inhaftierte Aufständische als Vorleistung zu entlassen und kündigte stattdessen am 11.3.2020 die Freilassung von etwa 1 500 Aufständischen an, welche aber unterblieb. Mit dieser Hinhaltetaktik erzwang Ghani bilaterale Verhandlungen über einen Gefangenenaustausch mit den Taliban, die Ende März in Kabul aufgenommen wurden. Am 9.4.2020 entließ die Regierung 100 Taliban, darunter keine höherrangigen Kommandeure. Im Mai gerieten die Verhandlungen nach schweren Anschlägen erneut in eine Krise. In einer Fernsehansprache erklärte Ghani am 12.5.2020 die Friedensgespräche für beendet und kündigte eine Militäroffensive gegen die Taliban an, die ihrerseits Kunduz angriffen. Eine am 23.5. von beiden Seiten ausgerufene dreitägige Waffenruhe nahm die US-Regierung zum Anlass, auf eine Wiederaufnahme der Friedensgespräche zu dringen. Bis Ende Juni setzte die Regierung etwa 4 000 Taliban auf freien Fuß; im Gegenzug ließen die Attacken der Islamisten in größeren Städten nach.

Wahlen: Nach zweimaliger Verschiebung wurden am 28.9.2019 unter hohen Sicherheitsvorkehrungen Präsidentschaftswahlen abgehalten. Die Wahlbeteiligung war niedriger als bei früheren Wahlgängen: Laut dem erst am 18.2.2020 von der Unabhängigen Wahlkommission IEC bekanntgegebenen amtlichen Endergebnis gaben nur 1.82 Mio. Afghaninnen und Afghanen ihre Stimme ab, bezogen auf die Zahl der registrierten Wähler entspricht dies einer Wahlbeteiligung von unter 21 %. Als Sieger wurde Amtsinhaber Ashraf Ghani mit 50.6 % der abgegebenen Stimmen ausgerufen; auf den Geschäftsführer der Regierung, Abdullah Abdullah, entfielen 39.5 %, auf den früheren islamistischen Warlord Gulbuddin Hekmatyar 3.8 %. In einigen Nordprovinzen fanden Protestkundgebungen gegen das Wahlergebnis statt – Abdullah warf dem IEC Wahlfälschung vor und erkannte das Ergebnis nicht an. Auch die US-Regierung ging auf Distanz zum Amtsinhaber. Nach der Kürzung der US-Finanzhilfe um 1 Mrd. US-$ einigten sich Ghani und Abdullah am 17.5.2020 wie 2014 auf eine Machtteilung: Abdullah erkannte die Wahl Ghanis zum Präsidenten an, im Gegenzug erhielt er das Amt eines über dem Kabinett stehenden Marschalls und die Federführung bei den Friedensverhandlungen mit den Islamisten.

Bürgerkrieg: Ungeachtet der Verhandlungen zwischen den Taliban und den USA nahmen Kampfhandlungen und Anschläge 2019 nur geringfügig ab. Die Zahl der zivilen Opfer des Konflikts wurde von der UN-Mission mit 3 404 Toten und 6 989 Verletzten beziffert. Der Rückgang gegenüber 2018 um etwa 5 % wurde von Beobachtern auf die erfolgreiche Bekämpfung der Miliz Islamischer Staat (IS) in dessen Hochburgen Nangarhar, Kunar und Kabul zurückgeführt, der IS-Führer Aslam Faruki wurde am 4.4.2020 gefasst. Trotz der Verhandlungen zwischen Regierung und Taliban blieben diese aktiv: Die Zahl der zivilen Opfer des Konflikts war im April deutlich höher als im gleichen Monat des Vorjahres.

Ägypten

▸ 634

Ländername	Arabische Republik Ägypten
Zeitzone	MEZ +1 h
Fläche in km²	1 001 450
Anzahl der Einwohner	100.4 Millionen
Einwohnerzahl pro km²	100
Hauptstadt	Kairo
Amtssprache	Arabisch
Verwaltungsgliederung	27 Gouvernements
Wichtige Städte	Kairo, Alexandria, Gizeh, Shoubra al-Khaima, Port Said, Suez
Autokennzeichen | ISO-Code	ET | EGY
Währung	1 Ägyptisches Pfund = 100 Piaster
Nationalfeiertag	23. Juli

Götter und Pharaonen, Pyramiden und Hieroglyphen sind die Symbole für die frühe ägyptische Hochkultur. Das Land im Nordosten des afrikanischen Kontinents ist eine Brücke zwischen Orient und Okzident, ein Land zwischen Tradition und Moderne, Arm und Reich im Schatten einer glanzvollen Vergangenheit. 2011 endete nach Massenprotesten der Bevölkerung das autoritäre Regime des seit 1981 herrschenden Präsidenten Mubarak. Nach der „Arabischer Frühling" genannten Revolution übernahmen die Muslimbrüder mit Mohammed Mursi die politische Führung. Nach erneuten Unruhen und Massenprotesten kam es Mitte 2013 zum Militärputsch. Seither regiert der Militär Abdel Fattah al-Sisi das Land.

GEOGRAFIE

Geografische Lage: Von 22° bis 31° 39' nördlicher Breite sowie von 24° 42' bis 36° 52' östlicher Länge
Höchster Punkt: Jabal Katrina 2637 m
Klima: Halbwüsten- und Wüstenklima

POLITIK

Staatsform: Präsidiale Republik
Staatsoberhaupt: Staatspräsident
Legislative: Repräsentantenhaus mit 568 für 5 Jahre gewählten und 28 ernannten Mitgliedern
Jahr der Verfassung: 2014
Wahlrecht: 18 Jahre
Staatsreligion: Islam

BEVÖLKERUNG

Bevölkerungsanteil: <15 Jahre 33.8 %, 15-64 Jahre 61 %, >64 Jahre 5.2 %
Verteilung: Stadt 42.7 %, Land 57.3 %
Wachstum 2019: 2 %
Lebenserwartung: Frauen 75 Jahre, Männer 70 Jahre
Alphabetenrate: Frauen 65.5 %, Männer 76.5 %
Ethnische Gruppen: Ägypter u. a.
Religionen: Muslime 90 %, Christen 10 %
Sprachen: Arabisch

WIRTSCHAFT UND VERKEHR

BIP: 303.18 Mrd. US-$
Wachstum BIP 2019: 5.3 %
BNE/Kopf: 3 047 US-$
Inflation: 13.9 %
Außenhandel: Import 70.92 Mrd. US-$, Export 28.99 Mrd. US-$
Erwerbstätige nach Sektoren: Landwirtschaft 23.8 %, Industrie 27.7 %, Dienstleistungen 48.5 %
Arbeitslosenquote: 8.1 %
Energieverbrauch/Kopf: 827 kg ÖE
Straßennetz: 65 050 km
Eisenbahnnetz: 7 024 km

RÜCKBLICK

Nach einer neuen Welle regierungskritischer Proteste hat sich die repressive Politik der Regierung unter Präsident Abdel Fattah al-Sisi weiter verstärkt. Die Wirtschaft konsolidierte sich insgesamt, was jedoch nicht in gesamtgesellschaftliche Wohlfahrt übersetzt werden konnte. 2020 wurde die Marke von 100 Millionen Einwohnern überschritten, für die kommenden Jahre wird ein Bevölkerungswachstum von über zwei Millionen Menschen pro Jahr prognostiziert.

Proteste und Repressionen: Im aktuellen Bericht des CIVICUS-Monitors, mit dem die Entwicklung zivilgesellschaftlicher Entfaltungsräume in Staaten erfasst werden sollen, wird Ägypten in der letzten Kategorie eingeordnet. Damit wird der Raum für kritische Akteure als „geschlossen" beschrieben. Die umfassenden staatlichen Repressionen lassen sich als Antwort auf die im September 2019 ausgebrochenen **Massenproteste** verstehen. Vor dem Hintergrund steigender Lebenshaltungskosten, von Berichten über die zunehmende Unterdrückung kritischer Stimmen und den öffentlichkeitswirksamen Enthüllungen korrupter Strukturen im Militär durch den Bauunternehmer Mohamed Ali hatten sich zum ersten Mal seit dem Putsch 2013 wieder große Demonstrationen entwickelt. Daraufhin wurden mehrere Tausend Demonstranten festgenommen. Menschenrechtsaktivisten wurden systematisch verfolgt und es wurde weiterhin über Folter und andere Menschenrechtsverletzungen berichtet. Der ehemalige Armee-Staatschef, **Sami Annan**, der 2018 bei der Präsidentschaftswahl gegen Al-Sisi antreten wollte und im Zuge dessen durch einen als politisch motiviert geltenden Prozess inhaftiert wurde, wurde im Dezember 2019 wieder freigelassen. Im August 2019 wurde ein Gesetz vom Präsidenten ratifiziert, das die Handlungsspielräume von Nichtregierungsorganisationen weiterhin deutlich einschränkt und Repressionen gegen kritische Arbeit ermöglicht.

Demonstranten rufen Slogans während eines seltenen Protestes gegen die Regierung in der Innenstadt von Kairo, Ende September 2019. Die Demonstranten forderten den Sturz des ägyptischen Präsidenten Al-Sisi.

Wirtschaft: Es wurde mit einem deutlichen Wirtschaftswachstum für das Jahr 2019 gerechnet. Das Haushaltsdefizit sank von 12.5 % des BIP im Jahr 2016 auf 8.7 % 2019. Auch das Verhältnis von Schulden zum BIP sank von 103 % 2017 auf 89.5 % im Jahr 2019. Die ägyptischen Devisenreserven erreichten einen Höchststand, während die Inflation auf den niedrigsten Stand seit vier Jahren fiel. 2019 sank die Arbeitslosenquote auf 8.1 %, den niedrigsten Stand der letzten 20 Jahre. Trotzdem konnte ein Großteil der Bevölkerung nicht von dieser Positiventwicklung profitieren. Die Währungsabwertung von 2016 hat fortwährende Nachwirkungen, unter anderem deswegen sind die Lebenshaltungskosten massiv gestiegen. In diesem Zusammenhang ist der Anteil der Menschen, die unterhalb der Armutsgrenze leben, von 27.8 % im Jahr 2016 auf 32.5 % im Jahr 2019 gestiegen. Trotz der steigenden Erwerbstätigenzahlen war die Arbeitslosigkeit unter Jugendlichen (26 %) und Frauen (38 %) weiterhin hoch. Die Wirtschaft ist verhältnismäßig anfällig für die Auswirkungen der Covid-19-Pandemie, da die Ölindustrie und die Tourismusbranche wichtige Sektoren der ägyptischen Ökonomie darstellen. 2019 wurde das 150-jährige Jubiläum der Eröffnung des Suezkanals gefeiert. Die staatlichen Einnahmen durch den erweiterten Kanal sind weiterhin von hoher Bedeutung, blieben jedoch hinter den beim Ausbau prognostizierten Zahlen zurück: Im Haushaltsjahr 2018/19 beliefen sie sich auf 5.9 Milliarden US-Dollar.

Militarisierung: Das ägyptische Militär wurde im „Global Firepower Index" im Jahr 2020 auf **Platz 9 aller Staaten weltweit** eingeordnet. Damit lag das Militär in Kennzahlen zu Armeeangehörigen und Beständen an nichtnuklearen Waffen noch vor der Türkei, dem Iran und Saudi-Arabien und ist dementsprechend am höchsten von allen Staaten des Nahen Ostens und Nordafrikas platziert. Im Militarisierungsindex des Bonn International Center for Conversion liegt das Land auf Platz 21. Die Entwicklung war auf die seit dem Friedensvertrag zwischen Israel und Ägypten im Jahr 1979 bestehenden erheblichen finanziellen Zuschüsse an das Militär durch die USA und den hohen Stellenwert des Militärs unter dem Feldmarschall Al-Sisi zurückzuführen. Die relevantere Rolle des Militärs zeigte sich auch in einem zunehmenden Engagement in regionalen Konflikten, vor allem im Jemen und in Libyen, oder der Rolle in diplomatischen Beziehungen wie bei den Kontroversen um den Grand-Ethiopian-Renaissance-Staudamm in Äthiopien.

Sicherheit: Die Sicherheitslage war weiterhin angespannt. Am 4.8.2019 explodierte eine Autobombe in Kairo, wobei 20 Menschen starben. Die Regierung wirft der schon in früheren Jahren terroristisch aktiv gewesenen, islamistischen Hasm-Bewegung vor, verantwortlich zu sein. Infolgedessen kam es zu Militäreinsätzen in Kairo und auf der Sinai-Halbinsel. Auf dem Sinai kam es auch weiterhin zu bewaffneten Auseinandersetzungen, weswegen ein groß angelegter Antiterroreinsatz von der Regierung im Oktober 2019 beordert wurde, bei dem laut staatlicher Seite mehr als 80 Extremisten getötet wurden und diverse Waffen beschlagnahmt werden konnten.

Albanien

▸ 626

Ländername	Republik Albanien
Zeitzone	MEZ ±0 h
Fläche in km²	28 750
Anzahl der Einwohner	2.9 Millionen
Einwohnerzahl pro km²	100
Hauptstadt	Tirana
Amtssprache	Albanisch
Verwaltungsgliederung	12 Bezirke
Wichtige Städte	Tirana, Durrës, Vlorë, Elbasan, Shkodër
Autokennzeichen | ISO-Code	AL | ALB
Währung	Lek
Nationalfeiertag	28. November

Das Land der Skipetaren gehörte durch die jahrzehntelange kommunistische Diktatur zu den abgeschlossensten und isoliertesten Regionen der Welt. Seit seiner politischen Öffnung Anfang der 1990er-Jahre bemüht sich Albanien im Spannungsfeld der Balkanhalbinsel um Integration in die internationale Gemeinschaft. 2009 wurde das Land Mitglied der NATO und seit 2014 ist es Beitrittskandidat der EU, wobei die Beitrittsverhandlungen bis heute noch nicht begonnen haben.

GEOGRAFIE

Geografische Lage: Von 39° 39' bis 42° 39' nördlicher Breite sowie von 19° 17' bis 21° 02' östlicher Länge
Höchster Punkt: Korab 2764 m
Klima: Im Landesinneren kontinentales Klima, an der Küste Mittelmeerklima

POLITIK

Staatsform: Parlamentarische Republik
Staatsoberhaupt: Präsident
Legislative: Parlament mit 140 für 4 Jahre gewählten Mitgliedern
Jahr der Verfassung: 1998
Wahlrecht: 18 Jahre
Staatsreligion: Keine

BEVÖLKERUNG

Bevölkerungsanteil: <15 Jahre 17.4 %, 15-64 Jahre 68.4 %, >64 Jahre 14.2 %
Verteilung: Stadt 61.2 %, Land 38.8 %
Wachstum 2019: -0.2 %
Lebenserwartung: Frauen 80 Jahre, Männer 77 Jahre
Alphabetenrate: Frauen 97.8 %, Männer 98.5 %
Ethnische Gruppen: Albaner, Griechen u. a.
Religionen: Muslime 58.8 %, Christen 16.8 %, Sonstige 5.7 %
Sprachen: Albanisch, Minderheitensprachen

WIRTSCHAFT UND VERKEHR

BIP: 15.28 Mrd. US-$
Wachstum BIP 2019: 2.2 %
BNE/Kopf: 5 373 US-$
Inflation: 1.4 %
Außenhandel: Import 5.9 Mrd. US-$, Export 2.72 Mrd. US-$
Erwerbstätige nach Sektoren: Landwirtschaft 36.7 %, Industrie 20 %, Dienstleistungen 43.3 %
Arbeitslosenquote: 12.3 %
Energieverbrauch/Kopf: 808 kg ÖE
Straßennetz: 3 945 km
Eisenbahnnetz: 423 km

RÜCKBLICK

Streit um Kommunalwahlen: Staatspräsident Ilir Meta erkannte das Ergebnis der Kommunalwahlen vom 30.6.2019 nicht an. Er hatte den Wahltermin zuvor nach zahlreichen Protesten der Opposition auf den 13.10. verschoben, was die Regierung von Ministerpräsident Edi Rama und die Zentrale Wahlkommission nicht akzeptierten. Die Oppositionsparteien boykottierten in der Folge die Wahlen. Eine rechtliche Klärung durch das Verfassungsgericht konnte nicht erfolgen, da dessen bisherige Mitglieder ihr Amt infolge der Justizreform aufgeben mussten und noch keine Nachfolger bestimmt wurden.

Einer der neugewählten sozialistischen Bürgermeister, Valdrin Pjetri in Shkodër, trat bereits am 15.8.2019 von seinem Amt zurück. Er hatte in seinem Lebenslauf verschwiegen, dass er 2003 in Italien wegen Drogenhandels zu einer Bewährungsstrafe verurteilt und abgeschoben worden war. Pjetri war infolge des Wahlboykotts der Opposition der erste Sozialist, der in Shkodër zum Bürgermeister gewählt wurde.

Korruption: Der frühere Innenminister Samir Tahiri wurde am 19.9.2019 zu drei Jahren und vier Monaten Haft auf Bewährung verurteilt. Ihm war Amtsmissbrauch vorgeworfen worden, da während seiner Amtszeit eine Drogenhändlerbande jahrelang ungehindert agieren konnte. In von der italienischen Polizei abgehörten Telefongesprächen der Drogenhändler war Tahiri belastet worden. Vom Anklagepunkt des Drogenhandels und der Verbindung mit einer kriminellen Organisation wurde er freigesprochen.

Das Appellationsgericht in Tirana bestätigte am 17.10. das Urteil in Höhe von zehn Jahren Haft gegen Kelmend Balili, einen früheren Direktor der Öffentlichen Verkehrsbetriebe von Saranda, wegen Drogenhandels und Mitgliedschaft in einer kriminellen Organisation. Balili war, nachdem in Griechenland ein Haftbefehl gegen ihn erlassen worden war, jahrelang untergetaucht. Er stellte sich schließlich im Januar 2019, nachdem diplomatischer Druck auf Albanien ausgeübt worden war.

EU-Beitrittsverhandlungen: Die Europäische Union beschloss auf ihrem Gipfeltreffen vom 17./18.10.2019, vorerst keine Beitrittsverhandlungen mit Albanien und Nordmazedonien aufzunehmen, nachdem sich mehrere Länder dagegen ausgesprochen hatten. Die Reformbemühungen der beiden Staaten seien noch nicht ausreichend fortgeschritten. Die Änderung des Verfahrens bei den Verhandlungen ermöglichte schließlich die Zustimmung zu deren Aufnahme, zumindest durch den Rat der Europaminister am 25.3.2020.

Proteste gegen Abriss: Am 17.5.2020 protestierten in Tirana Hunderte gegen den Abriss des Nationaltheaters. Dabei kam es zu Auseinandersetzungen mit der Polizei, die wegen ihres Vorgehens gegen die Demonstranten heftig kritisiert wurde, so auch von Staatspräsident Meta, der den Abriss ein moralisches Verbrechen nannte. Der Einsatz von Gewalt sei unverhältnismäßig gewesen. Der Abriss war von Oppositionspolitikern, Künstlern und Vertretern der Zivilgesellschaft abgelehnt worden; stattdessen plädierte man für die Renovierung des Gebäudes, das zur Zeit der italienischen Okkupation 1939-44 erbaut worden war. Auch die EU-Vertretung, die zuvor zum Dialog zwischen Behörden und Zivilgesellschaft aufgerufen hatte, äußerte sich kritisch. Rechtlich fragwürdig war auch, dass die Entscheidung zum Abriss nur drei Tage zuvor vom Stadtrat gefällt worden war, obwohl derartige Beschlüsse erst zehn Tage nach ihrer Publikation in Kraft treten.

Das Nationaltheater im Stadtzentrum von Tirana, vor seinem Abriss am 17.5.2020

Corona: Am 8.3.2020 wurden die ersten beiden Covid-19-Infektionen bestätigt; am 13.3. kam es zum ersten Todesfall. Am 8.3. wurden alle Schulen geschlossen, im Verlauf der folgenden Tage wurden weitere Einschränkungen des öffentlichen Lebens und der Bewegungsfreiheit erlassen. Die Polizei errichtete zahlreiche Kontrollposten im Land.
Am 15.3. wurden die Landgrenzen geschlossen und alle Fährverbindungen eingestellt. Am 26.4. wurden die Einschränkungen durch die Einführung von roten und grünen Zonen modifiziert.
In den roten Zonen wurde der Zeitraum, in dem man die eigene Wohnung verlassen kann, von anderthalb auf zwei Stunden ausgedehnt, in den grünen Zonen, die nur ein geringes Infektionsrisiko aufwiesen, auf acht Stunden. Für Rentner blieb es auf zweieinhalb Stunden am Morgen begrenzt.
Am 18.5. gehörten nur noch fünf Bezirke, darunter die beiden größten Städte Tirana und Durrës, zur roten Zone. Im Juni stieg die Zahl der Neuinfektionen markant und kontinuierlich an, die Zahl der Todesfälle verdoppelte sich fast.

Algerien

▸ 632

Ländername	Demokratische Volksrepublik Algerien
Zeitzone	MEZ ±0 h
Fläche in km²	2 381 740
Anzahl der Einwohner	43.1 Millionen
Einwohnerzahl pro km²	18
Hauptstadt	Algier
Amtssprache	Arabisch, Berberisch (Tamazight)
Verwaltungsgliederung	48 Provinzen
Wichtige Städte	Algier, Oran, Constantine, Annaba, Batna, Blida
Autokennzeichen | ISO-Code	DZ | DZA
Währung	Algerischer Dinar
Nationalfeiertag	5. Juli, 1. November

Algerien, der größte Staat Afrikas, erstreckt sich von der dicht besiedelten Küste des westlichen Mittelmeeres bis zur menschenleeren Wüste der Sahara. In dem zentralen Maghrebland haben sich über Jahrhunderte orientalische, europäische und afrikanische Einflüsse vermischt. Vor allem die französische Kolonialzeit hat deutliche Spuren hinterlassen. Infolge der langjährigen Auseinandersetzungen mit den islamischen Fundamentalisten steht das Land heute an einer Wendemarke.

GEOGRAFIE

Geografische Lage: Von 18° 59' bis 37° 06' nördlicher Breite sowie von 8° 41' westlicher bis 11° 58' östlicher Länge
Höchster Punkt: Tahat 2918 m
Klima: An der Küste warmes Mittelmeerklima, im Atlasgebirge Steppenklima, südlich des Atlas heißes Wüstenklima

POLITIK

Staatsform: Präsidiale Republik
Staatsoberhaupt: Präsident
Legislative: Parlament, bestehend aus Nationalversammlung mit 462 für 5 Jahre gewählten Mitgliedern und Rat der Nation mit 96 für 6 Jahre gewählten und 48 ernannten Mitgliedern (jeweils alle 3 Jahre teilerneuert)
Jahr der Verfassung: 1989
Wahlrecht: 18 Jahre
Staatsreligion: Islam

BEVÖLKERUNG

Bevölkerungsanteil: <15 Jahre 30.6 %, 15-64 Jahre 62.9 %, >64 Jahre 6.5 %
Verteilung: Stadt 73.2 %, Land 26.8 %
Wachstum 2019: 2 %
Lebenserwartung: Frauen 78 Jahre, Männer 76 Jahre
Alphabetenrate: Frauen 75.3 %, Männer 87.4 %
Ethnische Gruppen: Araber, Berber u. a.
Religionen: Muslime 99 %
Sprachen: Arabisch, Berbersprachen, Französisch

WIRTSCHAFT UND VERKEHR

BIP: 169.99 Mrd. US-$
Wachstum BIP 2019: 0.8 %
BNE/Kopf: 3 980 US-$
Inflation: 2 %
Außenhandel: Import 42.94 Mrd. US-$, Export 36.09 Mrd. US-$
Erwerbstätige nach Sektoren: Landwirtschaft 9.9 %, Industrie 30.7 %, Dienstleistungen 59.4 %
Arbeitslosenquote: 11.7 %
Energieverbrauch/Kopf: 1 328 kg ÖE
Straßennetz: 108 302 km
Eisenbahnnetz: 3 973 km

RÜCKBLICK

Algerien befand sich nach dem Rückzug des langjährigen Präsidenten Abdelaziz Bouteflika in einer tiefen politischen und ökonomischen Krise. Die Massendemonstrationen gegen das alte politische System haben trotz Wahlen und einer neuen Regierung nicht aufgehört.

Proteste und Rücktritte: Die massiven, **Hirak** genannten Proteste, die im April 2019 zu einem Rücktritt des gesundheitlich schwer angeschlagenen Langzeitherrschers Abdelaziz Bouteflika führten, ebbten auch nach seinem Machtverzicht nicht ab. Über 70 % der Algerierinnen und Algerier sind unter 30 Jahre alt, und verbanden das bisherige Regime nicht mehr mit dem erfolgreichen Kampf gegen den Kolonialismus, sondern mit vorrangig an Machterhalt interessierten Politikern und einem übermächtigen Militärapparat im Hintergrund. Daher bezogen sich die Proteste zuletzt nicht allein auf Bouteflika, sondern auf alle Akteure, die mit dem alten Regime assoziiert wurden. In diesem Kontext kam es auch zum Rücktritt des ehemaligen Parlamentspräsidenten **Mouad Bouchareb**. Die Proteste endeten auch nicht nach der Präsidentschaftswahl, sodass Massendemonstrationen das gesamte Jahr 2019 prägten. Auch 2020 fanden jeden Freitag größere Demonstrationen gegen die Regierung und das Militär statt, bis diese Mitte März wegen der Covid-19-Pandemie untersagt wurden.

Repressionen: Im Juni 2019 starb der Menschenrechtsaktivist Kameleddine Fekhar nach langem Hungerstreik. Er war wegen seines Aktivismus mehrfach angeklagt worden. Der algerische Staat ging sowohl vor als auch nach dem Rücktritt von Bouteflika hart gegen Kritik vor. So wurden immer wieder Protestierende, Menschenrechtler und Oppositionelle verhaftet. Proteste und Veranstaltungen von Regierungskritikern wurden regelmäßig verhindert oder zumindest wurde dies versucht. 2020 waren noch immer über 100 Menschen angeklagt, weil sie entweder an den Hirak-Protesten teilgenommen oder öffentlich über diese berichtet hatten. International wurde vor allem die Inhaftierung inländischer und die Ausweisung ausländischer Journalisten kritisiert. Der Regierung wurde vorgeworfen, Maßnahmen zur Eindämmung der Covid-19-Pandemie zu nutzen, um legitimen Protest aktiv zu unterbinden und gegen weitere Oppositionelle vorzugehen.

Wahlen: Von den 143 Personen, die Ambitionen auf das Präsidentschaftsamt verkündeten, schafften nur fünf die Zulassungshürden. Alle fünf Kandidaten hatten bereits in der Vergangenheit gewichtige politische Ämter inne, weswegen die Protestbewegung sich gegen alle Kandidaten und zum Teil gegen die Wahl an sich richtete. Der Wahlkampf wurde von Beobachtern als schleppend beschrieben und die Profile und Forderungen aller Kandidaten als kaum unterscheidbar. Nach mehreren Verschiebungen fand die Wahl schließlich am 12.12.2019 statt. In großen Teilen des Landes verlief sie friedlich, in Algier kam es jedoch zu Massenprotesten und Boykottaufrufen. Die Wahlbeteiligung erreichte mit weniger als 40 % einen historischen Tiefstand. Mit 58 % der Stimmen gewann **Adelmadjid Tebboune** im ersten Wahlgang. Nach einem Abschluss an der Nationalen Verwaltungsschule hatte Tebboune diverse administrative Ämter inne, bis er zwischen 1999 und 2002 verschiedene Ministerposten besetzte. Bis 2012 verließ er dann die Politik aufgrund der Verwicklung in einen Finanzskandal, um danach bis 2017 Minister für Wohnungswesen und dann für drei Monate bis zu einer Verwerfung mit Bouteflika Premierminister zu werden. Wegen dieser Posten gilt er der Protestbewegung als Systemkandidat. Tebbounes Regierungsprogramm umfasst vor allem Maßnahmen, die zu einer Diversifizierung der Wirtschaft und schnellerem ökonomischem Wachstum führen sollen. Beobachtern zufolge wird er vom Militär gestützt, was tief greifende Veränderungen wie die Forderung der Protestbewegung, keine hochrangigen Vertreter des alten Systems mehr regieren zu lassen, unwahrscheinlich macht.

Regierungsbildung: Tebboune beauftragte Ende Dezember den Universitätsprofessor, Politologen und ehemaligen Diplomaten **Abdelaziz Djerad** mit der Regierungsbildung. Am 2.1.2020 wurde die 39-köpfige Regierung ernannt, von der die überwiegende Mehrheit der berufenen Mitglieder bereits in der Vorgängerregierung ein Amt bekleidet hatte.

Wirtschaft: Trotz eines 2019 leicht gestiegenen Wachstums des Bruttoinlandsprodukts befand sich die algerische Wirtschaft in einer Krise. Die hohe Abhängigkeit von starken Preisschwankungen unterworfenen Ölexporten, sinkende Fördermengen und einem stark auf Subventionen basierenden System für grundlegende Konsumgüter führten zu Instabilitäten. Die Arbeitslosigkeit war unter jüngeren Menschen hoch, die Staatseinnahmen sanken und der Dinar erfährt seit Jahren eine erhebliche Abwertung. Die Regierung kündigte im August 2019 ein umfassendes Privatisierungsprogramm an, in dem unter anderem 195 Staatsunternehmen in die Privatwirtschaft überführt werden sollen.

Malaria: Trotz Rückschlägen in anderen Regionen der Welt konnten in Algerien große Fortschritte bei der Bekämpfung von Malaria erzielt werden. 2019 erklärte die WHO die Krankheit in dem Land als besiegt.

Andorra

▸ 623

Ländername	Fürstentum Andorra
Zeitzone	MEZ ±0 h
Fläche in km²	470
Anzahl der Einwohner	77 142
Einwohnerzahl pro km²	164
Hauptstadt	Andorra la Vella
Amtssprache	Katalanisch
Verwaltungsgliederung	7 Gemeinden
Wichtige Städte	Andorra la Vella, Escaldes-Engordany, Encamp
Autokennzeichen | ISO-Code	AND | AND
Währung	1 Euro = 100 Cent
Nationalfeiertag	8. September

Der Zwergstaat in den östlichen Pyrenäen bietet eine verfassungsrechtliche Besonderheit: Das Wintersport- und Steuerparadies hat zwei ausländische Staatsoberhäupter, den spanischen Bischof von La Seu d'Urgell und den französischen Staatspräsidenten. Dieses institutionelle Kuriosum geht auf einen Vertrag aus dem Jahre 1278 zurück. Das moderne Andorra bietet den zahlreichen Tagestouristen günstige zollfreie Einkaufsmöglichkeiten. Im Winter locken mehrere Skigebiete.

GEOGRAFIE

Geografische Lage: Von 42° 26' bis 42° 39' nördlicher Breite sowie von 1° 25' bis 1° 44' östlicher Länge
Höchster Punkt: Coma Pedrosa 2946 m
Klima: Schneereiches, wintermildes Klima mit kühlen, feuchten Sommern

POLITIK

Staatsform: Parlamentarische Demokratie
Staatsoberhaupt: Als Kofürsten der Bischof von La Seu d'Urgell und der Präsident der Französischen Republik
Legislative: Generalrat mit 28 für 4 Jahre gewählten Mitgliedern
Jahr der Verfassung: 1993
Wahlrecht: 18 Jahre
Staatsreligion: Keine

BEVÖLKERUNG

Bevölkerungsanteil: <15 Jahre 13.4 %, 15-64 Jahre 69.3 %, >64 Jahre 17.3 %
Verteilung: Stadt 88.1 %, Land 11.9 %
Wachstum 2019: 0 %
Lebenserwartung: Frauen 85 Jahre, Männer 81 Jahre
Alphabetenrate: Frauen 99 %, Männer 99 %
Ethnische Gruppen: Andorraner, Spanier, Portugiesen, Franzosen u. a.
Religionen: Christen 89.5 %, Sonstige 1.7 %
Sprachen: Katalanisch, Spanisch, Französisch, Portugiesisch

WIRTSCHAFT UND VERKEHR

BIP: 3.15 Mrd. US-$
Wachstum BIP 2019: 1.6 %
BNE/Kopf: 42 035 US-$
Inflation: Keine Angabe
Außenhandel: Import 1.75 Mrd. US-$, Export 142 Mio. US-$
Erwerbstätige nach Sektoren: Keine Angabe
Arbeitslosenquote: Keine Angabe
Energieverbrauch/Kopf: Keine Angabe
Straßennetz: 320 km
Eisenbahnnetz: Keine Angabe

RÜCKBLICK

IWF: Am 9.1.2020 beantragte Andorra als 190. Staat die Mitgliedschaft im Internationalen Währungsfonds (IWF).

Sozialpolitik: Zum 1.1.2020 erhöhte die Regierung den Mindestlohn auf 1 083 € monatlich.

Ehe für alle: Mitte März 2020 brachte die Regierung einen Gesetzentwurf auf den Weg, der die Ehe auch für homosexuelle Paare öffnet. Das Gesetz soll im Sommer 2020 in Kraft treten. Erst seit 2014 waren in Andorra eingetragene Lebenspartnerschaften für Homosexuelle anerkannt.

Sport: Wegen der wirtschaftlichen und sozialen Belastung des Landes infolge der Corona-Pande-

Andorras Außenministerin Maria Ubach Font mit ihrem russischen Kollegen Sergej Lawrow am Rande der OSZE-Tagung in Bratislava im Dezember 2019.

mie sagte das Nationale Olympische Komitee am 21.4.2020 die Ausrichtung der Kleinstaatenspiele ab, die eigentlich vom 31.5. bis 5.6.2021 in Andorra stattfinden sollten.

Corona: Gemessen an der Einwohnerzahl gehörte Andorra zu den am stärksten von der Corona-Pandemie betroffenen Ländern in Europa. Der erste Coronafall wurde am 2.3.2020 gemeldet, es handelte sich dabei um einen 20-Jährigen, der kurz zuvor in Italien war. Ab Mitte März stiegen die Fallzahlen stark an, bis auf 723 am 23.4. Am 29.3. wurden auch Innen- und Justizminister Josep Maria Rossell und Staatssekretär Joan Antoni León positiv auf das Virus getestet. Am 2.4. kündigte Gesundheitsminister Joan Martínez Benazet an, die gesamte Bevölkerung auf das Coronavirus zu testen. Zu diesem Zweck seien 150 000 Tests in Südkorea bestellt worden. Bei diesen Massenscreenings wurden 77 bisher unbekannte Infektionsfälle aufgedeckt, 8.5 % der Getesteten wiesen Antikörper gegen Covid-19 auf. Nachdem im Mai die Zahl der Neuinfektionen stark zurückging, kündigte Regierungschef Xavier Espot Zamora am 25.5. Lockerungen der Corona-bedingten Einschränkungen des Alltags an, darunter auch Einreisebeschränkungen, die vor allem französische und spanische Pendler und Touristen getroffen hatten.

Angola

▸ 640

Ländername	Republik Angola
Zeitzone	MEZ ±0 h
Fläche in km²	1 246 700
Anzahl der Einwohner	31.8 Millionen
Einwohnerzahl pro km²	26
Hauptstadt	Luanda
Amtssprache	Portugiesisch
Verwaltungsgliederung	18 Provinzen
Wichtige Städte	Luanda, Lubango, Huambo, Cabinda, Benguela, Uíge, Malanje
Autokennzeichen | ISO-Code	ANG | AGO
Währung	1 Kwanza = 100 Cêntimos
Nationalfeiertag	11. November

Nach der Befreiung von der portugiesischen Kolonialherrschaft stürzte der südafrikanische Staat in einen jahrzehntelangen Bürgerkrieg. Mindestens eine Million Tote, Millionen von Flüchtlingen und eine desaströse Wirtschaftslage bildeten dessen bittere Bilanz. Dabei gehört Angola aufgrund seiner Bodenschätze zu den potenziell reichsten Ländern Afrikas.

GEOGRAFIE

Geografische Lage: Von 4° 24' bis 18° 02' südlicher Breite sowie von 11° 40' bis 24° 04' östlicher Länge
Höchster Punkt: Moco 2620 m
Zugehöriges: Cabinda (Exklave)
Klima: Savannenklima, im Süden wintertrockenes Klima, an der südlichen Küste heißes Wüstenklima

POLITIK

Staatsform: Präsidiale Republik
Staatsoberhaupt: Präsident
Legislative: Nationalversammlung mit 220 für 5 Jahre gewählten Mitgliedern
Jahr der Verfassung: 2010
Wahlrecht: 18 Jahre
Staatsreligion: Keine

BEVÖLKERUNG

Bevölkerungsanteil: <15 Jahre 46.8 %, 15-64 Jahre 51 %, >64 Jahre 2.2 %
Verteilung: Stadt 66.2 %, Land 33.8 %
Wachstum 2019: 3.3 %
Lebenserwartung: Frauen 64 Jahre, Männer 59 Jahre
Alphabetenrate: Frauen 53.4 %, Männer 80 %
Ethnische Gruppen: Ovimbundu, Kimbundu, Bakongo, Mestizen, Europäer u. a.
Religionen: Christen 79.2 %, Sonstige 8.6 %
Sprachen: Portugiesisch, Bantusprachen

WIRTSCHAFT UND VERKEHR

BIP: 94.64 Mrd. US-$
Wachstum BIP 2019: -0.9 %
BNE/Kopf: 3 038 US-$
Inflation: 17.1 %
Außenhandel: Import 14.49 Mrd. US-$, Export 34.54 Mrd. US-$
Erwerbstätige nach Sektoren: Landwirtschaft 50.4 %, Industrie 8.1 %, Dienstleistungen 41.5 %
Arbeitslosenquote: 6.9 %
Energieverbrauch/Kopf: 545 kg ÖE
Straßennetz: 26 029 km
Eisenbahnnetz: 2 852 km

RÜCKBLICK

Innenpolitik: Der seit 2017 als Nachfolger des Langzeitpräsidenten José Eduardo dos Santos amtierende Staats- und Regierungschef **João Manuel Gonçalves Lourenço** bildete sein Kabinett mehrfach um. Im April 2020 übernahmen Téte António das Außen- und João Ernesto dos Santos das Verteidigungsministerium. Lourenço, der zu seinem Amtsantritt zunächst als Marionette seines Vorgängers und dessen mächtiger Partei Movimento Popular de Libertação de Angola (MPLA) gesehen worden war, verfolgte seinen **politischen und wirtschaftlichen Reformkurs** weiter. Dazu gehörten die Bekämpfung der ausufernden Korruption, die Rückholung von ins Ausland verbrachtem Kapital, die Diversifizierung der Wirtschaft, die Privatisierung von Staatsbetrieben und die Liberalisierung des Kapitalverkehrs.

Korruptionsskandal: Die angolanische Justiz eröffnete im Januar 2020 ein **Strafverfahren gegen Isabel dos Santos**, die Tochter des ehemaligen Staatspräsidenten. Der Geschäftsfrau, die als reichste Frau Afrikas gilt, wurden u. a. Veruntreuung,

Isabel dos Santos während eines Pressetermins im Januar 2020 in London.

Geldwäsche, Urkundenfälschung und unerlaubte Einflussnahme vorgeworfen. Im Dezember 2019 waren in Angola bereits ihre Konten eingefroren worden. Die ebenfalls im Januar 2020 veröffentlichten sogenannten **Luanda Leaks**, ein internationales Rechercheprojekt des investigativen Journalismus, enthüllten gestützt auf das Aktenwerk eines Whistleblowers dubiose Milliardengeschäfte innerhalb ihres Firmenimperiums. Isabel dos Santos, die u. a. Geld in Angola unterschlagen und in Portugal investiert haben soll, sammelte während der Amtszeit ihres Vaters ein großes Vermögen an und gründete ein weltweites Netzwerk von mehr als 400 Unternehmen. Die Beschuldigte wies die Vorwürfe zurück und sah sich als Opfer einer politischen Kampagne.

Corona: Die Ausbreitung von Covid-19 beeinträchtigte ab März 2020 auch in Angola in Form von eingeschränkter Bewegungsfreiheit, Schulschließungen und Reisebeschränkungen das öffentliche Leben. Der am 27. März ausgerufene **Ausnahmezustand** wurde mehrfach verlängert. Die stark vom Erdölexport abhängige Wirtschaft litt v. a. durch den **Verfall der Erdölpreise** im Zuge der Corona-Pandemie. Der eigentlich für 2020 nach mehrjähriger Rezession erwartete Wirtschaftsaufschwung war nicht mehr erreichbar.

Antigua und Barbuda

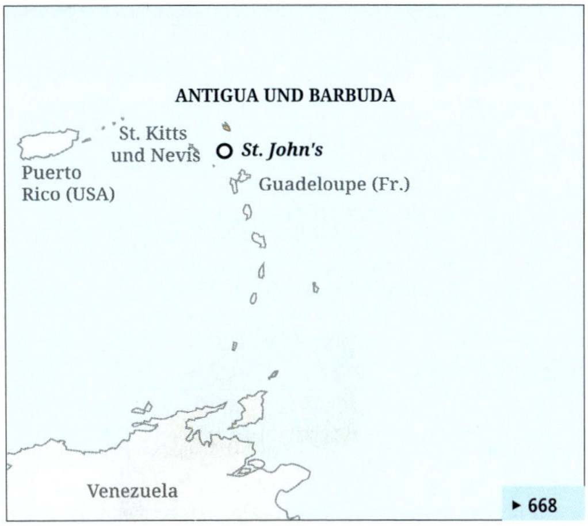

▸ 668

Ländername	Antigua und Barbuda
Zeitzone	MEZ -5 h
Fläche in km²	440
Anzahl der Einwohner	97 118
Einwohnerzahl pro km²	221
Hauptstadt	St. John's
Amtssprache	Englisch
Verwaltungsgliederung	6 Gemeinden und 2 abhängige Gebiete
Wichtige Städte	St. John's, All Saints, Liberta, Potters Village
Autokennzeichen | ISO-Code	AG | ATG
Währung	1 Ostkaribischer Dollar = 100 Cents
Nationalfeiertag	1. November

Antigua gehört mit Barbuda und der Felsinsel Redonda zum nördlichen Teil der Kleinen Antillen. Seit dem Niedergang der Zuckerindustrie ist der Tourismus die wichtigste Devisenquelle des karibischen Inselstaats.

GEOGRAFIE

Geografische Lage: Von 17° bis 17° 43' nördlicher Breite sowie von 61° 41' bis 61° 53' westlicher Länge
Höchster Punkt: Boggy Peak (Mount Obama) 402 m
Klima: Tropisch-wechselfeucht mit relativ geringen Niederschlägen

POLITIK

Staatsform: Parlamentarische Demokratie unter konstitutioneller Monarchie
Staatsoberhaupt: Britische Königin, vertreten durch einen Generalgouverneur
Legislative: Parlament, bestehend aus Repräsentantenhaus mit 18 für 5 Jahre gewählten Mitgliedern und Senat mit 17 ernannten Mitgliedern
Jahr der Verfassung: 1981
Wahlrecht: 18 Jahre
Staatsreligion: Keine

BEVÖLKERUNG

Bevölkerungsanteil: <15 Jahre 22.1 %, 15-64 Jahre 69.1 %, >64 Jahre 8.8 %
Verteilung: Stadt 24.6 %, Land 75.4 %
Wachstum 2019: 0.9 %
Lebenserwartung: Frauen 78 Jahre, Männer 76 Jahre
Alphabetenrate: Frauen 99.4 %, Männer 98.4 %
Ethnische Gruppen: Afrikaner u. a.
Religionen: Christen 76.5 %, Sonstige 12.2 %
Sprachen: Englisch, Kreolisch

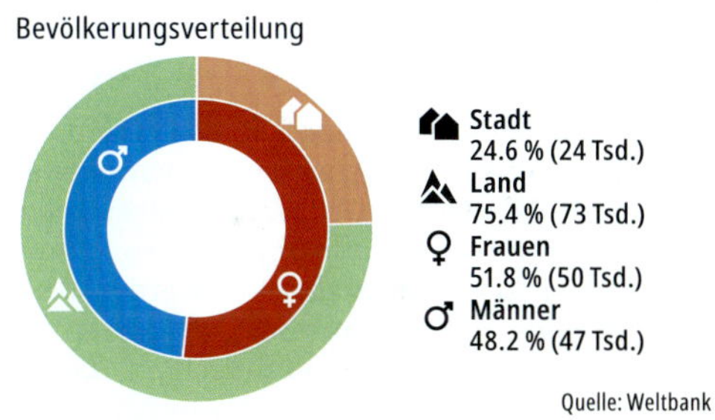

WIRTSCHAFT UND VERKEHR

BIP: 1.73 Mrd. US-$
Wachstum BIP 2019: 4.7 %
BNE/Kopf: 18 109 US-$
Inflation: 1.2 %
Außenhandel: Import 605 Mio. US-$, Export 45 Mio. US-$
Erwerbstätige nach Sektoren: Keine Angabe
Arbeitslosenquote: Keine Angabe
Energieverbrauch/Kopf: Keine Angabe
Straßennetz: 780 km
Eisenbahnnetz: Keine Angabe

RÜCKBLICK

Tourismus: Der Tourismus lag 2019 weiter im Aufwärtstrend. Das Land verzeichnete erstmals über 300 000 Übernachtungsgäste. Hinzu kamen mehrere Hunderttausend Tagestouristen von Kreuzfahrtschiffen (2018: 792 873). Die Corona-Krise brachte den Tourismus jedoch ab März 2020 zum Stillstand.

Minister: Premierminister Gaston Browne enthob am 20.1.2020 Agrarminister Dean Jonas für sechs Monate seines Amtes. Nach dieser Frist wollte er entscheiden, ob Jonas das Ministeramt zurückerhält. Zuvor hatte es zahlreiche Beschwerden von Mitarbeitern und vom Agrarsektor gegen Jonas gegeben. Bis zu einer endgültigen Entscheidung übernahm die Ministerin für Sozialen Wandel, Personalentwicklung, Jugend und Gleichstellung, Samantha Marshall, das Agrarressort zusätzlich.

Haushalt: Premierminister und Finanzminister Gaston Browne stellte am 23.1.2020 den Haushalt 2020 vor. Die geplanten Ausgaben umfassten 1.7 Mrd. US-$ und damit 300 Mio. US-$ mehr als 2019. Der größte Anteil entfiel mit 151.6 Mio. US-$ auf das Ministerium für Bildung, Wissenschaft und Technologie, gefolgt vom Ministerium für Gesundheit, Wellness und Umwelt.

Barbuda: Bei der Vorstellung des Haushalts am 23.1.2020 kündigte Premier Gaston Browne weitere Pläne zur Katastrophenvorsorge in Barbuda an. Es sollen u. a. ein neues Katastrophenbüro sowie ein Mehrfunktionsgebäude errichtet werden, das im Katastrophenfall als Schutzzentrum dienen kann. Die Insel Barbuda mit ihren knapp 1 700 Einwohnern war im September 2017 durch den Kategorie-5-Hurrikan Irma schwer getroffen worden. Rund 95 % aller Häuser waren beschädigt oder zerstört worden.

Corona: Am 13.3.2020 bestätigte Premierminister Gaston Browne den ersten Covid-19-Fall. Wenige Tage später kündigte Browne die Einrichtung einer zentralen Quarantäneeinrichtung sowie einer Teststation an. Gleichzeitig forderte er die Bürger zur Einhaltung von Hygienemaßnahmen und zur Vermeidung von Kontakten auf. Ab dem 7.4. verdreifachte sich die Zahl der Infizierten innerhalb von 8 Tagen von 7 auf 23. Am 18.5. verkündete der Tourismusminister, das Land nach 10 Wochen des Lockdowns am 4.6. wieder für den internationalen Tourismus zu öffnen. Damit wurde der wichtigste Wirtschaftszweig reaktiviert. Nach Angaben des IWF von April 2020 bricht die Wirtschaft des Landes infolge der Krise 2020 um 10 % ein.

Äquatorialguinea

▸ 637

Ländername	Republik Äquatorialguinea
Zeitzone	MEZ ±0 h
Fläche in km²	28 050
Anzahl der Einwohner	1.4 Millionen
Einwohnerzahl pro km²	48
Hauptstadt	Malabo
Amtssprache	Spanisch, Französisch, Portugiesisch
Verwaltungsgliederung	7 Provinzen
Wichtige Städte	Bata, Malabo, Ebebiyín, Aconibe, Añisok
Autokennzeichen | ISO-Code	GQ | GNQ
Währung	1 CFA-Franc BEAC = 100 Centimes
Nationalfeiertag	12. Oktober

Eine rücksichtslose Diktatur trieb den aus zwei spanischen Überseeprovinzen entstandenen afrikanischen Staat am Golf von Guinea ins politische und ökonomische Abseits. Reiche Erdöl- und Erdgasfunde Anfang der 1990er-Jahre machen es zum drittgrößten Exporteur in Subsahara-Afrika. Die rund 2 000 km² große Insel Bioko vor der Küste von Kamerun und die vor der Küste Gabuns liegende 17 km² große Insel Annobón gehören zu Äquatorialguinea.

GEOGRAFIE

Geografische Lage: Von 0° 58' bis 2° 18' nördlicher Breite sowie von 9° 23' bis 11° 20' östlicher Länge
Höchster Punkt: Pico Basile 3008 m
Klima: Tropisches, feuchtheißes Regenwaldklima

POLITIK

Staatsform: Präsidiale Republik
Staatsoberhaupt: Präsident
Legislative: Nationalversammlung, bestehend aus Abgeordnetenkammer mit 100 für 5 Jahre gewählten Mitgliedern und Senat mit 55 für 5 Jahre gewählten und 15 ernannten Mitgliedern
Jahr der Verfassung: 1991
Wahlrecht: 18 Jahre
Staatsreligion: Keine

BEVÖLKERUNG

Bevölkerungsanteil: <15 Jahre 37.1 %, 15-64 Jahre 60.4 %, >64 Jahre 2.5 %
Verteilung: Stadt 72.6 %, Land 27.4 %
Wachstum 2019: 3.7 %
Lebenserwartung: Frauen 60 Jahre, Männer 58 Jahre
Alphabetenrate: Frauen 92.4 %, Männer 97.3 %
Ethnische Gruppen: Fang, Bubi, Mdowe, Annobon, Bujeba u. a.
Religionen: Christen 88.7 %, Muslime 4 %
Sprachen: Spanisch, Französisch, Portugiesisch, Fang, Bubi u. a.

WIRTSCHAFT UND VERKEHR

BIP: 11.03 Mrd. US-$
Wachstum BIP 2019: -5.6 %
BNE/Kopf: 8 927 US-$
Inflation: 1.1 %
Außenhandel: Import 2 Mrd. US-$, Export 5.2 Mrd. US-$
Erwerbstätige nach Sektoren: Landwirtschaft 42.4 %, Industrie 19.1 %, Dienstleistungen 38.5 %
Arbeitslosenquote: 6.4 %
Energieverbrauch/Kopf: Keine Angabe
Straßennetz: 2 880 km
Eisenbahnnetz: Keine Angabe

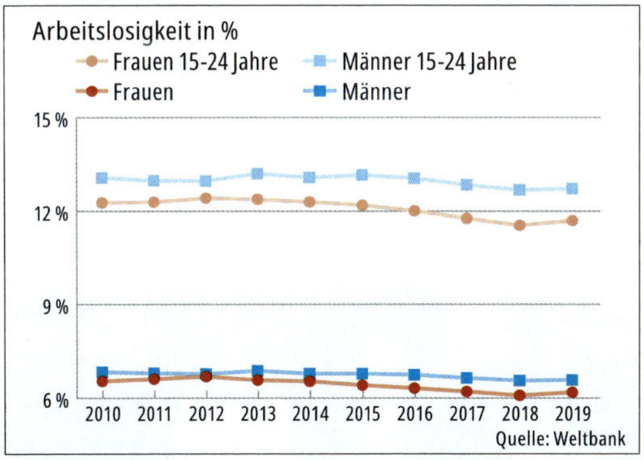

RÜCKBLICK

Ökonomie: Das Land hatte weiterhin Schwierigkeiten, die **ökonomische Krise**, die 2014 mit dem Einbruch des internationalen Ölpreises begann, zu überwinden. Die Wirtschaft befand sich auch 2019 in einer Rezession. Die Regierung reagierte jedoch mit einer verstärkten **Diversifizierung** der Wirtschaft, um sich von der eklatanten Abhängigkeit von Öl- und Gasförderung zu lösen, und eine Erhöhung der Staatseinnahmen außerhalb des Ölsektors zu erreichen. 2019 sanken in diesem Zug die Staatsausgaben um 20.6 % und die ölunabhängigen Steuereinnahmen stiegen um 7.2 %. Der Internationale Währungsfonds (IWF) gewährte im Dezember 2019 eine Unterstützungsleistung von 300 Mio. US-Dollar im Rahmen der IWF-Kreditfazilität. Die in diesem Zusammenhang geforderten Reformen betrafen ebenfalls die Diversifizierung der Wirtschaft und außerdem eine Förderung von guter Regierungsführung und staatlicher Transparenz. Beobachtern zufolge gehört der Staat zu den Ländern, die überdurchschnittlich stark von den ökonomischen Folgen der globalen Covid-19-Pandemie getroffen wurden, was primär auf den **Einbruch des Ölpreises** zurückzuführen ist.

Grenzstreitigkeiten: Die Auseinandersetzungen zwischen den Regierungen **Äquatorialguineas und Kameruns** bezüglich des exakten Grenzverlaufs hielten an. Vereinzelt kam es zu kleineren bewaffneten Konflikten zwischen Sicherheitskräften an der Grenze. Im Juli 2019 kündigte die Regierung Äquatorialguineas an, eine massive Grenzbefestigung entlang der gesamten Grenze zu Kamerun bauen zu wollen, um, laut offiziellen Aussagen, illegale Migration zu verhindern. Nach einer weiteren Zuspitzung der Konfrontation trafen sich am 17.6.2020 Delegationen der beiden Staaten und einigten sich auf eine **gemeinsame Demarkation** zur Beilegung der Streitigkeiten.

Weltgesundheitsorganisation: Nachdem die Repräsentantin der WHO in Äquatorialguinea, Triphonie Nkurunziza, Anfang Juni 2020 berichtete, dass das Land stark von der Covid-19-Pandemie betroffen sei, warf die Regierung ihr vor, die Zahlen bezüglich Erkrankungen zu verfälschen. In diesem Kontext forderte die Regierung sie auf, das **Land zu verlassen**. Die WHO wurde aufgefordert, einen anderen Repräsentanten bereitzustellen.

Korruption: Der Sohn des Präsidenten und Vizepräsident **Teodorin Obiang** wurde im Februar 2020 von einem französischen Gericht zur Zahlung von 30 Mio. Euro wegen Geldwäsche verurteilt.

Argentinien

▸ 674

Ländername	Argentinische Republik
Zeitzone	MEZ -4 h
Fläche in km²	2 780 400
Anzahl der Einwohner	44.9 Millionen
Einwohnerzahl pro km²	16
Hauptstadt	Buenos Aires
Amtssprache	Spanisch
Verwaltungsgliederung	23 Provinzen und 1 autonome Stadt
Wichtige Städte	Buenos Aires, Córdoba, Rosario, La Plata, Mar del Plata, San Miguel de Tucumán
Autokennzeichen | ISO-Code	RA | ARG
Währung	1 Argentinischer Peso = 100 Centavos
Nationalfeiertag	25. Mai

Argentinien, der nach Brasilien zweitgrößte Staat Lateinamerikas, bietet vom subtropischen Regenwald bis zur Steppe eine enorme landschaftliche Vielfalt. Das Silberland – der Name Argentinien leitet sich vom lateinischen „argentum" für Silber ab – lockte jahrzehntelang europäische Auswanderer an. Der Export von Getreide, Wolle und Rindfleisch machte Argentinien Anfang des 20. Jahrhunderts wohlhabend. In den letzten Jahrzehnten wurde Argentinien jedoch immer wieder von schweren Wirtschaftskrisen heimgesucht.

GEOGRAFIE

Geografische Lage: Von 21° 48' bis 55° 02' südlicher Breite sowie von 53° 40' bis 73° 35' westlicher Länge
Höchster Punkt: Aconcagua 6961 m
Klima: Warmgemäßigtes bis subtropisches Klima im Norden und in der Mitte, im Süden kühlgemäßigt bis polar

POLITIK

Staatsform: Präsidiale Bundesrepublik
Staatsoberhaupt: Präsident
Legislative: Nationalkongress, bestehend aus Abgeordnetenhaus mit 257 für 4 Jahre gewählten Mitgliedern und Senat mit 72 für 6 Jahre gewählten Mitgliedern (jeweils alle 2 Jahre teilerneuert)
Jahr der Verfassung: 1853
Wahlrecht: 18 Jahre
Staatsreligion: Keine

BEVÖLKERUNG

Bevölkerungsanteil: <15 Jahre 24.8 %, 15-64 Jahre 64.1 %, >64 Jahre 11.1 %
Verteilung: Stadt 91.9 %, Land 8.1 %
Wachstum 2019: 1 %
Lebenserwartung: Frauen 80 Jahre, Männer 73 Jahre
Alphabetenrate: Frauen 99.1 %, Männer 98.9 %
Ethnische Gruppen: Italiener, Spanier, Mestizen, Deutsche, Indigene u. a.
Religionen: Christen 94 %, Juden 2 %, Sonstige 4 %
Sprachen: Spanisch, indigene Sprachen u. a.

WIRTSCHAFT UND VERKEHR

BIP: 449.66 Mrd. US-$
Wachstum BIP 2019: -2.2 %
BNE/Kopf: 9 888 US-$
Inflation: 53.5 %
Außenhandel: Import 49.12 Mrd. US-$, Export 65.12 Mrd. US-$
Erwerbstätige nach Sektoren: Landwirtschaft 0.1 %, Industrie 21.4 %, Dienstleistungen 78.5 %
Arbeitslosenquote: 9.8 %
Energieverbrauch/Kopf: 2 030 kg ÖE
Straßennetz: 281 290 km
Eisenbahnnetz: 36 917 km

Präsident Alberto Fernández (2. v. l.) und die Vizepräsidentin Cristina Fernández de Kirchner (2. v. r.)

VERWALTUNGSGLIEDERUNG

Verwaltungseinheit	Fläche in km²	Einwohner	Hauptstadt
Buenos Aires	307 571	17.4 Mio.	La Plata
Catamarca	102 602	411 800	San Fernando del Valle de Catamarca
Chaco	99 633	1.2 Mio.	Resistencia
Chubut	224 686	608 700	Rawson
Ciudad Autónoma de Buenos Aires	203	3.1 Mio.	Keine
Córdoba	165 321	3.7 Mio.	Córdoba
Corrientes	88 199	1.1 Mio.	Corrientes
Entre Ríos	78 781	1.4 Mio.	Paraná
Formosa	72 066	600 200	Formosa
Jujuy	53 219	762 400	San Salvador de Jujuy
La Pampa	143 440	355 400	Santa Rosa
La Rioja	89 680	388 400	La Rioja
Mendoza	148 827	2 Mio.	Mendoza
Misiones	29 801	1.2 Mio.	Posadas
Neuquén	94 078	655 500	Neuquén
Río Negro	203 013	738 100	Viedma
Salta	155 488	1.4 Mio.	Salta
San Juan	89 651	772 900	San Juan
San Luis	76 748	502 000	San Luis
Santa Cruz	243 943	356 600	Río Gallegos
Santa Fe	133 007	3.5 Mio.	Santa Fe
Santiago del Estero	136 351	968 300	Santiago del Estero
Tierra del Fuego	21 571	169 200	Ushuaia
Tucumán	22 524	1.7 Mio.	San Miguel de Tucumán

RÜCKBLICK

Alberto Ángel Fernández, * 2.4.1959
Jurastudium an der Universidad de Buenos Aires, Professor für Strafrecht an der juristischen Fakultät in Buenos Aires; 1989-95 Aufsicht über das argentinische Versicherungswesen unter Präsident Carlos Menem, 1986-94 Chefunterhändler bei der Uruguay-Runde der GATT-Verhandlungen; 2000-03 Mitglied des Stadtparlaments von Buenos Aires (PJ); 2003-08 Kabinettschef unter den Präsidenten Néstor und Cristina Kirchner; 27.10.2019 Sieg bei den Präsidentschaftswahlen; seit 10.12.2019 Staatspräsident in der Nachfolge von Mauricio Macri (PRO).

Vorwahlen: Bei den Vorwahlen zur Präsidentschaftswahl (PASO) am 11.8.2019 unterlag Amtsinhaber Mauricio Macri (Bündnis Juntos por el Cambio) unterwartet deutlich mit 32 % der Opposition, die unter Alberto Fernández und Cristina Fernández de Kirchner (Bündnis Frente de Todos) 47.6 % der Stimmen errang. Die Wahlbeteiligung lag bei 75.8 %. Ex-Präsidentin Fernández de Kirchner (2007-15) hatte im Mai 2019 überraschend bekannt gegeben, dass sie nicht selbst, sondern als Vizepräsidentin unter ihrem ehemaligen Kabinettschef Alberto Fernández (2003-08) kandidieren wolle. Die Vorwahlen dienen als Vorentscheidung für die Allianzen und Kandidaten für die Präsidentschaftswahl.

Währungsabsturz: Nach den Vorwahlen kam es zu einem Ansturm auf die Banken, was zu einem Währungsabsturz des Pesos führte. Vom 12.-31.8.2019 wurden mindestens 4 Mrd. US-$ an privatem Kapitel aus dem Geldkreislauf abgezogen. Finanzminister Nicolás Dujovne trat am 18.8. von seinem Amt zurück, sein Nachfolger wurde am 20.8. Hernán Lacunza. Vom 9.-30.08 verlor der Peso rund 28 % gegenüber dem US-$. Zur Stützung des Pesos verkaufte die Zentralbank Reserven in Höhe von rund 1 Mio. US-$. Präsident Macri führte angesichts des Währungseinbruchs Maßnahmen im Wert von umgerechnet rund 622 Mio. € durch, um den Konsum zu stützen und die sozialen Kosten zu begrenzen. So wurde am 16.8. die Mehrwertsteuer auf 14 ausgewählte Grundnahrungsmittel bis Ende des Jahres aufgehoben. Die Benzinpreise wurden eingefroren und der Mindestlohn um 35 % auf umgerechnet 250 € angehoben. Insgesamt verlor der Peso 2019 gegenüber dem Dollar rund 40 % an Wert. Die Inflation erreichte im September 2019 einen Jahreswert von 55 % und damit eine der höchsten Raten weltweit.

Devisenkontrollen: Am 1.9.2019 führte die Regierung Einschränkungen des Devisenverkehrs ein. Unternehmen benötigten die Erlaubnis der Notenbank für den Kauf von Fremdwährungen. Einnahmen aus Exportgeschäften mussten innerhalb von 5 Tagen nach Zahlungseingang bzw. maximal 180 Tage nach Verschiffungsdatum in Pesos gewechselt werden. Für Privatpersonen wurde eine monatliche Obergrenze von 10 000 US-$ für den Umtausch von Pesos festgesetzt. Nach der Präsidentschaftswahl am 27.10. senkte die Zentralbank die Erwerbsgrenze an Devisen für Privatpersonen von 10 000 auf 200 US-$.

Präsidentschafts- und Parlamentswahlen: Bei der Präsidentschaftswahl am 27.10.2019 setzten sich Alberto Fernández (Partido Justicialista/PJ) und Vizepräsidentschaftskandidatin Cristina Fernández de Kirchner (PJ) mit dem Bündnis Frente de Todos mit 48.1 % der Stimmen im ersten Wahlgang durch. Der liberal-konservative Amtsinhaber Mauricio Macri (PRO) und Vizekandidat Miguel Pichetto erhielten mit dem Bündnis Juntos por el Cambio (zuvor Cambiemos) nur 40.4 %. Der Unabhängige Roberto Lavagna mit Partner Manuel Urtubey (Consenso Federal) erzielte 6.2 % der Stimmen. Die Wahlbeteiligung betrug 80.9 %. Da der Frente de Todos eine relative Mehrheit von 45 % erzielt hatte, war eine Stichwahl nicht erforderlich.

Bei den gleichzeitig abgehaltenen **Teilwahlen zum Kongress** errang der Frente de Todos 64 der 130 (von 257) Abgeordnetenmandate und 13 der 24 (von 72) Senatorensitze. Juntos por el Cambio erhielt 56 bzw. acht Mandate. Acht Abgeordnetensitze und drei Senatorensitze entfielen an Sonstige. Das Regierungsbündnis Frente de Todos stellte im Abgeordnetenhaus keine absolute Mehrheit und war somit auf Stimmen der Opposition angewiesen; im Senat erreichte es die absolute Mehrheit.

Die **Gouverneurswahl** der Provinz Buenos Aires gewann Ex-Wirtschaftsminister Axel Kicillof (2013-15) mit 52.3 % der Stimmen. Die bisherige Gouverneurin María Eugenia Vidal (PRO) unterlag mit 38.4 %. Das Amt des Bürgermeisters der Stadt Buenos Aires verteidigte Horacio Rodríguez Larreta (PRO) mit 55.9 % gegenüber dem peronistischen Kandidaten Matías Lammens.

Neue Regierung: Am 10.12.2019 trat Alberto Fernández das Amt des Staatspräsidenten an. Cristina Fernández de Kirchner wurde als Vizepräsidentin vereidigt. Felipe Solá wurde Außenminister, Eduardo de Pedro Innenminister, Martín Guzmán Wirtschaftsminister und Santiago Cafiero Kabinettschef. Bei seiner Vereidigung kündigte Fernández an, den vom IWF 2018 gewährten Stand-by-Kredit in Höhe von 57 Mrd. US-$ nicht weiter auszuschöpfen. Bisher hatte Argentinien 45 Mrd. US-$ des Kredits abgerufen. Fernández‘ Vorgängerregierung unter Mauricio Macri (2015-19) hatte einen Subventionsabbau eingeleitet, den Wechselkurs freigegeben und den Markt geöffnet, war jedoch durch eine 2018 eingetretene Wirtschaftsrezession schwer getroffen worden und hatte den IWF-Kredit aufgenommen. In seiner Amtszeit gerieten 3.8 Mio. Argentinier unter die Armutsgrenze; zum Ende des Mandats lebten 35.4 % der Bevölkerung unterhalb der Armutsgrenze.

Zahlreiche Menschen nehmen in Buenos Aires an einem Protest vor dem argentinischen Kongress gegen die Wirtschaftspolitik der Regierung von Präsident Macri teil.

Ausland: Mit dem Regierungswechsel vollzog sich ein Wechsel in der Außenpolitik. Vom 8.-10.11.2019 fand in Buenos Aires unter dem designierten Präsidenten Fernández ein Gipfeltreffen der Puebla-Gruppe statt. Diese war im Juli 2019 mit dem Ziel gegründet worden, progressive Ideen und wirtschaftliche Konzepte für Lateinamerika zu entwickeln.

Notstandsgesetz: Das Parlament verabschiedete am 21.12.2019 ein Notstandsgesetz, das die neue Regierung unter Alberto Fernández mit weitreichenden Sondervollmachten in der Steuer- und Haushaltspolitik ausstattete. Für 180 Tage wurden die Preise für Strom und Gas eingefroren und die Rentenanpassung ausgesetzt. Nur Mindestrentenbezieher und Sozialhilfeempfänger erhielten Sonderzahlungen. Das Notstandsgesetz stärkte Präsident Fernández und Wirtschaftsminister Martín Guzman bei den Verhandlungen mit dem IWF und privaten Gläubigern über die Restrukturierung von Schulden. Es erlaubte der Regierung, 4.6 Mrd. US-$ an Zentralbankreserven zur Zahlung von Schulden zu verwenden. Mit weiteren Gesetzen erhöhte Fernández den Steueranteil im Export von landwirtschaftlichen Produkten, bei Soja von 24.5 % auf 30 % und bei Mais und Weizen von 6.5 % auf 12 %. Daneben führte er eine 30-prozentige Sondersteuer für den Erwerb und Transaktionen in Fremdwährungen ein.

Umschuldung: Angesichts der Wirtschafts- und Finanzkrise gab die neue IWF-Direktorin Kristalina Georgiewa im Februar 2020 bekannt, dass die Schulden des Landes nicht bezahlbar und auch keine Sparmaßnahmen möglich seien. Ende 2019 hatte Argentinien Staatsschulden in Höhe von 332 Mrd. US-$. Im Dezember 2019 hatten die Rating-Agenturen Fitch und S&P die Bonitätsnote für Argentinien gesenkt, was einem partiellen Zahlungsausfall entsprach. Der IWF empfahl Argentinien eine Umschuldung bei privaten Gläubigern. Am 16.4.2020 schlug Argentinien einen Schuldenschnitt vor. Für Bonds im Wert von 65 Mrd. US-$ sollte die Zinsschuld um 62 % und die Schuldenlast um 5.4 % gesenkt werden. Die großen Gläubiger lehnten dieses Angebot ab. Daraufhin verlängerte die Regierung das Umschuldungsangebot bis zum 2.6. und anschließend bis zum 24.7. Im Februar 2020 hatte Präsident Fernández auf einer Europareise u. a. bei Bundeskanzlerin Angela Merkel für eine Umschuldung geworben. Nachdem die Regierung eine am 22.5.2020 fällige Zinszahlung in Höhe von 503 Mio. US-$ ausgesetzt hatte, wurde das Land praktisch zahlungsunfähig. Argentinien hat bereits achtmal einen Staatsbankrott erlebt, zuletzt 2001.

Corona: Die Corona-Krise verschärfte die Wirtschafts- und Schuldenkrise. Nach Bekanntwerden des ersten Falls am 3.3.2020 untersagte das Land am 15.3. allen Ausländern die Einreise und schloss alle öffentlichen und privaten Schulen. Am 19.3. verhängte Präsident Alberto Fernández einen der striktesten Lockdowns in der Region. Ab dem 20.3. wurden mit Ausnahme von Lebensmittelgeschäften alle Geschäfte und Restaurants geschlossen. Die Bewohner von Buenos Aires durften sich nicht mehr als 500 m von ihrem Wohnort entfernen. Die Ausgangssperre wurde von den Sicherheitsorganen überwacht, Verstöße mit hohen Strafen belegt. Allein in den ersten drei Tagen wurden rund 5 000 Menschen wegen Verstößen gegen die Ausgangssperre verhaftet. Die Ausgangssperre wurde mehrfach verlängert. Am 25.4. kündigte der Präsident erste regionale Lockerungen im Bereich der privaten Wirtschaft an. Städte mit über 500 000 Einwohnern wurden von dieser Regelung ausgenommen. Ab Mitte Mai stiegen die Infektionszahlen stark an und erreichten am 22.5. erstmals mehr als 700 am Tag.

Am 28.6.2020 galten die Ausgangsbeschränkungen in Buenos Aires seit 100 Tagen und damit länger als in jedem anderen Land. Im Zuge des strengen Lockdowns gerieten fast alle Wirtschaftszweige in finanzielle Schwierigkeiten. Am 29.3. hatte Fernández ein Konjunkturpaket in Höhe von 11.1 Mrd. US-$ bekannt gegeben. Mindestrentner und Kindergeldbezieher sowie Beschäftigte im informellen Sektor sollten Einmalzahlungen erhalten. Der IWF rechnete im April 2020 für das laufende Jahr mit einem Wirtschaftseinbruch um 5.7 %, im Juni korrigiert er die Prognose auf -9.9 %.

Armenien

▸ 691

Ländername	Republik Armenien
Zeitzone	MEZ +3 h
Fläche in km²	29 740
Anzahl der Einwohner	3 Millionen
Einwohnerzahl pro km²	99
Hauptstadt	Eriwan
Amtssprache	Armenisch
Verwaltungsgliederung	11 Provinzen
Wichtige Städte	Eriwan, Gjumri, Wanadsor, Wagharschapat, Hrasdan
Autokennzeichen | ISO-Code	ARM | ARM
Währung	1 Dram = 100 Luma
Nationalfeiertag	21. September

Das kleine Land im Kaukasus ist eine alte Kulturlandschaft: orientalisch beeinflusst, aber christlich geprägt. Hier entstand im 4. Jahrhundert die erste Nationalkirche der Welt. Ihr heiliger Berg Ararat liegt heute jedoch jenseits der Staatsgrenze in der Türkei, so wie auch viele Armenier außerhalb ihrer Landesgrenzen leben.

GEOGRAFIE

Geografische Lage: Von 38° 52' bis 41° 17' nördlicher Breite sowie von 43° 26' bis 46° 35' östlicher Länge
Höchster Punkt: Aragaz 4090 m
Klima: Kontinentalklima mit trocken heißen Sommern und kalten Wintern

POLITIK

Staatsform: Parlamentarische Demokratie
Staatsoberhaupt: Präsident
Legislative: Nationalversammlung mit 132 für 5 Jahre gewählten Mitgliedern
Jahr der Verfassung: 1995
Wahlrecht: 18 Jahre
Staatsreligion: Christentum

BEVÖLKERUNG

Bevölkerungsanteil: <15 Jahre 20.8 %, 15-64 Jahre 67.8 %, >64 Jahre 11.4 %
Verteilung: Stadt 63.1 %, Land 36.9 %
Wachstum 2019: 0.2 %
Lebenserwartung: Frauen 79 Jahre, Männer 71 Jahre
Alphabetenrate: Frauen 99.7 %, Männer 99.8 %
Ethnische Gruppen: Armenier, Jesiden u. a.
Religionen: Christen 93.6 %, Sonstige 2.4 %
Sprachen: Armenisch, Kurdisch u. a.

WIRTSCHAFT UND VERKEHR

BIP: 13.67 Mrd. US-$
Wachstum BIP 2019: 7.6 %
BNE/Kopf: 4 528 US-$
Inflation: 1.4 %
Außenhandel: Import 5.51 Mrd. US-$, Export 2.64 Mrd. US-$
Erwerbstätige nach Sektoren: Landwirtschaft 29.6 %, Industrie 17.2 %, Dienstleistungen 53.2 %
Arbeitslosenquote: 17 %
Energieverbrauch/Kopf: 1 016 kg ÖE
Straßennetz: 7 700 km
Eisenbahnnetz: 780 km

RÜCKBLICK

Machtwechsel: Ministerpräsident Nikol Paschinjan nutzte den Schwung der „Samtenen Revolution", die ihn im Mai 2018 ins Amt gebracht hatte, um mit vorgezogenen Parlamentswahlen am 9.12.2018 seine Position zu stärken. Das Wahlbündnis „Mein Schritt" aus Paschinjans Zivilvertragspartei (KPK) und einer Kleinpartei (AK) erreichte mit 70.4 % der Stimmen eine Zweidrittelmehrheit der Mandate. Die ehemals regierende Republikanische Partei (HHK) verfehlte den Einzug ins Parlament, ebenso die älteste armenische Partei (gegründet 1891) Daschnakzutjun (HHD). Sie gilt als Vertretung der armenischen Diaspora. Die niedrige Wahlbeteiligung von 48.6 % wurde teils mit veralteten Wahllisten erklärt, die noch Namen zahlreicher Auswanderer enthielt.

Nikol Paschinjan, Ministerpräsident von Armenien, spricht bei einem Pressestatement im Bundeskanzleramt in Berlin.

Reformen: Die am 14.1.2019 neu gebildete Regierung aus KPK und Parteilosen mit Paschinjan als Ministerpräsident setzte ihre Schwerpunkte bei der Bekämpfung von Korruption in Verwaltung und Justiz. Im Oktober 2019 sicherte ihr die EU, mit der seit Ende 2017 ein Partnerschaftsabkommen (CEPA) besteht, Unterstützung zu. Paschinjan verortete im November 2019 **Widerstand** in der Bürokratie („tiefer Staat") gegen eine politische Erneuerung. Die Ex-Präsidenten Sersch Sargsjan (2008-18) und Robert Kotscharjan (1998-2008) hatten Medienkampagnen gegen die Regierung organisiert. Kotscharjan stand ab Mai 2019 wegen Verfassungsbruchs vor Gericht. Sargsjan wurde am 4.12.2019 wegen Untreue angeklagt.

Russland: Der Besuch von Verteidigungsminister Sergej Schojgu und Außenminister Sergej Lawrow im Oktober und November 2019 unterstrichen die enge außenpolitische Bindung an Russland und die von ihm geführte Eurasische Wirtschaftsunion (EEA) und Verteidigungsgemeinschaft ODKB. Russland lieferte Armenien im Dezember 2019 vier Kampfflugzeuge. In Gjumri sind dauerhaft russische Streitkräfte stationiert. Russische Grenztruppen unterstützten Armenien bei der Kontrolle der Grenzen zu Iran und der Türkei (ab 1993 geschlossen).

Corona: Im Zuge der Covid-19-Pandemie verhängte Armenien am 16.3.2020 den Ausnahmezustand. Das öffentliche Leben wurde stark eingeschränkt, die Grenzen wurden ab 24.2. schrittweise für den Personenverkehr (außer für eigene Staatsbürger) geschlossen. Die Berichterstattung über die Pandemie wurde per Gesetz unter staatliche Kontrolle gestellt.

Aserbaidschan

▸ 691

Ländername	Republik Aserbaidschan
Zeitzone	MEZ +3 h
Fläche in km²	86 600
Anzahl der Einwohner	10 Millionen
Einwohnerzahl pro km²	116
Hauptstadt	Baku
Amtssprache	Aserbaidschanisch
Verwaltungsgliederung	59 Rayons, 11 Städte und 1 autonome Republik
Wichtige Städte	Baku, Gäncä, Sumqayıt, Mingätschewir, Xırdalan
Autokennzeichen | ISO-Code	AZ | AZE
Währung	1 Aserbaidschan-Manat = 100 Qäpik
Nationalfeiertag	28. Mai

Aserbaidschan ist der größte und bevölkerungsreichste Kaukasusstaat. Er ist reich an Bodenschätzen, vor allem an Erdöl. Der Konflikt mit Armenien um das ehemals Autonome Gebiet Bergkarabach lastet als Hypothek auf der seit 1991 unabhängigen Republik. Das Land wird immer wieder wegen seiner autoritären Staatsführung kritisiert.

GEOGRAFIE

Geografische Lage: Von 38° 24' bis 41° 53' nördlicher Breite sowie von 44° 46' bis 50° 38' östlicher Länge
Höchster Punkt: Bazardüzü 4466 m
Zugehöriges: Autonome Republik Nachitschewan (Exklave)
Klima: Warmes Wüsten- und Steppenklima, höhenabhängiges Gebirgsklima

POLITIK

Staatsform: Präsidiale Republik
Staatsoberhaupt: Präsident
Legislative: Nationalversammlung mit 125 für 5 Jahre gewählten Mitgliedern
Jahr der Verfassung: 1995
Wahlrecht: 18 Jahre
Staatsreligion: Keine

BEVÖLKERUNG

Bevölkerungsanteil: <15 Jahre 23.4 %, 15-64 Jahre 70.1 %, >64 Jahre 6.5 %
Verteilung: Stadt 56 %, Land 44 %
Wachstum 2019: 0.9 %
Lebenserwartung: Frauen 76 Jahre, Männer 71 Jahre
Alphabetenrate: Frauen 99.7 %, Männer 99.9 %
Ethnische Gruppen: Aserbaidschaner, Lesgier, Russen, Armenier u. a.
Religionen: Muslime 96.9 %, Christen 3 %
Sprachen: Aserbaidschanisch, Russisch, Armenisch u. a.

WIRTSCHAFT UND VERKEHR

BIP: 48.05 Mrd. US-$
Wachstum BIP 2019: 2.2 %
BNE/Kopf: 4 689 US-$
Inflation: 2.6 %
Außenhandel: Import 12 Mrd. US-$, Export 20 Mrd. US-$
Erwerbstätige nach Sektoren: Landwirtschaft 35.9 %, Industrie 14.9 %, Dienstleistungen 49.2 %
Arbeitslosenquote: 5.5 %
Energieverbrauch/Kopf: 1 502 kg ÖE
Straßennetz: 24 981 km
Eisenbahnnetz: 2 944 km

UMSTRITTENES GEBIET

Republik Arzach | Bergkarabach (bis 2017)
Fläche in km²: 11 458
Anzahl der Einwohner: 150 932
Hauptstadt: Stepanakert
Status: De-facto-Regime, Gebiet ist völkerrechtlich Teil der Republik Aserbaidschan
Regierung: Präsident

RÜCKBLICK

Machtwechsel: Der autoritär herrschende Staatspräsident İlham Äliyev nahm 2019 umfangreiche Umbesetzungen im Regierungsapparat vor, die als Generationenwechsel interpretiert wurden. Vielfach kamen international ausgebildete Fachleute zum Zug. So erhielten die reformierte Präsidialverwaltung sowie der Sicherheitsrat und die Regierung jeweils neue Spitzen; zum Ministerpräsident wurde am 8.10.2019 Äli Äsädov ernannt.

Parlament: Die um neun Monate auf den 9.12.2019 vorgezogenen Wahlen zum Parlament bestätigten die absolute Mehrheit für die Präsidentenpartei Neues Aserbaidschan (YAP), die auch von den nominell unabhängigen Abgeordneten gestützt wird. OSZE und Europarat bewerteten die Wahl als undemokratisch, weil es zu Unregelmäßigkeiten bei Wählerlisten, Abstimmung und Stimmenauszählung gekommen sei. Die Wahlbeteiligung wurde offiziell mit 47.8 % angegeben.

Bergkarabach: Die Vermittlung im „eingefrorenen" Konflikt um die von Armenien besetzte und von Armeniern bewohnte, aber zu Aserbaidschan gehörende Region Bergkarabach unter dem Schirm der OSZE (Minsk-Gruppe) erhielt durch das erste Treffen zwischen Präsident Äliyev und Ministerpräsident Nikol Paschinjan (Armenien) im September 2018 einen neuen Impuls. Auf Außenministerebene wurde der **Dialog**, der seit schweren militärischen Zusammenstößen 2016 gestockt hatte, fortgesetzt. Allerdings beharrten beide Seiten auf ihren **Grundsatzpositionen**: Armenien verlangte, dass die Autonomie der Region als Gegenleistung für seinen militärischen Abzug (auch aus weiteren zu Aserbaidschan gehörenden Gebieten) anerkannt wird. Aserbaidschan machte Letzteres und die Rückkehr der Flüchtlinge zur Voraussetzung für Status-Gespräche. Russland, neben Frankreich und den USA Mitglied der Minsk-Gruppe, brachte im April 2019 ein schrittweises Vorgehen und eine Friedenstruppe ins Gespräch. Paschinjan bekräftigte im August den **armenischen Anspruch** auf die Region, die sich seit Annahme einer Verfassung 2017 „Republik Arzach" nennt.

Erdgas: Die Staatschefs Aserbaidschans und der Türkei, Äliyev und Recep Tayyip Erdoğan, setzten am 30.11.2019 die Verbindung der Transanatolischen Pipeline **(TANAP)** an der Grenze zu Griechenland in Betrieb. Sie gehört zum Südlichen Gaskorridor (SGC), der Europa mit Erdgas aus dem Feld Shah Deniz 2 im Kaspischen Meer versorgen soll. Die Fertigstellung der Anschlussleitung über Nordgriechenland, Albanien und durch die Adria nach Italien (TAP) war 2020 geplant.

Äthiopien

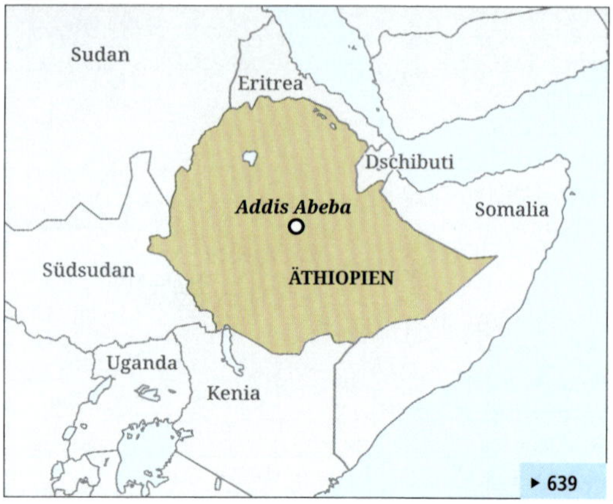

▸ 639

Ländername	Demokratische Bundesrepublik Äthiopien
Zeitzone	MEZ +2 h
Fläche in km²	1 104 300
Anzahl der Einwohner	112.1 Millionen
Einwohnerzahl pro km²	101
Hauptstadt	Addis Abeba
Amtssprache	Amharisch
Verwaltungsgliederung	9 Regionen und 2 Städte
Wichtige Städte	Addis Abeba, Gonder, Mekele, Adama, Awasa, Bahir Dar
Autokennzeichen | ISO-Code	ETH | ETH
Währung	1 Birr = 100 Cents
Nationalfeiertag	28. Mai

Äthiopien hat eine eindrucksvolle Landschaft, weltberühmte Kulturdenkmäler und eine lange Tradition als einziges afrikanisches Land, das über die Jahrhunderte seine Unabhängigkeit bewahren konnte. Doch in den letzten Jahrzehnten wurde das einst blühende christliche Reich am Schnittpunkt großer Kulturen zum Symbol für Hungersnot und Armut. Krieg, Terror und Dürre brachten großes Leid über die Bevölkerung. Einer politischen und wirtschaftlichen Stabilisierung stehen auch nach dem Ende des langjährigen Bürgerkriegs viele Hindernisse entgegen.

GEOGRAFIE

Geografische Lage: Von 3° 27' bis 14° 51' nördlicher Breite sowie von 33° bis 47° 59' östlicher Länge
Höchster Punkt: Ras Dashen 4620 m
Klima: Im Hochland wintertrockenes, subtropisches Klima, im Tiefland trockenheißes Savannenklima

POLITIK

Staatsform: Parlamentarische Bundesrepublik
Staatsoberhaupt: Präsident
Legislative: Parlament, bestehend aus Rat der Volksvertreter mit 547 für 5 Jahre gewählten Mitgliedern und Bundesrat mit 153 für 5 Jahre gewählten Mitgliedern
Jahr der Verfassung: 1995
Wahlrecht: 18 Jahre
Staatsreligion: Keine

BEVÖLKERUNG

Bevölkerungsanteil: <15 Jahre 40.3 %, 15-64 Jahre 56.1 %, >64 Jahre 3.6 %
Verteilung: Stadt 21.2 %, Land 78.8 %
Wachstum 2019: 2.6 %
Lebenserwartung: Frauen 69 Jahre, Männer 65 Jahre
Alphabetenrate: Frauen 44.4 %, Männer 59.2 %
Ethnische Gruppen: Oromo, Amhara, Somalier, Tigray, Sidama, Gurage, Welaita u. a.
Religionen: Christen 62.7 %, Muslime 33.9 %, Ethnische 2.7 %
Sprachen: Amharisch, Oromo, Somali, Tigrinya, Englisch u. a.

WIRTSCHAFT UND VERKEHR

BIP: 96.11 Mrd. US-$
Wachstum BIP 2019: 8.3 %
BNE/Kopf: 953 US-$
Inflation: 15.8 %
Außenhandel: Import 16.08 Mrd. US-$, Export 2.77 Mrd. US-$
Erwerbstätige nach Sektoren: Landwirtschaft 66.1 %, Industrie 10.2 %, Dienstleistungen 23.7 %
Arbeitslosenquote: 2.1 %
Energieverbrauch/Kopf: 493 kg ÖE
Straßennetz: 120 171 km
Eisenbahnnetz: 659 km

RÜCKBLICK

Ethnische Konflikte: 2019 flammten die Spannungen zwischen den ethnischen Gruppen im **Vielvölkerstaat** Äthiopien wieder auf und gefährdeten den Kurs der nationalen Versöhnung, der 2018 mit der Regierungsübernahme durch Abiy Ahmed in Gang gesetzt worden war. Amnesty International dokumentierte 2019 zahlreiche **Menschenrechtsverletzungen und Todesopfer**. Statt deeskalierend in die Konflikte einzugreifen hätten die Sicherheitskräfte in vielen Fällen ihre jeweilige Ethnie unterstützt und sich aktiv an den Auseinandersetzungen beteiligt. Im Juli 2019 starben in der Sidama-Zone im Südwesten, dem Hauptsiedlungsgebiet der Sidama-Volksgruppe, bei ethnisch motivierten Konflikten mindestens 50 Menschen. In der Region Amhara kamen im September und Oktober in der Stadt Gonder und Umgebung bei ethnischen Zusammenstößen und dem anschließenden Eingreifen der Sicherheitskräfte mindestens 400 Personen ums Leben. Auch an Universitäten gab es Ende 2019 ethnische Unruhen mit mindestens zwölf Todesopfern. Als Reaktion auf die Gewaltakte flüchteten rund 35 000 Studierende zurück in ihre Heimatorte. Die Ermordung des prominenten Sängers und politischen Aktivisten Hachalu Hundessa am 29. Juni 2020 löste insbesondere in seiner Volksgruppe der Oromo heftige öffentliche Proteste aus. Viele Oromo sahen Hundessa als Verfechter ihrer politischen Rechte an.

Putschversuch: Ebenfalls ethnisch motiviert war ein Putschversuch am 23.6.2019 in der nördlichen **Region Amhara**, der durch zentralstaatliche Kräfte niedergeschlagen werden konnte. Bei der **Revolte gegen die Regionalvertretung** wurden der Präsident der Verwaltungsregion, Ambachew Mekonnen, und der Generalstabschef der nationalen Armee, Seare Mekonnen, sowie ein ehemaliger Armeegeneral und ein ranghoher Regierungsberater getötet. Die Regierung machte General Asamnew Tsige, Sicherheitschef der Region Amhara, für den Aufstand verantwortlich.

Friedensprozess mit Eritrea: Der 2018 unter Regierungschef Ahmed in Gang gesetzte Friedensprozess mit dem Nachbarstaat Eritrea, bis 1993 offiziell ein Teil Äthiopiens, **geriet 2019 ins Stocken.** Die Grenzen wurden wieder geschlossen und Handel und wirtschaftliche Zusammenarbeit lagen brach. Die Annäherung beider Länder galt als Meilenstein in der gemeinsamen Geschichte der Erzfeinde, die sich über Jahrzehnte hinweg bewaffnet gegenübergestanden hatten.

Friedensnobelpreis: Für seinen innen- wie außenpolitischen Reformkurs wurde Abiy Ahmed am 10.12.2019 in Oslo/Norwegen der Friedensnobelpreis verliehen. Das Nobelkomitee würdigte die politische Initiative des Ministerpräsidenten, die u. a. zur Freilassung von Oppositionellen, zur Aufhebung des Verbots von Oppositionsparteien und zum Friedensabkommen mit Eritrea geführt hatte.

Wirtschaftliche Lage: Das zunächst für 2020/21 erwartete **Wirtschaftswachstum** von 7-8 % wurde aufgrund der Corona-Pandemie **nach unten korrigiert**. Der IWF prognostizierte nach Ausbruch der Covid-19-Infektion für 2020 einen BIP-Zuwachs von 3.2 %. Die Wirtschaft litt weiterhin unter Devisenmangel. Aufgrund der hohen Staatsverschuldung wurden staatliche Investitionen zurückgefahren, was bei Großprojekten im Bereich der Infrastruktur wie z. B. dem gigantischen Grand-Ethiopian-Renaissance-Staudamm am Blauen Nil zu Verzögerungen führte. Äthiopiens Ankündigung, die Talsperre des Staudamms zu fluten, rief im Juni 2020 Spannungen mit den Nachbarländern Ägypten und Sudan hervor, deren Wirtschaft ebenfalls abhängig vom Nilwasser ist.

Soziale Lage: Auch wenn das Land seit 2005 zu den am schnellsten wachsenden Volkswirtschaften Afrikas zählt, reiht sich Äthiopien in die **ärmsten Länder weltweit** ein. In der 2019 veröffentlichten Entwicklungsrangliste des UN-Entwicklungsprogramms UNDP nahm der Binnenstaat Platz 173 von insgesamt 189 Ländern ein. Mehr als ein Viertel der Bevölkerung lebte unter der absoluten Armutsgrenze, hatte also nach der Definition der Weltbank weniger als 1.90 US-$ pro Tag zur Verfügung. Obwohl das Land agrarisch geprägt ist, kommt es immer wieder, auch aufgrund von Wetterextremen, zu **Hungersnöten**. 2019 waren rund 12 Mio. Menschen ständig auf **internationale Nahrungsmittelhilfe** angewiesen.

Heuschreckenplage: Die ohnehin schlechte Ernährungslage wurde durch riesige Heuschreckenschwärme weiter bedroht, die in der ersten Hälfte 2020 die **Ernten vernichteten**. Im März 2020 war nach Angaben der UN-Ernährungs- und Landwirtschaftsorganisation FAO bereits eine Agrarfläche von rund 40 000 Hektar betroffen. Die Wüstenheuschrecken fallen in Schwärmen, die von den Ausmaßen eine dem Saarland vergleichbare Fläche erreichen können, über Weideflächen und Felder her und fressen diese binnen eines Tages kahl.

Corona: Angesichts der Bedrohung durch die Covid-19-Pandemie rief Äthiopien am 8.4.2020 den **nationalen Notstand** aus, der zunächst für fünf Monate gelten sollte. Die ursprünglich für August 2020 anberaumten **Parlamentswahlen**, die ersten freien Wahlen seit Jahrzehnten, wurden auf unbestimmte Zeit **verschoben**. Äthiopien mit seinem schlecht ausgerüsteten Gesundheitssystem galt als **Hochrisikostaat**, der bei einem ungebremsten Ausbruch des Virus mit nicht zu kontrollierenden sozialen, wirtschaftlichen und politischen Folgen zu rechnen hätte.

Australien

▸ 710

Ländername	Australien
Zeitzone	MEZ +7 h bis +9 h
Fläche in km²	7 741 220
Anzahl der Einwohner	25.4 Millionen
Einwohnerzahl pro km²	3
Hauptstadt	Canberra
Amtssprache	Englisch
Verwaltungsgliederung	6 Bundesstaaten und 3 Territorien
Wichtige Städte	Sydney, Melbourne, Brisbane, Perth, Adelaide, Gold Coast, Newcastle, Canberra
Autokennzeichen | ISO-Code	AUS | AUS
Währung	1 Australischer Dollar = 100 Cents
Nationalfeiertag	26. Januar, 25. April

Australien ist der kleinste Kontinent der Erde. Riesige Wüsten und ausgedehnte Senken mit rot gefärbten, trockenen Böden bilden sein dünn besiedeltes bzw. unbewohntes Herz. Die bemerkenswertesten Naturwahrzeichen des Kontinents sind der Uluru, der auch als Ayers Rock bekannt ist, und das Große Barriereriff, das größte Korallenriff der Erde. Wenngleich das Outback genannte, dürre Buschland das Bild Australiens geprägt hat, so zeichnet sich der Staat heute durch eine technologisch weit fortgeschrittene und entwickelte Gesellschaft aus. Der moderne Flugverkehr und neue Telekommunikationssysteme vernetzen das Land eng mit der übrigen Welt.

GEOGRAFIE

Geografische Lage: Von 10° 03' bis 43° 37' südlicher Breite sowie von 112° 54' bis 153° 37' östlicher Länge
Höchster Punkt: Mount Kosciuszko 2228 m
Klima: Im Norden tropisches, im Süden subtropisches bis warmgemäßigtes, im Inneren Wüstenklima

POLITIK

Staatsform: Föderale parlamentarische Demokratie unter konstitutioneller Monarchie
Staatsoberhaupt: Britische Königin, vertreten durch einen Generalgouverneur
Legislative: Bundestag, bestehend aus Repräsentantenhaus mit 151 für 3 Jahre gewählten Mitgliedern und Senat mit 76 für 6 Jahre gewählten Mitgliedern (alle 3 Jahre teilerneuert)
Jahr der Verfassung: 1901
Wahlrecht: 18 Jahre
Staatsreligion: Keine

BEVÖLKERUNG

Bevölkerungsanteil: <15 Jahre 19.3 %, 15-64 Jahre 64.8 %, >64 Jahre 15.9 %
Verteilung: Stadt 86 %, Land 14 %
Wachstum 2019: 1.2 %
Lebenserwartung: Frauen 86 Jahre, Männer 82 Jahre
Alphabetenrate: Frauen 99 %, Männer 99 %
Ethnische Gruppen: Briten, Australier, Iren, Italiener, Deutsche, Chinesen, Inder, Griechen u. a.
Religionen: Christen 52.2 %, Muslime 2.6 %, Buddhisten 2.4 %, Hindus 1.9 %, Sonstige 1.3 %
Sprachen: Englisch, Chinesisch, Italienisch u. a.

WIRTSCHAFT UND VERKEHR

BIP: 1.39 Bio. US-$
Wachstum BIP 2019: 1.7 %
BNE/Kopf: 53 825 US-$
Inflation: 1.6 %
Außenhandel: Import 221.57 Mrd. US-$, Export 271.59 Mrd. US-$
Erwerbstätige nach Sektoren: Landwirtschaft 2.6 %, Industrie 19.8 %, Dienstleistungen 77.6 %
Arbeitslosenquote: 5.4 %
Energieverbrauch/Kopf: 5 484 kg ÖE
Straßennetz: 873 573 km
Eisenbahnnetz: 33 168 km

VERWALTUNGSGLIEDERUNG

Verwaltungseinheit	Fläche in km²	Einwohner	Hauptstadt
Australian Capital Territory	2 358	423 800	Canberra
New South Wales	800 811	8 Mio.	Sydney
Northern Territory	1 348 094	245 900	Darwin
Queensland	1 730 172	5.1 Mio.	Brisbane
South Australia	984 275	1.7 Mio.	Adelaide
Tasmanien	68 018	531 500	Hobart
Victoria	227 496	6.5 Mio.	Melbourne
Western Australia	2 526 646	2.6 Mio.	Perth

AUSSENGEBIETE

Ashmore- und Cartierinseln
Fläche in km²: 1
Anzahl der Einwohner: Unbewohnt
Hauptstadt: Keine
Status: Hoheitsgebiet ohne Selbstverwaltung seit 1931
Regierung: Generalgouverneur

Australisches Antarktis-Territorium
Fläche in km²: 5 896 500
Anzahl der Einwohner: Nur Forscher
Hauptstadt: Davis Station
Status: Beansprucht seit dem 13. Juni 1933
Regierung: Generalgouverneur

Heard- und McDonaldinseln
Fläche in km²: 372 (Insel Heard: 369, McDonaldinseln: 3)
Anzahl der Einwohner: Unbewohnt
Hauptstadt: Keine
Status: Hoheitsgebiet ohne Selbstverwaltung seit 1947
Regierung: Generalgouverneur

Kokosinseln | Keelinginseln
Fläche in km²: 14
Anzahl der Einwohner: 544
Hauptstadt: West Island
Status: Selbstverwaltetes Außengebiet seit 1955
Regierung: Verwalter

Korallenmeerinseln
Fläche in km²: 3
Anzahl der Einwohner: Nur Personal
Hauptstadt: Keine
Regierung: Generalgouverneur

Norfolkinsel
Fläche in km²: 35
Anzahl der Einwohner: 1 748
Hauptstadt: Kingston
Status: Selbstverwaltetes Außengebiet seit 1914
Regierung: Verwalter

Weihnachtsinsel
Fläche in km²: 135
Anzahl der Einwohner: 1 843
Hauptstadt: Flying Fish Cove
Status: Selbstverwaltetes Außengebiet seit 1958
Regierung: Verwalter

RÜCKBLICK

Dominantes Thema des Berichtsjahrs waren präzedenzlose Buschbrände, die Regierungschef Scott Morrison in Bedrängnis brachten, während seine Eindämmungspolitik im Zusammenhang mit der Corona-Pandemie Zustimmung erfuhr, obwohl sie das Verhältnis zur Volksrepublik China belastete und die Wirtschaft in die Rezession trieb.

Buschbrände: Andauernde Trockenheit, Rekordtemperaturen und starke Winde begünstigten nach mehrjähriger Dürre Buschbrände, die ungewöhnlich frühzeitig einsetzten: Die im Juni ausbrechenden Feuer dehnten sich seit Oktober 2019 in den meisten Bundesstaaten weit über das übliche Maß aus. Erst nach extremen Regenfällen im Januar, die vielerorts Erdrutsche, Hagelstürme und Überschwemmungen mit sich brachten, konnten die Brände im Februar 2020 allmählich unter Kontrolle gebracht werden. Am 2.3.2020 endete mit der Löschung des letzten Brandherds die mit 8 Monaten **längste Buschfeuersaison in der Geschichte des Landes**. Allein in New South Wales, dem am stärksten betroffenen Bundesstaat, musste dreimal der Notstand verhängt werden; auch in anderen Staaten kam es wiederholt zu höchsten Gefahrenlagen: In Victoria war im Januar die Stadt Mallacoota von Flammen eingeschlossen, so dass Tausende am Strand Zuflucht suchten und von der Marine evakuiert wurden. Die Buschfeuer waren **kein regionales oder auf das Outback begrenztes Phänomen.** Vielmehr waren die Hauptstädte der am dichtesten besiedelten Bundesstaaten – Sydney, Melbourne, Adelaide, Brisbane – und der Regierungssitz Canberra über Wochen von stark gesundheitsgefährdendem Rauch beeinträchtigt, so dass Veranstaltungen abgesagt und der Aufenthalt in der Wohnung empfohlen werden musste. Eine **Bilanz der Buschbrände** kann nur vorläufig gezogen werden: Insgesamt kamen 34 Menschen ums Leben. Das waren deutlich weniger als 2008/09, doch der wirtschaftliche und ökologische Schaden war 2019 höher: Etwa 5 900 Gebäude wurden vernichtet, 12.5 Mio. Hektar Waldfläche, also etwa ein Fünftel des nationalen Bestands, brannten nieder – darunter auch subtropische Feuchtgebiete. Nach Schätzung des australischen Klimarates kamen dabei etwa 1 Mrd. höher entwickelte Tiere um, die zusätzlichen CO_2-Emissionen wurden auf 650 Mio. bis 1.2 Mrd. Tonnen veranschlagt. Neben den klimatischen Ursachen spielten laut einer im Mai 2020 veröffentlichten Studie auch Rodungen eine Rolle, weil sie stark brennbares Material hinterließen. **Auf der politischen Ebene** beeinträchtigte die Katastrophe das Ansehen von Premierminister Scott Morrison. Am 10.1.2020 kam es in vielen Städten zu Demonstrationen gegen die Klimapolitik der Regierung. Außerdem wurde Morrison in einer breiten Öffentlichkeit eine Urlaubsreise nach Hawaii auf dem Höhepunkt der Brände im Dezember 2019 verübelt. Der unkoordinierte Einsatz des Militärs im Januar 2020 verstärkte den Unmut der freiwilligen Feuerwehrleute, deren Verdienstausfälle die Regierung nur widerwillig kompensierte. Am 5.1.2020 gab Morrison die Gründung einer „National Bushfire Recovery Agency“ bekannt, die zunächst mit 2 Mrd. AUD ausgestattet wurde.

Missbrauch: Am 7.4.2020 hob der Oberste Gerichtshof die Verurteilung von Kardinal George Pell in einem einstimmig gefassten Urteil in letzter Instanz auf; Pell wurde umgehend entlassen. Die Richter kamen zu der Auffassung, dass die Vorinstanzen, die Pell des sexuellen Missbrauchs an zwei Minderjährigen in den 1990er-Jahren für schuldig befunden und zu 6 Jahren Haft verurteilt hatten, die Möglichkeit der Unschuld des Angeklagten nicht genügend in Betracht gezogen hätten.

Außenpolitik: Die **Spannungen mit der VR China** nahmen zu: Am 24.7.2019 veranstalteten an der Universität von Queensland in Brisbane Studenten eine Kundgebung gegen das umstrittene Auslieferungsgesetz in Hongkong (VR China) und eine Solidaritätsdemonstration für die Minderheit der Uiguren. Die Situation eskalierte, als die etwa **150 chinesischen Demonstranten von nationalistischen Landsleuten attackiert** wurden. Die sich daran anschließenden gewalttätigen Auseinandersetzungen wurden nach mehreren Stunden von der Polizei beendet. Der chinesische Generalkonsul in Brisbane lobte anschließend die „spontane patriotische Reaktion“ der Störer. Dies löste ein **empörtes öffentliches Echo** und Diskussionen über den Einfluss Pekings auf australische Hochschulen aus: Etwa 200 000 Studenten in Australien – etwa 30 % aller internationalen Studenten – sind Chinesen. Die organisierten Übergriffe von regimetreuen Chinesen gegen kritische Studenten wurden von Meldungen über Repressalien auf deren

Das Satellitenbild zeigt die Buschfeuer in den Bundesstaaten Victoria und New South Wales am 4. Januar 2020.

Angehörige in China begleitet. Die am 27.8.2019 in Peking bekannt gegebene Anklage wegen Spionage gegen **Yang Hengjun**, einen australischen Autor chinesischer Herkunft, löste weitere Unstimmigkeiten aus. Auch Covid-19 sorgte für Spannungen: Im April 2020 forderte Premierminister Scott Morrison alle internationalen Studenten zur Ausreise auf, der chinesische Botschafter in Canberra drohte daraufhin mit Boykotten durch chinesische Verbraucher, Peking drohte wegen angeblicher Dumping-Praktiken australischen Gerste-Exporteuren mit Strafzöllen. Ein am 3.5.2020 an die Öffentlichkeit lanciertes Dossier der fünf befreundeten Geheimdienste („Five Eyes") Australiens, Neuseelands, der USA, Großbritanniens und Japans, das der VR China mangelnde Transparenz im Umgang mit der Corona-Pandemie vorwarf, verschärfte die Spannungen.

Wirtschaft: Durch die Corona-Krise geriet Australien **erstmals seit 1991 in eine Rezession**. Die engen wirtschaftlichen Beziehungen mit China wirkten sich dabei beschleunigend aus: Die Rohstoffpreise brachen rasant ein, Fischern und Bauern brach der Exportmarkt weg, chinesische Touristen und Studenten blieben aus. Die Zentralbank senkte den Leitzins in kurzer Folge am 3.3. und 19.3.2020 auf zuletzt nur noch 0.25 %. Auch kaufte sie kurz laufende Staatsanleihen zum selben Zins an. Am 12.2.2020 gab Premier Morrison das erste von mehreren Stimulierungspaketen bekannt: Es sah 8 Mrd. AUD Liquiditätshilfen für Geschäftsleute und 5 Mrd. AUD Hilfen an Sozialleistungsempfänger und Rentner vor. **Schon vor der Corona-Krise war die Wirtschaft angeschlagen**: Hauspreise und Bauanträge gingen bereits 2019 zurück, was angesichts der hohen Verschuldung der privaten Haushalte und des sehr hohen Bestands tilgungsfreier Kredite in den Bankbilanzen zu Sorgen Anlass gab. Umstritten war das von Umweltschützern bekämpfte **Großprojekt eines neuen Bergwerks in Queensland**, das nicht nur von der konservativen Regierung in Canberra, sondern auch von der regionalen Labor-Regierung unterstützt wurde. Mehr Zustimmung erfuhr ein Regierungsbeschluss vom 17.5.2020 zur höheren Besteuerung von ausländischen Internetkonzernen.

Corona: Ein Einreisestopp und strikte Quarantänevorschriften für heimkehrende Australier führten zur schnellen Eindämmung der Pandemie, die im Januar Australien erreichte – die hohen wirtschaftlichen Kosten der Abschottung nahm die Regierung in Kauf und verhängte im März mehrere Einschränkungen des öffentlichen Lebens. Einige Bundesstaaten verboten auch inneraustralische Reisen. Die darauf spezialisierte zweitgrößte Fluglinie meldete am 21.4.2020 Insolvenz an. Am 28.4. wurden die Einschränkungen des öffentlichen Lebens teilweise gelockert. Seit Mitte Juni stieg die Zahl der Neuinfektionen rasch an.

Bahamas

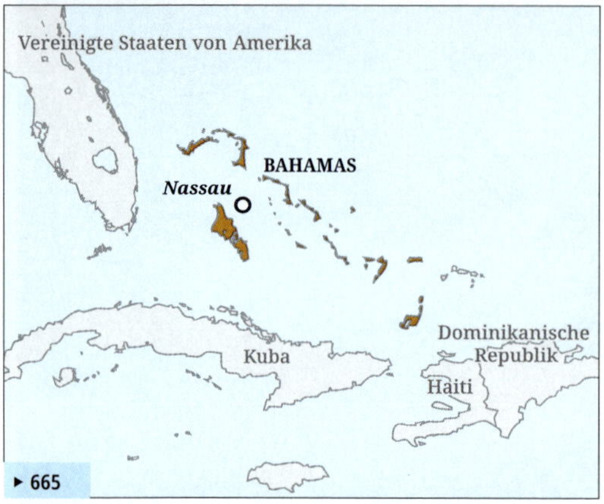

▸ 665

Ländername	Commonwealth der Bahamas
Zeitzone	MEZ -6 h
Fläche in km²	13 880
Anzahl der Einwohner	389 482
Einwohnerzahl pro km²	28
Hauptstadt	Nassau
Amtssprache	Englisch
Verwaltungsgliederung	32 Distrikte
Wichtige Städte	Nassau, Freeport, Marsh Harbour
Autokennzeichen | ISO-Code	BS | BHS
Währung	1 Bahama-Dollar = 100 Cents
Nationalfeiertag	10. Juli

Der Archipel wurde 1492 von Christoph Kolumbus entdeckt, der hier erstmals den Boden der Neuen Welt betrat. Heute ist die karibische Inselgruppe ein Ferienparadies, Drehscheibe des Kreuzfahrttourismus und internationales Finanzzentrum. Ein innenpolitisches Problem ist die Gewaltkriminalität in Zusammenhang mit dem Drogenschmuggel.

GEOGRAFIE

Geografische Lage: Von 20° 55' bis 26° 56' nördlicher Breite sowie von 72° 45' bis 79° 36' westlicher Länge
Höchster Punkt: Mount Alvernia 63 m
Klima: Subtropisches, mäßig feuchtes, ozeanisch gemildertes Klima

POLITIK

Staatsform: Parlamentarische Demokratie unter konstitutioneller Monarchie
Staatsoberhaupt: Britische Königin, vertreten durch einen Generalgouverneur
Legislative: Parlament, bestehend aus Abgeordnetenhaus mit 39 für 5 Jahre gewählten Mitgliedern und Senat mit 16 für 5 Jahre ernannten Mitgliedern
Jahr der Verfassung: 1973
Wahlrecht: 18 Jahre
Staatsreligion: Keine

BEVÖLKERUNG

Bevölkerungsanteil: <15 Jahre 22.1 %, 15-64 Jahre 70.4 %, >64 Jahre 7.5 %
Verteilung: Stadt 83 %, Land 17 %
Wachstum 2019: 1 %
Lebenserwartung: Frauen 76 Jahre, Männer 72 Jahre
Alphabetenrate: Frauen 96.5 %, Männer 94.7 %
Ethnische Gruppen: Afrikaner u. a.
Religionen: Christen 94.9 %
Sprachen: Englisch, Kreolisch

WIRTSCHAFT UND VERKEHR

BIP: 12.83 Mrd. US-$
Wachstum BIP 2019: 1.8 %
BNE/Kopf: 33 261 US-$
Inflation: 2.5 %
Außenhandel: Import 2.99 Mrd. US-$, Export 825 Mio. US-$
Erwerbstätige nach Sektoren: Landwirtschaft 2.1 %, Industrie 14.2 %, Dienstleistungen 83.7 %
Arbeitslosenquote: 10.4 %
Energieverbrauch/Kopf: Keine Angabe
Straßennetz: 2 717 km
Eisenbahnnetz: Keine Angabe

RÜCKBLICK

Hurrikan Dorian: Ab dem 1.9.2019 zog Hurrikan Dorian drei Tage lang über die im Norden gelegene Inselgruppe Abaco und über Grand Bahama. Meterhohe Sturmfluten und großflächige Überschwemmungen führten zu starken Zerstörungen. Mindestens 50 Menschen kamen ums Leben, ca. 1 000 galten als vermisst. Rund 1 300 Häuser wurden zerstört. Der Kategorie-5-Hurrikan war mit Windgeschwindigkeiten von fast 300 km/h der stärkste jemals auf den Bahamas gemessene Hurrikan. Nach UN-Angaben benötigten 70 000 Menschen, fast ein Fünftel der Gesamtbevölkerung, Soforthilfe. Tausende von Bewohnern der betroffenen Inseln wurden auf die bevölkerungsreichste Insel New Providence oder in die USA gebracht. Bahamaer benötigen für die Einreise in die USA nur einen Reisepass und ein polizeiliches Führungszeugnis. Am 23.9.2019 wurde als Reaktion auf den Hurrikan das neue **Staatsministerium für Katastrophenmanagement** geschaffen und mit Iram Lewis besetzt. Die EU steuerte 500 000 € Soforthilfe bei. Am 4.2.2020 lehnte die Regierung die vom Internationalen Währungsfonds bereitgestellte Soforthilfe (Rapid Financing Instrument) in Höhe von 200 000 US-$ ab.

Die Zugbahn von Hurrikan Dorian im September 2019.

Wirtschaft: Hurrikan Dorian und die Corona-Krise wirkten sich schwerwiegend auf die Wirtschaft aus. Rund die Hälfte der Wirtschaftsleistung des Landes wird im Tourismus erbracht. 2019 hatten 1.66 Mio. Touristen die Inselgruppe besucht, 2018 generierte der Tourismus Einnahmen in Höhe von 3.36 Mrd. US-$.

Steueroase: Am 7.5.2020 gab die EU bekannt, die Bahamas auf ihre neue schwarze Liste der Steueroasen zu setzen. Die Liste soll nach Genehmigung durch die EU-Staaten und das EU-Parlament am 1.10.2020 in Kraft treten.

Corona: Der erste Covid-19-Fall wurde am 15.3.2020 bestätigt. Nach dem vierten Fall ordnete die Regierung am 20.3. eine landesweite Ausgangssperre von 21 bis 5 Uhr an. Geschäfte wurden geschlossen, Restaurants durften nur zum Außer-Haus-Verkauf öffnen. Ab 23.3. galt eine ganztägige Ausgangssperre, ab 8.4. eine Maskenpflicht. Am 20.4. wurden für die Bevölkerung Zeitfenster für das Einkaufen eingeführt. Gesundheitsminister Duane Sands trat am 5.5. von seinem Amt zurück, nachdem er 6 einreisenden Personen eine häusliche statt der vorgeschriebenen staatlichen Quarantäne erlaubt hatte. Ab 18.5. erfolgten erste Lockerungen der Schutzmaßnahmen.

Bahrain

▸ 635

Ländername	Königreich Bahrain
Zeitzone	MEZ +2 h
Fläche in km²	778
Anzahl der Einwohner	1.6 Millionen
Einwohnerzahl pro km²	2 109
Hauptstadt	Manama
Amtssprache	Arabisch
Verwaltungsgliederung	4 Bezirke
Wichtige Städte	Manama, Muharrak, Riffa, Hamad, A'ali
Autokennzeichen | ISO-Code	BRN | BHR
Währung	1 Bahrain-Dinar = 1000 Fils
Nationalfeiertag	16. Dezember

Bevor Erdöl dem kleinen Königreich am Persischen Golf Wohlstand bescherte, gehörten Süßwasserquellen und Perlen zu seinen Kostbarkeiten. Die Erdölvorräte sind bald erschöpft, folglich muss sich der Golfstaat auf stetig abnehmende Fördermengen einstellen. 2011 wurden Proteste der schiitischen Bevölkerungsmehrheit gegen das sunnitische Königshaus blutig niedergeschlagen.

GEOGRAFIE

Geografische Lage: Von 25° 48' bis 26° 15' nördlicher Breite sowie von 50° 27' bis 50° 37' östlicher Länge
Höchster Punkt: Jabal ad-Dukhan 134 m
Klima: Wüstenklima mit hoher Luftfeuchtigkeit

POLITIK

Staatsform: Konstitutionelle Monarchie
Staatsoberhaupt: König
Legislative: Nationalversammlung, bestehend aus Repräsentantenrat mit 40 für 4 Jahre gewählten Mitgliedern und Konsultativrat mit 40 ernannten Mitgliedern
Jahr der Verfassung: 2002
Wahlrecht: 20 Jahre
Staatsreligion: Islam

BEVÖLKERUNG

Bevölkerungsanteil: <15 Jahre 18.7 %, 15-64 Jahre 78.8 %, >64 Jahre 2.5 %
Verteilung: Stadt 89.3 %, Land 10.7 %
Wachstum 2019: 4.6 %
Lebenserwartung: Frauen 79 Jahre, Männer 77 Jahre
Alphabetenrate: Frauen 94.9 %, Männer 98.8 %
Ethnische Gruppen: Bahrainer, Asiaten, Araber, Afrikaner, Europäer u. a.
Religionen: Muslime 73.7 %, Christen 9.3 %, Sonstige 17 %
Sprachen: Arabisch, Englisch, Persisch, Urdu

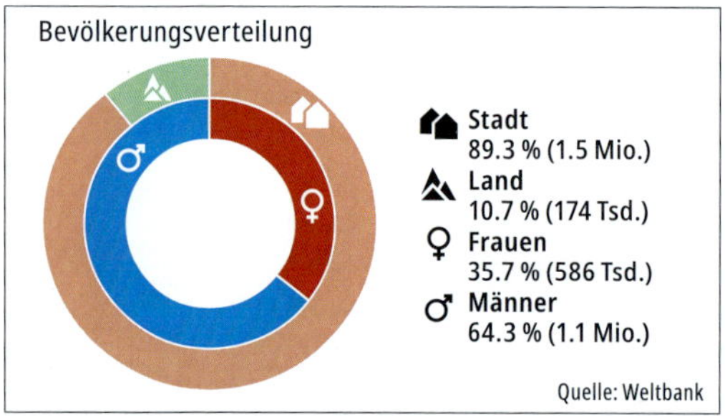

WIRTSCHAFT UND VERKEHR

BIP: 38.57 Mrd. US-$
Wachstum BIP 2019: 1.8 %
BNE/Kopf: 25 273 US-$
Inflation: 1 %
Außenhandel: Import 12.51 Mrd. US-$, Export 17.88 Mrd. US-$
Erwerbstätige nach Sektoren: Landwirtschaft 1 %, Industrie 35.3 %, Dienstleistungen 63.7 %
Arbeitslosenquote: 0.7 %
Energieverbrauch/Kopf: 10 597 kg ÖE
Straßennetz: 4 122 km
Eisenbahnnetz: Keine Angabe

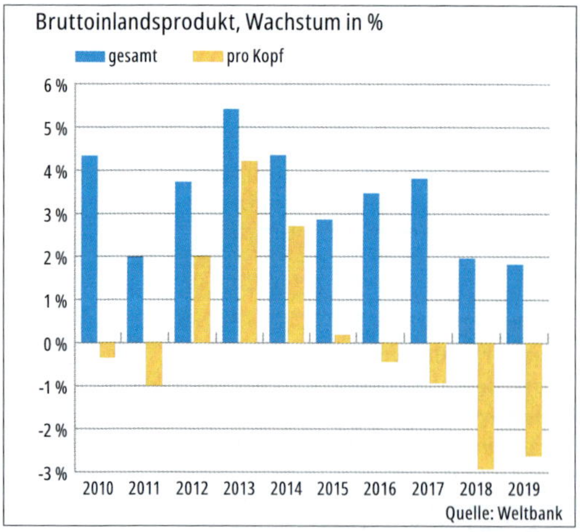

RÜCKBLICK

Hinrichtungen: Generalstaatsanwalt Ahmed al-Hammadi gab am 27.7.2019 zwei Hinrichtungen bekannt. Dabei handelte es sich um zwei im Januar 2018 in einem Massenprozess zum Tode verurteilte Personen, denen die Beteiligung an der Ermordung eines Polizisten vorgeworfen wurde. Die Hinrichtung erfolgte trotz breiter internationaler Kritik, das Verfahren sei nicht fair gewesen und die Geständnisse seien durch Folter erzwungen worden. In zwei weiteren Fällen bestätigte ein Gericht zwei frühere Todesurteile von 2014, was von **Amnesty International** am 8.1.2020 heftig kritisiert wurde. Die Geständnisse sollen **auf Folter beruhen**. Den beiden Angeklagten war vorgeworfen worden, im Februar 2014 einen Polizisten ermordet zu haben.

Kontakte zu Israel: Außenminister Scheich Khalid bin Ahmed Al Khalifa traf bei einem Besuch in Washington mit seinem israelischen Amtskollegen Israel Katz am 17.7.2019 zu einem Gespräch zusammen. Israel nahm auch, zusammen mit mehr als 60 weiteren Ländern, an der vom 20.-22.10. in der bahrainischen Hauptstadt Manama durchgeführten **Konferenz über maritime Sicherheit** teil. Zentrales Thema war die Sicherheit im Persischen Golf, die man durch Iran gefährdet sah. Bahrain verteidigte die israelische Präsenz mit dem Hinweis, es handle sich um die Fortsetzung einer derselben Thematik gewidmeten Konferenz in Warschau vom Februar 2019. Bahrain steht, wie die anderen arabischen Golfstaaten auch, nicht in diplomatischen Beziehungen mit Israel. Die Wahrnehmung der **Bedrohung durch Iran** hat in der letzten Zeit zu einer Annäherung geführt.

Corona: Am 24.2.2020 wurden die ersten beiden Covid-19-Infektionen bestätigt; am 16.3. kam es zum ersten Todesfall. Am 23.3. wurde die Schließung aller nicht lebensnotwendige Güter anbietenden Geschäfte angeordnet. Ab dem 25.3. war die Einreise in das Land außer für bahrainische Staatsbürger und ausländische Aufenthaltsberechtigte stark eingeschränkt. Nach einer Kabinettssitzung wurde am 20.4. mitgeteilt, die Regierung wolle die Ausgaben der Ministerien und Behörden um 30 % kürzen, um damit die Ausgaben zu finanzieren, mit denen die Folgen der Covid-19-Pandemie bewältigt werden sollen. Bereits 2019 hatte der Staatshaushalt mit einem Defizit in Höhe von 10.6 % des BIP abgeschlossen. Die Zahl der Infektionen stieg kontinuierlich und weitgehend ungebremst, ebenso die Zahl der Todesfälle.

Bangladesch

▸ 694

Ländername	Volksrepublik Bangladesch
Zeitzone	MEZ +5 h
Fläche in km²	147 630
Anzahl der Einwohner	163 Millionen
Einwohnerzahl pro km²	1 104
Hauptstadt	Dhaka
Amtssprache	Bengalisch
Verwaltungsgliederung	8 Divisionen
Wichtige Städte	Dhaka, Chittagong, Narayanganj, Khulna, Sylhet, Tongi
Autokennzeichen | ISO-Code	BD | BGD
Währung	1 Taka = 100 Poisha
Nationalfeiertag	26. März, 16. Dezember

Der Name „Goldenes Bengalen" erinnert an vergangene Zeiten, als das überaus fruchtbare Gebiet im Mündungsbereich von Ganges und Brahmaputra, dem größten Flussdelta der Welt, als Kornkammer Indiens den Menschen Wohlstand und Reichtum bescherte. Die Gegenwart des 1971 gegründeten und somit jüngsten Staates Südasiens sieht jedoch immer noch wenig glänzend aus. Einerseits konnte es dank seines wirtschaftlichen Aufschwungs seine sozialen und ökonomischen Indikatoren stark verbessern, zählt aber weiterhin zu den ärmsten Ländern des asiatischen Kontinents. Andererseits gibt es die zunehmende Bedrohung durch den global ansteigenden Meeresspiegel. Er sorgt für häufige und folgenreiche Überflutungen des dicht bevölkerten Landes.

GEOGRAFIE

Geografische Lage: Von 20° 47' bis 26° 34' nördlicher Breite sowie von 88° 01' bis 92° 38' östlicher Länge
Höchster Punkt: Keokradong 1230 m
Klima: Tropisches Monsunklima mit hoher Luftfeuchtigkeit und hohen Niederschlägen

POLITIK

Staatsform: Parlamentarische Republik
Staatsoberhaupt: Präsident
Legislative: Nationalversammlung mit 350 für 5 Jahre gewählten Mitgliedern
Jahr der Verfassung: 1972
Wahlrecht: 18 Jahre
Staatsreligion: Islam

BEVÖLKERUNG

Bevölkerungsanteil: <15 Jahre 27.2 %, 15-64 Jahre 67.6 %, >64 Jahre 5.2 %
Verteilung: Stadt 37.4 %, Land 62.6 %
Wachstum 2019: 1.1 %
Lebenserwartung: Frauen 75 Jahre, Männer 71 Jahre
Alphabetenrate: Frauen 71.2 %, Männer 76.7 %
Ethnische Gruppen: Bengalen u. a.
Religionen: Muslime 89.1 %, Hindus 10 %
Sprachen: Bengalisch, Regionalsprachen

WIRTSCHAFT UND VERKEHR

BIP: 302.57 Mrd. US-$
Wachstum BIP 2019: 8.2 %
BNE/Kopf: 1 906 US-$
Inflation: 5.5 %
Außenhandel: Import 60.14 Mrd. US-$, Export 37.94 Mrd. US-$
Erwerbstätige nach Sektoren: Landwirtschaft 38.6 %, Industrie 21.3 %, Dienstleistungen 40.1 %%
Arbeitslosenquote: 4.3 %
Energieverbrauch/Kopf: 229 kg ÖE
Straßennetz: 369 105 km
Eisenbahnnetz: 2 460 km

RÜCKBLICK

Politik: Die unversöhnliche Polarisierung zwischen der regierenden Awami League und der Bangladesh Nationalist Party (BNP) hielt im Berichtsjahr an. Auf anti-indische Proteste, die eine Übervorteilung durch Indien bei der Teilung der Wasserresourcen und die Diskriminierung von Muslimen im Nachbarland kritisierten, reagierte die Regierung im Oktober 2019 mit der **Verhaftung zahlreicher BNP-Funktionäre**. Der stellvertretende

BNP-Vorsitzende Giasuddin Quader Chowdhury wurde am 30.10.2019 in Abwesenheit von einem Gericht in Dhaka zu drei Jahren Haft verurteilt, ihm wurde Aufwiegelung zum öffentlichen Aufruhr zur Last gelegt. Die Parteivorsitzende Khaleda Zia, die wegen Korruption angeklagt ist, wurde am 25.3.2020 nur gegen Auflagen für 6 Monate aus der Untersuchungshaft entlassen. Wie die BNP versuchten auch islamistische Organisationen, die anti-muslimischen Tendenzen in Indien zur Mobilisierung ihrer Anhänger zu nutzen; mit der Absage eines Besuchs in Neu-Delhi reagierte Außenminister Abul Kalam Abdul Momen im Dezember 2019 auf die **wachsende anti-indische Stimmung**, die sich auch in Gewalttaten wie der Ermordung von vier Hindus am 20.10.2019 wegen angeblicher Beleidigung des Propheten Mohammed entlud. Die Regierung hielt aber an ihrer Linie der **Bestrafung früherer Putschisten** fest: Der am 7.4.2020 gefasste Abdul Majed, der 1998 wegen seiner Beteiligung am Putsch von 1975 zum Tode verurteilt worden war und sich seither in Indien versteckt hatte, wurde am 12.4.2020 hingerichtet. Die Sondereinheit **Rapid Action Battalion** verfolgte militante islamistische Gruppen, darunter die Frauenorganisation der Jamaatul Mujahideen Bangladesh (JMB). UN-Menschenrechtskommissarin Michelle Bachelet kritisierte am 27.2.2020 neben den Anzeichen von Folter und extralegalen Hinrichtungen die **Einschüchterung von Journalisten und Richtern**; sie forderte eine Revision des umstrittenen „Digital Security Act“ vom September 2018, der die Meinungs- und Pressefreiheit bedrohe. Im Juni 2020 wurden mehrere regierungskritische Journalisten und Hochschullehrer verhaftet.

Flüchtlingsfrage: Weiterhin lebten etwa eine Million muslimische Rohingya, von denen ca. 740 000 im August 2017 vor der Verfolgung durch Sicherheitskräfte und Milizen aus Myanmar geflohen waren, in grenznahen Flüchtlingslagern. Der am 20.10.2019 bekannt gegebene Plan, etwa 100 000 Menschen in ein neues Lager auf der überschwemmungsgefährdeten Insel Bhasan Char umzusiedeln, wurde nach internationaler Kritik fallengelassen; nach Beginn der Corona-Pandemie wurde die Insel jedoch für Quarantänemaßnahmen genutzt. Vorrangig hielt Dhaka am Vorhaben einer **Repatriierung der Rohingya** fest: Am 22.8.2019 scheiterte zum wiederholten Male der Versuch, mit der Rückführung zu beginnen – für die offiziell freiwillige Repatriierung Vorgesehene versteckten sich. Politische Kreise in Dhaka verdächtigten Myanmar, die Rücknahme der Flüchtlinge zu hintertreiben. Auch der **Staatsbesuch von Sheikh Hasina in der VR China** vom 3.7.-6.7.2019 stand im Zeichen der Rohingya-Frage: Peking blieb bei seiner Linie der Rücksichtnahme auf Myanmar. Obwohl die Rückkehr der Flüchtlinge eine unrealistische Perspektive war, entschied sich die Regierung im Januar, beim Aufbau von Schulen für die Rohingya Lehrpläne aus Myanmar zugrunde zu legen. Vertreter der Vertriebenen lehnten eine Rückkehr nach Myanmar entschieden ab, solange dort Geleichberechtigung und Sicherheit nicht gewährleistet seien. Eine **Großdemonstration der Rohingya** am 25.8.2019, bei der etwa 200 000 Menschen des Jahrestags der ethnischen Säuberungen in Myanmar 2017 gedachten, und die Ermordung eines Politikers der regierenden Awami League in Cox' Bazar am 22.8. stärkten **fremdenfeindliche Tendenzen**, die sich zuvor bereits wegen der Zunahme des Rauschgiftschmuggels im Grenzgebiet verstärkt hatten. Die Regierung erließ eine Reihe von Maßnahmen, die die Bewegungsfreiheit und Kommunikationsmöglichkeiten der Rohingya einschränkten; Nichtregierungsorganen wurde die Arbeit in den Lagern untersagt oder erschwert. Im Zuge der Corona-Krise wurden Flüchtlingslager am 7.4.2020 abgeriegelt. Nach der Lockerung der nationalen Corona-Beschränkungen am 31.5.2020 wurden die ersten Todesfälle in den Flüchtlingslagern am 2.6.2020 gemeldet.

Wirtschaft: Nach dem Boom im Vorjahr schwächte sich das Wachstum im Berichtsjahr zunächst leicht ab: Die Exporte gingen bis zum 29.2.2020 um 4.8 % zurück, im Leitsektor Textilien betrug der Rückgang 5.5 %. Ursachen waren eine nachlassende Nachfrage und ein härterer Preiswettbewerb, der von Währungsabwertungen konkurrierender Länder begleitet war. Die Regierung reagierte mit Steuersenkungen, Krediterleichterungen und direkten Exportbeihilfen. Ein Teil der Wohlstandsverluste wurde durch um 20 % höhere Rücküberweisungen von Gastarbeitern kompensiert. Doch wurde die Textilwirtschaft dann hart von den **Folgen der Corona-Pandemie** schon vor der Anordnung von Geschäftsschließungen am 26.3.2020 getroffen: Laut Angaben des Verbands der Textilexporteure (BGMEA) wurden im März von Modekonzernen Bestellungen im Wert von 2.9 Mrd. US-$ storniert, was etwa 9 % des nationalen Jahresexportvolumens entspricht. Etwa 4 Mio. Näherinnen wurden arbeitslos. Auf Großdemonstrationen wurden im April staatliche Entschädigungen für die Arbeiter geschlossener Betriebe gefordert. Ende April öffneten hunderte von Betrieben trotz fortbestehender Verbote.

Barbados

▸ 668

Ländername	Barbados
Zeitzone	MEZ -5 h
Fläche in km²	430
Anzahl der Einwohner	287 025
Einwohnerzahl pro km²	668
Hauptstadt	Bridgetown
Amtssprache	Englisch
Verwaltungsgliederung	11 Gemeinden
Wichtige Städte	Bridgetown, Speightstown, Oistins
Autokennzeichen | ISO-Code	BDS | BRB
Währung	1 Barbados-Dollar = 100 Cents
Nationalfeiertag	30. November

Barbados ist die östlichste Insel der Kleinen Antillen. Sie wurde im 16. Jahrhundert von den Spaniern entdeckt. Später kam sie in den Besitz Englands und galt als Musterschüler der britischen Kolonialmacht. Erst Anfang der 1960er-Jahre begann der Weg in die Unabhängigkeit, der 1966 erfolgreich abgeschlossen wurde.

GEOGRAFIE

Geografische Lage: Von 13° 04' bis 13° 19' nördlicher Breite sowie von 59° 26' bis 59° 39' westlicher Länge
Höchster Punkt: Mount Hillaby 340 m
Klima: Tropisch-wechselfeucht mit Regenzeit von Juli bis November

POLITIK

Staatsform: Parlamentarische Demokratie unter konstitutioneller Monarchie
Staatsoberhaupt: Britische Königin, vertreten durch eine Generalgouverneurin
Legislative: Parlament, bestehend aus Abgeordnetenhaus mit 30 für 5 Jahre gewählten Mitgliedern und Senat mit 21 ernannten Mitgliedern
Jahr der Verfassung: 1966
Wahlrecht: 18 Jahre
Staatsreligion: Keine

BEVÖLKERUNG

Bevölkerungsanteil: <15 Jahre 17.1 %, 15-64 Jahre 66.7 %, >64 Jahre 16.2 %
Verteilung: Stadt 31.1 %, Land 68.9 %
Wachstum 2019: 0.1 %
Lebenserwartung: Frauen 81 Jahre, Männer 78 Jahre
Alphabetenrate: Frauen 99.6 %, Männer 99.6 %
Ethnische Gruppen: Afrikaner u. a.
Religionen: Christen 75.6 %, Sonstige 2.5 %
Sprachen: Englisch, Bajan

WIRTSCHAFT UND VERKEHR

BIP: 5.21 Mrd. US-$
Wachstum BIP 2019: -0.1 %
BNE/Kopf: 18 069 US-$
Inflation: 4.1 %
Außenhandel: Import 1.6 Mrd. US-$, Export 454 Mio. US-$
Erwerbstätige nach Sektoren: Landwirtschaft 2.6 %, Industrie 19 %, Dienstleistungen 78.4 %
Arbeitslosenquote: 10.3 %
Energieverbrauch/Kopf: Keine Angabe
Straßennetz: 1 706 km
Eisenbahnnetz: Keine Angabe

RÜCKBLICK

Wirtschaft: Der IWF bescheinigte dem Land im Februar 2020 eine gute Umsetzung von Reformprogrammen. Die internationalen Reserven waren bis 2019 auf 740 Mio. US-$ angestiegen – im Mai 2018 hatten sie nur 220 Mio. US-$ betragen. Der Internationale Währungsfonds hatte dem Land am 1.10.2018 im Rahmen einer **Erweiterten Fondsfazilität (EFF)** einen 4-jährigen Kredit in Höhe von 288 Mio. US-$ gewährt. Nach der Revision im Dezember 2019 konnte das Land weitere 48 Mio. US-$ abrufen, sodass sich der Kredit auf 145 Mio. US-$ summierte. Angesichts der Corona-Krise und dem Einbruch im Tourismus rechnete der IWF im April 2020 für das laufende Jahr mit einem Wirtschaftseinbruch um 7.6 %. 2018 hatte das Land 690 000 Touristen empfangen und 1.1 Mrd. US-$ im Tourismus eingenommen.

Steueroase: Am 7.5.2020 gab die EU bekannt, Barbados erneut auf ihre schwarze Liste der Steueroasen zu setzen. Sie hatte das Land erst im Mai 2019 von dieser Liste gestrichen. Die EU hatte im Dezember 2017 als Reaktion auf die Panama Papers eine schwarze Liste mit Staaten veröffentlicht, die nach ihrer Ansicht nicht genug unternehmen, um Steuerflucht zu bekämpfen.

Kreuzfahrtschiffe: Mitte März 2020 gab die Regierung bekannt, Kreuzfahrtschiffe, die aufgrund der Corona-Pandemie in anderen Karibikhäfen nicht anlegen durften, in Bridgetown anlegen zu lassen, sodass die Passagiere von dort in ihre Heimat zurückfliegen konnten. Am 26.4. verließ das letzte Kreuzfahrtschiff den Hafen.

Corona: Die ersten beiden Covid-19-Fälle wurden am 17.3.2020 bestätigt. Am 27.3. rief die Regierung den nationalen Gesundheitsnotstand aus. Dieser umfasste u. a. eine Ausgangssperre von 20 bis 6 Uhr, die ab dem 3.4. auf ganztägig ausgeweitet wurde. Mit wenigen Ausnahmen wurden alle Geschäfte sowie alle Restaurants geschlossen. Am 11.4. legte die Regierung einen Plan vor, die bestimmten Personenkreisen in Abhängigkeit vom ersten Buchstaben ihres Nachnamens das Einkaufen zu bestimmten Zeiten erlaubte. Am 24.4. verlängerte die Regierung den nationalen Gesundheitsnotstand bis zum 30.6. In einer Rede an die Nation am 29.4. kündigte Premierministerin Mia Amor Mottley weitreichende Lockerungen ab dem 4.5. an. So wurde die 24-stündige Ausgangssperre auf die Zeit von 20 bis 5 Uhr verkürzt, viele Geschäfte durften wieder öffnen und die Strände zwischen 6 und 9 Uhr genutzt werden.

Belgien

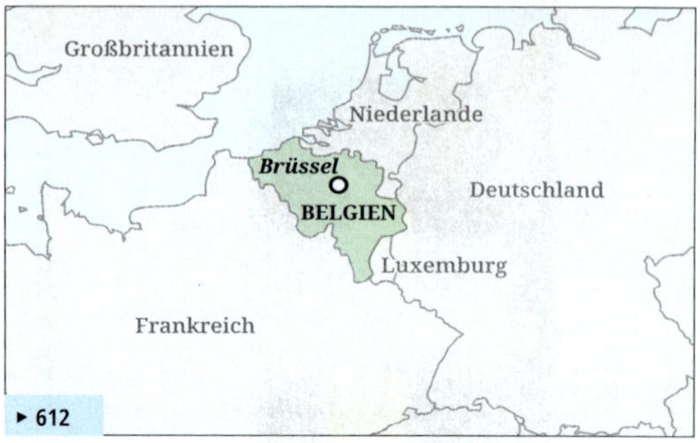

▸ 612

Ländername	Königreich Belgien
Zeitzone	MEZ ±0 h
Fläche in km²	30 530
Anzahl der Einwohner	11.5 Millionen
Einwohnerzahl pro km²	376
Hauptstadt	Brüssel
Amtssprache	Niederländisch, Französisch, Deutsch
Verwaltungsgliederung	3 Regionen mit 10 Provinzen
Wichtige Städte	Antwerpen, Gent, Charleroi, Lüttich, Brüssel, Schaerbeek
Autokennzeichen | ISO-Code	B | BEL
Währung	1 Euro = 100 Cent
Nationalfeiertag	21. Juli

Das Königreich Belgien gehört zu den kleineren europäischen Staaten. Bereits im Mittelalter entwickelten sich Flandern und Brabant zu bedeutenden Gewerbe- und Handelszentren. Seit der Staatsgründung 1830 prägt der Dauerkonflikt zwischen Flamen und Wallonen die Innenpolitik. Bei der europäischen Einigung im 20. Jahrhundert übernahm Belgien eine führende Rolle. Als Sitz zahlreicher EU-Behörden und der Zentrale der NATO ist Brüssel heute die heimliche „Hauptstadt Europas".

GEOGRAFIE

Geografische Lage: Von 49° 31' bis 51° 29' nördlicher Breite sowie von 2° 31' bis 6° 22' östlicher Länge
Höchster Punkt: Botrange 694 m
Klima: Gemäßigtes Seeklima

Ministerpräsidentin Sophie Wilmès (l.) mit ihrem Vorgänger und jetzigen EU-Ratspräsidenten Charles Michel (r.) in Brüssel, am 4. Februar 2020.

POLITIK

Staatsform: Parlamentarische Monarchie
Staatsoberhaupt: König
Legislative: Parlament, bestehend aus Abgeordnetenkammer mit 150 für 5 Jahre gewählten Mitgliedern und Senat mit 60 für 5 Jahre gewählten Mitgliedern
Jahr der Verfassung: 1993
Wahlrecht: 18 Jahre
Staatsreligion: Keine

BEVÖLKERUNG

Bevölkerungsanteil: <15 Jahre 17.1 %, 15-64 Jahre 63.9 %, >64 Jahre 19 %
Verteilung: Stadt 98 %, Land 2 %
Wachstum 2019: 0.4 %
Lebenserwartung: Frauen 84 Jahre, Männer 80 Jahre
Alphabetenrate: Frauen 99 %, Männer 99 %
Ethnische Gruppen: Flamen, Wallonen, Italiener, Marokkaner, Franzosen, Türken u. a.
Religionen: Christen 52.5 %, Muslime 5 %
Sprachen: Niederländisch, Französisch, Deutsch

WIRTSCHAFT UND VERKEHR

BIP: 529.61 Mrd. US-$
Wachstum BIP 2019: 1.2 %
BNE/Kopf: 45 176 US-$
Inflation: 1.4 %
Außenhandel: Import 426.2 Mrd. US-$, Export 444.56 Mrd. US-$
Erwerbstätige nach Sektoren: Landwirtschaft 1.2 %, Industrie 20.6 %, Dienstleistungen 78.2 %
Arbeitslosenquote: 5.6 %
Energieverbrauch/Kopf: 4 688 kg ÖE
Straßennetz: 118 414 km
Eisenbahnnetz: 3 592 km

RÜCKBLICK

Innenpolitische Krise: Nach den Wahlen vom 26.5.19 gelang es den im Parlament vertretenen Parteien nicht, eine Regierung zu bilden, da sich die beiden stärksten Parteien, die flämisch-nationalistische N-VA und die wallonischen Sozialisten (PS), nicht auf eine Zusammenarbeit einigen konnten. Premierminister Charles Michel (MR) blieb als Führer einer Koalition aus MR, Open VLD und CD&V ohne parlamentarische Mehrheit geschäftsführend im Amt. Nach Michels Wahl zum EU-Ratspräsidenten übernahm am 27.10.2019 die bisherige Haushaltministerin **Sophie Wilmès** (MR) die Position der geschäftsführenden Ministerpräsidentin. Neben Michel verließ auch Außen- und Verteidigungsminister Didier Reynders (MR) die Regierung und wechselte zum 1.12.2019 als Kommissar für Justiz und Rechtsstaatlichkeit zur EU-Kommission. Nachdem im Februar 2020 auch Verhandlungen über die Bildung einer Notregierung am Widerstand der PS gescheitert waren, sprach das Parlament unter dem Druck der Corona-Krise am 19.3.2020 der Minderheitsregierung von Sophie Wilmès mit 84:44 Stimmen das Vertrauen aus. Am 26.3. billigten sowohl Abgeordnetenkammer als auch Senat Sondervollmachten für die Regierung im Kampf gegen die Corona-Pandemie, die zunächst bis Juni gelten sollten.

Regionalregierungen: Am 13.9.2019 wurde der Sozialist Elio di Rupo als Ministerpräsident Walloniens vereidigt. Er führt eine Koalition aus PS, dem liberalen MR und den frankophonen Grünen Ecolo an. In Flandern wurde am 2.10.2019 der Nationalist Jan Jambon (N-VA) als Ministerpräsident einer Koalitionsregierung aus N-VA, CD&V und Open VLD vereidigt.

Corona: Am 4.2. wurde der erste Corona-Fall gemeldet, ein Belgier aus Wuhan, der mit 11 Landsleuten aus China ausgeflogen worden war. Bis Ende März stieg die Zahl der Infizierten auf 10 374, 705 Menschen waren an Covid-19 gestorben. Angesichts stark steigender Fallzahlen beschloss die Regierung am 17.3. eine landesweite „angepasste Ausgangssperre“: Alle nicht lebensnotwendigen Geschäfte wurden geschlossen, ein Versammlungsverbot verhängt, und das Haus zu verlassen war nur noch zum Einkaufen, Arbeiten, für Arztbesuche oder zum Sporttreiben erlaubt. Nach dem Rückgang der Neuinfektionen wurden die Beschränkungen ab dem 5.5. wieder gelockert.

Belize

▸ 666

Ländername	Belize
Zeitzone	MEZ -7 h
Fläche in km²	22 970
Anzahl der Einwohner	390 353
Einwohnerzahl pro km²	17
Hauptstadt	Belmopan
Amtssprache	Englisch
Verwaltungsgliederung	6 Distrikte
Wichtige Städte	Belize City, Belmopan, San Ignacio, San Pedro
Autokennzeichen | ISO-Code	BZ | BLZ
Währung	1 Belize-Dollar = 100 Cents
Nationalfeiertag	10. September, 21. September

Erst 1981 wurde Belize, bis 1973 Britisch-Honduras, von den Briten in die Unabhängigkeit entlassen, seitdem ist das Land Mitglied im Commonwealth. Zuckerrohr- und Bananenplantagen sowie der Tourismus bilden das wirtschaftliche Rückgrat des kleinen zentralamerikanischen Landes.

GEOGRAFIE

Geografische Lage: Von 15° 53' bis 18° 29' nördlicher Breite sowie von 87° 47' bis 89° 14' westlicher Länge
Höchster Punkt: Doyle's Delight 1124 m
Klima: Feuchttropisches Klima

POLITIK

Staatsform: Parlamentarische Demokratie unter konstitutioneller Monarchie
Staatsoberhaupt: Britische Königin, vertreten durch einen Generalgouverneur
Legislative: Nationalversammlung, bestehend aus Repräsentantenhaus mit 31 für 5 Jahre gewählten Mitgliedern und Senat mit 14 ernannten Mitgliedern
Jahr der Verfassung: 1981
Wahlrecht: 18 Jahre
Staatsreligion: Keine

BEVÖLKERUNG

Bevölkerungsanteil: <15 Jahre 29.7 %, 15-64 Jahre 65.4 %, >64 Jahre 4.9 %
Verteilung: Stadt 45.7 %, Land 54.3 %
Wachstum 2019: 1.9 %
Lebenserwartung: Frauen 78 Jahre, Männer 72 Jahre
Alphabetenrate: Frauen 84.1 %, Männer 75.2 %
Ethnische Gruppen: Mestizen, Kreolen, Maya, Garifuna, Inder, Mennoniten u. a.
Religionen: Christen 73.3 %, Sonstige 10.5 %
Sprachen: Englisch, Spanisch, Kreolisch, Maya u. a.

WIRTSCHAFT UND VERKEHR

BIP: 1.88 Mrd. US-$
Wachstum BIP 2019: 0.3 %
BNE/Kopf: 4 925 US-$
Inflation: 0.6 %
Außenhandel: Import 980 Mio. US-$, Export 460 Mio. US-$
Erwerbstätige nach Sektoren: Landwirtschaft 16.8 %, Industrie 15.7 %, Dienstleistungen 67.5 %
Arbeitslosenquote: 6.4 %
Energieverbrauch/Kopf: Keine Angabe
Straßennetz: 3 281 km
Eisenbahnnetz: Keine Angabe

RÜCKBLICK

Haushalt: Am 5.3.2020 stellte Premierminister Dean Barrow den Haushaltsplan 2020/21 vor. Demnach waren Ausgaben in Höhe von 1.36 Mrd. Bz$ (umgerechnet 677 Mio. US-$) und damit rund 100 Mio. Bz$ (50 Mio. US-$) mehr als im Vorjahr geplant. Barrow betonte, dass in den 12 Jahren seiner Regierungszeit seit 2008 die Wirtschaft des Landes um 87 % gewachsen sei.

Wirtschaft: 2019 zeigte das Land mit 0.3 % ein nur schwaches Wachstum (nach 2.1 % 2018). Angesichts der Corona-Krise rechnete der IWF im April 2020 für das laufende Jahr mit einem Wirtschaftseinbruch um 12 %.

Dengue: Schon vor dem Ausbruch der Corona-Pandemie war das Land vom Dengue-Fieber betroffen. Nach Angaben der Panamerikanischen

Wilfred Elrington, Außenminister von Belize, eröffnet die 74. Sitzung der UN-Generalversammlung am 28. September 2019 in New York.

Gesundheitsorganisation OPS wies Belize im März 2020 mit einer Infektionsrate von 1 021 je 100 000 Einwohner nach Nicaragua die zweihöchste Infektionsrate in Zentralamerika auf. Das durch den Stich der tagaktiven Aedes-Stechmücke übertragene Dengue-Virus kann das Dengue-Fieber auslösen, eine schwere Fieberkrankheit mit inneren Blutungen, die tödlich verlaufen kann. Es existiert weder eine Impfung bzw. Prophylaxe noch eine spezifische Behandlung gegen das Dengue-Fieber.

Corona: Am 23.3.2020 bestätigte das Gesundheitsministerium den ersten Covid-19-Fall. Dabei handelte es sich um eine Frau, die von den USA in die im Süden der Insel Ambergris Caye gelegene Stadt San Pedro zurückkehrte. Daraufhin stellte Premierminister Dean Barrow die Stadt San Pedro unter Ausnahmezustand und alle Einwohner von Ambergris Caye unter Quarantäne. Sämtliche Passagierflüge von und zum Philip S. W. Goldson International Airport wurden gestrichen und alle Grenzen geschlossen. Nur der Frachtverkehr durfte weiterhin über den Luft- oder Seeweg fortgesetzt werden. Premier Barrow hatte bereits am 20.3., drei Tage vor Bekanntwerden des ersten Infektionsfalls, landesweit alle Schule geschlossen. Am 30.3. verhängte die Regierung einen landesweiten Ausnahmezustand und eine Ausgangssperre zwischen 20 und 5 Uhr. Ab dem 5.4. durften auch Belizer nicht mehr in ihr Heimatland einreisen. Die Regierung verlängerte am 30.4. den landesweiten Ausnahmestand und die Grenzschließungen um 60 Tage. Am 5.5.2020 wurde der letzte an Covid-19 erkrankte Patient gesund und das Land war frei von aktiven Infektionen. Insgesamt gab es 18 Infektionsfälle, von denen 2 Personen verstarben.

Benin

▸ 637

Ländername	Republik Benin
Zeitzone	MEZ ±0 h
Fläche in km²	114 760
Anzahl der Einwohner	11.8 Millionen
Einwohnerzahl pro km²	103
Hauptstadt	Porto-Novo
Regierungssitz	Cotonou
Amtssprache	Französisch
Verwaltungsgliederung	12 Départements
Wichtige Städte	Cotonou, Porto-Novo, Parakou, Godomey, Abomey-Calavi
Autokennzeichen | ISO-Code	DY | BEN
Währung	1 CFA-Franc BCEAO = 100 Centimes
Nationalfeiertag	1. August

Das westafrikanische Land, das sich als schmaler Streifen von der Guineaküste 650 km weit nordwärts bis in den Sahel erstreckt, entstand 1960 durch Grenzziehung am Kartentisch der einstigen Kolonialmacht Frankreich. Anfang der 1990er-Jahre gelang Benin der friedliche Übergang von der Diktatur zur Demokratie.

GEOGRAFIE

Geografische Lage: Von 6° 13' bis 12° 23' nördlicher Breite sowie von 0° 46' bis 3° 50' östlicher Länge
Höchster Punkt: Mont Sokbaro 658 m
Klima: Im Süden feuchtheißes, im Norden trockenes, tropisches Klima

POLITIK

Staatsform: Präsidiale Republik
Staatsoberhaupt: Präsident
Legislative: Nationalversammlung mit 83 für 4 Jahre gewählten Mitgliedern
Jahr der Verfassung: 1990
Wahlrecht: 18 Jahre
Staatsreligion: Keine

BEVÖLKERUNG

Bevölkerungsanteil: <15 Jahre 42.4 %, 15-64 Jahre 54.3 %, >64 Jahre 3.3 %
Verteilung: Stadt 47.9 %, Land 52.1 %
Wachstum 2019: 2.7 %
Lebenserwartung: Frauen 64 Jahre, Männer 60 Jahre
Alphabetenrate: Frauen 31.1 %, Männer 54 %
Ethnische Gruppen: Fon, Adja, Yoruba, Bariba, Fulbe, Otamari, Yoa-Lokpa, Dendi u. a.
Religionen: Christen 48.5 %, Muslime 27.7 %, Ethnische 14.2 %, Sonstige 2.6 %
Sprachen: Französisch, Fon, Yoruba u. a.

WIRTSCHAFT UND VERKEHR

BIP: 14.39 Mrd. US-$
Wachstum BIP 2019: 6.9 %
BNE/Kopf: 1 217 US-$
Inflation: -0.9 %
Außenhandel: Import 3.65 Mrd. US-$, Export 2.37 Mrd. US-$
Erwerbstätige nach Sektoren: Landwirtschaft 38.6 %, Industrie 19 %, Dienstleistungen 42.4 %
Arbeitslosenquote: 2.1 %
Energieverbrauch/Kopf: 417 kg ÖE
Straßennetz: 16 003 km
Eisenbahnnetz: 758 km

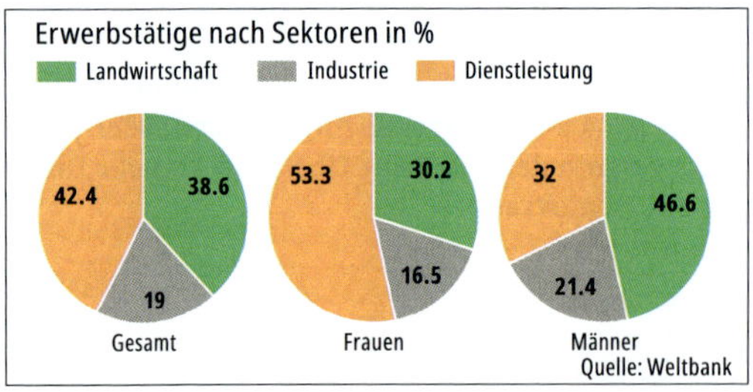

RÜCKBLICK

Wahl und Proteste: Am 28.4.2019 wurden **Parlamentswahlen** abgehalten. Begleitet wurde die Wahl von Kritik und großen Protesten, da durch eine im Juli 2018 beschlossene **Wahlrechtsreform** fünf größere Oppositionsparteien **nicht zugelassen** wurden. Es traten letztendlich nur zwei Wahlbündnisse an, die Beobachtern zufolge beide dem amtierenden Präsidenten Patrice Talon nahestanden. Wegen eines Boykotts lag die Wahlbeteiligung bei nur 23 %, was einen signifikanten Rückgang zu den 65 % bei der vorherigen Wahl und die **niedrigste aufgezeichnete Wahlbeteiligung** seit der Unabhängigkeit Benins darstellt. Als Reaktion auf den Ausschluss der Oppositionsparteien von der Wahl kam es zu zahlreichen Demonstrationen, bei denen der Regierungspartei Einflussnahme auf den Zulassungsprozess vorgeworfen wurde. Die beninischen Sicherheitskräfte gingen mehrfach gewaltsam gegen die Demonstrationen vor. Am 17.5.2020 wurden trotz der Pandemie Lokalwahlen abgehalten. Die einzige teilnehmende Oppositionspartei, die Forces Cauris pour un Bénin émergent (FCBE), kam auf 15 % der Stimmen. Die Wahlbeteiligung lag angesichts der angespannten Situation überraschend hoch bei 49 % (2015: 57 %).

Außenpolitscher Konflikt: Ende November 2019 erklärte Benin den **EU-Botschafter** im Land, Oliver Nette, zur **persona non grata** und forderte ihn auf, Benin zu verlassen. Diplomatischen Kreisen zufolge wurde ihm **Einmischung in interne Angelegenheiten** wegen seiner Kritik am Umgang der Regierung mit den Wahlen im April 2019 sowie Aufrufe zum Protest gegen die Regierung vorgeworfen. Die EU reagierte, indem sie wiederum den **beninischen Botschafter** Zacharie Richard Akplogan zur **unerwünschten** Person erklärte.

Nationaler Dialog: Im Zuge der politischen Krise lud die Regierung im Oktober 2019 zu einem nationalen Dialog ein, mit dem die **Unstimmigkeiten** vor den nächsten anstehenden Wahlen beigelegt werden sollten. Kritisiert wurde, dass führende **Oppositionsparteien nicht eingeladen** wurden.

Wirtschaft: Im Jahr 2019 setzte sich beim Wachstum des Bruttoinlandsprodukts mit über 6 % ein **Positivtrend** der vorherigen Jahre fort. Die groß angelegten Wirtschaftsreformen durch die Regierung unter Präsident Patrice Talon führten zu diversen **Privatisierungen** und gleichzeitig zu einer Steigerung von öffentlichen Investitionen, jedoch auch zu viel Kritik aus der Bevölkerung. Die relativ unerwartet von der nigerianischen Regierung eingeführten **Grenzschließungen** im August 2019 führten zu massiven Veränderungen in der ökonomischen Landschaft, da ein Großteil der beninischen Bevölkerung vom informellen und formellen Handel mit Nigeria abhängig ist.

Bhutan

Ländername	Königreich Bhutan
Zeitzone	MEZ +5 h
Fläche in km²	38 394
Anzahl der Einwohner	763 092
Einwohnerzahl pro km²	20
Hauptstadt	Thimphu
Amtssprache	Dzongkha
Verwaltungsgliederung	20 Distrikte
Wichtige Städte	Thimphu, Phuntsholing, Paro, Gelephu, Samdrup Jongkhar
Autokennzeichen | ISO-Code	BHT | BTN
Währung	1 Ngultrum = 100 Chhetrum
Nationalfeiertag	17. Dezember

Lange galt das buddhistische Königreich im Himalaja als das verschlossenste Land der Welt, in dem die Zeit stehen geblieben zu sein schien. Erst seit einigen Jahrzehnten gestattet das „Land des Drachen“ Einblicke in sein Inneres und bemüht sich um wirtschaftliche und politische Entwicklung – ohne dabei die eigene Kultur und Tradition aus den Augen zu verlieren. Seit mehr als 30 Jahren gilt das „Bruttonationalglück“ als wichtigstes Entwicklungsziel.

GEOGRAFIE

Geografische Lage: Von 26° 42' bis 28° 19' nördlicher Breite sowie von 88° 44' bis 92° 05' östlicher Länge
Höchster Punkt: Gangkar Puensum 7570 m
Klima: Randtropisches Klima im Süden, nach Norden in Hochgebirgsklima übergehend

POLITIK

Staatsform: Konstitutionelle Monarchie
Staatsoberhaupt: König
Legislative: Parlament, bestehend aus Nationalversammlung mit 47 für 5 Jahre gewählten Mitgliedern und Nationalrat mit 20 für 5 Jahre gewählten und 5 ernannten Mitgliedern
Jahr der Verfassung: 2008
Wahlrecht: 18 Jahre
Staatsreligion: Buddhismus

BEVÖLKERUNG

Bevölkerungsanteil: <15 Jahre 25.3 %, 15-64 Jahre 68.6 %, >64 Jahre 6.1 %
Verteilung: Stadt 41.6 %, Land 58.4 %
Wachstum 2019: 1.2 %
Lebenserwartung: Frauen 73 Jahre, Männer 72 Jahre
Alphabetenrate: Frauen 57.1 %, Männer 75 %
Ethnische Gruppen: Ngalongs, Nepalesen, Indigene u. a.
Religionen: Buddhisten 75.3 %, Hindus 22.1 %, Sonstige 2.6 %
Sprachen: Dzongkha, Sharchopka, Lhotshamkha u. a.

WIRTSCHAFT UND VERKEHR

BIP: 2.84 Mrd. US-$
Wachstum BIP 2019: 5.5 %
BNE/Kopf: 3 423 US-$
Inflation: 2.7 %
Außenhandel: Import 960 Mio. US-$, Export 590 Mio. US-$
Erwerbstätige nach Sektoren: Landwirtschaft 55.3 %, Industrie 10.8 %, Dienstleistungen 33.9 %
Arbeitslosenquote: 2.2 %
Energieverbrauch/Kopf: Keine Angabe
Straßennetz: 12 205 km
Eisenbahnnetz: Keine Angabe

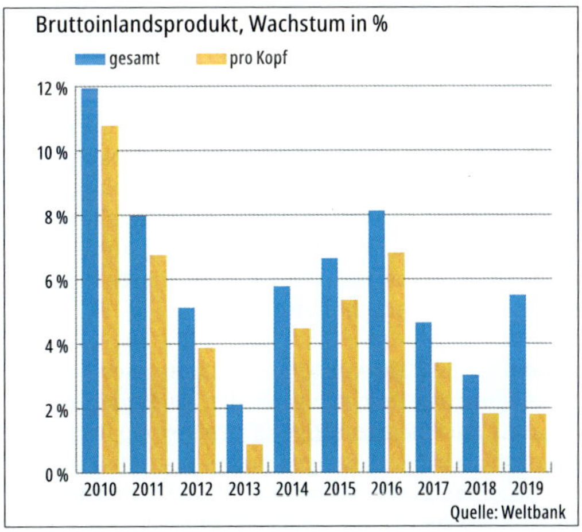

RÜCKBLICK

Politik: Die im November 2018 ins Amt gekommene Regierung unter Premierminister Lotay Tshering brachte eine Reihe von Reformgesetzen ein. Die **Aufhebung des Verbots widernatürlicher Sexualpraktiken** war bei der Beratung der Strafrechtsnovelle besonders umstritten. Die am 11.2.2020 verabschiedete Schlussfassung entkriminalisierte solche Praktiken, sofern sie unter Erwachsenen und einvernehmlich stattfinden. Wichtige andere Projekte der Regierung, so eine Steuerreform und ein neues Bergbaugesetz, wurden nach kontroversen Debatten vertagt. Heftigen Widerspruch rief auch das **Besoldungsgesetz** hervor: Die Opposition bezeichnete die hohen Zulagen für Lehrer und medizinisches Personal als ungerecht.

Wirtschaft: Höhere staatliche Konsumausgaben und die Inbetriebnahme eines weiteren Wasserkraftwerks ließen für das Berichtsjahr ein anziehendes Wachstum erwarten. Das Leistungsbilanzdefizit blieb jedoch trotz wachsender Energieexporte mit annährend 20 % des BIP hoch. Die Asiatische Entwicklungsbank monierte außerdem, dass die Armut in ländlichen Regionen, wo 76 % der Bevölkerung in der Landwirtschaft arbeiten, noch immer hoch ist.

Parteien: Im Dezember 2019 wurde ein starker Einbruch bei den Mitgliederzahlen der Parteien nach der Parlamentswahl 2018 gemeldet. Dieses bereits nach der Wahl 2013 zu beobachtende Phänomen war kein Ausdruck der Politikmüdigkeit, sondern eine Folge des Beamten- und Wahlrechts: Bei Einstellungen in den öffentlichen Dienst und von Kandidaturen für lokale Parlamente sind Parteimitglieder ausgeschlossen. Zwischen 2013 und 2018 war die Zahl der Parteimitglieder insgesamt von 1 429 auf 22 909 gestiegen.

Grenzfragen: Im Juni 2020 lehnte die VR China im Rat der Globalen Umweltfazilität der Weltbank die Förderung des Sakteng Naturschutzgebiets im Osten Bhutans ab, weil die territoriale Zugehörigkeit umstritten sei. Dieser Schritt Pekings löste Überraschung aus, weil die VR China dieses Gebiet zuvor nie beansprucht hatte.

Corona: Am 6.3.2020 wurde die Infektion eines amerikanischen Touristen gemeldet. Die Regierung reagierte mit einem sofortigen Einreisestopp für Touristen, Schulschließungen in drei Distrikten und mit **Quarantänemaßnahmen.** Am 24.3.2020 wurden die Grenzen für den **Personenverkehr** geschlossen und die **Einfuhr** von Obst, Gemüse, Fleisch und Betelnüssen untersagt.

Bolivien

▸ 671

Ländername	Plurinationaler Staat Bolivien
Zeitzone	MEZ -5 h
Fläche in km²	1 098 580
Anzahl der Einwohner	11.5 Millionen
Einwohnerzahl pro km²	10
Hauptstadt	Sucre
Regierungssitz	La Paz
Amtssprache	Spanisch, Quechua, Aymara und weitere 34 Sprachen
Verwaltungsgliederung	9 Departamentos
Wichtige Städte	Santa Cruz de la Sierra, El Alto, La Paz, Cochabamba, Oruro, Sucre
Autokennzeichen | ISO-Code	BOL | BOL
Währung	1 Boliviano = 100 Centavos
Nationalfeiertag	6. August

Der südamerikanische Binnenstaat reicht von den vergletscherten Hochgebirgszügen der Anden im Westen bis in ein von zahlreichen Flüssen durchzogenes tropisches Tiefland im Osten. Politisch ist das Land nie zur Ruhe gekommen – seit seiner Unabhängigkeit 1825 hat es zahlreiche Militärputsche erlebt. Von 2006 bis zu seinem Rücktritt 2019 regierte Evo Morales Ayma als erster indigener Präsident das Land. Jeanine Áñez Chávez ist seit 12.11.2019 die Interimspräsidentin.

GEOGRAFIE

Geografische Lage: Von 9° 43' bis 22° 54' südlicher Breite sowie von 57° 30' bis 69° 39' westlicher Länge
Höchster Punkt: Nevado Sajama 6542 m
Klima: Im Hochland trocken und kühl, im Tiefland feucht und heiß

POLITIK

Staatsform: Präsidiale Republik
Staatsoberhaupt: Präsidentin
Legislative: Parlament, bestehend aus Abgeordnetenkammer mit 130 für 5 Jahre gewählten Mitgliedern und Senat mit 36 für 5 Jahre gewählten Mitgliedern
Jahr der Verfassung: 2009
Wahlrecht: 18 Jahre
Staatsreligion: Keine

BEVÖLKERUNG

Bevölkerungsanteil: <15 Jahre 30.6 %, 15-64 Jahre 62 %, >64 Jahre 7.4 %
Verteilung: Stadt 69.8 %, Land 30.2 %
Wachstum 2019: 1.4 %
Lebenserwartung: Frauen 75 Jahre, Männer 69 Jahre
Alphabetenrate: Frauen 88.6 %, Männer 96.5 %
Ethnische Gruppen: Mestizen, Quechua, Aymara u. a.
Religionen: Christen 92.8 %, Sonstige 1.7 %
Sprachen: Spanisch, Quechua, Aymara und weitere 34 Sprachen

WIRTSCHAFT UND VERKEHR

BIP: 40.9 Mrd. US-$
Wachstum BIP 2019: 2.2 %
BNE/Kopf: 3 671 US-$
Inflation: 1.8 %
Außenhandel: Import 9.78 Mrd. US-$, Export 8.76 Mrd. US-$
Erwerbstätige nach Sektoren: Landwirtschaft 30.7 %, Industrie 19.4 %, Dienstleistungen 49.9 %
Arbeitslosenquote: 3.3 %
Energieverbrauch/Kopf: 778 kg ÖE
Straßennetz: 90 568 km
Eisenbahnnetz: 2 866 km

RÜCKBLICK

Waldbrände: Ab August 2019 wüteten heftige Waldbrände im Amazonasgebiet. Die Feuer zerstörten bis Mitte September in Bolivien über 4 Mio. Hektar Wald- und Grasland, allein in der Region Santa Cruz waren es 3 Mio. Hektar. Am 4.10.2019 demonstrierten Hunderttausende Menschen in Santa Cruz gegen Präsident Evo Morales Ayma. Er hatte im Juli 2019 ein Dekret modifiziert, das „kontrollierte" Brandrodungen zur Gewinnung von landwirtschaftlichen Flächen erlaubte.

Präsidentschafts- und Parlamentswahlen: Bei den Wahlen am 20.10.2019 erzielte Amtsinhaber Evo Morales Ayma (Movimiento al Socialismo/MAS) nach Angaben der Wahlkommission 47.1 % der Stimmen und wurde damit direkt wiedergewählt. Ex-Präsident Carlos Mesa Gisbert (2003-05) (Alianza Comunidad Ciudadana/CC) erhielt 36.5 %. Chi Hyun Chung (Partido Demócrata Cristiano/PDC) erzielte 8.8 %, Óscar Ortiz Antelo (Movimiento Demócrata Social/MDS) 4.2 %. Die Wahlbeteiligung betrug 88.3 %. Bei der gleichzeitig stattfindenden **Parlamentswahl** gewann der MAS 67 (-21) der insgesamt 130 Sitze in der Abgeordnetenkammer und 21 (-4) der 36 Senatssitze. Der CC erhielt 50 bzw. 14 Mandate. Der PDC erzielte 9 (-1) Abgeordnetenmandate und verlor seine beiden Senatssitze. Der MDS errang vier bzw. einen Sitz.

Die Organisation Amerikanischer Staaten (OAS) meldete **Zweifel am Ablauf der Wahlen** an. Auch Brasilien, Kolumbien, die USA und die EU forderten eine Überprüfung bzw. eine zweite Wahlrunde. Nachdem bei der Auszählung zunächst keiner der Kandidaten eine Mehrheit verzeichnen konnte, hatte die Wahlbehörde die laufende Bekanntgabe der Ergebnisse für 24 Stunden unterbrochen und anschließend einen deutlichen Vorsprung von Präsident Morales verkündet. Die OAS sprach von vorsätzlicher Manipulation und schweren Unregelmäßigkeiten wie die Fälschung von Unterschriften. Schon die Kandidatur von Morales war umstritten gewesen, da er verfassungswidrig zum vierten Mal für das Präsidentschaftsamt kandidierte. Im Februar 2016 hatte er das Volk in einem Referendum über eine Verfassungsänderung abstimmen lassen, die eine Wiederwahl ermöglichen sollte. Nachdem sich eine knappe Mehrheit dagegen ausgesprochen hatte, ebnete das Verfassungsgericht im November 2017 mit einem umstrittenen Urteil den Weg für die erneute Kandidatur.

Nach den Wahlen legten Oppositionelle mit einer **Protestwelle** das Land lahm. Die Proteste wurden von der Polizei und der Regierungspartei bekämpft. Am 8.11.2019 stellten sich erste Polizeieinheiten hinter die Demonstranten.

Rücktritt: Am Abend des 10.11.2019 kündigte Staatspräsident Evo Morales seinen Rücktritt an. Zuvor hatte Morales Neuwahlen zugestimmt, doch das Militär empfahl ihm öffentlich den Rücktritt. Am selben Tag hatten bereits mehrere Minister sowie die Vorsitzenden beider Parlamentskammern ihren Rücktritt erklärt. Es kam landesweit zu schweren Unruhen. Die interamerikanische Menschenrechtsorganisation (CIDH) nannte für die Zeit vom 21.10. bis 27.11. mindestens 36 Tote auf beiden Seiten. Morales floh in seine Heimatregion Chapare und bezeichnete seinen erzwungenen

Rücktritt als Staatsstreich. Am 12.11. setzte sich Morales mit Vizepräsident García Linera ins Exil nach Mexiko ab. Am 12.12. reiste Morales nach Argentinien, wo er unter der neuen Linksregierung politisches Asyl beantragte. Die Generalstaatsanwaltschaft erließ am 18.12. **Haftbefehl gegen Morales**. Sie warf ihm Rebellion, Terrorismus und Finanzierung von Terrorismus vor. Während der 13-jährigen Amtszeit des weltweit ersten indigenen Präsidenten war die Wirtschaft jährlich um durchschnittlich 5 % gewachsen und die Armutsquote von 60 % auf 35 % gesunken, was ihm große Popularität einbrachte. Während seiner Regierungszeit entwickelte Morales jedoch zunehmend autoritäre Züge.

Übergangspräsidentin: Am 12.11.2019 wurde die bisherige zweite Vizepräsidentin des Senats, Jeanine Áñez Chávez (MDS), als Übergangspräsidentin vereidigt. In ihrer 90-tägigen Amtszeit sollte Áñez Neuwahlen organisieren. Das neue Kabinett wurde am 13.11. vereidigt und bestand überwiegend aus Mitgliedern der Demokraten (u. a. Innenministerium, Wirtschaft und Finanzen sowie Justiz). Außenministerin wurde Karen Longaric Rodríguez. Nach Kritik an ihrer am 24.1.2020 bekanntgegebenen Kandidatur für die 2020 geplanten Neuwahlen forderte Áñez das gesamte Kabinett zum Rücktritt auf und besetzte mehrere Ministerposten neu.

Übergangspräsidentin Jeanine Áñez Chávez auf einer Wahlkampfveranstaltung in La Paz, am 8. März 2020.

Neuwahlen: Am 19.11.2019 erklärten beide Parlamentskammern einstimmig die Präsidentschaftswahl vom 20.10. für ungültig und ermöglichten damit Neuwahlen. Die Wahlkommission terminierte am 3.1.2020 die Neuwahlen auf den 3.5.2020. Für die bisherige linke Regierungspartei MAS wurde Ex-Wirtschaftsminister Luis Arce Catacora als Präsidentschaftskandidat bestimmt. Für das rechte Bündnis Creemos soll der ehemalige Vorsitzende des Bürgerkomitees von Santa Cruz, Luis Fernando Camacho Vaca, antreten. Weitere Kandidaten waren der Bürgermeister von La Paz, Luis Revilla Herrero (Bündnis Juntos Avancemos), Ex-Präsident Carlos Mesa (2003-05) (Comunidad Ciudadana/CC), Chi Hyun Chung (Bündnis Frente para la victoria, FPV) sowie Ex-Präsident Jorge Quiroga (2001-02) (Wahlbündnis Libre 21). Die Wahlbehörde untersagte am 20.2. Ex-Präsident Evo Morales die Kandidatur für einen Senatssitz, da er keinen dauerhaften Wohnsitz in Bolivien hatte. Im Zuge der Corona-Krise **verschob die Wahlbehörde den Termin** für die Neuwahlen zunächst auf unbestimmte Zeit. Am 22.6.2020 beschloss das Parlament, die Neuwahlen am 2.9. durchzuführen.

Außenpolitik: Am 15.11.2019 kündigte die neue Außenministerin Karen Longaric den Austritt Boliviens aus der von Venezuela initiierten Bolivarischen Allianz ALBA an. Zudem erkannte sie den venezolanischen Oppositionsführer Juan Gerardo Guaidó Márquez als rechtmäßigen Präsidenten Venezuelas an. Neun Venezolaner wurden unter dem Vorwurf, die Proteste gegen die Regierung angestachelt zu haben, festgenommen. Gleichzeitig wurden über 700 kubanische Ärzte aus dem Land gewiesen. Am 30.12. wies die Regierung die mexikanische Botschafterin, María Teresa Mercado, aus. Mehrere ehemalige Minister und Mitarbeiter von Ex-Präsident Morales hatten nach dessen Rücktritt am 10.11.2019 in der mexikanischen Botschaft in La Paz Schutz gesucht.

Wirtschaft: Während die Wirtschaft 2019 um 2.2 % wuchs, ging der IWF im April 2020 für das laufende Jahr von einem Wirtschaftseinbruch um 2.9 % aus. Es wäre das erste Rezessionsjahr seit 34 Jahren. Hintergrund war neben der Corona-Krise auch der Preisverfall im Erdölsektor. Um der Krise entgegenzutreten, legte die Regierung im April 2020 Bonds in Höhe von umgerechnet rund 500 Mio. US-$ auf und gewährte rund 1 Mrd. US-$ an Krediten.

Corona: Im Zuge der Corona-Krise ließ die Regierung am 12.3. alle Schulen schließen und rief am 21.3. eine zweiwöchige Ausgangssperre aus, die mehrmals verlängert wurde. Arbeitsstätten und die meisten Geschäfte wurden geschlossen. Entsprechend der letzten Ausweisnummer durften die Einwohner nur an einem bestimmten Wochentag einkaufen. Am 25.3. rief die Regierung den Gesundheitsnotstand aus. Die Grenzen wurden geschlossen und der Einsatz von Polizei und Militär verstärkt. Am 11.5. wurden erste Lockerungen auf Provinzebene durchgeführt.

Bosnien und Herzegowina

▸ 619

Ländername	Bosnien und Herzegowina
Zeitzone	MEZ ±0 h
Fläche in km²	51 210
Anzahl der Einwohner	3.3 Millionen
Einwohnerzahl pro km²	64
Hauptstadt	Sarajevo
Amtssprache	Bosnisch, Serbisch, Kroatisch
Verwaltungsgliederung	2 Entitäten mit 10 Kantonen und 1 Distrikt
Wichtige Städte	Sarajevo, Banja Luka, Tuzla, Zenica, Mostar
Autokennzeichen | ISO-Code	BIH | BIH
Währung	1 Konvertible Mark = 100 Fening
Nationalfeiertag	Nicht landesweit einheitlich

Die Gegensätze zwischen den ethnischen Gemeinschaften bilden das Hauptproblem des Landes, das nach dem Auseinanderbrechen Jugoslawiens entstand und durch einen blutigen Bürgerkrieg gezeichnet wurde, dem rund 100 000 Menschen zum Opfer fielen. Ohne politische Kooperation zwischen Bosniaken, Serben und Kroaten werden wirtschaftliche Prosperität und innere Stabilität nicht zu erreichen sein. Als Wahrzeichen für die Versöhnung gilt die zerstörte und wieder restaurierte Brücke von Mostar.

GEOGRAFIE

Geografische Lage: Von 42° 34' bis 45° 17' nördlicher Breite sowie von 15° 44' bis 19° 35' östlicher Länge
Höchster Punkt: Maglić 2386 m
Zugehöriges: Distrikt Brčko (Sonderverwaltungsgebiet), Föderation Bosnien und Herzegowina (Teilstaat), Serbische Republik (Teilstaat)
Klima: Gemäßigtes Kontinentalklima, im Süden Mittelmeerklima

POLITIK

Staatsform: Parlamentarische Republik
Staatsoberhaupt: Staatspräsidium, bestehend aus jeweils einem Vertreter der bosniakischen, serbischen und kroatischen Volksgruppe
Legislative: Parlamentarische Versammlung, bestehend aus Repräsentantenhaus mit 42 für 4 Jahre gewählten Mitgliedern und Haus der Völker mit 15 für 4 Jahre gewählten Mitgliedern
Jahr der Verfassung: 1995
Wahlrecht: 18 Jahre
Staatsreligion: Keine

BEVÖLKERUNG

Bevölkerungsanteil: <15 Jahre 14.7 %, 15-64 Jahre 68.1 %, >64 Jahre 17.2 %
Verteilung: Stadt 48.6 %, Land 51.4 %
Wachstum 2019: -0.8 %
Lebenserwartung: Frauen 80 Jahre, Männer 75 Jahre
Alphabetenrate: Frauen 94.9 %, Männer 99.2 %
Ethnische Gruppen: Bosniaken, Serben, Kroaten u. a.
Religionen: Muslime 50.7 %, Christen 45.9 %, Sonstige 1.2 %
Sprachen: Bosnisch, Serbisch, Kroatisch

WIRTSCHAFT UND VERKEHR

BIP: 20.05 Mrd. US-$
Wachstum BIP 2019: 2.8 %
BNE/Kopf: 5 742 US-$
Inflation: 0.6 %
Außenhandel: Import 11.16 Mrd. US-$, Export 6.58 Mrd. US-$
Erwerbstätige nach Sektoren: Landwirtschaft 15.4 %, Industrie 32.3 %, Dienstleistungen 52.3 %
Arbeitslosenquote: 18.4 %
Energieverbrauch/Kopf: 2 247 kg ÖE
Straßennetz: 22 926 km
Eisenbahnnetz: 965 km

RÜCKBLICK

Regierungsbildung: Mehr als 14 Monate nach den Wahlen vom Oktober 2018 sprach das Parlament am 23.12.2019 der neuen Regierung unter Zoran **Tegeltija** (SNSD) das Vertrauen aus. Von den neun Kabinettsmitgliedern gehören drei dem Bund der unabhängigen Sozialdemokraten (SNSD), drei der Kroatischen Demokratischen Vereinigung (HDZ BiH), sowie jeweils eines der Partei der demokratischen Aktion (SDA), dem Bündnis für eine bessere Zukunft (SBB) und der Demokratischen Front (DF) an. Die Einigung hatte sich hingezogen, weil sich Milorad Dodik, das serbische Mitglied des Staatspräsidiums von Bosnien-Herzegowina, gegen jeden Schritt, der im Sinne eines späteren

Beitritts zur NATO gewertet werden könnte, aussprach. Dabei ging es um die Aktivierung des sogenannten Mitgliedschaftsaktionsplans (MAP) der NATO, dem Bosnien-Herzegowina bereits 2010 beigetreten war und der nun durch die Zusendung eines entsprechenden Reformprogramms an die NATO aktiviert werden sollte. Erst als Dodik seine Einwände dagegen hatte fallen lassen, akzeptierten der bosniakische und der kroatische Vertreter im Staatspräsidium umgekehrt den von Dodik vorgeschlagenen Tegeltija als Ministerpräsidenten. Der Ökonom war von 2013-18 Finanzminister der Serbischen Republik (RS) gewesen.

Verfassungsgericht: Milorad Dodik drohte am 13.2.2020, wie schon mehrfach zuvor, mit der Abspaltung der RS von Bosnien-Herzegowina. Anlass war ein Urteil des bosnischen Verfassungsgerichts, das ein vom Parlament der RS verabschiedetes Gesetz für verfassungswidrig erklärte. Dieses betraf landwirtschaftlich genutztes Land, das früher Eigentum des jugoslawischen Staats gewesen war. Das Verfassungsgericht stellte fest, dass nicht die RS, sondern Bosnien-Herzegowina als Gesamtstaat der Eigentümer der betreffenden Grundstücke sei. Das Urteil hatte am 12.2. bereits zum Auszug der serbischen Abgeordneten aus dem Parlament in Sarajevo geführt. Das Verfassungsgericht war nicht zum ersten Mal Zielscheibe der Kritik Dodiks. Er forderte die serbischen Abgeordneten dazu auf, die gesamtstaatlichen Institutionen so lange zu boykottieren, bis ein neues Gesetz über das Verfassungsgericht verabschiedet werde. Neben dem generellen Vorwurf, das Gericht sei prinzipiell anti-serbisch eingestellt, nahm er auch immer wieder Anstoß daran, dass dem Gericht neben jeweils zwei Serben, Kroaten und Bosniaken auch drei ausländische Richter angehören.

Migranten: Das von Migranten auf einer ehemaligen Mülldeponie errichtete Zeltlager Vučjak bei Bihać, in dem nach Schätzungen des IKRK rund 600 Personen lebten, wurde von den bosnischen Behörden am 10.12.2019 aufgelöst, nachdem international Kritik an den unhygienischen Zuständen geübt worden war. Die Migranten wurden schließlich in einer ehemaligen Armeekaserne in Blažuj bei Sarajevo untergebracht. 2019 waren ca. 24 000 Migranten, vor allem aus Afghanistan, Irak, Marokko und Pakistan, nach Bosnien gekommen, von denen sich Ende des Jahres noch schätzungsweise 7 000-8 000 im Land aufhielten. Dodik legte am 20.2.2020 sein Veto gegen das Abkommen mit der EU-Grenzschutzbehörde Frontex ein. Dieses würde dazu führen, dass die Migranten in Bosnien blieben, weil ihnen dann der Weiterzug nach Kroatien verwehrt sei. Das Parlament der RS unterstützte am 27.2. Dodiks Veto. Frontex hatte angesichts der Personalknappheit der bosnischen Polizei angeboten, entlang der Grenzen zu Kroatien Position zu beziehen, um die illegale Migration zu verhindern.

Proteste im Migrantenlager Vučjak im Dezember 2019.

Srebrenica: Das Oberste Gericht der Niederlande bestätigte am 19.7.2019 endgültig das Urteil unterer Instanzen, wonach die Niederlande für den Tod von 350 muslimischen Männern in Srebrenica im Juli 1995 teilweise verantwortlich seien. Diese waren damals nach der Eroberung der UN-Schutzzone durch die bosnisch-serbische Armee vom dort stationierten niederländischen UN-Bataillon, auf dessen Stützpunkt sich die Männer geflüchtet hatten, den Serben übergeben worden, obwohl die Lebensgefahr, die ihnen drohte, bekannt war. Das abschließende Urteil ermöglicht Angehörigen der Getöteten, Entschädigungen vom niederländischen Staat zu verlangen.

Corona: Am 5.3.2020 wurden die ersten beiden Covid-19-Infektionen bestätigt, am 21.3. kam es zum ersten Todesfall. Am 17.3. erklärte die Zentralregierung für das ganze Land den Zustand einer Natur- oder anderen Katastrophe. Am 19.3. erließ die RS ein Dekret, mit dem unter der Androhung von Geldstrafen untersagt wurde, Panik und Unruhe hervorzurufen sowie falsche Nachrichten zu verbreiten. Im Juni stieg die Zahl der Neuinfektionen deutlich an.

Botswana

▸ 642

Ländername	Republik Botswana; auch: Botsuana
Zeitzone	MEZ +1 h
Fläche in km²	581 730
Anzahl der Einwohner	2.3 Millionen
Einwohnerzahl pro km²	4
Hauptstadt	Gaborone
Amtssprache	Setswana, Englisch
Verwaltungsgliederung	10 Distrikte und 6 Städte
Wichtige Städte	Gaborone, Francistown, Molepolole, Maun, Mogoditshane
Autokennzeichen | ISO-Code	RB | BWA
Währung	1 Pula = 100 Thebe
Nationalfeiertag	30. September

Botswana ist berühmt für seine ergiebigen Diamantenminen und die einzigartige Tierwelt, die die offenen Halbwüsten- und Savannenlandschaften bevölkert. Fast die Hälfte der Botswaner hat jedoch keinen Anteil an diesen natürlichen Reichtümern und lebt in Armut. Das frühere britische Protektorat wurde 1966 unabhängig.

GEOGRAFIE

Geografische Lage: Von 17° 47' bis 26° 51' südlicher Breite sowie von 19° 59' bis 29° 22' östlicher Länge
Höchster Punkt: Otse Hill 1491 m
Klima: Subtropisches Klima mit nur geringen Niederschlägen im Sommer

POLITIK

Staatsform: Parlamentarische Republik
Staatsoberhaupt: Präsident
Legislative: Nationalversammlung mit 61 für 5 Jahre gewählten Mitgliedern
Jahr der Verfassung: 1966
Wahlrecht: 18 Jahre
Staatsreligion: Keine

BEVÖLKERUNG

Bevölkerungsanteil: <15 Jahre 33.8 %, 15-64 Jahre 61.9 %, >64 Jahre 4.3 %
Verteilung: Stadt 70.2 %, Land 29.8 %
Wachstum 2019: 2.2 %
Lebenserwartung: Frauen 73 Jahre, Männer 67 Jahre
Alphabetenrate: Frauen 88.7 %, Männer 86.7 %
Ethnische Gruppen: Sotho-Tswana, Shona, San, Khoikhoi, Ndebele u. a.
Religionen: Christen 79.1 %, Ethnische 4.1 %, Sonstige 1.4 %
Sprachen: Setswana, Englisch, Bantusprachen

WIRTSCHAFT UND VERKEHR

BIP: 18.34 Mrd. US-$
Wachstum BIP 2019: 3 %
BNE/Kopf: 7 859 US-$
Inflation: 2.8 %
Außenhandel: Import 6.57 Mrd. US-$, Export 5.02 Mrd. US-$
Erwerbstätige nach Sektoren: Landwirtschaft 20.7 %, Industrie 18.1 %, Dienstleistungen 61.2 %
Arbeitslosenquote: 18.2 %
Energieverbrauch/Kopf: 1 301 kg ÖE
Straßennetz: 31 747 km
Eisenbahnnetz: 888 km

RÜCKBLICK

Wahlen: Die seit der Unabhängigkeit (1966) **regierende Botswana Democratic Party** (BDP) wurde bei den Parlamentswahlen am 23.10.2019 erneut **bestätigt**. Sie erhielt 38 der insgesamt 57 nach Mehrheitswahlrecht bestimmten Sitze und damit einen Sitz mehr als bei den Wahlen von 2014. Das 2012 gebildete Oppositionsbündnis Umbrella for Democratic Change (UDC) erreichte 15 (2014: 17) Sitze. Die erst 2019 gegründete Botswana Patriotic Front (BPF) konnte drei Sitze erringen. Die Wahlbeteiligung lag bei 83.8 % (2014: 84.7 %). Die Wahlen bestätigten gleichzeitig auch **Präsident Mokgweetsi Maisi**, Kandidat der siegreichen BDP, für weitere fünf Jahre im Amt. Das Staatsoberhaupt ernannte am 6.11.2019 ein **neues Kabinett**, in dem bis auf drei Positionen alle Ministerposten neu besetzt wurden. Maisi erklärte die Entwicklung weiterer Wirtschaftsbereiche neben der Diamantenförderung, den Kampf gegen Korruption und die Eindämmung von HIV/Aids zu seinen wichtigsten Aufgaben.

Machtkampf: Maisi hatte bereits am 1.4.2018, also während der letzten Amtsperiode, die Präsidentenmacht erhalten. Sein **Vorgänger**, **Ian Khama**, war im März 2018 gemäß der Verfassung nach zehnjähriger Amtszeit zurückgetreten. Seinen Posten hatte er, wie in dem demokratischen Musterland des afrikanischen Kontinents üblich, an seinen bisherigen Stellvertreter, d. h. an Vizepräsident Maisi übergeben. Nach dem reibungslosen Wechsel an der Spitze entbrannte ein Machtkampf zwischen Khama und seinem Nachfolger. Die Kontrahenten warfen sich gegenseitig vor, autokratisch zu agieren. Das **Zerwürfnis** führte so weit, dass Khama im Mai 2019 seiner Partei, der BDP, den Rücken kehrte und die von seinem Bruder neu ins Leben gerufene BPF unterstützte. Im Vorfeld der Wahlen war öffentlich spekuliert worden, ob dieser Konflikt die Regierungspartei BDP erstmals in ihrer Geschichte schwächen könnte.

Corona: Die Ausbreitung des Covid-19-Virus führte auch in Botswana ab März 2020 zu Beeinträchtigungen im öffentlichen Leben und zu Stagnationen bei der wirtschaftlichen Entwicklung. Am 30. März wurden im Land die ersten drei Infektionen bestätigt. Die Regierung verhängte **Einreisesperren** sowie **Kontaktbeschränkungen** und erklärte am 1. April den Ausnahmezustand, der für zunächst sechs Monate gelten sollte. Personen, die mit Informationen über Corona oder die Corona-Maßnahmen des Staates „die Öffentlichkeit täuschen", drohten Haftstrafen bis zu fünf Jahren. Kritiker bezeichneten diese Verlautbarung der Regierung als Zensurmaßnahme.

In der Hauptstadt Gaborone kontrolliert ein Lehrer die Körpertemperatur der Schüler, bevor sie das Schulgebäude betreten.

Brasilien

▸ 671

Ländername	Föderative Republik Brasilien
Zeitzone	MEZ -3 h bis -6 h
Fläche in km²	8 515 770
Anzahl der Einwohner	211 Millionen
Einwohnerzahl pro km²	25
Hauptstadt	Brasília
Amtssprache	Portugiesisch
Verwaltungsgliederung	26 Bundesstaaten und 1 Bundesdistrikt
Wichtige Städte	São Paulo, Rio de Janeiro, Salvador da Bahia, Brasília, Fortaleza, Belo Horizonte, Manaus, Curitiba, Recife
Autokennzeichen | ISO-Code	BR | BRA
Währung	1 Real = 100 Centavos
Nationalfeiertag	7. September

Der größte und bevölkerungsreichste Staat Südamerikas ist ein Land der Superlative und der Kontraste. Während der Norden und der Nordosten relativ wenig entwickelt sind, spielt sich im Süden das Wirtschaftsleben ab. Brasilien verfügt über riesige, teilweise noch unerschlossene Rohstoffvorkommen und mit Amazonien über das größte tropische Regenwaldgebiet der Erde. Die sozialen Gegensätze zwischen Reich und Arm sind gewaltig. Nach Jahrzehnten der Militärherrschaft kehrte das Land 1985 zur Demokratie zurück.

GEOGRAFIE

Geografische Lage: Von 5° 15' nördlicher bis 33° 45' südlicher Breite sowie von 34° 48' bis 74° westlicher Länge
Höchster Punkt: Pico da Neblina 2994 m
Klima: Überwiegend tropisches Savannenklima, im Süden und Südosten subtropisch gemäßigtes Klima, im Hochland wintertrockenes subtropisches Klima, im Norden tropisches Regenwaldklima

POLITIK

Staatsform: Präsidiale Bundesrepublik
Staatsoberhaupt: Präsident
Legislative: Nationalkongress, bestehend aus Abgeordnetenkammer mit 513 für 4 Jahre gewählten Mitgliedern und Bundessenat mit 81 für 8 Jahre gewählten Mitgliedern
Jahr der Verfassung: 1988
Wahlrecht: 18 Jahre
Staatsreligion: Keine

BEVÖLKERUNG

Bevölkerungsanteil: <15 Jahre 21 %, 15-64 Jahre 69.7 %, >64 Jahre 9.3 %
Verteilung: Stadt 86.6 %, Land 13.4 %
Wachstum 2019: 0.8 %
Lebenserwartung: Frauen 80 Jahre, Männer 72 Jahre
Alphabetenrate: Frauen 93.4 %, Männer 93 %
Ethnische Gruppen: Portugiesen, Afrikaner, Italiener, Deutsche, Spanier, Indigene u. a.
Religionen: Christen 87.9 %, Ethnische 2.2 %, Sonstige 1.4 %
Sprachen: Portugiesisch, indigene Sprachen

WIRTSCHAFT UND VERKEHR

BIP: 1.84 Bio. US-$
Wachstum BIP 2019: 1.1 %
BNE/Kopf: 8 797 US-$
Inflation: 3.7 %
Außenhandel: Import 184.1 Mrd. US-$, Export 222.64 Mrd. US-$
Erwerbstätige nach Sektoren: Landwirtschaft 9.2 %, Industrie 19.8 %, Dienstleistungen 71 %
Arbeitslosenquote: 12.1 %
Energieverbrauch/Kopf: 1 496 kg ÖE
Straßennetz: 1 751 868 km
Eisenbahnnetz: 32 622 km

VERWALTUNGSGLIEDERUNG

Verwaltungseinheit	Fläche in km²	Einwohner	Hauptstadt
Acre	164 122	881 935	Rio Branco
Alagoas	27 779	3.3 Mio.	Maceió
Amapá	142 828	845 731	Macapá
Amazonas	1 559 162	4.1 Mio.	Manaus
Bahia	564 831	14.9 Mio.	Salvador de Bahia
Ceará	148 921	9.1 Mio.	Fortaleza
Distrito Federal	5 788	3 Mio.	Brasília
Espírito Santo	46 099	4 Mio.	Vitória
Goiás	340 103	7 Mio.	Goiânia
Maranhão	331 936	7.1 Mio.	São Luís
Mato Grosso	903 330	3.5 Mio.	Cuiabá
Mato Grosso do Sul	357 146	2.8 Mio.	Campo Grande
Minas Gerais	586 520	21.2 Mio.	Belo Horizonte
Pará	1 247 950	8.6 Mio.	Belém
Paraíba	56 469	4 Mio.	João Pessoa
Paraná	199 317	11.4 Mio.	Curitiba
Pernambuco	98 146	9.6 Mio.	Recife
Piauí	251 577	3.3 Mio.	Teresina
Rio de Janeiro	43 780	17.3 Mio.	Rio de Janeiro
Rio Grande do Norte	52 811	3.5 Mio.	Natal
Rio Grande do Sul	268 782	11.4 Mio.	Porto Alegre
Rondônia	237 591	1.8 Mio.	Porto Velho
Roraima	224 301	605 761	Boa Vista
Santa Catarina	95 703	7.2 Mio.	Florianópolis
São Paulo	248 197	45.9 Mio.	São Paulo
Sergipe	21 918	2.3 Mio.	Aracaju
Tocantins	277 622	1.6 Mio.	Palmas

RÜCKBLICK

Neue Partei: Staatspräsident Jair Messias Bolsonaro gründete am 22.11.2019 die Partei **Aliança pelo Brasil (APB)**, deren Parteivorsitz er übernahm. Stellvertreter wurde Bolsonaros Sohn Flávio. Das Parteiprogramm umfasst u. a. die Verteidigung religiöser und traditioneller Werte und setzt sich für den Waffenbesitz ein. Der Rechtspopulist Bolsonaro hatte im Oktober 2018 die Präsidentschaftswahl als Kandidat der Sozial-Liberalen Partei (PSL) gewonnen und am 1.1.2019 das Präsidentschaftsamt übernommen. Die Splitterpartei PSL war nach den Wahlen zur zweitstärksten Partei in der Abgeordnetenkammer aufgestiegen. Parteiübertritte sind in Brasilien weit verbreitet. Bolsonaro saß während seiner fast 18-jährigen Abgeordnetenzeit für neun verschiedene Parteien im Parlament.

Rentenreform: Im Oktober 2019 beschloss der Senat eine weitreichende Rentenreform. Die Abgeordnetenkammer hatte dieser bereits im August zugestimmt. Die Reform umfasste die Festlegung des **Renteneintrittsalters** auf 65 Jahre für Männer und 62 Jahre für Frauen, eine Verlängerung der Einzahlungszeitspanne auf mindestens 20 Jahre, eine Kürzung der Invalidenrente sowie eine Erhöhung der Beiträge bei höherem Einkommen. Zugleich wurden Beamte und Beschäftigte der Privatwirtschaft gleichgestellt. Nur Lehrer und Bundespolizisten dürfen früher in Rente gehen. Die Rentenreform soll 251 Mrd. US-$ Ersparnisse einbringen und einen Rückgang des Defizits im Primärhaushalt um 1 % bewirken.

Waffengesetz: Am 6.11.2019 verabschiedete die Abgeordnetenkammer die Lockerung des Waffenrechts, das Jägern, Sportschützen und Sammlern den Zugang zu Waffen erleichterte. Sie schwächte damit ein von Präsident Jair Bolsonaro geplantes Gesetz ab. Dieser hatte im Mai ein Dekret unterschrieben, das u. a. Politikern, Landwirten, Lkw-Fahrern, Jägern und Sportschützen das Tragen von Waffen in der Öffentlichkeit erlaubte. Nach heftiger Kritik zog er das Dekret zurück und brachte einen entsprechenden Gesetzesentwurf ins Parlament ein. Bolsonaro begründete die **Waffenliberalisierung** mit der Bekämpfung und Eindämmung der Kriminalität, Kritiker befürchteten dagegen eine Zunahme der Gewalt. 2017 hatte das Land 64 000 Morde registriert, 175 pro Tag. Mit einer Mordrate von 30.8 auf 100 000 Einwohner zählt das Land zu den gefährlichsten Ländern außerhalb von Krisengebieten.

Lula: Ein Berufungsgericht in Porto Alegre bestätigte am 27.11.2019 die **Verurteilung** von Ex-Präsident Luiz Inácio „Lula" da Silva (2003-10) und verlängerte seine Freiheitsstrafe auf 17 Jahre, einen Monat und einen Tag. Lula war im Februar 2019 wegen Bestechlichkeit und Geldwäsche zu 13 Jahren und 11 Monaten Haft verurteilt worden. Lula soll die Renovierung eines Anwesens gegen Vorteile bei der Vergabe von öffentlichen Aufträgen angenommen haben. Trotz der Verurteilung blieb er auf freiem Fuß, da er noch nicht alle Rechtsmittel ausgeschöpft hatte. Wegen eines ähnlichen Falls hatte Lula im April 2018 eine 12-jährige Haftstrafe angetreten, nachdem er vom späteren Justizminister Sérgio Moro 2017 verurteilt worden war. Für weltweite Aufmerksamkeit hatte am 8.11.2019 seine Freilassung nach 580 Tagen Haft gesorgt, nachdem das Oberste Gericht die Inhaftierung von in zweiter Instanz Verurteilten untersagt hatte. Das gleiche Gericht hatte erst 2016 im Zuge des Lava-Jato-Korruptionsskandals die Inhaftierung solcher Personen noch vor der Ausschöpfung aller Rechtsmittel beschlossen.

Rücktritt Justizminister: Der Rücktritt von Justizminister Sérgio Moro am 24.4.2020 führte zu einem politischen Machtkampf. Moro war zurückgetreten, nachdem Präsident Bolsonaro den Chef der Bundespolizei, Maurício Valeixo, entlassen hatte. Nach Presseberichten ermittelte die Bundespolizei gegen Präsidentensohn Flávio wegen Umleitung öffentlicher Gelder zur Finanzierung von illegalen Bauprojekten der Miliz. Ein anderer Sohn, Carlos, Abgeordneter im Stadtrat von Rio de Janeiro, soll mit einer Bande über soziale Netzwerke Fake-News über Gegner des Präsidenten verbreitet haben. Nach seinem Rücktritt beschuldigte Sérgio Moro den Präsidenten, Einfluss auf die Arbeit der Polizeibehörde nehmen zu wollen. Moro hatte vor seinem Einstieg in die Politik 2018 als Antikorruptionsrichter die Ermittlungen und Verurteilungen korrupter Politiker, Unternehmer und Wirtschaftsverbrecher geleitet. Nachfolger von Moro wurde André de Almeida Mendonça. Als neuen Chef der Bundespolizei nominierte Bolsonaro mit Alexandre Ramagem Rodrigues einen Freund der Familie. Nachdem der Oberste Gerichtshof diese Nominierung untersagt hatte, wurde Rolando de Souza neuer Polizeichef. Am 30.4.2020 genehmigte das Bundesgericht ein Verfahren gegen Präsident Bolsonaro wegen des Verdachts politischer Einflussnahme auf die Bundespolizei.

Außenpolitik: Im Gegensatz zu seinen Vorgängern zeigte Präsident Bolsonaro seit Beginn seiner Amtszeit eine klar **proamerikanische Linie**. US-Präsident Trump bezeichnete Brasilien am 31.7.2019 als wichtigsten Verbündeten außerhalb der NATO. Bolsonaro erkennt in Venezuela den selbsternannten Interimspräsidenten Guaidó und eine von ihm bestimmte Botschafterin an. Für Aufmerksamkeit sorgte am 11.9. die Aussage von Außenminister Ernesto Araújo, dass der Klimawandel eine linke Verschwörungstheorie sei. Beim BRICS-Gipfel am 13./14.11.in Brasília einigten sich die Staatschefs von Brasilien, Russland, Indien, China und Südafrika auf eine Förderung des Multilateralismus, die Ablehnung des Protektionismus und die Förderung des Handels innerhalb der Gruppe.

Wirtschaft: Die Wirtschaft setzte ihr schwaches Wachstum im dritten Jahr in Folge fort und erreichte 2019 nur ein Wachstum von 1.1 %. Das Haushaltsdefizit von über 7 % des BIP und die Staatsverschuldung von über 90 % des BIP verhinderten Investitionen in öffentliche Dienstleistungen in den Bereichen Sicherheit, Infrastruktur, Bildung und Gesundheit. Die Regierung musste das für 2020 erwartete BIP-Wachstum um 2.3 % infolge der Corona-Krise revidieren. Der IWF rechnete im Juni aufgrund der Einbrüche in den Sektoren Tourismus, Handel und Ölförderung sowie der Importe aus China mit einem Rückgang von 9.1 %, was der stärkste Wirtschaftseinbruch seit mindestens einem halben Jahrhundert wäre. Von Jahresanfang bis Mitte Mai 2020 wertete der Real gegenüber dem US-Dollar um rund 45 % ab und erreichte ein neues Allzeittief. Die Zentralbank senkte den Leitzins zwischen Anfang März und Mitte Juni von 4.25 % auf einen historischen Tiefstand von 2.25 %.

Außenhandel: Die Regierung Bolsonaro setzte ihre Politik der **Marktliberalisierung** fort. Als größtes Mitglied des südamerikanischen Staatenbundes Mercosur profitierte Brasilien von dem im Juni bzw. August 2019 mit der EU und der Europäischen Freihandelsassoziation EFTA beschlossenen Freihandelsabkommen. Ende Juli 2019 nahm das Land mit den USA Verhandlungen über eine stärkere wirtschaftliche Zusammenarbeit auf. Im April 2020 wurde bekannt, dass das Land bei der Ausschreibung für das 5G-Netz trotz der Kritik von US-Präsident Trump keine Restriktionen gegen den chinesischen Anbieter Huawei erließ.

Ölfelder: Die Versteigerung von Offshore-Erdölfeldern mit geschätzten 6 bis 15 Mrd. Fass Erdöl brachte im November 2019 **nicht den erhofften Erfolg**. Von den neun angebotenen Feldern kaufte der staatliche Energiekonzern Petrobras drei Felder für insgesamt 16.6 Mrd. US-$. Zwei chinesische Ölkonzerne erwarben dabei Mindestbeteiligungen. Die Ausschreibung der neun Ölfelder sollte 26 Mrd. US-$ in den defizitären Haushalt schwemmen.

Meuterei: Bei einer Meuterei in einem Gefängnis in Altamira kamen am 29.7.2019 mindestens 52 Menschen ums Leben. In den chronisch überbelegten Gefängnissen gibt es immer wieder blutige Kämpfe zwischen rivalisierenden Drogenbanden. Rund 708 000 Häftlinge sitzen in Gefängnissen mit einer Kapazität für nur rund 416 000 Insassen.

Waldbrände: Im August und September 2019 zerstörten Waldbrände Teile des tropischen Regenwaldes in **Amazonien**. Nach Angaben des Sozial- und Umweltinstitutes wurden in 8 Monaten rund 435 000 Hektar Wald vernichtet. Die Zahl der Waldbrände stieg 2019 gegenüber dem Vorjahr um 30 %. Satellitenbilder lokalisierten 89 178 Feuer. Die Bundesstaaten Amazonas und Acre riefen den Umweltnotstand aus. Am 23.8.2019 entsandte Präsident Bolsonaro per Dekret das Militär zur Bekämpfung der Waldbrände. Allein im Bundesstaat Rondônia kamen 44 000 Soldaten zum Einsatz. Am 29.8. untersagte Bolsonaro per Dekret für 60 Tage die Brandrodung. Für Empörung sorgte Bolsonaros Aussage, dass Umweltschützer die Waldbrände gelegt hätten, um sich dadurch für Mittelkürzungen zu rächen. Eine finanzielle Soforthilfe der G7-Staaten in Höhe von 20 Mio. € lehnte Bolsonaro am 26.8. ab. Zuvor hatte Deutschland die Zahlung von 35 Mio. € aus der Klimaschutzinitiative und Norwegen 30 Mio. € an Finanzmitteln blockiert. Bolsonaro hatte im Wahlkampf versprochen, Amazonien weiter für die Landwirtschaft und den Bergbau zu erschließen. Zwischen August 2018 und Juli 2019 wurden in Amazonien rund 9 762 km² Wald legal abgeholzt, was eine Zunahme um ca. 30 % bedeutet.

Ölpest: Ab Ende August 2019 litt die Nordostküste unter einer Ölpest. Bis Anfang November waren mehr als 2 000 km Küste und über 320 Orte betroffen. Die Regierung machte einen griechischen Frachter für die Ölpest verantwortlich.

Corona: Am 25.2.2020 wurde der erste Covid-19-Fall in Brasilien und ganz Lateinamerika bestätigt. Präsident Bolsonaro bezeichnete Covid-19 zunächst als „kleine Grippe" und sprach von einer medial geschürten Hysterie. Anfang März wurden zahlreiche Mitglieder einer Delegation einschließlich des Kommunikationsministers Fabio Wajngarten nach einem USA-Besuch positiv auf Covid-19 getestet. Nachdem der Präsident negativ getestet worden war, schüttelte er Mitte März demonstrativ Hunderten von Anhängern die Hände. Am 17.3.2020 kam es in mehreren Städten zu lautstarken Protesten mit Pfannen und Töpfen („panelaços“) gegen die Verharmlosung des Virus. Trotz der Warnung von Gesundheitsminister Luis Henrique Mandetta, dass das Gesundheitssystem bis Ende April zusammenbrechen würde, ergriff Bolsonaro nur zögerlich Maßnahmen. Erst am 19.3. wurde ein Einreisestopp für Bürger aus Risikoländern verhängt und wenig später alle Landesgrenzen geschlossen. Während Bolsonaro weitergehende Schutzmaßnahmen und Ausgangssperren ablehnte, um die Wirtschaft nicht zusätzlich zu belasten, führten die Bundesstaaten eigenständig Maßnahmen gegen die Pandemie durch. Als erster Bundesstaat verhängte Santa Catarina am 17.3. den Notstand, verfügte die Schließung von Geschäften und verbot öffentliche Versammlungen. Am 18.3. folgte der Staat Rio de Janeiro, ab dem 24.3. galt in São Paulo eine landesweite Ausgangssperre. Anfang April kündigte Wirtschaftsminister Paulo Guedes ein Hilfspaket in Höhe von 40 Mrd. Real (ca. 7 Mrd. €) an. Unternehmen erhielten Kredite für zwei Monatslöhne von rund 10 Mio. Beschäftigten, Freiberufler bzw. Erwerbstätige im informellen Sektor eine Einmalzahlung von 600 Real (ca. 115 US-$). In Brasilien sind bis zu 40 % der Erwerbstätigen im informellen Sektor beschäftigt. Die Sozialhilfe Bolsa Família wurde um weitere 1.2 Mio. auf nun 14.3 Mio. Empfänger erhöht. Mitte April verzeichnete das Land mit rund 1 500 Toten mehr als alle anderen Länder Lateinamerikas zusammen. Bolsonaro entließ am 16.4. den populären Gesundheitsminister Luiz Henrique Mandetta. Während Mandetta Quarantäne und Abstandsregeln befürwortete, setzte Bolsonaro auf die Isolation von Risikogruppen. Neuer Gesundheitsminister wurde Nelson Teich, der am 15.5. nach Meinungsverschiedenheiten mit Bolsonaro zu Öffnungsstrategien und zum Einsatz des Malaria-Medikaments Hydroxychloroquin von seinem Amt zurücktrat. Eduardo Pazuello übernahm das Amt kommissarisch. Die auf die Einwohnerzahl bezogene höchste Sterberate wies der Bundesstaat Amazonas auf. Von seiner Hauptstadt Manaus aus verbreitete sich das Virus in abgelegene Gebiete in Amazonien, wo die Hälfte der indigenen Bevölkerung des Landes lebt und es an medizinischer Infrastruktur fehlt. Am 19.6. verzeichnete das Land erstmals über 1 Mio. Infizierte, am 20.6. summierten sich die Todesfälle auf über 50 000. Brasilien war damit nach den USA das am meisten von der Pandemie betroffene Land.

Brunei

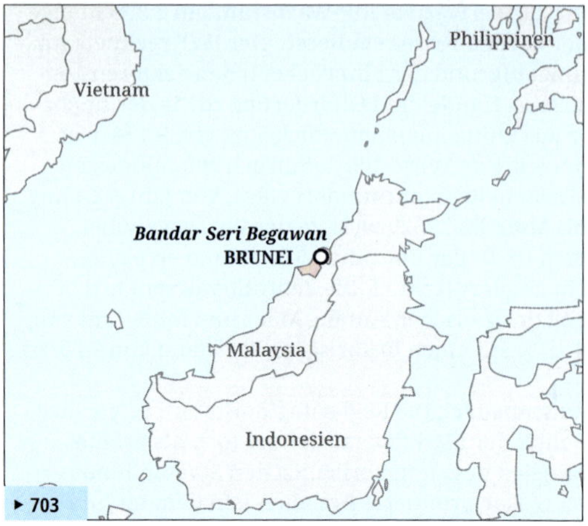

▸ 703

Ländername	Brunei Darussalam
Zeitzone	MEZ +7 h
Fläche in km²	5 770
Anzahl der Einwohner	433 285
Einwohnerzahl pro km²	75
Hauptstadt	Bandar Seri Begawan
Amtssprache	Malaiisch
Verwaltungsgliederung	4 Distrikte
Wichtige Städte	Bandar Seri Begawan, Kuala Belait, Seria, Tutong
Autokennzeichen | ISO-Code	BRU | BRN
Währung	1 Brunei-Dollar = 100 Cents
Nationalfeiertag	23. Februar

Ähnlich wie in anderen Staaten Südostasiens, ist auch die Geschichte Bruneis geprägt vom Einfluss fremder Länder und Kulturen. Die ausgesprochen autoritären Herrschaftsstrukturen in dem islamischen Sultanat verbinden sich mit großem Reichtum. Doch die nur noch wenige Jahrzehnte reichenden Bodenschätze verlangen eine wirtschaftliche Neuorientierung.

GEOGRAFIE

Geografische Lage: Von 4° 01' bis 5° 01' nördlicher Breite sowie von 114° 04' bis 115° 20' östlicher Länge
Höchster Punkt: Bukit Pagon 1850 m
Klima: Tropisches Regenwaldklima

POLITIK

Staatsform: Absolute Monarchie
Staatsoberhaupt: Sultan
Legislative: Legislativrat mit 36 für 5 Jahre ernannten Mitgliedern
Jahr der Verfassung: 1959
Wahlrecht: 18 Jahre
Staatsreligion: Islam

BEVÖLKERUNG

Bevölkerungsanteil: <15 Jahre 22.6 %, 15-64 Jahre 72.2 %, >64 Jahre 5.2 %
Verteilung: Stadt 77.9 %, Land 22.1 %
Wachstum 2019: 1.1 %
Lebenserwartung: Frauen 77 Jahre, Männer 75 Jahre
Alphabetenrate: Frauen 96.3 %, Männer 98.1 %
Ethnische Gruppen: Malaien, Chinesen, Indigene u. a.
Religionen: Muslime 78.8 %, Christen 8.7 %, Buddhisten 7.8 %, Sonstige 4.7 %
Sprachen: Malaiisch, Englisch, Chinesisch

WIRTSCHAFT UND VERKEHR

BIP: 13.47 Mrd. US-$
Wachstum BIP 2019: 3.9 %
BNE/Kopf: 27 871 US-$
Inflation: -0.4 %
Außenhandel: Import 4.37 Mrd. US-$, Export 6.49 Mrd. US-$
Erwerbstätige nach Sektoren: Landwirtschaft 1.3 %, Industrie 16.1 %, Dienstleistungen 82.6 %
Arbeitslosenquote: 9.2 %
Energieverbrauch/Kopf: 8 673 kg ÖE
Straßennetz: 2 976 km
Eisenbahnnetz: Keine Angabe

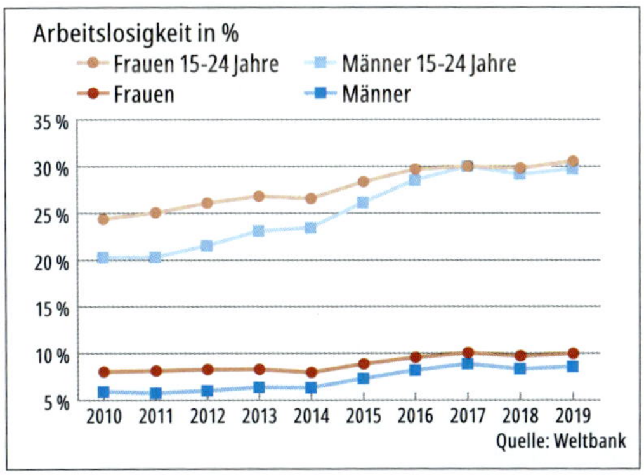

RÜCKBLICK

Wirtschaft: Die weltweit sinkende Nachfrage nach Erdöl und Erdgas und der Preiskrieg wichtiger Förderer belastete die wirtschaftliche Entwicklung. Mit einer Arbeitslosigkeit von mehr als 9 % hatte das Land in Südostasien den am wenigsten aufnahmefähigen Arbeitsmarkt, nach Erhebungen des IWF war die **Jugendarbeitslosigkeit** 2019 auf die Rekordhöhe von 29 % angestiegen, 2009 lag sie noch bei 21 %. Der Preisverfall am Ölmarkt belastete auch den Staatshaushalt, der 2020 ein **Rekorddefizit** ausweisen könnte, wie Sultan Hassan Al-Bolkiah am 10.3.2020 in einer Ansprache vor dem Gesetzgebungsrat erklärte. Die seit Jahren offenkundige Schwäche des Energiesektors veranlasste die Regierung zu einer **Strukturreform**: Am 22.4.2020 wurde die Schaffung einer neuen Aufsichtsbehörde, der **Petroleum Authority** bekannt gegeben, die dem Energieministerium unterstehen wird. Ihre Aufgaben sind die Regulierung der Förderung sowie die Dokumentation aller Aktivitäten zur Erschließung der fossilen Energiereserven. Die bisher mit diesen Aufgaben betraute Brunei National Petroleum Comp. wurde damit ein reines Förderunternehmen. Zugleich wurde mit der Reform der Weg für private Unternehmen im Energiesektor geebnet, von denen man sich einen Kapitalstrom für notwendige Infrastrukturinvestitionen erhofft.

Corona: Am 9.3.2020 wurde der erste Einwohner des Sultanats positiv auf Covid-19 getestet, in den darauffolgenden Tagen wurden weitere Fälle bestätigt – nach offiziellen Verlautbarungen waren darunter viele, die mit ausländischen Wanderarbeitern in Kontakt waren. Die Regierung verhängte daraufhin eine Einreisesperre für Ausländer; etwa die Hälfte der 25 000 Gastarbeiter aus Bangladesch wurden arbeitslos und kehrten in ihre Heimat zurück. An die Wanderarbeiter wurde eine pauschale Beihilfe in Höhe von 35 US-$ ausgezahlt; einheimischen Bürgern wurden höhere Hilfen zuteil. Auf eine Ausgangssperre oder generelle Ladenschließungen wurde verzichtet; lediglich Großveranstaltungen wurden verboten, Moscheen und Schulen geschlossen. Ansonsten beließ man es beim Appell, Abstand zu halten, bei Desinfektions- und Quarantänemaßnahmen. Für 2 664 Einwohner wurde eine Kontaktsperre angeordnet. Die letzte Neuinfektion, die 141ste, wurde am 7.5.2020 festgestellt. Drei Bürger waren bis Ende Juni im Zusammenhang mit der Virusinfektion gestorben, von den Infizierten galten 138 als bereits geheilt.

Bulgarien

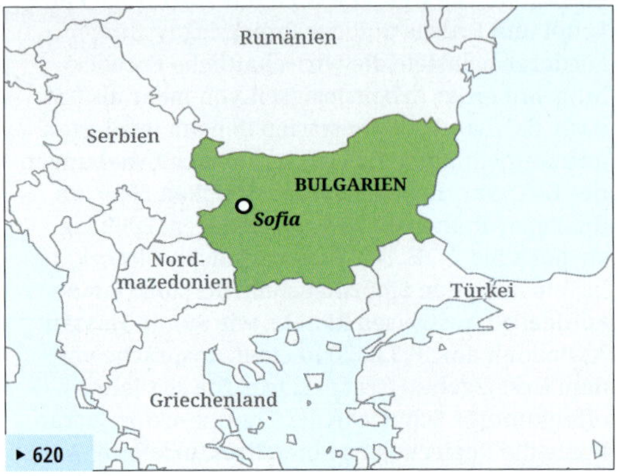

▸ 620

Ländername	Republik Bulgarien
Zeitzone	MEZ +1 h
Fläche in km²	111 000
Anzahl der Einwohner	7 Millionen
Einwohnerzahl pro km²	63
Hauptstadt	Sofia
Amtssprache	Bulgarisch
Verwaltungsgliederung	28 Bezirke
Wichtige Städte	Sofia, Plowdiw, Warna, Burgas, Russe, Stara Sagora
Autokennzeichen | ISO-Code	BG | BGR
Währung	1 Lew = 100 Stotinki
Nationalfeiertag	3. März

Das Land im Nordosten der Balkanhalbinsel ist natur- und kulturgeografisch ein Übergangsland zwischen Europa und dem Orient. Thraker, Griechen, Römer, Byzantiner und Osmanen haben ihre Spuren hinterlassen. Die wechselvolle Geschichte mündete nach dem Zweiten Weltkrieg in eine kommunistische Volksrepublik und in die enge Anbindung an die UdSSR. Heute ist das marktwirtschaftlich orientierte Bulgarien Mitglied der NATO und der Europäischen Union.

GEOGRAFIE

Geografische Lage: Von 41° 15' bis 44° 14' nördlicher Breite sowie von 22° 21' bis 28° 35' östlicher Länge
Höchster Punkt: Musala 2925 m
Klima: Im Norden gemäßigtes Kontinentalklima, sonst milder, an der südlichen Schwarzmeerküste mediterran

POLITIK

Staatsform: Parlamentarische Republik
Staatsoberhaupt: Präsident
Legislative: Nationalversammlung mit 240 für 4 Jahre gewählten Mitgliedern
Jahr der Verfassung: 1991
Wahlrecht: 18 Jahre
Staatsreligion: Keine

BEVÖLKERUNG

Bevölkerungsanteil: <15 Jahre 14.7 %, 15-64 Jahre 64.1 %, >64 Jahre 21.2 %
Verteilung: Stadt 75.3 %, Land 24.7 %
Wachstum 2019: -0.7 %
Lebenserwartung: Frauen 79 Jahre, Männer 72 Jahre
Alphabetenrate: Frauen 98 %, Männer 98.7 %
Ethnische Gruppen: Bulgaren, Türken, Roma u. a.
Religionen: Christen 60.7 %, Muslime 7.8 %
Sprachen: Bulgarisch, Türkisch, Minderheitensprachen

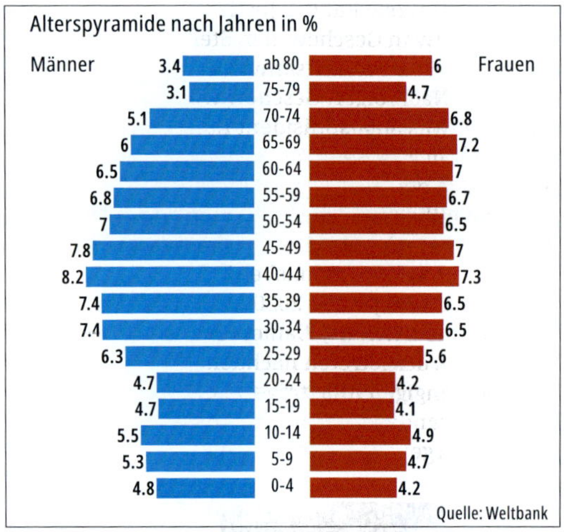

WIRTSCHAFT UND VERKEHR

BIP: 67.93 Mrd. US-$
Wachstum BIP 2019: 3.4 %
BNE/Kopf: 9 518 US-$
Inflation: 3.1 %
Außenhandel: Import 37.18 Mrd. US-$, Export 33.3 Mrd. US-$
Erwerbstätige nach Sektoren: Landwirtschaft 6.4 %, Industrie 30.1 %, Dienstleistungen 63.5 %
Arbeitslosenquote: 4.3 %
Energieverbrauch/Kopf: 2 478 kg ÖE
Straßennetz: 19 512 km
Eisenbahnnetz: 5 114 km

RÜCKBLICK

Kommunalwahlen: Bei den Kommunalwahlen am 27.10. und 3.11.2019 konnte die konservativ-liberale Partei Bürger für eine europäische Entwicklung Bulgariens (GERB) von Ministerpräsident Bojko Borissow sich trotz gewisser Verluste als stärkste Partei vor den oppositionellen Sozialisten (BSP) behaupten. In 15 der 28 Bezirkshauptstädte, darunter die vier größten Städte, die Hauptstadt Sofia sowie Plowdiw, Warna und Burgas, setzten sich ihre Kandidaten spätestens im zweiten Wahlgang durch; 2015 waren es noch 22 gewesen. In Sofia wurde die Amtsinhaberin Jordanka Fandakowa (GERB) zum vierten Mal gewählt. Im Stadtrat verlor GERB Sitze an die zentristische Partei Demokratisches Bulgarien. In Pernik, Blagoewgrad, Rasgrad und Russe setzten sich Kandidaten der BSP durch. Die Wahlbeteiligung lag im ersten Wahlgang bei 49.8 %, im zweiten bei 42.1 %.

Justiz: Der Oberste Rat der Justiz wählte am 24.10.2019 Iwan Geschew, den Stellvertreter des bisherigen Generalstaatsanwalts Sotir Tsatsarow, zu dessen Nachfolger. Geschew war einziger Kandidat, was Staatspräsident Rumen Radew dazu bewegte, am 7.11. sein Veto gegen die Wahl einzulegen. Nach der erneuten Wahl Geschews war Radew schließlich gezwungen, diesen zu ernennen. Tsatsarow wurde am 11.12. vom Parlament zum Leiter der Antikorruptionsbehörde gewählt und trat sein Amt im Januar 2020 an. Der bisherige Leiter dieser Behörde, Plamen Georgiew, war am 4.8.2019 zurückgetreten nachdem ihm und anderen hochrangigen Amtsträgern, die Verwicklung in einen Skandal um den Erwerb von Luxuswohnungen vorgeworfen worden war.

Kristalina Georgiewa, neue Direktorin des IWF, während einer Pressekonferenz des Weltwirtschaftsforums in Davos, Schweiz, im Januar 2020.

Europäische Union: In ihrem am 22.10.2019 vorgelegten Bericht zum Fortschritt bei der Korruptionsbekämpfung und der Justizreform stellte die EU-Kommission fest, Bulgarien habe inzwischen alle mit dem EU-Beitritt verbundenen Bedingungen erfüllt. Somit seien die Voraussetzungen gegeben, um das Land aus dem sogenannten Kooperations- und Kontrollverfahren (CVM) zu entlassen, an dessen Stelle ein neuer, umfassender Mechanismus treten soll. Beobachter kritisierten, die Umsetzung der entsprechenden Gesetze erfolge nur sehr mangelhaft. Korruptionsfälle könnten auf diese Weise regelmäßig verjähren, bevor ein Urteil gefällt werde. Bei der Verfolgung solcher Delikte hatten weder der bisherige Generalstaatsanwalt Tsatsarow noch dessen Nachfolger Geschew besonderen Eifer gezeigt.
Bulgarien nominierte **Mariya Gabriel**, die bereits seit 2017 der EU-Kommission angehörte, erneut für dieses Amt. Seit dem 1.12.2019 ist sie für die Ressorts Jugend und Innovation zuständig.

Rücktritt des Umweltministers: Nachdem er am 9.1.2020 verhaftet worden war, trat Umweltminister Neno Dimow am folgenden Tag von seinem Amt zurück. Ihm wurde zur Last gelegt, er habe zugelassen, dass das für die Trinkwasserversorgung von Pernik, 40 km westlich von Sofia, vorgesehene Wasser für industrielle Zwecke genutzt wurde, obwohl der Pegelstand des betreffenden Studena-Stausees kontinuierlich zurückging. Deshalb musste im November 2019 die Trinkwasserversorgung für die Stadt rationiert werden. Neben Dimow wurden auch die frühere Präfektin des Bezirks Pernik und der frühere Direktor der Wasserversorgung verhaftet. Daneben belasteten Dimow auch italienische Medienberichte über Unregelmäßigkeiten bei der Entsorgung von 9 000 t italienischen Industrieabfalls auf einer Deponie bei Plewen. Dimows Nachfolge trat am 15.1. Emil Dimitrow an, der ebenfalls dem nationalistischen Parteienbündnis Vereinte Patrioten angehört.

Corona: Am 8.3.2020 wurden in Bulgarien die ersten vier Covid-19-Infektionen bestätigt; am 12.3. verstarb erstmals eine Person an den Folgen der Infektion. Die Regierung rief am 13.3. den nationalen Notstand aus, den das Parlament am 3.4. um einen weiteren Monat verlängerte. Schulen, Kinos, Restaurants und Einkaufszentren wurden geschlossen, alle Sportveranstaltungen abgesagt. Lediglich Supermärkte, Nahrungsmittelmärkte, Apotheken, Banken und Tankstellen durften geöffnet bleiben. Am 15.4. wurden die hauptsächlich von Roma bewohnten Stadtviertel Filipowtsi und Fakulteta in Sofia zu Covid-19-Clustern erklärt. Die Polizei errichtete Kontrollposten, um die Bewegung innerhalb der Stadtviertel sowie deren Verlassen einzuschränken. Am 13.5. endete der nationale Notstand, an dessen Stelle der Epidemienotstand trat. Im Juni nahm die Zahl der Neuinfektionen und Todesfälle rasch zu.

Burkina Faso

▸ 636

Ländername	Burkina Faso
Zeitzone	MEZ -1 h
Fläche in km²	274 220
Anzahl der Einwohner	20.3 Millionen
Einwohnerzahl pro km²	74
Hauptstadt	Ouagadougou
Amtssprache	Französisch
Verwaltungsgliederung	13 Regionen
Wichtige Städte	Ouagadougou, Bobo-Dioulasso, Koudougou, Banfora, Ouahigouya
Autokennzeichen | ISO-Code	BF | BFA
Währung	1 CFA-Franc BCEAO = 100 Centimes
Nationalfeiertag	11. Dezember

Burkina Faso, das frühere Obervolta, ist aus den Mosi-Königreichen hervorgegangen. Lange stand das Land unter französischer Kolonialherrschaft. Nach Jahren der politischen Wirren nach der Unabhängigkeit ist die politische Lage heute weitgehend stabil. Trotzdem gehört Burkina Faso zu den ärmsten Ländern der Erde.

GEOGRAFIE

Geografische Lage: Von 9° 25' bis 15° 05' nördlicher Breite sowie von 5° 31' westlicher bis 2° 23' östlicher Länge
Höchster Punkt: Téna Kourou 749 m
Klima: Wechselfeuchtes, tropisches Klima

POLITIK

Staatsform: Präsidiale Republik
Staatsoberhaupt: Präsident
Legislative: Nationalversammlung mit 127 für 5 Jahre gewählten Mitgliedern
Jahr der Verfassung: 1991
Wahlrecht: 18 Jahre
Staatsreligion: Keine

BEVÖLKERUNG

Bevölkerungsanteil: <15 Jahre 44.7 %, 15-64 Jahre 52.9 %, >64 Jahre 2.4 %
Verteilung: Stadt 30 %, Land 70 %
Wachstum 2019: 2.9 %
Lebenserwartung: Frauen 63 Jahre, Männer 61 Jahre
Alphabetenrate: Frauen 32.7 %, Männer 50.1 %
Ethnische Gruppen: Mossi, Fulbe, Gurma, Bobo, Gurunsi, Senufo, Bissa, Lobi, Dagara, Tuareg u. a.
Religionen: Muslime 61.5 %, Christen 29.8 %, Ethnische 7.8 %
Sprachen: Französisch, Gur- und Mandesprachen, Arabisch

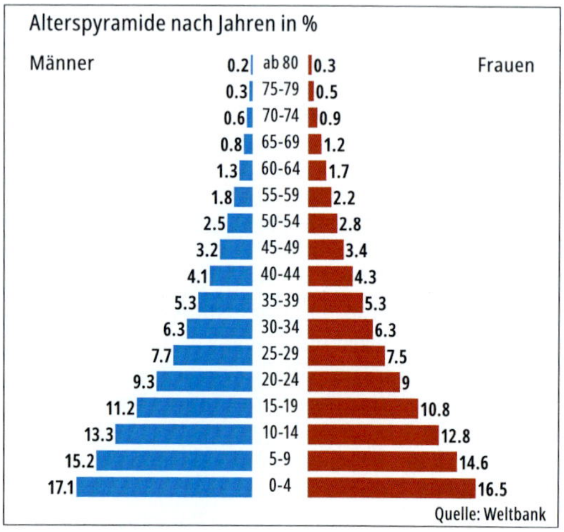

WIRTSCHAFT UND VERKEHR

BIP: 15.75 Mrd. US-$
Wachstum BIP 2019: 5.7 %
BNE/Kopf: 718 US-$
Inflation: -3.2 %
Außenhandel: Import 4.67 Mrd. US-$, Export 3.41 Mrd. US-$
Erwerbstätige nach Sektoren: Landwirtschaft 25.2 %, Industrie 33.7 %, Dienstleistungen 41.1 %
Arbeitslosenquote: 6.1 %
Energieverbrauch/Kopf: Keine Angabe
Straßennetz: 15 304 km
Eisenbahnnetz: 622 km

RÜCKBLICK

Konfliktentwicklung: Die Anzahl der bewaffneten Attacken in dem Konflikt, der seit 2016 hauptsächlich im Norden des Staatsgebiets herrscht, sich aber nach Südosten ausbreitet und zum Teil mit den anderen Konflikten der Sahelzone im angrenzenden Mali und Niger verbunden ist, hat 2019 deutlich zugenommen. Hauptakteure waren weiterhin **Ansaroul Islam**, deren Aktivitäten sich primär auf die Region ihres Ursprungs, die an der Grenze zu Mali liegende Sahel-Provinz, beschränkten sowie Gruppen, die sich dem sogenannten **Islamischen Staat der Großen Sahara** (IS-GS) und **Al-Qaida im Islamischen Maghreb** (AQIM) angeschlossen haben. Sowohl die Anzahl der Attacken auf die Zivilbevölkerung und das Militär, als auch die Zahl der Todesopfer, haben sich im Vergleich zu 2018 vervielfacht. Dabei war ein zunehmender Fokus von Angriffen auf Bildungseinrichtungen zu verzeichnen. So gab es 2019 allein mehr als 50 Attacken auf Schulen. Schulen waren auch das Ziel bei der überwiegenden Mehrheit der Angriffe in den 5 nördlichen der insgesamt 13 administrativen Regionen, namentlich Sahel, Nord, Centre-Nord, Centre-Est, und Boucle du Mouhoun. Einer der gewalttätigsten Vorfälle, bei dem im April 2019 unter anderem fünf Lehrer in einer Schule exekutiert wurden, ereignete sich jedoch in der Region Centre-Est. Ansaroul Islam und der IS-GS bekannten sich zu einigen der Attacken, für den Großteil der Angriffe aber übernahm keine bestimmte Gruppe die Rechenschaft. Als Reaktion wurden von den burkinischen Sicherheitsbehörden verschiedene Antiterroreinsätze gestartet, bei denen es laut Human Rights Watch zu zahlreichen Menschenrechtsverstößen und zivilen Todesopfern kam. Wegen der zunehmenden Destabilisierung hat das Parlament im Januar 2020 ein Gesetz verabschiedet, das die Bewaffnung von Zivilisten vorsieht.

Binnenflucht: Im Januar 2019 waren laut dem Flüchtlingshilfswerk der Vereinten Nationen (UNHCR) weniger als 50 000 Menschen Binnenflüchtlinge, bis April 2020 stieg die Zahl auf 840 000.

Wirtschaft: Die makroökonomischen Rahmenbedingungen konnten sich trotz der sich verschärfenden Konfliktlage stabil entwickeln. Das BIP-Wachstum betrug über 5 % wegen eines wachsenden Dienstleistungssektors und die Inflationsrate sank von noch 2 % im Jahr 2018 auf -3.2 %. Dadurch konnten sinkende Nahrungs- und Telekommunikationspreise erzielt werden. Austeritätspolitische Maßnahmen riefen weiterhin Kritik aus der Bevölkerung hervor. Die Wirtschaft ist als viertgrößter Goldexporteur in Afrika nach wie vor in hohem Maße von Entwicklungen auf dem Weltmarkt abhängig.

Burundi

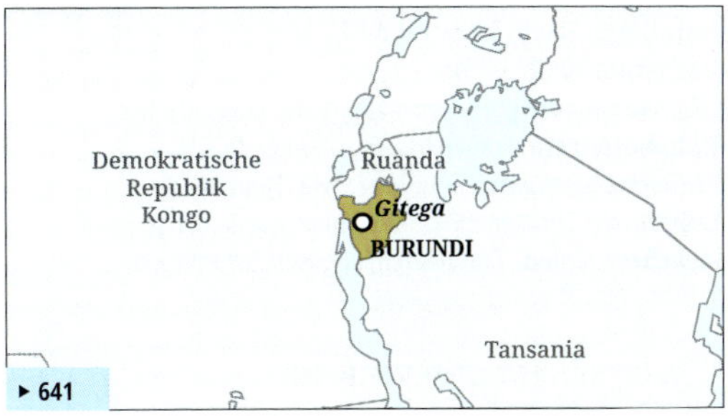

▸ 641

Ländername	Republik Burundi
Zeitzone	MEZ +1 h
Fläche in km²	27 830
Anzahl der Einwohner	11.5 Millionen
Einwohnerzahl pro km²	414
Hauptstadt	Gitega
Amtssprache	Kirundi, Französisch, Englisch
Verwaltungsgliederung	18 Provinzen
Wichtige Städte	Bujumbura, Gitega, Muyinga, Ngozi, Rumonge, Cibitoke
Autokennzeichen | ISO-Code	BU | BDI
Währung	1 Burundi-Franc = 100 Centimes
Nationalfeiertag	1. Juli

Das ostafrikanische Land ist einer der kleinsten Staaten des Kontinents. Seine Geschichte wurde durch den jahrhundertelangen und zuletzt immer blutiger ausgetragenen Konflikt zwischen den rivalisierenden Völkern der Hutu und der Tutsi geprägt, der das Land bis an den Rand des Untergangs getrieben hat.

GEOGRAFIE

Geografische Lage: Von 2° 19' bis 4° 27' südlicher Breite sowie von 29° 01' bis 30° 49' östlicher Länge
Höchster Punkt: Mont Heha 2670 m
Klima: Tropisches Hochlandklima

POLITIK

Staatsform: Präsidiale Republik
Staatsoberhaupt: Präsident
Legislative: Parlament, bestehend aus Nationalversammlung mit 123 für 5 Jahre gewählten Mitgliedern und Senat mit 43 für 5 Jahre gewählten Mitgliedern
Jahr der Verfassung: 2005
Wahlrecht: 18 Jahre
Staatsreligion: Keine

BEVÖLKERUNG

Bevölkerungsanteil: <15 Jahre 45.5 %, 15-64 Jahre 52.3 %, >64 Jahre 2.2 %
Verteilung: Stadt 13.4 %, Land 86.6 %
Wachstum 2019: 3.2 %
Lebenserwartung: Frauen 64 Jahre, Männer 60 Jahre
Alphabetenrate: Frauen 61.2 %, Männer 76.3 %
Ethnische Gruppen: Hutu, Tutsi, Twa (Pygmäen) u. a.
Religionen: Christen 86 %, Muslime 2.5 %, Sonstige 3.6 %
Sprachen: Kirundi, Französisch, Englisch, Swahili u. a.

WIRTSCHAFT UND VERKEHR

BIP: 3.01 Mrd. US-$
Wachstum BIP 2019: 1.8 %
BNE/Kopf: 310 US-$
Inflation: -0.7 %
Außenhandel: Import 883 Mio. US-$, Export 182 Mio. US-$
Erwerbstätige nach Sektoren: Landwirtschaft 92 %, Industrie 1.5 %, Dienstleistungen 6.5 %
Arbeitslosenquote: 1.5 %
Energieverbrauch/Kopf: Keine Angabe
Straßennetz: 12 322 km
Eisenbahnnetz: Keine Angabe

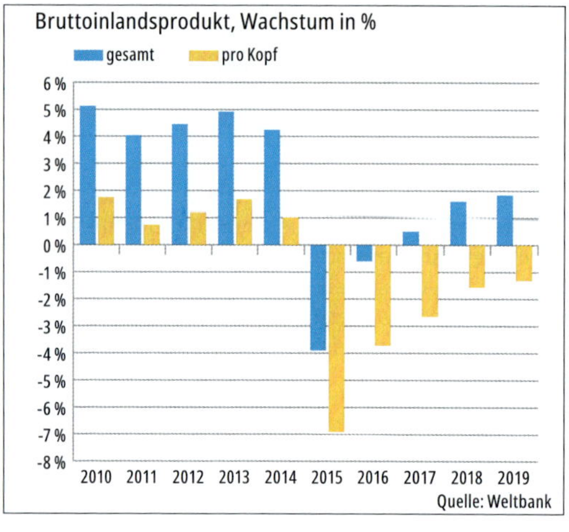

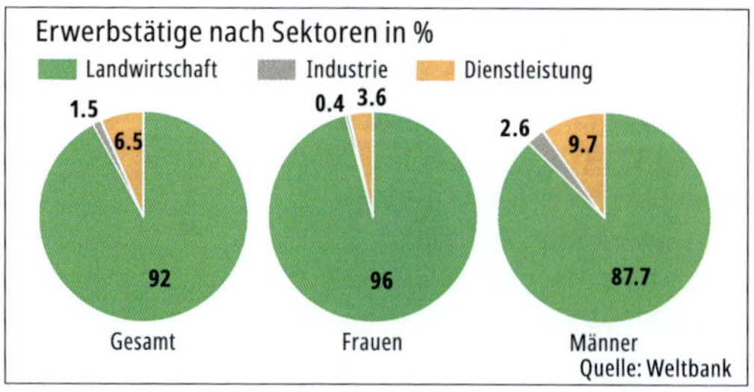

RÜCKBLICK

Wahlen: Am 20.5.2020 fanden **Präsidentschaftswahlen** statt, zeitgleich wurde auch über die Besetzung des Parlaments und die Kommunalvertretungen abgestimmt. Unter den sieben Kandidaten für das Präsidentenamt erreichte der Kandidat der Regierungspartei Conseil National Pour la Défense de la Démocratie–Forces pour la Défense de la Démocratie (CNDD-FDD), **Évariste Ndayishimiye**, mit 68.7 % die meisten Stimmen. Oppositionsführer Agathon Rwasa erhielt 24.2 %. Bei den Parlamentswahlen siegte die CNDD-FDD mit 68 % der Stimmen und 86 von insgesamt 123 Sitzen, Rwasas Nationalkongress für Freiheit (CNL) kam auf 22.4 % und 32 Sitze. Die Opposition zweifelte die Wahlergebnisse an und verwies auf gefälschte Wahlzettel und andere Unregelmäßigkeiten. Außerdem seien Wähler durch die regierungsnahe Miliz Imbonerakure unter Druck gesetzt worden. Auch UN-Vertreter werteten die **Wahlen** im Krisenstaat als **nicht frei und fair**. Bereits im Wahlkampf war es zu Spannungen gekommen, die sich auch in Gewalt entluden. Unter dem Vorwurf, sie hätten gewaltsame Zusammenstöße geschürt, ließ die Regierung zwei Wochen vor dem Urnengang **64 Oppositionelle festnehmen**. Die Wahlen wurden trotz internationaler Kritik während der Corona-Pandemie anberaumt. Bei Wahlkampfveranstaltungen waren Tausende von Menschen ohne Schutzvorkehrungen zusammengekommen. Die Regierung hatte trotz offiziell bestätigter Covid-19-Fälle keine Ausgangssperren verhängt. Ein Expertenteam der Weltgesundheitsorganisation war im Mai 2020 wegen seiner kritischen Haltung gegenüber der **mangelnden Corona-Prävention** des Landes verwiesen worden.

Vorzeitige Amtsübernahme: Der **plötzliche Tod** des bis dahin amtierenden Präsidenten **Pierre Nkurunziza** am 8.6.2020 führte in Burundi zu einem unerwarteten **Machtvakuum**. Der neu gewählte Ndayishimiye hätte im September 2020 seinen Vorgänger Nkurunziza ablösen sollen. Das Verfassungsgericht entschied gegen eine Interimsregierung und übertrug Ndayishimiye stattdessen vorzeitig die Amtsgeschäfte. Nkurunziza hatte das Land seit 2005 mit zunehmend autokratischen Zügen regiert. Seine Entscheidung, 2015 entgegen der Verfassung für eine dritte Amtszeit zu kandidieren, hatte Burundi in eine schwere Krise gestürzt. Bei den Wahlen 2020 war der selbst ernannte **„Ewige oberste Führer"** nicht mehr angetreten, hatte aber seinen Vertrauten Ndayishimiye ins Rennen geschickt. Es war allgemein erwartet worden, dass Nkurunziza weiterhin im Hintergrund die politischen Geschicke bestimmen würde.

Chile

▸ 674

Ländername	Republik Chile
Zeitzone	MEZ -5 h bis -7 h
Fläche in km²	756 700
Anzahl der Einwohner	19 Millionen
Einwohnerzahl pro km²	25
Hauptstadt	Santiago de Chile
Amtssprache	Spanisch
Verwaltungsgliederung	16 Regionen
Wichtige Städte	Santiago de Chile, Puente Alto, Antofagasta, Viña del Mar, Valparaíso, San Bernardo
Autokennzeichen | ISO-Code	RCH | CHL
Währung	Chilenischer Peso
Nationalfeiertag	18. September

Chile erstreckt sich als schmaler Landstreifen zwischen dem Südpazifik und den Anden, zu seinem Hoheitsgebiet zählen mehrere Inseln im Pazifik. Von der extrem trockenen Wüste Atacama im Norden bis zu den Eisfeldern Patagoniens weist das Land eine Vielzahl landschaftlicher Kontraste auf. Die auf reichen Rohstoffvorkommen basierende Wirtschaft, die vom Aufschwung Chinas profitiert, zählte bisher zu den stabilsten Volkswirtschaften Südamerikas, die allerdings seit Ende 2019 durch Massenproteste stark geschwächt wird.

GEOGRAFIE

Geografische Lage: Von 17° 30' bis 55° 55' südlicher Breite sowie von 66° 25' bis 75° 43' westlicher Länge
Höchster Punkt: Nevado Ojos del Salado 6893 m
Zugehöriges: Osterinsel
Klima: Im Norden Wüstenklima, in Mittelchile warmgemäßigt mit Winterregen, im Süden kühl und regenreich

POLITIK

Staatsform: Präsidiale Republik
Staatsoberhaupt: Präsident
Legislative: Nationalkongress, bestehend aus Abgeordnetenkammer mit 155 für 4 Jahre gewählten Mitgliedern und Senat mit 43 für 8 Jahre gewählten Mitgliedern (alle 4 Jahre teilerneuert)
Jahr der Verfassung: 1980
Wahlrecht: 18 Jahre
Staatsreligion: Keine

BEVÖLKERUNG

Bevölkerungsanteil: <15 Jahre 19.5 %, 15-64 Jahre 68.6 %, >64 Jahre 11.9 %
Verteilung: Stadt 87.6 %, Land 12.4 %
Wachstum 2019: 1.4 %
Lebenserwartung: Frauen 83 Jahre, Männer 78 Jahre
Alphabetenrate: Frauen 96.3 %, Männer 96.5 %
Ethnische Gruppen: Spanier, Mapuche, Aymara, Diaguita u. a.
Religionen: Christen 84.1 %, Sonstige 3.4 %
Sprachen: Spanisch, indigene Sprachen

WIRTSCHAFT UND VERKEHR

BIP: 282.32 Mrd. US-$
Wachstum BIP 2019: 1.1 %
BNE/Kopf: 15 399 US-$
Inflation: 2.4 %
Außenhandel: Import 69.59 Mrd. US-$, Export 69.68 Mrd. US-$
Erwerbstätige nach Sektoren: Landwirtschaft 9 %, Industrie 22.2 %, Dienstleistungen 68.8 %
Arbeitslosenquote: 7.2 %
Energieverbrauch/Kopf: 2 006 kg ÖE
Straßennetz: 77 801 km
Eisenbahnnetz: 6 634 km

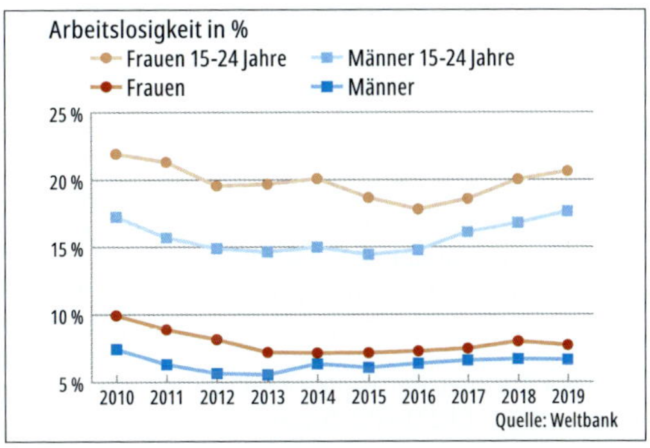

RÜCKBLICK

Proteste: Ab Oktober 2019 erlebte das Land teils gewaltsame Massenproteste. Diese begannen am 17.10.2019 mit Schülerprotesten gegen eine geplante Erhöhung der Metropreise von 800 auf 830 Pesos (um rund 4 Euro-Cents). Weitere Proteste gegen niedrige Löhne, hohe Kosten für Bildung und Gesundheit sowie die zunehmende Kluft zwischen Arm und Reich schlossen sich an. Nach Angaben der Wirtschaftskommission der Vereinten Nationen für Lateinamerika und die Karibik (CEPAL) verfügt 1 % der Bevölkerung über ein Viertel des Reichtums des Landes, während auf 50 % der Bevölkerung nur 2.1 % des Reichtums entfällt. Die Proteste wurden von Plünderungen und Brandanschlägen begleitet. Staatspräsident Sebastián Piñera Echenique bezeichnete die Proteste zunächst als „Krieg" und verhängte am 19.10. in Santiago und anderen Städten den Ausnahmezustand. Erstmals seit dem Ende der Pinochet-Diktatur 1990 setzte Chile rund 9 400 Soldaten zur Unterstützung der Polizei ein. Die Proteste setzen sich auch fort, als Piñera die Tariferhöhung der Metro und die zuvor verabschiedete 10-prozentige Erhöhung der Strompreise rückgängig gemacht und ein umfangreiches Paket von Sozialmaßnahmen angekündigt hatte. Am 25.10. gingen alleine in Santiago rund 1.2 Mio. Menschen auf die Straße und forderten den Rücktritt von Piñera. Daraufhin hob der Präsident mit Wirkung zum 28.10. den Ausnahmezustand auf, forderte sein gesamtes Kabinett zum Rücktritt auf und besetzte 8 von 24 Ministerposten neu. Den erst im Juni 2019 angetretenen Wirtschaftsminister Juan Andrés Fontaine Talavera ersetzte er durch Lucas Palacios Covarrubias. Nachfolger von Innenminister Andrés Chadwick, ein Cousin des Präsidenten, wurde der bisherige Generalsekretär der Regierung, Gonzalo Blumel. Auch 2020 kam es zu Protesten. Angesichts der Corona-Krise setzten die Demonstrationen Mitte März 2020 zunächst aus. Ab Mitte Mai begannen neue Proteste wegen des Umgangs der Regierung mit der Corona-Krise und den zunehmenden wirtschaftlichen Problemen der Bevölkerung.
Nach Angaben der Interamerikanischen Menschenrechtskommission kamen bei Ausschreitungen zwischen Sicherheitskräften und Demonstranten bis Anfang Dezember 2019 mindestens 26 Menschen ums Leben. Es gab mehr als 20 000 Festnahmen und über 11 000 Verletzte. Mindestens 350 Demonstranten wurden durch gezielte Schüsse mit Gummigeschossen am Auge verletzt.

Absagen: Im Zuge der Proteste sagte Staatschef Piñera am 30.10.2019 die für den 02.-13.12. in Santiago geplante **Weltklimakonferenz** ab. Auch der für November 2019 geplante Gipfel des Asiatisch-Pazifischen Wirtschaftsforums (APEC) wurde abgesagt.

Mindestlohn: Als Zugeständnis an die anhaltenden Proteste unterzeichnete Piñera am 6.11.2019 einen Gesetzesentwurf, mit dem der Mindestlohn von 301 000 auf 350 000 Peso (ca. 467 Dollar pro Monat) angehoben wurde.

Verfassungsreform: Am 15.11.2019 gaben Regierung und Opposition mit Ausnahme der Kommunistischen Partei den Weg für eine neue Verfassung frei. Am 26.4.2020 sollten die Bürger in einem Referendum darüber abstimmen, ob sie eine neue Verfassung wollen. In einem zweiten Referendum am 25.10.2020 sollte das Volk die Mitglieder der Verfassungsversammlung wählen. Innerhalb von max. 12 Monaten sollte die Verfassung anschließend ausgearbeitet werden. Angesichts der Corona-Pandemie wurde der Termin für die erste Runde auf den 25.10. und das zweite Votum auf den 11.4.2021 verschoben. Die bisherige Verfassung aus dem Jahr 1980 war unter der Diktatur von General Augusto Pinochet verabschiedet worden. Die Verfassungsänderung war eine der Hauptforderungen der Proteste.

Finanzpaket: Finanzminister Ignacio Briones kündigte am 2.12.2019 ein Finanzpaket in Höhe von 5.5 Mrd. US-$ an. Es umfasste die Erhöhung der Staatsausgaben um rund 3 Mrd. US-$, Finanzhilfen von 1.9 Mrd. US-$ für kleine und mittlere Unternehmen sowie 525 Mio. US-$ für Projekte wie die Sanierung der durch die Proteste stark beschädigten U-Bahn von Santiago.

Steuerreform: Am 24.2.2020 trat nach 1.5-jährigen Verhandlungen zwischen Regierung und Opposition eine Steuerreform in Kraft. Sie umfasste u. a. die Anhebung des Spitzensteuersatzes von 35 % auf 40 % sowie die Einführung von Mehrwertsteuern für nicht in Chile angesiedelte Internetfirmen wie Amazon und Netflix.

Wirtschaft: Als Folge der Massenproteste senkte die Regierung im November 2019 die Wachstumsprognose für 2019 von 2.6 % auf 2.0 %. Der Peso wertete stark gegenüber dem US-$ ab und erreichte Mitte November den niedrigsten Wert seit 1990. Die Corona-Pandemie führte zu einem weiteren Einbruch der Wirtschaft. Der IWF rechnete für 2020 mit einem Rückgang um 4.5 %. Rund die Hälfte des Exportvolumens Chiles entfällt auf Kupfer, dessen Preis krisenbedingt stark zurückging.

Frauenproteste: Für weltweite Aufmerksamkeit sorgten die im November 2019 in Valparaíso und Santiago aufgeführte Performances „Un violador en tu camino“ („Ein Vergewaltiger auf deinem Weg“) der Feministinnen Lastesis. Sie machten auf die Verantwortung staatlicher Institutionen bei der Verletzung der Rechte von Frauen und Minderheiten aufmerksam. Die Performance wurde in den nächsten Wochen weltweit in anderen Städten aufgeführt. Zum internationalen Frauentag am 8.3.2020 gingen landesweit 2 Mio. Menschen auf die Straße. Für Kritik sorgte am 6.5. die Ernennung von Macarena Santelices Cañas als Ministerin für Frauen und Gleichstellung. Sie ist die Großnichte von Ex-Diktator Augusto Pinochet. Am 9.6. trat Santelices von ihrem Amt zurück.

Corona: Erste Fälle von Covid-19 verzeichnete das Land Anfang März 2020. Am 13.3. wurden die Schulen geschlossen, am 16.3. die Grenzen. Angesicht des schwachen Gesundheitssystems mit lediglich 1 000 Intensivbetten rief Präsident Piñera am 19.3. den Ausnahmezustand aus und verhängte ab dem 22.3. eine nächtliche Ausgangssperre zwischen 22 und 5 Uhr. Zur Durchsetzung der Ausgangssperren setzte die Regierung das Militär ein. Ab 20.3. forderten über 50 Bürgermeister weitergehende Ausgangssperren und führten diese in ihren Kommunen teilweise ein. Präsident Piñera verkündete Sondermaßnahmen, die Arbeitgebern erlaubten, Angestellte kurzfristig zu entlassen oder den Lohn einzubehalten. Ausgeglichen werden soll der Lohnausfall durch die Arbeitslosenversicherung oder Kurzarbeit. Die rund 30 % der Beschäftigten im informellen Sektor erhielten eine Einmalzahlung in Höhe von umgerechnet rund 50 €. Anfang Mai 2020 stiegen die Infektionszahlen sprunghaft auf über 1 000 Fälle/Tag an. Am 15.5. stellte die Regierung erstmals den gesamten Großraum Santiago unter Quarantäne. Davon waren 40 % der Bevölkerung (7.4 Mio. Menschen) betroffen. Dennoch stiegen die Neuinfektionen weiter an und erreichten am 25.5. erstmals an einem Tag fast 5 000, darunter zwei Minister. Rund 90 % der Neuinfektionen entfielen auf die Hauptstadt und dort auf die Armen- und Arbeiterviertel. Ende Juni war Chile nach Brasilen und Peru das Land mit den meisten Infizierten in Südamerika.

China

► 694

Ländername	Volksrepublik China
Zeitzone	MEZ +7 h
Fläche in km²	9 562 910
Anzahl der Einwohner	1.4 Milliarden
Einwohnerzahl pro km²	146
Hauptstadt	Peking
Amtssprache	Chinesisch
Verwaltungsgliederung	22 Provinzen, 5 autonome Regionen und 4 Städte
Wichtige Städte	Schanghai, Peking, Guangzhou, Shenzhen, Tianjin, Wuhan, Dongguan, Hongkong, Chengdu, Chongqing, Nanjing, Shenyang, Xi'an, Hangzhou
Autokennzeichen | ISO-Code	CHN | CHN
Währung	1 Yuan = 10 Jiao = 100 Fen
Nationalfeiertag	1. Oktober

Mit seinen 1.4 Milliarden Einwohnern ist China der bevölkerungsreichste Staat der Erde. Im Osten wird er von einer 14 000 km langen Meeresküste, im Westen und Süden durch gewaltige Gebirge sowie ausgedehnte Steppen und Hochebenen begrenzt. Trotz seiner wechselvollen Geschichte hat sich China vom ersten Kaiserreich bis zur heutigen Volksrepublik eine starke staatliche Tradition bewahrt. Das straff organisierte Land erlebte in den letzten Jahren einen beispiellosen Wirtschaftsboom. Damit stieg das totalitäre kommunistische Regime zu einem globalen ökonomischen Machtfaktor auf.

GEOGRAFIE

Geografische Lage: Von 18° 13' bis 53° 33' nördlicher Breite sowie von 73° 36' bis 134° 45' östlicher Länge
Höchster Punkt: Mount Everest 8848 m
Klima: Überwiegend winterkaltes gemäßigtes Klima, im Süden randtropisches Monsunklima

POLITIK

Staatsform: Volksrepublik
Staatsoberhaupt: Präsident
Legislative: Nationaler Volkskongress mit 2980 für 5 Jahre gewählten Mitgliedern
Jahr der Verfassung: 1982
Wahlrecht: 18 Jahre
Staatsreligion: Keine

BEVÖLKERUNG

Bevölkerungsanteil: <15 Jahre 17.8 %, 15-64 Jahre 70.7 %, >64 Jahre 11.5 %
Verteilung: Stadt 60.3 %, Land 39.7 %
Wachstum 2019: 0.5 %
Lebenserwartung: Frauen 79 Jahre, Männer 75 Jahre
Alphabetenrate: Frauen 95.2 %, Männer 98.5 %
Ethnische Gruppen: Han-Chinesen, Zhuang u. a.
Religionen: Buddhisten 18.2 %, Christen 5.1 %, Muslime 1.8 %, Ethnische 21.9 %
Sprachen: Chinesisch, Minderheitensprachen

WIRTSCHAFT UND VERKEHR

BIP: 14.34 Bio. US-$
Wachstum BIP 2019: 6.1 %
BNE/Kopf: 10 099 US-$
Inflation: 2.9 %
Außenhandel: Import 2.08 Bio. US-$, Export 2.5 Bio. US-$
Erwerbstätige nach Sektoren: Landwirtschaft 25.4 %, Industrie 28.2 %, Dienstleistungen 46.4 %
Arbeitslosenquote: 4.4 %
Energieverbrauch/Kopf: 2 237 kg ÖE
Straßennetz: 4 960 615 km
Eisenbahnnetz: 131 015 km

VERWALTUNGSGLIEDERUNG

Verwaltungseinheit	Fläche in km²	Einwohner	Hauptstadt
Anhui	139 900	63.2 Mio.	Hefei
Autonomes Uiguri-sches Gebiet | Xinjiang	1 646 900	24.9 Mio.	Ürümqi
Beijing	16 800	21.5 Mio.	Peking
Chongqing	82 000	31 Mio.	Chongqing
Fujian	123 100	39.4 Mio.	Fuzhou
Gansu	366 500	26.4 Mio.	Lanzhou
Guangdong	197 100	113.5 Mio.	Guangzhou
Guangxi	220 400	49.3 Mio.	Nanning
Guizhou	174 000	36 Mio.	Guiyang
Hainan	34 300	9.3 Mio.	Haihkou
Hebei	202 700	75.6 Mio.	Shijiazhuang
Heilongjiang	463 600	37.7 Mio.	Harbin
Henan	167 000	96 Mio.	Zhengzou
Hongkong	1 107	7.5 Mio.	Hongkong
Hubei	187 500	59.2 Mio.	Wuhan
Hunan	210 500	69 Mio.	Changsha
Innere Mongolei | Nei Mongol Ziziqu	1 177 500	25.3 Mio.	Hohhot
Jiangsu	102 600	80.5 Mio.	Nanjing
Jiangxi	164 800	46.5 Mio.	Nanchang
Jilin	187 000	27 Mio.	Changchun
Liaoning	151 000	43.6 Mio.	Shenyang
Macau	30	537 018	Macau
Ningxia	66 400	6.9 Mio.	Yinchuan
Qinghai	721 000	6 Mio.	Xining
Shaanxi	195 900	38.6 Mio.	Xi'an
Shandong	153 300	100.5 Mio.	Jinan
Shanghai	6 200	24.2 Mio.	Schanghai
Shanxi	157 100	37.2 Mio.	Taiyuan
Sichuan	487 000	83.4 Mio.	Chengdu
Tianjin	11 300	15.6 Mio.	Tianjin
Tibet | Xizang Zizhiqu	1 221 600	3.4 Mio.	Lhasa
Yunnan	436 200	48.3 Mio.	Kunming
Zhejiang	101 800	57.4 Mio.	Hangzhou

RÜCKBLICK

Innenpolitik: 2020 hätte der vorläufige Höhepunkt in der Amtszeit von Parteichef Xi Jinping werden sollen. Vor den Feiern zum 100-jährigen Bestehen der kommunistischen Partei 2021 sollten zwei große Ziele erreicht werden, die Überwindung der absoluten Armut und die Verdoppelung des Pro-Kopf-Einkommens von 2010. Doch 2020 war die Innenpolitik Chinas ganz von der Eindämmung der Corona-Pandemie bestimmt.

Nationaler Volkskongress: Der NVK, der vom 21.-28.05.2020 in Peking tagte, begann aufgrund der Corona-Krise erst mit zweieinhalb monatiger Verzögerung und wurde von zwei auf eine Woche verkürzt. Dass die Jahrestagung mit über 2 900 Delegierten stattfinden konnte, bewertet die Regierung auch als Erfolg ihres Krisenmanagements im Kampf gegen die Pandemie.

Ministerpräsident Li Keqiang ging in seinem Regierungsbericht am 22.5. zuerst auf die erreichten Ziele in 2019 ein. Das **BIP** mit 99.1 Bio. CN¥ entsprach einem Wachstum von 6.1 %, was innerhalb der Planungsvorgaben der Regierung lag. Die gesamten Umsätze des Einzelhandels mit Konsumgütern überstiegen 40 Bio. CN¥ (rund 5.2 Bio. €) und der inländische Konsum war damit wiederum ein Hauptmotor des Wirtschaftswachstums. Die **Zahl der Beschäftigten in den Städten** stieg um 13.52 Mio. und die durch Stichproben ermittelte **Arbeitslosenquote** wurde unter 5.3 % gehalten. Zum ersten Mal stieg der Anteil der ständig in den Städten lebenden Einwohner auf über 60 % der Bevölkerung. **Steuer- und Gebührenermäßigungen** zur Unterstützung von Kleinunternehmen und verarbeitendem Gewerbe wurden eingeführt und erreichten 2.36 Bio. CN¥, damit überstiegen sie den vorgesehenen Umfang von 2 Bio. CN¥. Erfolge wurden bei der **Armutsbekämpfung** erzielt. Die Zahl der Landbewohner unterhalb der Armutsgrenze wurde um 11.09 Mio. reduziert, und der Anteil der landesweit in Armut lebenden Personen sank auf 0.6 %.
In seiner Rede hob Li besonders das erfolgreiche Vorgehen der Regierung im **Kampf gegen die Covid-19-Pandemie** hervor und sprach von einer großen Herausforderung, die China bewältigen muss. Er vermied aber die Fehler zu Beginn der Pandemie einzugestehen. Vielmehr lobte er den aufopfernden Einsatz der medizinischen Kräfte und nicht zuletzt der Bevölkerung.
Li Keqiang brach mit der langjährigen Praxis, ein Ziel für Wirtschaftswachstum oder BIP festzulegen. Stattdessen verkündete er, dass die Regierung als Hilfsmaßnahme für Beschäftigte, Selbständige und Unternehmen ein Budget von zwei Bio. CN¥ (rund 250 Mrd. €) bereitstellt, um das Wirtschaftswachstum wieder anzukurbeln. Die Hilfsgelder sollen vollständig an die lokalen Regierungen überwiesen werden.
Auf der Abschlussveranstaltung des NVK am 28.5.2019 wurde auch ein **Gesetz über die Einrichtung und Verbesserung des Rechtssystems und der Durchsetzungsmechanismen für die Sonderverwaltungsregion Hongkong** zur Gewährleistung der nationalen Sicherheit verabschiedet. Dieses neue Sicherheitsgesetz soll ausländischen Einfluss, Terrorismus und alle aufständischen Aktivitäten verbieten. Dieser Beschluss war schon im Vorfeld als Einmischung in die Autonomie Hongkongs international kritisiert worden.
Außerdem wurde das lange vorbereitete erste **Zivilgesetzbuch** verabschiedet, das am 1.1.2021 in Kraft treten soll. Staatschef Xi Jinping unterzeichnete am 28.5.2020 einen Präsidialerlass zur Verkündung des ersten umfassenden Bürgerlichen Gesetzbuches seit Bestehen der VR China.

Staatshaushalt: Die Einnahmen des Staatshaushalts beliefen sich 2019 auf 19.04 Bio. CN¥ (+3.8%) und die Ausgaben auf 23.89 Bio. CN¥ (+8.1%). Das Haushaltsdefizit betrug 2.8 % zur erbrachten Wirtschaftsleistung.
Die Delegierten des NVK genehmigten am 28.5.2020 den Haushalt für 2020. Danach sind Staatsausgaben in Höhe von 24.79 Bio. CN¥ geplant. Das prognostizierte **Haushaltsdefizit** wird im Verhältnis zur Wirtschaftsleistung für 2020 auf mehr als 3.6 % ansteigen, das ist im Vergleich zum Vorjahr ein Anstieg um 1 Bio. CN¥. Darüber hinaus werden von der Regierung auch spezielle Covid-19-Staatsanleihen im Wert von 1 Bio. CN¥ ausgegeben. Die dadurch erzielten Geldmittel von 2 Bio. CN¥ sollen als finanzielle Unterstützung gänzlich den Lokalregierungen zufließen. Sie werden in erster Linie zur Sicherung der Beschäftigung, zur Deckung der grundlegenden Lebensbedürfnisse und zur Unterstützung des Einzelhandels verwendet werden. Maßnahmen dazu sind die Senkung von Steuern und Gebühren, die Senkung von Mieten und Kreditzinsen sowie die Steigerung von Konsum und Investitionen.

Sozialpolitik: Das nationale Statistikamt verzeichnete für 2019 mit 14.65 Mio. Neugeborenen einen Rückgang von 580 000 Geburten zum Vorjahr. Damit hat China die niedrigste Geburtenrate seit fast 70 Jahren mit weniger als 1.6 Kindern pro Frau. Zur Gewährleistung eines stabilen Bevölkerungswachstums sollte sie aber bei 2.1 Kindern pro Frau liegen. Die Aufhebung der **1-Kind-Politik** Ende 2015 hatte also nicht den gewünschten Effekt. Trotzdem wird offiziell weiter an der **2-Kind-Politik** festgehalten und Eltern, die sich ein 3. Kind wünschen, müssen vielfach ein hohes Bußgeld bezahlen und riskieren ihren Job zu verlieren. Prognosen chinesischer Demographen zufolge wird Chinas Bevölkerung bis 2030 noch wachsen und dann stetig abnehmen, mit negativen Folgen für den Arbeitsmarkt und das Rentensystem.

Presse- und Redefreiheit: Seit dem Beginn der Corona-Epidemie Ende 2019 hat Chinas Internet-Kontrollbehörde ihren Kampf gegen die Verbreitung tatsächlicher und vermeintlicher Gerüchte weiter verschärft. Social-Media-Profile von **Medien, Bloggerinnen und Bloggern** wurden gesperrt. So berichteten die drei sogenannten Bürgerjounalisten **Li Zuhua, Chen Qiushi** und **Fang Bin** aus Wuhan und

stellten ihre kritischen Reportagen ins Internet. Im Februar 2020 verschwanden sie und seitdem gibt es kein Lebenszeichen von ihnen. Nur einer von ihnen, der Blogger **Li Zuhua**, tauchte kurzzeitig auf, um in einem Video auf Youtube mitzuteilen, dass er von den Sicherheitsbehörden in Quarantäne geschickt worden sei. Doch danach blieb er unauffindbar. Der Menschenrechtsanwalt **Chen Qiushi** hatte 2019 als Bürgerjournalist über die pro-demokratischen Proteste in Hongkong berichtet. Obwohl er dadurch schon unter Beobachtung der Sicherheitsbehörden stand, fuhr er nach Wuhan, um seine Eindrücke von dort zu schildern. Der dritte Verschwundene, Videoblogger **Fang Bin**, veröffentlichte mehrere Videos, in denen er u. a. die chinesische Regierung für die Verhaftung des Arztes Li Wenliang kritisierte, der als einer der ersten vor dem Virus gewarnt hatte.
Der Tod des Augenarztes **Li Wenliang** Anfang Februar löste Betroffenheit und Wut in China aus. Seine Warnungen vor dem Coronavirus waren zunächst nicht gehört worden und er wurde von den Behörden in Wuhan gemaßregelt „unwahre Behauptungen" gemacht zu haben. Als er selbst an einer Infektion mit dem Virus starb, forderten viele namhafte Wissenschaftler in China mehr Redefreiheit.
Am 2.3.2020 stellte der Klub der **Auslandskorrespondenten** in China in seinem Jahresbericht fest, dass das repressive Klima gegenüber Journalisten massiv zugenommen habe. Mehr als 80 Prozent der Auslandskorrespondenten gaben an, im Zuge ihrer Berichterstattung in China im vergangenen Jahr Einmischung, Schikane oder Einschüchterung erfahren zu haben.

Antikorruptionskampagne: Laut den Statistiken der **Zentralen Disziplinarkommission** wurden 621 000 Funktionäre im Jahr 2018 diszipliniert, ca. 18 % mehr als im Vorjahr. Im Zeitraum von Januar bis November 2019 wurden 555 000 Korruptionsfälle in China gemeldet, die zur Disziplinierung von 485 000 Funktionären führten, gegen 19 000 Parteikader wurden Strafverfahren eingeleitet. Im gleichen Zeitraum wurden durch die weltweit angelegte **Operation „Sky-Net"** 1 841 der Korruption verdächtige, flüchtige Personen ausfindig gemacht und nach China zurückgeholt. Insgesamt konnte eine Summe von 4 Mrd. CN¥ (rund 515 Mio. €) aus illegalen Transaktionen sichergestellt werden.
Im Januar 2020 wurde das Urteil gegen den wegen Korruption angeklagten **Ex-Interpol-Chef Meng Hongwei** gesprochen. Von einem Gericht in Tianjin wurde er zu 13 Jahren und sechs Monaten Gefängnis sowie einer Geldstrafe verurteilt. Meng war 2016 zum Leiter von Interpol in Lyon ernannt worden. Bei einem Besuch seines Heimatlandes im September 2018 verschwand er auf rätselhafte Weise. Schließlich erklärten die chinesischen Behörden, dass er sich der Korruption schuldig gemacht habe. In dem Prozess gab Meng zu, in seiner Zeit als Chef der chinesischen Marinepolizei und als Vizeminister für öffentliche Sicherheit Bestechungsgelder in Höhe von 1.86 Mio. Euro angenommen zu haben.

Raumfahrt: China will auch in der Raumfahrt eine Großmacht werden. Bis 2022 soll eine eigene, ständig besetzte Weltraumstation fertig und in Betrieb genommen werden. Der Bau der Station orientiert sich in Größe und Umfang an den Modulen der internationalen Raumstation ISS. Die USA hatten sich aufgrund von Sicherheitsbedenken gegen eine Kooperation mit China ausgesprochen. Auch eine angestrebte Beteiligung Chinas an der ISS scheiterte am Veto der USA.
Noch 2020 plant die Volksrepublik den ersten Start einer eigenen Marssonde, den Jungfernflug eines neuen Raumschiffs und den Beginn einer weiteren Mondmission, die dieses Mal Bodenproben zur Erde bringen soll. China hatte im Februar 2019 für Aufsehen gesorgt, als es durch sein Raumfahrtprogramm erstmalig gelang, eine Sonde auf der erdabgewandten Seite des Mondes zu landen.

Umweltpolitik: Am 20.1.2020 gab das Umweltministerium bekannt, dass der **Einsatz von Plastiktüten und Einwegprodukten** verboten werden soll, z. B. sollen Supermärkte keine Plastiktüten mehr verteilen und Essenskuriere kein Plastikbesteck ausgeben. Die neuen Regelungen sollen bis Ende 2020 in den großen Städten und Metropolen des Landes umgesetzt werden, kleine Städte und ländliche Regionen haben bis Ende 2025 Zeit. Da China viel Kunststoff verbraucht und wenig recycelt, verschmutzt das Plastik die Landschaft und landet oft in den Flüssen und am Ende im Meer.

Xinjiang: US-Präsident Trump hat ein Gesetz zum Einsatz von Sanktionen gegen China wegen des Umgangs mit der muslimischen Minderheit der Uiguren unterzeichnet. Der Entwurf wurde Ende Mai vom Senat und Kongress mit nur einer Gegenstimme genehmigt. Das Gesetz fordert zum ersten Mal Sanktionen gegen ein Mitglied des chinesischen Politbüros, den Sekretär der Kommunistischen Partei von Xinjiang, Chen Quanguo, als Verantwortlichen für „grobe Menschenrechtsverletzungen". US-Unternehmen, die in Xinjiang tätig sind, müssen von nun an sicherstellen, dass sie keine Teile verwenden, die durch Zwangsarbeit in den Arbeitslagern hergestellt werden. China drohte mit einer harten Antwort auf die US-Sanktionen.

Tibet: Am 17.3.2019 jährte sich die Flucht des Dalai Lama aus Tibet zum 60. Mal. Auf Anweisung der chinesischen Regierung durften von Februar bis zum 1.4.2019 keine ausländischen Touristen nach Tibet einreisen. Vor wichtigen politischen Treffen oder Jahrestagen hat China in der Vergangenheit ausländischen Urlaubern und Journalisten immer wieder den Zugang nach Tibet verboten.

Außenpolitik: Die VR China scheint Mitte 2020 außenpolitisch an Macht gewonnen zu haben, inszeniert sich global als handlungsfähigster Akteur in der Corona-Krise und tritt insbesondere gegenüber den USA mit Aggression und Selbstvertrauen auf.
Kritik aus dem Ausland an ihrer Informationspolitik zu Beginn und auch im weiteren Verlauf der Corona-Pandemie lässt die chinesische Regierung nicht gelten. Sie habe eine „offene, transparente und verantwortliche Haltung" in der internationalen Kooperation gezeigt und „rechtzeitig" Informationen zur Verfügung gestellt. Immer mehr Staaten fordern eine internationale Untersuchung über den Auslöser und den Verlauf der globalen Pandemie.

USA: Am 15.1.2020 unterzeichnete Präsident Trump ein Teilabkommen mit China. Dies ist nur ein erster Schritt zur Beilegung des seit 2018 schwelenden Handelskonflikts zwischen den beiden Ländern. Gegenstand dieser wirtschaftspolitischen Auseinandersetzung ist die Einführung neuer und die Erhöhung bestehender Importzölle. Vor dem Hintergrund des hohen Handelsbilanzdefizits der USA geht der Streit um den Schutz geistigen Eigentums und erzwungene Technologietransfers in China. Mit dem Anfang 2020 erreichten Handelsabkommen erhält die USA die Zusage, dass China seine Ausgaben für Energie, Industriegüter, Agrarerzeugnisse und Dienstleistungen um ca. 200 Mrd. US-$ steigert. Gelöst ist der Handelsstreit damit nicht, doch Trump wertet das Erreichte als Erfolg.
Mitte 2020 ist das Verhältnis zwischen China und den USA auf einem Tiefststand. Durch die gegenseitigen Schuldzuweisungen während der Corona-Krise, militärische Provokationen seitens der USA in der Taiwanstraße oder Chinas Eingreifen in die Rechte der Sonderverwaltungszone Hongkong sind nur einige Beispiele für die sich gefährlich zuspitzende Konfliktlage.

Myanmar: Während Myanmar aufgrund des brutalen militärischen Vorgehens gegen die muslimischen Rohingya in der Welt weitgehend isoliert dasteht, präsentiert sich China als verlässlicher Partner. Anfang Januar 2020 besuchte Staatschef Xi Jinping das Land, um seine ehrgeizigen Projekte im Rahmen der „neuen Seidenstraße" zu besprechen. Dazu gehört auch der Bau des Kyaukpyu-Hafens in Myanmar. Die Regierung unter Aung San Suu Kyi ist sich der Gefahren einer allzu engen Zusammenarbeit mit dem mächtigen Nachbarn bewusst, doch China ist der wichtigste Handelspartner Myanmars und 25 % der ausländischen Direktinvestitionen in Myanmar stammen aus China.

Europäische Union: Trotz des chinesischen Verstoßes gegen internationales Recht durch die Verabschiedung des neuen Sicherheitsgesetzes für Hongkong, kann sich die EU nicht zu konkreten Maßnahmen gegen die VR China durchringen. Auch an dem Termin für den geplanten **EU-China-Gipfel**, Mitte September 2020 in Leipzig, wird weiter festgehalten.

Deutschland: Die Einfuhren von China nach Deutschland lagen 2018 bei 106.1 Mrd. € (+8.1 %) und die Ausfuhren von Deutschland nach China bei 93 Mrd. € (+13.3 %). Das ergab ein Handelsdefizit von 13.1 Mrd. € für Deutschland. Für 2019 wurde ein weiterer Anstieg prognostiziert, bei den Importen aus China 109.9 Mrd. € (+4.2 %) und bei den Exporten nach China 96 Mrd. € (+8 %). Die Wachstumsraten lagen im Vergleich zum Vorjahr niedriger. Die Höhe der Direktinvestitionen Chinas war in den letzten Jahren ständig gestiegen, doch für 2018 war ein Rückgang zu verzeichnen. 2017 lag die Höhe der Investitionen noch bei 3 270 Mio. €, während für 2018 ein Wert von 3 173 Mio. € geschätzt wurde.

Indien: Im Mai und Juni 2020 kam es mehrmals zu Konflikten zwischen den Soldaten beider Seiten an der chinesisch-indischen Grenze im Himalaja. Am 17. Juni wurden dabei 20 indische Soldaten getötet, was in Indien große Empörung hervorrief. Doch zeigen beide Länder ihre Bereitschaft, den Grenzstreit diplomatisch beizulegen.

Wirtschaftswachstum: Die Abriegelung des Landes aufgrund der Corona-Pandemie hatte den größten wirtschaftlichen Einbruch seit den 1970er-Jahren zur Folge. Das BIP sank in den ersten drei Monaten 2020 um 6.8 % gegenüber dem gleichen Zeitraum des Vorjahres.

Der Umsatz des Einzelhandels, der 2019 für 80 % des chinesischen Wirtschaftswachstums verantwortlich war, ist im ersten Quartal gegenüber dem Vorjahr um 19 % gesunken und lag damit unter den meisten Prognosen. Die Investitionen in Fabriken und in andere Anlagegüter - ein weiterer wichtiger Wachstumsmotor - sanken um 16.1 %.

Arbeitsmarkt: Aufgrund der einschneidenden Maßnahmen durch die Regierung, die Ausbreitung des Coronavirus einzudämmen, verloren viele Menschen ihre Arbeit. Im März 2020 lag die Arbeitslosenquote bei 5.9 %, etwas niedriger als einen Monat zuvor, da lag sie bei 6.2 %. Während einer Sitzung des Staatsrates versprach Ministerpräsident Li Keqiang, die Regierung werde Arbeitslosenunterstützung und andere Zuwendungen an Chinas Wanderarbeiter ausgeben. Millionen von ihnen verloren ihre Arbeit aufgrund der Reisebeschränkungen, die sie außerhalb der Städte stranden ließen.

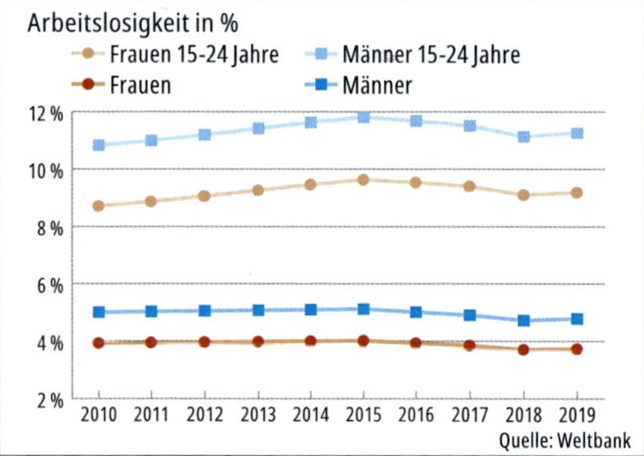

Quelle: Weltbank

Um Unternehmen während des Shutdowns zu ermutigen, keine Arbeiter zu entlassen, boten chinesische Provinzen finanzielle Anreize, beispielsweise die Rückerstattung von Sozialversicherungszahlungen.

Auslandsinvestionen: Am 15.3.2019 hat der Nationale Volkskongress Chinas (NVK) ein neues Gesetz zu ausländischen Investitionen, das Foreign Investment Law (FIL), erlassen. Das neue FIL soll ausländische Investoren im chinesischen Markt auf Augenhöhe mit inländischen Investoren stellen und auch gleichen Schutz bieten.

Corona: Wahrscheinlich schon im November 2019 traten in der Industriemetropole Wuhan die ersten Fälle einer bis dahin unbekannten Lungenkrankheit auf. Der Augenarzt Li Wenliang wies als einer der ersten auf die Krankheit hin und informierte Kollegen. Am 5.1.2020 entschlüsselte eine internationale Forschergruppe unter Leitung des Schanghaier Virologen Zhang Yongzhen das Genom und stellte es am 11.1. der Fachwelt auf der Webseite virological.org zur Verfügung. Dadurch konnte international mit der Arbeit an Tests und Impfstoffen begonnen werden. Zhangs Labor in Schanghai wurde jedoch nur einen Tag nach der Veröffentlichung ohne Angabe eines Grundes geschlossen.
Am 12.1. informierte China die WHO über das neue Coronavirus und übermittelte die Gensequenz. Erst am 20.1. gab die chinesische Regierung öffentlich zu, dass das Virus von Mensch zu Mensch übertragen wird und dass sich medizinisches Personal angesteckt hat. Offiziell war von 14 Betroffenen die Rede, doch zu diesem Zeitpunkt hatten sich schon mehrere hundert Ärzte und Pflegekräfte angesteckt.
Kurz vor Beginn des chinesischen Neujahrsfestes am 23.1.2020, das immer eine große Reisewelle auslöst, riegelten die Behörden die Stadt Wuhan mit seinen 11 Mio. Einwohnern vollständig ab, weitere Städte mit insgesamt 56 Mio. Einwohnern folgten. Am 8.4. wurden in Wuhan die Ausgangsperre und das Reiseverbot aufgehoben. Erst langsam wurden andere Restriktionen gelockert. China wertete sein Vorgehen in dieser Krise als Erfolg. Nach offiziellen Angaben wurden 84 997 Chinesen infiziert und 4 646 starben an dem Virus (Stand 2020).
Spekulationen und Verschwörungstheorien, dass das Coronavirus bei einem Laborunfall in Wuhan auf den Menschen übertragen worden sein könnte, haben sich bisher nicht bestätigt. Die Behauptung, es handele sich um eine Biowaffe aus dem Militärlabor, gilt als eindeutig widerlegt.

Hongkong: Das **BIP** der chinesischen Sonderverwaltungszone war bereits im 2. Quartal 2019 um 0.5 % zurückgegangen, im 3. Quartal erfolgte ein weiterer Einbruch um 3.2 %. Das war das schlechteste Ergebnis für das asiatische Finanzzentrum seit der weltweiten Krise 2008/09. Ein Grund dafür war die allgemein schwächelnde Konjunktur in China, doch eine besondere Belastung für die Wirtschaft Hongkongs waren die im April 2019 beginnenden, zuerst friedlichen Massendemonstrationen gegen ein von der Regierungschefin Carrie Lam vorgelegtes **Auslieferungsgesetz**. Es hätte erstmals die Möglichkeit eröffnet, Tatverdächtige in Hongkong an die Strafverfolgungsbehörden des Festlands zu überstellen.
Die Hongkonger Regierung zog den Entwurf des Gesetzes am 4.9.2019 schließlich zurück. Doch in den folgenden Monaten wurden die Konfrontatio-

nen zwischen Polizei und Protestierenden immer gewalttätiger, da die Regierung nicht auf weitere Forderungen der Demokratieaktivisten eingehen wollte, u. a. eine unabhängige Untersuchung der unverhältnismäßigen Gewaltanwendung durch die Polizei einzuleiten. Trotz der gewalttätigen Ausschreitungen wurden die Proteste der Demokratiebewegung von der breiten Mehrheit der Einwohner Hongkongs unterstützt, was der klare Sieg der Opposition bei den Lokalwahlen am 24.11.2019 bewies. Chinas Staatschef Xi Jinping hielt trotz der Niederlage ihrer Partei an Carrie Lam als Regierungschefin fest.
Die Maßnahmen gegen die **Corona-Pandemie** verhinderten im 1. Quartal 2020 eine weitere Eskalation. In dieser Zeit wurden zahlreiche Demokratiebefürworter festgenommen, darunter im April 2020 der prominente Rechtsanwalt Martin Lee und der Medien-Tycoon Jimmy Lai. Die Festgenommenen wurden gegen Kaution wieder auf freien Fuß gesetzt und warten auf ihre Gerichtstermine. Ihnen wird vorgeworfen im vergangenen Jahr während der monatelangen Proteste in Hongkong illegale Versammlungen organisiert und an ihnen teilgenommen zu haben.
Am 28.5.2020 wurde am Ende der Abschlusstreffen des Nationalen Volkskongresses in Peking ein neues **Sicherheitsgesetz für Hongkong** verabschiedet. Das Gesetz zum Schutz der nationalen Sicherheit richtet sich sowohl gegen subversive Aktivitäten als auch ausländische Einmischung und soll künftig die Ordnung aufrechterhalten. Auch Sicherheitsorgane aus China dürfen dann in Hongkong eingesetzt werden. Das ist ein klarer Bruch der bisherigen Autonomie Hongkongs nach dem Grundsatz „ein Land, zwei Systeme“, der seit der Rückgabe der britischen Kronkolonie 1997 an China gilt, doch die Reaktion im Ausland blieb verhalten. Die Entscheidung wurde zwar international scharf kritisiert, doch bisher keine politischen Konsequenzen beschlossen.

Macau: Macau feierte 2019 den 20. Jahrestag der Übergabe der einstmals zu Portugal gehörenden Kolonie an China. Ganz anders als in Hongkong sind die Menschen in Macau nicht unzufrieden mit der Politik Chinas. Peking will nun mit einem neuen Aktionsplan die Sonderverwaltungszone unabhängiger vom Glücksspiel machen, der mit Abstand größten Einnahmequelle. In den nächsten Jahren könnte Macaus Wirtschaft auch das sich abschwächende Wachstum Festlandchinas zu spüren bekommen, daher überlegt die Zentralregierung in Macau einen neuen Börsenplatz zu eröffnen.

Costa Rica

▸ 667

Ländername	Republik Costa Rica
Zeitzone	MEZ -7 h
Fläche in km²	51 100
Anzahl der Einwohner	5 Millionen
Einwohnerzahl pro km²	99
Hauptstadt	San José
Amtssprache	Spanisch
Verwaltungsgliederung	7 Provinzen
Wichtige Städte	San José, Limón, Heredia, Alajuela, Liberia, Puntarenas
Autokennzeichen | ISO-Code	CR | CRI
Währung	1 Colón = 100 Céntimos
Nationalfeiertag	15. September

Der beeindruckende Naturreichtum lässt Costa Rica seinen Namen („reiche Küste“) zu Recht tragen. Das überwiegend von Weißen bewohnte zentralamerikanische Land blickt auf eine vergleichsweise stabile ökonomische und politische Entwicklung zurück.

GEOGRAFIE

Geografische Lage: Von 8° 04' bis 11° 11' nördlicher Breite sowie von 82° 34' bis 85° 54' westlicher Länge
Höchster Punkt: Cerro Chirripó 3819 m
Klima: Tropisches Klima, im Osten dauerfeucht, im Südwesten wechselfeucht

POLITIK

Staatsform: Präsidiale Republik
Staatsoberhaupt: Präsident
Legislative: Legislativversammlung mit 57 für 4 Jahre gewählten Mitgliedern
Jahr der Verfassung: 1949
Wahlrecht: 18 Jahre
Staatsreligion: Christentum

BEVÖLKERUNG

Bevölkerungsanteil: <15 Jahre 21.1 %, 15-64 Jahre 69 %, >64 Jahre 9.9 %
Verteilung: Stadt 80.1 %, Land 19.9 %
Wachstum 2019: 1 %
Lebenserwartung: Frauen 83 Jahre, Männer 78 Jahre
Alphabetenrate: Frauen 97.9 %, Männer 97.8 %
Ethnische Gruppen: Europäer, Mestizen, Indigene, Afrikaner u. a.
Religionen: Christen 87.2 %, Sonstige 2.4 %
Sprachen: Spanisch, Englisch, Kreolisch

WIRTSCHAFT UND VERKEHR

BIP: 61.77 Mrd. US-$
Wachstum BIP 2019: 2 %
BNE/Kopf: 12 015 US-$
Inflation: 2.2 %
Außenhandel: Import 16.15 Mrd. US-$, Export 11.8 Mrd. US-$
Erwerbstätige nach Sektoren: Landwirtschaft 12.1 %, Industrie 19.8 %, Dienstleistungen 68.1 %
Arbeitslosenquote: 11.9 %
Energieverbrauch/Kopf: 1 023 kg ÖE
Straßennetz: 5 035 km
Eisenbahnnetz: 278 km

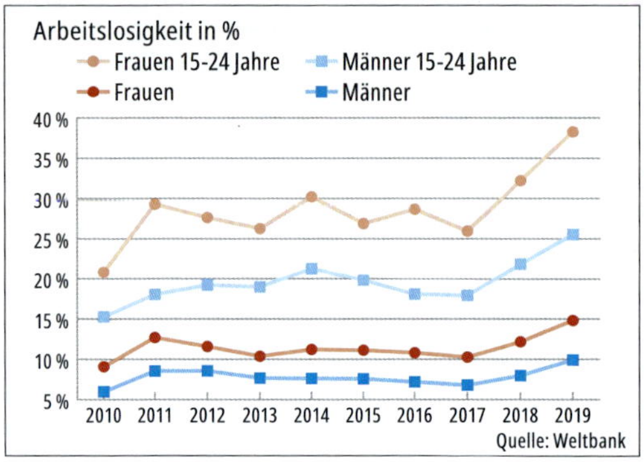

RÜCKBLICK

Kabinett: Finanzministerin Rocío Aguilar trat am 23.10.2019 von ihrem Amt zurück. Zuvor war bekannt geworden, dass sie zu Beginn ihrer Amtszeit ohne Rücksprache mit dem Parlament öffentliche Schulden beglichen hatte. Als neuer Finanzminister wurde Rodrigo Chaves am 26.11. vereidigt. Am 31.1.2020 wurde Rodolfo Solano Quirós neuer Außenminister. Sein Vorgänger Manuel Ventura wechselte zur Organisation Amerikanischer Staaten (OAS).

Kommunalwahlen: Bei den Kommunalwahlen am 2.2.2020 wurden die Oberbürgermeister bzw. Landräte und lokalen Parlamente der 82 Kommunen gewählt. Der liberal-sozialdemokratische Partido Liberación Nacional (PLN) errang mit 42 mehr als die Hälfte aller Oberbürgermeister- bzw. Landratsämter, verlor aber 8 Mandate. Der christdemokratische Partido Unidad Socialcristiana (PUSC) konnte die Anzahl seiner Mandate von 14 auf 16 erhöhen. Als Gewinner der Wahl galten kantonale Parteien, die ihre Zahl der Bürgermeister von 5 auf 12 erhöhen konnten. Die Wahlbeteiligung betrug 38.8 %.

Euro-Bonds: Am 13.11.2019 lancierte das Land Euro-Bonds im Wert von 1.5 Mrd. US-$ auf den internationalen Markt. 1.2 Mrd. US-$ flossen in Bonds mit einer Verzinsung von 6.25 % und einer Laufzeit bis 2031, die restlichen 300 Mio. US-$ laufen bis 2045 mit 7.25 % Verzinsung.

Gleichgeschlechtliche Ehe: Am 26.5.2020 führte Costa Rica als erstes Land Mittelamerikas und als 29. Land weltweit die gleichgeschlechtliche Ehe ein. 2018 hatte der Interamerikanische Gerichtshof für Menschenrechte (CIDH) den zwölf lateinamerikanischen Ländern, in denen eine solche Ehe verboten war, empfohlen, diese zu legalisieren. Das Thema hatte den Präsidentschaftswahlkampf 2018 stark beeinflusst.

Corona: Am 6.3.2020 wurde der erste Covid-19-Fall bestätigt. Am 15.3. autorisierte Präsident Carlos Alvarado Quesada die Polizeieinheit Fuerza Pública de Costa Rica zur Unterstützung bei der Bekämpfung des Virus. Am 16.3. rief er den Ausnahmezustand aus und ließ alle Schulen schließen. Durch die Schließung von rund 800 Restaurants wurden rund 110 000 Beschäftigte arbeitslos. Die Zentralamerikanische Bank für Wirtschaftsintegration (BCIE) stellte dem Land 1 Mio. US-$ zum Kampf gegen das Virus zur Verfügung, der IWF bewilligte eine Notfallkreditlinie in Höhe von 504 Mio. US-$. Anfang Mai gab es weniger als 800 Infizierte und 7 Todesfälle. Aufgrund dieser geringen Infektionszahlen lockerte Costa Rica als erstes Land Lateinamerikas Mitte Mai die Schutzmaßnahmen.

Dänemark

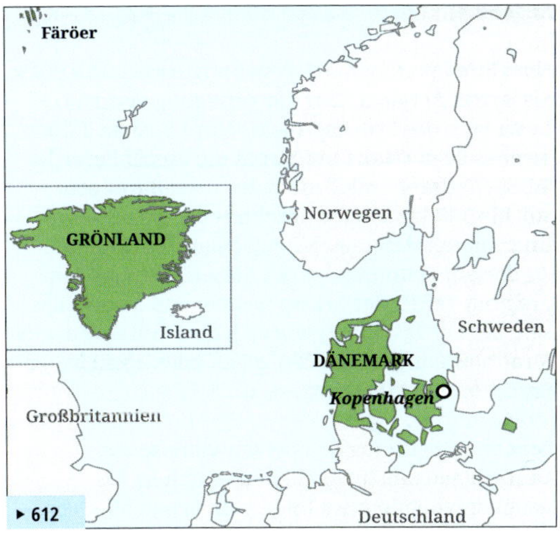

Ländername	Königreich Dänemark
Zeitzone	MEZ ±0 h
Fläche in km²	42 920
Anzahl der Einwohner	5.8 Millionen
Einwohnerzahl pro km²	135
Hauptstadt	Kopenhagen
Amtssprache	Dänisch
Verwaltungsgliederung	5 Regionen
Wichtige Städte	Kopenhagen, Aarhus, Odense, Aalborg, Frederiksberg
Autokennzeichen | ISO-Code	DK | DNK
Währung	1 Dänische Krone = 100 Øre
Nationalfeiertag	5. Juni

Dänemark ist das Brückenland zwischen Mittel- und Nordeuropa. Die weißen Kreidefelsen von Møn, die gepflegten Bauernhöfe inmitten von Wiesen und Feldern, die prachtvollen Schlösser und die vitale Atmosphäre der Hauptstadt Kopenhagen sind die Kennzeichen eines Staates, der sich nach den Erfahrungen des Zweiten Weltkriegs aktiv an der sicherheits- und wirtschaftspolitischen Integration Europas beteiligt. Zum Königreich gehören auch Grönland und die Färöer, die sich beide in Selbstverwaltung regieren.

GEOGRAFIE

Geografische Lage: Von 54° 38' bis 57° 44' nördlicher Breite sowie von 8° 07' bis 15° 08' östlicher Länge
Höchster Punkt: Yding Skovhøj 173 m
Klima: Gemäßigtes Seeklima

POLITIK

Staatsform: Parlamentarische Monarchie
Staatsoberhaupt: Königin
Legislative: Volksversammlung mit 179 für 4 Jahre gewählten Mitgliedern
Jahr der Verfassung: 1953
Wahlrecht: 18 Jahre
Staatsreligion: Christentum

BEVÖLKERUNG

Bevölkerungsanteil: <15 Jahre 16.5 %, 15-64 Jahre 63.7 %, >64 Jahre 19.8 %
Verteilung: Stadt 87.9 %, Land 12.1 %
Wachstum 2019: 0.3 %
Lebenserwartung: Frauen 83 Jahre, Männer 79 Jahre
Alphabetenrate: Frauen 99 %, Männer 99 %
Ethnische Gruppen: Dänen, Türken u. a.
Religionen: Christen 74.7 %, Muslime 5.5 %
Sprachen: Dänisch, Minderheitensprachen

WIRTSCHAFT UND VERKEHR

BIP: 348.08 Mrd. US-$
Wachstum BIP 2019: 2.4 %
BNE/Kopf: 59 795 US-$
Inflation: 0.8 %
Außenhandel: Import 97.53 Mrd. US-$, Export 110.7 Mrd. US-$
Erwerbstätige nach Sektoren: Landwirtschaft 2.2 %, Industrie 18.6 %, Dienstleistungen 79.2 %
Arbeitslosenquote: 5 %
Energieverbrauch/Kopf: 2 817 kg ÖE
Straßennetz: 74 558 km
Eisenbahnnetz: 2 131 km

AUSSENGEBIETE

Färöer

Fläche in km²: 1 399
Anzahl der Einwohner: 51 783
Hauptstadt: Tórshavn
Status: Autonomie seit 1948
Regierung: Reichsombudsfrau

Grönland

Fläche in km²: 2 166 086
Anzahl der Einwohner: 55 877
Hauptstadt: Nuuk
Status: Selbstverwaltungsrecht und innere Autonomie seit 1979
Regierung: Reichsombudsfrau

RÜCKBLICK

Parlamentswahl: Bei der Wahl zum Folketing am 5.6.2019 verteidigten die **Sozialdemokraten** (SD) mit 26 % der Stimmen ihre Stellung als **stärkste politische Kraft** vor den Rechtsliberalen (Venstre) von Ministerpräsident Lars Løkke Rasmussen (23 %). Der von Venstre geführte bürgerliche („blaue") Block unterlag dem linken („roten") Block, weil sich insbesondere die Mandatszahl der **Dänischen Volkspartei** (DF) mehr als halbiert hatte. Stimmen kostete die DF vor allem der Schwenk der Sozialdemokraten von **Mette Frederiksen** in der Migrationspolitik (2018), die ebenfalls den Zuzug „nichtwestlicher" Ausländer und Asylbewerber eindämmen wollte. Wichtigste Wahlkampfthemen waren die Klimapolitik und der Wohlfahrtsstaat. Abgesehen von den Vertretern Grönlands und der Färöer erhielten zehn Parteien Parlamentsmandate, darunter erstmals die fremdenfeindliche Neue Bürgerliga. Die Wahlbeteiligung lag bei 85 %.

Neue Regierung: Nach Verhandlungen mit Linksliberalen (RV), Sozialistischer Volkspartei (SF) und Rot-Grüner Einheitsliste (Ø), die teils deutliche Stimmengewinne erzielt hatten, bildete Frederiksen eine **sozialdemokratische Minderheitsregierung** mit 20 Kabinettsmitgliedern. In einem Abkommen mit den drei Parteien waren u. a. die Verringerung der Treibhausgasemissionen bis 2030 um 70 % gegenüber 1990, der Ausbau der staatlichen Kinderbetreuung und die Beseitigung von Hindernissen zur Beschäftigung ausländischer Fachkräfte vorgesehen. In Dänemark bleibt eine Regierung im Amt, solange keine Mehrheit im Parlament gegen sie steht.

Grönland: Für einen **Eklat** sorgte im August 2019 die Idee von US-Präsident Donald Trump, Grönland zu **kaufen**. Dies wiesen die grönländische und die dänische Regierung zurück, woraufhin Trump seinen für September geplanten Dänemark-Besuch absagte. Andererseits bewilligten die USA Grönland, das innere Autonomie innerhalb des dänischen Königreichs besitzt und nicht der EU angehört, im April 2020 als „bevorzugter Partner" eine **Finanzhilfe** über 12 Mio. US-$. Damit wollten die USA ihre **Präsenz in der Arktis** sichern, besonders in Konkurrenz zu Interessen Russlands (Militär) und Chinas (Bodenschätze, Schifffahrtswege). Im Nordwesten Grönlands unterhalten die USA als Teil eines Raketenfrühwarnsystems die Luftwaffenbasis Thule. Im Dezember 2019 sagte Dänemark der NATO rund 220 Mio. US-$ für die **Luft- und Seeüberwachung** Grönlands zu. Ende 2018 hatte Dänemark, in Reaktion auf ein Angebot aus China, Finanzhilfen für den Ausbau der beiden Zivilflughäfen bei Nuuk und Ilulissat angeboten.

Nord Stream: Dänemark genehmigte am 30.10.2019 als **letzter Anrainerstaat** die Verlegung von zwei Leitungen des Erdgasprojekts Nord Stream 2 über eigenes Seeterritorium: Durch die ausschließliche Wirtschaftszone südöstlich der Insel **Bornholm** soll ein 147 km langer Abschnitt der Ostsee-Pipeline von Russland nach Deutschland verlaufen. Zu diesem Zeitpunkt waren die Arbeiten an den anderen Teilen der Trasse weitgehend abgeschlossen. Die Fertigstellung wurde jedoch aufgrund von Strafmaßnahmen der USA gegen beteiligte Firmen im Dezember 2019 ausgesetzt.

Grenzen: Die Kontrollen bei der **Einreise aus Deutschland** (ab 2016) blieben bestehen. Als vorübergehende Ausnahme vom Schengen-Grenzkodex für einen freien Personenverkehr wurden die **Stichprobenkontrollen** an der Land- und Seegrenze jeweils für sechs Monate mit Erlaubnis der EU-Kommission fortgesetzt, zuletzt im Januar 2020. Nach dänischen Angaben wurden monatlich 60 000 Personen kontrolliert. An kleineren Übergängen erfassten automatische Kameras die Autokennzeichen. Seit November 2019 gibt es auch Passkontrollen bei der Einreise aus **Schweden**. Im Dezember 2019 stellte Dänemark einen 70 km langen **Wildschweinzaun** zu Schleswig-Holstein gegen die Einschleppung der Afrikanischen Schweinepest fertig. Die Wirksamkeit der Maßnahme wurde von Gesundheitsexperten und Naturschützern bezweifelt.

Corona: Als **erstes Land in Europa fuhr** Dänemark das **öffentliche Leben** und die Wirtschaft zur Eindämmung der Covid-19-Pandemie **herunter**. Ab 11.3.2020 wurden u. a. Schulen, Kindertageseinrichtungen, öffentliche und Freizeiteinrichtungen geschlossen sowie die **Grenzen** gesperrt (14.3.-31.5.), außer für den Güterverkehr, eigene Staatsbürger und Grenzpendler. Unternehmen sicherte der Staat die weitgehende Übernahme der **Lohnfortzahlung** für Arbeitnehmer zu. Da umfangreich auf das Sars-CoV-2-Virus getestet wurde und die Infektionskurve sich deutlich abflachte, verfügte die Regierung bereits ab 15.4. schrittweise und unter Beachtung von Hygiene- und Abstandsregeln die **Öffnung** u. a. der Schulen. In **Grönland** waren die Hauptstadt Nuuk und zwei weitere Ortschaften aufgrund von elf Corona-Fällen bis 13.4. abgeriegelt worden. Außerdem wurde Alkohol verboten.

Deutschland

▸ 612

Ländername	Bundesrepublik Deutschland
Zeitzone	MEZ ±0 h
Fläche in km²	357 580
Anzahl der Einwohner	83.1 Millionen
Einwohnerzahl pro km²	232
Hauptstadt	Berlin
Amtssprache	Deutsch
Verwaltungsgliederung	16 Bundesländer
Wichtige Städte	Berlin, Hamburg, München, Köln, Frankfurt am Main, Stuttgart, Düsseldorf, Leipzig, Dortmund, Essen, Bremen, Dresden, Hannover, Nürnberg
Autokennzeichen | ISO-Code	D | DEU
Währung	1 Euro = 100 Cent
Nationalfeiertag	3. Oktober

Aufgrund seiner Lage „mitten in Europa" stand Deutschland schon immer im Fokus der unterschiedlichsten politischen, sozialen und geistig-kulturellen Strömungen. Die meiste Zeit seiner Geschichte in viele Kleinstaaten und Territorien zersplittert, vollzog sich die nationale Einigung erst spät; 1871 wurde das Deutsche Reich gegründet. Zum großen Teil verantwortlich für den Ausbruch des Ersten Weltkriegs und schuld an der Entfesselung des Zweiten Weltkriegs, hat sich Deutschland nach der Überwindung der nationalsozialistischen Unrechtsherrschaft zu einer stabilen, in Europa fest verankerten Demokratie und zu einem der wirtschaftlich stabilsten Staaten der Welt entwickelt.

Heute stellen die Gestaltung der 1990 wiedergewonnenen politischen Einheit, die Festigung der im globalen Wettbewerb stehenden Dienstleistungsgesellschaft und die Sicherung des sozialen Friedens das Land vor große Herausforderungen.

GEOGRAFIE

Geografische Lage: Von 47° 17' bis 55° 04' nördlicher Breite sowie von 5° 51' bis 15° 01' östlicher Länge
Höchster Punkt: Zugspitze 2962 m
Klima: Gemäßigtes Klima; im Nordwesten ozeanisch bestimmt, nach Süden und Osten hin zunehmend kontinentaler Charakter

POLITIK

Staatsform: Parlamentarische Bundesrepublik
Staatsoberhaupt: Bundespräsident
Legislative: Parlament, bestehend aus Bundestag mit 709 für 4 Jahre gewählten Mitgliedern und Bundesrat mit 69 ernannten Mitgliedern
Jahr der Verfassung: 1949
Wahlrecht: 18 Jahre
Staatsreligion: Keine

BEVÖLKERUNG

Bevölkerungsanteil: <15 Jahre 13.8 %, 15-64 Jahre 64.6 %, >64 Jahre 21.6 %
Verteilung: Stadt 77.3 %, Land 22.7 %
Wachstum 2019: 0.3 %
Lebenserwartung: Frauen 84 Jahre, Männer 79 Jahre
Alphabetenrate: Frauen 99 %, Männer 99 %
Ethnische Gruppen: Deutsche, Türken, Polen u. a.
Religionen: Christen 56.2 %, Muslime 5.1 %
Sprachen: Deutsch, Minderheitensprachen

WIRTSCHAFT UND VERKEHR

BIP: 3.85 Bio. US-$
Wachstum BIP 2019: 0.6 %
BNE/Kopf: 46 564 US-$
Inflation: 1.4 %
Außenhandel: Import 1.23 Bio. US-$, Export 1.49 Bio. US-$
Erwerbstätige nach Sektoren: Landwirtschaft 1.3 %, Industrie 27.1 %, Dienstleistungen 71.6 %
Arbeitslosenquote: 3 %
Energieverbrauch/Kopf: 3 818 kg ÖE
Straßennetz: 625 022 km
Eisenbahnnetz: 33 590 km

Sitzverteilung im 19. Deutschen Bundestag (Direktmandat | Listenplatz), insgesamt 709 Sitze

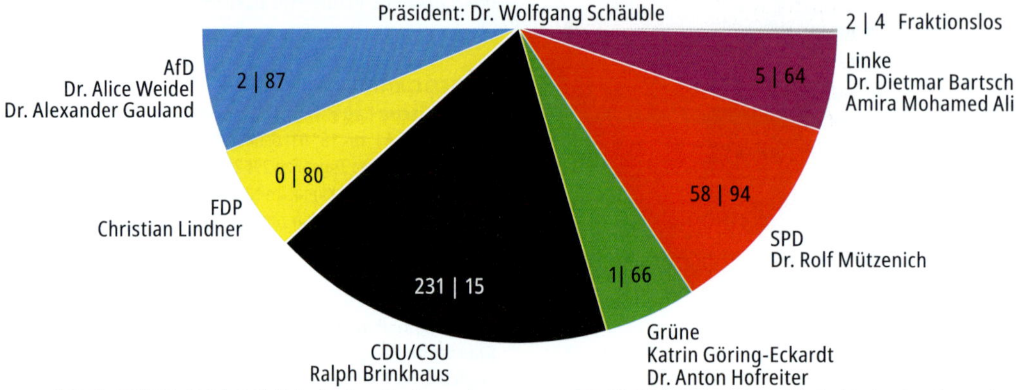

	CDU|CSU	SPD	AfD	FDP	Linke	Grüne	Fraktionslos
BW:	38	16	11	12	6	13	–
BY:	46	18	14	13	7	11	–
BE:	6	5	4	3	6	4	–
BB:	9	4	5	2	4	1	–
HB:	1	2	1	–	1	1	–
HH:	4	5	1	2	2	2	–
HE:	17	12	6	5	4	5	–
MV:	6	2	3	1	3	1	–
NI:	21	20	7	7	5	6	–
NW:	42	40	13	20	12	12	2
RP:	14	9	4	4	3	3	–
SL:	3	3	1	1	1	1	–
SN:	12	4	8	3	6	2	3
ST:	9	3	4	2	4	1	1
SH:	10	6	2	3	2	3	–
TH:	8	3	5	2	3	1	–

BW = Baden-Württemberg, BY = Bayern, BE = Berlin, BB = Brandenburg, HB = Bremen, HH = Hamburg, HE = Hessen, MV = Mecklenburg-Vorpommern, NI = Niedersachsen, NW, Nordrhein-Westfalen, RP = Rheinland-Pfalz, SL = Saarland, SN = Sachsen, ST = Sachsen-Anhalt, SH = Schleswig-Holstein, TH = Thüringen (Stand: 28.01.2020)

Stimmenverteilung Bundesrat, insgesamt 69 Stimmen

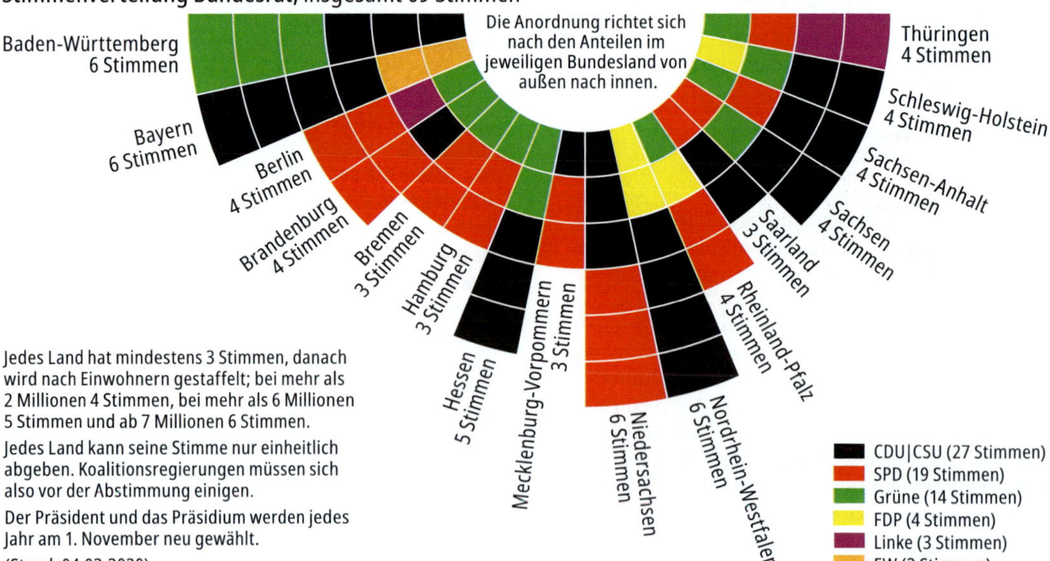

Jedes Land hat mindestens 3 Stimmen, danach wird nach Einwohnern gestaffelt; bei mehr als 2 Millionen 4 Stimmen, bei mehr als 6 Millionen 5 Stimmen und ab 7 Millionen 6 Stimmen.

Jedes Land kann seine Stimme nur einheitlich abgeben. Koalitionsregierungen müssen sich also vor der Abstimmung einigen.

Der Präsident und das Präsidium werden jedes Jahr am 1. November neu gewählt.

(Stand: 04.03.2020)

BEHÖRDEN UND EINRICHTUNGEN

Amt | Institution	Amtsinhaber	Amtsantritt
Bundespräsident	Dr. Frank-Walter Steinmeier	März 2017
Bundespräsidialamt	Stephan Steinlein	März 2017
Bundeskanzlerin	Dr. Angela Merkel, CDU	November 2005
Bundestagspräsident	Dr. Wolfgang Schäuble, CDU	Oktober 2017
Bundespresseamt	Steffen Seibert	August 2010
Bundeskanzleramt	Prof. Dr. Helge Braun, CDU	März 2018
Staatsministerin für Kultur und Medien (BKM)	Prof. Monika Grütters, CDU	Dezember 2013
Bundesbeauftragter für die Unterlagen des Staatssicherheitsdienstes der ehemaligen Deutschen Demokratischen Republik	Roland Jahn	März 2011
Beauftragte der Bundesregierung für Migration, Flüchtlinge und Integration	Annette Widmann-Mauz, CDU	März 2018
Beauftragte der Bundesregierung für Digitalisierung	Dorothee Bär, CSU	März 2018
Beauftragter für die Nachrichtendienste des Bundes	Johannes Geismann, CDU	März 2018
BM der Finanzen	Olaf Scholz, SPD	März 2018
BM des Innern, für Bau und Heimat	Horst Seehofer, CSU	März 2018
Beauftragter der Bundesregierung für jüdisches Leben in Deutschland und den Kampf gegen Antisemitismus	Dr. Felix Klein	Mai 2018
Beauftragter der Bundesregierung für Aussiedlerfragen und nationale Minderheiten	Dr. Dr. h.c. Bernd-Bernhard Fabritius, CSU	April 2018
BM für Wirtschaft und Energie	Peter Altmaier, CDU	März 2018
Auswärtiges Amt	Heiko Maas, SPD	März 2018
BM der Justiz und für Verbraucherschutz	Christine Lambrecht, SPD	Juni 2019
BM für Arbeit und Soziales	Hubertus Heil, SPD	März 2018
BM der Verteidigung	Annegret Kramp-Karrenbauer, CDU	Juli 2019
Wehrbeauftragte des deutschen Bundestages	Dr. Eva Högl, SPD	Mai 2020
BM für Ernährung und Landwirtschaft	Julia Klöckner, CDU	März 2018
BM für Familie, Senioren, Frauen und Jugend	Dr. Franziska Giffey, SPD	März 2018
BM für Gesundheit	Jens Spahn, CDU	März 2018
BM für Verkehr und digitale Infrastruktur	Andreas Scheuer, CSU	März 2018
BM für Umwelt, Naturschutz und nukleare Sicherheit	Svenja Schulze, SPD	März 2018
BM für Bildung und Forschung	Anja Karliczek, CDU	März 2018
BM für wirtschaftliche Zusammenarbeit und Entwicklung	Dr. Gerd Müller, CSU	März 2018

Bundesgerichte

Bundesverfassungsgericht (BVerfG) in Karlsruhe	Dr. Stephan Harbarth	Mai 2020
Bundesgerichtshof (BGH) in Karlsruhe	Bettina Limperg	Juli 2014
Bundesarbeitsgericht (BAG) in Erfurt	Ingrid Schmidt	März 2005
Bundesfinanzhof (BFH) in München	Prof. Dr. h.c. Rudolf Mellinghoff	November 2011
Bundessozialgericht (BSG) in Kassel	Prof. Dr. Rainer Schlegel	Oktober 2016
Bundesverwaltungsgericht (BVerwG) in Leipzig	Prof. Dr. Dr. h.c. Klaus Rennert	Juli 2014
Bundespatentgericht (BPatG) in München	Beate Schmidt	Mai 2011

Bundesbehörden (Auswahl)

Bundesagentur für Arbeit	Detlef Scheele	April 2017
BA für Bevölkerungsschutz und Katastrophenhilfe	Christoph Unger	September 2004
BA für Migration und Flüchtlinge	Dr. Hans-Eckhard Sommer	Juni 2018
BA für Naturschutz	Prof. Dr. Beate Jessel	November 2007
BA für Verfassungsschutz	Thomas Haldenwang	November 2018
Bundeskartellamt	Andreas Mundt	November 2009
Bundeskriminalamt	Holger Münch	Dezember 2014
Bundesnachrichtendienst	Dr. Bruno Kahl	April 2016
Bundesrechnungshof	Kay Scheller	Juli 2014
Deutsche Bundesbank	Jens Weidmann	Mai 2011
Deutsche Rentenversicherung Bund	Gundula Roßbach	Januar 2017
Kraftfahrt-Bundesamt	Richard Damm	Februar 2020
Statistisches Bundesamt	Dr. Georg Thiel	Oktober 2017
Umweltbundesamt	Prof. Dr. Dirk Messner	Januar 2020
Robert Koch-Institut	Prof. Dr. Lothar H. Wieler	März 2015
Paul-Ehrlich-Institut	Prof. Dr. Klaus Cichutek	Dezember 2009

Religionsgemeinschaften (Auswahl)

Katholische Kirche in Deutschland	Bischof Dr. Georg Bätzing	März 2020
Evangelische Kirche in Deutschland (EKD)	Prof. Dr. Heinrich Bedford-Strohm	November 2014
Zentralrat der Juden in Deutschland	Dr. Josef Schuster	November 2014
Koordinationsrat der Muslime in Deutschland (KRM)	Burhan Kesici	

Im Bundestag vertretene Parteien

CDU - Christlich Demokratische Union Deutschlands	Annegret Kramp-Karrenbauer	Dezember 2018
CSU - Christlich-Soziale Union in Bayern	Markus Söder	Januar 2019
SPD - Sozialdemokratische Partei Deutschlands	Saskia Esken, Norbert Walter-Borjans	Dezember 2019
AfD - Alternative für Deutschland	Tino Chrupalla, Jörg Meuthen	Nov. 2019, Juli 2015
FDP - Freie Demokratische Partei	Christian Lindner	Dezember 2013
Die Linke	Katja Kipping, Bernd Riexinger	Juni 2012
Bündnis 90 / Die Grünen	Annalena Baerbock, Robert Habeck	Januar 2018

Arbeitgeberverbände (Auswahl)

Bundesvereinigung der Deutschen Arbeitgeberverbände (BDA)	Susanne Wartzeck	September 2019
Bundesverband der deutschen Industrie e. V. (BDI)	Dieter Kempf	Januar 2017
Deuscher Industrie- und Handelskammertag (DIHK)	Dr. Eric Schweitzer	März 2013
Zentralverband des deutschen Handwerks (ZDH)	Hans Peter Wollseifer	Januar 2014

Arbeitnehmerverbände (Auswahl)

Deutscher Gewerkschaftsbund (DGB)	Reiner Hoffmann	Mai 2014
IG Metall (IGM)	Jörg Hofmann	Oktober 2015
Vereinte Dienstleistungsgewerkschaft (ver.di)	Frank Werneke	September 2019

AUSLANDSVERTRETUNGEN

Staat	Internet
Afghanistan	www.botschaft-afghanistan.de
Ägypten	www.egyptian-embassy.de
Albanien	www.ambasadat.gov.al/germany
Algerien	www.algerische-botschaft.de
Andorra	office@ambaixada-andorra.at
Angola	www.botschaftangola.de
Antigua und Barbuda	www.antigua-barbuda.com
Äquatorialguinea	www.botschaft-aequatorialguinea.de
Argentinien	www.ealem.mrecic.gov.ar
Armenien	armgermanyembassy@mfa.am
Aserbaidschan	www.berlin.mfa.gov.az
Äthiopien	www.aethiopien-botschaft.de
Australien	www.germany.embassy.gov.au
Bahamas	Information@bahamashclondon.net
Bahrain	www.mofa.gov.bh/berlin/Home
Bangladesch	www.bangladeshembassy.de
Barbados	www.foreign.gov.bb
Belgien	www.diplomatie.belgium.be/germany
Belize	www.embassyofbelizebrussels.org
Benin	www.ambassade-benin.de
Bhutan	Keine Angabe
Bolivien	www.bolivia.de
Bosnien und Herzegowina	www.botschaftbh.de
Botswana	www.embassyofbotswana.de
Brasilien	berlim.itamaraty.gov.br
Brunei	www.mfa.gov.bn/germany-berlin
Bulgarien	www.mfa.bg/embassies/germany
Burkina Faso	www.embassy-bf.org
Burundi	www.burundiembassy-germany.de
Chile	www.echile.de
China	www.china-botschaft.de
Costa Rica	www.botschaft-costarica.de
Dänemark	www.tyskland.um.dk
Dominica	www.dominicahighcommission.co.uk
Dominikanische Republik	www.dr-botschaft.de
Dschibuti	info@djibouti-embassy.de
Ecuador	alemania.embajada.gob.ec
El Salvador	embajadaalemania.rree.gob.sv
Elfenbeinküste	www.ambaci.de
Eritrea	www.botschaft-eritrea.de
Estland	berlin.mfa.ee
Eswatini	www.eswatini-embassy.eu
Fidschi	www.fijiembassy.be
Finnland	www.finlandabroad.fi/web/deu/startseite
Frankreich	www.ambafrance-de.org
Gabun	www.amba-allemagne.ga
Gambia	www.gambiaembassybrussels.be
Georgien	www.germany.mfa.gov.ge
Ghana	www.ghanaemberlin.de
Grenada	info@grenadaembassy.be
Griechenland	www.mfa.gr/germany/de/the-embassy
Großbritannien und Nordirland	www.gov.uk/government/world/germany
Guatemala	www.botschaft-guatemala.de
Guinea	www.amba-guinee.de
Guinea-Bissau	www.botschaft-guinea-bissau-berlin.de
Guyana	www.embassyofguyana.be
Haiti	secretariat@ambassade-haiti.de
Honduras	www.embajada-honduras.de
Indien	www.indianembassyberlin.gov.in
Indonesien	www.kemlu.go.id/berlin
Irak	www.iraqiembassy-berlin.de
Iran	info@iranbotschaft.de
Irland	www.embassyofireland.de
Island	www.mfa.is/de
Israel	www.israel.de
Italien	www.ambberlino.esteri.it
Jamaika	info@jamador.de
Japan	www.de.emb-japan.go.jp
Jemen	www.yemenembassy.de
Jordanien	www.jordanembassy.de
Kambodscha	www.kambodscha-botschaft.de
Kamerun	www.ambacam.de
Kanada	www.kanada.de
Kap Verde	www.embassy-capeverde.de
Kasachstan	www.gov.kz/memleket/entities/mfa-berlin?lang=en
Katar	berlin.embassy.qa
Kenia	www.kenyaembassyberlin.de
Kirgisistan	www.botschaft-kirgisien.de
Kiribati	honoraryconsul-kiribati@aug-bolten.de
Kolumbien	alemania.embajada.gov.co
Komoren	ambacom.bxl@outlook.fr
Kongo, Demokratische Republik	www.ambardc.de
Kongo, Republik	www.botschaftkongobzv.de
Korea, Demokratische Volksrepublik	info@dprkorea-emb.de
Korea, Republik	deu.mofa.go.kr
Kosovo	www.ambasada-ks.net/de
Kroatien	de.mfa.hr/de
Kuba	recepcion@botschaft-kuba.de
Kuwait	www.kuwait-botschaft.de

Staat	Internet
Laos	www.laos-botschaft.de
Lesotho	lesothoembassyberlin@gmail.com
Lettland	www.mfa.gov.lv/de
Libanon	www.libanesische-botschaft.info
Liberia	www.liberiaembassygermany.de
Libyen	www.libyschebotschaft.de
Liechtenstein	www.berlin.liechtenstein.li
Litauen	de.mfa.lt/de/de
Luxemburg	berlin.mae.lu
Madagaskar	www.botschaft-madagaskar.de
Malawi	www.malawiembassy.de
Malaysia	www.kln.gov.my/web/deu_berlin
Malediven	www.maldivesembassy.de
Mali	www.ambassademali.de
Malta	www.foreignaffairs.gov.mt/en/Pages/Home.aspx
Marokko	www.botschaft-marokko.de
Marshallinseln	www.rmiembassyus.org
Mauretanien	www.mauretanien-embassy.de
Mauritius	www1.govmu.org/portal/sites/mfamission/berlin/index.htm
Mexiko	embamex.sre.gob.mx/alemania
Mikronesien	www.fsmembassydc.org
Moldawien	www.germania.mfa.md
Monaco	berlin@ambassade-monaco.de
Mongolei	www.berlin.embassy.mn
Montenegro	www.mvp.gov.me
Mosambik	www.embassy-of-mozambique.de
Myanmar	www.meberlin.com
Namibia	www.namibia-botschaft.de
Nauru	nauru.consulate@brisbane.gov.nr
Nepal	www.de.nepalembassy.gov.np
Neuseeland	www.mfat.govt.nz/germany
Nicaragua	www.nicaraguaportal.de
Niederlande	www.sieunddieniederlande.nl
Niger	www.ambassadeniger.de
Nigeria	www.nigeriaembassygermany.org
Nordmazedonien	berlin@mfa.gov.mk
Norwegen	www.norway.no/de/germany
Oman	botschaft-oman@t-online.de
Österreich	www.oesterreichische-botschaft.de
Osttimor	consulatetlberlin@typos1.com
Pakistan	www.pakemb.de
Palau	www.palauembassy.org
Panama	www.botschaft-panama.de
Papua-Neuguinea	kundu.brussels@skynet.be
Paraguay	www.botschaft-paraguay.de
Peru	www.embaperu.de
Philippinen	www.philippine-embassy.de
Polen	www.berlin.msz.gov.pl
Portugal	www.berlim.embaixadaportugal.mne.pt/pt
Ruanda	www.rwanda-botschaft.de
Rumänien	berlin.mae.ro
Russland	russische-botschaft.ru/de
Salomonen	www.solomonislandsembassy.com
Sambia	www.zambiaembassy.de

Staat	Internet
Samoa	www.samoaembassybelgium.com
San Marino	dipartimentoaffariesteri@pa.sm
São Tomé und Príncipe	ambassade@saotomeeprincipe.be
Saudi-Arabien	embassies.mofa.gov.sa/sites/Germany
Schweden	www.schweden.org
Schweiz	www.eda.admin.ch/berlin
Senegal	www.botschaft-senegal.de
Serbien	www.berlin.mfa.gov.rs
Seychellen	seyhc.london@btconnect.com
Sierra Leone	www.slembassy-germany.org
Simbabwe	www.zimembassyberlin.com
Singapur	www.mfa.gov.sg/berlin
Slowakei	www.mzv.sk/web/berlin-de/home
Slowenien	www.berlin.embassy.si
Somalia	somaliembassyberlin@gmail.com
Spanien	www.spanischebotschaft.de
Sri Lanka	www.srilanka-botschaft.de
St. Kitts und Nevis	www.gov.kn
St. Lucia	www.govt.lc
St. Vincent und die Grenadinen	www.gov.vc
Südafrika	www.suedafrika.org
Sudan	www.sudan-embassy.de
Südsudan	www.embassy-southsudan.de
Suriname	amb.belgie@foreignaffairs.gov.sr
Syrien	www.mofaex.gov.sy/berlin-embassy
Tadschikistan	www.botschaft-tadschikistan.de
Taiwan	www.roc-taiwan.org/de
Tansania	www.tzembassy.go.tz
Thailand	www.thaiembassy.de
Togo	www.ambatogoberlin.de
Tonga	Keine Angabe
Trinidad und Tobago	www.foreign.gov.tt/hclondon
Tschad	www.ambatchadberlin.de
Tschechische Republik	www.mzv.cz/berlin
Tunesien	at.berlin@tunesien.tn
Türkei	www.berlin.be.mfa.gov.tr
Turkmenistan	germany.tmembassy.gov.tm/de
Tuvalu	tuvaluembassy@skynet.be
Uganda	berlin.mofa.go.ug
Ukraine	www.germany.mfa.gov.ua/de
Ungarn	berlin.mfa.gov.hu
Uruguay	www.urualemania.de
Usbekistan	www.uzbekistan.de
Vanuatu	info@vanuatuembassy.be
Vatikanstadt	www.nuntiatur.de
Venezuela	www.botschaft-venezuela.de
Vereinigte Arabische Emirate	www.mofa.gov.ae
Vereinigte Staaten	www.usembassy.de
Vietnam	www.vietnambotschaft.org
Weißrussland	www.germany.mfa.gov.by./de
Zentralafrikanische Republik	ambassadercafrance@yahoo.fr
Zypern	www.mfa.gov.cy/embassyberlin

RÜCKBLICK

Bis zum Ausbruch der Corona-Pandemie in Deutschland befand sich die Regierungskoalition von Union und SPD in einer Krise. Bei allen vier Landtagswahlen (Brandenburg, Thüringen, Sachsen, Hamburg) verloren sowohl die CDU als auch die SPD deutlich. Die CDU fand keine überzeugenden Antworten auf die stärker werdende AfD. Die SPD verstand es nicht, ihre Regierungsprojekte in Wählerstimmen umzusetzen. Mit der Wahl der neuen SPD-Doppelspitze Saskia Esken und Norbert Walter-Borjans sowie dem Rücktritt von Annegret Kramp-Karrenbauer als CDU-Chefin und dem dann einsetzenden Wahlkampf um die Kanzlerkandidatur bei der Union schien der Konsens in der Großen Koalition zur Neige zu gehen. Neben der AfD profitierten die Grünen, die sich auch dank der erstarkten Umwelt- und Klimabewegung guter Umfragewerte erfreuten.
Die Corona-Krise meisterte Deutschland besser als viele andere Staaten, auch dank der weitgehend reibungslosen Zusammenarbeit von Union und SPD in der Bundesregierung sowie von Kanzlerin und Ministerpräsidenten im föderalen Konzert. Umfragen bescheinigten vor allem der Union wieder starke Zustimmung. Erst mit dem Abklingen der Krise wuchsen die Konflikte wieder.

Regierung und Bundestag: Nach der Wahl von Ursula von der Leyen (CDU) zur neuen EU-Kommissionspräsidentin wurde CDU-Chefin **Annegret Kramp-Karrenbauer** am 17.7.2019 von der Leyens Nachfolgerin als **Verteidigungsministerin**. Am 24.7. wurde sie vereidigt. Der Große Zapfenstreich für von der Leyen fand am 15.8. statt.

Der **Ostbeauftragte der Bundesregierung** Christian Hirte (CDU) trat am 8.2.2020 zurück, nachdem er in der Thüringenkrise den mit den Stimmen der AfD gewählten Ministerpräsidenten Thomas Kemmerich (FDP) beglückwünscht und als „Kandidaten der Mitte" bezeichnet hatte. SPD und Grüne hatten Hirtes Rücktritt gefordert. Hirte selbst schrieb auf Twitter, dass er mit dem Amtsverzicht einer „Anregung" von Kanzlerin Merkel folge. Neuer Ostbeauftragter wurde am 11.2. der bisherige Innenstaatssekretär **Marco Wanderwitz** (CDU).
Für Spekulationen über den Gesundheitszustand der Kanzlerin sorgten im Juli 2019 mehrere **Zitteranfälle** von Angela Merkel bei öffentlichen Auftritten. Merkel selbst begründete die Anfälle damit, dass sie wohl zu wenig getrunken habe.
Der Bundestag beschloss am 11.12.2019 gegen die Stimmen der AfD die **Abschaffung von Nachtsitzungen**. Dafür wurde die Zeit für die Fragestunde verkürzt (von 90 auf 60 Minuten), auch kleine Debatten dauern nun weniger lange (30 statt 38 Minuten). Eine einvernehmliche Lösung mit der AfD war zuvor im Ältestenrat gescheitert, weil die AfD gegen die verkürzten Redezeiten war. Anlass für die Reform waren gesundheitliche Probleme von zwei Abgeordneten am 7. November.

Der **Rechtsausschuss des Bundestages wählte** am 13.11.2019 seinen Vorsitzenden, den AfD-Abgeordneten **Stephan Brandner** ab. Es war das erste Mal in der Geschichte des Bundestags überhaupt, dass ein Ausschussvorsitzender aus politischen Gründen abgewählt wurde. Dafür stimmten die Abgeordneten aller Fraktionen außer der AfD. Sie begründeten diesen Schritt mit verbalen Entgleisungen Brandners, durch die er als Vorsitzender des Rechtsausschusses nicht tragbar sei. U. a. hatte Brandner die Verleihung des Bundesverdienstkreuzes an Udo Lindenberg als „Judaslohn" bezeichnet. Die anderen Fraktionen warfen ihm wegen seiner Äußerungen zum antisemitischen Anschlag in Halle außerdem Hetze gegen Minderheiten vor. Weil die AfD keinen neuen Kandidaten für den Ausschussvorsitz benannte, übernahm Brandners Stellvertreter Heribert Hirte (CDU) die Leitung. Die AfD klagte am 10.2.2020 gegen den Rauswurf beim Bundesverfassungsgericht. Einen Eilantrag wiesen die Richter am 29.5.2020 ab. Eine Entscheidung im Hauptsacheverfahren stand Ende Juni noch aus.

CDU: Nach den Wahlniederlagen in Brandenburg und Thüringen und zahlreichen Attacken aus den eigenen Reihen rief Parteichefin Kramp-Karrenbauer ihre Gegner auf dem Bundesparteitag in Leipzig am 22.11.2019 dazu auf, aus der Deckung zu kommen: „Wenn ihr der Meinung seid, dass dieses Deutschland, so wie ich es möchte, nicht das Deutschland ist, das ihr euch vorstellt, **dann lasst uns das hier und heute beenden**", rief sie den Delegierten zu. Minutenlanger stehender Applaus folgte, sie ging gestärkt aus dem Parteitag hervor.
Die Regierungskrise in Thüringen im Februar 2020 offenbarte jedoch das strategische Dilemma, in das sich die Union begeben hat, indem sie eine Zusammenarbeit sowohl mit der AfD als auch mit der Linken ausschließt **(Äquidistanz/Hufeisentheorie)**.
Als Reaktion auf die Kritik an ihrem Krisenmanagement kündigte Kramp-Karrenbauer am 10.2. ihren Rücktritt als Parteivorsitzende und ihren Verzicht auf die Kanzlerkandidatur 2021 an. Um ihre Nachfolge bewarben sich drei Männer aus Nordrhein-Westfalen: der ehemalige Bundesumweltminister Norbert Röttgen (18.2.), Ministerprä-

sident Armin Laschet (25.2.) sowie der ehemalige Bundestagsfraktionsvorsitzende Friedrich Merz (25.2.). Laschet wurde dabei von Bundesgesundheitsminister Jens Spahn unterstützt. Eigentlich hätte der neue CDU-Vorsitzende auf einem Sonderparteitag am 25.4. gewählt werden sollen. Wegen der Corona-Krise wurde der Termin jedoch abgesagt und die Wahl auf den regulären Parteitag im Herbst 2020 verschoben.

SPD: Bei den Landtagswahlen in Sachsen und Thüringen rutschte die SPD unter 10 %. Trotz erheblicher Verluste behauptete sie sich dagegen in Brandenburg und Hamburg als stärkste Kraft. Nach dem Rücktritt von Partei- und Fraktionschefin Andrea Nahles Anfang Juni 2019 wurde ihr bisheriger Stellvertreter in der Bundestagsfraktion **Rolf Mützenich** zunächst Interimsvorsitzender. Am 24.9. wählten ihn die Abgeordneten auch zum regulären **Fraktionschef**. Die Wahl der neuen Parteispitze sollte in einer **Mitgliederbefragung** erfolgen, das hatte der Parteivorstand Ende Juni entschieden. Am 2.7. beschloss er das genaue Procedere. Danach konnten sich bis zum 1.9. Einzelkandidaten und Zweierteams um den Vorsitz bewerben. Der Vorstand empfahl ausdrücklich eine Doppelspitze mit mindestens einer Frau. Die Bewerber stellten sich auf **23 Regionalkonferenzen** vor. Über den Vorsitz entschieden die Mitglieder in einer Online-Abstimmung oder per Briefwahl (14.-25.10.) sowie in der Stichwahl (19.-29.11.). Insgesamt bewarben sich acht Zweierteams und ein Einzelkandidat. Sechs Teams waren nach den Regionalkonferenzen noch im Rennen. **In die Stichwahl** schafften es Olaf Scholz und Klara Gleywitz mit 22.7 % sowie Saskia Esken und Norbert Walter-Borjans mit 21.0 %. Esken und Walter-Borjans setzten sich am Ende mit 53.1 % durch (30.11.). Auf dem Bundesparteitag am 6.12. wurden sie ins Amt gewählt: Für Walter-Borjans stimmten 89.2 % der Delegierten, für Esken 75.2 %.

AfD: Bis zur Corona-Krise war die AfD im **Höhenflug**: Sie gewann bei den Landtagswahlen in Sachsen, Brandenburg (1.9.2019) und Thüringen (28.9.) jeweils deutlich hinzu und wurde überall zweitstärkste Kraft. Lediglich in Hamburg musste die AfD am 23.2.2020 um den Wiedereinzug in die Bürgerschaft zittern. Auf dem Bundesparteitag in Braunschweig wählten die Delegierten am 30.11. den Görlitzer Bundestagsabgeordneten **Tino Chrupalla zum neuen Co-Parteichef** neben Jörg Meuthen. Obwohl offiziell nicht Teil des völkisch-nationalistischen Flügels innerhalb der AfD galt Chrupalla als Kandidat des Flügels um die Fraktionsvorsitzenden Björn Höcke in Thüringen und Andreas Kalbitz in Brandenburg. Der bisherige Co-Vorsitzende Alexander Gauland war nicht wieder angetreten. Er wurde zum Ehrenvorsitzenden gewählt.
Am 12.3.2020 stufte der Verfassungsschutz den **Flügel als rechtsextrem** ein und erklärte ihn zum Beobachtungsfall. Die Parteispitze forderte den Flügel daraufhin auf, sich zum 30.4. aufzulösen. Am 26.4. erklärte Höcke das Kapitel Flügel für beendet. Am 15.5. schloss der Bundesvorstand **Kalbitz** wegen früherer Kontakte in die rechtsextreme Szene aus der Partei aus. Die Entscheidung fiel mit 7:5 Stimmen und war parteiintern umstritten. Treibende Kraft war Co-Parteichef Meuthen, der die Partei stärker von rechtsextremen Bestrebungen abgrenzen will. Die brandenburgische AfD-Fraktion stand dagegen weiter zu ihrem Vorsitzenden. Am 15.6. stufte Brandenburgs Verfassungsschutz die gesamte brandenburgische AfD als rechtsextremistisch ein. Das Landgericht Berlin gab am 23.6. einer Klage von Kalbitz gegen den Parteiausschluss aus formalen Gründen statt. Der Beschluss hätte nicht durch den Parteivorstand, sondern durch ein Schiedsgericht fallen müssen, urteilten die Richter. So schreibe es das Parteiengesetz vor.

Die Linke: Bei der Landtagswahl in Thüringen wurde die Linke erstmals stärkste Kraft in einem Bundesland. In Brandenburg und Sachsen erreichte sie jedoch nur noch gut 10 % und landete auf einem Niveau, das sie sonst nur aus den westdeutschen Bundesländern kannte. Nach der Ankündigung von Sahra Wagenknecht im März 2019, nicht noch einmal als Vorsitzende der Bundestagsfraktion zu kandidieren, wählten die Abgeordneten am 12.11. die bisherige Sprecherin für Verbraucherschutz Amira Mohamed Ali zur neuen Co-Vorsitzenden. Sie setzte sich gegen die bisherige Vizefraktionschefin Caren Lay mit 36 zu 29 Stimmen durch. Als Co-Fraktionschef wurde Dietmar Bartsch wiedergewählt.

FDP: Die FDP verpasste in Brandenburg und Sachsen den Einzug in den Landtag und schaffte es auch in Thüringen und Hamburg nur knapp über die Fünf-Prozent-Hürde. Geschadet hat der Partei die chaotische Politik in der Thüringenkrise.

Grüne: Die Grünen gehörten zu den Gewinnern der vier Landtagswahlen in Brandenburg, Sachsen, Thüringen und Hamburg. Sie profitierten vom gewachsenen Interesse am Klimaschutz.

Finanzen: Am 14.11.2019 beschloss der Bundestag mit den Stimmen der Koalition die weitgehende **Abschaffung des Solidaritätszuschlags.** Ab 2021 fällt der Soli nur noch für Besserverdienende an. Wer als Single weniger als 73 000 € brutto verdient oder als Familie weniger als 151 000 €, muss die Abgabe künftig nicht mehr zahlen. Bei Einkommen, die darüber liegen, steigt der Satz schrittweise auf 5.5 %. Laut Regierung müssen ab 2021 nur noch 3.5 % der Steuerzahler den kompletten Soli zahlen. Insgesamt werden die Steuerzahler nach Angaben des Bundes damit um 11 Mrd. € jährlich entlastet. Teilen der Union, AfD und FDP ging die Regelung nicht weit genug. Sie forderten die vollkommene Abschaffung des Soli. Linke und Grüne plädierten für eine gleichzeitige Reform der Einkommenssteuer. Die FDP kündigte eine Verfassungsbeschwerde an.
Der Bundestag verabschiedete am 29.11.2019 den **Bundeshaushalt für 2020.** Er sah Ausgaben in Höhe von 362 Mrd. € vor. Das waren 5.6 Mrd. € mehr als 2019. Mehr Geld sollte u. a. in den Klimaschutz, in Kitas und die Verteidigung fließen. Neue Schulden waren erneut nicht vorgesehen, obwohl die Ausgaben höher lagen als die prognostizierten Steuereinnahmen. Möglich war das u. a. durch einen Rückgriff auf eine Rücklage aus der Flüchtlingskrise (10 Mrd. €).

Während der Corona-Krise beschloss der Bundestag zwei große **Hilfspakete**: Das erste vom 25.3.2020 sah vor, dass der Bund 156 Mrd. € neue Schulden aufnimmt und Kredite und Bürgschaften von 600 Mrd. € bereitstellt. Zuschüsse waren u. a. für Krankenhäuser, kleine Firmen und Soloselbstständige vorgesehen, Kreditgarantien in einem Rettungsfonds für große Firmen. Dazu hoben die Abgeordneten mit 469 zu 3 Stimmen die Schuldenbremse auf, bei drei Enthaltungen. Union, SPD, FDP, Linke und Grüne stimmten auch dem Nachtragshaushalt zu, die AfD enthielt sich. Mit dem **zweiten Nachtragshaushalt,** den der Bundestag am 2.7.2020 verabschiedete, stieg die Neuverschuldung auf 218 Mrd. € – ein neuer Rekord. Das zusätzliche Geld war vor allem dafür vorgesehen, nach der Corona-Krise die Wirtschaft und den Konsum anzukurbeln. Es enthielt u. a. eine vorübergehende **Mehrwertsteuersenkung** von 19 auf 16 % bzw. von 7 auf 5 % im zweiten Halbjahr 2020 und einen einmaligen **Familienbonus** von 300 € pro Kind (zusammen 24 Mrd. €), Überbrückungshilfen für **kleine und mittlere Unternehmen** (25 Mrd. €), sowie Hilfen für Länder und Kommunen.
Bund, Länder und Gemeinden erzielten **2019 einen Überschuss von 42.5 Mrd. €.** Nach Angaben des Statistischen Bundesamts entfielen davon 14.8 Mrd. € auf den Bund, 16.6 Mrd. € auf die Länder und 5.6 Mrd. auf die Kommunen. Die Sozialversicherungen verzeichneten gleichzeitig ein Plus von 8.1 Mrd. €. Insgesamt fiel der Überschuss jedoch um 8.5 Mrd. € geringer aus als 2018.

Klima, Wirtschaft und Verkehr: Auch in Deutschland fanden die **Proteste der Klimaschutzaktivisten Fridays for future** großen Zulauf. Die größte Demonstration fand am 20.9.2019 in Berlin statt. Anlass war die Tagung des Klimakabinetts. Die Polizei sprach von 100 000 Teilnehmern, die Veranstalter von 270 000. Bundesweit fanden an diesem Tag laut Fridays for future in 568 Städten und Gemeinden Demonstrationen mit 1.4 Mio. Teilnehmern statt.

Das **Klimakabinett einigte sich** am 20.9.2019 auf ein ganzes Bündel von Maßnahmen, mit denen die Klimaschutzziele für 2030 erreicht werden sollen (55 % Reduktion des Treibhausgasausstoßes gegenüber 1990). Dem im März 2019 ins Leben gerufenen Ausschuss der Regierung gehörten neben der Kanzlerin die Minister für Umwelt, Wirtschaft, Verkehr, Bau, Landwirtschaft und Finanzen an. Einig war man sich, dass die Ziele für 2020 (40 % Reduktion) verfehlt würden. Das Klimapaket umfasste u. a. erstmals einen **CO_2-Preis für Benzin, Diesel, Heizöl und Erdgas,** der ab 2021 bei 10 € pro Tonne beginnen und bis 2025 auf 35 € steigen sollte. Gleichzeitig sollte **Bahnfahren billiger und Fliegen teurer** werden. Dazu sollte im Bahnfernverkehr künftig der niedrigere Mehrwertsteuersatz gelten (7 statt 19 %) und gleichzeitig die Luftverkehrssteuer steigen. Teil des Pakets war die **Förderung abgasarmer Autos** durch eine höhere Kaufprämie für E-Autos, Investitionen in die Ladeinfrastruktur und eine Reform der KfZ-Steuer auf der Grundlage des CO_2-Ausstoßes. Da durch das Heizen besonders viel Treibhausgas ausgestoßen wird, beschloss das Klimakabinett, die energetische Sanierung von Gebäuden zu fördern. Der **Einbau neuer Ölheizungen** sollte ab 2026 **verboten** werden. Vereinbart wurde außerdem der **Ausbau der Erneuerbaren Energien auf 65 %** bis 2030 sowie der **Ausstieg aus der Kohleverstromung** bis 2038. Um die Verbraucher zu entlasten, beschloss das Klimakabinett gleichzeitig eine befristete Anhebung der Pendlerpauschale von 30 auf 35 Cent pro Kilometer, Zuschüsse für den Umstieg auf abgasarme Heizungen und niedrigere Strompreise durch eine Absenkung der EEG-Umlage. Vereinbart wurde auch, das Erreichen der CO_2-Einsparung jährlich zu prüfen und ggf. nachzusteuern.

Die **Eckpunkte zum Klimapaket** beschloss die Bundesregierung am 25.9.2019. Die entsprechenden Gesetzentwürfe folgten: Geänderte Steuern für Bahn- und Flugtickets sowie die Pendlerpauschale (26.10.), CO_2-Preis und Einbauverbot von Ölheizungen (23.10.), Kaufprämien für E-Autos (18.11.). Die EEG-Umlage deckelte der Bundestag am 1.7.2020 von bis dahin 6.76 Cent auf 6.5 Cent pro Kilowattstunde (2021) bzw. 6 Cent (2022). Wegen der Corona-Krise hätte sonst ein drastischer Anstieg der EEG-Umlage gedroht. Die Differenz für die Vergütung der Anlagenbetreiber zahlt der Bund.

Der **Bund, die vier Kohleländer** Nordrhein-Westfalen, Brandenburg, Sachsen und Sachsen-Anhalt sowie die Betreiber einigten sich am 16.1.2020 auf einen Zeitplan für die Stilllegung der deutschen Braunkohlekraftwerke. Danach werden als erstes die älteren Kraftwerksblöcke im rheinischen Revier abgeschaltet (bis Ende 2022), alle weiteren folgen bis spätestens 2038. Ab 2026 soll geprüft werden, ob die weiteren Abschalttermine evtl. um drei Jahre vorgezogen werden können und der **Ausstieg aus der Kohleverstromung schon bis 2035** gelingen kann. Die umstrittene Abholzung des Hambacher Forsts wurde aufgegeben. Allerdings sollten mehrere Dörfer im Gebiet des Tagebaus Garzweiler II abgebaggert werden. Zum Kompromiss gehörte auch, das Steinkohlekraftwerk **Datteln 4** in Betrieb zu nehmen (30.5.2020). Das sorgte bei Klimaaktivisten für besondere Kritik. Die Betreiber der stillgelegten Kohlekraftwerke sollten mit 4.4 Mrd. € entschädigt werden. Gegen diesen Passus protestierten die Betreiber von Steinkohlekraftwerken, die entschädigungslos abschalten sollten. Am 30.6. sagte die Bundesregierung zu, auch die Betreiber jüngerer Steinkohlekraftwerke zu entschädigen. Mit dem **Strukturstärkungsgesetz** sollten die Kohleregionen zusammen 40 Mrd. € Strukturhilfe erhalten, u. a. für die Einrichtung von Wissenschaftszentren. So sollte in Cottbus ein Innovationszentrum Universitätsmedizin entstehen, in der sächsischen Lausitz, im mitteldeutschen Revier und in Jülich waren Helmholtz-Forschungszentren geplant.

Der **Bundestag** beschloss am 3.7.2020 das Kohleausstiegsgesetz mit 314 zu 237 Stimmen bei drei Enthaltungen. Grünen und Linken ging das Gesetz nicht weit genug: Sie kritisierten u. a. die Pläne für den Tagebau in Garzweiler. Die FDP monierte einen planwirtschaftlichen Irrgarten. Und die AfD plädierte dafür, den Kohleausstieg bis 2050 zu verschieben. Das **Strukturstärkungsgesetz** fand nicht nur bei Union und SPD, sondern auch bei den Grünen Zustimmung. AfD und FDP stimmten mit Nein, die Linke enthielt sich. Betroffene in den vom Abriss bedrohten Dörfern in Garzweiler kündigten Verfassungsbeschwerde gegen das Gesetz an.
Bundesregierung und Automobilindustrie einigten sich am 5.11.2019 beim **Autogipfel** auf zusätzliche Anreize für die Elektromobilität. Um das E-Auto für Kunden attraktiver zu machen, beschlossen die Verhandler, die **Kaufprämie** für reine E-Autos von 4 000 auf 6 000 € und für Plug-in-Hybride von 3 000 auf 4 500 € anzuheben, jeweils für Autos bis zu einem Nettolistenpreis von 40 000 €. Bis 65 000 € Nettolistenpreis sollte die Prämie immerhin noch auf 5 000 bzw. 3 750 € steigen. Gleichzeitig setzte sich der Autogipfel zum Ziel, die Ladeinfrastruktur deutlich zu verbessern: Bis 2022 sollten **zusätzliche 50 000 Ladepunkte** geschaffen werden, 15 000 davon auf Kosten der Automobilindustrie. Langfristiges Ziel der Bundesregierung sind bis 2030 eine Million öffentliche Ladepunkte. Am 18.11. beschloss das Kabinett den entsprechenden Gesetzentwurf für die Prämie und die zusätzlichen Ladepunkte. Am 11.2.2020 gab die EU-Wettbewerbskommission grünes Licht. Damit traten die neuen Fördersätze rückwirkend ab dem 4.11.2019 in Kraft.
Im Zuge der Diskussion um ein Konjunkturpaket, das die Wirtschaft nach dem Einbruch wegen der Corona-Pandemie wieder in Gang bringen sollte, forderten die Autoindustrie und die Autoländer Bayern, Baden-Württemberg und Niedersachsen vehement eine Kaufprämie für Autos, und zwar ausdrücklich auch für abgasarme Benzin- und Dieselautos. Vorbild sollte die sogenannte Abwrackprämie nach der Finanzkrise 2008 sein. Ein weiterer Autogipfel, der für den 2.6.2020 geplant war, fiel aus. Im Rahmen des Konjunkturpakets gegen die Corona-Krise beschloss die Regierungskoalition eine **weitere Anhebung der Elektroautoprämie**: Der Staat verdoppelte seinen Anteil, so dass für ein reines E-Auto rückwirkend ab dem 3.6.2020 bis zu 9 000 € Prämie gezahlt werden, bei Plug-in-Hybriden sind es bis zu 6 750 €. **Zuschüsse für den Kauf von abgasarmen Verbrennern waren nicht vorgesehen**. Vor allem die SPD-Spitze hatte sich dagegen ausgesprochen.

Nach dem Scheitern der Pkw-Maut im Juni 2019 vor dem Europäischen Gerichtshof, stellte sich die Frage, ob Bundesverkehrsminister Andreas Scheuer (CSU) dazu befugt war, Ende 2018 ohne endgültige Rechtssicherheit und ohne Genehmigung des Bundestags Verträge mit dem zukünftigen Mautbetreiber zu schließen, den Unternehmen CTS Eventim und Kapsch. Aus den Verträgen, die Scheuer unmittelbar nach dem EuGH-Urteil kündigen ließ, ergaben sich nach Schätzungen der Opposition Schadenersatzforderungen von bis zu 1 Mrd. €. Am 28.11. setzte der Bundestag mit den Stimmen von Linken, FDP und Grünen deshalb den **Maut-Untersuchungsausschuss** ein. Er hat sich zum Ziel gesetzt, die Vorbereitung und Einführung der Pkw-Maut umfassend zu beleuchten. Im Mittelpunkt steht das Vergabeverfahren für den Maut-Auftrag, die anschießende Kündigung der Verträge sowie die persönliche Verantwortung der Minister.

Im **Abgasskandal** begann am 30.9.2019 vor dem Oberlandesgericht in Braunschweig das **Verfahren um die Musterfeststellungsklage** von Dieselkäufern gegen den VW-Konzern. Geklagt hatte stellvertretend der Verbraucherzentralbundesverband. Am 28.2. einigten sich beide Seiten auf einen Vergleich. Rund 260 000 VW-Kunden sollten mit rund 15 % des Fahrzeugwerts für den Wertverlust durch den Dieselskandal entschädigt und je nach Fahrzeug zwischen 1 350 und 6 275 € erhalten, wenn sie auf weitere Klagen verzichteten. Insgesamt kostet der Vergleich Volkswagen 830 Mio. €. **Vor dem Bundesgerichtshof kassierte Volkswagen** am 25.5. eine Niederlage. Die obersten Richter sprachen Dieselkunden Schadenersatz zu. Sie können ihr Auto zurückgeben, auf den Kaufpreis müssten sie sich allerdings die gefahrenen Kilometer anrechnen lassen. In ihrem Urteil nannten die Richter den Einsatz illegaler Abgastechnik „sittenwidrig“. Volkswagen habe das Kraftfahrtbundesamt und seine Kunden bewusst getäuscht mit dem Ziel der Gewinnmaximierung. Dieses erste höchstrichterliche Urteil in Deutschland **stärkte die Rechte der rund 60 000 Einzelkläger im Abgasskandal**.

Der **Finanzdienstleister Wirecard** erklärte am 18.6.2020, dass er die überfällige Bilanz für das Geschäftsjahr nicht vorlegen könne, weil die Prüfer Bankguthaben von 1.9 Mrd. € (ein Viertel der Bilanzsumme) nicht verifizieren konnten. Tags darauf trat Wirecard-Chef Markus Braun zurück. Am 22.6. gestand der Vorstand des Dax-Unternehmens ein, dass das Geld wohl gar nicht existiert. Die Bundesanstalt für Finanzdienstleistungsaufsicht (Bafin) erstattete daraufhin Anzeige gegen Ex-Vorstandschef Braun und drei weitere Vorstandsmitglieder wegen des Verdachts auf Betrug, Bilanzfälschung und Marktmanipulation. Die Staatsanwaltschaft beantragte Haftbefehle. Braun stellte sich und kam am 23.2. gegen Auflagen wieder frei. Am 25.6. meldete Wirecard Insolvenz an. Die Ermittlungen konzentrierten sich auf das Vorstandsmitglied Jan Marsalek, der nach den Vorwürfen im Ausland untertauchte.

Buchstäblich auf den letzten Drücker verabschiedete der Bundesrat am 27.3.2020 die **neue Düngeverordung**. Ziel ist es, in besonders belasteten Gebieten den Nitratgehalt im Grundwasser zu reduzieren. Die Novelle war geboten, weil der EuGH die Bundesregierung 2018 wegen der Überschreitung der Nitratgrenzwerte verklagt hatte. Deutschland drohten bis zu 857 000 € Strafe pro Tag, wenn bis April 2020 keine Verordnung vorgelegen hätte, die den EU-Regeln entspricht. Die schärferen Düngevorgaben galten ab Mai 2020. Wegen der Belastungen für die Landwirtschaft durch die Corona-Pandemie gewährte die EU-Kommission Deutschland eine Fristverlängerung für die Ausweisung der belasteten Gebiete bis Anfang 2021.
Vor allem gegen die geplante Düngeverordnung entstand im Oktober 2019 mit der **Protestbewegung „Land schafft Verbindung“** eine informelle Interessenvertretung von Bauern jenseits des Bauernverbands und des Bundesverbands deutscher Milchviehhalter. Keimzelle war die Facebook-Gruppe einer Bäuerin aus Niedersachsen. Mit Trecker-Demonstrationen protestierten die Bauern wiederholt in ganz Deutschland gegen die Agrarpolitik der Bundesregierung. Im Mittelpunkt stand dabei die neue Düngeverordnung, aber auch strengere Regeln beim Insektenschutz, durch die sich die Bauern in ihrer Existenz bedroht sahen. Bereits am 22.10. demonstrierten sie mit Tausenden Traktoren in zahlreichen Städten in ganz Deutschland. Die größte Einzeldemo fand am 26.11.2019 in Berlin statt, wo rund 8 600 Traktoren und Landmaschinen weite Teile der Innenstadt lahmlegten. Kleinere Protestaktionen in Niedersachsen und Bremen richteten sich gegen Dumpingpreise bei Lebensmitteln. Hier organisierte „Land schafft Verbindung“ Treckerblockaden von Discounter-Auslieferungslagern. Am 2.12. lud Kanzlerin Merkel Vertreter von Bauernverbänden, der Ökobranche und von „Land schafft Verbindung“ zu einem **Agrargipfel** ins Kanzleramt. Es blieb beim Austausch der Positionen.

Beim nationalen Waldgipfel am 25.9.2019 sagte Bundeslandwirtschaftsministerin Julia Klöckner (CDU) 800 Mio. € Investitionen von Bund und Ländern für die Aufforstung zu. Hintergrund war die anhaltende Trockenheit der vergangenen Jahre und der Befall großer Gebiete durch Borkenkäfer. Geschädigt waren inzwischen 180 000 Hektar Wald. Vom Bund sollten 547 Mio. € kommen, der Rest von den Ländern.

Nach dem Covid-19-Ausbruch beim Fleischverarbeiter Tönnies lud Klöckner Vertreter der Branche am 26.6 zu einem **Fleischgipfel** nach Düsseldorf ein. Hinterher erklärte sie, dass sie ein **Preiswerbeverbot** prüfen lasse, um Dumpingpreise beim Fleisch zu verhindern. Außerdem warb sie für eine Tierwohlabgabe von 40 Cent pro Kilo. Schon am 20.5. hatte die Bundesregierung Eckpunkte für **bessere Arbeitsbedingungen in der Fleischindustrie** beschlossen. Danach soll es ab 2021 nur noch Beschäftigten des eigenen Betriebs möglich sein, zu schlachten und Fleisch zu verarbeiten. Bundesarbeitsminister Hubertus Heil (SPD) kündigte an, den entsprechenden Gesetzentwurf für ein **Verbot von Werkverträgen** in der Fleischindustrie bis Ende Juli vorzulegen.

Soziales, Gesundheit, Bildung und Justiz: Sanktionen für Hartz-IV-Empfänger waren teilweise zu hart und damit **verfassungswidrig**. Das entschied das Bundesverfassungsgericht am 5.11.2019. Danach darf das Jobcenter die Leistung maximal um 30 % kürzen. Alles was darüber hinaus geht, gefährde das Existenzminimum, urteilten die Richter. Bis dahin war es übliche Praxis, bei Menschen, die wiederholt Jobangebote abgelehnt oder Termine versäumt hatten, die Beträge auch um 60 % oder 100 % zu kürzen. Der Hartz-IV-Satz für alleinstehende Erwachsene lag bei 424 € (2019) bzw. 432 Euro (2020).

SPD und Union einigten sich am 10./11.11.2019 im Koalitionsausschuss auf **Eckpunkte für die Grundrente**. Das Kabinett beschloss den entsprechenden Gesetzentwurf am 19.2.2020. Der Bundestag verabschiedete die **Grundrente** am 2.7., der Bundesrat stimmte am 3.7. zu. Mit ihr werden rund 1.3 Mio. Menschen mit kleinen Renten ab 2021 finanziell bessergestellt. Vorausaussetzung ist, dass sie 33 Jahre in die Rentenkasse eingezahlt haben bzw. entsprechende Jahre für Kindererziehung und Pflege nachweisen können. Den vollen Zuschlag von bis zu 400 € erhält, wessen Einkommen 1 250 € (Alleinstehende) bzw. 1 950 € nicht übersteigt. Bei höheren Einkommen gibt es Abzüge. Die Grundrente muss nicht extra beantragt werden, sondern wird durch einen Datenabgleich von Rentenkassen und Finanzämtern automatisch errechnet. Die Maßnahme wurde mit Kosten von jährlich rund 1.3 Mrd. € kalkuliert.

Nach jahrelangem Zögern kündigte Bundesernährungsministerin Klöckner am 30.9.2019 eine **einheitliche Nährwertkennzeichnung von Lebensmitteln** an. Nach einer Verbraucherbefragung entschied sie sich für den zuerst in Frankreich eingeführten Nutri-Score, den auch die Verbraucherzentralen befürworteten. Die entsprechende Verordnung reichte Klöckner am 10.3.2020 bei der EU zur Begutachtung ein. Schon bevor das System Vorschrift wurde, führten es viele Lebensmittelhersteller freiwillig ein.

Eine **Masernimpfung** ist künftig Voraussetzung, damit Kinder ab dem zweiten Lebensjahr Kitas, Krippen und Schulen besuchen dürfen. Auch Kita-Mitarbeiter, Lehrer oder medizinisches Personal müssen geimpft sein, ebenso Asylbewerber und Beschäftigte in Flüchtlingsunterkünften. In Kitas sollten ungeimpfte Kinder ausgeschlossen werden. Einrichtungen, die dagegen verstoßen, droht ein Bußgeld von 2 500 €. Auch Eltern ungeimpfter Schulkinder müssen mit einem Bußgeld rechnen. Das beschloss der Bundestag am 14.11.2019 mit den Stimmen von Union, SPD und FDP. Die AfD stimmte dagegen, Grüne und Linke enthielten sich. Das Gesetz trat am 1.3.2020 in Kraft.

Werbung für das Rauchen soll ab 2021 auch im Kino verboten werden, wenn der Film für Kinder und Jugendliche freigegeben ist. Das beschloss der Bundestag nach jahrelanger Diskussion am 3.7.2020. Auch sollen keine Gratisproben außerhalb von Tabakgeschäften mehr verteilt werden dürfen. Ab 2022 soll dann auch Schluss sein mit Werbung auf Plakatwänden und an Haltestellen. Für Verdampfer und E-Zigaretten sind Verbote ab 2023 geplant. Über das Gesetz muss der Bundesrat noch entscheiden.

Die neuen Exzellenzuniversitäten kürte am 19.7.2017 ein Expertengremium aus Wissenschaft und Politik (Exzellenzkommission) in Bonn. Danach durften ab November 2019 zehn Unis und ein Univerbund den Titel tragen. Neben dem Berliner Forschungsverbund aus Freier Universität, Humboldt-Universität und Technischer Universität stiegen die Uni Hamburg, die Rheinische Friedrich-Wilhelms-Universität Bonn und das Karlsruher Institut für Technologie auf. Ihren Titel verteidigt haben die TU Dresden, die Unis Heidelberg, Konstanz und Tübingen, die RWTU Aachen sowie die Uni und die TU München. Von den bisherigen Exzellenzunis verlor die Uni Köln ihren Titel, die Uni Bremen war bereits in der Vorrunde ausgeschieden. Den Sieger-Unis stehen insgesamt zusätzliche 148 Mio. € Fördergelder pro Jahr zur Verfügung (pro Uni 10-15 Mio. €). Alle sieben Jahre wird geprüft, ob die jeweiligen Unis die Förderkriterien noch erfüllen.

Am 3.7.2020 erklärte der Bundestag heimliche Aufnahmen unter den Rock oder in den Ausschnitt **(Upskirting bzw. Downblousing)** sowie das Filmen und Fotografieren von Unfalltoten zu einer Straftat. Es kann vermutlich von Herbst 2020 an mit einer Freiheitsstrafe von bis zu zwei Jahren bestraft werden. Bisher galten beide Delikte nur als Ordnungswidrigkeit, Gaffer konnten nur bestraft werden, wenn das Unfallopfer noch am Leben war.

Innere Sicherheit, Verteidigung: In der Berateraffäre über die verschwenderische und regelwidrige Vergabe von externen Beraterverträgen im Verteidigungsministerium räumte Verteidigungsministerin Ursula von der Leyen am 23.12.2019 in einem Interview mit dem Magazin „Stern“ erstmals Fehler ein. Es ging vor allem um Beratertätigkeiten im Zusammenhang mit IT-Projekten im Verteidigungsministerium. Insgesamt waren für externe Beratungsleistungen unter von der Leyen mehr als 150 Mio. € ausgegeben worden. Auch als letzte Zeugin im **Bundestagsuntersuchungsausschuss** räumte von der Leyen am 14.2.2020 ein, dass in ihrer Amtszeit Fehler bei der Vergabe von Aufträgen an externe Berater passiert seien, sah bei sich selbst aber keine Schuld. Bereits zuvor war bekannt geworden, dass **alle Nachrichten auf ihren beiden Diensthandys** gelöscht worden waren, obwohl der Ausschuss die Handydaten als Beweismittel angefordert hatte. Bis zum 8.6.2020 einigte sich die Ausschussmehrheit von Union und SPD auf ihren **Abschlussbericht**. Laut ARD benannten sie schwere Versäumnisse und Rechtsverstöße. Die hätten sich aber im Wesentlichen auf Staatssekretärsebene abgespielt, die Ministerin sei in die kritikwürdige Vergabepraxis nicht persönlich involviert gewesen. Die Opposition stellte am 23.6. in ihrem Abschlussbericht ein „Komplettversagen“ des Ministeriums im Umgang mit Beratern fest und attestierte von der Leyen einen „bedenklichen Führungsstil“. In einem Sondervotum sprach die AfD von einer „systematischen Verletzung des Vergaberechts“.

Im **Fall des terrorverdächtigen Bundeswehroffiziers Franco A.** forderte der Bundesgerichtshof das Oberlandesgericht in Frankfurt am Main am 19.11.2019 auf, ein Verfahren durchzuführen. Franco A. war 2017 aufgeflogen, als er aus rechtsradikalen Motiven einen Anschlag plante, den er Flüchtlingen in die Schuhe schieben wollte. Das OLG Frankfurt hatte im Juni 2018 eine Klage der Bundesanwaltschaft abgelehnt, weil es keinen hinreichenden Tatverdacht für eine staatsgefährdende Straftat gebe. Prozessbeginn soll frühestens im Herbst sein. Am 16.9.2019 verurteilte das Landgericht Gießen **einen mutmaßlichen Komplizen** von Franco A. wegen Verstoßes gegen das Waffengesetz und gegen das Kriegswaffenkontrollgesetz zu einem Jahr auf Bewährung. Der 27-Jährige Mathias F. hatte Sprengkörper und Patronen gelagert, die Franco A. für seine Anschlagspläne aus Bundeswehrbeständen abgezweigt hatte.
Innerhalb der Bundeswehr wuchs offenbar die **Zahl der Rechtsextremisten**. Der Militärische Abschirmdienst ging Ende Januar 2020 nach eigenen Angaben 550 Verdachtsfällen nach. Ende Juni 2020 waren es bereits 600. Besonders stark betroffen sei die **Eliteeinheit Kommando Spezialkräfte (KSK)**. Bei einer Razzia im Kreis Nordsachsen fanden Ermittler am 13.5. auf dem Privatgrundstück eines KSK-Soldaten, gegen den der MAD wegen Rechtsextremismus ermittelte, ein Waffenlager mit Maschinengewehren, Munition und Plastiksprengstoff. Am 14.5. erließen die Richter Haftbefehl. Verteidigungsministerin Kramp-Karrenbauer richtete am 27.5. eine **Taskforce** ein. Sie sollte die Strukturen des KSK untersuchen und Reformvorschläge erarbeiten, wie die Einheit zu reformieren sei, um rechtsextreme Tendenzen in der Eliteeinheit zu unterbinden. Am 3.6. beschloss die Regierung eine Reform des Soldatengesetzes. Sie sollte eine **schnellere Entlassung von Extremisten und Straftätern** aus der Bundeswehr ermöglichen, auch wenn diese schon lange dienten. Bis dahin konnten Zeitsoldaten nach dem vierten Dienstjahr nur entlassen werden, wenn sie strafrechtlich oder in einem gerichtlichen Disziplinarverfahren verurteilt waren. Das Verfahren dauerte in der Regel Jahre.

Am 12.6.2020 berichtete das Magazin „Der Spiegel“, dass sich ein Offizier des KSK per Brief direkt an Verteidigungsministerin Kramp-Karrenbauer und ihren Staatssekretär gewandt hat, um vor rechtsextremen Tendenzen zu warnen. Diese würden beim KSK systematisch geduldet und vertuscht. Am 30.6. ordnete Kramp-Karrenbauer eine **umfassende Reform des KSK** an. Die besonders von rechtsextremen Umtrieben betroffene 2. Kompanie wurde aufgelöst. Internationale Einsätze wurden vorübergehend von anderen Bundeswehreinheiten übernommen. Die Ausbildung sollte nicht länger vom KSK selbst organisiert werden, sondern unter der Ägide des Ausbildungskommandos am Ausbildungszentrum der Infanterie stattfinden. Führungskräfte des KSK sollen in

Zukunft immer wieder auch in anderen Bereichen der Bundeswehr dienen. Waffen- und Munitionsbestände sollen strenger kontrolliert werden. Am 31.10.2020 will das Verteidigungsministerium entscheiden, ob die Maßnahmen erfolgreich waren oder ob das KSK aufgelöst werden muss.

Mehrere Anschläge von Rechtsextremisten, Antisemiten und Rassisten erschütterten Deutschland: In **Wächtersbach** schoss Roland K. am 22.7.2019 aus dem Auto auf einen Mann aus Eritrea und verletzte ihn schwer. Ermittler gingen von einem rassistischen Motiv aus. Am 9.10.2019 versuchte der Rechtsradikale Stephan B. bei einem **Anschlag auf die Synagoge in Halle** möglichst viele Menschen zu töten. Nachdem es ihm nicht gelang, die schwere Tür der Synagoge zu überwinden, erschoss der Attentäter eine Passantin und einen jungen Mann in einem Imbiss. Nach der Ermordung des Kasseler Regierungspräsidenten Walter Lübcke (CDU) Anfang Juni 2019 war Hessen beim **Anschlag von Hanau** ein weiteres Mal Tatort. Der 43-Jährige Tobias R. ermordete am 19.2.2020 neun Menschen vor Shisha-Bars und erschoss anschließend seine Mutter und sich selbst. Vor der Tat hatte er ein rassistisches und judenfeindliches Traktat verfasst. An der Trauerfeier für die Opfer nahmen am 4.3. u. a. Bundespräsident Steinmeier und Kanzlerin Merkel teil.

Der Rechtsextremismusskandal bei der hessischen Polizei weitete sich aus. Hintergrund waren rechtsextremistische Drohmails, die seit August 2018 an Frauen, Politikerinnen und Politiker, Behörden und Gerichte gingen. Der oder die Absender agierten laut Ermittlern aus dem Darknet heraus und unterzeichneten ihre Drohmails in der Regel mit **„NSU 2.0" oder „Staatsstreichorchester"**. Bedroht wurde besonders häufig Seda Başay-Yıldız, die als Anwältin der Nebenklage eine Familie im NSU-Prozess vertreten hatte. Der Mailschreiber hatte dabei Daten benutzt, die öffentlich nicht zugänglich waren und die von einem Polizeicomputer in Frankfurt am Main abgerufen worden waren. Die Staatsanwaltschaft ermittelte seit Dezember 2018 wegen eines möglichen rechtsextremen Netzwerks bei der hessischen Polizei. Im Dezember 2019 veröffentlichte die **Staatsanwaltschaft einen Zwischenbericht**. Danach standen zwischenzeitlich 38 Polizisten in Verdacht. Sechs waren inzwischen entlassen worden, u. a. weil sie rechtsextremistische Inhalte in einer Chatgruppe ausgetauscht hatten. Zu den Entlassenen gehörte auch die Polizistin, von deren PC die Daten von Başay-Yıldız abgerufen worden waren.

Ab Frühjahr 2020 nahm die Frequenz der Drohmails offenbar zu. Stärker in den Blick der Öffentlichkeit gelangte die Affäre, als am 3.7.2020 bekannt wurde, dass die Fraktionschefin der Linken im hessischen Landtag, Janine Wissler, ebenfalls seit einigen Monaten mit „NSU 2.0" unterzeichnete Drohmails erhalten hatte. Auch in diesen Mails wurden persönliche Daten benutzt, die von einem Polizeicomputer abgerufen worden waren, in diesem Fall in Wiesbaden. In den folgenden Tagen erhielten weitere promiente Politiker, Journalisten und Kunstschaffende Drohmails. Hessens Innenminister Peter Beuth (CDU) schloss am 9.7. nicht mehr aus, dass es ein rechtes Netzwerk bei der hessischen Polizei gibt. Am 11.7. setzte er einen Sonderermittler ein. Wegen Beuths Vorwurf ans Landeskriminalamt (LKA), ihn erst zu spät über die Abfrage persönlicher Daten von einem Polizeirechner im Fall Wissler informiert zu haben, bat am 14.7. Hessens **Polizeichef Udo Münch** um die Versetzung in den **vorzeitigen Ruhestand**.

In der **Crypto-Affäre** enthüllten mehrere Medien am 11.2.2020, dass der Bundesnachrichtendienst und die CIA jahrzehntelang mehr als 100 Staaten mithilfe manipulierter Verschlüsselungsgeräte abgehört hatten **(Operation Rubikon)**. BND und die CIA hatten 1970 zu diesem Zweck über Strohmänner die Schweizer Crypto AG gekauft. Der Weltmarktführer für Chiffriergeräte verkaufte seine Maschinen an ausländische Staaten fortan mit einer Hintertür, über die BND und CIA die Kommunikation abhören konnten. Der BND stieg 1993 aus, die CIA machte bis mindestens 2018 weiter.

Außenpolitik: Auf dem **Ukraine-Gipfel in Paris** war Deutschland am 9./10.12.2019 neben Frankreich an den Verhandlungen über einen Waffenstillstand in der Ostukraine bis Ende 2019 beteiligt. Russland und die Ukraine einigten sich außerdem auf einen Austausch von Gefangenen und den Rückzug der Truppen auf beiden Seiten der Demarkationslinie.
Am 1.7.2020 übernahm Deutschland erstmals seit 13 Jahren wieder die **EU-Ratspräsidentschaft**. Wichtigste Aufgabe ist die Bewältigung der Corona-Krise, ohne die Fliehkräfte in der EU noch größer werden zu lassen. Außerdem steht die Vorbereitung des Brexits ganz oben auf der Agenda.

Corona: Innerhalb Europas verzeichnete Deutschland früh einen ersten Ausbruch des Coronavirus. Beim **Automobilzulieferer Webasto** im Kreis Starnberg infizierten sich zwölf Menschen nach einem Seminar, an dem eine erkrankte Kollegin aus Chi-

na teilgenommen hatte. Am 27.1. wurde der erste Fall bemerkt. Beim Webasto-Ausbruch handelte sich um ein isoliertes Cluster, bei dem alle Kontakte nachvollzogen werden konnten. Ab dem 24.2. **verbreitete sich das Virus in ganz Deutschland**. Am schwersten betroffen waren Bayern, Baden-Württemberg, Hamburg und Nordrhein-Westfalen. Gründe waren die Nähe zu den europäischen Hotspots in Österreich und Norditalien, außerdem Starkbierfeste und Karnevalsfeiern, die offenbar stark zur Verbreitung beitrugen. Die wenigsten Infizierten registrierte Mecklenburg-Vorpommern. Ein erster Hotspot war ab dem 24.2. die Gemeinde Gangelt im Kreis Heinsberg, wo sich die Infektion vermutlich auf einer Karnevalssitzung am 15.2. stark ausgebreitet hatte. Die ersten beiden Covid-19-Toten in Deutschland starben am 9.3., darunter ein Mann aus dem Kreis Heinsberg. Zu diesem Zeitpunkt waren bereits mehr als 1 000 Infektionen gemeldet.
Ab dem 10.3. begannen die Regierungen von Bund und Ländern, das öffentliche Leben in Deutschland herunterzufahren. Zuständig waren die Bundesländer und die Landkreise, koordiniert wurden die Maßnahmen jedoch durch die Bundesregierung. Erste Einschränkung war ein Verbot von Großveranstaltungen mit mehr als 1 000 Besuchern, das die meisten Bundesländer auf Empfehlung von Bundesgesundheitsminister Jens Spahn (CDU) am 10.3. verhängten. Nachdem die Weltgesundheitsorganisation die Ausbreitung zur Pandemie erklärt hatte (11.3.), wurden zunehmend auch kleinere Veranstaltungen abgesagt. In Deutschland kamen täglich etwa 1 000 Neuinfektionen hinzu. Auf dem Höhepunkt der Krise Ende März/Anfang April registrierten die Behörden täglich 5 000-6 000 neue Fälle.

Am 12.3. forderten die Kanzlerin und die Ministerpräsidenten die Krankenhäuser in Deutschland auf, alle planbaren Operationen zu verschieben, die **Zahl der Intensivbetten und Beatmungsplätze** zu erhöhen und das Personal entsprechend zu schulen. Pflegeschlüssel wurden außer Kraft gesetzt. Ärzte und Pflegepersonal im Ruhestand sowie Medizinstudenten oder ausgebildete Pfleger, die inzwischen in anderen Berufen arbeiteten, wurden gebeten, bei der Pandemiebekämpfung zu helfen. Die deutsche Seuchenschutzbehörde, das Robert-Koch-Institut, gab anfangs tägliche Pressekonferenzen, ab dem 8.5. nur noch anlassbezogen. Am 16.3. beschlossen die Kanzlerin und die Ministerpräsidenten, dass alle Geschäfte, die nicht dem täglichen Bedarf dienen, Frisöre und Sportanlagen schließen müssen. Gottesdienste wurden untersagt. Ebenso durften Kneipen, Bars und Kultureinrichtungen nicht mehr öffnen. Reisen waren nur noch zu beruflichen Zwecken erlaubt. Restaurants hatten nur noch wenige Stunden am Tag auf. In der gleichen Woche schlossen in ganz Deutschland die Schulen, Kitas und Universitäten. Kitas hielten nur einen Notbetrieb für Kinder von Beschäftigten der kritischen Infrastruktur aufrecht. Viele Unternehmen und Behörden schickten ihre Mitarbeiter ins Homeoffice. Große Industrieunternehmen z. B. in der Automobilbranche stellten ihren Betrieb ein, weil in der weltweiten Pandemie Lieferketten unterbrochen oder die Nachfrage eingebrochen war. Ebenfalls schloss Deutschland am 16.3. die Grenzen zu Österreich, der Schweiz, Frankreich, Luxemburg und Dänemark. Nur noch Berufspendler durften die Grenzen passieren. Polen, Tschechien und Dänemark schlossen ihrerseits die Grenze zu Deutschland. Am folgenden Tag sprach das Auswärtige Amt wegen der Corona-Pandemie eine **weltweite Reisewarnung** aus. Für Menschen, die im Urlaub oder auf Geschäftsreisen im Ausland gestrandet waren, organisierte das Auswärtige Amt bis zum 24.4. die größte **Rückholaktion** seiner Geschichte: Mehr als 240 000 Menschen wurden aus der ganzen Welt zurückgeholt. Ab Ende Juni verschickte das Auswärtige Amt Rechnungen, um die Rückkehrer an den Kosten der Flüge zu beteiligen.

Am 18.3. rief Bundeskanzlerin **Angela Merkel in einer Fernsehansprache** zu Disziplin und Solidarität auf. Es war das erste Mal, dass sich Merkel außer an Weihnachten in einer TV-Ansprache an die Bürger wandte. Sie betonte den Ernst der Lage **(„Es ist ernst. Nehmen Sie es auch ernst.")**. Seit dem Zweiten Weltkrieg habe es keine Herausforderung gegeben, bei der es so sehr auf gemeinsames solidarisches Handeln angekommen sei. Merkel forderte dazu auf, das öffentliche Leben in Deutschland so weit es geht herunterzufahren und unnötige Reisen und Begegnungen zu vermeiden. Am 22.3. untersagte die Regierung Ansammlungen von mehr als zwei Menschen in der Öffentlichkeit. Restaurants mussten ganz schließen. Direkt nachdem Merkel diese verschärften Maßnahmen verkündet hatte, musste sich die **Kanzlerin selbst in 14-tägige Quarantäne begeben**. Sie hatte Kontakt zu einem positiv getesteten Menschen.
Auch während der Hochphase der Pandemie geriet das deutsche **Gesundheitswesen nicht an seine Kapazitätsgrenzen**. Deutsche Krankenhäuser nahmen Patienten aus den besonders betroffenen Regionen in Frankreich und Italien auf. Trotzdem gab es in Kliniken, Arztpraxen und Pflegeein-

richtungen einen großen Mangel an Schutzausrüstung. Für Unmut in den Nachbarländern sorgte Anfang März ein deutsches Ausfuhrverbot für medizinische Schutzausrüstung. Kritik gab es sowohl aus der Schweiz als auch aus der EU. Am 19.3. trat eine EU-Verordnung in Kraft. Sie regelte, dass für Lieferungen an Drittstaaten eine Genehmigung nötig ist, innerhalb der EU aber nicht.

Am 15.4. einigten sich die Kanzlerin und die Ministerpräsidenten auf **erste Lockerungen** der Corona-Maßnahmen. Geschäfte mit einer Fläche von bis zu 800 m² durften ab dem 20.4. wieder öffnen, wenn sie ein Hygienekonzept vorlegen konnten. Ab dem 4.5. nahmen auch die Schulen schrittweise den Betrieb wieder auf, die Kitas weiteten den Notbetrieb aus. Jedes Bundesland verhängte eigene Regeln auf dem Weg zurück in die eingeschränkte Normalität. Lediglich der grobe Rahmen – Abstands- und Hygieneregeln, Maskenpflicht – blieb bundesweit einheitlich. Außerdem verständigten sich Bund und Länder am 19.5. über den Umgang mit lokalen Ausbrüchen: Wenn in einem Landkreis innerhalb von sieben Tagen mehr als 50 neue Covid-19-Fälle pro 100 000 Einwohner registriert werden, müssen geeignete Maßnahmen zur Eindämmung ergriffen werden, im Zweifel auch ein erneuter Lockdown. Parallel zu den Lockerungen wurde in der zweiten Aprilhälfte eine Maskenpflicht im Einzelhandel und in öffentlichen Verkehrsmitteln eingeführt. Als erste Stadt führte Jena ab dem 2.4. die Pflicht zum Tragen einer Mund-Nasen-Bedeckung ein. Am 16.6. veröffentlichte die Bundesregierung zudem eine Corona-Warn-App, die es ermöglichen soll, Kontakte von Infizierten leichter nachzuvollziehen.

Seit Anfang April gab es in mehreren Städten **Demonstrationen gegen die Einschränkungen** des öffentlichen Lebens durch die Corona-Maßnahmen. Viele Demonstranten bestritten die Gefahr, die durch das Virus ausgeht und verbreiteten teilweise rechtsextreme und antisemitische Verschwörungstheorien. Prominente Vertreter waren der ehemalige Radio-Moderator Ken Jebsen und der Kochbuchautor Attila Hildmann. Andere wandten sich in erster Linie gegen die Bevormundung durch den Staat und beklagten den Eingriff in die Grundrechte. Die beiden größten Demonstrationen gegen die Corona-Regeln fanden mit jeweils mehr als 5 000 Teilnehmern am 2.5. und 16.5. in Stuttgart statt.
Nachdem die Infektionszahlen ab Mitte April zurückgegangen waren, beschleunigten auch Gerichte die Rücknahme der Maßnahmen. Am 15.4. und 17.4. erklärte das Bundesverfassungsgericht die Demonstrationsverbote in Gießen und Stuttgart für **verfassungswidrig**. Im Saarland hob der Verfassungsgerichtshof am 28.4. die strengen Ausgangsbeschränkungen mit sofortiger Wirkung auf.
Seit den Lockerungen verzeichnete Rheda-Wiedenbrück im Kreis Gütersloh Mitte Juni den bislang größten lokalen Ausbruch in Deutschland. Beim Schlachtbetrieb Tönnies infizierten sich mehr als 1 400 Personen im Betrieb, weitere rund 350 Covid-19-Fälle wurden bei direkten Kontaktpersonen festgestellt. Inmitten der Lockerungen und kurz vor den Sommerferien wurden für Gütersloh und den angrenzenden Kreis Warendorf wieder umfassende Kontaktbeschränkungen eingeführt. Der Schachtbetrieb war vier Wochen eingestellt und wurde Mitte Juli auch nur langsam wieder hochgefahren, so dass Schweinezüchter Probleme mit zu vollen Ställen hatten. Auch in anderen Bundesländern kam es immer wieder zu lokalen Ausbrüchen in Schlachthöfen. Andere Cluster entstanden bei Gottesdiensten oder in beengten Wohnblöcken.

Gegen die wirtschaftlichen Folgen der Pandemie beschloss die Bundesregierung am 23.3. und am 8.6.2020 zwei große Hilfspakete, das erste als Soforthilfe für Unternehmen, die durch die Pandemie in Not geraten waren, das zweite als Konjunkturprogramm, um die Wirtschaft nach der Aufhebung der meisten Corona-Maßnahmen wieder in Schwung zu bringen.
Um eine Pleitewelle zu verhindern, setzte der Bundestag die Pflicht zur **Insolvenzanmeldung** aus – vorerst bis Ende September 2020. Auch die Regeln für den Zugang zur Kurzarbeit wurden gelockert. Bis Ende Juni hatten Unternehmen für mehr als 12 Mio. Mitarbeiter **Kurzarbeit** angemeldet. Wie viele davon auch tatsächlich auf die Leistung des Arbeitsamts zurückgreifen mussten, war noch unklar. Zusätzlich waren 2.9 Mio. Menschen arbeitslos gemeldet, gut 600 000 mehr als im Vorjahresmonat.

Am 27.3.2020 beschloss der Bundestag außerdem einen **Mieterschutz**: Bis Ende Juni durfte Mietern nicht gekündigt werden, wenn sie ihre Miete nicht zahlen konnten. Rückstände bei Strom, Wasser und Internetkosten mussten Versorger ebenso lange tolerieren. Auch Darlehenszinsen konnte man sich stunden lassen. Für Hartz IV-Bezieher waren im gleichen Zeitraum die Sanktionen ausgesetzt, weil die Jobcenter geschlossen waren.

0
100 km
Dänemark
OSTSEE
NORDSEE
Kiel
SCHLESWIG-
HOLSTEIN
MECKLENBURG-
VORPOMMERN
Schwerin
Hamburg
Bremen
NIEDERSACHSEN
Polen
BERLIN
Potsdam
Hannover
Niederlande
Magdeburg
BRANDENBURG
SACHSEN-
ANHALT
NORDRHEIN-
WESTFALEN
Düsseldorf
Dresden
Erfurt
SACHSEN
HESSEN
THÜRINGEN
Belgien
Wiesbaden
RHEINLAND-
PFALZ
Mainz
Tschechische Republik
Luxem-
burg
SAAR-
LAND
Saarbrücken
Stuttgart
BAYERN
BADEN-
WÜRTTEMBERG
Frankreich
München
Österreich
Schweiz

Baden-Württemberg

Ländername	Baden-Württemberg
Fläche in km²	35 748
Anzahl der Einwohner	11.1 Millionen
Einwohnerzahl pro km²	310
Hauptstadt	Stuttgart
Amtssprache	Deutsch
Verwaltungsgliederung	4 Regierungsbezirke, 35 Landkreise und 9 kreisfreie Städte
Wichtige Städte	Stuttgart, Karlsruhe, Mannheim, Freiburg im Breisgau, Heidelberg, Ulm, Heilbronn, Pforzheim, Reutlingen
Gründungstag	25. April 1951

Deutschlands südwestlichstes Bundesland wird im Westen und Süden von Ober- und Hochrhein begrenzt, der Fluss bildet dort auch die jeweilige Landesgrenze zu Frankreich und der Schweiz. Im Osten verläuft die Grenze zu Bayern entlang von Iller, Ries und Frankenhöhe, im Norden zu Hessen entlang des Odenwalds. Der 1493 Meter hohe Feldberg im Südschwarzwald ist die höchste Erhebung in Baden-Württemberg und zugleich aller deutschen Mittelgebirge. Der 2014 gegründete Nationalpark Schwarzwald ist der erste Nationalpark in Baden-Württemberg.

GEOGRAFIE

Geografische Lage: Von 47° 32' bis 49° 48' nördlicher Breite sowie von 7° 31' bis 10° 30' östlicher Länge
Höchster Punkt: Feldberg 1493 m

POLITIK

Oberhaupt: Ministerpräsident Winfried Kretschmann
Legislative: Landtag mit 143 für 5 Jahre gewählten Abgeordneten
Sitzverteilung: Grüne 47, CDU 42, AfD 23, SPD 19, FDP 12
Stimmen im Bundesrat: 6

BEVÖLKERUNG

Bevölkerungsanteil: <15 Jahre 13.9 %, 15-64 Jahre 65.9 %, >64 Jahre 20.2 %
Verteilung: Stadt 54.6 %, Land 45.4 %
Wachstum 2019: 0.6 %
Ausländeranteil: 16.4 %

WIRTSCHAFT UND VERKEHR

BIP: 524.3 Mrd. Euro
Wachstum BIP 2019: 0.1 %
BNE/Kopf: 46 425 Euro
Erwerbstätige nach Sektoren: Landwirtschaft 1.1 %, Industrie 31.2 %, Dienstleistungen 67.7 %
Arbeitslosenquote: 3.4 %

RÜCKBLICK

Am 12.9.2019 kündigte **Ministerpräsident Winfried Kretschmann** (Grüne) an, sich 2021 um eine dritte Amtszeit zu bewerben. Am 20.1.2020 gab Innenminister Thomas Strobl (CDU) bekannt, dass die Landtagswahl voraussichtlich am 14.3.2021 stattfinden wird. Der Landtag verabschiedete am 18.12.2019 mit den Stimmen der Koalition den **Doppelhauhalt 2020/21**. Er sah Ausgaben von 51.7 Mrd. € (2020) bzw. 52.9 Mrd. € vor. Mehr Geld war u. a. eingeplant für zusätzliche Lehrer und Polizisten. Den Kommunen hatte das Land zuvor zugesagt, weitere 40 Mio. € für die Unterbringung geduldeter Flüchtlinge bereitzustellen. Ab 2022 will das Land diese Kosten ganz übernehmen.
Zum Schutz der Artenvielfalt hatten mehrere Imker, Umwelt- und Verbraucherverbände im Mai 2019 das **Volksbegehren „Rettet die Bienen"** initiiert. Der Gesetzentwurf sah u. a. vor, den Einsatz von Pestiziden bis 2025 zu halbieren und in Schutzgebieten ganz zu verbieten. Die Flächen für Ökolandbau sollen bis 2035 auf 50 % ausgebaut werden. Am 26.7. reichten die Initiatoren die nötigen Unterschriften ein. Das Innenministerium genehmigte das Volksbegehren am 14.8.2019 Ab dem 24.9. begann die Unterschriftensammlung. Noch während der Sammelphase legte die Landesregierung am 15.10. Eckpunkte für ein eigenes Artenschutzgesetz vor, u. a. mit weniger strengen Regeln zum Pestizidgebrauch. Die Initiatoren des Volksbegehrens stoppten das Volksbegehren daraufhin (18.12.). Das Kabinett beschloss das Artenschutzgesetz am 19.6.2020, der Landtag beriet es am 25.6. in erster Lesung.
Am 10.3.2020 beschloss die Regierung nach monatelangen Diskussionen ein neues **Polizeigesetz**. Es sollte Polizisten die Möglichkeit geben, Bodycams auch in Wohnungen, Diskotheken und Clubs einzusetzen. Außerdem sollten sie bei Großveranstaltungen leichter Personenkontrollen durchführen können. Am 15.7. beriet der Landtag das Gesetz in erster Lesung. Als Teil der Einigung auf ein neues Polizeigesetz verständigte sich die grün-schwarze Koalition am 10.3. außerdem darauf, mit anderen Bundesländern zusammen eine Bundesratsinitiative zu starten, um ein **Bleiberecht für abgelehnte Asylbewerber** zu schaffen, die einen Arbeitsplatz haben.
In der Corona-Krise war Baden-Württemberg nach Bayern das am stärksten betroffene Bundesland. Der erste Covid-19-Fall war am 25.2.2020 ein Mann, der zuvor in Mailand gewesen war. Am 12.3. starb der erste Infizierte. Viele frühe Fälle ließen sich auf Italien- oder Ischgl-Rückkehrer zurückführen. Bis Ende Juni zählte das Land 35 725 Covid-19-Fälle und 1 881 Tote. Zusätzlich zu den Bundeshilfen, gewährte das Land Kleinunternehmen, Soloselbständigen und Vereinen Corona-Hilfen.

Bayern

Ländername	Freistaat Bayern
Fläche in km²	70 542
Anzahl der Einwohner	13.1 Millionen
Einwohnerzahl pro km²	185
Hauptstadt	München
Amtssprache	Deutsch
Verwaltungsgliederung	7 Regierungsbezirke, 71 Landkreise und 25 kreisfreie Städte
Wichtige Städte	München, Nürnberg, Augsburg, Regensburg, Ingolstadt, Würzburg, Fürth, Erlangen
Gründungstag	8. November 1918

Bayerns bekannteste Landschaft sind die Nördlichen Kalkalpen mit Deutschlands höchstem Berg, der 2962 Meter hohen Zugspitze. Das Alpenvorland mit seinen vielen Seen schließt sich nördlich an. Darauf folgt fruchtbares Hügelland, das nördlich der Donau in Mittelgebirge übergeht: im Osten und Nordosten der Bayerische Wald, der Oberpfälzer Wald, das Fichtelgebirge und der Frankenwald sowie Anteile am Spessart und der Rhön. Dazwischen liegt das Schichtstufenland mit dem Mittelfränkischen Becken.

GEOGRAFIE

Geografische Lage: Von 47° 16' bis 50° 34' nördlicher Breite sowie von 8° 59' bis 13° 49' östlicher Länge
Höchster Punkt: Zugspitze 2962 m

POLITIK

Oberhaupt: Ministerpräsident Dr. Markus Söder
Legislative: Landtag mit 205 für 5 Jahre gewählten Abgeordneten
Sitzverteilung: CSU 85, Grüne 38, Freie Wähler 27, SPD 22, AfD 20, FDP 11, Fraktionslos 2
Stimmen im Bundesrat: 6

BEVÖLKERUNG

Bevölkerungsanteil: <15 Jahre 13.6 %, 15-64 Jahre 66 %, >64 Jahre 20.4 %
Verteilung: Stadt 42.1 %, Land 57.9 %
Wachstum 2019: 0.6 %
Ausländeranteil: 14.6 %

WIRTSCHAFT UND VERKEHR

BIP: 632.9 Mrd. Euro
Wachstum BIP 2019: 0.5 %
BNE/Kopf: 48 155 Euro
Erwerbstätige nach Sektoren: Landwirtschaft 1.6 %, Industrie 27.4 %, Dienstleistungen 71 %
Arbeitslosenquote: 3.1 %

RÜCKBLICK

Die Kommunalwahl am 15.3.2020 stand im Schatten der Corona-Pandemie. Noch am Wahlabend kündigte Ministerpräsident Markus Söder (CSU) an, dass er am nächsten Tag den Katastrophenfall auslösen werde. Nach der ersten Runde musste die CSU mit 34.5 % (-5.2) deutliche Verluste gegenüber der letzten Wahl 2014 hinnehmen. Trotz des schlechtesten Ergebnisses in ihrer Geschichte blieb sie mit Abstand stärkste Kraft. Die Grünen konnten mit 17.3 % (+7.1) zulegen, ebenso die AfD, die jedoch landesweit trotzdem nur auf 4.7 % (+4.4) kam. Zu den Verlierern gehörte die SPD, die mit lediglich 13.7 % (-7.0) einen neuen Negativrekord einfuhr. Erfolgreich waren die Sozialdemokraten vor allem in den kreisfreien Städten. Hier stellen sie die Hälfte aller 24 Oberbürgermeister, 11 OB-Posten gingen an die CSU, einer an die FDP.
In München setzte sich Amtsinhaber Dieter Reiter (SPD) in der Stichwahl mit 71.1 % klar durch. In der zweitgrößten Stadt, der ehemaligen SPD-Hochburg Nürnberg, gewann der CSU-Kandidat Marcus König. Wegen der Corona-Krise wurde die Stichwahl am 29.3. als reine Briefwahl durchgeführt.
Der **Landtag verabschiedete** am 17.7.2019 das neue **Naturschutzgesetz** mit nur 25 Gegenstimmen bei fünf Enthaltungen. Das Gesetz ging zurück auf das Volksbegehren „Rettet die Bienen“. Mit ihm soll der Einsatz von Pestiziden reduziert, der Ökolandbau und Biotope ausgebaut und 100 Berater für Biodiversität installiert werden. Die AfD kündigte eine Verfassungsklage gegen das Gesetz an.
Bayern war in Deutschland als **erstes Bundesland und am stärksten** von der Corona-Pandemie betroffen. Ein früher Ausbruch beim **Automobilzulieferer Webasto** im Kreis Starnberg wurde am 27.1.2020 bemerkt. Er ging auf eine chinesische Mitarbeiterin zurück und umfasste insgesamt 12 Fälle. Seit dem 30.1. registrierten die Behörden vermehrt Fälle mit Bezug zu Bierfesten sowie zu den Urlaubsregionen in Tirol und Norditalien. Der erste Tote war am 12.3. der Bewohner einer Pflegeeinrichtung in Würzburg. Insgesamt starben innerhalb von zwei Wochen zwölf Menschen in diesem Heim. Noch vor der Bundesregierung erklärte die Landesregierung am 16.3. **den Katastrophenfall** und schränkte das öffentliche Leben stark ein. Gleichzeitig verkündete Söder ein erstes Hilfspaket für die Wirtschaft in Höhe von 10 Mrd. € und die Aufhebung der Schuldenbremse. Ein zweites Hilfspaket („Bayern-Schirm“, 31.3.) umfasste weitere 60 Mrd. €. Für Pflegekräfte beschloss die Regierung am 7.4. eine Einmalzahlung von 300-500 €. Erste Lockerungen der Corona-Maßnahmen begannen ab dem 27.4. Ab dem 1.7. bot Bayern kostenlose freiwillige Corona-Tests an.

Berlin

Ländername	Berlin
Fläche in km²	891
Anzahl der Einwohner	3.6 Millionen
Einwohnerzahl pro km²	4 090
Amtssprache	Deutsch
Verwaltungsgliederung	12 Bezirke und 96 Ortsteile
Wichtige Bezirke	Pankow, Mitte, Tempelhof-Schöneberg, Charlottenburg-Wilmersdorf
Gründungstag	3. Oktober 1990

Berlin liegt in einem eiszeitlichen Urstromtal, in dem heute die Spree fließt. In der Stadt finden sich viele Seen, die ihren Ursprung in der Weichsel-Eiszeit haben, wie etwa die schmalen Grunewaldseen. Die Havelseen, der Tegeler See und der Große Wannsee im Westen sowie der Große Müggelsee im Südosten sind die größten Seen. Berlin umfasst außerdem ausgedehnte Wälder wie den Grunewald und viele Naturschutzgebiete. Die höchste natürliche Erhebung sind die Müggelberge mit 115 Meter Meereshöhe.

GEOGRAFIE

Geografische Lage: Von 52° 21' bis 52° 40' nördlicher Breite sowie von 13° 05' bis 13° 45' östlicher Länge
Höchster Punkt: Großer Müggelberg 115 m

POLITIK

Oberhaupt: Regierender Bürgermeister Michael Müller
Legislative: Abgeordnetenhaus mit 160 für 5 Jahre gewählten Abgeordneten
Sitzverteilung: SPD 38, CDU 31, Die Linke 27, Grüne 27, AfD 22, FDP 12, Fraktionslos 3
Stimmen im Bundesrat: 4

BEVÖLKERUNG

Bevölkerungsanteil: <15 Jahre 14.1 %, 15-64 Jahre 66.7 %, >64 Jahre 19.2 %
Verteilung: Stadt 100 %, Land 0 %
Wachstum 2019: 0.3 %
Ausländeranteil: 22.2 %

WIRTSCHAFT UND VERKEHR

BIP: 153.3 Mrd. Euro
Wachstum BIP 2019: 3 %
BNE/Kopf: 36 317 Euro
Erwerbstätige nach Sektoren: Landwirtschaft 0 %, Industrie 11.1 %, Dienstleistungen 88.9 %
Arbeitslosenquote: 7.9 %

RÜCKBLICK

Das Abgeordnetenhaus ist kein Teilzeitparlament mehr. Das beschlossen am 26.9.2019 die Abgeordneten von SPD, Linken, CDU, FDP sowie die meisten Grünen. Die AfD und drei Grüne stimmten dagegen. Sitzungen sollen in Zukunft zahlreicher werden und länger dauern. Im Gegenzug wurden die Abgeordnetendiäten um 60 % angehoben, auf künftig 6 250 €. Die Reform trat am 1.1.2020 in Kraft. Kritik gab es u. a. vom Bund der Steuerzahler: Er forderte das Parlament von derzeit 160 auf 90 Sitze zu verkleinern.
Als erstes Bundesland beschloss die rot-rot-grüne Regierung am 22.10.2019 den **Mietendeckel.** Er wurde am 30.1.2020 vom Abgeordnetenhaus verabschiedet und trat am 23.2. in Kraft. Ziel ist es, den zuletzt rasanten Anstieg der Mieten zu bremsen. Mieten dürfen danach rückwirkend zum 18.6.2019 fünf Jahre lang nicht erhöht werden, auch nicht bei Neuvermietungen. Außerdem schreibt das Gesetz Mietobergrenzen vor, die sich am Mietspiegel orientieren. Bestehende Mieten können gemindert werden, wenn sie die Mietobergrenze um 20 % überschreiten. CDU, AfD, und FDP lehnten den Mietendeckel ab.
Der Flughafen Berlin-Brandenburg (BER) soll am 31.10.2020 öffnen, neun Jahre später als eigentlich geplant. Der Betrieb am bisherigen Hauptflughafen Berlin-Tegel soll am 8.11.2020 eingestellt werden. Diese Termine gab der BER-Chef Engelbert Lütke Daldrup am 29.11.2019 bekannt. TÜV (21.4.) und Bauaufsicht (28.4.) gaben grünes Licht. Am 30.4. begann der Probebetrieb.
Am 10.12.2019 erklärte der Senat eine **Klimanotlage für Berlin**. Das Klimaziel von bislang 85 % Treibhausgasreduktion bis 2050, soll verschärft werden. Konkrete Maßnahmen waren mit dem Beschluss nicht verbunden. Zuvor hatten bundesweit bereits zahlreiche Städte und Gemeinden einen Klimanotstand erklärt, Berlin war das erste Bundesland. Das Abgeordnetenhaus erkannte am 30.1.2020 den Klimanotstand an und gab damit der erfolgreichen Volksinitiative „Klimanotstand Berlin" recht.
Am 3.12.2019 beschloss der Senat, den **Mindestlohn für öffentliche Aufträge** von 9 € auf **12.50 €** anzuheben. Am 2.4.2020 verabschiedete das Abgeordnetenhaus die Reform des Vergabegesetztes. Berlin hat damit bundesweit den höchsten Landesmindestlohn.
Den ersten bestätigten **Covid-19-Fall** meldete Berlin am 2.3.2020, den ersten Toten am 20.3. Insgesamt gab es bis Ende Juni 8 242 Fälle und 214 Tote. Ab dem 23.3. galt eine Ausgangssperre: Menschen durften die Wohnung nur noch in begründeten Ausnahmefällen verlassen. Die Regeln wurden am 2.4. gelockert. Ab dem 27.4. galt eine Maskenpflicht im Öffentlichen Verkehr, ab dem 29.4. auch im Einzelhandel.

Brandenburg

Ländername	Brandenburg
Fläche in km²	29 654
Anzahl der Einwohner	2.5 Millionen
Einwohnerzahl pro km²	85
Hauptstadt	Potsdam
Amtssprache	Deutsch, Sorbisch, Niederdeutsch
Verwaltungsgliederung	14 Landkreise und 4 kreisfreie Städte
Wichtige Städte	Potsdam, Cottbus, Brandenburg an der Havel, Frankfurt (Oder)
Gründungstag	3. Oktober 1990

Die teils ebene, teils leicht hügelige Landschaft Brandenburgs wurde durch die Eiszeiten geprägt. Im Nordosten und in der Mitte des Landes herrscht seenreiches, leicht hügeliges Jungmoränenland vor. Die übrigen Gebiete sind seenarmes Altmoränengebiet. Einen Großteil des Landes nehmen in West-Ost-Richtung verlaufende Urstromtäler ein. Durch sie fließen die Flüsse Havel, Spree, Rhin, Nuthe, Dahme und Elbe. Mit einer Vielzahl von Kanälen, Feuchtgebieten und etwa 3 000 Seen ist Brandenburg das gewässerreichste Bundesland.

GEOGRAFIE

Geografische Lage: Von 51° 21' bis 53° 33' nördlicher Breite sowie von 11° 16' bis 14° 46' östlicher Länge
Höchster Punkt: Heidehöhe 201 m

POLITIK

Oberhaupt: Ministerpräsident Dr. Dietmar Woidke
Legislative: Landtag mit 88 für 5 Jahre gewählten Abgeordneten
Sitzverteilung: SPD 25, AfD 23, CDU 15, Grüne 10, Die Linke 10, BVB/Freie Wähler 5
Stimmen im Bundesrat: 4

BEVÖLKERUNG

Bevölkerungsanteil: <15 Jahre 13.1 %, 15-64 Jahre 62.4 %, >64 Jahre 24.5 %
Verteilung: Stadt 32.8 %, Land 67.2 %
Wachstum 2019: 0.1 %
Ausländeranteil: 5.2 %

WIRTSCHAFT UND VERKEHR

BIP: 74.3 Mrd. Euro
Wachstum BIP 2019: 0.8 %
BNE/Kopf: 31 444 Euro
Erwerbstätige nach Sektoren: Landwirtschaft 2.5 %, Industrie 22.1 %, Dienstleistungen 75.4 %
Arbeitslosenquote: 5.7 %

RÜCKBLICK

Nach der Landtagswahl vom 1.9.2019 stand die bisherige rot-rote Regierung von Ministerpräsident Dietmar Woidke (SPD) vor dem Aus. SPD und Linke verloren massiv. Die SPD blieben mit 26.2 % (-5.7) aber stärkste Fraktion. Die Linke brach auf 10.7 % ein (-7.9) und war nur noch fünftstärkste Kraft. Auch die CDU verlor mit 15.6 % (-7.4) deutlich. Zugewinne verzeichneten die AfD, die mit 23.5 % (+11.3) zweitstärkste Kraft wurde, und die Grünen mit 10.8 % (+4.6).
Am 19.9. begannen SPD, CDU und Grüne **Verhandlungen über eine Kenia-Koalition**. Am 24.10. stand der Koalitionsvertrag, dem Parteitage von SPD (15.11.) und CDU (16.11.) sowie die Grüne Basis (18.11.) zustimmten. Der Landtag wählte Dietmar Woidke am 20.11. (47:37 Stimmen, 3 Enthaltungen) erneut zum Ministerpräsidenten. In der neuen Regierung erhielt die SPD sechs Posten, die CDU vier und die Grünen drei.
Nachdem die Bundes-AfD dem brandenburgischen Fraktionschef **Andreas Kalbitz** am 15.5.2020 die Parteimitgliedschaft entzogen hatte, öffnete sich die AfD-Fraktion am 18.5. für Parteilose. Kalbitz blieb Fraktionschef. Am 15.6. stufte der brandenburgische Verfassungsschutz den kompletten **Landesverband der AfD** als **Verdachtsfall** ein. Verfassungsschutzchef Jörg Müller begründete dies u. a. mit demokratieverachtenden Aussagen von Mitgliedern und nachgewiesenen personellen und strukturellen Verbindungen zu Rechtsextremisten.
Am 12.11. verkündete **Tesla-Chef Elon Musk** bei einer Preisverleihung in Berlin überraschend, dass **das neue E-Auto-Werk** (Gigafactory) vor den Toren Berlins in Brandenburg entstehen soll. Am 19.1. unterzeichnete Tesla den Kaufvertrag für ein landeseigenes Grundstück in Grünheide (Landkreis Oder-Spree). Autos sollen bereits ab 2021 produziert werden.
Das Verwaltungsgericht Cottbus legte den **Tagebau Jänschwalde** am 1.9.2019 vorübergehend still, da keine aktuelle Umweltverträglichkeitsprüfung vorlag. Der Förderstopp dauerte bis zum 24.2.2020.
Das **Kohlekraftwerk Jänschwalde** wird 2028 vom Netz gehen, das Kraftwerk Schwarze Pumpe bis 2038. Darauf einigten sich Bund und die vier Kohleländer am 16.1.2020. In den betroffenen Regionen sollen Föderprojekte den Strukturwandel unterstützen.
Der Flughafen Berlin-Brandenburg (BER) soll am 31.10.2020 öffnen, neun Jahre später als eigentlich geplant. Das gab der BER-Chef Engelbert Lütke Daldrup am 29.11.2019 bekannt. TÜV (21.4.) und Bauaufsicht (28.4.) gaben grünes Licht. Am 30.4. begann der Probebetrieb.

Bremen

Ländername	Freie Hansestadt Bremen
Fläche in km²	419
Anzahl der Einwohner	682 986
Einwohnerzahl pro km²	1 629
Amtssprache	Deutsch, Niederdeutsch
Verwaltungsgliederung	7 Bezirke und 28 Stadtteile
Wichtige Städte	Bremen, Bremerhaven
Gründungstag	22. Januar 1947

Das Bundesland Freie Hansestadt Bremen besteht aus den Städten Bremen und Bremerhaven. Bremen liegt als „Insel" innerhalb Niedersachsens an der Unterweser und ist von Bremerhaven, an der Mündung der Weser in die Nordsee gelegen, etwa 60 Kilometer entfernt. Der Zwei-Städte-Staat ist das kleinste der 16 Bundesländer. Den Hauptteil des Landes bildet die Stadt Bremen, die auch Sitz der Landesregierung ist.

GEOGRAFIE

Geografische Lage: Bremen: Von 53° 01' bis 53° 14' nördlicher Breite sowie von 8° 30' bis 8° 59' östlicher Länge; Bremerhaven: Von 53° 29' bis 53° 37' nördlicher Breite sowie von 8° 31' bis 8° 39' östlicher Länge
Höchster Punkt: Friedehorstpark 33 m

POLITIK

Oberhaupt: Präsident des Senats und Bürgermeister Dr. Andreas Bovenschulte
Legislative: Bürgerschaft mit 84 für 4 Jahre gewählten Abgeordneten
Sitzverteilung: CDU 24, SPD 23, Grüne 16, Die Linke 10, AfD 5, FDP 5, BiW 1
Stimmen im Bundesrat: 3

BEVÖLKERUNG

Bevölkerungsanteil: <15 Jahre 13.5 %, 15-64 Jahre 65.4 %, >64 Jahre 21.1 %
Verteilung: Stadt 100 %, Land 0 %
Wachstum 2019: 0.8 %
Ausländeranteil: 19.8 %

WIRTSCHAFT UND VERKEHR

BIP: 33.6 Mrd. Euro
Wachstum BIP 2019: 0.2 %
BNE/Kopf: 40 006 Euro
Erwerbstätige nach Sektoren: Landwirtschaft 0 %, Industrie 18.9 %, Dienstleistungen 81.1 %
Arbeitslosenquote: 10 %

RÜCKBLICK

Nach der Bürgerschaftswahl vom Mai 2019 einigten sich SPD, Grüne und Linke am 1.7. auf einen **Koalitionsvertrag**. Schwerpunkte waren Bildung, Wohnen und eine Verkehrswende. U. a. soll die Bremer Innenstadt langfristig autofrei werden. Am gleichen Tag erklärte Bürgermeister Carsten Sieling (SPD), dass er nicht an der Spitze der neuen Regierung stehen werde. **Sieling zog damit die Konsequenzen aus der Wahlniederlage**. Mit dem schlechtesten Ergebnis seit 70 Jahren war die SPD erstmals hinter der CDU gelandet. Auf Parteitagen stimmten SPD (6.7.), Grüne (6.7.) und Linke (4.7.) dem Koalitionsvertrag zu. Am 13.8. besiegelten sie die erste rot-grün-rote Koalition in einem westdeutschen Bundesland mit der Unterschrift unter den Koalitionsvertrag. **Die Bremische Bürgerschaft wählte** am 15.8. **Andreas Bovenschulte** (SPD) zum neuen Regierungschef mit 47 von 82 Stimmen. Im Senat hat die SPD vier Senatorenposten, die Grünen haben drei und die Linken zwei. Bürgerschaftspräsident ist mit Carsten Imhoff seit dem 3.7. erstmals ein CDU-Abgeordneter.
In Bremerhaven einigten sich SPD, CDU und FDP auf eine Koalition und darauf, den Magistrat von fünf auf vier hauptamtliche Mitglieder zu reduzieren, neben den sechs ehrenamtlichen Stadträten (16.8.2019). Am 6.9. unterzeichneten die drei Parteien den Koalitionsvertrag.
Gesundheitssenatorin Claudia Bernhard (Linke) entließ am 15.11.2019 die **Chefin des städtischen Klinikverbunds in Bremen Gesundheit Nord** (Geno), Jutta Dernedde. Hintergrund war die desaströse Finanzlage. Die Geno rechnete 2019 erneut mit einem Verlust von bis zu 32 Mio. € (29.10.). Seit 2013 waren bereits rund 400 Mio. € an die Klinken geflossen. Nachfolgerin an der Geno-Spitze soll ab Herbst 2020 die Chefin des Frankfurter Klinikums Höchst, **Dorothea Dreizehnter** werden (29.4.2020). Am 17.6. genehmigte die Gesundheitsdeputation weitere 30 Mio. € Zuschüsse für 2020/21.
Am 8.7.2020 beschloss die Bürgerschaft gegen die Stimmen der Opposition den **Haushalt 2020**. Er umfasst Ausgaben in Höhe von 5.6 Mrd. €. Dem stehen Einnahmen in Höhe von 4.5 Mrd. € entgegen. 1.2 Mrd. € sind für den „Bremen-Fonds" vorgesehen, der Folgen der Corona-Krise abfedern soll. Mehr Geld ist außerdem u. a. für die Bildung vorgesehen: Der Etat erhöhte sich gegenüber 2019 um 200 Mio. €.
Im Polizeikostenstreit überwies die Deutsche Fußball-Liga (DFL) am 10.9.2019 Bremen unter Vorbehalt erstmals Geld für Hochrisikospiele. Die Rechnungen reichte die DFL weiter, zur Hälfte an Werder Bremen, zur Hälfte an die übrigen Clubs der 1. und 2. Bundesliga. Die Ligavertreter erklärten am 3.12. mit großer Mehrheit, dass Werder die Kosten allein tragen soll.

Hamburg

Ländername	Freie und Hansestadt Hamburg
Fläche in km²	755
Anzahl der Einwohner	1.8 Millionen
Einwohnerzahl pro km²	2 438
Amtssprache	Deutsch, Niederdeutsch
Verwaltungsgliederung	7 Bezirke und 104 Stadtteile
Wichtige Bezirke	Wandsbek, Hamburg-Nord, Hamburg-Mitte, Altona
Gründungstag	23. Mai 1949

Hamburg liegt an der Elbe, an der Stelle, wo Alster und Bille in den Fluss münden. Die Alster ist zur Außenalster und zur Binnenalster aufgestaut. Gut 100 Kilometer flussabwärts mündet die Elbe in der Deutschen Bucht in die Nordsee. Der Wechsel von Ebbe und Flut macht sich in Hamburg noch bemerkbar. Im Süden hat der Stadtstaat Anteil an den Schwarzen Bergen und den Harburger Bergen. Zu Hamburg gehört auch die Insel Neuwerk in der Elbmündung. Der dortige Nationalpark Hamburgisches Wattenmeer ist seit 2011 Bestandteil des UNESCO-Weltnaturerbes Wattenmeer.

GEOGRAFIE

Geografische Lage: Von 53° 24' bis 53° 44' nördlicher Breite sowie von 9° 44' bis 10° 20' östlicher Länge
Höchster Punkt: Hasselbrack 116 m

POLITIK

Oberhaupt: Erster Bürgermeister Dr. Peter Tschentscher
Legislative: Bürgerschaft mit 123 für 5 Jahre gewählten Abgeordneten
Sitzverteilung: SPD 54, Grüne 33, CDU 15, Die Linke 13, AfD 7, Fraktionslos 1
Stimmen im Bundesrat: 3

BEVÖLKERUNG

Bevölkerungsanteil: <15 Jahre 14.2 %, 15-64 Jahre 67.6 %, >64 Jahre 18.2 %
Verteilung: Stadt 100 %, Land 0 %
Wachstum 2019: 0.4 %
Ausländeranteil: 17.2 %

WIRTSCHAFT UND VERKEHR

BIP: 123.3 Mrd. Euro
Wachstum BIP 2019: 2.2 %
BNE/Kopf: 53 739 Euro
Erwerbstätige nach Sektoren: Landwirtschaft 0.2 %, Industrie 12.5 %, Dienstleistungen 87.3 %
Arbeitslosenquote: 6.3 %

RÜCKBLICK

Bei der Bürgerschaftswahl am 23.2.2020 musste **die SPD** des Ersten Bürgermeisters Peter Tschentscher **deutliche Verluste** hinnehmen. Sie kam auf 39.2 % (-6.4) und blieb damit deutlich stärkste Kraft. Im Vorfeld war über einen Sieg der Grünen spekuliert worden. Sie konnten ihr Ergebnis von 2015 mit 24.2 % (+11.9) zwar fast verdoppeln, landeten jedoch klar **auf dem zweiten Platz**. Die CDU verlor mit 11.2 % (-4.7) ebenfalls stark und landete knapp vor der Linken, die sich mit 9.1 % (+0.6) gut behauptete. Die AfD schaffte es mit 5.3 % (-0.8) knapp wieder in die Bürgerschaft. Die FDP scheiterte dagegen mit 4.97 % (-2.7) knapp an der Fünf-Prozent-Hürde.
Wegen der Corona-Krise begannen die **Koalitionsverhandlungen zwischen SPD und Grünen** erst am 23.4.2020. Fast sechs Wochen später stellten beide Parteien den Koalitionsvertrag vor: Schwerpunkte waren Wohnungsbau, Verkehrswende und der Ausbau der Infrastruktur. Die SPD erhielt neben dem Posten des Regierungschefs sieben Ressorts, die Grünen vier. Am 10.6. wählte die Bürgerschaft **Peter Tschentscher erneut zum Ersten Bürgermeister**.
Noch vor der Wahl begann nach 17 Jahren Planung, Protest und Klagen am 23.7.2019 **die Elbvertiefung**. Die Fahrrinne soll auf mindestens 13.5 m vertieft werden, damit große Containerschiffe auch vollbeladen den Hamburger Hafen erreichen können. Außerdem wird die Fahrrinne an der Unterelbe zwischen Hamburg und Glückstadt um 20 m verbreitert. 2021 soll die Elbvertiefung abgeschlossen sein.
Die Fraktionen von SPD, Grünen, CDU und FDP verständigten sich am 13.8.2019 darauf, den seit 2010 geltenden **Schulfrieden** bis 2025 zu verlängern. Die Schulstruktur aus Grundschule, Stadtteilschule und Gymnasium blieb somit ebenso erhalten, wie das Abitur nach acht Jahren an Gymnasien, unabhängig davon, wer regiert. Außerdem sollten verbeamtete Lehrer künftig unabhängig von der Schulform gleich bezahlt werden. Am 25.9. stimmte die Bürgerschaft der Rahmenvereinbarung zu.
Am 3.9.2019 kaufte die städtische Beteiligungsgesellschaft HVG die restlichen 75 % des **Fernwärmenetzes** vom bisherigen Mehrheitseigner Vattenfall zurück. Damit setzte die Stadt den letzten Teil des Volksentscheids von 2013 zur Rekommunalisierung der Netze um.
In der Corona-Krise war Hamburg im Norden das Bundesland mit den meisten Fällen pro Einwohner. Mögliche Ursache nach den Schulferien im März war die Rückkehr vieler Urlauber aus den Covid-19-Hotspots in Tirol und Norditalien.

Hessen

Ländername	Hessen
Fläche in km²	21 116
Anzahl der Einwohner	6.3 Millionen
Einwohnerzahl pro km²	297
Hauptstadt	Wiesbaden
Amtssprache	Deutsch
Verwaltungsgliederung	3 Regierungsbezirke, 21 Landkreise und 5 kreisfreie Städte
Wichtige Städte	Frankfurt am Main, Wiesbaden, Kassel, Darmstadt, Offenbach am Main
Gründungstag	19. September 1945

Mit einem Anteil von etwa 40 % ist Hessen das waldreichste Bundesland Deutschlands. Der Westen gehört mit Taunus, Hohem Westerwald, Rothaargebirge und Gladenbacher Bergland zum Rheinischen Schiefergebirge. Nach Nordosten und Osten schließt das Hessische Bergland an, das von den hessischen Senken durchzogen ist, an denen sich die Verkehrswege orientieren. Der Naturpark Hoher Vogelsberg in der Mitte Hessens ist das flächenmäßig größte zusammenhängende Gebiet vulkanischer Gesteine in Mitteleuropa. Im Süden hat Hessen Anteil an der Oberrheinischen Tiefebene, dem Odenwald und dem Spessart.

GEOGRAFIE

Geografische Lage: Von 49° 24' bis 51° 39' nördlicher Breite sowie von 7° 46' bis 10° 14' östlicher Länge
Höchster Punkt: Wasserkuppe 950 m

POLITIK

Oberhaupt: Ministerpräsident Volker Bouffier
Legislative: Landtag mit 137 für 5 Jahre gewählten Abgeordneten
Sitzverteilung: CDU 40, Grüne 29, SPD 29, AfD 18, FDP 11, Die Linke 9, Fraktionslos 1
Stimmen im Bundesrat: 5

BEVÖLKERUNG

Bevölkerungsanteil: <15 Jahre 13.9 %, 15-64 Jahre 65.5 %, >64 Jahre 20.6 %
Verteilung: Stadt 58.5 %, Land 41.5 %
Wachstum 2019: -0.1 %
Ausländeranteil: 17.8 %

WIRTSCHAFT UND VERKEHR

BIP: 294.5 Mrd. Euro
Wachstum BIP 2019: 1.1 %
BNE/Kopf: 43 695 Euro
Erwerbstätige nach Sektoren: Landwirtschaft 0.7 %, Industrie 21 %, Dienstleistungen 78.3 %
Arbeitslosenquote: 4.5 %

RÜCKBLICK

In **Wächtersbach** schoss am 22.7.2019 ein 55-Jähriger aus seinem Auto heraus auf einen Mann aus Eritrea und verletzte ihn schwer. Der Schütze beging Selbstmord. Ermittler gingen von einem rassistischen Motiv aus. In **Hanau** ermordete ein 43-Jähriger am 19.2.2020 neun Menschen vor Shisha-Bars und erschoss anschließend seine Mutter und sich selbst. Vor der Tat hatte er ein rassistisches, islam- und judenfeindiches Traktat verfasst. An der Trauerfeier für die Opfer nahmen am 4.3. u. a. Bundespräsident Steinmeier und Kanzlerin Merkel teil. Am 24.2.2020 raste ein Mann in **Volkmarsen** mit seinem Auto in einen Karnevalsumzug. Mehr als 122 Menschen wurden verletzt. Der Täter kam am 25.2. in Untersuchungshaft, schwieg jedoch über seine Motive.
Am 24.3.2020 verabschiedete der Landtag ein **Untersuchungsausschussgesetz**. Danach ist ein Fünftel der Mitglieder des Landtags nötig, um einen Ausschuss einzusetzen. Den Vorsitz haben bei aufeinanderfolgenden Ausschüssen abwechselnd ein Vertreter der Regierung und der Opposition. Hessen war das letzte Bundesland, das kein Untersuchungsausschussgesetz hatte.
Nach der **Ermordung des Kasseler Regierungspräsidenten Walter Lübcke** (CDU) Anfang Juni 2019 erhob die Bundesanwaltschaft am 29.4.2020 Anklage gegen den Hauptverdächtigen und einen mutmaßlichen Komplizen. Der **Prozess** begann am 16.6. am Oberlandesgericht Frankfurt. Mit den Stimmen aller Fraktionen setzte der Landtag am 25.6. einen **Untersuchungsausschuss** ein, um mögliche Versäumnisse der Sicherheitsbehörden zu untersuchen. Am 30.6. konstituierte sich der Ausschuss und nahm am 2.7. die Arbeit auf. U. a. forderte er auch alle Akten aus dem NSU-Untersuchungsausschuss an.
Mitten während der Corona-Krise beging **Finanzminister Thomas Schäfer** (CDU) am 28.3.2020 **Selbstmord**. Schäfer galt als möglicher Nachfolger von Ministerpräsident Volker Bouffier (CDU), der 2023 nicht wieder antreten will. Neuer Finanzminister wurde am 7.4. der bisherige Fraktionschef der CDU Michael Boddenberg.
Mit den Stimmen von CDU und Grünen verabschiedete der Landtag am 4.7.2020 einen bis zu **12 Mrd. € schweren Sonderetat** unter Umgehung der Schuldenbremse. Aus ihm sollen bis 2023 die **finanziellen Folgen der Corona-Krise** ausgeglichen werden. Eigentlich wäre eine Zwei-Drittel-Mehrheit nötig gewesen, um die Schuldenbremse auszusetzen. Am 23.6. sind Verhandlungen mit SPD und FDP gescheitert. Um den Sonderetat dennoch durchzubringen, lockerte der Landtag mit den Stimmen von CDU, Grünen und Linken am 2.7. die Regeln. Seitdem war nur noch eine einfache Mehrheit nötig, um die Schuldenbreme auszusetzen.

Mecklenburg-Vorpommern

Ländername	Mecklenburg-Vorpommern
Fläche in km²	23 295
Anzahl der Einwohner	1.6 Millionen
Einwohnerzahl pro km²	69
Hauptstadt	Schwerin
Amtssprache	Deutsch, Niederdeutsch
Verwaltungsgliederung	6 Landkreise und 2 kreisfreie Städte
Wichtige Städte	Rostock, Schwerin, Neubrandenburg, Stralsund, Greifswald, Wismar
Gründungstag	3. Oktober 1990

Mecklenburg-Vorpommern besteht aus den Landesteilen Mecklenburg im Südwesten und Vorpommern im Nordosten. Die Eiszeit hat hier eine hügelige Moränenlandschaft hinterlassen, in die rund 2 000 größere und kleinere Seen eingebettet sind. Das größte zusammenhängende Seengebiet bildet ganz im Süden die Mecklenburgische Seenplatte, die zusammen mit der nördlich anschließenden Mecklenburgischen Schweiz rund ein Drittel des Bundeslands einnimmt. Dem Festland vorgelagert sind die zwei größten Inseln Deutschlands, Rügen und Usedom, deren östlichster Teil zu Polen gehört.

GEOGRAFIE

Geografische Lage: Von 53° 06' bis 54° 41' nördlicher Breite sowie von 10° 36' bis 14° 23' östlicher Länge
Höchster Punkt: Helpter Berg 179 m

POLITIK

Oberhaupt: Ministerpräsidentin Manuela Schwesig
Legislative: Landtag mit 71 für 5 Jahre gewählten Abgeordneten
Sitzverteilung: SPD 26, CDU 18, AfD 14, Die Linke 11, Fraktionslos 2
Stimmen im Bundesrat: 3

BEVÖLKERUNG

Bevölkerungsanteil: <15 Jahre 12.7 %, 15-64 Jahre 62.6 %, >64 Jahre 24.7 %
Verteilung: Stadt 36 %, Land 64 %
Wachstum 2019: 0.3 %
Ausländeranteil: 4.9 %

WIRTSCHAFT UND VERKEHR

BIP: 46.6 Mrd. Euro
Wachstum BIP 2019: 1.5 %
BNE/Kopf: 29 337 Euro
Erwerbstätige nach Sektoren: Landwirtschaft 2.9 %, Industrie 19.1 %, Dienstleistungen 78 %
Arbeitslosenquote: 7.3 %

RÜCKBLICK

Der Landtag verabschiedete am 11.12.2019 mit den Stimmen der großen Koalition den **Doppelhaushalt für 2020/21**. Für 2020 sah er Ausgaben von 9.4 Mrd. € vor. Mehr Geld war u. a. vorgesehen für Bildung und Kommunen. Das Jahr **2019** schloss das Land mit einem **Überschuss von 269 Mio. €** ab. Am 23.1.2020 einigten sich die Spitzen von SPD und CDU darauf, dass für 124 Mio. € Schulden getilgt werden und 50 Mio. € in einen Strategiefonds gehen. Der Rest sollte u. a. in die Wälder (20 Mio.), ein Azubi-Ticket (10 Mio.) und den Kampf des LKA gegen Kinderpornografie (5 Mio.) fließen.
Nach Razzien wegen **rechtsextremer Tendenzen beim Spezialeinsatzkommando** im Juni 2019 begann am 20.11.2019 der **Prozess gegen Marko G.**, einen Schießtrainer des SEK. Er soll illegal Waffen und Munition gehortet haben und Administrator der rechtsextremen Chatgruppe **„Nordkreuz"** gewesen sein. Das Landgericht Schwerin verurteilte Marko G. am 19.12. zu 21 Monaten Haft auf Bewährung. Die von Innenminister Lorenz Caffier (CDU) eingesetzte **Sonderkommission zum SEK-Skandal** legte am 26.11. ihren Bericht vor. Caffier tauschte daraufhin noch am selben Tag die Chefs von LKA und Polizeiabteilung aus und unterstellte das SEK der Bereitschaftspolizei (vorher: LKA).
Am 10.9.2019 informierte **Ministerpräsidentin Manuela Schwesig** (SPD) darüber, dass sie **an Krebs erkrankt** ist. Nach ihrer Genesung wurde sie am 18.6.2020 zur Spitzenkandidatin für die Landtagswahl 2021 nominiert. Bei der CDU lief nach dem Rücktritt des Landesvorsitzende Vincent Kockert am 31.1.2020 alles auf eine Spitzenkandidatur des Bundestagsabgeordneten Philipp Amthor hinaus. Der stolperte jedoch über Korruptionsvorwürfe im Zusammenhang mit einem Aufsichtsratsposten bei einem IT-Startup.
In der Corona-Krise war Mecklenburg-Vorpommern mit Abstand das Bundesland mit den wenigsten Covid-19-Fällen pro Einwohner. Bis Ende Juni wurden lediglich 805 Infizierte und 20 Tote registriert. Das Land verhängte ab dem 19.3.2020 ein **Einreiseverbot für Touristen**, wer schon im Urlaub war, musste abreisen. Im Zuge der Lockerungen durften Übernachtungsgäste aus anderen Bundesländern ab dem 25.5. wieder einreisen, Tagestouristen jedoch noch nicht.
Infolge der Corona-Krise standen die **MV-Werften** in Wismar, Rostock und Stralsund im Juni 2020 **vor der Insolvenz**. Der auf Kreuzfahrten spezialisierte Eigentümer Genting aus Malaysia kämpfte mit Einnahmeausfällen. Die Werften hatten am 20.3. die Fertigung geschlossen und die 3 100 Beschäftigten in Kurzarbeit geschickt. Bei Zulieferern waren weitere 12 000 Arbeitskräfte betroffen. Am 18.6. stimmte der Landtag einer Soforthilfe von 175 Mio. € zu.

Niedersachsen

Ländername	Niedersachsen
Fläche in km²	47 710
Anzahl der Einwohner	8 Millionen
Einwohnerzahl pro km²	167
Hauptstadt	Hannover
Amtssprache	Deutsch, Friesisch, Niederdeutsch
Verwaltungsgliederung	37 Landkreise und 8 kreisfreie Städte
Wichtige Städte	Hannover, Braunschweig, Oldenburg (Oldb), Osnabrück, Wolfsburg, Göttingen, Salzgitter, Hildesheim
Gründungstag	8. November 1946

Niedersachsen, das Land zwischen Ems und Elbe, reicht bis zur Nordseeküste mit den sieben ostfriesischen Inseln. Weitere Regionen sind an der holländischen Grenze Ostfriesland, das Emsland und die Grafschaft Bentheim. Das Oldenburger Münsterland grenzt an den Stadtstaat Bremen. Das Weserbergland im Süden gehört mit Teilen des Teutoburger Waldes und des Wiehengebirges zu den Mittelgebirgen Niedersachsens. Im Osten liegen die Lüneburger Heide, das Braunschweiger Land und der Harz mit der höchsten Erhebung Niedersachsens, dem Wurmberg mit 971 Metern.

GEOGRAFIE

Geografische Lage: Von 51° 17' bis 53° 54' nördlicher Breite sowie von 6° 40' bis 11° 35' östlicher Länge

Höchster Punkt: Wurmberg 971 m

POLITIK

Oberhaupt: Ministerpräsident Stephan Weil

Legislative: Landtag mit 137 für 5 Jahre gewählten Abgeordneten

Sitzverteilung: SPD 54, CDU 50, Grüne 12, FDP 11, AfD 9, Fraktionslos 1

Stimmen im Bundesrat: 6

BEVÖLKERUNG

Bevölkerungsanteil: <15 Jahre 13.7 %, 15-64 Jahre 64.4 %, >64 Jahre 21.9 %

Verteilung: Stadt 41.5 %, Land 58.5 %

Wachstum 2019: 0.1 %

Ausländeranteil: 10.5 %

WIRTSCHAFT UND VERKEHR

BIP: 307 Mrd. Euro

Wachstum BIP 2019: 0.9 %

BNE/Kopf: 38 048 Euro

Erwerbstätige nach Sektoren: Landwirtschaft 2.4 %, Industrie 23.8 %, Dienstleistungen 73.8 %

Arbeitslosenquote: 5.1 %

RÜCKBLICK

Die SPD verlor in den einstigen Hochburgen Hannover und Emden das Rathaus. In der Landeshauptstadt qualifizierten sich der Grüne Belit Onay und der Kandidat der CDU Eckhard Scholz (parteilos) in der ersten Runde der **Oberbürgermeisterwahl** mit jeweils 32.2 % für die Stichwahl. SPD-Kandidat Marc Hansmann (23.5 %) landete auf dem dritten Platz, so dass nach 73 Jahren die SPD-Herrschaft in Hannover endete. In der Stichwahl setzte sich Onay mit 52.9 % durch. Am 22.11.2019 trat er sein Amt an. Emden wählte am 5.9.2019 den parteilosen Tim Kruithoff zum neuen Oberbürgermeister. Kruithoff setzte sich bereits in der ersten Runde klar mit 75.4 % durch. SPD-Kandidat Manfred Eertmoed kam auf 16.4 %.

Der Windanlagenbauer Enercon stellt den Bau von Rotorblättern in Aurich ein. Wie am 8.11.2019 bekannt wurde, sollten 1 500 Arbeitsplätze wegfallen. In den kommenden Monaten schlossen auch mehrere Zulieferbetriebe oder entließen Personal.

Im Konflikt um die Pflegekammer beschloss die große Koalition am 26.11.2019 einen Zuschuss von 6 Mio. €. Damit soll die Mitgliedschaft für Pflegekräfte bis auf Weiteres kostenfrei sein. Die 2018 eingerichtete Kammer war vor allem wegen ihrer Pflichtmitgliedschaft und der damit verbundenen Mitgliedsbeiträge unbeliebt. Eine Online-Umfrage unter den Mitgliedern über die Zukunft der Kammer wurde zunächst wegen der Corona-Pandemie und später wegen eines Hackerangriffs verschoben.

Ende 2019 musste **die angeschlagene Norddeutsche Landesbank (Nord LB)** wieder einmal gerettet werden. Nachdem die EU-Kommission am 6.12. ihr Einverständnis gegeben hatte, stimmte der niedersächsische Landtag am 17.12. zu, dass das Land einen Anteil von 2.3 Mrd. € am Rettungspaket von insgesamt 3.6 Mrd. € übernimmt. Den Rest tragen die Sparkassen und Sachsen-Anhalt. Das neue Geschäftsmodell der Nord LB sieht vor, statt auf Schiffsfinanzierungen auf Solar- und Windparks sowie Flugzeuge zu setzen.

In der Corona-Krise erließ die Regierung am 17.3.2020 ein allgemeines **Tourismusverbot** ab dem 25.3. Als erstes Bundesland stellte Niedersachsen am 4.5 einen Fahrplan vor, aus dem hervorging, in welcher Reihenfolge die Corona-Maßnahmen zurückgenommen werden sollten. Die erste von fünf Stufen begann am 6.5. Ab dem 11.5. lockerte die Regierung das Tourismusverbot. Um die wirtschaftlichen Folgen abzumildern, verabschiedete der Landtag am 25.3. ein **erstes Corona-Hilfsprogramm von 4.4 Mrd. €**. Am 15.7. folgte ein zweiter Nachtragshaushalt von 8.4 Mrd. €, davon 7.8 Mrd. € neue Schulden. Während das erste Hilfsprogramm noch von allen Abgeordneten beschlossen wurde, stimmte die Opposition gegen den zweiten Nachtragshaushalt.

Nordrhein-Westfalen

Ländername	Nordrhein-Westfalen
Fläche in km²	34 112
Anzahl der Einwohner	17.9 Millionen
Einwohnerzahl pro km²	526
Hauptstadt	Düsseldorf
Amtssprache	Deutsch
Verwaltungsgliederung	5 Regierungsbezirke, 31 Landkreise und 22 kreisfreie Städte
Wichtige Städte	Köln, Düsseldorf, Dortmund, Essen, Duisburg, Bochum, Wuppertal, Bielefeld, Bonn, Münster
Gründungstag	8. November 1946

Nordrhein-Westfalen grenzt an die Niederlande und Belgien. Die bestimmenden Landschaften sind das Norddeutsche Tiefland sowie Teile der Deutschen Mittelgebirgsschwelle. In Westfalen sind dies Eggegebirge und Teutoburger Wald und im Nordosten das Weserbergland. Der nordrhein-westfälische Anteil am Rheinischen Schiefergebirge besteht linksrheinisch aus der nördlichen Eifel und den Ausläufern des Hohen Venns, rechts des Rheins erheben sich Siebengebirge, Bergisches Land und das Sauerland mit dem 841 Meter hohen Kahlen Asten im Rothaargebirge.

GEOGRAFIE

Geografische Lage: Von 50° 19' bis 52° 31' nördlicher Breite sowie von 5° 51' bis 9° 28' östlicher Länge

Höchster Punkt: Langenberg 843 m

POLITIK

Oberhaupt: Ministerpräsident Armin Laschet

Legislative: Landtag mit 199 für 5 Jahre gewählten Abgeordneten

Sitzverteilung: CDU 72, SPD 69, FDP 28, Grüne 14, AfD 12, Fraktionslos 4

Stimmen im Bundesrat: 6

BEVÖLKERUNG

Bevölkerungsanteil: <15 Jahre 13.8 %, 15-64 Jahre 65.2 %, >64 Jahre 21 %

Verteilung: Stadt 80.4 %, Land 19.6 %

Wachstum 2019: 0.2 %

Ausländeranteil: 15.1 %

WIRTSCHAFT UND VERKEHR

BIP: 711.4 Mrd. Euro

Wachstum BIP 2019: 0.2 %

BNE/Kopf: 38 789 Euro

Erwerbstätige nach Sektoren: Landwirtschaft 0.8 %, Industrie 22.3 %, Dienstleistungen 76.9 %

Arbeitslosenquote: 6.7 %

RÜCKBLICK

Zwei Wochen nach seiner Einsetzung kam der **Untersuchungsausschuss Kindesmissbrauch** am 12.7.2020 zu seiner ersten Sitzung zusammen. Er soll mögliche Fehler der Landesregierung, der Ermittlungsbehörden und der Jugendämter im Missbrauchsfall von Lügde untersuchen. Auf einem Campingplatz in Lügde hatten zwei Männer zwischen 2008 und 2018 mindestens 40 Kinder missbraucht und die Taten ins Internet gestellt. Am 5.9.2019 verurteilte das **Landgericht Detmold** sie zu 13 bzw. 12 Jahren Haft.

In Bergisch-Gladbach stießen Ermittler am 22.10.2019 auf ein **weiteres großes Pädophilennetzwer**k. Ein dritter Missbrauchsskandal wurde am 6.6.2020 **in Münster** öffentlich. Auch in diesen beiden Fällen stellten die Täter Filme ihrer Taten ins Darknet. Justizminister Peter Biesenbach sprach am 29.6. davon, dass die Ermittler allein im Fall von Bergisch-Gladbach den Spuren von 30 000 Verdächtigen vor allem im deutschsprachigen Raum nachgehen.

Für den geplanten Kohleausstieg einigten sich der Bund und die vier Kohleländer am 16.1.2020 auf einen Zeitplan. Danach werden die sieben ältesten Braunkohlekraftwerksblöcke im **rheinischen Revier** bis Ende 2022 abgeschaltet, weitere fünf Blöcke bis 2035, die letzten beiden bis 2038. Die umstrittene Abholzung des Hambacher Forsts war vom Tisch, zulasten von Dörfern im Gebiet Garzweiler, die abgebaggert werden sollen. Zum Kompromiss gehörte, dass das Steinkohlekraftwerk Datteln 4 am 30.5.2020 in Betrieb ging. Umweltschützer protestierten.

Der Landtag verabschiedete am 29.11.2019 eine **Kita-Reform**, mit der 1.3 Mrd. € zusätzlich in die frühkindliche Bildung fließen sollten: 430 Mio. vom Bund und rund 500 Mio. vom Land. Für die restlichen 375 Mio. mussten die Kommunen selbst aufkommen.

Am 18.12.2019 reduzierte der Landtag mit den Stimmen der CDU-FDP Koalition die Höhe der umstrittenen **Straßenausbaubeiträge.** Um Anlieger bei den Straßensanierungen zu entlasten, sind künftig außerdem Ratenzahlungen und Stundungen vorgesehen.

In der Corona-Krise gab es mehrere größere Ausbrüche. Ein erster Hotspot war die Gemeinde Gangelt im Kreis Heinsberg: Nach einer Karnevalsfeier wurden die ersten beiden Fälle am 24./25.2.2020 diagnostiziert. Bis Ende Juni gab es in dem Kreis mit 42 000 Einwohnern 1 952 Infektionen und 83 Tote. In ganz Nordrhein-Westfalen waren es bis Ende Juni 43 433 Fälle und 1 679 Tote. Der bislang größte lokale Ausbruch in Deutschland fand Mitte Juni beim Schlachtbetrieb Tönnies in Rheda-Wiedenbrück im Kreis Gütersloh mit mehr als 1 400 Infizierten im Betrieb und rund 350 weiteren Covid-19-Fällen statt.

Rheinland-Pfalz

Ländername	Rheinland-Pfalz
Fläche in km²	19 858
Anzahl der Einwohner	4.1 Millionen
Einwohnerzahl pro km²	206
Hauptstadt	Mainz
Amtssprache	Deutsch
Verwaltungsgliederung	24 Landkreise und 12 kreisfreie Städte
Wichtige Städte	Mainz, Ludwigshafen am Rhein, Koblenz, Trier, Kaiserslautern
Gründungstag	30. August 1946

Mittelgebirge und Flüsse prägen die Landschaft von Rheinland-Pfalz. Das Rheintal erstreckt sich entlang des von Weinbergen und Schieferfelsen gesäumten Flusses von Bingen bis kurz vor Bonn. Durch Wälder und Mittelgebirge sind Westerwald und Ahr im Norden, Hunsrück und Naheland in der Mitte sowie die Eifel im Nordwesten geprägt. Im Nationalpark Eifel erinnern Vulkankegel und Kraterseen an früheren Vulkanismus. Rheinhessen, Mosel-Saar und Pfalz stehen ganz im Zeichen des Weinbaus, in der Pfalz bildet der Naturpark Pfälzerwald zudem das größte zusammenhängende Waldgebiet Deutschlands.

GEOGRAFIE

Geografische Lage: Von 48° 57' bis 50° 56' nördlicher Breite sowie von 6° 06' bis 8° 30' östlicher Länge
Höchster Punkt: Erbeskopf 816 m

POLITIK

Oberhaupt: Ministerpräsidentin Marie-Luise „Malu" Dreyer
Legislative: Landtag mit 101 für 5 Jahre gewählten Abgeordneten
Sitzverteilung: SPD 39, CDU 35, AfD 14, FDP 7, Grüne 6
Stimmen im Bundesrat: 4

BEVÖLKERUNG

Bevölkerungsanteil: <15 Jahre 13.4 %, 15-64 Jahre 64.9 %, >64 Jahre 21.7 %
Verteilung: Stadt 45.7 %, Land 54.3 %
Wachstum 2019: -0.3 %
Ausländeranteil: 12.1 %

WIRTSCHAFT UND VERKEHR

BIP: 145 Mrd. Euro
Wachstum BIP 2019: -1.3 %
BNE/Kopf: 39 663 Euro
Erwerbstätige nach Sektoren: Landwirtschaft 2 %, Industrie 25.4 %, Dienstleistungen 72.6 %
Arbeitslosenquote: 4.6 %

RÜCKBLICK

Mit dem **neuen Kita-Gesetz**, das der Landtag am 21.8.1019 mit den Stimmen der Koalition verabschiedete, verbesserte das Land den Betreuungsschlüssel in Kitas und Krippen. Außerdem schrieb das Gesetz den Anspruch auf eine siebenstündige Betreuung fest.
Der Ältestenrat des Landtags verständigte sich am 17.9.2019 darauf, eine regelmäßige direkte **Befragung der Ministerpräsidentin** einzuführen. Alle Fraktionen des Landtags stimmten am 11.12. zu. Rheinland-Pfalz ist das erste Bundesland, das eine entsprechende Befragung einführt. Vorbild war die Befragung der Kanzlerin im Bundestag. Die erste 35-minütige Befragung fand am 13.12. statt.
Die EU-Kommission genehmigte am 9.12.2019 Förderprogramme für ein **Batteriezellenwerk am Opelstandort in Kaiserslautern**. Gemeinsam mit dem Opel-Mutterkonzern PSA und dem französischen Energieanbieter Saft will Opel dort ab 2024 Akkus für E-Autos bauen. Es sollen 2 000 Arbeitsplätze entstehen. Am 7.2.2020 stellte Opel seine Pläne vor.
Die Ampelkoalition verständigte sich auf die Abschaffung der **einmaligen Straßenausbaubeiträge** und stellte am 22.1.2020 den Entwurf für ein neues Kommunalabgabengesetz vor. Danach soll die hohe einmalige Beteiligung von Anliegern an den Kosten des Straßenausbaus wegfallen. Wiederkehrende Beiträge sind aber weiterhin möglich. Sie werden von allen Bürgern einer Kommune gezahlt. Am 29.4. passierte das Gesetz mit den Stimmen der Koalition den Landtag.
Das neue Verfassungsschutzgesetz verabschiedete der Landtag am 29.1.2020. Es gibt dem Verfassungsschutz mehr Rechte bei der Telefonüberwachung und dem Zugriff auf Bilder der Videoüberwachung. Gleichzeitig stärkte das Gesetz die Kontrollmöglichkeiten des Landtags.
Wegen der Corona-Krise verabschiedete der Landtag am 27.3. mit den Stimmen aller Fraktionen einen Nachtragshaushalt von 3.3 Mrd. €: Mit 800 Mio. € sollten das Gesundheitssystem gestärkt und Unternehmen gestützt werden, weitere 100 Mio. € sollten an die Kommunen gehen. Außerdem waren bereits 100 Mio. € eingeplant, um einen künftigen Impfstoff zu kaufen. Am 27.5. setzte der Landtag eine **Enquete-Kommission** ein, die den Umgang mit der Corona-Pandemie bewerten soll. Sie besteht aus neun Abgeordneten und sechs externen Experten. Am 3.7.2020 nahm sie ihre Arbeit auf.
Am 11.2.2020 legte das Kabinett den **Termin für die Landtagswahl** auf den 14.3.2021 fest. Die Grünen hatte ihre Spitzenkandidatin, Familienministerin Anne Spiegel, bereits am 18.10.2019 nominiert. Die CDU beschloss am 16.11., mit Fraktionschef Christian Baldauf anzutreten.

Saarland

Ländername	Saarland
Fläche in km²	2 571
Anzahl der Einwohner	990 509
Einwohnerzahl pro km²	385
Hauptstadt	Saarbrücken
Amtssprache	Deutsch
Verwaltungsgliederung	6 Landkreise
Wichtige Städte	Saarbrücken, Neunkirchen, Homburg, Völklingen, Saarlouis
Gründungstag	17. Dezember 1947

Deutschlands kleinster Flächenstaat ist im Norden leicht gebirgig. Die höchste Erhebung des Landes ist der Dollberg im Schwarzwälder Hochwald des Hunsrücks mit 695 Meter Meereshöhe. Südlich davon liegt das leicht hügelige Saar-Nahe-Bergland mit Acker- und Waldflächen sowie der Saarkohlenwald mit seinen reichen Kohlelagerstätten. Weitere Landschaften sind im äußersten Süden das fruchtbare Bliesgau, im Südwesten das große Waldgebiet des Warndt und im Westen das Saargau. Längster Fluss ist die Saar. In der Talweitung von Saarlouis münden die wichtigsten Nebenflüsse Nied und Prims.

GEOGRAFIE

Geografische Lage: Von 49° 06' bis 49° 38' nördlicher Breite sowie von 6° 20' bis 7° 23' östlicher Länge
Höchster Punkt: Dollberg 695 m

POLITIK

Oberhaupt: Ministerpräsident Tobias Hans
Legislative: Landtag mit 51 für 5 Jahre gewählten Abgeordneten
Sitzverteilung: CDU 24, SPD 17, Die Linke 6, AfD 3, Fraktionslos 1
Stimmen im Bundesrat: 3

BEVÖLKERUNG

Bevölkerungsanteil: <15 Jahre 12.1 %, 15-64 Jahre 64.2 %, >64 Jahre 23.7 %
Verteilung: Stadt 48 %, Land 52 %
Wachstum 2019: -0.2 %
Ausländeranteil: 12.8 %

WIRTSCHAFT UND VERKEHR

BIP: 36.3 Mrd. Euro
Wachstum BIP 2019: -0.6 %
BNE/Kopf: 35 329 Euro
Erwerbstätige nach Sektoren: Landwirtschaft 0.4 %, Industrie 26 %, Dienstleistungen 73.6 %
Arbeitslosenquote: 6.4 %

RÜCKBLICK

Wegen des Missbrauchsskandals in der Uniklinik in Homburg setzte der Landtag am 28.8.2019 einen Untersuchungsausschuss ein. Es geht darum, wie die zuständigen Stellen mit den Verdachtsfällen umgegangen sind. Ein Assistenzarzt soll sich 2010 bis 2014 an bis zu 34 Kindern vergangen haben. Klinik und Staatsanwaltschaft hatten weder die Eltern der betroffenen Kinder noch die Aufsichtsbehörden informiert. Am 4.12. weitete das Parlament den Untersuchungsauftrag aus, nachdem ein weiterer möglicher Missbrauchsfall am Klinikum bekannt geworden war.
Die Stahlholding Saar kündigte am 27.9.2019 einen massiven Stellenabbau an: Innerhalb von drei Jahren sollen 1 500 der 14 000 Stellen wegfallen, weitere 1 000 Arbeitsplätze sollen ausgelagert werden. Einstimmig forderte der Landtag am 30.10. vom Bund und der EU einen besseren Schutz der heimischen Stahlindustrie.
Mit dem Saarlandpakt, den der Landtag am 30.10.2019 einstimmig verabschiedete, übernahm das Land die Hälfte der kommunalen Schulden. Insgesamt wurden die Kommunen um 1 Mrd. € entlastet. Gleichzeitig verpflichteten sich die Kommunen, die verbliebenen Kredite innerhalb von 45 Jahren abzubauen.
Das neue Kommunalabgabengesetz, das der Landtag mit den Stimmen von CDU und SPD am 12.2.2020 verabschiedete, gab den Kommunen die Möglichkeit, durch eine Tourismusabgabe zusätzliche Einnahmen zu erzielen. Außerdem wurde es leichter, Straßenausbaubeiträge jährlich zu erheben statt hohe Einmalbeträge einzufordern.
Gegen den Ärztemangel auf dem Land beschloss der Landtag am 13.5.2020 eine **Landarztquote**: 7.8 % der Medizinstudienplätze sollen an Bewerber vergeben werden, die sich verpflichten, zehn Jahre in unterversorgten Räumen des Saarlands zu arbeiten. Hält sich jemand nicht daran, wird eine Vertragsstrafe von 250 000 € fällig.
In der Corona-Krise war die Schließung der Grenzen zu Luxemburg und Frankreich ab dem 16.3.2020 eine besondere Herausforderung. Nur noch Berufspendler durften ins Nachbarland. Im Saarland galt ab dem 20.3. eine allgemeine Ausgangssperre. Das Landesverfassungsgericht hob sie am 28.4. auf, weil eine Ausgangsperre unverhältnismäßig sei im Vergleich zu den Kontaktbeschränkungen in anderen Bundesländern.
Um die Folgen de Corona-Krise abzumildern, beschloss der Landtag am 24.6.2020 einen **Nachtragshaushalt in Höhe von 2.1 Mrd. €**. Zuvor setzten die Abgeordneten die Schuldenbremse wegen der Notsituation außer Kraft. Der Haushalt enthielt Kreditermächtigungen von fast 1.2 Mrd. €.

Sachsen

Ländername	Freistaat Sachsen
Fläche in km²	18 450
Anzahl der Einwohner	4.1 Millionen
Einwohnerzahl pro km²	221
Hauptstadt	Dresden
Amtssprache	Deutsch, Sorbisch
Verwaltungsgliederung	10 Landkreise und 3 kreisfreie Städte
Wichtige Städte	Leipzig, Dresden, Chemnitz, Zwickau, Plauen, Görlitz
Gründungstag	3. Oktober 1990

Sachsen umfasst sowohl Flachland im Norden als auch Mittelgebirge im Süden. Im Osten grenzt Sachsen mit der Lausitzer Neiße an Polen und im Süden an die Tschechische Republik. Große Teile des Landes gehören zum Einzugsbereich der Elbe. Das Bundesland gliedert sich in die Regionen Sächsisches Burgen- und Heideland im Westen, Sächsisches Elbland in der Mitte, Oberlausitz/ Niederschlesien im Nordosten, Sächsische Schweiz südlich von Dresden sowie Erzgebirge und Vogtland im Südwesten. Die höchste Erhebung des Landes ist der 1215 Meter hohe Fichtelberg, der zweithöchste Berg des Erzgebirges.

GEOGRAFIE

Geografische Lage: Von 50° 10' bis 51° 40' nördlicher Breite sowie von 11° 54' bis 15° 01' östlicher Länge
Höchster Punkt: Fichtelberg 1215 m

POLITIK

Oberhaupt: Ministerpräsident Michael Kretschmer
Legislative: Landtag mit 119 für 5 Jahre gewählten Abgeordneten
Sitzverteilung: CDU 45, AfD 38, Die Linke 14, Grüne 12, SPD 10
Stimmen im Bundesrat: 4

BEVÖLKERUNG

Bevölkerungsanteil: <15 Jahre 13.3 %, 15-64 Jahre 60.6 %, >64 Jahre 26.1 %
Verteilung: Stadt 58.3 %, Land 41.7 %
Wachstum 2019: -0.7 %
Ausländeranteil: 5.3 %

WIRTSCHAFT UND VERKEHR

BIP: 128.1 Mrd. Euro
Wachstum BIP 2019: 0.5 %
BNE/Kopf: 30 557 Euro
Erwerbstätige nach Sektoren: Landwirtschaft 1.3 %, Industrie 26.8 %, Dienstleistungen 71.9 %
Arbeitslosenquote: 5.5 %

RÜCKBLICK

Der Landeswahlausschuss ließ wegen Formfehlern am 5.7.2019 nur 18 von 61 Kandidaten der AfD-Liste zur Landtagswahl zu. Dagegen klagte die AfD am 10.7. In einer einstweiligen Verfügung entschied der Verfassungsgerichtshof am 25.7., dass die AfD mit einer Liste von 30 Kandidaten antreten darf. Die Richter erkannten nur einen Teil der Formfehler an. Wegen der Kürzung der Liste legte die AfD am 11.10. außerdem Einspruch beim Wahlprüfungsausschuss ein. Am 30.10. setzte der Landtag mit den Stimmen der AfD einen Untersuchungsausschuss ein. Er soll klären, ob die Regierung den Landeswahlausschuss beeinflusst hat. CDU, SPD und Grüne enthielten sich, die Linke stimmte gegen den Ausschuss.
Bei der Landtagswahl am 1.9.2019 wurde die CDU von Ministerpräsident Michael Kretschmer trotz großer Verluste mit 32.1 % wieder stärkste Kraft. Auf dem zweiten Platz landete die AfD mit 25.7 % (+17.8), die ihr Ergebnis von 2014 fast verdreifachte. Wahlverlierer waren vor allem die Linke, die mit 10.8 % (-8.5) fast die Hälfte ihres Stimmanteils verlor, und die SPD, die mit 7.7 % erstmals in Sachsen unter die Zehn-Prozent-Marke und hinter die Grünen rutschte. Die Grünen verbesserten sich auf 8.6 % (+2.9). Auch FDP (4.5 %, +0.7) und Freie Wähler (3.4 %, +1.8) konnten Stimmanteile hinzugewinnen, verpassten aber den Einzug ins Parlament.
Nachdem Kretschmer vor der Wahl eine Zusammenarbeit mit der AfD und der Linken ausgeschlossen hatte, begannen am 16.9. **Sondierungsgespräche mit SPD und Grünen**. Am 21.10. starteten Koalitionsverhandlungen. Am 1.12. präsentierten die drei Parteien den **Koalitionsvertrag**. Er sah u. a. Investitionen in den Nahverkehr und die Digitalisierung vor sowie mehr Bürgerbeteiligung und mehr Polizisten. SPD und Grüne erhielten jeweils zwei Ressorts, die CDU sechs. Am 20.12. wählte der Landtag Kretschmer mit 61 von 118 Stimmen wieder zum Ministerpräsidenten. Damit stimmte nicht jeder der 67 Abgeordneten der Kenia-Koalition für ihn.
Noch vor der Wahl reichten Linke und Grüne am 7.8.2019 Klage gegen das neue **Polizeigesetz** beim Verfassungsgerichtshof ein. Beide Parteien sehen in den erweiterten Befugnissen der Polizei, (u. a. bei der Überwachung von Einzelpersonen und Plätzen sowie der Datenspeicherung) einen schweren Eingriff in die Grundrechte. Der Landtag hatte die Reform im April 2019 beschlossen. Sie trat am 1.1.2020 in Kraft.
Der Landtag verabschiedete am 9.4.2020 mit den Stimmen aller Fraktionen einen **Nachtragshaushalt** in Höhe von 6.7 Mrd. €. Damit soll ein Sondervermögen eingerichtet werden, aus dem bis 2022 die Folgen der Corona-Krise bezahlt werden sollen.

Sachsen-Anhalt

Ländername	Sachsen-Anhalt
Fläche in km²	20 454
Anzahl der Einwohner	2.2 Millionen
Einwohnerzahl pro km²	108
Hauptstadt	Magdeburg
Amtssprache	Deutsch
Verwaltungsgliederung	11 Landkreise und 3 kreisfreie Städte
Wichtige Städte	Halle (Saale), Magdeburg, Dessau-Roßlau, Lutherstadt Wittenberg
Gründungstag	3. Oktober 1990

Sachsen-Anhalt hat Anteil am Norddeutschen Tiefland und an der deutschen Mittelgebirgsschwelle. Es erstreckt sich von der Altmark im Norden über die Magdeburger Börde und das Harzer Mittelgebirge bis hin zum Thüringer Vorland. Größter Fluss ist die Elbe, sie durchfließt Sachsen-Anhalt auf einer Länge von etwa 300 Kilometern. Die Hauptnebenflüsse sind Mulde, Saale und Havel. Neben einigen natürlichen Seen sind vor allem die in den Braunkohlerevieren entstandenen Seen von Bedeutung. Die höchste Erhebung des Landes ist der Brocken mit 1141 Metern Meereshöhe im Nationalpark Hochharz.

GEOGRAFIE

Geografische Lage: Von 50° 56' bis 53° 03' nördlicher Breite sowie von 10° 34' bis 13° 14' östlicher Länge
Höchster Punkt: Brocken 1141 m

POLITIK

Oberhaupt: Ministerpräsident Dr. Reiner Haseloff
Legislative: Landtag mit 87 für 5 Jahre gewählten Abgeordneten
Sitzverteilung: CDU 30, AfD 21, Die Linke 16, SPD 11, Grüne 5, Fraktionslos 4
Stimmen im Bundesrat: 4

BEVÖLKERUNG

Bevölkerungsanteil: <15 Jahre 12.2 %, 15-64 Jahre 61.3 %, >64 Jahre 26.5 %
Verteilung: Stadt 35.4 %, Land 64.6 %
Wachstum 2019: 0.2 %
Ausländeranteil: 5.3 %

WIRTSCHAFT UND VERKEHR

BIP: 63.5 Mrd. Euro
Wachstum BIP 2019: 0.2 %
BNE/Kopf: 29 141 Euro
Erwerbstätige nach Sektoren: Landwirtschaft 2 %, Industrie 25.9 %, Dienstleistungen 72.1 %
Arbeitslosenquote: 7.1 %

RÜCKBLICK

Aus antisemitischen Motiven versuchte am 9.10.2019 ein Mann, schwer bewaffnet, am jüdischen Feiertag Jom Kippur in die **Synagoge von Halle** einzudringen und dort möglichst viele Menschen zu erschießen. Als ihm dies nicht gelang, erschoss er eine Passantin und den Gast eines Döner-Imbisses. Auf seiner Flucht verletzte er zwei Menschen lebensgefährlich. Polizeibeamte nahmen ihn fest. Seine Tat hatte der Mann im Internet angekündigt und mit einer Helmkamera gestreamt. Der Landtag setzte am 25.2.2020 einen Untersuchungsausschuss ein, der mögliche Versäumnisse der Polizei aufarbeiten soll. Am 17.4. erhob die Bundesanwaltschaft Anklage gegen den Täter.
Eine **Initiative gegen Lehrermangel** reichte am 14.10.2019 den Antrag auf ein **Volksbegehren** beim Innenministerium ein. Die Organisatoren wollten erreichen, das es einen festen Personalschlüssel für Lehrkräfte und pädagogische Mitarbeiter pro Schüler an Schulen gibt. Am 8.1.2020 begannen sie mit der Unterschriftensammlung. Für einen Erfolg mussten innerhalb eines halben Jahres 163 000 Unterschriften gesammelt werden. Wegen der Corona-Krise verlängerte die schwarz-rot-grüne Landesregierung am 26.5. die Frist bis zum 18.8. Den Organisatoren reichte das nicht. Sie kündigten am 7.7. an, vor das Landesverfassungsgericht zu gehen.
Das Oberlandesgericht lehnte am 23.10.2019 die Wiederaufnahme des Prozesses um den **Tod des Asylbewerbers Oury Jalloh** ab. Der an Händen und Füßen gefesselte Jalloh war 2005 unter dubiosen Umständen bei einem Brand in einer Zelle in Dessau gestorben. Als der Justizausschuss Richter und Staatsanwälte zu dem Fall befragen wollte, weigerten sich diese am 9.7.2020 aus verfassungsrechtlichen Bedenken zu erscheinen.
Der Windanlagenbauer Enercon stellte den Bau von Rotorblättern in Magdeburg ein. Wie am 8.11.2019 bekannt wurde, sollten 1 500 Arbeitsplätze wegfallen. In den kommenden Monaten schlossen auch mehrere Zulieferbetriebe oder entließen Personal.
Ministerpräsident Reiner Haseloff und Innenminister Holger Stahlknecht (beide CDU) kündigten am 22.11.2019 an, dass der **Polizeigewerkschaftsfunktionär Rainer Wendt** Staatssekretär im Innenministerium werden soll. Nach Protesten der Koalitionspartner platzte das Vorhaben (25.11.).
Am 3.6.2020 einigte sich die Koalition darauf, die umstrittenen **Straßenausbaubeiträge rückwirkend** zum 1.1.2020 **abzuschaffen**. Zuvor hatte die Volksinitiative „Faire Straße“ dem Landtag 38 000 Unterschriften für eine Abschaffung der Beiträge bereits zum 1.1.2019 übergeben.
Wegen der Corona-Krise verabschiedete der Landtag am 2.4.2020 einstimmig einen Nachtragshaushalt von 500 Mio. € zur Bewältigung der Pandemie.

Schleswig-Holstein

Ländername	Schleswig-Holstein
Fläche in km²	15 804
Anzahl der Einwohner	2.9 Millionen
Einwohnerzahl pro km²	183
Hauptstadt	Kiel
Amtssprache	Deutsch, Friesisch, Dänisch, Niederdeutsch
Verwaltungsgliederung	11 Landkreise und 4 kreisfreie Städte
Wichtige Städte	Kiel, Lübeck, Flensburg, Neumünster, Norderstedt
Gründungstag	23. August 1946

Wind, Wellen und der Wechsel von Ebbe und Flut prägen die Westküste Schleswig-Holsteins an der Nordsee. Ihr vorgelagert sind die Nordfriesischen Inseln, die Marschinseln und die Halligen sowie das Wattenmeer. Maßnahmen zur Landgewinnung wurden im Lauf der Jahrhunderte oft durch Sturmfluten zunichtegemacht. Deiche schützen die Küste nun vor diesen Naturgewalten. Das zweimal täglich überflutete Watt ist Lebensraum für Vögel, Fische und Seehunde. Ein Teil davon, das Schleswig-Holsteinische Wattenmeer, wurde 1985 als Nationalpark eingerichtet und ist seit 2009 UNESCO-Weltnaturerbe.

GEOGRAFIE

Geografische Lage: Kernland: Von 53° 22' bis 55° 04' nördlicher Breite sowie von 7° 55' bis 11° 19' östlicher Länge; Helgoland: Bei 54° 11' nördlicher Breite und 7° 54' östlicher Länge
Höchster Punkt: Bungsberg 167 m

POLITIK

Oberhaupt: Ministerpräsident Daniel Günther
Legislative: Landtag mit 73 für 5 Jahre gewählten Abgeordneten
Sitzverteilung: CDU 25, SPD 21, Grüne 10, FDP 9, AfD 5, SSW 3
Stimmen im Bundesrat: 4

BEVÖLKERUNG

Bevölkerungsanteil: <15 Jahre 13.3 %, 15-64 Jahre 63.7 %, >64 Jahre 23 %
Verteilung: Stadt 53.2 %, Land 46.8 %
Wachstum 2019: -0.4 %
Ausländeranteil: 9.1 %

WIRTSCHAFT UND VERKEHR

BIP: 97.8 Mrd. Euro
Wachstum BIP 2019: 1.1 %
BNE/Kopf: 37 844 Euro
Erwerbstätige nach Sektoren: Landwirtschaft 2.2 %, Industrie 19.8 %, Dienstleistungen 78 %
Arbeitslosenquote: 5.2 %

RÜCKBLICK

Das Uniklinikum Schleswig-Holstein mit 14 000 Beschäftigten und Standorten in Kiel und Lübeck bekommt mehr Geld. Am 12.11.2019 stimmte der Landtag einer Finanzspritze von bis zu 1 Mrd. € zu. Das Land übernahm 340 Mio. € Altschulden und genehmigte 400 Mio. € für künftige Investitionen. Außerdem wurde der jährliche Zuschuss bis 2028 von 23 auf 50 Mio € angehoben.
Eltern von Kita-Kindern wurden finanziell entlastet. Am 12.12.2019 beschloss der Landtag gegen die Stimmen der SPD die Kita-Reform. Danach sind die Beiträge ab dem 1.8.2020 gedeckelt. Für acht Stunden Betreuung fallen dann maximal 288 € für Unter-Dreijährige und 226 € für Über-Dreijährige an. Ein Geschwisterkind bekommt einen Bonus von 50 %, weitere Kinder sind beitragsfrei. Gleichzeitig wurden die Schließzeiten der Kitas auf maximal 20 Tage begrenzt, die Gruppen verkleinert und der Betreuungsschlüssel verbessert. Die Mehrkosten sollen aus Landes- und Bundesmitteln gedeckt werden.
Während der Corona-Krise schloss die Regierung die Grenzen für Touristen: Ab dem 15.5.2020 mussten Touristen die Inseln verlassen, ab dem 19.5. galt ein landesweites Tourismusverbot, das von Polizei und Ordnungsämtern kontrolliert wurde. Anders als in Mecklenburg-Vorpommern durften die Besitzer von Zweitwohnungen jedoch bleiben. Ab dem 18.5. öffnete sich das Land wieder für Touristen.
Der Landtag verabschiedete am 11.12.2019 **den Haushalt für 2020**. Er sah Ausgaben von 13 Mrd. € vor. U. a. waren Investitionen in Höhe von 1.3 Mrd. € vorgesehen. Neben der Jamaika-Koalition stimmte auch der oppositionelle SSW zu. Am 10.1.2020 gab Finanzministerin Monika Heinhold (Grüne) bekannt, das das Land **2019 einen Überschuss von 570 Mio. €** erwirtschaftet hat. Das Geld sollte neben der Schuldentilgung in Infrastruktur, Digitalisierung, Klimaschutz und Kita-Ausbau fließen. Während der Corona-Krise verabschiedete der Landtag **zwei Nachtragshaushalte** über insgesamt 1 Mrd. €: Die ersten Sondermittel (500 Mio. €) beschloss der Landtag am 18.3. einstimmig. Beim zweiten Mal enthielt sich die AfD.
Das Kabinett beschloss am 22.4.2020 den Entwurf für ein **neues Polizeigesetz**. Es regelt den Einsatz von Bodycams und Elektroschockern und ermöglicht anlasslose Personenkontrollen an der Grenze. Besonders umstritten waren die Regeln für den finalen Rettungsschuss: Er soll künftig auch 14-Jährige treffen dürfen. Am 17.6. beriet der Landtag erstmals über das Gesetz.

Thüringen

Ländername	Freistaat Thüringen
Fläche in km²	16 202
Anzahl der Einwohner	2.1 Millionen
Einwohnerzahl pro km²	132
Hauptstadt	Erfurt
Amtssprache	Deutsch
Verwaltungsgliederung	17 Landkreise und 6 kreisfreie Städte
Wichtige Städte	Erfurt, Jena, Gera, Weimar, Gotha, Eisenach, Nordhausen
Gründungstag	3. Oktober 1990

Die Mitte und der nordwestliche Teil Thüringens werden vom Thüringer Becken eingenommen, wo unter anderem die Unstrut fließt. Südlich davon erstrecken sich der Thüringer Wald und das Thüringer Schiefergebirge. Der Freistaat umfasst ebenso Teile der Rhön im Südwesten sowie Teile des Südharzes, den Kyffhäuser und einen Teil der Goldenen Aue im Norden. Im äußersten Nordwesten liegt das Eichsfeld. Die Ostthüringisch-Vogtländische Hochfläche wird von der Saale durchflossen. Im Nordosten befindet sich ein kleines Gebiet Thüringens in der Leipziger Tieflandsbucht.

GEOGRAFIE

Geografische Lage: Von 50° 12' bis 51° 38' nördlicher Breite sowie von 9° 53' bis 12° 39' östlicher Länge
Höchster Punkt: Großer Beerberg 983 m

POLITIK

Oberhaupt: Ministerpräsident Bodo Ramelow
Legislative: Landtag mit 90 für 5 Jahre gewählten Abgeordneten
Sitzverteilung: Die Linke 29, AfD 22, CDU 21, SPD 8, Grüne 5, FDP 5
Stimmen im Bundesrat: 4

BEVÖLKERUNG

Bevölkerungsanteil: <15 Jahre 12.7 %, 15-64 Jahre 61.6 %, >64 Jahre 25.7 %
Verteilung: Stadt 40 %, Land 60 %
Wachstum 2019: 0.3 %
Ausländeranteil: 5.4 %

WIRTSCHAFT UND VERKEHR

BIP: 63.9 Mrd. Euro
Wachstum BIP 2019: 0.2 %
BNE/Kopf: 30 558 Euro
Erwerbstätige nach Sektoren: Landwirtschaft 1.7 %, Industrie 29.9 %, Dienstleistungen 68.4 %
Arbeitslosenquote: 5.4 %

RÜCKBLICK

Bei der Landtagswahl am 27.10.2019 verbesserte sich die Linke von Ministerpräsident Bodo Ramelow gegenüber 2014 auf 31 % (+2.8) und wurde erstmals stärkste Kraft. Die SPD brach auf 8.2 % (-4.8) ein. Die Grünen schafften es mit 5.2 % (-0.5) wieder in den Landtag. Die größten Gewinne erzielte die AfD, die mit 23.4 % (+12.8) zweitstärkste Kraft wurde. Die CDU, die die letzte Wahl noch gewonnen hatte, verlor mit 21.7 % (-11.8) erdrutschartig und landete auf Platz 3. Die FDP zog denkbar knapp mit 5 % (+2.4) in den Landtag ein. In seiner konstituierenden Sitzung wählten die Abgeordneten am 26.11. mit Birgit Keller **erstmals eine linke Landtagspräsidentin**.

Damit hatte die bisherige **rot-rot-grüne Koalition keine Mehrheit mehr**. Da die CDU eine Koalition mit AfD und Linken ausgeschlossen hatte, gab es überhaupt keine stabile Regierungsoption. Gespräche zwischen Ramelow und CDU-Chef Mike Mohring am 12.1.2020 über eine Tolerierung brachten kein Ergebnis. Linke, SPD und Grüne einigten sich am 21.1.2020 auf eine **Minderheitsregierung** und unterzeichneten am 4.2. einen Koalitionsvertrag.

Am 5.2. wählte der Landtag den Ministerpräsidenten. Die AfD hatte den parteilosen Bürgermeister von Sundhausen, Christoph Kindervater, nominiert. Die FDP entschied, in einem dritten Wahlgang Landeschef Thomas Kemmerich ins Rennen zu schicken. Die CDU ging ohne Kandidaten in die Wahl. In den ersten beiden Wahlgängen war die absolute Mehrheit (46 Stimmen) nötig. Ramelow scheiterte mit 43 bzw. 44 Ja-Stimmen. Auf Kindervater entfielen 25 bzw. 24 Stimmen. Im dritten Wahlgang unterlag Ramelow (44) dem FDP-Kandidaten Kemmerich (45). Kindervater hatte keine einzige Stimme erhalten. Es gab eine Enthaltung.

Die Wahl eines FDP-Ministerpräsidenten mit den Stimmen der AfD löste bundesweite Empörung und eine Regierungskrise in Thüringen aus. Kemmerich schloss eine Zusammenarbeit mit der AfD aus, die übrigen Parteien wollten nicht mit ihm zusammenarbeiten. Er blieb einziges Mitglied der Landesregierung. Die Geschäfte führten die Staatssekretäre. Am 8.2. erklärte Kemmerich seinen Rücktritt, blieb jedoch bis zur Wahl eines neuen Ministerpräsidenten geschäftsführend im Amt.

Am 21.2. einigten sich Linke, SPD, Grüne und CDU auf **Ramelow als Ministerpräsidenten** sowie auf Neuwahlen erst am 25.4.2021. Bis dahin sollte Rot-Rot-Grün regieren und sich mit der CDU abstimmen. Bei der Wahl zum Ministerpräsidenten trat am 4.3. AfD-Fraktionschef Björn Höcke im ersten und zweiten Wahlgang gegen Ramelow an. Ramelow erhielt jeweils 42 Stimmen, Höcke 22. Im dritten Wahlgang wurde Bodo Ramelow mit 42 zu 23 Stimmen gewählt.

Dominica

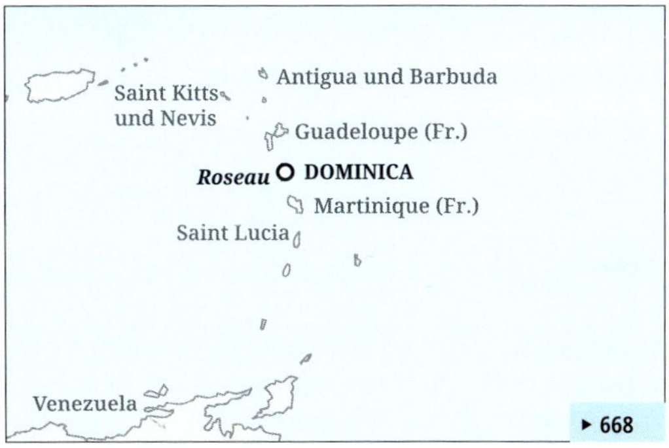

▸ 668

Ländername	Commonwealth Dominica
Zeitzone	MEZ -5 h
Fläche in km²	750
Anzahl der Einwohner	71 808
Einwohnerzahl pro km²	96
Hauptstadt	Roseau
Amtssprache	Englisch
Verwaltungsgliederung	10 Gemeinden
Wichtige Städte	Roseau, Portsmouth, Canefield, Marigot
Autokennzeichen | ISO-Code	WD | DMA
Währung	1 Ostkaribischer Dollar = 100 Cents
Nationalfeiertag	3. November

Dominica gilt mit seiner tropischen Tier- und Pflanzenwelt als die ursprünglichste Insel der Kleinen Antillen. Sie wurde 1493 von Christoph Kolumbus entdeckt. 1978 entließ die Kolonialmacht Großbritannien Dominica in die Unabhängigkeit.

GEOGRAFIE

Geografische Lage: Von 15° 14' bis 15° 38' nördlicher Breite sowie von 61° 15' bis 61° 29' westlicher Länge
Höchster Punkt: Morne Diablotins 1447 m
Klima: Feuchttropisches Klima

POLITIK

Staatsform: Parlamentarische Republik
Staatsoberhaupt: Präsident
Legislative: Versammlungshaus mit 21 für 5 Jahre gewählten und 9 ernannten Mitgliedern
Jahr der Verfassung: 1978
Wahlrecht: 18 Jahre
Staatsreligion: Keine

BEVÖLKERUNG

Bevölkerungsanteil: <15 Jahre 21.4 %, 15-64 Jahre 66.5 %, >64 Jahre 12.1 %
Verteilung: Stadt 70.8 %, Land 29.2 %
Wachstum 2019: 0.5 %
Lebenserwartung: Frauen 81 Jahre, Männer 75 Jahre
Alphabetenrate: Frauen 93.8 %, Männer 93.8 %
Ethnische Gruppen: Afrikaner, Mestizen, Indigene u. a.
Religionen: Christen 91.2 %, Sonstige 1.6 %
Sprachen: Englisch, Kreolisch

WIRTSCHAFT UND VERKEHR

BIP: 596.03 Mio. US-$
Wachstum BIP 2019: 5.7 %
BNE/Kopf: 8 381 US-$
Inflation: 1.6 %
Außenhandel: Import 310 Mio. US-$, Export 20 Mio. US-$
Erwerbstätige nach Sektoren: Keine Angabe
Arbeitslosenquote: Keine Angabe
Energieverbrauch/Kopf: Keine Angabe
Straßennetz: 1 512 km
Eisenbahnnetz: Keine Angabe

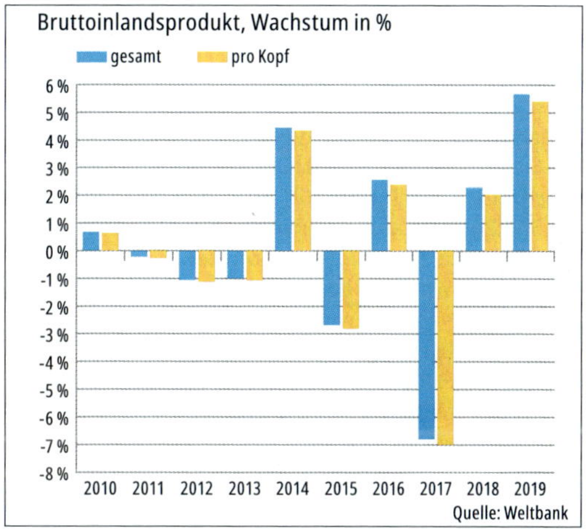

RÜCKBLICK

Bei der **Parlamentswahl** am 6.12.2019 errang die Regierungspartei Dominica Labour Party (DLP) von Ministerpräsident Roosevelt Skerrit mit 59 % der Stimmen einen Erdrutschsieg. Die DLP gewann 18 der 21 gewählten Mandate und damit 3 mehr als bei den Wahlen 2014. Die oppositionelle United Workers' Party (UWP) unter Lennox Linton erzielte 41 % und erhielt drei Mandate. Die DLP und die UWP waren die einzigen Parteien, die sich zur Wahl der Abgeordneten in dem Ein-Kammer-Parlament stellten. Die Wahlbeteiligung lag bei 53.7 %.

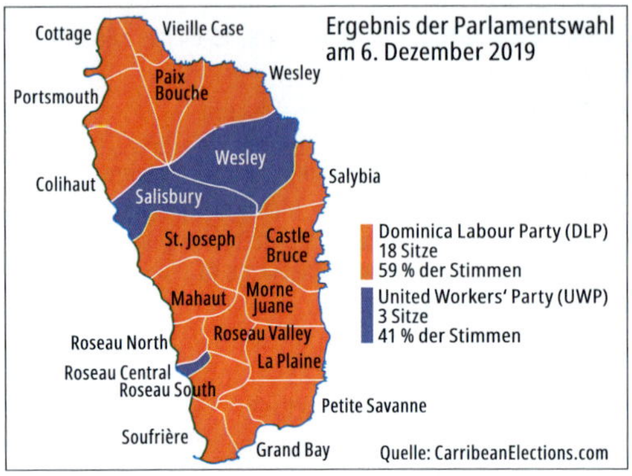

Dem Parlament von Dominica gehören neben den 21 gewählten Abgeordneten neun weitere, vom Staatsoberhaupt ernannte Parlamentsmitglieder an. Weitere Sitze entfallen auf ein Ex-Office-Mitglied und den Parlamentssprecher. Roosevelt Skerrit wurde am 7.12.2019 für eine weitere Amtszeit als Premierminister **vereidigt**. Zusätzlich übernahm er erneut den Posten des Finanzministers. Skerrit war 2004 nach dem Tod seines Vorgängers Pierre Charles erstmals als dessen Nachfolger zum Premierminister nominiert und bei den Wahlen 2005, 2009 und 2014 wiedergewählt worden. Seit 2004 ist er zudem Parteivorsitzender der DLP. Neuer Außenminister wurde Kenneth Darroux. Rayburn Blackmoore blieb weiterhin Sicherheits- und Innenminister. Premierminister Skerrit hatte den Termin für die Parlamentswahlen am 5.11.2019 bekannt gegeben und Parlamentspräsident Charles Savarin angewiesen, als Vorbereitung für die Wahl das Parlament am nächsten Tag aufzulösen. Nach der Verfassung musste die Wahl bis März 2020 abgehalten werden. Die Nominierung der Kandidaten erfolgte am 19.11.2019. Für die 21 Parlamentssitze stellten sich 42 Kandidaten – 13 Frauen und 29 Männer – zur Wahl.

Wirtschaft: Die Wirtschaft brach in Folge der Corona-Pandemie massiv ein. Nachdem der Internationale Währungsfonds für 2019 ein Wachstum von 5.7 % angegeben hatte, rechnete er im April 2020 für das laufende Jahr mit einem Einbruch um 4.7 %. Der IWF stellte dem Land im April 2020 einen Kredit in Höhe von 14 Mio. US-$ zur Begleichung von Schulden zur Verfügung. Das Land hatte bereits nach den Zerstörungen durch Hurrikan Maria am 19.9.2017 einen massiven Wirtschaftseinbruch erlitten.

Corona: Der erste bestätigte Fall von Covid-19 wurde am 22.3.2020 bekannt. Am 17.5. bestätigte die Regierung die Genesung des letzten der insgesamt 16 Infizierten. Es gab keine Todesfälle im Zusammenhang mit der Pandemie.

Dominikanische Republik

▸ 665

Ländername	Dominikanische Republik
Zeitzone	MEZ -5 h
Fläche in km²	48 670
Anzahl der Einwohner	10.7 Millionen
Einwohnerzahl pro km²	221
Hauptstadt	Santo Domingo
Amtssprache	Spanisch
Verwaltungsgliederung	10 Regionen
Wichtige Städte	Santo Domingo, Santiago de los Caballeros, Los Alcarrizos, Salvaleón de Higüey, Concepción de la Vega, San Cristóbal
Autokennzeichen | ISO-Code	DOM | DOM
Währung	1 Dominikanischer Peso = 100 Centavos
Nationalfeiertag	27. Februar

Der Karibikstaat, der von der tropischen Plantagenwirtschaft lebt, lockt seit dem Aufschwung der Tourismusindustrie Millionen von ausländischen Gästen an. Vom westlichen Nachbarn Haiti, mit dem sich die Dominikanische Republik die Insel Hispaniola teilt, hat sich das Land vor über 160 Jahren getrennt.

GEOGRAFIE

Geografische Lage: Von 17° 38' bis 19° 55' nördlicher Breite sowie von 68° 20' bis 72° westlicher Länge
Höchster Punkt: Pico Duarte 3098 m
Klima: Randtropisches Klima mit regenreichen Sommern

POLITIK

Staatsform: Präsidiale Republik
Staatsoberhaupt: Präsident
Legislative: Nationalkongress, bestehend aus Abgeordnetenkammer mit 190 für 4 Jahre gewählten Mitgliedern und Senat mit 32 für 4 Jahre gewählten Mitgliedern
Jahr der Verfassung: 2015
Wahlrecht: 18 Jahre
Staatsreligion: Christentum

BEVÖLKERUNG

Bevölkerungsanteil: <15 Jahre 27.7 %, 15-64 Jahre 65 %, >64 Jahre 7.3 %
Verteilung: Stadt 81.8 %, Land 18.2 %
Wachstum 2019: 1.1 %
Lebenserwartung: Frauen 78 Jahre, Männer 71 Jahre
Alphabetenrate: Frauen 93.8 %, Männer 93.8 %
Ethnische Gruppen: Mestizen, Europäer, Afrikaner u. a.
Religionen: Christen 69.1 %, Sonstige 2.2 %
Sprachen: Spanisch, Kreolisch

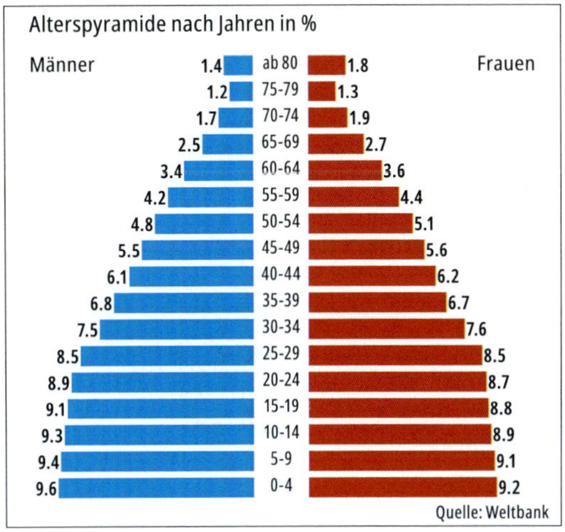

WIRTSCHAFT UND VERKEHR

BIP: 88.94 Mrd. US-$
Wachstum BIP 2019: 5 %
BNE/Kopf: 8 629 US-$
Inflation: 1.8 %
Außenhandel: Import 20.49 Mrd. US-$, Export 11.36 Mrd. US-$
Erwerbstätige nach Sektoren: Landwirtschaft 9 %, Industrie 19.9 %, Dienstleistungen 71.1 %
Arbeitslosenquote: 5.8 %
Energieverbrauch/Kopf: 752 kg ÖE
Straßennetz: 19 705 km
Eisenbahnnetz: 496 km

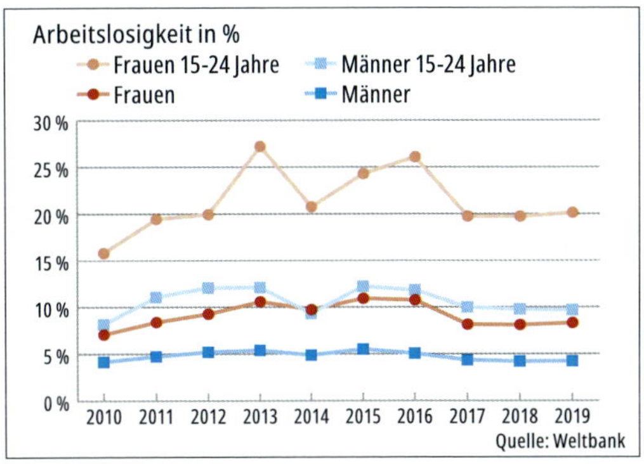

RÜCKBLICK

Vorwahlen: Bei den umstrittenen Vorwahlen zu den Präsidentschafts- und Parlamentswahlen am 6.10.2019 setzte sich bei der Regierungspartei Partido de la Liberación Dominicana (PLD) der ehemalige Minister für Öffentliche Arbeiten, Gonzalo Castillo Terrero (2015-19), durch. Luis Abinader Corona wurde erneut als Kandidat für den oppositionellen Partido Revolucionario Moderno (PRM) nominiert. Abinader war bereits bei den Präsidentschaftswahlen 2012 und 2016 erfolglos angetreten.

Neue Partei: Nach seiner Niederlage bei den Vorwahlen am 6.10.2019 trat der Vorsitzende des PLD, der dreimalige Präsident Leonel Fernández Reyna (1996-2000, 2004-12), aus dem von ihm gegründeten PLD aus. Er gründete die neue Bewegung La Fuerza del Pueblo (FP) und ließ sich zum Parteichef und Präsidentschaftskandidaten küren.

Kommunalwahlen: Die am 16.2.2020 abgehaltenen Kommunalwahlen wurden aufgrund technischer Probleme bei den elektronischen Wahlurnen vier Stunden nach Öffnung der Wahllokale abgebrochen. Die Regierungspartei PLD sprach von Sabotage. Bei anschließenden Ausschreitungen gab es mindestens 2 Todesopfer. Bei den am 15.3. neu angesetzten Wahlen setzte sich in der Hauptstadt Santo Domingo Carolina Mejía de Garrigó von der Oppositionspartei PRM durch.

Präsidentschafts- und Parlamentswahlen: Am 13.4.2020 verschob die Wahlbehörde aufgrund der Corona-Krise die für den 17.5.2020 geplanten Präsidentschafts- und Parlamentswahlen auf den 5.7.2020.

Wirtschaft: Bis zur Corona-Krise zeigte das Land ein stabiles Wachstum (2018: 7 %, 2019: 5 %), das sich auf den Tourismus stützte. 2019 besuchten 7.1 Mio. Touristen das Land und generierten Einnahmen in Höhe von 7.7 Mrd. US-$. Am 29.4.2020 genehmigte der IWF dem Land im Zuge der Corona-Krise einen Nothilfekredit (Rapid Financing Instrument) in Höhe von 650 Mio. US-$.

Corona: Am 1.3.2020 wurde der erste Covid-19-Fall bestätigt. Präsident Danilo Medina Sánchez rief am 17.3. den Notstand aus und ließ alle Schulen und Grenzen schließen. Am 20.3. verhängte er eine nächtliche Ausgangssperre. Erste Lockerungen erfolgten Mitte Mai: Ab dem 20.5. durfte in Unternehmen mit bis zu 50 Mitarbeitern und in der öffentlichen Verwaltung die Hälfte der Belegschaft wieder arbeiten.

Dschibuti

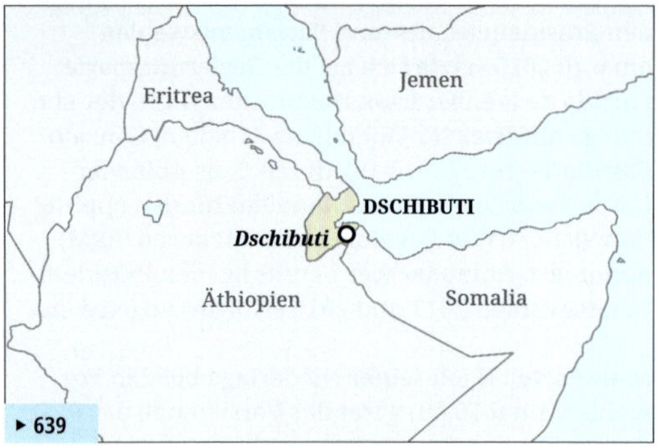

▸ 639

Ländername	Republik Dschibuti
Zeitzone	MEZ +2 h
Fläche in km²	23 200
Anzahl der Einwohner	973 560
Einwohnerzahl pro km²	42
Hauptstadt	Dschibuti
Amtssprache	Französisch, Arabisch
Verwaltungsgliederung	5 Regionen und 1 Stadt
Wichtige Städte	Dschibuti, Ali Sabieh, Tadjoura, Obock
Autokennzeichen | ISO-Code	DJI | DJI
Währung	1 Dschibuti-Franc = 100 Centimes
Nationalfeiertag	27. Juni

Der kleine Wüstenstaat hat am Horn von Afrika eine strategisch wichtige Lage. Dschibuti ist ein unwirtlicher Landstrich, der seinen Bewohnern ein entbehrungsreiches Leben abverlangt. Nach wie vor spielen die ökonomischen und politischen Beziehungen zum früheren Mutterland Frankreich eine entscheidende Rolle. Neben Frankreich sind auch die USA aus strategischen Gründen ständig in Dschibuti militärisch präsent.

GEOGRAFIE

Geografische Lage: Von 10° 56' bis 12° 43' nördlicher Breite sowie von 41° 46' bis 43° 25' östlicher Länge
Höchster Punkt: Moussa Ali 2028 m
Klima: Trockenheißes Klima

POLITIK

Staatsform: Präsidiale Republik
Staatsoberhaupt: Präsident
Legislative: Nationalversammlung mit 65 für 5 Jahre gewählten Mitgliedern
Jahr der Verfassung: 1992
Wahlrecht: 18 Jahre
Staatsreligion: Islam

BEVÖLKERUNG

Bevölkerungsanteil: <15 Jahre 29.2 %, 15-64 Jahre 66.2 %, >64 Jahre 4.6 %
Verteilung: Stadt 77.8 %, Land 22.2 %
Wachstum 2019: 1.6 %
Lebenserwartung: Frauen 70 Jahre, Männer 65 Jahre
Alphabetenrate: Frauen 60 %, Männer 58.4 %
Ethnische Gruppen: Somali, Afar u. a.
Religionen: Muslime 94 %, Christen 6 %
Sprachen: Französisch, Arabisch, Somali, Afar

WIRTSCHAFT UND VERKEHR

BIP: 3.32 Mrd. US-$
Wachstum BIP 2019: 7.5 %
BNE/Kopf: 2 936 US-$
Inflation: 3.3 %
Außenhandel: Import 887 Mio. US-$, Export 185 Mio. US-$
Erwerbstätige nach Sektoren: Landwirtschaft 33.1 %, Industrie 13.1 %, Dienstleistungen 53.8 %
Arbeitslosenquote: 10.3 %
Energieverbrauch/Kopf: Keine Angabe
Straßennetz: 2 893 km
Eisenbahnnetz: 92 km

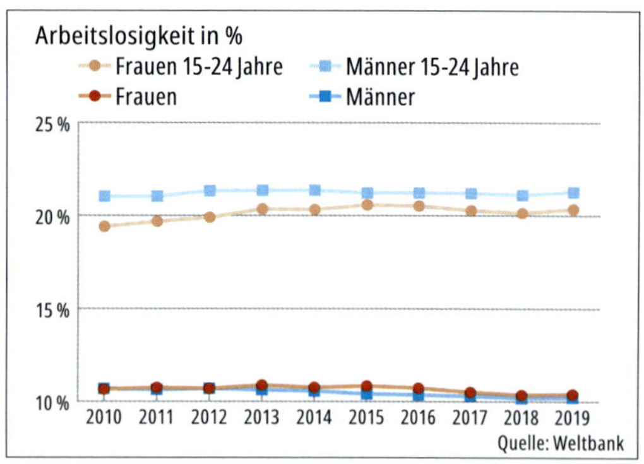

RÜCKBLICK

Überflutungen: Ende November 2020 kam es durch **anhaltende Regenfälle** zu schweren Überschwemmungen. Die Niederschlagsmenge eines Tages war so groß wie die durchschnittliche Menge von zwei Jahren. Dabei traten Flüsse über die Ufer, **Häuser und landwirtschaftliche Nutzflächen** wurden **zerstört**. Tausende von Menschen mussten vor dem Wasser fliehen, unzählige wurden zum Opfer der Fluten. Durch Fäkalien im Wasser drohte die Ausbreitung von Infektionskrankheiten. Klimaexperten werteten die Extremniederschläge als **Folge des Klimawandels**: Indem sich die Luft erwärme, könne sie mehr Feuchtigkeit halten, die dann wiederum als Regen niederfiele.

Wirtschaft: Dschibuti profitierte weiterhin von seiner wirtschaftlich wie geopolitisch **günstigen Lage am Horn von Afrika** an der Meerenge zwischen dem Golf von Aden und dem Roten Meer. Die Einnahmen aus dem **Transitgeschäft der Häfen**, die u. a. rund 80 % des äthiopischen Außenhandels abwickelten, und den verschiedenen im Land errichteten **ausländischen Militärbasen** kamen allerdings nur einer kleinen Elite zugute. Die große Mehrheit der Bevölkerung litt unter Armut. Vor dem Ausbruch der Corona-Pandemie prognostizierten Experten für 2020 ein Wirtschaftswachstum um 6 %. Durch Investitionen in infrastrukturelle Großprojekte und die Bildung einer 48 km² großen Freihandelszone **festigte die Volksrepublik China ihren Einfluss** in Dschibuti

Corona: Unter dem seit 1999 amtierenden Staatspräsidenten Ismaïl Omar Guelleh blieb das Land innenpolitisch stabil. Allerdings gefährdete auch hier die weltweite Corona-Pandemie die Lage. Am 18.3.2020 bestätigte die Regierung den ersten Covid-19-Fall. Am selben Tag wurde der zivile Luftverkehr eingestellt, zwei Tage später auch der Zugverkehr von und nach Äthiopien. Indem es am 23. März seine Grenzen am Boden, im Wasser und in der Luft für Ausländer schloss, **schottete sich** Dschibuti nach außen **ab**. Der Gütertransport blieb davon ausgenommen. Es folgten **Ausgangs- und Kontaktbeschränkungen** sowie die Schließung von Schulen, Geschäften und anderen öffentlichen Orten. Der Präsident kündigte am 10. Mai eine schrittweise Öffnung des Landes an, die Landesgrenzen sollten jedoch bis Ende August 2020 geschlossen bleiben. Auch die Wiederaufnahme des Flugverkehrs und des Schulunterrichts orientierte sich an diesem Datum.

Ecuador

▸ 667

Ländername	Republik Ecuador
Zeitzone	MEZ -6 h bis -7 h
Fläche in km²	256 370
Anzahl der Einwohner	17.4 Millionen
Einwohnerzahl pro km²	68
Hauptstadt	Quito
Amtssprache	Spanisch
Verwaltungsgliederung	24 Provinzen
Wichtige Städte	Guayaquil, Quito, Cuenca, Santo Domingo, Machala, Durán
Autokennzeichen | ISO-Code	EC | ECU
Währung	1 US-Dollar = 100 Cents
Nationalfeiertag	10. August

Auf kleinstem Raum zeigen Natur und Landschaft Ecuadors eine faszinierende Vielfalt. Die Wirtschaftsentwicklung hängt am Export von Erdöl, dessen Förderung im Amazonasgebiet zu gravierenden Umweltproblemen geführt hat und auf den Widerstand der indigenen Bevölkerung gestoßen ist. 2008 stimmte die Bevölkerung in einem Referendum einer neuen Verfassung zu, die die Rechte des Präsidenten stärkt.

GEOGRAFIE

Geografische Lage: Von 1° 27' nördlicher bis 4° 59' südlicher Breite sowie von 75° 15' bis 80° 58' westlicher Länge
Höchster Punkt: Chimborazo 6267 m
Zugehöriges: Galápagosinseln
Klima: Im Küstengebiet und östlichen Amazonastiefland feuchtheißes Tropenklima, im Hochland der Anden subtropisches bis gemäßigtes Klima

POLITIK

Staatsform: Präsidiale Republik
Staatsoberhaupt: Präsident
Legislative: Nationalversammlung mit 137 für 4 Jahre gewählten Mitgliedern
Jahr der Verfassung: 2008
Wahlrecht: 16 Jahre
Staatsreligion: Keine

BEVÖLKERUNG

Bevölkerungsanteil: <15 Jahre 27.7 %, 15-64 Jahre 64.9 %, >64 Jahre 7.4 %
Verteilung: Stadt 63.8 %, Land 36.2 %
Wachstum 2019: 1.8 %
Lebenserwartung: Frauen 80 Jahre, Männer 75 Jahre
Alphabetenrate: Frauen 92.1 %, Männer 93.8 %
Ethnische Gruppen: Mestizen, Indigene, Europäer, Afrikaner u. a.
Religionen: Christen 85.6 %, Sonstige 6.4 %
Sprachen: Spanisch, indigene Sprachen

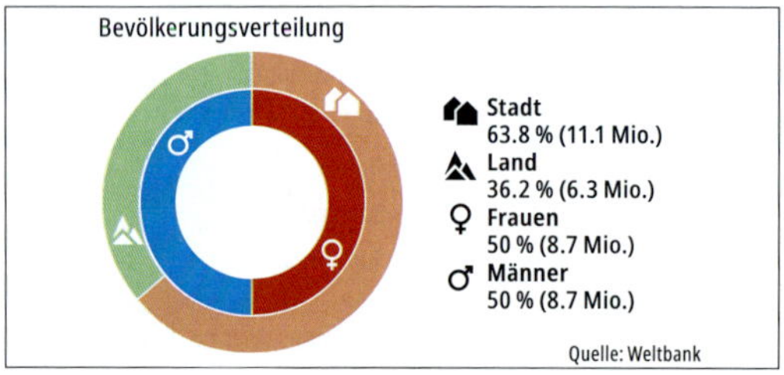

WIRTSCHAFT UND VERKEHR

BIP: 107.44 Mrd. US-$
Wachstum BIP 2019: 0.1 %
BNE/Kopf: 6 249 US-$
Inflation: 0.3 %
Außenhandel: Import 22.56 Mrd. US-$, Export 22.33 Mrd. US-$
Erwerbstätige nach Sektoren: Landwirtschaft 29.2 %, Industrie 18.3 %, Dienstleistungen 52.5 %
Arbeitslosenquote: 3.9 %
Energieverbrauch/Kopf: 889 kg ÖE
Straßennetz: 43 216 km
Eisenbahnnetz: 966 km

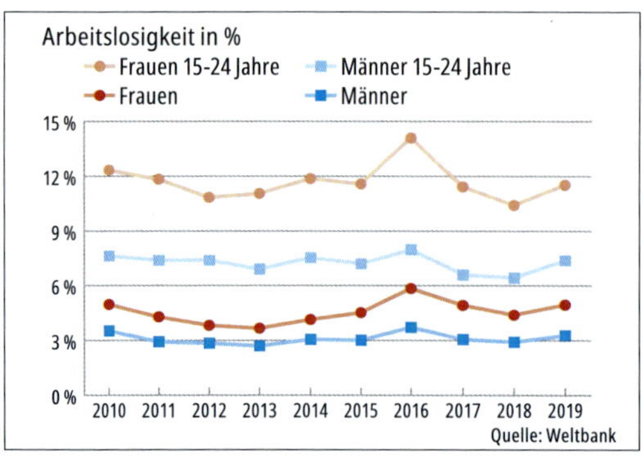

RÜCKBLICK

Correa: Das Oberste Gericht verurteilte am 7.2.2020 Ex-Präsident Rafael Correa Delgado (2007-17) in Abwesenheit zu einer Haftstrafe von 8 Jahren sowie einem 25-jährigen Verbot, öffentliche Ämter zu übernehmen. Correa wurde vorgeworfen, zusammen mit seinem Vize-Präsidenten Jorge Glas und 17 weiteren Beschuldigten 2012-16 an einem Bestechungsring beteiligt gewesen zu sein und von Unternehmen Geld für die Vergabe von Staatsaufträgen angenommen zu haben. Damit habe Correa u. a. seinen Wahlkampf 2013 finanziert. Insgesamt sollen rund 7 Mio. US-$ an Schmiergeldern geflossen und dem Staat Verluste in Höhe von 21 Mio. US-$ entstanden sein. Correa kündigte eine Revision an, sprach von politischer Verfolgung und sah das Urteil als Mittel, seine für die Präsidentschaftswahl 2021 geplante Kandidatur zu verhindern. Correa konnte verfassungsgemäß bei den letzten Wahlen 2017 nach zweimaliger Amtszeit nicht erneut kandidieren. Sein Nachfolger Lenín Moreno Garcés, der unter Correa Vizepräsident gewesen war, hatte im April 2018 ein Referendum durchgeführt, in dem sich das Volk gegen eine unbegrenzte Wiederwahl eines Präsidenten ausgesprochen hatte. Correa lebt seit 2017 mit seiner belgischen Frau in Belgien.

Gleichgeschlechtliche Ehe: Am 9.7.2019 trat ein Gesetz in Kraft, das die gleichgeschlechtliche Ehe erlaubt. Am 12.6.2019 hatte das Verfassungsgericht die Einführung der gleichgeschlechtlichen Ehe zum Ausschluss von Diskriminierung beschlossen. Ecuador war das fünfte Land in Südamerika, das die gleichgeschlechtliche Ehe einführte.

Proteste: Im Oktober 2019 erlebte das Land eine Welle gewalttätiger Proteste und Plünderungen. Präsident Lenín Moreno Garcés hatte am 1.10.2019 nach 40 Jahren **Subventionen von Treibstoffen** abgeschafft. Die Preise für Diesel stiegen dadurch um das Doppelte und die von Benzin um rund ein Viertel. Die Proteste gingen am 3.10. von Taxi- und Transportunternehmen aus, die ihren Streik nach 2 Tagen beendeten. Anschließend führte die Indigenenorganisation Conaie die Proteste fort. Wichtige Überlandverbindungen wurden unterbrochen und drei staatliche Ölfelder besetzt. Am 3.10. verhängte Präsident Moreno einen 60-tägigen Ausnahmezustand. Nach schweren Auseinandersetzungen vor dem Regierungssitz in Quito verlegte die Regierung ihren Sitz am 7.10. kurzfristig nach Guayaquil. Nachdem Moreno am 13.10. den Subventionsabbau zurückgenommen hatte, erklärte Conaie die Proteste für beendet. Bei den Protesten kamen mindestens 7 Menschen ums Leben, 1 340 Menschen wurden verletzt und 1 152 Personen festgenommen. Moreno beschuldigte seinen Amtsvorgänger Rafael Correa und den venezolanischen Präsidenten Nicolás Maduro, die Proteste angezettelt zu haben, um einen Staatsstreich vorzubereiten. Die Regierung erhoffte sich durch die Abschaffung der Benzinpreissubventionen Einsparungen in Höhe von jährlich 1.5 Mrd. US-$. Damit wollte sie Verpflichtungen erfüllen, die der IWF an eine Kreditvergabe geknüpft hatte. Der IWF hatte dem Land am 11.3.2019 einen **Extended-Fund-Facility-(EFF)-Kredit** in Höhe von 4.2 Mrd. US-$ und einer Laufzeit von 36 Monaten gewährt. Die Regierung beschloss am 17.11.2019 weitere Sparmaßnahmen im Parlament und konnte im Dezember 2019 eine Tranche in Höhe von 498.4 Mio. US-$ des Kredits abrufen.

Wirtschaft: 2019 stagnierte die Wirtschaft (BIP: +0.1 %), im April 2020 ging der IWF angesichts der Corona-Krise für das laufende Jahr von einem Wirtschaftseinbruch von 6.7 % aus. Ecuador hängt in hohem Maße von Erdölexporten ab und litt stark unter dem Preisverfall im Erdölsektor. Am 1.5.2020 gewährte der IWF dem Land im Zuge der Corona-Krise einen zusätzlichen Kredit als Nothilfekredit (RFI) in Höhe von rund 643 Mio. US-$. Der IWF schätzte das Haushaltsdefizit für 2020 auf 8.4 % des BIP und für 2021 auf 7.6 %.

Corona: Ecuador zählte früh zu den am meisten von der Corona-Pandemie betroffenen Ländern der Region. Der erste Covid-19-Fall wurde am 29.2.2020 bestätigt. Am 12.3. traten eine Reihe von Maßnahmen wie die Schließung der Schulen, ein Einreiseverbot für Ausländer und ein Veranstaltungsverbot in Kraft. Die Regierung verhängte am 17.3. eine landesweite Ausgangssperre zwischen 14 und 5 Uhr und am 6.4. eine Maskenpflicht im öffentlichen Raum. Dennoch breitete sich das Virus weiter aus. Am 21.3. trat Gesundheitsministerin Catalina Andramuño von ihrem Amt zurück. Nachfolger wurde Juan Carlos Zevallos López. Besonders von der Pandemie betroffen war die Provinz Guayas mit Guayaquil, der größten Stadt des Landes. Bereits am 26.3. verzeichnete die Provinz 1 000 Infektionen. In der Hafenstadt arbeitet ein Großteil der Bevölkerung im informellen Sektor. Die Regierung schickte 3 300 Soldaten und Polizisten in die Provinz, um die Ausgangssperre zu kontrollieren. Presseberichte zeigten Anfang April in Guayaquil Leichen, die von Angehörigen auf die Straße gelegt wurden. Krankenhäuser und Leichenhallen waren überfüllt.

El Salvador

▸ 666

Ländername	Republik El Salvador
Zeitzone	MEZ -7 h
Fläche in km²	21 040
Anzahl der Einwohner	6.5 Millionen
Einwohnerzahl pro km²	307
Hauptstadt	San Salvador
Amtssprache	Spanisch
Verwaltungsgliederung	14 Departamentos
Wichtige Städte	San Salvador, Soyapango, Santa Ana, San Miguel, Mejicanos, Apopa
Autokennzeichen | ISO-Code	ES | SLV
Währung	1 US-Dollar = 100 Cents
Nationalfeiertag	15. September

Nach dem blutigen Bürgerkrieg von 1979-92 ist der Frieden in den kleinen zentralamerikanischen Staat zurückgekehrt. Die einstige Guerillabewegung FMLN ist heute im Parlament vertreten und konnte 2009 erstmals die Präsidentschaftswahlen gewinnen. An den extremen Unterschieden zwischen Arm und Reich hat sich dagegen nichts geändert.

GEOGRAFIE

Geografische Lage: Von 13° 10' bis 14° 26' nördlicher Breite sowie von 87° 43' bis 90° 06' westlicher Länge
Höchster Punkt: El Pital 2730 m
Klima: An der Küste tropisch, im Hochland gemäßigt

POLITIK

Staatsform: Präsidiale Republik
Staatsoberhaupt: Präsident
Legislative: Legislativversammlung mit 84 für 3 Jahre gewählten Mitgliedern
Jahr der Verfassung: 1983
Wahlrecht: 18 Jahre
Staatsreligion: Keine

BEVÖLKERUNG

Bevölkerungsanteil: <15 Jahre 27.1 %, 15-64 Jahre 64.6 %, >64 Jahre 8.3 %
Verteilung: Stadt 72.7 %, Land 27.3 %
Wachstum 2019: 0.5 %
Lebenserwartung: Frauen 78 Jahre, Männer 69 Jahre
Alphabetenrate: Frauen 86.7 %, Männer 90.6 %
Ethnische Gruppen: Mestizen, Europäer u. a.
Religionen: Christen 86 %, Sonstige 2 %
Sprachen: Spanisch

WIRTSCHAFT UND VERKEHR

BIP: 27.02 Mrd. US-$
Wachstum BIP 2019: 2.5 %
BNE/Kopf: 4 008 US-$
Inflation: 0.1 %
Außenhandel: Import 12.02 Mrd. US-$, Export 5.94 Mrd. US-$
Erwerbstätige nach Sektoren: Landwirtschaft 16.3 %, Industrie 22.1 %, Dienstleistungen 61.6 %
Arbeitslosenquote: 4.1 %
Energieverbrauch/Kopf: 646 kg ÖE
Straßennetz: 9 012 km
Eisenbahnnetz: 562 km

Bruttoinlandsprodukt, Wachstum in %

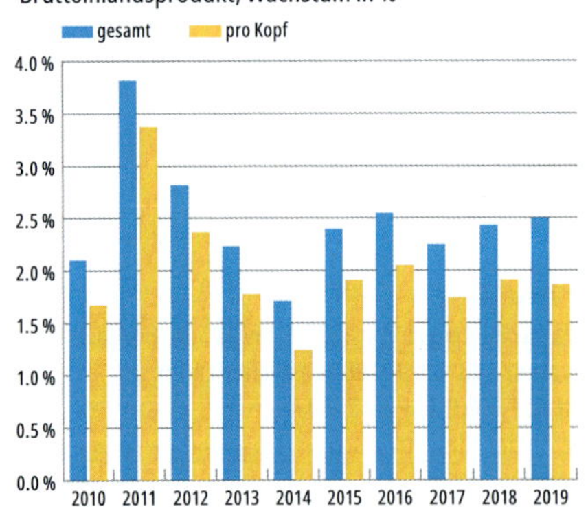

Quelle: Weltbank

RÜCKBLICK

Abtreibungsverbot: Für internationales Aufsehen sorgte am 19.8.2019 die Freilassung der im Juli 2017 zu 30 Jahren Haft verurteilten Evelyn Hernández Cruz. Die damals 18-Jährige war von Mitgliedern einer Jugendbande vergewaltigt worden und hatte während ihrer anschließenden Schwangerschaft eine Fehlgeburt erlitten. Das Oberste Gericht hatte das Urteil annulliert und eine Wiederholung des Prozesses gefordert. Seit 1998 gilt in El Salvador ein absolutes Abtreibungsverbot. Zahlreiche Frauen wurden seitdem wegen Fehl- oder Totgeburten zu langjährigen Haftstrafen verurteilt.

Asylabkommen: Am 20.9.2019 schloss Außenministerin Alexandra Hill Tinoco mit den USA ein Abkommen, das den USA erlaubt, Asylbewerber, die auf dem Weg in die USA durch El Salvador gekommen sind, dorthin zurückzuschicken, um Asyl zu beantragen. Das betrifft insbesondere Flüchtlinge aus Nicaragua und Kuba. Jedes Jahr fliehen Hunderttausende aus El Salvador und seinen Nachbarländern über Mexiko in die USA.

Außenpolitik: Unter der Regierung des seit 1.6.2019 amtierenden Präsidenten Nayib Bukele Ortez gab es einen Richtungswechsel in der Außenpolitik. Am 2.11.2019 verwies Bukele alle venezolanischen Diplomaten des Landes. Zuvor hatte er den venezolanischen Oppositionsführer Juan Guaidó als Interimspräsidenten anerkannt.

Corona: Eine Woche vor Bestätigung des ersten Covid-19-Falls am 18.3.2020 verhängte Präsident Nayib Bukele den nationalen Notstand und verbot Ausländern die Einreise. Am 21.3. ordnete der Präsident einen totalen Lockdown an. Gleichzeitig kündigte er für 3 Monate eine kostenlose Versorgung mit Wasser, Strom und Internet sowie eine Einmalzahlung von 300 US-$ an 1.5 Mio. arme Haushalte an. Verstöße gegen die Ausgangssperre wurden mit bis zu 30 Tagen Haft belegt. Bis Anfang April waren über 2 000 Personen verhaftet worden. Am 15.4. widersetzte sich Bukele öffentlich dem obersten Gerichtshof, der diese Festnahmen aufgrund mangelnder Abstimmung im Parlament verbot. Nachdem am 24.4. trotz Ausgangssperre 24 Morde begangen wurden, ließ Bukele in Gefängnissen einsitzende rivalisierende Bandenmitglieder in gemeinsame Zellen zusammenführen. Für weltweite Kritik sorgten Bilder von Hunderten von Häftlingen, die nur mit Unterhose und Mundschutz bekleidet eng zusammengepfercht auf dem Boden sitzen. Mitte April gewährte der IWF dem Land einen Nothilfekredit in Höhe von 389 Mio. US-$. Es war der erste IWF-Kredit seit 3 Jahrzehnten.

Elfenbeinküste

▸ 636

Ländername	Republik Côte d'Ivoire
Zeitzone	MEZ -1 h
Fläche in km²	322 460
Anzahl der Einwohner	25.7 Millionen
Einwohnerzahl pro km²	80
Hauptstadt	Yamoussoukro
Regierungssitz	Abidjan
Amtssprache	Französisch
Verwaltungsgliederung	12 Distrikte und 2 autonome Stadtdistrikte
Wichtige Städte	Abidjan, Bouaké, Daloa, Korhogo, Yamoussoukro, San-Pédro
Autokennzeichen | ISO-Code	CI | CIV
Währung	1 CFA-Franc BCEAO = 100 Centimes
Nationalfeiertag	7. August

Unter Präsident Félix Houphouët-Boigny, dem „Vater der Nation“, erlebte die ehemalige französische Kolonie nach afrikanischen Maßstäben ein kleines Wirtschaftswunder. Doch durch die Machtkämpfe seiner Nachfolger wurde das Erreichte wieder verspielt. 2002 zerbrach das Land in einen von der Regierung kontrollierten Süden und einen von Rebellen gehaltenen Norden. Nach dem Friedensabkommen von 2007 kam die innenpolitische Stabilisierung nur in kleinen Schritten voran.

GEOGRAFIE

Geografische Lage: Von 4° 21' bis 10° 43' nördlicher Breite sowie von 2° 30' bis 8° 36' westlicher Länge
Höchster Punkt: Mont Nimba 1752 m
Klima: Feuchttropisches Savannenklima

POLITIK

Staatsform: Präsidiale Republik
Staatsoberhaupt: Präsident
Legislative: Parlament, bestehend aus Nationalversammlung mit 225 für 5 Jahre gewählten Mitgliedern und Senat mit 66 für 5 Jahre gewählten und 33 ernannten Mitgliedern
Jahr der Verfassung: 2016
Wahlrecht: 18 Jahre
Staatsreligion: Keine

BEVÖLKERUNG

Bevölkerungsanteil: <15 Jahre 41.9 %, 15-64 Jahre 55.2 %, >64 Jahre 2.9 %
Verteilung: Stadt 51.2 %, Land 48.8 %
Wachstum 2019: 2.6 %
Lebenserwartung: Frauen 59 Jahre, Männer 57 Jahre
Alphabetenrate: Frauen 40.5 %, Männer 53.7 %
Ethnische Gruppen: Akan, Gur, Mande, Kru u. a.
Religionen: Muslime 42.9 %, Christen 33.9 %, Ethnische 3.6 %
Sprachen: Französisch, Regionalsprachen

WIRTSCHAFT UND VERKEHR

BIP: 58.79 Mrd. US-$
Wachstum BIP 2019: 6.9 %
BNE/Kopf: 1 691 US-$
Inflation: -1.1 %
Außenhandel: Import 10.49 Mrd. US-$, Export 12.72 Mrd. US-$
Erwerbstätige nach Sektoren: Landwirtschaft 40 %, Industrie 13.2 %, Dienstleistungen 46.8 %
Arbeitslosenquote: 3.3 %
Energieverbrauch/Kopf: 613 kg ÖE
Straßennetz: 81 996 km
Eisenbahnnetz: 660 km

RÜCKBLICK

Wirtschaft: 2019 konnte weiterhin, wie auch schon in den Vorjahren, ein **stabil hohes Wachstum** des Bruttoinlandsprodukts verzeichnet werden. Trotz eines Wachstums von über 6 % konnte die erhöhte Produktion nicht in eine Steigerung der gesamtgesellschaftlichen Wohlfahrt übersetzt werden. Der Anteil der Menschen **unterhalb der Armutsgrenze** liegt bei 46.3 %. Für 2020 wurde ein temporäres aber deutliches Einbrechen der Wirtschaftsleistung prognostiziert.

Kakaoproduktion: Im September 2019 schlossen die Regierungen der Elfenbeinküste und Ghanas einen Vertrag zur **Festsetzung eines Minimalpreises** von 2 600 US-$ pro Tonne beim Verkauf von Kakao.

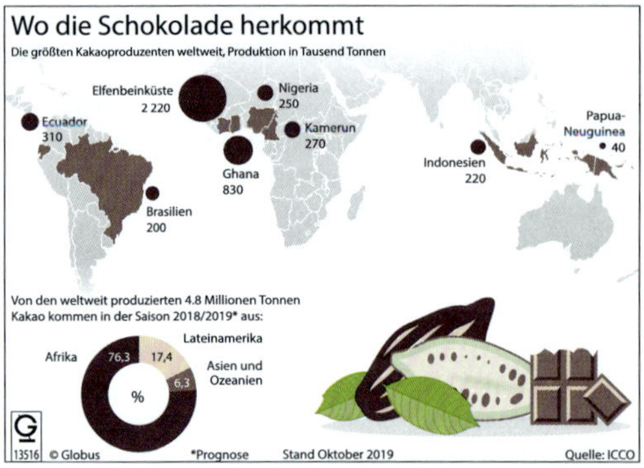

Das sollte der Steigerung und Stabilisierung des Weltmarktpreises und der Umsätze der lokalen Landwirte dienen. Die beiden Staaten haben zusammen einen Anteil von 62 % am Weltmarkt für Kakao.

Präsidentschaftskandidatur/Anschuldigungen: Anfang März 2020 kündigte Präsident **Alassane Ouattara** an, sich nicht um eine dritte Amtszeit zu bewerben. Die Opposition hatte bereits für den Fall seines Antritts Proteste angekündigt, Beobachter hatten von Eskalationspotential berichtet. Eine Woche später bestätigte die Regierungspartei Rassemblement des Houphouëtistes pour la démocratie et la paix (RHDP), dass dafür Premierminister **Amadou Gon Coulibaly** antreten wird. Daneben hatte 2019 bereits **Guillaume Soro** seine Kandidatur angekündigt. Soro ist ehemaliger Rebellenführer (Mouvement patriotique de Côte d'Ivoire, MPCI) und hatte zwischen 2007 und 2012 bereits das Amt des Premier- beziehungsweise Verteidigungsministers inne. Im November 2019 wurde er wegen **Korruption angeklagt** und am 23.12.2019 wurde ein **Haftbefehl** gegen ihn ausgesprochen, wegen eines angeblichen Versuchs, die Regierung zu stürzen und Rebellen aufzuwiegeln. Soro floh daraufhin ins Exil nach Ghana. Im April 2020 wurde er schließlich wegen Korruption zu 20 Jahren Haft verurteilt, weswegen er nicht bei der geplanten Präsidentschaftswahl Ende 2020 antreten darf. Beobachter sprachen von einem potentiell politisch beeinflussten Urteil.

Verfahren gegen Laurent Gbagbo: Der vor dem internationalen Strafgerichtshof (IStGH) angeklagte ehemalige Präsident Laurent Gbagbo wurde im Januar 2019 **freigesprochen.** Beobachter sprachen dabei von Verfahrensfehlern. Die Chefanklägerin Fatou Bensouda legte im September 2019 **Berufung** gegen den Freispruch ein und forderte ein neues Verfahren.

Eritrea

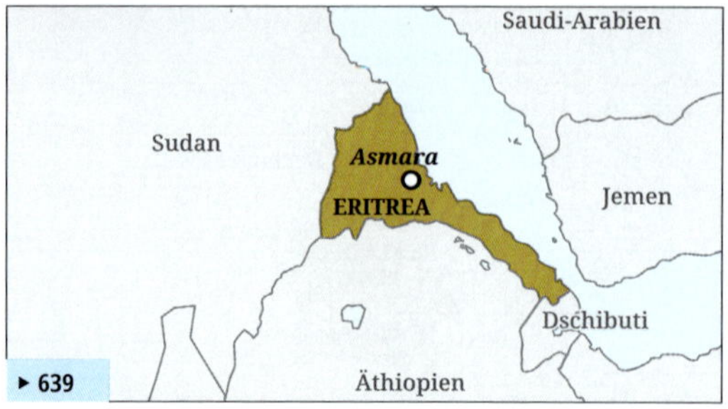

▸ 639

Ländername	Staat Eritrea
Zeitzone	MEZ +2 h
Fläche in km²	117 600
Anzahl der Einwohner	5.8 Millionen
Einwohnerzahl pro km²	49
Hauptstadt	Asmara
Amtssprache	Tigrinya, Arabisch, Englisch
Verwaltungsgliederung	6 Regionen
Wichtige Städte	Asmara, Keren, Akordat, Dekemhare, Mendefera
Autokennzeichen | ISO-Code	ER | ERI
Währung	1 Nakfa = 100 Cents
Nationalfeiertag	24. Mai

Der Name Eritrea leitet sich vom griechischen Erythra Thalassa ab und bedeutet „Rotes Meer". 30 Jahre Krieg haben den drittjüngsten souveränen Staat Afrikas nahezu ruiniert. Nun versuchen seine Bewohner ihr zerstörtes Land möglichst aus eigener Kraft wieder aufzubauen. 2018 wurde mit dem Nachbarn Äthiopien ein Friedensvertrag unterzeichnet und die diplomatischen Beziehungen wieder aufgenommen.

GEOGRAFIE

Geografische Lage: Von 12° 23' bis 18° nördlicher Breite sowie von 36° 26' bis 43° 07' östlicher Länge
Höchster Punkt: Soira 3018 m
Klima: Trockenheißes Halbwüstenklima, im Hochland tropisch

POLITIK

Staatsform: Präsidiale Republik
Staatsoberhaupt: Präsident
Legislative: Nationalversammlung mit 150 für 5 Jahre gewählten Mitgliedern
Jahr der Verfassung: 1997
Wahlrecht: 18 Jahre
Staatsreligion: Keine

BEVÖLKERUNG

Bevölkerungsanteil: <15 Jahre 40.2 %, 15-64 Jahre 55.7 %, >64 Jahre 4.1 %
Verteilung: Stadt 35.8 %, Land 64.2 %
Wachstum 2019: 1.4 %
Lebenserwartung: Frauen 69 Jahre, Männer 64 Jahre
Alphabetenrate: Frauen 68.9 %, Männer 84.4 %
Ethnische Gruppen: Tigrinya, Tigre, Saho, Kunama, Rashaida, Bilen u. a.
Religionen: Muslime 50.2 %, Christen 47.9 %
Sprachen: Tigrinya, Arabisch, Englisch, Tigre, Afar u. a.

WIRTSCHAFT UND VERKEHR

BIP: 2.11 Mrd. US-$
Wachstum BIP 2019: 3.1 %
BNE/Kopf: 343 US-$
Inflation: -16.4 %
Außenhandel: Import 1.16 Mrd. US-$, Export 744 Mio. US-$
Erwerbstätige nach Sektoren: Landwirtschaft 61.2 %, Industrie 8.4 %, Dienstleistungen 30.4 %
Arbeitslosenquote: 5.1 %
Energieverbrauch/Kopf: 236 kg ÖE
Straßennetz: 16 010 km
Eisenbahnnetz: 306 km

RÜCKBLICK

Beziehung zu Äthiopien: Ein auch im Alltag der Menschen spürbarer Friedensprozess mit dem Nachbarn Äthiopien kam nur langsam voran. Die beiden Staaten hatten zwar am 9.7.2018 formal eine „gemeinsame Erklärung für Frieden und Freundschaft“ unterzeichnet, die u. a. auch die Aufnahme diplomatischer Beziehungen und Grenzöffnungen vorsah. **Eritrea blockierte** jedoch diese Bemühungen, indem es 2019 die Grenzübergänge wieder schloss und auch in anderen Bereichen der **Kooperation** eine abwartende Haltung einnahm. Die Friedenserklärung und die Normalisierung der Beziehungen zu Dschibuti und Somalia hatten im November 2018 dazu geführt, dass die UN ihre 2009 und 2011 verhängten Sanktionen gegen Eritrea aufhob. Der schwelende **Grenzkonflikt** mit Äthiopien, der sich 1998-2000 zu einem Krieg ausgeweitet hatte, war über Jahrzehnte der **dominierende Faktor der innenpolitischen, sozialen und wirtschaftlichen Situation** in Eritrea. Das Land hatte u. a. mit Hinweis auf einen drohenden Krieg die Gesellschaft **stark militarisiert**. Mit geschätzt 200 000 aktiven Personen und 300 000 Reservisten verfügt Eritrea in Relation zur Gesamtbevölkerung über die größte Armee Afrikas. Die Eritreer sind

Der äthiopische Premierminister Abyi Ahmed Ali am 10. Dezember 2019 in Oslo, bei der Verleihung des Friedensnobelpreises, mit dem er für seine Friedensbemühungen zwischen Eritrea und Äthiopien ausgezeichnet wurde.

zu einem zeitlich unbefristeten „Nationaldienst“ verpflichtet, der Züge von Zwangsarbeit trägt.

Menschenrechtslage: Trotz des Friedensabkommens werteten Menschenrechtsorganisationen die Lage in Eritrea 2019/20 weiterhin als besorgniserregend. In dem noch immer abgeschotteten repressiv geführten Land wurden **schwere Menschenrechtsverletzungen** wie willkürliche Verhaftungen und Folter beobachtet. **Grundrechte** wie Meinungs-, Versammlungs- und Religionsfreiheit waren **beschränkt** oder nicht vorhanden. Die Nichtregierungsorganisation Reporter ohne Grenzen stufte Eritrea 2019 bei der Pressefreiheit auf Rang 178 von 180 erfassten Ländern ein und damit als „nicht frei“. Tausende Eritreer fliehen jährlich vor den Repressionen durch die staatliche Führung. 2019 befanden sich nach UN-Angaben rund 500 000 Geflüchtete im Ausland. Allein Äthiopien zählte Ende 2019 etwa 140 000 **eritreische Flüchtlinge**.

Außenpolitik: Das Land pflegt gute Beziehungen zu arabischen Staaten und zu Nachbarländern wie Südsudan. Großen wirtschaftlichen und auch politischen **Einfluss** hat die **Volksrepublik China**, die u. a. stark in den Bergbau-, Infrastruktur- und Telekommunikationssektor investiert.

Estland

Ländername	Republik Estland
Zeitzone	MEZ +1 h
Fläche in km²	45 340
Anzahl der Einwohner	1.3 Millionen
Einwohnerzahl pro km²	29
Hauptstadt	Tallinn
Amtssprache	Estnisch
Verwaltungsgliederung	15 Landkreise
Wichtige Städte	Tallinn, Tartu, Narva, Pärnu, Kohtla-Järve
Autokennzeichen | ISO-Code	EST | EST
Währung	1 Euro = 100 Cent
Nationalfeiertag	24. Februar

Durch die geografische und historische Nähe zu Nordeuropa hat sich das nördlichste und kleinste baltische Land immer als ein Vorposten westlicher Kultur verstanden. Deshalb steht die wirtschaftliche und politische Ausrichtung Estlands heute ganz im Zeichen des 2004 vollzogenen Beitritts zur NATO und zur Europäischen Union.

GEOGRAFIE

Geografische Lage: Von 57° 32' bis 59° 38' nördlicher Breite sowie von 21° 51' bis 28° 09' östlicher Länge
Höchster Punkt: Suur Munamägi 318 m
Klima: Winterfeucht-kaltes Klima

POLITIK

Staatsform: Parlamentarische Republik
Staatsoberhaupt: Präsidentin
Legislative: Parlament mit 101 für 4 Jahre gewählten Mitgliedern
Jahr der Verfassung: 1992
Wahlrecht: 18 Jahre
Staatsreligion: Keine

BEVÖLKERUNG

Bevölkerungsanteil: <15 Jahre 16.5 %, 15-64 Jahre 63.5 %, >64 Jahre 20 %
Verteilung: Stadt 68.9 %, Land 31.1 %
Wachstum 2019: 0 %
Lebenserwartung: Frauen 83 Jahre, Männer 75 Jahre
Alphabetenrate: Frauen 99.9 %, Männer 99.9 %
Ethnische Gruppen: Esten, Russen, Ukrainer, Weißrussen u. a.
Religionen: Christen 28.3 %
Sprachen: Estnisch, Russisch u. a.

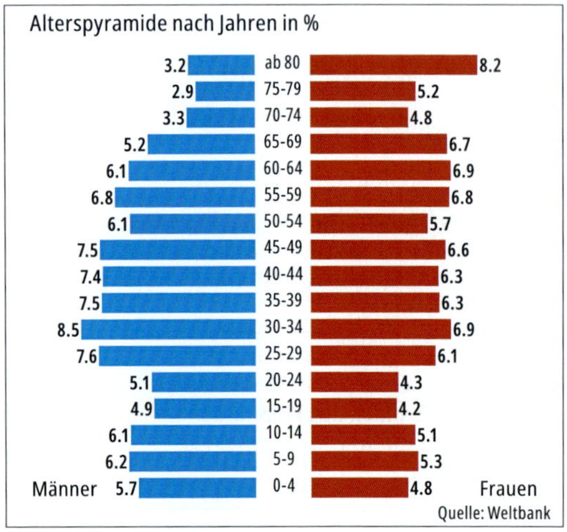

WIRTSCHAFT UND VERKEHR

BIP: 31.39 Mrd. US-$
Wachstum BIP 2019: 4.3 %
BNE/Kopf: 23 524 US-$
Inflation: 2.3 %
Außenhandel: Import 18.02 Mrd. US-$, Export 16.12 Mrd. US-$
Erwerbstätige nach Sektoren: Landwirtschaft 3.2 %, Industrie 29.5 %, Dienstleistungen 67.3 %
Arbeitslosenquote: 5.1 %
Energieverbrauch/Kopf: 4 173 kg ÖE
Straßennetz: 58 412 km
Eisenbahnnetz: 2 146 km

RÜCKBLICK

Wahlen: Bei der Parlamentswahl vom 3.3.2019 wurde die **liberale Reformpartei** (RE) mit 28.9 % erneut **stärkste Kraft**, sie blieb jedoch in der Opposition. Denn Ministerpräsident Jüri Ratas (Zentrum) tauschte die Sozialdemokraten (SDE) als **Koalitionspartner** gegen die **rechtspopulistische Konservative Volkspartei (EKRE)** aus. Sie hatte mit einem Wahlkampf gegen Zuwanderung und die Homosexuellenehe ihren Stimmenanteil auf 17.8 % mehr als verdoppelt. EKRE stützte sich besonders auf stark wachsende christlich-fundamentalistische Gruppen. Ratas bildete am 7.4.2019 eine **Dreiparteienkoalition** mit der Vaterlandspartei (Isaama).

Rentenreform: Gegen den geschlossenen Widerstand der Opposition wurde am 29.1.2020 eine Rentenreform Gesetz. Sie machte die **kapitalgedeckte Pflichtrente**, die 2. Säule neben staatlicher Rentenversicherung und privater Altersvorsorge, zur **freiwilligen Leistung**. Ab September 2021 ist nun die Auszahlung des eingezahlten Geldes (abzüglich Steuern) erlaubt, andererseits auch der Beitritt älterer Versicherter. Die Opposition befürchtete einen erheblichen Kapital- und Wertverlust der beteiligten Rentenfonds. Staatspräsidentin Kersti Kaljulaid hielt die Reform für verfassungswidrig.

Geldwäsche: Nach der Aufdeckung mutmaßlich illegaler Transfers in dreistelliger Milliardenhöhe (2007-15) beim größten dänischen Kreditinstitut wurden bis Ende 2019 **Vorwürfe gegen** drei weitere **Großbanken aus Finnland und Schweden** wegen „zweifelhafter" Zahlungen, wahrscheinlich aus Russland (bis 2017), erhoben. Die Geldwäsche über Tochterbanken in Estland wurde mit Enthüllungen des russischen Wirtschaftsprüfers Sergej Magnitski zu Steuerbetrug in Verbindung gebracht; er war 2009 in Haft gestorben.

Corona: Den Lockdown von Wirtschaft und öffentlichem Leben inkl. Einreisesperren ab 17.3.2020 wegen der Covid-19-Pandemie versuchte die Regierung im April mit zwei **Hilfspaketen** abzufedern. Sie beinhalten u. a. staatliche Lohnzuschüsse für Arbeitnehmer besonders betroffener Unternehmen sowie Erleichterungen bei Umsatzsteuer und Sozialbeiträgen. Der nötige **Nachtragshaushalt** erhöhte das Budgetdefizit auf 10 %. Auf Initiative von EKRE sollen Visa für ausländische **Arbeitsmigranten** mit dem Ende ihrer Tätigkeit ablaufen. Saisonarbeiter in der Landwirtschaft, meist Ukrainer, müssen bis 31.8. das Land verlassen. Ab Mai flachte sich die Infektionskurve ab. Der **Notstand** wurde am 18.5. zwar aufgehoben, Beschränkungen galten teils aber bis 30.6. Im baltischen Vergleich hatte Estland die meisten Covid-19-Fälle pro Einwohner.

Eswatini

▸ 643

Ländername	Königreich Eswatini; auch: Swasiland
Zeitzone	MEZ +1 h
Fläche in km²	17 360
Anzahl der Einwohner	1.1 Millionen
Einwohnerzahl pro km²	66
Hauptstadt	Mbabane
Regierungssitz	Lobamba
Amtssprache	Siswati, Englisch
Verwaltungsgliederung	4 Regionen
Wichtige Städte	Manzini, Mbabane, Big Bend, Malkerns, Nhlangano
Autokennzeichen | ISO-Code	SD | SWZ
Währung	1 Lilangeni = 100 Cents
Nationalfeiertag	6. September

In Eswatini, dem zweitkleinsten Staat des festländischen Afrika, hält sich im Schatten der Weltöffentlichkeit die letzte absolutistische Monarchie des Kontinents an der Macht. Wirtschaftlich und politisch ist der Binnenstaat nahezu vollständig von seinem großen Nachbarn, der Republik Südafrika, abhängig.

GEOGRAFIE

Geografische Lage: Von 25° 45' bis 27° 19' südlicher Breite sowie von 30° 47' bis 32° 07' östlicher Länge
Höchster Punkt: Emlembe 1862 m
Klima: Subtropisches Klima

POLITIK

Staatsform: Absolute Monarchie
Staatsoberhaupt: König
Legislative: Parlament, bestehend aus Nationalversammlung mit 63 für 5 Jahre gewählten und 10 ernannten Mitgliedern und Senat mit 10 für 5 Jahre gewählten und 20 ernannten Mitgliedern
Jahr der Verfassung: 2006
Wahlrecht: 18 Jahre
Staatsreligion: Keine

BEVÖLKERUNG

Bevölkerungsanteil: <15 Jahre 37.8 %, 15-64 Jahre 58.2 %, >64 Jahre 4 %
Verteilung: Stadt 23.8 %, Land 76.2 %
Wachstum 2019: 1 %
Lebenserwartung: Frauen 65 Jahre, Männer 57 Jahre
Alphabetenrate: Frauen 88.5 %, Männer 88.3 %
Ethnische Gruppen: Swasi, Zulu, Europäer u. a.
Religionen: Christen 90 %, Muslime 2 %, Sonstige 8 %
Sprachen: Siswati, Englisch

WIRTSCHAFT UND VERKEHR

BIP: 4.41 Mrd. US-$
Wachstum BIP 2019: 2 %
BNE/Kopf: 4 177 US-$
Inflation: 2.6 %
Außenhandel: Import 1.77 Mrd. US-$, Export 2.04 Mrd. US-$
Erwerbstätige nach Sektoren: Landwirtschaft 12.5 %, Industrie 23.8 %, Dienstleistungen 63.7 %
Arbeitslosenquote: 22.1 %
Energieverbrauch/Kopf: Keine Angabe
Straßennetz: 3 769 km
Eisenbahnnetz: 301 km

RÜCKBLICK

Proteste: Im Königreich Eswatini (bis 2018 Swasiland), der letzten absoluten Monarchie Afrikas, blieb die innenpolitische Lage angespannt. Insbesondere in den größeren Städten wie in der Hauptstadt Mbabane und dem Wirtschaftszentrum Manzini machte die Bevölkerung 2019 immer wieder durch Demonstrationen auf ihre **wirtschaftliche Not** aufmerksam. Lehrer, Beamte und Angestellte des öffentlichen Dienstes forderten höhere Einkommen und Studierende protestierten gegen die Aussetzung ihrer Stipendien. Der von König Mswati III. verfügte Import von rund 100 neuen Luxusfahrzeugen im November 2019 fachte die Unruhen weiter an. Die Karossen waren für die Eskorten seiner 14 Ehefrauen bestimmt. Der autoritär herrschende **König** pflegt mit seinem Clan einen offen präsentierten **kostspieligen Lebensstil**, während nach Angaben der Weltbank etwa zwei Drittel der Bevölkerung unter der Armutsgrenze leben.

Wirtschaft: Das stark von der Wirtschaftsentwicklung in der benachbarten Regionalmacht Südafrika abhängige Land war für 2020 von einem Minuswachstum von geschätzt 6 % bedroht. Der Export von Zucker, dem wichtigsten landwirtschaftlichen Ausfuhrprodukt, und Getränkekonzentraten brach ein. Die Regierung verfolgte die Entwicklung von Sonderwirtschaftszonen weiter, die ausländischen Investoren u. a. Steuererleichterungen und die uneingeschränkte Rückführung von Gewinnen ermöglichen sollten.

Eswatini als Limonadenstandort: Die **Coca-Cola Company** hat seit 1986 in Eswatini ihre **Hauptniederlassung** für den afrikanischen Kontinent. Die Softdrinkkonzentrate des Konzerns stellen jährlich etwa ein Drittel der Gesamtexporte. Mitte 2019 erwarb Coca-Cola einen Anteil von 60 % an der nationalen Limonadensparte, so dass der Konzern aktuell in Eswatini nicht nur Konzentrate, sondern auch Softdrinks produziert.

Corona: Die Regierung erklärte am 17.3.2020 aufgrund der weltweiten Pandemie den **Notstand** und verhängte zehn Tage später eine bis zum Mai geltende Ausgangssperre sowie ein Ein- und Ausreiseverbot. Die Weltgesundheitsorganisation (WHO) warnte im Frühjahr 2020 davor, dass die Kontakt- und Bewegungseinschränkungen die Bekämpfung anderer weitverbreiteter Infektionskrankheiten wie Malaria, **Aids oder Tuberkulose** massiv beeinträchtigen könnten. In Eswatini waren 2018 nach Angaben von UNAIDS 27.3 % der 15- bis 49-Jährigen mit dem HI-Virus infiziert, auch die Verbreitung von Tuberkulose war groß.

Fidschi

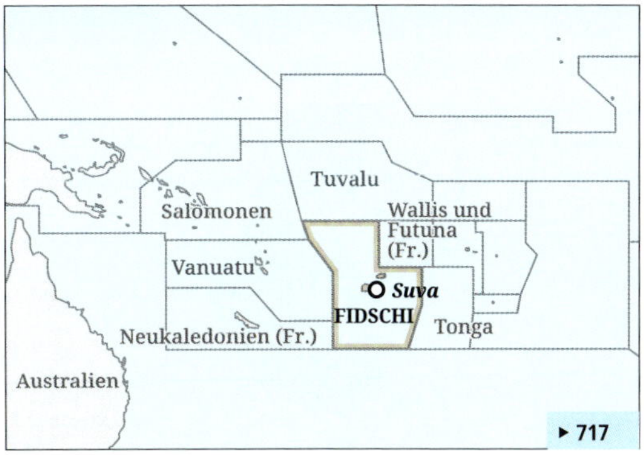

▸ 717

Ländername	Republik Fidschi
Zeitzone	MEZ +11 h
Fläche in km²	18 270
Anzahl der Einwohner	889 953
Einwohnerzahl pro km²	49
Hauptstadt	Suva
Amtssprache	Fidschi, Fidschi-Hindi, Englisch
Verwaltungsgliederung	4 Divisionen mit 14 Provinzen und 1 abhängiges Gebiet
Wichtige Städte	Suva, Nasinu, Lautoka, Nadi, Nausori
Autokennzeichen | ISO-Code	FJI | FJI
Währung	1 Fidschi-Dollar = 100 Cents
Nationalfeiertag	10. Oktober

Als Inbegriff des Inselparadieses mit Palmen, Sonne, Sand und Meer sowie mit guter Anbindung an den internationalen Luftverkehr konnte sich Fidschi zum Zentrum des Südseetourismus entwickeln. Die politische Stabilität leidet allerdings unter dem ethnischen Konflikt zwischen indischstämmigen und melanesischen Insulanern.

GEOGRAFIE

Geografische Lage: Von 12° 29' bis 21° 42' südlicher Breite sowie von 174° 35' östlicher Länge bis 178° 15' westlicher Länge
Höchster Punkt: Tomanivi 1324 m
Klima: Tropisch-maritimes Klima

POLITIK

Staatsform: Parlamentarische Republik
Staatsoberhaupt: Präsident
Legislative: Parlament mit 51 für 4 Jahre gewählten Mitgliedern
Jahr der Verfassung: 2013
Wahlrecht: 18 Jahre
Staatsreligion: Keine

BEVÖLKERUNG

Bevölkerungsanteil: <15 Jahre 29.5 %, 15-64 Jahre 65 %, >64 Jahre 5.5 %
Verteilung: Stadt 56.8 %, Land 43.2 %
Wachstum 2019: 0.7 %
Lebenserwartung: Frauen 69 Jahre, Männer 66 Jahre
Alphabetenrate: Frauen 99.1 %, Männer 99.1 %
Ethnische Gruppen: Melanesier, Inder, Rotumanen, Europäer, Chinesen u. a.
Religionen: Christen 64.5 %, Hindus 27.9 %, Muslime 6.3 %
Sprachen: Fidschi, Fidschi-Hindi, Englisch

WIRTSCHAFT UND VERKEHR

BIP: 5.71 Mrd. US-$
Wachstum BIP 2019: 1.1 %
BNE/Kopf: 6 380 US-$
Inflation: 1.8 %
Außenhandel: Import 2.76 Mrd. US-$, Export 990 Mio. US-$
Erwerbstätige nach Sektoren: Landwirtschaft 36.3 %, Industrie 13.3 %, Dienstleistungen 50.4 %
Arbeitslosenquote: 4.2 %
Energieverbrauch/Kopf: Keine Angabe
Straßennetz: 3 440 km
Eisenbahnnetz: 597 km

RÜCKBLICK

Außenpolitik: Nach der 2018 erfolgten Wiederwahl von Premier Josaia Voreqe „Frank" Bainimarama ging die Normalisierung im Umgang mit dem früheren Putschisten weiter: Vom 16.-20.9.2019 besuchte er erstmals **Australien**. Trotz offener Differenzen in der Klimapolitik und in Fragen des Luftverkehrs wurde ein **Freundschaftsabkommen** unterzeichnet, das verstärkte Kooperation in den Bereichen Sicherheit, Wirtschaft und Kultur vorsieht. Canberra bemüht sich seit Jahren, den wachsenden Einfluss der Volksrepublik China einzudämmen.

Innenpolitik: Die oppositionelle SODELPA spaltete sich im Streit über die Wahl der Parteiführung im Juni 2019. Am 24.4.2020 erklärte der Oberste Gerichtshof den damaligen Parteitag auf Antrag des Bezirksverbands von Suva für illegal. Danach beanspruchten zwei rivalisierende Gruppen auf getrennten Vorstandstreffen die Führung der Partei. Die Wahlbehörde suspendierte am 26.5.2020 die 21 Abgeordneten der SODELPA für 60 Tage, sodass lediglich 3 Abgeordnete der National Federation Party die Opposition bildeten.

Zyklon: Am 7.4.2020 erreichte der Zyklon „Harold" mit einer Geschwindigkeit von ca. 240 km/h die Inseln Viti Levu, Vatulele, Lau und Kadavu; es wurde der Katastrophenfall ausgerufen. Nach offiziellen Angaben vom 25.5.2020 waren 180 000 Menschen betroffen. Ein Mensch kam ums Leben, es wurden etwa 2 000 Häuser zerstört. Die Schäden wurden auf mehr als 40 Mio. US-$ taxiert.

Ein Dorfbewohner von Navua vor den Resten seines durch den Zyklon „Harold" zerstörten Hauses.

Rezession: Die Corona-Pandemie traf die Wirtschaft schwer, insbesondere den Fremdenverkehr. Die Asiatische Entwicklungsbank prognostizierte in ihrer Jahresvorschau 2020 eine **Schrumpfung der Volkswirtschaft** um 4.9 %. Die Wirtschaft ging bereits geschwächt in die Krise: 2019 sank die Wachstumsrate auf 1.1 %, auch weil die Regierung sparte. Im Dezember 2019 wurde ein Programm zum **Bürokratieabbau** aufgelegt: So sollen künftig Bewilligungen zur Gründung eines Unternehmens nicht länger als zwei Tage in Anspruch nehmen. Bereits im Juli 2019 wurde die Erteilung von Baugenehmigungen beschleunigt.

Corona: Die Regierung verhängte seit dem 3.2.2020 kumulierend Einreisebeschränkungen für Ausländer, Quarantänevorschriften, ein Landgangverbot für Kreuzfahrtschiffe und zeitweise eine landesweite nächtliche Ausgangssperre. Bis zum 4.6.2020 hatten sich 18 Fidschianer infiziert, es gab keinen Todesfall, 14 waren kuriert. Seit Ende April waren keine Neuinfektionen mehr gemeldet worden.

Finnland

▸ 608

Ländername	Republik Finnland
Zeitzone	MEZ +1 h
Fläche in km²	338 450
Anzahl der Einwohner	5.5 Millionen
Einwohnerzahl pro km²	16
Hauptstadt	Helsinki
Amtssprache	Finnisch, Schwedisch
Verwaltungsgliederung	19 Regionen
Wichtige Städte	Helsinki, Espoo, Tampere, Vantaa, Oulu, Turku
Autokennzeichen | ISO-Code	FIN | FIN
Währung	1 Euro = 100 Cent
Nationalfeiertag	6. Dezember

Das „Land der tausend Seen" – in Wirklichkeit sind es rund 188 000 – ist bekannt für seine unberührten Naturlandschaften und Wälder. Über Jahrhunderte hinweg wurde die Entwicklung Finnlands von den mächtigen Nachbarn bestimmt. Dennoch gelang es den Finnen, die sich in Sprache und Kultur von den skandinavischen und slawischen Völkern unterscheiden, ihre nationale Identität zu wahren. In den letzten Jahrzehnten hat Finnland seine besondere Lage genutzt, um als Mittler zwischen Ost und West zu wirken.

GEOGRAFIE

Geografische Lage: Von 59° 49' bis 70° 04' nördlicher Breite sowie von 20° 37' bis 31° 32' östlicher Länge
Höchster Punkt: Haltiatunturi 1328 m
Klima: Im Norden polares, sonst winterfeucht-kaltes Klima

Anna-Maja Henriksson, Justizministerin, Katri Kulmuni, Finanzministerin, Premierministerin Sanna Marin, Aino-Kaisa Pekonen, Sozial- und Gesundheitsministerin und Krista Kiuru, Familienministerin (v. l. n. r.) erläutern am 16. März 2020 auf einer Pressekonferenz in Helsinki die nächsten Maßnahmen der Regierung zur Eindämmung der Covid-19-Infektionen.

POLITIK

Staatsform: Parlamentarische Republik
Staatsoberhaupt: Präsident
Legislative: Parlament mit 200 für 4 Jahre gewählten Mitgliedern
Jahr der Verfassung: 2000
Wahlrecht: 18 Jahre
Staatsreligion: Keine

BEVÖLKERUNG

Bevölkerungsanteil: <15 Jahre 16 %, 15-64 Jahre 61.8 %, >64 Jahre 22.2 %
Verteilung: Stadt 85.4 %, Land 14.6 %
Wachstum 2019: 0.2 %
Lebenserwartung: Frauen 85 Jahre, Männer 79 Jahre
Alphabetenrate: Frauen 99 %, Männer 99 %
Ethnische Gruppen: Finnen, Schweden, Russen, Esten u. a.
Religionen: Christen 70.9 %, Sonstige 1.7 %
Sprachen: Finnisch, Schwedisch, Russisch u. a.

WIRTSCHAFT UND VERKEHR

BIP: 268.76 Mrd. US-$
Wachstum BIP 2019: 1.2 %
BNE/Kopf: 48 869 US-$
Inflation: 1.1 %
Außenhandel: Import 73.5 Mrd. US-$, Export 73.33 Mrd. US-$
Erwerbstätige nach Sektoren: Landwirtschaft 3.7 %, Industrie 22 %, Dienstleistungen 74.3 %
Arbeitslosenquote: 6.6 %
Energieverbrauch/Kopf: 5 925 kg ÖE
Straßennetz: 454 041 km
Eisenbahnnetz: 5 926 km

RÜCKBLICK

Linksrutsch: Bei der Parlamentswahl vom 14.4.2019 erzielten vor allem die oppositionellen Linksparteien Stimmengewinne. Anstelle der liberalen Zentrumspartei (KESK) von Ministerpräsident Juha Sipilä, der nach einer gescheiterten Gesundheitsreform ab 8.3. nur noch geschäftsführend im Amt war, wurden die Sozialdemokraten (SDP) mit 17.7 % stärkste politische Kraft. Nahezu gleichauf waren allerdings die rechtspopulistischen „Finnen“ (PS) und die Konservativen (KOK). Bei einer Wahlbeteiligung von 72 % schafften neun Parteien (ohne Vertreter der Ålandinseln) den Einzug in den Reichstag.

Mitte-links-Koalition: Am 6.6.2019 löste eine Fünf-Parteien-Koalition aus SDP, Linksverband (VAS), Grünen (VIHR), Schwedischer Volkspartei (SFP) und KESK die Mitte-rechts Koalition aus KESK, KOK und Blauer Reform, einer Abspaltung der „Finnen“, ab. Ministerpräsident wurde der SDP-Vorsitzende Antti Rinne. Schwerpunkte setzte seine Regierung in der Sozial- und Klimapolitik: 1.2 Mrd. € waren, bei Schaffung von 60 000 Arbeitsplätzen, für zusätzliche Sozialausgaben vorgesehen. Bis 2035 soll Finnland klimaneutral werden.

Streit: Ein zweiwöchiger Streik bei der Staatspost, dem sich weitere Gewerkschaften anschlossen, führte am 3.12. zum Amtsverzicht von Ministerpräsident Rinne. Die Zentrumspartei hatte ihm das

Vertrauen entzogen. Anlass war eine umstrittene Auslagerung von Betriebsteilen bei der Post, über die Rinne frühzeitig informiert war, dies aber zunächst leugnete. Nachfolgerin als Regierungschef wurde am 10.12. Verkehrsministerin **Sanna Marin**. Die erneuerte Koalition wurde kurze Zeit später erneut einer Belastungsprobe ausgesetzt, als eine Entscheidung über die Rückführung von Kindern und ihren Müttern, die sich als finnische Staatsbürger der Terrormiliz „Islamischer Staat" angeschlossen hatten, anstand. Die Zentrumspartei wandte sich gegen eine Repatriierung der Frauen aus Syrien.

Sanna Marin: * Helsinki 16.11.1985, Studium der Verwaltungswissenschaften, ab 2006 in der Jugendorganisation der Sozialdemokratischen Partei (SDP), ab 2015 Reichstagsabgeordnete, 2017-20 stellvertretende Parteivorsitzende, Juni 2019 Verkehrsministerin, ab 10.12.2019 Ministerpräsidentin.

Corona: Auf Grundlage des Notstandsrechts verhängte die Regierung ab 16.3.2020 Beschränkungen des öffentlichen Lebens. Kontaktverbote betrafen vor allem über 70-Jährige. Bildungseinrichtungen wurden geschlossen, Kitas und Vorschulen jedoch nicht. Die Ein- und Ausreise im Personenverkehr wurde weitgehend unterbunden. Nach Abflauen der Neuinfektionen wurden ab 14.5. (bis dahin rund 6 100 Infizierte) Lockerungen erlaubt, u. a. für Schulen, ab 1.6. für Restaurants, Kultur-, Sport- und Freizeiteinrichtungen. Versammlungen bis 50 Personen waren möglich, solche mit mehr als 500 blieben bis 31.7. verboten.

Frankreich

▸ 617

Ländername	Französische Republik
Zeitzone	MEZ ±0 h
Fläche in km²	549 087
Anzahl der Einwohner	67.1 Millionen
Einwohnerzahl pro km²	122
Hauptstadt	Paris
Amtssprache	Französisch
Verwaltungsgliederung	18 Regionen
Wichtige Städte	Paris, Marseille, Lyon, Toulouse, Nizza, Nantes, Straßburg, Montpellier, Bordeaux, Lille, Rennes
Autokennzeichen | ISO-Code	F | FRA
Währung	1 Euro = 100 Cent
Nationalfeiertag	14. Juli

In seiner langen Geschichte spielte Frankreich immer wieder eine besondere Rolle. Die Französische Revolution 1789 schuf die Voraussetzungen für die Entstehung des modernen demokratischen Nationalstaates mit starkem Nationalbewusstsein. Jahrhundertelang war die Hauptstadt Paris Mittelpunkt der zentralistisch regierten „Grande Nation", erst in den letzten Jahrzehnten konnten die einzelnen Regionen ein eigenes Profil gewinnen. Zu Beginn des 21. Jahrhunderts stellten wirtschaftliche Stagnation und soziale Probleme das „republikanische Modell" einer laizistischen und freiheitlichen Gesellschaft auf die Probe. Zu Frankreich gehören zahlreiche Überseegebiete in der Karibik, in Südamerika sowie im Pazifischen und im Indischen Ozean.

GEOGRAFIE

Geografische Lage: Von 41° 22' bis 51° 05' nördlicher Breite sowie von 5° 08' westlicher bis 9° 34' östlicher Länge
Höchster Punkt: Mont Blanc 4810 m
Klima: Ozeanisches Klima, an der Mittelmeerküste mediterranes Winterregenklima

POLITIK

Staatsform: Semipräsidiale Republik
Staatsoberhaupt: Präsident
Legislative: Parlament, bestehend aus Nationalversammlung mit 577 für 5 Jahre gewählten Mitgliedern und Senat mit 348 für 6 Jahre gewählten Mitgliedern (alle 3 Jahre teilerneuert)
Jahr der Verfassung: 1958
Wahlrecht: 18 Jahre
Staatsreligion: Keine

BEVÖLKERUNG

Bevölkerungsanteil: <15 Jahre 17.8 %, 15-64 Jahre 61.8 %, >64 Jahre 20.4 %
Verteilung: Stadt 80.7 %, Land 19.3 %
Wachstum 2019: 0.2 %
Lebenserwartung: Frauen 86 Jahre, Männer 80 Jahre
Alphabetenrate: Frauen 99 %, Männer 99 %
Ethnische Gruppen: Franzosen, Slaven, Afrikaner, Indochinesen u. a.
Religionen: Christen 63 %, Muslime 7.5 %, Sonstige 1.5 %
Sprachen: Französisch, Regionalsprachen

WIRTSCHAFT UND VERKEHR

BIP: 2.72 Bio. US-$
Wachstum BIP 2019: 1.5 %
BNE/Kopf: 41 761 US-$
Inflation: 1.1 %
Außenhandel: Import 651.18 Mrd. US-$, Export 569.73 Mrd. US-$
Erwerbstätige nach Sektoren: Landwirtschaft 2.4 %, Industrie 20.1 %, Dienstleistungen 77.5 %
Arbeitslosenquote: 8.4 %
Energieverbrauch/Kopf: 3 690 kg ÖE
Straßennetz: 1 053 215 km
Eisenbahnnetz: 29 640 km

AUSSENGEBIETE

Überseegebiete
Integraler Bestandteil Frankreichs und der EU

Französisch-Guayana
Fläche in km²: 83 534
Anzahl der Einwohner: 290 691
Hauptstadt: Cayenne
Status: Übersee-Département seit 1947
Regierung: Präfekt

Guadeloupe
Fläche in km²: 1 628
Anzahl der Einwohner: 402 119
Hauptstadt: Basse-Terre
Status: Übersee-Département seit 1946
Regierung: Präfekt

La Réunion
Fläche in km²: 2 512
Anzahl der Einwohner: 859 959
Hauptstadt: St-Denis
Status: Übersee-Département seit 1946
Regierung: Präfekt

Martinique
Fläche in km²: 1 128
Anzahl der Einwohner: 376 480
Hauptstadt: Fort-de-France
Status: Übersee-Département seit 1946
Regierung: Präfekt

Mayotte
Fläche in km²: 374
Anzahl der Einwohner: 279 471
Hauptstadt: Mamoudzou
Status: Übersee-Département seit 2011
Regierung: Präfekt

Autonomer Sonderstatus, keine EU-Mitglieder

Französisch-Polynesien
Fläche in km²: 4 167 (Austral-Inseln: 148, Gambierinseln: 248, Gesellschaftsinseln: 1 647, Marquesasinseln: 1 274 Tuamotu-Archipel: 850)
Anzahl der Einwohner: 275 918
Hauptstadt: Papeete
Status: Teilweise selbstverwaltetes Überseeland seit 2004
Regierung: Hochkommissar

Neukaledonien
Fläche in km²: 18 275
Anzahl der Einwohner: 271 407
Hauptstadt: Nouméa
Status: Überseegemeinschaft mit besonderem Status seit 2003
Regierung: Hochkommissar

St-Barthélemy
Fläche in km²: 25
Anzahl der Einwohner: 9 793
Hauptstadt: Gustavia
Status: Autonome Überseegemeinschaft seit 2007
Regierung: Präfektin

St-Martin
Fläche in km²: 54
Anzahl der Einwohner: 35 107
Hauptstadt: Marigot

Status: Autonome Überseegemeinschaft seit 2007
Regierung: Präfektin

St-Pierre und Miquelon

Fläche in km²: 242 (Saint-Pierre: 26, Miquelon-Langlade: 216)
Anzahl der Einwohner: 6 008 (Saint-Pierre: 5 412, Miquelon-Langlade: 596)
Hauptstadt: St-Pierre
Status: Autonome Überseegemeinschaft seit 2003
Regierung: Präfekt

Wallis und Futuna

Fläche in km²: 142 (Wallis: 78, Futuna und Alofi: 64)
Anzahl der Einwohner: 11 558 (Wallis: 8 333, Futuna: 3 225)
Hauptstadt: Mata-Utu
Status: Autonome Überseegemeinschaft seit 2003
Regierung: Präfekt

SONSTIGE ÜBERSEEGEBIETE

Clipperton

Fläche in km²: 9
Anzahl der Einwohner: Unbewohnt
Hauptstadt: Keine
Status: Überseegebiet mit besonderem Status seit 2007, Staatseigentum der französischen Republik
Regierung: Hochkommissar

Französische Süd- und Antarktisgebiete

Fläche in km²: 439 781 (Adélieland: 432 114, Amsterdam: 55, Crozetinseln: 352, Kerguelen: 7 215, St-Paul: 6, Îles Éparses: 39)
Anzahl der Einwohner: Nur Militär, Forscher und Personal
Hauptstadt: Port-aux-Français
Status: Überseegebiet mit besonderem Status seit 1955, Îles Éparses seit 2007
Regierung: Präfekt

RÜCKBLICK

Die Ausläufer der Gelbwestenbewegung, die Proteste gegen die geplante Rentenreform und vor allem der schwere Verlauf der Corona-Pandemie mit fast 30 000 Toten in Frankreich stellten Präsident und Regierung vor große Herausforderungen. Wie gering die Zustimmung inzwischen war, zeigte die zweite Runde der Kommunalwahlen am 28.6.2020. Die Regierungspartei La République en marche (LREM) verfehlte drei Jahre nach dem überwältigenden Wahlsieg bei den Präsidentschafts- und Nationalratswahlen das Ziel, sich in den Kommunen zu verankern. Präsident Emmanuel Macron kündigte daraufhin am 2.7. an, seine Politik neu auszurichten. Am Tag darauf trat die Regierung Édouard Philippe zurück.

Regierung, Wahlen, Verfassung: Umweltminister **François de Rugy** (Parti écologiste, PE) erklärte am 16.7.2019 seinen **Rücktritt**. Vorausgegangen waren Berichte über einen luxuriösen Lebensstil auf Staatskosten während seiner Zeit als Parlamentspräsident (2017/18, „Hummeraffäre“). Er war bereits der achte Minister, der das Kabinett Philippe verließ. **Neue Umweltministerin** wurde Verkehrsministerin **Élisabeth Borne** (LREM), die beide Ämter zunächst in Personalunion ausübte. Seit dem 3.9.2019 ist **Jean-Baptiste Djebbari** als Staatssekretär für Verkehr zuständig.
Gesundheitsministerin Agnès Buzyn trat am 16.2.2020 zurück, um bei der Kommunalwahl in Paris anzutreten. Zuvor war der Pariser LREM-Kandidat Benjamin Griveaux über eine Video-Affäre gestolpert. **Neuer Gesundheitsminister** wurde **Olivier Véran** (LREM).
Innenminister Christophe Castaner verkündete am 16.7.2019 die Daten für die **Kommunalwahl 2020**: die erste Runde sollte am 15.3.2020 stattfinden, die Stichwahl am 22.3. Gewählt wurden die Bürgermeister und Kommunalparlamente in mehr als 30 000 Gemeinden. Die erste Runde fand **mitten in der Pandemie** statt. Die Beteiligung sank mit 44.7 % auf ein historisches Tief (-18.9 Prozentpunkte gegenüber 2014). Schon im ersten Wahlgang konnten vor allem die Grünen ihr Ergebnis deutlich verbessern. Auch 8 von 12 Bürgermeistern des rechtsextremen Rassemblement National (RN) setzten sich bereits im ersten Wahlgang durch. Verliererin des ersten Wahlgangs war die LREM.
Am Tag nach der Wahl verkündete Präsident Macron die **Verschiebung der Stichwahl** wegen der Corona-Pandemie. Erst am 22.5.2020 gab Premierminister Philippe einen Ersatztermin bekannt: den 28.6. An diesem Tag waren 16 Mio. Bürger in fast 5 000 Gemeinden zur Wahl aufgerufen. Lediglich 41.7 % gaben ihre Stimme ab – eine **historisch niedrige Wahlbeteiligung**. In einigen Gemeinden wählten drei Viertel der Wähler nicht – eine Reaktion auf die Pandemie, zugleich aber auch ein Misstrauensvotum gegen die Regierung.
Das Ergebnis der Stichwahl war eine schwere **Schlappe für Macron** und die LREM: In den größeren Städten konnte sich keiner ihrer Kandidaten durchsetzen. Lediglich Ministerpräsident Philippe (parteilos) gewann in Le Havre. Eigentlicher **Gewinner** der Stichwahl **waren die Grünen**. Europe Écologie – les Verts (EELV) eroberte – oft mit den linken Bündnissen rund um die Parti Socialiste (PS) – u. a. die Rathäuser von Annecy, Besançon, Bordeaux, Grenoble, Lyon, Poitiers, Straßburg und Tours. In Paris setzte sich die sozialistische Bürgermeisterin Anne Hidalgo mit Hilfe der Grünen durch. In

Marseille, der zweitgrößten Stadt, zog nach einigen Turbulenzen mit Michèle Rubirola am 4.7. eine Kandidatin der Grünen in das Rathaus ein.
Nach der Wahlschlappe kündigte Präsident Macron am 2.7. eine Regierungsumbildung an. Am 3.7. trat die Regierung Philippe geschlossen zurück. Macron ernannte **Jean Castex** (Les Républicains) zum **neuen Premierminister**.
Seit dem 19.5.2020 hat die Regierungspartei **LREM in der Nationalversammlung keine eigene Mehrheit mehr**. An diesem Tag gründeten 17 Abgeordnete der Nationalversammlung die neue Fraktion **„Écologie, Démocratie, Solidarité" (EDS)**, darunter sieben LREM-Abgeordnete. EDS strebt nach der Corona-Pandemie einen grundlegenden gesellschaftlichen und ökologischen Wandel an. Mit 288 Abgeordneten fehlt LREM seitdem ein Mandat zur absoluten Mehrheit. In Abstimmungen kann sie jedoch auf die Fraktionen MoDem und Agir zählen.

Finanzen und Wirtschaft: Bereits der **reguläre Haushalt für das Jahr 2020**, den das Parlament am 29.12.2019 verabschiedete, sah ein Defizit von 2.2 % des BIP vor (93.1 Mrd. €). Es war u. a. den Versprechen geschuldet, die Präsident Macron als Reaktion auf die Gelbwestenproteste gemacht hatte: Bis zu 5 % weniger Einkommensteuer für Geringverdiener. Außerdem wurden Überstunden bis maximal 5 000 € von Steuerabgaben befreit und die Wohnungssteuer für 80 % der Franzosen abgeschafft. Auf der Gegenseite sollten die Einnahmen aus der Tabak- und der Energiesteuer steigen. Wegen der Corona-Krise beantragte die Regierung im ersten Halbjahr 2020 **drei Nachtragshaushalte**. Der erste passierte das Parlament am 23.3. (45 Mrd. €), der zweite am 25.4. (110 Mrd. €). Die Regierung legte damit **milliardenschwere Hilfspakete** auf. Dazu gehörten ein aufgestocktes Kurzarbeitergeld, Steuerentlastungen, Stundung von Steuern und Sozialversicherungsabgaben, Kredite und Kreditgarantien für Unternehmen sowie ein Solidaritätsfonds für Kleinstunternehmer und Selbstständige. Am 10.6. präsentierte die Regierung einen dritten Nachtragshaushalt (60 Mrd. €). Mit ihm sollten die Kommunen entlastet sowie die Ausbildung und Beschäftigung von Jugendlichen und jungen Erwachsenen in den Blick genommen werden. Außerdem enthielt er Hilfen für besonders betroffene Wirtschaftsbereiche (Tourismus, Automobilindustrie, Luft- und Raumfahrtindustrie, Bauhandwerk, Buchbranche). Zu dem Zeitpunkt rechnete die Regierung insgesamt mit Ausgaben **von 460 Mrd. €, um die Krisenfolgen abzufangen** und Arbeitsplätze zu erhalten. Die Nationalbank ging im Juni für 2020 von einem Wirtschaftseinbruch von 10 % des BIP aufgrund der Corona-Krise aus.

Digitalsteuer: Das Parlament verabschiedete am 11.7.2019 das **Digitalsteuergesetz**. Es sieht vor, dass Internetkonzerne wie Google, Apple, Facebook und Amazon (GAFA), die in Frankreich online pro Jahr mehr als 25 Mio. € Umsatz erzielen, ab 2019 drei Prozent Steuern zahlen müssen. Betroffen sind 26 Unternehmen, die meisten aus den USA. Die US-Regierung **drohte deshalb mit Strafzöllen** auf französische Produkte. Am Rande des Weltwirtschaftsforums in Davos einigten sich Frankreich und die USA am 22.1.2020 darauf, Steuer und Strafzölle vorerst auszusetzen und eine Lösung im Rahmen der OECD anzustreben. Im Juni brachen die USA die Verhandlungen ab. Finanzminister Le Maire kündigte an, dass Frankreich die Steuer noch 2020 erheben werde.

Arbeit, Bildung, Soziales und Umwelt: Der geplante **Stellenabbau im öffentlichen Dienst** fällt kleiner aus, als ursprünglich geplant. Vor seiner Wahl hatte Präsident Macron angekündigt, dass 120 000 der insgesamt 5.5 Mio. Stellen im öffentlichen Dienst bis 2022 wegfallen würden. Haushaltsminister Gérard Darmanin kündigte am 24.7.2019 an, dass beim Zentralstaat lediglich 15 000 und nicht 50 000 Stellen gestrichen würden. In den Departements und Regionen sollen jedoch weiterhin 70 000 Stellen wegfallen.

Gelbwesten: Die **Gelbwestenproteste** verloren nach mehreren Zugeständnissen der Regierung im Frühjahr 2019 an Dynamik. Ab September 2019 gingen nur noch wenige Tausend auf die Straße. Am Jahrestag der Proteste, dem 17.11., gab es Krawalle und Plünderungen, vor allem in Paris. Die Polizei nahm mehr als 250 Menschen fest.

Rentenreform: Zu großen Protesten kam es wegen der Rentenreform, eines der zentralen Projekte der Präsidentschaft Macron. Ziel ist eine Entlastung der Rentenkassen, denen ein Milliardenloch droht, und die Vereinheitlichung des bisherigen Systems mit 42 verschiedenen Rentenkassen. U. a. sollen die Privilegien einzelner Berufsgruppen abgeschafft werden. Zugführer z. B. können bislang bereits mit 50 Jahren in Rente gehen. Noch bevor die Regierung ihre Pläne im Detail vorgestellt hatte, riefen die Gewerkschaften ab dem 5.12.2019 zum Generalstreik auf. Hunderttausende beteiligten sich in den folgenden Wochen an **Streiks und Demonstrationen**. Vor allem der öffentliche Nah- und Fernverkehr waren betroffen. Am 11.12.

präsentierte Premierminister Philippe die Pläne: Ab 2025 sollte der Renteneintritt mit 62 Jahren nur noch mit Abschlägen möglich sein. Die **volle Rente sollte es ab einem Rentenbeginn mit 64** geben, mit Ausnahmen nur noch für Lehrer, Polizisten und Soldaten. Wer länger arbeitet, sollte Zuschläge bekommen. Eine **Grundrente von 1 000 €** war für Geringverdiener vorgesehen.
Nachdem am 9.1.2020 in ganz Frankreich abermals Hunderttausende gegen die Reform protestiert hatten, erklärte sich Ministerpräsident Philippe am 11.1. bereit, auf die Erhöhung des Renteneintrittsalters auf 64 Jahre zu verzichten, wenn die Sozialpartner plausible Vorschläge machen, wie die Rentenkassen anders entlastet werden können. Danach bröckelte die Streik- und Protestfront allmählich. Am 24.1. verabschiedete das Kabinett die Rentenreform. In der Nationalversammlung hatte die Opposition mehr als **40 000 Änderungsanträge** eingebracht, allein La France insoumise kam auf 23 147 Anträge. Die Abgeordneten hatten bereits 13 Tage über die Reform diskutiert, als Ministerpräsident Philippe am 29.2. die Debatte abbrach. Philippe berief sich auf Artikel 49 Absatz 3 der Verfassung. Er gibt der Regierung das Recht, ein Gesetz ohne Abstimmung zu verabschieden. Am 3.3. überstand die Regierung zwei Misstrauensanträge. Damit galt die Reform als in erster Lesung angenommen. Am 16.3. erklärte Präsident Macron den Stopp aller Reformgesetze während der Pandemie.

Atomkraft: Das **umstrittene AKW** Fessenheim im Elsass wurde abgeschaltet. Der Betreiber EDF nahm den ersten Block am 22.2.2020 vom Netz, die endgültige Abschaltung des zweiten Druckwasserreaktors erfolgte am 28.6. Das älteste französische Atomkraftwerk galt vielen Kritikern in der Grenzregion seit Jahren als Sicherheitsrisiko.

Klima: Am 2.7.2019 beauftragte Premierminister Philippe den Wirtschafts-, Sozial- und Umweltrat CESE mit der Organisation eines **Bürgerkonvents zu Klimafragen**. Der Konvent sollte Vorschläge erarbeiten, wie die Klimaziele (bis 2030 40 % weniger CO_2-Ausstoß als 1990) erreicht werden können. In einer Abschlusserklärung präsentierte der Konvent am 21.6.2020 seine Vorschläge zum Klimaschutz, u. a. die Abschaffung von Einwegverpackungen ab 2025, die verpflichtende energetische Sanierung von Häusern sowie ein Tempolimit auf Autobahnen von 110 km/h. Außerdem soll der Klimaschutz in die Verfassung aufgenommen werden. Präsident Macron befürwortete die meisten Vorschläge.

Verteidigung: In einer Rede vor Militärs zum Nationalfeiertag kündigte Präsident Macron am 13.7.2019 die Gründung eines **Weltraumkommandos** im Rahmen der Luftwaffe an. Ziel sei es u. a., die Sicherheit der französischen Satelliten im Weltall zu garantieren. Zuvor hatte das Verteidigungsministerium im September 2018 von einem Spionageangriff eines russischen Satelliten auf den französisch-italienischen militärischen Kommunikationssatelliten Athena-Fidus berichtet. Details zu den französischen Plänen nannte Verteidigungsministerin Florence Parly am 25.7.2019: Danach umfasst das neue Kommando zunächst 220 Personen, ist in Toulouse angesiedelt und mit einem Budget von 700 Mio. € ausgestattet. Am 3.9. unterzeichnete Parly das entsprechende Dekret.

Polizei: Am 1.10.2019 demonstrierten **27 000 Polizisten** in Paris für bessere Arbeitsbedingungen. Es war die erste große Polzeidemonstration seit 18 Jahren. Hintergrund waren 52 Suizide von Polizisten seit Anfang des Jahres. Die Beamten beklagten schlechte Ausrüstung und Überlastung, u. a. durch die vielen Einsätze gegen die oft aggressiven Gelbwestenproteste. Innenminister Christophe Castaner kündigte am gleichen Tag an, 1 400 zusätzliche Stellen bei der nationalen Polizei zu schaffen.
In der Kritik stand die Polizei, als die **Anti-Rassismus-Demonstrationen** aus den USA ihren Widerhall in Frankreich fanden. Trotz Demonstrationsverbots wegen der Corona-Pandemie protestierten am ersten und zweiten Juni-Wochenende 2020 Zehntausende in Paris und anderen Städten **gegen Rassismus und Polizeigewalt**. Sie erinnerten u. a. an Adama Traoré, der 2016 in Paris bei einer Festnahme gestorben war. Innenminister Castaner kündigte am 8.6. neue Leitlinien für die Polizei an: u. a. soll ein bisher praktizierter Würgegriff verboten werden. Polizisten, die rassistisch handeln, sollen sofort vom Dienst suspendiert, Disziplinarverfahren verschärft werden. In Paris demonstrierten am 14.6. Hunderte Polizisten gegen die geplante Reform.

Fillon: Das Pariser **Strafgericht verurteilte Ex-Regierungschef François Fillon** am 29.6.2020 wegen Veruntreuung öffentlicher Gelder und Scheinbeschäftigung zu fünf Jahren Haft. Drei Jahre wurden als Bewährung ausgesetzt. Außerdem muss er 375 000 € Strafe zahlen und darf zehn Jahre kein politisches Amt bekleiden. Das Gericht befand Fillon für schuldig, seine Ehefrau während seiner Zeit als Abgeordneter jahrelang zum Schein als parlamentarische Mitarbeiterin beschäftigt zu haben. Auch Penelope Fillon wurde verurteilt: zu drei Jahren auf Bewährung, ebenfalls 375 000 € und fünf Jahren ohne politisches Amt. Beide haben angekündigt, in Berufung zu gehen.

Europa- und Außenpolitik: Auf EU-Ebene punktete Präsident Macron bei der Neubesetzung der Spitzenposten: Auf dem Sondergipfel in Brüssel schlug er am 2.7.2019 in einer Pattsituation zwischen den Spitzenkandidaten von EVP und Sozialdemokraten die deutsche Verteidigungsministerin Ursula von der Leyen als neue Kommissionspräsidentin vor. Im Gegenzug sollte die ehemalige französische Finanzministerin und IWF-Chefin **Christine Lagarde neue Präsidentin der Europäischen Zentralbank** werden. Lagarde trat ihre neue Position am 1.11.2019 an.

G7: Vom 24.-26.8.2019 war Frankreich Gastgeber des **G7-Gipfels in Biarritz**. Erstmals gab es keine vorab abgestimmte Abschlusserklärung. Themen waren u. a. der Klimawandel, die Brände im Amazonasgebiet, der Syrienkonflikt, die Zukunft des Atomabkommens mit dem Iran und eine Digitalsteuer. Am Rande des G7-Gipfels trafen sich Präsident Macron und Außenminister Jean-Yves Le Drian am 25.8. mit dem iranischen Außenminister Mohammad Dschavad Zarif. Im Anschluss stellte Macron ein Treffen zwischen den Staatschefs der USA und des Iran in Aussicht.

Gesundheitswesen: Schon vor der Corona-Krise hatten **Krankenhausmitarbeiter** wiederholt gegen **schlechte Arbeitsbedingungen** protestiert. Am 14.11.2019 sagte Präsident Macron dem Gesundheitssystem kurzfristig mehr Geld zu. Während der Corona-Krise traten die **Missstände** offen zutage. Es **fehlten Schutzausrüstung**, Testkits, **Beatmungsgeräte, Intensivbetten und Personal**. Allein in Paris steckten sich mindestens 1 600 Krankenhausmitarbeiter mit Covid-19 an. Am 15.4. sagte Premierminister Philippe den Beschäftigten im Gesundheitswesen einen Bonus von 1 500 € und eine bessere Bezahlung von Überstunden zu. Am 16.6.2020 demonstrierten Tausende Ärzte und Pfleger für bessere Löhne und eine bessere Ausstattung der Krankenhäuser.
Gegen Premierminister Philippe, Gesundheitsministerin Buzyn, ihren Nachfolger Véran und andere Regierungsmitglieder gingen im Zuge der Corona-Krise insgesamt 90 **Klagen beim Kassationsgerichtshof** ein. In neun Fällen erklärte der Generalstaatsanwalt die Klagen am 3.7. für zulässig. Anders als der Staatspräsident können Regierungsmitglieder gerichtlich für ihr Regierungshandeln belangt werden.

Corona: Frankreich war innerhalb Europas **früh und schwer** von der Corona-Pandemie betroffen. Die ersten Covid-19-Patienten Europas wurden hier am 24.1.2020 gemeldet und am 14.2. der erste Tote, ein Tourist aus China. Am 15.2. setzte die Regierung den Notfallplan für Gesundheitskrisen in Kraft. Größter Ausbruchsherd war zu Beginn eine freikirchliche Veranstaltung in Mulhouse (17.-21.2.) mit 2 000 nicht registrierten, vielfach auswärtigen Besuchern. Die Zahl der Infizierten stieg rasch. Besonders betroffen waren die Region Grand Est sowie der Großraum Paris. Ende März gerieten die Krankenhäuser in Grand Est an ihre Kapazitätsgrenzen. Ärzte mussten auswählen, wer behandelt wurde und wer nur noch palliativ versorgte wurde (**Triage**). Patienten wurden zur Behandlung in andere Regionen oder ins Ausland gebracht.
Einen Tag, nachdem die WHO den Corona-Ausbruch zur Pandemie heraufgestuft hatte, verkündete die Regierung am 12.3. für den 16.3. die **Schließung der Schulen, Kitas und Universitäten**. Am 15.3 wurden Restaurants und Bars sowie öffentliche Einrichtungen geschlossen, trotzdem fand die erste Runde der **Kommunalwahl** statt. Mehrere Wahlhelfer, Bürgermeister und Kommunalpolitiker erkrankten wenig später. Am 16.3. sprach Präsident Macron im Fernsehen zu den Franzosen: Er verhängte ab dem 17.3. eine **Ausgangssperre**, die er am 13.4. **bis zum 11.5**. verlängerte. Menschen durften das Haus nur noch in Ausnahmefällen verlassen (Arztbesuch, Einkaufen, Arbeiten, allein Sport treiben). Unternehmen rief Macron auf, ihre Mitarbeiter ins Homeoffice zu schicken. Der Präsident verglich den Kampf gegen das Virus mit einem Krieg („Nous sommes en guerre.“).
Als die Infektions- und Todeszahlen sanken, drängte Präsident Macron trotz Widerständen darauf, die **Ausgangsbeschränkungen rasch zu lockern**: Ab dem 11.5. öffneten die Schulen nach und nach und mit Hygienekonzepten, der öffentliche Verkehr lief wieder an. Es galt eine **Maskenpflicht in öffentlichen Verkehrsmitteln**. Trotzdem verlängerte die Regierung am 2.5. den **Gesundheitsnotstand** bis zum 24.7. Die Universitäten blieben beim Fernunterricht. Ab dem 2.6. wurden in Regionen mit niedrigen Infektionszahlen viele Maßnahmen aufgehoben. Am gleichen Tag ging eine **Tracking-App für Covid-19** an den Start. Ab dem 15.6. wurden die Grenzen zu den europäischen Nachbarn geöffnet.

Gabun

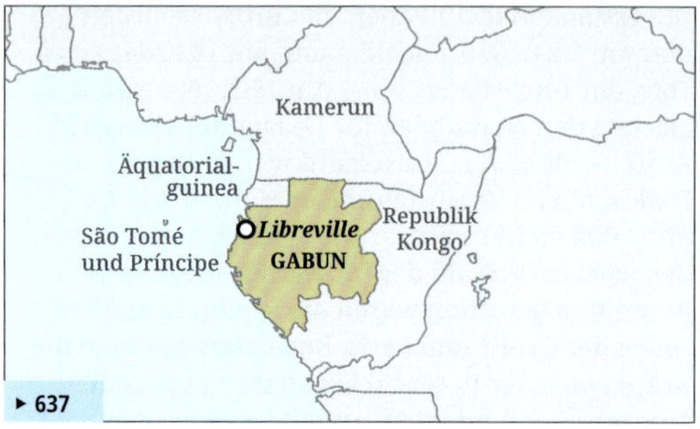

▸ 637

Ländername	Gabunische Republik
Zeitzone	MEZ ±0 h
Fläche in km²	267 670
Anzahl der Einwohner	2.2 Millionen
Einwohnerzahl pro km²	8
Hauptstadt	Libreville
Amtssprache	Französisch
Verwaltungsgliederung	9 Provinzen
Wichtige Städte	Libreville, Port-Gentil, Franceville, Owendo, Oyem
Autokennzeichen | ISO-Code	G | GAB
Währung	1 CFA-Franc BEAC = 100 Centimes
Nationalfeiertag	17. August

Gabun ist dank seiner natürlichen Ressourcen einer der reichsten Staaten Westafrikas. Trotzdem lebt ein großer Teil der Bevölkerung in Armut. In Europa ist das Land vor allem durch das Wirken Albert Schweitzers bekannt, der 1913 in Lambaréné ein Urwaldhospital gründete. Präsident Omar Bongo regierte von 1967 bis zu seinem Tod 2009 und war der am längsten herrschende Staatschef in Afrika. Am 30. August 2009 gewann Verteidigungsminister Ali Ben Bongo die Wahlen und wurde damit Nachfolger seines Vaters als Präsident.

GEOGRAFIE

Geografische Lage: Von 2° 18' nördlicher bis 3° 55' südlicher Breite sowie von 8° 42' bis 14° 29' östlicher Länge
Höchster Punkt: Mont Iboundji 1575 m
Klima: Feuchtheißes, tropisches Klima

POLITIK

Staatsform: Präsidiale Republik
Staatsoberhaupt: Präsident
Legislative: Parlament, bestehend aus Nationalversammlung mit 143 für 5 Jahre gewählten Mitgliedern und Senat mit 102 für 6 Jahre gewählten Mitgliedern
Jahr der Verfassung: 1991
Wahlrecht: 18 Jahre
Staatsreligion: Keine

BEVÖLKERUNG

Bevölkerungsanteil: <15 Jahre 37 %, 15-64 Jahre 59.4 %, >64 Jahre 3.6 %
Verteilung: Stadt 89.7 %, Land 10.3 %
Wachstum 2019: 2.6 %
Lebenserwartung: Frauen 69 Jahre, Männer 65 Jahre
Alphabetenrate: Frauen 83.4 %, Männer 85.9 %
Ethnische Gruppen: Bantu, Fang, Bapounou, Nzebi, Obamba u. a.
Religionen: Christen 82 %, Muslime 9.8 %
Sprachen: Französisch, Bantusprachen

WIRTSCHAFT UND VERKEHR

BIP: 16.66 Mrd. US-$
Wachstum BIP 2019: 3.4 %
BNE/Kopf: 8 112 US-$
Inflation: 2.5 %
Außenhandel: Import 3.04 Mrd. US-$, Export 7.32 Mrd. US-$
Erwerbstätige nach Sektoren: Landwirtschaft 32.8 %, Industrie 10.8 %, Dienstleistungen 56.4 %
Arbeitslosenquote: 20 %
Energieverbrauch/Kopf: 2 694 kg ÖE
Straßennetz: 14 370 km
Eisenbahnnetz: 810 km

RÜCKBLICK

Innenpolitische Lage: Die Stimmung im Land blieb angespannt. Im öffentlichen Raum war eine **erhöhte Präsenz von Sicherheitskräften** zu beobachten. Aufgrund der schlechten wirtschaftlichen Situation des stark vom Erdölexport abhängigen Landes nahmen **soziale Konflikte** zu. Sie entluden sich teilweise in Demonstrationen gegen materielle Kürzungen und in Streiks, die mit Polizeigewalt niedergeschlagen wurden. Öffentlich spekuliert wurde auch über den Gesundheitszustand des Präsidenten Ali Ben Bongo (* 1959), der im Oktober 2018 einen Schlaganfall erlitten hatte und seitdem nur noch sporadisch in Erscheinung getreten war. In Ausnutzung des dadurch entstandenen Machtvakuums war es am 7.1.2019 zu einem **Putsch des Militärs** gekommen, der aber rasch niedergeschlagen werden konnte. Fünf Tage später ernannte der Präsident Julien Nkoghe Bekalé zum neuen Premierminister. In der Folgezeit wurde sein Kabinett mehrfach umgebildet.

Korruptionsskandal: Im Dezember 2019 wurden der ehemalige Büroleiter des Präsidenten, Brice Laccruche Alihanga, der ehemalige Energieminister Tony Ondo Mba und der ehemalige Minister für Erdöl, Erdgas und Bergbau Noel Mboumba wegen Verdachts der **Bestechung und Veruntreuung öffentlicher Gelder** ihrer Posten enthoben. Die Ermittlungen gegen die Politiker standen im Zusammenhang mit den Untersuchungen zu den mehr als 100 Mio. US-$, die aus den Kassen der staatlich kontrollierten Erdölgesellschaft verschwunden waren.

Afrikanische Kontinentale Freihandelszone: Gabun **ratifizierte** am 7.7.2019 das **Abkommen** über die Afrikanische Kontinentale Freihandelszone (African Continental Free Trade Area, AfCFTA), die zukünftig die Basis für einen **einheitlichen afrikanischen Binnenmarkt** bilden soll, der rund 1.2 Mrd. Menschen und ein BIP von 2.5 Billionen US-$ umfasst. Die Schaffung einer Freihandelszone war im März 2018 zwischen 54 Mitgliedstaaten der Afrikanischen Union (AU) vereinbart worden. Lediglich das AU-Mitglied Eritrea sprach sich gegen die AfCFTA aus. Bis Mitte 2020 hatten 30 der 54 AU-Staaten die Ratifizierungsurkunde unterzeichnet. Die AfCFTA soll durch den Wegfall von Zöllen und anderen Handelsbarrieren einen weitgehenden **Freihandel ermöglichen** und so in der Region Produktion, Handel und Wertschöpfungsketten stärken.

Corona: Gabun bestätigte am 13.3.2020 seine erste Covid-19-Infektion. Auf die Ausbreitung der Atemwegserkrankung reagierte die Regierung mit der temporären **Schließung der Landesgrenzen** und mit Kontakteinschränkungen. Um das Gesundheitssystem zu stärken und andere Maßnahmen gegen Covid-19 zu ermöglichen, beantragte Gabun im Frühjahr 2020 bei der Weltbank ein Darlehen von 9 Mio. US-$.

Gambia

▸ 636

Ländername	Republik Gambia
Zeitzone	MEZ -1 h
Fläche in km²	11 300
Anzahl der Einwohner	2.3 Millionen
Einwohnerzahl pro km²	208
Hauptstadt	Banjul
Amtssprache	Englisch
Verwaltungsgliederung	5 Regionen und 2 Gemeinden
Wichtige Städte	Serekunda, Brikama, Bakau, Lamin, Banjul
Autokennzeichen | ISO-Code	WAG | GMB
Währung	1 Dalasi = 100 Bututs
Nationalfeiertag	18. Februar

Gambia ist das kleinste Land auf dem afrikanischen Festland – und fast vollständig von Senegal umschlossen. Mit ihm war der westafrikanische Staat in seiner Geschichte eng verbunden, das letzte Mal zwischen 1982 und 1989 als Konföderation Senegambia.

GEOGRAFIE

Geografische Lage: Von 13° 04' bis 13° 49' nördlicher Breite sowie von 13° 50' bis 16° 50' westlicher Länge
Höchster Punkt: Unbenannt 53 m
Klima: Wechselfeuchtes Klima der Randtropen

POLITIK

Staatsform: Präsidiale Republik
Staatsoberhaupt: Präsident
Legislative: Nationalversammlung mit 53 für 5 Jahre gewählten und 5 ernannten Mitgliedern
Jahr der Verfassung: 1997
Wahlrecht: 18 Jahre
Staatsreligion: Keine

BEVÖLKERUNG

Bevölkerungsanteil: <15 Jahre 44.3 %, 15-64 Jahre 53.1 %, >64 Jahre 2.6 %
Verteilung: Stadt 61.9 %, Land 38.1 %
Wachstum 2019: 2.9 %
Lebenserwartung: Frauen 64 Jahre, Männer 61 Jahre
Alphabetenrate: Frauen 41.6 %, Männer 61.8 %
Ethnische Gruppen: Mandinka, Fulbe, Wolof, Diola, Soninke, Serer, Manjago u. a.
Religionen: Muslime 95.7 %, Christen 4.2 %
Sprachen: Englisch, Mandinka, Wolof, Fulfulde u. a.

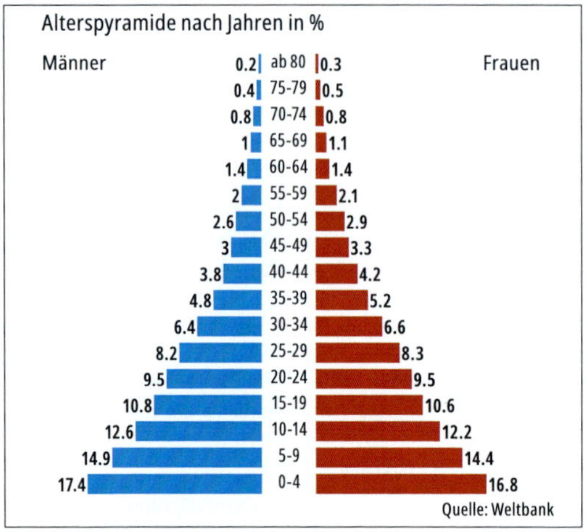

WIRTSCHAFT UND VERKEHR

BIP: 1.76 Mrd. US-$
Wachstum BIP 2019: 6 %
BNE/Kopf: 755 US-$
Inflation: 7.1 %
Außenhandel: Import 619 Mio. US-$, Export 111 Mio. US-$
Erwerbstätige nach Sektoren: Landwirtschaft 27.1 %, Industrie 15.7 %, Dienstleistungen 57.2 %
Arbeitslosenquote: 8.9 %
Energieverbrauch/Kopf: Keine Angabe
Straßennetz: 2 977 km
Eisenbahnnetz: Keine Angabe

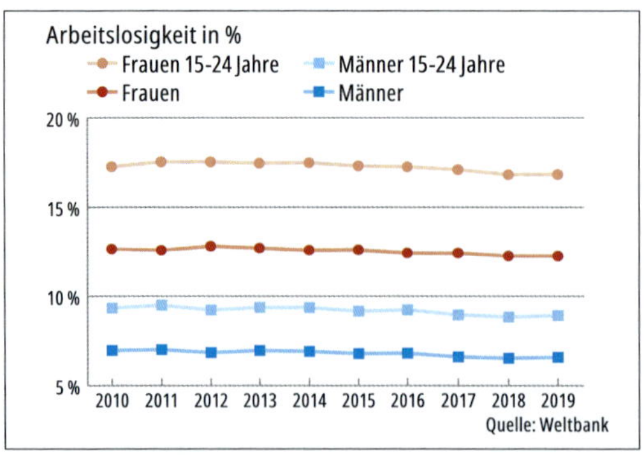

RÜCKBLICK

Nach dem demokratischen Transformationsprozess von 2016/17 kam es zum ersten Mal wieder zu größeren Protesten, bei denen zu langsame Reformen kritisiert und dem ehemals als Hoffnungsträger geltenden Präsidenten Adama Barrow autoritäre Tendenzen vorgeworfen wurden.

Proteste: Ab Herbst 2019 kam es zu regelmäßigen großen Protesten, die unter dem Namen **3 years jotna** („Drei Jahre sind genug") Wahlen für den Dezember 2019 forderten. Bei den regierungskritischen Demonstrationen wurde die Meinung vertreten, **Präsident Barrow** würde sich zunehmend an die Macht klammern und Ankündigungen bezüglich weitergehender demokratischer Reformen und baldiger Neuwahlen nicht einhalten. Tatsächlich hatte Barrow bei Amtsantritt eine Neuwahl Ende 2019 angekündigt und sich später wieder davon distanziert. Ein weiterer Kritikpunkt nach den Ereignissen von 2016/17 sind die steigenden Lebenshaltungskosten. Am 26.1.2020 kam es zum ersten Mal zu gewaltsamen Auseinandersetzungen im Zuge einer Demonstration der Bewegung. Dem Staat wurde in diesem Kontext Eskalation und Festnahmen von Journalisten vorgeworfen.

Versöhnungskommission: Die **Truth, Reconciliation and Reparations Commission** (TRRC), die geschehenes Unrecht unter dem diktatorisch herrschenden **Yahya Jammeh** aufdecken soll, befragte allein 2019 insgesamt 188 Zeugen. Es wurde über klare Beweise für Verbrechen gegen die Menschlichkeit berichtet, zusätzlich im Oktober 2019 ein **Reparationsfonds** für die Opfer aufgelegt und Jammehs Verhaftung im Falle einer Einreise angekündigt.

Rohingya: Gambia strengte im November 2019 ein Verfahren beim **Internationalen Gerichtshof** (IGH) gegen Myanmar wegen Völkermords an. Gambia wirft dem Land **Genozid** an der muslimischen Minderheit der Rohingya vor.

Wirtschaft: Nach der Landwirtschaft ist der **Tourismus** die zweitwichtigste Säule der gambischen Wirtschaft. Trotz negativer Auswirkungen durch die Insolvenz des britischen Reisekonzerns Thomas Cook im Jahr 2019, der für 45 % der Einreisen von Touristen verantwortlich war, konnte eine **positive makroökonomische Entwicklung** festgestellt werden. Jedoch war die staatliche Handlungsfähigkeit weiterhin durch eine **hohe Verschuldung** bei gleichzeitiger geringer Aufkommenswirkung eingeschränkt. Für 2020 wurde prognostiziert, dass circa 80 % des Haushalts allein in die Schuldentilgung fließen werden.

Georgien

▸ 691

Ländername	Georgien
Zeitzone	MEZ +3 h
Fläche in km²	69 700
Anzahl der Einwohner	3.7 Millionen
Einwohnerzahl pro km²	53
Hauptstadt	Tiflis
Amtssprache	Georgisch
Verwaltungsgliederung	9 Regionen, 2 autonome Republiken und 1 Stadt
Wichtige Städte	Tiflis, Batumi, Kutaissi, Rustawi, Sochumi
Autokennzeichen | ISO-Code	GE | GEO
Währung	1 Lari = 100 Tetri
Nationalfeiertag	26. Mai

Die gebirgige Kaukasusregion zwischen Schwarzem und Kaspischem Meer hat frühe Großreiche hervorgebracht und eine bedeutende christliche Kulturtradition entwickelt. Seit der Auflösung der sowjetischen Zwangsordnung ist die staatliche Einheit Georgiens durch innere Konflikte bedroht. Die Auseinandersetzungen mit den abtrünnigen Gebieten Südossetien und Abchasien führten schließlich 2008 zum militärischen Zusammenstoß mit Russland. Dessen Auswirkungen sind bis heute zu spüren.

GEOGRAFIE

Geografische Lage: Von 41° 04' bis 43° 34' nördlicher Breite sowie von 39° 59' bis 46° 40' östlicher Länge
Höchster Punkt: Schchara 5201 m
Klima: Im Westen feuchtgemäßigtes, im Südosten kontinentales Steppenklima, am Schwarzen Meer mediterranes Klima

POLITIK

Staatsform: Semipräsidiale Republik
Staatsoberhaupt: Präsidentin
Legislative: Parlament mit 150 für 4 Jahre gewählten Mitgliedern
Jahr der Verfassung: 1995
Wahlrecht: 18 Jahre
Staatsreligion: Christentum

BEVÖLKERUNG

Bevölkerungsanteil: <15 Jahre 20 %, 15-64 Jahre 64.9 %, >64 Jahre 15.1 %
Verteilung: Stadt 59 %, Land 41 %
Wachstum 2019: -0.2 %
Lebenserwartung: Frauen 78 Jahre, Männer 70 Jahre
Alphabetenrate: Frauen 99.3 %, Männer 99.4 %
Ethnische Gruppen: Georgier, Aserbaidschaner, Armenier, Russen u. a.
Religionen: Christen 86.7 %, Muslime 10.7 %
Sprachen: Georgisch, Aserbaidschanisch, Armenisch u. a.

WIRTSCHAFT UND VERKEHR

BIP: 17.74 Mrd. US-$
Wachstum BIP 2019: 5.1 %
BNE/Kopf: 4 289 US-$
Inflation: 4.9 %
Außenhandel: Import 9.12 Mrd. US-$, Export 3.35 Mrd. US-$
Erwerbstätige nach Sektoren: Landwirtschaft 41.8 %, Industrie 13.9 %, Dienstleistungen 44.3 %
Arbeitslosenquote: 14.4 %
Energieverbrauch/Kopf: 1 180 kg ÖE
Straßennetz: 20 295 km
Eisenbahnnetz: 1 363 km

UMSTRITTENE GEBIETE

Abchasien

Fläche in km²: 8 660
Anzahl der Einwohner: 243 206
Hauptstadt: Sochumi
Status: De-facto-Regime, Gebiet ist völkerrechtlich Teil von Georgien
Regierung: Präsident

Südossetien

Fläche in km²: 3 885
Anzahl der Einwohner: 53 532
Hauptstadt: Zchinwali
Status: De-facto-Regime, Gebiet ist völkerrechtlich Teil von Georgien
Regierung: Präsident

RÜCKBLICK

Proteste: Der Auftritt eines **Abgeordneten der russischen Staatsduma** auf einer interparlamentarischen Versammlung der Orthodoxie am 24.6.2019 in Tiflis provozierte Proteste vor dem Parlamentsgebäude, gegen die Innenminister Giorgi Gacharia Sicherheitskräfte einsetzte. 240 Menschen wurden dabei verletzt, 300 festgenommen. Anschließende Demonstrationen gegen übermäßige Polizeigewalt versuchte der Vorsitzende der Regierungspartei Georgischer Traum-Demokratisches Georgien (KO-DS), Bidsina Iwanischwili mit der Zusage zu besänftigen, dass das Parlament bereits 2020 (geplant für 31.10.), nicht erst 2024, nach dem **Verhältniswahlrecht** (ausschließlich Parteilisten) gewählt würde. Dies hatte die Opposition bereits 2017 im Zuge von Verfassungsänderungen gefordert, weil das gemischte Wahlsystem (mit Stichwahl in Wahlkreisen) das Regierungsbündnis aus KO und weiteren Parteien bevorzuge. Außerdem versprach er, die Prozentklausel aufzuheben. Allerdings **scheiterte** ein entsprechender **Gesetzentwurf** am 14.11.2019 im Parlament, weil ihm ein Teil der KO-Abgeordneten die Zustimmung verweigerte. So kam es erneut zu Protesten und einer Blockade des Parlamentsgebäudes.

Neuer Regierungschef: Nach knapp zehn Monaten im Amt trat Mamuka Bachtadse am 2.9.2019 als Ministerpräsident zurück. Sein Nachfolger wurde Innenminister Gacharia. Dessen Bestätigung durch das Parlament (8.9.) boykottierten die Oppositionsparteien. Beide Politiker waren enge Gefolgsleute des KO-DS-Chefs Iwanischwili. Der Milliardär gilt als „graue Eminenz“ der georgischen Politik.

Russland: Die Proteste im Juni 2019 waren Anlass für Russland, **Direktflüge nach Georgien** vorerst **einzustellen** und mit Importverboten für wichtige Exportgüter wie Wein, Mineralwasser, Obst und Gemüse zu drohen. Das Flugverbot traf vor allem den Tourismus, den die Regierung intensiv förderte. Einen Lebensmittelboykott hatte es bereits bis 2017 gegeben. Das Verhältnis beider Staaten wurde zusätzlich durch informelle **Verschiebungen** und Befestigungen der **Waffenstillstandslinie** zwischen dem abtrünnigen Südossetien und dem Kerngebiet Georgiens belastet. Wiederholt waren auch Personen wegen „illegalen Grenzübertritts“ entführt worden. Sie kamen meist gegen ein „Bußgeld" wieder frei. Für Aufsehen sorgte im November 2019 der Fall eines Arztes, der in Untersuchungshaft genommen und am 20.12. „begnadigt“ wurde. Die Grenze Südossetiens wird faktisch vom russischen Inlandsgeheimdienst FSB kontrolliert. Durch das Gebiet verläuft eine wichtige Erdölpipeline. In der einseitig von Russland als unabhängig anerkannten Teilrepublik sind seit dem „Sechs-Tage-Krieg“ 2008 russische Streitkräfte stationiert.

Abchasien: Innenpolitische Gegner trieben am 9.1.2020 „Präsident“ Raul Chadschimba mit Gewalt aus dem Amt. Anlass war der Mord an zwei Kriminellen, der seiner Leibwache zugerechnet wurde. Der frühere KGB-Offizier, der 2014 selbst durch einen Putsch an die Macht gekommen war, erreichte seine Wiederwahl im September 2019 nur knapp, nachdem der Zweitplatzierte des ersten Durchgangs, Aslan Bschania, wegen einer Vergiftung verzichtet hatte. Die erneute Wahl im März 2020 gewann dann der ehemalige Geheimdienstchef Abchasiens (2010-14). Die Separatistenrepublik war ebenfalls politisch und finanziell abhängig von Russland.

Rückschläge: Das robuste Wirtschaftswachstum, 2019 nach IWF-Angaben 5.1 %, kam mit der **Corona-Krise** zum Ende. Für 2020/21 rechnete die Regierung mit einem Minus von 4-5 %. Georgien erhält deshalb nach Regierungsangaben internationale Hilfen über 3 Mrd. US-$, darunter 450 Mio. US-$ vom IWF. Aufgrund der Covid-19-Pandemie verhängte **Präsidentin Surabischwili** am 21.3.2020 den **Ausnahmezustand** (bis 22.5. befristet). Der Autoverkehr wurde verboten, eine nächtliche Ausgangssperre verhängt und die Bewegungsfreiheit strikt begrenzt. Sicherheitskräfte riegelten die vier größten Städte ab. Alle Unternehmen mussten ihre Produktion einstellen. Mit strikter Nachverfolgung von Infektionen und anderen Maßnahmen begrenzte Georgien die Virusausbreitung, obwohl die Orthodoxe Kirche teils Ostergottesdienste feierte. Ein weiterer wirtschaftlicher Rückschlag bedeutete die **Unterbrechung** der Bauarbeiten (ab 2017) am geplanten **Tiefseehafen Anaklia** an der Grenze zu Abchasien wegen Kapitalmangels des verantwortlichen Konsortiums und Korruption. Politischen Widerstand gegen das Projekt leisteten Russland und die Türkei.

Salome Surabischwili, Präsidentin von Georgien, äußert sich bei einer Pressekonferenz mit Bundespräsident Steinmeier nach ihrem Gespräch am 7. Oktober 2019 im Palais Orbeliani, dem Sitz des Präsidialamts.

Ghana

▸ 636

Ländername	Republik Ghana
Zeitzone	MEZ -1 h
Fläche in km²	238 540
Anzahl der Einwohner	30.4 Millionen
Einwohnerzahl pro km²	128
Hauptstadt	Accra
Amtssprache	Englisch
Verwaltungsgliederung	16 Regionen
Wichtige Städte	Accra, Kumasi, Sekondi-Takoradi, Ashaiman, Tamale, Cape Coast
Autokennzeichen | ISO-Code	GH | GHA
Währung	1 Cedi = 100 Pesewas
Nationalfeiertag	6. März

Ghana war das Kernland des alten Ashantireichs und Teil der ehemaligen britischen Kolonie Goldküste. Sein Name leitet sich vom mittelalterlichen Reich Ghana im westlichen Sudan ab, mit dem die heutige Republik jedoch nichts gemein hat. Wiederholt ergriff das Militär die Macht und verhinderte die Festigung demokratischer Verhältnisse. Erst seit den 1990er-Jahren gibt es demokratische und soziale Fortschritte.

GEOGRAFIE

Geografische Lage: Von 4° 46' bis 11° 10' nördlicher Breite sowie von 3° 15' westlicher bis 1° 11' östlicher Länge
Höchster Punkt: Mount Afadjato 880 m
Klima: Tropisches Savannenklima

POLITIK

Staatsform: Präsidiale Republik
Staatsoberhaupt: Präsident
Legislative: Parlament mit 275 für 4 Jahre gewählten Mitgliedern
Jahr der Verfassung: 1993
Wahlrecht: 18 Jahre
Staatsreligion: Keine

BEVÖLKERUNG

Bevölkerungsanteil: <15 Jahre 37.6 %, 15-64 Jahre 59.3 %, >64 Jahre 3.1 %
Verteilung: Stadt 56.7 %, Land 43.3 %
Wachstum 2019: 2.2 %
Lebenserwartung: Frauen 65 Jahre, Männer 63 Jahre
Alphabetenrate: Frauen 74.5 %, Männer 83.5 %
Ethnische Gruppen: Akan, Mole-Dagbon, Ewe, Ga-Dangme, Gurma, Guan, Grusi, Mande u. a.
Religionen: Christen 71.2 %, Muslime 17.6 %, Ethnische 5.2 %
Sprachen: Englisch, Kwa- und Gursprachen

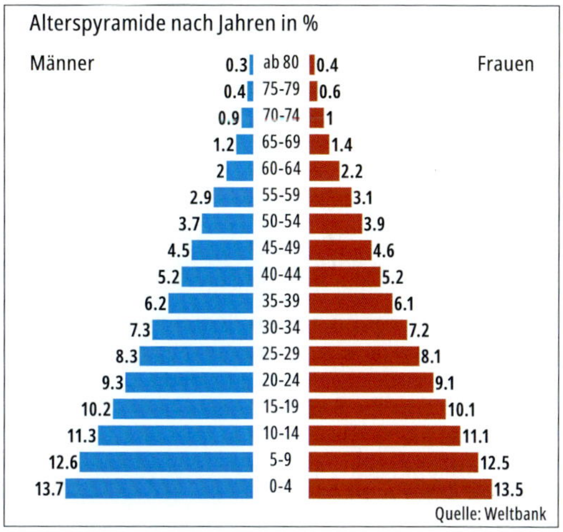

WIRTSCHAFT UND VERKEHR

BIP: 66.98 Mrd. US-$
Wachstum BIP 2019: 6.3 %
BNE/Kopf: 2 223 US-$
Inflation: 7.2 %
Außenhandel: Import 13.43 Mrd. US-$, Export 15.55 Mrd. US-$
Erwerbstätige nach Sektoren: Landwirtschaft 29.3 %, Industrie 21.8 %, Dienstleistungen 48.9 %
Arbeitslosenquote: 4.3 %
Energieverbrauch/Kopf: 332 kg ÖE
Straßennetz: 109 515 km
Eisenbahnnetz: 953 km

RÜCKBLICK

Year of Return: Anlässlich des 400. Jahrestags des Beginns des Handels mit versklavten Menschen aus Afrika nach Nordamerika erklärte die ghanaische Regierung das Jahr 2019 zum Year of Return. In diesem Kontext wurden verschiedene Programme aufgelegt, die den Austausch mit und die Anbindung an die ghanaische bzw. an die afrikanische Diaspora allgemein steigern sollten. Ein besonderer Fokus lag dabei auf US-Bürgern mit afrikanischen Wurzeln. Primäre Ziele waren die Steigerung der Touristenzahlen und Direktinvestitionen durch die Diaspora. Die Regierung wertete die Programme als Erfolg.

Festnahmen: Am 23.9.2019 wurden 3 Personen verhaftet, denen ein Umsturzversuch vorgeworfen wurde. Die Regierung sprach von einem geplanten Putsch gegen den Präsidenten und von der Beschlagnahmung von diversen Waffen. Sicherheitsbehörden berichteten von seit Monaten observierten Aktivitäten der unter dem Deckmantel der Nichtregierungsorganisation **Take Action Ghana** (TAG) agierenden Putschisten. Im Laufe des Verfahrens wurden 5 weitere Personen festgenommen.

Wirtschaft: Im Jahr 2019 konnte, wie auch schon 2018, ein hohes Wachstum des Bruttoinlandsprodukts erzielt werden. Dies wurde primär durch steigende Gewinne in der Landwirtschaft und eine schnelle Erholung des zuvor schwächelnden Dienstleistungssektors vorangetrieben. Die Regierung unter Präsident Akufo-Addo machte Fortschritte bei der Implementation angekündigter wirtschaftspolitischer Reformen, jedoch konnte das 2017 angekündigte Programm **„One district, one factory"** bisher noch nicht erfolgreich umgesetzt werden. Nach verschiedenen Projekten zum Ausbau der Schienen- und Zugkapazitäten in den vergangenen Jahren wurden im Juni 2020 zusätzlich Verträge zum Bau einer weiteren **Schienenstrecke** im Südwesten Ghanas für 560 Mio. US-$ und zum Kauf von 35 **Zügen** mit einem chinesischen Hersteller geschlossen.

Autoimporte: Am 30.4.2020 unterschrieb Präsident Akufo-Addo ein Gesetz, das den Import von Gebrauchtwagen verbietet, die älter als 10 Jahre sind oder bei Unfällen beschädigt wurden. Damit sollen die Anreize von Autoherstellern erhöht werden, Produktionsstätten in Ghana zu eröffnen.

Kakaoproduktion: Im September 2019 schlossen die Regierungen der Elfenbeinküste und Ghanas einen Vertrag zur **Festsetzung eines Minimalpreises** von 2 600 US-$ pro Tonne beim Verkauf von Kakao. Die beiden Staaten haben zusammen einen Anteil von 62 % am Weltmarkt für Kakao.

Grenada

▸ 668

Ländername	Grenada
Zeitzone	MEZ -5 h
Fläche in km²	340
Anzahl der Einwohner	112 003
Einwohnerzahl pro km²	329
Hauptstadt	St. George's
Amtssprache	Englisch
Verwaltungsgliederung	6 Gemeinden und 1 abhängiges Gebiet
Wichtige Städte	St. George's, Gouyave, Grenville, Victoria
Autokennzeichen | ISO-Code	WG | GRD
Währung	1 Ostkaribischer Dollar = 100 Cents
Nationalfeiertag	25. Mai

Grenada, die südlichste der Inseln über dem Wind, ist auch als Gewürzinsel bekannt. Aufgrund ihrer herausragenden Bedeutung für die Exportwirtschaft schmückt die Muskatnuss seit der Unabhängigkeit des Landes, 1974, die Staatsflagge.

GEOGRAFIE

Geografische Lage: Von 12° bis 12° 32' nördlicher Breite sowie von 61° 25' bis 61° 47' westlicher Länge
Höchster Punkt: Mount St. Catherine 840 m
Klima: Feuchttropisches Klima mit Trockenzeit von Mai bis Januar

POLITIK

Staatsform: Parlamentarische Demokratie unter konstitutioneller Monarchie
Staatsoberhaupt: Britische Königin, vertreten durch eine Generalgouverneurin
Legislative: Parlament, bestehend aus Repräsentantenhaus mit 15 für 5 Jahre gewählten Mitgliedern und Senat mit 13 für 5 Jahre ernannten Mitgliedern
Jahr der Verfassung: 1974
Wahlrecht: 18 Jahre
Staatsreligion: Keine

BEVÖLKERUNG

Bevölkerungsanteil: <15 Jahre 23.6 %, 15-64 Jahre 66.8 %, >64 Jahre 9.6 %
Verteilung: Stadt 36.3 %, Land 63.7 %
Wachstum 2019: 0.5 %
Lebenserwartung: Frauen 75 Jahre, Männer 70 Jahre
Alphabetenrate: Frauen 98.6 %, Männer 98.6 %
Ethnische Gruppen: Afrikaner, Mestizen, Inder u. a.
Religionen: Christen 86.4 %, Ethnische 1.2 %, Sonstige 5.5 %
Sprachen: Englisch, Kreolisch

WIRTSCHAFT UND VERKEHR

BIP: 1.23 Mrd. US-$
Wachstum BIP 2019: 4.1 %
BNE/Kopf: 11 381 US-$
Inflation: 1.7 %
Außenhandel: Import 470 Mio. US-$, Export 32 Mio. US-$
Erwerbstätige nach Sektoren: Keine Angabe
Arbeitslosenquote: Keine Angabe
Energieverbrauch/Kopf: Keine Angabe
Straßennetz: 1 127 km
Eisenbahnnetz: Keine Angabe

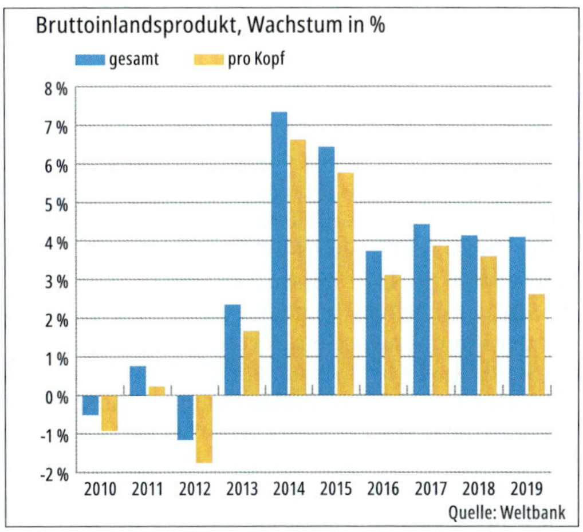

RÜCKBLICK

Wirtschaft: Bis zum Beginn der Corona-Pandemie setzte die Wirtschaft ihr Wachstum der letzten Jahre fort. Nach Angaben des Internationalen Währungsfonds (IWF) erreichte das Bruttoinlandsprodukt 2019 ein Plus von 4.1 %. Grundlage der Wirtschaft war der Tourismus: Er trug mit 80 % zu den Einnahmen aus dem Export bei. Die Verschuldung sank zwischen 2013 und 2019 von 108 % auf 59 % des BIP.

Ab März 2020 brach die Wirtschaft unter den Folgen der Corona-Pandemie ein. Der IWF rechnete im April 2020 für das laufende Jahr mit einem Einbruch des Bruttoinlandsprodukts um 9 %. Für 2021 rechnete er mit einem erneuten Wachstum um 6.25 %. Angesichts der aktuellen Corona-Krise stellte der IWF Grenada und den anderen ostkaribischen Staaten Dominica und St. Lucia im April 2020 einen Nothilfekredit in Höhe von insgesamt 65.6 Mio. US-$ zur Begleichung von Schulden zur Verfügung. Der Anteil Grenadas belief sich auf 22.4 Mio. US-$.

Corona: Noch vor dem ersten registrierten Covid-19-Fall verhängte die Regierung unter Premierminister Keith Mitchell am 9.3.2020 ein Einreiseverbot für Personen, die aus jenen Ländern kamen, in denen nach Angaben der WHO Fälle von Covid-19 aufgetreten waren. Bürger aus Grenada und solche mit einer Aufenthaltsgenehmigung durften weiterhin einreisen, mussten sich aber einer 14-tägigen Quarantäne unterziehen. Am 14.3. ließ die Regierung vorsorglich die Schulen schließen, verbot Veranstaltungen und verkündete Abstandsregeln. Am 22.3. verzeichnete Grenada den ersten bestätigten Fall einer Covid-19-Infektion. Daraufhin rief die Regierung am 25.3. den nationalen Notstand aus, schloss den Flughafen und verhängte eine nächtliche Ausgangssperre zwischen 17 und 7 Uhr. Am 29.3. rief die Regierung ab dem Folgetag einen 7-tägigen vollständigen Lockdown aus, den sie mehrmals verlängerte. Bis zum 1.5. war die Zahl der Infizierten auf 20 angestiegen. Ab dem 11.5. erfolgten erste Lockerungen. an. Die Ausgangssperre wurde auf eine nächtliche Sperre in der Zeit zwischen 19 und 5 Uhr beschränkt, Lebensmittelgeschäfte und Banken durften öffnen und Bauprojekte weitergeführt werden. Am 25.5. folgte die Öffnung von weiteren Einzelhandelsgeschäften. Am 18.6. galten alle 23 Covid-19-Patienten als genesen.

Griechenland

▸ 626

Ländername	Hellenische Republik
Zeitzone	MEZ +1 h
Fläche in km²	131 960
Anzahl der Einwohner	10.7 Millionen
Einwohnerzahl pro km²	81
Hauptstadt	Athen
Amtssprache	Griechisch
Verwaltungsgliederung	13 Regionen und 1 autonome Mönchsrepublik
Wichtige Städte	Athen, Thessaloniki, Patras, Piräus, Lárissa, Heraklion
Autokennzeichen | ISO-Code	GR | GRC
Währung	1 Euro = 100 Cent
Nationalfeiertag	25. März

Griechenland gilt als Mutterland der Demokratie und Wiege der abendländischen Kultur. Die antiken Stätten und die vielfältige Inselwelt locken Millionen von Touristen an. Die Aufnahme in die Europäische Gemeinschaft 1981 schien neue Perspektiven für die Weiterentwicklung des Landes zu eröffnen. Eine eklatante Steigerung des Haushaltsdefizites führte Griechenland jedoch 2010 an den Rand des Staatsbankrotts. Nach einer langen Wirtschaftskrise erholt sich die Wirtschaft seit 2017 wieder spürbar.

GEOGRAFIE

Geografische Lage: Von 34° 49' bis 41° 45' nördlicher Breite sowie von 19° 38' bis 28° 14' östlicher Länge
Höchster Punkt: Olymp 2917 m
Klima: Mittelmeerklima mit trockenheißen Sommern und feuchtmilden Wintern

POLITIK

Staatsform: Parlamentarische Republik
Staatsoberhaupt: Präsidentin
Legislative: Parlament mit 300 für 4 Jahre gewählten Mitgliedern
Jahr der Verfassung: 1975
Wahlrecht: 17 Jahre
Staatsreligion: Christentum (laut Verfassung vorherrschende Religion)

BEVÖLKERUNG

Bevölkerungsanteil: <15 Jahre 13.9 %, 15-64 Jahre 64.2 %, >64 Jahre 21.9 %
Verteilung: Stadt 79.4 %, Land 20.6 %
Wachstum 2019: -0.3 %
Lebenserwartung: Frauen 85 Jahre, Männer 80 Jahre
Alphabetenrate: Frauen 96.5 %, Männer 98.3 %
Ethnische Gruppen: Griechen, Albaner u. a.
Religionen: Christen 88.1 %, Muslime 2 %, Sonstige 3 %
Sprachen: Griechisch

WIRTSCHAFT UND VERKEHR

BIP: 209.85 Mrd. US-$
Wachstum BIP 2019: 1.9 %
BNE/Kopf: 19 974 US-$
Inflation: 0.3 %
Außenhandel: Import 62.22 Mrd. US-$, Export 37.87 Mrd. US-$
Erwerbstätige nach Sektoren: Landwirtschaft 12 %, Industrie 15.3 %, Dienstleistungen 72.7 %
Arbeitslosenquote: 17.2 %
Energieverbrauch/Kopf: 2 182 kg ÖE
Straßennetz: 117 533 km
Eisenbahnnetz: 2 548 km

RÜCKBLICK

Parlamentswahlen: Bei den Parlamentswahlen am 7.7.2019 wurde die liberal-konservative Nea Dimokratia (ND) mit 39.9 % (158 Sitze, +83) stärkste Partei; dank des Wahlsystems erreichte sie die absolute Mehrheit der Sitze. Die bisherige Regierungspartei, das linkspopulistische Bündnis der radikalen Linken (SYRIZA) erzielte 31.5 % (86 Sitze, -59). Das Mitte-links-Bündnis Bewegung für den Wandel (KINAL), dessen Kern die Sozialisten (PASOK) ausmachen, folgte mit 8.1 % (22 Sitze, +5) vor der Kommunistischen Partei (KKE) mit 5.3 % (15 Sitze, wie bisher). Zwei neue Gruppierungen gelangten ebenfalls ins Parlament, die nationalistische Griechische Lösung (EL) mit 3.7 % (10 Sitze) und die linke Front des europäischen realistischen Ungehorsams (MeRA25) des früheren Finanzministers Yanis Varoufakis mit 3.4 % (9 Sitze). Die rechtsextreme Goldene Morgenröte (Chrysi Avgi), die 2015 noch drittstärkste Partei war, fiel unter 3 % und gelangte nicht mehr ins Parlament. Die Wahlbeteiligung war mit 57.9 % nur leicht höher als 2015.

Neue Regierung: Das neue Kabinett unter Ministerpräsident Kyriakos Mitsotakis wurde am 9.7. vereidigt. Dem Kabinett gehörten nicht nur Berufspolitiker, sondern auch parteilose Fachleute an. 21 von 51 Regierungsmitgliedern, drei Minister und 18 Staatssekretäre, sind keine Abgeordneten.

Der griechische Ministerpräsident Kyriakos Mitsotakis (l.) bei einem Meinungsaustausch mit der Staatspräsidentin der Hellenischen Republik Katerina Sakellaropoulou (r.), am 3. Juni 2020 in Athen.

Kyriakos Mitsotakis: Der neue Ministerpräsident (* 1968) gehört einer alten, aus Kreta stammenden Politikerfamilie an. Bereits sein Großvater gleichen Namens saß im griechischen Parlament, sein Vater Konstantinos war 1990-93 Ministerpräsident. Nach dem Studium in den USA an den Universitäten Harvard und Stanford war Mitsotakis u. a. bei Chase Investment und McKinsey als Mitarbeiter tätig. 2004 wurde er erstmals in das Parlament gewählt, 2013-15 war er Minister für Verwaltungsreformen. 2016 wurde er zum Vorsitzenden der Nea Dimokratia gewählt.

Neues Staatsoberhaupt: Das Parlament wählte am 22.1.2020 mit der großen Mehrheit von 261 (von 300) Stimmen die bisherige Präsidentin des Staatsrats (Oberstes Verwaltungsgericht), **Katerina Sakellaropoulou**, zur Staatspräsidentin. Die drei größten Parteien, ND, SYRIZA und KINAL, unterstützten ihre Wahl, während die anderen drei Fraktionen sich der Stimme enthielten. Sakellaropoulou ist die erste Frau im höchsten Staatsamt.

Kapitalkontrollen aufgehoben: Alle noch bestehenden Beschränkungen des Geldverkehrs (Kapitalkontrollen) wurden zum 1.9.2019 aufgehoben. Sie waren von der Vorgängerregierung Tsipras im Juli 2015 verhängt worden, um den angesichts des damals drohenden Austritts Griechenlands aus der Eurozone ständig zunehmenden Abfluss von Bankeinlagen zu begrenzen.

Abkommen über Bau von Erdgaspipeline: Am 2.1.2020 unterzeichneten die Energieminister Griechenlands, Zyperns und Israels im Beisein der drei Regierungschefs in Athen ein Abkommen über den Bau der **EastMed-Pipeline**. Diese soll die israelischen und zypriotischen Erdgasfelder im östlichen Mittelmeer über Kreta und das griechische Festland mit Italien verbinden.

Anstieg der Migrantenzahlen: Im Sommer 2019 stieg die Zahl der aus der Türkei über das Meer auf die ostägäischen Inseln gelangten Flüchtlinge und Migranten deutlich an. Lag diese Anfang 2019 noch bei unter 2 000, stieg sie im Juli auf mehr als 5 000 und erreichte im September mit fast 10 600 ihren Höchststand. Danach gingen die Zahlen wieder zurück, auf knapp 6 200 im Dezember; im April 2020 waren es lediglich 39. Insgesamt kamen 2019 74 600 Flüchtlinge und Migranten nach Griechenland, 59 726 davon über das Meer (2018 waren es 32 494 gewesen). Zusammen mit den in den Jahren zuvor ins Land Gelangten zählte man am Jahresende rund 112 300, 71 200 auf dem Festland und 41 100 auf den Inseln. Unter den neu Angekommenen stellten die Syrer nur ein Viertel, die größte Gruppe machten mit 40 % die Afghanen aus. Die Belegung der Ankunftszentren auf den Inseln Lesbos, Chios, Samos, Kos und Leros, wo die Lebensbedingungen schon zuvor prekär gewesen waren, stieg um ein Mehrfaches über die ursprünglich vorgesehene Kapazität. Eine Übersiedlung auf das griechische Festland war erst vorgesehen, wenn das Asylverfahren mit einem positiven Bescheid geendet hatte. Dies hatte angesichts der langwierigen Antragsverfahren bereits zuvor Probleme bereitet, die sich nun verstärkten, was dazu führte, dass ein Teil in Migrantenlager auf dem Festland transferiert wurden. Gegen die im November angekündigten Pläne der Regierung, auf den Inseln neue Ankunftszentren zu errichten, wie allgemein gegen den Zustrom der Migranten artikulierte sich von Seiten der lokalen Selbstverwaltung sowie der Bevölkerung heftiger Widerspruch, der am 24./25.2.2020 auf Lesbos und Chios in Proteste und Zusammenstöße mit der Polizei mündete. Der örtliche Widerstand erwies sich als so groß, dass die Regierung vorerst nur auf Samos mit dem Bau eines neuen Ankunftszentrums beginnen konnte.

Schließung der Grenze zur Türkei: Die türkische Regierung erklärte am 28.2.2020 das Flüchtlingsabkommen mit der EU für ausgesetzt und öffnete die Grenzen zur EU für alle ausreisewilligen Migranten und Flüchtlinge. Tausende strömten daraufhin zur türkisch-griechischen Landgrenze. Von griechischer Seite waren am gleichen Tag die Grenzübergänge geschlossen worden. Zahlreiche Einheiten der Bereitschaftspolizei wurden an die Grenze verlegt. Versuche der Migranten, die Grenzbefestigungen zu überwinden, wurden mit dem Einsatz von Wasserwerfern und Tränengas verhindert. Auch die Präsenz des Militärs wurde verstärkt, in Grenznähe wurde ein Manöver abgehalten. Später kamen Kräfte der EU-Grenzschutzbehörde Frontex hinzu. Am 2.3. ordnete die Regierung per Dekret an, dass für einen Monat keine Asylanträge angenommen werden. Insgesamt gelang es nur wenigen, meist über den Grenzfluss Evros, nach Griechenland zu gelangen; die meisten von ihnen wurden aufgegriffen und zurückgeschickt. Immer wieder kam es zu Zwischenfällen, Migranten versuchten, den Grenzzaun niederzureißen, bewarfen griechische Polizisten mit Steinen, auch wurden Tränengasgranaten von der Türkei aus auf die griechische Seite geschleudert. Die Lage entspannte sich, nachdem die Türkei am 19.3. die Grenze wegen der Covid-19-Epidemie geschlossen hatte.

Corona: Am 26.2.2020 wurde die erste Covid-19-Infektion bestätigt, am 12.3. kam es zum ersten Todesfall. Am 10.3. wurden die Schulen und Universitäten geschlossen. Ab dem 23.3. galten strenge Ausgangsbeschränkungen; man durfte das Haus nur noch für Einkäufe, den Weg zur Apotheke, zum Arzt, zur Arbeit oder zu sportlicher Aktivität verlassen. Ab dem 4.5. wurden die Einschränkungen schrittweise gelockert. Griechenland gelang es, die Zahl der Infektionen und der Todesfälle äußerst gering zu halten.

Großbritannien und Nordirland

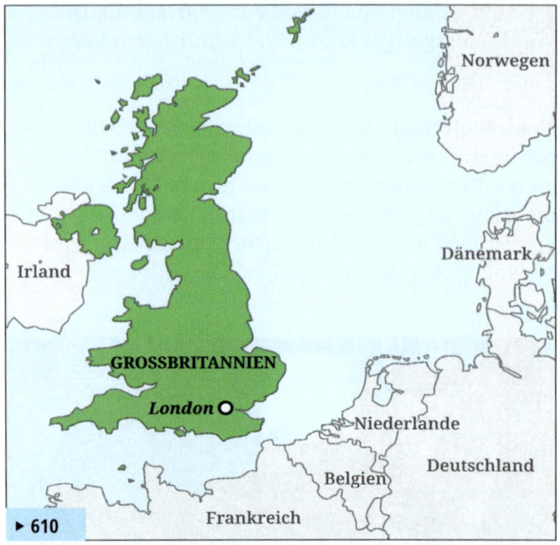

▸ 610

Ländername	Vereinigtes Königreich Großbritannien und Nordirland; auch: Vereinigtes Königreich
Zeitzone	MEZ -1 h
Fläche in km²	243 610
Anzahl der Einwohner	66.8 Millionen
Einwohnerzahl pro km²	274
Hauptstadt	London
Amtssprache	Englisch
Verwaltungsgliederung	4 Länder mit 9 Regionen, 54 Unitary Authorities und 11 Distrikten
Wichtige Städte	London, Birmingham, Glasgow, Liverpool, Bristol, Manchester, Sheffield, Leeds, Edinburgh
Autokennzeichen | ISO-Code	GB | GBR
Währung	1 Pfund Sterling = 100 Pence
Nationalfeiertag	Keiner

Als Zentrum des Britischen Empires war das Vereinigte Königreich bis zum Aufstieg der USA im 20. Jahrhundert stärkste Großmacht und erste Weltmacht der Moderne. Inzwischen sind nahezu alle früheren Kolonien zu unabhängigen Staaten geworden, die meisten blieben aber über das Commonwealth dem einstigen Mutterland verbunden, das dank seiner dynamischen Wirtschaft für die Herausforderungen der Globalisierung gut gerüstet erscheint. Ein wichtiges Symbol für die nationale Identität der Briten ist auch heute noch die Monarchie. Seit 1973 war Großbritannien Mitglied der EU, die sie mit dem Ablauf eines Referendums zum 31. Januar 2020 verlassen hat.

GEOGRAFIE

Geografische Lage: Von 49° 55' bis 60° 51' nördlicher Breite sowie von 8° 37' westlicher bis 1° 46' östlicher Länge
Höchster Punkt: Ben Nevis 1343 m
Zugehöriges: Akrotiri und Dekelia (Militärbasen auf Zypern)
Klima: Kühlgemäßigtes, vom Golfstrom begünstigtes Klima

POLITIK

Staatsform: Parlamentarische Monarchie
Staatsoberhaupt: Königin
Legislative: Parlament, bestehend aus Oberhaus mit 796 ernannten Mitgliedern und Unterhaus mit 650 für 5 Jahre gewählten Mitgliedern
Jahr der Verfassung: Keines
Wahlrecht: 18 Jahre
Staatsreligion: Christentum

BEVÖLKERUNG

Bevölkerungsanteil: <15 Jahre 17.7 %, 15-64 Jahre 63.9 %, >64 Jahre 18.4 %
Verteilung: Stadt 83.7 %, Land 16.3 %
Wachstum 2019: 0.6 %
Lebenserwartung: Frauen 83 Jahre, Männer 80 Jahre
Alphabetenrate: Frauen 99 %, Männer 99 %
Ethnische Gruppen: Briten, Inder, Pakistani u. a.
Religionen: Christen 59.5 %, Muslime 4.4 %, Hindus 1.3 %, Sonstige 2 %
Sprachen: Englisch, Walisisch, Schottisch-Gälisch

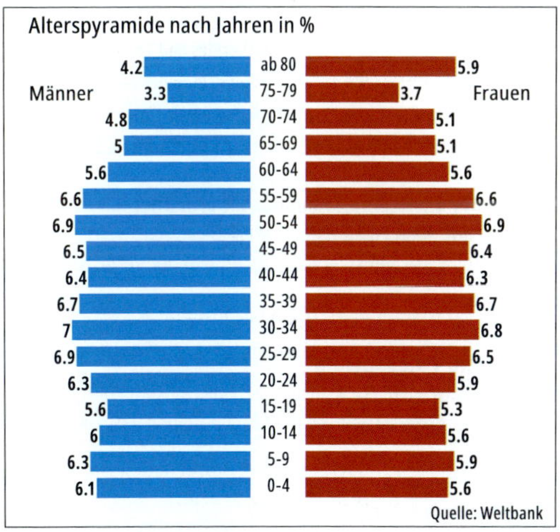

WIRTSCHAFT UND VERKEHR

BIP: 2.83 Bio. US-$
Wachstum BIP 2019: 1.4 %
BNE/Kopf: 41 030 US-$
Inflation: 1.7 %
Außenhandel: Import 691.8 Mrd. US-$, Export 468.82 Mrd. US-$
Erwerbstätige nach Sektoren: Landwirtschaft 1 %, Industrie 17.9 %, Dienstleistungen 81.1 %
Arbeitslosenquote: 4 %
Energieverbrauch/Kopf: 2 764 kg ÖE
Straßennetz: 394 428 km
Eisenbahnnetz: 16 837 km

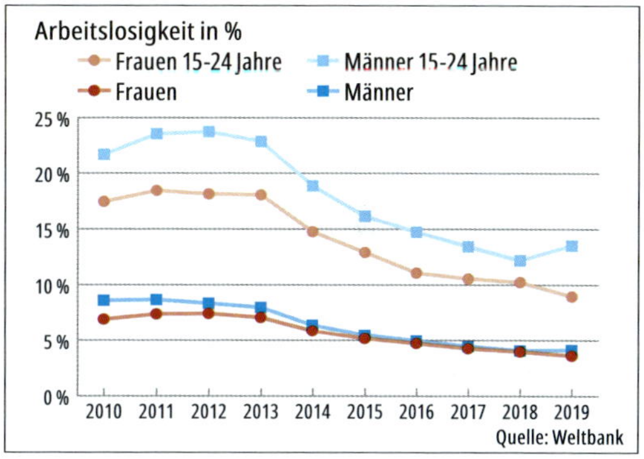

VERWALTUNGSGLIEDERUNG

Verwaltungseinheit	Fläche in km²	Einwohner	Hauptstadt
England	130 395	56 Mio.	London
Nordirland	13 562	1.9 Mio.	Belfast
Schottland	77 925	5.4 Mio.	Edinburgh
Wales	20 735	3.1 Mio.	Cardiff

KRONBESITZUNGEN

Keine Teile des Vereinigten Königreichs

Guernsey

Fläche in km²: 78
Anzahl der Einwohner: 63 026
Hauptstadt: St. Peter Port
Status: Kronbesitzung mit Selbstverwaltung
Regierung: Vizegouverneur, Regierungschef

Isle of Man

Fläche in km²: 572
Anzahl der Einwohner: 83 314
Hauptstadt: Douglas
Status: Kronbesitzung mit Selbstverwaltung
Regierung: Vizegouverneur, Regierungschef

Jersey
Fläche in km²: 118
Anzahl der Einwohner: 106 394
Hauptstadt: St. Helier
Status: Kronbesitzung mit Selbstverwaltung
Regierung: Gouverneur, Regierungschef

ÜBERSEEGEBIETE

Verschiedene Grade von Selbstverwaltung

Anguilla
Fläche in km²: 91
Anzahl der Einwohner: 14 869
Hauptstadt: The Valley
Status: Teilautonomie seit 1980
Regierung: Gouverneur, Regierungschef

Bermuda
Fläche in km²: 54
Anzahl der Einwohner: 62 506
Hauptstadt: Hamilton
Status: Selbstverwaltung seit 1968
Regierung: Gouverneur, Regierungschef

Britisches Antarktis-Territorium
Fläche in km²: 1 709 400
Anzahl der Einwohner: Nur Forscher
Hauptstadt: Rothera
Regierung: Kommissar

Britisches Territorium im Indischen Ozean (Chagosarchipel)
Fläche in km²: 60
Anzahl der Einwohner: Nur Militär und Personal
Hauptstadt: Diego Garcia
Status: Überseegebiet, bis 2036 an die USA verpachtet
Regierung: Kommissar

Britische Jungferninseln
Fläche in km²: 153
Anzahl der Einwohner: 31 758
Hauptstadt: Road Town
Status: Teilautonomie seit 1960, eigene Verfassung seit 1967
Regierung: Gouverneur, Regierungschef

Cayman Islands
Fläche in km²: 264
Anzahl der Einwohner: 68 076
Hauptstadt: George Town
Status: Teilautonomie seit 1971
Regierung: Gouverneur, Regierungschef

Falklandinseln
Fläche in km²: 12 173
Anzahl der Einwohner: 3 377
Hauptstadt: Stanley
Status: Innere Autonomie mit eigener Verfassung seit 1985
Regierung: Gouverneur, Regierungschef

Gibraltar
Fläche in km²: 7
Anzahl der Einwohner: 33 701
Hauptstadt: Gibraltar
Status: Teilautonomie
Regierung: Gouverneur, Regierungschef

Montserrat
Fläche in km²: 101
Anzahl der Einwohner: 5 215
Hauptstadt: Plymouth
Regierungssitz: Brades
Status: Teilautonomie seit 1960
Regierung: Gouverneur, Regierungschef

Pitcairninseln
Fläche in km²: 47
Anzahl der Einwohner: 50
Hauptstadt: Adamstown
Status: Teilautonomie
Regierung: Gouverneurin, Bürgermeister

St. Helena, Ascension und Tristan da Cunha
Fläche in km²: 394 (St. Helena: 121, Ascension: 88, Tristan da Cunha: 185)
Anzahl der Einwohner: 5 633 (St. Helena: 4 534, Ascension: 806, Tristan da Cunha: 293)
Hauptstadt: Jamestown
Status: Selbstverwaltung mit neuer Verfassung von 2009
Regierung: Gouverneur

Südgeorgien und Südliche Sandwichinseln
Fläche in km²: 4 066 (Südgeorgien: 3 756, Südliche Sandwich-inseln: 310)
Anzahl der Einwohner: Hauptsächlich Forscher
Hauptstadt: King Edward Point
Status: Teilweise Selbstverwaltung mit eigener Verfassung von 1985
Regierung: Kommissar

Turks- und Caicosinseln
Fläche in km²: 616 (Turksinseln: 27, Caicosinseln: 589)
Anzahl der Einwohner: 38 191 (Turksinseln: 4 939, Caicos-inseln: 33 252)
Hauptstadt: Cockburn Town
Status: Innere Autonomie seit 1962
Regierung: Gouverneur, Regierungschefin

RÜCKBLICK

In einer vorgezogenen Parlamentswahl gewann der konservative Premier Boris Johnson die absolute Mehrheit für seine Partei zurück und verhinderte einen längeren Verbleib in der europäischen Zollunion. Am 31.1.2020 wurde der Austritt aus der EU vollzogen. Wegen ihres Umgangs mit der Corona-Krise geriet die Regierung im Frühjahr in Bedrängnis.

Führungswechsel: Nach dem Rücktritt Theresa Mays als Vorsitzende der Conservative Party im Juni 2019 wurde ihr Widersacher Boris Johnson nach einer fraktionsinternen Vorausscheidung am 23.7.2019 von den Parteimitgliedern zum neuen Parteichef gewählt: 66 % der Mitglieder hatten für Johnson, 34 % für Außenminister Jeremy Hunt votiert; von den 159 000 Parteimitgliedern nahmen 87 % an der Urwahl teil. Am 24.7.2019 wurde Johnson von der Königin zum neuen Premierminister ernannt. Im **Kabinett Johnson** dominierten erklärte „Brexiteers“: Innenminister Sajid Javid rückte zum Schatzkanzler auf – der bisherige Amtsinhaber Philip Hammond, der 2016 für den Verbleib in der EU gestimmt hatte, schied aus. Innenministerin wurde die frühere Entwicklungshilfeministerin Priti Patel, die dem rechten Parteiflügel zugerechnet wird. Dessen Sprecher, Jacob Rees-Moog, wurde Fraktionsvorsitzender. Der frühere Bildungsminister Michael Gove – der Drittplatzierte bei der fraktionsinternen Ausscheidung um die Nachfolge Theresa Mays – wurde zum Chancellor of the Duchy of Lancaster und damit faktisch zu einem Minister ohne Geschäftsbereich im Kabinettsrang berufen. Zugleich wurde er Leiter des Kabinettbüros. Eine Schlüsselfigur in Johnsons Personaltableau war der parteilose Organisator der „Vote Leave“-Kampagne von 2016, Dominic Cummings, den der Premier zu seinem Chefberater ernannte. Cummings erhielt vom Premier die Zusage, auf die Personalpolitik in den Ministerien bestimmenden Einfluss nehmen zu können. Das Außenministerium wurde mit dem Brexiteer und früheren Minister für den EU-Austritt Dominic Raab besetzt. Einzige prominente Ministerin aus dem „Remain“-Lager war Amber Rudd, die im Ministerium für Arbeit und Pensionen verblieb. **Zentraler Programmpunkt Johnsons war eine konfrontativere EU-Politik.** Er lehnte die von seiner Vorgängerin mit der EU vereinbarte Auffangklausel im EU-Austrittsvertrag, die einen weiteren Verbleib in der EU-Zollunion vorsah, bis eine Lösung für die künftige EU-Außengrenze in Irland gefunden wird („Backstop“), strikt ab. Der Premier betonte die Bereitschaft Großbritanniens, gegebenenfalls auch ohne einen Vertrag aus der EU auszuscheiden und weigerte sich, wie vom europafreundlichen Flügel befürwortet, eine Verlängerung der Verhandlungsfrist mit der EU zu vereinbaren, um einen „harten“, vertraglosen Brexit am 31.10.2019 zu vermeiden.

Verfassungskonflikt: Eine von Johnson am 28.8.2019 angekündigte, ungewöhnlich lange und mit der Vorbereitung der Regierungserklärung begründete **Unterbrechung der Sitzungsperiode des Parlaments** vom 10.9. bis zum 10.10. brachte Johnson den Vorwurf eines manipulativen Umgangs mit dem Verfassungsrecht ein und löste die Befürchtung aus, der Premier wolle das Parlament vor dem anstehenden EU-Gipfel am 17.10.2019 ausschalten. Um dieser Gefahr zuvorzukommen verabschiedete das Unterhaus auf Antrag des Labour-Abgeordneten Hilary Benn am 4.9.2019 mit 327 gegen 299 Stimmen eine verbindliche **Weisung an den Premierminister**, eine Verschiebung des EU-Austritts in Brüssel zu beantragen, wenn bis zum 15.10.2019 keine Einigung mit Brüssel gefunden sei. Europafreundliche Mitglieder der konservativen Fraktion stimmten mit der Opposition. **In einem präzedenzlosen Schritt schloss Johnson 21 Abgeordnete aus der Partei aus**, darunter die früheren Schatzkanzler Kenneth Clarke und Philip Hammond sowie den Enkel Winston Churchills, Nicholas Soames. Nach dem Verlust seiner parlamentarischen Mehrheit forderte Johnson Neuwahlen. Die Vertagung des Parlaments wurde am 24.9.2019 vom Supreme Court als verfassungswidrig aufgehoben.

Parlamentsauflösung: Nach der Übereinkunft Johnsons mit den Regierungschefs der EU am 17.10.2019 über ein Austrittsabkommen ohne „Backstop“ und dem widerwilligen, aber gesetzeskonformen Antrag der Regierung in Brüssel am 28.10.2019 auf eine Verschiebung des Austritts bis zum 31.1.2020 stimmte auch die Labour Party am 29.10.2019 der Auflösung des Parlaments und Neuwahlen am 12.12.2019 zu.

Wahlkampf: Zentrales Thema war der Austritt aus der EU. Die Conservative Party trat entsprechend Johnsons Vereinbarung mit der EU am 17.10.2019 für einen raschen Austritt am 31.1.2020 ein, was Änderungen am mit der EU ausgehandelten Vertrag auf parlamentarischem Wege praktisch ausschloss. Johnsons Parole „Get Brexit done!“ („Lasst uns den Brexit zu Ende bringen!“) zielte auf die auch bei früheren Gegnern eines Austritts verbreitete Stimmung, dass mehr als drei Jahre nach dem Austrittsreferendum der Vollzug des damaligen Volksentscheids unausweichlich geworden und überfällig sei. Hingegen versprach die **Labour Party** im Falle eines Wahlsiegs Neuverhandlungen mit der EU und ein zweites Referendum – eine Forderung, der Parteichef Jeremy Corbyn sich lange Zeit widersetzt hatte. Die **Liberaldemokraten** traten für einen Verbleib in der EU ein, während die Scottish National Party **(SNP)** ein neues Unabhängigkeitsreferendum in Schottland forderte. Die irisch-protestantische Democratic Unionist Party **(DUP)** lehnte jede Schwächung der Bindung Nordirlands an die britische Union und daher auch Johnsons Kompromiss mit der EU vom 17.10.2019 ab. Angesichts der mit dem EU-Austritt voraussichtlich verbundenen wirtschaftlichen Einbußen bildete die **Sozial- und Wirtschaftspolitik** einen Schwerpunkt des Wahlkampfes: Labour versprach ein Investitionsprogramm und Verstaatlichungen zentraler Dienstleistungen, doch auch die Conservative Party setzte sich mit dem Versprechen deutlich höherer Staatsausgaben nach dem Brexit deutlich von der Austeritätspolitik unter David Cameron und John Osborne ab.

Wahlergebnis: Bei mit 67.3 % recht hoher Wahlbeteiligung war die **Conservative Party der eindeutige Wahlsieger**: Mit 365 Mandaten gewann sie die absolute Mehrheit zurück, die Johnsons Vorgängerin Theresa May bei den Wahlen im Juni 2017 verloren hatte. Insbesondere im Norden und Nordwesten konnten die Tories in traditionellen Labour-Hochburgen gewinnen, weil dort die EU-Gegnerschaft stärker war als die traditionelle Parteiloyalität. Gezielt auf eine Schwächung Labours hin agierte die nationalistische **Brexit Party** unter Nigel Farage, die nur in Wahlkreisen antrat, die 2017 von der Opposition gewonnen worden waren. Diese Schonung der Konservativen wirkte wie ein Vertrauensvotum Nigel Farages für Johnsons Austrittskurs und führte den Tories radikal europafeindliche Wähler zu. Die Brexit Party blieb weit hinter dem Ergebnis bei der Europawahl im Mai 2019 zurück, als sie stärkste britische Partei geworden war: Landesweit stimmten nur 642 000 Wähler für die anti-europäische Partei, die kein Mandat errang. Die **Labour Party** war die größte Verliererin des Wahlgangs: Sie verlor 59 Wahlkreise, darunter viele frühere Hochburgen, und kam nur noch auf 203 Mandate. Neben der schwankenden Europapolitik wurde **das schlechteste Ergebnis Labours seit 1935** von Beobachtern auch auf die sozialistische Agenda des Parteivorsitzenden Jeremy Corbyn zurückgeführt. Im Wesentlichen halten konnte sich die Partei im Süden von Wales und in den Großstädten. Hier kam ihr zugute, dass der Linkskurs Corbyns besonders bei städtischen Wählern unter 30 Jahren Zuspruch fand. Hingegen konnte Labour ihre frühere starke Stellung in Schottland nicht wiedererlangen. Hier gewann die Partei nur einen Sitz. **Die SNP errang in Schottland mit 48 Sitzen mehr als vier Fünftel der Mandate**. Die Liberaldemokraten verteidigten dort noch vier, die Konservativen drei Mandate – an ihre Erfolge bei den schottischen Wahlgängen im Jahr 2017 konnten die Tories nicht anknüpfen. Die **Liberaldemokraten waren der zweite Wahlverlierer**: Trotz ihrer eindeutig europafreundlichen Position und Stimmenzuwächsen verloren sie ein Mandat – die Parteivorsitzende Jo Swinson verlor ihren Wahlkreis in Schottland – und erhielten nur noch 11 Mandate. Ebenfalls **eine Niederlage erlitt die konservative Democratic Unionist Party (DUP) in Nordirland**, die Mehrheitsbeschafferin der Tories zwischen 2017 und 2019. Sie verlor 2 ihrer 10 Mandate.

Kabinettsumbildungen: Im Zuge der Parteiausschlüsse europafreundlicher Parlamentarier der Conservative Party im September 2019 traten Arbeitsministerin Amber Rudd und Forschungsminister Jo Johnson – ein Bruder des Premiers – am 5.9. bzw. 7.9.2019 von ihren Ministerämtern zurück. Boris Johnson berief am 8.9. Thérèse Coffey vom rechten Parteiflügel zur neuen Arbeitsministerin, das Forschungsressort wurde nicht wieder besetzt. Das zweite Kabinett Johnson nahm erst nach dem EU-Austritt Kontur an: Die wichtigste Änderung im Rahmen der **Kabinettsumbildung am 13.2.2020** war der Rücktritt von Finanzminister Sajid Javid, der personelle Eingriffe des Premierministers in sein Ressort ablehnte; der bisherige Staatssekretär Rishi Sunak wurde Leiter des Schatzamts. Aufsehen erregte der Austausch des Nordirland-Ministers Julian Smith, der trotz seines Erfolgs bei der Lösung der seit Januar 2017 herrschenden Regierungskrise in Belfast dem bisherigen Staatssekretär im Brexit-Ministerium, Brandon Lewis, weichen musste. Hingegen blieb Innenministerin Priti Patel im Amt – durch den Rücktritt ihres Staatssekretärs Philip Rutnam am 29.2.2020, der ihr notorische Herabwürdigung von Mitarbeitern vorwarf, geriet sie aber unter öffentlichen Druck. Rutnams Rücktritt wurde auf die Praxis von Johnsons Chefberater Dominic Cummings zurückgeführt, „spezielle Berater" in den Ministerien zu platzieren und so das Ressortprinzip zu unterminieren.

Opposition: Nach der Erdrutschniederlage bei der Parlamentswahl am 12.12.2019 trat der innerparteilich umstrittene Oppositionsführer Jeremy Corbyn, dem Wankelmut in der EU-Politik, staatsfixierte Programmatik und die Duldung antisemitischer Tendenzen in der Partei vorgeworfen wurden, zurück. Am 4.4.2020 wurde der zum gemäßigten Parteiflügel zählende Abgeordnete **Keir Starmer zum neuen Labour-Vorsitzenden gewählt**. Bei einer Wahlbeteiligung von 63 % – insgesamt waren 784 000 Parteimitglieder und Unterstützer wahlberechtigt – erhielt er 56 % der Stimmen, auf die zweitplatzierte Rebecca Long-Bailey, die dem linken Parteiflügel angehört, entfielen 28 %; Lisa Nandy – wie Starmer dem gemäßigten Flügel angehörend, jedoch nicht eindeutig pro-europäisch profiliert – kam nur auf 16 %. Starmer entfernte Corbyn-Anhänger aus seinem **Schattenkabinett**, in dem Anneliese Dodds das Finanzressort und der frühere Parteichef **Ed Miliband** die Ressorts Wirtschaft, Energie und Industrie betreuen. Dafür musste Rebecca Long-Bailey das Energieressort abgeben und das Bildungsressort übernehmen. Nach ihrem neuerlichen Misserfolg bei den Parlamentswahlen wurden die **Liberaldemokraten führungslos**: Die Parteivorsitzende Jo Swinson, die erst im Juli 2019 ins Amt gewählt worden war, trat am 13.12. zurück.

Einwanderungspolitik: Am 19.2.2020 stellte Innenministerin Priti Patel ein neues Einwanderungsgesetz vor, das nach dem Ausscheiden aus dem Europäischen Binnenmarkt am 1.1.2021 in Kraft treten soll. Von diesem Tag an entfällt die Arbeitnehmerfreizügigkeit, EU-Bürger werden Einwanderungsbewerbern aus Übersee gleichgestellt. Alle Neueinwanderer werden ein Arbeitsvisum benötigen, die Kriterien der Erteilung sollen in einem **Punktesystem** zusammengefasst werden. **Ziel ist ein Wechsel von niedrigqualifizierter zu hochqualifizierter Einwanderung**. Sprachkenntnis, ein Stellenangebot, ein qualifizierter Berufsabschluss und ein Jahresverdienst oberhalb von 25 600 Pfund sind als notwendige Voraussetzungen vorgesehen, wobei in Ausnahmefällen – etwa im Gesundheitssystem – einige Kriterien ausgesetzt werden können. Vertreter der Landwirtschaft, des Handwerks und der Industrie kritisierten die Verknappung des Arbeitskräfteangebots. Die Wirksamkeit der offiziellen Strategie, durch die Beschränkung geringqualifizierter Einwanderung die niedrige britische Arbeitsproduktivität zu heben, wurde von Ökonomen bezweifelt. Das Einwanderungsgesetz wurde am 18.5.2020 vom Unterhaus in zweiter Lesung mit 351 gegen 252 Stimmen angenommen.

BBC: Die gespannten Beziehungen zwischen der Regierung und der British Broadcasting Corporation, die unter anderem im zeitweiligen Boykott einer Nachrichtensendung durch Regierungsmitglieder zum Ausdruck kam, erhielten am 5.2.2020 durch eine Grundsatzrede von Kulturministerin Nicky Morgan neue Nahrung: Morgan leitete die **Prüfung einer Abkehr vom Gebührenmodell** durch die Einführung eines Abonnementsystems ein. Unabhängig davon bekam eine Regierungskommission die Aufgabe, zu prüfen, ob die **unpopuläre Strafverfolgung säumiger Gebührenzahler** ab 2022 eingestellt werden könne. Die BBC warnte vor finanziellen Einbußen im Umfang von mehr als 4 % ihres Etats – im Haushaltsjahr 2018/19 hatten 216 000 Briten ohne Bezahlung Dienste der BBC genutzt, etwa 130 000 säumige Beitragszahler waren gerichtlich belangt worden. Bereits die Freistellung von über 75-Jährigen auf **Druck der Regierung** im Jahr 2015 hatte zu Einnahmeverlusten geführt – eine für Juni 2020 von der BBC geplante und von der Regierung kritisierte Abschaffung dieser Gebührenbefreiung wurde am 1.8.2020 in Kraft gesetzt.

EU-Austritt: Am 31.1.2020 verließ Großbritannien nach 47 Jahren Mitgliedschaft die Europäische Union. Der am 24.1.2020 unterzeichnete **Austrittsvertrag** sieht für eine Übergangsperiode bis zum 31.12.2020 einen Verbleib im gemeinsamen Binnenmarkt und in der Zollunion vor, um Zeit für eine Regelung der künftigen Wirtschaftsbeziehungen zu haben; eine nur einmal mögliche Verlängerung dieser Übergangsfrist um 1 oder 2 Jahre muss bis zum 30.6.2020 erfolgt sein. Das Oberhaus stimmte am 22.1.2020 dem **Austrittsgesetz** zu, das in erster Linie die Überführung europäischer Rechtsnormen in britisches Recht regelte. Am 2.3. begann in Brüssel die erste Runde der **Verhandlungen über ein Freihandelsabkommen mit der EU**, bei denen keine Fortschritte erkennbar waren: Die britische Regierung forderte ein Abkommen nach dem Vorbild des europäisch-kanadischen Handelsabkommens, die EU forderte mit dem Argument der engeren wirtschaftlichen Verflechtung die Übernahme europäischer Rechtsstandards und

Gegner und Befürworter des Brexits demonstrieren gemeinsam vor dem britischen Parlament am 31. Oktober 2019.

den Zugang für ihre Fischer zu britischen Gewässern als Voraussetzung für einen freien britischen Zugang zum Binnenmarkt.

Volksrepublik China: Am 28.1.2020 gab die Regierung ihre Entscheidung bekannt, chinesische Firmen in begrenztem Umfang für den Ausbau des britischen Mobilfunknetzes im Standard 5G heranzuziehen, was den Warnungen der USA vor einer Gefährdung vitaler Sicherheitsinteressen widersprach. Der Versuch Johnsons, die Wirtschaftsbeziehungen zur VR China trotz der engen Anlehnung an die USA zu pflegen, erhielt durch die Proteste in Hongkong einen Dämpfer. Der dortige Abbau von Freiheitsrechten und der zunehmende Einfluss Pekings rief innerparteiliche Kritiker der chinafreundlichen Politik Johnsons auf den Plan, die sich in Reminiszenz an den Beginn der Brexit-Kampagne in der „China Research Group" organisierten. Johnson kam seinen Kritikern entgegen, indem er am 2.6.2020 Hongkonger Bürgern, die noch vor dem Ende der Kolonialzeit 1997 geboren wurden, erweiterte Einwanderungsrechte in Aussicht stellte, falls das umstrittene Sicherheitsgesetz in Hongkong verabschiedet werde.

Nordirland: Am 8.1.2020 verständigten sich Sinn Fein und die DUP auf die Bildung einer gemeinsamen Regierung. Damit endete der seit dem Bruch der Koalition im Januar 2017 währende politische Stillstand. Zuvor hatten beide Parteien bei der Parlamentswahl am 12.12.2019 an die gemäßigte Konkurrenz Stimmen abgeben müssen – besonders die DUP war durch das Nordirland-Protokoll im EU-Austrittsvertrag in Westminster ins politische Abseits geraten. Ihr kompromissloses Eintreten für die britische Einheit wurde von den Wählern nicht honoriert: Sie verlor zwei Mandate. Erstmals seit 1923 gewannen mit Sinn Fein und der Social Democratic and Labour Party (SDLP) die katholisch-republikanischen Parteien mehr Mandate als die Unionisten.

Denkmäler: Ausgelöst von den anti-rassistischen Demonstrationen in den USA kam es im Juni 2020 zur Zerstörung und Beschädigung von Denkmälern historischer Persönlichkeiten, denen Demonstranten eine rassistische Gesinnung vorwarfen, darunter Edward Colston und Winston Churchill. Es kam dabei zu Auseinandersetzungen mit nationalistischen Gegendemonstranten und der Polizei, die zeitweise Denkmäler mit Holzverkleidungen schützte.

Wirtschaft: Der scharfe Einbruch im Zuge der Corona-Pandemie hatte umgehend eine **extreme Lockerung der Geld- und Fiskalpolitik** zur Folge. Schatzkanzler Rishi Sunak legte am 11.3.2020 seinen ersten Haushalt vor, der kurzfristige Hilfen an Unternehmen im Umfang von 30 Mrd. £ und bis 2025 Investitionen in die Verkehrsinfrastruktur im Umfang von 170 Mrd. £ vorsah. Die Neuverschuldung erhöhte sich auf 60 Mrd. £. Am 23.3. gab das Verkehrsministerium die vorübergehende **Verstaatlichung** der notleidenden privaten Eisenbahngesellschaften bekannt. Den von Umwelt- und Landwirtschaftsminister George Eustice im Februar 2020 bekanntgegebenen **Grundsätzen einer neuen Agrarpolitik lag** eine klare Reformabsicht zugrunde: Sie sehen vor, die bislang von der EU gezahlten flächenorientierten Direktzahlungen bis 2027 degressiv abzuschmelzen; an ihre Stelle sollen ökologisch definierte Hilfen treten.

Corona: Großbritannien war das am stärksten von der Virus-Pandemie betroffene Land Europas: Am 30.6.2020 betrug die Zahl der Todesfälle 43 906 von 312 654 gemeldeten Infizierten. Die Regierung versuchte zunächst, eine allgemeine Ausgangssperre zu vermeiden – offizielle Stellen empfahlen Risikogruppen im Februar eine freiwillige Isolierung, der breiten Bevölkerung die Beachtung elementarer Hygienestandards. Aussagen des medizinischen Chefberaters der Regierung, Patrick Vallance, erweckten den Eindruck, dieser **britische Sonderweg in der Corona-Bekämpfung** sei auf die Strategie einer Immunisierung breiter Bevölkerungskreise mithilfe einer raschen Durchseuchung zurückzuführen. Unter dem Eindruck steigender Fallzahlen kam es im März zu einer **Kehrtwende der Regierung**: Am 23.3.2020 verkündete Premier Johnson eine umfassende allgemeine Ausgangssperre. Diese späte Reaktion wurde Johnson von der **Opposition** angekreidet, ebenso die politisch motivierte Weigerung, an Bemühungen der EU zur Beschaffung medizinischer Hilfsmittel mitzuwirken. Insbesondere das Fehlen von Testkapazitäten und das weitgehende Fehlen von Schutzkleidung für das medizinische und pflegerische Personal gerieten in die Kritik der Betroffenen wie der Opposition. **Sympathien gewann Johnson durch seine Erkrankung an Covid-19**, die ihn im April zeitweise in Lebensgefahr brachte. Hingegen löste die Verletzung von Kontaktverboten durch Regierungsmitglieder scharfe öffentliche Kritik aus, die sich insbesondere gegen den Chefberater des Premiers Dominic Cummings richtete. Die am 22.5. von Innenministerin Patel verkündete **vierzehntägige Quarantäne für in- und ausländische Einreisende** ab dem 8.6.2020 hinkte anderen Staaten weit hinterher und fiel in eine Zeit verstärkter Lockerungsforderungen.

Guatemala

▸ 666

Ländername	Republik Guatemala
Zeitzone	MEZ -7 h
Fläche in km²	108 890
Anzahl der Einwohner	16.6 Millionen
Einwohnerzahl pro km²	152
Hauptstadt	Guatemala-Stadt
Amtssprache	Spanisch
Verwaltungsgliederung	22 Departamentos
Wichtige Städte	Guatemala-Stadt, Mixco, Villa Nueva, Quetzaltenango, Escuintla
Autokennzeichen | ISO-Code	GCA | GTM
Währung	1 Quetzal = 100 Centavos
Nationalfeiertag	15. September

In keinem anderen Land Mittelamerikas ist der Anteil der indigenen Bevölkerung so groß wie in Guatemala: Gerade sie hatte unter dem langjährigen Bürgerkrieg zu leiden. Auch der 1996 geschlossene Frieden hat an der politischen und gesellschaftlichen Vorherrschaft der weißen Minderheit kaum etwas geändert.

GEOGRAFIE

Geografische Lage: Von 13° 44' bis 17° 49' nördlicher Breite sowie von 88° 14' bis 92° 14' westlicher Länge
Höchster Punkt: Tajumulco 4220 m
Klima: Wechselfeuchtes, tropisches Klima

POLITIK

Staatsform: Präsidiale Republik
Staatsoberhaupt: Präsident
Legislative: Nationalkongress mit 160 für 4 Jahre gewählten Mitgliedern
Jahr der Verfassung: 1986
Wahlrecht: 18 Jahre
Staatsreligion: Keine

BEVÖLKERUNG

Bevölkerungsanteil: <15 Jahre 33.9 %, 15-64 Jahre 61.2 %, >64 Jahre 4.9 %
Verteilung: Stadt 51.4 %, Land 48.6 %
Wachstum 2019: 1.9 %
Lebenserwartung: Frauen 77 Jahre, Männer 72 Jahre
Alphabetenrate: Frauen 76.4 %, Männer 86.8 %
Ethnische Gruppen: Mestizen, Maya, Xinca u. a.
Religionen: Christen 86.5 %, Sonstige 1.2 %
Sprachen: Spanisch, Mayasprachen

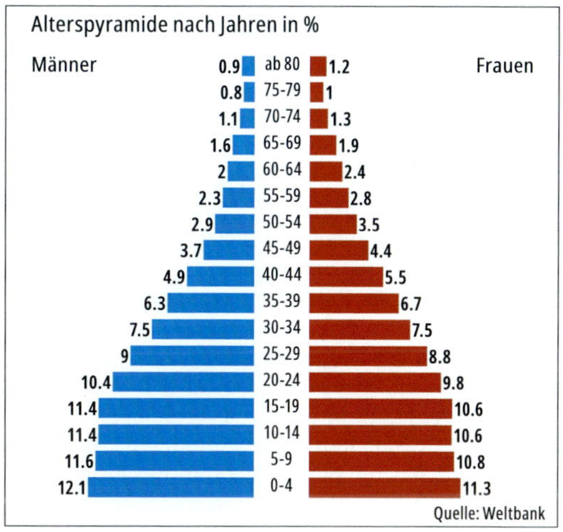

WIRTSCHAFT UND VERKEHR

BIP: 76.71 Mrd. US-$
Wachstum BIP 2019: 3.8 %
BNE/Kopf: 4 617 US-$
Inflation: 3.8 %
Außenhandel: Import 19.88 Mrd. US-$, Export 11.19 Mrd. US-$
Erwerbstätige nach Sektoren: Landwirtschaft 31.5 %, Industrie 18.5 %, Dienstleistungen 50 %
Arbeitslosenquote: 2.7 %
Energieverbrauch/Kopf: 830 kg ÖE
Straßennetz: 17 621 km
Eisenbahnnetz: 805 km

RÜCKBLICK

Alejandro Eduardo Giammattei Falla, * 9.3.1956, Medizinstudium an der Universidad de San Carlos; 1985, 1988 und 1990 Generalkoordinator bei den Präsidentschaftswahlen; 1999 und 2003 erfolglose Kandidatur für das Bürgermeisteramt der Hauptstadt; 2005-07 Chef der nationalen Gefängnisverwaltung; wegen eines blutigen Aufstandes in einem Gefängnis 2006 ein Jahr in Untersuchungshaft, Freilassung aus Mangel an Beweisen 2010; 2007, 2011 und 2015 erfolglose Kandidatur für das Präsidentschaftsamt mit den Parteien Gran Alianza Nacional, Centro de Acción Social und Fuerza; 16.6.2019 zweiter Platz bei der Präsidentschaftswahl mit der Partei Vamos; 11.8.2019 Gewinner der Stichwahl; seit 14.1.2020 Staatspräsident in der Nachfolge von Jimmy Morales (FCN-Nación).

Stichwahl: In der Stichwahl um das Präsidentschaftsamt setzte sich am 11.8.2019 der konservative Alejandro Eduardo Giammattei Falla der Vamos-Partei mit 58 % der Stimmen gegen die Sozialdemokratin Sandra Torres (Unidad Nacional de la Esperanza/UNE, 42 %) durch. Die Wahlbeteiligung lag bei 40.4 %. Die beiden Kandidaten hatten bei der Präsidentschaftswahl am 16.6. die meisten Stimmen auf sich vereinen können, wobei Torres mit 25.5 % vor Giammattei mit 14 % lag. Im Gegensatz zur geringen Wahlbeteiligung bei der Stichwahl hatten bei der Präsidentschaftswahl, die gleichzeitig mit der Parlamentswahl abgehalten wurde, 62.1 % ihre Stimme abgegeben. Giammattei konnte bei der Stichwahl zahlreiche Stimmen anderer konservativer Parteien auf sich ziehen. Sandra Torres hatte sich 2011 als First Lady vom damaligen Präsidenten Álvaro Colom (2008-12) scheiden lassen, um bereits 2015 für das Präsidentschaftsamt kandidieren zu können. Nach der verlorenen Stichwahl wurde Torres am 2.9.2019 wegen illegaler Wahlkampffinanzierung verhaftet.

Drittstaatenabkommen mit den USA: Am 26.7.2019 unterzeichneten Vertreter der Regierung mit den USA ein umstrittenes Drittstaatenabkommen. Asylsuchende, die über Guatemala in die USA einreisen, können dadurch nach Guatemala zurückgebracht werden. Details des Abkommens wurden nicht veröffentlicht und es wurde auch nicht durch das Parlament ratifiziert. Präsidentschaftskandidat Giammattei kritisierte das noch nicht in Kraft getretene Abkommen scharf.

Internationale Kommission gegen Straflosigkeit: Am 3.9.2019 endete das Mandat der Internationalen Kommission gegen Straflosigkeit (CICIG). In seinem Schlussbericht sprach Kommissionsvorsitzender Iván Velásquez von politisch-wirtschaftlichen Netzwerken, die öffentliche Ressourcen plündern. Präsident Jimmy Morales hatte sich mit der CICIG überworfen, nachdem diese 2016 Ermittlungen gegen seinen Sohn und seinen Bruder und 2017 auch gegen ihn selbst aufgenommen hatte. 2018 hatte Morales die Mission nicht verlängert. Die CICIG war von der UN und der Regierung von Guatemala 2006 gegründet worden und hatte seit 2007 gegen Korruption und organisiertes Verbrechen ermittelt. Sie hatte Präsident Otto Pérez Molina (2012-15) wegen eines Korruptionsnetzwerkes zu Fall gebracht.

Neue Regierung: Am 14.1.2020 übernahm Alejandro Giammattei das Amt des Präsidenten. Er versprach einen harten Kampf gegen Kriminelle. Neuer Außenminister wurde Pedro Brolo, Albin Enrique Dubois Ramírez blieb Verteidigungsminister. Giammattei kann auf keine Mehrheit im Parlament zurückgreifen. In dem 160-köpfigen Kongress sind 19 Parteien vertreten. Stärkste Partei ist mit 52 Mandaten die UNE von Sandra Torres. Die Regierungspartei Vamos verfügt dagegen nur über 17 Sitze.

Außenpolitik: Unter der neuen Regierung erfolgte ein Richtungswechsel in der Außenpolitik. Zwei Tage nach seinem Amtsantritt schloss Präsident Giammattei am 16.1.2020 die Botschaft von Venezuela und brach die diplomatischen Beziehungen zu dem Land ab. Er erkannte den venezolanischen Oppositionsführer Juan Guaidó als Interimspräsidenten an.

Wirtschaft: Nach einem Wirtschaftswachstum von 3.8 % 2019 erwartete der IWF für 2020 einen Einbruch der Wirtschaft um 2 %. Als besondere Belastung für die Wirtschaft erwies sich die hohe Abhängigkeit von Rücküberweisungen von im Ausland, überwiegend in den USA, lebenden Guatemalteken. 2019 überstiegen diese erstmals 10 Mrd. US-$ und trugen mit 12 % zum BIP bei. Im Zuge der Corona-Krise brachen diese Einnahmen zu großen Teilen weg.

Corona: Noch bevor der erste Covid-19-Fall am 13.3.2020 bestätigt wurde, schloss das Land die Grenzen für Bürger aus Europa, Südkorea, China und dem Iran. Die Regierung hatte bereits am 9.3. den Ausnahmezustand verhängt und größere Versammlungen verboten. Am 22.3. folgte eine Ausgangssperre zwischen 16 und 4 Uhr und am 13.4. eine Maskenpflicht.

Guinea

▸ 636

Ländername	Republik Guinea
Zeitzone	MEZ -1 h
Fläche in km²	245 860
Anzahl der Einwohner	12.8 Millionen
Einwohnerzahl pro km²	52
Hauptstadt	Conakry
Amtssprache	Französisch
Verwaltungsgliederung	8 Regionen
Wichtige Städte	Conakry, Nzérékoré, Kankan, Manéah, Dubréka, Kindia
Autokennzeichen | ISO-Code	RG | GIN
Währung	Guinea-Franc
Nationalfeiertag	2. Oktober

Das westafrikanische Land erlangte 1958 die Unabhängigkeit von der ehemaligen Kolonialmacht Frankreich. Unter den folgenden autoritären Regierungen konnten sich weder intakte demokratische Strukturen noch geordnete Wirtschaftsverhältnisse entwickeln. Die Präsidentschaftswahl von 2010 wird als erste demokratische Wahl seit der Unabhängigkeit des Landes eingestuft. Trotz seiner natürlichen Reichtümer lebt der Großteil der Bürger in Armut.

GEOGRAFIE

Geografische Lage: Von 7° 13' bis 12° 40' nördlicher Breite sowie von 7° 41' bis 15° 03' westlicher Länge
Höchster Punkt: Mont Nimba 1752 m
Klima: Wechselfeuchtes, tropisches Klima

POLITIK

Staatsform: Präsidiale Republik
Staatsoberhaupt: Präsident
Legislative: Nationalversammlung mit 114 für 5 Jahre gewählten Mitgliedern
Jahr der Verfassung: 2010
Wahlrecht: 18 Jahre
Staatsreligion: Keine

BEVÖLKERUNG

Bevölkerungsanteil: <15 Jahre 43.4 %, 15-64 Jahre 53.6 %, >64 Jahre 3 %
Verteilung: Stadt 36.5 %, Land 63.5 %
Wachstum 2019: 2.8 %
Lebenserwartung: Frauen 63 Jahre, Männer 61 Jahre
Alphabetenrate: Frauen 22 %, Männer 43.6 %
Ethnische Gruppen: Fulbe, Malinke, Susu, Guerze, Kissi u. a.
Religionen: Muslime 89.1 %, Christen 6.8 %, Ethnische 1.6 %
Sprachen: Französisch, Fulfulde, Malinke, Susu u. a.

WIRTSCHAFT UND VERKEHR

BIP: 13.59 Mrd. US-$
Wachstum BIP 2019: 5.6 %
BNE/Kopf: 981 US-$
Inflation: 9.5 %
Außenhandel: Import 3.37 Mrd. US-$, Export 3.34 Mrd. US-$
Erwerbstätige nach Sektoren: Landwirtschaft 61.7 %, Industrie 6.2 %, Dienstleistungen 32.1 %
Arbeitslosenquote: 4.3 %
Energieverbrauch/Kopf: Keine Angabe
Straßennetz: 44 301 km
Eisenbahnnetz: 1 086 km

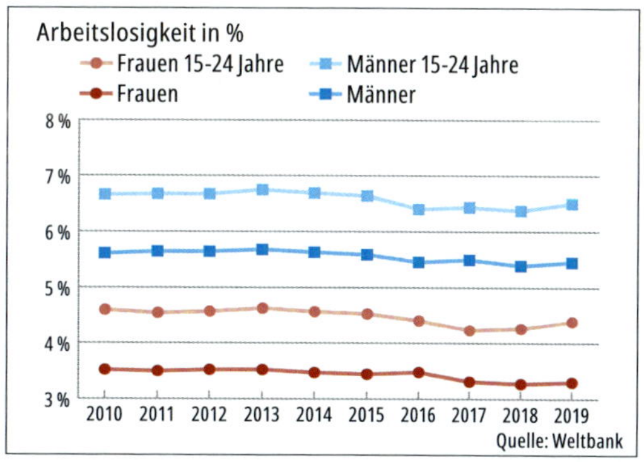

RÜCKBLICK

Proteste: Die bereits seit mehreren Jahren angekündigte Parlamentswahl und das damit verbundene Verfassungsreferendum, mit dem Staatspräsident Alpha Condé das Antreten für eine dritte Amtszeit ermöglicht werden würde, sorgten weiterhin für Kritik und Proteste. Ab Oktober 2019 organisierte das Oppositionsbündnis **Nationale Front für die Verteidigung der Verfassung** (FNDC) Demonstrationen. Laut Human Rights Watch wurden zum Teil Schusswaffen und Tränengas gegen die Protestierenden eingesetzt. Mehr als 200 Menschen sollen dabei ums Leben gekommen sein.

Parlamentswahl und Verfassungsreferendum: Die Wahl und das angegliederte Referendum fanden am 22.3. 2020 statt. Die Wahl war ursprünglich schon 2018 angesetzt und mehrmals **verschoben** worden. Die FNDC kündigte, unter anderem wegen Vorwürfen bezüglich manipulierter Wahllisten und der Gefahr autokratischer Strukturen durch das Referendum, bereits vor der Wahl einen breiten **Boykott** an. Am Wahltag kam es zu großflächigen **Demonstrationen**, Blockaden von Wahllokalen und Angriffen auf administrative Einrichtungen. Dabei sollen allein mindestens 10 Menschen zu Tode gekommen sein. Laut amtlichem Endergebnis hat die Regierungspartei **Versammlung des guineischen Volkes** (Rassemblement du Peuple Guinéen/ RPG) 79 der 114 Sitze erhalten. Und davon allein 37 der 38 Mandate, die nach Mehrheitswahlrecht vergeben werden. Die die Wahlen nicht boykottierenden Oppositionsparteien erhielten jeweils nur 4 Sitze oder weniger. Bei einer Wahlbeteiligung von 61 % wurden 91.6 % der Stimmen zugunsten der Verfassungsreform abgegeben. Dabei waren deutliche regionale Disparitäten zu erkennen. Laut der offiziellen Zahlen lag die Wahlbeteiligung in der regierungsfreundlichen Region Kouroussa bei 99 %, in der Oppositionshochburg Koubia dagegen bei weniger als 20 %.

Internationale Reaktionen: Diverse internationale Akteure äußerten **Bedenken** wegen des Ablaufs und des Inhalts des Referendums. Dazu gehörten die Westafrikanische Wirtschaftsgemeinschaft (ECOWAS), die Afrikanische Union (AU), die Vereinten Nationen (UN), die Europäische Union (EU) und diverse individuelle Regierungen. Die französische Regierung stellte beispielsweise fest, dass die Abstimmung nicht inklusiv und einvernehmlich vonstattengegangen sei. Die guineische Regierung reagierte mit Unverständnis auf Kritik von Institutionen, die nicht bei der Beobachtung der Wahl partizipiert hätten.

Guinea-Bissau

▸ 636

Ländername	Republik Guinea-Bissau
Zeitzone	MEZ -1 h
Fläche in km²	36 130
Anzahl der Einwohner	1.9 Millionen
Einwohnerzahl pro km²	53
Hauptstadt	Bissau
Amtssprache	Portugiesisch
Verwaltungsgliederung	3 Provinzen mit 8 Regionen sowie 1 autonomen Sektor
Wichtige Städte	Bissau, Gabú, Bafatá, Canchungo
Autokennzeichen | ISO-Code	RGB | GNB
Währung	1 CFA-Franc BCEAO = 100 Centimes
Nationalfeiertag	24. September

Der westafrikanische Kleinstaat ist eines der ärmsten Länder der Welt und leidet noch immer an den Folgen der über 500-jährigen portugiesischen Fremdherrschaft. 67 % der Bevölkerung leben unterhalb der Armutsgrenze.

GEOGRAFIE

Geografische Lage: Von 10° 56' bis 12° 41' nördlicher Breite sowie von 13° 40' bis 16° 43' westlicher Länge
Höchster Punkt: Unbenannt 300 m
Klima: Wechselfeuchtes, tropisches Klima

POLITIK

Staatsform: Präsidiale Republik
Staatsoberhaupt: Präsident
Legislative: Volksversammlung mit 102 für 4 Jahre gewählten Mitgliedern
Jahr der Verfassung: 1984
Wahlrecht: 18 Jahre
Staatsreligion: Keine

BEVÖLKERUNG

Bevölkerungsanteil: <15 Jahre 42.3 %, 15-64 Jahre 54.8 %, >64 Jahre 2.9 %
Verteilung: Stadt 43.8 %, Land 56.2 %
Wachstum 2019: 2.5 %
Lebenserwartung: Frauen 61 Jahre, Männer 57 Jahre
Alphabetenrate: Frauen 30.8 %, Männer 62.2 %
Ethnische Gruppen: Fulbe, Balanta, Mandinka, Pepel, Manjaco, Beafada, Mancanha, Bijago u. a.
Religionen: Muslime 45.1 %, Christen 22.1 %, Ethnische 14.9 %
Sprachen: Portugiesisch, Kreolisch

Alterspyramide nach Jahren in %

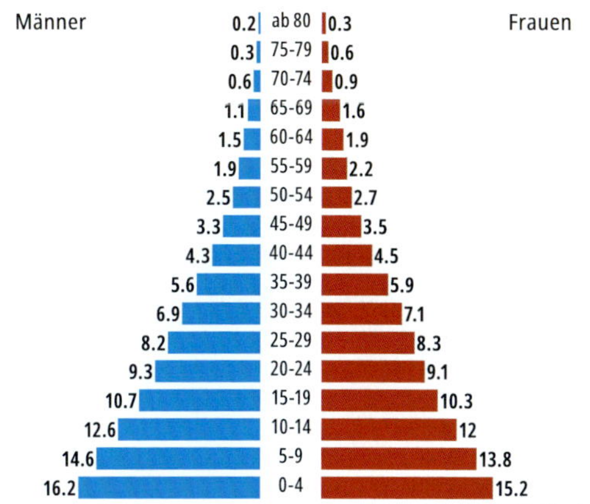

Quelle: Weltbank

WIRTSCHAFT UND VERKEHR

BIP: 1.34 Mrd. US-$
Wachstum BIP 2019: 4.6 %
BNE/Kopf: 786 US-$
Inflation: 0.2 %
Außenhandel: Import 326 Mio. US-$, Export 306 Mio. US-$
Erwerbstätige nach Sektoren: Landwirtschaft 68.1 %, Industrie 7 %, Dienstleistungen 24.9 %
Arbeitslosenquote: 2.5 %
Energieverbrauch/Kopf: Keine Angabe
Straßennetz: 4 455 km
Eisenbahnnetz: Keine Angabe

Erwerbstätige nach Sektoren in %

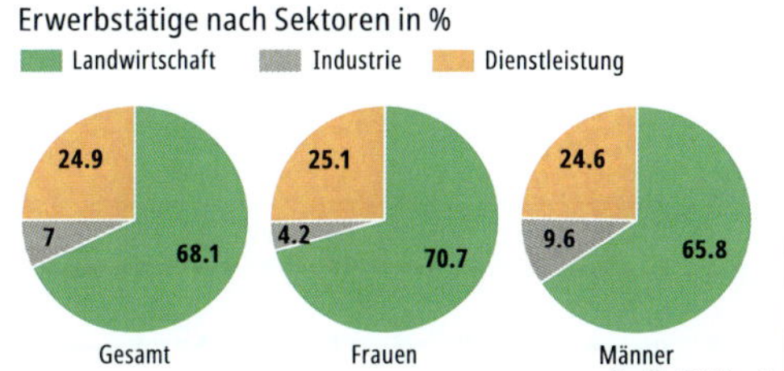

Quelle: Weltbank

RÜCKBLICK

Parlamentswahl: Nach der politischen und institutionellen Dauerkrise der letzten Jahre verfehlte die **Partido Africano da Independência da Guiné e Cabo Verde** (PAIGC) mit 47 von 102 Sitzen die absolute Mehrheit im Parlament. Die neue Partei **Bewegung für eine demokratische Alternative** (Madem-G15), die sich als Abspaltung der PAIGC gründete, konnte mit 27 Abgeordneten die zweitgrößte Fraktion stellen. Die Partei der **sozialen Erneuerung** (PRS) erhielt 21, die Partei **Volksversammlung Vereint** (APU-PDGB) 5 Sitze. Vor der Wahl waren PRS und Madem-G15 ein Bündnis eingegangen, jedoch wurde das Lager der PAIGC durch die Unterstützung der APU-PDGB regierungsfähig. Ursprünglich sollte **Domingos Simões Pereira**, Vorsitzender der PAIGC, Premierminister werden, jedoch verweigerte Präsident **José Mário Vaz** wegen des langjährigen Zerwürfnisses seine Zustimmung. Deswegen verblieb **Aristides Gomes** im Amt.

Präsidentschaftswahl: Vaz erreichte im ersten Wahlgang am 24.11.2019 mit 12.4 % der Stimmen Platz 4. **Pereira** (PAIGC) erhielt 40.1 %, **Umaro Sissoco Embaló** (Madem-G15) 27.6 %. Daher fand am 29. Dezember eine Stichwahl statt, vor der Pereira als klarer Favorit gehandelt wurde. Überraschenderweise gewann jedoch Embaló laut offiziellem Endergebnis die Wahl mit 53.5 % der Stimmen. Embaló ist ehemaliger General und war von Ende 2016 bis Anfang 2018 bereits Premierminister. Die PAIGC erhob daraufhin Vorwürfe wegen Wahlmanipulation und forderte eine Überprüfung des Ergebnisses. Unter anderem wegen der Flucht des Obersten Richters der Wahlkommission kam es jedoch zu keiner Überprüfung. Die Nationalversammlung verweigerte daraufhin die Amtseinführung von Embaló und vereidigte stattdessen **Cipriano Cassama** (PAIGC), den damaligen Parlamentspräsidenten. Embaló wollte dies jedoch nicht akzeptieren und organisierte eine Amtseinführung in einem Hotel in Bissau, bei der er sich selbst zum Präsidenten ernannte. Die Westafrikanische Wirtschaftsgemeinschaft (ECOWAS) bezeichnete die Selbsternennung zunächst als verfassungswidrig, die PAIGC sprach von einem Putsch. Embaló wiederum setzte **Nuno Gomes Nabiam** (APU-PDGB) als Premierminister ein. Durch die Unterstützung von Embaló durch die Streitkräfte wurde zum Teil auch von einem Militärputsch gesprochen. International gab es divergierende Positionen bezüglich der Frage, welche der Regierungen als die rechtmäßige zu verstehen sei. Schlussendlich erkannte die ECOWAS am 23.4.2020 Embaló doch als Präsidenten an, woraufhin auch der Großteil der internationalen Staatengemeinschaft folgte.

Guyana

▸ 668

Ländername	Kooperative Republik Guyana
Zeitzone	MEZ -5 h
Fläche in km²	214 970
Anzahl der Einwohner	782 766
Einwohnerzahl pro km²	4
Hauptstadt	Georgetown
Amtssprache	Englisch
Verwaltungsgliederung	10 Regionen
Wichtige Städte	Georgetown, Linden, New Amsterdam, Corriverton
Autokennzeichen | ISO-Code	GUY | GUY
Währung	1 Guyana-Dollar = 100 Cents
Nationalfeiertag	23. Februar

Das Land an der Nordostküste Südamerikas ist aufgrund seiner Kolonialgeschichte wirtschaftlich und kulturell eng mit den karibischen Inseln verbunden. Die Gegensätze zwischen den Bevölkerungsgruppen indischer und afrikanischer Abstammung führten in der Vergangenheit oft zu heftigen politischen und sozialen Konflikten.

GEOGRAFIE

Geografische Lage: Von 1° 12' bis 8° 33' nördlicher Breite sowie von 56° 29' bis 61° 23' westlicher Länge
Höchster Punkt: Roraima 2810 m
Klima: Tropisches Regenwaldklima

POLITIK

Staatsform: Semipräsidiale Republik
Staatsoberhaupt: Präsident
Legislative: Nationalversammlung mit 65 für 5 Jahre gewählten Mitgliedern
Jahr der Verfassung: 1980
Wahlrecht: 18 Jahre
Staatsreligion: Keine

BEVÖLKERUNG

Bevölkerungsanteil: <15 Jahre 27.9 %, 15-64 Jahre 65.4 %, >64 Jahre 6.7 %
Verteilung: Stadt 26.6 %, Land 73.4 %
Wachstum 2019: 0.5 %
Lebenserwartung: Frauen 73 Jahre, Männer 67 Jahre
Alphabetenrate: Frauen 85 %, Männer 86.3 %
Ethnische Gruppen: Inder, Afrikaner, Mestizen, Indigene u. a.
Religionen: Christen 64 %, Hindus 24.8 %, Muslime 6.8 %, Sonstige 1.4 %
Sprachen: Englisch, Kreolisch, Hindi, Urdu

WIRTSCHAFT UND VERKEHR

BIP: 4.28 Mrd. US-$
Wachstum BIP 2019: 4.7 %
BNE/Kopf: 5 252 US-$
Inflation: 2.1 %
Außenhandel: Import 2.8 Mrd. US-$, Export 1.61 Mrd. US-$
Erwerbstätige nach Sektoren: Landwirtschaft 17.1 %, Industrie 22.8 %, Dienstleistungen 60.1 %
Arbeitslosenquote: 11.9 %
Energieverbrauch/Kopf: Keine Angabe
Straßennetz: 3 995 km
Eisenbahnnetz: 127 km

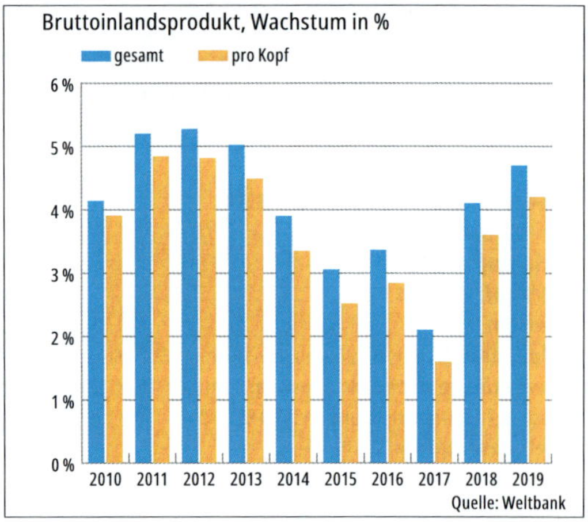

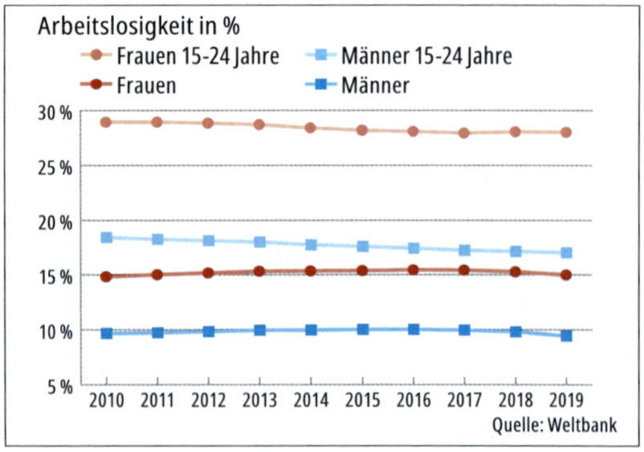

RÜCKBLICK

Termin Neuwahlen: Am 25.9.2019 gab Präsident David Granger den 2.3.2020 als Termin für die Neuwahlen bekannt. Die Wahlen waren die verspätete Reaktion auf einen Misstrauensantrag der Opposition gegen Granger im Dezember 2018, den die Opposition mit 33 zu 32 Stimmen gewann. Sie warf dem Präsidenten vor, einen für das Land ungünstigen Vertrag mit dem US-Erdölkonzern ExxonMobil abgeschlossen zu haben. Nach dem Misstrauensvotum begann ein mehrmonatiger juristischer Streit, bei dem es auch um die Gültigkeit der Stimme Charrandas Persauds ging, der sowohl die Staatsbürgerschaft von Guyana als auch die von Kanada besitzt. Persaud hatte als einziges Mitglied der Regierungskoalition für den Misstrauensantrag gestimmt.

Parlamentswahlen: Bei den Parlamentswahlen am 2.3.2020 wurden die 65 Mandate für die Nationalversammlung gewählt. Am 5.3. lagen die Ergebnisse von 9 der 10 Wahlkreise vor, nicht aber die aus dem Wahlkreis 4, dem mit der Hauptstadt Georgetown bevölkerungsreichsten Wahlbezirk. Präsident David Granger (A Partnership für National Unity, APNU) und Oppositionsführer Bharrat Jagdeo von der People‘s Progressive Party (PPP) einigten sich auf eine Neuauszählung, die am 16.3. begann. Sie wurde durch einen Kandidaten der Regierungspartei blockiert, der eine Beaufsichtigung durch das Karibische Staatenbündnis Caricom forderte. Nach wochenlangen Verhandlungen zwischen der Obersten Wahlkommission (Gecom) und dem Caricom war die Neuauszählung am 12.6. abgeschlossen. Die PPP mit dem Spitzenkandidaten Irfaan Ali ist daraus mit 33 Mandaten als Sieger hervorgegangen.

Wirtschaft: Dank der Entdeckung großer Erdölvorkommen wird damit gerechnet, dass Guyana bald zu einer Ölmacht wird. Während der IWF für 2019 ein BIP-Wachstum von 4.7 % angab, rechnete er vor der Corona-Krise für 2020 mit einem BIP-Anstieg um 86 %. Im April 2020 senkte er angesichts der Pandemie seine Prognose auf 52.8 %. ExxonMobil entdeckte Ende Januar 2020 ein weiteres Ölfeld und erhöhte seine Förderprognose von 6 auf 8 Mrd. Barrel Erdöl. Im Dezember 2019 hatte Guyana das erste Erdöl in die USA geliefert.

Corona: Nach der ersten Covid-19-Infektion am 11.3.2020 schloss die Regierung alle Grenzen, Flughäfen und Häfen für den Passagierverkehr. Sie schloss alle Schulen und verhängte eine Ausgangssperre zwischen 18 und 6 Uhr.

Haiti

Ländername	Republik Haiti
Zeitzone	MEZ -6 h
Fläche in km²	27 750
Anzahl der Einwohner	11.3 Millionen
Einwohnerzahl pro km²	406
Hauptstadt	Port-au-Prince
Amtssprache	Haitianisch, Französisch
Verwaltungsgliederung	10 Départements
Wichtige Städte	Port-au-Prince, Carrefour, Delmas, Pétionville, Gonaïves, Cap-Haïtien
Autokennzeichen | ISO-Code	RH | HTI
Währung	1 Gourde = 100 Centimes
Nationalfeiertag	1. Januar

Die ehemals reiche französische Plantagenkolonie erlebte im 19. und 20. Jahrhundert zahlreiche Aufstände und Diktaturen. Heute ist der Karibikstaat, der 1804 als erstes Land Lateinamerikas die Unabhängigkeit erreichte, wirtschaftlich und politisch zerrüttet. Die prekäre ökonomische und zivilgesellschaftliche Lage Haitis wurde durch die Erdbebenkatastrophe von 2010 verschärft und hält durch regelmäßig auftretende Naturkatastrophen, wie dem Hurrikan Matthew im Oktober 2016, bis heute an.

GEOGRAFIE

Geografische Lage: Von 18° 02' bis 20° 06' nördlicher Breite sowie von 71° 39' bis 74° 29' westlicher Länge
Höchster Punkt: Pic de la Selle 2680 m
Klima: Tropisch-wechselfeuchtes Klima mit Trockenzeit im Winter

POLITIK

Staatsform: Semipräsidiale Republik
Staatsoberhaupt: Präsident
Legislative: Parlament, bestehend aus Abgeordnetenkammer mit 116 für 4 Jahre gewählten Mitgliedern und Senat mit 29 für 6 Jahre gewählten Mitgliedern (alle 2 Jahre teilerneuert)
Jahr der Verfassung: 1987
Wahlrecht: 18 Jahre
Staatsreligion: Keine

BEVÖLKERUNG

Bevölkerungsanteil: <15 Jahre 32.9 %, 15-64 Jahre 62.1 %, >64 Jahre 5 %
Verteilung: Stadt 56.2 %, Land 43.8 %
Wachstum 2019: 1.3 %
Lebenserwartung: Frauen 67 Jahre, Männer 62 Jahre
Alphabetenrate: Frauen 58.3 %, Männer 65.3 %
Ethnische Gruppen: Afrikaner, Mestizen, Europäer u. a.
Religionen: Christen 83.2 %, Ethnische 2.1 %, Sonstige 4.6 %
Sprachen: Haitianisch, Französisch

WIRTSCHAFT UND VERKEHR

BIP: 8.5 Mrd. US-$
Wachstum BIP 2019: -0.9 %
BNE/Kopf: 784 US-$
Inflation: 17.4 %
Außenhandel: Import 4.45 Mrd. US-$, Export 1.2 Mrd. US-$
Erwerbstätige nach Sektoren: Landwirtschaft 28.7 %, Industrie 6.7 %, Dienstleistungen 64.6 %
Arbeitslosenquote: 13.8 %
Energieverbrauch/Kopf: 394 kg ÖE
Straßennetz: 4 266 km
Eisenbahnnetz: Keine Angabe

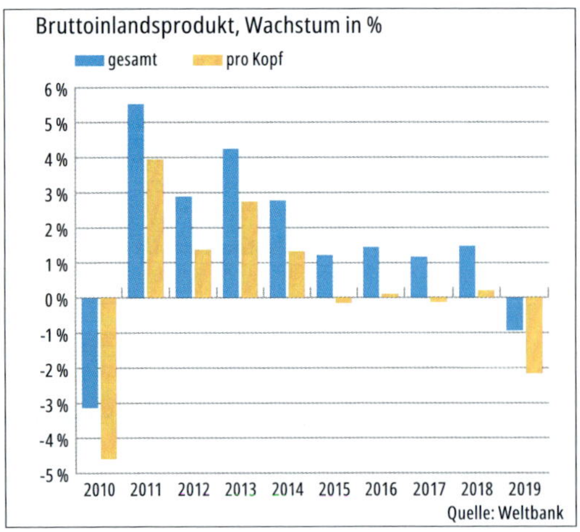

RÜCKBLICK

Premierminister: Staatspräsident Jovenel Moïse ernannte am 24.7.2019 eine neue Regierung mit Fritz William Michel als Premierminister. Michel sollte den bisherigen Interimspremier Jean-Michel Lapin ablösen, der am Vortag zurückgetreten war. Moïse hatte Jean-Michel Lapin am 21.3.2019 als Nachfolger von Premier Jean-Henry Céant nominiert, nachdem dieser vom Parlament entlassen worden war. Das Parlament hatte Jean-Michel Lapin als Premierminister jedoch nicht bestätigt. Das Land erlebte seitdem eine **schwere politische Krise**. Nachdem die Abgeordnetenkammer am 3.9. der neuen Regierung von Fritz William Michel zugestimmt hatte, lehnte der Senat auch diese Regierung im Oktober 2019 ab. Das Land blieb damit weiterhin ohne eine vom Parlament bestätigte Führung. Am 2.3.2020 ernannte Präsident Jovenel Moïse den bisherigen Wirtschafts- und Umweltminister Joseph Jouthe zum neuen Premierminister. Er war der dritte Premier, den Präsident Moïse seit dem Rücktritt von Jean-Henry Céant nominiert hatte. Am 4.3. trat Jouthe mit seiner neuen Regierung an, ohne dass er vom Parlament bestätigt worden war.

Proteste: Ab Mitte September 2019 legten mehrere Wochen lang gewalttägige Proteste gegen Präsident Jovenel Moïse das Land lahm. Auslöser waren die zunehmende Treibstoffknappheit, Inflation und steigende Preise. Viele Krankenhäuser, Schulen und andere öffentliche Einrichtungen sowie Banken und Geschäfte blieben während der Proteste geschlossen. Nach UN-Angaben kamen bei den Ausschreitungen zwischen Mitte September und Anfang Dezember 2019 42 Menschen ums Leben. Neben der Opposition hatten sich auch zahlreiche zivile Organisationen, die Kirche und ein großer Teil der Privatwirtschaft den Protesten angeschlossen. Die Proteste verschärften die humanitäre Krise im Land. Nach Angaben der UN leben rund 60 % der Bevölkerung in absoluter Armut, etwa die Hälfte ist unterernährt.
Schon Monate vor Ausbruch der Proteste hatten Regierungskritiker immer wieder den Rücktritt von Präsident Jovenel Moïse gefordert. Moïse war im Februar 2017 nach mehrfach verzögerten Wahlen mit einer Wahlbeteiligung von lediglich 21 % gewählt worden. Der Oberste Rechnungshof hatte im Juni 2019 einen Bericht veröffentlicht, nach dem Ex-Präsident Michel Martelly (2011-16), weitere Regierungsmitglieder sowie der damalige Unternehmer und heutige Präsident Jovenel Moïse zwischen 2008 und 2015 rund 2 Mrd. US-$ aus dem Petrocaribe-Programm veruntreut haben

sollen. Im Rahmen des Petrocabribe-Abkommens hatte Venezuela bis 2018 langfristige Kredite zu sehr günstigen Konditionen für den vergünstigten Kauf von venezolanischem Erdöl vergeben.

UN-Missionen: Am 15.10.2019 beendete die UN den Einsatz der **UN-Mission zur Unterstützung der Justiz in Haiti (MINUJUSTH)**. Sie war im Oktober 2017 als Nachfolge der von 2004-17 operierenden Stabilisierungsmission MINUSTAH angetreten, nachdem diese ihre in Haiti stationierten Militär- und Polizeikontingente abgezogen hatte. Aufgabe der MINUJUSTH war es, die Regierung bei der Stärkung der rechtsstaatlichen Institutionen und der haitianischen Nationalpolizei Police National d'Haïti zu unterstützen sowie die Menschenrechtssituation zu beobachten, zu analysieren und darüber zu berichten. Seit dem Abzug der MINUSTAH kontrolliert die 15 000-köpfige Nationalpolizei die Sicherheit im Land. Als einzige bewaffnete staatliche Einheit Haitis wird ihre Arbeit jedoch von internen Problemen behindert. Die Nationalpolizei organisierte mehrere Demonstrationen für bessere Arbeitsbedingungen und die Gründung einer Gewerkschaft.

Auflösung des Parlaments: Angesichts der gewalttätigen Proteste konnten die im Herbst 2019 vorgesehenen Parlamentswahlen nicht durchgeführt werden. Als im Januar 2020 die reguläre Legislaturperiode endete, erklärte Präsident Jovenel Moïse das Parlament für aufgelöst. Im Senat übernahm ein Notpräsidium aus drei Senatoren der Regierungspartei die Geschäfte. Der Präsident konnte dadurch per Dekret und ohne Widerstand eines Parlaments regieren.

Corona: Die Corona-Pandemie zeigte in den ersten Monaten nach Ausbruch offiziell nur wenige Infektionsfälle. Allerdings wurden nur wenige Tests durchgeführt. Ende Mai gab es weniger als 1 300 bestätigte Covid-19-Fälle und 34 Tote. Am 15.4.2020 kündigte Premierminister Joseph Jouthe die erste Öffnung von Textilfabriken für den 20.4. an. Haiti generiert einen Großteil seiner Einnahmen durch den Export von Textilien und die Rücküberweisungen von im Ausland lebenden Haitianern. Die Pandemie hat die bereits zuvor schwer angeschlagene Wirtschaftslage weiter verschärft. Der IWF gewährte Haiti am 17.4. einen **RCF-Nothilfekredit** in Höhe von 116.6 Mio. US-$. Die Regierung kündigte an, mit dem Geld Arbeitnehmer und Haushalte zu unterstützen, indem sie Lohnzahlungen fortsetzen und Lebensmittel und Finanzhilfen bereitstellen würde.

Honduras

▸ 666

Ländername	Republik Honduras
Zeitzone	MEZ -7 h
Fläche in km²	112 490
Anzahl der Einwohner	9.7 Millionen
Einwohnerzahl pro km²	87
Hauptstadt	Tegucigalpa
Amtssprache	Spanisch
Verwaltungsgliederung	18 Departamentos
Wichtige Städte	Tegucigalpa, San Pedro Sula, La Ceiba, Choloma, El Progreso
Autokennzeichen | ISO-Code	HN | HND
Währung	1 Lempira = 100 Centavos
Nationalfeiertag	15. September

Das mittelamerikanische Land hat seit seiner Unabhängigkeit zahlreiche Militärputsche erlebt. US-amerikanische Konzerne machten es Anfang des 20. Jahrhunderts zum weltweit größten Bananenexporteur. Seit Beginn der 1980er-Jahre waren die innenpolitischen Verhältnisse stabil. 2009 kam es zu einer schweren Verfassungs- und Staatskrise. Seither kommt es unter wechselnden Präsidenten immer wieder zu Unruhen und Massenprotesten. Das Land hat eine der höchsten Kriminalitätsraten weltweit, vor allem bei Tötungsdelikten.

GEOGRAFIE

Geografische Lage: Von 12° 59' bis 16° 31' nördlicher Breite sowie von 83° 09' bis 89° 22' westlicher Länge
Höchster Punkt: Cerro Las Minas 2849 m
Klima: Tropisches Klima

POLITIK

Staatsform: Präsidiale Republik
Staatsoberhaupt: Präsident
Legislative: Nationalkongress mit 128 für 4 Jahre gewählten Mitgliedern
Jahr der Verfassung: 1982
Wahlrecht: 18 Jahre
Staatsreligion: Keine

BEVÖLKERUNG

Bevölkerungsanteil: <15 Jahre 31.2 %, 15-64 Jahre 64 %, >64 Jahre 4.8 %
Verteilung: Stadt 57.7 %, Land 42.3 %
Wachstum 2019: 1.7 %
Lebenserwartung: Frauen 78 Jahre, Männer 73 Jahre
Alphabetenrate: Frauen 87.3 %, Männer 87.1 %
Ethnische Gruppen: Mestizen, Indigene u. a.
Religionen: Christen 87 %, Sonstige 2 %
Sprachen: Spanisch, indigene Sprachen, Englisch

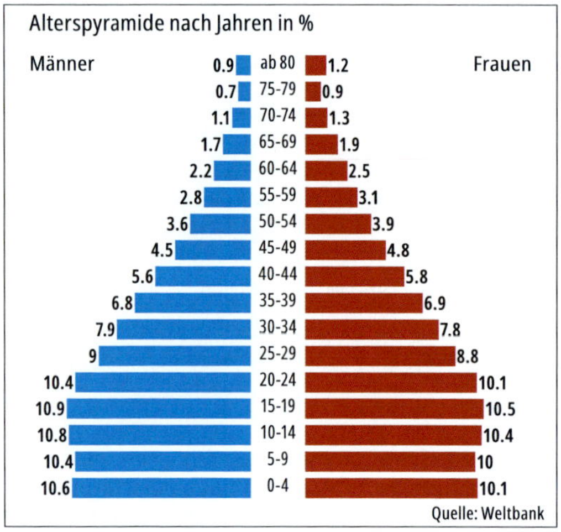

WIRTSCHAFT UND VERKEHR

BIP: 25.1 Mrd. US-$
Wachstum BIP 2019: 2.7 %
BNE/Kopf: 2 548 US-$
Inflation: 4.3 %
Außenhandel: Import 11.97 Mrd. US-$, Export 8.7 Mrd. US-$
Erwerbstätige nach Sektoren: Landwirtschaft 30.3 %, Industrie 20 %, Dienstleistungen 49.7 %
Arbeitslosenquote: 5.4 %
Energieverbrauch/Kopf: 598 kg ÖE
Straßennetz: 14 742 km
Eisenbahnnetz: 699 km

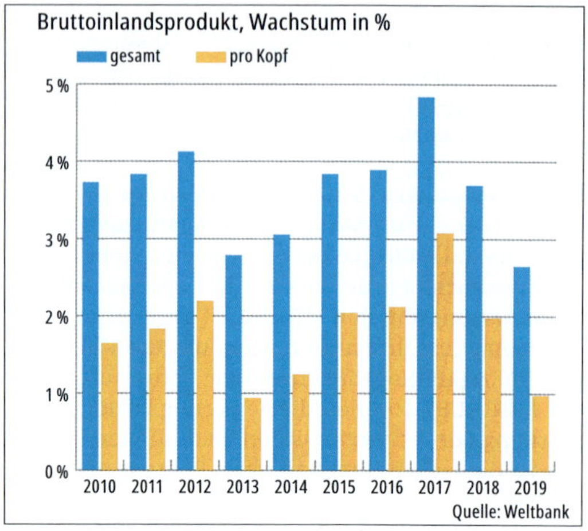

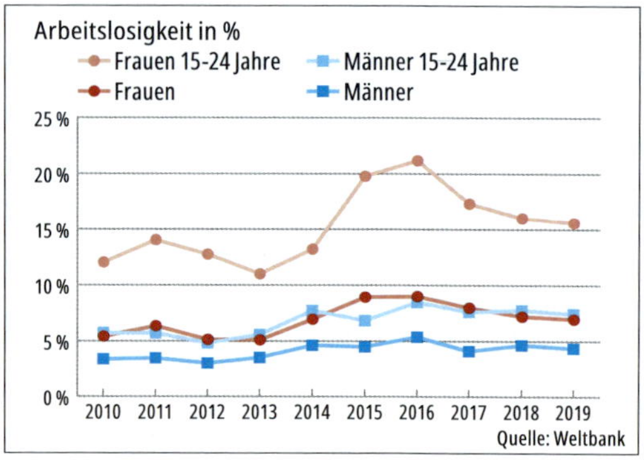

RÜCKBLICK

Präsident unter Druck: Am 18.10.2019 sprach ein New Yorker Gericht den Bruder des Präsidenten, Juan Antonio Hernández, wegen jahrelangem Drogenhandel, illegalem Waffenbesitz und Falschaussage gegenüber einer US-Behörde für schuldig. Dem Präsidenten Juan Orlando Hernández Alvarado warf die amerikanische Justiz vor, mindestens 1.5 Mio. US-$ an Drogengeldern für seinen ersten Wahlkampf 2013 und 40 000 US-$ für seinen zweiten Wahlkampf 2017 erhalten zu haben. Ein Verfahren wurde nicht eingeleitet. Hernández bestritt alle Vorwürfe.

Migration: Im September 2019 unterzeichnete die Regierung einen Asylkooperationsvertrag mit den USA. Migranten, deren Weg in die USA durch Honduras führt, können damit dort als „sicheres Drittland" einen Asylantrag stellen. Die amerikanischen Grenzbehörden hatten zwischen Oktober 2018 und August 2019 rund 230 000 Honduraner aufgegriffen. Viele Honduraner verlassen das Land aus Armut, zwei Drittel der Bevölkerung lebt unterhalb der Armutsgrenze.

MACCIH: Die Internationale Unterstützungsmission gegen Korruption und Straflosigkeit in Honduras (MACCIH) endete am 19.1.2020. Zuvor hatten die Regierung und die Organisation Amerikanischer Staaten (OAS) erfolglos über die Weiterführung verhandelt. Die 2016 gegründete MACCIH hatte eine Reihe von Korruptionsfällen ans Licht gebracht, so den der Ehefrau von Ex-Präsident Porfirio Lobo Sosa (2010-14), Rosa Elena Bonilla. Sie wurde am 4.9.2019 wegen Veruntreuung und Betrug zu 58 Jahren Haft verurteilt. Bonilla hatte rund 779 000 US-$ aus dem Budget für soziale Projekte des Büros der First Lady privat abgezweigt.

IWF: Der IWF bewilligte dem Land am 15.7.2019 einen zweijährigen Standby-Kredit in Höhe von 309 Mio. US-$. Angesichts der Corona-Krise erhöhte der IWF die Kreditsumme am 1.6.2020 auf 531 Mio. US-$, von denen 233 Mio. US-$ sofort abrufbar waren.

Corona: Die wirtschaftlichen Folgen der strengen Ausgangssperre wurden durch das Ausbleiben der Rücküberweisungen von im Ausland lebenden Honduranern verschärft, die rund 20 % zum Bruttoinlandsprodukt beitragen. Obwohl das Land Ende Mai 2020 im Vergleich zu seinen Nachbarn die höchsten Infektionszahlen aufwies und den Peak noch nicht erreichte hatte, erfolgten in verschiedenen Wirtschaftsbereichen erste Lockerungen. Am 17.6.2020 wurde bekannt, dass sich Präsident Juan Orlando Hernández mit Covid-19 infiziert hat und im Krankenhaus behandelt wurde.

Freiwillige Helfer verteilen kostenlose Corona-Schutzmasken am 9. Juni 2020 in San Pedro Sula.

Indien

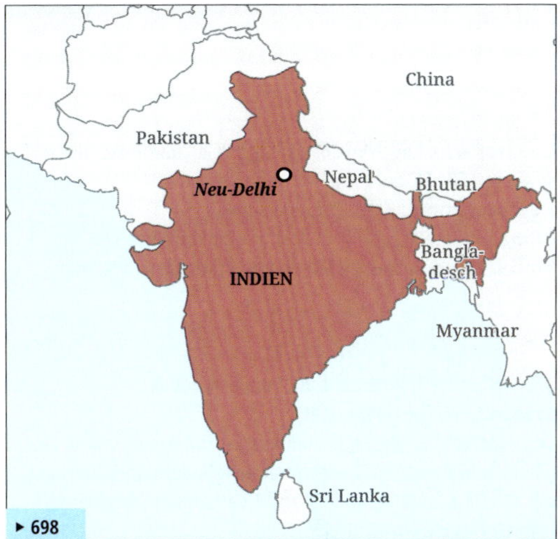

▸ 698

Ländername	Republik Indien
Zeitzone	MEZ +4:30 h
Fläche in km²	3 287 259
Anzahl der Einwohner	1.4 Milliarden
Einwohnerzahl pro km²	416
Hauptstadt	Neu-Delhi
Amtssprache	Hindi, Englisch
Verwaltungsgliederung	28 Bundesstaaten und 8 Unionsterritorien
Wichtige Städte	Mumbai, Delhi, Bangalore, Hyderabad, Ahmedabad, Chennai, Kolkata, Surat, Pune, Jaipur
Autokennzeichen | ISO-Code	IND | IND
Währung	1 Indische Rupie = 100 Paise
Nationalfeiertag	26. Januar

Kaum ein anderes Land weist solche Gegensätze auf wie Indien, ist es doch zugleich rückständiges Agrarland und aufsteigende Industrienation. Die in jüngster Zeit stark wachsende Volkswirtschaft hat sich in der Informations- und Biotechnologie weltweit einen Namen gemacht. Starkes Bevölkerungswachstum und mangelhafte Infrastruktur bremsen aber die Entwicklung. Religiöse Konflikte sind bis heute neben dem vom Kastensystem geprägten sozialen Gefälle Ursache innenpolitischer Auseinandersetzungen und Krisen. Im Schmelztiegel der verschiedensten Sprachen, Völker und Kulturen steht eine extrem arme Bevölkerungsmehrheit einer kleinen reichen Oberschicht gegenüber. Außenpolitische Spannungen birgt der Kashmirkonflikt mit dem muslimischen Nachbarland Pakistan, mit dem Indien die lange britische Kolonialvergangenheit teilt.

GEOGRAFIE

Geografische Lage: Von 6° 45' bis 35° 30' nördlicher Breite sowie von 68° 10' bis 97° 21' östlicher Länge
Höchster Punkt: Kanchenjunga 8586 m
Klima: Hochgebirgsklima in Kashmir und im Himalaja; im Norden subtropisches, im Süden tropisches Monsunklima

POLITIK

Staatsform: Parlamentarische Bundesrepublik
Staatsoberhaupt: Präsident
Legislative: Parlament, bestehend aus Unterhaus mit 543 für 5 Jahre gewählten und 2 ernannten Mitgliedern und Oberhaus mit 233 für 6 Jahre gewählten und 12 ernannten Mitgliedern
Jahr der Verfassung: 1950
Wahlrecht: 18 Jahre
Staatsreligion: Keine

BEVÖLKERUNG

Bevölkerungsanteil: <15 Jahre 26.6 %, 15-64 Jahre 67 %, >64 Jahre 6.4 %
Verteilung: Stadt 34.5 %, Land 65.5 %
Wachstum 2019: 1 %
Lebenserwartung: Frauen 71 Jahre, Männer 69 Jahre
Alphabetenrate: Frauen 65.8 %, Männer 82.4 %
Ethnische Gruppen: Inder u. a.
Religionen: Hindus 79.8 %, Muslime 14.2 %, Christen 2.3 %, Sonstige 3.7 %
Sprachen: Hindi, Englisch, Regionalsprachen

WIRTSCHAFT UND VERKEHR

BIP: 2.88 Bio. US-$
Wachstum BIP 2019: 5 %
BNE/Kopf: 2 172 US-$
Inflation: 7.7 %
Außenhandel: Import 483.86 Mrd. US-$, Export 324.16 Mrd. US-$
Erwerbstätige nach Sektoren: Landwirtschaft 42.4 %, Industrie 25.6 %, Dienstleistungen 32 %
Arbeitslosenquote: 5.4 %
Energieverbrauch/Kopf: 637 kg ÖE
Straßennetz: 4 699 024 km
Eisenbahnnetz: 68 525 km

VERWALTUNGSGLIEDERUNG

Verwaltungseinheit	Fläche in km²	Einwohner	Hauptstadt
Andamanen und Nikobaren	8 249	380 581	Fort Blair
Andhra Pradesh	162 970	49.6 Mio.	Amaravati (De-facto-Hauptstadt)
Arunachal Pradesh	83 743	1.4 Mio.	Itanagar
Assam	78 438	31.2 Mio.	Dispur
Bihar	94 163	104.1 Mio.	Patna
Chandigarh	114	1.1 Mio.	Chandigarh
Chhattisgarh	135 192	25.5 Mio.	Raipur
Dadra und Nagar Haveli	491	343 709	Silvassa
Daman und Diu	111	243 247	Daman
Delhi	1 483	16.8 Mio.	Delhi
Goa	3 702	1.5 Mio.	Panaji
Gujarat	196 244	60.4 Mio.	Gandhinagar
Haryana	44 212	25.4 Mio.	Chandigarh
Himachal Pradesh	55 673	6.9 Mio.	Shimla
Jammu und Kashmir	42 241	12.3 Mio.	Srinagar und Jammu
Jharkhand	79 716	33 Mio.	Ranchi
Karnataka	191 791	61.1 Mio.	Bangalore
Kerala	38 852	33.4 Mio.	Thiruvananthapuram
Ladakh	59 146	274 289	Leh
Lakshadweep	30	64 473	Kavaratti
Madhya Pradesh	308 252	72.6 Mio.	Bhopal
Maharashtra	307 713	112.4 Mio.	Mumbai
Manipur	22 327	2.9 Mio.	Imphal
Meghalaya	22 429	3 Mio.	Shillong
Mizoram	21 081	1.1 Mio.	Aizawl
Nagaland	16 579	2 Mio.	Kohima
Odisha	155 707	42 Mio.	Bhubaneswar
Puducherry	490	1.2 Mio.	Puducherry
Punjab	50 362	27.7 Mio.	Chandigarh
Rajasthan	342 239	68.5 Mio.	Jaipur
Sikkim	7 096	610 577	Gangtok
Tamil Nadu	130 060	72.1 Mio.	Chennai
Telangana	112 077	35 Mio.	Hyderabad
Tripura	10 486	3.7 Mio.	Agartala
Uttar Pradesh	240 928	199.8 Mio.	Lucknow
Uttarakhand	53 483	10.1 Mio.	Dehra Dun
West Bengal	88 752	91.3 Mio.	Kolkata

RÜCKBLICK

Die zweite Amtszeit von Premierminister Narendra Modi begann mit einer Verschärfung anti-muslimischer Tendenzen. Die Aufhebung der Autonomie Jammu und Kashmirs erhöhte die Spannungen in der Region. Wahlen in Einzelstaaten brachten Niederlagen der regierenden BJP, während die Kongresspartei einige Erfolge erzielte.

Einbürgerungsgesetz: Am 11.12.2019 verabschiedete das Parlament ein von Innenminister Amit Shah eingebrachtes Ergänzungsgesetz zum Staatsbürgergesetz von 1955 („Citizenship Amendment Act" – CAA). Es gibt vor Dezember 2014 illegal eingewanderten Hindus, Sikhs, Buddhisten, Parsen, Jain und Christen, die aus Bangladesch, Afghanistan oder Pakistan vor religiöser Verfolgung geflohen sind, das Recht auf beschleunigte Einbürgerung. Muslime, insbesondere Ahmadi aus Pakistan, Rohingya aus Myanmar oder Uiguren aus China, gehören nicht zu den vom CAA privilegierten Gruppen. Auch die eingesessene muslimische Bevölkerung sah in dem Gesetz eine neuerliche Diskriminierung durch die hindu-nationalistische Regierung, zumal diese nach ihrer Wiederwahl im Mai 2019 das Projekt eines nationalen Bürgerregisters vorantrieb. Das stark umstrittene CAA wurde im Unterhaus mit 311 gegen 80, im Oberhaus mit 125 gegen 105 Stimmen angenommen. Seit dem 12.12. kam es landesweit zu **Demonstrationen gegen das Gesetz**. Hochburgen des Protests waren Assam – der erste Bundesstaat, in dem ein Bürgerregister fertiggestellt wurde, das Teile der muslimischen Bevölkerung vom Bürgerrecht ausschloss, und die Universitäten. Bei Zusammenstößen mit der massiv eingreifenden Polizei kam es zu 27 Todesfällen, 19 davon in Uttar Pradesh, dessen Chefminister offen zur Abrechnung mit den Muslimen aufgerufen hatte; Tausende Demonstranten wurden inhaftiert, in Uttar Pradesh, Karnataka und Tamil Nadu wurden Versammlungsverbote erlassen. Während einige Staatsregierungen hart gegen die Proteste vorgingen, kündigten fünf von Oppositionsparteien regierte Staaten an, das Gesetz nicht anzuwenden. Am 5.1.2020 attackierten Angehörige einer BJP-nahen Studentenorganisation in Delhi regierungskritische Studenten und Hochschullehrer, ohne dass die Staatsorgane eingriffen. Am 23.2.2020 kam es im Nordosten Delhis zu tagelangen Unruhen, bei denen 53 Menschen starben; vier **Moscheen wurden von radikalen Hindus niedergebrannt**, Filmaufnahmen dokumentierten die Untätigkeit von Polizisten. Ein Versammlungsverbot und 7 000

Aktivisten eines Bürgerforums demonstrieren gegen das neue Einbürgerungsgesetz der indischen Regierung, am 29. Februar 2020 in Kolkata (Kalkutta).

bewaffnete Bereitschaftspolizisten beendeten die Gewaltwelle. Nach offiziellen Angaben wurden bis zum 9.3.2020 fast 2 200 Gewalttäter verhaftet und 690 Anklagen erhoben. **Das CAA und seine Folgen belasteten die internationalen Beziehungen** zu muslimischen Staaten, während die USA, die EU, Russland, China und Japan öffentliche Bewertungen vermieden. Die UN-Menschenrechtskommissarin Michelle Bachelet kritisierte das Gesetz am 13.12.2019 als diskriminierend.

Wahlen: Nach ihrem Erdrutschsieg bei den Unionswahlen im Mai 2019 musste die regierende BJP bei mehreren Wahlen in Einzelstaaten Rückschläge hinnehmen. In **Maharashtra** wurde sie zwar trotz Stimmenverlusten erneut stärkste Partei, doch zerbrach nach den Wahlen vom 21.10.2019 die Koalition mit den Parteien Shiv Sena (Armee Shivas) und Nationalist Congress Party (NCP). Stattdessen wurde unter der Führung der ultranationalistischen Shiv Sena eine Koalition mit der NCP und der Kongresspartei (INC) unter Ausschluss der BJP gebildet. Zum neuen Chefminister wurde am 28.11.2019 der Sohn des Parteigründers und Präsident der Shivsainiks, Uddhav Thackeray, gewählt. Auch in **Jharkand**, wo vom 30.11.-20.12.2019 ein neues Parlament gewählt wurde, musste die BJP die Macht abgeben: Obwohl sie weiterhin die weitaus meisten Stimmen erhielt, verlor sie ein Drittel ihrer Mandate, während die regionalistische Befreiungsfront von Jharkand (JMM) und die Kongresspartei deutlich hinzugewannen. Am 24.12. wurde Hemant Soren (JMM) zum neuen Chefminister ernannt. In **Delhi** setzte sich bei der Wahl am 8.2.2020 wiederum die Aam Aadmi Party (AAP) in ihrer Hochburg klar durch, die mit 54 % der Stimmen 62 der 70 Sitze gewann; ihr Führer Arvind Kejriwal blieb Chefminister.

Die BJP erzielte 39 % der Stimmen und gewann 5 Sitze hinzu. Die prozentualen Gewinne gingen zu Lasten der Kongresspartei, die kein Mandat gewann. Im Bundesstaat **Haryana** konnte die BJP trotz Mandatsverlusten am 21.10.2019 ihre absolute Mehrheit im Regionalparlament behaupten und erneut den Chefminister stellen. Zweitstärkste Partei mit deutlichen Stimmengewinnen wurde der INC.

Gewalt gegen Frauen: Die Vergewaltigung und Ermordung einer Frau durch eine Männergruppe am 27.11.2019 löste in Hyderabad Protestkundgebungen aus, auf denen die sofortige Bestrafung der vier inhaftierten Vergewaltiger und ein effektiverer Schutz von Frauen durch die Polizei gefordert wurden. Die Täter wurden bei einer späteren Ortsbegehung von der Polizei wegen angeblich versuchter Flucht erschossen. 2012 hatte die Gruppenvergewaltigung einer Frau in Delhi eine Protestwelle und eine Verschärfung des Strafrechts ausgelöst. Die 2013 zum Tode verurteilten Täter wurden am 20.3.2020 in Delhi hingerichtet.

Scheidungsrecht: Am 31.7.2019 verabschiedete das Staatenhaus die Reform des islamischen Eherechts, die vom Unterhaus bereits im Dezember 2017 beschlossen worden war: Das Gesetz verbietet Adhoc-Scheidungen, die nur mit einer dreifachen Willensbekundung des Ehemanns vollzogen werden. 2017 hatte bereits der Oberste Gerichtshof diese Praxis als unislamisch bezeichnet, tatsächlich ist sie in vielen Staaten, in denen der Islam Staatsreligion ist, untersagt. Dennoch wurde die Reform von Kritikern als Ausdruck der antimuslimischen Ausrichtung der Regierung angesehen.

Kongresspartei: Nach der neuerlich deutlichen Niederlage bei den Unionswahlen im Mai 2019 erklärte Rahul Gandhi am 3.7.2019 seinen Rücktritt als Parteipräsident. Am 10.8.2019 übernahm seine Mutter Sonia Gandhi kommissarisch die Parteiführung, die sie bereits von 1998-2017 innegehabt hatte. Einem am 18.4.2020 von Sonia Gandhi berufenen elfköpfigen „Komitee für Fragen von aktueller Bedeutung“ gehörte neben einigen Ex-Ministern auch Rahul Gandhi an. Dies und das Fehlen einiger seiner innerparteilichen Widersacher in dem Gremium heizte Spekulationen über seine Rückkehr an die Parteispitze an.

Tempel-Konflikt: In der Auseinandersetzung um die widerstreitenden Ansprüche von Muslimen und Hindus auf das Gelände der früheren Babri-Moschee in Ayodhya, die 1992 im Rahmen eines organisierten Pogroms von marodierenden Hindus zerstört wurde, gab der Oberste Gerichtshof in einem Urteil vom 9.11.2019 die Erlaubnis zum Bau eines Hindu-Tempels auf dem Gelände. Die Richter beriefen sich auf archäologische Befunde, die eine Zerstörung eines Hindu-Tempels vor dem Bau der Moschee im 16. Jahrhundert nahelegten. Als Ausgleich ordnete das Gericht die Bereitstellung eines Ersatzstandortes für einen Moscheeneubau an. Die regierende BJP feierte das Urteil als Sieg, Vertreter der Muslime zweifelten die Unabhängigkeit des Obersten Gerichtshofs an. Die für den 30.4.2020 angekündigte Grundsteinlegung zum Bau eines neuen Tempels im Beisein von Premierminister Narendra Modi wurde am 18.4.2020 aufgrund der Corona-Ausgangssperre auf den 5.8.2020 verschoben.

Teilnehmerinnen der Demonstration „Gewalt gegen Frauen“ am 4. Januar 2020 in Kolkata (Kalkutta).

Terrorismus: Der Dauerkonflikt mit den maoistischen **Naxaliten**, deren Schwerpunkte in den Staaten Orissa, Jharkand, und Chhattisgarh liegen, nahm 2019 etwas an Intensität ab: Es wurden 670 Vorfälle mit Beteiligung der Terroristen gezählt, von den 347 Opfern waren 150 unbeteiligte Zivilisten. Eine am 4.7.2019 von der Unionsregierung angekündigte „entscheidende Offensive“ gegen die Rebellen wurde von diesen mit Anschlägen und Geiselnahmen beantwortet. Der von der marxistischen CPM regierte Bundesstaat Kerala verfolgte mit der Verabschiedung einer Amnestieregelung am 29.7.2019 eine alternative Strategie zur Beendigung des Konflikts, gleichwohl wurden auch hier weitere Gefechte zwischen Sicherheitsbehörden und Rebellen gemeldet. In **Assam** konnten größere Erfolge bekanntgegeben werden: Am 23.1.2020 ergaben sich 644 Kämpfer von 8 verschiedenen Untergrundorganisationen; am 30.1.2020 kapitulierten mehr als 1 600 Angehörige aller vier Fraktionen der separatistischen National Democratic Front of Bodoland.

Jammu und Kashmir: Am 5.8.2019 hob Premierminister Narendra Modi den Autonomiestatus des überwiegend muslimisch besiedelten Bundesstaats Jammu und Kashmir auf; am 6.8. verabschiedete das Unterhaus ein **Gesetz zur Neuordnung** des Gebiets: Es wurde zu einem Unionsterritorium herabgestuft und in zwei Teile: Jammu und Kashmir sowie Ladakh gegliedert. Das Gesetz hob einige Autonomierechte auf, darunter das Verbot des Grunderwerbs durch Bürger anderer Bundesstaaten und die Hoheit über die lokale Polizei. Im Vorfeld der Reorganisation verlegte die Armee mehrere Zehntausend zusätzliche Soldaten in die Region; etwa **3 800 Aktivisten und Politiker wurden laut Regierungsquellen inhaftiert**. Etwa 1 200 von ihnen, darunter die früheren Chefminister Farooq Abdullah, Mehbooba Mufti und Omar Abdullah, blieben auf der umstrittenen Rechtsgrundlage des Jammu and Kashmir Public Safety Act von 1978, ein ursprünglich gegen Holzschmuggler gerichtetes Sondergesetz, ohne Anklage und unbefristet längere Zeit in Haft. Farooq Abdullah wurde erst am 13.3.2020, Omar Abdullah am 24.3.2020 entlassen, während Mehbooba Mufti, Chefministerin zwischen 2016 und 2018 und Vorsitzende der Demokratischen Volkspartei (PDP) bis auf Weiteres interniert blieb. Trotz Ausgangssperre kam es in Srinagar vereinzelt zu gewaltsamen Protesten gegen die Aufhebung der Autonomie. Um Widerstand zu behindern, blockierte die Regierung über Monate das Internet, am 24.1.2020 hob die Regierung die Blockade auf, nachdem der Oberste Gerichtshof sie am 10.1. als willkürlichen Eingriff in die Meinungs- und Pressefreiheit bezeichnet hatte. Die Ausgangssperre war schon seit September schrittweise gelockert worden, was militante Gruppen mit einer Terrorisierung von Geschäftsleuten beantworteten, um eine Normalisierung der Situation zu verhindern. Eine **politische Lösung der Krise war nur in Ansätzen erkennbar**: Eine Delegation der am 8.3.2020 neugegründeten Partei Apni („Unser Eigen") unter der Führung des früheren PDP-Funktionärs Altaf Bukhari, der auch Vertreter anderer Parteien aus Jammu und Kashmir angehörten, wurde am 14.3.2020 in Neu-Delhi von Premierminister Narendra Modi und Innenminister Amit Shah empfangen, man verständigte sich auf die Anerkennung der neuen Rechtslage und eine spätere Wiederherstellung des Status als Bundesstaat. Die Opposition in Delhi bezeichnete diese Abmachung als Täuschung und die Apni als Kreatur des Indischen Geheimdienstes.

Der Vorsitzende der früheren „People's Democratic Party (PDP)" Altaf Bukhari schwenkt die Fahne seiner neuen Partei „Jammu Kashmir Apni Party" in Srinagar, einer Stadt im von Indien kontrollierten Teil Kashmirs, am 8. März 2020.

USA: Vom 24.-25.2.2020 fand der erste Staatsbesuch von US-Präsident Donald Trump in Indien statt. Zeremonieller Höhepunkt war ein gemeinsamer Auftritt der Regierungschefs im Cricket-Stadion von Ahmedabad vor annähernd 100 000 Zuschauern. Man vereinbarte Rüstungskäufe Indiens in den USA im Wert von 3 Mrd. US-$; ein weitergehendes Abkommen über den Abbau des amerikanischen Handelsdefizits mit Indien von etwa 23 Mrd. US-$ wurde lediglich in Aussicht gestellt, nachdem eine Reise des US-Handelsbeauftragten im Vorfeld des Staatsbesuchs abgesagt worden war. In der Kashmir-Frage vermied Trump eine eindeutige Parteinahme im Streit zwischen Indien und Pakistan. Im Juni 2019 hatte Trump in Islamabad von der Bereitschaft Neu-Delhis gesprochen, in diesem Streit einer Vermittlung zuzustimmen, Außenminister Subrahmanyam Jaishankar wies dies am 23.7.2019 vor dem Parlament zurück.

VR China: Vom 11.-12.10.2019 kamen Premierminister Narendra Modi und der chinesische Staatschef Xi Jinping in Mamallapuram zum zweiten Mal seit dem Grenzkonflikt in Doklam 2017 zu einem informellen Treffen zusammen. In Handelsfragen und im Grenzdisput wurden keine Fortschritte sichtbar. Die Begegnung war zudem durch die Aufhebung der Kashmir-Autonomie durch Delhi belastet, die Peking mit einer Einschaltung des UN-Sicherheitsrates beantwortet hatte. Im April und Mai 2020 kam es in Kashmir zu Schlägereien zwischen indischen und chinesischen Grenztruppen, nachdem die chinesische Armee im

Galwan-Tal auf von Indien beanspruchtes Gebiet vorgerückt war; im Juni eskalierten die Spannungen: 20 indische Soldaten starben bei Gefechten. das Verbot von 59 chinesischen Computer-Applikationen, darunter die populäre App „TikTok“, bewerteten Beobachter als Reaktion Delhis.

Wirtschaft: Im am 30.3.2020 endenden Fiskaljahr 2019 wuchs die Wirtschaft nach amtlichen Angaben lediglich um 5 %. Das Konsumentenvertrauen fiel auf den niedrigsten Wert seit 2002, die Investitionen schrumpften. Die hohen Bestände notleidender Kredite in den Bankbilanzen drosselten die Kreditvergabe. Besonders betroffen von der Wirtschaftsflaute war die von einem einbrechenden Autoabsatz getroffene Industrie, deren Produktion nur noch um 1.8 %, dem niedrigsten Wert seit 1991, wuchs. Im September reduzierte die Regierung die Unternehmenssteuer auf 25 %, um die internationale Wettbewerbsfähigkeit zu steigern.

Corona: Die Regierung setzte nach den Meldungen über eine Epidemie in der VR China seit dem 21.1.2020 zunächst darauf, die Einschleppung des neuen Virus Sars-CoV-2 durch die Kontrolle Einreisender aus China auf ausgewählten Flughäfen zu verhindern. Doch im März stieg die Zahl der positiv getesteten Inder rasch an, so dass verschiedene Staatsregierungen zunächst die Schließung von Schulen, Hochschulen und Kinos verfügten, bis am 24.3.2020 Premierminister Narendra Modi eine **nationale Ausgangssperre** verfügte. Das Finanzministerium kündigte außerdem finanzielle Hilfen sowie die Vergabe von Reis und Getreide für bis zu 800 Mio. Menschen an. Die **wirtschaftlichen Folgen der Ausgangssperre** trafen zuerst die Tagelöhner, die ohne jede soziale Absicherung arbeitslos wurden. Zahllose verließen die informellen Wohnquartiere in den Städten in überfüllten Verkehrsmitteln oder zu Fuß, um bei Familienangehörigen auf dem Land zu überleben. **Die Lebensbedingungen in Dörfern und in städtischen Armenvierteln** machten es weitgehend unmöglich, die vorgeschriebenen Abstandsregeln und Hygienevorschriften zu befolgen. Dies begünstigte auch die **Diskriminierung der Kastenlosen**, deren unterstellte Unreinheit sie als Infektträger erscheinen ließ. Bis zum 30.6.2020 waren 604 000 Menschen als infiziert gemeldet worden; 16 904 von ihnen waren gestorben. Ungeachtet des ungebremsten Anstiegs der Neuinfektionen wurde die nationale Ausgangssperre am 1.6.2020 gelockert.

Indonesien

▸ 702

Ländername	Republik Indonesien
Zeitzone	MEZ +6 h bis +8 h
Fläche in km²	1 913 580
Anzahl der Einwohner	270.6 Millionen
Einwohnerzahl pro km²	141
Hauptstadt	Jakarta
Amtssprache	Indonesisch
Verwaltungsgliederung	31 Provinzen, 2 Sonderregionen und 1 Hauptstadtdistrikt
Wichtige Städte	Jakarta, Surabaya, Bandung, Bekasi, Medan, Tangerang, Depok, Semarang, Palembang, Makassar
Autokennzeichen | ISO-Code	RI | IDN
Währung	1 Rupiah = 100 Sen
Nationalfeiertag	17. August

Die mit Indonesien verbundenen Superlative – der größte Inselstaat der Welt, das bevölkerungsreichste islamische Land, 350 Ethnien mit mindestens ebenso vielen Sprachen und Dialekten, der artenreichste tropische Regenwald – verweisen auf die großen Herausforderungen, denen sich das südostasiatische Land stellen muss, um die innere Einheit, den demokratischen Wandel und die wirtschaftliche Prosperität zu sichern sowie zugleich den gesellschaftlichen Frieden und das reiche Naturerbe zu bewahren.

GEOGRAFIE

Geografische Lage: Von 5° 54' nördlicher bis 10° 55' südlicher Breite sowie von 95° 12' bis 140° 59' östlicher Länge
Höchster Punkt: Puncak Jaya 4884 m
Klima: Tropisch-immerfeuchtes Klima und Monsunklima

POLITIK

Staatsform: Präsidiale Republik
Staatsoberhaupt: Präsident
Legislative: Volksversammlung, bestehend aus Repräsentantenhaus mit 575 für 5 Jahre gewählten Mitgliedern und Regionalversammlung mit 136 für 5 Jahre gewählten Mitgliedern
Jahr der Verfassung: 1945
Wahlrecht: 17 Jahre
Staatsreligion: Keine

BEVÖLKERUNG

Bevölkerungsanteil: <15 Jahre 26.2 %, 15-64 Jahre 67.7 %, >64 Jahre 6.1 %
Verteilung: Stadt 56 %, Land 44 %
Wachstum 2019: 1.1 %
Lebenserwartung: Frauen 74 Jahre, Männer 70 Jahre
Alphabetenrate: Frauen 94 %, Männer 97.3 %
Ethnische Gruppen: Javaner, Sundanesen, Malaien, Bataker, Maduresen, Betawi, Minangkabau, Buginesen, Bantenesen u. a.
Religionen: Muslime 87.2 %, Christen 9.9 %, Hindus 1.7 %
Sprachen: Indonesisch, Englisch, Niederländisch, Javanisch u. a.

WIRTSCHAFT UND VERKEHR

BIP: 1.12 Bio. US-$
Wachstum BIP 2019: 5.2 %
BNE/Kopf: 4 164 US-$
Inflation: 3.2 %
Außenhandel: Import 170.73 Mrd. US-$, Export 167.5 Mrd. US-$
Erwerbstätige nach Sektoren: Landwirtschaft 28.6 %, Industrie 22.5 %, Dienstleistungen 48.9 %
Arbeitslosenquote: 4.7 %
Energieverbrauch/Kopf: 884 kg ÖE
Straßennetz: 496 607 km
Eisenbahnnetz: 8 159 km

RÜCKBLICK

Regierungsbildung: Nach der Präsidentschaftswahl am 17.4.2019, als der Amtsinhaber Joko Widodo, genannt Jokowi, mit deutlichem Vorsprung wiedergewählt worden war, dauerte die Bildung eines neuen Kabinetts mehr als 6 Monate. Überschattet war diese Zeit von der Weigerung des Zweitplatzierten, des früheren Generals Prabowo Subianto, das Wahlergebnis anzuerkennen, und Protesten seiner Anhänger, bei denen 9 Menschen bei Auseinandersetzungen mit der Polizei starben. Erst nachdem der Oberste Gerichtshof am 25.6.2019 seine Klage wegen Wahlbetrugs als unbegründet abgewiesen hatte, fügte sich Prabowo, ein Schwiegersohn des früheren Diktators Suharto, dem Wahlergebnis und rief seine Anhänger zur Ruhe auf. Das am 23.10. vorgestellte **Kabinett** wurde in erster Linie von Parteien des säkularen Lagers wie der Golkar, den Nationaldemokraten sowie der Demokratischen Partei des Kampfes (PDI-P) getragen, doch auch die religiöse Nationale Erweckungspartei (PKB) trat der Koalition bei. Die nationalistische und militärnahe Gerindra schloss sich ebenfalls der Koalition an: Ihr bei der Präsidentschaftswahl unterlegener Vorsitzender **Prabowo trat als Verteidigungsminister in das Kabinett** ein. Zum Koordinierenden Sicherheitsminister wurde mit Mohammad Mahfud MD erstmals ein Zivilist berufen; sein Vorgänger, General Wiranto, schied aus, nachdem ihm ein islamistischer Attentäter am 10.10.2019 schwere Verletzungen zugefügt hatte. Finanzministerin blieb die parteilose Ökonomin Sri **Mulyani** Indrawati. Der Unternehmer Nadjem Makarim, Gründer des erfolgreichen digitalen Bestell- und Bezahlsystems GoJek, wurde mit dem Kultur- und Erziehungsressort beauftragt. Seine Aufnahme ins Kabinett sollte nach dem Urteil von Kommentatoren in erster Linie die unzufriedenen jüngeren Wähler zurückgewinnen.

Studentenprotest: Im September 2019 demonstrierten Studenten an etwa 300 Hochschulen, es kam zu Ausschreitungen und Zusammenstößen mit der Polizei. Auslöser des Protests waren die **Unterstellung der bislang unabhängigen Anti-Korruptionsbehörde KPK unter ein Regierungsgremium** am 17.9.2019 und der am 15.9.2019 bekanntgegebene Regierungsentwurf zur Reform des **Strafgesetzbuches**. Dieser sah unter anderem ein Verbot vor- und außerehelichen Geschlechtsverkehrs, ein Werbeverbot für Verhütungsmittel, das Verbot homosexueller Praktiken und das Verbot von Schwangerschaftsabbrüchen ohne medizinische Indikation vor. Außerdem beinhaltete der Entwurf **weitgehende Einschränkungen der Meinungs- und Pressefreiheit:** So sollten Beleidigungen des Staatspräsidenten oder des Vizepräsidenten mit Gefängnis bestraft werden können ebenso wie Angriffe auf die Regierung oder die Ausstrahlung falscher oder unvollständiger Nachrichten im Rundfunk, sofern sie geeignet sind, öffentliche Unordnung hervorzurufen. Angesichts des Protests verschob die Koalition die parlamentarische Behandlung und beauftragte eine Kommission mit der Überprüfung der Strafrechtsnovelle.

Papua: Im Vorfeld des 50. Jahrestages des sogenannten Referendums zum Anschluss West-Papuas an Indonesien kam Bewegung in die fragmentierte Unabhängigkeitsbewegung in den beiden Provinzen Papua und West-Papua. Im Juli 2019 wurde der Zusammenschluss dreier militanter Untergrundbewegungen zur West Papua Army gemeldet. Zur politischen Koordinatorin wurde die United Liberation Movement for West Papua (ULMWP) bestimmt, deren Vorsitzender der in Oxford lebende Unabhängigkeitsaktivist Benny Wenda ist. Dadurch geriet die Free Papua Movement (OPM) ins Abseits, sie distanzierte sich scharf von der Fusion. Die ULMWP konnte unter Wendas Führung in den letzten Jahren einige internationale Aufmerksamkeit auf die Papua-Frage lenken, zuletzt wurde Wenda am 18.7.2019 von der Stadt Oxford mit der Freiheitsmedaille ausgezeichnet, was Jakarta zum Anlass für einen diplomatischen Protest in London nahm. Am 17.8.2019 stürmte die Polizei am Unabhängigkeitstag in Surabaya mit Tränengaseinsatz ein Wohnheim papuanischer Studenten, denen eine Flaggenschändung unterstellt wurde, und nahm 43 von ihnen in Haft. Es kam dabei zu rassistischen Kundgebungen von Javanern. Der Gouverneur von Ost-Java entschuldigte sich später für die Überreaktion der Polizeikräfte, deren Vorgehen in den beiden Provinzen auf Papua **mehrtägige Straßenproteste und Ausschreitungen** auslöste. In Sorong wurde der Flughafen verwüstet und ein Gefängnis in Brand gesteckt, was 258 Insassen zur Flucht nutzten. Das Militär auf Papua wurde daraufhin verstärkt, ein führendes Mitglied der ULMWP, Buchtar Tabuni, wurde in Haft genommen. Ungeachtet der verschärften Repression kam es am 23.9.2019 in Jayapura, der Hauptstadt der Provinz Papua, erneut zu schweren Ausschreitungen: Mehrere Regierungsgebäude wurden in Brand gesteckt, mindestens 20 Menschen starben.

Jakarta: Die stärksten Niederschläge in Jakarta seit 1886, allein am 31.12.2019 fielen dort 380 mm Regen pro Quadratmeter, lösten die größten Überschwemmungen seit 2007 aus: Die Flüsse traten über die Ufer, einige der tiefer gelegenen Viertel liefen rasch voll, mancherorts erreichte der Wasserstand 8 Meter. Etwa 400 000 Einwohner wurden obdachlos, mindestens 67 starben. Auch Viertel, die von Überschwemmungen sonst verschont bleiben, waren betroffen. Die Pumpen zur Entwässerung der tieferliegenden Viertel versagten. Die Katastrophe heizte die Debatte über den Schutz der Stadt an. Die nach 2007 ergriffenen Maßnahmen zum Küstenschutz sind weitgehend wirkungslos geblieben, weil weniger der Anstieg des Meeresspiegels als das Absinken der Stadt infolge der übermäßigen Ausbeutung des Grundwasserreservoirs durch private, illegale Brunnen die immer häufiger werdenden Überschwemmungen verursacht. Bereits im August 2019 kündigte die Regierung an, der Verstaatlichung und dem Aufbau einer leistungsfähigen Wasserversorgung Priorität einzuräumen. Die Planungen zur Errichtung künstlicher Inseln zum Schutz der Küste wurden fallengelassen. Gleichzeitig forcierte die Regierung ihren Plan, den Regierungssitz bis 2024 in eine neu zu errichtende Hauptstadt auf Kalimantan (Borneo) zu verlegen.

Am 1. Januar 2020 evakuieren indonesische Rettungskräfte Einwohner der Stadt Jakarta, nachdem schwere Regenfälle die indonesische Hauptstadt überflutet hatten.

Außenpolitik: Als Belastung des Verhältnisses zur VR China erwies sich im Berichtsjahr das wiederholte **Eindringen chinesischer Fangflotten** und sie begleitender Küstenwache in die North Natuna Sea, die zur exklusiven Wirtschaftszone Indonesiens gehört. Nachdem die Fischereiministerin Susi Pudjiastuti im Oktober 2019 durch einen chinafreundlicheren Nachfolger ersetzt worden war, häuften sich solche Fälle. Auf die Klagen von Fischern über die ausbleibende Hilfe der Regierung reagierte Präsident Joko Widodo im Januar mit einem Besuch auf Natuna, bei dem er die indonesische Souveränität über das Gebiet bekräftigte. Die **anti-chinesische Stimmung** wurde durch die im Mai 2020 bekannt gewordene Misshandlung indonesischer Arbeiter auf einem chinesischen Haifischfänger angeheizt, von denen vier ohne ärztliche Versorgung gestorben waren.

Wirtschaft: 2019 entwickelte sich die Wirtschaft, getrieben von der im Wahljahr ausgabefreudigen öffentlichen Hand und vom privaten Konsum, stabil. Die Rupiah holte einen Teil der Verluste des Vorjahres gegenüber dem US-$ auf, die Zahlungsbilanz war positiv, ausländische Kapitalimporte verdoppelten sich, auch die ausländischen Direktinvestitionen nahmen zu. Um diese weiterhin anzulocken, kündigte die Regierung eine Liberalisierung des Arbeitsmarktes an, die wegen der Corona-Pandemie gestoppt werden musste: Im März 2020 stieg die Arbeitslosigkeit rasant und der Außenwert der Rupiah stürzte ab.

Irak

▸ 691

Ländername	Republik Irak
Zeitzone	MEZ +2 h
Fläche in km²	435 052
Anzahl der Einwohner	39.3 Millionen
Einwohnerzahl pro km²	90
Hauptstadt	Bagdad
Amtssprache	Arabisch, Kurdisch
Verwaltungsgliederung	19 Bezirke
Wichtige Städte	Bagdad, Basra, Mossul, Kirkuk, Arbil, Nadschaf, Kerbela, Sulaimaniya
Autokennzeichen | ISO-Code	IRQ | IRQ
Währung	Irakischer Dinar
Nationalfeiertag	14. Juli, 3. Oktober

Der Kernraum des Iraks, das durch die Flüsse Euphrat und Tigris begrenzte Mesopotamien, war die Wiege einer der ersten Hochkulturen der Menschheit. Seinen heutigen Namen erhielt der Irak erst nach der Eroberung durch die Araber. Reiche Erdölvorkommen ließen die Wirtschaft in der zweiten Hälfte des 20. Jahrhunderts stark wachsen. Die langen Jahre der Diktatur Saddam Husseins und der 3. Golfkrieg endeten in einem Desaster, aus dem sich das Land bis heute mühsam zu befreien sucht.

GEOGRAFIE

Geografische Lage: Von 29° 04' bis 37° 22' nördlicher Breite sowie von 38° 46' bis 48° 33' östlicher Länge
Höchster Punkt: Cheekha Dar 3611 m
Klima: Von Westen nach Osten Übergang vom Wüsten- über Halbwüstenklima zu einem subtropischen sommertrockenen Klima; im Nordosten herrscht ein winterfeuchtes Steppenklima vor

POLITIK

Staatsform: Parlamentarische Bundesrepublik
Staatsoberhaupt: Präsident
Legislative: Repräsentantenrat mit 329 für 4 Jahre gewählten Mitgliedern
Jahr der Verfassung: 2005
Wahlrecht: 18 Jahre
Staatsreligion: Islam

BEVÖLKERUNG

Bevölkerungsanteil: <15 Jahre 38 %, 15-64 Jahre 58.6 %, >64 Jahre 3.4 %
Verteilung: Stadt 70.5 %, Land 29.5 %
Wachstum 2019: 2.3 %
Lebenserwartung: Frauen 73 Jahre, Männer 69 Jahre
Alphabetenrate: Frauen 44 %, Männer 56.2 %
Ethnische Gruppen: Araber, Kurden u. a.
Religionen: Muslime 97 %, Christen 1 %, Sonstige 2 %
Sprachen: Arabisch, Kurdisch, Turkmenisch u. a.

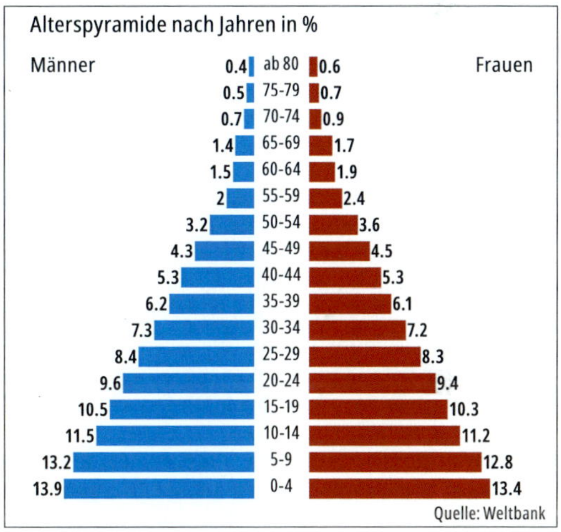

WIRTSCHAFT UND VERKEHR

BIP: 234.09 Mrd. US-$
Wachstum BIP 2019: 4.4 %
BNE/Kopf: 5 738 US-$
Inflation: -0.2 %
Außenhandel: Import 56.94 Mrd. US-$, Export 89.49 Mrd. US-$
Erwerbstätige nach Sektoren: Landwirtschaft 18.1 %, Industrie 22.3 %, Dienstleistungen 59.6 %
Arbeitslosenquote: 12.8 %
Energieverbrauch/Kopf: 1 438 kg ÖE
Straßennetz: 59 623 km
Eisenbahnnetz: 2 272 km

RÜCKBLICK

Monatelange Proteste: Die ohne Angabe von Gründen im September 2019 erfolgte Versetzung des populären Generals Abdelwahab as-Saadi, hinter der iranische Einflussnahme vermutet wurde, löste **Proteste** aus, die am 1.10. in Bagdad begannen und sich im ganzen Land ausbreiteten. Diese richteten sich **gegen** die weit verbreitete **Korruption** und die **schlechten öffentlichen Dienstleistungen**, die düsteren wirtschaftlichen Perspektiven und die **hohe Arbeitslosigkeit**, vor allem unter den Jüngeren. Auch ein neues Wahlrecht wurde gefordert. Die Proteste gingen zwar in erster Linie von jungen Schiiten aus, fanden aber Unterstützung seitens aller religiösen und ethnischen Gruppen. Die Sicherheitskräfte gingen gegen die Demonstranten oft mit scharfer Munition vor, in einigen Städten kam es in der Folge zu schweren Zusammenstößen. In Bagdad, Nasiriya, Amara und Hilla wurden Ausgangssperren verhängt, mehrfach wurde der Internetzugang gesperrt. Die Demonstranten wurden auch von Angehörigen pro-iranischer Milizen unter Beschuss genommen.
In Nasiriya wurden am 5. und 6.10.2019 Büros von Milizen und schiitisch-islamistischen Parteien von Demonstranten attackiert. Am 27.11. wurde in Nadschaf das iranische Konsulat gestürmt, Demonstranten skandierten „Iran raus aus dem Irak“. Der einflussreiche Großayatollah Ali as-Sistani, der sich früh schon hinter die Protestbewegung gestellt hatte, erklärte am 29.11. Angriffe auf friedliche Demonstranten für verboten. Nicht zuletzt unter dem Eindruck dieser Stellungnahme **trat Ministerpräsident Adil Abdelmahdi** noch am gleichen Tag **zurück**.
Die Proteste gingen auch nach Abdelmahdis Rücktritt weiter. Sistani prangerte in seiner Freitagspredigt am 10.1.2020 die wiederholten Verletzungen der irakischen Souveränität und die Unfähigkeit der Regierung, das Land und die Bevölkerung zu schützen, an. Der schiitische Geistliche und Politiker Moktada as-Sadr, der zuvor zwischen der Protestbewegung und der Regierung gestanden hatte, stellte sich nun auf die Seite der Letzteren und erklärte die Protestierenden am 24.1. zu Handlangern ausländischer Mächte. Seine Anhänger, die sich bislang an den Demonstrationen beteiligt hatten, zogen sich zurück. Die Sicherheitskräfte nutzten die Gelegenheit, um gegen die Protestbewegung vorzugehen. Bis dahin waren **mindestens 500 Personen** von den Sicherheitskräften, vor allem aber von schiitischen Milizen **getötet** und fast 20 000 verletzt worden. Am 26.1. gingen dennoch erneut Tausende auf die Straßen. Sadr rief am 2.2. seine Anhänger auf, mit den Sicherheitskräften zusammenzuarbeiten, um die Straßenblockaden und die Schließung von Schulen durch die Protestbewegung zu beenden. Ein vorläufiges Ende fanden die Proteste allerdings erst, nachdem die Regierung wegen der Covid-19-Pandemie die Bewegungsfreiheit erheblich einschränkte.

Schwierige Regierungsbildung: Staatspräsident Barham Salih beauftragte am 1.2.2020 den parteilosen früheren Kommunikationsminister Mohammad Tawfik Allawi mit der Regierungsbildung. Der Protestbewegung galt Allawi als Vertreter der alten politischen Klasse, auch wenn dieser Bereitschaft zeigte, ihre Forderungen aufzugreifen und diejenigen zu bestrafen, die für den Tod von Demonstranten verantwortlich waren. Er gab seinen Auftrag am 1.3. wieder zurück, nachdem er weder im Parlament noch auf der Straße die erforderliche Unterstützung gefunden hatte. Am 17.3. erging das Mandat an Adnan al-Surfi, einen früheren Gouverneur der Provinz Nadschaf. Angesichts der Ablehnung von Seiten der pro-iranischen schiitischen Parteien und Milizen zog Surfi seine Kandidatur bald wieder zurück. Von Erfolg begleitet war schließlich der Versuch des Geheimdienstchefs **Mustafa al-Kadhimi**, der am 9.4. mit der Regierungsbildung beauftragt wurde. Er wurde am 6.5. **zum Ministerpräsidenten gewählt**, das Parlament bestätigte 15 von 22 Ministern. Sieben Kandidaten wurden abgelehnt. Die meisten Kabinettsmitglieder sind Fachleute, die keine engeren bzw. überhaupt keine Beziehungen zu Parteien aufweisen, wie etwa Verteidigungsminister Dschuma Inad, der zuvor Befehlshaber des Heeres gewesen war. Sechs weitere Minister, darunter der neue Außenminister Fuad Hussein, traten ihr Amt am 6.6.2020 an.
Al-Kadhimi will alle bewaffneten Gruppen und Milizen im Land unter dem Oberbefehl des Ministerpräsidenten zusammenfassen. Er versprach auch, die Forderungen der Protestbewegung zu erfüllen und die Freiheit der Meinungsäußerung und das Demonstrationsrecht zu achten.

Mustafa al-Kadhimi: Der neue Ministerpräsident (* 1967), ein säkularer Schiit, verließ nach 1985 aus politischen Gründen das Land. Bis zum Sturz der Diktatur Saddam Husseins 2003 nach der Invasion der US-Armee lebte er im Exil, unter anderem in Deutschland, Großbritannien und den USA, und war als Journalist tätig. Nach seiner Rückkehr wirkte er als Direktor der Irak-Gedenkstiftung, die sich der Dokumentation der Verbrechen der Diktatur widmet. 2016 übernahm er die Leitung des Nationalen Geheimdienstes. Al-Kadhimi verfügt seit langem über gute Beziehungen zu den USA wie auch zu den arabischen Golfstaaten. In den letzten Wochen vor seiner Wahl gelang es ihm auch, seine Beziehungen zum Iran zu verbessern.

Anhänger des getöteten iranischen Generals Soleimani nehmen am 4. Januar 2020 an einem Trauerzug teil. Soleimani war bei einem US-Raketenangriff nahe dem Flughafen der irakischen Hauptstadt Bagdad getötet worden. Militärfahrzeuge transportierten Särge mit den Leichen Soleimanis und der sieben weiteren Todesopfer.

Soleimani in Bagdad getötet: In der Nacht zum 3.1.2020 fielen auf dem Flughafen von Bagdad der iranische General Ghasem Soleimani und Dschamal Dschaafar Ibrahimi, auch bekannt als Abu Mahdi al-Muhandis, der Anführer der schiitischen Miliz Kataib Hizbullah, einem von US-Präsident Donald Trump angeordneten Drohnenangriff zum Opfer. Vorausgegangen waren Angriffe pro-iranischer Milizen auf US-Stützpunkte im Irak. In der Nähe von Kirkuk wurde dabei ein Mitarbeiter einer privaten Sicherheitsfirma getötet. Die US-Luftwaffe bombardierte daraufhin am 29.12.2019 fünf Stützpunkte der Kataib Hizbullah, auch in Syrien, wo die Miliz auf Seiten des Assad-Regimes kämpft. 25 Milizionäre kamen bei den Angriffen ums Leben. Am 31.12. drangen Milizionäre in die sogenannte Grüne Zone in Bagdad ein, das Regierungsviertel, in dem sich auch etliche Botschaften befinden, wobei sie auf das Gelände der US-Botschaft vorstießen und diese bis zum folgenden Tag belagerten.
Nach der Tötung Soleimanis kam es zu Protesten, das Parlament verabschiedete am 5.1.2020 eine von pro-iranischen Fraktionen vorgelegte Resolution, die die Regierung dazu aufforderte, ausländischen Truppen die Nutzung des irakischen Territoriums bzw. Luftraums zu untersagen. Auch der amtierende Regierungschef Abdelmahdi sprach sich für ein Ende der militärischen Präsenz der USA aus, während die sunnitischen und kurdischen Abgeordneten die Gegenposition einnahmen. Am 24.1.2020 folgten in Bagdad Hunderttausende einem Aufruf Moktada as-Sadrs und demonstrierten für den Abzug der US-Truppen.
In der Nacht zum 8.1.2020 wurden zwei US-Militärbasen, Ain al-Asad im Westirak und bei Arbil, von iranischen Raketen getroffen. Offensichtlich hatten die Iraner die irakische Regierung von dem bevorstehenden Angriff in Kenntnis gesetzt und diese daraufhin die US-Truppen gewarnt, so dass niemand ums Leben kam. Am 26.1. wurde die US-Botschaft in Bagdad mit Raketen beschossen. Bei einem Angriff mit Katjuscha-Raketen am 11.3. auf den Stützpunkt Tadschi nördlich von Bagdad kamen dagegen zwei Angehörige der US-Armee und eine britische Soldatin ums Leben. Wenige Stunden später erfolgte ein Vergeltungsschlag gegen Stützpunkte einer Miliz bei Albu Kamal im syrisch-irakischen Grenzgebiet, bei dem mindestens 26 Milizionäre getötet wurden.
In der Nacht zum 13.3. erfolgte ein weiterer Luftangriff auf einen Milizstützpunkt, dem sechs Personen zum Opfer fielen. Noch im März reduzierten die USA die Zahl ihrer Soldaten im Irak infolge der Covid-19-Epidemie. Die Verbleibenden wurden an nur noch zwei Stützpunkten stationiert, Ain al-Asad im Westirak sowie in der Nähe von Arbil, die außerhalb der Reichweite von Raketen pro-iranischer Milizen liegen.

Israelische Luftangriffe: Im Sommer 2019 hatte bereits die israelische Luftwaffe Angriffe auf schiitische Milizen durchgeführt. So war am 19.7. ein Waffenlager bei Amerli im Zentralirak bombardiert und zwei Iraner getötet worden. Zwei weitere Waffenlager waren im August explodiert, am 25.8. wurde im Westirak ein Konvoi der Kataib Hizbullah von Drohnen angegriffen und zwei Kämpfer dabei getötet.

Corona: Am 24.2.2020 wurde der erste Fall von Covid-19 bestätigt, am 4.3. kam es zu den ersten beiden Todesfällen. Die Regierung der Autonomen Region Kurdistan verhängte in den beiden größten Städten Arbil und Sulaimaniya am 13.3. eine zweitägige Ausgangssperre, am 4.4. dann einen kompletten Lockdown in der Region. Außer Apotheken waren alle Geschäfte geschlossen, jede Bewegung – auch zu Fuß – war untersagt. An verschiedenen Orten des Landes kam es ab Mitte März ebenfalls zu ähnlichen Maßnahmen, aber nicht landesweit. Ende Mai wurden die Maßnahmen gelockert. War bis dahin die Zahl der bekannten Infektionen nur langsam auf knapp 6 200 gestiegen, kam es nun zu einem rasanten Wachstum, die Zahl verdoppelte sich innerhalb einer Woche. Die Regierung verhängte darauf neue Ausgangssperren.

Iran

▸ 691

Ländername	Islamische Republik Iran
Zeitzone	MEZ +2:30 h
Fläche in km²	1 745 150
Anzahl der Einwohner	82.9 Millionen
Einwohnerzahl pro km²	48
Hauptstadt	Teheran
Amtssprache	Persisch
Verwaltungsgliederung	31 Provinzen
Wichtige Städte	Teheran, Meschhed, Isfahan, Karaj, Shiraz, Täbris, Kum, Ahvaz
Autokennzeichen | ISO-Code	IR | IRN
Währung	Iranischer Rial
Nationalfeiertag	1. April

Iran ist der bevölkerungsreichste und nach Saudi-Arabien der größte Staat Vorderasiens. 1979 beendete die Islamische Revolution die mehr als 2500 Jahre alte Geschichte der Monarchie. Die orthodoxe religiöse Führung führte das erdölreiche Land in die außenpolitische Isolation. Die schweren Unruhen nach den Präsidentschaftswahlen 2009 offenbarten die inneren Gegensätze der islamischen Theokratie. Abgesehen davon befindet sich die iranische Wirtschaft, u. a. durch die Sanktionen infolge des Konfliktes um das iranische Atomprogramm, in einer tiefen Krise.

GEOGRAFIE

Geografische Lage: Von 25° 06' bis 39° 46' nördlicher Breite sowie von 44° 01' bis 63° 18' östlicher Länge
Höchster Punkt: Demawend 5671 m
Klima: Warmes, sommertrockenes Klima sowie kontinentales Steppen- und Wüstenklima, im Nordwesten winterkaltes Klima, am Kaspischen Meer subtropisches Klima

POLITIK

Staatsform: Islamische Republik
Staatsoberhaupt: Oberster Führer
Legislative: Islamische Versammlung mit 290 für 4 Jahre gewählten Mitgliedern
Jahr der Verfassung: 1979
Wahlrecht: 18 Jahre
Staatsreligion: Islam

BEVÖLKERUNG

Bevölkerungsanteil: <15 Jahre 24.7 %, 15-64 Jahre 69 %, >64 Jahre 6.3 %
Verteilung: Stadt 75.4 %, Land 24.6 %
Wachstum 2019: 1.4 %
Lebenserwartung: Frauen 78 Jahre, Männer 76 Jahre
Alphabetenrate: Frauen 80.8 %, Männer 90.4 %
Ethnische Gruppen: Perser, Aserbaidschaner, Kurden, Araber u. a.
Religionen: Muslime 99.4 %
Sprachen: Persisch, Aserbaidschanisch, Kurdisch u. a.

WIRTSCHAFT UND VERKEHR

BIP: 458.5 Mrd. US-$
Wachstum BIP 2019: -9.5 %
BNE/Kopf: 5 506 US-$
Inflation: 39.9 %
Außenhandel: Import 41.83 Mrd. US-$, Export 55.1 Mrd. US-$
Erwerbstätige nach Sektoren: Landwirtschaft 17.9 %, Industrie 30.6 %, Dienstleistungen 51.5 %
Arbeitslosenquote: 11.4 %
Energieverbrauch/Kopf: 3 060 kg ÖE
Straßennetz: 223 485 km
Eisenbahnnetz: 9 306 km

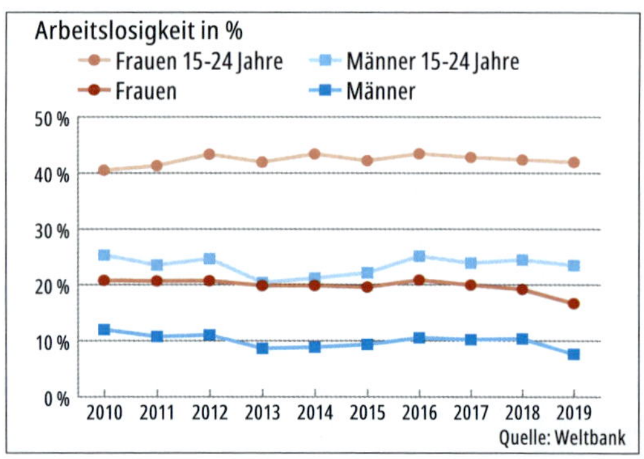

RÜCKBLICK

Atomabkommen faktisch außer Kraft: Iran erhöhte sukzessive den **Bestand an angereichertem Uran** und überschritt die vom Atomabkommen von 2015 festgesetzte Höchstgrenze von 300 kg, wie Inspektoren der Internationalen Atomenergiebehörde (IAEA) am 1.7.2019 bestätigten. Außenminister Mohammad Dschavad Zarif kündigte am gleichen Tag an, man werde auch den Anreicherungsgrad über 3.67 % erhöhen. Dies ist mehr, als es für die zivile Nutzung bedarf, aber noch weit entfernt von den für Atomwaffen erforderlichen 90 % Anreicherungsgrad. Die iranische Regierung stellte sich auf den Standpunkt, die Bestimmungen des Abkommens seien mit der Kündigung des Abkommens durch die USA 2018 obsolet geworden. Deshalb, so der Sprecher der iranischen Atomenergiebehörde am 7.7.2019, werde man sich nicht mehr an die Obergrenze halten. Präsident Hassan Rohani kündigte am 4.9. an, ab dem 6.9. würden auch die Beschränkungen für Forschung und Entwicklung fallen und **modernere Zentrifugen bei der Urananreicherung** benutzt werden.

Der Leiter der Atomenergiebehörde, Ali Akbar Salehi, sprach am 4.11. davon, Iran produziere derzeit jeden Tag 5 kg schwach angereichertes Uran, vor zwei Monaten seien es noch 450 g gewesen. Die Atomanlage in Fordo wurde am 6.11. wieder in Betrieb genommen. Am 5.1.2020 erklärte die Regierung, als Reaktion auf die Tötung General Soleimanis werde man künftig bei der Anreicherung von Uran keinerlei Beschränkungen mehr berücksichtigen, ebenso wenig bei der Installierung von Zentrifugen. Damit waren alle Vorgaben des Abkommens von 2015 von iranischer Seite aufgehoben. Die IAEA schätzte am 5.6.2020, dass Iran mittlerweile über 1.5 t angereichertes Uran, also ungefähr das Achtfache des vom Abkommen Erlaubten, verfüge. **Seit vier Monaten** seien allerdings **keine Inspektionen** an den Orten, an denen Nuklearforschung und -entwicklung betrieben wird, möglich gewesen. Iran erkläre sich zwar weiterhin prinzipiell zur Zusammenarbeit bereit, vertrete jedoch die Auffassung, bevor Inspektionen wieder möglich seien, müssten erst rechtliche Fragen geklärt werden.

Verschärfung der US-Sanktionen: Die US-Regierung erweiterte den Umfang der gegen Iran verhängten Sanktionen. Am 1.11.2019 wurde der Verkauf bzw. die Bereitstellung von Metallen, Kohle oder Industriesoftware an iranische Bauunternehmen untersagt, desgleichen der Export bestimmter Stahlröhren und -typen, sowie von Lötmetallen. Außenminister Mike Pompeo teilte am 27.5.2020 mit, dass künftig auch der Import von angereichertem Uran für den iranischen Forschungsreaktor, die Ausfuhr verbrauchter Brennstäbe oder internationale Hilfe für den Umbau des Schwerwasserreaktors in Arak in einen Leichtwasserreaktor verboten seien. Nach einer letzten Frist von 60 Tagen seien alle von den USA bisher gewährten diesbezüglichen Ausnahmegenehmigungen nicht mehr gültig. Nur im Zusammenhang mit dem Atomkraftwerk Bushehr sei ausländischen Firmen noch eine Beteiligung gestattet. Noch am 1.11.2019 hatte die US-Regierung die Ausnahmeregelungen verlängert, die auch die Kontrolle der zivilen Atomanlagen Irans ermöglichten. Auch der Umbau in einen Leichtwasserreaktor in Arak sollte letztlich sicherstellen, dass künftig kein Plutonium für die Herstellung von Atomwaffen gewonnen werden kann.

Spannungen in der Golfregion: Die seit dem Ausstieg der USA aus dem Atomabkommen 2018 gestiegenen Spannungen in der Golfregion hielten weiter an. Am 10.7.2019 scheiterte der iranische Versuch, einen britischen Erdöltanker in der Straße von Hormus zu kapern, an der Präsenz eines britischen Kriegsschiffs. Am 19.7. wurde das britische Schiff Stena Impero aufgebracht und in Bandar Abbas festgehalten, offensichtlich als Revanche für die Festsetzung des iranischen Schiffs Grace 1 in Gibraltar. Dieses wurde verdächtigt, Erdöl nach Syrien zu liefern, womit es gegen die EU-Sanktionen gegen Syrien verstoßen würde. Auf die iranische Zusicherung hin, dies werde nicht der Fall sein, konnte das Schiff seine Fahrt schließlich fortsetzen, um das Erdöl doch nach Syrien zu befördern. Die Stena Impero wurde am 27.9.2019 wieder freigegeben. Immer wieder kam es zu potentiell gefährlichen Begegnungen von iranischen Schnellbooten mit US-amerikanischen Kriegsschiffen. Saudi-Arabien und die USA bezichtigten den Iran, hinter dem Drohnenangriff auf das Zentrum der saudischen Erdölverarbeitung in Abkaik und das Ölfeld in Churais am 14.9. zu stehen, obgleich die jemenitischen Huthi-Rebellen die Verantwortung für den Angriff übernahmen. Die iranische Regierung wies die Vorwürfe zurück.

Soleimani in Bagdad getötet: General Ghasem Soleimani, der Kommandeur der für Operationen im Ausland eingesetzten Kuds-Einheit der Revolutionswächter, wurde in der Nacht zum 3.1.2020 auf dem Bagdader Flughafen bei einem Drohnenangriff der US-Armee getötet. Soleimani, der die Einheit seit 1997 befehligt hatte und dem Revolutionsführer Khamenei nahestand, war einer der Hauptarchitekten der iranischen Regionalpolitik. Er trug maßgeblich dazu bei, dass sich das Assad-Regime im Bürgerkrieg in Syrien behaupten konnte. Die iranische Führung kündigte Vergeltung an. Für kurze Zeit stellten sich auch viele Iraner, die das Regime im Grunde ablehnen, hinter die Führung. An den Trauerfeierlichkeiten am 6.1.2020 in Teheran nahmen Millionen teil, dabei kamen im Gedränge mehr als 60 Menschen zu Tode. Am 7.1. wurde Soleimani in seiner Heimatstadt Kerman beigesetzt. In der Nacht zum 8.1. wurden zwei US-Militärstützpunkte im Irak mit Raketen beschossen. Da Iran die USA aber indirekt, über die irakische Regierung, vor dem bevorstehenden Angriff gewarnt hatte und überdies ältere Raketentypen verwendet wurden, schien die Aktion vor allem symbolischen Charakter zu haben. Zu Soleimanis Nachfolger als Kommandeur der Kuds-Einheit wurde sein bisheriger Stellvertreter Esmail Ghaani ernannt.

Passagierflugzeug abgeschossen: Am 8.1.2020 stürzte ein ukrainisches Passagierflugzeug kurz nach dem Start auf dem Teheraner Flughafen ab, alle 169 Passagiere und neun Besatzungsmitglieder kamen dabei ums Leben. Bei den Reisenden handelte es sich vornehmlich um im Ausland lebende Iraner bzw. Doppelbürger. Nachdem man zuerst den Absturz einem Pilotenfehler bzw. technischen Defekt zugeschrieben hatte, gestand der Kommandeur der Flugabwehr der Revolutionswächter, Amir Ali Hadschizadeh, am 11.1. ein, dass das **Flugzeug mit** einem **Marschflugkörper verwechselt und abgeschossen** worden sei. Die Trauer der Bevölkerung um die Opfer des Absturzes schlug nun rasch in Wut auf das Regime um. Dabei wurden auch Plakate mit dem Bild Soleimanis abgerissen. Am 12.1. kam es zu Unmutsbekundungen, gegen die die Sicherheitskräfte massiv vorgingen. Auch in iranischen Medien wurde Kritik an den Revolutionswächtern laut, ebenso von Seiten Staatspräsident Rohanis, der unter anderem die Einrichtung eines Sondertribunals zur Aufklärung des Vorfalls forderte. Revolutionsführer Khamenei stellte sich dagegen in seiner Freitagspredigt am 17.1. vorbehaltlos hinter die Truppe.

Trümmer der Unglücksmaschine von Flug 752 der Ukraine International Airlines am Tag nach dem versehentlichen Abschuss mit einem Marschflugkörper durch die iranischen Revolutionswächter.

Parlamentswahlen: Im Vorfeld der Parlamentswahlen vom 21.2.2020 wurden **vom Wächterrat fast alle Reformer**, aber auch viele moderate Konservative **als Kandidaten abgelehnt**, darunter 90 bisherige Abgeordnete, insgesamt 9 000 von 16 000 Bewerbern. Selbst Präsident Rohani kritisierte dies, während Revolutionsführer Khamenei jegliche Kritik am Wächterrat zurückwies. Die wenigen zugelassenen Kandidaten aus den Reihen der Reformer waren meist unbekannt und deshalb relativ chancenlos. Die Frustration der Bevölkerung spiegelte sich in einer **Wahlbeteiligung von nur 42.6 %** wider, der niedrigsten in der Geschichte der Islamischen Republik Iran. In Teheran betrug sie sogar nur 26.2 %. Das Ergebnis der Wahlen war ein weitgehend von Konservativen geprägtes Parlament. Zum neuen Parlamentspräsidenten wurde am 28.5. Mohammad Bagher Ghalibaf, einst Polizeichef und Befehlshaber der Luftwaffe der Revolutionswächter, später Bürgermeister von Teheran, gewählt.

Landesweite Proteste gegen Erhöhung der Benzinpreise: Nach der Erhöhung der Benzinpreise um 50 % und der Rationierung von subventioniertem Benzin auf nur noch 60 l pro Fahrzeug im Monat brachen am 15.11.2019 in mehr als 100 Städten, vor allem im Westen und Süden des Landes, heftige Proteste aus. Dabei wurden auch direkt gegen das Regime gerichtete Slogans skandiert. Die **Sicherheitskräfte gingen** von Anfang an **rücksichtslos gegen die Demonstrationen** vor, was zu heftigen Ausschreitungen führte, insbesondere in der vorwiegend von der arabischen Minderheit bewohnten Provinz Chuzestan sowie in Kurdistan. In mehreren Städten, auch in Teheran, wurden Banken in Brand gesetzt und öffentliche Gebäude attackiert. Um die Organisation der Proteste zu erschweren, wurde das Internet blockiert. Mehrere Hundert Personen kamen ums Leben, mehrere Tausend wurden verhaftet.

Ausländische Wissenschaftler als Geiseln: Am 7.12. 2019 wurde Xiyue Wang, ein Doktorand der Universität Princeton, der 2016 bei einem Forschungsaufenthalt im Iran der Spionage beschuldigt und inhaftiert worden war, gegen den iranischen Biologen Masud Soleimani, dem Verstoß gegen die von Washington verhängten Sanktionen vorgeworfen worden war, ausgetauscht. Der US-Amerikaner Michael White, der 2018 bei einem privaten Besuch im Iran verhaftet und wegen Beleidigung des Revolutionsführers Khamenei zu 13 Jahren Haft verurteilt worden war, konnte am 4.6.2020 das Land verlassen. Im Gegenzug wurde der iranische Arzt Madschid Taheri, der in den USA unter Anklage stand, gegen die Sanktionen verstoßen zu haben, freigelassen. Er traf am 8.6. in Teheran ein.

Der französische Soziologe Roland Marchal, der im Juni 2019 im Iran verhaftet worden war, wurde im Austausch gegen den iranischen Ingenieur Dschalal Ruhollah-Nejad freigelassen. Dieser war in Frankreich verhaftet worden, weil ihm die USA vorwarfen, er sei am Kauf von Gütern, die für die Produktion von Präzisionswaffen verwendet werden können, beteiligt gewesen. Nachdem Ruhollah-Nejad am 20.3.2020 nach Teheran zurückgekehrt war, konnte auch Marchal nach Frankreich ausreisen. Weiterhin in Haft verblieb Marchals Lebensgefährtin, die Anthropologin Fariba Adelkhah, eine französisch-iranische Doppelbürgerin, die am 16.5.2020 wegen Verschwörung gegen die nationale Sicherheit zu sechs Jahren Haft verurteilt wurde.

Corona: Am 19.2.2020 wurden die ersten beiden Fälle einer Covid-19-Infektion bestätigt, am selben Tag kam es auch zu den ersten beiden Todesfällen. Ausgangspunkt der Epidemie im Land war Kum, an dessen theologischen Seminaren auch Schiiten aus China studieren. Nachdem man anfangs versuchte, die Epidemie zu verharmlosen, ergriff man schließlich Maßnahmen. Die Wallfahrtsorte in Kum wurden am 16.3. geschlossen. Ende März wurden weitere Restriktionen verhängt sowie Schulen, Universitäten, Einkaufszentren und Parks geschlossen. Bereits ab Mitte April wurden die Maßnahmen wieder gelockert. Seit Anfang Mai schnellten die Infektionszahlen erneut in die Höhe. Waren anfangs vor allem Kum, Teheran und die Provinz Gilan im Nordwesten betroffen, so nun vor allem die Provinz Chuzestan im Südwesten. Mitte März wurden rund 85 000 Gefangene vorübergehend aus den Gefängnissen entlassen, aber keine politischen Gefangenen wie etwa die Menschenrechtsanwältin Nasrin Sotudeh.

Irland

▸ 611

Ländername	Irland
Zeitzone	MEZ -1 h
Fläche in km²	70 280
Anzahl der Einwohner	4.9 Millionen
Einwohnerzahl pro km²	70
Hauptstadt	Dublin
Amtssprache	Englisch, Irisch
Verwaltungsgliederung	28 Counties und 3 Städte
Wichtige Städte	Dublin, Cork, Galway, Limerick, Waterford
Autokennzeichen | ISO-Code	IRL | IRL
Währung	1 Euro = 100 Cent
Nationalfeiertag	17. März

Irland, die westliche der beiden großen Britischen Inseln, wird zu Recht „Grüne Insel“ genannt. Üppiger Graswuchs überzieht das Land wie ein grüner Teppich, das grüne, dreiblättrige Kleeblatt ist das inoffizielle Nationalsymbol. Fünf Sechstel der Insel bilden die Republik Irland, der nordöstliche Teil, Nordirland, gehört zu Großbritannien. Der Gegensatz zwischen der stark katholisch geprägten Republik und dem vornehmlich protestantisch ausgerichteten Nachbarstaat belastete über Jahrhunderte das beiderseitige Verhältnis.

GEOGRAFIE

Geografische Lage: Von 51° 28' bis 55° 22' nördlicher Breite sowie von 6° 02' bis 10° 23' westlicher Länge
Höchster Punkt: Carrauntoohil 1041 m
Klima: Durch den Golfstrom beeinflusstes ozeanisches Klima

POLITIK

Staatsform: Parlamentarische Republik
Staatsoberhaupt: Präsident
Legislative: Parlament, bestehend aus Repräsentantenhaus mit 158 für 5 Jahre gewählten Mitgliedern und Senat mit 49 gewählten und 11 ernannten Mitgliedern
Jahr der Verfassung: 1937
Wahlrecht: 18 Jahre
Staatsreligion: Keine

BEVÖLKERUNG

Bevölkerungsanteil: <15 Jahre 21.2 %, 15-64 Jahre 64.6 %, >64 Jahre 14.2 %
Verteilung: Stadt 63.2 %, Land 36.8 %
Wachstum 2019: 1 %
Lebenserwartung: Frauen 84 Jahre, Männer 81 Jahre
Alphabetenrate: Frauen 99 %, Männer 99 %
Ethnische Gruppen: Iren u. a.
Religionen: Christen 83.9 %, Muslime 1.3 %, Sonstige 2.4 %
Sprachen: Englisch, Irisch

WIRTSCHAFT UND VERKEHR

BIP: 388.7 Mrd. US-$
Wachstum BIP 2019: 5.5 %
BNE/Kopf: 77 771 US-$
Inflation: 0.9 %
Außenhandel: Import 98.48 Mrd. US-$, Export 169.78 Mrd. US-$
Erwerbstätige nach Sektoren: Landwirtschaft 4.6 %, Industrie 18.7 %, Dienstleistungen 76.7 %
Arbeitslosenquote: 4.9 %
Energieverbrauch/Kopf: 2 820 kg ÖE
Straßennetz: 99 830 km
Eisenbahnnetz: 1 931 km

RÜCKBLICK

Wahlen: Am 8.2.2020 fanden vorgezogene Neuwahlen zum Unterhaus statt, nachdem Premierminister Leo Varadkar (Fine Gael) Staatspräsident Michael Higgins wegen einer schwelenden Regierungskrise um die Auflösung des Parlaments ersucht hatte. Bei einer leicht zurückgegangenen Wahlbeteiligung von 63 % wurde mit 24.5 % der Erststimmen die oppositionelle **Sinn Féin zum ersten Mal in der Geschichte der Republik stärkste Partei**. Sie gewann 11 Prozentpunkte hinzu und siegte auch außerhalb ihrer traditionellen Hochburgen im Nordosten. Größter **Verlierer war die regierende Fine Gael**, die fast ein Fünftel ihrer Wähler verlor und mit 20.9 % nur noch auf dem dritten Platz landete, hinter ihrer Regierungs-

Micheál Martin beim Verlassen des Dublin Convention Center, nach seiner Wahl zum neuen irischen Premierminister am 27. Juni 2020.

partnerin und Dauerrivalin im konservativen Spektrum Fianna Fáil, die mit 2.2 Prozentpunkten etwas weniger verlor und auf 22.2 % der Stimmen kam. Der Wählerschwund der Sozialdemokraten (ISD) setzte sich fort, sie verloren noch einmal ein Drittel ihrer Wähler von 2016 und kamen auf 4.4 % der Stimmen. Splittergruppen gewannen leicht hinzu, der einzige größere Gewinner neben Sinn Féin war die Green Party, die bei jungen Wählern Zuspruch fand und um 4.4 auf 7.1 % zulegte. Im **Wahlkampf** spielten die Themen Mietpreisinflation und Gesundheitswesen, das von chronischen Versorgungsengpässen gekennzeichnet war, die zentrale Rolle. Gesundheitsminister Simon Harris, der 2019 ein Misstrauensvotum wegen aus dem Ruder laufender Kosten beim Neubau einer Kinderklinik in Dublin nur knapp überstand, blieb im Fokus der Kritik, die auch dem Premierminister galt, der als Ressortchef bis 2016 für die **Gesundheitspolitik** verantwortlich gewesen war. Sinn Féin punktete hier mit der Forderung nach höheren Staatszuschüssen für die Kliniken. Wählerbefragungen legten nahe, dass der Wahlsieg der Nationalisten in erster Linie auf sozial- und gesundheitspolitische Fragen zurückzuführen war; das von ihnen aufgebrachte Thema einer Vereinigung mit Nordirland spielte eine untergeordnete Rolle. Unter der Führung Mary Lou McDonalds, die 2018 den langjährigen Parteivorsitzenden Gerry Adams abgelöst hatte und keinerlei persönliche Bindungen an die militante IRA besaß, trat die nationale Agenda in den Hintergrund gegenüber sozialen Themen: Das Versprechen McDonalds, bis 2025 zusätzliche Staatsausgaben von 22 Mrd. Euro bei gleichzeitigen Steuersenkungen durchzusetzen, wurde von Fine Gael und Fianna Fáil als unverantwortlich zurückgewiesen.

Regierungsbildung: Nach der Wahlniederlage Fine Gaels trat Premierminister Varadkar am 22.2.2020 zurück; er blieb geschäftsführend im Amt. Vier

Monate nach den Parlamentswahlen kam es zur Bildung einer als historisch geltenden Koalition: Die beiden rivalisierenden Mitte-rechts-Parteien Fianna Fáil und Fine Gael einigten sich mit den irischen Grünen. Am 27.6. wurde Micheál Martin (Fianna Fáil) zum neuen Regierungschef gewählt.

Außenpolitik: Irland kam eine Schlüsselrolle bei den Verhandlungen mit Großbritannien über die Modalitäten des EU-Austritts zu. Am 10.10.2019 traf Premierminister Leo **Varadkar in Liverpool** seinen Amtskollegen Boris Johnson. Varadkar hielt dort an der Ablehnung jeglicher Warenkontrollen an der inneririschen Grenze fest und bestand auf der Erfüllung des Karfreitagsabkommens, das Grenzkontrollen untersagt; Johnson wich schließlich von der strikten Gleichbehandlung Nordirlands mit dem Rest des Vereinigten Königreiches ab. Auf dem folgenden EU-Gipfel wurden am 17.10.2019 in einem Protokoll die enge **Anbindung Nordirlands an den EU-Binnenmarkt** in den Bereichen industrielle Waren, landwirtschaftliche Güter, Verbrauchssteuern, und Beihilfen vereinbart; Großbritannien verpflichtete sich, Einfuhrkontrollen in nordirischen Häfen für Waren aus dem übrigen Vereinigten Königreich durchzuführen. Ungeachtet dieses Erfolgs wurden in der irischen Öffentlichkeit Befürchtungen geäußert, dass Großbritannien bei einem Scheitern der Verhandlungen über ein Freihandelsabkommen mit der EU sich nicht mehr an das Protokoll zu Nordirland gebunden fühlen könnte, innerirische Warenkontrollen also noch nicht ausgeschlossen seien. Bei **Varadkars Besuch in Washington** am 12.3.2020 im Vorfeld des St. Patrick's Day forderte er US-Präsident Donald Trump auf, die Schirmherrschaft über das Karfreitagsabkommen weiter auszuüben und in London auf dessen Einhaltung hinzuwirken. Die Einbeziehung Irlands in die US-Einreisesperre am 14.3.2020 konnte Varadkar nicht abwenden.

Wirtschaft: 2019 wuchs die Wirtschaft um 5.5 %, was sich auch in erneut steigenden Immobilienpreisen und höheren Mieten niederschlug. Sorgen vor einer Überhitzung der Konjunktur endeten mit den am 12.3.2020 von der Regierung angeordneten Ausgangsbeschränkungen zur Corona-Bekämpfung, die das Wirtschaftsleben weitgehend stilllegten: Die Nationalbank sagte am 3.4.2020 einen Anstieg der Arbeitslosigkeit von 4.8 % auf 25 % im zweiten Quartal voraus; sollten die Maßnahmen drei Monate in Kraft bleiben, werde die Wirtschaft 2020 um mehr als 8 % schrumpfen.

Island

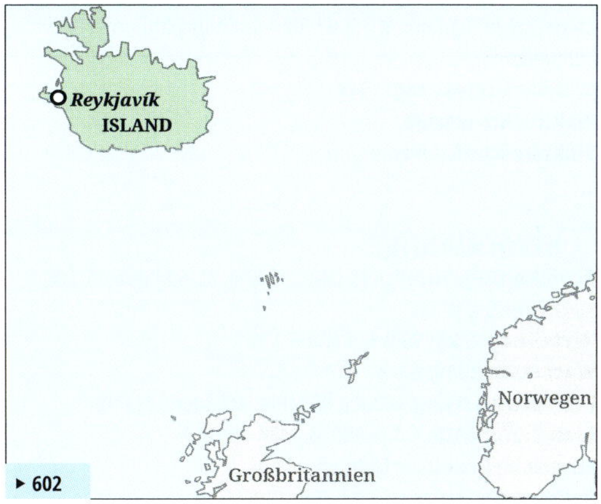

► 602

Ländername	Republik Island
Zeitzone	MEZ -1 h
Fläche in km²	103 000
Anzahl der Einwohner	361 313
Einwohnerzahl pro km²	4
Hauptstadt	Reykjavík
Amtssprache	Isländisch
Verwaltungsgliederung	8 Regionen
Wichtige Städte	Reykjavík, Kópavogur, Hafnarfjördhur, Akureyri, Gardhabær
Autokennzeichen | ISO-Code	IS | ISL
Währung	Isländische Krone
Nationalfeiertag	17. Juni

Das Land am Rand des Europäischen Nordmeers ist eine archaisch anmutende Naturlandschaft. Es ist eine Welt aus schwarzer Vulkanasche, weißen Gletscherfeldern, tosenden Wasserfällen und sagenumwitterten Einöden. Erst 1944 wurde die Insel, die bereits im 10. Jahrhundert mit dem Althing den Vorläufer eines modernen Parlaments ausbildete, zur unabhängigen Republik. Sie erlebte in den Jahren 2008 bis 2011 eine schwere Finanzkrise. Nur mit drastischen Mitteln gelang es, das Land und seine Banken zu stabilisieren. Diese rigorosen Maßnahmen haben bewirkt, dass sich die Wirtschaft schnell erholte.

GEOGRAFIE

Geografische Lage: Von 63° 24' bis 66° 32' nördlicher Breite sowie von 13° 33' bis 24° 29' westlicher Länge
Höchster Punkt: Hvannadalshnúkur 2119 m
Klima: Im Norden polares, im Süden kühles ozeanisches Klima

POLITIK

Staatsform: Parlamentarische Republik
Staatsoberhaupt: Präsident
Legislative: Parlament mit 63 für 4 Jahre gewählten Mitgliedern
Jahr der Verfassung: 1944
Wahlrecht: 18 Jahre
Staatsreligion: Christentum

BEVÖLKERUNG

Bevölkerungsanteil: <15 Jahre 19.6 %, 15-64 Jahre 65.2 %, >64 Jahre 15.2 %
Verteilung: Stadt 93.8 %, Land 6.2 %
Wachstum 2019: 0.6 %
Lebenserwartung: Frauen 85 Jahre, Männer 82 Jahre
Alphabetenrate: Frauen 99 %, Männer 99 %
Ethnische Gruppen: Isländer u. a.
Religionen: Christen 87.4 %, Sonstige 7.1 %
Sprachen: Isländisch

WIRTSCHAFT UND VERKEHR

BIP: 24.19 Mrd. US-$
Wachstum BIP 2019: 1.9 %
BNE/Kopf: 67 037 US-$
Inflation: 3 %
Außenhandel: Import 6.54 Mrd. US-$, Export 5.22 Mrd. US-$
Erwerbstätige nach Sektoren: Landwirtschaft 3.9 %, Industrie 16.4 %, Dienstleistungen 79.7 %
Arbeitslosenquote: 2.9 %
Energieverbrauch/Kopf: 17 479 kg ÖE
Straßennetz: 12 898 km
Eisenbahnnetz: Keine Angabe

RÜCKBLICK

Hilfen: Mit zwei **Maßnahmenpaketen** im Umfang von 300 Mrd. ikr versuchte die Koalitionsregierung von Ministerpräsidentin **Katrín Jakobsdóttir** im März und April 2020 die negativen Folgen für die Wirtschaft abzufedern, darunter Kreditgarantien, zinsgünstige Darlehen, Steuernachlässe und öffentliche Investitionen. In seinem Wirtschaftsausblick vom April rechnete der Internationale Währungsfonds (IWF) 2020 mit einem BIP-Rückgang von 7.2 %. Besonders betroffen war der **Tourismus**. Der **Boom** war allerdings bereits 2019 wegen der Pleite einer isländischen Billigfluggesellschaft und des Flugverbots für Boeing 737-MAX-Passagierjets **gestoppt** worden. Überdies brachen der Fischfangertrag und die Aluminiumproduktion ein.

Korruption: In einen Skandal um Bestechung sowie Transfers über Steueroasen war das größte Fischereiunternehmen Islands, Samherji, verwickelt. Dokumente der Enthüllungsplattform WikiLeaks, die ab November 2019 veröffentlicht wurden („Fishrot Files"), legten nahe, dass u. a. Schmiergeld an Politiker in Namibia als **Gegenleistung für die Gewährung von Fangrechten** gezahlt wurde, die einheimischen Fischern zugestanden hätten.

Staatspräsident: Für den 27.6.2020 war turnusgemäß die nächste Direktwahl des Staatsoberhaupts angesetzt. Amtsinhaber Guðni Jóhannesson (ab 2016) setzte sich mit 92,2 % überlegen gegen einen Gegenkandidaten durch.

Gletscherschwund: Nach einer im Mai 2020 veröffentlichten Studie hat die Gletscherfläche in Island 1999-2019 um 800 km² bzw. seit Ende des 19. Jahrhunderts, dem letzten Höhepunkt der Vereisung, um 2 200 km² abgenommen. Anlässlich eines Treffens des Nordischen Rats im August 2019, an dem auch die deutsche Kanzlerin Angela Merkel teilnahm, wurde der Okjökull für „tot erklärt". Besonders am Fuß des Vatnajökulls, Europas größtem Gletscher, dehnten sich die Gletscherseen aus.

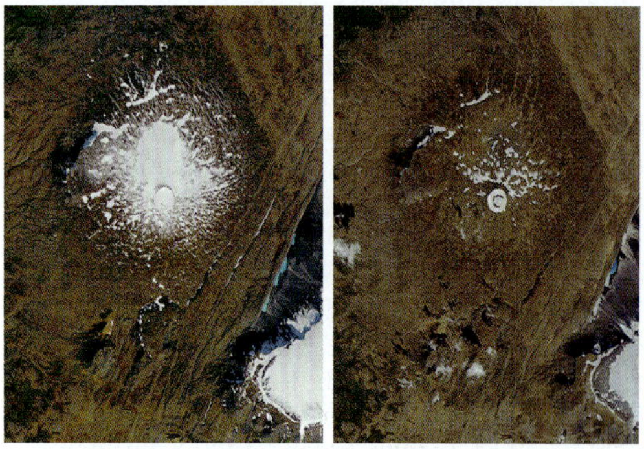

Der Vergleich einer NASA-Aufnahme vom 14. September 1986 (l.), mit einer Aufnahme vom 1. August 2019 zeigt den dramatischen Gletscherschwund des Okjökull. Hatte der Gletscher 1978 noch eine Fläche von rund 3 km², so waren es 2019 weniger als 1 km².

Corona: Nach dem ersten Auftreten einer Infektion mit dem Sars-CoV-2-Virus am 28.2.2020 verfolgte Island konsequent die **Ansteckungswege**. Ab Mitte März konnten sich alle Einwohner und Touristen freiwillig durch eine Biotech-Firma, die auch die Genome der Isländer erfasst, testen lassen. Die Testquote war nach den Färöern die zweithöchste in Europa. Daneben wurden das öffentliche und das Wirtschaftsleben heruntergefahren. Der Infektionshöhepunkt war am 24.3. erreicht. Ab 4.5. wurden Beschränkungen gelockert.

Israel

▸ 690

Ländername	Staat Israel
Zeitzone	MEZ +1 h
Fläche in km²	22 070
Anzahl der Einwohner	9.1 Millionen
Einwohnerzahl pro km²	410
Hauptstadt	Jerusalem
Amtssprache	Hebräisch
Verwaltungsgliederung	6 Bezirke
Wichtige Städte	Jerusalem, Tel Aviv-Jaffa, Haifa, Rishon Le Ziyyon, Petah Tikwa, Ashdod
Autokennzeichen | ISO-Code	IL | ISR
Währung	1 Neuer Schekel = 100 Agorot
Nationalfeiertag	14. Mai

Mit Unterstützung der Vereinten Nationen wurde 1948 der Staat Israel gegründet. Nach der Unabhängigkeit begann für das Land ein stetiger Kampf um Frieden und Sicherheit. Bis heute konnte der damit verbundene Nahostkonflikt trotz zahlreicher internationaler Vermittlungsbemühungen nicht beigelegt werden. Besonders der nach wie vor unbefriedigende Status Palästinas und der Palästinenser erschwert eine tragfähige Friedenslösung.

GEOGRAFIE

Geografische Lage: Von 29° 29' bis 33° 26' nördlicher Breite sowie von 34° 15' bis 35° 55' östlicher Länge
Höchster Punkt: Har Meron 1208 m
Klima: Warmes, sommertrockenes Mittelmeerklima, im Süden Wüstenklima

POLITIK

Staatsform: Parlamentarische Demokratie
Staatsoberhaupt: Präsident
Legislative: Parlament mit 120 für 4 Jahre gewählten Mitgliedern
Jahr der Verfassung: Keine kodifizierte Verfassung
Wahlrecht: 18 Jahre
Staatsreligion: Judentum

BEVÖLKERUNG

Bevölkerungsanteil: <15 Jahre 27.9 %, 15-64 Jahre 60.1 %, >64 Jahre 12 %
Verteilung: Stadt 92.4 %, Land 7.6 %
Wachstum 2019: 1.6 %
Lebenserwartung: Frauen 85 Jahre, Männer 82 Jahre
Alphabetenrate: Frauen 96.8 %, Männer 98.7 %
Ethnische Gruppen: Juden, Araber u. a.
Religionen: Juden 74.3 %, Muslime 17.8 %, Christen 1.9 %, Sonstige 6 %
Sprachen: Hebräisch, Arabisch, Englisch

WIRTSCHAFT UND VERKEHR

BIP: 395.1 Mrd. US-$
Wachstum BIP 2019: 3.5 %
BNE/Kopf: 42 823 US-$
Inflation: 0.8 %
Außenhandel: Import 76.49 Mrd. US-$, Export 58.45 Mrd. US-$
Erwerbstätige nach Sektoren: Landwirtschaft 0.9 %, Industrie 17 %, Dienstleistungen 82.1 %
Arbeitslosenquote: 4 %
Energieverbrauch/Kopf: 2 778 kg ÖE
Straßennetz: 19 555 km
Eisenbahnnetz: 1 384 km

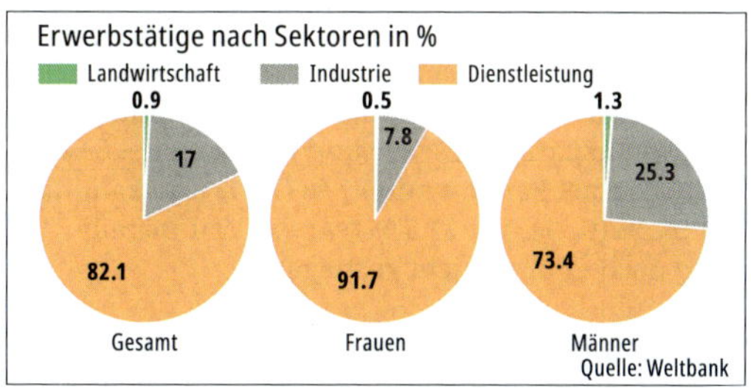

UMSTRITTENE GEBIETE

Palästinensische Gebiete (Westjordanland und Gazastreifen)
Fläche in km²: 6 220 (Westjordanland: 5 860, Gazastreifen: 360)
Anzahl der Einwohner: 5 Millionen (Westjordanland: 3 Millionen, Gazastreifen: 1.9 Millionen)
Hauptstadt: Ramallah
Status: Teilautonomie
Regierung: Präsident

RÜCKBLICK

Zwei Neuwahlen: Da nach den Wahlen im April 2019 keine Regierungsbildung gelang, kam es am 17.9. zu Neuwahlen. Das zentristische Bündnis Blau-Weiß lag mit 26 % (33 Sitze, -2) an erster Stelle, knapp vor dem rechtsnationalen Likud mit 25.1 % (32, -6) des amtierenden Ministerpräsidenten Benjamin Netanjahu. Es folgte die Gemeinsame Liste der arabischen Parteien mit 10.6 % (13, +3), vor der die religiösen orientalischen Juden vertretenden Schas mit 7.4 % (9, +1) und der nationalistischen Yisrael Beitenu (Israel, unser Zuhause) mit 7 % (8, +3). Ebenfalls in die Knesset gelangten das Vereinigte Thora-Judentum (UTJ) mit 6.1 % (7, -1), Yamina, ein Bündnis rechter und rechtsextremer Parteien, mit 5.9 % (7, +1), das Bündnis aus Arbeitspartei und der zentristischen Kleinpartei Gescher mit 4.8 % (6, wie bisher), sowie die Demokratische Union, ein Bündnis der linksliberalen Meretz mit zwei Kleinparteien mit 4.3 % (5, +1). Die Wahlbeteiligung erhöhte sich mit 69.8 % leicht.
Staatspräsident Reuven Rivlin beauftragte Netanjahu am 25.9. als ersten mit der Regierungsbildung. Da das rechte Lager nicht über die absolute Mehrheit im Parlament verfügte, seitdem Yisrael Beitenu eine Koalition mit Netanjahu ablehnte, musste dieser das Mandat nach Ablauf von 28 Tagen zurückgeben. Auch Benny Gantz an der Spitze von Blau-Weiß gelang keine Regierungsbildung, so dass **erneut Neuwahlen** angesetzt wurden.
Diese fanden am 2.3.2020 statt. Nun lag der Likud mit 29.5 % (36, +4) an der Spitze, vor Blau-Weiß mit 26.6 % (33, wie bisher). Der Gemeinsamen Liste der arabischen Parteien gelang mit 12.7 % (15, +2) eine weitere Steigerung. Es folgten die beiden religiösen Parteien Schas mit 7.7 % (9, wie bisher) und UTJ mit 6 % (7, wie bisher), vor dem Bündnis von Arbeitspartei, Gescher und Meretz mit 5.8 % (7, -3), Yisrael Beitenu mit 5.7 % (7, -1) und Yamina mit 5.2 % (6, -1). Mit 71.5 % war die Wahlbeteiligung noch einmal leicht gestiegen.

Regierungsbildung: Nachdem sich 61 der 120 Knessetabgeordneten für Gantz als Regierungschef ausgesprochen hatten, wurde dieser am 15.3. **mit der Regierungsbildung beauftragt**. Angesichts der durch die Covid-19-Pandemie eingetretenen Krisenlage erklärte er sich schließlich bereit, mit Netanjahu eine **Notstandsregierung** zu bilden, obwohl er dies zuvor stets abgelehnt hatte. Dieser Schritt führte zur Spaltung von Blau-Weiß. Die zentristische Yesch Atid (Es gibt eine Zukunft) unter Yair Lapid und die Kleinpartei Telem blieben in der Opposition. Die Wahl eines neuen Knessetpräsidenten musste durch das Oberste Gericht angeordnet werden, nachdem der amtierende Präsident Juli Edelstein (Likud) die Arbeit des Parlaments unter Berufung auf die Pandemie behindert hatte. Schließlich wurde Gantz am 26.3.2020 zum Knessetpräsidenten gewählt.
Der Koalitionsvereinbarung stimmten beide Seiten am 20.4. zu. Die **Regierung** ist **nur auf drei Jahre** angelegt, wobei Netanjahu und Gantz für jeweils 18 Monate das Amt des Ministerpräsidenten übernehmen sollen. Blau-Weiß wurde die Hälfte der Posten im Kabinett, das 36 Minister und 16 stellvertretende Minister umfasst, zugestanden. Die Regierung, die sich auf 74 Abgeordnete im Parlament stützen kann und an der sieben Parteien beteiligt sind, wurde schließlich am 17.5. vereidigt. Gantz, der als Knessetpräsident zurücktrat und das Verteidigungsministerium übernahm, führt den Titel des „alternierenden Ministerpräsidenten". Gabi Aschkenazi (Blau-Weiß), wie Gantz ein früherer Generalstabschef, übernahm die Leitung des Außenministeriums.

Anklage gegen Netanjahu: Generalstaatsanwalt Avichai Mandelblit erhob am 21.11.2019 Anklage gegen Netanjahu, dem er Korruption, Betrug und Untreue vorwarf. Konkret geht es um drei Fälle. Im ersten werden der Regierungschef und seine Frau beschuldigt, einflussreiche Geschäftsleute rechtlich und politisch begünstigt und dafür Luxusgüter im Wert von fast 200 000 € erhalten zu haben. Darüber hinaus soll Netanjahu die Zeitung „Yedioth Ahronoth" gegenüber einem Konkurrenten begünstigt haben, damit deren Berichterstattung über ihn sich kritischer Töne enthalte. Schließlich soll er dem Telekommunikationsunternehmen Bezeq rechtliche Vorteile gewährt haben, um eine ihm wohlgesonnene Berichterstattung in einem zu Bezeq gehörenden Medium zu erwirken. Netanjahu behauptete, es handle sich um einen Putschversuch von Seiten der Justiz, man müsse nicht gegen ihn, sondern gegen die Ermittler ermitteln.
Bei der Wahl für den Vorsitzenden des Likud am 26.12. wurde Netanjahu von dem früheren Minister Gideon Saar herausgefordert, konnte sich aber mit 72.5 % behaupten. Der auf den März 2020 festgesetzte Beginn des Prozesses wurde verschoben, da Justizminister Amir Ohana am 19.3. wegen der Covid-19-Pandemie den juristischen Notstand verhängte. So begann das Verfahren erst am 24.5. Der Angeklagte wurde dabei von der Pflicht entbunden, bei den Gerichtsverhandlungen persönlich anwesend zu sein. Kurz vor seinem Erscheinen vor Gericht attackierte Netanjahu einmal mehr

öffentlich die Justiz, die Polizei und die Medien, die sich gegen ihn verschworen hätten, um ihn zu stürzen. Der Prozess wird im Juli fortgesetzt.

Luftangriffe in Syrien und Irak: Die israelische Luftwaffe griff mehrfach Ziele in Syrien an, vor allem Stützpunkte der iranischen Revolutionswächter oder pro-iranischer schiitischer Milizen. In der Nacht zum 1.7. erfolgte dies bei Damaskus und Homs, wobei auch zwei Forschungseinrichtungen der syrischen Armee angegriffen wurden. Am 22. und 24.8. erfolgten Luftangriffe, um befürchtete iranische Drohnenangriffe zu vereiteln.
Am 19.11. wurden vier Raketen über den israelisch besetzten Golanhöhen abgeschossen, die offensichtlich von den Revolutionswächtern abgefeuert wurden. Darauf erfolgten israelische Luftangriffe auf über 20 Ziele in Syrien, bei denen 21 Personen getötet wurden. Offensichtlich gelang es dabei, die syrische Luftabwehr technisch auszumanövrieren. Auch im Dezember erfolgte ein Angriff auf zwei iranische Ziele in Syrien. In der Nacht zum 5.5.2020 war ein Stützpunkt pro-iranischer Milizen in der Nähe von Mayadin in Ostsyrien Ziel einer Attacke, bei der 14 Personen, Iraker wie Iraner, ums Leben kamen. Auch im Irak wurden Ziele pro-iranischer Milizen angegriffen.

Verhältnis Israel-Palästina

Trumps Plan: Am 28.1.2020 wurde in Washington im Beisein Netanjahus der **Plan des US-Präsidenten Donald Trump für die Lösung des Israel-Palästina-Konflikts** vorgestellt. Dieser sah die endgültige Kontrolle Israels über die Siedlungen im Westjordanland, das Jordantal und das ungeteilte Jerusalem vor. Zugleich hielt er an der Schaffung eines palästinensischen Staates mit einem zusammenhängenden Territorium und der Hauptstadt Ost-Jerusalem fest. Das Westjordanland und der Gazastreifen sollen durch einen Tunnel verbunden werden. Als Ausgleich für die israelischen Siedlungen sollen die Palästinenser südlich von Gaza territorial durch israelisches Gebiet entschädigt werden, wobei entlang der Grenze zu Ägypten ein israelisch kontrollierter Korridor vorgesehen ist. Zugleich wurde von den Palästinensern verlangt, sich innerhalb der kommenden vier Jahre vom Terrorismus abzuwenden, Jerusalem als Hauptstadt Israels anzuerkennen, Gesetze zur Bekämpfung von Korruption zu verabschieden und die Aktivitäten militanter Gruppen zu unterbinden. Israel soll in der gleichen Zeitspanne die Siedlungstätigkeit in den besetzten Gebieten einstellen.

Von palästinensischer Seite wurde der **Plan** kategorisch **abgelehnt**. Im Westjordanland und im Gazastreifen kam es zu Protesten. Präsident Mahmud Abbas erklärte, der Plan diene lediglich dazu, die Rechte des palästinensischen Volks zu hintertreiben. Jordanien insistierte, es müsse ein unabhängiger Palästinenserstaat in den Grenzen von 1967 mit Jerusalem als Hauptstadt geschaffen werden. Die Arabische Liga lehnte den Plan am 1.2.2020 ebenfalls ab. Er berücksichtige nicht die minimalen Rechte und Erwartungen der Palästinenser, allen voran das Recht auf einen unabhängigen Staat in den Grenzen von 1967 mit Ost-Jerusalem als Hauptstadt. Auch von Seiten der EU wurde der Plan abgelehnt.

Siedlungen: Am 7.8.2019 kam es in der Siedlung Beit El zur Grundsteinlegung für 650 neue Häuser. Kurz zuvor war der Bau von 6 000 Häusern in Siedlungen angekündigt worden. US-Außenminister Mike Pompeo sprach am 18.11. davon, die US-Regierung werde künftig nicht mehr grundsätzlich den Siedlungsbau in den palästinensischen Gebieten als Verletzung des Völkerrechts betrachten. Netanjahu ließ nach der Vorstellung von Trumps Plan die Absicht erkennen, die Siedlungen und das Jordantal sofort zu annektieren, nahm auf Druck der USA aber vorerst Abstand. Während des Wahlkampfes kündigte er dies aber mit Nachdruck an und ließ sich im Koalitionsabkommen auch bestätigen, dass der **Annexionsplan** ab dem 1.7.2020 der Knesset zur Entscheidung vorgelegt werden könne. Dies führte dazu, dass die Palästinensische Nationale Administration (PNA) am 21.5. jede Sicherheitskooperation

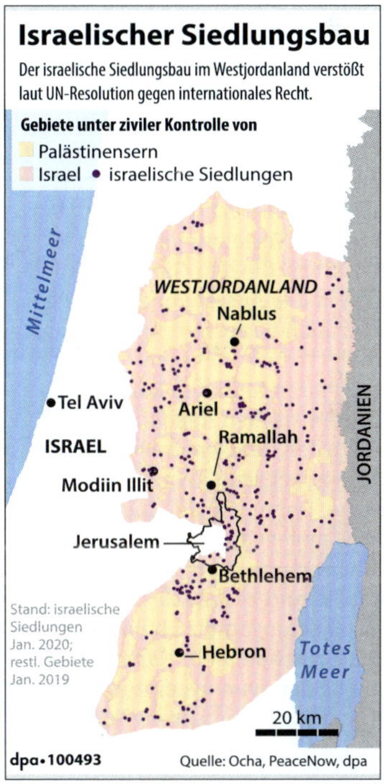

mit Israel und den USA für beendet erklärte. Abbas konstatierte, Netanjahu habe das Oslo-Abkommen zwischen Israel und den Palästinensern von 1993 und die darauf beruhenden Verträge faktisch außer Kraft gesetzt.

Gazastreifen: Am 12.11.2019 fiel ein Kommandant des Islamischen Dschihad im Gazastreifen einer gezielten Tötung durch die israelische Armee zum Opfer, während fast gleichzeitig die Luftwaffe in Damaskus ein Haus angriff, in dem Akram al-Adschuri, ein hochrangiges Mitglied der Organisation, lebte. Dabei sollen nach offiziellen syrischen Angaben zwei Personen, darunter der Sohn Al-Adschuris, getötet worden sein. Der Islamische Dschihad feuerte darauf mehr als 170 Raketen auf israelisches Gebiet ab, was wiederum zu Angriffen der Luftwaffe auf Positionen dieser Organisation führte. Der Schlagabtausch ging am 13.11. weiter. 90 % der auf Israel abgefeuerten Geschosse sollen durch das Abwehrsystem Iron Dome abgefangen worden sein. Am 14.11. trat ein von Ägypten und den UN vermittelter Waffenstillstand in Kraft. Bis zu diesem Zeitpunkt zählte man auf palästinensischer Seite 34 Tote, darunter sechs Kinder und drei Frauen, mehr als 110 Personen wurden verletzt. Auf israelischer Seite erlitten knapp 80 Personen meist leichte Verletzungen oder Panikattacken. Die Hamas, die den Gazastreifen beherrscht, hielt sich in der Auseinandersetzung zurück, zugleich war auch Israel bemüht, sie von den Vergeltungsschlägen auszunehmen.
Auch in den nachfolgenden Monaten kam es sporadisch zu palästinensischen Raketenangriffen oder Feuerballons wurden auf israelisches Gebiet getrieben, worauf die israelische Armee mit Luftschlägen reagierte. Dabei wurden bisweilen auch Ziele der Hamas angegriffen, um diese an ihre generelle Verantwortung für den Gazastreifen zu erinnern. Am 23. und 24.2.2020 kam es zu einem intensiveren Schlagabtausch mit dem Islamischen Dschihad, nachdem ein Kämpfer der Gruppe erschossen worden war, als er versuchte, in der Nähe des Grenzzauns eine Sprengfalle zu installieren.

Westjordanland/Jerusalem: Am 8.8.2019 wurde ein junger israelischer Siedler erstochen in der Nähe der Siedlung Migdal Oz im Westjordanland aufgefunden. Zwei der Tat verdächtigte Palästinenser wurden am 10.8. festgenommen. Zwölf israelische Soldaten wurden in der Nacht zum 6.2.2020 in Jerusalem verletzt, als ein Palästinenser mit seinem Auto in die Gruppe fuhr. Am 22.4. wurde ein Palästinenser erschossen, nachdem er einen israelischen Polizisten an einem Kontrollposten im Westjordanland zuerst mit dem Auto angefahren und dann mit einer Schere verletzt hatte. Am 12.5. wurde ein Soldat in einem Dorf bei Dschenin im Westjordanland durch einen Stein getötet. Am 13.5. wurde ein palästinensischer Jugendlicher in einem Lager bei Hebron von Soldaten erschossen. Wie der Inlandsgeheimdienst Schin Bet am 18.12.2019 mitteilte, wurden 50 der Volksfront für die Befreiung Palästinas (PFLP) angehörende Personen im Westjordanland festgenommen, die einem Terrornetz angehören sollen, darunter auch jene, die verdächtigt werden, im August bei einem Bombenanschlag am 23.8. eine junge Israelin im Westjordanland getötet zu haben. Unter den Festgenommenen befand sich auch die Abgeordnete des palästinensischen Parlaments Chalida Dscharar.

Corona: Am 21.2.2020 wurde die erste Covid-19-Infektion in Israel bestätigt, am 20.3. kam es zum ersten Todesfall. Bereits Anfang März wurden die ersten Einreiseverbote für Reisende aus europäischen und asiatischen Ländern verhängt, am 9.3. dann generell. Wer dennoch einreisen wollte, hatte eine zweiwöchige Quarantäne einzuhalten. Am 17.3. erlaubte die Regierung dem Inlandsgeheimdienst Schin Bet, gestützt auf das Anti-Terror-Gesetz, auch rückwirkend Mobiltelefondaten zu sammeln. Am 19.3. wurde der Notstand verhängt und die Bewegungsfreiheit der Bürger stark eingeschränkt. Ab Anfang Mai wurden die Einschränkungen wieder schrittweise gelockert. Ende Mai stieg die Zahl der Neuinfektionen wieder an, eine Entwicklung, die sich im Juni verstärkte.
In den palästinensischen Gebieten wurden die ersten sieben Infektionen am 5.3. bestätigt, am 26.3. kam es zum ersten Todesfall. Präsident Abbas verhängte am 5.3. den Ausnahmezustand. Kindergärten, Schulen, Universitäten, Moscheen und Kirchen blieben geschlossen, Demonstrationen, öffentliche Veranstaltungen und Streiks wurden verboten. Ab dem 26.5. wurden die Einschränkungen schrittweise gelockert. Ab Mitte Juni nahm die Zahl der Neuinfektionen deutlich zu, innerhalb von zwei Wochen verdreifachte sich die Gesamtzahl. Bei den Maßnahmen kam es zu einer engen Zusammenarbeit zwischen den israelischen und palästinensischen Behörden.

Italien

▸ 618

Ländername	Italienische Republik
Zeitzone	MEZ ±0 h
Fläche in km²	301 340
Anzahl der Einwohner	60.3 Millionen
Einwohnerzahl pro km²	200
Hauptstadt	Rom
Amtssprache	Italienisch
Verwaltungsgliederung	20 Regionen
Wichtige Städte	Rom, Mailand, Neapel, Turin, Palermo, Genua, Bologna, Florenz, Bari, Catania, Venedig
Autokennzeichen | ISO-Code	I | ITA
Währung	1 Euro = 100 Cent
Nationalfeiertag	2. Juni

In der Antike war Italien Mittelpunkt des römischen Weltreichs. Der Untergang Westroms 476 n. Chr. zog den Verlust der politischen Einheit nach sich, die erst im 19. Jahrhundert wieder erreicht wurde. Heute gehört das südeuropäische Land zur Europäischen Union und ist Mitglied in der Wirtschaftsvereinigung der G7. Dabei sind alte Strukturprobleme, etwa der Gegensatz zwischen „reichem" Norden und „armem" Süden, immer noch nicht befriedigend gelöst.

GEOGRAFIE

Geografische Lage: Von 36° 41' bis 47° 05' nördlicher Breite sowie von 6° 38' bis 18° 29' östlicher Länge
Höchster Punkt: Monte Bianco (Mont Blanc) 4810 m
Klima: Im Norden warmgemäßigtes Klima, ansonsten Mittelmeerklima

POLITIK

Staatsform: Parlamentarische Republik
Staatsoberhaupt: Präsident
Legislative: Parlament, bestehend aus Abgeordnetenkammer mit 630 für 5 Jahre gewählten Mitgliedern und Senat mit 315 für 5 Jahre gewählten und 6 ernannten Mitgliedern
Jahr der Verfassung: 1948
Wahlrecht: 18 Jahre
Staatsreligion: Keine

BEVÖLKERUNG

Bevölkerungsanteil: <15 Jahre 13.3 %, 15-64 Jahre 63.9 %, >64 Jahre 22.8 %
Verteilung: Stadt 70.7 %, Land 29.3 %
Wachstum 2019: -0.2 %
Lebenserwartung: Frauen 86 Jahre, Männer 82 Jahre
Alphabetenrate: Frauen 99 %, Männer 99.4 %
Ethnische Gruppen: Italiener u. a.
Religionen: Christen 83.3 %, Muslime 3.7 %
Sprachen: Italienisch, Deutsch, Französisch, Ladinisch, Slowenisch u. a.

WIRTSCHAFT UND VERKEHR

BIP: 2 Bio. US-$
Wachstum BIP 2019: 0.3 %
BNE/Kopf: 32 947 US-$
Inflation: 0.6 %
Außenhandel: Import 473.51 Mrd. US-$, Export 532.66 Mrd. US-$
Erwerbstätige nach Sektoren: Landwirtschaft 3.8 %, Industrie 25.8 %, Dienstleistungen 70.4 %
Arbeitslosenquote: 9.9 %
Energieverbrauch/Kopf: 2 482 kg ÖE
Straßennetz: 487 702 km
Eisenbahnnetz: 16 781 km

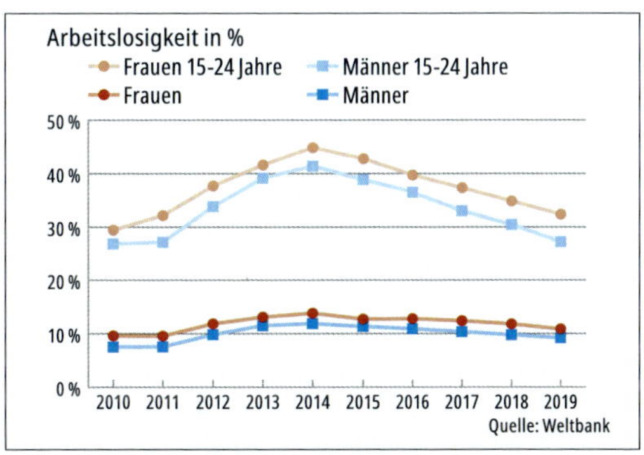

RÜCKBLICK

Angesichts guter Umfragewerte und der Aussicht auf ein Rechtsbündnis nach möglichen Neuwahlen provozierte Lega-Chef Mateo Salvini im August 2019 den Bruch der Koalition mit der Fünf-Sterne-Bewegung (M5S). M5S einigten sich jedoch mit den Sozialdemokraten (PD) auf eine neue Regierung unter dem bisherigen Ministerpräsidenten Giuseppe Conte, so dass Salvini und seine Lega als Verlierer aus der Regierungskrise hervorgingen. Seit März 2020 beherrscht die Corona-Krise Italiens Politik.

Regierung, Verfassung, Haushalt: Die ohnehin konfliktreiche Koalition zwischen M5S und Lega wurde zusätzlich belastet durch Enthüllungen über eine mögliche verdeckte **Spende von Russland an die Lega**. Nachdem es schon im Februar 2019 einen ersten Zeitungsbericht gegeben hatte, veröffentlichte das Internetportal Buzzfeed am 11.7. einen Audiomitschnitt von Verhandlungen zwischen einem Salvini-Vertrauten und russischen Vertretern. Darin war die Rede von 65 Mio. € für die Lega. Die Spende sollte als Rabatt auf russische Öllieferungen an Italien kaschiert werden. Nicht nur die Opposition, auch der Koalitionspartner M5S wollte dringend Aufklärung: M5S-Chef Luigi di Maio forderte am 15.7. einen Untersuchungsausschuss. Salvini weigerte sich, dem Parlament Auskunft zu geben. Die Staatsanwaltschaft nahm Ermittlungen auf.

Anlass für den Bruch der Regierung war der Streit um den Ausbau der umstrittenen Schnellzugstrecke Turin – Lyon TAV (Treno Alta Velocità). Während die M5S dagegen war, stimmte die LN mit PD, Forza Italia (FI) und FDI bei der entscheidenden Abstimmung im Senat am 7.8.2019 für einen Weiterbau. Salvini erklärte, die Koalition sei am Ende. Weil weder Ministerpräsident Conte noch Staatspräsident Sergio Mattarella bereit waren, vorgezogene Neuwahlen in Betracht zu ziehen, kündigte Salvini am folgenden Tag (8.8.) ein Misstrauensvotum gegen die eigene Koalitionsregierung an. Er selbst blieb auf seinem Posten als Vizepremier und Innenminister und ließ auch die übrigen Lega-Minister in der Regierung.

Ministerpräsident Conte erklärte am 20.8. seinen Rücktritt. In seiner Regierungserklärung im Senat beschuldigte Conte Salvini, Parteiinteressen über die Interessen des Landes zu stellen. Nach dem Rücktritt bat Staatspräsident Mattarella Conte, die Regierung weiter zu führen, bis ein neuer Regierungschef nominiert ist. Am 21./22.8. sondierte Mattarella mit Vertretern aller Fraktionen mögliche Koalitionsoptionen. Sozialdemokraten (PD) und M5S nahmen Koalitionsgespräche auf. Die PD forderte eine „Regierung der Umkehr“ u. a. mit einer weniger restriktiven Flüchtlingspolitik. Einen Vorstoß der Lega, doch wieder in eine Koalition mit der M5S zu gehen, lehnte Conte ab. Auch mit seinem Vorschlag, Di Maio als Regierungschef zu akzeptieren, kassierte Salvini eine Absage der M5S.

Am 28.8. **einigten sich M5S, PD sowie** das inzwischen in die Koalitionsgespräche einbezogene linksgerichtete **Bündnis Liberi e Uguali (LeU) auf eine gemeinsame Regierung** unter dem parteilosen bisherigen Premierminister Conte. Staatspräsident Mattarella beauftragte Conte am 29.8. mit der Regierungsbildung. Am 3.9. stimmten die Mitglieder der M5S in einer Onlinebefragung zu 79.3 % für eine Koalition mit PD und LeU. Am 5.9. vereidigte Mattarella die neue Regierung. Am 9.9. gewann sie die Vertrauensabstimmung in der Abgeordnetenkammer mit 343 zu 263 Stimmen. In seiner Regierungserklärung kündigte Conte eine Reformphase an, die im Lichte eines „neuen Humanismus“ stehe: europafreundlich, mit dem Ziel, Wirtschaftswachstum und soziale Gerechtigkeit zu fördern.

Wenige Tage nach der Regierungsbildung **spaltete sich die PD**. Der ehemalige Ministerpräsident Matteo Renzi gründete am 18.9.2019 die **neue Partei Italia Viva**. Er begründete seinen Schritt mit den fehlenden Visionen der PD. Nach dem Vorbild der Partei La République en Marche in Frankreich richtete Renzi Italia Viva programmatisch sozialliberal aus. 26 Kammerabgeordnete und 15 Senatoren gehören der neuen Partei an. Renzi sicherte der neuen Regierung seine Unterstützung zu.

Die Abgeordnetenkammer verabschiedete am 8.10.2019 in zweiter Lesung das Gesetz zur **Verkleinerung beider Kammern des Parlaments** um gut ein Drittel: Die Verfassungsänderung sieht vor, dass die Abgeordnetenkammer künftig nur noch 400 Sitze hat (bisher 630) und der Senat nur noch 200 Sitze (bisher 315). Damit würde der Steuerzahler rund 100 Mio. € pro Jahr sparen. Der Senat hatte dem Gesetz bereits am 11.7. in zweiter Lesung zugestimmt, jedoch nur mit einfacher Mehrheit, nicht mit Zweidrittelmehrheit. 71 Senatoren machten daraufhin am 10.1.2020 von Artikel 138 der Verfassung Gebrauch und beantragten ein Verfassungsreferendum. Die Volksabstimmung sollte eigentlich am 29.3. stattfinden. Wegen der Corona-Krise wurde das Referendum jedoch mit den allgemeinen Eindämmungsmaßnahmen vom 5.3. abgesagt. Per Dekret musste am 17.3. die Frist für die Abhaltung des Referendums von 60 auf 240 Tage verlängert werden. Es muss nun spätestens

am 19.9.2020 stattfinden. Eine Zustimmung gilt als sicher. Bevor die Verkleinerung von Senat und Kammer in Kraft treten kann, muss zusätzlich das Wahlrecht geändert werden.
Am 16.10.2019 verabschiedete die Regierung den **Haushaltsentwurf für 2020**. Er sieht höhere Ausgaben für Familien (600 Mio.) und Investitionen in Umwelt- und Klimaschutz sowie eine Steuerentlastung für mittlere Einkommen vor. Insgesamt plante die Regierung mit einem Defizit von 2.2 % des BIP. Der Schattenwirtschaft will die Regierung begegnen, indem die Höchstgrenze für Barzahlungen schrittweise von derzeit 3 000 € auf 1 000 € abgesenkt wird. Der Senat verabschiedete den Haushaltsplan am 17.12., die Kammer folgte am 22.12. Nach stundenlanger Debatte hatte die Regierung zuvor die Vertrauensfrage gestellt: 334 Abgeordnete beantworteten sie mit Ja, 232 stimmten dagegen, vier enthielten sich.
Am 25.12. **trat Bildungs- und Forschungsminister Lorenzo Fioramonti** (M5S) **zurück**. Er hatte das Amt im September übernommen mit der Forderung, dass sein Budget um 3 Mrd. € erhöht wird. Nachdem dies nicht geschehen war, bat er Ministerpräsident Conte um seine Entlassung. Die Regierung teilte die Zuständigkeiten daraufhin auf: Neue Bildungsministerin wurde am 10.1.2020 die bisherige Unterstaatssekretärin Lucia Azzolina (M5S), zum neuen Minister für Universitäten und Forschung berief Conte den parteilosen Rektor der Universität Neapel, **Gaetano Manfredi**.
Fioramonti trat auch aus der M5S aus. Zuvor hatten bereits mehr als 25 Senatoren und Abgeordnete die Bewegung verlassen oder waren ausgeschlossen worden. Die Partei, die 2018 als systemkritische Bewegung als stärkste Fraktion ins Parlament gewählt worden war, hatte in den Wahlen seitdem stark an Zustimmung verloren. Am 22.1., vier Tage vor den Regionalwahlen in der Emilia Romagna und Kalabrien, erklärte **Luigi di Maio deshalb seinen Rücktritt als Parteichef**. Bis zu einer Neuwahl übernahm Vito Crimi, der stellvertretende Innenminister, das Amt des Parteichefs. Di Maio blieb Außenminister. Wegen der Corona-Krise wurde die Neuwahl am 24.4. verschoben. Sie soll noch 2020 stattfinden.

Seenotrettung: Sie blieb ein Dorn im Auge von Innenminister Salvini. Am 26.7.2019 ließ er ein Schiff der italienischen Küstenwache mit 130 Flüchtlingen an Bord nicht an Land. Am 28.7. durfte das Schiff in den Hafen von Augusta einlaufen. Die Flüchtlinge mussten jedoch an Bord bleiben, bis sich am 31.7. mehrere europäische Länder und die Kirche bereit erklärt hatten, sie aufzunehmen.
Am 6.8. verabschiedete der Senat ein Gesetz, das die Strafe für Kapitäne von Seenotrettungsschiffen, die mit Flüchtlingen unerlaubt in italienische Hoheitsgewässer fahren, von 50 000 € auf 1 Mio. € anhob. Außerdem erlaubt das Gesetz den Behörden, die Schiffe zu beschlagnahmen und die Kapitäne festzunehmen. Um den Widerstand des Koalitionspartners M5S gegen das Gesetz zu brechen, hatte die Regierung die Abstimmung mit der Vertrauensfrage verknüpft, so dass die Vorlage am Ende eine knappe Mehrheit hatte.
Die neue Regierung unterzeichnete am 23.9. mit Malta, Deutschland und Frankeich das **Malta-Abkommen**, das das Ringen um die Abwehr und Aufnahme von Flüchtlingen beenden sollte. Danach erklärten sich Italien und Malta bereit, die Flücht linge von Rettungsschiffen ohne lange Wartezeiten an Land zu lassen und zu versorgen. Innerhalb von vier Wochen müssen die Flüchtlinge dann auf andere EU-Staaten verteilt werden. Zunächst beteiligten sich nur Deutschland und Frankreich.
Während der Corona-Pandemie schloss Italien seine Häfen für Flüchtlingsboote. Nachdem das deutsche **Rettungsschiff „Alan Kurdi"** am 7.4.2020 150 Flüchtlinge vor der Küste Libyens gerettet hatte, wurde es zwölf Tage lang vor Palermo festgesetzt. Die Flüchtlinge wurden am 12.4. schließlich auf ein Quarantäneboot vor der Küste gebracht. Ähnlich ging es am 6.7. den 180 Flüchtlingen auf der **„Ocean Viking"**.

Am 14.11.2019 fand in Bologna der erste Flashmob der **neuen Bürgerbewegung der „Sardinen"** statt. Parallel zu einer Wahlkampfveranstaltung von Salvini in einem Stadion protestierten auf dem zentralen Platz Bolognas 15 000 Menschen gegen Rechtspopulismus – dichtgedrängt wie Sardinen. Die Bewegung verbreitete sich in den folgenden Wochen auf viele Städte in Italien.

Die **Lega Nord (LN)** benannte sich am 21.12.2019 um und gab sich eine neue Satzung: Sie heißt jetzt „Lega – Salvini Premier". Der neue Name betont den gesamtstaatlichen Anspruch der Partei, die 1982 als norditalienische Regionalpartei angefangen hatte.

Bei der **Regionalwahl in Umbrien** am 27.10.2019 konnte sich die Kandidatin der Lega, Donatella Tesei, mit 57.6 % klar durchsetzen. Sie wurde von der rechtskonservativen Forza Italia und den neofaschistischen Fratelli d'Italia unterstützt. Für die Regierungsparteien M5S und PD, die gemeinsam angetreten waren, war es eine schwere Niederlage. Vor allem die M5S hatte Wähler verloren.

Bei den **Regionalwahlen in der Emilia Romagna** am 26.1.2020 konnte sich das Mitte-links-Bündnis behaupten. Der PD-Kandidat Stefano Bonaccini erhielt 51.4 % der Stimmen. Lega-Kandidatin Lucia Borgonzoni kam lediglich auf 43.6 %. Die M5S, die dieses Mal mit einem eigenen Kandidaten angetreten war, bekam lediglich 3.4 % der Stimmen. Es war die erste Regionalwahl seit den Parlamentswahlen im März 2018, die nicht von Lega-Bündnissen gewonnen wurde. Zuvor hatte die neue Bürgerbewegung „Sardinen" mit Flashmobs gegen Rechtspopulismus und Rassismus demonstriert und offenbar für eine hohe Wahlbeteiligung gesorgt (66 %). **In Kalabrien siegte** am gleichen Tag die Kandidatin des **Mitte-rechts-Bündnisses** Jole Santelli (FI) mit 55 %.

Venedig: Zum fünften Mal innerhalb von 40 Jahren waren die Einwohner von **Venedig** am 1.12.2019 dazu aufgerufen, über die Trennung des Stadtteils Mestre vom übrigen Stadtgebiet abzustimmen. Lega und M5S hatten das Referendum beantragt. Mit einer Wahlbeteiligung von lediglich 21.7 % scheiterte die Abstimmung am Quorum. Mindestens 50 % der gut 200 000 Wahlberechtigten hätten sich beteiligen müssen. Mestre ist seit 1926 mit der Lagunenstadt vereint.
Im November 2019 stand **Venedig mehrfach unter Wasser**. In der Nacht zum 13.11. erreichte der Pegelstand den höchsten Wert seit 50 Jahren: 1.87 Meter über dem Meeresspiegel. Zentrale Plätze mussten gesperrt werden. Die Tourismusindustrie beklagte einen Einbruch der Besucherzahlen. Am 14.11. rief die Regierung den Notstand für Venedig aus.

Nach starken Regenfällen **stürzte in Ligurien am 24.11.2019 ein Autobahnviadukt ein**. Bei Savona riss ein Erdrutsch ca. 700 Meter der A6 in die Tiefe. Es gab keine Toten oder Verletzten. Das Unglück erinnerte an den Einsturz der Morandi-Brücke in Genua im August 2018. Damals waren 43 Menschen ums Leben gekommen. Der neue Vorfall löste eine Diskussion über den Zustand der Infrastruktur aus.

Corona: Italien war das erste und besonders stark von der Corona-Pandemie betroffene Land in Europa. Die Infektion hatte sich zunächst **unbemerkt in Norditalien** ausgebreitet. In nachträglich untersuchten Abwasserproben wurde das Virus in Mailand bereits am 18.12.2019 nachgewiesen. Die ersten bekannten Fälle waren am 28.1.2020 zwei chinesische Touristen in Rom. Das **Cluster in der Lombardei** wurde am 21.2. entdeckt, zunächst mit 37 Infizierten, viele davon in der Stadt Codogno. Als ein mögliches Großinfektionsereignis gilt das Fußballspiel zwischen Atalanta Bergamo und dem FC Valencia am 19.2. in Mailand vor 40 000 Zuschauern. Die betroffenen Gemeinden um Codogno wurden noch am 22.2. abgeriegelt. Am 4.3. wurden im ganzen Land die Schulen und Unis geschlossen. Da die Fallzahlen rasch anstiegen, erklärte die Regierung in Rom am 7.3. weite Teile Norditaliens zum Sperrgebiet. Am 9.3. verhängte die Regierung den **Notstand über ganz Italien**: Die Menschen durften das Haus nur noch in Notfällen und zum Einkaufen sowie Arbeiten verlassen.
Auf dem Höhepunkt der Epidemie in der zweiten Märzhälfte wurden in Italien täglich mehr als 6 000 neue Fälle und fast 1 000 Tote gemeldet. Die Krankenhäuser vor allem in den Provinzen Bergamo und Brescia waren überlastet: Längst nicht mehr alle Patienten, die ein Intensivbett benötigten, konnten eines bekommen. Die Ärzte mussten auswählen. Weil Schutzausrüstung fehlte, steckten sich auch viele Ärzte und Pfleger an. Patienten mit leichten Symptomen wurden z. T. in Altenheimen untergebracht. So wurden Altenheime zu neuen Hotspots der Epidemie. Selbst die Beerdigungskapazitäten reichten nicht. Särge mussten in andere Regionen abtransportiert werden. Im Juni zeigte eine Studie, dass fast jeder zweite Bewohner von Bergamo Sars-CoV-2-Antikörper hat.
Die Lockerung der Corona-Maßnahmen begann am 4.5., Kitas, Schulen und Unis blieben jedoch bis zu den Sommerferien geschlossen. Und auch die strengen Ausgangsbeschränkungen endeten erst am 3. Juni. Kritik am langsamen Tempo beim Zurückfahren der Maßnahmen kam vor allem aus den wenig betroffenen Regionen in Süd- und Zentralitalien.
Experten rechnen aufgrund der Corona-Krise mit einem Wirtschaftseinbruch für 2020 von rund 10 % des BIP. Die Regierung verabschiedete am 16.3. ein erstes Hilfspaket von 25 Mrd. €, um die Wirtschaft zu stützen. Am 24.4. folgte ein zweites Notpaket von 55 Mrd. €. Das Haushaltsdefizit wuchs damit auf 10 % des BIP an.

Jamaika

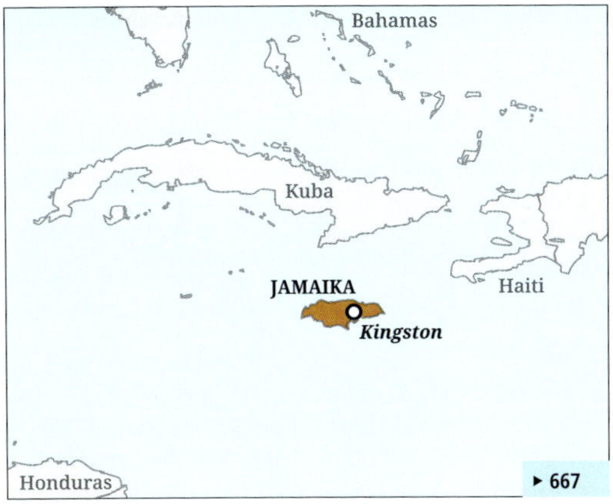

▸ 667

Ländername	Jamaika
Zeitzone	MEZ -6 h
Fläche in km²	10 990
Anzahl der Einwohner	2.9 Millionen
Einwohnerzahl pro km²	268
Hauptstadt	Kingston
Amtssprache	Englisch
Verwaltungsgliederung	14 Bezirke
Wichtige Städte	Kingston, Spanish Town, Portmore, Montego Bay, Mandeville
Autokennzeichen | ISO-Code	JA | JAM
Währung	1 Jamaika-Dollar = 100 Cents
Nationalfeiertag	6. August

Die zu den Großen Antillen gehörende Karibikinsel war einst Zentrum des britischen Sklavenhandels und größte Zuckerkolonie Großbritanniens. Heute bilden der Bauxitbergbau und der Tourismus die Stützen der Wirtschaft. Eines der größten innenpolitischen Probleme ist seit längerer Zeit die hohe Kriminalitätsrate.

GEOGRAFIE

Geografische Lage: Von 17° 43' bis 18° 31' nördlicher Breite sowie von 76° 13' bis 78° 20' westlicher Länge
Höchster Punkt: Blue Mountain Peak 2256 m
Klima: Feuchttropisches Klima

POLITIK

Staatsform: Parlamentarische Demokratie unter konstitutioneller Monarchie
Staatsoberhaupt: Britische Königin, vertreten durch einen Generalgouverneur
Legislative: Parlament, bestehend aus Repräsentantenhaus mit 63 für 5 Jahre gewählten Mitgliedern und Senat mit 21 für 5 Jahre ernannten Mitgliedern
Jahr der Verfassung: 1962
Wahlrecht: 18 Jahre
Staatsreligion: Keine

BEVÖLKERUNG

Bevölkerungsanteil: <15 Jahre 23.5 %, 15-64 Jahre 67.5 %, >64 Jahre 9 %
Verteilung: Stadt 56 %, Land 44 %
Wachstum 2019: 0.5 %
Lebenserwartung: Frauen 76 Jahre, Männer 73 Jahre
Alphabetenrate: Frauen 92.7 %, Männer 83.4 %
Ethnische Gruppen: Afrikaner, Mestizen, Inder u. a.
Religionen: Christen 68.9 %, Sonstige 7.6 %
Sprachen: Englisch, Kreolisch

WIRTSCHAFT UND VERKEHR

BIP: 16.46 Mrd. US-$
Wachstum BIP 2019: 0.7 %
BNE/Kopf: 5 461 US-$
Inflation: 3.7 %
Außenhandel: Import 6.41 Mrd. US-$, Export 1.65 Mrd. US-$
Erwerbstätige nach Sektoren: Landwirtschaft 15.9 %, Industrie 16.2 %, Dienstleistungen 67.9 %
Arbeitslosenquote: 8 %
Energieverbrauch/Kopf: 977 kg ÖE
Straßennetz: 22 121 km
Eisenbahnnetz: Keine Angabe

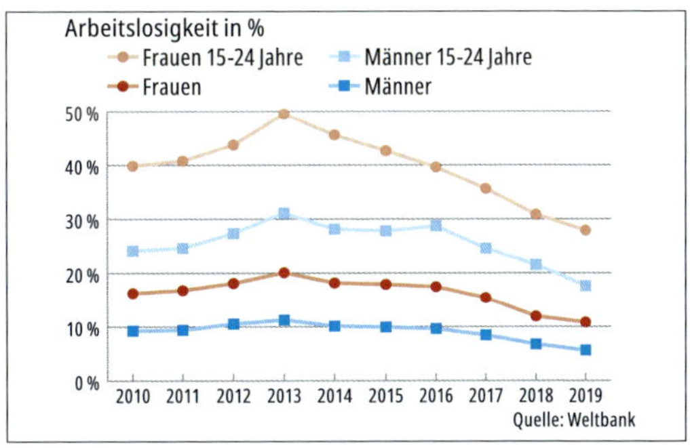

RÜCKBLICK

Ausnahmezustand: Am 28.1.2020 verlängerte das Parlament den Ausnahmezustand in 6 Bezirken für jeweils weitere 90 Tage. Der Ausnahmezustand in den Bezirken St. James, Hanover und Westmoreland war zuletzt am 30.4.2019 bis zum 27.2.2020 verlängert worden, der von Clarendon und St. Catherine North am 5.6.2019 bis zum 18.2.2020 und der von South St. Andrew am 7.7.2019 bis zum 4.2.2020. Hintergrund des Ausnahmezustandes in den 6 von insgesamt 14 Bezirken war der weiterhin starke Anstieg der Gewaltkriminalität. Während des Ausnahmezustandes unterstützt das Militär die Polizeikräfte bei Sicherheitsmaßnahmen wie Personenkontrollen. Die Einwohner der betroffenen Zonen unterliegen Ausgangsbeschränkungen und dürfen die Zone nur mit Ausweisen verlassen. Es gelten erweiterte Rechte bei der Festnahme von Verdächtigen.

Nachwahl: Bei einer Nachwahl am 2.3.2020 wurde Pearnel Charles Jr. von der regierenden Jamaica Labour Party (JLP) für einen Sitz im Repräsentantenhaus gewählt. Die Wahl war nach dem Rücktritt von Rudycard Spencer (ebenfalls JLP) erforderlich geworden. Spencer war am 4.2. von seinem Posten zurückgetreten, um als Diplomat an die jamaikanische Botschaft in Deutschland zu wechseln.

Wirtschaft: Die Wirtschaft litt unter der Corona-Krise insbesondere wegen des Ausbleibens der Rücküberweisungen von im Ausland lebenden Jamaikanern (2019: 15 % des BIP) sowie des Einbruchs im Tourismus (2019: 20 % des BIP). Der Tourismussektor ist mit rund 160 000 Beschäftigten ein wichtiger Arbeitgeber. Anfang Juni erklärte die Regierung, das Land ab dem 15.6. wieder für den Tourismus zu öffnen.

IWF: Der Internationale Währungsfonds bewilligte Jamaika am 15.5.2020 einen Nothilfekredit in Höhe von 520 Mio. US-$. Das Land hatte erst im November 2019 einen Stand-By-Kredit in Höhe von 1.66 Mrd. US-$ aus dem Jahr 2016 vollständig bedient.

Corona: Als Präventivmaßnahme gegen die Ausbreitung von Covid-19 sprach die Regierung am 31.1.2020 ein Reiseverbot zwischen China und Jamaika aus. Der erste Covid-19-Fall wurde am 10.3. bestätigt. Am 12.3. schloss die Regierung alle Schulen und ordnete am 17.3. Homeoffice für alle nicht systemrelevanten Arbeitnehmer an. Am 19.3. folgte die Schließung aller See- und Flughäfen. Am 1.4. trat eine nächtliche Ausgangssperre zwischen 22 und 6 Uhr in Kraft, die am 22.4. auf ganztägig erweitert wurde. Je nach Infektionsgeschehen setzte die Regierung zeitweise einzelne Bezirke vollständig unter Quarantäne.

Japan

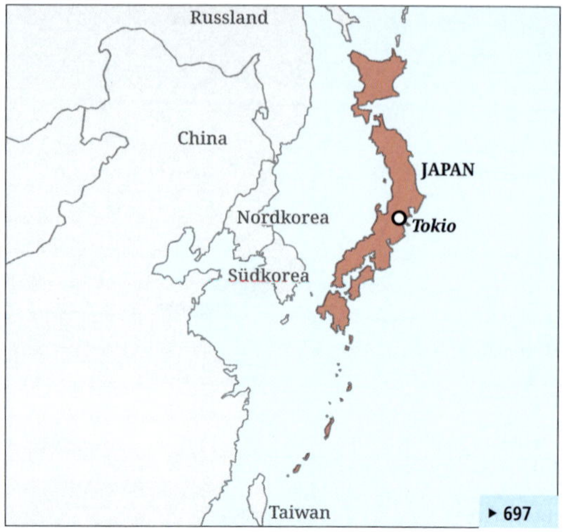

▸ 697

Ländername	Japan
Zeitzone	MEZ +8 h
Fläche in km²	377 970
Anzahl der Einwohner	126.3 Millionen
Einwohnerzahl pro km²	334
Hauptstadt	Tokio
Amtssprache	Japanisch
Verwaltungsgliederung	47 Präfekturen
Wichtige Städte	Tokio, Yokohama, Osaka, Nagoya, Sapporo, Fukuoka, Kobe, Kawasaki, Kyoto, Saitama, Hiroshima, Sendai
Autokennzeichen | ISO-Code	J | JPN
Währung	Yen
Nationalfeiertag	23. Februar

Nippon, Land der aufgehenden Sonne, nennen die Japaner ihr Land – der rote Kreis auf weißem Grund in der Nationalflagge steht für die leuchtende Sonnenscheibe. Erst in der zweiten Hälfte des 19. Jahrhunderts hat Japan seine lange außenpolitische Isolation beendet. Innerhalb kürzester Zeit wurde das agrarisch geprägte und feudalistisch strukturierte Inselreich nach der Katastrophe des Zweiten Weltkriegs zu einer der führenden Weltwirtschaftsmächte.

GEOGRAFIE

Geografische Lage: Von 24° 13' bis 45° 31' nördlicher Breite sowie von 122° 56' bis 153° 59' östlicher Länge
Höchster Punkt: Fuji 3776 m
Klima: Im Norden winterfeucht-kaltes Klima, in der Mitte warmes, wintertrockenes Klima, im Süden subtropisches Klima

POLITIK

Staatsform: Parlamentarische Monarchie
Staatsoberhaupt: Kaiser
Legislative: Nationalversammlung, bestehend aus Repräsentantenhaus mit 465 für 4 Jahre gewählten Mitgliedern und Senat mit 242 für 6 Jahre gewählten Mitgliedern (alle 3 Jahre teilerneuert)
Jahr der Verfassung: 1947
Wahlrecht: 18 Jahre
Staatsreligion: Keine

BEVÖLKERUNG

Bevölkerungsanteil: <15 Jahre 12.6 %, 15-64 Jahre 59.4 %, >64 Jahre 28 %
Verteilung: Stadt 91.6 %, Land 8.4 %
Wachstum 2019: -0.2 %
Lebenserwartung: Frauen 88 Jahre, Männer 82 Jahre
Alphabetenrate: Frauen 99 %, Männer 99 %
Ethnische Gruppen: Japaner u. a.
Religionen: Buddhisten 34.9 %, Christen 2.3 %, Ethnische (Shintoisten) 55.8 %
Sprachen: Japanisch

WIRTSCHAFT UND VERKEHR

BIP: 5.08 Bio. US-$
Wachstum BIP 2019: 0.8 %
BNE/Kopf: 40 847 US-$
Inflation: 0.5 %
Außenhandel: Import 720.74 Mrd. US-$, Export 705.53 Mrd. US-$
Erwerbstätige nach Sektoren: Landwirtschaft 3.4 %, Industrie 24.5 %, Dienstleistungen 72.1 %
Arbeitslosenquote: 2.4 %
Energieverbrauch/Kopf: 3 429 kg ÖE
Straßennetz: 1 218 772 km
Eisenbahnnetz: 27 311 km

RÜCKBLICK

Oberhauswahlen: Am 22.7.2019 ging Japans Regierungspartei LDP (Liberal Demokratische Partei) zusammen mit dem Koalitionspartner Komeito als Sieger aus den Oberhauswahlen hervor. Doch wurde die anvisierte Zweidrittelmehrheit verpasst, die Premierminister Shinzo Abe für eine geplante **Verfassungsänderung** gebraucht hätte. Für sein erklärtes Ziel, die militärische Stärke seines Landes auszubauen, sollte die Verpflichtung zum Pazifismus aus der Verfassung gestrichen und die Existenz einer japanischen Armee festgeschrieben werden. Im Unterhaus verfügte Abe bereits über eine Zweidrittelmehrheit, doch durch die fehlenden Stimmen im Oberhaus ist sein Plan nun gescheitert.

Haushalt: Japans Regierung hatte für das Haushaltsjahr 2019 erneut Staatsausgaben in Rekordhöhe gebilligt. Der vom Kabinett verabschiedete Etatentwurf belief sich auf 99.43 Billionen ¥ (+1.73 %). Damit sollte eine erwartete Konjunkturabkühlung durch eine geplante Mehrwertsteuererhöhung im Oktober 2019 von 8 auf 10 % vermieden werden. Doch Japans BIP sank trotzdem im letzten Quartal 2019 um 7.1 % ins Minus.
Die vorläufige Schätzung der Staatsverschuldung für das Haushaltsjahr 2019 betrug 237.7 % des BIP, damit ist Japan mit mehr als dem doppelten seiner Wirtschaftsleistung verschuldet, so stark wie kein anderes Industrieland der Welt. Doch die Verschuldung wird 2020 noch weiter ansteigen. Grund sind die im 2. Quartal beschlossenen Konjunkturpakete von insgesamt fast 2 000 Mrd. € (220 Billionen ¥), um die wirtschaftlichen Folgen der Corona-Pandemie für die Bevölkerung und die Unternehmen zu dämpfen. Prognosen zufolge wird die Staatsverschuldung im Jahr 2020 auf 250 % der zu erwartenden Wirtschaftsleistung steigen.

Kaiserhaus: Japans Kaiser Akihito hat nach 30-jähriger Regentschaft Ende April 2019 abgedankt. Bereits am 1.12.2016 war sein Rücktritt aus Altersgründen offiziell angekündigt worden. Die Abdankung eines Kaisers war in Japans Verfassung nicht vorgesehen. Deshalb musste eigens ein Gesetz dazu verabschiedet werden. Kaiser Akihito verstand den Leitgedanken seiner Regentschaft „Heisei“ (Frieden schaffen) als Auftrag: Er brach mit Traditionen, schuf Volksnähe und verteidigte Japans pazifistische Nachkriegsverfassung.
Am 1.5.2019 trat sein Sohn Naruhito die Nachfolge an, als der 126. Monarch nach der offiziellen Chronologie. Als Name der Ära des neuen Kaisers wurde „Reiwa" (friedliche Harmonie) ausgewählt. Die umfangreichen Zeremonien zur Inthronisierung des Monarchen sollten im Oktober 2019 stattfinden, wurden aber aufgrund des verheerenden Taifuns Hagibis in den November verlegt.

Olympische Sommerspiele 2020: Im Juli 2020 sollten in Japan die XXXII. Olympischen Spiele stattfinden. Aufgrund der seit Februar sich weltweit ausbreitenden Lungenkrankheit Covid-19 übten mehrere Staaten wie Kanada, Australien und Großbritannien Druck auf das IOC und die japanische Regierung aus, die Spiele zu verschieben. Ende März 2020 sagte Premierminister Shinzo Abe die Spiele für 2020 offiziell ab und gab bekannt, dass als nächster möglicher Termin der Sommer 2021 vorgesehen sei. Es ist das erste Mal in Friedenszeiten, dass die Olympischen Sommerspiele verschoben werden.

Fukushima: Drei Topmanager des staatlichen Energieunternehmens Tepco standen unter Anklage, an der nuklearen Katastrophe in Fukushima mitschuldig zu sein. Ihnen wurde zur Last gelegt, Warnungen von Wissenschaftlern und Umweltorganisationen über die mangelnden Sicherheitsvorkehrungen nicht ernst genommen zu haben. Im September 2019 wurden sie jedoch von einem Gericht in Tokio freigesprochen. Das Urteil wurde von den Opfern der Katastrophe und Anti-Atomkraftgegnern mit Enttäuschung und Fassungslosigkeit aufgenommen.
Offiziell kommt die Stilllegung des Atomkraftwerkes in Fukushima gut voran, doch Tepco kämpft seit den Kernschmelzen immer noch mit demselben Problem: Grundwasser sickert in die Untergeschosse der Reaktoren ein und wird radioaktiv kontaminiert. Im August 2019 informierte Tepco die Regierung, dass die Speicherkapazität für das verseuchte Wasser spätestens in 3 Jahren erschöpft sei. Das Unternehmen schlug vor, das Wasser in den Pazifik einzuleiten, da es kaum andere Alternativen gibt. Das wäre eine sehr unpopuläre Regierungsentscheidung und insbesondere die Fischindustrie in dieser Gegend würde darunter leiden. Premierminister Shinzo Abe ernannte daher im September 2019 den Jungpolitiker und erklärten Atomkraft-Gegner Shinjiro Koizumi zum neuen Umweltminister. Er hofft mit dessen Popularität, die umstrittene Einleitung des Wassers ins Meer umsetzen zu können.

Atompolitik: Im Juni 2020 hat Japans Atomaufsichtsbehörde NRA der nuklearen Wiederaufbereitungsanlage (WAA) in Rokkasho nach sechsjähriger Prüfung eine ausreichende Sicherheit attestiert. Die WAA bildet das Herzstück des japanischen Brennstoffkreislaufes, den man bis zum Jahr 2100 errichten will: Ein stetes Recycling von Uran und Plutonium würde den rohstoffarmen Inselstaat in der Energieversorgung vom Ausland unabhängig machen. Aber statt der geplanten 14 bis 18 Meiler verfügen bisher nur vier Reaktoren über wiederverwendbare Brennstäbe. Der Niedergang der Atomwirtschaft ist weniger auf die Stimmung unter den Japanern zurückzuführen, von denen die Mehrheit seit Fukushima gegen die Atomenergie ist, sondern es sind eher ökonomische Gründe, die die japanische Branche in eine tiefe Krise gestoßen haben. Strengere Sicherheitsvorschriften machen das Geschäft zusehends unattraktiv.

Taifun Hagibis: Mit außergewöhnlicher Wucht traf der Taifun Hagibis am 12.10.2019 die japanische Hauptinsel Honshu, in der Präfektur Shizuoka südwestlich von Tokio. Bereits vor dem Auftreffen des Sturms war es an Land durch Starkregen und heftige Winde zu Überflutungen und Schlammlawinen gekommen. Es waren die heftigsten Regenfälle, die ein Taifun je nach Japan gebracht hat. Zusätzlich erschütterte ein Erdbeben die betroffene Region. Der Taifun hinterließ schwere Schäden. Mindestens 86 Menschen starben, Hunderte wurden verletzt und Sachschäden an mehr als 10 000 Häusern entstanden.

China: Japan hat am 19.6.2020 einen offiziellen Protest in Peking eingereicht, nachdem vier Schiffe der chinesischen Küstenwache erneut in der Nähe der Senkaku/Diaoyu-Inseln gesehen wurden. Seit 65 aufeinander folgenden Tagen wurden die Schiffe innerhalb oder in der Nähe des Hoheitsgebietes der unbewohnten Inseln beobachtet, die Japan als sein souveränes Territorium ansieht. China und Taiwan beanspruchen die Inseln ebenfalls für sich. Laut Expertenmeinung versucht China durch diese Aktionen, seinen Anspruch deutlich zu machen und auszutesten, inwieweit Japan sich zur Wehr setzt bzw. inwieweit das Land sich auf seine Bündnispartner, insbesondere die USA, verlassen kann.

Republik Korea: Seit 2019 sind die Beziehungen zwischen Südkorea und Japan auf einem Tiefpunkt angelangt. Am 1.7.2019 sorgte die Entscheidung Japans für Aufsehen, den Export von drei Chemikalien nach Südkorea zu beschränken. Die japanische Regierung nutzte ihre Monopolstellung bei diesen Produkten, die bei der Herstellung von Smartphone-Displays und Halbleitern benötigt werden, um Südkorea unter Druck zu setzen. Denn der eigentliche Grund des eskalierenden Zerwürfnisses ist der Streit über Entschädigungszahlungen an ehemalige koreanische Zwangsarbeiter unter japanischer Kolonialherrschaft. Auslöser waren 2018 Urteile des koreanischen Obersten Gerichtshofs, die die japanischen Firmen Nippon Steel & Sumitomo Metal und Mitsubishi Heavy Industries zu individuellen Schadensersatzzahlungen verpflichten. Japan hält dagegen, dass, gemäß dem Grundlagenvertrag von 1965, Japan nicht nur Wirtschaftshilfe leistete sondern auch Aufbaukredite bereitstellte und damit alle Forderungen von staatlicher und privater Seite als abgegolten betrachtet.

Wirtschaftswachstum: Japan hat im April 2020 ein Rekordkonjunkturpaket von umgerechnet 916 Mrd. € auf den Weg gebracht. Das Geld soll durch die Corona-Pandemie in Not geratenen Familien und kleinen Unternehmen direkt durch Barauszahlungen zugutekommen. Im Mai 2020 wurde ein 2. Konjunkturpaket von 994 Mrd. € (117 Billionen ¥) beschlossen. Diesmal sollen die Gelder insbesondere für Mehrausgaben im Gesundheitswesen, Unterstützungszahlungen für Studenten und Subventionen für Firmen eingesetzt werden. Auch ist ein finanzieller Anreiz für Herstellerfirmen vorgesehen, ihre Produktion aus China zurück nach Japan zu verlegen. Hintergrund ist, dass die Corona-Pandemie bei allen wichtigen Handelspartnern in der Welt zu Einbrüchen in der Produktion führte und bestehende Lieferketten unterbrochen wurden. Um die sich daraus ergebenden wirtschaftlichen Probleme abzumildern, setzt Japan wieder auf die Produktion im eigenen Land.

Europäische Union: Am 1.2.2019 trat ein zwischen Japan und der EU verabschiedetes Freihandelsabkommen in Kraft. Nach Aussage der EU entfallen dank des Abkommens Zölle auf europäische Produkte in Höhe von 1 Mrd. € pro Jahr. Japanische Autobauer wie Toyota können ihre Fahrzeuge nun günstiger in der EU verkaufen, bislang wurden Zölle von 10 % erhoben. Für die Verbraucher in Europa werden elektronische Geräte wie Fernseher, Spielkonsolen oder Computer spürbar preiswerter. Die EU hatte bislang für diese Produkte einen Einfuhrzoll von 14 % verlangt.

Deutschland: Japan ist nach China der zweitwichtigste Partner für Deutschland in Asien. 2019 importierte Deutschland Waren von Japan im Wert von 24 Mrd. € (+1.1 %) und verkaufte Produkte nach Japan im Wert von 20.7 Mrd. € (+1.1 %). Daraus ergibt sich ein Handelsdefizit für Deutschland von -3.3 %. Die Zuwächse sowohl im Import als auch im Export von +1.1 % fallen jedoch im Vergleich zu den beiden vorherigen Jahren mit Zuwächsen von durchschnittlich 4 % deutlich geringer aus.

USA: Nach nur sechsmonatigen Verhandlungen haben die USA und Japan im Oktober 2019 ein Handelsabkommen für die Sektoren Landwirtschaft und Digitales unterschrieben, dass am 1.1.2020 in Kraft getreten ist. Das Abkommen soll die Handelsbeziehungen zwischen den beiden Nationen verbessern und das Defizit der USA im Warenhandel mit Japan senken. Dank niedriger oder abgeschaffter Zölle kann die USA künftig mehr landwirtschaftliche Produkte wie Rind- und Schweinefleisch, Mais, Weizen, Wein, Milchpulver und Käse nach Japan exportieren. Im Gegenzug sollen einige Zölle auf japanische Industrieprodukte (z. B. Maschinen, Fahrräder, Musikinstrumente) und Nahrungsmittel (z. B. Sojasauce und Wagyu-Rindfleisch) reduziert bzw. aufgehoben werden.

Jemen

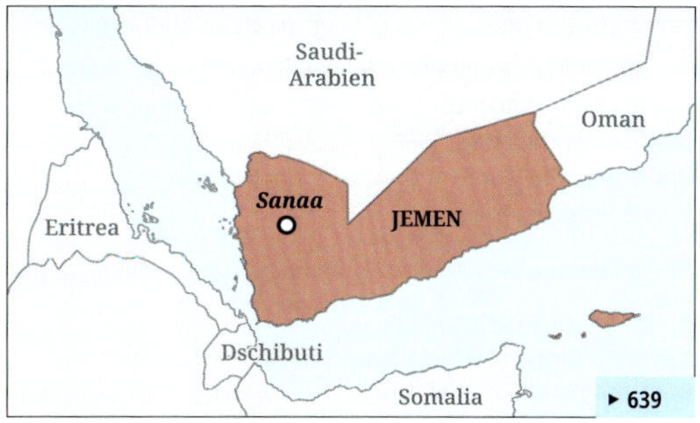

▸ 639

Ländername	Republik Jemen
Zeitzone	MEZ +2 h
Fläche in km²	527 970
Anzahl der Einwohner	29.2 Millionen
Einwohnerzahl pro km²	55
Hauptstadt	Sanaa
Amtssprache	Arabisch
Verwaltungsgliederung	21 Bezirke und 1 Hauptstadtdistrikt
Wichtige Städte	Sanaa, Taiz, Hodeida, Aden, Ibb, Damar
Autokennzeichen | ISO-Code	YE | YEM
Währung	1 Jemen-Rial = 100 Fils
Nationalfeiertag	22. Mai

In der Antike war das Gebiet des heutigen Staates unter dem Namen „Arabia felix", das glückliche Arabien, bekannt. Hier nahm die zum Mittelmeer führende Weihrauchstraße ihren Anfang. Nord- und Südjemen, die unterschiedliche politische und gesellschaftliche Wege zurückgelegt hatten, fanden 1990 zur staatlichen Einheit, deren Erhalt in einem blutigen Konflikt vom Norden erzwungen wurde. Allerdings war diese Einheit von Anfang an brüchig und immer wieder – bis in die Gegenwart – von kriegerischen Auseinandersetzungen begleitet.

GEOGRAFIE

Geografische Lage: Von 12° 19' bis 19° nördlicher Breite sowie von 42° 33' bis 54° 31' östlicher Länge
Höchster Punkt: Jabal an-Nabi Shu'aib 3760 m
Klima: Wüstenklima mit hoher Luftfeuchtigkeit, im Gebirge Sommerregen

POLITIK

Staatsform: Präsidiale Republik
Staatsoberhaupt: Präsident
Legislative: Parlament, bestehend aus Repräsentantenhaus mit 301 für 6 Jahre gewählten Mitgliedern und Ratgebergremium mit 111 ernannten Mitgliedern (seit 2015 aufgelöst)
Jahr der Verfassung: 1991
Wahlrecht: 18 Jahre
Staatsreligion: Islam

BEVÖLKERUNG

Bevölkerungsanteil: <15 Jahre 39.2 %, 15-64 Jahre 57.9 %, >64 Jahre 2.9 %
Verteilung: Stadt 37.3 %, Land 62.7 %
Wachstum 2019: 2.4 %
Lebenserwartung: Frauen 68 Jahre, Männer 64 Jahre
Alphabetenrate: Frauen 55 %, Männer 85.1 %
Ethnische Gruppen: Araber, Afrikaner, Asiaten, Europäer u. a.
Religionen: Muslime 99.1 %
Sprachen: Arabisch

WIRTSCHAFT UND VERKEHR

BIP: 29.86 Mrd. US-$
Wachstum BIP 2019: 2.1 %
BNE/Kopf: 943 US-$
Inflation: 10 %
Außenhandel: Import 10.49 Mrd. US-$, Export 1.48 Mrd. US-$
Erwerbstätige nach Sektoren: Landwirtschaft 29 %, Industrie 10 %, Dienstleistungen 61 %
Arbeitslosenquote: 12.9 %
Energieverbrauch/Kopf: 329 kg ÖE
Straßennetz: 71 305 km
Eisenbahnnetz: Keine Angabe

RÜCKBLICK

Auch fünf Jahre nach dem Beginn der ausländischen Intervention im Jemen im März 2015, unter der Führung Saudi-Arabiens, ist das **Land von einem Ende des Krieges**, sei es durch eine militärische Entscheidung oder eine Verhandlungslösung, weiterhin **weit entfernt**. Zu der ursprünglichen Konfliktlinie zwischen den zaiditischen (schiitischen) Huthi-Rebellen, die den Nordwesten des Landes kontrollieren, und der international anerkannten Regierung unter Staatspräsident Abed Rabbo Mansur Hadi ist ein **weiterer Konflikt** zwischen Letzterer und dem Übergangsrat für den Süden (STC), der letztlich die Wiederherstellung des früheren südjemenitischen Staates anstrebt, hinzugekommen.

Kämpfe zwischen Huthi und Regierungstruppen: Die **Huthi-Rebellen gingen** an einigen Frontabschnitten von der Defensive **wieder in die Offensive** über; zugleich nutzten sie intensiver ihr stark gewachsenes **Raketenarsenal**. Am 1.8.2019 fielen Dutzende von Kämpfern einer im Dienste der Vereinigten Arabischen Emirate (VAE) stehenden Miliz einem Raketenangriff zum Opfer. Ende August gerieten Söldner Saudi-Arabiens in der Provinz Sada in einen Hinterhalt der Huthi. Raketenangriffe am 7.1.2020 auf eine Kaserne der Regierungstruppen in der Provinz Dhale forderten mindestens elf Todesopfer, über hundert Soldaten der Regierung kamen am 18.1. bei einem Raketen- und Drohnenangriff auf ein Militärlager in der Provinz Marib ums Leben. Ende Januar begannen die Huthi östlich der Hauptstadt Sanaa eine Offensive, in deren Verlauf sie trotz intensiver Luftunterstützung für die Regierungstruppen in den Provinzen Al-Dschauf und Marib kontinuierlich vorrückten. Am 1.3. eroberten sie mit Al-Hazm die Hauptstadt von Al-Dschauf, Ende April war fast die ganze Provinz in ihrer Hand. Auch während der einseitig am 9.4.2020 von Saudi-Arabien verkündeten Waffenruhe kam es zu Kämpfen. Das im Dezember 2018 vereinbarte, die Hafenstadt Hodeida betreffende und die beiderseitige Truppenentflechtung vorsehende Waffenstillstandsabkommen harrte weiterhin der Umsetzung.
Die saudische Luftwaffe und ihre Verbündeten führten **zahlreiche Luftangriffe** durch, auch während der Waffenruhe. Immer wieder kam es dabei zu zivilen Opfern. So wurde am 1.9.2019 ein Gefängnis in der Provinz Damar im Norden bom-

Die Konfliktparteien im Jemen

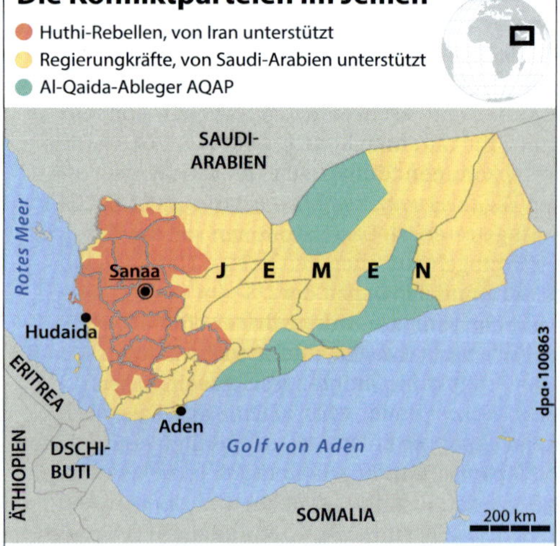

Quelle: Sana'a Center for Strategic Studies, Livemap jüngster verfügbarer Stand

Rettungskräfte bergen am 1. September 2019 die Toten aus den Trümmern eines Gefängnisses. Bei einem Luftangriff sind nach Angaben der Huthi-Rebellen mindestens 50 Menschen getötet worden, die von ihnen gefangengehalten wurden. Die von Saudi-Arabien angeführte Militärkoalition, bestätigte den Angriff.

bardiert, wobei mindestens 130 Personen starben, unter ihnen mindestens 50 kriegsgefangene Regierungssoldaten. Von saudischer Seite verlautete, es habe sich nicht um ein Gefängnis, sondern um ein Depot für Drohnen und Raketen gehandelt. Im Februar 2020 kamen bei Luftangriffen im Norden 31 Zivilisten, darunter 19 Kinder, ums Leben.

Angriffe auf Ziele in Saudi-Arabien: Die verbesserte technische Qualität des Raketen- und Drohnenarsenals der Huthi zeigte sich in häufigeren Angriffen auf Ziele in Saudi-Arabien. Gemäß Untersuchungen der UN verfügten sie über Drohnen mit einer Reichweite von bis zu 1 500 km. Am 17.8.2019 wurde das saudische Erdöl- und Erdgasfeld Schaiba, 1 200 km entfernt, von einer Drohne angegriffen. Die Huthi beanspruchten auch die Urheberschaft für den Drohnenangriff auf das Zentrum der saudischen Erdölverarbeitung in Abkaik und das Ölfeld in Churais am 14.9.2019. Ein Ende Januar 2020 bekannt gewordener UN-Bericht ging indes davon aus, dass die Urheberschaft der Huthi für diesen Angriff eher unwahrscheinlich sei.
Nach diesem Vorfall erklärten die Huthi, man werde in Saudi-Arabien künftig keine weiteren Ziele mehr angreifen. Umgekehrt war von saudischer Seite die Frequenz der Luftangriffe bereits um 80 % reduziert worden. Unter omanischer Vermittlung nahmen beide Seiten Gespräche auf und vereinbarten einen Gefangenenaustausch. Sechs saudische Kriegsgefangene wurden am 1.1.2020 nach Riad ausgeflogen, nachdem Saudi-Arabien zuvor 128 Huthi-Kämpfer freigelassen hatte. Doch bereits Mitte Januar verschlechterten sich die Aussichten auf eine Entspannung mit dem Raketen- und Drohnenangriff auf einen Militärstützpunkt der Regierungskräfte in Marib und dem Vorrücken der Huthi. Am 29.1. erklärten diese, mehrere Ziele im Südwesten Saudi-Arabiens mit Raketen und Drohnen angegriffen zu haben, unter anderem die Raffinerie in Djizan und den Flughafen in Abha. Von saudischer Seite verlautete, der Angriff sei bereits in der Woche zuvor erfolgt, die Flugkörper aber erfolgreich abgefangen worden. Am 29.3. wurde auch die saudische Hauptstadt Riad nach mehreren Monaten Ruhe erstmals wieder mit Raketen beschossen.

Neue Konfliktlinie im Süden: Die **VAE** kündigten im Juli 2019 einen **Teilabzug ihrer** bisher im Jemen stationierten **Truppen** an; er soll 50-75 % der bisherigen Truppenstärke ausmachen. Die im Land Verbleibenden sollen vor allem mit geheimdienstlichen Aufgaben und der Ausbildung lokaler Einheiten betraut werden. Die **VAE unterstützen** die ca. 90 000 Mann starken **Milizen des Übergangsrats für den Süden (STC)**. Im August brachen **in Aden**, wo die international anerkannte Regierung des Landes seit 2015 ihren Sitz hat, schwere **Kämpfe** zwischen diesen Milizen und Regierungskräften aus, wobei die STC-Milizen offensichtlich von der Luftwaffe der VAE unterstützt wurden. Die Regierung und die auf ihrer Seite stehenden Kämpfer mussten schließlich aus Aden abziehen. Auch in den Provinzen Abyan und Schabwa kam es zu Kämpfen, nicht zuletzt um die Kontrolle der Provinzhauptstädte Sindschibar und Atak. Saudi-Arabien gelang es schließlich, ein **Abkommen** zwischen den beiden Seiten zu vermitteln, das am 5.11.2019 in Riad unterzeichnet wurde. Das ermöglichte der Regierung, am 18.11. wieder in den Jemen zurückzukehren. Vereinbart wurde eine Teilung der Macht, beide Seiten sollen ihre Truppen aus Aden abziehen. Die Stadt soll danach von Truppen der ausländischen Interventionskoalition kontrolliert werden. Die Milizen des STC sollen aufgelöst und in die Streitkräfte der Regierung eingegliedert werden.
Das Abkommen blieb weitgehend Papier. **Anfang Dezember** brachen **erneut Kämpfe** in der Provinz Abyan aus. Der STC gab am 26.4.2020 bekannt, er werde die Gebiete unter seiner Kontrolle – dazu zählt auch Aden – künftig selbst verwalten. Der Regierung warf er vor, ihren aus dem Abkommen erwachsenden Pflichten nicht nachzukommen und die Interessen des Südens zu hintertreiben. Dem STC und den VAE geht es nicht zuletzt darum, den Einfluss der islamistischen Islah-Partei einzudämmen, die ein wichtiger Verbündeter der Regierung ist, in der die VAE jedoch den jemenitischen Zweig der Muslimbrüder sehen.

Humanitäre Lage: Die UN trafen am 4.8.2019 mit den Huthi eine Übereinkunft über die Nahrungsmittellieferung in die von den Rebellen kontrollierten Landesteile, nachdem diese für über einen Monat eingestellt worden war. Den Huthi war vorgeworfen worden, die Hilfsgüter nicht nach dem Prinzip der besonderen Hilfsbedürftigkeit zu verteilen. Humanitäre Organisationen klagten über eine sich verschlechternde Situation im Machtbereich der Huthi, ihre Mitarbeiter seien mit Verhaftungen und Einschüchterungsversuchen konfrontiert worden. Die Huthi nahmen am 12.2.2020 ihre Drohung zurück, die Hilfslieferungen künftig zu besteuern. Im Jemen sind rund 20 Mio. Menschen auf Hilfe angewiesen. Auch im Süden des Landes wurde über Knappheit an Nahrungsmitteln geklagt, zugleich verlor die Landeswährung rasch an Wert und die Regierung war kaum imstande, die Gehälter der Staatsbediensteten zu zahlen. Eine Geberkonferenz in Riad am 2.6. erbrachte mit 1.35 Mrd. $ Zusagen nur die Hälfte der erforderlichen 2.4 Mrd. $ für humanitäre Hilfe. Bis Ende Oktober 2019 sollen nach einer Zählung des Armed Conflict Location & Event Data Project seit 2015 mehr als 100 000 Menschen, davon 12 000 Zivilisten, in dem Krieg getötet worden sein. Nicht miteinbezogen in diese Berechnung waren jene, die den vom Krieg verursachten prekären Lebensbedingungen zum Opfer gefallen waren. 2018 wurden mit 30 800 die meisten Toten gezählt, vor 2019 (20 000 Tote bis Ende Oktober).

Al-Qaida: Die US-Regierung teilte am 6.2.2020 mit, dass der **Anführer von Al-Qaida auf der Arabischen Halbinsel** (AQAP), Kasim al-Raimi, getötet wurde, was von AQAP am 23.2. bestätigt wurde. Berichten zufolge fiel Al-Raimi am 29.1. einem US-Luftangriff zum Opfer. Die Nachfolge Raimis übernahm der aus Saudi-Arabien stammende Chalid Batarfi. AQAP hatte am 2.2. die Verantwortung für den Anschlag auf dem US-Marinefliegerstützpunkt Pensacola/Florida übernommen. Ein saudischer Luftwaffenoffizier tötete am 6.12.2019 dort drei Angehörige der US-Armee.

Corona: Am 10.4.2020 wurde in der Provinz Hadramaut der erste Fall einer Covid-19-Infektion gemeldet, am 29.4. fünf weitere. Am 2.5. kam es zu den beiden ersten Todesfällen. In den von Infektionen betroffenen Provinzen wurden unterschiedliche Maßnahmen, zum Teil auch Ausgangssperren, ergriffen. Die Interventionskoalition erklärte am 9.4. einen einseitigen Waffenstillstand, um die Verbreitung des Virus zu verhindern. Die genaue Zahl der Infektionen ist, angesichts des durch den langjährigen Krieg hervorgerufenen katastrophalen Zustands der medizinischen Versorgung, nicht einmal annähernd zu eruieren.

Jordanien

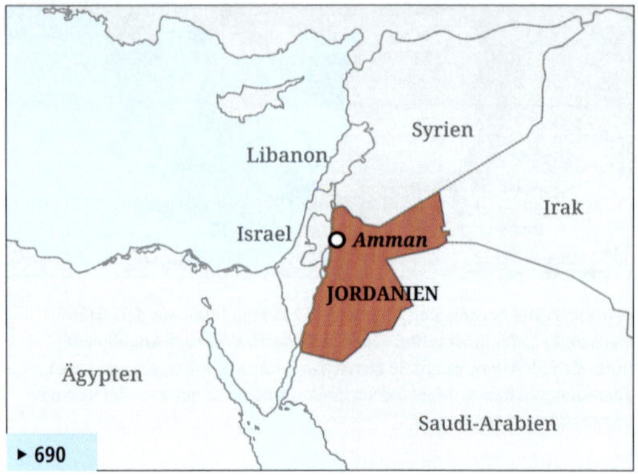

▸ 690

Ländername	Haschemitisches Königreich Jordanien
Zeitzone	MEZ +1 h
Fläche in km²	89 320
Anzahl der Einwohner	10.1 Millionen
Einwohnerzahl pro km²	113
Hauptstadt	Amman
Amtssprache	Arabisch
Verwaltungsgliederung	12 Bezirke
Wichtige Städte	Amman, Zerka, Irbid, Ar-Rusayfah, Quwaisima, Wadi as-Sir
Autokennzeichen | ISO-Code	JOR | JOR
Währung	1 Jordan-Dinar = 100 Piaster
Nationalfeiertag	25. Mai

Der Staat Jordanien in seinen heutigen Grenzen ist eine Schöpfung des 20. Jahrhunderts. Zuvor war das Gebiet immer ein Teil anderer Reiche, später ein Spielball zwischen den Interessen der westlichen Großmächte. Die gemäßigte Haltung gegenüber Israel führte zu Konflikten mit den Palästinensern, die erst nach blutigen Kämpfen beigelegt werden konnten. Im Gegensatz zu anderen Staaten der arabischen Welt ist die politische und soziale Situation in dem Land, das zum größten Teil aus Wüste besteht, als stabil zu bezeichnen.

GEOGRAFIE

Geografische Lage: Von 29° 11' bis 33° 22' nördlicher Breite sowie von 34° 57' bis 39° 18' östlicher Länge
Höchster Punkt: Jabal Umm ad-Dami 1854 m
Klima: Im Süden und Osten kontinentales Wüstenklima, in den westlichen Bergländern Mittelmeerklima

POLITIK

Staatsform: Parlamentarische Monarchie
Staatsoberhaupt: König
Legislative: Nationalversammlung, bestehend aus Abgeordnetenkammer mit 130 für 4 Jahre gewählten Mitgliedern und Senat mit 65 für 4 Jahre ernannten Mitgliedern
Jahr der Verfassung: 1952
Wahlrecht: 18 Jahre
Staatsreligion: Islam

BEVÖLKERUNG

Bevölkerungsanteil: 15 Jahre 33.6 %, 15-64 Jahre 62.5 %, >64 Jahre 3.9 %
Verteilung: Stadt 91 %, Land 9 %
Wachstum 2019: 1.5 %
Lebenserwartung: Frauen 76 Jahre, Männer 73 Jahre
Alphabetenrate: Frauen 97.8 %, Männer 98.6 %
Ethnische Gruppen: Araber u. a.
Religionen: Muslime 97.2 %, Christen 2.2 %
Sprachen: Arabisch

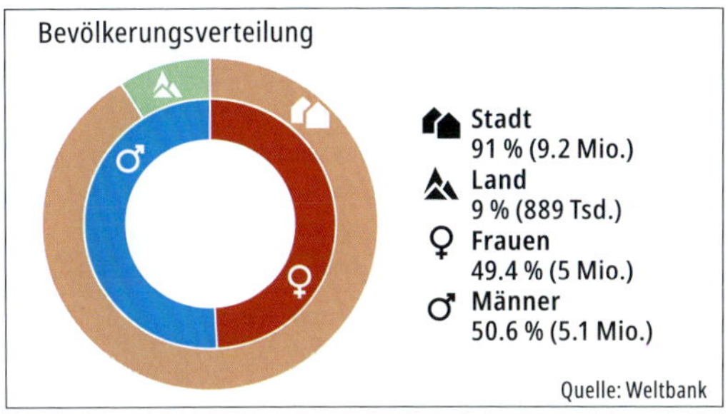

WIRTSCHAFT UND VERKEHR

BIP: 43.74 Mrd. US-$
Wachstum BIP 2019: 1.9 %
BNE/Kopf: 4 387 US-$
Inflation: 0.8 %
Außenhandel: Import 19.34 Mrd. US-$, Export 8.31 Mrd. US-$
Erwerbstätige nach Sektoren: Landwirtschaft 3.1 %, Industrie 24.5 %, Dienstleistungen 72.4 %
Arbeitslosenquote: 14.7 %
Energieverbrauch/Kopf: 917 kg ÖE
Straßennetz: 7 203 km
Eisenbahnnetz: 509 km

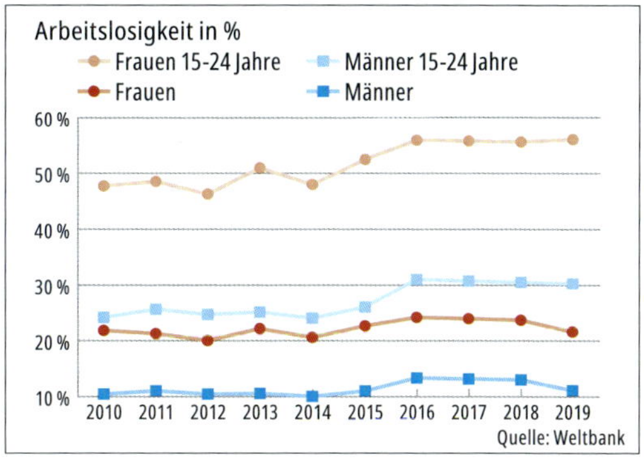

RÜCKBLICK

Kabinettsumbildung: Die Regierung trat am 4.11.2019 zurück, um Ministerpräsident Omar al-Razzaz eine Kabinettsumbildung zu ermöglichen. Das neue Kabinett, das vierte innerhalb von zwei Jahren und das zweite innerhalb von sechs Monaten, wurde am 7.11. vereidigt. Neben dem Regierungschef verblieb auch die Mehrheit der Minister im Amt, unter ihnen Außenminister Ayman Safadi und Innenminister Salameh Hamad. In 11 Ressorts fand ein Wechsel statt. Neuer Finanzminister wurde der bisherige Planungsminister Mohammad al-Isis.. Seine Hauptaufgabe wird sein, die Umsetzung des 2016 mit dem Internationalen Währungsfonds (IWF) vereinbarten Reformprogramms voranzutreiben, das bisher dem vorgesehenen Zeitplan hinterherhinkte. Jordanien leidet unter einem geringen Wachstum und hoher Jugendarbeitslosigkeit.

Keine Verlängerung der Pachtklausel: König Abdullah kündigte am 10.11.2019, anlässlich des 25. Jahrestags des Friedensvertrags mit Israel, vor dem Parlament an, dass die Verpachtung zweier zu Jordanien gehörender Landstücke an Israel

König Abdullah II. beim Abschreiten einer Ehrengarde am 10. November 2019. In seiner anschließenden Rede vor dem Parlament in Amman betonte der König, dass die beiden an Israel für 25 Jahre verpachteten Gebiete Ghumar und Al-Baqoura wieder vollständig zu Jordanien gehören.

beendet werde. Israel hatte sie mehr als 70 Jahre lang kontrolliert, im Friedensvertrag war dann ihre Verpachtung vereinbart worden. Die Nichtverlängerung der Pachtklausel war bereits 2018 beschlossen worden. Die bilateralen Beziehungen zwischen den beiden Ländern haben sich seit dem Abschluss des Vertrags kontinuierlich verschlechtert, nicht zuletzt infolge der Politik Israels in den besetzten Gebieten und Ost-Jerusalem.

Corona: Am 2.3.2020 wurde die erste Covid-19-Infektion bestätigt, am 28.3. kam es zum ersten Todesfall. Am 21.3. wurde eine umfassende Ausgangssperre verhängt. Bei Verstößen drohten Haftstrafen bis zu einem Jahr. Innerhalb von drei Tagen wurden mehr als 1 600 Personen verhaftet, weil sie gegen die Ausgangssperre verstoßen hatten. Der Verkehr zwischen den Provinzen war untersagt, die Hauptstadt Amman wurde abgeriegelt. Der öffentliche Verkehr und Flüge wurden eingestellt. Die Ausgangssperre musste am 25.3. gelockert werden, da der Plan der Regierung, die Bevölkerung direkt mit Lebensmitteln zu versorgen, nicht zufriedenstellend umgesetzt werden konnte. Ab dem 30.4. wurden die Maßnahmen gelockert, es blieb aber bei einer nächtlichen Ausgangssperre.

5. Juni 2020: Gläubige dürfen nach drei Monaten zum ersten Mal wieder am Freitagsgebet in der Al-Husseini-Moschee im Zentrum von Amman teilnehmen.

Kambodscha

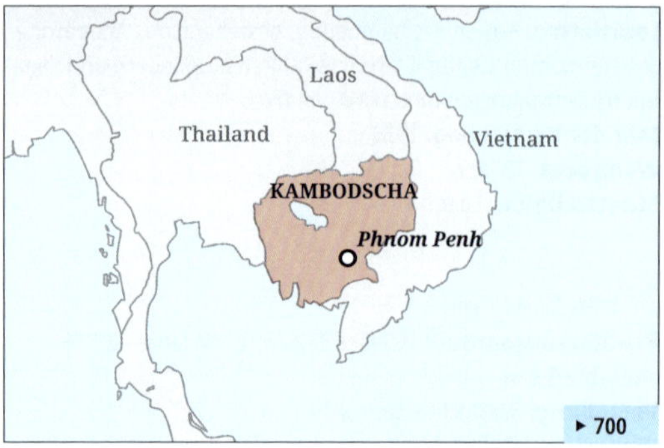

▸ 700

Ländername	Königreich Kambodscha
Zeitzone	MEZ +6 h
Fläche in km²	181 040
Anzahl der Einwohner	16.5 Millionen
Einwohnerzahl pro km²	91
Hauptstadt	Phnom Penh
Amtssprache	Khmer
Verwaltungsgliederung	24 Provinzen und 1 Stadt
Wichtige Städte	Phnom Penh, Battambang, Siem Reap, Sihanoukville, Sisophon
Autokennzeichen | ISO-Code	K | KHM
Währung	Riel
Nationalfeiertag	9. November

Einst ein bedeutendes Reich in Südostasien, geriet Kambodscha im 19. Jahrhundert in koloniale Abhängigkeit. Im 20. Jahrhundert wurde das Land in den Strudel des Ost-West-Konflikts hineingezogen und erlebte die Terrorherrschaft der Roten Khmer. Trotz reicher Agrarressourcen gehört es heute immer noch zu den ärmsten Ländern der Erde.

GEOGRAFIE

Geografische Lage: Von 10° 25' bis 14° 42' nördlicher Breite sowie von 102° 19' bis 107° 36' östlicher Länge
Höchster Punkt: Phnom Aural 1813 m
Klima: Feuchtheißes, tropisches Monsunklima

POLITIK

Staatsform: Parlamentarische Monarchie
Staatsoberhaupt: König
Legislative: Parlament, bestehend aus Nationalversammlung mit 125 für 5 Jahre gewählten Mitgliedern und Senat mit 60 für 6 Jahre gewählten und 2 ernannten Mitgliedern
Jahr der Verfassung: 1993
Wahlrecht: 18 Jahre
Staatsreligion: Buddhismus

BEVÖLKERUNG

Bevölkerungsanteil: <15 Jahre 31.2 %, 15-64 Jahre 64.2 %, >64 Jahre 4.6 %
Verteilung: Stadt 23.8 %, Land 76.2 %
Wachstum 2019: 1.5 %
Lebenserwartung: Frauen 72 Jahre, Männer 68 Jahre
Alphabetenrate: Frauen 75 %, Männer 86.5 %
Ethnische Gruppen: Khmer, Cham u. a.
Religionen: Buddhisten 97.9 %, Muslime 1.1 %, Sonstige 1.1 %
Sprachen: Khmer, Vietnamesisch, Chinesisch, Französisch

WIRTSCHAFT UND VERKEHR

BIP: 27.09 Mrd. US-$
Wachstum BIP 2019: 7.1 %
BNE/Kopf: 1 621 US-$
Inflation: 2.4 %
Außenhandel: Import 22.09 Mrd. US-$, Export 14.09 Mrd. US-$
Erwerbstätige nach Sektoren: Landwirtschaft 32.3 %, Industrie 29 %, Dienstleistungen 38.7 %
Arbeitslosenquote: 0.7 %
Energieverbrauch/Kopf: 417 kg ÖE
Straßennetz: 47 263 km
Eisenbahnnetz: 650 km

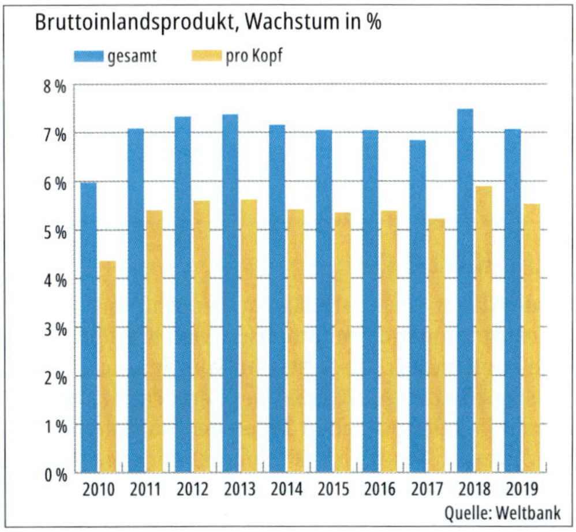

RÜCKBLICK

Innenpolitik: Die Regierung blieb ihrer Linie treu, Oppositionspolitiker mit rechtlichen und polizeilichen Mitteln zu verfolgen und konnte sich auch auf die Kooperation benachbarter Staaten verlassen. Die geplante Rückkehr des früheren Oppositionsführers **Sam Rainsy** und seiner Stellvertreterin **Mu Sochua** aus dem Exil wurde am 7.11.2019 unter Mithilfe Thailands bzw. Malaysias vereitelt, die die Durchreise verboten. Taktische Flexibilität zeigte die Regierung im Fall des unter Anklage wegen Hochverrats stehenden Vorsitzenden der Cambodia National Rescue Party (CNRP), **Kem Sokha**: Sein Hausarrest wurde am 10.11.2019 nach 12 Monaten aufgehoben, das Verbot politischer Betätigung blieb aber bestehen. Am 14.11. verfügte die Regierung darüber hinaus die Freilassung von 70 politischen Häftlingen. Eine Lockerung der Repression war damit nicht verbunden. Vielmehr verabschiedete das Parlament im Zuge der Pandemie-Bekämpfung am 10.4.2020 ein **Notstandsgesetz**, das nicht allein die Versammlungsfreiheit einschränkte, sondern der Regierung unbefristet die Kontrolle der Telekommunikation, der sozialen Medien und der Presse erlaubte. Eine Missachtung der Anordnungen der Regierung kann mit bis zu 10 Jahren Haft geahndet werden. Eine Aufforderung der UN-Delegierten für Menschenrechtsfragen, das Gesetz zurückzunehmen, wies die Regierung zurück.

Außenpolitik: Die Abkühlung in den Beziehungen zu westlichen Demokratien ging im Berichtsjahr in das Stadium der Sanktionspolitik über. Die EU hob am 11.2.2020 wegen schwerwiegender Verstöße gegen Menschenrechte und Arbeitnehmerrechte Handelsbegünstigungen auf: Vom August 2020 an verliert Kambodscha die Zollpräferenz „Everything But Arms" (EBA). Die USA, verärgert auch über die immer engere wirtschaftliche Anbindung Kambodschas an die Volksrepublik China, verhängten im Dezember 2019 Sanktionen gegen zwei der Regierung nahestehende Geschäftsleute wegen korrupter Praktiken bei Enteignungen.

Wirtschaft: 2019 wuchs die Wirtschaft trotz schwacher Ernte mit 7.1 %, wobei die Textilexporte und der Tourismus treibende Faktoren waren. Beide brachen 2020 ein. Das ab dem 1.1.2020 geltende, von Peking geforderte Verbot von Online-Glücksspielen schränkte nicht nur die Möglichkeit zur Geldwäsche in Casinos ein, sondern bewirkte einen rapiden Rückgang der Einreisen von chinesischen Touristen. Die Corona-Krise brachte die internationale Nachfrage nach Textilien zum Erliegen.

Kamerun

▸ 637

Ländername	Republik Kamerun
Zeitzone	MEZ ±0 h
Fläche in km²	475 440
Anzahl der Einwohner	25.9 Millionen
Einwohnerzahl pro km²	54
Hauptstadt	Yaoundé
Amtssprache	Französisch, Englisch
Verwaltungsgliederung	10 Regionen
Wichtige Städte	Douala, Yaoundé, Garoua, Bamenda, Maroua, Bafoussam
Autokennzeichen | ISO-Code	CAM | CMR
Währung	1 CFA-Franc BEAC = 100 Centimes
Nationalfeiertag	20. Mai

Afrika en miniature: Innerhalb der Landesgrenzen Kameruns findet sich ein Mosaik aus dichten Regenwäldern, mit Mangroven bestandenen Sümpfen, weißen Palmenstränden, vulkanischen Bergländern, tierreichen Savannen und staubigen Halbwüsten.

GEOGRAFIE

Geografische Lage: Von 1° 41' bis 13° 05' nördlicher Breite sowie von 8° 32' bis 16° 11' östlicher Länge
Höchster Punkt: Kamerunberg (Fako) 4095 m
Klima: Überwiegend feuchtheißes, tropisches Klima, im Norden Savannenklima

POLITIK

Staatsform: Präsidiale Republik
Staatsoberhaupt: Präsident
Legislative: Parlament, bestehend aus Nationalversammlung mit 180 für 5 Jahre gewählten Mitgliedern und Senat mit 70 für 5 Jahre gewählten und 30 ernannten Mitgliedern
Jahr der Verfassung: 1996
Wahlrecht: 20 Jahre
Staatsreligion: Keine

BEVÖLKERUNG

Bevölkerungsanteil: <15 Jahre 42.4 %, 15-64 Jahre 54.9 %, >64 Jahre 2.7 %
Verteilung: Stadt 57 %, Land 43 %
Wachstum 2019: 2.6 %
Lebenserwartung: Frauen 61 Jahre, Männer 58 Jahre
Alphabetenrate: Frauen 71.6 %, Männer 82.6 %
Ethnische Gruppen: Bantu, Kirdi, Fulbe u. a.
Religionen: Christen 69.2 %, Muslime 20.9 %, Ethnische 5.6 %, Sonstige 1 %
Sprachen: Französisch, Englisch, Regionalsprachen

WIRTSCHAFT UND VERKEHR

BIP: 38.76 Mrd. US-$
Wachstum BIP 2019: 4.1 %
BNE/Kopf: 1 515 US-$
Inflation: 2.5 %
Außenhandel: Import 5.65 Mrd. US-$, Export 4.44 Mrd. US-$
Erwerbstätige nach Sektoren: Landwirtschaft 43.4 %, Industrie 15 %, Dienstleistungen 41.6 %
Arbeitslosenquote: 3.4 %
Energieverbrauch/Kopf: 335 kg ÖE
Straßennetz: 77 589 km
Eisenbahnnetz: 987 km

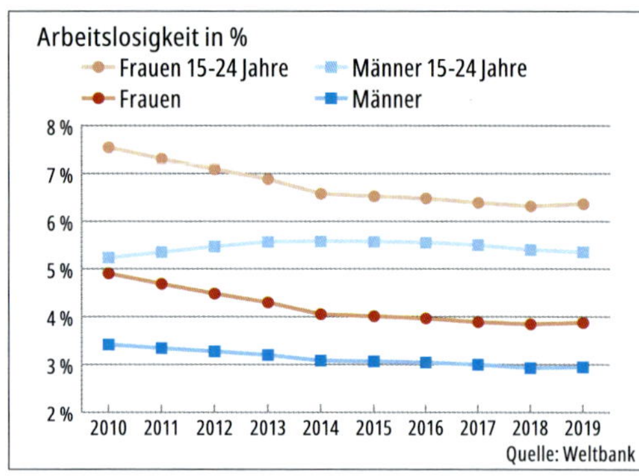

RÜCKBLICK

Konfliktlage: Auch 2019/20 war Kamerun mit einer zunehmend dreidimensionalen Konfliktlage konfrontiert. Diese bestand aus den sich verschärfenden Aktivitäten der Terrormiliz **Boko Haram** in den nördlichen Teilen des Staatsgebiets, bewaffneten Konflikten im Kontext der **separatistischen Bestrebungen** im Westen und einer sich intensivierenden **Flüchtlingskrise**. Im März 2020 startete das Militär eine sechstägige Offensive mit diversen Luftangriffen und Bodenoperationen gegen Boko Haram. Die Anzahl der Binnenflüchtlinge stieg im Juni 2020 auf fast 1 Mio., auch die Anzahl von Flüchtlingen aus den Nachbarländern stieg deutlich an.

Freilassung: Am 5.10.2019 wurde der führende Oppositionspolitiker **Maurice Kamto** freigelassen. Er und rund 100 andere Personen waren nach **regierungskritischen Protesten** im Januar 2019 festgenommen worden. Ihm wurde Rebellion zur Last gelegt, was mit der **Todesstrafe** hätte geahndet werden können. Im Zuge dessen wurden 333 weitere Menschen vom Präsidenten begnadigt, die im Kontext der Krise im anglophonen Landesteil festgenommen worden waren. Separatisten waren jedoch nicht darunter.

Nationaler Dialog: Mitte September 2019 rief Präsident Biya zu einem nationalen Dialog zur Lösung der Konfliktlage im anglophonen Teil des Landes auf. Ende des Monats fand ein fünftägiges Treffen statt, bei dem man sich für stärkere Dezentralisierung und ein Sonderstatut für die anglophonen Provinzen ausgesprochen hat. Vertreter der separatistischen Opposition waren jedoch nicht eingeladen.

Wahl: Am 9.2.2020 fanden **Kommunal- und Parlamentswahlen** statt. Diese waren zuvor zweimal verschoben worden. Die ehemals größte Oppositionspartei Sozialdemokratische Front (SDF) trat jedoch nur mit gut der Hälfte der Kandidaten im Vergleich zur vorherigen Wahl an, unter anderem wegen Zerwürfnissen mit dem separatistischen anglophonen Lager, das wiederum einen kompletten **Boykott** der Wahl forderte. Auch die zweitgrößte Oppositionspartei, die Bewegung für die Widergeburt Kameruns (MRC), boykottierte die Wahl und stellte keine Kandidaten auf. Sie kritisierte primär Ungerechtigkeiten im Wahlsystem, das die Regierungspartei Demokratische Versammlung des kamerunischen Volkes (RDPC) strukturell bevorzuge. Bei der Wahl kam es vereinzelt zu gewaltsamen Ausschreitungen. Laut des offiziellen amtlichen Wahlergebnisses erhielt die Regierungspartei 152 der 180 Sitze, es folgte die Nationale Vereinigung für Demokratie und Fortschritt (UNDP) mit sieben und die Sozialdemokratische Front mit fünf Sitzen.

Kanada

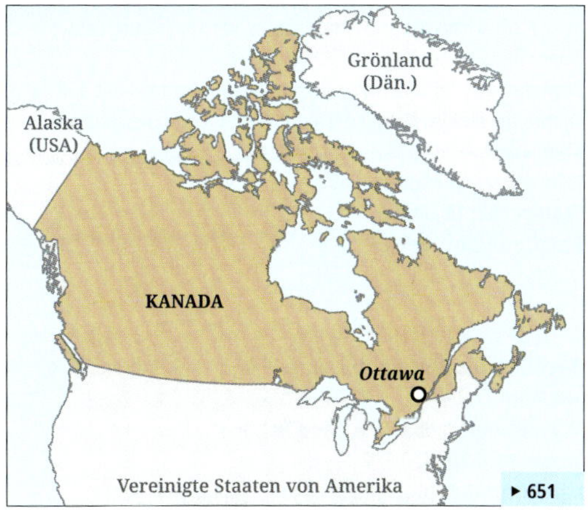

▸ 651

Ländername	Kanada
Zeitzone	MEZ -4:30 h bis -9 h
Fläche in km²	9 984 670
Anzahl der Einwohner	37.6 Millionen
Einwohnerzahl pro km²	4
Hauptstadt	Ottawa
Amtssprache	Englisch, Französisch
Verwaltungsgliederung	10 Provinzen und 3 Territorien
Wichtige Städte	Toronto, Montreal, Calgary, Ottawa, Edmonton, Mississauga, Winnipeg, Vancouver, Brampton, Hamilton, Québec
Autokennzeichen | ISO-Code	CDN | CAN
Währung	1 Kanadischer Dollar = 100 Cents
Nationalfeiertag	1. Juli

Der nach Russland zweitgrößte Flächenstaat der Erde erstreckt sich über fünfeinhalb Zeitzonen zwischen Pazifik und Atlantik. Kanada verfügt neben reichen Bodenschätzen über die größten Süßwasserreserven der Welt. Die Bevölkerung konzentriert sich auf einem schmalen Streifen an der Grenze zu den USA. Nunavut im dünn besiedelten Norden liegt in der Selbstverwaltung der Inuit. Innenpolitischen Konfliktstoff bilden seit Langem die Autonomiebestrebungen der Frankokanadier in der Provinz Québec.

GEOGRAFIE

Geografische Lage: Von 41° 40' bis 83° 07' nördlicher Breite sowie von 52° 39' bis 141° westlicher Länge
Höchster Punkt: Mount Logan 5959 m
Klima: Überwiegend kühles Kontinentalklima, im Westen gemäßigtes Klima, im Norden polares Klima

POLITIK

Staatsform: Föderale parlamentarische Demokratie unter konstitutioneller Monarchie
Staatsoberhaupt: Britische Königin, vertreten durch einen Generalgouverneur
Legislative: Parlament, bestehend aus Unterhaus mit 338 für 4 Jahre gewählten Mitgliedern und Senat mit 105 ernannten Mitgliedern
Jahr der Verfassung: 1982
Wahlrecht: 18 Jahre
Staatsreligion: Keine

BEVÖLKERUNG

Bevölkerungsanteil: <15 Jahre 15.8 %, 15-64 Jahre 66.5 %, >64 Jahre 17.7 %
Verteilung: Stadt 81.4 %, Land 18.6 %
Wachstum 2019: 0.9 %
Lebenserwartung: Frauen 84 Jahre, Männer 81 Jahre
Alphabetenrate: Frauen 99 %, Männer 99 %
Ethnische Gruppen: Kanadier, Briten, Franzosen, Iren, Deutsche, Chinesen, Italiener, Indigene, Inder u. a.
Religionen: Christen 67.2 %, Muslime 3.2 %, Hindus 1.5 %, Buddhisten 1.1 %, Juden 1 %, Sonstige 2 %
Sprachen: Englisch, Französisch, Minderheitensprachen

WIRTSCHAFT UND VERKEHR

BIP: 1.74 Bio. US-$
Wachstum BIP 2019: 1.5 %
BNE/Kopf: 46 213 US-$
Inflation: 1.9 %
Außenhandel: Import 463.71 Mrd. US-$, Export 446.93 Mrd. US-$
Erwerbstätige nach Sektoren: Landwirtschaft 1.5 %, Industrie 19.5 %, Dienstleistungen 79 %
Arbeitslosenquote: 5.6 %
Energieverbrauch/Kopf: 7 631 kg ÖE
Straßennetz: 1 042 303 km
Eisenbahnnetz: 77 932 km

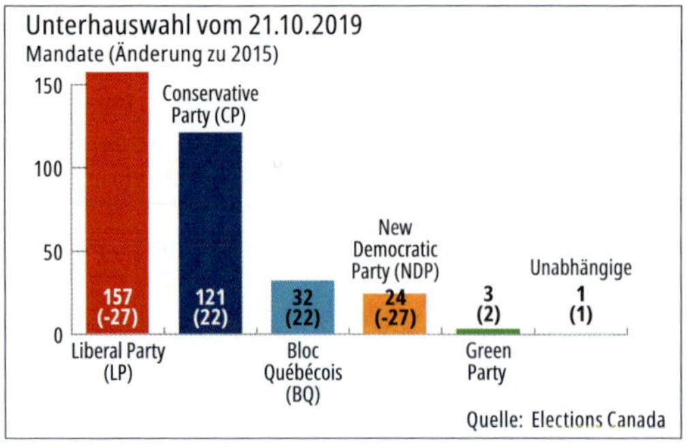

VERWALTUNGSGLIEDERUNG

Verwaltungseinheit	Fläche in km²	Einwohner	Hauptstadt
Alberta	661 848	4.4 Mio.	Edmonton
British Columbia	944 735	5.1 Mio.	Victoria
Manitoba	647 797	1.4 Mio.	Winnipeg
Neufundland und Labrador	405 212	521 542	St. John's
New Brunswick	72 908	776 827	Fredericton
Northwest Territories	1 346 106	44 826	Yellowknife
Nova Scotia	55 284	971 395	Halifax
Nunavut	2 093 190	38 780	Iqaluit
Ontario	1 076 395	14.6 Mio.	Toronto
Prince Edward Island	5 660	156 947	Charlottetown
Québec	1 542 056	8.5 Mio.	Québec
Saskatchewan	651 036	1.2 Mio.	Regina
Yukon	482 443	40 854	Whitehorse

RÜCKBLICK

Unterhauswahlen: Am 11.9.2019 löste die Generalgouverneurin auf Antrag von Premierminister (ab 2015) Justin Trudeau (Liberal Party, LP) das Unterhaus auf und setzte für den 21.10. Neuwahlen an. Der **Wahlkampf** war geprägt von der **Klimapolitik**. Im September mobilisierte die Bewegung Fridays for Future Hunderttausende zum sogenannten Global Climate Strike. Die oppositionelle Conservative Party (CP) unter ihrem Vorsitzenden (ab 2017) Andrew Scheer wandte sich besonders gegen die von der Trudeau-Regierung 2019 eingeführte nationale **CO_2-Steuer** (inkl. Emissionshandel und Gutschrift bei persönlicher Einkommensteuer). Die LP warb dafür, Kanada bis 2050 emissionsneutral zu machen.

Affären: Ein weiteres Wahlkampfthema war **Trudeaus Glaubwürdigkeit**. So wurde dem Premierminister vorgeworfen, im Februar 2019 Druck auf Justizministerin Jody Wilson-Raybould ausgeübt zu haben. Eine Kommission des Unterhauses rügte Trudeau deswegen im August. Wilson-Raybould hatte sich gegen einen von Trudeau geforderten gerichtlichen Vergleich im **Strafverfahren gegen** einen **Baukonzern** aus Québec wegen Bestechung libyscher Politiker ausgesprochen. Sie trat zurück und wurde aus der LP ausgeschlossen, und gewann später als einzige Unabhängige ein Unterhausmandat. Daneben sah sich der Premier veranlasst, sich im September für früheres Verhalten, das in Kanada heute als rassistisch gilt („blackfacing"), zu entschuldigen.

Ergebnis: Bei einer Wahlbeteiligung von rund 66 % verlor die **LP** ihre absolute Mehrheit im Unterhaus, blieb aber aufgrund des Mehrheitswahlrechts **stärkste Partei**. Beim Stimmenanteil lag sie mit 33.1 % knapp hinter der CP (34.4 %). Stark war die LP vor allem in den Atlantikprovinzen und den städtischen Ballungsgebieten im Osten. Die CP hatte ihre Hochburgen in den Rohstoffprovinzen Alberta und Saskatchewan. Der **Bloc Québécois**, der für eine möglichst große Selbstständigkeit der vorwiegend französischsprachigen Provinz Québec eintritt, verdreifachte seine Mandatszahl. Er profitierte nach Wahlanalysen insbesondere von einem Gesetz, das religiöse Symbole aus dem öffentlichen Dienst der Provinz verbannte. Trudeau bildete am 20.11.2019 eine **LP-Minderheitsregierung**; die Hälfte der Ressorts erhielten, wie bereits 2015, Frauen. Als **Vizepremier** aufgewertet wurde **Chrystia Freeland**; die Außenministerin wechselte an die Spitze des Ministeriums für die Koordination von Bund und Provinzen.

Pipelines: In British Columbia gab es **Widerstand** gegen große Pipelineprojekte, die vor allem dem Energieexport nach Asien dienen. Bei der Erweiterung der **Trans-Mountain-Leitung** (TMX) zum Transport von Rohöl aus Ölsandvorkommen in Alberta zum Pazifikhafen Burnaby verlangte ein Bundesberufungsgericht die Wiederholung der **Umweltanhörungen** (Beginn: November 2018). Gegen die Erdgaspipeline **Coastal Gas Link** zur Pazifikküste bei Kitimat wehrte sich ein Teil der Wet'suwet'en-First Nation. Festnahmen der Polizei wegen Blockaden führten im Januar/Februar 2020

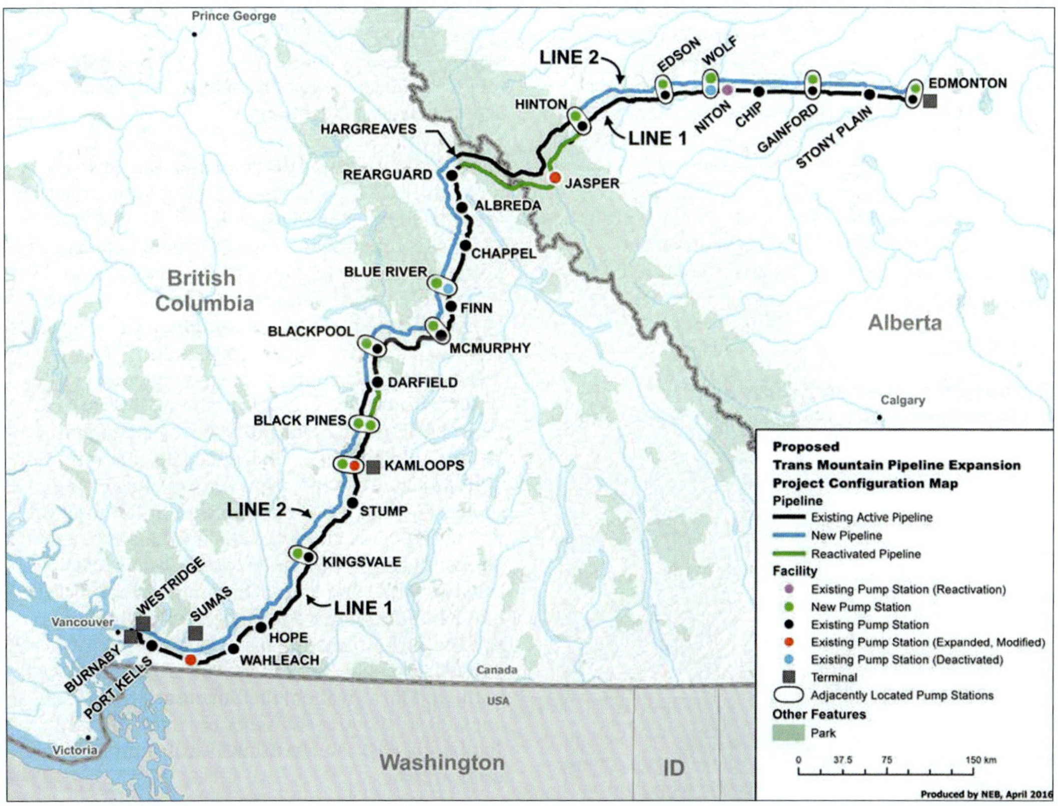

Rueben George vom Volk der Tsleil-Waututh protestiert am 4. Februar 2020 in Vancouver mit anderen Vertretern der betroffenen Ureinwohner gegen die Entscheidung des Bundesberufungsgerichts zum Bau der Trans-Mountain-Pipeline.

zu landesweiten Solidaritätsaktionen von Ureinwohnern, die zeitweise den transkontinentalen **Bahnverkehr lahmlegten**. Bis Mai handelten die Zentralregierung und die Regierung von British Columbia ein Streitbeilegungsabkommen mit der Wet'suwet'en-Vertretung aus. Andere First Nations hatten dem Projekt seit Langem zugestimmt.

Amok: Ein 51-Jähriger verursachte am 18./19.4. 2020 nach einem Streit mit der Lebensgefährtin das **schwerste Massaker** in der Geschichte Kanadas. Gekleidet in eine Bundespolizeiuniform, schoss er in der Provinz **Nova Scotia** auf Menschen und legte Brände. Insgesamt tötete er 22 Personen. Eine zwölfstündige Amokfahrt in einem ausgemusterten Streifenwagen endete mit einem für den Täter tödlichen Schusswechsel mit der Polizei. Die Regierung setzte ab 2.5. ein **Verkaufsverbot für halbautomatische Schnellfeuerwaffen** durch. Vorhandene Waffen sollen abgegeben werden. Ihr Besitz war ab 1989 meldepflichtig.

Amoklauf im Osten Kanadas

dpa•100857 Quelle: Royal Canadian Mounted Police, dpa

Frische Freihandelszone: Unter dem Namen **USMCA** wurde die 1994 geschaffene Nordamerikanische Freihandelszone (NAFTA) zwischen Kanada, Mexiko und den USA fortgeführt. Die Neuaushandlung erfolgte **auf Druck der USA**. Am 30.11.2018 unterzeichneten die Staats- bzw. Regierungschefs das Abkommen, am 1.7.2020 trat es nach der Ratifizierung in Kraft. Die 2018 verhängten Strafzölle für Aluminium- und Stahlprodukte fielen im Mai 2019.

Die Wirtschaften aller drei Mitgliedstaaten sind eng miteinander verflochten. Für Kanada bilden die USA den wichtigsten Absatzmarkt, besonders für Erdöl, Agrargüter und Kfz-Teile von Zulieferern aus der Provinz Ontario. Die Regierung von Präsident Donald Trump wollte vor allem die **Autoproduktion** in die USA „zurückholen". So wurden im USMCA detaillierte **Quoten** für Autokomponenten festgelegt, die aus Nordamerika stammen müssen, damit keine Zölle erhoben werden. Dafür darf Kanada 2.6 Mio. Fahrzeuge und Autoteile im Wert von 32.4 Mrd. US-$ zollfrei in die USA liefern – ein Umfang, der bis 2018 gar nicht erreicht wurde. Ein Zugeständnis Kanadas war eine Quote von 3.59 % für US-amerikanische **Milchprodukte**; dieser Markt wurde in Kanada teils geschützt und subventioniert. Das USMCA machte auch einen freien Austausch und Handel mit **digitalen Daten** möglich und schuf gemeinsame Regeln für den **Schutz geistigen Eigentums**.

Corona: Auf die Covid-19-Pandemie reagierte Kanada ab 18.3.2020 mit einem Einreisestopp (außer für Staatsbürger und Personen mit ständigem Wohnsitz in Kanada) sowie **Einschränkungen** des Binnenreiseverkehrs und des Gesellschafts- und Wirtschaftslebens. Konkrete Maßnahmen oblagen den Provinzen und Kommunen. Schulen, öffentliche Einrichtungen und Geschäfte wurden meist geschlossen. **Infektionsschwerpunkte** waren Ontario und Québec, dort vor allem Montreal. Ab Ende April/Anfang Mai gab es bei rückläufigen Neuinfektionen **Lockerungen**. Zur Bewältigung der wirtschaftlichen Folgen legte die Regierung im März/April zwei **Programme** im Gesamtumfang von fast 100 Mrd. US-$ auf. Sie beinhalten u. a. Lohnsubventionen, eine Ausweitung der Arbeitslosenversicherung, Finanzhilfen für Arbeitslose und Familien, Steuerstundungen und günstige Kredite für Unternehmen sowie staatliche Infrastrukturprojekte. Zusätzlich senkte die Zentralbank im März zweimal die **Leitzinsen**: von 1.75 % auf 0.25 %. Die **Arbeitslosenquote** im 2. Quartal 2020 hatte sich seit Herbst 2019 auf rund 15 % fast verdreifacht.

Kap Verde

▸ 636

Ländername	Republik Cabo Verde
Zeitzone	MEZ -2 h
Fläche in km²	4 030
Anzahl der Einwohner	549 935
Einwohnerzahl pro km²	136
Hauptstadt	Praia
Amtssprache	Portugiesisch
Verwaltungsgliederung	22 Kreise
Wichtige Städte	Praia, Mindelo, Santa Maria, Pedra Badejo
Autokennzeichen | ISO-Code	CV | CPV
Währung	1 Kap-Verde-Escudo = 100 Centavos
Nationalfeiertag	5. Juli

Ein Kranz vulkanischer Inseln bildet 600 Kilometer vor der afrikanischen Westküste einen der kleinsten Staaten der Welt. Die desolate Wirtschaftslage zwang einen großen Teil der Bevölkerung von Kap Verde zur Auswanderung.

GEOGRAFIE

Geografische Lage: Von 14° 49' bis 17° 12' nördlicher Breite sowie von 22° 41' bis 25° 21' westlicher Länge
Höchster Punkt: Pico de Fogo 2829 m
Klima: Trockenheißes, subtropisches Klima

POLITIK

Staatsform: Parlamentarische Republik
Staatsoberhaupt: Präsident
Legislative: Nationalversammlung mit 72 für 5 Jahre gewählten Mitgliedern
Jahr der Verfassung: 1992
Wahlrecht: 18 Jahre
Staatsreligion: Keine

BEVÖLKERUNG

Bevölkerungsanteil: <15 Jahre 28.4 %, 15-64 Jahre 66.9 %, >64 Jahre 4.7 %
Verteilung: Stadt 66.2 %, Land 33.8 %
Wachstum 2019: 1.2 %
Lebenserwartung: Frauen 76 Jahre, Männer 70 Jahre
Alphabetenrate: Frauen 82 %, Männer 91.7 %
Ethnische Gruppen: Kreolen, Afrikaner, Europäer u. a.
Religionen: Christen 85.3 %, Muslime 1.8 %, Sonstige 1.3 %
Sprachen: Portugiesisch, Kreolisch

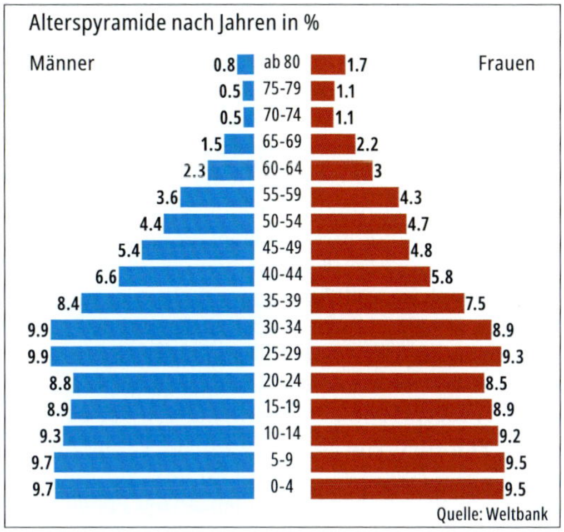

WIRTSCHAFT UND VERKEHR

BIP: 1.98 Mrd. US-$
Wachstum BIP 2019: 5.7 %
BNE/Kopf: 3 599 US-$
Inflation: 1.3 %
Außenhandel: Import 796 Mio. US-$, Export 62 Mio. US-$
Erwerbstätige nach Sektoren: Landwirtschaft 11.5 %, Industrie 22 %, Dienstleistungen 66.5 %
Arbeitslosenquote: 12.3 %
Energieverbrauch/Kopf: Keine Angabe
Straßennetz: 1 350 km
Eisenbahnnetz: Keine Angabe

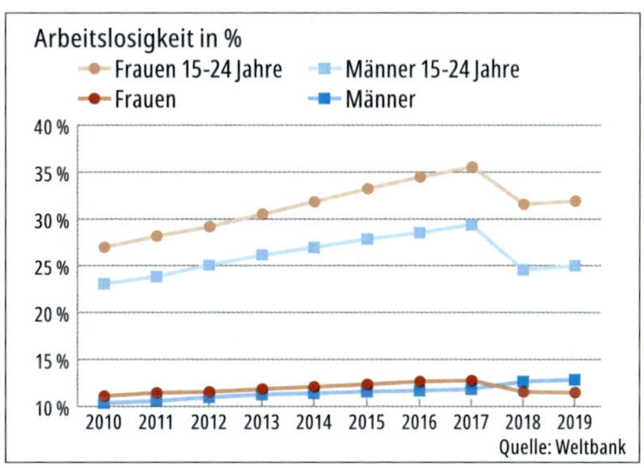

RÜCKBLICK

Kap Verde war 2019 weiter von Stabilität und anhaltendem ökonomischen Wachstum geprägt. Die Auswirkungen der globalen Covid-19-Pandemie führten jedoch 2020 zu Einschnitten.

Wirtschaft: 2019 war ein weiterhin stabil hohes Wirtschaftswachstum zu verzeichnen, was primär auf die robuste Entwicklung der Fischerei, des Tourismus und der Industrie zurückzuführen war. Die Staatsverschuldung konnte reduziert werden. Im Juni 2019 wurde ein Kredit über 40 Mio. US-$ von der Weltbank an den Staat genehmigt, um die fiskalischen Risiken durch die Privatisierung der ehemals staatlichen Fluggesellschaft **Cabo Verde Airlines** zu reduzieren. In diesem Kontext wurden 51 % der Anteile der Fluggesellschaft an den isländischen Konzern **Icelandair** veräußert. Die in Regierungshand verbleibenden 39 % sollten ursprünglich im ersten Halbjahr 2020 verkauft werden, der Plan wurde jedoch aufgrund der Auswirkungen der Covid-19-Pandemie vorerst verschoben. Die nationale Tourismusbranche wurde schwerwiegend von den Auswirkungen der Pandemie getroffen. Am 25.5.2020 warnte Präsident Jorge Carlos Fonseca in diesem Kontext vor gravierenden **ökonomischen Konsequenzen der Pandemie** für Entwicklungsfortschritte sowohl in Kap Verde als auch auf dem restlichen afrikanischen Kontinent. Das Wirtschaftswachstum schwächte sich in diesem Zusammenhang nach dem Ausrufen des Nationalen Notstands und der Einführung von Reisebeschränkungen sowie dem temporären Einstellen der Schifffahrtsverbindungen zwischen den einzelnen Inseln deutlich ab und es kam zu **Verzögerungen beim Nahrungsmittelimport**.

Proteste: Es kam zu mehreren größeren Protesten, bei denen inhaltlich die Verbesserung von **Arbeitsbedingungen** und die wahrgenommene **Marginalisierung bestimmter Inseln** im Zentrum standen. So kam es beispielsweise am 5.7.2019 zu einer Demonstration in Mindelo, an der Berichten zufolge mehr als 10 000 Menschen teilnahmen, die die Ungleichbehandlung der Insel São Vicente kritisierten. Im Januar 2020 riefen Gewerkschaften zum Protest für bessere Arbeitsbedingungen, höhere Löhne und eine Verstärkung von staatlichen Anstrengungen zur Bekämpfung von Jugendarbeitslosigkeit auf.

Kasachstan

▸ 684

Ländername	Republik Kasachstan
Zeitzone	MEZ +4 h bis +5 h
Fläche in km²	2 724 902
Anzahl der Einwohner	18.3 Millionen
Einwohnerzahl pro km²	7
Hauptstadt	Nur-Sultan
Amtssprache	Russisch, Kasachisch
Verwaltungsgliederung	14 Gebiete und 4 Städte
Wichtige Städte	Almaty, Nur-Sultan, Schymkent, Qaraghandy, Aqtöbe, Taras
Autokennzeichen | ISO-Code	KZ | KAZ
Währung	1 Tenge = 100 Tiyn
Nationalfeiertag	16. Dezember

Nach Russland, zu dem enge politische und wirtschaftliche Beziehungen bestehen, ist Kasachstan der zweitgrößte Nachfolgestaat der Sowjetunion. Die reichen Bodenschätze haben dem zentralasiatischen Land nach der Unabhängigkeit zu einem gewissen Wohlstand verholfen. Das autoritäre Präsidialregime verhinderte bislang eine Demokratisierung nach westlichem Vorbild.

GEOGRAFIE

Geografische Lage: Von 40° 36' bis 55° 23' nördlicher Breite sowie von 46° 37' bis 87° 19' östlicher Länge
Höchster Punkt: Khan Tengri 6995 m
Klima: Trockenes Kontinentalklima

POLITIK

Staatsform: Präsidiale Republik
Staatsoberhaupt: Präsident
Legislative: Parlament, bestehend aus Unterhaus mit 98 für 5 Jahre gewählten und 9 ernannten Mitgliedern und Senat mit 34 für 6 Jahre gewählten und 15 ernannten Mitgliedern (alle 3 Jahre teilerneuert)
Jahr der Verfassung: 1995
Wahlrecht: 18 Jahre
Staatsreligion: Keine

BEVÖLKERUNG

Bevölkerungsanteil: <15 Jahre 28.9 %, 15-64 Jahre 63.5 %, >64 Jahre 7.6 %
Verteilung: Stadt 57.4 %, Land 42.6 %
Wachstum 2019: 1.3 %
Lebenserwartung: Frauen 78 Jahre, Männer 69 Jahre
Alphabetenrate: Frauen 99.7 %, Männer 99.8 %
Ethnische Gruppen: Kasachen, Russen, Usbeken, Ukrainer, Uiguren, Tataren, Deutsche u. a.
Religionen: Muslime 70.2 %, Christen 26.2 %
Sprachen: Russisch, Kasachisch

WIRTSCHAFT UND VERKEHR

BIP: 180.16 Mrd. US-$
Wachstum BIP 2019: 4.5 %
BNE/Kopf: 9 139 US-$
Inflation: 5.2 %
Außenhandel: Import 37.76 Mrd. US-$, Export 57.31 Mrd. US-$
Erwerbstätige nach Sektoren: Landwirtschaft 15.8 %, Industrie 20.5 %, Dienstleistungen 63.7 %
Arbeitslosenquote: 4.6 %
Energieverbrauch/Kopf: 4 435 kg ÖE
Straßennetz: 95 409 km
Eisenbahnnetz: 16 614 km

RÜCKBLICK

Epochenwechsel? Nursultan Nasarbajew, Staatspräsident seit der Unabhängigkeit Kasachstans 1991, trat zum 20.3.2019 zurück, nachdem er drei Wochen zuvor die Regierung wegen ausbleibender wirtschaftlicher Erfolge ausgetauscht hatte. Nasarbajew sicherte sich jedoch weiterhin Einfluss: Ab 2011 durch die Verfassung als **„Führer der Nation"** mit lebenslanger Immunität ausgestattet, blieb er an der Spitze der Regierungspartei Nur-Otan und (lebenslang) des Nationalen Sicherheitsrats, u. a. mit Aufsicht über den Geheimdienst und militärischem Oberbefehl. **Neuer Staatspräsident**

Der frühere Präsident Kasachstans Nursultan Nasarbajew (r.) und sein Nachfolger Qassym-Schomart Toqajew (l.), der am 23. April 2019 auf dem 19. außerordentlichen Parteitag der Nur Otan-Partei in Nur-Sultan zum Präsidentschaftskandidaten gewählt wurde.

wurde Nasarbajews politischer Weggefährte Qassym-Schomart Toqajew. Als erste Amtshandlung benannte dieser die Hauptstadt Astana in Nur-Sultan um. Ihm als Senatspräsident, proto-

kollarisch das zweithöchste Staatsamt, folgte die älteste Tochter Nasarbajews, Dariga Nasarbajewa. Sie wurde jedoch am 2.5.2020 von Toqajew entlassen. Ob dies mit Billigung oder sogar auf Initiative Nasarbajews geschah, blieb unklar.

Wahl mit Schönheitsfehlern: Toqajew ließ die Präsidentschaftswahlen um ein Jahr auf den 9.6.2019 vorverlegen. Neben fünf Zählkandidaten war auch ein Vertreter der Opposition, der sich nicht im Exil aufhielt, zugelassen. Mit offiziell 70.7 % der gültigen Stimmen bei einer Beteiligung von 77.4 % war die **Bestätigung Toqajews** jedoch **ungefährdet**. OSZE-Wahlbeobachter werteten die **Wahl** als **weder frei noch fair**. Auf der anderen Seite regte sich bereits seit April/Mai **Protest gegen das autoritäre System**, besonders in Sozialen Netzwerken, aber auch mit kleineren (verbotenen) Demonstrationen und Aktionen. Die Sicherheitskräfte reagierten mit **Festnahmen**, Arreststrafen und Internetblockaden. Am Wahltag nahm die Polizei nach Zusammenstößen rund 500 Personen fest.

Qassym-Schomart Toqajew: * Almaty 17.5.1953, ab 1975 im diplomatischen Dienst, 1992-99 stell-

vertretender Außenminister, 1999-2002 Ministerpräsident, 2002-07 Außenminister, 2011-13 UN-Generaldirektor (Genf), 2007-11 und 2013-19 Vorsitzender des Senats, ab 20.3.2019 Staatspräsident Kasachstans.

Corona: Kurz nach dem ersten dokumentierten Covid-19-Fall wurde am 16.3.2020 der Notstand verhängt (bis 11.5.). Es folgten die **Abriegelung** der beiden größten Städte Almaty und Nur-Sultan mit Ausgangsbeschränkungen, verschärft um einen kompletten Lockdown vom 30.3. bis 20.4.; Schulen schlossen landesweit ab dem 6. April. Lockerungen, u. a. für den Personenverkehr im Inland, gab es ab Ende April. Da sich die Zahl der Neuinfektionen jedoch ab Mitte Juni wieder stark erhöhte und Krankenhäuser teils keine Patienten mehr aufnehmen konnten, verfügte die Regierung am 29.6. landesweit für zunächst zwei Wochen einen zweiten Lockdown (ab 5.7.) mit strengen Quarantäne- und Hygienevorschriften. Einige Städte und Regionen schränkten die Bewegungsfreiheit seiner Bewohner noch stärker ein, etwa mit der Einstellung des öffentlichen Nahverkehrs, Fahrverboten für Privat-Pkw und Ausgangsbeschränkungen.

Einbruch: Neben der Corona-Krise beeinträchtige der stark gefallene Ölpreis die Wirtschaft, sodass die Regierung den nationalen Reservefonds stärker als geplant für Staatsausgaben zur Stützung der Wirtschaft (zwei Pakete im März und Mai) beanspruchte. Unternehmen, auch Freiberufler, durften ab dem 1.4. bis zu sechs Monate Erleichterungen oder auch Befreiungen bei der Zahlung von Steuern und Sozialabgaben in Anspruch nehmen. Für 2020 rechnete die Regierung beim Erdöl zwar nur mit einem Rückgang der Förderung um 4.5 %, beim Exporterlös jedoch mit einem Minus von einem Drittel. 2019 lag der Anteil des Rohölverkaufs an den Ausfuhreinnahmen bei rund 60 %.

Katar

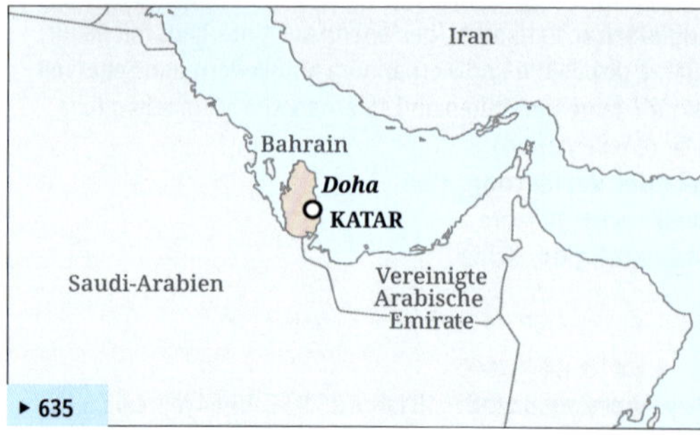

▸ 635

Ländername	Staat Katar
Zeitzone	MEZ +2 h
Fläche in km²	11 610
Anzahl der Einwohner	2.8 Millionen
Einwohnerzahl pro km²	244
Hauptstadt	Doha
Amtssprache	Arabisch
Verwaltungsgliederung	8 Gemeinden
Wichtige Städte	Ar-Rayyan, Doha, Ash-Schahaniyya, Adh-Dhachira, Al-Chaur
Autokennzeichen | ISO-Code	Q | QAT
Währung	1 Katar-Riyal = 100 Dirham
Nationalfeiertag	3. September, 18. Dezember

Das auf einer Halbinsel im Persischen Golf gelegene reiche Emirat umfasst ein extrem ödes und unfruchtbares Wüstengebiet. Vor dem Ölboom lebten hier nur wenige nomadische Beduinen und Perlenfischer. Die neue Verfassung von 2005 soll die Basis für eine behutsame Demokratisierung bilden.

GEOGRAFIE

Geografische Lage: Von 24° 34' bis 26° 09' nördlicher Breite sowie von 50° 45' bis 51° 37' östlicher Länge
Höchster Punkt: Qurayn Abu al-Bawl 103 m
Klima: Wüstenklima

POLITIK

Staatsform: Absolute Monarchie
Staatsoberhaupt: Emir
Legislative: Beratende Versammlung mit 35 ernannten Mitgliedern
Jahr der Verfassung: 2005
Wahlrecht: 18 Jahre
Staatsreligion: Islam

BEVÖLKERUNG

Bevölkerungsanteil: <15 Jahre 13.5 %, 15-64 Jahre 85.1 %, >64 Jahre 1.4 %
Verteilung: Stadt 99.1 %, Land 0.9 %
Wachstum 2019: 1.8 %
Lebenserwartung: Frauen 82 Jahre, Männer 79 Jahre
Alphabetenrate: Frauen 94.7 %, Männer 93.1 %
Ethnische Gruppen: Inder, Pakistani, Nepalesen, Katarer, Araber u. a.
Religionen: Muslime 67.7 %, Christen 13.8 %, Hindus 13.8 %, Buddhisten 3.1 %
Sprachen: Arabisch, Persisch, Englisch, Urdu

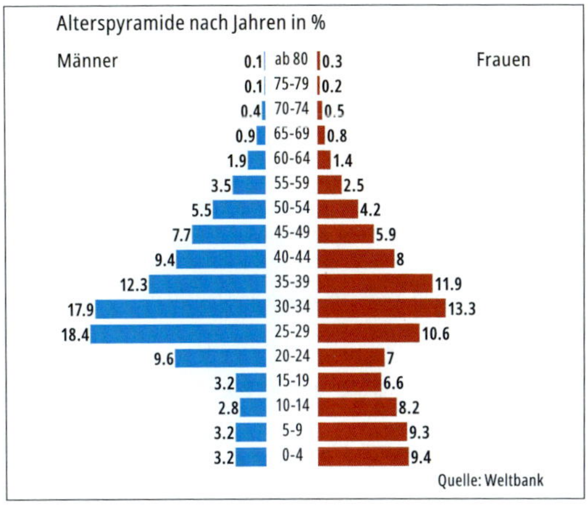

WIRTSCHAFT UND VERKEHR

BIP: 183.47 Mrd. US-$
Wachstum BIP 2019: -0.2 %
BNE/Kopf: 69 688 US-$
Inflation: -0.7 %
Außenhandel: Import 31.35 Mrd. US-$, Export 72.64 Mrd. US-$
Erwerbstätige nach Sektoren: Landwirtschaft 1.2 %, Industrie 54.5 %, Dienstleistungen 44.3 %
Arbeitslosenquote: 0.1 %
Energieverbrauch/Kopf: 17 923 kg ÖE
Straßennetz: 7 039 km
Eisenbahnnetz: Keine Angabe

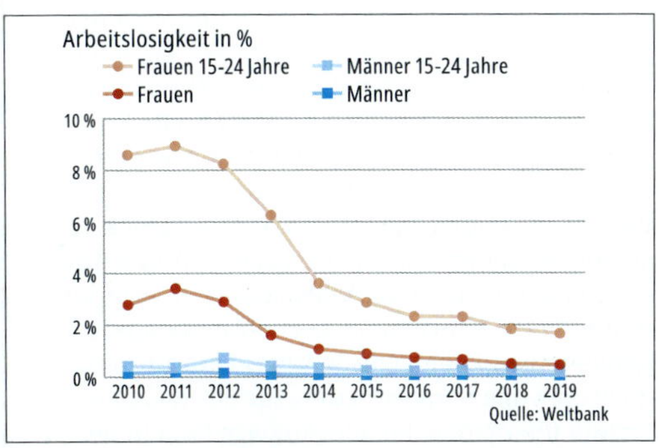

RÜCKBLICK

Entspannung: Im Verhältnis Katars zu seinen Nachbarstaaten Bahrain, Saudi-Arabien und Vereinigte Arabische Emirate gab es Anzeichen einer leichten Entspannung. So nahmen die Fußballnationalmannschaften der drei Länder am Arab Gulf Cup teil, der vom 24.11.-6.12.2019 in Katar stattfand. Im Juli 2017 hatten diese die diplomatischen Beziehungen zu Katar abgebrochen, dem sie die Unterstützung terroristischer Organisationen vorwarfen, und Sanktionen gegen das Land verhängt. Allerdings blieb Emir Tamim bin Hamad Al Thani trotz der Einladung des Gastgebers, König Salman von Saudi-Arabien, dem Gipfeltreffen des Golfkooperationsrats (GCC), das am 10.12. in Riad stattfand, fern.

Reaktion auf Plan Trumps: Katars Regierung reagierte zurückhaltend auf den am 28.1.2020 vorgestellten Plan des US-Präsidenten Donald Trump für die Lösung des Israel-Palästina-Konflikts. Sie wies darauf hin, dass ein dauerhafter Friede nicht ohne Zugeständnisse an die palästinensische Seite erreicht werden könne: die Errichtung eines palästinensischen Staates unter Einschluss Ost-Jerusalems und die Respektierung des Rückkehrrechts der geflohenen bzw. vertriebenen Palästinenser.

Corona: Am 29.2.2020 wurde die erste Covid-19-Infektion bestätigt, am 30.3. kam es zum ersten Todesfall. Am 17.3. wurde ein Lockdown verordnet, nur Apotheken und Lebensmittelgeschäfte blieben geöffnet. Die Wohnungen sollten nur verlassen werden, wenn ein dringender Grund vorlag. Der Staat übernahm ab April für drei Monate die Zahlung der Stromrechnungen für Individuen und Firmen. Ab dem 17.5. galt die Pflicht, in der Öffentlichkeit Masken zu tragen. Verstöße dagegen konnten mit Haftstrafen bis zu drei Jahren und Geldstrafen von 55 000 $ geahndet werden. Auf den Baustellen der Stadien für die Fußball-Weltmeisterschaft 2022 wurde indes weitergearbeitet. Zehntausende von ausländischen Arbeitskräften leben unter beengten Wohnbedingungen, wo sich das Virus leicht verbreiten konnte. Hier kam es auch zu den meisten Infektionen. Trotz der Maßnahmen stiegen die Infektionen kontinuierlich an, ohne dass die Kurve abflachte. Die Zahl der Todesfälle blieb demgegenüber niedrig.

Kenia

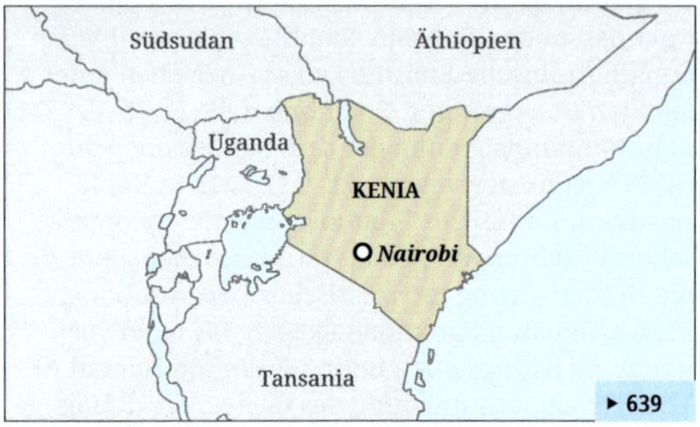

▸ 639

Ländername	Republik Kenia
Zeitzone	MEZ +2 h
Fläche in km²	580 370
Anzahl der Einwohner	52.6 Millionen
Einwohnerzahl pro km²	91
Hauptstadt	Nairobi
Amtssprache	Swahili, Englisch
Verwaltungsgliederung	47 Counties
Wichtige Städte	Nairobi, Mombasa, Nakuru, Kisumu, Eldoret, Ruiru
Autokennzeichen | ISO-Code	EAK | KEN
Währung	1 Kenia-Schilling = 100 Cents
Nationalfeiertag	12. Dezember

Das ostafrikanische Land am Indischen Ozean präsentiert sich facettenreich als Großwildparadies in einer einzigartigen Naturlandschaft mit Trockensavannen, grünem Hochland, tropischem Regenwald, Vulkankegeln und weißen Palmenstränden. Kulturelle Vielfalt und geheimnisvolle Riten traditioneller Religionen kontrastieren mit ethnischen Rivalitäten und dem Elend der Slums vor den Luxusfassaden der Großstädte. Früher individuelles Ziel für Abenteurer und Weltenbummler ist der Tourismus heute für Kenia einer der wichtigsten Devisenbringer.

GEOGRAFIE

Geografische Lage: Von 5° 30' nördlicher bis 4° 42' südlicher Breite sowie von 33° 54' bis 41° 53' östlicher Länge
Höchster Punkt: Mount Kenia 5199 m
Klima: Im Hochland wintertrockenes, subtropisches Klima; nach Osten und Südosten hin Übergang vom trockenheißen Halbwüstenklima zum Savannenklima

POLITIK

Staatsform: Präsidiale Republik
Staatsoberhaupt: Präsident
Legislative: Parlament, bestehend aus Nationalversammlung mit 337 für 5 Jahre gewählten und 12 ernannten Mitgliedern und Senat mit 67 für 5 Jahre gewählten Mitgliedern
Jahr der Verfassung: 2010
Wahlrecht: 18 Jahre
Staatsreligion: Keine

BEVÖLKERUNG

Bevölkerungsanteil: <15 Jahre 39.2 %, 15-64 Jahre 58.4 %, >64 Jahre 2.4 %
Verteilung: Stadt 27.5 %, Land 72.5 %
Wachstum 2019: 2.3 %
Lebenserwartung: Frauen 69 Jahre, Männer 65 Jahre
Alphabetenrate: Frauen 78.2 %, Männer 85 %
Ethnische Gruppen: Kikuyu, Luhya, Kalejin, Luo, Kamba, Somali, Kisii, Mijikenda, Meru, Turkana, Massai u. a.
Religionen: Christen 83 %, Muslime 11.2 %, Ethnische 1.7 %, Sonstige 1.6 %
Sprachen: Swahili, Englisch, indigene Sprachen

WIRTSCHAFT UND VERKEHR

BIP: 95.5 Mrd. US-$
Wachstum BIP 2019: 5.4 %
BNE/Kopf: 1 998 US-$
Inflation: 5.2 %
Außenhandel: Import 17.22 Mrd. US-$, Export 5.82 Mrd. US-$
Erwerbstätige nach Sektoren: Landwirtschaft 54.4 %, Industrie 7.3 %, Dienstleistungen 38.3 %
Arbeitslosenquote: 2.6 %
Energieverbrauch/Kopf: 506 kg ÖE
Straßennetz: 177 786 km
Eisenbahnnetz: 2 541 km

RÜCKBLICK

Korruptionsbekämpfung: Finanzminister Henry K. **Rotich** wurde am 22. Juli 2019 **festgenommen.** Die Staatsanwaltschaft erhob Anklage und warf dem Politiker sowie anderen hochrangigen Beamten **Betrug und Bestechlichkeit** vor. Sie hätten bei der Vergabe von Bauprojekten für zwei große Staudämme im Westen Kenias **Steuermittel in dreistelliger Millionenhöhe** veruntreut und sich selbst bereichert. Rotich wies alle Vorwürfe zurück. Nach seiner zeitnahen Entlassung aus dem Amt betraute der Präsident zunächst Arbeitsminister Ukur Yattani mit dem Ressort. Im Zuge einer umfangreichen **Kabinettsumbildung** wurde Yattani am 14. Januar 2020 die volle Verantwortung für das Finanzministerium übergeben. Rotichs Anklage fand in der Öffentlichkeit große Beachtung, denn bisher blieben ähnliche Skandale innerhalb der politischen Elite meist ohne strafrechtliche Ahndung. Kenia gehört zu den von Korruption am stärksten betroffenen Staaten weltweit. Präsident Uhuru Kenyatta hatte 2017 die Bekämpfung der Korruption zu einer der Hauptaufgaben seiner zweiten Amtszeit erklärt.

Volkszählung: Vom 24. bis 31. August 2019 erhob Kenia zum sechsten Mal seit seiner Unabhängigkeit 1963 systematisch **Daten über seine Bevölkerung**. Dazu suchten etwa 165 000 staatliche Kräfte die Haushalte der 47 Counties auf, um u. a. Daten zu Alter, Geschlecht, ethnischer Zugehörigkeit, Familien- und Bildungsstand erstmals digital zu erfassen. Das globale Datenbild sollte Rückschlüsse auf die Versorgungslage der Menschen, auf die zur Verfügung stehenden Wohnungskapazitäten und den Status quo der wirtschaftlichen Entwicklung ermöglichen und somit die Weichenstellung für die Zukunft erleichtern. Die **Erfassung der ethnischen Zugehörigkeit** galt im Vielvölkerstaat als besonders heikel, denn es wurde befürchtet, dass sich aus der jeweiligen Größe der ethnischen Gruppe auch ein angemessener **Anspruch auf politische Mitgestaltung** ergeben könnte. Bei der Volkszählung 2009 hatte die Regierung die Ergebnisse zunächst teilweise bestritten, weil die kenianischen Somali als eine der stärksten Ethnien aus der Erhebung hervorgegangen waren. Die Ergebnisse wurden später aber juristisch bestätigt.

Sicherheitslage: Die Sicherheit war weiterhin durch Akte von Gewaltkriminalität, Verteilungskämpfe um Land und insbesondere **Terroranschläge durch** die von Somalia aus agierende islamistische Miliz **Al-Shabaab** bedroht. Im Dezember 2019 und Januar 2020 überfielen die sunnitischen Al-Shabaab-Fundamentalisten mehrere Busse in der südöstlichen **Provinz Lamu**, wo auch die bei Touristen beliebte gleichnamige Insel liegt. Bei den Anschlägen starben mindestens elf Menschen. Ebenfalls im Januar 2020 griffen Milizen nahe der Insel einen Flughafen an, den die US-Armee auch als Stützpunkt nutzt, um afrikanische Soldaten im Antiterrorkampf auszubilden. Die Attacke forderte mindestens drei Todesopfer. Seit **Kenia** seit 2011 militärisch gegen die Terrormiliz vorgeht und sich mit **Truppen an der Friedensmission** der Afrikanischen Union (AMISOM) in Somalia beteiligt, ist das Land selbst **zur Zielscheibe** für Al-Shabaab-Anschläge geworden.

Außenpolitik: Der seit 2009 schwelende **Konflikt** zwischen Kenia und Somalia **um den Grenzverlauf im Indischen Ozean** bestand weiter. Während Kenia darauf beharrte, dass die maritime Grenze parallel zum Breitengrad verläuft, forderte Somalia, die Grenze analog zum diagonalen Grenzverlauf an Land weiterzuführen. In dem von beiden Seiten beanspruchten 150 000 km² großen Meeresgebiet lagern **wertvolle Erdöl- und Erdgasvorkommen**. Eine für November 2019 anberaumte Prüfung der Streitfrage durch den Internationalen Gerichtshof in Den Haag wurde verschoben.

Wirtschaft: Auch wenn Kenia im Vergleich zu anderen Staaten bis Mitte 2020 nur eine geringe Zahl an Covid-19-Fällen aufwies, **litt das Land unter der Pandemie**: Der Handel mit importierten Waren verringerte sich ebenso wie der Export von Schnittblumen, Kaffee und Tee drastisch, der Tourismus kam nahezu zum Erliegen. Experten prognostizierten für 2020 ein **negatives BIP-Wachstum** von -1 bis -2.5 %. Die Landwirtschaft litt zudem stark unter der seit Ende 2019 wütenden **Heuschreckeninvasion**, die Ernten vernichtete und damit die Ernährungssicherheit massiv bedrohte.

Heuschreckenplage

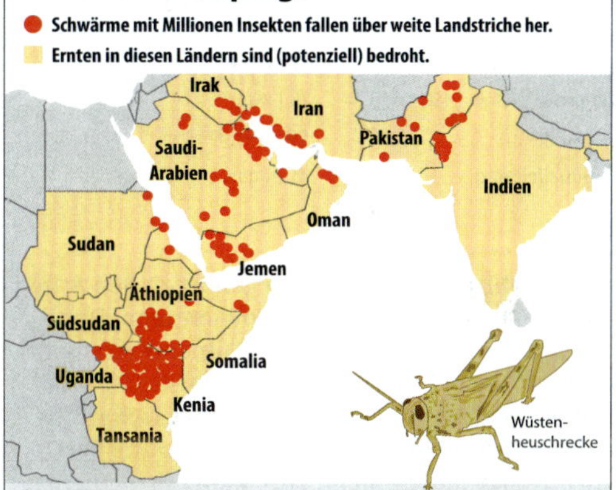

dpa•100755 Quelle: FAO, Stand Februar/März 2020

Corona: Am 13. März 2020 wurde in Kenia die erste Covid-19-Infektion offiziell gemeldet. Die staatliche Führung reagierte auf die Pandemie u. a. mit **Grenzschließungen und einer nächtlichen Ausgangssperre**. Gegen Berufspendler, die gegen diese Sperre verstießen, gingen die Sicherheitskräfte mit Tränengas vor. Infolge der verordneten Einschränkungen kam es zu **Ausschreitungen**. Straßenhändler und Gelegenheitsarbeiter verloren ihre Lebensgrundlage, viele Angestellte wurden ohne Lohnfortzahlung beurlaubt. Die Regierung beantragte beim Internationalen Währungsfonds und bei der Weltbank Hilfen von rund 1 Mrd. US-$, um die durch Corona bedingte Krise abzumildern.

Kirgisistan

▸ 684

Ländername	Kirgisische Republik
Zeitzone	MEZ +5 h
Fläche in km²	199 950
Anzahl der Einwohner	6.5 Millionen
Einwohnerzahl pro km²	32
Hauptstadt	Bischkek
Amtssprache	Kirgisisch, Russisch
Verwaltungsgliederung	7 Gebiete und 2 Städte
Wichtige Städte	Bischkek, Osch, Dschalal-Abad, Karakol, Tokmok
Autokennzeichen | ISO-Code	KS | KGZ
Währung	1 Som = 100 Tyjyn
Nationalfeiertag	31. August

Das Gebirgsland Kirgisistan gehört zu den ärmsten Nachfolgestaaten der Sowjetunion. Durch einen politischen Umsturz, der „Tulpenrevolution", wurde 2005 der autoritär regierende Staatspräsident zum Rücktritt gezwungen. Die wirtschaftlich desolate Lage großer Teile der Bevölkerung verbesserte sich jedoch nicht. 2010 kam es zu einem neuerlichen Umsturz. Mit der Verfassungsänderung, die im Juni 2010 in einem Referendum mit großer Mehrheit bestätigt wurde, ist Kirgisistan die erste parlamentarische Demokratie Zentralasiens. Danach folgte eine vom Versuch eines demokratischen Neuanfangs geprägte Zeit.

GEOGRAFIE

Geografische Lage: Von 39° 12' bis 43° 14' nördlicher Breite sowie von 69° 14' bis 80° 15' östlicher Länge
Höchster Punkt: Jengish Chokusu (Pik Pobedy) 7439 m
Klima: Kontinentales Steppenklima, Gebirgsklima

POLITIK

Staatsform: Parlamentarische Republik
Staatsoberhaupt: Präsident
Legislative: Oberster Rat mit 120 für 5 Jahre gewählten Mitgliedern
Jahr der Verfassung: 2010
Wahlrecht: 18 Jahre
Staatsreligion: Keine

BEVÖLKERUNG

Bevölkerungsanteil: <15 Jahre 32.5 %, 15-64 Jahre 62.9 %, >64 Jahre 4.6 %
Verteilung: Stadt 36.4 %, Land 63.6 %
Wachstum 2019: 1.9 %
Lebenserwartung: Frauen 76 Jahre, Männer 68 Jahre
Alphabetenrate: Frauen 99.5 %, Männer 99.7 %
Ethnische Gruppen: Kirgisen, Usbeken, Russen, Dungan u. a.
Religionen: Muslime 90 %, Christen 7 %, Sonstige 3 %
Sprachen: Kirgisisch, Russisch, Usbekisch

WIRTSCHAFT UND VERKEHR

BIP: 8.45 Mrd. US-$
Wachstum BIP 2019: 4.5 %
BNE/Kopf: 1 293 US-$
Inflation: 1.1 %
Außenhandel: Import 4.91 Mrd. US-$, Export 1.76 Mrd. US-$
Erwerbstätige nach Sektoren: Landwirtschaft 21.2 %, Industrie 24.1 %, Dienstleistungen 54.7 %
Arbeitslosenquote: 6.3 %
Energieverbrauch/Kopf: 650 kg ÖE
Straßennetz: 34 058 km
Eisenbahnnetz: 424 km

RÜCKBLICK

Konfrontation: Der Konflikt zwischen **Staatspräsident** (ab 2017) Sooronbaj Dscheenbekow **und** seinem **Amtsvorgänger** Almasbek Atambajew verschärfte sich. Beide Seiten bezichtigten sich der Korruption. Stein des Anstoßes war u. a. der Ausfall des Heizkraftwerks Bischkek im Januar 2018, das mit chinesischer Finanzhilfe modernisiert worden war. Zwei ehemalige Regierungschefs wurden deswegen festgenommen und Atambajew wurde am 27.6.2019 durch das Parlament die **Immunität entzogen**. In diesem Zusammenhang spaltete sich die stärkste Regierungspartei SDPK, die Atambajew mitbegründet hatte.

Hintergrund: Hinter dem Machtkampf verbargen sich ein Grundsatzkonflikt über die **außenpolitische Orientierung** und eine unterschiedliche

Einstellung gegenüber der zunehmenden **Islamisierung**. Kirgisistan beteiligte sich an der **Seidenstraßen-Initiative** Chinas, das große Verkehrsprojekte finanzierte, darunter eine Eisenbahnstrecke von Kaschgar (Provinz Xinjiang) durch Kirgisistan nach Usbekistan. Auch pflegte Präsident Dscheenbekow gute Beziehungen zu Katar, das in Kirgisistan viele Moscheen bauen ließ.

Showdown: Gegen die Anschuldigungen mobilisierte **Atambajew** ab Anfang 2019 Demonstrationen. Strafrechtlichen Vorladungen entzog er sich und **verschanzte sich** im Juli mit bewaffneten Anhängern an seinem Wohnsitz. Bei einem Moskau-Besuch suchte er vergeblich um Unterstützung Russlands nach, mit dem Kirgisistan in der Eurasischen Wirtschaftsunion (EEU) verbunden ist. Ein **Sturm** auf das Anwesen Atambajews durch Spezialkräfte am 7.8. misslang. Es gab einen Toten und mehr als 50 Verletzte; Geiseln wurden genommen. Ein zweiter **Festnahmeversuch** war erfolgreich. Atambajew stellte sich und wurde am 9.8. in Untersuchungshaft genommen. In einem ersten Strafprozess wurde er am 23.6.2020 wegen Korruption zu elf Jahren Haft verurteilt.

Rücktritt: Anschuldigungen aus dem Parlament, die Vergabe von Rundfunklizenzen sei nicht rechtmäßig erfolgt, führten zum Rücktritt von Ministerpräsident Muhammedkaly Abylgasijew am 15.6.2020. **Neuer Regierungschef** wurde dessen bisheriger erster Stellvertreter Kubatbek Boronow. Sein Kabinett wurde am 17.6. vom Parlament bestätigt. Für den 4.10. waren Parlamentswahlen geplant.

Corona: Auf die Ausbreitung der Covid-19-Pandemie reagierte die Regierung am 22.3.2020 mit der Verhängung des Notstands, für die drei größten Städte und weitere Bezirke mit einer nächtlichen Ausgangssperre (25.3.-11.5.) sowie Reisebeschränkungen. Ein Betätigungsverbot für die Wirtschaft wurde ab 1.5. wieder gelockert. Im Juni erhöhte sich die Zahl der Neuansteckungen jedoch drastisch, was die Krankenhäuser überlastete. In der Corona-Krise erhielt Kirgisistan als erster Staat einen **Notkredit des Internationalen Währungsfonds**: 120 Mio. US-$. Der finanzielle Spielraum des Staates war gering. Hilfen für Unternehmen bestanden im Wesentlichen aus erweiterten Möglichkeiten, Zahlungen von Steuern, Abgaben und Mieten auszusetzen und die Bedienung von Krediten zu verschieben.

Kiribati

▸ 709

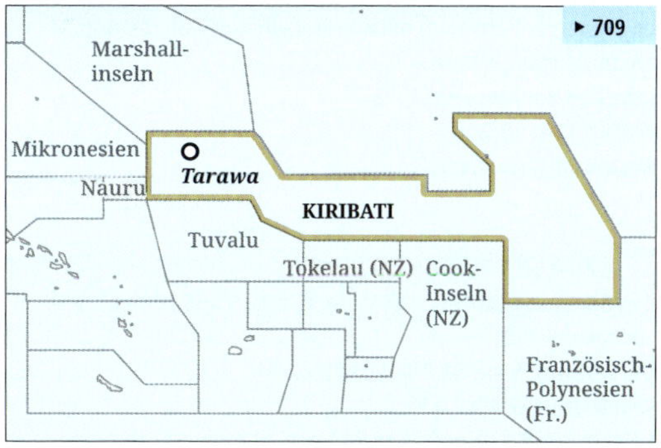

Ländername	Republik Kiribati
Zeitzone	MEZ +11 h bis +13 h
Fläche in km²	810
Anzahl der Einwohner	117 606
Einwohnerzahl pro km²	145
Hauptstadt	Tarawa
Amtssprache	Kiribatisch, Englisch
Verwaltungsgliederung	3 Einheiten mit 6 Distrikten
Wichtige Städte	South Tarawa, Betio, Bikenibeu, Teaoraereke
Autokennzeichen | ISO-Code	KIR | KIR
Währung	1 Kiribati-Dollar/Australischer Dollar = 100 Cents
Nationalfeiertag	12. Juli

Der zu Mikronesien gehörende pazifische Inselstaat ist ein Tropenparadies, das vom Anstieg des Meeresspiegels infolge der globalen Erderwärmung stark bedroht ist. Die überwiegend nur wenige Meter aus dem Ozean ragenden Inseln könnten versinken.

GEOGRAFIE

Geografische Lage: Von 4° 43' nördlicher bis 11° 28' südlicher Breite sowie von 172° 45' östlicher bis 151° 47' westlicher Länge
Höchster Punkt: Unbenannt 81 m
Klima: Tropisches, ozeanisches Klima

POLITIK

Staatsform: Präsidiale Republik
Staatsoberhaupt: Präsident
Legislative: Parlament mit 44 für 4 Jahre gewählten und 2 ernannten Mitgliedern
Jahr der Verfassung: 1979
Wahlrecht: 18 Jahre
Staatsreligion: Keine

BEVÖLKERUNG

Bevölkerungsanteil: <15 Jahre 35.8 %, 15-64 Jahre 60.1 %, >64 Jahre 4.1 %
Verteilung: Stadt 54.8 %, Land 45.2 %
Wachstum 2019: 1.9 %
Lebenserwartung: Frauen 73 Jahre, Männer 64 Jahre
Alphabetenrate: Frauen 97.7 %, Männer 97.7 %
Ethnische Gruppen: Mikronesier, Polynesier u. a.
Religionen: Christen 97.9 %, Sonstige 2.1 %
Sprachen: Kiribatisch, Englisch

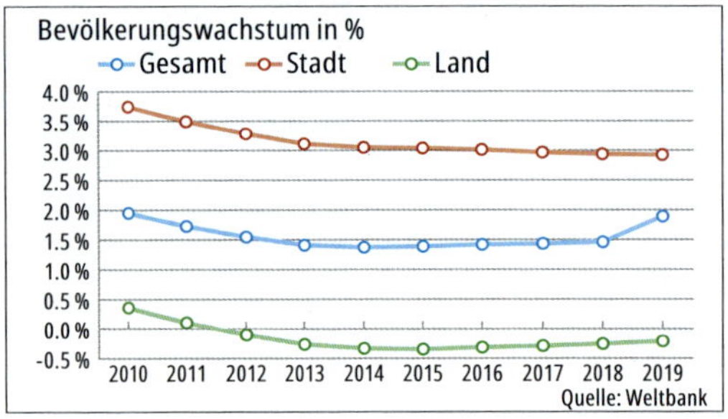

WIRTSCHAFT UND VERKEHR

BIP: 194.65 Mio. US-$
Wachstum BIP 2019: 2.2 %
BNE/Kopf: 1 575 US-$
Inflation: -1.9 %
Außenhandel: Import 125 Mio. US-$, Export 6 Mio. US-$
Erwerbstätige nach Sektoren: Keine Angabe
Arbeitslosenquote: Keine Angabe
Energieverbrauch/Kopf: Keine Angabe
Straßennetz: 670 km
Eisenbahnnetz: Keine Angabe

RÜCKBLICK

Wahlen: Bei der **Präsidentschaftswahl** am 22.6.2020 gewann Amtsinhaber Taneti Maamau mit 26 053 Stimmen, auf den Kandidaten der Opposition, Banuera Berina, entfielen nur 17 866 Stimmen. Hauptstreitpunkt im hitzig geführten Wahlkampf war Maamaus Hinwendung zur Volksrepublik China, die Berina zu revidieren versprach; aber auch das Versprechen des Präsidenten zur Einführung eines Kinderfreibetrags und von bezahltem Urlaub spielten eine Rolle. Maamau wurde am 24.6.2020 vereidigt. Sein klarer Sieg war überraschend, denn bei den **Parlamentswahlen** am 15./22.4.2020 hatte die Regierung 9 Sitze eingebüßt, der Wahlgang ergab ein Patt zwischen Regierung und Opposition. Insgesamt hatten sich 111 Kandidaten, darunter 7 Frauen, um die 44 Mandate beworben. Vier Frauen, darunter die Klimaaktivistin Tessie Lambourne, zogen in die Volksvertretung ein – der Frauenanteil erreichte damit 9 Prozent.

Außenpolitik: Am 20.9.2019 beendete Kiribati nach 16 Jahren seine diplomatischen Beziehungen zur Republik China (Taiwan), um Beziehungen zur VR China aufnehmen zu können. Die Regierung in Taipeh, die noch im Juli eine Spende in Höhe von 700 000 US-$ zum Ausbau des Gesundheitssystems auf den entlegeneren Inseln überwiesen hatte, reagierte empört. Außenminister Joseph Wu legte offen, dass Kiribati erst kürzlich die Bezahlung neuer Flugzeuge für Air Kiribati gefordert, Taipeh aber nur einen Kredit angeboten habe. Die **Kehrtwende in der China-Politik löste eine Regierungskrise aus**: 13 Abgeordnete der Regierung formierten sich unter dem Parteinamen „Kiribati First" und gingen zur Opposition über. Über einen Misstrauensantrag gegen Premierminister Taneti Maamau wurde am 14.11.2019 nicht abgestimmt, weil Parlamentspräsident Tebuai Uaai in einer später vom High Court als illegal bezeichneten Entscheidung die Parlamentssession schloss. Unterdessen schuf die Regierung Tatsachen: Während seines Besuchs in Peking am 6.1.2020, wo er von Staats- und Parteichef Xi Jinping empfangen wurde, unterzeichnete Taneti Maamau ein Memorandum of Understanding zur **Teilhabe Kiribatis am chinesischen Projekt einer Neuen Seidenstraße**. Peking nahm Kiribati in die Liste der empfohlenen Reiseziele auf.

Wirtschaft: 2019 wuchs die Wirtschaft, in erster Linie aufgrund von Lohnerhöhungen und Sozialleistungen der Regierung, um 2.2 %. Anfällig für die Folgen der Corona-Pandemie war die Wirtschaft weniger wegen des noch kaum entwickelten Tourismus, sondern wegen der wichtigen Rücküberweisungen der Matrosen.

Kolumbien

▸ 667

Ländername	Republik Kolumbien
Zeitzone	MEZ -6 h
Fläche in km²	1 141 749
Anzahl der Einwohner	50.3 Millionen
Einwohnerzahl pro km²	44
Hauptstadt	Bogotá D. C.
Amtssprache	Spanisch
Verwaltungsgliederung	32 Departamentos und 1 Hauptstadtdistrikt
Wichtige Städte	Bogotá D. C., Medellín, Cali, Barranquilla, Cartagena, Cúcuta, Soacha, Soledad, Bucaramanga
Autokennzeichen | ISO-Code	CO | COL
Währung	1 Kolumbianischer Peso = 100 Centavos
Nationalfeiertag	20. Juli

Kolumbien ist der einzige südamerikanische Staat, der sowohl an den Pazifik als auch an das Karibische Meer grenzt. Die kolumbianische Bevölkerung leidet seit Jahrzehnten unter sozialen Konflikten, Menschenrechtsverletzungen und blutigen Auseinandersetzungen mit Guerillaorganisationen und Drogenkartellen.

GEOGRAFIE

Geografische Lage: Von 12° 26' nördlicher bis 4° 14' südlicher Breite sowie von 66° 53' bis 79° 02' westlicher Länge
Höchster Punkt: Pico Cristóbal Colón 5775 m
Klima: An der Pazifikküste und im östlichen Tiefland tropisches Regenwaldklima, im Norden Savannenklima, in den Hochtälern der Kordilleren wintertrockenes, subtropisches Klima

POLITIK

Staatsform: Präsidiale Republik
Staatsoberhaupt: Präsident
Legislative: Kongress, bestehend aus Repräsentantenhaus mit 172 für 4 Jahre gewählten Mitgliedern und Senat mit 108 für 4 Jahre gewählten Mitgliedern
Jahr der Verfassung: 1991
Wahlrecht: 18 Jahre
Staatsreligion: Keine

BEVÖLKERUNG

Bevölkerungsanteil: <15 Jahre 22.6 %, 15-64 Jahre 68.6 %, >64 Jahre 8.8 %
Verteilung: Stadt 81.1 %, Land 18.9 %
Wachstum 2019: 1.5 %
Lebenserwartung: Frauen 80 Jahre, Männer 75 Jahre
Alphabetenrate: Frauen 95.3 %, Männer 94.9 %
Ethnische Gruppen: Europäer, Mestizen, Indigene u. a.
Religionen: Christen 93 %, Sonstige 2 %
Sprachen: Spanisch

WIRTSCHAFT UND VERKEHR

BIP: 323.8 Mrd. US-$
Wachstum BIP 2019: 3.3 %
BNE/Kopf: 6 508 US-$
Inflation: 3.5 %
Außenhandel: Import 52.7 Mrd. US-$, Export 39.46 Mrd. US-$
Erwerbstätige nach Sektoren: Landwirtschaft 16.6 %, Industrie 20 %, Dienstleistungen 63.4 %
Arbeitslosenquote: 10.5 %
Energieverbrauch/Kopf: 724 kg ÖE
Straßennetz: 206 527 km
Eisenbahnnetz: 2 141 km

RÜCKBLICK

Neue Ministerien: Am 16.9.2019 trat Ernesto Lucena Barrero an die Spitze des am 11.7.2019 neu geschaffenen Sportministeriums. Mabel Gisela Torres Torres übernahm am 11.1.2020 das am 5.12.2019 gegründete Ministerium für Wissenschaft, Technologie und Innovation. Dieses entstand aus einer seit 1968 bestehenden Regierungsbehörde.

Kabinettsumbildungen: Nach dem Rücktritt des Verteidigungsministers Guillermo Botero Nieto am 6.11.2019 wechselte der bisherige Außenminister

Carlos Holmes Trujillo García an die Spitze des Verteidigungsministeriums. Botero war während seiner 15-monatigen Amtszeit immer wieder in den Fokus von Anschuldigungen geraten, u. a. wegen des Todes von 8 Minderjährigen bei einem Angriff auf FARC-Dissidenten. Im Juni 2019 hatte er einen Misstrauensantrag erfolgreich überstanden, ein zweiter Antrag lief zur Zeit seines Rücktritts. Neue Außenministerin wurde am 27.11.2019 Claudia Blum Capurro de Barberi. Nach dem Wechsel der umstrittenen Innenministerin Nancy Patricia Gutiérrez zur präsidialen Beraterin für Menschenrechte wurde die bisherige Arbeitsministerin Alicia Arango Olmos am 14.2.2020 zur neuen Innenministerin ernannt.

Regionalwahlen: Am 27.10.2019 wurden 32 Gouverneure, 1 101 Bürgermeister sowie zahlreiche Stadträte und Mitglieder von Regionalversammlungen gewählt. Für die insgesamt 22 000 lokalen und regionalen Ämter hatten sich 117 000 Kandidaten eingeschrieben. In den drei großen Städten Bogotá D. C., Cali und Medellín gewannen Kandidaten der politischen Mitte. In Bogotá D. C. übernahm mit Claudia Nayibe López Hernández (Alianza Verde) erstmals eine Frau das Bürgermeisteramt. Sie war zugleich die erste lesbische Bürgermeisterin einer lateinamerikanischen Hauptstadt. López hatte sich mit 35.2 % der Stimmen gegen Carlos Fernando Galán (Bogotá Para La Gente, 32.5 %) durchgesetzt. Insgesamt konnte keine der Parteien als großer Gewinner aus den Wahlen hervorgehen, vielmehr verteilten sich die Stimmen auf die verschiedensten politischen Kräfte. Die Wahlen wurden von zahlreichen Attentaten, Entführungen, Bedrohungen und Morden begleitet und galten als die gewalttätigsten in der jüngeren Geschichte des Landes. In den vier Monaten vor den Wahlen wurden 132 Kandidaten Opfer politischer Gewalt, alleine im September 2019 wurden 7 Kandidaten ermordet. Im gesamten Jahr vor den Wahlen waren rund 364 Menschenrechtsverteidiger und Regionalpolitiker ermordet worden.

Rückkehr bewaffneter Kampf FARC: Am 29.8.2019 erschien ein Video des ehemaligen Verhandlungsführers bei den Friedensverhandlungen der FARC mit der Regierung, Luciano Marin alias Iván Márquez, und anderen Guerillaführern. Die frühere Nummer zwei der FARC-Rebellen kündigte in dem Video an, wegen der Nichteinhaltung des Friedensabkommens von 2016 vonseiten der Regierung erneut den bewaffneten Kampf aufzunehmen. Einen Tag nach der Veröffentlichung des Videos kündigte Präsident Iván Duque einen Militäreinsatz gegen die FARC-Mitglieder und die Schaffung einer extra dafür gegründeten Spezialeinheit an. Duque erließ internationale Haftbefehle gegen alle in dem Video zu sehenden FARC-Mitglieder und setzte eine Belohnung in Höhe von rund 794 000 € für Informationen über deren Aufenthaltsort aus.

FARC: Die FARC hatte als linke bewaffnete Gruppe über 50 Jahre gegen die Regierung gekämpft. Dem bewaffneten Konflikt waren mehr als 260 000 Menschen zum Opfer gefallen. 2016 war unter Duques Vorgänger Juan Manuel Santos ein Friedensvertrag abgeschlossen worden, der von Duque stets kritisiert wurde. Die FARC hatte sich 2017 offiziell demobilisiert. Während sich 90 % der ehemaligen Guerilla im Friedensprozess rund um die politische Partei FARC befanden, hatte sich ein radikaler Flügel um Iván Márquez und Jesús Santrich abgespalten. Márquez sollte 2018 als Senator der FARC-Partei vereidigt werden, verschwand aber einige Wochen zuvor in den Untergrund. Santrich war des Drogenhandels im großen Stil verdächtigt worden und ebenfalls untergetaucht. Weitere rund 2 000 Dissidenten hatten sich von Beginn an nicht der Entwaffnung und Demobilisierung angeschlossen, unterstehen aber keiner zentralen Führung.

Prostete: Am 21.11.2019 demonstrierten rund 200 000 Menschen in einem Generalstreik zunächst friedlich in Bogotá D. C. und anderen Städten. Die Demonstranten setzten sich aus verschiedenen Akteuren mit unterschiedlichen Forderungen zusammen. Sie demonstrieren u. a. gegen eine geplante Arbeitsmarkt- und Rentenreform, Korruption und die Ermordung von Menschenrechtsverteidigern sowie für bessere Bildung und die Anwendung des Friedensabkommens mit der FARC-Guerilla. Nachdem es abends zu Auseinandersetzungen zwischen vermummten Zivilisten und Polizisten gekommen war, verhängte die Regierung erstmals seit 1977 für die gesamte Hauptstadt Bogotá D. C. eine Ausgangssperre. In den nächsten Monaten setzten sich die friedlichen Demonstrationen mit **„Cacerolazos"** (Topfschlagen) weiter fort. Der rechtskonservative Staatspräsident Iván Duque kündigte bezüglich der Forderungen eine „Agenda eines Nationalen Dialogs" an und traf sich mit Unternehmern und den neu gewählten Gouverneuren und Bürgermeistern. Nachdem am 26.11.2019 ein Polizist der Spezialeinheit ESMAD den 18-jährigen Schüler Dilan Cruz in den Kopf geschossen hatte und dieser drei Tage später starb, eskalierte die Gewalt. Die umstrittene ESMAD war 1999 extra zur Bekämpfung von Aufständen gegründet und seitdem schrittweise mit immer mehr militärischen Befugnissen ausgestattet worden.

Steuerreform: Am 4.12.2019 verabschiedete die Regierung eine umstrittene Steuerreform, die die Unternehmenssteuer von bisher 33 % auf 32 % (2020), 31 % (2021) und 30 % ab dem Jahr 2022 reduziert. Gleichzeitig umfasste die Reform Steuersenkungen bei Megainvestitionen in Höhe von insgesamt rund 264 Mio. € und einen Steuererlass beim Kauf von Immobilien im Wert von über 230 000 €. Die **steuerliche Ungerechtigkeit** wurde durch die Steuerreform weiter verschärft. Eine gleichzeitig geplante Arbeits- und Rentenreform, die eine weitere Flexibilisierung des Arbeitsmarktes und Rentenkürzungen vorsah, stand im Fokus der seit November 2019 stattfindenden Proteste.

Venezuela: Der Zuzug von Flüchtlingen aus dem wirtschaftlich angeschlagenen Nachbarland Venezuela setzte sich weiter fort. Seit 2015 kamen rund 1.6 Mio. Venezolaner nach Kolumbien. 90 % von ihnen arbeiten im informellen Sektor und waren besonders von den wirtschaftlichen Einschränkungen der Corona-Krise betroffen. Nach Schätzungen der UN-Flüchtlingskommission kehrten bis Ende Juni 2020 81 000 Venezolaner in ihre Heimat zurück.

US-Armee: Für internationale Aufmerksamkeit sorgte im Juni 2020 die geplante Stationierung von rund 50 US-Soldaten. Sie sollen kolumbianische Soldaten für vier Monate im Kampf gegen den Drogenhandel unterstützen. Nach Angaben der Vereinten Nationen werden zurzeit 70 % des weltweit verkauften Kokains in Kolumbien hergestellt. Dem illegalen Drogenanbau fielen bereits große Waldflächen zum Opfer. Zahlreiche Umweltschützer und Menschenrechtsverteidiger wurden von der Drogenmafia ermordet.

Wirtschaft: Nach Angaben des IWF erreichte das Land 2019 mit 3.3 % das **stärkste Wirtschaftswachstum unter den großen Ländern Lateinamerikas**. Für 2020 ging der IWF von einem Wirtschaftseinbruch um 2.4 % aus. Es wäre das erste Rezessionsjahr seit zwei Jahrzehnten. Die wirtschaftlichen Probleme der Corona-Krise wurden durch den fallenden Ölpreis verschärft. 40 % der Exporte und rund 10 % der Einnahmen Kolumbiens entfallen auf Erdöl. Mit Beginn der Corona-Krise verlor der Kolumbianische Peso gegenüber dem US-$ rund 15 % an Wert. Die Arbeitslosigkeit stieg von 10.5 % in 2019 auf 12.6 % im März 2020, nach Schätzungen könnte sie auf 15 bis 20 % steigen. Zwischen dem Beginn der Krise im März 2020 und Ende Juni reduzierte die Zentralbank den Leitzins von 4.25 % auf 2.75 %. Am 1.5.2020 gewährte der Internationale Währungsfonds dem Land einen 2-jährigen flexiblen Kredit in Höhe von 10.8 Mrd. US-$.

Corona: Der erste Covid-19-Fall wurde am 6.3.2020 bestätigt. Aufgrund der zunächst zögerlichen Haltung der Regierung setzten einige Bürgermeister lokale Schutzmaßnahmen um, mussten diese aber nach einem Dekret von Präsident Iván Duque wieder rückgängig machen. Erst am 20.3. verhängte die Regierung eine Ausgangssperre für alle über 70-Jährigen, die am 24.3. auf die gesamte Bevölkerung ausgedehnt wurde. Erlaubt waren nur Einkäufe im nächstgelegenen Supermarkt sowie Spaziergänge mit dem Hund. In einigen Städten durften die Einwohner nur an zwei bestimmten Wochentagen das Haus verlassen, in Bogotá D. C. Männer und Frauen an jeweils unterschiedlichen Tagen. Paramilitärische Gruppen sorgten unter Androhung von Waffengewalt für die Durchsetzung der Ausgangssperre. Präsident Duque verlängerte die Ausgangssperre mehrfach, so am 23.6. bis zum 15.7.2020. Für Aufsehen sorgte am 16.6. eine Klage beim Obersten Gericht („Amparoklage") von 25 über 70-Jährigen wegen Diskriminierung und Verletzung der Grundrechte von älteren Personen im Zuge der Corona-Pandemie. Zu den Initiatoren zählten bekannte Politiker wie der Ex-Vizepräsident Humberto de la Calle und der ehemalige Finanzminister Rudolf Hommes. Ministerpräsident Ivan Duque argumentierte, dass die Maßnahmen einzig zu ihrem Schutz dienten. Angesichts der Angst vor einer Infektion kam es am 21.3.2020 zu einem Aufstand im Gefängnis La Modelo in Bogotá D. C., bei dem 23 Gefangene starben und 83 verletzt wurden. Die Regierung überstellte am 15.5. 5 000 Gefangene aus dem Gefängnis in Hausarrest.

Der plötzliche Einnahmenverlust führte u. a. bei Straßenverkäufern, Tagelöhnern und Selbstständigen zum Wegbrechen der wirtschaftlichen Grundlage. Haushalte, die sich nicht mehr selbst ernähren konnten, hingen rote Tücher an ihre Fenster. Die Regierung legte ein Unterstützungsprogramm für 10 Mio. im informellen Sektor arbeitende Menschen auf und vergab Zuschüsse für bedürftige Haushalte und ältere Personen. Daneben gewährte sie betroffenen Unternehmen für 3 Monate Lohnzuschüsse, Kredite und Zahlungsmoratorien. Erste Lockerungen des wirtschaftlichen Lockdowns erfolgten ab dem 11.5. auf regionaler Ebene.

Komoren

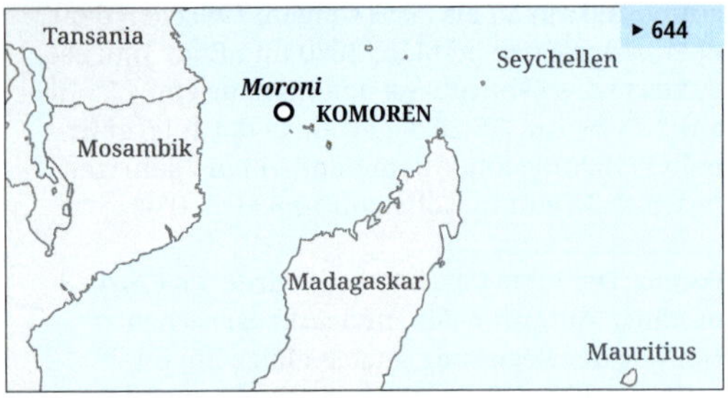

Ländername	Union der Komoren
Zeitzone	MEZ +2 h
Fläche in km²	1 861
Anzahl der Einwohner	850 886
Einwohnerzahl pro km²	457
Hauptstadt	Moroni
Amtssprache	Komorisch, Arabisch, Französisch
Verwaltungsgliederung	3 autonome Inseln mit 16 Präfekturen
Wichtige Städte	Moroni, Mutsamudu, Fomboni, Domoni, Tsémbehou
Autokennzeichen | ISO-Code	COM | COM
Währung	Komoren-Franc
Nationalfeiertag	6. Juli

Obwohl geografisch zusammengehörend, gehen die Komoren seit 1975 politisch getrennte Wege. Während die Insel Mayotte für den Verbleib bei Frankreich votierte, bildeten Njazidja, Mwali und Nzwani eine unabhängige Inselrepublik. Deren staatliche Einheit wurde durch politische Gewalt und sezessionistische Bestrebungen immer wieder in Frage gestellt.

GEOGRAFIE

Geografische Lage: Von 11° 22' bis 12° 22' südlicher Breite sowie von 43° 14' bis 44° 32' östlicher Länge
Höchster Punkt: Kartala 2361 m
Klima: Tropisch-maritimes Klima

POLITIK

Staatsform: Präsidiale Bundesrepublik
Staatsoberhaupt: Präsident
Legislative: Unionsversammlung mit 33 für 5 Jahre gewählten Mitgliedern
Jahr der Verfassung: 2018
Wahlrecht: 18 Jahre
Staatsreligion: Islam

BEVÖLKERUNG

Bevölkerungsanteil: <15 Jahre 39.5 %, 15-64 Jahre 57.5 %, >64 Jahre 3 %
Verteilung: Stadt 29 %, Land 71 %
Wachstum 2019: 2.2 %
Lebenserwartung: Frauen 66 Jahre, Männer 63 Jahre
Alphabetenrate: Frauen 53 %, Männer 64.6 %
Ethnische Gruppen: Antalote, Cafre, Makoa, Oimatsaha, Sakalava u. a.
Religionen: Muslime 98.5 %, Sonstige 1.5 %
Sprachen: Komorisch, Arabisch, Französisch

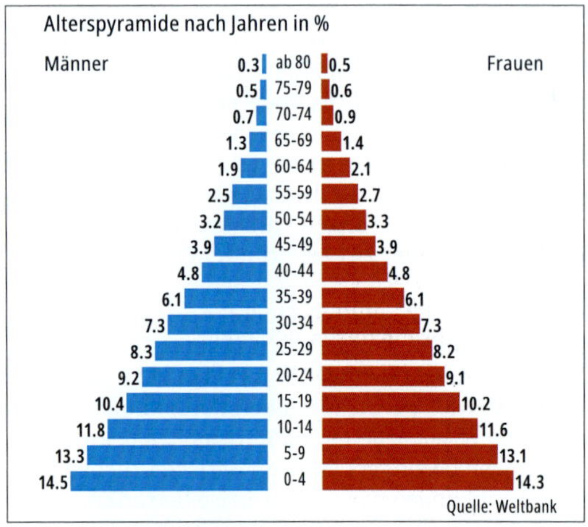

WIRTSCHAFT UND VERKEHR

BIP: 1.19 Mrd. US-$
Wachstum BIP 2019: 2.7 %
BNE/Kopf: 1 350 US-$
Inflation: 3.3 %
Außenhandel: Import 222 Mio. US-$, Export 52 Mio. US-$
Erwerbstätige nach Sektoren: Landwirtschaft 50.4 %, Industrie 13 %, Dienstleistungen 36.6 %
Arbeitslosenquote: 4.3 %
Energieverbrauch/Kopf: Keine Angabe
Straßennetz: 880 km
Eisenbahnnetz: Keine Angabe

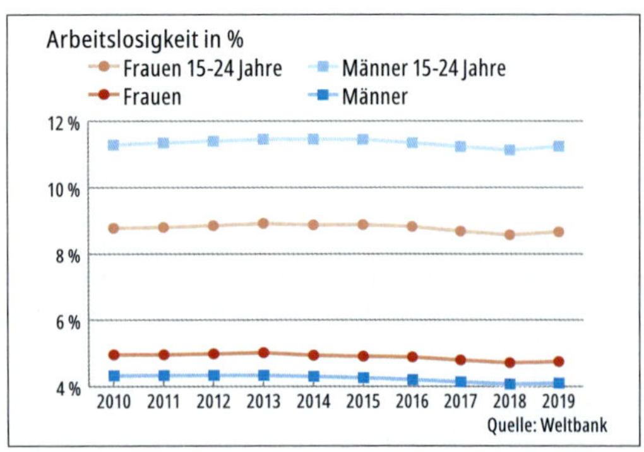

RÜCKBLICK

Wahlen: Die Parlamentswahlen vom 19. Januar und 23. Februar 2020 **bestätigten die regierende** Convention pour le Renouveau des Comores **(CRC)**, die Partei des Unionspräsidenten Azali Assoumani. In der ersten Runde der Wahlen im Januar erreichte die CRC 60.9 % der Stimmen und damit 16 der 24 direkt wählbaren Sitze. Die Parti Orange bekam einen Sitz, zwei weitere Sitze entfielen auf unabhängige Kandidaten. Bei der zweiten Runde im Februar errang die CRC vier der übrigen fünf Mandate, auf die Parti Orange entfiel ein Sitz. Weitere 18 Mandate wurden durch Nominierung vergeben. Die Wahlbeteiligung lag bei 62 %.

Boykott: Die in einem **oppositionellen Bündnis** zusammengeschlossenen Parteien Union pour le Développement des Comores (UPDC) und Parti Juwa (PJ), die bisher die meisten Mandate innehatten, boykottierten die Abstimmungen. Sie **protestierten** damit **gegen** die in ihren Augen **repressive Führung** durch Präsident Assoumani, der 2018 durch ein umstrittenes Referendum die Verfassung ändern ließ. Zuvor hatte es in der politisch fragilen föderalen Inselrepublik, die in ihrer Geschichte bereits etliche blutige Umstürze erlebt hat, ein verfassungsmäßig vorgeschriebenes Rotationsprinzip gegeben: Danach stellten die drei Hauptinseln abwechselnd für jeweils fünf Jahre den Unionspräsidenten, der jeweils nur einmal kandidieren durfte. Das **Referendum hob die Rotation auf** und erlaubte eine zweite Legislaturperiode des Amtsträgers. Der seit 2016 amtierende Assoumani verkürzte seine erste Legislaturperiode und zog die Präsidentenwahl auf 2019 vor. Da die neue Regelung für ihn somit erst ab 2019 in Kraft trat, könnte er bis 2029 Staatsoberhaupt bleiben. Oppositionelle Stimmen bezeichneten diese politische Entwicklung als autokratisches Machtgebaren, das die politische Stabilität der Komoren gefährde.

Wirtschaft: Die Inselrepublik gehört zu den **am wenigstens entwickelten Ländern** weltweit. Etwa 45 % der Bevölkerung, die vorwiegend Landwirtschaft zur Eigenversorgung betreibt, lebten unter der Armutsgrenze. Mit ihren wichtigsten Exportgütern Vanille, Gewürznelken und Parfümextrakte waren die Komoren stark von der allgemeinen Weltmarktlage abhängig. Einen Großteil der wirtschaftlichen Leistung machten **Rücküberweisungen von Emigranten** aus. Eine 2019 veröffentlichte Studie der Weltbank bezifferte den Wert dieser Geldtransfers mit 19 % des gesamten komorischen Bruttoinlandsprodukts.

Kongo, Demokratische Republik

▸ 640

Ländername	Demokratische Republik Kongo
Zeitzone	MEZ ±0 h bis +1 h
Fläche in km²	2 344 860
Anzahl der Einwohner	86.8 Millionen
Einwohnerzahl pro km²	37
Hauptstadt	Kinshasa
Amtssprache	Französisch
Verwaltungsgliederung	25 Provinzen und 1 Hauptstadtdistrikt
Wichtige Städte	Kinshasa, Lubumbashi, Mbuji-Mayi, Kananga, Kisangani, Bukavu, Tshikapa
Autokennzeichen | ISO-Code	CGO | COD
Währung	1 Kongo-Franc = 100 Centimes
Nationalfeiertag	30. Juni

Das Land im Herzen Afrikas, früher unter dem Namen Zaire bekannt, zählt zu den rohstoffreichsten Ländern des Kontinents. Trotzdem steht für die Bevölkerung nach Jahrzehnten des Bürgerkriegs und der Misswirtschaft der Kampf ums tägliche Überleben im Vordergrund. Weiter schwelende Kämpfe in den Ostprovinzen wurden 2013 durch die Etablierung einer UN-Eingreiftruppe militärisch beigelegt. Außerdem kämpft das Land mit internationaler Hilfe seit Juli 2018 gegen die Ausbreitung des Ebolafiebers.

GEOGRAFIE

Geografische Lage: Von 5° 19' nördlicher bis 13° 27' südlicher Breite sowie von 12° 13' bis 31° 16' östlicher Länge
Höchster Punkt: Margherita Peak 5109 m
Klima: Tropisches Regenwaldklima im Norden, wechselfeuchtes Savannenklima im Süden, in den Höhenlagen im Osten gemäßigt

POLITIK

Staatsform: Semipräsidiale Republik
Staatsoberhaupt: Präsident
Legislative: Parlament, bestehend aus Nationalversammlung mit 500 für 5 Jahre gewählten Mitgliedern und Senat mit 108 für 5 Jahre gewählten Mitgliedern
Jahr der Verfassung: 2006
Wahlrecht: 18 Jahre
Staatsreligion: Keine

BEVÖLKERUNG

Bevölkerungsanteil: <15 Jahre 46.2 %, 15-64 Jahre 50.8 %, >64 Jahre 3 %
Verteilung: Stadt 45 %, Land 55 %
Wachstum 2019: 3.2 %
Lebenserwartung: Frauen 63 Jahre, Männer 59 Jahre
Alphabetenrate: Frauen 66.5 %, Männer 88.5 %
Ethnische Gruppen: Bantu u. a.
Religionen: Christen 95.9 %, Muslime 1.3 %, Sonstige 1.2 %
Sprachen: Französisch, Bantusprachen

WIRTSCHAFT UND VERKEHR

BIP: 47.32 Mrd. US-$
Wachstum BIP 2019: 4.4 %
BNE/Kopf: 501 US-$
Inflation: 4.8 %
Außenhandel: Import 6.2 Mrd. US-$, Export 6.8 Mrd. US-$
Erwerbstätige nach Sektoren: Landwirtschaft 65.4 %, Industrie 9.7 %, Dienstleistungen 24.9 %
Arbeitslosenquote: 4.2 %
Energieverbrauch/Kopf: 389 kg ÖE
Straßennetz: 152 373 km
Eisenbahnnetz: 4 007 km

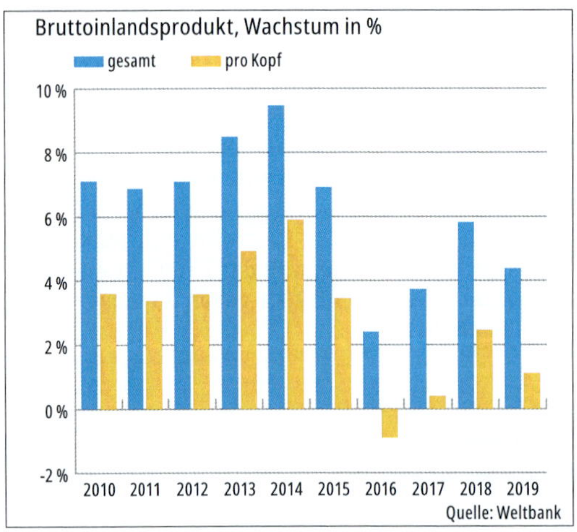

RÜCKBLICK

Regierungsbildung: Am 26.8.2019 gab der seit Januar 2019 amtierende **Präsident Félix Tshisekedi**, Sohn des langjährigen, 2017 verstorbenen Oppositionsführers Étienne Tshisekedi, die Zusammensetzung des neuen Kabinetts bekannt. Unter Führung von Premierminister Sylvestre Ilunga Ilunkamba gehörten ihm 66 Mitglieder an. Der Regierungsbildung waren **langwierige Verhandlungen** zwischen Tshisekedis Wahlbündnis Cap pour le changement (CACH) und dem Bündnis Front commun pour le Congo (FCC) seines **Vorgängers Joseph Kabila** (2001-18) vorausgegangen. Bei den Wahlen im Dezember 2018, bei denen gleichzeitig über den Präsidenten, das Parlament und die Provinzvertretungen abgestimmt worden war, hatte sich Tshisekedi überraschend mit 38.6 % gegen den eigentlich von Beobachtern favorisierten Martin Fayulu (34.8 %) durchgesetzt. Zahlreiche Stimmen **zweifelten das Ergebnis der Wahl an** und unterstellten Tshisekedi, einen politischen Deal mit Kabila eingegangen zu sein. Das oberste Verfassungsgericht bestätigte aber Anfang 2019 das Ergebnis. Die **FCC von Kabila**, der nach langem Festhalten an der Macht nicht mehr kandidieren durfte, erreichte **im Parlament** mit 345 von 500 Sitzen eine **deutliche Mehrheit** und stellte im Senat 98 der insgesamt 108 Sitze. Die FCC hatte somit die Möglichkeit, den Premierminister vorzuschlagen. Nachdem Tshisekedi mehrere Kandidaten abgelehnt hatte, berief er im Mai 2019 den Kabila-Vertrauten Ilunga in das Amt. Die FCC stellte im neuen Kabinett 43 Ministerposten. Tshisekedis Sieg bei der Präsidentschaftswahl markierte den **ersten friedlichen Führungswechsel** seit der Unabhängigkeit. Die Machtverteilung im Parlament blockierte eine stringente Regierungsarbeit und beschnitt den Spielraum für politische Veränderungen. Im Rahmen seiner Gestaltungsmöglichkeiten bemühte sich Tshisekedi, das vom Zerfall bedrohte Land regional und international stärker zu vernetzen. Er führte die kostenlose Grundschulbildung ein, begnadigte politische Gefangene und gab umfangreiche Mittel für den Ausbau der Infrastruktur frei.

Sicherheitslage: Auch nach der Amtseinführung des neuen Präsidenten blieb die Sicherheitslage angespannt. Insbesondere in den **östlichen und nordöstlichen Grenzregionen** Ituri, Nord- und Südkivu und Tanganjika waren **bewaffnete Milizen** aktiv, nach offizieller Zählung mehr als 150 Gruppen. Gewaltsame Angriffe und Zusammenstöße mit den kongolesischen Sicherheitskräften forderten zahlreiche Todesopfer. Die UN-Flüchtlingshilfsorganisation UNHCR zählte 2019 rund 5.1 Mio. **im Land Vertriebene**. Hinzu kamen etwa 900 000 Menschen, die über die Grenzen in die Nachbarstaaten geflüchtet waren. Gleichzeitig suchten rund 500 000 Flüchtlinge aus anderen Ländern Schutz in Kongo. Im Dezember 2019 verlängerte der UN-Sicherheitsrat die Mission der UN in Kongo **MONUSCO** (Mission de l'Organisation des Nations Unies pour la stabilisation en République Démocratique du Congo) um ein weiteres Jahr. Allerdings wurde im Rahmen des geplanten schrittweisen Rückzugs die **Truppenstärke** um ca. 1 400 auf 14 000 Mitglieder des uniformierten Personals **reduziert**. Die seit 2010 im Land präsente MONUSCO fand wenig Rückhalt in der Bevölkerung, zumal sie die Konfliktregionen bisher nicht befrieden konnte. Viele warfen ihr mangelnde Einsatzbereitschaft vor und forderten ihren Abzug. Auch Kabila hatte sich gegen einen Verbleib der Truppen im Land ausgesprochen. Tshisekedi begrüßte dagegen die Unterstützung der MONUSCO.

Ebola: Ab August 2018 litt der Osten des Kongo unter einem **Ebola-Ausbruch**, der bis zum Frühjahr 2020 mindestens 3 400 Menschen infizierte, von denen etwa zwei Drittel starben. Im März 2020 war zunächst die erfolgreiche Eindämmung der durch einen Virus übertragenen **lebensbedrohlichen Infektionskrankheit** verkündet worden. Zwei Monate später tauchten aber im Nordwesten des Landes neue Fälle auf. Dass der jüngste Ebola-Ausbruch trotz der Impfung von mindestens 300 000 Menschen eine hohe Zahl von Todesopfern gefordert hatte, wurde auch mit der bürgerkriegsartigen Konfliktsituation in den östlichen Regionen des Landes erklärt. Das weitverbreitete Misstrauen gegen die von außen hinzugezogenen Fachkräfte entlud sich auch in gewalttätigen Angriffen gegen medizinisches Personal und Inventar. Neben dem Ebolafieber hatte Kongo zeitgleich auch mit **Cholera-, Masern- und Malaria-Ausbrüchen** zu kämpfen, die ebenfalls zu mehreren tausend Todesopfern führten. Am 10. März 2020 wurde der erste **Covid-19-Fall** offiziell bestätigt. Der Präsident reagierte mit der Verhängung des Ausnahmezustands und weiteren Zwangsverordnungen.

Kongo, Republik

▸ 640

Ländername	Republik Kongo
Zeitzone	MEZ ±0 h
Fläche in km²	342 000
Anzahl der Einwohner	5.4 Millionen
Einwohnerzahl pro km²	16
Hauptstadt	Brazzaville
Amtssprache	Französisch
Verwaltungsgliederung	12 Départements
Wichtige Städte	Brazzaville, Pointe-Noire, Dolisie, Nkayi, Kindamba
Autokennzeichen | ISO-Code	RCB | COG
Währung	1 CFA-Franc BEAC = 100 Centimes
Nationalfeiertag	15. August

Die Republik Kongo erstreckt sich entlang des gleichnamigen Flusses zu beiden Seiten des Äquators. Um es von der benachbarten Demokratischen Republik Kongo (Kongo-Kinshasa) zu unterscheiden, wird das Land auch nach seiner Hauptstadt Kongo-Brazzaville genannt. Nach blutigen Konflikten in den 1990er-Jahren bemüht sich die gegenwärtige Regierung um nationale Versöhnung, die jedoch vor allem durch ethnische Gegensätze erschwert wird.

GEOGRAFIE

Geografische Lage: Von 3° 41' nördlicher bis 5° südlicher Breite sowie von 11° 08' bis 18° 37' östlicher Länge
Höchster Punkt: Mont Nabemba 1020 m
Klima: Tropisches Regenwaldklima

POLITIK

Staatsform: Präsidiale Republik
Staatsoberhaupt: Präsident
Legislative: Parlament, bestehend aus Nationalversammlung mit 151 für 5 Jahre gewählten Mitgliedern und Senat mit 72 für 6 Jahre gewählten Mitgliedern (alle 3 Jahre teilerneuert)
Jahr der Verfassung: 2015
Wahlrecht: 18 Jahre
Staatsreligion: Keine

BEVÖLKERUNG

Bevölkerungsanteil: <15 Jahre 41.5 %, 15-64 Jahre 55.7 %, >64 Jahre 2.8 %
Verteilung: Stadt 67.4 %, Land 32.6 %
Wachstum 2019: 2.6 %
Lebenserwartung: Frauen 66 Jahre, Männer 63 Jahre
Alphabetenrate: Frauen 74.6 %, Männer 86.1 %
Ethnische Gruppen: Bantu u. a.
Religionen: Christen 79 %, Muslime 1.6 %, Sonstige 8.1 %
Sprachen: Französisch, Bantusprachen

WIRTSCHAFT UND VERKEHR

BIP: 10.82 Mrd. US-$
Wachstum BIP 2019: -0.9 %
BNE/Kopf: 2 534 US-$
Inflation: 2.2 %
Außenhandel: Import 3.16 Mrd. US-$, Export 7.18 Mrd. US-$
Erwerbstätige nach Sektoren: Landwirtschaft 34.1 %, Industrie 21.9 %, Dienstleistungen 44 %
Arbeitslosenquote: 9.5 %
Energieverbrauch/Kopf: 555 kg ÖE
Straßennetz: 23 324 km
Eisenbahnnetz: 893 km

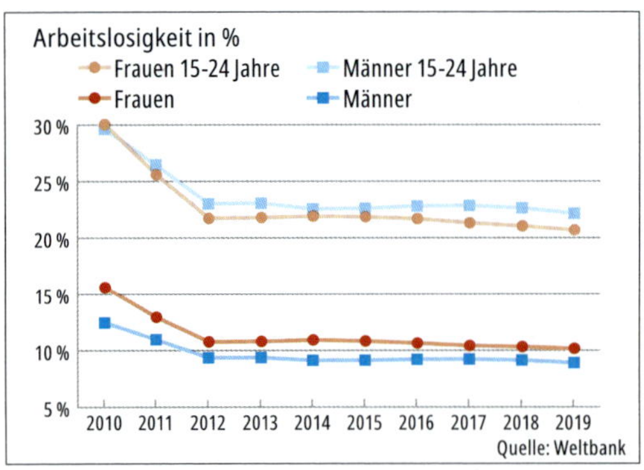

RÜCKBLICK

Innenpolitische Lage: Unter der autokratischen Führung von Präsident Denis Sassou-Nguesso (* 1943) und seiner Partei Parti Congolais du Travail (PCT), die im Parlament die absolute Mehrheit besitzt, war das Land **politisch weitgehend stabil**. Sassou-Nguesso, der die Republik seit 1979 abgesehen von der Zeitspanne 1992-97 ununterbrochen regiert, gehört zu den **am längsten amtierenden Staatsoberhäuptern** des afrikanischen Kontinents. 2015 setzte er eine umstrittene Verfassungsänderung durch, die ihm im Folgejahr eine zweite fünfjährige Amtszeit ermöglichte. Nichtregierungsorganisationen wie Amnesty International kritisieren seit Jahren die Menschenrechtslage in der Republik Kongo, indem sie **Menschenrechtsverstöße** wie willkürliche Verhaftungen, Folter und Tötungen durch Sicherheitskräfte dokumentieren. Seit 2016, der Wiederwahl Sassou-Nguessos, nimmt nach Amnesty-Berichten der **Druck auf oppositionelle Kräfte** zu. Da kein unabhängiges Rechtswesen existiert, wird ein Großteil der Verstöße nicht geahndet.

Korruption: Mitte 2019 tauchten neue **Veruntreuungsvorwürfe gegen** die mächtige **Präsidentenfamilie** auf. Nach Enthüllungen der britischen Nichtregierungsorganisation Global Witness soll der jüngste Sohn des Präsidenten 2013/14 **öffentliche Gelder** in Höhe von rund 50 Mio. US-$ **für private Zwecke abgezweigt** haben. Denis Christel Sassou-Nguesso, der seit 2011 den Posten des stellvertretenden Generaldirektors der staatlichen Erdölgesellschaft innehat und seit 2012 als Abgeordneter der PCT im Parlament sitzt, soll über ein kompliziertes und **international verzweigtes Transaktionsnetz** die Gelder „gewaschen" haben. Im Frühjahr 2019 hatte Global Witness bereits die Präsidententochter Claudia Sassou-Nguesso mit ähnlichen Vorwürfen konfrontiert: Sie soll Staatsgelder in Höhe von 20 Mio. US-$ veruntreut und u. a. zum Kauf eines Luxusappartements in New York genutzt haben. Im September 2019 beschlagnahmte der Staat San Marino 19 Mio. €, einen Teil der Staatsgelder, die der kongolesische Präsident im Zeitraum 2006-11 auf undurchsichtigen Wegen außer Landes geschleust hatte. Dem Präsidentenclan wird seit Langem auch in Zusammenhang mit den Panama-Dokumenten **Korruption und Selbstbereicherung** vorgeworfen. 2019 hatte Denis Sassou-Nguesso in seiner „Rede an die Nation" der Korruptionsbekämpfung den höchsten Stellenwert eingeräumt. Im Korruptionswahrnehmungsindex der nicht staatlichen Organisation Transparency International rangierte Kongo 2019 auf Rang 165 von 180 Ländern.

Korea, Demokratische Volksrepublik

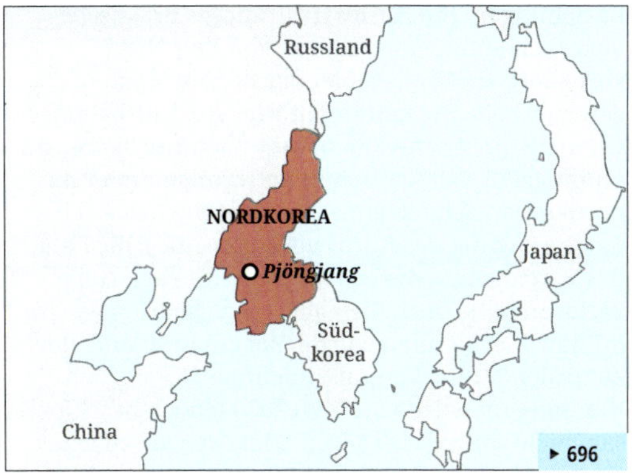

▸ 696

Ländername	Demokratische Volksrepublik Korea; auch: Nordkorea
Zeitzone	MEZ +8 h
Fläche in km²	120 540
Anzahl der Einwohner	25.7 Millionen
Einwohnerzahl pro km²	213
Hauptstadt	Pjöngjang
Amtssprache	Koreanisch
Verwaltungsgliederung	9 Provinzen, 3 Regionen und 1 Stadt
Wichtige Städte	Pjöngjang, Hamheung, Nampo, Gaeseong, Wonsan, Cheongjin
Autokennzeichen | ISO-Code	KP | PRK
Währung	1 Nordkoreanischer Won = 100 Chon
Nationalfeiertag	9. September

Das politisch und wirtschaftlich abgeschottete Land im Norden der koreanischen Halbinsel ist einer der wenigen Staaten auf der Welt unter einer kommunistischen Diktatur. Die Nuklearpolitik des totalitären Regimes in der Hauptstadt Pjöngjang hat zu internationalen Spannungen geführt.

GEOGRAFIE

Geografische Lage: Von 37° 43' bis 43° nördlicher Breite sowie von 124° 21' bis 130° 41' östlicher Länge
Höchster Punkt: Paektusan 2744 m
Klima: Kontinental beeinflusstes Monsunklima

POLITIK

Staatsform: Volksrepublik
Staatsoberhaupt: Oberster Führer (De-facto)
Legislative: Oberste Volksversammlung mit 687 für 5 Jahre gewählten Mitgliedern
Jahr der Verfassung: 1998
Wahlrecht: 17 Jahre
Staatsreligion: Keine

BEVÖLKERUNG

Bevölkerungsanteil: <15 Jahre 20.2 %, 15-64 Jahre 70.5 %, >64 Jahre 9.3 %
Verteilung: Stadt 62.1 %, Land 37.9 %
Wachstum 2019: 0.5 %
Lebenserwartung: Frauen 76 Jahre, Männer 69 Jahre
Alphabetenrate: Frauen 99 %, Männer 99 %
Ethnische Gruppen: Koreaner u. a.
Religionen: Buddhisten 4.5 %, Christen 1.7 %, Ethnische 29.5 %
Sprachen: Koreanisch

WIRTSCHAFT UND VERKEHR

BIP: 32.1 Mrd. US-$
Wachstum BIP 2019: 4.6 %
BNE/Kopf: 1 300 US-$
Inflation: Keine Angabe
Außenhandel: Import 2.99 Mrd. US-$, Export 240 Mio. US-$
Erwerbstätige nach Sektoren: Landwirtschaft 51.3 %, Industrie 13.4 %, Dienstleistungen 35.3 %
Arbeitslosenquote: 2.7 %
Energieverbrauch/Kopf: 475 kg ÖE
Straßennetz: 25 554 km
Eisenbahnnetz: 5 735 km

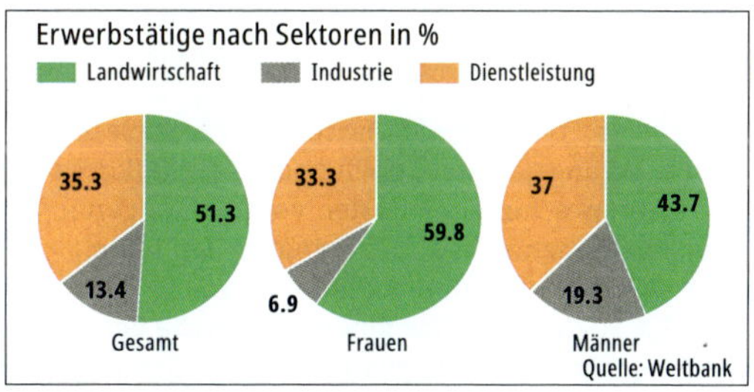

RÜCKBLICK

Raketentests: Anfang 2020 hatte der nordkoreanische Machthaber Kim Jong-un verkündet, sein Land würde sich nicht mehr an das Moratorium für Atomversuche und Tests von Interkontinentalraketen halten. Nur wenige Wochen später führte Nordkorea zwischen Ende Februar und Mitte April 2020 fünf Tests ballistischer Raketen durch und

hielt sieben Militärübungen ab. Damit demonstrierte das Regime nachdrücklich seine Fähigkeiten und seine Entschlossenheit, nukleare Trägersysteme weiterzuentwickeln.
Mit den erneuten Tests verstößt Nordkorea gegen UN-Sanktionen. Die Ziele, die das Land offensichtlich mit diesen Waffentests verfolgt sind zum einen den Druck auf die USA zu verstärken, die stagnierenden Verhandlungen wieder aufzunehmen und zum anderen eine erneute Machtdemonstration, seinen Status als nuklear bewaffnete Militärmacht zu demonstrieren.

Kim Yo-jong: Kim Jong-uns jüngere Schwester Kim Yo-jong tritt immer mehr als politische Entscheidungsträgerin an der Seite ihres Bruders in Erscheinung. Im Oktober 2017 ernannte Kim Jong-un seine Schwester zum stellvertretenden Politbüro-Mitglied. Im Jahr 2019 begleitete sie ihren Bruder zu wichtigen außenpolitischen Anlässen, wie den Gipfeltreffen mit dem südkoreanischen Präsidenten Moon Jae-in und US-Präsident Donald Trump. Nach einem mehrwöchigen Verschwinden ihres Bruders im April 2020, soll sie die Amtsgeschäfte übernommen haben. Sie wird sogar als mögliche Nachfolgerin ihres Bruders gehandelt, der gesundheitlich angeschlagen scheint.

Republik Korea: Südkoreas Präsident Moon Jae-in lud Machthaber Kim Jong-un Ende November 2019 zu einem geplanten Sondergipfel zwischen Südkorea und der südostasiatischen Staatengemeinschaft (ASEAN) ein. In der Stadt Busan wollte die südkoreanische Regierung ihre 30-jährige Mitgliedschaft in der Staatengemeinschaft feiern. Moon wollte mit seiner Einladung die **innerkoreanischen Beziehungen** wieder verbessern, doch Kim sagte seine Teilnahme ab. Er sei zwar erfreut über die Einladung gewesen, doch nachdem Südkorea seine Versprechungen aus den vorangegangenen drei Zusammentreffen nicht eingehalten habe, gäbe es für sein Kommen keinen Grund.
Am 16.6.2020 wurde das **innerkoreanische Verbindungsbüro** in der nordkoreanischen Grenzstadt Kaesong (Gaeseong) in die Luft gesprengt. Nur einige Stunden zuvor hatte die nordkoreanische Armee angekündigt, wieder Truppen entlang der entmilitarisierten Zone zu stationieren. Durch die staatliche Nachrichtenagentur KCNA ließ Nordkorea verbreiten, dass die Sprengung „die Denkweise des erzürnten nordkoreanischen Volks" widerspiegeln würde. Das Verbindungsbüro war ein Symbol der Annäherung zwischen Nord- und Südkorea gewesen. Noch vor dem Ausbruch der Corona-Pandemie hatten dort Vertreter beider Länder zusammengearbeitet. Die Sprengung markiert einen neuen Tiefpunkt in den bilateralen Beziehungen. Ein Auslöser für dieses drastische Vorgehen könnte eine Aktion von Exil-Nordkoreanern im Grenzgebiet der beiden Staaten gewesen sein. Sie hatten mithilfe von Luftballons versucht, politische Flugblätter nach Nordkorea zu schmuggeln, mit kritischen Äußerungen über das nordkoreanische Regime. Kim Yo-jong ließ nach der Sprengung des Büros verlauten, dass ihr Land das Vertrauen in die südkoreanische Regierung verloren habe und „die nächsten Schritte" das Militär übernehmen würde. Bei einer Sitzung der Zentralen Militärkommission unter Vorsitz von Kim Jong-un wurde am 24.6.2020 jedoch beschlossen, nicht militärisch gegen Südkorea vorzugehen. Noch Ende April 2020 hatte Südkorea seine Hilfe angeboten, Nordkorea bei der Bekämpfung der **Lungenkrankheit Covid-19** mit medizinischer Ausrüstung beizustehen. Doch bisher hat die Regierung in Pjöngjang keine Coronafälle an die WHO gemeldet.

VR China: Im Juni 2019 besuchte Chinas **Staatschef Xi Jinping** überraschend Nordkorea. Seit 14 Jahren war dies der erste Besuch eines chinesischen Präsidenten im Nachbarland. Über den konkreten Inhalt des Treffens ist nicht viel bekannt. Einem Gastbeitrag Xi Jinpings in der nordkoreanischen Staatszeitung „Rodong Sinmun" ist zu entnehmen, dass China bereit ist, mit Nordkorea an „einem langfristigen Plan zur Stabilität in dieser Region" zu arbeiten. Xi Jinping ließ außerdem verlauten, dass die internationale Gemeinschaft ein Interesse an der Fortsetzung der Gespräche zwischen Donald Trump und Kim Jong-un habe.
Viele Jahre hindurch war es zu keinem Treffen zwischen China und Nordkorea gekommen. Die chinesische Regierung war verärgert über die Atom- und Raketentests des jungen Machthabers Kim Jong-un. Erst als der amerikanische Präsident Donald Trump 2018 einen Gipfel mit dem nordkoreanischen Regime ankündigte, besann sich China auf seine Rolle als Schutzmacht in dieser Region und knüpfte wieder engere Beziehungen zu Pjöngjang. Seither hat Kim Jong-un viermal China besucht.
Für den nordkoreanischen Machthaber bot der hohe Staatsbesuch aus dem Nachbarland die Gelegenheit, nach dem gescheiterten Gipfel von Hanoi im Februar 2019 politisch wieder aktiv zu werden. Im chinesischen Staatsfernsehen wurde Kim Jong-un mit den Worten zitiert, sein Land habe viele Schritte unternommen, um zur Deeskalation des Konflikts mit den USA beizutragen.

USA: Nach dem ersten Treffen von US-Präsident Donald Trump und Nordkoreas Machthaber Kim Jong-un in Singapur kam es acht Monate später im Februar 2019 zu einem weiteren Gipfel in der vietnamesischen Hauptstadt Hanoi. Doch diesmal verliefen die Gespräche ergebnislos. Kim hatte die vollständige Aufhebung der Sanktionen, außer für Rüstungsgüter, gefordert, wollte aber im Gegenzug, nur eine Teilstilllegung der Atomanlage Yongbyon zusagen. Damit wurde offensichtlich, dass Nordkorea nicht bereit ist, sein Atomwaffenprogramm vollständig aufzugeben. Weitere Gespräche wurden in Aussicht gestellt, aber es gab seitdem keine aktiven Bestrebungen beider Staaten.
Am 30.6.2019 traf Donald Trump während seines Südkorea-Besuchs spontan Kim Jong-un an der innerkoreanischen Grenze. Dabei überschritt er die Grenze bei Panmunjeom und ist damit der erste amtierende US-Präsident, der nordkoreanischen Boden betreten hat. Bei dieser Begegnung wurde Kim von Trump ins Weiße Haus eingeladen.
Doch danach kam es zu keinen nennenswerten Entwicklungen mehr. Im Oktober fanden zwar Gespräche in Schweden mit Vertretern aus beiden Ländern statt, doch sie blieben ohne Ergebnis. Nordkorea stellte der USA schließlich ein Ultimatum, bis Ende 2019 die stagnierenden Verhandlungen wieder aufzunehmen und Lösungsvorschläge zu präsentieren. Sollte Washington nicht zu Konzessionen bereit sein, drohte die kommunistische Regierung mit einem „neuen Weg". Außerdem versprach sie der USA ein „Weihnachtsgeschenk". Präsident Trump reagierte jedoch auf diese neuerliche Provokation gelassen. Trotzdem mehrte sich international die Sorge, dass Nordkorea wieder auf Eskalation setzen könnte.
Tatsächlich nahm die Regierung in Pjöngjang ihre Raketentests im Februar bis April 2020 wieder auf, zu einer Zeit als die übrige Welt mit der Eindämmung der Corona-Pandemie beschäftigt war. In einer Mitteilung an die südkoreanische Regierung hieß es, dass Nordkorea seine Raketentests solange weiterführen wolle, wie Südkorea seine Militärübungen mit den USA fortführe.
Präsident Trump schrieb im März 2020 einen Brief an Kim und erklärte darin seine Bereitschaft, auf eine Verbesserung der Beziehung zu Nordkorea hinzuwirken. Gleichzeitig bot er Nordkorea im Kampf gegen das Coronavirus Unterstützung an.

Korea, Republik

▸ 696

Ländername	Republik Korea; auch: Südkorea
Zeitzone	MEZ +8 h
Fläche in km²	100 339
Anzahl der Einwohner	51.7 Millionen
Einwohnerzahl pro km²	515
Hauptstadt	Seoul
Amtssprache	Koreanisch
Verwaltungsgliederung	9 Provinzen und 8 Städte
Wichtige Städte	Seoul, Busan, Incheon, Daegu, Daejeon, Gwangju, Suwon, Ulsan, Changwon
Autokennzeichen | ISO-Code	ROK | KOR
Währung	Südkoreanischer Won
Nationalfeiertag	15. August

Das dicht besiedelte Land im Süden der koreanischen Halbinsel gehört zu den „Tigerstaaten", den wirtschaftlich rasch aufstrebenden Ländern Ost- und Südostasiens. In den Beziehungen zu Nordkorea bemühte man sich um eine vorsichtige Annäherung. Seit 2000 finden sporadisch Familienzusammenführungen an der Grenze statt.

GEOGRAFIE

Geografische Lage: Von 33° 12' bis 38° 35' nördlicher Breite sowie von 124° 37' bis 129° 35' östlicher Länge
Höchster Punkt: Hallasan 1950 m
Klima: Von Norden nach Süden Übergang von wintertrocken-kaltem Klima zu mildem feuchtgemäßigtem bis subtropischem Klima

POLITIK

Staatsform: Präsidiale Republik
Staatsoberhaupt: Präsident
Legislative: Nationalversammlung mit 300 für 4 Jahre gewählten Mitgliedern
Jahr der Verfassung: 1988
Wahlrecht: 18 Jahre
Staatsreligion: Keine

BEVÖLKERUNG

Bevölkerungsanteil: <15 Jahre 12.7 %, 15-64 Jahre 72.2 %, >64 Jahre 15.1 %
Verteilung: Stadt 81.5 %, Land 18.5 %
Wachstum 2019: 0.3 %
Lebenserwartung: Frauen 86 Jahre, Männer 80 Jahre
Alphabetenrate: Frauen 96.6 %, Männer 99.2 %
Ethnische Gruppen: Koreaner u. a.
Religionen: Christen 27.6 %, Buddhisten 15.5 %
Sprachen: Koreanisch, Englisch

WIRTSCHAFT UND VERKEHR

BIP: 1.64 Bio. US-$
Wachstum BIP 2019: 2 %
BNE/Kopf: 31 431 US-$
Inflation: 0.4 %
Außenhandel: Import 503.34 Mrd. US-$, Export 542.23 Mrd. US-$
Erwerbstätige nach Sektoren: Landwirtschaft 4.9 %, Industrie 25.1 %, Dienstleistungen 70 %
Arbeitslosenquote: 4.1 %
Energieverbrauch/Kopf: 5 413 kg ÖE
Straßennetz: 100 428 km
Eisenbahnnetz: 3 979 km

RÜCKBLICK

Parteien: Aufgrund des komplizierten Wahlsystems in Südkorea hat es sich für die beiden Großparteien DMP und MTP als Vorteil erwiesen, mit sogenannten „Satellitenparteien" anzutreten, um Ausgleichsmandate für sich verbuchen zu können, die nur kleineren Parteien zugeteilt werden. Als „Satellitenpartei" der Regierungspartei DMP gilt die **Yeollin-minju-Partei YMP** (Offene Demokratische Partei). Zahlreiche Politiker und Aktivisten, welche auf den Kandidatenlisten der DMP keine Plätze erhielten, traten der YMP bei.
Die **Mirae-tonghap-Partei MTP** (Vereinigte Zukunftspartei) wurde am 17.2.2020 gegründet. Sie ist eine große konservative Oppositionspartei und setzt sich aus der Jayu-hanguk-Partei, der Saeroun-bosu-Partei, Onward for Future 4.0 und anderen konservativen Kleinparteien und Organisationen zusammen. Als Parteichef wurde Hwang Kyo-ahn gewählt.

Parlamentswahl: Die **21. Parlamentswahl in Südkorea** fand am 15.4.2020 statt. Die südkoreanische Bevölkerung stimmte dabei über die Zusammensetzung der südkoreanischen Nationalversammlung (Gukhoe) mit 300 Sitzen ab. 253 Abgeordnete werden direkt in einfacher Mehrheitswahl in den Wahlkreisen gewählt, 47 im Proporzverfahren über Parteilisten.
Die Wahl galt als das erste ernsthafte Aufeinandertreffen von Regierungspräsident Moon Jae-ins DMP (Deobureo-minju-Partei) und der neugegründeten konservativen Oppositionspartei MTP. Nach Auszählung der Stimmen stand die gemäßigte linke DMP als eindeutige Wahlsiegerin fest. Sie erreichte eine absolute Mehrheit mit 163 von 300 Mandaten in der Nationalversammlung. Die Oppositionspartei MTP erhielt nur 84 Sitze.
Aufgrund der Corona-Pandemie fand die Wahl unter strengen Hygienemaßnahmen statt, trotzdem gab es eine hohe Wahlbeteiligung von 66.2 %, die höchste Quote seit 28 Jahren.

USA: Die US-Regierung hatte 2019 Südkorea gedrängt, sich mehr als bisher an den laufenden Kosten für die rund 28 500 US-Soldaten im Land zu beteiligen. Für 2019 hatte die südkoreanische Regierung ein Budget von insgesamt etwa 900 Millionen US-Dollar (+8 % zu 2018) vorgesehen. Zusätzlich hatte sie zugestimmt, die Kosten für die Neuerrichtung einer US-Basis zu 90 % zu übernehmen. Die **Errichtung von Camp Humphreys, der größten Militärbasis außerhalb der USA**, wird geschätzt etwa 11 Milliarden Dollar kosten. Der Regierung Trump aber reichte das nicht. Sie verlangte, dass Seoul künftig jährliche Zahlungen von etwa fünf Milliarden Dollar an Washington leistet. Am 21.11.2019 eskalierte der Disput, als die USA die Gespräche über die Finanzierung einseitig abbrachen.
Bei einer Pressekonferenz Ende Februar 2020 teilten Militäroffiziere der USA und Südkoreas mit, dass sie ihre für die erste Jahreshälfte geplanten **jährlichen Manöverübungen** aufgrund der Covid-19-Pandemie absagen. Für das Regime in Pjöngjang sind die Übungen eine ständige Provokation.

Japan: Der seit 2019 anhaltende handelspolitische Streit zwischen Südkorea und Japan hat tiefgehende Gründe, die mehr als 100 Jahre zurückreichen. Im Mittelpunkt stehen die Forderungen Südkoreas an Japan, für die während der japanischen Besetzung der koreanischen Halbinsel von 1910 bis 1945 begangenen Gräueltaten, eine ihrer Ansicht nach angemessene Entschädigung zu zahlen.
Japans Herrschaft über Korea endete 1945, als es im Krieg besiegt wurde. Es dauerte jedoch weitere 20 Jahre, bis der südkoreanische Präsident Park Chung-hee zustimmte, die Beziehungen zu Japan zu normalisieren. Gleichzeitig verhandelte er mit Japan über Entschädigungszahlungen in Form von Darlehen und Zuschüssen.
Die japanische Regierung unter Shinzo Abe argumentiert nun, dass der daraufhin geschlossene Vertrag von 1965, der die diplomatischen Beziehun-

gen wiederherstellte und mehr als 800 Mio. US-$ an japanischer Finanzhilfe vorsah, die Angelegenheit geregelt habe. Durch ergangene Urteile des Obersten Gerichtshofs in Südkorea im Jahr 2018 gegen namhafte japanische Unternehmen, wie Nippon Steel & Sumitomo Metal und Mitsubishi Heavy Industries, sind nun auch individuelle Schadensersatzforderungen der betroffenen Zwangsarbeiter und sogenannten „Trostfrauen“ zugelassen. Japan besteht jedoch weiterhin darauf, dass alle Forderungen von staatlicher und privater Seite abgegolten sind.

DVR Korea: Der südkoreanische Präsident Moon Jae-in lud Nordkoreas Machthaber Kim Jong-un im November 2019 ein, an einem von ihm veranstalteten Sondergipfel mit der südostasiatischen Staatengemeinschaft (ASEAN) teilzunehmen. Er hoffte dadurch, die stagnierenden innerkoreanischen Beziehungen wieder anstoßen zu können. Kim ließ über die Staatsmedien vermelden, dass er zwar dankbar für die Einladung sei, aber es gäbe keinen „richtigen Grund“ für ihn, zu der Veranstaltung ins südkoreanische Busan zu fahren. Gleichzeitig warf er der Regierung in Seoul vor, sich bei der Lösung innerkoreanischer Probleme zu sehr in Abhängigkeit zu den USA zu begeben. Zudem habe Moon Jae-in, die getroffenen Vereinbarungen mit Nordkorea bei ihren drei Gipfeltreffen nicht eingehalten.

Haushalt: Südkoreas Parlament billigte für 2020 einen Regierungshaushalt im Wert von 512.3 Billionen Won (434.4 Mrd. US-$). Dies bedeutet einen Anstieg um 9.1 % gegenüber dem Haushalt des Vorjahres von 469.6 Billionen Won. In beiden Jahren hatte es starke Erhöhungen des Staatshaushaltes gegeben, um die stockende Wirtschaft zu unterstützen und die Sozialausgaben zu erhöhen. Die Militärausgaben Südkoreas wurden in den vergangenen Jahren stetig aufgestockt und betrugen 2019 etwa 46.3 Mrd. US-$ (+7.42 % gegenüber dem Vorjahr).
Für 2020 wird auch aufgrund der Corona-Pandemie ein BIP von -1.84 % prognostiziert.

Koreakrieg: Am 25.6.2020 fanden Gedenkfeiern zum 70. Jahrestag des Ausbruchs des Koreakrieges statt. Das kommunistische Nordkorea war am 25.6.1950 in den von den USA unterstützten Süden eingedrungen und löste damit einen dreijährigen Krieg aus. Die Kämpfe endeten mit einem Waffenstillstand, der nie durch einen Friedensvertrag ersetzt wurde, sodass die Halbinsel durch eine entmilitarisierte Zone geteilt blieb und sich völkerrechtlich gesehen immer noch im Krieg befindet.

Kosovo

▸ 619

Ländername	Republik Kosovo
Zeitzone	MEZ ±0 h
Fläche in km²	10 887
Anzahl der Einwohner	1.8 Millionen
Einwohnerzahl pro km²	165
Hauptstadt	Priština
Amtssprache	Albanisch, Serbisch
Verwaltungsgliederung	38 Gemeinden
Wichtige Städte	Priština, Prizren, Kosovka Mitrovica, Gnjilane, Peć
Autokennzeichen | ISO-Code	RKS | XKX
Währung	1 Euro = 100 Cent
Nationalfeiertag	17. Februar

Der junge Kleinstaat ist ein Binnenland auf der Balkanhalbinsel. Am 17.2.2008 billigte das Parlament des seit 1999 unter UN-Verwaltung stehenden Kosovo in der Hauptstadt Priština die einseitige Proklamation der staatlichen Unabhängigkeit. Die Abgeordneten der serbischen Minderheit blieben der Parlamentssitzung allerdings fern. Bis heute sorgt die Unabhängigkeit des Kosovo international für heftige Debatten.

GEOGRAFIE

Geografische Lage: Von 41° 51' bis 43° 16' nördlicher Breite sowie von 20° 02' bis 21° 45' östlicher Länge
Höchster Punkt: Đeravica 2656 m
Klima: Gemäßigtes Kontinentalklima

POLITIK

Staatsform: Parlamentarische Republik
Staatsoberhaupt: Präsident
Legislative: Parlament mit 120 für 4 Jahre gewählten Mitgliedern
Jahr der Verfassung: 2008
Wahlrecht: 18 Jahre
Staatsreligion: Keine

BEVÖLKERUNG

Bevölkerungsanteil: <15 Jahre 24.1 %, 15-64 Jahre 68.2 %, >64 Jahre 7.7 %
Verteilung: Stadt 38.2 %, Land 61.8 %
Wachstum 2019: 0.8 %
Lebenserwartung: Frauen 74 Jahre, Männer 70 Jahre
Alphabetenrate: Frauen 89.8 %, Männer 97.7 %
Ethnische Gruppen: Albaner, Bosniaken, Serben, Türken u. a.
Religionen: Muslime 95.6 %, Christen 3.7 %
Sprachen: Albanisch, Serbisch, Bosnisch u. a.

WIRTSCHAFT UND VERKEHR

BIP: 7.93 Mrd. US-$
Wachstum BIP 2019: 4.2 %
BNE/Kopf: 4 442 US-$
Inflation: 2.7 %
Außenhandel: Import 3.95 Mio. US-$, Export 433.36 Tsd. US-$
Erwerbstätige nach Sektoren: Keine Angabe
Arbeitslosenquote: 29.4 %
Energieverbrauch/Kopf: 1 213 kg ÖE
Straßennetz: 2 012 km
Eisenbahnnetz: Keine Angabe

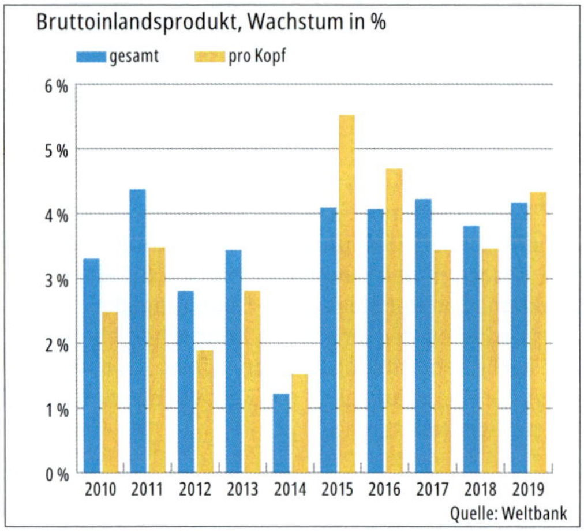

RÜCKBLICK

Rücktritt der Regierung und Neuwahlen: Ministerpräsident Ramush Haradinaj trat am 19.7.2019 zurück, nachdem die Staatsanwaltschaft des Sondergerichts für Kosovo in Den Haag ihn zu einer Vernehmung vorgeladen hatte. Dieses Gericht war 2015 eingerichtet worden, um Kriegsverbrechen und Verbrechen gegen die Menschlichkeit zu verfolgen, die von Mitgliedern der einstigen Befreiungsarmee Kosovos (UÇK) zwischen dem 1.1.1998 und 31.12.2000 begangen worden waren. Mit Haradinaj trat auch die Regierung zurück, am 6.10. fanden Neuwahlen statt. Stärkste Partei wurde, trotz leichter Einbußen, die linksnationalistische Bewegung Selbstbestimmung (Lëvizja Vetëvendosje, LVV) mit 26.3 % (29 Sitze, -5), vor der Demokratischen Liga (LDK) mit 24.6 % (28, +5) und der Demokratischen Partei (PDK) mit 21.2 % (24, +1). An vierter Stelle lag das Bündnis der Allianz für die Zukunft Kosovos (AAK) und der Sozialdemokraten (PSD) mit 11.5 % (13, +3). Des Weiteren gelangten die Serbische Liste mit 6.4 % (10, +1) und das Bündnis aus Sozialdemokratischer Initiative (NISMA), Neuer Kosovo-Allianz (AKR) und Gerechtigkeitspartei (PD) mit 5 % (6, -4) ins Parlament. Weitere zehn Sitze gingen an Parteien, die ethnische Minderheiten vertraten.

Regierungsbildung: Albin Kurti, der Vorsitzende der LVV, wurde am 20.1.2020 mit der Regierungsbildung beauftragt. Seine Partei und die LDK einigten sich schließlich auf eine Koalitionsregierung, die am 3.2. vom Parlament bestätigt wurde. Die Regierung umfasste nur noch 15 statt wie bisher 21 Minister, wobei LVV und LDK jeweils sechs Ministerien übernahmen; drei gingen an Minderheitenvertreter.

Misstrauensvotum und neue Regierung: Schon am 25.3. wurde die Regierung durch ein Misstrauensvotum gestürzt, nachdem die LDK die Koalition verlassen hatte. Vorausgegangen war die Entlassung von Innenminister Agim Veliu (LDK) durch Kurti am 18.3. Veliu hatte sich im Zusammenhang mit der Covid-19-Pandemie für die Ausrufung des Ausnahmezustands ausgesprochen, wie seine Partei und Staatspräsident Hashim Thaçi. In diesem Fall wäre die Regierungsgewalt auf den Sicherheitsrat übergegangen, an dessen Spitze der Staatspräsident steht. Es ging aber auch um die Wiederbelebung der Verhandlungen mit Serbien. In dieser Frage gab es erhebliche **Differenzen zwischen Thaçi und Kurti**, wobei Letzterer Zugeständnisse an Serbien ablehnte. Thaçi wurde offen von dem neuen US-Sondergesandten Richard Grenell unterstützt.
Thaçi beauftragte nun **Avdullah Hoti**, den stellvertretenden Vorsitzenden der LDK und bisherigen Vizeministerpräsidenten, mit der **Regierungsbildung**. Nachdem das Verfassungsgericht am 28.5. entschieden hatte, dass der Präsident nicht unbedingt den Führer der stärksten Partei mit der Regierungsbildung betrauen muss, war der Weg für die neue Regierung frei. Das Parlament sprach ihr am 3.6. das Vertrauen aus. Dem neuen Kabinett gehörten die LDK, das Bündnis AAK-PD und

NISMA-AKR-PD sowie die Serbische Liste an. Die neue Regierung erklärte, sie wolle die von der EU moderierten Gespräche mit Serbien in Koordination mit Thaçi wieder aufnehmen.

Avdullah Hoti stellt sich am 3. Juni 2020 den Fragen der wartenden Presse, nachdem ihm kurz zuvor das Parlament in Priština, das Vertrauen ausgesprochen hatte.

Einfuhrzölle abgeschafft: Die **Einfuhrzölle auf serbische Güter** in Höhe von 100 %, die 2018 eingeführt worden waren, wurden von der noch amtierenden Regierung Kurti zum 1.4.2020 aufgehoben. An deren Stelle trat das Prinzip der Reziprozität, indem Kosovo alle von Serbien gegenüber Importwaren aus dem Kosovo angewendeten Maßnahmen auch seinerseits anwende. Serbien akzeptiert keine Dokumente und Waren mit dem Aufdruck Republik Kosovo. Deshalb mussten z. B. die kosovarischen Nummernschilder an Lastwagen gegen serbische Nummernschilder ausgetauscht werden, ebenso die Führerscheine der Fahrer. Die Reziprozitätsmaßnahmen von Seiten Kosovos wurden von der neuen Regierung Hoti am 6.6. aufgehoben.

Corona: Am 13.3.2020 wurden die ersten beiden Covid-19-Infektionen bestätigt, am 23.3. kam es zum ersten Todesfall. Alle Bildungseinrichtungen waren bereits zuvor am 12.3. geschlossen worden, es folgte die Schließung aller Geschäfte und Restaurants, mit Ausnahme von Supermärkten und Apotheken. Ab dem 23.3. galten verschärfte Maßnahmen, indem öffentliche und private Versammlungen eingeschränkt wurden. Außerdem wurde ein nächtliches Ausgangsverbot verfügt. Das Verfassungsgericht erklärte diese Maßnahmen am 31.3. indes für verfassungswidrig, da derartige Einschränkungen nur durch Verhängung des Ausnahmezustands möglich seien, womit sie ab dem 12.4. wieder aufgehoben wurden. Im Juni stieg die Zahl der Infektionen deutlich an.

Kroatien

▸ 619

Ländername	Republik Kroatien
Zeitzone	MEZ ±0 h
Fläche in km²	56 590
Anzahl der Einwohner	4.1 Millionen
Einwohnerzahl pro km²	72
Hauptstadt	Zagreb
Amtssprache	Kroatisch
Verwaltungsgliederung	20 Komitate und 1 Stadt
Wichtige Städte	Zagreb, Split, Rijeka, Osijek, Zadar
Autokennzeichen | ISO-Code	HR | HRV
Währung	1 Kuna = 100 Lipa
Nationalfeiertag	25. Juni, 8. Oktober

Nach fast 900 Jahren entstand 1991 durch den Zerfall Jugoslawiens wieder ein souveräner kroatischer Staat, dessen Bevölkerung die Unabhängigkeit mit Krieg und Vertreibung teuer bezahlen musste. Noch heute sind die Nachwirkungen der blutigen Auseinandersetzungen in Wirtschaft und Politik zu spüren. Gut erholt hat sich der früher schon bedeutende Tourismus. Auch der 2013 erfolgte Beitritt zur Europäischen Union konnte nicht helfen, die Kriegsfolgen endgültig zu überwinden.

GEOGRAFIE

Geografische Lage: Von 42° 26' bis 46° 32' nördlicher Breite sowie von 13° 31' bis 19° 24' östlicher Länge
Höchster Punkt: Dinara 1831 m
Klima: Gemäßigt kontinentales Klima, an der Küste Mittelmeerklima

POLITIK

Staatsform: Parlamentarische Republik
Staatsoberhaupt: Präsident
Legislative: Parlament mit 151 für 4 Jahre gewählten Mitgliedern
Jahr der Verfassung: 1990
Wahlrecht: 18 Jahre
Staatsreligion: Keine

BEVÖLKERUNG

Bevölkerungsanteil: <15 Jahre 14.6 %, 15-64 Jahre 64.6 %, >64 Jahre 20.8 %
Verteilung: Stadt 57.2 %, Land 42.8 %
Wachstum 2019: -0.6 %
Lebenserwartung: Frauen 82 Jahre, Männer 75 Jahre
Alphabetenrate: Frauen 98.7 %, Männer 99.6 %
Ethnische Gruppen: Kroaten, Serben u. a.
Religionen: Christen 90.7 %, Muslime 1.5 %, Sonstige 1.5 %
Sprachen: Kroatisch, Minderheitensprachen

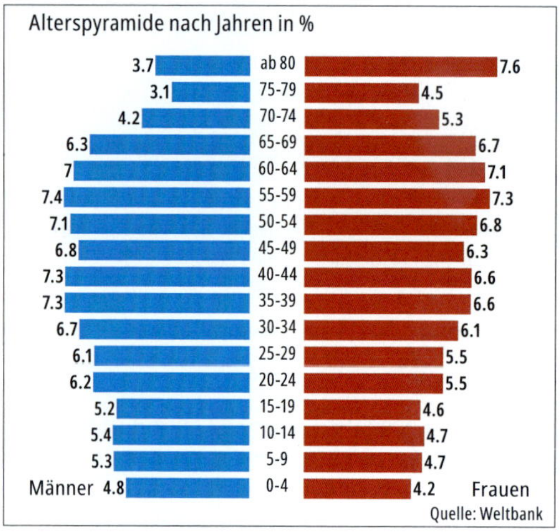

WIRTSCHAFT UND VERKEHR

BIP: 60.42 Mrd. US-$
Wachstum BIP 2019: 2.9 %
BNE/Kopf: 14 950 US-$
Inflation: 0.8 %
Außenhandel: Import 28.03 Mrd. US-$, Export 17.38 Mrd. US-$
Erwerbstätige nach Sektoren: Landwirtschaft 6 %, Industrie 27.5 %, Dienstleistungen 66.5 %
Arbeitslosenquote: 6.9 %
Energieverbrauch/Kopf: 1 898 kg ÖE
Straßennetz: 26 958 km
Eisenbahnnetz: 2 722 km

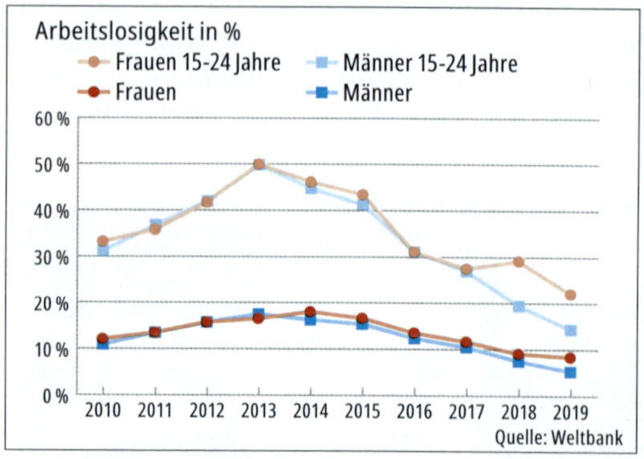

RÜCKBLICK

Präsidentenwahl: Im ersten Wahlgang der Präsidentenwahl am 22.12.2019 lag der frühere Ministerpräsident **Zoran Milanović**, der von den Sozialdemokraten (SDP) und anderen Mitte-links-Parteien unterstützt wurde, mit 29.6 % an erster Stelle, vor der Amtsinhaberin Kolinda Grabar-Kitarović, die von der nationalkonservativen Kroatischen Demokratischen Vereinigung (HDZ) unterstützt wurde, mit 26.7 %. Als dritter folgte der als Unabhängiger kandidierende, nationalistische Tendenzen vertretende Musiker Miroslav Škoro mit 24.5 %. Weitere acht unabhängige bzw. von Parteien unterstützte Kandidaten erhielten jeweils weniger als 6 %. In der Stichwahl am 5.1.2020 konnte sich Milanović mit 52.7 % gegen Grabar-Kitarović mit 47.3 % durchsetzen. Die Wahlbeteiligung lag im ersten Wahlgang bei 51.2 % und stieg im zweiten auf 55 % an. Milanović trat sein Amt am 18.2. an.

Veränderungen im Kabinett: Am 8.7. bzw. 15.7.2019 traten Verwaltungsminister Lovro Kuščević und der Minister für Staatsbesitz Goran Marić wegen Immobilienskandalen zurück. Bei der kurz darauf erfolgten Kabinettsumbildung am 19.7. traten Ivan Malenica und Mario Banožić jeweils die Nachfolge an. Auch die Ministerin für Entwicklung und EU-Fonds, Gabrijela Žalac, wurde von Ministerpräsident Andrej Plenković gegen Marko Pavić ausgetauscht. Nach einem Verkehrsunfall hatte sich herausgestellt, dass sie nicht im Besitz eines gültigen Führerscheins war. Auch Landwirtschaftsminister Tomislav Tolušić, der falsche Angaben zu seinem Immobilienbesitz gemacht hatte, wurde entlassen, an seine Stelle trat Marija Vučković. Gesundheitsminister Milan Kujundžić gestand nach entsprechenden Medienberichten auf einer Pressekonferenz am 27.1.2020 ein, dass er den Wert seines Besitzes nicht richtig angegeben habe; dessen Erwerb sei aber auf transparente und rechtmäßige Weise erfolgt. Am 28.1. wurde er von Plenković entlassen. Die Nachfolge trat am 31.1. Vili Beroš an. Am 8.5. trat Verteidigungsminister Damir Krstičević zurück, nachdem ein Ausbildungsflugzeug der Luftwaffe bei Zadar abgestürzt war und die beiden Insassen dabei ums Leben gekommen waren. Im Januar hatte sich ein ähnlicher Unfall ereignet. Angesichts der bald anstehenden Wahlen ernannte Plenković keinen neuen Minister, sondern betraute einen der Staatssekretäre mit der Führung des Ministeriums.

Parlamentsauflösung: Das Parlament beschloss am 18.5.2020 auf Antrag der regierenden Koalition, sich aufzulösen und Neuwahlen abzuhalten, einige Monate vor dem ursprünglich vorgesehenen Termin im Herbst. Motiviert war dieser Schritt durch die guten Ergebnisse vor allem der größten Regierungspartei, der HDZ, in den Meinungsumfragen. Wie in anderen Ländern stieg auch in Kroatien die Zustimmung zu den Regierungsparteien im Zusammenhang mit der Covid-19-Pandemie. Als Datum für die Wahlen wurde der 5.7. festgelegt.

Minderheitenrechte: Das Verfassungsgericht entschied am 2.7.2019, dass **der offizielle Gebrauch der serbischen Sprache und der kyrillischen Schrift in Vukovar ausgeweitet** werden muss. Angehörigen der serbischen Minderheit stehe das Recht auf offizielle Dokumente in ihrer eigenen Sprache und Schrift zu. Rechtsgerichtete Parteien hatten im November 2013 Vukovar zu einer „Stadt von besonderer Bedeutung“ erklärt, in der – wegen der Belagerung und Zerstörung der Stadt im Krieg 1991 durch serbische Truppen – das kroatische Minderheitengesetz außer Kraft gesetzt werde. Der Beschluss folgte auf monatelange Proteste gegen die Anwendung der Zweisprachigkeit, die das Gesetz vorschreibt, wenn eine ethnische Minderheit mehr als 30 % der Bevölkerung ausmacht. Schließlich hatte die Kommission für Menschen- und nationale Minderheitenrechte wegen dieses Beschlusses Klage beim Verfassungsgericht eingereicht.

Corona: Am 25.2.2020 wurde die erste Covid-19-Infektion bestätigt, am 25.3. kam es zum ersten Todesfall. Am 16.3. wurden alle Bildungseinrichtungen geschlossen, ebenfalls alle Geschäfte mit Ausnahme von Lebensmittelgeschäften, Apotheken und Tankstellen. Ein striktes Ausgangsverbot wie in anderen Ländern wurde indes vermieden. In der Hauptstadt wurden die Maßnahmen durch das Erdbeben am 22.3. erschwert. Ab dem 27.4. wurde der Lockdown in verschiedenen Phasen wieder gelockert. Seit dem 24.5. gab es kaum noch Neuinfektionen. Ende Juni schnellte plötzlich deren Zahl nach oben.

Kuba

▸ 664

Ländername	Republik Kuba
Zeitzone	MEZ -6 h
Fläche in km²	109 880
Anzahl der Einwohner	11.3 Millionen
Einwohnerzahl pro km²	103
Hauptstadt	Havanna
Amtssprache	Spanisch
Verwaltungsgliederung	15 Provinzen und 1 Sonderverwaltungsgebiet
Wichtige Städte	Havanna, Santiago de Cuba, Camagüey, Holguín, Guantánamo, Santa Clara
Autokennzeichen | ISO-Code	C | CUB
Währung	1 Kubanischer Peso/Konvertibler Peso = 100 Centavos
Nationalfeiertag	1. Januar

Die größte Insel der Großen Antillen lebt seit Jahrhunderten vom Zuckerrohranbau. Heute bildet der Tourismus die wichtigste Devisenquelle der Karibikinsel, die sich nach dem Zusammenbruch des Ostblocks als eine der letzten Bastionen des Sozialismus versteht. Auch nach der offiziellen Übernahme der Staatsführung durch Raúl Castro Ruz, dem Bruder Fidel Castros, im Jahr 2008 war ein Systemwechsel unmöglich. Miguel Mario Díaz-Canel Bermúdez ist seit 10. Oktober 2019 Präsident. Auch mit ihm ist ein Systemwechsel nicht in Sicht.

GEOGRAFIE

Geografische Lage: Von 19° 51' bis 23° 11' nördlicher Breite sowie von 74° 08' bis 84° 53' westlicher Länge
Höchster Punkt: Pico Turquino 1974 m
Klima: Tropisches Savannenklima mit Trockenzeit im Winter

POLITIK

Staatsform: Volksrepublik
Staatsoberhaupt: Präsident
Legislative: Nationalversammlung mit 605 für 5 Jahre gewählten Mitgliedern
Jahr der Verfassung: 2019
Wahlrecht: 16 Jahre
Staatsreligion: Keine

BEVÖLKERUNG

Bevölkerungsanteil: <15 Jahre 16 %, 15-64 Jahre 68.4 %, >64 Jahre 15.6 %
Verteilung: Stadt 77 %, Land 23 %
Wachstum 2019: 0 %
Lebenserwartung: Frauen 81 Jahre, Männer 77 Jahre
Alphabetenrate: Frauen 99.8 %, Männer 99.7 %
Ethnische Gruppen: Europäer, Mestizen, Afrikaner u. a.
Religionen: Christen 59.2 %, Ethnische 17.4 %
Sprachen: Spanisch

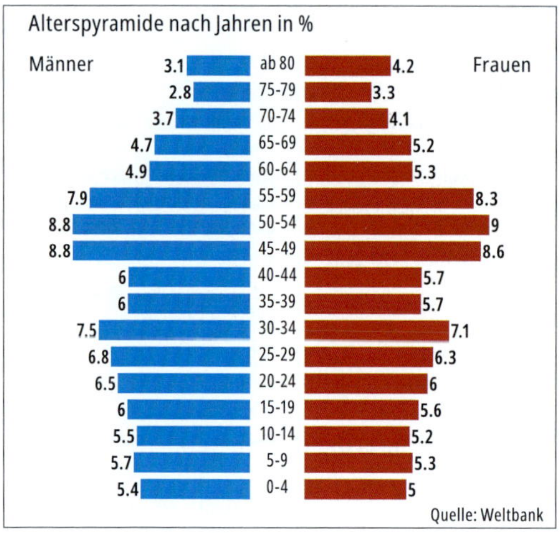

WIRTSCHAFT UND VERKEHR

BIP: 100.02 Mrd. US-$
Wachstum BIP 2019: 2.2 %
BNE/Kopf: 8 822 US-$
Inflation: 5.7 %
Außenhandel: Import 10.74 Mrd. US-$, Export 2.45 Mrd. US-$
Erwerbstätige nach Sektoren: Landwirtschaft 17.5 %, Industrie 16.9 %, Dienstleistungen 65.6 %
Arbeitslosenquote: 1.6 %
Energieverbrauch/Kopf: 1 035 kg ÖE
Straßennetz: 60 858 km
Eisenbahnnetz: 5 476 km

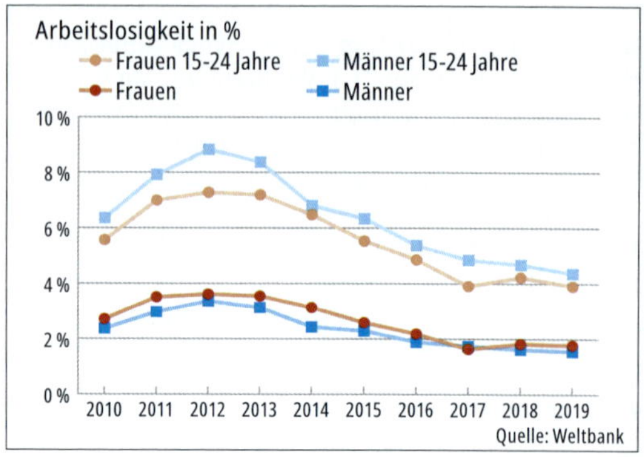

RÜCKBLICK

Neues Wahlrecht: Am 13.7.2019 nahm das Parlament ein neues Wahlrecht an, das in Zukunft sowohl einen Staatspräsidenten als auch einen Ministerpräsidenten vorsieht. Zudem soll das Parlament bei der nächsten Wahl von 605 auf 474 Sitze verkleinert werden. Das Einparteiensystem wurde beibehalten. Die Ämter des Präsidenten und Ministerpräsidenten waren 1976 abgeschafft und erst durch die im April 2019 in Kraft getretene Verfassungsreform wieder eingeführt worden. Am 10.10.2019 wählte das Parlament Miguel Mario Díaz-Canel Bermúdez offiziell zum **Staatspräsidenten**. De facto übte Díaz-Canel diese neue Funktion bereits aus, seitdem er am 19.4.2018 als Nachfolger von Raúl Castro Ruz Präsident des Staats- und Ministerrates wurde. Salvador Valdés Mesa wurde zum Vizepräsidenten gewählt. Am 21.12.2019 wählte das Parlament den bisherigen Tourismusminister Manuel Marrero Cruz zum **ersten Ministerpräsidenten seit 43 Jahren**.

Versorgungslage: Am 12.9.2019 kündigte Präsident Díaz-Canel Engpässe bei der Elektrizitätsversorgung aufgrund von Problemen beim Erdölimport an. Bereits im April 2019 war es zu Stromabschaltungen und einer Verschärfung der Lebensmittelknappheit gekommen. Im Mai hatte die Regierung eine Rationierung bei den Gütern des täglichen Bedarfs verhängt. Die am 24.9.2019 gegen Venezuela verhängten US-Sanktionen gegen vier Erdöl exportierende Firmen verschärften die Versorgungslage. Kuba bezieht rund die Hälfte seines Treibstoffs aus Venezuela.

US-Sanktionen: Am 9.10.2019 beschränkte die US-Regierung Rücküberweisungen von Exil-Kubanern auf 1 000 US-$ pro Person und Vierteljahr. Angehörige bestimmter hoher Beamter und Mit-

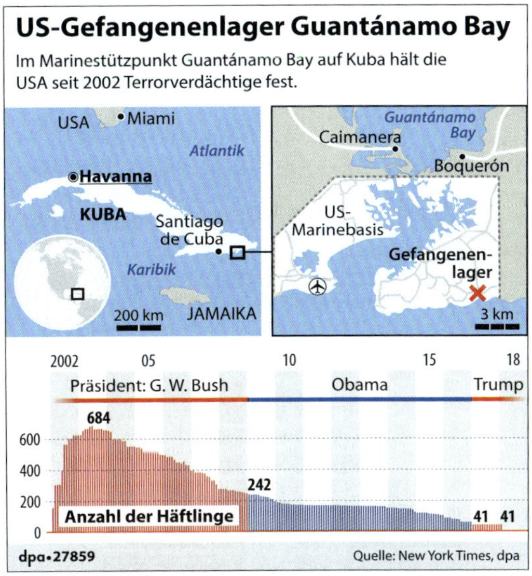

gliedern der Kommunistischen Partei dürfen keine Rücküberweisungen mehr erhalten. Jedes Jahr empfängt Kuba rund 3.5 Mrd. US-$ durch Rücküberweisungen, die meisten davon kommen aus den USA. Am 25.10.2019 verbot die US-Regierung amerikanischen Fluggesellschaften alle Verbindungen nach Kuba außer zum Flughafen Havanna. Davon betroffen waren 9 Flughäfen. Bereits im Juni 2019 hatten die USA ihren Bürgern Kubareisen mit Kreuzfahrt- oder anderen Passagierschiffen, Segeljachten sowie Privat- oder Firmenflugzeugen verboten. Zuvor waren Gruppen-Bildungsreisen untersagt worden. US-Präsident Donald Trump hat zahlreiche von seinem Vorgänger Barack Obama durchgeführte Lockerungen der seit 1962 bestehenden US-Sanktionen gegen Kuba wieder verschärft.

Dollar-Shops: Mitte Oktober 2019 gab die Regierung die geplante Öffnung von 77 Geschäften bekannt, in denen ausschließlich mit Devisen (US-$, € und 8 weiteren ausländische Währungen) bezahlt werden kann. Benötigt wird eine ausländische Kreditkarte oder ein spezielles Konto kubanischer Banken. In den Dollar-Shops sollen Fernseher, Waschmaschinen, Kühlschränke und Fahrzeugteile verkauft werden. Diese Teile waren bisher von Privatpersonen aus dem Ausland mitgebracht und zu überhöhten Preisen verkauft worden. Nach Schätzungen wurden dadurch rund 2 Mrd. US-$ pro Jahr generiert.

Wirtschaft: Als problematisch erwies sich der Einbruch des Tourismussektors im Zuge der Corona-Krise. 2019 hatte es bereits infolge der neuen US-Beschränkungen einen Rückgang der Besucherzahlen um rund 9 % gegeben. Zudem verringerte sich durch einen extrem trockenen März die landwirtschaftliche Produktion und der Importbedarf von Lebensmitteln stieg. Als positiv erwies sich die Entsendung von medizinischem Fachpersonal ins Ausland. Im Mai 2020 waren nach Regierungsangaben 2 300 Fachkräfte in 24 Ländern in der Behandlung von Covid-19-Patienten tätig. 2018 brachte die Entsendung medizinischen Fachpersonals Devisen in Höhe von 6.4 Mrd. US-$ ein.

Russland: Der russische Ministerpräsident Dmitri Medwedew unterzeichnete bei seinem Besuch am 3.10.2019 Kooperationsabkommen in den Bereichen Wissenschaft, Zoll, Schienenverkehr und Nuklearmedizin. Medwedew bekräftigte die Unterstützung Kubas angesichts des sich wieder verschärfenden Konflikts mit den USA.

Spanien: Der spanische König Felipe VI. besuchte Kuba vom 11.-14.11.2019 anlässlich des 500. Jahrestages der Gründung von Havanna. Spanien ist nach China und Venezuela der drittwichtigste Handelspartner Kubas. Viele in Kuba tätige spanische Unternehmen sind von möglichen Klagen aus den USA bedroht. Im Mai 2019 hatte die US-Regierung eine Klausel des Helms-Burton-Gesetzes aktiviert. Dadurch haben US-Bürger das Recht, ausländische Unternehmen auf Entschädigung zu verklagen, wenn diese Eigentum nutzen, das vor der Revolution 1959 US-Amerikanern gehörte. Betroffen davon ist u. a. die spanische Hotelkette Meliá.

Der kubanische Präsident Miguel Díaz-Canel und der spanische König Felipe VI. beim Abschreiten der Ehrengarde in Havanna, am 12. November 2019.

Corona: Nach Regierungsangaben war Kuba in geringem Maße von Covid-19 betroffen. Die Regierung hatte umfangreiche Tests durchgeführt und mögliche Infizierte sofort isoliert.

Kuwait

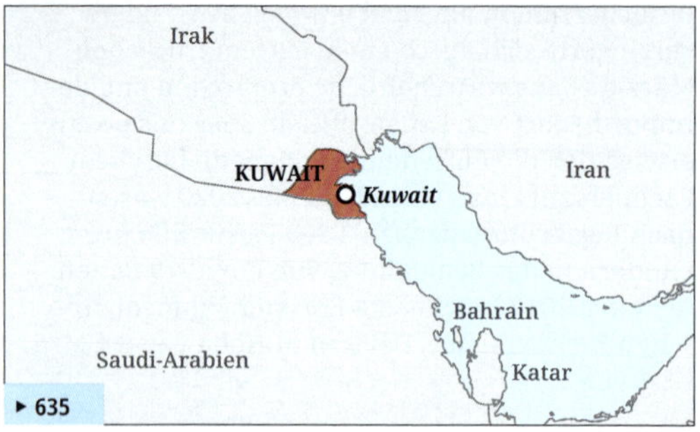

▸ 635

Ländername	Staat Kuwait
Zeitzone	MEZ +2 h
Fläche in km²	17 820
Anzahl der Einwohner	4.2 Millionen
Einwohnerzahl pro km²	236
Hauptstadt	Kuwait
Amtssprache	Arabisch
Verwaltungsgliederung	6 Bezirke
Wichtige Städte	Jalib ash-Shuyukh, As Salimiyah, Al Farwaniyah, Hawalli, Khaitan
Autokennzeichen | ISO-Code	KWT | KWT
Währung	1 Kuwait-Dinar = 1000 Fils
Nationalfeiertag	25. Februar

Das seit 250 Jahren von der Familie Al Sabah regierte Emirat am Nordende des Persischen Golfs entwickelte sich dank seiner reichen Erdölvorräte im 20. Jahrhundert vom armen Wüstenterritorium zu einem der reichsten Länder der Erde. Die durch den 2. Golfkrieg entstandenen Schäden sind inzwischen wieder behoben.

GEOGRAFIE

Geografische Lage: Von 28° 32' bis 30° 06' nördlicher Breite sowie von 46° 32' bis 48° 27' östlicher Länge
Höchster Punkt: Ash-Shaqayah 283 m
Klima: Wüstenklima

POLITIK

Staatsform: Konstitutionelle Monarchie
Staatsoberhaupt: Emir
Legislative: Nationalversammlung mit 50 für 4 Jahre gewählten und 15 ernannten Mitgliedern
Jahr der Verfassung: 1962
Wahlrecht: 21 Jahre
Staatsreligion: Islam

BEVÖLKERUNG

Bevölkerungsanteil: <15 Jahre 21.5 %, 15-64 Jahre 75.9 %, >64 Jahre 2.6 %
Verteilung: Stadt 100 %, Land 0 %
Wachstum 2019: 1.7 %
Lebenserwartung: Frauen 77 Jahre, Männer 75 Jahre
Alphabetenrate: Frauen 94.9 %, Männer 96.7 %
Ethnische Gruppen: Kuwaiter, Araber, Asiaten, Afrikaner u. a.
Religionen: Muslime 74.6 %, Christen 18.2 %, Sonstige 7.2 %
Sprachen: Arabisch, Englisch

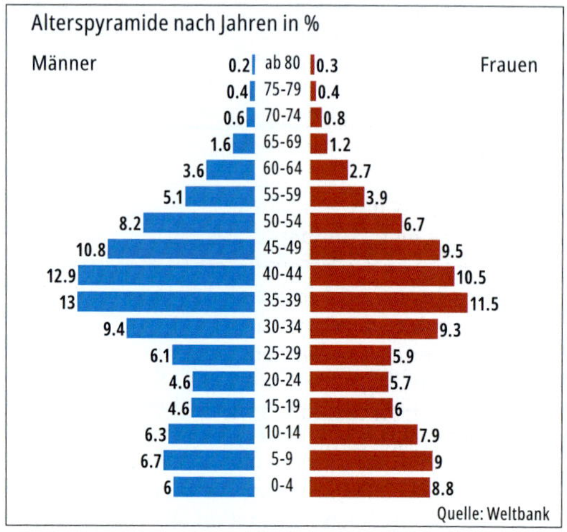

WIRTSCHAFT UND VERKEHR

BIP: 134.76 Mrd. US-$
Wachstum BIP 2019: 0.4 %
BNE/Kopf: 29 267 US-$
Inflation: 1.1 %
Außenhandel: Import 34.63 Mrd. US-$, Export 64.88 Mrd. US-$
Erwerbstätige nach Sektoren: Landwirtschaft 2 %, Industrie 24.4 %, Dienstleistungen 73.6 %
Arbeitslosenquote: 2.1 %
Energieverbrauch/Kopf: 9 179 kg ÖE
Straßennetz: 5 749 km
Eisenbahnnetz: Keine Angabe

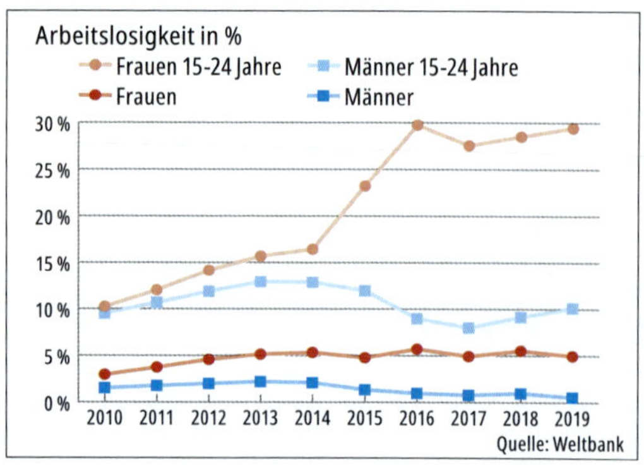

RÜCKBLICK

Neue Regierung: Ministerpräsident Dschaber al-Mubarak Al Sabah trat mit seinem Kabinett am 14.11.2019 zurück. Emir Sabah al-Ahmad Al Sabah entließ noch vor der Neubildung des Kabinetts den Verteidigungsminister, seinen Sohn Nasser al-Ahmad Al Sabah, und den Innenminister Chaled al-Dschara Al Sabah. Nasser hatte Chaled, der vor ihm das Verteidigungsministerium geleitet hatte, der Korruption bezichtigt und dessen strafrechtliche Verfolgung gefordert. Die drohende Befragung Chaleds durch das Parlament war auch der Anlass für den Rücktritt der Regierung gewesen. An der Stelle von Dschaber, der seit 2011 mehrere Regierungen geführt hatte, wurde am 19.11. der bisherige Außenminister, Scheich Sabah al-Chaled Al Sabah, zum künftigen Ministerpräsidenten ernannt. Das neue Kabinett wurde am 17.12. vereidigt. Die Schlüsselpositionen waren wie gewohnt in der Hand von Angehörigen der Herrscherfamilie Al Sabah, so auch der neue Außenminister Ahmed Nasser al-Mohammed Al Sabah. Nicht zur Herrscherfamilie gehörten die beiden Frauen in der Regierung, Finanzministerin Mariam al-Akil sowie die Ministerin für Öffentliche Arbeiten, Rana al-Fares.

Vereinbarung mit Saudi-Arabien über gemeinsames Erdölfeld: Kuwait und Saudi-Arabien unterzeichneten in Kuwait am 24.12.2019 eine Vereinbarung, mit der ein seit Anfang 2015 schwelender Streit über die Nutzung eines gemeinsam betriebenen Erdölfelds beendet wurde. Beide Seiten vereinbarten, die Erdölförderung in der zwischen den beiden Ländern aufgeteilten Neutralen Zone wieder aufzunehmen.

Corona: Am 24.2.2020 wurde die ersten fünf Covid-19-Infektionen bestätigt, am 4.4. kam es zum ersten Todesfall. Ab dem 1.3. waren die Schulen geschlossen, ab dem 15.3. wurden alle Flugreisen eingestellt und die Grenzen geschlossen. Ab dem 22.3. galt eine nächtliche Ausgangssperre, die ab dem 10.5. auf den ganzen Tag ausgeweitet wurde. Wer das Haus verlassen wollte, um einzukaufen oder sich im Krankenhaus untersuchen zu lassen, musste dies zuvor anmelden. Trotz der drastischen Maßnahmen war ein kontinuierlicher Anstieg der Infektionen festzustellen, ohne dass die Kurve abflachte. Am 30.5. wurde die Ausgangssperre aufgehoben und die Maßnahmen wurden gelockert.

Laos

▸ 700

Ländername	Demokratische Volksrepublik Laos
Zeitzone	MEZ +6 h
Fläche in km²	236 800
Anzahl der Einwohner	7.2 Millionen
Einwohnerzahl pro km²	30
Hauptstadt	Vientiane
Amtssprache	Laotisch
Verwaltungsgliederung	17 Provinzen und 1 Präfektur
Wichtige Städte	Vientiane, Savannakhet, Pakse, Luang Prabang, Phonsavan
Autokennzeichen | ISO-Code	LAO | LAO
Währung	Kip
Nationalfeiertag	2. Dezember

Laos ist der einzige Binnenstaat Südostasiens. Das auf weite Strecken sehr dünn besiedelte Land ist im Vergleich zu seinen Nachbarstaaten noch weitgehend unerschlossen. Laos gehört zu den ärmsten Ländern der Welt. Das sozialistische Regime ließ aber bislang nur vorsichtige Wirtschaftsreformen zu.

GEOGRAFIE

Geografische Lage: Von 13° 55' bis 22° 30' nördlicher Breite sowie von 100° 07' bis 107° 39' östlicher Länge
Höchster Punkt: Phou Bia 2817 m
Klima: Tropisches Monsunklima

POLITIK

Staatsform: Volksrepublik
Staatsoberhaupt: Präsident
Legislative: Nationalversammlung mit 149 für 5 Jahre gewählten Mitgliedern
Jahr der Verfassung: 1991
Wahlrecht: 18 Jahre
Staatsreligion: Keine

BEVÖLKERUNG

Bevölkerungsanteil: <15 Jahre 32.3 %, 15-64 Jahre 63.5 %, >64 Jahre 4.2 %
Verteilung: Stadt 35.6 %, Land 64.4 %
Wachstum 2019: 1.5 %
Lebenserwartung: Frauen 70 Jahre, Männer 66 Jahre
Alphabetenrate: Frauen 79.4 %, Männer 90 %
Ethnische Gruppen: Lao, Khmou, Hmong, Phouthay, Tai, Makong, Katong, Lue, Akha u. a.
Religionen: Buddhisten 64.7 %, Christen 1.7 %, Sonstige 2.1 %
Sprachen: Laotisch, Thai, Vietnamesisch, Französisch, Regionalsprachen

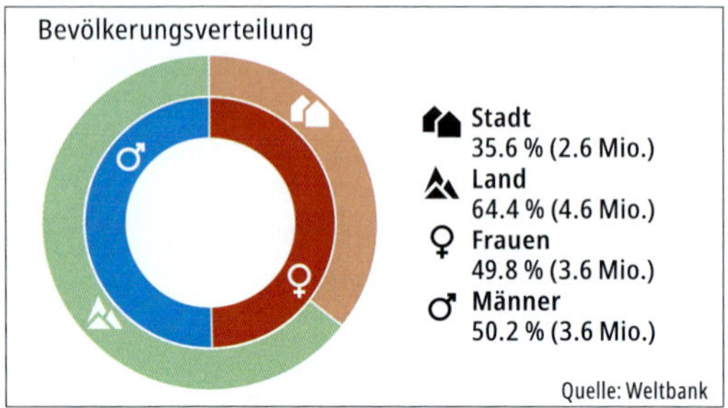

WIRTSCHAFT UND VERKEHR

BIP: 18.17 Mrd. US-$
Wachstum BIP 2019: 4.7 %
BNE/Kopf: 2 670 US-$
Inflation: 3.3 %
Außenhandel: Import 5.99 Mrd. US-$, Export 5.88 Mrd. US-$
Erwerbstätige nach Sektoren: Landwirtschaft 62.4 %, Industrie 11.9 %, Dienstleistungen 25.7 %
Arbeitslosenquote: 0.6 %
Energieverbrauch/Kopf: Keine Angabe
Straßennetz: 39 586 km
Eisenbahnnetz: Keine Angabe

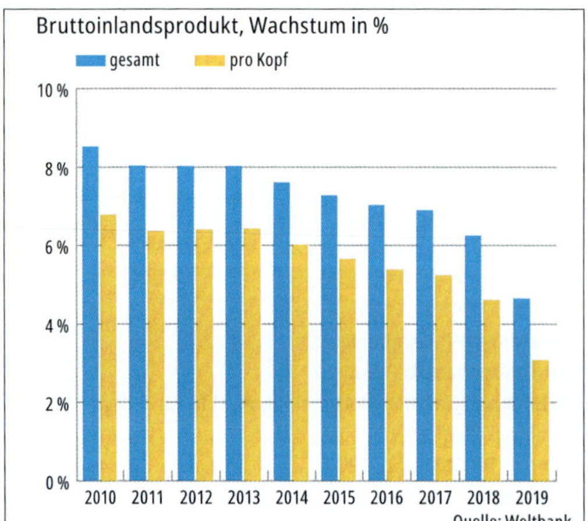

RÜCKBLICK

Mekong: Im Juli 2019 führte der Mekong infolge ausbleibenden Monsunregens weitaus weniger Wasser als üblich. Dies verminderte den bereits durch Wasserkraftwerke in China und Laos reduzierten Transport nahrhafter Sedimente, was die Landwirtschaft stark beeinträchtigte, besonders in den Nachbarstaaten Kambodscha und Vietnam, wo außerdem Fischerei und Trinkwasserversorgung in akute Notlage gerieten. Ungeachtet dessen und trotz der Mahnungen der zwischenstaatlichen Mekong River Commission (MRC) setzte die Regierung in Vientiane ihre Politik des forcierten Dammbaus fort: 2020 waren 2 Staudämme in Betrieb, 7 sind projektiert. Internationale Überraschung löste im November die Erklärung des staatlichen vietnamesischen Konzerns Petrovietnam aus, sich am Bau des besonders umstrittenen Staudamms in Luang Prabang mit 1 410 MW Kapazität zu beteiligen. Dies bedeutete eine **Kehrtwende Vietnams in der Staudammfrage**, in der Hanoi bis dahin der schärfste Kritiker Vientianes gewesen war. Dem **Staudamm bei Luang Prabang** werden 17 700 Dorfbewohner weichen müssen; besonders umstritten ist das Projekt, weil es nur 25 Kilometer vom Weltkulturerbe der alten Königsstadt Luang Prabang und 5 Kilometer von den Kalksteinhöhlen von Pak Ou entfernt ist. Diese kulturell und touristisch bedeutenden Orte wären bei einem Dammbruch von Zerstörung bedroht. Diese Sorge, ohnehin durch einen verheerenden Dammbruch in der Provinz Champasak im Juli 2018 vorhanden, bekam am 20.11.2019 durch ein Erdbeben, dessen Epizentrum 155 Kilometer von Luang Prabang entfernt lag, neue Nahrung.

Menschenrechte: 7 Jahre nach dem spurlosen Verschwinden des Aktivisten für die Rechte der Bauern, Sombath Somphone, erhielten weitere Entführungen von Bürgerrechtlern internationale Aufmerksamkeit – so wurde Od Sayavong, ein im thailändischen Exil lebender Aktivist gegen Korruption, der sich mit dem Sonderberichterstatter der UN getroffen hatte, am 26.8.2019 in Bangkok entführt.

Wirtschaft: Die Wirtschaft wuchs 2019 nur noch um 4.7%. Eine Dürre führte neben dem Ausbruch der afrikanischen Schweinegrippe zu einem Einbruch der landwirtschaftlichen Produktion, die Wasserkraftwerke erzeugten 10 % weniger Energie, worunter die Industrie litt. Der Fremdenverkehr wuchs dank Touristen aus Thailand, der VR China und Vietnam.

Lesotho

▸ 643

Ländername	Königreich Lesotho
Zeitzone	MEZ +1 h
Fläche in km²	30 360
Anzahl der Einwohner	2.1 Millionen
Einwohnerzahl pro km²	69
Hauptstadt	Maseru
Amtssprache	Sesotho, Englisch
Verwaltungsgliederung	10 Distrikte
Wichtige Städte	Maseru, Maputsoe, Mohale's Hoek, Mafeteng, Hlotse
Autokennzeichen | ISO-Code	LS | LSO
Währung	1 Loti = 100 Lisente
Nationalfeiertag	4. Oktober

Wie ein „Dach" erhebt sich das unzugängliche Bergkönigreich über der Republik Südafrika, von der es vollständig umschlossen wird und wirtschaftlich abhängig ist. 1993 endeten lange Jahre der autokratischen Herrschaft. Die Verfassung wurde am 2. April 1993 verabschiedet. Sie legt die Staatsform des Landes als parlamentarische Monarchie mit Zweikammerparlament fest. Der König, seit dem 7. Februar 1996 Letsie III., hat weitgehend nur repräsentative Funktionen; eine aktive Teilnahme am politischen Geschehen ist ihm durch die Verfassung untersagt.

GEOGRAFIE

Geografische Lage: Von 28° 35' bis 30° 39' südlicher Breite sowie von 27° 03' bis 29° 23' östlicher Länge
Höchster Punkt: Thabana Ntlenyana 3482 m
Klima: Subtropisches Höhenklima

POLITIK

Staatsform: Parlamentarische Monarchie
Staatsoberhaupt: König
Legislative: Parlament, bestehend aus Nationalversammlung mit 120 für 5 Jahre gewählten Mitgliedern und Senat mit 33 für 5 Jahre ernannten Mitgliedern
Jahr der Verfassung: 1993
Wahlrecht: 18 Jahre
Staatsreligion: Keine

BEVÖLKERUNG

Bevölkerungsanteil: <15 Jahre 32.7 %, 15-64 Jahre 62.4 %, >64 Jahre 4.9 %
Verteilung: Stadt 28.6 %, Land 71.4 %
Wachstum 2019: 0.8 %
Lebenserwartung: Frauen 58 Jahre, Männer 52 Jahre
Alphabetenrate: Frauen 84.9 %, Männer 67.7 %
Ethnische Gruppen: Sotho, Europäer, Asiaten u. a.
Religionen: Christen 96.2 %
Sprachen: Sesotho, Englisch

WIRTSCHAFT UND VERKEHR

BIP: 2.46 Mrd. US-$
Wachstum BIP 2019: 1.5 %
BNE/Kopf: 1 339 US-$
Inflation: 5.2 %
Außenhandel: Import 2.14 Mrd. US-$, Export 1 Mrd. US-$
Erwerbstätige nach Sektoren: Landwirtschaft 8.5 %, Industrie 42.2 %, Dienstleistungen 49.3 %
Arbeitslosenquote: 23.6 %
Energieverbrauch/Kopf: Keine Angabe
Straßennetz: 5 940 km
Eisenbahnnetz: Keine Angabe

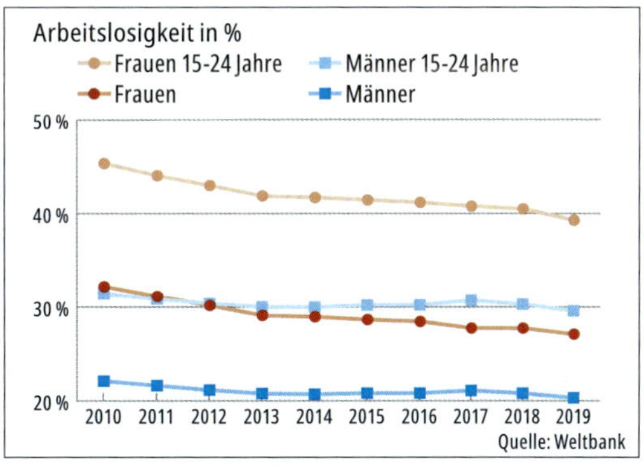

RÜCKBLICK

Innenpolitische Turbulenzen: Das von Südafrika umschlossene Königreich geriet wegen der **mutmaßlichen Verstrickungen** seines Premierministers **in einen Mordfall** im ersten Halbjahr 2020 in eine politische Krise. Die Polizei hatte dem seit 2017 amtierenden **Regierungschef Thomas Thabane** (* 1939) Anfang 2020 vorgeworfen, an der Ermordung seiner ersten Ehefrau im Juni 2017 beteiligt gewesen zu sein. Lipolelo Thabane war zwei Tage vor Thabanes Amtsantritt als Premier in einem Randbezirk der Hauptstadt Maseru von Unbekannten erschossen worden. Zu der Zeit lebte das Ehepaar bereits getrennt und befand sich in einem erbitterten Scheidungsprozess. Bereits zu Jahresbeginn 2020 war im selben Delikt Anklage gegen Thabanes zweite Ehefrau Maesaiah Thabane erhoben worden, die er kurz nach der Ermordung Lipolelos geehelicht hatte. Trotz der gegen ihn erhobenen Vorwürfe hielt Thabane monatelang an seinem Posten fest. Er **widersetzte sich** den allgemeinen **Rücktrittsforderungen** auch aus seiner eigenen Partei, der All Basotho Convention (ABC), und ließ zur Demonstration seiner Macht in der Hauptstadt das Militär aufmarschieren. Im April schloss die Koalitionsregierung aus ABC und drei weiteren Parteien auch unter dem Druck des Nachbarn Südafrika ein Abkommen, das den politischen Rückzug Thabanes gewährleisten sollte. Nachdem die Regierung dann das Parlament aufgelöst hatte, trat Thabane am 19. Mai von seinem Amt zurück.

Neue Regierung: Als sein **Nachfolger** wurde am 20. Mai der bisherige Finanzminister **Moeketsi Majoro** vereidigt, der die Koalition der vier Parteien fortführte. In seinem neuen verkleinerten Kabinett wurden alle **Ministerposten** bis auf zwei Ausnahmen **neu besetzt**. Majoro erklärte den **Kampf gegen Armut und Arbeitslosigkeit** zu den Schwerpunkten seiner Regierungsarbeit. Das seit seiner Unabhängigkeit 1966 von Staatskrisen, Umstürzen und aggressiven Verteilungskämpfen der Staatselite beeinträchtigte Land gehört zu den ärmsten und am wenigstens entwickelten Staaten weltweit. Als Satellitenwirtschaft Südafrikas ohne nennenswerte eigene Ressourcen ist Lesotho stark von der Entwicklung des Nachbarlandes abhängig.

Corona: Obwohl Lesotho als letzter afrikanischer Staat erst am 13.5.2020 die erste Covid-19-Infektion meldete, rief die Regierung bereits am 18. März den **nationalen Notstand** aus und verfügte **Grenzschließungen und Ausgangssperren**, die von den Sicherheitskräften unter Ausübung von Gewalt durchgesetzt wurden.

Lettland

▸ 608

Ländername	Republik Lettland
Zeitzone	MEZ +1 h
Fläche in km²	64 490
Anzahl der Einwohner	1.9 Millionen
Einwohnerzahl pro km²	30
Hauptstadt	Riga
Amtssprache	Lettisch
Verwaltungsgliederung	110 Bezirke und 9 Städte
Wichtige Städte	Riga, Daugavpils, Liepaja, Jelgava, Jurmala
Autokennzeichen | ISO-Code	LV | LVA
Währung	1 Euro = 100 Cent
Nationalfeiertag	18. November

Der baltische Staat gehört seit 2004 zur NATO und zur Europäischen Union. Der vergleichsweise hohe Lebensstandard verlieh Lettland schon zu Sowjetzeiten hohe Anziehungskraft, die ihm aber ein russisches Minderheitenproblem hinterlassen hat. 2008 überschattete die internationale Finanz- und Wirtschaftskrise die innenpolitische Entwicklung. Die strikte Haushaltsdisziplin half Lettland aus der Krise. Lettland hat zum 1. Januar 2014 den Euro eingeführt und ist damit das 18. Mitglied der Euro-Zone.

GEOGRAFIE

Geografische Lage: Von 55° 40' bis 58° 04' nördlicher Breite sowie von 21° 01' bis 28° 12' östlicher Länge
Höchster Punkt: Gaising 311 m
Klima: Winterfeucht-kühles Klima

POLITIK

Staatsform: Parlamentarische Republik
Staatsoberhaupt: Präsident
Legislative: Parlament mit 100 für 4 Jahre gewählten Mitgliedern
Jahr der Verfassung: 1993
Wahlrecht: 18 Jahre
Staatsreligion: Keine

BEVÖLKERUNG

Bevölkerungsanteil: <15 Jahre 16.3 %, 15-64 Jahre 63.4 %, >64 Jahre 20.3 %
Verteilung: Stadt 68.1 %, Land 31.9 %
Wachstum 2019: -1.1 %
Lebenserwartung: Frauen 80 Jahre, Männer 70 Jahre
Alphabetenrate: Frauen 99.9 %, Männer 99.9 %
Ethnische Gruppen: Letten, Russen, Weißrussen, Ukrainer, Polen, Litauer u. a.
Religionen: Christen 76.4 %
Sprachen: Lettisch, Russisch u. a.

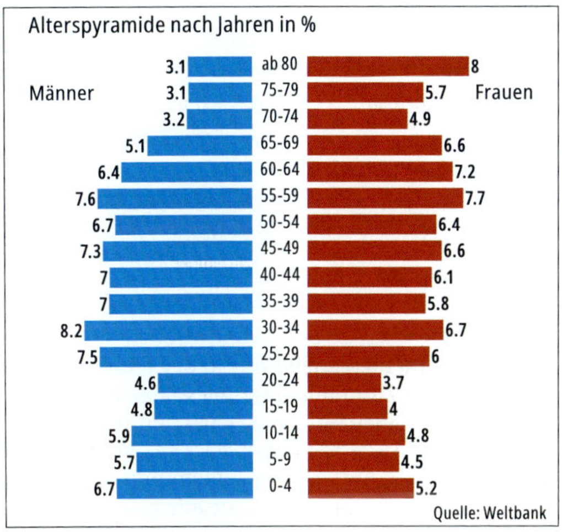

WIRTSCHAFT UND VERKEHR

BIP: 34.12 Mrd. US-$
Wachstum BIP 2019: 2.2 %
BNE/Kopf: 18 172 US-$
Inflation: 2.8 %
Außenhandel: Import 18.72 Mrd. US-$, Export 15.49 Mrd. US-$
Erwerbstätige nach Sektoren: Landwirtschaft 6.8 %, Industrie 23.7 %, Dienstleistungen 69.5 %
Arbeitslosenquote: 6.5 %
Energieverbrauch/Kopf: 2 177 kg ÖE
Straßennetz: 70 244 km
Eisenbahnnetz: 1 860 km

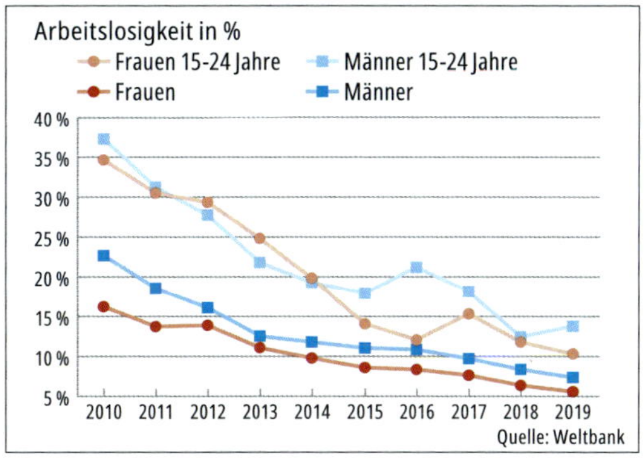

RÜCKBLICK

Schwierige Regierungsbildung: Erst 109 Tage nach der Parlamentswahl vom 6.10.2018 und nach zwei gescheiterten Versuchen, eine Regierung zu bilden, gelang dem Parteivorsitzenden der Neuen Einheit (JV), **Arturs Krišjānis Kariņš**, am 23.1.2019 eine **Fünfparteienkoalition** mit ihm als Ministerpräsidenten. Stärkste Partei darin war die **rechtspopulistische Partei** „Wem gehört der Staat Lettland?" (KPV-LV), die mit einem Stimmenanteil von 14.3 % ebenso wie die Neuen Konservativen (13.6 %) erstmals ins Parlament einzog. Wichtigstes Wahlkampfthema war die **Korruption**, die vor allem den damaligen Regierungsparteien (ab 2016), der Union der Grünen und Bauern (ZZS) des „Oligarchen" Aivars Lembergs und dem hauptsächlich von der russischen Minderheit gewählten Harmonie-Zentrum (SDPS), angelastet wurde. Die ZZS (9.9 %) büßte gegenüber 2014 fast die Hälfte ihrer Mandate ein. Die **Wahlbeteiligung** von 54.5 % war die **niedrigste** seit der staatlichen Unabhängigkeit Lettlands 1991.

Neuer Präsident: Als Nachfolger von Staatspräsident Raimonds Vējonis (ab 2015) wählte das Parlament mit den Stimmen der Fünferkoalition am 29.5.2019 den parteilosen **Egils Levits** (Amtsantritt: 8.7.), Richter am Europäischen Gerichtshof für Menschenrechte (EGMR) ab 1995 und am Europäischen Gerichtshof (EuGH) ab 2004. Er war bereits 2015 als Kandidat der Nationalen Allianz angetreten. Das Staatsoberhaupt Lettlands hat vorwiegend repräsentative Aufgaben und vergibt den Auftrag zur Regierungsbildung.

„Propaganda": Mit **Sendeverboten** der Medienregulierungsbehörde (NEPLP) für **Fernsehsender aus Russland** wehrte sich Lettland gegen „Propaganda" und „Kriegshetze" seitens des Kremls. Als Begründung dienten u. a. **Sanktionen der EU** gegen

Beteiligte und Unterstützer der Krim-Annexion 2014 durch Russland. Sendeverbote trafen im Januar 2019 den staatlichen Sender Rossija RTR (Sperre für drei Monate), am 23.11.2019 neun Fernsehkanäle der Holding Gazprom-Media und am 1.7.2020 den staatlich finanzierten Auslandssender RT; gegen RT zog kurz danach Litauen mit einem eigenen Verbot nach. Programme dieser Sender waren bei der russischsprachigen Minderheit populär. Ihre politischen Vertreter sahen in den Sperren eine Einschränkung der Meinungsfreiheit. Als Gegengewicht stärkten die baltischen Staaten die Präsenz russischsprachiger Sendeplätze im eigenen staatlichen bzw. öffentlich-rechtlichen Rundfunksystem.

Corona: Zur Begrenzung der Covid-19-Pandemie verhängte die Regierung am 12.3.2020 den **Notstand** (jeweils monatlich verlängert bis 9.6.). Bis 29.3. wurde das öffentliche, kulturelle und Wirtschaftsleben weitgehend heruntergefahren. Bildungseinrichtungen mussten schließen, Veranstaltungen und Treffen von mehr als zwei Personen (außer am Arbeitsplatz) wurden verboten, die Grenzen für den Personenverkehr geschlossen. Ab 12.5. gab es erste **Lockerungen**. Reisen mit dem Pkw innerhalb der drei baltischen Staaten waren wieder möglich und Einzelhandelsgeschäfte durften öffnen. Bis dahin wurden rund 1 000 Covid-19-Erkrankungen bestätigt, die niedrigste Zahl im Baltikum. Zu den **staatlichen Wirtschaftshilfen** gehörten Kreditgarantien, Steuerstundungen bei einem Umsatzeinbruch von mehr als 30 % sowie Lohnersatzleistungen für Erwerbslose bis maximal 700 € pro Monat. Die Europäische Kommission erwartete im Mai 2020 einen BIP-Rückgang von 7 %.

2. Juni 2020: Ein Schild im Außenbereich des Rigaer Zentralmarktes listet auf Russisch die wichtigen Hygieneregeln und Vorschriften auf, mit denen die Ausbreitung des Corona-Virus eingedämmt werden soll.

Libanon

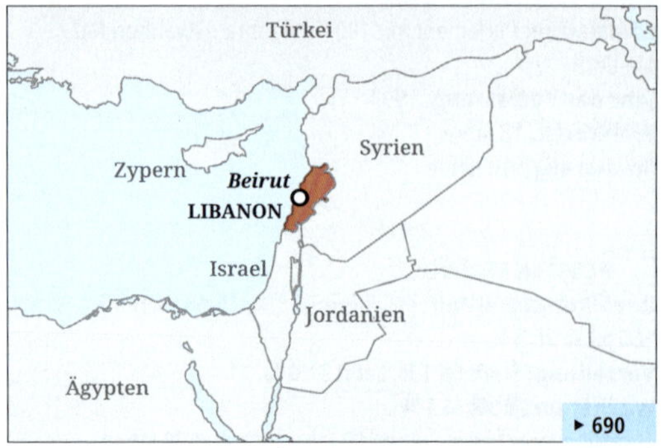

▸ 690

Ländername	Libanesische Republik
Zeitzone	MEZ +1 h
Fläche in km²	10 450
Anzahl der Einwohner	6.9 Millionen
Einwohnerzahl pro km²	656
Hauptstadt	Beirut
Amtssprache	Arabisch
Verwaltungsgliederung	8 Bezirke
Wichtige Städte	Beirut, Tripoli, Sidon, Tyros, Zahle
Autokennzeichen | ISO-Code	RL | LBN
Währung	1 Libanesisches Pfund = 100 Piaster
Nationalfeiertag	22. November

Der kleine Staat an der levantinischen Mittelmeerküste bietet nicht nur in der ethnischen und religiösen Zusammensetzung seiner Bevölkerung, sondern auch im Landschaftscharakter eine große Vielfalt. Nach langjährigem Bürgerkrieg und syrischer Vorherrschaft schien das Land vor einem Neubeginn zu stehen, bevor es 2006 wieder in den Sog des Nahostkonflikts geriet.

GEOGRAFIE

Geografische Lage: Von 33° 05' bis 34° 41' nördlicher Breite sowie von 35° 06' bis 36° 35' östlicher Länge
Höchster Punkt: Qurnat as-Sawda 3088 m
Klima: Warmes, sommertrockenes Mittelmeerklima

POLITIK

Staatsform: Parlamentarische Republik
Staatsoberhaupt: Präsident
Legislative: Nationalversammlung mit 128 für 4 Jahre gewählten Mitgliedern
Jahr der Verfassung: 1926
Wahlrecht: 21 Jahre
Staatsreligion: Keine

BEVÖLKERUNG

Bevölkerungsanteil: <15 Jahre 25.6 %, 15-64 Jahre 67.2 %, >64 Jahre 7.2 %
Verteilung: Stadt 88.6 %, Land 11.4 %
Wachstum 2019: 0.1 %
Lebenserwartung: Frauen 81 Jahre, Männer 77 Jahre
Alphabetenrate: Frauen 93.3 %, Männer 96.9 %
Ethnische Gruppen: Araber, Armenier u. a.
Religionen: Muslime 61.1 %, Christen 33.7 %, Sonstige 5.2 %
Sprachen: Arabisch, Französisch, Englisch, Armenisch u. a.

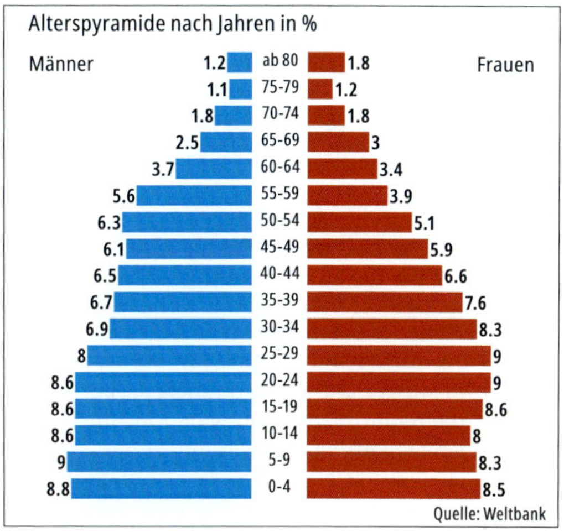

WIRTSCHAFT UND VERKEHR

BIP: 53.37 Mrd. US-$
Wachstum BIP 2019: -5.6 %
BNE/Kopf: 9 655 US-$
Inflation: 3 %
Außenhandel: Import 19.64 Mrd. US-$, Export 4.83 Mrd. US-$
Erwerbstätige nach Sektoren: Landwirtschaft 13.6 %, Industrie 22.5 %, Dienstleistungen 63.9 %
Arbeitslosenquote: 6.2 %
Energieverbrauch/Kopf: 1 197 kg ÖE
Straßennetz: 21 705 km
Eisenbahnnetz: 401 km

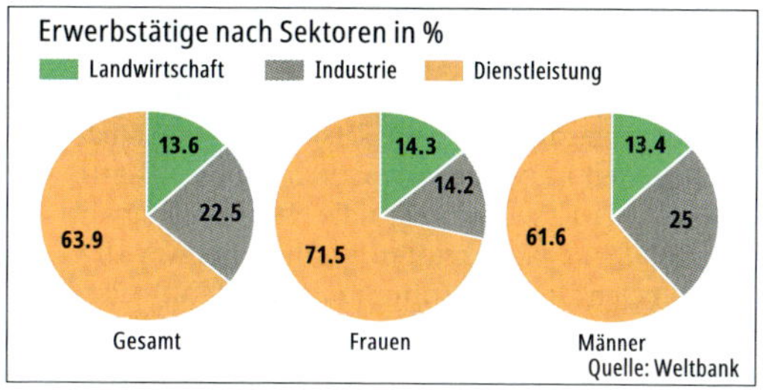

RÜCKBLICK

Landesweite Proteste: Die Ankündigung der Regierung, künftig eine **Steuer auf Telefonanrufe** mit Diensten wie Whatsapp oder Skype zu erheben, führte im ganzen Land ab dem 17.10.2019 zu einer anhaltenden Protestwelle, die Libanesen aller Generationen, Religionsgemeinschaften und sozialen Schichten – abgesehen von der schmalen Oberschicht – erfasste. Man prangerte die in der politischen Klasse weitverbreitete Korruption, die Umweltverschmutzung, die schlechten öffentlichen Dienstleistungen oder die mangelnde Qualität der staatlichen Bildungsinstitutionen an. Fast 30 Jahre nach dem Ende des Bürgerkriegs ist etwa die Stromversorgung selbst in Beirut immer noch mangelhaft. Auch das politische System, das auf dem konfessionellen Proporz beruht, und der damit verbundene Klientelismus standen im Fokus der Kritik. **Gefordert wurde** als erster Schritt der **Rücktritt der gesamten Regierung** und die Bildung eines Kabinetts aus unabhängigen Fachleuten, danach die Abhaltung von Neuwahlen mit einem geänderten Wahlrecht, das sich nicht mehr strikt am konfessionellen Proporz orientiert. Versuche, die **Straßenblockaden** durch den Einsatz der Armee zu beenden, waren angesichts der Sympathien von Soldaten und Offizieren für die Proteste nur von geringem Erfolg begleitet. Mehrfach attackierten Anhänger des radikal-schiitischen, pro-iranischen Hisbollah die Demonstranten und zerstörten Zelte, die diese auf dem zentralen Beiruter Place des Martyrs eingerichtet hatten. Der Hisbollah-Generalsekretär Hassan Nasrallah lehnte den Rücktritt der Regierung ab.

In einer ersten Reaktion zog die Regierung die vorgesehene Steuer wieder zurück, Ministerpräsident Saad Hariri erklärte, es werde 2020 überhaupt keine Steuererhöhung geben. Des Weiteren wurde die Kürzung der Gehälter und Pensionen der amtierenden und früheren Minister um 50 % angekündigt. **Ministerpräsident Hariri trat** schließlich am 29.10.2019 **zurück**. Die Proteste wurden nach kurzer Unterbrechung fortgeführt und intensivierten sich, nachdem Staatspräsident Michel Aoun die Demonstranten für die Zuspitzung der wirtschaftlichen Lage verantwortlich gemacht hatte. Am 12.11.2019 wurde erstmals ein Demonstrant von den Sicherheitskräften erschossen. Am 19.11. versperrten Demonstranten mit Straßenblockaden den Zugang zum Parlament für die Abgeordneten. Bei Zusammenstößen in Beirut am 14.12. kam es zu Verletzten, als Demonstranten versuchten, auf den abgeriegelten Platz vor dem Parlament zu gelangen. Im Januar 2020 kam es erneut zu heftigen Auseinandersetzungen zwischen Demonstranten und den Sicherheitskräften.

Neue Regierung: Das vom Hisbollah angeführte pro-syrische Lager (Bündnis des 8. März) einigte sich am 19.12.2019 auf den parteilosen 60-jährigen Hassan Diab, einen Professor für Elektrotechnik an der Amerikanischen Universität Beirut und früheren Bildungsminister, als neuen Ministerpräsidenten. Die **neue Regierung** trat am 21.1.2020 ihr Amt an, am 11.2. sprach das Parlament ihr das Vertrauen aus. Sechs Ministerien wurden von Frauen geführt, so viele wie noch nie zuvor. Das Außenministerium übernahm der Karrierediplomat Nassif Hitti. Diab bezeichnete seine Minister als parteilose Technokraten, was formal zutraf, aber das Kabinett stützte sich ausschließlich auf die parlamentarische **Unterstützung der Hisbollah und von deren Verbündeten**. Der Ministerpräsident selbst ist Sunnit, wie es für dieses Amt vorgesehen ist, fand unter den sunnitischen Abgeordneten indes kaum Zustimmung. Auch die Protestbewegung zeigte sich ablehnend und führte ihre Aktionen fort.

Wirtschafts- und Finanzkrise: Bereits in den 1990er-Jahren hatte man, um trotz des großen Handelsbilanzdefizits den Wechselkurs des Libanesischen Pfunds zum US-$ stabil zu halten, mit hohem Zins Devisen aus dem Ausland, vor allem von Auslandslibanesen, angezogen. Das Geld wurde vor allem in libanesischen Staatsanleihen angelegt. Um die Zinsen zahlen zu können, waren die Banken auf einen permanenten Zufluss an Dollar angewiesen. Als dieser immer schwächer wurde, geriet dieses **Schneeballsystem** in Gefahr. Die Banken begannen, den Zugang zu Dollardevisen einzuschränken. Dies führte Anfang Oktober 2019 zu einem kurzzeitigen Streik der Tankstellen, die nun für den Kauf von Benzin mit Dollar auf den Schwarzmarkt angewiesen waren, wo die Kurse deutlich höher lagen, ohne zugleich die staatlich regulierten Benzinpreise erhöhen zu können. Das Versprechen der Zentralbank, die Dollarversorgung zum offiziellen Kurs zu gewährleisten, konnte nicht in vollem Umfang eingehalten werden, so dass manche Tankstellen schlossen, andere wiederum den Benzinverkauf rationierten. Die Banken blieben in der zweiten Oktoberhälfte fast zwei Wochen geschlossen, bevor sie am 1.11.2019 wieder öffneten.

2019 ging das BIP gemäß IWF um 5.6 % zurück. Von November bis Februar gingen **220 000 Stellen verloren**, die Unternehmen waren mit einem **Umsatzrückgang um ca. 70 %** konfrontiert. Jeder zweite Arbeitnehmer war von **Lohnkürzungen von durchschnittlich 42 %** betroffen. Der Kursverlust des Libanesischen Pfunds erhöhte die Importpreise, was die Inflation anheizte. Die Covid-19-Pandemie verschärfte die Lage noch zusätzlich. Ministerpräsident Diab erklärte am 7.3.2020, der Libanon sei angesichts seiner geringen Devisenreserven außerstande, die für den 9.3. fällige Rückzahlung einer Anleihe in Höhe von 1.2 Mrd. US-$ zu leisten. Damit erklärte er faktisch den **Staatsbankrott**, den ersten in der Geschichte des Landes. Die Schuldenlast des Landes betrug 2018 151 % des BIP, 40 % des Staatshaushalts flossen in den Schuldendienst.

Corona: Am 21.2.2020 wurde die erste Covid-19-Infektion bestätigt, am 11.3. kam es zum ersten Todesfall. Im März war ein deutlicher Anstieg der Infektionen zu verzeichnen, im April ging die Zahl wieder zurück; im Mai und Juni wiederholte sich dieses Muster. Die Regierung schloss bereits am 29.2. die Bildungseinrichtungen. Ab dem 15.3. durfte die Bevölkerung die Wohnungen nur zum Kauf von Lebensmitteln und anderen lebenswichtigen Gütern verlassen, nachts galt eine Ausgangssperre. Die Beschränkungen wurden Anfang Mai schrittweise gelockert, nach dem erneuten Anstieg von Infektionen wurde wieder ein viertägiger Lockdown verordnet. Insgesamt blieb die Zahl der Infektionen wie auch der Todesfälle eher gering.

Die **Proteste** wurden von den Bewegungsbeschränkungen infolge der Covid-19-Pandemie **nur wenige Wochen unterbrochen**. Bereits Ende April setzten sie wieder ein, nun noch stärker angetrieben durch die sich rasch verschlechternden Lebensbedingungen. Vor allem in Tripoli, wo besonders viele von Armut betroffen sind, kam es zu Gewaltausbrüchen, wobei auch Bankniederlassungen attackiert wurden. Ein Demonstrant kam am 28.4. ums Leben. Auch in den folgenden Wochen setzten sich die Proteste fort.

Liberia

▸ 636

Ländername	Republik Liberia
Zeitzone	MEZ -1 h
Fläche in km²	111 370
Anzahl der Einwohner	4.9 Millionen
Einwohnerzahl pro km²	44
Hauptstadt	Monrovia
Amtssprache	Englisch
Verwaltungsgliederung	15 Counties
Wichtige Städte	Monrovia, Ganta, Buchanan, Gbarnga, Kakata
Autokennzeichen | ISO-Code	LB | LBR
Währung	Liberianischer Dollar
Nationalfeiertag	26. Juli

Liberia ist die älteste afrikanische Republik. Als Zufluchtsstätte für befreite Sklaven aus den USA wurde 1847 das „Land der Freiheit" gegründet. Doch diese Freiheit genoss nur die Minderheit der Amerikoliberianer, die Bevölkerungsmehrheit wurde unterdrückt. Die gesellschaftlichen Spannungen entluden sich 1989 in einem blutigen Bürgerkrieg, der die staatliche Ordnung zerstörte.

GEOGRAFIE

Geografische Lage: Von 4° 21' bis 8° 32' nördlicher Breite sowie von 7° 24' bis 11° 30' westlicher Länge
Höchster Punkt: Mount Wuteve 1440 m
Klima: Tropisches, feuchtheißes Regenwaldklima

POLITIK

Staatsform: Präsidiale Republik
Staatsoberhaupt: Präsident
Legislative: Nationalversammlung, bestehend aus Repräsentantenhaus mit 73 für 6 Jahre gewählten Mitgliedern und Senat mit 30 für 9 Jahre (gestaffelt) gewählten Mitgliedern
Jahr der Verfassung: 1986
Wahlrecht: 18 Jahre
Staatsreligion: Keine

BEVÖLKERUNG

Bevölkerungsanteil: <15 Jahre 40.8 %, 15-64 Jahre 56 %, >64 Jahre 3.2 %
Verteilung: Stadt 51.6 %, Land 48.4 %
Wachstum 2019: 2.5 %
Lebenserwartung: Frauen 66 Jahre, Männer 63 Jahre
Alphabetenrate: Frauen 34.1 %, Männer 62.7 %
Ethnische Gruppen: Kpelle, Bassa, Grebo, Gio, Mano, Kru, Lorma, Kissi, Gola, Krahn, Vai, Mandinka, Gbandi u. a.
Religionen: Christen 85.6 %, Muslime 12.2 %
Sprachen: Englisch, Regionalsprachen

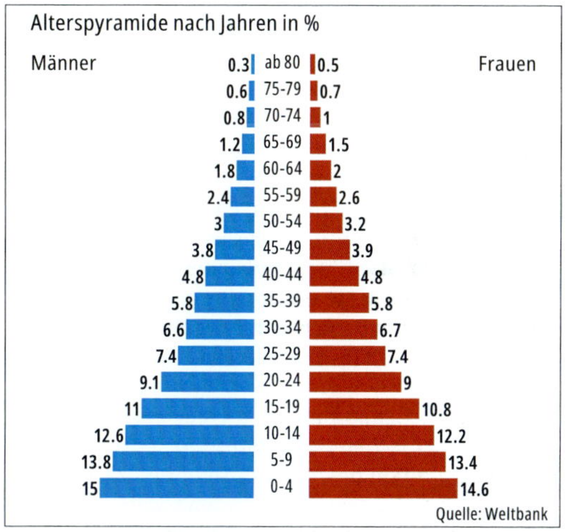

WIRTSCHAFT UND VERKEHR

BIP: 3.07 Mrd. US-$
Wachstum BIP 2019: -2.3 %
BNE/Kopf: 704 US-$
Inflation: 27 %
Außenhandel: Import 869 Mio. US-$, Export 528 Mio. US-$
Erwerbstätige nach Sektoren: Landwirtschaft 43.3 %, Industrie 10.2 %, Dienstleistungen 46.5 %
Arbeitslosenquote: 2.8 %
Energieverbrauch/Kopf: Keine Angabe
Straßennetz: 10 606 km
Eisenbahnnetz: 429 km

RÜCKBLICK

Die ökonomische Krise intensivierte sich trotz Fortschritten bei der Durchsetzung von Reformvorhaben durch die Regierung. In diesem Kontext haben sich soziale Unruhen weiter verschärft.

Wirtschaft: Nach einem niedrigen Wirtschaftswachstum 2018 kam es 2019 zu einer Rezession, mit einer Schrumpfung des Bruttoinlandsprodukts um 2.3 %. Auch für 2020 wurde ein Negativwachstum prognostiziert. Diese Negativentwicklung war primär auf die sinkende Produktion im verarbeitenden Gewerbe und der Landwirtschaft bei gleichzeitiger hoher Inflation zurückzuführen. Ein signifikantes Wachstum war nur im Bergbausektor zu verzeichnen. Die Inflation erreichte im August 2019 31.3 %, verglichen mit 26.1 % im Vorjahr. Die öffentlichen Schulden stiegen deutlich an, von 40.2 % des BIP im Fiskaljahr 2018 auf 54.5 % im Jahr 2019.

Fiskalpolitische Reformen: Die Staatseinnahmen waren im regionalen Vergleich weiterhin niedrig und die Ausgaben für Staatsbedienstete hoch. Daher legte die Regierung im September 2019 unter Druck des Internationalen Währungsfonds (IWF) ein Programm zur **Harmonisierung der Gehälter** auf, mit dem die Gehälter von ca. 9 000 Beamten, die als überbezahlt kategorisiert wurden, reduziert wurde. Zusätzlich wurden Programme zur Steigerung der Staatseinnahmen adaptiert, beispielsweise im September 2019 eine Steuer auf Gewinne von Mobilfunkanbietern.

Protest: Am 6.1.2020 kam es zu einer größeren regierungskritischen Demonstration. Kritisiert wurden vor allem die fehlende ökonomische Stabilität und die damit verbundene Steigerung von Lebenshaltungskosten, das Ausbleiben staatlicher Lohn- und Rentenzahlungen und die Zunahme von Repressionen gegen Journalisten. Viele der Teilnehmenden zeigten sich enttäuscht von dem Präsidenten und einstigen Hoffnungsträger George Weah, und forderten seine Absetzung beziehungsweise zumindest die Absetzung seiner wirtschaftspolitischen Berater. Bereits im Juni 2019 war es zu Protesten wegen umgerechnet 88 Mio. € an nationaler Währung (LRD) gekommen, die 2018 nach ihrem Druck verschwunden waren.

Brand in Koranschule: Bei einem Brand in der Nacht auf den 18.9.2019 in einem an eine Moschee angegliederten Internat in Paynesville City, einem Vorort von Monrovia, kamen Behördenangaben zufolge 28 Menschen ums Leben, der Großteil davon Schüler. Die Regierung erklärte den folgenden Tag zu einem nationalen Tag der Trauer.

Libyen

▸ 633

Ländername	Staat Libyen
Zeitzone	MEZ +1 h
Fläche in km²	1 759 540
Anzahl der Einwohner	6.7 Millionen
Einwohnerzahl pro km²	4
Hauptstadt	Tripolis
Amtssprache	Arabisch
Verwaltungsgliederung	22 Munizipien
Wichtige Städte	Tripolis, Bengasi, Misurata, Tobruk, Sebha
Autokennzeichen | ISO-Code	LAR | LBY
Währung	1 Libyscher Dinar = 1000 Dirham
Nationalfeiertag	23. Oktober

Libyen besteht zu über 90 % aus kargem Wüstenland und war im Altertum Teil der Kulturwelt rund um das Mittelmeer. Ende der 1960er-Jahre ergriff der Revolutionsführer Oberst Muammar al-Gaddafi die Macht. Er manövrierte Libyen durch seine unberechenbare Politik wiederholt ins weltpolitische Abseits. Massenproteste und Demonstrationen der Bevölkerung eskalierten 2011 zu einem blutigen Konflikt, der schließlich zum Ende des Regimes führte. Nach dem Tod des Diktators steht das Land vor einem schwierigen Neubeginn.

GEOGRAFIE

Geografische Lage: Von 19° 30' bis 33° 11' nördlicher Breite sowie von 9° 19' bis 25° 09' östlicher Länge
Höchster Punkt: Bikku Bitti (Pik Bette) 2285 m
Klima: Wüstenklima, an der Küste warmes Mittelmeerklima

POLITIK

Staatsform: Republik
Staatsoberhaupt: Präsident
Legislative: Repräsentantenhaus mit 200 gewählten Mitgliedern
Jahr der Verfassung: Keine Verfassung seit 1978
Wahlrecht: 18 Jahre
Staatsreligion: Islam

BEVÖLKERUNG

Bevölkerungsanteil: <15 Jahre 28.3 %, 15-64 Jahre 67.3 %, >64 Jahre 4.4 %
Verteilung: Stadt 80.4 %, Land 19.6 %
Wachstum 2019: 1.5 %
Lebenserwartung: Frauen 76 Jahre, Männer 70 Jahre
Alphabetenrate: Frauen 85.6 %, Männer 96.7 %
Ethnische Gruppen: Berber, Araber u. a.
Religionen: Muslime 96.6 %, Christen 2.7 %
Sprachen: Arabisch, Berbersprachen, Italienisch, Englisch

WIRTSCHAFT UND VERKEHR

BIP: 52.08 Mrd. US-$
Wachstum BIP 2019: 2.5 %
BNE/Kopf: 5 020 US-$
Inflation: 4.6 %
Außenhandel: Import 14.37 Mrd. US-$, Export 24.44 Mrd. US-$
Erwerbstätige nach Sektoren: Landwirtschaft 18.9 %, Industrie 21.9 %, Dienstleistungen 59.2 %
Arbeitslosenquote: 18.6 %
Energieverbrauch/Kopf: 2 809 kg ÖE
Straßennetz: 37 024 km
Eisenbahnnetz: Keine Angabe

RÜCKBLICK

Die Situation in Libyen stellte sich trotz zahlreicher Vermittlungsversuche und einer dynamischen Konfliktlage insgesamt nach wie vor als festgefahren dar. Die international anerkannte Regierung des Nationalen Abkommens (GNA) unter **Fayez al-Sarraj** konnte weiterhin keine Souveränität im Staat ausüben und ihre Einflusssphären beschränkten sich primär auf Tripolis und die direkte Umgebung. Die seit 2019 stattfindende Offensive der sogenannten Libyschen Nationalen Armee (LNA) unter General **Chalifa Haftar** hat zwar das Territorium Haftars temporär deutlich vergrößern können, die geplante Einnahme von Tripolis wurde jedoch verhindert.

Libyenkonferenz in Berlin: Im Sinne des Dreipunkteplans des ehemaligen Leiters der Unterstützungsmission der Vereinten Nationen in Libyen (UNSMIL), Ghassan Salamé, fand am 19.1.2020 eine Libyenkonferenz in Berlin statt. Teilgenommen haben neben Deutschland alle Staaten, die in dem Konflikt eine aktive Rolle spielen. Al-Sarraj und Haftar nahmen ebenfalls teil, waren jedoch aufgrund ihrer Ablehnung direkter Treffen nicht bei den eigentlichen Verhandlungsrunden dabei. Auf der Konferenz wurde ein Plan mit 55 Punkten beschlossen, bei denen es primär um das Einhalten von Waffenstillständen und Waffenembargos sowie den wirtschaftlichen und administrativen Wiederaufbau Libyens ging. Auf den Beschluss sollte ein innerlibyscher Prozess folgen, bei dem ökonomische, politische und militärische Strategien zur friedlichen Lösung zwischen den Konfliktparteien erarbeitet werden sollten. Primär wegen der Hoffnung der jeweiligen Akteure auf eine baldige militärische Lösung des Konflikts stockte dieser Prozess jedoch zuletzt.

Alle teilnehmenden Regierungsvertreter stellten sich am 19. Januar 2020 zum Gruppenfoto für die Presse auf.

Konfliktgeschehen: Aufgrund der **seit April 2019 laufenden Offensive der LNA**, mit der die libysche Hauptstadt Tripolis eingenommen werden sollte, erzielten die Haftar unterstehenden Truppen zunächst schnelle Fortschritte. Eine Einnahme von Tripolis würde zum einen bedeuten, dass Haftar sich politisch endgültig profilieren könnte, zum anderen würde es seine Kontrolle über die Ölgewinne herbeiführen. Durch die Kontrolle der Zentralbank durch die GNA waren die Konfliktparteien nach wie vor aufeinander angewiesen und mussten sich die Einkünfte aus dem Ölgeschäft teilen. Der Hauptteil des Konfliktgeschehens hat dementsprechend in Tripolis und Umgebung stattgefunden. Die Einheitsregierung unter Al-Sarraj verfügte weiterhin über keine nennenswerten eigenen Streitkräfte, weshalb er weiter auf die militärische Unterstützung lokaler Milizen angewiesen war. Diese stoppten den Einmarsch der LNA in Tripolis und konnten zuletzt wieder Gebiete zurückerobern. Im Mai und Juni 2020 konnten die mit der GNA verbündeten Milizen mit türkischer Unterstützung strategisch wichtige Positionen zurückerobern, woraufhin mehrere lokale Akteure Haftar die Unterstützung entzogen, die LNA sich wieder vor allem in östliche Landesteile zurückzog und somit nach einer temporären Dominanz der LNA nun wieder eine territoriale Aufteilung vergleichbar mit der vor April 2019 herrschte.

Internationale Einmischung: Trotz des auf internationaler Ebene beschlossenen Waffenembargos und der Deeskalationsstrategien, haben sich die internationalen Interventionen im letzten Jahr noch intensiviert. Deutlichstes Beispiel dafür ist die **Türkei**, die sich auf Initiative des Präsidenten Recep Tayyip Erdoğan aktiv auf die Seite der GNA geschlagen hat. Bisher wurden vor allem Militärberater, Rüstungsgüter und an türkischer Seite kämpfende Milizen aus Syrien entsandt. Im Gegenzug sicherte die GNA der Türkei Wirtschaftszonen mit Erdgasfeldern im östlichen Mittelmeer zu. Die türkische Unterstützung lässt sich als Hauptgrund für die partiell erfolgreiche Gegenoffensive gegen die LNA deuten. Neben der Türkei ist die **Europäische Union** eine aktive Unterstützerin der GNA, wobei das Engagement der einzelnen Mitgliedstaaten stark divergiert. Hauptsächlich handelt es sich um Kooperationen bei der Migrationskontrolle. Italien nimmt dabei eine führende Rolle auf Seiten der GNA ein. Auf der anderen Seite wird die LNA am aktivsten von den **Vereinigten Arabischen Emiraten**, **Saudi-Arabien** und **Ägypten** politisch sowie militärisch unterstützt. Auch **Russland** und **Frankreich** haben inoffiziell militärischen und logistischen Beistand geleistet.

Flucht und Migration: Libyen war weiterhin die wichtigste Transitroute für Flucht- und Migrationsbewegungen auf den europäischen Kontinent über das Mittelmeer. Auch 2019 und 2020 lagen Berichte über **Menschenrechtsverletzungen** in Flüchtlingslagern vor. Es gab ein einziges Lager, das vom UNHCR und dem libyschen Staat unter finanzieller Hilfe der EU betrieben wurde. Dieses war jedoch so überfüllt, dass die Essenausgabe eingestellt wurde, um die Menschen zum Verlassen des Lagers zu bewegen. Es sterben nach wie vor viele Menschen bei dem Versuch, mit Booten über das Mittelmeer zu fliehen. Für 2019 spricht das UN-Flüchtlingshilfswerk von 1 327 registrierten Toten, die tatsächlichen Zahlen sollen höher liegen. Noch mehr Flüchtende starben schon auf dem Weg nach bzw. durch Libyen Richtung Küste.

Liechtenstein

▸ 618

Ländername	Fürstentum Liechtenstein
Zeitzone	MEZ ±0 h
Fläche in km²	160
Anzahl der Einwohner	38 019
Einwohnerzahl pro km²	238
Hauptstadt	Vaduz
Amtssprache	Deutsch
Verwaltungsgliederung	11 Gemeinden
Wichtige Städte	Schaan, Vaduz, Triesen
Autokennzeichen | ISO-Code	FL | LIE
Währung	1 Schweizer Franken = 100 Rappen
Nationalfeiertag	15. August

Unternehmen schätzen den alpinen Zwergstaat zwischen Österreich und der Schweiz vor allem als Steuerparadies. Darüber hinaus bietet das souveräne Fürstentum dem Besucher aber auch reizvolle Naturlandschaften und bedeutende Kulturschätze. Nicht zuletzt sichert es seinen Bewohnern einen hohen Lebensstandard.

GEOGRAFIE

Geografische Lage: Von 47° 03' bis 47° 16' nördlicher Breite sowie von 9° 29' bis 9° 37' östlicher Länge
Höchster Punkt: Vorder-Grauspitz 2599 m
Klima: Relativ mild, winterfeucht

POLITIK

Staatsform: Konstitutionelle Monarchie
Staatsoberhaupt: Fürst
Legislative: Landtag mit 25 für 4 Jahre gewählten Mitgliedern
Jahr der Verfassung: 1921
Wahlrecht: 18 Jahre
Staatsreligion: Christentum

BEVÖLKERUNG

Bevölkerungsanteil: <15 Jahre 15.2 %, 15-64 Jahre 65.9 %, >64 Jahre 18.9 %
Verteilung: Stadt 14.3 %, Land 85.7 %
Wachstum 2019: 0.3 %
Lebenserwartung: Frauen 86 Jahre, Männer 82 Jahre
Alphabetenrate: Frauen 99 %, Männer 99 %
Ethnische Gruppen: Liechtensteiner, Schweizer, Österreicher, Deutsche, Italiener u. a.
Religionen: Christen 83.2 %, Muslime 5.9 %
Sprachen: Deutsch, Italienisch u. a.

WIRTSCHAFT UND VERKEHR

BIP: 6.21 Mrd. US-$
Wachstum BIP 2019: 1.8 %
BNE/Kopf: 165 028 US-$
Inflation: Keine Angabe
Außenhandel: Import 1.94 Mrd. US-$, Export 3.6 Mrd. US-$
Erwerbstätige nach Sektoren: Keine Angabe
Arbeitslosenquote: Keine Angabe
Energieverbrauch/Kopf: Keine Angabe
Straßennetz: 630 km
Eisenbahnnetz: 9 km

RÜCKBLICK

Das Fürstenfest war am 15.8.2019 der Höhepunkt der **300-Jahr-Feierlichkeiten**. Neben dem traditionellen Staatsakt und dem Volksfest am Schloss gab es eine Jubiläumsfeier im Zentrum von Vaduz.

Am 3.3.2020 verzeichnete das Land den ersten Corona-Fall. Beim **Infektionsschutz** orientierte sich das Fürstentum an der Schweiz: Ab 1.3. waren Großveranstaltungen verboten; ein Besuchsverbot in Alten- und Pflegeheimen wurde eingeführt (11.3.), Schulen und Kitas (13.3.) sowie Restaurants, Bars, Freizeiteinrichtungen wurden geschlossen (17.3.), Österreich und die Schweiz schlossen die Grenzen zu Liechtenstein (17.3.), die meisten Geschäfte schlossen (19.3.), die Regierung ordnete eine Kontaktbeschränkung auf maximal fünf Personen an (22.3.).

Um die Maßnahmen abzufedern, beschloss die Regierung ein Paket von 100 Mio. sfr: 50 Mio. Kurzarbeitergeld sowie je 25 Mio. für Kredite und Wirtschaftsförderung. Weitere 20 Mio. sfr stellten die Gemeinden zur Verfügung.

Ab dem 27.4. nahm die Regierung die Maßnahmen schrittweise zurück, u. a. durften alle Läden, Friseure und Kosmetikstudios wieder öffnen. Schulen und Kitas öffneten ab dem 11.5. schrittweise. Gottesdienste und Breitensport wurden ab dem 15.5. wieder erlaubt, außerdem Museen, Archive und Bibliotheken geöffnet.

In einer Volksabstimmung sprachen sich am 24.11.2019 gut 56 % für den Neubau des einzigen Krankenhauses des Landes aus. 2011 hatte das Volk einen 83 Mio. sfr teuren Neubau noch abgelehnt. Der neue Entwurf sieht einen Bau vor den Toren von Vaduz vor. Von den 72.5 Mio. sfr, die der Neubau kosten soll, wird die Gemeinde Vaduz 7 Mio. sfr übernehmen, 65.5 Mio. das Land. Bis 2025 soll der Neubau fertig werden.

Mercosur: Gemeinsam mit den übrigen EFTA-Staaten Schweiz, Norwegen und Island unterzeichnete Liechtenstein am 23.8.2019 ein Freihandelsabkommen mit den Mercosur-Staaten Brasilien, Argentinien, Paraguay und Uruguay. Der Vertrag orientiert sich am Freihandelsabkommen der EU mit den Mercosur-Staaten vom 30.6.2019. Kritik gab es insbesondere wegen der beschleunigten Abholzung des Regenwalds und der verheerenden Waldbrände in Brasilien. Eine Ratifizierung des Abkommens steht noch aus.

Am 5.3.2020 stimmten im Parlament 20 der 25 Abgeordneten für die **Einführung einer doppelten Staatsbürgerschaft**. Bürger der Schweiz und des Europäischen Wirtschaftsraums (EWR) sollen ihre Staatsbürgerschaft behalten dürfen, wenn sie Liechtensteiner werden. Bisher dürfen zwar Liechtensteiner mehrere Staatsbürgerschaften haben, Ausländer, die die liechtensteinische Staatsbürgerschaft annehmen, müssen ihren ausländischen Pass jedoch abgeben. Ausnahmen gibt es nur für Staaten, die eine Rückgabe der Staatsbürgerschaft nicht erlauben. Die letzte Entscheidung liegt beim Volk. Am 30.8.2020 findet eine Volksabstimmung dazu statt.

Litauen

▸ 614

Ländername	Republik Litauen
Zeitzone	MEZ +1 h
Fläche in km²	65 286
Anzahl der Einwohner	2.8 Millionen
Einwohnerzahl pro km²	42
Hauptstadt	Vilnius
Amtssprache	Litauisch
Verwaltungsgliederung	10 Bezirke
Wichtige Städte	Vilnius, Kaunas, Klaipeda, Šiauliai, Panevežys
Autokennzeichen | ISO-Code	LT | LTU
Währung	1 Euro = 100 Cent
Nationalfeiertag	16. Februar

Litauen, der größte und bevölkerungsreichste baltische Staat, galt lange Zeit als der ökonomisch rückständigste. Nicht zuletzt durch den EU-Beitritt 2004 konnte das Land jedoch in der Entwicklung aufholen. Die weltweite Wirtschafts- und Finanzkrise führte allerdings zu einem schweren Rückschlag. In den letzten Jahren konnte sich die Wirtschaft wieder erholen. Seit 2015 ist Litauen Mitglied der Euro-Zone.

GEOGRAFIE

Geografische Lage: Von 53° 54' bis 56° 25' nördlicher Breite sowie von 20° 54' bis 26° 47' östlicher Länge
Höchster Punkt: Aukštojas 294 m
Klima: Winterfeucht-kühles Klima

POLITIK

Staatsform: Semipräsidiale Republik
Staatsoberhaupt: Präsident
Legislative: Parlament mit 141 für 4 Jahre gewählten Mitgliedern
Jahr der Verfassung: 1992
Wahlrecht: 18 Jahre
Staatsreligion: Keine

BEVÖLKERUNG

Bevölkerungsanteil: <15 Jahre 15.1 %, 15-64 Jahre 64.7 %, >64 Jahre 20.2 %
Verteilung: Stadt 67.7 %, Land 32.3 %
Wachstum 2019: -1.4 %
Lebenserwartung: Frauen 82 Jahre, Männer 70 Jahre
Alphabetenrate: Frauen 99.8 %, Männer 99.8 %
Ethnische Gruppen: Litauer, Polen, Russen, Weißrussen u. a.
Religionen: Christen 82.9 %
Sprachen: Litauisch, Russisch, Polnisch u. a.

WIRTSCHAFT UND VERKEHR

BIP: 54.22 Mrd. US-$
Wachstum BIP 2019: 3.9 %
BNE/Kopf: 19 267 US-$
Inflation: 2.3 %
Außenhandel: Import 35.61 Mrd. US-$, Export 33.12 Mrd. US-$
Erwerbstätige nach Sektoren: Landwirtschaft 6.9 %, Industrie 25.9 %, Dienstleistungen 67.2 %
Arbeitslosenquote: 6.4 %
Energieverbrauch/Kopf: 2 387 kg ÖE
Straßennetz: 84 166 km
Eisenbahnnetz: 1 911 km

RÜCKBLICK

Regierung: Der parteilose Ministerpräsident Saulius Skvernelis (ab 2016) konnte seine **Minderheitsregierung** aus Bund der Bauern und Grünen (LVŽS) und LSDDP, einer Abspaltung der Sozialdemokraten (LSDP) zweimal erweitern, im September 2018 um die rechtspopulistische Partei Ordnung und Gerechtigkeit (TT) und im Juli 2019 um die Polnische Wahlaktion – Christliche Familienallianz.

Niederlagen: Zwischenzeitlich musste die Regierung im Mai 2019 mehrere Rückschläge einstecken: Bei den Wahlen zum **Europäischen Parlament** kam die LVŽS hinter den Oppositionsparteien Vaterlandsunion und Christdemokraten (TS-LKD) und LSDP mit 12.6 % auf Platz drei. Und bei der

Litauens Staatspräsident Gitanas Nausėda bei den Feiern zum Nationalfeiertag am 16. Februar 2020.

Direktwahl eines neuen Staatsoberhaupts wurde Ministerpräsident Skvernelis auch nur Dritter. Daraufhin reichte er seinen Rücktritt ein, widerrief ihn im Juli jedoch. In der Stichwahl siegte dann der parteilose Ökonom **Gitanas Nausėda** mit 66 % gegen die frühere Finanzministerin Ingrida Šimonytė. Als Nachfolger von Dalia Grybauskaitė trat er sein Amt am 12.7. an. Der Staatspräsident hat repräsentative Aufgaben, leitet die Außenpolitik und kann gegen Gesetze sein Veto einlegen. Zwei **Volksabstimmungen**, die gleichzeitig mit der Präsidentschaftswahl stattfanden, für eine geringere Zahl von Parlamentariern und die Einführung einer doppelten Staatsbürgerschaft, scheiterten, weil das nötige Quorum nicht erreicht wurde.

Nutzloses Atomkraftwerk: 45 km von der Hauptstadt Vilnius entfernt nahm im Dezember 2019 der erste von zwei Reaktoren des **Kernkraftwerks Astrawez** (Ostrowez) den Probebetrieb auf – allerdings nicht auf litauischem Territorium, sondern in **Weißrussland**. Litauen versuchte vergeblich das von einer Tochter des russischen Staatskonzerns Rosatom erbaute Kraftwerk an der Ostgrenze zu verhindern. Als unmittelbarer Nachbar beanstandete es Sicherheitsvorkehrungen, Umweltfolgeabschätzung und Informationspolitik, etwa 2018 zu einem Unfall bei der Montage eines Reaktorbehälters. Vor allem aber wurde der **ökonomische Nutzen angezweifelt**, 2018 sogar vom weißrussischen Staatspräsidenten Alexander Lukaschenko selbst. Denn Litauen nimmt keinen Atomstrom ab und Weißrussland braucht ihn nicht vordringlich. 2009 legte Litauen auf Verlangen der EU das eigene Atomkraftwerk Ignalina still. Ein Nachfolgeprojekt (Visaginas) scheiterte. Stattdessen wurde der **Energiebezug** schrittweise **diversifiziert**, vor allem um weniger von russischen Lieferungen abhängig zu sein. Strom wird in Litauen heute größtenteils mit Wasser- und Windkraft sowie Erdgas erzeugt, das u. a. über ein Flüssiggasterminal in Klaipėda bezogen wird. Auch besteht ein Stromverbund mit Polen (LitPol Link) und Schweden (NordBalt).

Corona: Aufgrund der Covid-19-Pandemie verhängte die Regierung am 14.3.2020 den Notstand (verlängert bis 31.5.) mit einem weitgehenden **Lockdown** von öffentlichem Leben, Wirtschaft und Bildungseinrichtungen sowie Grenzschließungen. Ab 15.4. gab es schrittweise Lockerungen: für Geschäfte, den Personenverkehr zwischen den baltischen Staaten, im internationalen Flugverkehr sowie für Kitas, Restaurants, Cafés und andere Dienstleistungen (ab 15.5.). Im Europa-Vergleich gehörte Litauen zu den Staaten mit den **meisten Infektionstests** pro 1 000 Einwohner. Für Unternehmen und Erwerbstätige beschloss das Parlament im März ein **Finanzpaket**, das im Mai erweitert wurde, im Gesamtumfang von 6 Mrd. €, u. a. mit Steuerstundungen und Kreditgarantien für betroffene Unternehmen sowie Zuschüssen für Beschäftigte in Kurzarbeit, Arbeitslose und Selbstständige. Innenpolitischen **Streit** verursachte der Plan, im Vorfeld der für den 11.10.2020 vorgesehenen Parlamentswahlen Finanzschwachen jeweils 200 € zu zahlen.

Litauische Grenzbeamte kontrollieren am 17. März 2020 aufgrund des Corona-Notstands verstärkt Fahrzeuge, die über den litauisch-polnischen Grenzübergang Kalvarija-Budzisko nach Litauen einreisen.

Luxemburg

Ländername	Großherzogtum Luxemburg
Zeitzone	MEZ ±0 h
Fläche in km²	2 590
Anzahl der Einwohner	619 896
Einwohnerzahl pro km²	239
Hauptstadt	Luxemburg
Amtssprache	Luxemburgisch, Französisch, Deutsch
Verwaltungsgliederung	12 Kantone
Wichtige Städte	Luxemburg, Esch-sur-Alzette, Differdingen, Düdelingen
Autokennzeichen | ISO-Code	L | LUX
Währung	1 Euro = 100 Cent
Nationalfeiertag	23. Juni

Der westeuropäische Kleinstaat hat sich jahrhundertelang mit seinen mächtigen Nachbarn arrangieren müssen und sich im 20. Jahrhundert der europäischen Einigung verschrieben. Einst vor allem von Eisen und Stahl abhängig, ist das Großherzogtum heute auch ein wichtiges internationales Finanzzentrum. Gemessen an der Wirtschaftsleistung pro Einwohner und am Pro-Kopf-Einkommen darf sich Luxemburg zu den reichsten Staaten der Erde zählen.

GEOGRAFIE

Geografische Lage: Von 49° 26' bis 50° 10' nördlicher Breite sowie von 5° 43' bis 6° 30' östlicher Länge
Höchster Punkt: Kneiff 560 m
Klima: Gemäßigtes maritim-kontinentales Klima

POLITIK

Staatsform: Konstitutionelle Monarchie
Staatsoberhaupt: Großherzog
Legislative: Abgeordnetenkammer mit 60 für 5 Jahre gewählten Mitgliedern
Jahr der Verfassung: 1868
Wahlrecht: 18 Jahre
Staatsreligion: Keine

BEVÖLKERUNG

Bevölkerungsanteil: <15 Jahre 15.9 %, 15-64 Jahre 69.9 %, >64 Jahre 14.2 %
Verteilung: Stadt 91 %, Land 9 %
Wachstum 2019: 1.9 %
Lebenserwartung: Frauen 84 Jahre, Männer 80 Jahre
Alphabetenrate: Frauen 99 %, Männer 99 %
Ethnische Gruppen: Luxemburger, Portugiesen, Franzosen, Italiener, Belgier, Deutsche, Spanier, Briten u. a.
Religionen: Christen 70.4 %, Muslime 2.3 %
Sprachen: Luxemburgisch, Französisch, Deutsch u. a.

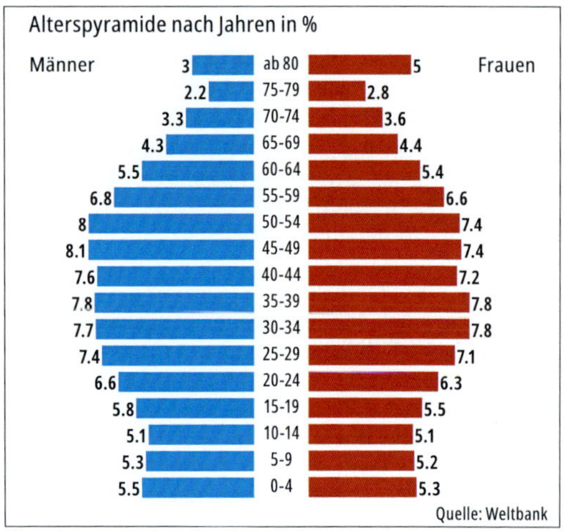

WIRTSCHAFT UND VERKEHR

BIP: 71.1 Mrd. US-$
Wachstum BIP 2019: 2.3 %
BNE/Kopf: 113 196 US-$
Inflation: 1.5 %
Außenhandel: Import 23.99 Mrd. US-$, Export 16.51 Mrd. US-$
Erwerbstätige nach Sektoren: Landwirtschaft 1 %, Industrie 11.7 %, Dienstleistungen 87.3 %
Arbeitslosenquote: 5.5 %
Energieverbrauch/Kopf: 6 548 kg ÖE
Straßennetz: 2 875 km
Eisenbahnnetz: 275 km

RÜCKBLICK

Grenzschließung: Am 15.3.2020 kündigte Deutschland wegen der Corona-Pandemie Einreisebeschränkungen und Kontrollen an der deutsch-luxemburgischen Grenze an. Dagegen protestierten die Bürgermeister von mehreren Grenzgemeinden. Auch Außenminister Asselborn richtete am 5.5. seinen Protest in einem Schreiben an die Bundesregierung. Am 16.5. hob Deutschland die Grenzkontrollen wieder auf.

Verkehrspolitik: Zum 1.3.2020 wurde ein landesweiter kostenloser öffentlicher Personennahverkehr in Bussen, Eisenbahnen und Straßenbahnen eingeführt. Die Kosten von jährlich ca. 41 Mio. € sollen aus Steuermitteln finanziert werden.

Landwirtschaft: Als erstes EU-Land verbot Luxemburg zum 1.2.2020 das umstrittene Pflanzenschutzmittel Glyphosat. Bis Ende 2020 gelten allerdings Übergangsfristen: So lange dürfen Händler ihre Restbestände des krebsverdächtigen Pestizids noch verkaufen und Landwirte und Winzer diese auch einsetzen.

Flüchtlinge: Neben 9 weiteren EU-Staaten und der Schweiz erklärte sich Luxemburg bereit, minderjährige Flüchtlinge aus Lagern in Griechenland aufzunehmen. Das luxemburgische Kontingent von 12 Kindern und Jugendlichen traf am 15.4.2020 auf dem Flughafen Findel ein und wurde dort von Außenminister Jean Asselborn in Empfang genommen.

Corona: Am 29.2.2020 wurde der erste Infektionsfall gemeldet, ein etwa 40-jähriger Mann, der sich zuvor in Norditalien aufgehalten hatte. Erstes Todesopfer war ein 94-Jähriger, der am 13.3. starb. Die Zahl der Infizierten stieg bis Ende März auf 2 178 an, 23 Erkrankte starben. Am 16.3. wurden in ganz Luxemburg Schulen, Kinos, Restaurants, Diskotheken, Museen und Schwimmbäder geschlossen. Nur Geschäfte, die Lebensnotwendiges verkaufen, durften geöffnet bleiben. Am 17.3. rief Premierminister Xavier Bettel den Notstand aus, der der Regierung im Kampf gegen das Coronavirus erweiterte Befugnisse gibt. Am 21.3. verlängerte das Parlament den Ausnahmezustand auf 3 Monate. Nachdem die Zahl der Neuinfektionen im April stagnierte, beschloss die Regierung Lockerungen: Schulen und Kitas wurden am 11. und 25.5. wieder geöffnet, auch Gastronomie, Fitnessstudios und Geschäfte durften unter Auflagen Ende Mai wieder den Publikumsbetrieb aufnehmen.

Madagaskar

▸ 644

Ländername	Republik Madagaskar
Zeitzone	MEZ +2 h
Fläche in km²	587 295
Anzahl der Einwohner	27 Millionen
Einwohnerzahl pro km²	46
Hauptstadt	Antananarivo
Amtssprache	Malagasy, Französisch
Verwaltungsgliederung	22 Regionen
Wichtige Städte	Antananarivo, Toamasina, Antsirabe, Mahajanga, Fianarantsoa, Toliara
Autokennzeichen | ISO-Code	RM | MDG
Währung	1 Ariary = 5 Iraimbilanja
Nationalfeiertag	26. Juni

Madagaskar ist die viertgrößte Insel der Erde und liegt rund 400 km vor der afrikanischen Ostküste. Die erdgeschichtlich frühe Isolierung führte zu einer eigenständigen Entwicklung der artenreichen Pflanzen- und Tierwelt. Die bedeutende Stellung als Handelsplatz begünstigte die Entwicklung eines zentralistischen Königreichs im 19. Jahrhundert. Das moderne Madagaskar gehört jedoch zu den ärmsten Ländern der Welt.

GEOGRAFIE

Geografische Lage: Von 11° 57' bis 25° 36' südlicher Breite sowie von 43° 13' bis 50° 30' östlicher Länge
Höchster Punkt: Maromokotro 2876 m
Klima: Tropisch entlang der Küste, gemäßigt im Landesinneren, trocken im Süden

POLITIK

Staatsform: Semipräsidiale Republik
Staatsoberhaupt: Präsident
Legislative: Parlament, bestehend aus Nationalversammlung mit 151 für 5 Jahre gewählten Mitgliedern und Senat mit 42 für 5 Jahre gewählten und 21 ernannten Mitgliedern
Jahr der Verfassung: 2010
Wahlrecht: 18 Jahre
Staatsreligion: Keine

BEVÖLKERUNG

Bevölkerungsanteil: <15 Jahre 40.4 %, 15-64 Jahre 56.6 %, >64 Jahre 3 %
Verteilung: Stadt 37.9 %, Land 62.1 %
Wachstum 2019: 2.7 %
Lebenserwartung: Frauen 69 Jahre, Männer 66 Jahre
Alphabetenrate: Frauen 72.4 %, Männer 77.3 %
Ethnische Gruppen: Merina, Cotiers, Franzosen, Inder, Kreolen, Komorer u. a.
Religionen: Christen 85.3 %, Muslime 3 %, Ethnische 4.5 %
Sprachen: Malagasy, Französisch, Englisch

WIRTSCHAFT UND VERKEHR

BIP: 14.08 Mrd. US-$
Wachstum BIP 2019: 4.6 %
BNE/Kopf: 464 US-$
Inflation: 5.6 %
Außenhandel: Import 3.93 Mrd. US-$, Export 2.64 Mrd. US-$
Erwerbstätige nach Sektoren: Landwirtschaft 64.2 %, Industrie 9 %, Dienstleistungen 26.8 %
Arbeitslosenquote: 1.7 %
Energieverbrauch/Kopf: Keine Angabe
Straßennetz: 31 640 km
Eisenbahnnetz: 836 km

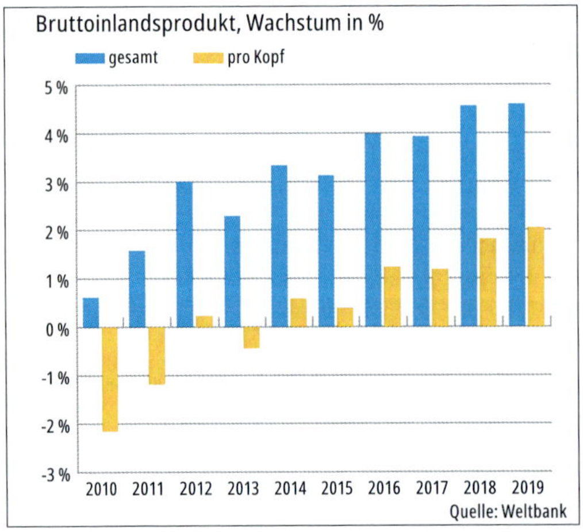

RÜCKBLICK

Neue Regierung: Präsident Andry Rajoelina setzte am 19. Juli 2019 **Christian Ntsay als Premierminister** ein. Ntsay hatte bereits die bisherige Einheitsregierung geführt und war nach den Parlamentswahlen im Mai 2019 mit seiner Regierung der Verfassung entsprechend zurückgetreten. Sein drittes **Kabinett**, das am 24.7.2019 ernannt wurde, blieb von der Besetzung her bis auf ein Ministerium **unverändert**. Anfang 2020 fand eine größere Regierungsumbildung statt, bei der neun Minister neu ins Amt kamen. Die politische Lage auf der viertgrößten Insel der Welt ist seit Jahrzehnten fragil. Politische Unruhen, umstrittene Wahlen und Umstürze wechselten sich ab. Seit Rajoelina im Januar 2019 als Staatspräsident vereidigt wurde, zeigte sich das Land jedoch **weitgehend stabil**. Bei den Präsidentschaftswahlen im Dezember 2018, die von Beobachtern als frei und fair bewertet wurden, war es erstmals zu einem reibungslosen Machtwechsel gekommen, weil der Zweitplatzierte Marc Ravalomanana seine Niederlage akzeptiert hatte. Sowohl Ravalomanana wie Rajoelina hatten bereits früher als Staatsoberhaupt amtiert.

Papstbesuch: Im Rahmen seiner sechstägigen Reise durch Südostafrika besuchte Papst Franziskus vom 6. bis 8. September 2019 erstmals auch Madagaskar. Das Kirchenoberhaupt stellte die Jugend in den Mittelpunkt seiner Predigt, warb für ein stärkeres Miteinander und rief zur Bekämpfung von Korruption und Spekulation sowie zu mehr Umweltbewusstsein auf. Rund **1 Mio. Menschen** nahmen an dem **Freiluftgottesdienst** in der Hauptstadt Antananarivo teil.

Soziale Lage: Madagaskar zählt zu den ärmsten und am wenigsten entwickelten Ländern der Welt. Etwa **drei Viertel der Bevölkerung** leben nach offiziellen Datenerhebungen **unterhalb der Armutsgrenze** und müssen täglich mit weniger als 1.90 US-$ auskommen. Es existiert eine kleine Ober- und Mittelschicht, die sich aber auf die Hauptstadt konzentriert. Im Human Development Report der UN von 2019, der den Rang der menschlichen Entwicklung misst, lag Madagaskar auf Platz 162 von 189 Ländern. Zu den Entwicklungshemmnissen zählen die **unbeständige Politik, Korruption und Misswirtschaft**, aber auch das hohe Bevölkerungswachstum. Das Land ist stark agrarisch geprägt, trotzdem müssen zur Sicherung der Ernährung regelmäßig Nahrungsmittel eingeführt werden. Der Großteil der Menschen lebt von der **Subsistenzlandwirtschaft**, die mit Bodenerosion und den Folgen des Klimawandels wie starken Zyklonen zu kämpfen hat.

Malawi

▸ 641

Ländername	Republik Malawi
Zeitzone	MEZ +1 h
Fläche in km²	118 480
Anzahl der Einwohner	18.6 Millionen
Einwohnerzahl pro km²	157
Hauptstadt	Lilongwe
Amtssprache	Englisch
Verwaltungsgliederung	3 Regionen mit 28 Distrikten
Wichtige Städte	Lilongwe, Blantyre, Mzuzu, Zomba, Karonga
Autokennzeichen | ISO-Code	MW | MWI
Währung	1 Malawi-Kwacha = 100 Tambala
Nationalfeiertag	6. Juli

Mit seinen Bergen, Seen, Wasserfällen, den Savannen und Wäldern ist das kleine Land im Südosten Afrikas ein wahres Naturparadies. Doch für die Menschen verblassen all diese Schönheiten angesichts eines Lebens in einem der ärmsten Länder der Welt, das drei Jahrzehnte von Hastings Kamuzu Banda (1898-1997) autoritär regiert wurde. Die letzten Präsidentschafts- und Parlamentswahlen fanden am 21. Mai 2019 statt.

GEOGRAFIE

Geografische Lage: Von 9° 23' bis 17° 08' südlicher Breite sowie von 32° 40' bis 35° 54' östlicher Länge
Höchster Punkt: Sapitwa 3002 m
Klima: Tropisches, wechselfeuchtes Klima

POLITIK

Staatsform: Präsidiale Republik
Staatsoberhaupt: Präsident
Legislative: Nationalversammlung mit 193 für 5 Jahre gewählten Mitgliedern
Jahr der Verfassung: 1995
Wahlrecht: 18 Jahre
Staatsreligion: Keine

BEVÖLKERUNG

Bevölkerungsanteil: <15 Jahre 43.5 %, 15-64 Jahre 53.9 %, >64 Jahre 2.6 %
Verteilung: Stadt 17.2 %, Land 82.8 %
Wachstum 2019: 2.6 %
Lebenserwartung: Frauen 68 Jahre, Männer 62 Jahre
Alphabetenrate: Frauen 55.2 %, Männer 69.8 %
Ethnische Gruppen: Chewa, Lomwe, Yao, Ngoni, Tumbuka, Sena, Mang'anja, Tonga, Nyanja u. a.
Religionen: Christen 77.3 %, Muslime 13.8 %, Ethnische 1.1 %, Sonstige 5.6 %
Sprachen: Englisch, Chichewa, Bantusprachen

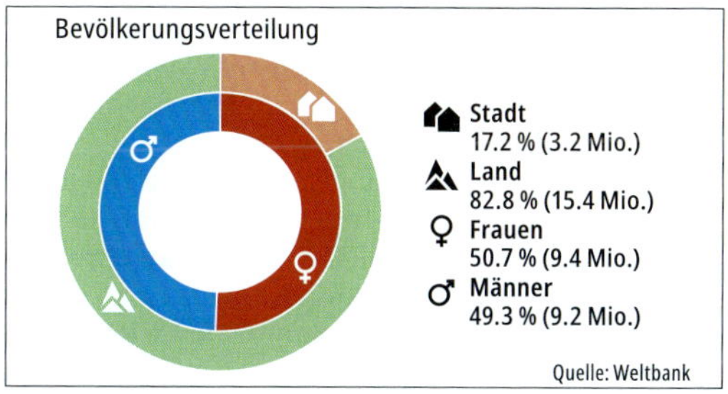

WIRTSCHAFT UND VERKEHR

BIP: 7.67 Mrd. US-$
Wachstum BIP 2019: 4.4 %
BNE/Kopf: 371 US-$
Inflation: 9.4 %
Außenhandel: Import 2.9 Mrd. US-$, Export 859 Mio. US-$
Erwerbstätige nach Sektoren: Landwirtschaft 43.6 %, Industrie 13.8 %, Dienstleistungen 42.6 %
Arbeitslosenquote: 5.7 %
Energieverbrauch/Kopf: Keine Angabe
Straßennetz: 15 452 km
Eisenbahnnetz: 767 km

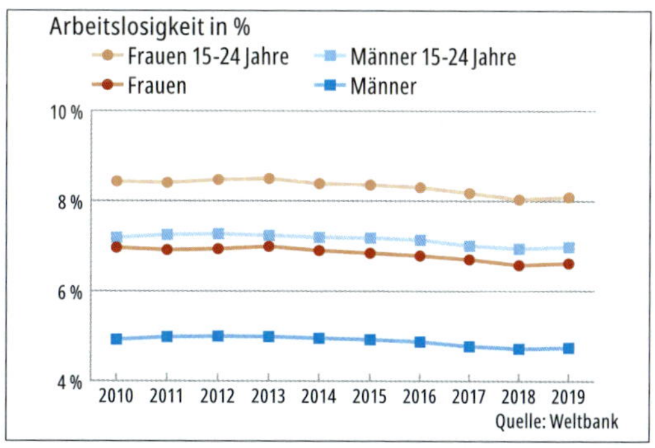

RÜCKBLICK

Wahlannulierung: Das Verfassungsgericht erklärte am 3.2.2020 die Ergebnisse der **Präsidentschaftswahl** von Mai 2019 für **ungültig** und folgte damit einer Klage der unterlegenen Präsidentschaftskandidaten Lazarus Chakwera und Saulos Chilima. Das Gericht setzte eine Frist von 150 Tagen für **Neuwahlen** fest. Bei der umstrittenen Abstimmung im Mai 2019 hatte Amtsinhaber Peter Mutharika mit 38.6 % der Stimmen knapp vor Chakwera (35.4 %) gelegen. Chilima hatte 20.2 % erreicht. Die Wiederwahl des seit 2014 amtierenden Präsidenten hatte zu **monatelangen öffentlichen Protesten** geführt, in die auch die Armee eingegriffen hatte. Das Gericht begründete seine spektakuläre Entscheidung mit systematischen Unregelmäßigkeiten. Rund 1.4 Mio. der insgesamt 5.1 Mio. **Stimmzettel** seien nachträglich **manipuliert** worden. Wahlbeamte hätten die Wählervoten mit Korrekturflüssigkeit unkenntlich gemacht und überschrieben. Mutharika und die Wahlkommission legten Berufung gegen das Urteil ein, scheiterten jedoch am Obersten Gerichtshof, der am 8.8. 2020 den Richterspruch des Verfassungsgerichtes bestätigte. Die Annulierung des als Tipp-Ex-Wahl bezeichneten Urnengangs galt vielen als historischer Sieg der Demokratie.

Neue Abstimmung: Der bis zu Neuwahlen im Präsidentenamt verbleibende **Mutharika löste** am 13.3.2020 **die Regierung auf** und stellte sechs Tage später ein neues Kabinett vor, das am 21. März vereidigt wurde. Er selbst übernahm das Verteidigungsressort, andere Ministerien besetzte er mit Vertretern seiner Bündnispartner. Am 23.6.2020 wurde erneut über das Staatsoberhaupt abgestimmt. Neuer Präsident von Malawi wurde Lazarus Chakwera, der die Wahl mit 58.6 % der Stimmen gewann. Er lag damit vor Peter Mutharika, der nach dem offiziellen Ergebnis 39.4 % der Stimmen erreichte. Wenige Stunden nach der Verkündung des Wahlergebnisses wurde Chakwera in sein Amt eingeführt.

Schuldendiensterleichterung: Der Internationale Währungsfonds (IWF) bewilligte Malawi im April 2020 Zuschüsse zur Deckung seiner gegenüber dem IWF bestehenden Schuldenverpflichtungen. Diese sofortige für sechs Monate geltende Schuldenerleichterung sollte das Land bei seiner **Bewältigung der** durch die **Corona-Pandemie** hervorgerufenen Krise unterstützen. Im Vergleich zu den USA und Europa registrierte Malawi bis Mitte 2020 zwar nur wenige Covid-19-Infektionen, die Pandemie zeigte aber sekundäre wirtschaftliche Folgen. Wie in anderen afrikanischen Ländern zogen sich beispielsweise ausländische Investoren zurück, sodass **Geldgeber fehlten** und wichtige Wirtschaftsprojekte auf Eis gelegt werden mussten.

Malaysia

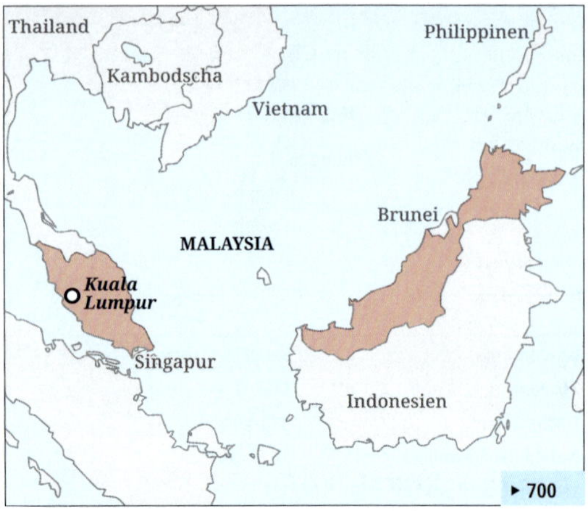

▸ 700

Ländername	Malaysia
Zeitzone	MEZ +7 h
Fläche in km²	330 345
Anzahl der Einwohner	31.9 Millionen
Einwohnerzahl pro km²	97
Hauptstadt	Kuala Lumpur
Regierungssitz	Putrajaya
Amtssprache	Malaysisch
Verwaltungsgliederung	13 Bundesstaaten und 3 Bundesterritorien
Wichtige Städte	Kuala Lumpur, Subang Jaya, Kelang, Johor Bahru, Ipoh, Ampang Jaya, Kuching, Petaling Jaya, Shah Alam
Autokennzeichen | ISO-Code	MAL | MYS
Währung	1 Ringgit = 100 Sen
Nationalfeiertag	31. August, 16. September

Das geografisch zweigeteilte Land in Südostasien hat in nur kurzer Zeit den Sprung von einem Entwicklungsland zu einer wachstumsstarken Industrienation geschafft. Erst in jüngster Zeit wurden die vom Raubbau bedrohten artenreichen Tropenwälder teilweise unter Schutz gestellt. Ein innenpolitisches Problem bilden die starken ethnischen Spannungen sowie das regionale Entwicklungsgefälle.

GEOGRAFIE

Geografische Lage: Von 0° 51' bis 7° 21' nördlicher Breite sowie von 99° 39' bis 119° 17' östlicher Länge
Höchster Punkt: Kinabalu 4095 m
Klima: Feuchtheißes Tropenklima

POLITIK

Staatsform: Föderale parlamentarische Wahlmonarchie
Staatsoberhaupt: König
Legislative: Parlament, bestehend aus Repräsentantenhaus mit 222 für 5 Jahre gewählten Mitgliedern und Senat mit 26 für 3 Jahre gewählten und 44 ernannten Mitgliedern
Jahr der Verfassung: 1957
Wahlrecht: 18 Jahre
Staatsreligion: Islam

BEVÖLKERUNG

Bevölkerungsanteil: <15 Jahre 23.7 %, 15-64 Jahre 69.4 %, >64 Jahre 6.9 %
Verteilung: Stadt 76.6 %, Land 23.4 %
Wachstum 2019: 1.4 %
Lebenserwartung: Frauen 78 Jahre, Männer 74 Jahre
Alphabetenrate: Frauen 91.1 %, Männer 96.3 %
Ethnische Gruppen: Malaien, Chinesen, Inder u. a.
Religionen: Muslime 61.3 %, Buddhisten 19.8 %, Christen 9.2 %, Hindus 6.3 %, Sonstige 1.7 %
Sprachen: Malaysisch, Englisch, Chinesisch, Tamil

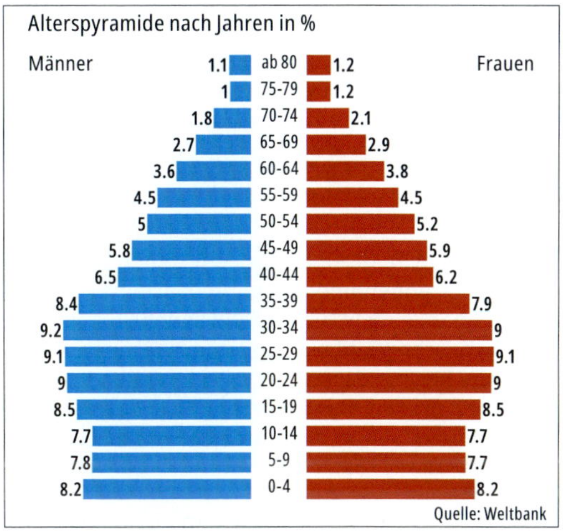

WIRTSCHAFT UND VERKEHR

BIP: 364.7 Mrd. US-$
Wachstum BIP 2019: 4.3 %
BNE/Kopf: 11 137 US-$
Inflation: 0.9 %
Außenhandel: Import 205 Mrd. US-$, Export 238.2 Mrd. US-$
Erwerbstätige nach Sektoren: Landwirtschaft 10.4 %, Industrie 27 %, Dienstleistungen 62.6
Arbeitslosenquote: 3.4 %
Energieverbrauch/Kopf: 3 003 kg ÖE
Straßennetz: 144 403 km
Eisenbahnnetz: 1 851 km

RÜCKBLICK

Innenpolitik: 21 Monate nach der historischen Parlamentswahl im Mai 2018, bei der die seit der Staatsgründung regierende United Malays National Organization (UMNO) abgewählt worden war, brach die seither regierende heterogene „Allianz der Hoffnung" aus der nationalkonservativen Malaysia United Indigenous Party (Bersatu), der überethnischen liberalen Gerechtigkeitspartei (Keadilan) und der Democratic Action Party (DAP), der Partei der chinesischstämmigen Minderheit, auseinander: Am 24.2.2020 trat Premierminister Mahathir bin Mohamad zurück, der Versuch des 94-jährigen Mahathir, ein Kabinett aus „Fachleuten" zu bilden, scheiterte. Durch einen Seitenwechsel der Bersatu kam es zum **Machtwechsel**: Am 29.2.2020 berief der amtierende König, Sultan Abdullah Ri'ayatuddin, den Mitbegründer der Bersatu, Muhyiddin Yassin, zum neuen Regierungschef und vereidigte ihn am 1.3.2020. Nach der Vertagung des Parlaments bildete Muhyiddin eine **Koalitionsregierung der beiden malaiisch-nationalistischen Parteien Bersatu und UMNO mit der islamistischen Wohlstandspartei (PAS) und dem Bündnis der regionalen Parteien Sarawaks (GPS).** Dem am 10.3.2020 vorgestellten Kabinett gehörten 38 Minister und 32 Juniorminister, also fast zwei Drittel der Koalitionsabgeordneten, an. Trotz der Vergabe vieler Regierungsposten und der offiziell behaupteten Unterstützung von 113 der 222 Abgeordneten, **blieb der parlamentarische Rückhalt der Regierung zweifelhaft**: Erst am 18.5.2020 wurde das Parlament zur Abgabe der Regierungserklärung einberufen – ein Misstrauensantrag der Opposition gegen Muhyiddin Yassin wurde von der Tagesordnung abgesetzt und das Parlament unter dem Vorwand der Corona-Pandemie erneut bis in den Juli 2020 vertagt. Trotz der größeren programmatischen Homogenität der neuen Regierung war deren Zusammenhalt angesichts der starken Rivalität zwischen der UMNO und der Bersatu gefährdet, die sich 2016 von der UMNO abgespalten und damit deren Machtverlust eingeleitet hatte.

Korruption: Im Zusammenhang mit den Ermittlungen der Antikorruptionsbehörde wegen der Veruntreuung von Geldern des Staatsfonds 1MDB wurde am 5.7.2019 der Prozess gegen Riza Aziz, den Stiefsohn des früheren Premierministers Najib Razak, eröffnet. Riza wurde die Verwendung von 284 Mio. US-$ für eine Filmproduktion in Hollywood vorgeworfen, die zuvor aus dem Staatsfonds abgezweigt und bei einer Schweizer Bank geparkt worden waren. Am 14.5.2020 wurde das Verfahren mit einem Vergleich eingestellt, nachdem sich Riza zur Zahlung von 107 Mio. US-$ an die Staatskasse einverstanden erklärt hatte. Die Einstellung des Verfahrens warf die Frage auf, ob die noch anhängigen Verfahren gegen Najib und seine Ehefrau – im Januar 2020 gelangten Mitschnitte kompromittierender Telefonate Najibs an die Öffentlichkeit – mit Verurteilungen enden werden, zumal die tief in die Korruption verstrickte UMNO seit März 2020 wieder an der Regierung beteiligt ist und von Najibs Abgeordnetenmandat die knappe Mehrheit der neuen Regierung abhängen könnte.

Außenpolitik: Ein im September 2019 vorgelegtes Weißbuch ließ keine grundsätzliche Kehrtwende in der Außenpolitik erkennen. Premier Mahathir stellte, ungeachtet seiner Kritik am wachsenden Einfluss der VR China vor seiner Wahl, die Teilnahme Malaysias an der „Belt and Road"-Initiative Pekings nicht in Frage; auch die Beziehungen zu den USA blieben, trotz Meinungsverschiedenheiten in der Iran- und Israel-Politik, intakt. Um die angespannten Beziehungen zu Singapur nicht übermäßig zu belasten, wurde ein im Oktober 2019 verhängtes Ausfuhrverbot für Sand geheim gehalten und erst nachträglich bekannt.

Wirtschaft: 2019 wuchs die Wirtschaft lediglich um 4.3 % – der niedrigste Wert des Jahrzehnts. Insbesondere der sinkende Ölpreis, die nachlassende Nachfrage nach anderen Rohstoffen und nach Elektronikprodukten schlugen zu Buche. Die Regierung stützte mit einer Steigerung ihrer laufenden Ausgaben um 10.4 % die Binnennachfrage. Auch erhöhte sie zum 1.2.2020 den **Mindestlohn** um 9 %. Ein am 27.2.2020 verkündetes **Wachstumspaket** im Umfang von 5 Mrd. US-$ wurde von der neuen Regierung im März um eine weitere Milliarde erhöht. Weitaus umfangreicher war das am 27.3. aufgelegte Programm zur Abfederung der Beeinträchtigungen durch die Corona-Maßnahmen, das einen Umfang von 62 Mrd. US-$ hatte und am 6.4.2020 durch weitere Unterstützungen für mittelständische Unternehmen in Höhe von 2.5 Mrd. US-$ ergänzt wurde.

Corona: Als die Zahl der gemeldeten Ansteckungen im März stark anstieg, verhängte die Regierung am 18.3.2020 umfassende Ausgangsbeschränkungen, schloss die Schulen und andere Einrichtungen; Ausländern wurde die Einreise verwehrt, Inländern die Ausreise untersagt; heimkehrende Bürger mussten sich einer 14-tägigen Quarantäne unterziehen. Neuinfektionen, Intensivbehandlungen und Todesfälle erreichten ihren Scheitelpunkt Anfang April; die Beschränkungen für Geschäfte wurden am 4.5. gelockert.

Malediven

▸ 698

Ländername	Republik Malediven
Zeitzone	MEZ +4 h
Fläche in km²	300
Anzahl der Einwohner	530 953
Einwohnerzahl pro km²	1 770
Hauptstadt	Male
Amtssprache	Dhivehi
Verwaltungsgliederung	19 Distrikte und 2 Städte
Wichtige Städte	Male, Hithadhoo, Fuvahmulah
Autokennzeichen | ISO-Code	MV | MDV
Währung	1 Rufiyaa = 100 Laari
Nationalfeiertag	26. Juli

Das tropische Inselparadies mit seinen weißen Sandstränden und den bunten, artenreichen Korallenbänken lebt hauptsächlich vom Tourismus. Demokratische Wahlen beendeten 2008 das autokratische Regime des seit 1978 regierenden Präsidenten Maumoon Abdul Gayoom. Das Fortbestehen des Archipels ist durch den steigenden Meeresspiegel infolge des globalen Klimawandels bedroht.

GEOGRAFIE

Geografische Lage: Von 7° 06' nördlicher bis 0° 41' südlicher Breite sowie von 72° 41' bis 73° 45' östlicher Länge
Höchster Punkt: Unbenannt 2 m
Klima: Feuchtheißes Monsunklima

POLITIK

Staatsform: Präsidiale Republik
Staatsoberhaupt: Präsident
Legislative: Parlament mit 87 für 5 Jahre gewählten Mitgliedern
Jahr der Verfassung: 2008
Wahlrecht: 18 Jahre
Staatsreligion: Islam

BEVÖLKERUNG

Bevölkerungsanteil: <15 Jahre 19.9 %, 15-64 Jahre 76.4 %, >64 Jahre 3.7 %
Verteilung: Stadt 40.2 %, Land 59.8 %
Wachstum 2019: 3 %
Lebenserwartung: Frauen 81 Jahre, Männer 78 Jahre
Alphabetenrate: Frauen 98.1 %, Männer 97.3 %
Ethnische Gruppen: Singhalesen, Dravidier, Araber, Asiaten, Afrikaner u. a.
Religionen: Muslime 98.4 %
Sprachen: Dhivehi, Englisch

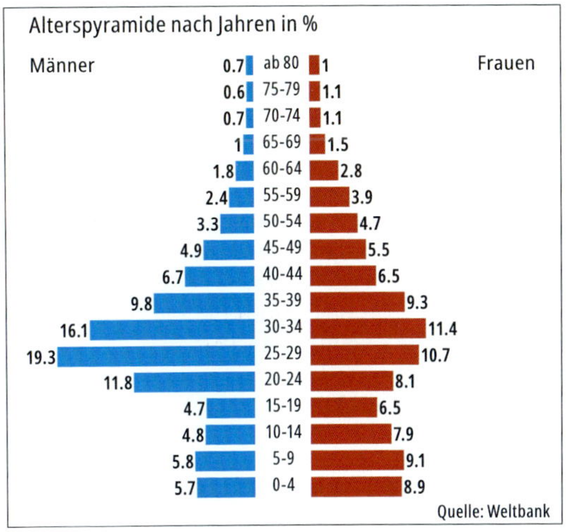

WIRTSCHAFT UND VERKEHR

BIP: 5.73 Mrd. US-$
Wachstum BIP 2019: 5.2 %
BNE/Kopf: 15 563 US-$
Inflation: 0.2 %
Außenhandel: Import 2.9 Mrd. US-$, Export 350 Mio. US-$
Erwerbstätige nach Sektoren: Landwirtschaft 8.5 %, Industrie 18.4 %, Dienstleistungen 73.1 %
Arbeitslosenquote: 6.1 %
Energieverbrauch/Kopf: Keine Angabe
Straßennetz: 93 km
Eisenbahnnetz: Keine Angabe

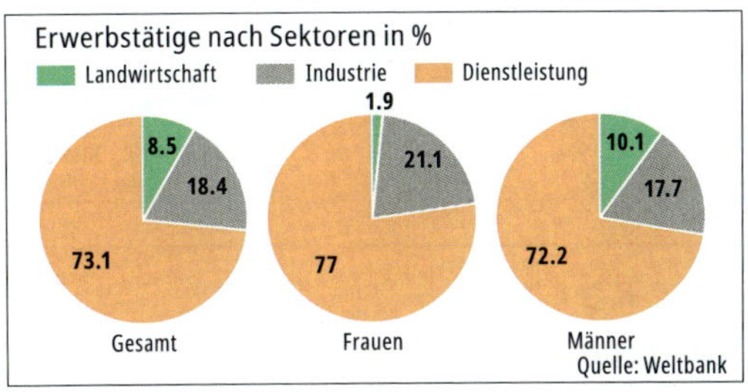

RÜCKBLICK

Politik: Nach dem friedlichen Machtwechsel im November 2018 blieb die innenpolitische Lage stabil. Außenpolitisch wurde von der neuen Regierung unter Präsident Ibrahim Mohamed Solih eine Hinwendung zu Indien erwartet, eine Abkehr von der VR China war aber nicht zu beobachten. Das Kabinett beschloss am 19.11.2019 eine Rückkehr in das Commonwealth, die am 1.2.2020 vollzogen wurde.

Wirtschaft: 2019 erzielte die Tourismusbranche mit 1.7 Mio. Gästen einen neuen Besucherrekord, die Zahl der Übernachtungen stieg um 12.8 %. Die Umsätze stiegen weit weniger stark, weil die neuen Kapazitäten eher im Mittelpreissegment aufgebaut worden waren. Touristen aus Indien, deren Zahl sich fast verdoppelte, und aus Europa machten das Gros der neuen Gäste aus, während die Einreisen aus der VR China stagnierten. Die sich auch in der gesamtwirtschaftlichen Wachstumsziffer von 5.2 % niederschlagende Pause bei den Bauinvestitionen war kein Anzeichen für ein Ende des Tourismusbooms: Offizielle Pläne sahen die Verdopplung der Hotelkapazitäten und im Jahr 2020 die Eröffnung von 4 neuen Flughäfen vor. Doch die Corona-Pandemie brachte die Branche im März 2020 zum Stillstand. Zur Unterstützung der Arbeitslosen gewährte die Weltbank am 10.6.2020 eine Finanzhilfe in Höhe von 12.8 Mio. US-$, die nur zur Hälfte als rückzahlbarer Kredit gebucht wurde, um die angespannte Finanzsituation des Landes nicht zu stark zu belasten – der Internationale Währungsfonds (IWF) meldete Bedenken wegen der hohen bestehenden Kreditverpflichtungen gegenüber der VR China und Indien an – die öffentliche Verschuldung einschließlich der Staatsunternehmen lag bei etwa 76 % des BIP, das Leistungsbilanzdefizit bei 22 %.

Corona: Am 7.3.2020 wurde der erste Infizierte – ein Tourist aus Italien – gemeldet. Im Laufe des März wurden die bereits bestehenden Einreisesperren für Chinesen, Südkoreaner und Iraner auch auf die meisten europäischen Länder ausgedehnt. Am 24.3.2020 wurde auch für Bangladescher eine Einreisesperre verhängt. Die etwa 100 000 Gastarbeiter aus Bangladesch waren wegen ihrer beengten Unterbringung besonders gefährdet. Laut Angaben des Nationalen Gesundheitsdienstes waren 1 018 der 1 885 bis zum 6.6.2020 gemeldeten Infizierten Bangladescher; auch 4 der 8 gemeldeten Toten mit Covid-19 kamen aus Bangladesch. Bis zu diesem Termin waren laut Angaben des National Emergency Operating Center (NEOC), 2 153 Gastarbeiter nach Bangladesch repatriiert worden.

Mali

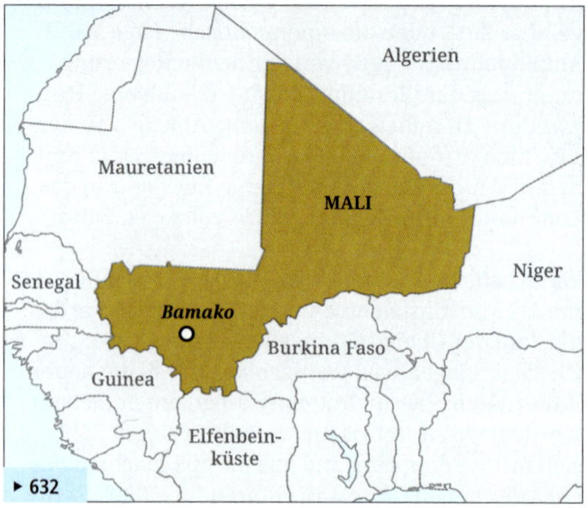

▸ 632

Ländername	Republik Mali
Zeitzone	MEZ -1 h
Fläche in km²	1 240 190
Anzahl der Einwohner	19.7 Millionen
Einwohnerzahl pro km²	16
Hauptstadt	Bamako
Amtssprache	Französisch
Verwaltungsgliederung	10 Regionen und 1 Hauptstadt-distrikt
Wichtige Städte	Bamako, Sikasso, Kalabankoro, Koutiala, Ségou, Kayes
Autokennzeichen | ISO-Code	RMM | MLI
Währung	1 CFA-Franc BCEAO = 100 Centimes
Nationalfeiertag	22. September

Die Republik im Herzen Westafrikas ist ein Vielvölkerstaat mit reichem kulturellem Erbe. So bestanden im Mittelalter auf dem Gebiet des heutigen Staates verschiedene Großreiche, die wegen ihrer Kultur hohes Ansehen in der islamischen Welt genossen. Heute gilt Mali mit seiner Binnenlage und der fortschreitenden Ausbreitung der Wüste, die mit immer wiederkehrenden Dürreperioden verknüpft ist, als besonders benachteiligtes Land.

GEOGRAFIE

Geografische Lage: Von 10° 08' bis 25° nördlicher Breite sowie von 12° 16' westlicher bis 4° 14' östlicher Länge
Höchster Punkt: Hombori Tondo 1155 m
Klima: Im Süden feuchttropisches Savannenklima, im Norden Wüstenklima

POLITIK

Staatsform: Semipräsidiale Republik
Staatsoberhaupt: Präsident
Legislative: Nationalversammlung mit 147 für 5 Jahre gewählten Mitgliedern
Jahr der Verfassung: 1992
Wahlrecht: 18 Jahre
Staatsreligion: Keine

BEVÖLKERUNG

Bevölkerungsanteil: <15 Jahre 47.3 %, 15-64 Jahre 50.2 %, >64 Jahre 2.5 %
Verteilung: Stadt 43.1 %, Land 56.9 %
Wachstum 2019: 3 %
Lebenserwartung: Frauen 60 Jahre, Männer 59 Jahre
Alphabetenrate: Frauen 25.7 %, Männer 46.2 %
Ethnische Gruppen: Bambara, Fulbe, Sarakole, Senufo, Malinke, Dogon, Sonrai, Bobo u. a.
Religionen: Muslime 93.9 %, Christen 2.8 %
Sprachen: Französisch, Bambara, Fulfulde u. a.

WIRTSCHAFT UND VERKEHR

BIP: 17.51 Mrd. US-$
Wachstum BIP 2019: 5 %
BNE/Kopf: 924 US-$
Inflation: -1.7 %
Außenhandel: Import 4.6 Mrd. US-$, Export 3.37 Mrd. US-$
Erwerbstätige nach Sektoren: Landwirtschaft 62.6 %, Industrie 7.6 %, Dienstleistungen 29.8 %
Arbeitslosenquote: 7.2 %
Energieverbrauch/Kopf: Keine Angabe
Straßennetz: 139 107 km
Eisenbahnnetz: 729 km

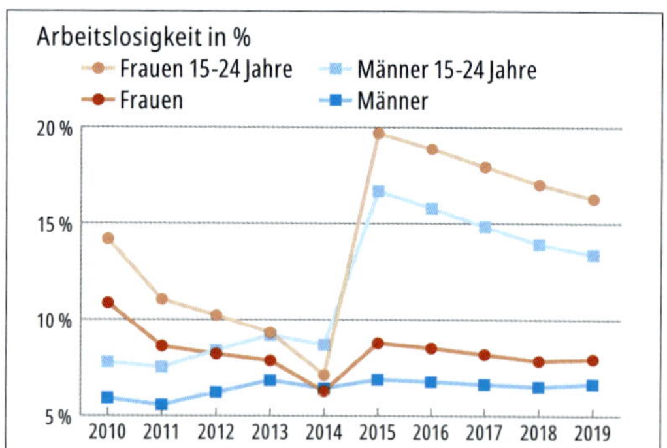

Quelle: Weltbank

RÜCKBLICK

Wahlen: Die Parlamentswahlen sollten eigentlich schon 2018 stattfinden, wurden jedoch mehrfach verschoben. Der erste Wahlgang fand schließlich am 29.3.2020, der zweite am 19. April statt. Der Präsident der Oppositionspartei Union für die Republik und Demokratie **(URD)**, **Soumaila Cissé**, wurde am 26. März gewaltsam entführt. Laut Wahlbeobachtern wurden im Zuge der Wahl mehrere lokale Repräsentanten, Wahlvorsteher und -beobachter entführt. Die Wahlbeteiligung lag in beiden Durchgängen unter 40 %. Die Partei des malischen Präsidenten Ibrahim Boubacar Keïta, Rassemblement pour le Mali **(RPM)**, erhielt mit 51 die meisten Sitze, erlitt jedoch Einbußen im Vergleich zur letzten Wahl im Jahr 2013. Die beiden größeren Oppositionsparteien, die Allianz für Demokratie in Mali **(Adéma-PASJ)** und die **URD**, konnten mit 24 und 19 Sitzen Zuwächse verzeichnen. Für Beobachter überraschend war der Erfolg der neuen Partei Bewegung für Mali **(MPM)**, die 10 Sitze erhielt. Insgesamt stellte sich die Parteienlandschaft gerade im Bereich der kleineren politischen Gruppierungen weiterhin als sehr fragmentiert dar.

Sicherheit: Die Konfliktlage war weiterhin komplex, segmentiert und multidimensional. Die Angriffe diverser **islamistischer Gruppierungen** im Norden Malis dauerten an, ebenso **bewaffnete Auseinandersetzungen** zwischen verschiedenen ethnisch-linguistischen Gruppen im Zentrum des Landes. Im ersten Halbjahr 2019 kam es zu mehreren größeren Massakern, primär zwischen den Gruppen der Dogon und Fulbe. 2019 erreichte die Anzahl von Angriffen auf die **Zivilbevölkerung** durch nicht-staatliche Gewaltakteure einen Höchststand. Es kam auch zu einem Anstieg der Attacken auf **malische und ausländische Militärangehörige**. Mehrere Hundert malische Soldaten wurden durch Anschläge und koordinierte Angriffe getötet. Die Anzahl von Angriffen durch extremistische Gruppen in Mali hat sich seit 2015 jedes Jahr etwa verdoppelt, 2019 waren es rund 700. Zusätzlich zu den bestehenden Auseinandersetzungen zwischen separatistischen **Azawad-Kräften** und Islamisten kam es im Norden zu wachsenden Auseinandersetzungen zwischen islamistischen Gruppierungen. So etwa zwischen solchen, die dem sogenannten **Islamischen Staat der Großen Sahara** (IS-GS) und jenen, die **Al-Qaida** nahestehen.

Wirtschaft: Trotz der bewaffneten Konflikte konnte das Bruttoinlandsprodukt 2019 um 5 % wachsen. Mali gehörte zu den ersten Staaten, denen 2020 im Zuge der Covid-19-Pandemie durch den **Katastrophenbeistandsfonds** (CCRT) des Internationalen Währungsfonds Schuldenerleichterungen gewährt wurden. Davon abgesehen galt Mali als verhältnismäßig resilient gegenüber der globalen ökonomischen Krise, die durch Covid-19 ausgelöst wurde: Das Land ist zum einen ein Nettoimporteur von Öl und zum anderen der viertgrößte Exporteur von Gold, welches während wirtschaftlicher Krisen traditionell stark nachgefragt wird. Die nationale Wirtschaft blieb jedoch weiterhin abhängig von Entwicklungen auf dem Weltmarkt, da Gold und Baumwolle allein 86 % der Exporte ausmachten. **Infrastrukturelle Defizite** waren ein fortwährendes Hemmnis. Die Regierung hat schon 2019 ein Programm initiiert, durch das bis 2023 5.5 Milliarden CFA-Francs in den Ausbau von 8 700 Kilometer Straßennetzwerk und den Bau von sechs Brücken investiert werden sollen.

Friedensprozess: Laut Beobachtern konnten gewisse Fortschritte in der Umsetzung des Friedensvertrags von 2015 erzielt werden. Die Regierung entwickelte einen eigenen Maßnahmenkatalog zur Stabilisierung von Gebieten im Zentrum des Landes. Am 19.1.2020 fand das erste Treffen des **Komitees zur Überwachung des Friedensabkommens** (CSA) nach der Absage des eigentlich im September 2019 geplanten Treffens statt.

Internationale Missionen: Weiterhin bestanden parallel verschiedene internationale Missionen und Initiativen zur Stabilisierung Malis. Beobachter sprachen in diesem Kontext zum Teil von fehlender strategischer Abstimmung. Die UN-Mission **MINUSMA** wurde im Juni 2019 bis Juni 2020 verlängert, die Hauptaufgabe besteht weiterhin in der Überwachung des Friedensabkommens von 2015. Im Januar 2020 fand ein Gipfeltreffen der **G5-Sahel-Staaten** und Frankreich in der südwestfranzösischen Stadt Pau statt, bei der eine Konzentration militärischer Aktionen auf das Grenzgebiet zwischen Mali, Niger und Burkina Faso beschlossen wurde. Der Fokus soll dabei auf der Bekämpfung des **IS-GS** liegen. Frankreich beschloss im Februar 2020 eine Aufstockung der eigenen Operation **Barkhane** auf 5 100 Soldaten. Im März 2020 wurde zusätzlich die Einrichtung einer europäischen Taskforce namens **Tabuka** unter französischem Kommando beschlossen. Diese soll aus Spezialkräften bestehen und gegen Dschihadisten in Mali eingesetzt werden. Die deutsche Bundesregierung beschloss im Mai 2020 eine Ausweitung des Bundeswehreinsatzes in Mali. Dazu zählt die Verlängerung der Beteiligung an der EU-Ausbildungsmission **EUTM** und die Anhebung des Kontingents deutscher Soldaten auf 450.

Malta

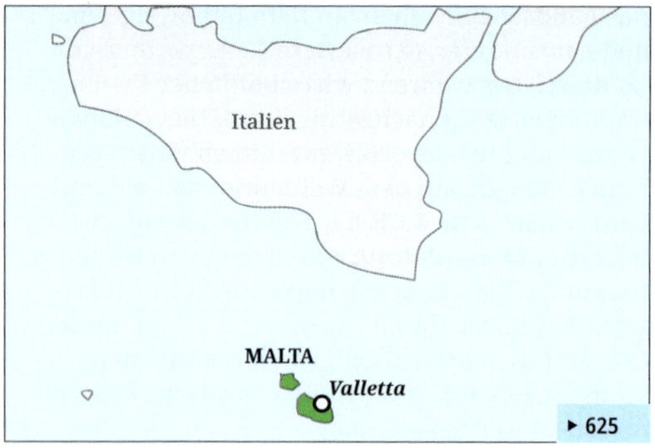

Ländername	Republik Malta
Zeitzone	MEZ ±0 h
Fläche in km²	320
Anzahl der Einwohner	502 653
Einwohnerzahl pro km²	1 571
Hauptstadt	Valletta
Amtssprache	Maltesisch, Englisch
Verwaltungsgliederung	68 Gemeinden
Wichtige Städte	Birkirkara, Mosta, San Pawl il-Baħar, Qormi, Valletta
Autokennzeichen | ISO-Code	M | MLT
Währung	1 Euro = 100 Cent
Nationalfeiertag	21. September, 13. Dezember

Die kleine, seit 2004 zur Europäischen Union gehörende Inselgruppe im Mittelmeer blickt aufgrund ihrer strategischen Lage auf eine wechselvolle Geschichte zurück. Phönizier, Römer, Byzantiner, Araber, Normannen, Kreuzritter und Briten hinterließen ein in Europa einmaliges Geflecht kultureller Bezüge. Die Zeugnisse dieser lebhaften Vergangenheit, die über sechs Jahrtausende von megalithischen Kultstätten über frühchristliche Katakomben bis zu den Festungsanlagen des Malteserordens reichen, sind heute Anziehungspunkte eines wachsenden Tourismus.

GEOGRAFIE

Geografische Lage: Von 35° 48' bis 36° 05' nördlicher Breite sowie von 14° 11' bis 14° 34' östlicher Länge
Höchster Punkt: Ta'Dmejrek 253 m
Klima: Mittelmeerklima

POLITIK

Staatsform: Parlamentarische Republik
Staatsoberhaupt: Präsident
Legislative: Repräsentantenhaus mit 65 für 5 Jahre gewählten Mitgliedern
Jahr der Verfassung: 1964
Wahlrecht: 18 Jahre
Staatsreligion: Christentum

BEVÖLKERUNG

Bevölkerungsanteil: <15 Jahre 14.3 %, 15-64 Jahre 64.9 %, >64 Jahre 20.8 %
Verteilung: Stadt 94.6 %, Land 5.4 %
Wachstum 2019: 0.3 %
Lebenserwartung: Frauen 84 Jahre, Männer 81 Jahre
Alphabetenrate: Frauen 96 %, Männer 93 %
Ethnische Gruppen: Malteser u. a.
Religionen: Christen 93.9 %
Sprachen: Maltesisch, Englisch, Italienisch

Alterspyramide nach Jahren in %

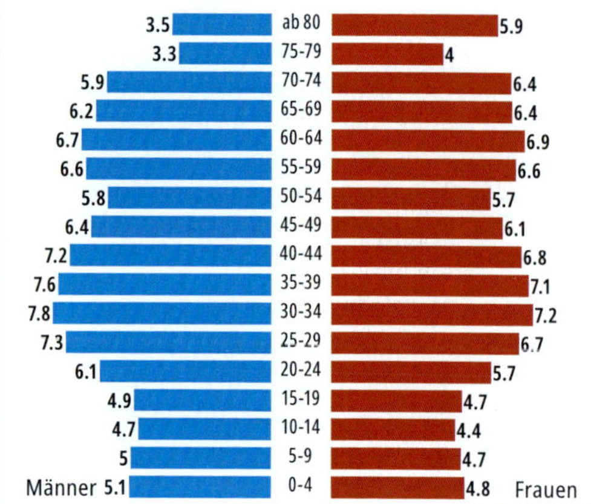

Quelle: Weltbank

WIRTSCHAFT UND VERKEHR

BIP: 14.79 Mrd. US-$
Wachstum BIP 2019: 4.4 %
BNE/Kopf: 30 650 US-$
Inflation: 1.6 %
Außenhandel: Import 7.07 Mrd. US-$, Export 3.01 Mrd. US-$
Erwerbstätige nach Sektoren: Landwirtschaft 1 %, Industrie 18.3 %, Dienstleistungen 80.7 %
Arbeitslosenquote: 3.5 %
Energieverbrauch/Kopf: 1 782 kg ÖE
Straßennetz: 2 254 km
Eisenbahnnetz: Keine Angabe

RÜCKBLICK

Der innen- und außenpolitische Druck nach dem tödlichen Attentat auf die **Investigativjournalistin Daphne Caruana Galizia** am 16.10.2017 mündete rund um den zweiten Jahrestag des Mordes in eine **schwere Regierungskrise**. In deren Folge traten drei Minister und der Regierungschef selbst zurück.
Der öffentliche Druck nahm zu, als im Rahmen der Mordermittlungen der **Unternehmer Yorgen Fenech** am 20.11.2019 **festgenommen** wurde. Ihm gehörte u. a. „17 Black", eine der Offshore-Firmen, zu denen der Stabschef Keith Schembri und Tourismusminister Konrad Mizzi nach Recherchen von Journalisten illegale geschäftliche Beziehungen unterhielten. Über die Verbindung hatte Caruana Galizia bereits 2017 berichtet. In den Vernehmungen beschuldigte Fenech Schembri, den Mord an der Journalistin in Auftrag gegeben zu haben. Am 30.11. wurde Fenech der Mittäterschaft angeklagt.

Staatschef Schembri trat am 26.11.2019 **zurück** und wurde von der Polizei vernommen. Am gleichen Tag nahm auch **Mizzi** seinen Hut als Tourismusminister. **Wirtschaftsminister Chris Cardona** erklärte, sein Amt vorläufig ruhen zu lassen. Ihm wurden ebenfalls Kontakte zu den Angeklagten im Mordfall nachgesagt.
Wenige Tage später, am 30.11., kündigte **Premierminister Joseph Muscat** seinen **Rücktritt** für Januar an. Zuvor hatten praktisch täglich Demonstranten seinen Rücktritt gefordert. Zum Nachfolger Muscats als Parteichef wählte die regierende Partit Labourista (PL) am 11.1.2020 Robert Abela, den Sohn des früheren Premierministers George Abela (2009-14). Er setzte sich in der ersten Urwahl eines PL-Chefs mit 58 % der Stimmen überraschend gegen Vizepremier und Gesundheitsminister Chris Feame durch. Am 13.1. wurde **Robert Abela als Premierminister vereidigt**. Als eine seiner ersten Amtshandlungen machte er Silvio Schembri anstelle des in der Mordaffäre belasteten Cardona zum Nachfolger als Wirtschaftsminister.

Am 17.1.2020 trat **Polizeichef Lawrence Cutajar** zurück, nachdem ihm vorgeworfen worden war, in den Mordermittlungen nicht sauber gearbeitet zu haben. Am 15.6. wurden Ermittlungen gegen Cutajar eingeleitet wegen des Vorwurfs der **Weitergabe von Ermittlungsergebnissen** an mutmaßliche Mittelsmänner des Komplotts. Ebenfalls am 15.6. belastete ein Zeuge Ex-Wirtschaftsminister Cardona schwer: Er habe einem der mutmaßlichen Mörder 350 000 Euro gezahlt.
Strafrechtliche Ermittlungen gegen Chris Cardona und Keith Schembri sowie gegen Finanzminister Edward Scicluna wurden im November 2019 wegen der **Privatisierung von drei staatlichen Krankenhäusern** 2015 eingeleitet. Das Unternehmen, das damals den Zuschlag erhielt, Vitals Global Healthcare (VGH), wurde 2017 durch den US-Gesundheitskonzern Steward Global Healthcare übernommen. Zuvor war bekannt geworden, dass die Privatisierungsverträge der VGH jährlich mehr als 70 Mio. € staatliche Zuschüsse garantierten. Trotzdem soll die im Gesundheitssektor unerfahrene VGH eines indonesischen Unternehmers Medienberichten zufolge 36 Mio. Euro Schulden hinterlassen haben. Über **Korruption** in Zusammenhang mit der Krankenhaus-Privatisierung hatte Caruana Galizia bereits 2016 berichtet.

Malta ist nach wie vor ein **Hauptanlaufpunkt für Flüchtlinge** und private Seenotrettungsboote im Mittelmeer. Anfang Juli 2019 verweigerte die Regierung der **„Alan Kurdi"** mit 65 Flüchtlingen zunächst die Einfahrt in den Hafen. Die Flüchtlinge durften am 7.7. schließlich an Land gehen, nachdem Deutschland und die EU-Kommission eine Verteilung auf andere EU-Staaten zugesagt hatten. Im September einigten sich Malta, Deutschland, Italien und Frankreich auf einen Mechanismus, nach dem Flüchtlinge innerhalb der EU verteilt werden sollen. Am 23.11. wurde der Mechanismus erstmals auf 213 Flüchtlinge an Bord der **„Ocean Viking"** angewandt. Während der Corona-Krise schloss Malta Anfang April 2020 seine Häfen für private Seenotrettungsboote. Ankommende Migranten wurden auf Touristenbooten vor der Küste untergebracht. Nach internationalen Protesten und einem Aufstand an Bord eines der Boote ließ Malta am 7.6. die rund 425 Flüchtlinge an Land.

Den ersten Covid-19-Infizierten registrierten die Gesundheitsbehörden am 7.3.2020. Schon ab dem 24.2. führte Malta für Reisende Fiebermessungen am Flughafen und in den größeren Häfen ein, am 25.2. eine Quarantäne-Verpflichtung für Reisende aus Italien. Am 11.3. schloss Malta die Grenzen für alle Reisenden. Am 12.3. wurden Kitas, Schulen, Hochschulen und Tagespflegeeinrichtungen geschlossen, öffentliche Fußballspiele und Gottesdienste verboten, am 22.3. die meisten, nicht lebensnotwendigen Geschäfte geschlossen. Ab dem 1.5. wurden die Maßnahmen schrittweise gelockert.

Marokko

Ländername	Königreich Marokko
Zeitzone	MEZ ±0 h
Fläche in km²	446 550
Anzahl der Einwohner	36.5 Millionen
Einwohnerzahl pro km²	82
Hauptstadt	Rabat
Amtssprache	Arabisch, Tamazight
Verwaltungsgliederung	12 Regionen
Wichtige Städte	Casablanca, Fès, Tanger, Marrakesch, Rabat, Meknès, Oujda, Kénitra, Agadir
Autokennzeichen | ISO-Code	MA | MAR
Währung	1 Marokkanischer Dirham = 100 Centimes
Nationalfeiertag	30. Juli

Das Königreich im Nordwesten Afrikas am Eingang des Mittelmeers ist nur durch die Straße von Gibraltar von Europa getrennt. Marokkos Geschichte ist maßgeblich vom Konflikt zwischen der jeweiligen Zentralregierung und den unabhängigen Stämmen der Gebirgs- bzw. Wüstenregionen geprägt worden. Heute ist das Land mit orientalischer Tradition sowie landschaftlicher und kultureller Vielfalt für Touristen aus aller Welt ein beliebtes Reiseziel. Marokko beansprucht das Gebiet Westsahara, die ehemalige spanische Kolonie Spanisch-Sahara, die an der afrikanischen Nordwestküste zwischen Marokko und Mauretanien liegt.

GEOGRAFIE

Geografische Lage: Von 21° 25' bis 35° 55' nördlicher Breite sowie von 1° 02' bis 17° 01' westlicher Länge
Höchster Punkt: Toubkal 4167 m
Klima: Im Norden warmes Mittelmeerklima mit Winterregen, im Süden Steppenklima, in den Hochlagen des Atlasgebirges auch winterfeucht-kühles Klima

POLITIK

Staatsform: Parlamentarische Monarchie
Staatsoberhaupt: König
Legislative: Parlament, bestehend aus Repräsentantenversammlung mit 395 für 5 Jahre gewählten Mitgliedern und Senat mit 120 für 6 Jahre gewählten Mitgliedern
Jahr der Verfassung: 2011
Wahlrecht: 18 Jahre
Staatsreligion: Islam

BEVÖLKERUNG

Bevölkerungsanteil: <15 Jahre 27 %, 15-64 Jahre 65.7 %, >64 Jahre 7.3 %
Verteilung: Stadt 63 %, Land 37 %
Wachstum 2019: 1.3 %
Lebenserwartung: Frauen 78 Jahre, Männer 76 Jahre
Alphabetenrate: Frauen 64.6 %, Männer 83.3 %
Ethnische Gruppen: Araber, Berber u. a.
Religionen: Muslime 99 %, Sonstige 1 %
Sprachen: Arabisch, Tamazight, Französisch, Berbersprachen

WIRTSCHAFT UND VERKEHR

BIP: 118.72 Mrd. US-$
Wachstum BIP 2019: 2.3 %
BNE/Kopf: 3 345 US-$
Inflation: 0.2 %
Außenhandel: Import 50.64 Mrd. US-$, Export 28.78 Mrd. US-$
Erwerbstätige nach Sektoren: Landwirtschaft 34.7 %, Industrie 21.7 %, Dienstleistungen 43.6 %
Arbeitslosenquote: 9 %
Energieverbrauch/Kopf: 555 kg ÖE
Straßennetz: 57 325 km
Eisenbahnnetz: 2 067 km

UMSTRITTENES GEBIET

Demokratische Arabische Republik Sahara | UN-Bezeichnung: Westsahara
Fläche in km²: 266 000
Anzahl der Einwohner: 567 402
Hauptstadt: Aaiún
Status: Teilautonomie
Regierung: Präsident

RÜCKBLICK

Bildungsreform: Am 22.7.2019 wurde ein neues Bildungsreformgesetz verabschiedet. Es behandelt diverse Themen wie beispielsweise Fragen von kostenfreier Bildung. Am intensivsten wurde jedoch über die Diversifizierung von **Unterrichtssprachen** diskutiert. Es ließ sich erkennen, wie stark dieses Thema identitäre Konflikte innerhalb der marokkanischen Gesellschaft offenlegte, da zum Teil ein Angriff auf die arabisch-islamische Kultur Marokkos durch fremdsprachlichen Unterricht befürchtet wurde. In diesem Zusammenhang kam es zu **offenen Konflikten** in der Regierungskoalition und zu **Protesten** in der Zivilgesellschaft.

Abtreibungen: Die marokkanische Journalistin Hajar Raissouni und weitere Beteiligte wurden nach einer Abtreibung im September 2019 verhaftet. Das führte zu internationaler Kritik und Kontroversen innerhalb der marokkanischen Gesellschaft. Am 17.10.2019 **begnadigte** der König die Journalistin und ihren Partner.

Migration: Am 30.8.2019 gelang es 155 Migranten, den **Stacheldrahtzaun** an der Grenze zur spanischen Exklave **Ceuta** zu überwinden. Diverse Flüchtende und Polizisten erlitten dabei Verletzungen. Der letzte erfolgreiche Grenzübertritt von Flüchtenden in die spanischen Exklaven bei Marokko lag zu diesem Zeitpunkt über ein Jahr zurück.

Energiepolitik: Marokko hatte im Jahr 2020 die dritthöchste Platzierung im **Klimaschutz-Index** der NRO Germanwatch inne. Als Hauptgründe wurden der Abbau von Subventionen für fossile Energieträger und ein ambitioniertes Programm zum Ausbau der Produktion von erneuerbaren Energien genannt.

Sahara: Nach den **ergebnislosen Verhandlungen** über ein Ende der marokkanischen Besatzung beziehungsweise eine Normalisierung des Status der Demokratischen Arabischen Republik Sahara im Mai 2019 in Berlin kam es zu einem erneuten Stillstand des Verhandlungsprozesses, was zum Rücktritt des UN-Sonderbeauftragten für den Konflikt und Ex-Bundespräsidenten Horst Köhler führte. 2019 haben mehrere afrikanische Staaten **Konsulate für Marokko** auf dem Gebiet der Westsahara eröffnet, was die Anerkennung der Besatzung weiter festigte. Die **algerische Regierung** unterstützt auch weiterhin die Frente Polisario (FP) und geht damit in Konfrontation zum marokkanischen Staat, was sich beispielsweise an einem **Militärmanöver** am 5.5.2020 unweit der marokkanischen Grenze zeigte. Die Aktivistin Aminatou Haidar, die für die Unabhängigkeit des Gebiets einsteht, bekam 2019 den auch **alternativer Nobelpreis** genannten Right Livelihood Award verliehen. 2019 forderte der UN-Sicherheitsrat die beteiligten Parteien erneut zu Verhandlungen auf, das Mandat der **UN-Mission** MINURSO wurde verlängert.

Marshallinseln

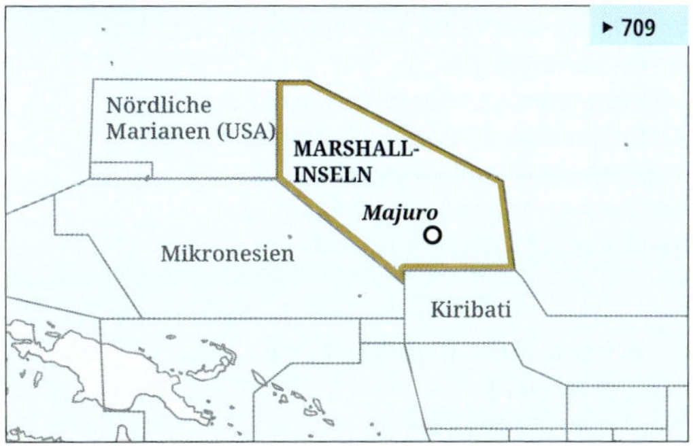

▸ 709

Ländername	Republik Marshallinseln
Zeitzone	MEZ +11 h
Fläche in km²	180
Anzahl der Einwohner	58 791
Einwohnerzahl pro km²	327
Hauptstadt	Majuro
Amtssprache	Marshallesisch, Englisch
Verwaltungsgliederung	24 Gemeinden
Wichtige Städte	Majuro, Ebeye, Laura, Ajeltake
Autokennzeichen | ISO-Code	MH | MHL
Währung	1 US-Dollar = 100 Cents
Nationalfeiertag	1. Mai

Die Marshallinseln liegen im mittleren Pazifik. Traurige Berühmtheit erlangten die Atolle Bikini und Eniwetok, die zwischen 1946 und 1958 durch US-amerikanische Nuklearwaffentests radioaktiv verseucht wurden und schwere Umweltschäden mit unkalkulierbaren Langzeitfolgen erlitten.

GEOGRAFIE

Geografische Lage: Von 4° 34' bis 14° 37' nördlicher Breite sowie von 165° 17' bis 172° 02' östlicher Länge
Höchster Punkt: Unbenannt 10 m
Klima: Tropisch-maritimes Klima

POLITIK

Staatsform: Präsidiale Republik
Staatsoberhaupt: Präsident
Legislative: Nationalparlament, bestehend aus Volkskammer mit 33 für 4 Jahre gewählten Mitgliedern und Rat der Stammesführer mit 12 für 1 Jahr ernannten Mitgliedern
Jahr der Verfassung: 1979
Wahlrecht: 18 Jahre
Staatsreligion: Keine

BEVÖLKERUNG

Bevölkerungsanteil: <15 Jahre 32.9 %, 15-64 Jahre 62.4 %, >64 Jahre 4.7 %
Verteilung: Stadt 77.4 %, Land 22.6 %
Wachstum 2019: 1 %
Lebenserwartung: Frauen 76 Jahre, Männer 72 Jahre
Alphabetenrate: Frauen 98.2 %, Männer 98.3 %
Ethnische Gruppen: Marshaller u. a.
Religionen: Christen 97.7 %, Sonstige 1.2 %
Sprachen: Marshallesisch, Englisch

WIRTSCHAFT UND VERKEHR

BIP: 220 Mio. US-$
Wachstum BIP 2019: 2.4 %
BNE/Kopf: 3 925 US-$
Inflation: 0.6 %
Außenhandel: Import 65 Mio. US-$, Export 55 Mio. US-$
Erwerbstätige nach Sektoren: Keine Angabe
Arbeitslosenquote: Keine Angabe
Energieverbrauch/Kopf: Keine Angabe
Straßennetz: 2 028 km
Eisenbahnnetz: Keine Angabe

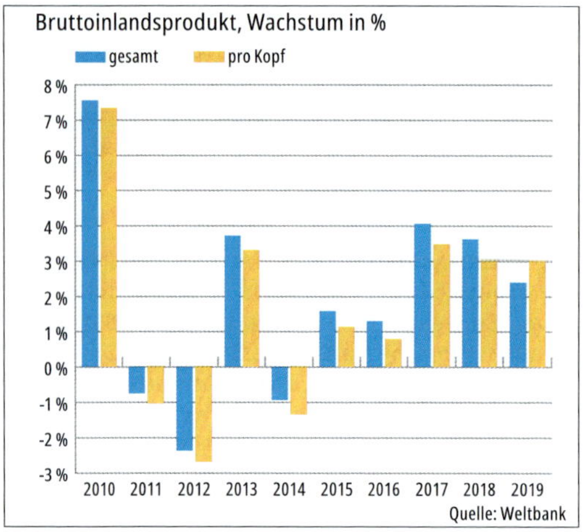

RÜCKBLICK

Politik: Am 18.11.2019 wurde turnusgemäß ein neues Parlament gewählt. Die niedrige Wahlbeteiligung setzte einen Trend seit 2003 fort und erreichte mit 38 % einen neuen Tiefstand. Das war auch darauf zurückzuführen, dass erstmals die Briefwahl aus Übersee durch ein neues Wahlgesetz ausgeschlossen worden war, so dass die in den USA lebenden Marshaller nicht teilnehmen konnten. Dieser Passus des Wahlgesetzes war zwar vom Obersten Gerichtshof am 11.10.2019 für verfassungswidrig erklärt worden, doch war das Gesetz unter Hinweis auf die kurze Frist bis zum Wahltag angewendet worden. Präsidentin Hilda Heine rechtfertigte die Abschaffung der Briefwahl mit der Gefahr des Wahlbetrugs. Die gewählten 33 parteilosen Parlamentarier wählten nach der Konstituierung der neuen Volkskammer am 6.1.2020 den langjährigen Abgeordneten David Kabua, ein Sohn des ersten Präsidenten des Landes Amata Kabua, mit 20 zu 12 Stimmen zum neuen Regierungschef. Die seit 2016 amtierende Hilda Heine hatte sich für eine zweite Amtszeit beworben, war aber im ersten Wahlgang ausgeschieden.

Wirtschaft: Das Wachstum blieb auch im Fiskaljahr 2019 mit 2.4 % stabil, was auf ansteigende Erlöse aus Fischfang und Fischereilizenzen, auf eine gute Kopra-Ernte und nicht zuletzt auf hohe öffentliche Investitionen zurückzuführen war. Der beschleunigte Ausbau von Gesundheitseinrichtungen nach einer Dengue-Fieber-Epidemie im Juni 2019 sowie der Bau neuer Sportstätten und Schulen trugen dazu ebenso bei, wie der Bau von Hochwasserschutzdämmen vor Ebeye und Maduro. Trotz der gestiegenen öffentlichen Ausgaben schloss der Haushalt mit einem Plus von 3 % des BIP ab, so dass die Regierung pflichtgemäß 3 Mio. US-$ in den staatlichen Reservefonds einzahlen konnte. Die Leistungsbilanz wies einen Überschuss von 7.7 % aus.

Infektionen: Während das Dengue-Fieber in einer zweiten Infektionswelle im Januar und Februar 2020 erneut Tote forderte, konnte sich das Land bis zum Ende des Berichtsjahrs vor der Covid-19-Pandemie durch energische Maßnahmen schützen: Am 3.2.2020 wurde eine Ausreisesperre für Inländer verhängt, am 9.3.2020 wurde auch die Einreise generell verboten, der Flugverkehr kam zum Erliegen. Zuvor hatten Missionare und Entwicklungshelfer aus den USA das Land verlassen. Die Heimreise von Gastarbeitern aus den USA traf auf begründete Bedenken: In den US-Bundesstaaten Washington und Arkansas waren Marshaller weit überproportional von Covid-19 betroffen, im Nordwesten Arkansas war jeder zweite im Zusammenhang mit der Infektion Verstorbene ein Bürger der Marshallinseln, was in erster Linie auf ihre Beschäftigung in exponierten Berufen zurückzuführen sein dürfte. Zahlreiche Marshaller saßen auf Hawaii, Guam und in Arkansas fest; Vorbereitungen zu ihrer vorsichtigen Repatriierung begannen erst im Juli 2020.

Mauretanien

▸ 632

Ländername	Islamische Republik Mauretanien
Zeitzone	MEZ -1 h
Fläche in km²	1 030 700
Anzahl der Einwohner	4.5 Millionen
Einwohnerzahl pro km²	4
Hauptstadt	Nouakchott
Amtssprache	Arabisch
Verwaltungsgliederung	15 Regionen
Wichtige Städte	Nouakchott, Nouâdhibou, Kiffa, Mbera, Kaédi
Autokennzeichen | ISO-Code	RIM | MRT
Währung	1 Ouguiya = 5 Khoums
Nationalfeiertag	28. November

Nur archäologische Funde erinnern heute noch daran, dass das Gebiet des von Dürreperioden und wachsender Armut geplagten Wüstenstaates im Nordwesten Afrikas einst zu großen Teilen fruchtbares Land war. Nach der Unabhängigkeit 1960 etablierten sich autoritäre Regime. Erst in den 1990er-Jahren setzten zaghafte Demokratisierungsbemühungen ein. Macht und politischer Einfluss des Militärs konnten jedoch nicht entscheidend eingedämmt werden. 2009 fanden das erste Mal wieder Präsidentschaftswahlen statt. Die Wahlen 2019 führten zum ersten demokratischen und friedlichen Machtwechsel in der Geschichte des Landes.

GEOGRAFIE

Geografische Lage: Von 14° 44' bis 27° 17' nördlicher Breite sowie von 4° 49' bis 17° 05' westlicher Länge
Höchster Punkt: Kediet ej-Jill 915 m
Klima: Wüstenklima

POLITIK

Staatsform: Präsidiale Republik
Staatsoberhaupt: Präsident
Legislative: Nationalversammlung mit 157 für 5 Jahre gewählten Mitgliedern
Jahr der Verfassung: 1991
Wahlrecht: 18 Jahre
Staatsreligion: Islam

BEVÖLKERUNG

Bevölkerungsanteil: <15 Jahre 40.1 %, 15-64 Jahre 56.8 %, >64 Jahre 3.1 %
Verteilung: Stadt 54.5 %, Land 45.5 %
Wachstum 2019: 2.8 %
Lebenserwartung: Frauen 67 Jahre, Männer 64 Jahre
Alphabetenrate: Frauen 43.4 %, Männer 63.7 %
Ethnische Gruppen: Araber, Berber, Halpulaar, Fulbe, Soninke, Wolof, Bambara u. a.
Religionen: Muslime 99.1 %
Sprachen: Arabisch, Fulfulde, Soninke, Wolof, Französisch

WIRTSCHAFT UND VERKEHR

BIP: 7.59 Mrd. US-$
Wachstum BIP 2019: 5.9 %
BNE/Kopf: 1 392 US-$
Inflation: 2.3 %
Außenhandel: Import 2.79 Mrd. US-$, Export 2.46 Mrd. US-$
Erwerbstätige nach Sektoren: Landwirtschaft 51.3 %, Industrie 12.9 %, Dienstleistungen 35.8 %
Arbeitslosenquote: 9.5 %
Energieverbrauch/Kopf: Keine Angabe
Straßennetz: 12 253 km
Eisenbahnnetz: 728 km

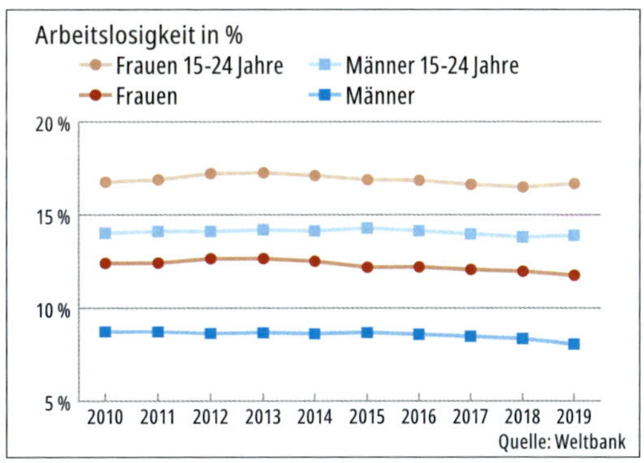

RÜCKBLICK

Im Zuge des Abgangs des ehemaligen Präsidenten Mohamed Ould Abdel Aziz im Jahr 2019 kam es zum ersten friedlichen Machtwechsel in der jüngeren Geschichte der Islamischen Republik

Mauretanien. Das Wahlergebnis wurde jedoch angezweifelt und die dann folgenden Proteste zum Teil gewaltsam unterdrückt.

Wahl: Präsident Abdel Aziz durfte nach zwei Amtszeiten laut Verfassung nicht mehr antreten und respektierte das, was Beobachter zum Teil überraschte. Daraufhin fanden am 22.6.2019 die Präsidentschaftswahlen statt. Angetreten waren sechs Kandidaten, darunter drei, denen eine relative Erfolgschance attestiert wurde. Dazu zählte **Mohamed Ould Ghazouani** (Regierungspartei UPR), ein ehemaliger Verteidigungsminister und General, der als Favorit von Abdel Aziz gehandelt wurde. Die beiden anderen Kandidaten waren **Sidi Mohamed Ould Boubacar** (Tewassoul), früherer Premierminister und **Biram Dah Abeid** (unabhängig), ein bekannter Aktivist gegen die im Land noch verbreitete Sklaverei. Laut nationaler Wahlbehörde gewann Ghazouani die Wahl im ersten Durchgang mit 52 % der Stimmen. Die beiden anderen Kandidaten erhielten jeweils rund 18 %. Schon vor der Wahl hatte die Opposition vor Wahlbetrug gewarnt, nach Veröffentlichung der Ergebnisse wurden diese dann auch angesichts von Berichten über Unregelmäßigkeiten bei der Abstimmung angezweifelt. Nichtsdestotrotz wurde der Sieg vom Verfassungsrat bestätigt und Ghazouani trat das Amt am 1. August 2019 an. Sein Wahlprogramm betonte primär Kontinuität, Stabilität und Sicherheit.

Repressionen: Schon im Vorfeld der Wahlen wurden mehrere Journalisten und **Oppositionelle verhaftet** und wegen angeblicher Verbreitung von Falschinformationen angeklagt. Als Antwort auf die entstehenden Proteste nach Veröffentlichung der Wahlergebnisse wurde 10 Tage lang das mobile Internet abgestellt sowie führende Oppositionsfiguren und Dutzende politische Aktivisten verhaftet. Der Blogger **Mohamed Cheikh Ould Mkhaitir**, der 2014 wegen vermeintlicher blasphemischer Äußerungen inhaftiert und **zum Tode verurteilt** wurde, ist am 29.7.2019 entlassen und des Landes verwiesen worden. 2017 hatte ein Berufungsgericht das Todesurteil in eine zweijährige Haftstrafe umgewandelt.

Flucht: Am 4.12.2019 ging ein Flüchtlingsboot aus Gambia vor der mauretanischen Küste unter, mindestens 58 Menschen starben. Die mauretanischen Behörden starteten einen Rettungseinsatz und brachten die Überlebenden an Land.

Mauritius

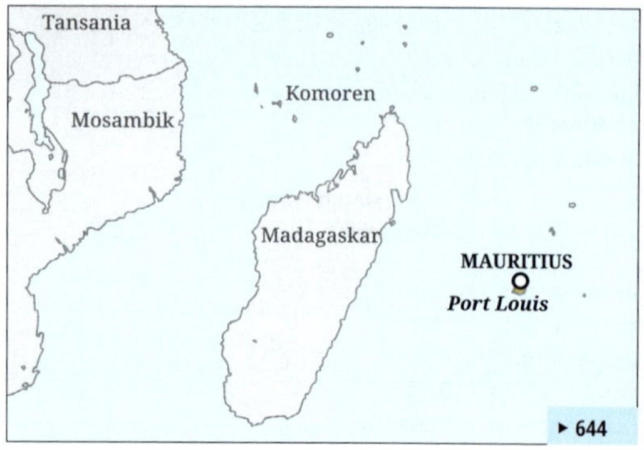

▸ 644

Ländername	Republik Mauritius
Zeitzone	MEZ +3 h
Fläche in km²	2 040
Anzahl der Einwohner	1.3 Millionen
Einwohnerzahl pro km²	623
Hauptstadt	Port Louis
Amtssprache	Englisch, Französisch
Verwaltungsgliederung	9 Distrikte
Wichtige Städte	Port Louis, Vacoas-Phoenix, Beau Bassin-Rose Hill, Curepipe, Quatre Bornes
Autokennzeichen | ISO-Code	MS | MUS
Währung	1 Mauritius-Rupie = 100 Cents
Nationalfeiertag	12. März

Ihren hohen Bekanntheitsgrad verdankt die Inselgruppe Mauritius, deren Name sich von Moritz von Oranien ableitet, einer britischen Briefmarke: der legendären Blauen Mauritius von 1847. Heute gilt das Land im Westen des Indischen Ozeans neben den Seychellen als das Touristenparadies unter den afrikanischen Inseln.

GEOGRAFIE

Geografische Lage: Von 10° 19' bis 20° 31' südlicher Breite sowie von 56° 31' bis 63° 30' östlicher Länge
Höchster Punkt: Piton de la Petite Rivière Noire 828 m
Klima: Wechselfeuchtes, tropisches Klima

POLITIK

Staatsform: Parlamentarische Republik
Staatsoberhaupt: Präsident
Legislative: Nationalversammlung mit 62 für 5 Jahre gewählten und bis zu 8 ernannten Mitgliedern
Jahr der Verfassung: 1968
Wahlrecht: 18 Jahre
Staatsreligion: Keine

BEVÖLKERUNG

Bevölkerungsanteil: <15 Jahre 17.3 %, 15-64 Jahre 70.7 %, >64 Jahre 12 %
Verteilung: Stadt 40.8 %, Land 59.2 %
Wachstum 2019: 0.1 %
Lebenserwartung: Frauen 79 Jahre, Männer 72 Jahre
Alphabetenrate: Frauen 89.4 %, Männer 93.4 %
Ethnische Gruppen: Inder, Kreolen, Chinesen, Franzosen u. a.
Religionen: Hindus 48.5 %, Christen 32.7 %, Muslime 17.3 %
Sprachen: Englisch, Morisyen (Kreolisch), Französisch u. a.

Alterspyramide nach Jahren in %

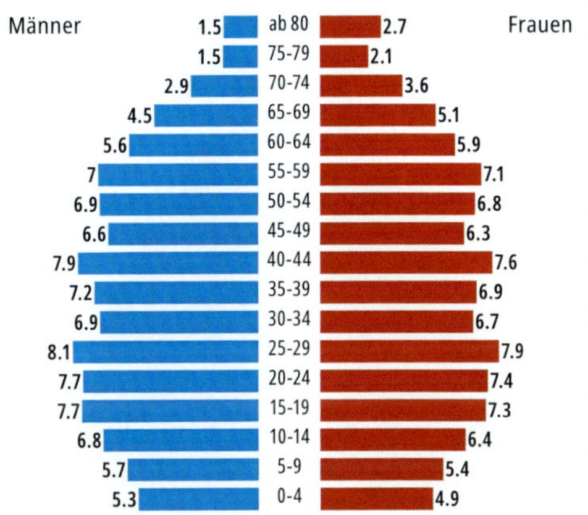

Quelle: Weltbank

WIRTSCHAFT UND VERKEHR

BIP: 14.18 Mrd. US-$
Wachstum BIP 2019: 3.8 %
BNE/Kopf: 11 361 US-$
Inflation: 0.4 %
Außenhandel: Import 5.61 Mrd. US-$, Export 2.23 Mrd. US-$
Erwerbstätige nach Sektoren: Landwirtschaft 6.1 %, Industrie 25.3 %, Dienstleistungen 68.6 %
Arbeitslosenquote: 6.9 %
Energieverbrauch/Kopf: 1 111 kg ÖE
Straßennetz: 2 428 km
Eisenbahnnetz: Keine Angabe

RÜCKBLICK

Wahlen: Bei den Parlamentswahlen am 7.11.2019 wurde die **Parteienallianz um** das Mouvement Socialiste Militant **(MSM)** mit 38 von insgesamt 62 Sitzen **bestätigt**. Die oppositionelle L'Alliance Nationale um die Parti Travailliste (PTr) erreichte 14 Sitze, das Mouvement Militant Mauricien (MMM) acht und die Organisation du Peuple Rodriguais zwei Mandate. Mit dem Wahlerfolg der regierenden Allianz wurde auch **Premierminister Pravind Jugnauth** für eine weitere fünfjährige Legislaturperiode bestätigt. Am 12. November wurde die neue Regierung vereidigt. Neben der Position des Regierungschefs übernahm Pravind Jugnauth, Sohn des langjährigen Premierministers und Staatspräsidenten Anerood Jugnauth, auch das Innen- und Verteidigungsressort.

Neues Staatsoberhaupt: Am 26.11.2019 trat Präsident Pillay Vyapoory (MSM) zurück. Er hatte 2018 nach dem Rücktritt von Ameenah Gurib-Fakim in seiner Funktion als gewählter Vizepräsident das Amt als Interimspräsident übernommen. Das neu zusammengesetzte Parlament wählte am 2.12.2019 einstimmig **Prithvirajsing Roopun** (MSM) zum neuen Staatsoberhaupt. Roopun, am selben Tag als siebter Staatspräsident seit der Unabhängigkeit 1968 vereidigt, hatte in den bisherigen Regierungen verschiedenen Ministerien vorgestanden.

Chagosarchipel: Die britische Regierung weigerte sich im November 2019 den Chagosarchipel an Mauritius zurückzugeben und ließ damit eine von der UN gesetzte Frist verstreichen. Die **Inselgruppe im Indischen Ozean**, etwa 2 150 km **von Mauritius** entfernt, war 1965, also drei Jahre vor der Unabhängigkeit der ehemaligen britischen Kolonie von dieser **abgespalten** worden. Im selben Jahr hatten die UN das Vereinigte Königreich per Resolution aufgefordert, im Sinne der territorialen Integrität Mauritius und Chagos gemeinsam in die Unabhängigkeit zu entlassen. Stattdessen wurde Chagos ein **Britisches Territorium im Indischen Ozean**, ohne dass Mauritius seine Gebietsansprüche aufgab. Großbritannien verpachtete 1966 die Hauptinsel Diego Garcia bis 2036 an die **USA als militärischen Stützpunkt**. Die Inselbewohner wurden zum größten Teil zwangsweise nach Mauritius umgesiedelt. Anfang 2019 hatte der Internationale Gerichtshof in Den Haag die britische Kontrolle über den Inselarchipel als Verstoß gegen das Selbstbestimmungsrecht der Völker gewertet. Im Mai 2019 war Großbritannien per UN-Resolution dazu aufgefordert worden, Chagos binnen sechs Monaten an Mauritius zurückzugeben.

Mexiko

Ländername	Vereinigte Mexikanische Staaten
Zeitzone	MEZ -6 h bis -9 h
Fläche in km²	1 964 375
Anzahl der Einwohner	127.6 Millionen
Einwohnerzahl pro km²	65
Hauptstadt	Mexiko-Stadt
Amtssprache	Spanisch
Verwaltungsgliederung	31 Bundesstaaten und 1 Stadt
Wichtige Städte	Mexiko-Stadt, Ecatepec de Morelos, Guadalajara, Puebla, Ciudad Juárez, Tijuana, León, Zapopan, Monterrey, Nezahualcóyotl
Autokennzeichen | ISO-Code	MEX | MEX
Währung	1 Mexikanischer Peso = 100 Centavos
Nationalfeiertag	16. September

Der nach Brasilien bevölkerungsreichste Staat Lateinamerikas wird zwar geografisch zu Zentralamerika gerechnet, orientiert sich wirtschaftlich jedoch an den USA. Seit sich Mexiko Ende der 1980er-Jahre dem Weltmarkt geöffnet hat, unterliegt es einem dramatischen Strukturwandel, der mit sozialen und ökologischen Problemen einhergeht. Zum Hauptproblem der Innenpolitik wurde in den letzten Jahren der Kampf gegen die Drogenkartelle.

GEOGRAFIE

Geografische Lage: Von 14° 33' bis 32° 43' nördlicher Breite sowie von 86° 42' bis 118° 24' westlicher Länge
Höchster Punkt: Citlaltépetl (Pico de Orizaba) 5636 m
Klima: Im Norden subtropisches Steppen- bis Wüstenklima, im zentralen Hochland warmes wintertrockenes, im Süden tropisch-feuchtheißes Klima

POLITIK

Staatsform: Präsidiale Bundesrepublik
Staatsoberhaupt: Präsident
Legislative: Nationalkongress, bestehend aus Abgeordnetenkammer mit 500 für 3 Jahre gewählten Mitgliedern und Senat mit 128 für 6 Jahre gewählten Mitgliedern
Jahr der Verfassung: 1917
Wahlrecht: 18 Jahre
Staatsreligion: Keine

BEVÖLKERUNG

Bevölkerungsanteil: <15 Jahre 26.2 %, 15-64 Jahre 66.4 %, >64 Jahre 7.4 %
Verteilung: Stadt 80.2 %, Land 19.8 %
Wachstum 2019: 1.1 %
Lebenserwartung: Frauen 78 Jahre, Männer 72 Jahre
Alphabetenrate: Frauen 94.6 %, Männer 96.2 %
Ethnische Gruppen: Mestizen, Indigene, Europäer u. a.
Religionen: Christen 90.7 %, Sonstige 1.9 %
Sprachen: Spanisch, indigene Sprachen

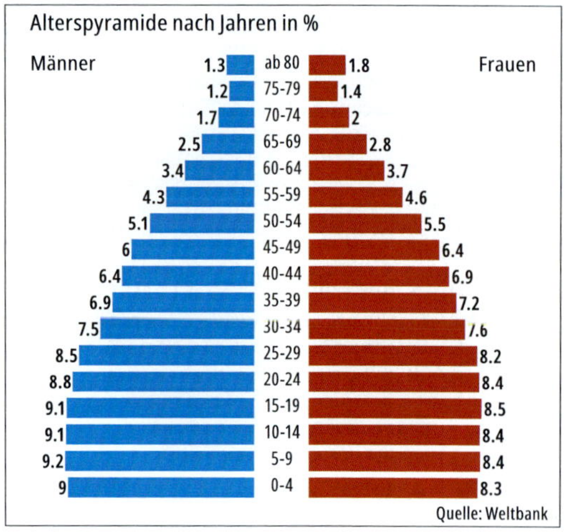

WIRTSCHAFT UND VERKEHR

BIP: 1.26 Bio. US-$
Wachstum BIP 2019: -0.1 %
BNE/Kopf: 10 118 US-$
Inflation: 3.6 %
Außenhandel: Import 467.34 Mrd. US-$, Export 461.12 Mrd. US-$
Erwerbstätige nach Sektoren: Landwirtschaft 12.6 %, Industrie 26.1 %, Dienstleistungen 61.3 %
Arbeitslosenquote: 3.3 %
Energieverbrauch/Kopf: 1 537 kg ÖE
Straßennetz: 398 148 km
Eisenbahnnetz: 20 825 km

RÜCKBLICK

Kabinett: Nach dem Rücktritt von Finanzminister Carlos Urzúa Macías am 9.7.2019 übernahm sein bisheriger Stellvertreter, Arturo Herrara Gutiérrez, das Amt. Urzúa hatte in einem offenen Brief unnötige Ausgaben der Regierung und die Einstellung von unqualifizierten Mitarbeitern kritisiert.

Kriminalität: Die hohe Kriminalität setzte sich fort. 2019 wurden 35 588 Morde verübt, von Januar bis Juni 2020 waren es 17 982. Ende 2019 galten mindestens 61 637 Personen als vermisst. Die meisten von ihnen verschwanden, seit der damalige Präsident Felipe Calderón 2006 den Drogenkartellen den Krieg erklärte. Der linksnationalistische Staatspräsident Andrés Manuel López Obrador (seit Dezember 2018) hatte sich im Wahlkampf für eine Demilitarisierung und einen Paradigmenwechsel in der öffentlichen Sicherheit ausgesprochen.

Nationalgarde: Herzstück der neuen Sicherheitspolitik war die Einführung einer zivilen Nationalgarde. Sie war nach einer Verfassungsänderung im März 2019 gegründet worden. Die Nationalgarde untersteht dem zivilen Ministerium für Sicherheit und Bürgerschutz, ein Großteil ihrer Angehörigen stammt jedoch aus den Reihen der Militär- und der Armeepolizei. Die Nationalgarde verfügt über umfangreiche Befugnisse in Bezug auf Strafverfolgung, Gewaltabwendung, Verbrechensbekämpfung und Migrationskontrolle. 2020 sollen 20 000 Soldaten rekrutiert, 2021 die endgültige Truppenstärke von 120 000 erreicht werden.

Bundespolizei: Ende 2019 löste die Regierung die Bundespolizei auf. Die Armee sollte feststellen, welche Beschäftigten der Bundespolizei zur neuen Nationalgarde übertreten und welche in anderen Bundesinstituten beschäftigt werden sollen.

Migranten: Die Nationalgarde stoppte am 23.1.2020 rund 800 Migranten aus mittelamerikanischen Ländern teils mit Gewalt an der Grenze. Im Januar und Februar 2020 wurden rund 22 000 Ausländer ohne die nötigen Papiere festgenommen. Bis Mitte 2019 hatte das Land Migranten humanitäre Visa ausgestellt, insbesondere den Tausenden Migranten aus Zentralamerika, die zwischen Oktober 2018 und Frühjahr 2019 in mehreren „Karawanen" Richtung Norden gezogen waren. Die meisten Migranten kamen aus Honduras, gefolgt von El Salvador, Kuba und Venezuela. Nach der Drohung der USA, Strafzölle von bis zu 25 % auf alle Warenimporte zu erheben, änderte Mexiko seinen Kurs und sandte ab Juni 2019 6 500 Mitglieder der Nationalgarde an die Grenze zu Guatemala. 2019 nahm Mexiko mehr als 280 000 Migranten fest. Über 70 300 Migranten stellten Asylanträge, mehr als doppelt so viele wie 2018. Die USA schickten 2019 im Rahmen ihres im Januar 2019 in Kraft getretenen Migrantenschutzprogramms „Bleib in Mexiko" rund 60 000 Asylsuchende nach Mexiko zurück. Dort sollen sie sich für die Dauer ihrer Asyl- und Einwanderungsverfahren aufhalten. Im Zuge der Corona-Krise setzten sowohl die USA als auch Mexiko die Bearbeitung von Asylverfahren aus.

Frauen: Am 25.9.2019 legalisierte das Parlament von Oaxaca den **Schwangerschaftsabbruch** bis zur zwölften Woche. Es war der zweite Bundesstaat, der Abteibungen legalisierte. In Mexiko-Stadt sind Abtreibungen seit 2007 legal. Im Februar 2020 erschütterte die Ermordung von Ingrid Escamilla die Öffentlichkeit. Die 25-jährige war von ihrem Freund ermordet und zerstückelt und das Verbrechen medial ausgeschlachtet worden. Mexiko gehört weltweit zu den Ländern mit den meisten Frauenmorden. Im Durchschnitt werden jeden Tag 10 Frauen ermordet. Von den rund 3 750 Morden an Frauen im Jahr 2019 waren 1 000 Opfer von Femiziden. In den ersten 6 Monaten 2020 stieg die Zahl der Frauenmorde um 9.2 % im Vergleich zum Vorjahr. Während der Corona-Krise nahm die häusliche Gewalt zu. Im März 2020 gab es mit 20 232 Fällen 13.7 % mehr Fälle als im Februar. Am 8.3.2020 fanden anlässlich des Weltfrauentages landesweite Massenproteste statt. Unter dem Motto „Ein Tag ohne uns" blieben Frauen dem öffentlichen Leben fern.

Puebla-Gruppe: Am 12.7.2019 gründeten mehrere linksgerichtete Präsidenten, Ex-Präsidenten und andere Führungspersönlichkeiten aus 12 spanischsprachigen Ländern in Puebla das Bündnis „Grupo de Puebla". Ziel ist ein Ideenaustausch für eine progressive politische Entwicklung. Neben Präsident Andrés Manuel López Obrador gehören der kolumbianische Ex-Präsident Ernesto Samper (1994-98), der ehemalige spanische Ministerpräsident José Luis Rodríguez Zapatero (2004-11), der ecuadorianische Ex-Präsident Rafael Correa (2007-17) sowie Boliviens Präsident Evo Morales der Gruppe an. Die enge Verbindung zu Morales zeigte sich nach dessen Rücktritt im November 2019 mit der offiziellen Einladung Mexikos, Morales politisches Asyl zu gewähren.

Oberster Gerichtshof: Am 3.10.2019 trat der Richter am Obersten Gerichtshof, Medina Mora, von seinem Amt zurück. Zuvor hatte die Staatsanwaltschaft illegale Finanzströme von über 5 Mio. US-$ auf europäischen Konten des Richters entdeckt. Der Ex-Geheimdienstchef und Ex-Botschafter in Großbritannien und den USA war von Präsident Peña Nieto (2012-18) 2015 in das Richteramt gebracht worden.

Gepanschter Schnaps: Zwischen Anfang April und Mitte Mai 2020 verzeichnete das Land mindestens 137 Todesopfer nach dem Genuss von gepantschtem Schnaps. In Teilen des Landes war wegen der Corona-Krise der Verkauf von Alkohol verboten worden. Deswegen stieg der Konsum von selbst gebranntem Schnaps. Oftmals wurde statt Ethylalkohol Methanol verwendet, das zu Vergiftungen führen kann.

Freihandelsabkommen: Am 28.4.2020 schlossen die EU und Mexiko ihre Verhandlungen über ein neues Freihandelsabkommen erfolgreich ab. Es ersetzte das bisherige Abkommen aus dem Jahr 2000. Seitdem ist der Handel zwischen Mexiko und der EU um das Dreifache angestiegen. Das neue Abkommen umfasst zusätzlich Bereiche wie Energie und Rohstoffe, nachhaltige Entwicklung und den Kampf gegen Korruption. Das Abkommen muss noch von beiden Parteien ratifiziert werden. Das Freihandelsabkommen USMCA, das 2018 zwischen den USA, Kanada und Mexiko beschlossen und im Juni 2019 von Mexiko ratifiziert wurde, ist am 1.7.2020 in Kraft getreten.

Wirtschaft: 2019 stagnierte die Wirtschaft, das BIP sank um 0.1 %. Der **IWF** gewährte dem Land am 25.11.2019 eine 2-jährige flexible Kreditlinie in Höhe von 61 Mrd. US-$. Bereits vor der Corona-Krise schätzten Experten das Wirtschaftswachstum für 2020 auf nur rund 1 %. Der IWF rechnete im Juni 2020 für das laufende Jahr mit einem Wirtschaftseinbruch von 10.5 %. Das Land litt im Zuge der Corona-Krise insbesondere unter dem Ölpreisschock. Als sich die OPEC aufgrund der gesunkenen Nachfrage im April 2020 auf die Reduzierung der täglichen Erdölförderung um 10 % einigte, widersetzte sich das Energieministerium. Erst als die USA stellvertretend 75 % der Reduzierung Mexikos übernahmen, willigte Mexiko ein. Dadurch muss das Land die tägliche Produktion statt um 400 000 Barrel nur um 100 000 Barrel drosseln. Im Zuge der Corona-Krise brachen die Exporte im Erdölsektor um 66 %, die des Automobilsektors um 79 % ein. Die Zentralbank senkte den Leitzins zwischen August 2019 und Juni 2020 von 8 % auf 5%. Der Mexikanische Peso fiel im März mit 25 mex$ pro 1 US-$ auf ein 5-Jahres-Tief.

Corona: Staatspräsident Andrés Manuel López Obrador zeigte sich im Zusammenhang mit Maßnahmen zur Eindämmung von Covid-19 zögerlich und verhängte im internationalen Vergleich nur wenige Schutzmaßnahmen. Zwar wurden Schulen, Universitäten, öffentliche Einrichtungen und nicht-essenzielle Unternehmen geschlossen, es gab aber keine allgemeine verpflichtende Ausgangs- oder Kontaktsperre und keine Maskenpflicht. Auch blieben die Flughäfen und Busterminals geöffnet. Am 30.3.2020 erklärte Mexiko den nationalen Gesundheitsnotstand. Im Laufe des Monats Mai entwickelte sich das Land zu einem der Zentren der Pandemie. Die offiziellen Fallzahlen stiegen im Mai von rund 20 800 auf rund 90 700 an, die Todesfälle von rund 2 000 auf über 9 900. Die hohe Rate an Todesfällen wird als Indiz dafür gesehen, dass das Virus viel weiter als in den offiziellen Statistiken verbreitet ist. Aussagen zum voraussichtlichen Infektionshöhepunkt wurden mehrfach geändert. Das Land entwickelte sich zu einem der Epizentren der Pandemie. Ende Juni wurden fast 230 000 Infizierte registriert. Mit rund 28 000 Todesfällen war es das Land mit den siebtmeisten Todesfällen.
Im April 2020 verteilten Drogenkartelle Lebensmittelpakete und vergaben Kredite. Sie untermauerten so ihre Macht. Der Drogenhandel war wegen der Unterbrechung der globalen Lieferketten, Versorgungsengpässen und einbrechenden Absatzmärkten eingeschränkt. Trotz der weiterhin hohen Anzahl an Neuinfektionen beschloss die Regierung Mitte Mai 2020 erste Lockerungen. Die Sektoren Bau, Bergbau sowie die Lkw- und Kfz-Industrie wurden als essenzielle Bereiche der Wirtschaft definiert und durften ab 18.5. ihren Betrieb wieder aufnehmen. Ab 1.6. galt ein vierstufiges Ampelsystem, mit dem jeder Bundesstaat wöchentlich die Einschränkungen des öffentlichen und wirtschaftlichen Lebens neu festlegt. Berücksichtigt wurden dabei neben der Reproduktionszahl und dem Anteil der positiven Fälle an der Bevölkerung auch die Krankenhausbelegung und die Tendenz von Neuaufnahmen in Krankenhäusern. Bei Einführung des Ampelsystems am 1.6. befanden sich 31 der 32 Bundesstaaten im roten Bereich. Ende Juni waren es noch rund die Hälfte, in den anderen Bundesstaaten galt die zweithöchste Stufe. Alle Schulen sollen bis Schuljahresende im Juli nur virtuellen Unterricht abhalten. Die Regierung lehnte finanzielle Hilfen wie Kredite oder Steuererleichterungen für die von der Corona-Krise Betroffenen weitgehend ab.

Mikronesien

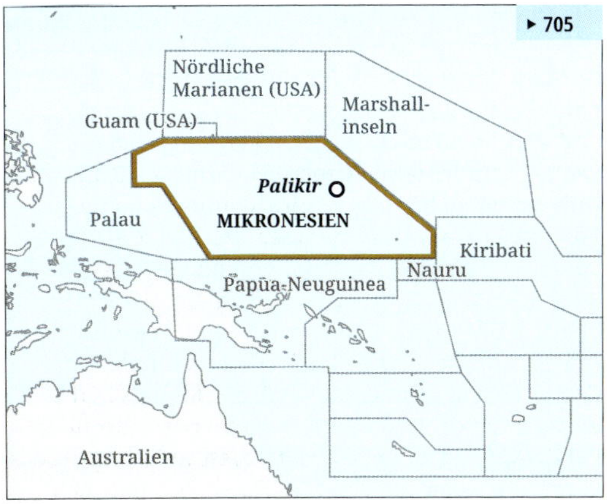

Ländername	Föderierte Staaten von Mikronesien
Zeitzone	MEZ +9 h bis +10 h
Fläche in km²	700
Anzahl der Einwohner	113 815
Einwohnerzahl pro km²	163
Hauptstadt	Palikir
Amtssprache	Englisch, Chuukesisch, Pohnpeanisch, Kosraeanisch, Yapesisch, Ulithisch, Woleaianisch
Verwaltungsgliederung	4 Bundesstaaten
Wichtige Städte	Weno, Net, Kitti, Palikir
Autokennzeichen | ISO-Code	FSM | FSM
Währung	1 US-Dollar = 100 Cents
Nationalfeiertag	10. Mai

Die Föderierten Staaten von Mikronesien umfassen neben den zu den Westkarolinen zählenden Yapinseln die Ostkarolinen, die größte Gruppe in der „Welt der kleinen Inseln" im westlichen Pazifik. Aufgereiht wie auf einer Perlenschnur ziehen sich Hunderte von Inseln und kleinsten Eilanden über eine Strecke von mehr als 2 500 km.

GEOGRAFIE

Geografische Lage: Von 5° 16' bis 9° 35' nördlicher Breite sowie von 138° 04' bis 163° 03' östlicher Länge
Höchster Punkt: Nanlaud 782 m
Klima: Tropisch-maritimes Klima

POLITIK

Staatsform: Präsidiale Bundesrepublik
Staatsoberhaupt: Präsident
Legislative: Parlament mit 10 für 2 Jahre gewählten und 4 für 4 Jahre gewählten Mitgliedern
Jahr der Verfassung: 1979
Wahlrecht: 18 Jahre
Staatsreligion: Keine

BEVÖLKERUNG

Bevölkerungsanteil: <15 Jahre 31.7 %, 15-64 Jahre 64.3 %, >64 Jahre 4 %
Verteilung: Stadt 22.7 %, Land 77.3 %
Wachstum 2019: 1.1 %
Lebenserwartung: Frauen 70 Jahre, Männer 66 Jahre
Alphabetenrate: Frauen 82.5 %, Männer 93.7 %
Ethnische Gruppen: Mikronesier, Polynesier u. a.
Religionen: Christen 97.3 %, Sonstige 1.9 %
Sprachen: Englisch, Chuukesisch, Pohnpeanisch, Kosraeanisch, Yapesisch, Ulithisch, Woleaianisch u. a.

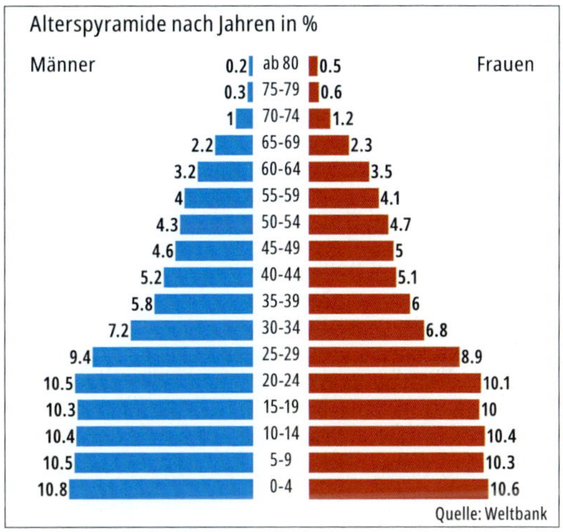

WIRTSCHAFT UND VERKEHR

BIP: 381 Mio. US-$
Wachstum BIP 2019: 1.4 %
BNE/Kopf: 3 718 US-$
Inflation: 1.8 %
Außenhandel: Import 180 Mio. US-$, Export 42 Mio. US-$
Erwerbstätige nach Sektoren: Keine Angabe
Arbeitslosenquote: Keine Angabe
Energieverbrauch/Kopf: Keine Angabe
Straßennetz: 240 km
Eisenbahnnetz: Keine Angabe

RÜCKBLICK

VR China: Anlässlich des 30. Jubiläums der diplomatischen Beziehungen am 11.9.2019 überwies Peking 2 Mio. US-$ Zuschuss zum Staatsfonds Mikronesiens. Am 13.12.2019 reiste Bundespräsident David Panuelo zu einem Staatsbesuch nach Peking, wo er von Staatspräsident Xi Jinping und Minsterpräsident Li Keqiang empfangen wurde, um über weitere Hilfen zu diskutieren. Die letzten größeren Kooperationen waren der Bau des Regierungsviertels von Chuuk und von Brücken und Straßen in Pohnpei gewesen. Investitionen chinesischer Firmen stießen auf lokalen Widerstand – so hatte der Gouverneur von Yap im März 2019 den Bau eines Hotels einer chinesischen Kette in Colonia gestoppt.

USA: Auf das im Mai 2019 in Washington erneuerte gemeinsame Bekenntnis der Vertragsstaaten des Freien Assoziierungsabkommens zur sicherheitspolitischen Partnerschaft folgten im Juli 2019 Meldungen, nach denen die US-Regierung im Rahmen ihrer Kampagne gegen Visum-Überzieher („Overstayers") Einreisebeschränkungen für Mikronesier plane. Trotz einer Intervention des Botschafters beim State Department, die auf das Aufenthaltsrecht von Mikronesiern aufgrund des Assoziierungsvertrags von 1986 abhob, wurden die Föderierten Staaten in US-Presseberichten im Dezember 2019 weiterhin in diesem Zusammenhang genannt.

Menschenhandel: Der Bericht des U.S. State Departments über Menschenhandel 2019 bezeichnete die Maßnahmen der Föderierten Staaten gegen Menschenhandel insgesamt als unzureichend, zugleich wurden der Regierung ernsthafte Bemühungen zur Bekämpfung dieser verbrecherischen Praktiken attestiert. Positiv wurde die Einrichtung eines Opferasyls in Chuuk gewertet, ebenso die zunehmenden Bemühungen der Justiz, Menschenhändler zur Verantwortung zu ziehen und sie zu Wiedergutmachungszahlungen an Opfer zu zwingen. Zwangsprostitution ist verbreitet, die Nachfrage wird durch ausländische Baufirmen und Fischtrawler angeheizt. Auch existierten Menschenhändlerringe, die junge Frauen in die USA locken, um sie dort an Bordelle oder als Haushaltshilfen zu verkaufen.

Wirtschaft: Nach einem von öffentlichen Ausgaben und Fischereieinnahmen getriebenen Wachstum von 1.4 % 2019 kühlte sich die Wirtschaft 2020 auch ohne nennenswerte Auswirkungen der Corona-Pandemie wegen auslaufender Infrastrukturprojekte ab.

Moldau, Republik

▸ 620

Ländername	Republik Moldau; auch: Moldawien
Zeitzone	MEZ +1 h
Fläche in km²	33 850
Anzahl der Einwohner	2.7 Millionen
Einwohnerzahl pro km²	79
Hauptstadt	Chişinău
Amtssprache	Rumänisch
Verwaltungsgliederung	5 Munizipien, 2 autonome Gebiete und 32 Rajons
Wichtige Städte	Chişinău, Tiraspol, Bălţi, Tighina, Rîbniţa
Autokennzeichen | ISO-Code	MD | MDA
Währung	1 Moldauischer Leu = 100 Bani
Nationalfeiertag	27. August

Der heutige Staat am Südostrand Europas, östlich des Flusses Pruth, doch ohne direkten Zugang zum Schwarzen Meer, hat eine wechselvolle Geschichte. Die ehemalige Sowjetrepublik war im Mittelalter Teil des Fürstentums Moldau. Nach der Unabhängigkeit 1991 hemmt bis heute der Konflikt um Transnistrien die Entwicklung des Landes.

GEOGRAFIE

Geografische Lage: Von 45° 28' bis 48° 29' nördlicher Breite sowie von 26° 37' bis 30° 08' östlicher Länge
Höchster Punkt: Bălăneşti 429 m
Klima: Mildes Kontinentalklima

POLITIK

Staatsform: Parlamentarische Republik
Staatsoberhaupt: Präsident
Legislative: Parlament mit 101 für 4 Jahre gewählten Mitgliedern
Jahr der Verfassung: 1994
Wahlrecht: 18 Jahre
Staatsreligion: Keine

BEVÖLKERUNG

Bevölkerungsanteil: <15 Jahre 15.9 %, 15-64 Jahre 72.1 %, >64 Jahre 12 %
Verteilung: Stadt 42.6 %, Land 57.4 %
Wachstum 2019: -1.1 %
Lebenserwartung: Frauen 76 Jahre, Männer 68 Jahre
Alphabetenrate: Frauen 99.1 %, Männer 99.6 %
Ethnische Gruppen: Moldauer, Rumänen, Ukrainer, Gagausen, Russen, Bulgaren u. a.
Religionen: Christen 92.7 %
Sprachen: Rumänisch, Russisch, Gagausisch u. a.

WIRTSCHAFT UND VERKEHR

BIP: 11.96 Mrd. US-$
Wachstum BIP 2019: 3.4 %
BNE/Kopf: 3 300 US-$
Inflation: 4.8 %
Außenhandel: Import 5.84 Mrd. US-$, Export 2.78 Mrd. US-$
Erwerbstätige nach Sektoren: Landwirtschaft 35.9 %, Industrie 16.8 %, Dienstleistungen 47.3 %
Arbeitslosenquote: 5.5 %
Energieverbrauch/Kopf: 928 kg ÖE
Straßennetz: 9 352 km
Eisenbahnnetz: 1 171 km

UMSTRITTENES GEBIET

Transnistrien
Fläche in km²: 3 567
Anzahl der Einwohner: 475 665
Hauptstadt: Tiraspol
Status: De-facto-Regime, Gebiet ist völkerrechtlich Teil der Republik Moldau
Regierung: Präsident

RÜCKBLICK

Machtkampf: Die Parlamentswahl vom 24.2.2019 hinterließ ein **politisches Patt**. Drei ähnlich starke Gruppierungen – die Sozialisten (PSRM, 31.2 %), die Demokratische Partei (PDM, 23.6 %) und die Wahlallianz Acum („Jetzt", 26.8 %) – konnten sich bis Juni auf **keine Zusammenarbeit** einigen. Die PDM forderte Neuwahlen. Sie war das Instrument des Oligarchen Vladimir Plahotniuc, der darüber die Justiz (Staatsanwaltschaft, Gerichte) und die Polizei kontrollierte. Seine Absicht wurde jedoch am 8.6. durch die Wahl der Acum-Vorsitzenden und früheren Bildungsministerin (2012-15) **Maia Sandu** zur **Ministerpräsidentin** vereitelt. Das liberal-proeuropäische Bündnis hatte sich mit der PSRM und Staatspräsident Igor Dodon, der die PSRM bis zu seiner Wahl 2016 geführt hatte, darauf verständigt. Das Parlament erklärte, Moldau sei ein **„gekaperter Staat"**.

Verfassungskrise: Plahotniuc und die PDM ließen das Parlament blockieren und Regierungsgebäude besetzen. Das Verfassungsgericht erklärte Neuwahlen für legitim, löste das Parlament auf und setzte Präsident Dogon ab (9.6.2019). Dessen Geschäfte übernahm der amtierende Ministerpräsident Pavel Filip (PDM), der für den 6.9. Parlamentswahlen ansetzte. In einer gemeinsamen Aktion stellten sich die **USA, die EU und Russland** jedoch hinter die Sandu-Regierung. Plahotniuc wurde zum Nachgeben gezwungen und setzte sich am 14.6. ins Ausland ab. Die Verfassungsrichter annullierten ihre vorherigen Beschlüsse und traten am 26.6. geschlossen zurück.

Ablösung: Die Sandu-Regierung, deren Minister hauptsächlich aus den Reihen von Acum stammten, bestand ihre erste Bewährungsprobe nicht. Zwar wurde der **Generalstaatsanwalt** am 9.7.2019 durch das Parlament abgesetzt. Eine Neubesetzung des Amts scheiterte jedoch, weil sich Staatspräsident Dogon gegen ein Gesetz wandte, das der Regierung Einfluss auf den Auswahlprozess gab. Ein **Misstrauensantrag** der PSRM gegen die Regierung, den die PDM unterstützte, hatte am 12.11.2019 Erfolg. Am 14.11. wählte das Parlament den parteilosen Präsidentenberater **Ion Chicu** (2018/19 Finanzminister) zum **neuen Regierungschef**. Seine „Expertenregierung" erhielt durch eine **Koalitionsvereinbarung** vom 16.3.2020 zwischen **PSRM und PDM** eine parlamentarische Grundlage. Vorher waren sechs Abgeordnete aus der PDM-Fraktion ausgetreten und hatten eine neue Gruppe namens Pro Moldau gebildet. Die Regierung verhängte am 17.3. zur Eindämmung der **Corona-Pandemie** den **Notstand** mit Einreisesperren. Die EU unterstützte Moldau mit 87 Mio. €, u. a für Schutzausrüstung und medizinisches Personal.

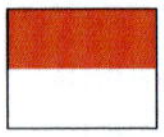

Monaco

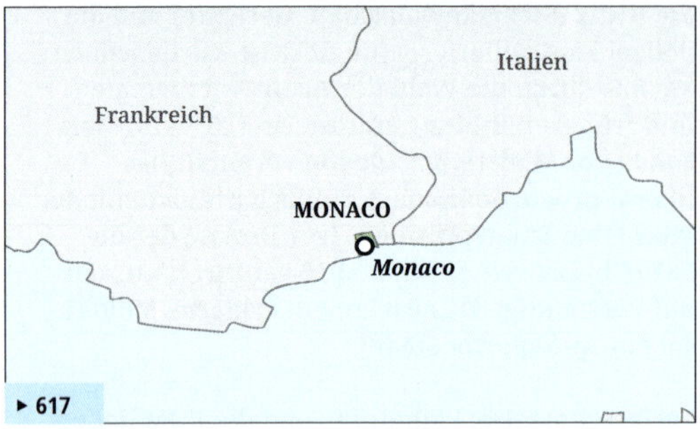

▸ 617

Ländername	Fürstentum Monaco
Zeitzone	MEZ ±0 h
Fläche in km²	2
Anzahl der Einwohner	38 964
Einwohnerzahl pro km²	19 482
Hauptstadt	Monaco
Amtssprache	Französisch
Verwaltungsgliederung	9 Stadtbezirke
Autokennzeichen | ISO-Code	MC | MCO
Währung	1 Euro = 100 Cent
Nationalfeiertag	19. November

Der Touristenmagnet am Ligurischen Meer, in der Nähe von Nizza, ist nach der Vatikanstadt der kleinste selbstständige Staat der Erde. Schon den Römern war Monaco als Herculis Monoeci portus bekannt. Das Steuerparadies für prominente Großverdiener wird vom Fürstenhaus Grimaldi beherrscht. Die außenpolitische Vertretung hat Frankreich inne.

GEOGRAFIE

Geografische Lage: Von 43° 44' bis 43° 46' nördlicher Breite sowie von 7° 22' bis 7° 26' östlicher Länge
Höchster Punkt: Unbenannt 161 m
Klima: Mediterranes Klima

POLITIK

Staatsform: Konstitutionelle Monarchie
Staatsoberhaupt: Fürst
Legislative: Nationalrat mit 24 für 5 Jahre gewählten Mitgliedern
Jahr der Verfassung: 1962
Wahlrecht: 18 Jahre
Staatsreligion: Christentum

BEVÖLKERUNG

Bevölkerungsanteil: <15 Jahre 9.4 %, 15-64 Jahre 55.4 %, >64 Jahre 35.2 %
Verteilung: Stadt 100 %, Land 0 %
Wachstum 2019: 0.8 %
Lebenserwartung: Frauen 93 Jahre, Männer 85 Jahre
Alphabetenrate: Frauen 99 %, Männer 99 %
Ethnische Gruppen: Monegassen, Franzosen, Italiener, Briten, Belgier, Schweizer, Deutsche, Russen u. a.
Religionen: Christen 96 %
Sprachen: Französisch, Monegassisch

WIRTSCHAFT UND VERKEHR

BIP: 7.18 Mrd. US-$
Wachstum BIP 2019: 6.1 %
BNE/Kopf: 185 741 US-$
Inflation: Keine Angabe
Außenhandel: Import 2.64 Mrd. US-$, Export 1.22 Mrd. US-$
Erwerbstätige nach Sektoren: Keine Angabe
Arbeitslosenquote: Keine Angabe
Energieverbrauch/Kopf: Keine Angabe
Straßennetz: 77 km
Eisenbahnnetz: Keine Angabe

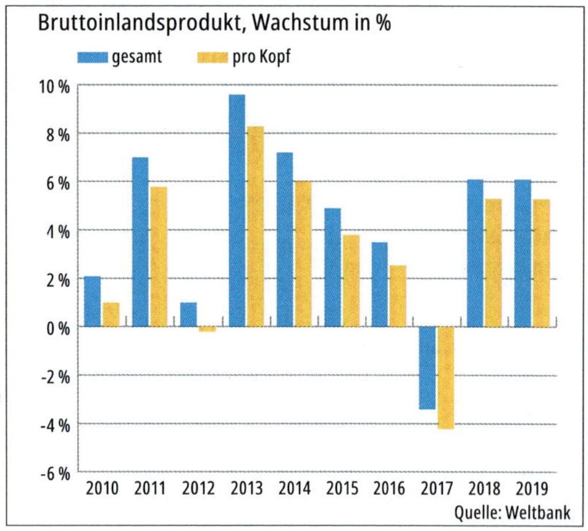

RÜCKBLICK

Der Nationalrat verabschiedete am 19.12.2019 den **Haushalt für das Jahr 2020**. Das Gesamtbudget betrug 1.5 Mrd. € und sah einen Überschuss von 4.8 Mio. € vor. Vordringliche Projekte waren der Wohnungsbau (100.3 Mio. €), Zuschüsse zum öffentlichen Personenverkehr (11.7 Mio. €) und die Digitalisierung (45 Mio. €).

Von der Corona-Pandemie war Monaco besonders spektakulär betroffen. Sowohl Regierungschef

Serge Telle als auch Fürst Albert II. infizierten sich, beide mit milden Krankheitsverläufen. Ihr positives Testergebnis wurde am 16. bzw. 19.3.2020 bekannt gegeben. Sie waren weltweit die ersten **Regierungs- bzw. Staatschefs, die positiv auf das Virus getestet** wurden. Den ersten bestätigten Covid-19-Fall registrierte das Fürstentum am 29.2.

In einer Fernsehansprache kündigte Albert II. am 17.3. umfassende **Kontaktbeschränkungen** an. Arbeitnehmer sollten möglichst im Homeoffice arbeiten. Auf den großen Baustellen im Fürstentum wurde die Arbeit eingestellt, die Häfen für Kreuzfahrtschiffe gesperrt. Es war die erste TV-Ansprache seit dem Amtsantritt von Albert im Jahr 2005.

Ab Anfang Mai nahm die Regierung die **Maßnahmen schrittweise zurück**: Die meisten Geschäfte und Unternehmen nahmen ab dem 4.5. ihren Betrieb wieder auf. Am 11.5. öffneten die Schulen wieder. Anfang Juni durften auch Restaurants, Bars, Museen, Casinos und Strände unter Auflagen wieder öffnen. Begleitet wurden die Öffnungen von einer **Testkampagne** ab dem 18.5.: Alle 90 000 Einwohner und auswärtigen Arbeitnehmer konnten sich freiwillig auf Staatskosten testen lassen. Am 18.6. wurden die Ergebnisse von 35 000 Tests bekannt gegeben: Danach wurden bei 228 Menschen oder 0.67 % der Testpersonen Antikörper nachgewiesen, ein aktiver Covid-19-Fall wurde entdeckt.

Um die wirtschaftlichen Folgen der Pandemie abzufedern, verabschiedete der Nationalrat am 21.4. einen **Nachtragshaushalt** von 477 Mio. €. Neue Schulden wurden u. a. aufgenommen zur Finanzierung eines außerordentlichen Mindesteinkommens und von Steuerstundungen. Am gleichen Tag kündigte Albert II. an, die Betriebskosten des Palasts um 40 % zu senken, von 13.2 auf 8 Mio. €. Nachdem die meisten ursprünglichen Hilfsmaßnahmen ausgelaufen waren, richtete die Regierung am 19.6. eine **Kommission zur Begleitung des Wirtschaftsaufschwungs** (Commission d'Accompagnement à la Releance Économique, CARE) ein. Eine vom Nationalrat einstimmig beschlossene 20-prozentige, gesetzlich verfügte Mieterleichterung für Unternehmen fand keine Zustimmung der Regierung. Grund war der damit verbundene Eingriff in die Eigentumsrechte.

Mongolei

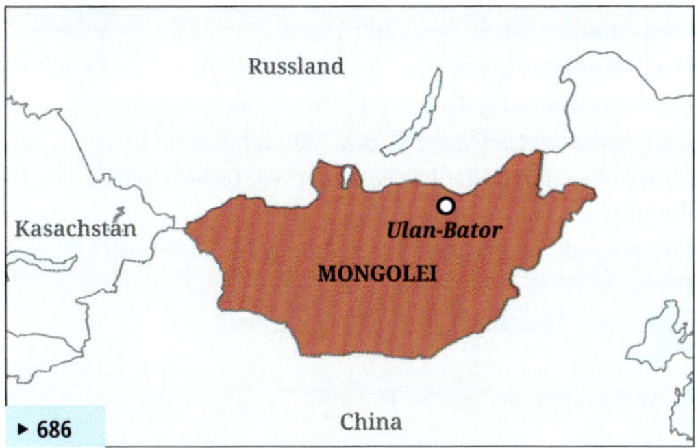

▸ 686

Ländername	Mongolei
Zeitzone	MEZ +6 h bis +7 h
Fläche in km²	1 564 120
Anzahl der Einwohner	3.2 Millionen
Einwohnerzahl pro km²	2
Hauptstadt	Ulan-Bator
Amtssprache	Mongolisch
Verwaltungsgliederung	21 Aimags und 1 Stadt
Wichtige Städte	Ulan-Bator, Erdenet, Darchan, Tschojbalsan, Mörön
Autokennzeichen | ISO-Code	MGL | MNG
Währung	Tögrög
Nationalfeiertag	11. Juli, 26. November

Im Mittelalter schufen die Mongolen ein Weltreich, das von Korea bis Ungarn reichte. Unter der kommunistischen Herrschaft im 20. Jahrhundert war das dünn besiedelte Steppenland völlig von der UdSSR abhängig. Nur langsam vollzog sich der Wandel zu Demokratie und Marktwirtschaft.

GEOGRAFIE

Geografische Lage: Von 41° 35' bis 52° 08' nördlicher Breite sowie von 87° 44' bis 119° 54' östlicher Länge
Höchster Punkt: Khuiten Uul 4374 m
Klima: Winterkaltes Trockenklima

POLITIK

Staatsform: Parlamentarische Republik
Staatsoberhaupt: Präsident
Legislative: Parlament mit 76 für 4 Jahre gewählten Mitgliedern
Jahr der Verfassung: 1992
Wahlrecht: 18 Jahre
Staatsreligion: Keine

BEVÖLKERUNG

Bevölkerungsanteil: <15 Jahre 30.8 %, 15-64 Jahre 65 %, >64 Jahre 4.2 %
Verteilung: Stadt 68.4 %, Land 31.6 %
Wachstum 2019: 1.8 %
Lebenserwartung: Frauen 74 Jahre, Männer 66 Jahre
Alphabetenrate: Frauen 98.6 %, Männer 98.2 %
Ethnische Gruppen: Chalcha, Kasachen, Durvud, Bayad, Burjaten u. a.
Religionen: Buddhisten 53 %, Muslime 3 %, Christen 2.2 %, Ethnische 2.9 %
Sprachen: Mongolisch, Russisch, Kasachisch

Alterspyramide nach Jahren in %

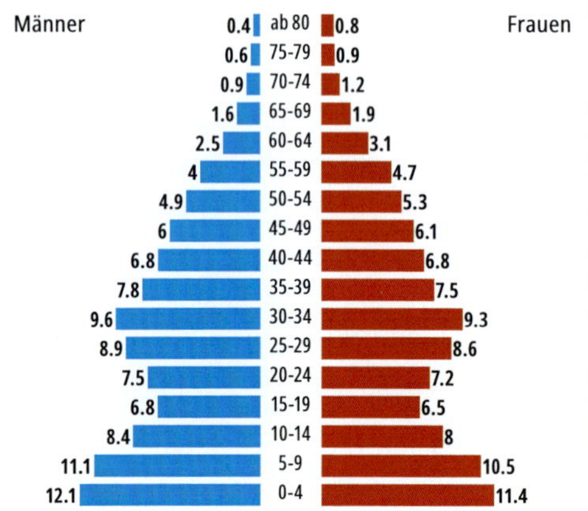

Quelle: Weltbank

WIRTSCHAFT UND VERKEHR

BIP: 13.85 Mrd. US-$
Wachstum BIP 2019: 5.1 %
BNE/Kopf: 4 133 US-$
Inflation: 7.3 %%
Außenhandel: Import 6.13 Mrd. US-$, Export 7.62 Mrd. US-$
Erwerbstätige nach Sektoren: Landwirtschaft 27.4 %, Industrie 19.4 %, Dienstleistungen 53.2 %
Arbeitslosenquote: 6 %
Energieverbrauch/Kopf: 1 828 kg ÖE
Straßennetz: 113 250 km
Eisenbahnnetz: 1 815 km

RÜCKBLICK

Parlamentswahlen: Die regierende Mongolische Volkspartei (MPP) unter Premierminister Ukhnaagiin Khurelsukh hat bei den Parlamentswahlen am 24.6.2020 einen Sieg errungen. Nach Bekanntgabe des endgültigen Wahlergebnisses durch die Allgemeine Wahlkommission (GEC) hat die MPP 62 (-3 Mandate zu 2016) von 76 Sitzen erhalten und damit die absolute Mehrheit im Parlament erlangt. Der ehemalige mongolische Premierminister Norov Altankhuyag, der als unabhängiger Kandidat für die Parlamentswahlen kandidierte, erhielt einen Sitz. Die oppositionelle Demokratische Partei (DP) gewann 11 Sitze, das sind 2 Sitze mehr als bei der Parlamentswahl 2016. Die Wahlbeteiligung erreichte 73.64 % und lag damit um 1.54 % höher als bei den Parlamentswahlen 2016. Das mongolische Parlament ist ein Einkammerparlament und wird auf vier Jahre gewählt.

Deutschland: Verteidigungsministerin Ursula von der Leyen besuchte im Oktober 2018 die Mongolei. Die Bundeswehr arbeitet seit Jahren mit der mongolischen Armee zusammen. Deutsche Bundeswehrangehörige bilden mongolische Soldaten für ihren Einsatz in Afghanistan aus. Sie unterstützen dort seit einigen Jahren die Bundeswehr bei der Sicherung des Feldlagers Mazar-e-Sharif in Nordafghanistan.

Luftverschmutzung: In der Hauptstadt der Mongolei Ulan-Bator leben heute etwa 1.5 Mio. Einwohner, die Hälfte der Gesamtbevölkerung. Ein Grund für den ständigen Zulauf ist die **Landflucht der Nomaden**, deren Vieh durch die ungewöhnlich harten Winter in den letzten Jahren gestorben ist und die nun in der Stadt Arbeit suchen. Sie wohnen in den ärmlichen Ger-Vierteln der Hauptstadt, ohne ein Kanalisationssystem und verbrennen während der extrem kalten Wintermonate viele Tonnen Kohle. Doch auch die Inversionswetterlage und die vielen Fahrzeuge sind mit ein Grund für die katastrophalen Luftverhältnisse in der Hauptstadt.
Für Schwangere kann die starke Luftverschmutzung dazu führen, dass der Fötus langsamer wächst als bei Frauen, die in Regionen mit guter Luft leben. Zudem gibt es mehr **Fehl- und Frühgeburten**. Darüber hinaus steigt die Zahl der **Atemwegserkrankungen wie Bronchitis und Asthma**. Laut Unicef ist die Lungenfunktion der Kinder, die in den besonders stark unter Luftverschmutzung leidenden Ger-Vierteln leben, um bis zu 40 % geringer als jene ihrer Altersgenossen aus den ländlichen Regionen der Mongolei. Lungenentzündung ist in dem asiatischen Land inzwischen die zweithäufigste Todesursache für Kinder unter fünf Jahren. 2019 wurde daher in Ulan-Bator die **Pneumokokken-Impfung** eingeführt. Die durch Pneumokokken verursachte Infektion ist für Säuglinge, Kleinkinder und ältere Personen besonders gefährlich, weshalb die Impfung den gefährdeten Gruppen Schutz bieten soll.

Montenegro

▸ 619

Ländername	Montenegro
Zeitzone	MEZ ±0 h
Fläche in km²	13 810
Anzahl der Einwohner	622 137
Einwohnerzahl pro km²	45
Hauptstadt	Podgorica
Amtssprache	Montenegrinisch
Verwaltungsgliederung	24 Gemeinden
Wichtige Städte	Podgorica, Nikšić, Pljevlja, Bijelo Polje
Autokennzeichen | ISO-Code	MNE | MNE
Währung	1 Euro = 100 Cent
Nationalfeiertag	13. Juli

Mit der Unabhängigkeitserklärung vom 3. Juni 2006 beschritt Montenegro, das „Land der schwarzen Berge“, endgültig den Weg zu einer eigenständigen politischen Entwicklung. Das schwer zugängliche Bergland an der Adria verfügt über eindrucksvolle Landschaften und sieht im Tourismus seine große wirtschaftliche Chance.

GEOGRAFIE

Geografische Lage: Von 41° 51' bis 43° 33' nördlicher Breite sowie von 18° 26' bis 20° 21' östlicher Länge
Höchster Punkt: Zla Kolata 2534 m
Klima: Gemäßigt kontinentales, an der Küste mediterranes Klima

POLITIK

Staatsform: Parlamentarische Republik
Staatsoberhaupt: Präsident
Legislative: Parlament mit 81 für 4 Jahre gewählten Mitgliedern
Jahr der Verfassung: 2007
Wahlrecht: 18 Jahre
Staatsreligion: Keine

BEVÖLKERUNG

Bevölkerungsanteil: <15 Jahre 18.2 %, 15-64 Jahre 66.5 %, >64 Jahre 15.3 %
Verteilung: Stadt 67.2 %, Land 32.8 %
Wachstum 2019: 0 %
Lebenserwartung: Frauen 79 Jahre, Männer 75 Jahre
Alphabetenrate: Frauen 98.3 %, Männer 99.5 %
Ethnische Gruppen: Montenegriner, Serben, Bosniaken, Albaner u. a.
Religionen: Christen 75.5 %, Muslime 19.1 %, Sonstige 1.5 %
Sprachen: Montenegrinisch, Serbisch, Bosnisch, Albanisch u. a.

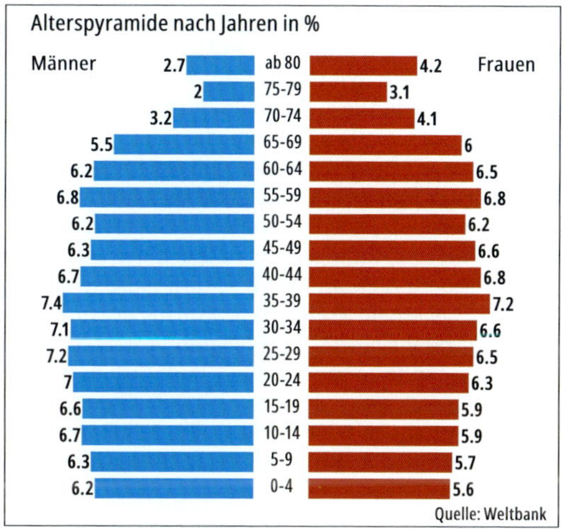

WIRTSCHAFT UND VERKEHR

BIP: 5.49 Mrd. US-$
Wachstum BIP 2019: 3.6 %
BNE/Kopf: 8 704 US-$
Inflation: 0.4 %
Außenhandel: Import 2.91 Mrd. US-$, Export 465 Mio. US-$
Erwerbstätige nach Sektoren: Landwirtschaft 7.9 %, Industrie 19.1 %, Dienstleistungen 73 %
Arbeitslosenquote: 14.9 %
Energieverbrauch/Kopf: 1 538 kg ÖE
Straßennetz: 7 762 km
Eisenbahnnetz: 250 km

RÜCKBLICK

Umstrittenes Religionsgesetz: Am 27.12.2019 verabschiedete das Parlament ein Gesetz, wonach alle **Immobilien von Religionsgemeinschaften**, die vor dem Verlust der Unabhängigkeit Montenegros 1918 und seiner Eingliederung in das Königreich der Serben, Kroaten und Slowenen, das spätere Jugoslawien, **Staatseigentum** waren, wieder dem Staat zurückgegeben werden sollen, wenn nicht nachgewiesen werden kann, dass sie rechtmäßig Eigentum der Religionsgemeinschaften wurden. Bereits Monate zuvor hatte die Serbische Orthodoxe Kirche, die größte Religionsgemeinschaft in Montenegro, das Gesetzesvorhaben kritisiert, in dem sie einen Versuch sah, ihre Kirchen und Klöster zu verstaatlichen. Sie verdächtigte die Regierung, sie wolle auf diese Weise die mit ihr konkurrierende Montenegrinische Orthodoxe Kirche begünstigen. Im Vorfeld der Verabschiedung des Gesetzes kam es in der Hauptstadt Podgorica und anderen Städten zu **Protesten und Straßenblockaden**. Alle Abgeordneten, die für das Gesetz gestimmt hatten, wurden am 29.12.2019 von der Kirche exkommuniziert. Das Gesetz trat zum 1.1.2020 in Kraft. Die auch von den Oppositionsparteien unterstützten Proteste, die nun zweimal pro Woche abgehalten wurden, gingen im Januar und Februar unter der Beteiligung von Tausenden, bisweilen Zehntausenden, weiter, in Serbien kam es zu Solidaritätskundgebungen. Auch der serbische Präsident Aleksandar Vučić unterstützte die Proteste. Bei einem Treffen mit Ministerpräsident Duško Marković am 14.2.2020 legten Vertreter der Kirche Änderungsvorschläge zum Gesetz vor. Die Einschränkungen der Bewegungsfreiheit im Zusammenhang mit der Covid-19-Epidemie ließ dann ab März keine Kundgebungen dieser Art mehr zu.

Corona: Am 17.3.2020 wurden die ersten beiden Covid-19-Infektionen bestätigt, am 26.3. kam es zum ersten Todesfall. Die Regierung verhängte ab dem 18.3. einen Lockdown, der ab dem 21.4. schrittweise gelockert wurde, seit dem 15.5. waren auch Restaurants und Einkaufszentren wieder geöffnet. Die Stadt Tuzi wurde am 24.3. unter Quarantäne gestellt, nachdem dort 15 Infektionen bestätigt worden waren. **Ab Mitte April flachte die Infektionskurve ab**, zwischen dem 7.5. und 14.6. wurde keine neue Infektion festgestellt, bevor ab Ende Juni die Zahl wieder deutlich anstieg.

Mosambik

▸ 643

Ländername	Republik Mosambik
Zeitzone	MEZ +1 h
Fläche in km²	786 380
Anzahl der Einwohner	30.4 Millionen
Einwohnerzahl pro km²	39
Hauptstadt	Maputo
Amtssprache	Portugiesisch
Verwaltungsgliederung	11 Provinzen
Wichtige Städte	Maputo, Matola, Nampula, Beira, Chimoio, Quelimane
Autokennzeichen | ISO-Code	MOC | MOZ
Währung	1 Metical = 100 Centavos
Nationalfeiertag	25. Juni

Das Land im südöstlichen Afrika, das als einziger nicht englischsprachiger Staat Mitglied des Commonwealth ist, wurde durch koloniale Ausbeutung, blutige Befreiungskämpfe und einen grausamen Bürgerkrieg in seiner Entwicklung weit zurückgeworfen. Auf die Erschließung der großen natürlichen Ressourcen stützt sich die Hoffnung auf eine bessere Zukunft.

GEOGRAFIE

Geografische Lage: Von 10° 28' bis 26° 52' südlicher Breite sowie von 30° 13' bis 40° 51' östlicher Länge
Höchster Punkt: Monte Binga 2436 m
Klima: Wechselfeuchtes, tropisches Klima

POLITIK

Staatsform: Präsidiale Republik
Staatsoberhaupt: Präsident
Legislative: Versammlung mit 250 für 5 Jahre gewählten Mitgliedern
Jahr der Verfassung: 2004
Wahlrecht: 18 Jahre
Staatsreligion: Keine

BEVÖLKERUNG

Bevölkerungsanteil: <15 Jahre 44.4 %, 15-64 Jahre 52.8 %, >64 Jahre 2.8 %
Verteilung: Stadt 36.5 %, Land 63.5 %
Wachstum 2019: 2.9 %
Lebenserwartung: Frauen 64 Jahre, Männer 58 Jahre
Alphabetenrate: Frauen 50.3 %, Männer 72.6 %
Ethnische Gruppen: Makua, Tsonga, Lomwe, Sena u. a.
Religionen: Christen 59.8 %, Muslime 18.9 %, Sonstige 4.8 %
Sprachen: Portugiesisch, Bantusprachen

Alterspyramide nach Jahren in %

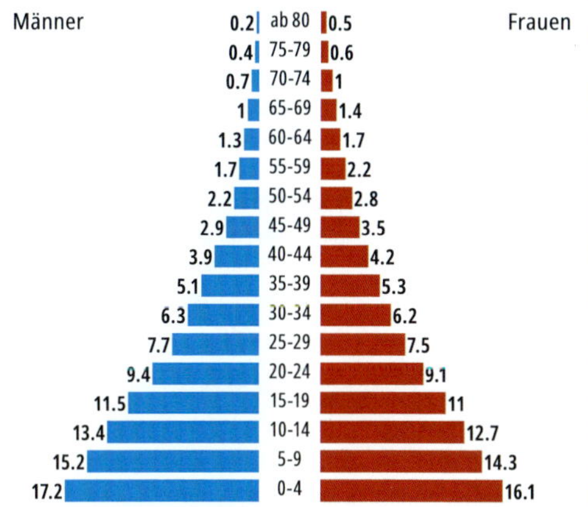

Quelle: Weltbank

WIRTSCHAFT UND VERKEHR

BIP: 14.93 Mrd. US-$
Wachstum BIP 2019: 2.2 %
BNE/Kopf: 484 US-$
Inflation: 2.8 %
Außenhandel: Import 7.65 Mrd. US-$, Export 4.55 Mrd. US-$
Erwerbstätige nach Sektoren: Landwirtschaft 70.3 %, Industrie 8.4 %, Dienstleistungen 21.3 %
Arbeitslosenquote: 3.2 %
Energieverbrauch/Kopf: 443 kg ÖE
Straßennetz: 31 083 km
Eisenbahnnetz: 4 787 km

RÜCKBLICK

Wahlen: Bei den Wahlen am 15.10.2019, bei denen über den **Präsidenten, das Parlament und die Provinzparlamente** abgestimmt wurde, erreichte die seit 1975 regierende sozialdemokratische Frente de Libertação de Moçambique (FRELIMO) eine erwartete deutliche Mehrheit. Überraschend war ihr großer Vorsprung auf die vom ehemaligen Bürgerkriegsgegner zur Oppositionspartei gewandelten Resistência Nacional Moçambicana (RENAMO): Bei der Abstimmung zur Präsidentschaft bekam Amtsinhaber Filipe Jacinto Nyusi 73.5 % der Stimmen, der RENAMO-Führer Ossufo Momade 21.5 %. In der Nationalversammlung errang die FRELIMO 71.3 % (2014: 55.7 %) und 184 der insgesamt 250 Sitze. Die RENAMO erreichte 22.3 % (2014: 33.0 %) und 60 Sitze. Damit verfügte die FRELIMO, die außerdem auch alle zehn Provinzgouverneure stellen konnte, im Parlament über die notwendige Mehrheit, um Verfassungsänderungen durchzusetzen. Die Opposition bezeichnete das Wahlergebnis als Betrug. Auch nationale und internationale Beobachter verwiesen auf **Wahlmanipulationen** und Unregelmäßigkeiten, während die Afrikanische Union die Wahlen als frei und fair einstufte. Am 15.1.2020 wurde Präsident Nyusi vereidigt, zwei Tage später ernannte er seine auf elf Positionen neu besetzte Regierung, die erneut von Carlos Agostinho do Rosário geleitet wurde. Seit der Konflikt zwischen FRELIMO und RENAMO 2016 wieder offen ausgebrochen war, ist die **innenpolitische Lage angespannt**. Auch ein im August 2019 geschlossener neuer Friedensvertrag konnte die Situation nicht beruhigen, weil sich ein radikaler Teil der RENAMO dem Frieden verweigerte.

Massaker: In der nördlichen Provinz **Cabo Delgado** wurden am 8. April 2020 im Dorf Xitaxi **52 Zivilisten** von einer Dschihadistenmiliz **brutal getötet**. Das Massaker reihte sich ein in eine **Serie von islamistischen Angriffen** im Norden Mosambiks, bei denen Menschen getötet, Regierungsgebäude besetzt und Straßen blockiert wurden. Die Hilfsorganisation Ärzte ohne Grenzen bezifferte die Zahl der Opfer von dschihadistischen Attacken in der Region im Zeitraum von 2017 bis 2019 auf rund 700. Etwa 100 000 Menschen waren im Frühjahr 2020 auf der Flucht vor der Gewalt. Die Regierung wertete die Übergriffe als aus dem Ausland gesteuerte Gewaltakte radikaler Islamisten. Die unsichere Lage in Cabo Delgado **bedrohte auch die wirtschaftliche Entwicklung** des Landes: In der Region lagern die größten **Erdgasvorkommen** weltweit. Ihre geplante Förderung soll dem wenig entwickelten Mosambik zu einem nachhaltigen Aufschwung verhelfen.

Myanmar

▸ 700

Ländername	Republik der Union Myanmar
Zeitzone	MEZ +5:30 h
Fläche in km²	676 590
Anzahl der Einwohner	54 Millionen
Einwohnerzahl pro km²	80
Hauptstadt	Naypyidaw
Amtssprache	Birmanisch
Verwaltungsgliederung	7 Staaten, 7 Regionen und 1 Unionsterritorium
Wichtige Städte	Rangun (Yangon), Mandalay, Naypyidaw, Taunggyi, Bago, Mawlamyine
Autokennzeichen | ISO-Code	MYA | MMR
Währung	1 Kyat = 100 Pyas
Nationalfeiertag	4. Januar, 12. Februar

Die Republik der Union Myanmar, wie das Land Birma (bzw. englisch Burma) nach der Umbenennung durch das Militärregime seit 1989 heißt, ist durch Staatssozialismus und ein autoritäres Regime an den wirtschaftlichen Abgrund geführt worden. Seit 2011 befindet sich das Land, mit der führenden Oppositionspolitikerin und Friedensnobelpreisträgerin Aung San Suu Kyi in Regierungsverantwortung, in einem Demokratisierungs- und Friedensprozess, der noch mit zahlreichen gesellschaftlichen und politischen Problemen zu ringen hat. Heftige internationale Kritik an der Regierung gab es wegen der Vertreibung der Volksgruppe der Rohingya durch die burmesische Armee.

GEOGRAFIE

Geografische Lage: Von 9° 47' bis 28° 32' nördlicher Breite sowie von 92° 10' bis 101° 10' östlicher Länge
Höchster Punkt: Hkàkabo Ràzi 5881 m
Klima: Monsunklima

POLITIK

Staatsform: Parlamentarische Republik
Staatsoberhaupt: Präsident
Legislative: Volksversammlung, bestehend aus Repräsentantenhaus mit 330 für 5 Jahre gewählten und 110 ernannten Mitgliedern und Haus der Nationalitäten mit 168 für 5 Jahre gewählten und 56 ernannten Mitgliedern
Jahr der Verfassung: 2008
Wahlrecht: 18 Jahre
Staatsreligion: Keine

BEVÖLKERUNG

Bevölkerungsanteil: <15 Jahre 25.9 %, 15-64 Jahre 68.1 %, >64 Jahre 6 %
Verteilung: Stadt 30.9 %, Land 69.1 %
Wachstum 2019: 0.6 %
Lebenserwartung: Frauen 70 Jahre, Männer 64 Jahre
Alphabetenrate: Frauen 71.8 %, Männer 80 %
Ethnische Gruppen: Burmesen, Shan, Karen, Rakhine, Chinesen, Inder, Mon u. a.
Religionen: Buddhisten 87.9 %, Christen 6.2 %, Muslime 4.3 %
Sprachen: Birmanisch, Englisch, Regionalsprachen

WIRTSCHAFT UND VERKEHR

BIP: 76.09 Mrd. US-$
Wachstum BIP 2019: 2.9 %
BNE/Kopf: 1 245 US-$
Inflation: 8.8 %
Außenhandel: Import 18 Mrd. US-$, Export 17.44 Mrd. US-$
Erwerbstätige nach Sektoren: Landwirtschaft 50.1 %, Industrie 16 %, Dienstleistungen 33.9 %
Arbeitslosenquote: 1.6 %
Energieverbrauch/Kopf: 369 kg ÖE
Straßennetz: 157 070 km
Eisenbahnnetz: 11 025 km

RÜCKBLICK

Außenpolitik: Vom 17.-19.1.2020 besuchte der chinesische Präsident Myanmar. Es war der **erste Staatsbesuch eines chinesischen Staatsoberhaupts seit den demokratischen Reformen 2011**, die mit einer Abkühlung der bilateralen Beziehungen einhergegangen waren. In chinesischen Medien wurde das Treffen Xi Jinpings mit den Spitzen von Staat und Armee als Ende eines pro-westlichen Irrwegs des Nachbarlandes begrüßt. Im Mittelpunkt der Gespräche stand der Ausbau des **„China-Myanmar Economic Corridor"**, der vom chinesischen Kunming über Mandalay bis zur Hafenstadt Kyaukpyu im Bundesstaat Rakhine reichen soll. Die VR China sicherte Kredite in Höhe von 1.3 Mrd. US-$ zum Ausbau eines dortigen Tiefseehafens zu. Ursprünglich hatte Peking 7 Mrd. US-$ angeboten, um einen leistungsfähigen Umschlagplatz am Golf von Bengalen zu schaffen. Auf die Konflikte mit regionalen Milizen in Kachin und Shan wirkte das Infrastrukturprojekt verschärfend: Im März 2020 begann eine **Armeeoffensive** in Shan und Kachin gegen verschiedene Milizen; auch gegen die seit 2010 mit der Regierung kooperierende und als Grenztruppe fungierende Kachin Defense Army führte die Armee einen Überraschungsschlag, der am 24.3.2020 mit der Verhaftung ihrer Führung in Kutkai (Shan) endete.

Rohingya: In der Frage der Rückkehr der etwa 730 000 vertriebenen muslimischen Rohingya, die 2017 in Bangladesch Zuflucht gesucht hatten, wurden keine Fortschritte erreicht. Angesichts fehlender Sicherheiten vor neuerlicher Gewalt weigerten sich Flüchtlinge gegen ihre Repatriierung; auch die Regierung in Naypyidaw war desinteressiert. Im **Prozess des Internationalen Gerichtshofs** (ICJ) in Den Haag stritt die faktische Regierungschefin Aung San Suu Kyi am 11.12.2019 den Vorwurf des Völkermords ab; sie räumte lediglich ein, dass es bei der Reaktion auf Attacken von Untergrundgruppen zu einzelnen Kriegsverbrechen von Armeeangehörigen gekommen sei. Die Regierung arbeite an der Bestrafung der Verantwortlichen und an der Verbesserung der Lage von etwa 600 000 verbliebenen Muslimen in Rakhine. Am 23.1.2020 erlegte der ICJ Myanmar die Verpflichtung auf, Beweise für die Verbrechen zu sichern und halbjährlich über den Fortgang bei der Strafverfolgung und beim Schutz der Rohingya zu berichten; ob die Vertreibungen als Völkermord zu bewerten waren, wie Gambia im Namen der Organisation für Islamische Zusammenarbeit beantragt hatte, ließ das Urteil offen. Fristgerecht überreichte die Regierung in Den Haag am 23.5.2020 ihren ersten Bericht. Die USA verhängten am 10.12.2019 **Sanktionen gegen den Armeechef Min Aung Hlaing**, seinen Stellvertreter und zwei Divisionskommandeure.

Bürgerkrieg: Unter den separatistischen Kräften entwickelte die Arakan Army (AA) im Berichtsjahr die stärkste Aktivität: 2019 kam es in Rakhine und Chin wiederholt zu Angriffen auf Armee- und Polizeieinrichtungen sowie zu Entführungen von Zivilisten, Politikern und Sicherheitskräften durch die von Beobachtern als gut organisiert beschriebene Miliz, die Rückhalt bei der meist jungen Bevölkerung besitzen soll. Die Armee verlegte zwischen 15 000 und 20 000 zusätzliche Truppen und schwere Waffen in die Region. Die AA behauptete, 2019 in fast 700 Gefechten mehr als 3 500 Armeesoldaten getötet zu haben; über eigene Verluste machte sie keine Angaben. Auf Niederlagen wie die Gefangennahme zahlreicher Offiziere einer Eliteeinheit am 10.3.2020 antwortete die Armee mit dem massiven **Einsatz von Artillerie und Luftwaffe**, der zivile Opfer forderte. Etwa 100 000 Zivilisten flohen vor den Kämpfen. Um die Mobilisierung und Rekrutierung der AA zu behindern, wurden Internet und Mobilfunknetz in Rakhine dauerhaft abgeschaltet; die AA wurde am 23.3. offiziell als terroristische Organisation eingestuft. Zugleich wurden einige Medien in Rakhine verboten. Damit wurde eine **politische Lösung des Konflikts unwahrscheinlich**. Mit Blick auf die Wahlen im November 2020 wurde Aye Maung, dem früheren Führer der bei den Regionalwahlen 2015 siegreichen, danach aber nicht an der Regierung beteiligten Arakan National Party, der 2019 zu 20 Jahren Haft wegen Hochverrats verurteilt worden war, am 18.5.2020 von der staatlichen Wahlkommission das passive Wahlrecht entzogen.

Verfassung: Am 10. und 11.3.2020 scheiterten mehrere Verfassungsänderungen trotz einer parlamentarischen Mehrheit an der Sperrminorität des Militärs. Das notwendige Quorum von drei Vierteln der Abgeordneten konnte so nicht erreicht werden. Unter anderem sollte das Quorum für Verfassungsänderungen auf zwei Drittel herabgesetzt und der Einfluss des Militärs auf die Ausrufung des Ausnahmezustands begrenzt werden.

Wirtschaft: Getrieben von den Textilexporten beschleunigte sich das Wirtschaftswachstum im Fiskaljahr 2019, zugleich zogen die Preise für Lebensmittel kräftig an, zumal auch die Haushaltspolitik expansiv war. Mit Beginn der Reisesaison im Mai machte sich die Corona-Pandemie im Tourismussektor bemerkbar. Die Asiatische Entwicklungsbank erwartete für das Fiskaljahr 2020 ein verlangsamtes Wachstum und eine Ausweitung des Leistungsbilanzdefizits.

Namibia

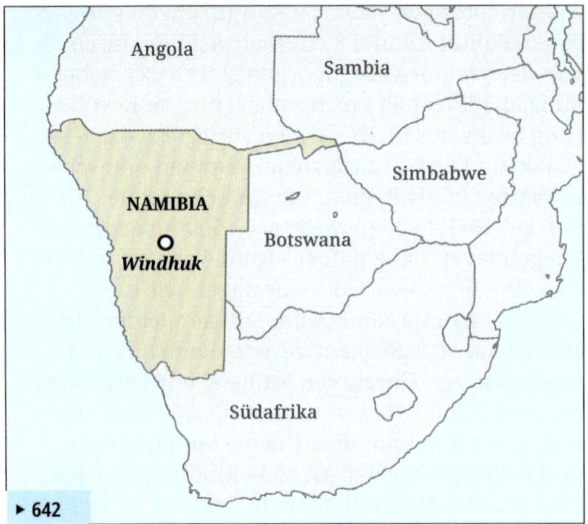

▸ 642

Ländername	Republik Namibia
Zeitzone	MEZ +1 h
Fläche in km²	824 290
Anzahl der Einwohner	2.5 Millionen
Einwohnerzahl pro km²	3
Hauptstadt	Windhuk
Amtssprache	Englisch
Verwaltungsgliederung	14 Regionen
Wichtige Städte	Windhuk, Rundu, Walvis Bay, Swakopmund, Oshakati
Autokennzeichen | ISO-Code	NAM | NAM
Währung	1 Namibia-Dollar = 100 Cents
Nationalfeiertag	21. März

Der junge Staat im Südwesten Afrikas auf dessen Territorium die Wüste Namib liegt, eines der trockensten Gebiete der Erde, gehörte von 1885 bis 1919 zum deutschen Kolonialreich. Im 20. Jahrhundert musste sich Namibia gegen den Widerstand Südafrikas die Unabhängigkeit erkämpfen.

GEOGRAFIE

Geografische Lage: Von 16° 57' bis 28° 58' südlicher Breite sowie von 11° 43' bis 25° 16' östlicher Länge
Höchster Punkt: Königstein 2573 m
Klima: Subtropisches Trockenklima

POLITIK

Staatsform: Präsidiale Republik
Staatsoberhaupt: Präsident
Legislative: Parlament, bestehend aus Nationalversammlung mit 96 für 5 Jahre gewählten und 8 ernannten Mitgliedern und Nationalrat mit 42 für 5 Jahre gewählten Mitgliedern
Jahr der Verfassung: 1990
Wahlrecht: 18 Jahre
Staatsreligion: Keine

BEVÖLKERUNG

Bevölkerungsanteil: <15 Jahre 36.9 %, 15-64 Jahre 59.5 %, >64 Jahre 3.6 %
Verteilung: Stadt 51 %, Land 49 %
Wachstum 2019: 1.9 %
Lebenserwartung: Frauen 67 Jahre, Männer 61 Jahre
Alphabetenrate: Frauen 91.4 %, Männer 91.6 %
Ethnische Gruppen: Ovambo, Kavangos, Herero, Damara, Mestizen, Europäer, Nama, Caprivian, San, Baster u. a.
Religionen: Christen 87 %, Ethnische 13 %
Sprachen: Englisch, Bantusprachen, Afrikaans, Deutsch u. a.

WIRTSCHAFT UND VERKEHR

BIP: 12.37 Mrd. US-$
Wachstum BIP 2019: -1.1 %
BNE/Kopf: 5 842 US-$
Inflation: 3.7 %
Außenhandel: Import 7.22 Mrd. US-$, Export 5.08 Mrd. US-$
Erwerbstätige nach Sektoren: Landwirtschaft 22.1 %, Industrie 16.3 %, Dienstleistungen 61.6 %
Arbeitslosenquote: 20.3 %
Energieverbrauch/Kopf: 794 kg ÖE
Straßennetz: 48 875 km
Eisenbahnnetz: 2 628 km

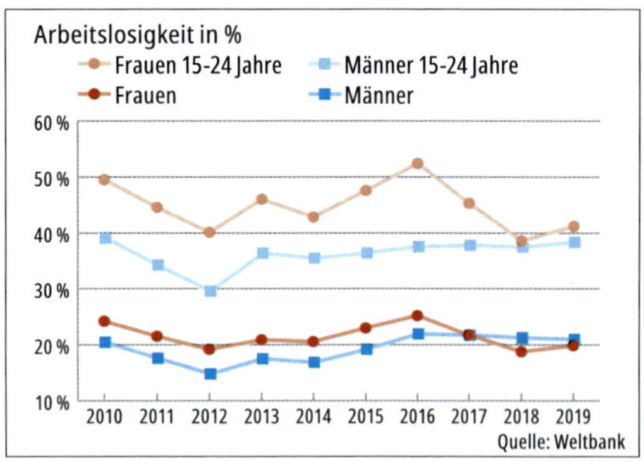

RÜCKBLICK

Wahlen: Bei der Präsidentschaftswahl wurde **Hage Geingob** am 27.11.2019 wie erwartet unter elf Kandidaten im ersten Wahlgang mit 56.3 % der Stimmen **im Amt bestätigt**. Der unabhängige Kandidat Panduleni Itula erhielt 29.4 %, McHenry Venaani, Vertreter der wichtigsten Oppositionspartei Popular Democratic Movement (PDM), 5.3 %. Trotz des Wahlerfolges **büßte** Geingob gegenüber der Wahl von 2014, wo er noch 87 % erhalten hatte, **massiv Stimmen ein**. Auch die seit 1990 regierende **SWAPO**, die aus der Befreiungsbewegung der Owambo hervorgegangen war, musste bei den zeitgleich stattfindenden Parlamentswahlen Verluste hinnehmen. Mit 65.5 % der Stimmen (2014: 80 %) und 63 von insgesamt 96 Sitzen erreichte sie zwar eine deutliche Mehrheit im Parlament, **verfehlte** aber erstmals **die Zweidrittelmehrheit**. Die PDM konnte mit 16.6 % und 16 Sitzen ihr Ergebnis gegenüber 2014 verdreifachen. 4.7 % und damit den dritthöchsten Stimmenanteil bekam das aus einer Bürgerbewegung entstandene Landless People's Movement mit dem Thema Bodenreform als programmatischem Schwerpunkt. Die deutlichen Einbußen bei der SWAPO und ihrem Präsidenten Geingob führten Beobachter auf die allgemeine **Unzufriedenheit mit der Regierungsarbeit** zurück. Zur anhaltenden Rezession kamen hohe Arbeitslosigkeit (etwa 20 %), extreme Einkommensungleichkeit und ausbleibender Erfolg bei der Korruptionsbekämpfung. Kurz vor den Wahlen hatten zwei Minister wegen eines **Korruptionsskandals** um Bestechungsgelder für Fischereirechte ihre Ämter aufgeben müssen.

Dürre: Die bereits **seit 2013** anhaltende Dürrephase bedrohte auch 2019/20 die wirtschaftliche Entwicklung und den Alltag der Bevölkerung. Im Juni 2019 rief die Regierung wegen der schweren Trockenheit den **Staatsnotstand** aus. Im Herbst 2019 waren nach Angaben der staatlichen Führung rund 700 000 Menschen oder mehr als ein Viertel der Bevölkerung **auf Nahrungsmittelhilfe angewiesen.**

Corona: Auf die ersten beiden am 14.3.2020 offiziell gemeldeten Covid-19-Fälle reagierte Präsident Geingob mit einem generellen Einreiseverbot und einem bis zum 4. Mai befristeten **landesweiten Lockdown**. Öffentliche Institutionen mussten schließen und für die Grundversorgung nicht relevante Unternehmen die Arbeit ruhen lassen. Am 17. März wurde der bis zu sechs Monate andauernde **nationale Notstand** ausgerufen. Ab Juli waren Lockerungen in vier Phasen geplant.

Nauru

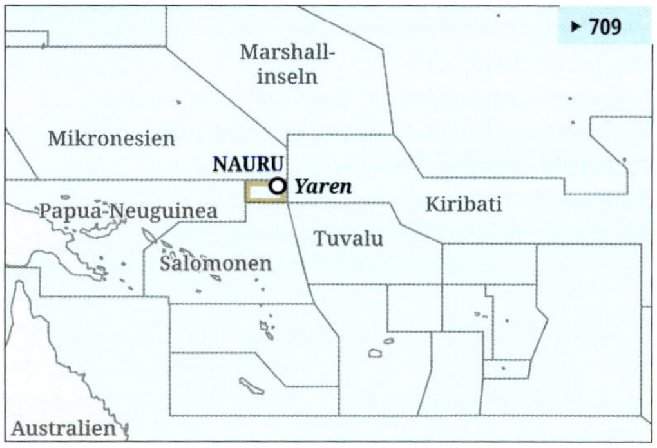

▸ 709

Ländername	Republik Nauru
Zeitzone	MEZ +11 h
Fläche in km²	20
Anzahl der Einwohner	12 581
Einwohnerzahl pro km²	629
Hauptstadt	Yaren
Amtssprache	Nauruisch
Verwaltungsgliederung	14 Distrikte
Autokennzeichen | ISO-Code	NAU | NRU
Währung	1 Australischer Dollar = 100 Cents
Nationalfeiertag	31. Januar

Dank reicher Phosphatvorkommen genossen die Bewohner der Pazifikinsel viele Jahre die Vorzüge eines wohlhabenden Sozialstaats. Doch da die Vorräte sich dem Ende zuneigen, ist die Zukunft der kleinsten Inselrepublik der Welt ungewiss.

GEOGRAFIE

Geografische Lage: Von 0° 29' bis 0° 33' südlicher Breite sowie von 166° 54' bis 166° 58' östlicher Länge
Höchster Punkt: Unbenannt 61 m
Klima: Tropisches Klima

POLITIK

Staatsform: Parlamentarische Republik
Staatsoberhaupt: Präsident
Legislative: Parlament mit 19 für 3 Jahre gewählten Mitgliedern
Jahr der Verfassung: 1968
Wahlrecht: 20 Jahre
Staatsreligion: Keine

BEVÖLKERUNG

Bevölkerungsanteil: <15 Jahre 30.9 %, 15-64 Jahre 65.6 %, >64 Jahre 3.5 %
Verteilung: Stadt 100 %, Land 0 %
Wachstum 2019: 2.3 %
Lebenserwartung: Frauen 72 Jahre, Männer 64 Jahre
Alphabetenrate: Frauen 97.2 %, Männer 95.7 %
Ethnische Gruppen: Nauruer, Kiribatier u. a.
Religionen: Christen 93.4 %, Sonstige 3.7 %
Sprachen: Nauruisch, Englisch, Regionalsprachen

WIRTSCHAFT UND VERKEHR

BIP: 118.22 Mio. US-$
Wachstum BIP 2019: 0.4 %
BNE/Kopf: 8 270 US-$
Inflation: Keine Angabe
Außenhandel: Import 92 Mio. US-$, Export 36 Mio. US-$
Erwerbstätige nach Sektoren: Keine Angabe
Arbeitslosenquote: Keine Angabe
Energieverbrauch/Kopf: Keine Angabe
Straßennetz: 30 km
Eisenbahnnetz: Keine Angabe

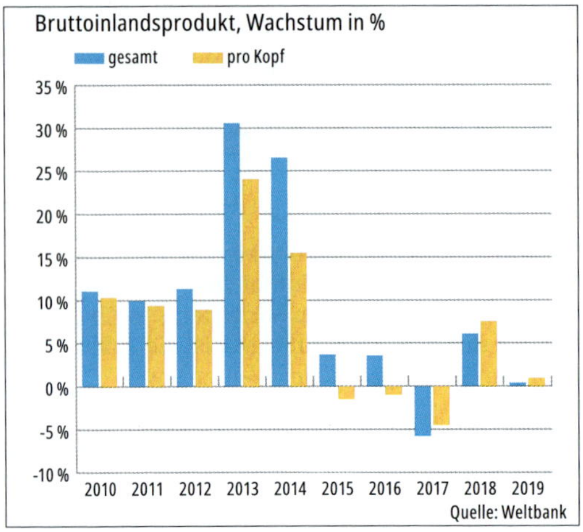

RÜCKBLICK

Wahlen: Am 24.8.2019 waren 7 508 registrierte Wähler zur turnusmäßigen Neuwahl des Parlaments aufgerufen; 60 Kandidaten, darunter 5 Frauen, bewarben sich um die 19 Mandate; bei den Wahlhelfern lag der Frauenanteil bei 77 %. Die Wahlbeteiligung erreichte 96 %. 2 der 19 Mandate gingen an Frauen; der seit 2013 amtierende Regierungschef Baron Waqa errang kein Mandat. In dessen Amtszeit fielen die Inhaftierung von Oppositionsabgeordneten und die Ausweisung der Organisation „Ärzte ohne Grenzen“, die zu den Kritikern der Behandlung von Bootsflüchtlingen im Regional Processing Centre (RPC) gehörte. Überschattet wurden die Wahlen von der Selbstverbrennung eines Internierten. Am 27.8.2019 wurde **Lionel Aingimea zum neuen Präsidenten gewählt**, er setzte sich mit 12 zu 6 Stimmen gegen Finanzminister David Adeang durch.

Wirtschaft: Nach einer Schätzung der Asiatischen Entwicklungsbank (ADB) wuchs die Wirtschaft 2019 nur um 0.4 %. Neben der nachlassenden Nachfrage nach Phosphat war dies auf den Rückzug Australiens aus der exterritorialen Unterbringung von Bootsflüchtlingen im Regional Processing Centre (RPC) zurückzuführen. Dank der Lizenzeinnahmen aus der Fischerei lag der Haushaltsüberschuss 2020 nach Schätzung der ADB bei 23 % des BIP.

Corona: Hohe Quoten von Diabetes und Nikotinabhängigkeit machten eine rasche Abschottung der Insel dringlich. Am 16.3.2020 rief Präsident Aingimea den Notstand aus und erließ umfangreiche Kontakt- und Reisebeschränkungen. Infektionen konnten so vermieden werden, die Folgen der Pandemie waren zunächst sogar positiv: Australien gewährte am 16.4. etwa 3 Mio. US-$ Finanzhilfe für die Umsetzung der Maßnahmen. Die staatliche Fluglinie legte 4 ihrer 5 Maschinen still, die 226 Bediensteten wurden bei vollen Bezügen weiterbeschäftigt. 332 000 US-$ steckte die Regierung in Quarantänemaßnahmen für Einreisende und uneinsichtige Bürger – 89 wurden 14 Tage in zwei Hotels gesperrt, wo sie erhebliche Schäden anrichteten. Am 5.5.2020 mobilisierte die Polizei 33 Reservisten, um die Sicherheit in den Quarantäneeinrichtungen zu gewährleisten; 5 Krankenschwestern aus Fidschi wurden im Juni wegen unerlaubter Kontakte abgeschoben. Ein Teil der etwa 200, auf ihre Ausreise in die USA wartenden letzten Bootsflüchtlinge im RPC, konnte im Mai und Juni ausgeflogen werden. Bis zum Ende des Berichtsjahres wurden keine Infektionen auf Nauru gemeldet.

Nepal

▸ 693

Ländername	Demokratische Bundesrepublik Nepal
Zeitzone	MEZ +4:45 h
Fläche in km²	147 180
Anzahl der Einwohner	28.6 Millionen
Einwohnerzahl pro km²	194
Hauptstadt	Kathmandu
Amtssprache	Nepali
Verwaltungsgliederung	7 Provinzen
Wichtige Städte	Kathmandu, Pokhara, Lalitpur, Birganj, Biratnagar, Bharatpur
Autokennzeichen | ISO-Code	NEP | NPL
Währung	1 Nepalesische Rupie = 100 Paisa
Nationalfeiertag	20. September

Nepal weist eine Vielfalt von Landschaften auf, die vom subtropischen Regenwald bis zu den Gletscherregionen der höchsten Berge im Himalaja reichen. Die Beendigung des Bürgerkriegs mit der maoistischen Guerilla führte 2006 zur Parlamentarisierung des Regierungssystems und 2008 zur Abschaffung der Monarchie.

GEOGRAFIE

Geografische Lage: Von 26° 21' bis 30° 25' nördlicher Breite sowie von 80° 02' bis 88° 10' östlicher Länge
Höchster Punkt: Mount Everest 8848 m
Klima: Warmes, wintertrockenes Klima; im Hochgebirge Eisklima

POLITIK

Staatsform: Parlamentarische Bundesrepublik
Staatsoberhaupt: Präsidentin
Legislative: Bundestag, bestehend aus Repräsentantenhaus mit 275 für 5 Jahre gewählten Mitgliedern und Nationalversammlung mit 56 für 6 Jahre gewählten und 3 ernannten Mitgliedern (alle 2 Jahre teilerneuert)
Jahr der Verfassung: 2015
Wahlrecht: 18 Jahre
Staatsreligion: Keine

BEVÖLKERUNG

Bevölkerungsanteil: <15 Jahre 29.6 %, 15-64 Jahre 64.6 %, >64 Jahre 5.8 %
Verteilung: Stadt 20.2 %, Land 79.8 %
Wachstum 2019: 1.7 %
Lebenserwartung: Frauen 73 Jahre, Männer 70 Jahre
Alphabetenrate: Frauen 59.7 %, Männer 78.6 %
Ethnische Gruppen: Chhetri, Brahmanen, Magar, Tharu, Tamang, Newar, Kami, Yadav, Rai, Gurung, Sherpa u. a.
Religionen: Hindus 81.3 %, Buddhisten 9 %, Muslime 4.4 %, Christen 1.4 %, Ethnische 3.1 %
Sprachen: Nepali, Maithili, Bhojpuri, Tharu, Tamang, u. a.

WIRTSCHAFT UND VERKEHR

BIP: 30.64 Mrd. US-$
Wachstum BIP 2019: 7 %
BNE/Kopf: 1 048 US-$
Inflation: 5.6 %
Außenhandel: Import 12.14 Mrd. US-$, Export 900 Mio. US-$
Erwerbstätige nach Sektoren: Landwirtschaft 65 %, Industrie 15.1 %, Dienstleistungen 19.9 %
Arbeitslosenquote: 1.3 %
Energieverbrauch/Kopf: 434 kg ÖE
Straßennetz: 27 990 km
Eisenbahnnetz: 59 km

RÜCKBLICK

Indien: Im November 2019 heizte eine von der indischen Regierung veröffentlichte Karte den latenten Territorialstreit um einen 335 km² großen Zipfel an, der sich zwischen Uttarakhand und dem chinesischen Tibet erstreckt. Die indische Armee unterhält dort seit den 1960er-Jahren einen strategisch wichtigen Aufklärungsstützpunkt in Kalapani; Nepal reklamiert das östlich des Mahakali gelegene Gebiet unter Verweis auf den 1816 mit der britischen Krone geschlossenen Vertrag von Sugauli für sich. Die Eröffnung einer Passstraße zwischen Dharchula und Lipulekh am 8.5.2020 durch den indischen Verteidigungsminister beantwortete Kathmandu mit einer Protestnote und am 20.5.2020 mit der Veröffentlichung einer Karte, die den Anspruch auf Lipulekh und Kalapani geltend macht; auch eine Regierungsinitiative für ein neues Nationalemblem wurde in Neu-Delhi als Affront aufgefasst und vom indischen Armeechef als von Peking instigiert hingestellt. Die Corona-Krise belastete das bilaterale Verhältnis: Die Regierung verweigerte 20 000 nepalesischen Gastarbeitern in Indien die Heimreise; Premier Oli führte steigende Infektionszahlen am 19.5.2020 auf illegale Einreisen aus Indien zurück.

VR China: Am 12./13.10.2019 besuchte Staatspräsident Xi Jingping Kathmandu, wo Abkommen über Infrastrukturprojekte und Handelsfragen unterzeichnet wurden. Die engen Beziehungen zwischen der regierenden Nepal Communist Party (NCP) und der KPCh wurden mehrfach offenkundig, zuletzt bei der direkten Einmischung des chinesischen Botschafters in einen parteiinternen Flügelkampf im Mai 2020. Auf Kritik an der Corona-Politik Pekings in der Kathmandu Post reagierte die chinesische Botschaft am 18.2.2020 mit einer unverhüllten Drohung gegen den Herausgeber des Blattes, was eine Solidaritätsadresse von 17 Zeitungsverlegern provozierte.

Innenpolitik: Die Entlassung aller Provinzgouverneure am 3.11.2019, die noch unter der Vorgängerregierung ins Amt gekommen waren, löste Sorgen vor einem Einparteienstaat aus. Nach der Ernennung von Justizkommissaren appellierten internationale Menschenrechtsorganisationen, die Gewaltenteilung zu respektieren. Eine Gesetzesvorlage zur Kontrolle sozialer Medien, dem am 29.12.2019 ein Parlamentsausschuss zustimmte, und eine geplante Geheimdienstnovelle waren weitere Warnsignale. Umstrittene Verordnungen des Premierministers, die auf Grundlage der Corona-Vollmachten ins Parteien- und Verfassungsrecht eingriffen, wurden am 24.4.2020 von Staatspräsidentin Bhandari aufgehoben.

Neuseeland

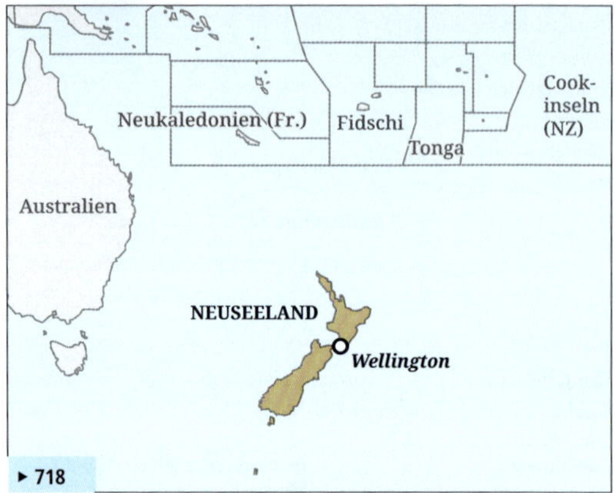

▸ 718

Ländername	Neuseeland
Zeitzone	MEZ +11 h
Fläche in km²	267 710
Anzahl der Einwohner	4.9 Millionen
Einwohnerzahl pro km²	18
Hauptstadt	Wellington
Amtssprache	Englisch, Maori, Gebärdensprache
Verwaltungsgliederung	17 Regionen
Wichtige Städte	Auckland, Christchurch, Wellington, Hamilton, Dunedin, Tauranga
Autokennzeichen | ISO-Code	NZ | NZL
Währung	1 Neuseeland-Dollar = 100 Cents
Nationalfeiertag	6. Februar, 25. April

Neuseeland ist mit seinem von alpinen bis zu subtropischen Landschaften reichenden Spektrum außerordentlich reizvoll und zieht in zunehmendem Maße Touristen an. In den letzten Jahrzehnten haben sich die Bindungen an das einstige Mutterland Großbritannien gelockert, denn seine politische und wirtschaftliche Zukunft sieht Neuseeland immer mehr im pazifisch-asiatischen Raum.

GEOGRAFIE

Geografische Lage: Von 34° 24' bis 47° 17' südlicher Breite sowie von 166° 28' bis 178° 34' östlicher Länge
Höchster Punkt: Aoraki (Mount Cook) 3764 m
Zugehöriges: Chathaminseln
Klima: Im Norden subtropisches, ansonsten warm-gemäßigtes Klima

POLITIK

Staatsform: Parlamentarische Demokratie unter konstitutioneller Monarchie
Staatsoberhaupt: Britische Königin, vertreten durch einen Generalgouverneur
Legislative: Parlament mit 120 für 3 Jahre gewählten Mitgliedern
Jahr der Verfassung: Keines
Wahlrecht: 18 Jahre
Staatsreligion: Keine

BEVÖLKERUNG

Bevölkerungsanteil: <15 Jahre 19.6 %, 15-64 Jahre 64.4 %, >64 Jahre 16 %
Verteilung: Stadt 86.5 %, Land 13.5 %
Wachstum 2019: 0.8 %
Lebenserwartung: Frauen 84 Jahre, Männer 81 Jahre
Alphabetenrate: Frauen 99 %, Männer 99 %
Ethnische Gruppen: Europäer, Maori, Chinesen, Inder, Samoaner, Tongaer, Philippiner u. a.
Religionen: Christen 37.3 %, Hindus 2.7 %, Muslime 1.3 %, Buddhisten 1.1 %, Ethnische 1.3 %, Sonstige 1.6 %
Sprachen: Englisch, Maori, Gebärdensprache u. a.

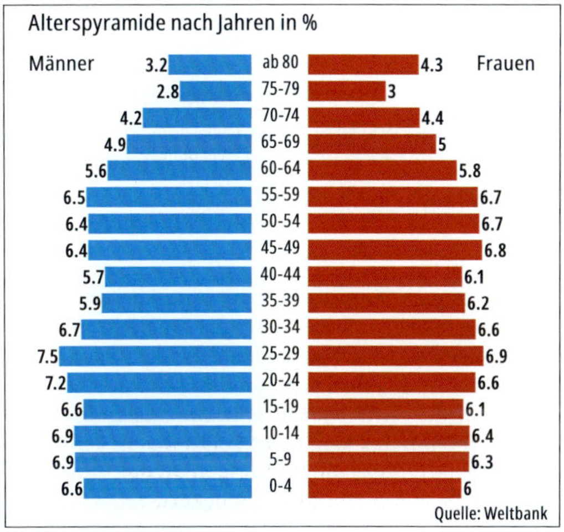

WIRTSCHAFT UND VERKEHR

BIP: 206.93 Mrd. US-$
Wachstum BIP 2019: 2.2 %
BNE/Kopf: 40 634 US-$
Inflation: 1.6 %
Außenhandel: Import 42.23 Mrd. US-$, Export 39.52 Mrd. US-$
Erwerbstätige nach Sektoren: Landwirtschaft 5.7 %, Industrie 19.6 %, Dienstleistungen 74.7 %
Arbeitslosenquote: 4.1 %
Energieverbrauch/Kopf: 4 445 kg ÖE
Straßennetz: 93 911 km
Eisenbahnnetz: 4 128 km

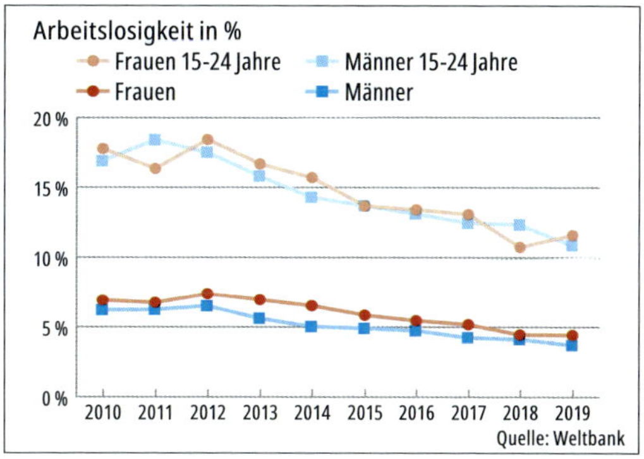

ASSOZIIERTE GEBIETE

Cookinseln
Fläche in km²: 237
Anzahl der Einwohner: 17 518
Hauptstadt: Avarua
Status: Autonomer, selbstverwalteter Staat in freier Assoziierung seit 1965
Regierung: Premierminister, Generalgouverneur

Niue
Fläche in km²: 261
Anzahl der Einwohner: 1 618
Hauptstadt: Alofi
Status: Autonomes, selbstverwaltetes Gebiet in freier Assoziierung seit 1974
Regierung: Premierminister, Generalgouverneurin

AUSSENGEBIET

Tokelau
Fläche in km²: 10
Anzahl der Einwohner: 1 573
Hauptstadt: Fakaofo
Status: Integraler Teil mit teilweiser Selbstverwaltung
Regierung: Verwalter

RÜCKBLICK

Innenpolitik: Das dritte Amtsjahr der Regierung startete mit einer Reihe von Reformvorhaben: Das am 8.8.2019 von Justizminister Andrew Little eingebrachte **Gesetz zur Entkriminalisierung der Abtreibung** wurde am 18.3.2020 verabschiedet: An die Stelle des bisherigen strikten Verbots, das eine Ausnahme nur bei nachgewiesener gesundheitlicher Gefahr für die Mutter vorsah, trat eine Fristenlösung, die Abtreibungen bis zur 20. Schwangerschaftswoche erlaubt. Die nationalistische

NZFP hatte ihre Zustimmung an die Zusage gebunden, das Gesetz zur Volksabstimmung zu stellen; dies lehnte die Mehrheit aber nach Aufhebung der Fraktionsdisziplin klar ab; auch ein Antrag der Grünen auf Einrichtung von Sperrzonen um die Krankenhäuser, die Frauen vor den Demonstrationen von Abtreibungsgegnern schützen sollten, wurde abgewiesen. Am 13.11.2019 beschloss das Parlament mit 63 zu 57 Stimmen, das heftig umstrittene **Sterbehilfegesetz** dem Volk zur Abstimmung vorzulegen: Es soll unheilbar Todkranken einen Anspruch auf assistierten Freitod geben. Gemeinsam mit der Frage zur **Legalisierung von Cannabis** wird darüber am Tag der Parlamentswahl entschieden, die Premierministerin Jacinda Ardern am 28.1.2020 auf den 19.9.2020 festsetzte.

Waffen: Im Juli 2019 begann als Reaktion auf den Anschlag eines australischen Rechtsradikalen auf zwei Moscheen in Christchurch eine Rückkaufaktion legaler Schusswaffen durch die Regierung, für die bis zum Schlusstag am 20.12.2019 etwa 102 Mio. NZ-$ ausgezahlt wurden; für illegale Waffenbesitzer lief am selben Tag eine Amnestieregelung aus. Insgesamt wurden 194 000 Schusswaffen abgeliefert, 2 713 halbautomatische Waffen wurden durch Modifikationen legalisiert.

Corona: Am 23.3.2020 verhängte die Regierung eine umfassende Kontaktsperre. Schon zuvor hatte es Vorsichtsmaßnahmen gegeben – so war die Gedenkveranstaltung für die Opfer des Anschlags auf die Moscheen in Christchurch am 15.3., die im dortigen Stadion stattfinden sollte, abgesagt worden. Die rasche und konsequente Eindämmung der Pandemie zahlte sich aus: Seit dem 22.5. wurde keine Neuinfektion mehr gemeldet, am 8.6. hob Premierministerin Ardern alle Beschränkungen auf; lediglich die Quarantäne für Einreisende blieb in Kraft. Um die erheblichen wirtschaftlichen Kosten des Lockdowns abzufangen, stellte die Regierung 50 Mrd. NZ-$ zur Wiederbelebung der Wirtschaft und für Investitionen ins Bildungswesen bereit.

Nicaragua

▸ 666

Ländername	Republik Nicaragua
Zeitzone	MEZ -7 h
Fläche in km²	130 370
Anzahl der Einwohner	6.5 Millionen
Einwohnerzahl pro km²	50
Hauptstadt	Managua
Amtssprache	Spanisch
Verwaltungsgliederung	15 Departamentos und 2 autonome Gebiete
Wichtige Städte	Managua, León, Tipitapa, Masaya, Chinandega, Ciudad Sandino
Autokennzeichen | ISO-Code	NIC | NIC
Währung	1 Córdoba Oro = 100 Centavos
Nationalfeiertag	15. September

Die Somoza-Diktatur und der langjährige Bürgerkrieg haben Nicaragua zu einem der ärmsten Staaten Lateinamerikas gemacht. Seit Anfang der 1990er-Jahre arbeitet das Land an seinem wirtschaftlichen Wiederaufbau. Um ausländische Investoren anzulocken, trat Nicaragua 2019 der zentralamerikanischen Zollunion bei, der bereits Guatemala, Honduras und El Salvador angehören.

GEOGRAFIE

Geografische Lage: Von 10° 43' bis 15° 02' nördlicher Breite sowie von 82° 43' bis 87° 41' westlicher Länge
Höchster Punkt: Mogotón 2107 m
Klima: Tropisches Klima

POLITIK

Staatsform: Präsidiale Republik
Staatsoberhaupt: Präsident
Legislative: Nationalversammlung mit 90 für 5 Jahre gewählten und 2 ernannten Mitgliedern
Jahr der Verfassung: 1987
Wahlrecht: 16 Jahre
Staatsreligion: Keine

BEVÖLKERUNG

Bevölkerungsanteil: <15 Jahre 29.9 %, 15-64 Jahre 64.7 %, >64 Jahre 5.4 %
Verteilung: Stadt 58.8 %, Land 41.2 %
Wachstum 2019: 1.3 %
Lebenserwartung: Frauen 78 Jahre, Männer 71 Jahre
Alphabetenrate: Frauen 82.8 %, Männer 82.4 %
Ethnische Gruppen: Mestizen, Europäer, Afrikaner, Indigene u. a.
Religionen: Christen 83.2 %, Sonstige 2.9 %
Sprachen: Spanisch, Miskito, Kreolisch, indigene Sprachen

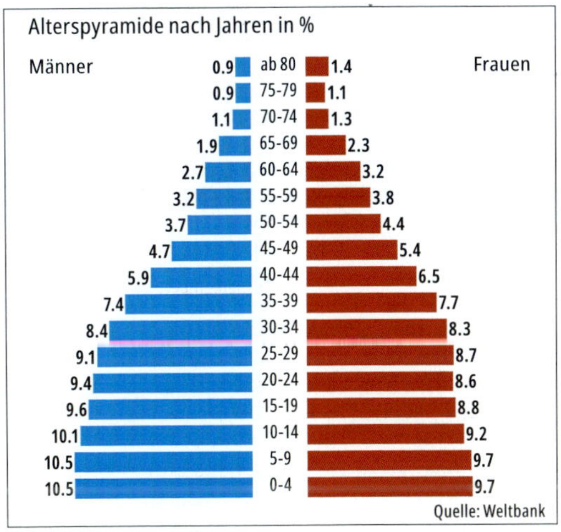

WIRTSCHAFT UND VERKEHR

BIP: 12.52 Mrd. US-$
Wachstum BIP 2019: -3.9 %
BNE/Kopf: 1 919 US-$
Inflation: 5.4 %
Außenhandel: Import 7.99 Mrd. US-$, Export 6.75 Mrd. US-$
Erwerbstätige nach Sektoren: Landwirtschaft 30.7 %, Industrie 15.9 %, Dienstleistungen 53.4 %
Arbeitslosenquote: 6.8 %
Energieverbrauch/Kopf: 596 kg ÖE
Straßennetz: 23 897 km
Eisenbahnnetz: Keine Angabe

RÜCKBLICK

Amnestie: Im Mai 2020 entließ die Regierung 2 815 Häftlinge in den Hausarrest. Ausgeschlossen von der Freilassung waren über 90 politische Gefangene. Diese waren im Zuge der landesweiten Proteste gegen die Regierung im April 2018 festgenommen worden. Bei den von der Regierung gewaltsam niedergeschlagenen Protesten gegen eine Sozialreform waren nach Angaben von Amnesty International 328 Menschen getötet, mehr als 2 000 verletzt und Hunderte inhaftiert worden. Im Juni 2019 waren 620 politische Gefangene freigekommen, nachdem das Parlament ein entsprechendes Amnestiegesetz verabschiedet hatte.

Sanktionen: Die EU verhängte am 4.5.2020 Sanktionen gegen 6 Unterstützer von Präsident Daniel Ortega. Sie sollen für die während der Demonstrationen 2018 begangenen schweren Menschenrechtsverletzungen verantwortlich gewesen sein. Zu ihnen zählen der Generaldirektor der Nationalpolizei, Francisco Javier Díaz Madriz, sowie Ortegas Sicherheitsberater Néstor Moncada Lau. Die Sanktionen umfassen Einreiseverbote und Vermögenssperren. Alle 6 Funktionäre waren zuvor bereits von den USA abgestraft worden. Die USA verhängten am 22.5. Sanktionen gegen Armeechef Julio César Avilés und Finanzminister Iván Adolfo Acosta. Beiden wurde der Zugang zu allen Guthaben und Besitztümern in den USA gesperrt und US-Bürgern Geschäfte mit ihnen verboten. Damit summierten sich die mit Sanktionen aus den USA belegten Personen auf insgesamt 20 Personen.

Wirtschaft: Nachdem die Wirtschaft 2018 um 3.8 % eingebrochen war, folgte 2019 ein Rückgang um 3.9 %. Für 2020 rechnet der IWF mit einem Einbruch um 6.0 %. Nicaragua weist das zweitgeringste Pro-Kopf-Einkommen Lateinamerikas auf. Mehr als die Hälfte der Bevölkerung arbeitet im informellen Sektor.

Corona: Als einziges Land Zentralamerikas hielt sich Nicaragua nicht an die Empfehlungen der WHO. Das Land schloss weder seine Schulen noch Strände und Bars. Am 14.3.2020 ließ Vizepräsidentin Rosario Murillo, die Ehefrau des Präsidenten, eine Parade unter dem Motto „Liebe in Zeiten von Covid-19" abhalten. Präsident Ortega verschwand zunächst für 34 Tage aus dem öffentlichen Leben und redete anschließend das Virus klein. Dennoch stellte er am 17. und 18.4.2020 ohne vorherige Ankündigung den Flugverkehr ein und ließ die Grenzen schließen. Ende Juni verzeichnete das Land rund 2 500 Covid-19-Fälle und 83 Todesfälle.

Niederlande

Ländername	Königreich der Niederlande
Zeitzone	MEZ ±0 h
Fläche in km²	41 540
Anzahl der Einwohner	17.3 Millionen
Einwohnerzahl pro km²	417
Hauptstadt	Amsterdam
Regierungssitz	Den Haag
Amtssprache	Niederländisch
Verwaltungsgliederung	12 Provinzen
Wichtige Städte	Amsterdam, Rotterdam, Den Haag, Utrecht, Eindhoven, Tilburg
Autokennzeichen | ISO-Code	NL | NLD
Währung	1 Euro = 100 Cent
Nationalfeiertag	27. April

Das Königreich der Niederlande wird volkstümlich oft als „Holland" bezeichnet, wenngleich dieser Name eigentlich nur für das Marschland im Westen mit den Provinzen Nord- und Südholland gilt. Das grüne Land am Meer ist bekannt für seine Tulpenzucht, die Käseproduktion und die riesigen Gewächshäuser, in denen Sonderkulturen wie Tomaten, Paprika und Salat angebaut werden.

GEOGRAFIE

Geografische Lage: Von 50° 45' bis 53° 33' nördlicher Breite sowie von 3° 21' bis 7° 12' östlicher Länge
Höchster Punkt: Vaalserberg 322 m
Klima: Gemäßigtes Seeklima

POLITIK

Staatsform: Parlamentarische Monarchie
Staatsoberhaupt: König
Legislative: Parlament, bestehend aus Zweiter Kammer mit 150 für 4 Jahre gewählten Mitgliedern und Erster Kammer mit 75 für 4 Jahre gewählten Mitgliedern
Jahr der Verfassung: 1815
Wahlrecht: 18 Jahre
Staatsreligion: Keine

BEVÖLKERUNG

Bevölkerungsanteil: <15 Jahre 15.9 %, 15-64 Jahre 64.5 %, >64 Jahre 19.6 %
Verteilung: Stadt 91.9 %, Land 8.1 %
Wachstum 2019: 0.2 %
Lebenserwartung: Frauen 84 Jahre, Männer 81 Jahre
Alphabetenrate: Frauen 99 %, Männer 99 %
Ethnische Gruppen: Holländer, Türken, Marokkaner, Indonesier, Deutsche, Surinamesen u. a.
Religionen: Christen 38.5 %, Muslime 5.1 %, Sonstige 5.6 %
Sprachen: Niederländisch, Friesisch

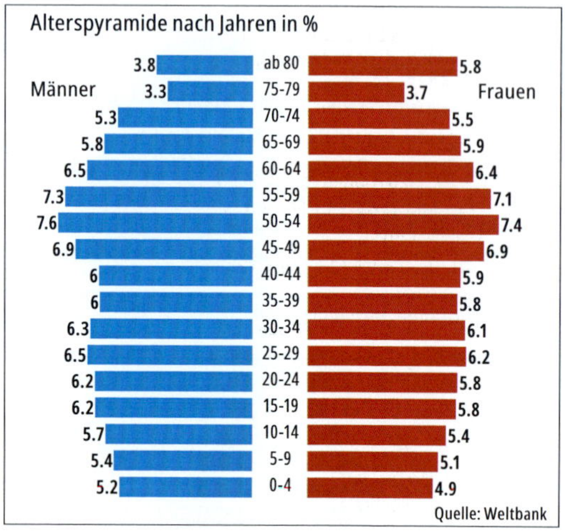

WIRTSCHAFT UND VERKEHR

BIP: 909.07 Mrd. US-$
Wachstum BIP 2019: 1.8 %
BNE/Kopf: 52 368 US-$
Inflation: 2.6 %
Außenhandel: Import 635.97 Mrd. US-$, Export 709.23 Mrd. US-$
Erwerbstätige nach Sektoren: Landwirtschaft 2 %, Industrie 16 %, Dienstleistungen 82 %
Arbeitslosenquote: 3.2 %
Energieverbrauch/Kopf: 4 233 kg ÖE
Straßennetz: 139 124 km
Eisenbahnnetz: 3 058 km

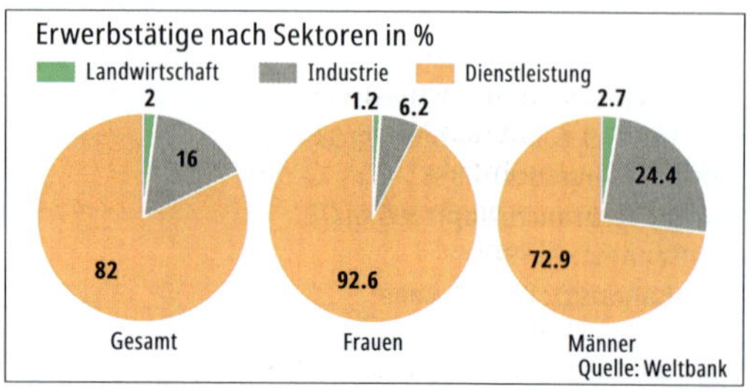

AUSSENGEBIETE

Aruba

Fläche in km²: 180
Anzahl der Einwohner: 112 309
Hauptstadt: Oranjestad
Status: Autonomes Land, Sonderstatus seit 1986
Regierung: Regierungschefin, Gouverneur

Curaçao

Fläche in km²: 444
Anzahl der Einwohner: 158 665
Hauptstadt: Willemstad
Status: Autonomes Land, Sonderstatus seit 2010
Regierung: Regierungschef, Gouverneurin

Karibische Niederlande (Bonaire, Saba und Sint Eustatius)

Fläche in km²: 328 (Bonaire: 294, Saba: 13, Sint Eustatius: 21)
Anzahl der Einwohner: 25 157 (Bonaire: 20 104, Saba: 1 915, Sint Eustatius: 3 138)
Hauptstadt: Kralendijk (Bonaire), The Bottom (Saba), Oranjestad (Sint Eustatius)
Status: Besondere Gemeinden seit 2010
Regierung: Bürgermeister

Sint Maarten

Fläche in km²: 34
Anzahl der Einwohner: 41 486
Hauptstadt: Philipsburg
Status: Autonomes Land, Sonderstatus seit 2010
Regierung: Regierungschefin, Gouverneur

RÜCKBLICK

Regierung: Nach dem Ausschluss des Abgeordneten Wybren van Haga aus der VVD-Fraktion verlor die Regierungskoalition von **Premierminister Mark Rutte** am 7.10.19 ihre Mehrheit in der zweiten Kammer des niederländischen Parlaments.

Klimaschutz: Am 12.11.2019 beschloss die Regierung ein Tempolimit von 100 km/h auf Autobahnen. Lediglich nachts und auf ausgewählten Streckenabschnitten sollen weiterhin 130 km/h erlaubt sein. Das Tempolimit trat am 16.3.20 in Kraft und ist Teil eines Maßnahmenpakets zur Reduzierung der im EU-Vergleich unverhältnismäßig hohen Stickoxid-Belastung in den Niederlanden. So wurden 18 000 Bau- und Infrastrukturprojekte stillgelegt und eine Halbierung des Viehbestandes gefordert. Die Regierung kündigte die Bereitstellung eines Fonds von 180 Mio. € an, um Ausgleichszahlungen an ausstiegswillige Schweinezüchter zu leisten. In einem letztinstanzlichen Urteil vom 20.12.19 verpflichtete das Oberste Gericht die Regierung dazu, den Ausstoß von Treibhausgasen bis Ende 2020 um 25 Prozent gegenüber 1990 zu senken.

Proteste: Angesichts drohender Einschränkungen in der Landwirtschaft zogen am 1.10.2019 etwa 10 000 Bauern mit mehr als 2 000 Traktoren nach Den Haag und sorgten damit für insgesamt über 1 000 km Stau auf Autobahnen und Landstraßen. Gegen die Stilllegung von Bauprojekten protestierten am 30.10.2019 Beschäftigte der Baubranche.

Erdgas: Am 10.9.2019 erklärte die Regierung, bereits ab Mitte 2022 regulär kein Gas mehr aus dem Erdgasfeld bei Groningen fördern zu wollen. Ursprünglich war ein schrittweiser Ausstieg aus der Erdgasförderung bis 2030 vorgesehen, nachdem es in der Region zu Erdbeben gekommen war, für die die Gasförderung ursächlich sein soll.

Sterbehilfe: Am 11.9.2019 sprach ein Gericht eine Ärztin vom Vorwurf des Mordes frei, nachdem diese auf Grund einer älteren Patientenverfügung Sterbehilfe an einer schwer demenzkranken Frau geleistet hatte, ohne zuvor die Patientin noch einmal zu befragen, ob sie ihren Sterbewunsch aufrechterhalten wolle.

Burkaverbot: Am 1.8.2019 trat ein Vermummungsverbot in Kraft, das in öffentlichen Einrichtungen sowie in Bussen und Bahnen gilt. Bei Zuwiderhandlungen drohen Geldstrafen. Einige Kommunen kündigten an, Verstöße gegen das umstrittene Gesetz nicht zu ahnden.

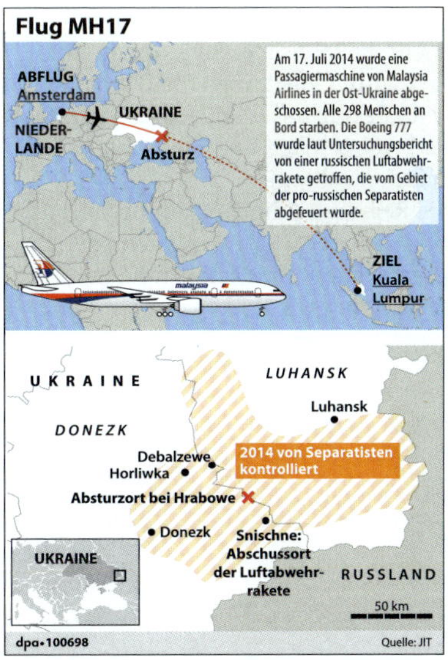

Flug MH17: Am 9.3.20 begann in Amsterdam der Strafprozess gegen vier hochrangige prorussische Separatisten, die am 17.7.14 über der Ostukraine ein Passagierflugzeug der Malaysian

Airlines abschossen haben sollen. Die meisten der 298 Todesopfer waren Niederländer. Gegen die Angeklagten wird in Abwesenheit verhandelt, da Russland ihre Auslieferung verweigert hat.

Justiz: Am 19.7.2019 bestätigte das Oberste Gericht in einem Revisionsverfahren die begrenzte Haftbarkeit der Niederlande für den Tod von etwa 350 Muslimen in der UN-Schutzzone Srebrenica während des Jugoslawienkriegs 1995. Gegenüber der Vorinstanz sprach es den Hinterbliebenen der Opfer allerdings eine deutlich geringere Entschädigung aus. Im Sommer 1995 hatten niederländische Blauhelmsoldaten muslimische Männer, die auf dem UN-Militärstützpunkt Schutz gesucht hatten, weggeschickt.

Corona: Bis zum 1.7.2020 waren **50 335** Infektionen und **6 115** Covid-19-Todesfälle gemeldet. Der erste Infektionsfall wurde am 27.2.20 bekannt. Betroffen war ein Mann, der sich zuvor in Norditalien aufgehalten hatte. Am 6.3. wurde der erste Covid-19-Todesfall gemeldet. Am 15.3. beschloss die Regierung umfangreiche Maßnahmen zur Eindämmung des Coronavirus: Schulen, Kindertagesstätten, Fitnessstudios und gastronomische Betriebe wurden geschlossen und Versammlungen von mehr als 100 Personen untersagt. Seit dem 18.3. galt ein Einreiseverbot für Nicht-EU-Ausländer, die Provinz Zeeland verhängte mit Wirkung vom 30.3. ein Verbot touristischer Übernachtungen. Am 11.5. wurden Grundschulen und Kitas wieder geöffnet, am 1.6. weiterführende Schulen und unter Auflagen gastronomische Betriebe. Auch touristische Übernachtungen wurden zum 15.6. wieder vollständig freigegeben. Nachdem sich offenbar mehrere Menschen bei Nerzen mit Covid-19 infiziert hatten, begannen die Behörden am 6.6. mit der Räumung der von Corona betroffenen Nerzfarmen, wobei insgesamt mehr als 10 000 Nerze getötet werden sollten.
Zum 1.7. hob die Regierung die meisten Beschränkungen auf, auch Großveranstaltungen wurden wieder erlaubt, sofern ein Mindestabstand zwischen Personen gewahrt wird.

Niger

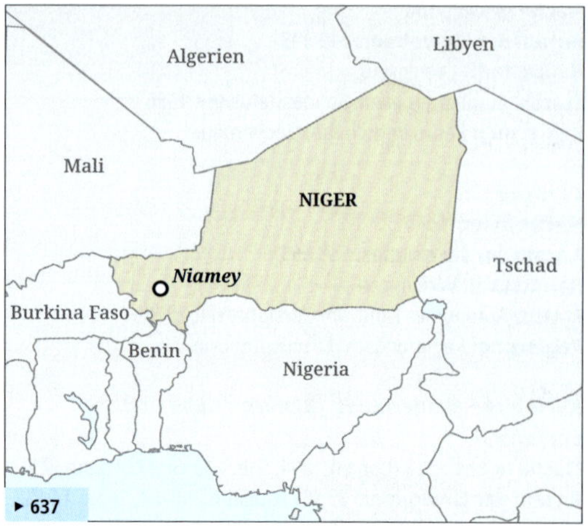

▸ 637

Ländername	Republik Niger
Zeitzone	MEZ ±0 h
Fläche in km²	1 267 000
Anzahl der Einwohner	23.3 Millionen
Einwohnerzahl pro km²	18
Hauptstadt	Niamey
Amtssprache	Französisch
Verwaltungsgliederung	7 Regionen und 1 Hauptstadtgemeinde
Wichtige Städte	Niamey, Maradi, Zinder, Tahoua, Agadez
Autokennzeichen | ISO-Code	RN | NER
Währung	1 CFA-Franc BCEAO = 100 Centimes
Nationalfeiertag	18. Dezember

Niger leitet seinen Namen von dem gleichnamigen Fluss ab, der den äußersten Südwesten des Binnenstaates durchfließt. Die geografisch mit Anteilen an der Sahara, dem Sahel und dem Sudan gelegene Nation ist das größte westafrikanische Land.

GEOGRAFIE

Geografische Lage: Von 11° 42' bis 23° 31' nördlicher Breite sowie von 0° 09' bis 15° 58' östlicher Länge
Höchster Punkt: Idoukal-n-Taghès 2022 m
Klima: Trockenheißes Klima, im Südwesten mit Sommerregen; im Nordosten extremes Wüstenklima

POLITIK

Staatsform: Semipräsidiale Republik
Staatsoberhaupt: Präsident
Legislative: Nationalversammlung mit 171 für 5 Jahre gewählten Mitgliedern
Jahr der Verfassung: 2010
Wahlrecht: 18 Jahre
Staatsreligion: Keine

BEVÖLKERUNG

Bevölkerungsanteil: <15 Jahre 50 %, 15-64 Jahre 47.4 %, >64 Jahre 2.6 %
Verteilung: Stadt 16.4 %, Land 83.6 %
Wachstum 2019: 3.8 %
Lebenserwartung: Frauen 64 Jahre, Männer 62 Jahre
Alphabetenrate: Frauen 22.6 %, Männer 39.1 %
Ethnische Gruppen: Hausa, Zarma, Tuareg, Fulbe, Kanuri u. a.
Religionen: Muslime 99.3 %
Sprachen: Französisch, Hausa, Songhai u. a.

WIRTSCHAFT UND VERKEHR

BIP: 12.93 Mrd. US-$
Wachstum BIP 2019: 5.8 %
BNE/Kopf: 405 US-$
Inflation: -2.5 %
Außenhandel: Import 2.48 Mrd. US-$, Export 1.26 Mrd. US-$
Erwerbstätige nach Sektoren: Landwirtschaft 75.1 %, Industrie 7.2 %, Dienstleistungen 17.7 %
Arbeitslosenquote: 0.5 %
Energieverbrauch/Kopf: 150 kg ÖE
Straßennetz: 18 949 km
Eisenbahnnetz: Keine Angabe

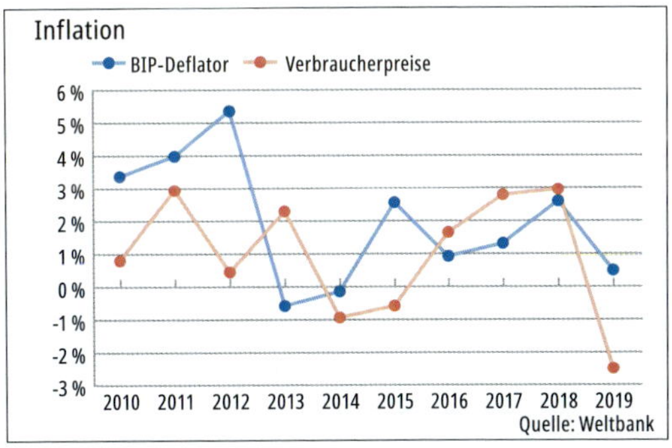

RÜCKBLICK

Sicherheit: Obwohl der Niger zum Teil als einer der Stabilitätsanker im Kontext **bewaffneter Konflikte in der Sahelzone** bezeichnet wurde, kam es zu Terroranschlägen und anderen Gewaltausbrüchen. Diese beschränkten sich jedoch primär auf grenznahe Regionen. Laut Beobachtern verschärften die großen bewaffneten Auseinandersetzungen mit islamistischen Gruppen in den Staaten des zentralen Sahel zunehmend andere, lokale Konflikte innerhalb der Staaten. Eine bedeutender werdende Komponente war dabei auch der Klimawandel. Die Ressourcenknappheit, eine gewichtige Teilursache der meisten Konflikte in der Region, wurde durch diesen weiter verschärft. Die beiden aktivsten terroristischen Gruppen waren nach wie vor der **Islamische Staat der Großen Sahara** (IS-GS) und **Boko Haram**. IS-GS hat sich unter anderem für einen Angriff auf ein Militärlager in der westlichen Tillabéri-Region am 10.12.2019 verantwortlich erklärt, bei dem 71 nigrische Soldaten starben. Es kam zu mehreren Angriffen auf Militärpatrouillen mit Dutzenden Todesopfern und ebenso zu mehreren koordinierten **Antiterroreinsätzen** des nigrischen Militärs, primär gegen Boko Haram.
In den Regionen Tillabéri und Tahoua wurde der Ausnahmezustand weiter verlängert.

Internationale Organisationen: Ab Januar 2020 hatte der Niger einen nicht-ständigen Sitz im **Sicherheitsrat der UN** inne. Im Juni 2019 wurde er mit 191 von 193 Stimmen in das Gremium gewählt. Dabei wurde seine Bedeutung für die Stabilisierung der Sahelzone betont. Der Niger hatte daneben die Präsidentschaft der **Westafrikanischen Wirtschaftsgemeinschaft** (ECOWAS) inne, außerdem sind die Positionen des ständigen Sekretärs der **G5 Sahel** (G5S) und des Kommandeurs der G5 Sahel Joint Force nigrisch besetzt.

Wirtschaft: Vor den ökonomischen Auswirkungen der Covid-19-Pandemie entwickelten sich die Rahmendaten der Wirtschaft im Vergleich zu den Vorjahren positiv. Das Wachstum entsprang dabei vor allem dem primären und tertiären Sektor und war **auf wirtschaftspolitische Reformen** und gestiegene Investitionen zurückzuführen. **Große Infrastrukturprojekte** wie der Bau des Kandaji-Staudamms und einer Pipeline für den Ölexport machten deutliche Fortschritte. Dennoch wurde die ökonomische Lage als weiterhin fragil beschrieben. Der Niger gehörte zu den ersten Staaten, denen 2020 durch den Katastrophenbeistandsfonds (CCRT) des Internationalen Währungsfonds (IWF) Schuldenerleichterungen gewährt wurden.

Nigeria

▸ 637

Ländername	Bundesrepublik Nigeria
Zeitzone	MEZ ±0 h
Fläche in km²	923 770
Anzahl der Einwohner	201 Millionen
Einwohnerzahl pro km²	218
Hauptstadt	Abuja
Amtssprache	Englisch
Verwaltungsgliederung	36 Bundesstaaten und 1 Hauptstadtterritorium
Wichtige Städte	Lagos, Ibadan, Benin City, Kano, Port Harcourt, Kaduna, Aba, Abuja, Maiduguri, Ilorin, Ogbomosho
Autokennzeichen | ISO-Code	NGR | NGA
Währung	1 Naira = 100 Kobo
Nationalfeiertag	1. Oktober

Nigeria nimmt als militärisch starke Regionalmacht und auch aufgrund seines Reichtums an Erdöl unter den Nationen südlich der Sahara eine Sonderstellung ein. Gleichwohl spiegeln die konfliktträchtigen ethnischen und religiösen Gegensätze der zahlreichen Bevölkerungsgruppen mit unterschiedlichen Traditionen die Grundprobleme des afrikanischen Kontinents wider. Sie bilden das größte Hindernis für eine dauerhaft stabile demokratische und wirtschaftliche Entwicklung des Landes.

GEOGRAFIE

Geografische Lage: Von 4° 16' bis 13° 53' nördlicher Breite sowie von 2° 40' bis 14° 40' östlicher Länge
Höchster Punkt: Chappal Wadi 2419 m
Klima: Tropisches Regenwaldklima im Süden, Savannenklima im Norden

POLITIK

Staatsform: Präsidiale Bundesrepublik
Staatsoberhaupt: Präsident
Legislative: Nationalversammlung, bestehend aus Repräsentantenhaus mit 360 für 4 Jahre gewählten Mitgliedern und Senat mit 109 für 4 Jahre gewählten Mitgliedern
Jahr der Verfassung: 1999
Wahlrecht: 18 Jahre
Staatsreligion: Keine

BEVÖLKERUNG

Bevölkerungsanteil: <15 Jahre 43.9 %, 15-64 Jahre 53.4 %, >64 Jahre 2.7 %
Verteilung: Stadt 51.2 %, Land 48.8 %
Wachstum 2019: 2.6 %
Lebenserwartung: Frauen 56 Jahre, Männer 54 Jahre
Alphabetenrate: Frauen 52.7 %, Männer 71.3 %
Ethnische Gruppen: Hausa, Yoruba, Igbo, Fulbe, Tiv, Kanuri, Ibibio, Ijaw u. a.
Religionen: Muslime 53.5 %, Christen 45.9 %
Sprachen: Englisch, Hausa, Yoruba, Igbo, Fulfulde u. a.

WIRTSCHAFT UND VERKEHR

BIP: 448.12 Mrd. US-$
Wachstum BIP 2019: 2.2 %
BNE/Kopf: 2 222 US-$
Inflation: 11.4 %
Außenhandel: Import 51.03 Mrd. US-$, Export 61.69 Mrd. US-$
Erwerbstätige nach Sektoren: Landwirtschaft 35.1 %, Industrie 12.2 %, Dienstleistungen 52.7 %
Arbeitslosenquote: 8.1 %
Energieverbrauch/Kopf: 764 kg ÖE
Straßennetz: 195 020 km
Eisenbahnnetz: 3 798 km

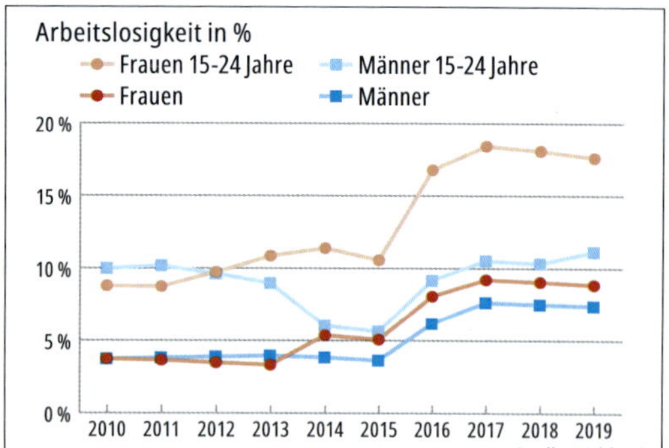

Quelle: Weltbank

RÜCKBLICK

Wirtschaft: Das seit 2015 nur **gebremst** steigende Bruttoinlandsprodukt wies auch 2019 ein Wachstum von 2.2 % auf und war damit niedriger als das Bevölkerungswachstum. Die 2018 anvisierten Ziele zur **Inflationssenkung** konnten nicht erreicht werden. 2019 und im ersten Halbjahr 2020 lag die Inflationsrate durchgängig über 11 %. Ein stabilisierender Faktor für die Entwicklung des Bruttoinlandsprodukts waren die leicht gestiegenen **Ölabsätze**, aber der globale Preisverfall während der Covid-19-Pandemie belastete die Staatseinnahmen deutlich. Um den bereits seit längerem chronisch unterfinanzierten Staatshaushalt zu stützen, wurde die **Mehrwertsteuer** im März 2020 von 5 % auf 7.5 % erhöht.

Sicherheit: Trotz Aussagen der nigerianischen Regierung, **Boko Haram** sei praktisch besiegt, kam es zu mehreren Angriffen dieser bewaffneten Gruppe auf nigerianische Militärbasen. Zwar war im zweiten Halbjahr 2019 ein deutlicher Rückgang der Aktivitäten zu verzeichnen, Beobachtern zufolge bedeutete das jedoch nicht, dass die Gruppe schwächer geworden sei. Anfang 2020 kam es wieder zu einer **Zunahme** von Selbstmordanschlägen. So starben bei einem Bombenanschlag auf einem Markt in Gamboru an der kamerunischen Grenze am 6.1.2020 über 30 Menschen. Im August 2019 veröffentliche die Regierung einen Plan zur **Deradikalisierung** und gesellschaftlichen Reintegration von ehemaligen Boko Haram-Kämpfern. Im Dezember 2019 folgte die Veröffentlichung einer neuen nationalen Sicherheitsstrategie, bei der die Regierung von einem Paradigmenwechsel bei der **Bekämpfung der bewaffneten Auseinandersetzungen** im Norden des Landes sprach. Beobachter zogen die Wirksamkeit jedoch in Zweifel.

Grenzschließung: Die im August 2019 eingeführten Grenzschließungen, die primär der Bekämpfung des **Schmuggels** dienen sollten, wurden von den Nachbarländern und der Westafrikanischen Wirtschaftsunion (ECOWAS) deutlich kritisiert. Die Maßnahmen sollten offiziell am 31.1.2020 enden, die Grenzen blieben jedoch geschlossen. Dies führte zu einer weiteren Verstärkung der Spannungen insbesondere mit Benin.

Hate-Speech: Am 5.11.2019 wurde dem Senat ein Gesetzentwurf („Anti-social Media Bill") vorgelegt, der lebenslange Freiheitsstrafen und zum Teil auch die Todesstrafe für das Verbreiten von Hassnachrichten und Fakenews in sozialen Medien beinhaltete. Dieser stieß jedoch auf Kritik seitens der Bevölkerung und von Nichtregierungsorganisationen (NGOs). Das Gesetz wurde bis April 2020 noch nicht ratifiziert.

Nordmazedonien

▸ 626

Ländername	Republik Nordmazedonien
Zeitzone	MEZ ±0 h
Fläche in km²	25 710
Anzahl der Einwohner	2.1 Millionen
Einwohnerzahl pro km²	81
Hauptstadt	Skopje
Amtssprache	Mazedonisch, Albanisch
Verwaltungsgliederung	80 Gemeinden
Wichtige Städte	Skopje, Kumanovo, Bitola, Prilep, Tetovo
Autokennzeichen | ISO-Code	NMK | MKD
Währung	1 Denar = 100 Deni
Nationalfeiertag	8. September

Der kleine Balkanstaat mit großer Vergangenheit unter der Herrschaft der Argeaden stand seit der Unterwerfung durch Rom über 2000 Jahre unter wechselnden Fremdherrschaften. Historisch begründete Vorbehalte Griechenlands sowie das Streben der albanischen Minderheit nach Selbst- und Mitbestimmung erschwerten den Start in die Unabhängigkeit und belasteten in der Folgezeit die Außen- und Innenpolitik.

GEOGRAFIE

Geografische Lage: Von 40° 51' bis 42° 22' nördlicher Breite sowie von 20° 27' bis 23° 01' östlicher Länge
Höchster Punkt: Korab 2764 m
Klima: Kontinental beeinflusstes Mittelmeerklima

POLITIK

Staatsform: Parlamentarische Republik
Staatsoberhaupt: Präsident
Legislative: Parlament mit 120 für 4 Jahre gewählten Mitgliedern
Jahr der Verfassung: 1991
Wahlrecht: 18 Jahre
Staatsreligion: Keine

BEVÖLKERUNG

Bevölkerungsanteil: <15 Jahre 16.4 %, 15-64 Jahre 69.5 %, >64 Jahre 14.1 %
Verteilung: Stadt 58 %, Land 42 %
Wachstum 2019: 0 %
Lebenserwartung: Frauen 78 Jahre, Männer 74 Jahre
Alphabetenrate: Frauen 96.7 %, Männer 98.8 %
Ethnische Gruppen: Mazedonier, Albaner, Türken, Roma, Serben u. a.
Religionen: Christen 65.2 %, Muslime 33.3 %, Sonstige 1.5 %
Sprachen: Mazedonisch, Albanisch u. a.

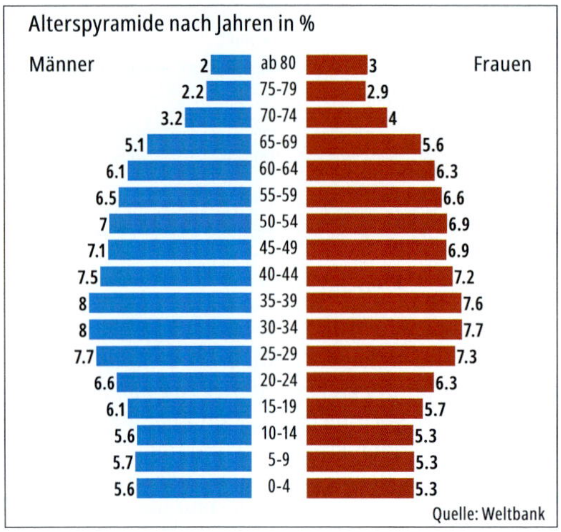

WIRTSCHAFT UND VERKEHR

BIP: 12.69 Mrd. US-$
Wachstum BIP 2019: 3.6 %
BNE/Kopf: 6 096 US-$
Inflation: 0.8 %
Außenhandel: Import 9.47 Mrd. US-$, Export 7.19 Mrd. US-$
Erwerbstätige nach Sektoren: Landwirtschaft 15.4 %, Industrie 31.4 %, Dienstleistungen 53.2 %
Arbeitslosenquote: 17.8 %
Energieverbrauch/Kopf: 1 262 kg ÖE
Straßennetz: 14 182 km
Eisenbahnnetz: 925 km

RÜCKBLICK

EU-Beitrittsverhandlungen: Die Europäische Union beschloss auf ihrem Gipfeltreffen vom 17./18.10.2019, **vorerst keine Beitrittsverhandlungen** mit Albanien und Nordmazedonien aufzunehmen, nachdem sich mehrere Länder dagegen ausgesprochen hatten. In ihrem am 2.3.2020 vorgelegten Bericht zu Albanien und Nordmazedonien unterstrich die EU-Kommission erneut ihre Empfehlung, Beitrittsverhandlungen aufzunehmen. Dabei wurde hervorgehoben, dass Nordmazedonien wichtige Schritte unternommen habe, um die Unabhängigkeit der Justiz zu stärken. Auch die Bilanz im Kampf gegen Korruption und organisierte Kriminalität habe sich verbessert, ebenso sei man bei der Reform der Geheimdienste und der Verwaltung vorangekommen. Die Änderung des bei den Beitrittsverhandlungen angewandten Verfahrens ermöglichte schließlich die **Zustimmung zu deren Aufnahme**, zumindest durch den Rat der Europaminister am 25.3.2020.

NATO-Beitritt: Am 27.3.2020 wurde Nordmazedonien als 30. Mitgliedsland in die NATO aufgenommen. Der Beitrittsantrag war bereits 1993 gestellt worden, seine Realisierung scheiterte indes mehr als zwei Jahrzehnte lang an dem Namensstreit mit Griechenland, der 2018 mit einem Kompromiss beigelegt werden konnte.

Neuwahlen: Ministerpräsident Zoran Zaev kündigte in Reaktion auf den Beschluss des EU-Gipfels am 19.10.2019 **Neuwahlen** für den 12.4.2020 **an**. Wie im parteienübergreifenden Abkommen von 2015 vorgesehen, wurde am 3.1.2020, 100 Tage vor dem vorgesehenen Wahltermin, eine neue Regierung unter Beteiligung auch der Opposition gebildet, die die Wahlen vorbereiten und durchführen sollte. Der bisherige sozialdemokratische Innenminister Oliver Spasovski fungierte als Ministerpräsident, sein bisheriges Ressort übernahm ein Oppositionspolitiker. Nach dem Ausbruch der Covid-19-Pandemie vereinbarten die Parteien am 17.3., die **Wahlen zu verschieben**. Nach der Aufhebung des Ausnahmezustands verständigte man sich auf den **15.7.** als neuen **Wahltermin**.

Sonderstaatsanwältin vor Gericht: Katica Janeva, die **Leiterin der Sonderstaatsanwaltschaft**, die strafrechtlich relevante Vorwürfe gegen die frühere Regierung Gruevski untersuchte, trat am 15.7.2019 überraschend von ihrem Amt zurück. Am 21.8. wurde sie auf Antrag der Staatsanwaltschaft für organisierte Kriminalität wegen des Verdachts der Verwicklung in einen Erpessungsfall verhaftet.

Bereits im Juli waren der Unternehmer Bojan Jovanovski und Zoran Milevski, ein mutmaßlicher Komplize, verhaftet worden. Ihnen wurde vorgeworfen, den Unternehmer Jordan Kamčev erpresst zu haben, der sich damals in Untersuchungshaft wegen eines von der Sonderstaatsanwaltschaft untersuchten Falles befand. Jovanovski habe Kamčev zugesagt, seine Beziehungen zur Sonderstaatsanwaltschaft zu nutzen, um diesem Straffreiheit oder Strafminderung zu verschaffen. Am 3.12.2019 begann der Prozess gegen die drei Beschuldigten. Milevski erklärte sich als Einziger für schuldig, am 4.12. wurde er zu drei Jahren Haft verurteilt. Janeva wurde in erster Instanz am 18.6.2020 **zu sieben Jahren Haft wegen Amtsmissbrauchs verurteilt**, Jovanovski zu neun Jahren wegen passiver Bestechung und Geldwäsche.

Sprachengesetz: Die **Venedig-Kommission** des Europarats, die dessen Mitgliedstaaten in verfassungsrechtlichen Fragen berät, **empfahl** am 7.12.2019, das **Sprachengesetz zu modifizieren**. Einige Bestimmungen gingen in vielen Punkten über europäische Standards hinaus, und seien überdies schwer umzusetzen. Vor allem sei fraglich, wie das Gesetz in der Justiz, insbesondere bei Prozessen, angewendet werden könne. Die Regierung wollte die von der Kommission empfohlenen Änderungen zuerst übernehmen, entschied sich am 8.12. dann aber aus Rücksicht auf den Koalitionspartner, die (albanische) Demokratische Union für Integration (DUI), dagegen. Die Sozialdemokraten (SDSM) hatten dem Gesetz, mit dem Albanisch landesweit zur offiziellen Sprache neben dem Mazedonischen erklärt wurde, Anfang 2018 nur unter Bedenken zugestimmt und deshalb mit der DUI vereinbart, die Venedig-Kommission zu konsultieren.

Corona: Am 26.2.2020 wurde die erste Covid-19-Infektion bestätigt, am 23.3. kam es zum ersten Todesfall. Am 13.3. wurden Debar und Centar Župa, die beiden bis dahin am stärksten betroffenen Gemeinden, unter Quarantäne gestellt. Staatspräsident Stevo Pendarovski verhängte am 18.3. den Ausnahmezustand, ab dem 23.3. galt eine nächtliche Ausgangssperre. Diese wurde Ende Mai aufgehoben, auch Restaurants konnten wieder öffnen. Ab Anfang Juni stiegen die Infektionszahlen erneut an, so dass in Skopje und andernorts vom 4.-8.6. abermals ein Lockdown angeordnet wurde. Staatspräsident Pendarovski hob am 12.6. trotz einer anhaltend hohen Zahl täglicher Neuinfektionen den Ausnahmezustand auf.

Norwegen

▸ 606

Ländername	Königreich Norwegen
Zeitzone	MEZ ±0 h
Fläche in km²	625 217
Anzahl der Einwohner	5.3 Millionen
Einwohnerzahl pro km²	9
Hauptstadt	Oslo
Amtssprache	Norwegisch, Samisch
Verwaltungsgliederung	11 Provinzen
Wichtige Städte	Oslo, Bergen, Trondheim, Stavanger, Sandvika
Autokennzeichen | ISO-Code	N | NOR
Währung	1 Norwegische Krone = 100 Øre
Nationalfeiertag	17. Mai

Die Geschicke des im Westen der skandinavischen Halbinsel gelegenen Königreichs werden seit Jahrhunderten vom Meer bestimmt, das als Nahrungsquelle, Verkehrsweg und Lagerstätte von Energierohstoffen dient. Schon heute versucht Norwegen, seine Zukunft mit den Einnahmen aus der Förderung von Erdöl und Erdgas abzusichern. Diese Zukunft liegt jedoch politisch, wenn es nach dem Willen der Mehrheit der Bevölkerung geht, außerhalb der Europäischen Union.

GEOGRAFIE

Geografische Lage: Von 58° bis 71° 10' nördlicher Breite sowie von 4° 39' bis 31° 05' östlicher Länge
Höchster Punkt: Galdhøpiggen 2469 m
Zugehöriges: Bouvet (Südatlantik)
Klima: An der Küste ozeanisches, sonst winterfeucht-kaltes Klima

POLITIK

Staatsform: Parlamentarische Monarchie
Staatsoberhaupt: König
Legislative: Parlament mit 169 für 4 Jahre gewählten Mitgliedern
Jahr der Verfassung: 1814
Wahlrecht: 18 Jahre
Staatsreligion: Christentum

BEVÖLKERUNG

Bevölkerungsanteil: <15 Jahre 17.5 %, 15-64 Jahre 65.4 %, >64 Jahre 17.1 %
Verteilung: Stadt 82.6 %, Land 17.4 %
Wachstum 2019: 0.7 %
Lebenserwartung: Frauen 84 Jahre, Männer 81 Jahre
Alphabetenrate: Frauen 99 %, Männer 99 %
Ethnische Gruppen: Norweger u. a.
Religionen: Christen 77.3 %, Muslime 3.2 %, Sonstige 2.5 %
Sprachen: Norwegisch, Samisch, Finnisch

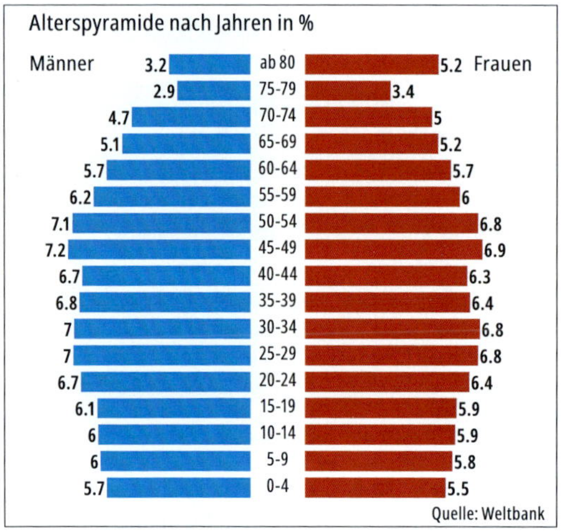

Quelle: Weltbank

WIRTSCHAFT UND VERKEHR

BIP: 403.34 Mrd. US-$
Wachstum BIP 2019: 1.3 %
BNE/Kopf: 77 975 US-$
Inflation: 2.2 %
Außenhandel: Import 85.01 Mrd. US-$, Export 102.68 Mrd. US-$
Erwerbstätige nach Sektoren: Landwirtschaft 2 %, Industrie 19.2 %, Dienstleistungen 78.8 %
Arbeitslosenquote: 3.3 %
Energieverbrauch/Kopf: 5 818 kg ÖE
Straßennetz: 94 902 km
Eisenbahnnetz: 4 134 km

AUSSENGEBIETE

Jan Mayen
Fläche in km²: 373
Anzahl der Einwohner: Nur Personal (Flughafen und Wetterstation)
Hauptstadt: Olonkinbyen
Status: Eingegliedertes Gebiet seit 1930
Regierung: Gouverneurin

SONSTIGE ÜBERSEEGEBIETE

Spitzbergen | Svalbard
Fläche in km²: 61 022
Anzahl der Einwohner: 2 583
Hauptstadt: Longyearbyen
Status: Eingegliedertes Gebiet seit 1925
Regierung: Gouverneurin

RÜCKBLICK

Austritt: Die rechtspopulistische Fortschrittspartei (FrP) verließ am 20.1.2020 die Mitte-rechts-Koalition von Ministerpräsidentin Erna Solberg. Diese führte nun eine **Minderheitsregierung** aus den eigenen Konservativen (Høyre, H) sowie Liberalen (V) und Christdemokraten (KrF). Eine solche hatte es bereits bis zur Regierungsbeteiligung der FrP im November 2018 gegeben. Anlass war ein Streit um die Rückkehr der Witwe eines Kämpfers des „Islamischen Staats“ (IS) aus Syrien. Da eines ihrer Kinder schwer erkrankt war, hatten Solberg und Außenministerin Ine Marie Eriksen Søreide (H) die Einreise der Familie als „humanitären Akt“ erlaubt. Dagegen wandte sich die FrP. Ihr Austritt aus der Koalition wurde auch mit innerparteilichen Flügelkämpfen erklärt. Die FrP blieb jedoch mit Ministern im Kabinett vertreten.

Terror: Ein **Rechtsextremist** scheiterte am 10.8.2019 mit einem bewaffneten **Angriff auf eine Moschee** in Bærum. Der 21-jährige Terrorist wurde von Gläubigen überwältigt. Vor dem Anschlag hatte er seine aus China stammende Stiefschwester getötet. Der Strafprozess (7.-26.5.2020) endete mit einer Freiheitsstrafe von 21 Jahren. Der Terrorakt hatte auch zu **diplomatischen Verstimmungen mit Schweden** geführt, als Ministerpräsidentin Solberg auf Aktionen schwedischer Neonazis in Norwegen hinwies, u. a. bei der rassistischen „Nordischen Widerstandsbewegung“ Ende 2018.

Ölförderung: Mit **„Johan Sverdrup“** nahm im Januar 2020 ein weiteres Erdölfeld auf dem norwegischen Festlandssockel, in der Nordsee 140 km vor

Stavanger, den Betrieb auf. Mit einer angestrebten Jahresförderung von 2.7 Mio. Barrel gilt es als eines der ergiebigsten. Der Hauptbetreiber, der mehrheitlich staatliche Konzern Equinor (bis 2018 Statoil), verwies auf die Verringerung des Treibhausgasausstoßes durch den **Betrieb** der Förderanlagen **mit Strom** vom Festland, der fast ausschließlich **aus Wasserkraft** gewonnen wird. Umweltorganisationen argumentierten dagegen, dass Norwegen mit dem **Export von Erdöl und Erdgas** dem Klima schade. Norwegen hat sich verpflichtet, die CO_2-Emissionen bis 2030 um 40 % gegenüber 1990 zu verringern – bis 2017 hatten sie sich jedoch um 3 % erhöht. Für die geplante **Energiewende** werden u. a. die Elektromobilität gefördert, Unterseestromleitungen nach Großbritannien und Deutschland gebaut und Windparks geplant, besonders offshore.

Kontroversen: Gegen die Zulassung der Ölförderung in der arktischen Barentssee (ab 2016) hatten Umweltorganisationen **Verfassungsklage** (Art. 112: Recht auf intakte Natur) eingereicht. Nach Ablehnung durch zwei Gerichte ging es am 24.2.2020 in die Revision. Im Januar 2020 vergab die Regierung neue Lizenzen zur **Erkundung** von Erdölvorkommen in 69 eingegrenzten Gebieten („Blöcken"), allerdings ausschließlich südlich des Polarkreises. Über die Grenzen der Förderung in **Gebieten mit Meereis** („arktische Eiskante") hatte es 2019/20 Kontroversen innerhalb der Regierung gegeben. Die oppositionellen Sozialdemokraten revidierten im April ihre langjährige Unterstützung für künftige, bislang allerdings verbotene Ölprospektionen vor den **Lofoten**.

Corona: Kurz nach Dänemark reagierte Norwegen am 15.3.2020 auf die Covid-19-Pandemie mit einem **Einreisestopp** für Ausländer ohne Aufenthaltsberechtigung für Norwegen und mit einem zeitweiligen **Lockdown** des öffentlichen Lebens und der Wirtschaft. Ab 12./18.5. durften der Einzelhandel, Cafés und Restaurants sowie Schulen (für ältere Jahrgänge) und Kitas wieder öffnen. Private Treffen bis 20 und Veranstaltungen bis 50 Personen wurden wieder erlaubt, die Einreisebeschränkungen gelockert. Bei insgesamt 8 500 Fällen gab es Anfang Juni so gut wie keine Covid-19-Neuinfektionen mehr. Zu den **Antikrisenmaßnahmen** zählten staatliche Lohnzuschüsse für Zwangsbeurlaubte, Finanzhilfen für Freiberufler und vorgezogenes Arbeitslosengeld sowie für Unternehmen Kreditvergünstigungen und die Möglichkeit zur Steuerstundung und staatlicher Kostenbeteiligung.

Oman

▸ 692

Ländername	Sultanat Oman
Zeitzone	MEZ +3 h
Fläche in km²	309 500
Anzahl der Einwohner	5 Millionen
Einwohnerzahl pro km²	16
Hauptstadt	Maskat
Amtssprache	Arabisch
Verwaltungsgliederung	11 Bezirke
Wichtige Städte	Sib, Bawschar, Salala, Matrah, Sohar, Maskat
Autokennzeichen | ISO-Code	OM | OMN
Währung	1 Omanischer Rial = 1000 Baiza
Nationalfeiertag	18. November

Ein Machtwechsel 1970 und der Reichtum aus den Erdölfunden katapultierten das Sultanat im Südosten der Arabischen Halbinsel innerhalb kurzer Zeit in die Moderne. In der Außenpolitik bemüht sich das Land um eine vermittelnde Position in der seit Jahrzehnten krisengeschüttelten Region.

GEOGRAFIE

Geografische Lage: Von 16° 39' bis 26° 23' nördlicher Breite sowie von 51° 59' bis 59° 51' östlicher Länge
Höchster Punkt: Jabal ash-Shams 2980 m
Klima: Heißes Wüsten- und Halbwüstenklima

POLITIK

Staatsform: Absolute Monarchie
Staatsoberhaupt: Sultan
Legislative: Konsultativrat, bestehend aus Beratender Versammlung mit 86 für 4 Jahre gewählten Mitgliedern und Staatsrat mit 85 ernannten Mitgliedern
Jahr der Verfassung: 1996
Wahlrecht: 21 Jahre
Staatsreligion: Islam

BEVÖLKERUNG

Bevölkerungsanteil: <15 Jahre 22.4 %, 15-64 Jahre 75.1 %, >64 Jahre 2.5 %
Verteilung: Stadt 85.4 %, Land 14.6 %
Wachstum 2019: 3 %
Lebenserwartung: Frauen 81 Jahre, Männer 76 Jahre
Alphabetenrate: Frauen 92.7 %, Männer 97 %
Ethnische Gruppen: Araber, Belutschen, Inder, Pakistani, Sri Lanker, Bangladescher, Afrikaner u. a.
Religionen: Muslime 85.9 %, Christen 6.5 %, Hindus 5.5 %, Sonstige 1.8 %
Sprachen: Arabisch, Englisch, Belutschi, Swahili, Urdu u. a.

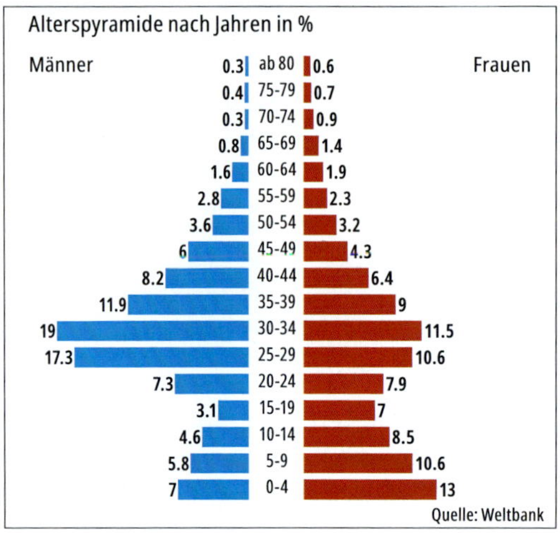

WIRTSCHAFT UND VERKEHR

BIP: 76.98 Mrd. US-$
Wachstum BIP 2019: 0.5 %
BNE/Kopf: 17 791 US-$
Inflation: 0.1 %
Außenhandel: Import 23.74 Mrd. US-$, Export 41.56 Mrd. US-$
Erwerbstätige nach Sektoren: Landwirtschaft 4.6 %, Industrie 32.8 %, Dienstleistungen 62.6 %
Arbeitslosenquote: 2.7 %
Energieverbrauch/Kopf: 6 041 kg ÖE
Straßennetz: 60 230 km
Eisenbahnnetz: Keine Angabe

RÜCKBLICK

Tod von Sultan Qabus: Am 10.1.2020 verstarb im Alter von 79 Jahren Sultan Qabus bin Said Al Said. Qabus hatte 1970 seinen Vater Said bin Taimur in einem Palastputsch abgesetzt und **modernisierte** in den folgenden Jahrzehnten **das damals isolierte und rückständige Land** grundlegend. **In der Außenpolitik** wahrte er Neutralität und pflegte gute Beziehungen zu allen Staaten in der Region wie auch zu den USA. Als **Vermittler** spielte Oman beim Zustandekommen des Atomabkommens mit dem Iran 2015 eine wichtige Rolle. Oman war der einzige Mitgliedstaat des Golfkooperationsrats, der sich nicht an der Intervention im Bürgerkrieg im Jemen beteiligte. **Auch zu Israel** pflegte man **gute Beziehungen**. Seit den 1990er-Jahren gab es eine omanische Handelsmission in Tel Aviv, die israelischen Ministerpräsidenten Jitzchak Rabin und Benjamin Netanjahu weilten 1994 bzw. 2018 zu Gesprächen mit Qabus in Maskat.

Cousin wird Nachfolger: Als **Nachfolger** wurde am 11.1.2020 **Haitham bin Tarik Al Said**, ein Cousin von Qabus, vereidigt, der der Regierung bisher als **Kulturminister** angehörte. Seit 2013 war er auch Vorsitzender der Kommission für Omans „Vision 2040". Qabus, der kinderlos war, hatte Haitham als Nachfolger vorgesehen. Der neue Sultan kündigte an, die Außenpolitik seines Vorgängers fortsetzen zu wollen; man werde sich weiterhin nicht in die inneren Angelegenheiten anderer Länder einmischen und wolle friedliche Lösungen für regionale und globale Krisen fördern.

Corona: Am 24.2.2020 wurden die ersten beiden Covid-19-Infektionen bestätigt, am 1.4. kam es zum ersten Todesfall. Nachdem bereits zuvor einschränkende Maßnahmen getroffen worden waren, wurde am 10.4. für die Hauptstadt Maskat, den gleichnamigen Bezirk und einige weitere Bezirke ein Lockdown angeordnet. In Maskat waren bis dahin die meisten Fälle aufgetreten; sie betrafen vor allem ausländische Arbeitskräfte. Am 29.5. wurde der Lockdown in Maskat beendet, die Regierungsbeamten kehrten ab dem 1.6. wieder an die Arbeit zurück. Da sich die Infektionen inzwischen auch in anderen Regionen ausbreiteten, wurden dort im Juni weitere Lockdowns verhängt. Die **Maßnahmen** zeigten insgesamt **wenig Wirkung**, die Zahl der Infektionen stieg kontinuierlich an und die Infektionskurve flachte nicht ab.

Österreich

▸ 618

Ländername	Republik Österreich
Zeitzone	MEZ ±0 h
Fläche in km²	83 879
Anzahl der Einwohner	8.9 Millionen
Einwohnerzahl pro km²	107
Hauptstadt	Wien
Amtssprache	Deutsch
Verwaltungsgliederung	9 Bundesländer
Wichtige Städte	Wien, Graz, Linz, Salzburg, Innsbruck, Klagenfurt
Autokennzeichen | ISO-Code	A | AUT
Währung	1 Euro = 100 Cent
Nationalfeiertag	26. Oktober

Die Alpenrepublik im Herzen Europas steht für landschaftliche Schönheit und kulturelle Vielfalt. Das Land, das unter den Habsburgern zur Großmacht aufstieg und während des Kalten Krieges an der Nahtstelle zwischen den beiden großen politischen Blöcken lag, hat heute seinen festen Platz in der Europäischen Union. Es ist wichtige Drehscheibe im Handel mit den jungen Demokratien Osteuropas.

GEOGRAFIE

Geografische Lage: Von 46° 23' bis 49° 01' nördlicher Breite sowie von 9° 31' bis 17° 09' östlicher Länge
Höchster Punkt: Großglockner 3798 m
Klima: Mitteleuropäisches Übergangsklima, in höheren Lagen Hochgebirgsklima

POLITIK

Staatsform: Parlamentarische Bundesrepublik
Staatsoberhaupt: Bundespräsident
Legislative: Bundesversammlung, bestehend aus Nationalrat mit 183 für 5 Jahre gewählten Mitgliedern und Bundesrat mit 61 für 5 oder 6 Jahre ernannten Mitgliedern
Jahr der Verfassung: 1920
Wahlrecht: 16 Jahre
Staatsreligion: Keine

BEVÖLKERUNG

Bevölkerungsanteil: <15 Jahre 14.3 %, 15-64 Jahre 66.7 %, >64 Jahre 19 %
Verteilung: Stadt 58.3 %, Land 41.7 %
Wachstum 2019: 0.6 %
Lebenserwartung: Frauen 84 Jahre, Männer 79 Jahre
Alphabetenrate: Frauen 99 %, Männer 99 %
Ethnische Gruppen: Österreicher, Deutsche, Bosniaken, Türken, Serben, Rumänen u. a.
Religionen: Christen 69 %, Muslime 7.9 %
Sprachen: Deutsch, Minderheitensprachen

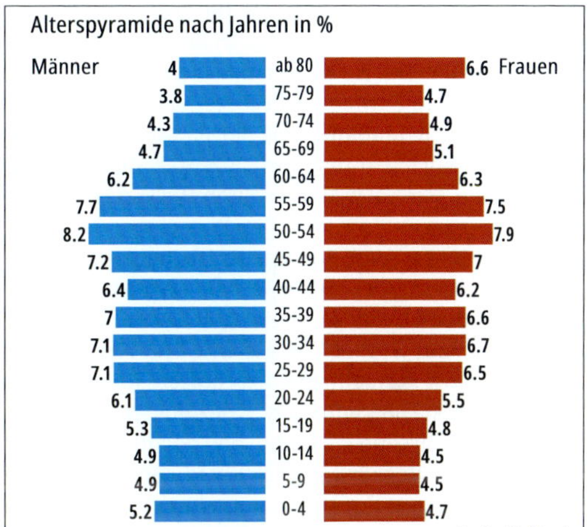

Quelle: Weltbank

WIRTSCHAFT UND VERKEHR

BIP: 446.32 Mrd. US-$
Wachstum BIP 2019: 1.6 %
BNE/Kopf: 50 023 US-$
Inflation: 1.5 %
Außenhandel: Import 184.96 Mrd. US-$, Export 179.02 Mrd. US-$
Erwerbstätige nach Sektoren: Landwirtschaft 3.6 %, Industrie 25.3 %, Dienstleistungen 71.1 %
Arbeitslosenquote: 4.8 %
Energieverbrauch/Kopf: 3 800 kg ÖE
Straßennetz: 137 039 km
Eisenbahnnetz: 5 804 km

VERWALTUNGSGLIEDERUNG

Verwaltungseinheit	Fläche in km²	Einwohner	Hauptstadt
Burgenland	3 962	294 466	Eisenstadt
Kärnten	9 538	561 390	Klagenfurt
Land Salzburg	7 156	558 479	Salzburg
Land Wien	415	1.9 Mio.	Wien
Niederösterreich	19 186	1.7 Mio.	St. Pölten
Oberösterreich	11 980	1.5 Mio.	Linz
Steiermark	16 401	1.2 Mio.	Graz
Tirol	12 640	757 852	Innsbruck
Vorarlberg	2 601	397 094	Bregenz

RÜCKBLICK

Nach der Ibiza-Affäre um den damaligen Vizekanzler Heinz-Christian Strache (FPÖ) und dem Ende der Regierung Sebastian Kurz (ÖVP) regierte seit Juni 2019 eine Beamtenregierung. Die vorgezogenen Nationalratswahlen am 27.9.2019 veränderten die politische Landschaft: In Koalition mit der ÖVP waren seit Januar 2020 erstmals die Grünen an einer Bundesregierung beteiligt. In der Corona-Krise wurden Tiroler Skiorte zu Hotspots, von denen aus sich das Virus in Europa verbreitete. In Österreich selbst gelang die Eindämmung der Pandemie relativ schnell. Dennoch war der April 2020 der Monat mit den meisten Toten seit dem Zweiten Weltkrieg.

Regierung, Verfassung, Parlament: Die **Regierung von Bundeskanzlerin Brigitte Bierlein** stellte keinen eigenen Haushalt auf, sondern agierte innerhalb der Ansätze der ÖVP-FPÖ-Regierung und bemühte sich, möglichst **sparsam** zu wirtschaften. In den meisten Ministerien wurde z. B. der Posten des Generalsekretärs nicht besetzt, der normalerweise Vertretern der Regierungsparteien vorbehalten ist. Die Werbebudgets der Regierung wurden um ein Drittel gekürzt. Die Übergangsregierung **verzichtete auch auf größere politische Initiativen**.
Als Konsequenz aus der Ibiza-Affäre verabschiedeten Nationalrat (3.7.2019) und Bundesrat (4.7.) mit den Stimmen von SPÖ und FPÖ eine **Reform der Parteienfinanzierung**. Seit dem 9.7. **müssen Parteispenden über 2 500 €** sofort dem Rechnungshof gemeldet werden (vorher 50 000 €). Einzelpersonen und Unternehmen dürfen jährlich maximal 7 500 € spenden. Pro Kalenderjahr darf eine Partei insgesamt nur noch 750 000 € Spenden annehmen. Verschärft wurden auch die Strafen für die Überschreitung der Höchstgrenze für Wahlkampfbudgets von 7 Mio. €. Neu ist ein Bonus von 3 % beim Fraktionszuschuss für Parteien, deren Abgeordnete mindestens zu 40 % Frauen sind.

Bei der vorgezogenen Nationalratswahl am 29.9.2019 waren 6.4 Mio. Österreicher zur Stimmabgabe aufgerufen. Größter **Wahlgewinner war die ÖVP** (Liste Sebastian Kurz – die neue Volkspartei), die mit 37.5 % ein Plus von 6 Prozentpunkten gegenüber der Wahl 2017 erreichte. Die FPÖ stürzte nach der Ibiza-Affäre auf 16.3 % (-9.8) ab und landete nur noch auf dem dritten Platz hinter der SPÖ. Die Sozialdemokraten erzielten mit 21.2 % (-5.7) trotzdem ihr historisch schlechtestes Ergebnis. Zu den Gewinnern zählten neben der ÖVP die Grünen, die nach ihrem Nationalratsaus 2017 mit 13.9 % (+10.9) wieder in das Parlament einzogen. NEOS konnte mit 8.1 % (+2.8) ebenfalls dazugewinnen. Die Liste Jetzt des ehemaligen Grünen-Politikers Peter Pilz schaffte es mit 1.9% (-2.5) nicht wieder in den Nationalrat.
Der neue Nationalrat konstituierte sich am 23.10.2019. Die 183 Abgeordneten wählten Wolfgang Sobotka (ÖVP) erneut zu ihrem Präsidenten. Zweite Nationalratspräsidentin wurde Doris Bures (SPÖ) und dritter Präsident Norbert Hofer (FPÖ). Gegen Hofer war die Grüne Eva Blimlinger angetreten, konnte aber nur 34 Stimmen auf sich vereinen. Die ÖVP nahm am 8.10. **Sondierungsgespräche** mit allen im Nationalrat vertretenen Parteien auf. FPÖ (11.10.), SPÖ (18.10.) und NEOS (24.10.) beendeten die Gespräche nach der ersten bzw. zweiten Runde. ÖVP und Grüne einigten sich trotz stark unterschiedlicher Wahlprogramme auf **Koalitionsverhandlungen**, die am 18.11. begannen.
Am 1.1.2020 verständigten sich die Verhandler auf ein **Regierungsprogramm**: Darin setzten sich ÖVP und Grüne zum Ziel, Österreich bis 2040 klimaneutral zu machen. Strom soll bereits ab 2030 ausschließlich aus erneuerbaren Energiequellen kommen. Die öffentlichen Verkehrsmittel sollen ausgebaut und ein einheitliches Österreichticket eingeführt werden. Das Amtsgeheimnis soll abgeschafft und stattdessen ein Recht auf Informationsfreiheit geschaffen werden, sowohl gegenüber Behörden als auch gegenüber öffentlichen Unternehmen. Beide Parteien einigten sich außerdem auf eine Steuerreform. In der Migrationspolitik setzte sich die ÖVP weitgehend durch: Rückkehrzentren und eine Betreuungsagentur sollen dafür sorgen, dass abgelehnte Asylbewerber Österreich schneller verlassen. Zudem soll es eine Sicherungshaft für potenzielle Gefährder geben. Das Kopftuchverbot an Schulen soll für Mädchen bis zum Alter von 14 Jahren gelten (bisher 10 Jahre). Es sei gelungen, „das Beste aus beiden Welten zu vereinen", lobte ÖVP-Chef Kurz das Programm. Am 3.1. stimmte der Parteivorstand der ÖVP für den Koalitionsvertrag. Am 4.1. folgte der Parteitag der Grünen mit 93.2 %.

Bundespräsident van der Bellen ernannte die **neue Regierung unter Bundeskanzler Sebastian Kurz** am 7.1.2020. Neben dem Kanzler stellte die ÖVP zehn Minister, die Grünen bekamen vier Ressorts. Erstmals waren mehr Frauen (8) als Männer (7) Mitglied der Regierung. **Vizekanzler wurde Grünenchef Werner Kogler**, der zugleich für Sport, Kultur und den öffentlichen Dienst zuständig ist.

Weitere Themen: Kurz vor der Nationalratswahl verabschiedete der Nationalrat am 19.9.2019 mit den Stimmen von ÖVP und FPÖ eine **Steuerreform**. Sie **entlastete** ab dem Jahr 2020 **vor allem Geringverdiener**, die wenig bis keine Steuern zahlen. Sie erhalten am Ende des Jahres jeweils bis zu 300 € Sozialversicherungsbeiträge zurück. Gleiches gilt für Rentner mit geringen Einkommen. Außerdem wurden gleichzeitig die Renten außerplanmäßig erhöht. Selbstständige und Unternehmer profitierten von einer Senkung der Krankenkassenbeiträge um 0.85 Prozentpunkte.
Am 20.7.2019 berichtet die Tageszeitung Kurier über die **Schredder-Affäre**. Danach hatte das Bundeskanzleramt wenige Tage nach Bekanntwerden der Ibiza-Affäre fünf Festplatten bei einer Entsorgungsfirma vernichten lassen. Ein Mitarbeiter aus dem Bundeskanzleramt gab dabei einen falschen Namen an und bezahlte die Rechnung nicht. Die Wirtschafts- und Korruptionsstaatsanwaltschaft ermittelte, sah jedoch keinen Zusammenhang zum Ibiza-Video (2.9.). Im März 2020 wurde bekannt, dass einer der Ermittler für die ÖVP bei Gemeinderatswahlen angetreten war. Dieser Polizist hatte dem Kanzleramtsmitarbeiter Handy und Laptop zurückgegeben, ohne dass diese durchsucht worden waren.
Der Nationalrat setzte am 22.1.2020 den **Ibiza-Untersuchungsausschuss** ein, um die mutmaßliche Käuflichkeit der ÖVP-FPÖ-Bundesregierung zu prüfen. Neben dem Ibiza-Video und dem Verhalten des damaligen FPÖ-Vorsitzenden Heinz-Christian Strache vor der Wahl 2017 befasst sich der Ausschuss mit der **Casinos-Affäre** um die Bestellung des FPÖ-Politikers Peter Sidlo zum Finanzvorstand der Casino Austria AG im März 2018. Sie war vorzeitig erfolgt und kostete den Steuerzahler 7.5 Mio € Abfindungen für bisherige Vorstände. Ebenfalls Thema ist die **Schredder-Affäre** im Bundeskanzleramt. Den Vorsitz im Ausschuss übernahm Nationalratspräsident Sobotka (ÖPV).
Wegen der Corona-Krise kam der Ausschuss erst am 4.6. zu seiner ersten Arbeitssitzung zusammen. Befragt wurde u. a. Strache und dessen Vertrauter Johann Gudenus. Am 23.6. waren Kanzler Kurz und am 26.6. Finanzminister Gernot Blümel (ÖVP) geladen. Beide offenbarten große Gedächtnislücken und verwiesen auf gelöschte SMS und Laptops. Oppositionsvertreter forderten die Ablösung des Ausschussvorsitzenden Sobotka wegen Befangenheit.
Am 20.2.2020 wurde Details aus einem Bericht des Bundeskriminalamts an die Wirtschafts- und Korruptionsstaatsanwaltschaft bekannt. Danach erhielten vier **FPÖ-nahe Vereine** über Jahre mehrere 100 000 Euro an **Spenden am Rechnungshof vorbei**. Zu den Großspendern gehörten der Waffenhersteller Steyr Arms, der Glücksspielkonzern Novomatic und die Vermögensverwaltung Ilag. Strache hatte im Ibiza-Video von diesem Weg der Verschleierung von Parteispenden gesprochen.
Der **parlamentarische Untersuchungsausschuss zur Verfassungsschutz-Affäre** (BVT-Affäre) legte am 18.9.2019 seinen Abschlussbericht vor. Darin kritisierten die Parlamentarier den ehemaligen Innenminister Herbert Kickl (FPÖ) wegen versuchter Einflussnahme auf die Justiz. Der Wirtschafts- und Korruptionsstaatsanwaltschaft warf die Ausschussmehrheit vor, dass sie sich von Kickls Mitarbeitern beeinflussen ließ.
Nachdem am 12.11.2019 interne Verfassungsschutzberichte bekannt geworden waren, wonach befreundete Nachrichtendienste erhebliche Sicherheitsmängel beim BVT festgestellt hatten, setzte Innenminister Wolfgang Peschorn am 15.11. einen externen Prüfer ein, um die undichte Stelle zu finden. Peschorns Nachfolger, Innenminister Karl Nehammer (ÖVP), kündigte am 13.2.2020 eine **grundlegende Reform des Bundesamts für Verfassungsschutz und Terrorismusbekämpfung (BVT)** an. In der Behörde sollen künftig nachrichtendienstliche und polizeiliche Befugnisse klarer getrennt werden. Außerdem soll die Abhörsicherheit verbessert und das Personal kritischer ausgewählt werden. Ein international besetztes Expertengremium soll bis Ende 2020 Vorschläge für die Reform erarbeiten, die dann im ersten Halbjahr 2021 umgesetzt werden sollen.
Der Verteidigungsminister der Expertenregierung Thomas Starlinger legte am 17.9.2019 den **Lagebericht zum Zustand des Bundesheeres** vor. Danach war das Heer aufgrund eines Investitionsstaus nicht mehr in der Lage, die Bevölkerung umfassend zu schützen. Der Bericht monierte gravierende Ausrüstungsmängel und zu wenig Personal. Starlinger empfahl ein höheres reguläres Budget sowie umfassende Investitionen. Allein zur Finanzierung der laufenden Ausgaben müsste das Verteidigungsbudget laut Starlinger 2020 von 2.4 Mrd. € auf 3.1 Mrd. € aufgestockt werden. Bis 2030 sollte es auf 5.6 Mrd. € anwachsen. Zusätzlich wären bis 2030

16.2 Mrd. € an Investitionen nötig.
Die neue Regierung sah das ganz anders: Im Haushalt 2020 war mit 2.6 Mrd. € ein leicht höheres Budget vorgesehen. Es soll jedoch laut Finanzrahmen bereits 2021 wieder auf 2.5 Mrd. € sinken.
Am 24.6. berichteten mehrere Medien über **Pläne** von Verteidigungsministerin Klaudia Tanner (ÖVP) **für eine Verschlankung des Bundesheeres**. Danach sollen Aufgabe und Ausrüstung auf wahrscheinliche Bedrohungsszenarien ausgerichtet werden und Pensionierungen für eine Reduzierung der Truppenstärke und Anzahl von Kasernen genutzt werden. Die Verteidigung gegen konventionelle Angriffe und Terrorismusabwehr galten als wenig wahrscheinlich. Investieren wollte Tanner lediglich in Cyber- und Drohnenabwehr sowie in die Miliz. Bundespräsident van der Bellen als Oberbefehlshaber zitierte Ministerin Tanner daraufhin zum Gespräch. Hinterher bezeichnete sie die Landesverteidigung als Kernaufgabe des Heeres.

Bundesländer: Die **Landtagswahl in Vorarlberg** am 13.10.2019 brachte eine Bestätigung der bisherigen schwarz-grünen Regierung unter Landeshauptmann Markus Wallner (ÖVP). ÖVP (43.5 %, +1.7) und Grüne (18.9 %, +1.8) gewannen jeweils leicht hinzu. Auch SPÖ (9.5 %, +0.7) und NEOS (8.5 %, +1.6) konnten sich behaupten. Großer Verlierer der Wahl war die FPÖ (13.9 %, -9.5). Die Wahlbeteiligung sank von 64.3 % (2014) auf 61.4 %. ÖVP und Grüne einigten sich bis zum 4.11. auf ein neues Regierungsprogramm. Im Mittelpunkt steht der Klimaschutz. Bis 2030 soll der Strom komplett aus Erneuerbaren Energien kommen. In der konstituierenden Sitzung des neuen Landtags am 6.11. wurde die neue Regierung unter Landeshauptmann Wallner gewählt. Die ÖVP stellt fünf Regierungsmitglieder, die Grünen zwei.
In der Steiermark beantragte die FPÖ im Landtag am 26.8.2019 Neuwahlen und begründete dies mit einem Stillstand in der Landespolitik. Am 5.9. löste sich der Landtag mit den Stimmen von ÖVP, FPÖ und Grünen auf und bestimmte den 24.11. als Termin für die **vorgezogene Landtagswahl**. Im Sog der Nationalratswahlen gewannen ÖVP und Grüne deutlich dazu: Die ÖVP von Landeshauptmann Hermann Schützenhöfer kam auf 36.1 % (+7.6) und überholte damit den Koalitionspartner SPÖ als stärkste Fraktion. Die Grünen verdoppelten ihr Ergebnis von 2015 fast auf 12.1 % (+5.4). Die NEOS zogen mit 5.4 % (+ 2.7) erstmals in den steierischen Landtag ein. Die KPÖ verbesserte sich auf 6 % (+1.8). Die SPÖ kam nur noch auf 23 % (-6.3), die FPÖ stürzte auf 17.5 % (-9.3) ab. ÖVP und SPÖ einigten sich am 30.11. auf Koalitionsverhandlungen. Am 16.12. stellten beide Parteien ihr Regierungsprogramm vor. Schwerpunkt soll die Sanierung der Landesfinanzen sein. Die ÖVP erhielt fünf Landesräte, die SPÖ drei. Am 17.12. wählte der steierische Landtag die Regierung von Landeshauptmann Schützenhöfer.
Im Burgenland hatte Landeshauptmann Hans Peter Doskozil (SPÖ) wegen der Ibiza-Affäre im Mai 2019 vorgezogene Neuwahlen angekündigt. Am 17.10. beschloss der Landtag seine Auflösung. Statt im Mai 2020 wählten die Burgenländer deshalb bereits am 26.1.2020. Gegen den Bundestrend **gewann die SPÖ**, die als „Liste Doskozil" angetreten war, und erreichte mit 49.9 % (+8) sogar **die absolute Mehrheit**. Der bisherige Koalitionspartner FPÖ kam nur noch auf 9.8 % (-5.3). Die ÖVP konnte sich als zweitstärkste Fraktion leicht auf 30.6 % (+1.5) verbessern. Auch die Grünen profitierten nicht vom Bundestrend (6.7 %, +0.3). Das Bündnis Liste Burgenland ist mit 1.3 % (-3.6) nicht mehr im Landtag vertreten. Die SPÖ-Alleinregierung wurde am 27.2. mit 35 von 39 Stimmen gewählt. Alle SPÖ-Minister behielten ihr Amt, so dass die Landesregierung von sieben auf fünf Ressorts verkleinert wurde.

Corona: Die ersten beiden bestätigten Covid-19-Fälle wurden am 25.2.2020 in Innsbruck festgestellt, der erste Corona-Todesfall am 12.3. in Wien.
Anfang März wurde **Ischgl** zu einem Hotspot der Pandemie. Am 4.3. stufte Island den Tiroler Skiort als Hochrisikogebiet ein, nachdem sich dort mehrere isländische Skifahrer infiziert hatten. Am 7.3. wurde der **Barkeeper** der bekannten **Après-Ski-Bar „Kitzloch" positiv getestet**, später mehrere Mitarbeiter der Bar. Am 9.3. wurde das „Kitzloch" geschlossen, am 10.3. alle Après-Ski-Bars. Am 12.3. wurde das vorzeitige Ende die Skisaison in Ischgl für den 14.3. angekündigt. In ganz Tirol endete die Saison am 16.3. Bereits am 13.3. hatte die Bundesregierung eine Quarantäne über Ischgl und das Paznauntal verhängt. Überstürzt abreisende Touristen und auswärtige Mitarbeiter verbreiteten das Virus in Europa. Die **Staatsanwaltschaft** Innsbruck ermittelt seit dem 24.3. wegen des Verdachts der Gefährdung von Menschen durch übertragbare Krankheiten. Außerdem untersucht seit dem 3.6. eine Kommission das Krisenmanagement in Tirol.
Für Gesamtösterreich verbot die Bundesregierung am 10.3. größere Veranstaltungen. **Hochschulen** und Oberstufenschulen stellten ab dem 16.3. auf Online-Betrieb um, ab dem 18.3. auch die übrigen Schulen. Ab dem 16.3. mussten auch alle nicht für die Grundversorgung nötigen **Geschäfte** schließen, Restaurants und Bars ab dem 17.3. Ab dem 20.3. empfahl die Regierung allen Unternehmen und Be-

hörden, auf **Homeoffice** umzustellen. Ab dem 30.3. galt eine **Maskenpflicht** in Supermärkten, ab dem 14.4. auch in anderen Geschäften und in öffentlichen Verkehrsmitteln.
Als die Covid-19-Zahlen deutlich gesunken waren, nahm die Regierung ab dem 14.4. die **Maßnahmen schrittweise zurück**: Zuerst durften Geschäfte wieder öffnen. Ab dem 4.5. **öffneten die Schulen** für die Abschlussjahrgänge, die Grundschüler folgten am 18.5., ab dem 3.6. die älteren Schüler. **Restaurants** nahmen ihren Betrieb am 15.5. wieder auf. Am 15.6. lockerte die Regierung die Maskenpflicht: Der Mund-Nasen-Schutz musste nur noch in öffentlichen Verkehrsmitteln und in Gesundheitseinrichtungen getragen werden. Seitdem stieg die Zahl der aktiven Covid-19-Fälle.
Um die Folgen der Corona-Pandemie für Betriebe und Arbeitnehmer abzumildern, kündigte die Bundesregierung am 15.3. ein **erstes Hilfspaket** von 4 Mrd. € an. Die Mittel für Kurzarbeit wurden aufgestockt, Unternehmen konnten die Steuern und Sozialabgaben stunden und bekamen Garantiezusagen für Kredite. Am 30.4. erhöhte die Regierung die Mittel für Kurzarbeit auf insgesamt 10 Mrd. €. Bis dahin hatten Unternehmen 1.2 Mio. Menschen in Kurzarbeit geschickt. Trotzdem verdoppelte sich die **Zahl der Arbeitslosen** im April auf 522 000 im Vergleich zum Vorjahresmonat (296 000) fast. Im Juni 2020 war die Zahl der Arbeitslosen jedoch bereits wieder auf 414 000 gesunken.
Den **ersten Haushalt der ÖVP-Grünen-Koalition** verabschiedete der Nationalrat am 29.5.2020. Er enthielt bereits Hilfsprogramme im Rahmen der Corona-Krise und umfasste Ausgaben in Höhe von 102.4 Mrd. € bei Einnahmen von 81.8 Mrd. €. Das Defizit betrug 20.6 Mrd. €. Davon sind 20 Mrd. € im Krisenbewältigungsfonds gebunden.
Am 15.6. kündigte die Regierung ein **Konjunkturpaket von 19 Mrd. €** an, um die Wirtschaft wieder in Gang zu bringen. Es sah vor, Investitionen durch eine Prämie zu fördern, mit einem Schwerpunkt auf Umwelt- und Klimaschutz. Der Mehrwertsteuersatz für die Gastronomie, Beherbergung, Kultur, Zoos und Parks sowie Bäcker und Fleischer wurde vorübergehend von 10 auf 5 % gesenkt. Unternehmen sollen Verluste außerdem nachträglich mit Gewinnen in den Jahren 2018/19 verrechnen können. Arbeitslose erhielten einmalig 450 €. Gleichzeitig sollte der Eingangssteuersatz von 25 auf 20 % sinken, so dass Geringverdiener entlastet wurden.

Osttimor

▸ 703

Ländername	Demokratische Republik Timor-Leste
Zeitzone	MEZ +8 h
Fläche in km²	14 870
Anzahl der Einwohner	1.3 Millionen
Einwohnerzahl pro km²	87
Hauptstadt	Dili
Amtssprache	Tetum, Portugiesisch
Verwaltungsgliederung	12 Gemeinden und 1 Sonderverwaltungsregion
Wichtige Städte	Dili, Baucau, Maliana, Lospalos, Same
Autokennzeichen | ISO-Code	TL | TLS
Währung	1 US-Dollar = 100 Cents
Nationalfeiertag	20. Mai, 28. November

Das südostasiatische Land auf der Insel Timor erhielt 2002 die Unabhängigkeit, nach langer portugiesischer Kolonialzeit und indonesischer Fremdherrschaft. Um eine stabile politische und wirtschaftliche Entwicklung zu erreichen, ist das Land außenpolitisch vor allem auf gute Beziehungen zu Australien und Indonesien angewiesen.

GEOGRAFIE

Geografische Lage: Von 8° 08' bis 9° 31' südlicher Breite sowie von 124° 02' bis 127° 19' östlicher Länge
Höchster Punkt: Tatamailau 2963 m
Zugehöriges: Oe-Cusse Ambeno (Exklave)
Klima: Tropisches Monsunklima

POLITIK

Staatsform: Parlamentarische Republik
Staatsoberhaupt: Präsident
Legislative: Nationalparlament mit 65 für 5 Jahre gewählten Mitgliedern
Jahr der Verfassung: 2002
Wahlrecht: 17 Jahre
Staatsreligion: Keine

BEVÖLKERUNG

Bevölkerungsanteil: <15 Jahre 37.3 %, 15-64 Jahre 58.4 %, >64 Jahre 4.3 %
Verteilung: Stadt 30.9 %, Land 69.1 %
Wachstum 2019: 2 %
Lebenserwartung: Frauen 72 Jahre, Männer 68 Jahre
Alphabetenrate: Frauen 64.2 %, Männer 71.9 %
Ethnische Gruppen: Tetum, Mambai, Tokodede, Galoli, Kemak, Baikeno, Bunak, Fataluku, Bakasai u. a.
Religionen: Christen 99.6 %
Sprachen: Tetum, Portugiesisch, Indonesisch, Englisch, Regionalsprachen

WIRTSCHAFT UND VERKEHR

BIP: 1.67 Mrd. US-$
Wachstum BIP 2019: 3.4 %
BNE/Kopf: 2 263 US-$
Inflation: 0.1 %
Außenhandel: Import 591 Mio. US-$, Export 154 Mio. US-$
Erwerbstätige nach Sektoren: Landwirtschaft 44.5 %, Industrie 9.7 %, Dienstleistungen 45.8 %
Arbeitslosenquote: 4.5 %
Energieverbrauch/Kopf: Keine Angabe
Straßennetz: 6 040 km
Eisenbahnnetz: Keine Angabe

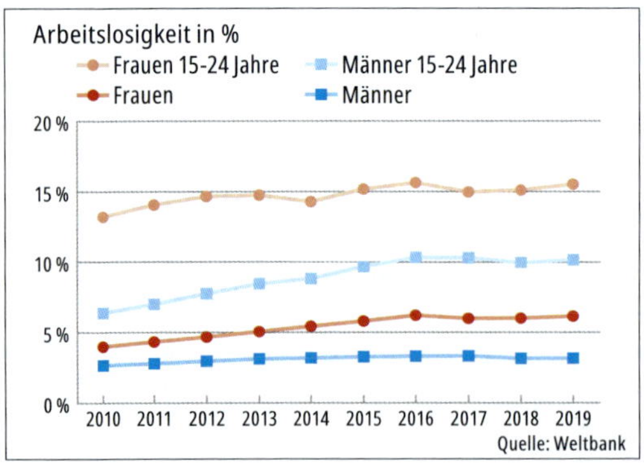

RÜCKBLICK

Unabhängigkeitsjubiläum: Vom 29.7.-31.8.2019 fanden landesweit Feiern zum 20. Jubiläum des von der UN 1999 organisierten Referendums statt, mit dem der entscheidende Schritt zur Unabhängigkeit getan worden war. Damals nahmen trotz Einschüchterung durch die indonesischen Besatzungstruppen mehr als 98 % an der Volksbefragung teil; 78.5 % der Wähler votierten für die staatliche Unabhängigkeit, 21.5 % für eine Autonomie innerhalb Indonesiens. Anschließend waren im Rahmen einer brutalen Vergeltungsaktion des indonesischen Militärs etwa 2 000 Timorer umgebracht worden. Vor den Jubiläumsfeiern waren freigegebene US-Regierungsdokumente bekannt geworden, die das damalige Taktieren der USA und Australiens, deren Regierungen über die Menschenrechtsverbrechen der indonesischen Besatzer im Bilde waren, in wenig günstigem Licht erscheinen ließ. Ungeachtet dessen war der australische Premier Scott Morrison Ehrengast der Abschlussveranstaltung in Dili – Australien hatte nach dem Referendum eine UN-Friedensmission angeführt, die den friedlichen Übergang zur Unabhängigkeit 2002 ermöglichte. Hochrangige indonesische Repräsentanten waren nicht anwesend – am 29.8.2019 wurde aber nach dem damaligen indonesischen Präsidenten Jusuf Habibie, der das Referendum gegen Widerstände im eigenen Land durchgesetzt hatte, eine Brücke benannt, was öffentliche Kritik provozierte.

Seegrenze: Am 30.8.2019 tauschten Premierminister Taur Matan Ruak und sein australischer Amtskollege Scott Morrison in Dili die Ratifizierungsurkunden des im März 2018 in New York unterzeichneten Vertrags über die gemeinsame Seegrenze aus. Darin wurde nicht nur der Grenzverlauf entlang der geografischen Mittellinie zwischen beiden Ländern, sondern auch der Verteilungsschlüssel für das grenzübergreifende **Erdgasfeld „Greater Sunrise"** festgelegt. Diese Frage hatte über Jahre zu Spannungen geführt, weil sich die Timorer bei einer Vereinbarung von 2004 übervorteilt glaubten. Morrison dementierte, dass Australien rückwirkend Entschädigungen zahlen werde; gleichzeitig gab Canberra eine Finanzhilfe an Osttimor über 100 Mio. US-$ bekannt.

Wirtschaft: 2019 wuchs die Wirtschaft nach zwei schwachen Jahren. Höhere Einnahmen aus Rohstoffen und niedrigere Importpreise führten zu einer positiven Leistungsbilanz. Uneinigkeit der Koalitionspartner bei der Aufstellung eines Haushalts für 2020 und die Maßnahmen zur Abwehr der Corona-Pandemie belasteten 2020 die wirtschaftliche Entwicklung.

Pakistan

▸ 692

Ländername	Islamische Republik Pakistan
Zeitzone	MEZ +4 h
Fläche in km²	796 100
Anzahl der Einwohner	216.6 Millionen
Einwohnerzahl pro km²	272
Hauptstadt	Islamabad
Amtssprache	Urdu, Englisch
Verwaltungsgliederung	4 Provinzen, 2 Gebiete und 1 Hauptstadtterritorium
Wichtige Städte	Karatschi, Lahore, Faisalabad, Rawalpindi, Gujranwala, Peshawar, Multan, Hyderabad, Islamabad, Quetta
Autokennzeichen | ISO-Code	PK | PAK
Währung	Pakistanische Rupie
Nationalfeiertag	23. März

Pakistan ist ein noch junges Land, das mit der Unabhängigkeit des kolonialen Britisch-Indiens 1947 erstmals auf der politischen Landkarte Südasiens erschien und in seinen heutigen Grenzen erst seit 1971 besteht. Die spannungsreiche Beziehung zu Indien und die Entwicklung in Afghanistan beeinflussen den politischen Kurs des von einer fortschreitenden Islamisierung der Gesellschaft geprägten Staates.

GEOGRAFIE

Geografische Lage: Von 23° 42' bis 37° 03' nördlicher Breite sowie von 60° 51' bis 77° 03' östlicher Länge
Höchster Punkt: K2 8611 m
Klima: Trockenheißes Monsunklima, im Norden winterkaltes Gebirgsklima

POLITIK

Staatsform: Parlamentarische Bundesrepublik
Staatsoberhaupt: Präsident
Legislative: Parlament, bestehend aus Nationalversammlung mit 342 für 5 Jahre gewählten Mitgliedern und Senat mit 104 für 6 Jahre gewählten Mitgliedern (alle 3 Jahre teilerneuert)
Jahr der Verfassung: 1973
Wahlrecht: 18 Jahre
Staatsreligion: Islam

BEVÖLKERUNG

Bevölkerungsanteil: <15 Jahre 35.3 %, 15-64 Jahre 60.4 %, >64 Jahre 4.3 %
Verteilung: Stadt 36.7 %, Land 63.3 %
Wachstum 2019: 2.1 %
Lebenserwartung: Frauen 68 Jahre, Männer 66 Jahre
Alphabetenrate: Frauen 46.5 %, Männer 71.1 %
Ethnische Gruppen: Panjabi, Paschtunen, Sindhi, Saraiki, Muhadschir, Belutschen u. a.
Religionen: Muslime 96.4 %, Sonstige 3.6 %
Sprachen: Urdu, Englisch, Panjabi, Sindhi, Paschtu, Belutschi

WIRTSCHAFT UND VERKEHR

BIP: 278.22 Mrd. US-$
Wachstum BIP 2019: 1 %
BNE/Kopf: 1 388 US-$
Inflation: 10.6 %
Außenhandel: Import 50.46 Mrd. US-$, Export 23.35 Mrd. US-$
Erwerbstätige nach Sektoren: Landwirtschaft 36.7 %, Industrie 25.3 %, Dienstleistungen 38 %
Arbeitslosenquote: 4.5 %
Energieverbrauch/Kopf: 460 kg ÖE
Straßennetz: 263 775 km
Eisenbahnnetz: 11 881 km

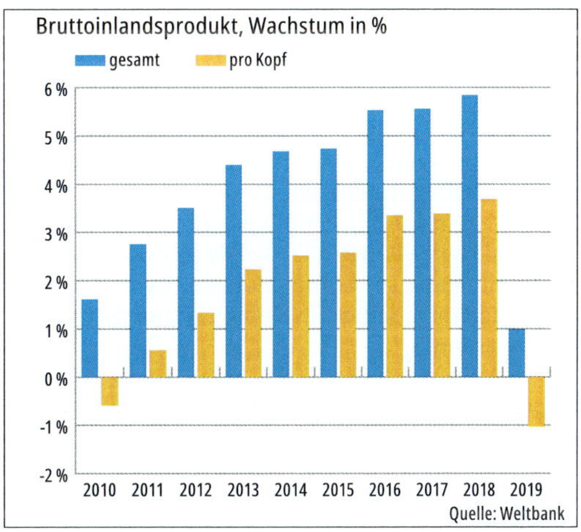

RÜCKBLICK

Unterstützt vom Militär, setzte die Regierung Opposition und Medien unter Druck. Die Außenpolitik war durch den Kashmirkonflikt dominiert, die Wirtschaft geriet in eine tiefe Krise.

Protest: Seit dem 1.11.2019 veranstalteten etwa 50 000 Anhänger der Jamiat Ulema-e-Islam (JUI-F) Straßenblockaden in Islamabad, die sich auf Befehl ihres Führers Maulana Fazl ur Rehman auf einen **„Freiheitsmarsch" in die Hauptstadt** begeben hatten. Rehman forderte ultimativ den Rücktritt des Premierministers Imran Kahn (PTI) und drohte mit einem Sturm seiner Anhänger auf das Regierungsviertel. Hauptvorwürfe gegen den Regierungschef waren eine zu nachsichtige Behandlung der von den Islamisten als Häretiker angesehenen Ahmadis, sowie die Abhängigkeit vom Militär und angeblichen Geldgebern in Israel und Indien. Auch die gemäßigteren Oppositionsparteien PML-N und PPP, die sich von den Straßenblockaden distanzierten, schlossen sich der Rücktrittsforderung an. Nach **Verhandlungen der islamistischen JUI-F mit der militärnahen Regierungspartei PML-Q** verkündete Rehman am 13.11. das Ende der Proteste. Eine Erklärung eines Armeesprechers am 18.11.2019, in der die Einmütigkeit zwischen Armeeführung und PTI betont wurde, beendete die Spekulationen über einen baldigen Sturz Imran Kahns.

Armee: Im August 2019 verlängerte Premierminister Imran Kahn die am 27.11.2019 endende Amtszeit des Chefs des Armeestabs, Qamar Javed Bajwa, doch wurde diese Entscheidung vom Obersten Gerichtshof am 26.11.2019 aufgehoben. Am 7.1.2020 verabschiedeten Nationalversammlung und Senat im Eilverfahren mit Zustimmung der Regierungsparteien und der Oppositionsparteien PPP und PML-N rückwirkend zum 27.11.2019 Novellen der Gesetze über Armee, Luftwaffe und Marine: Sie legten die Altersgrenze für Ernennungen der Chefs der Teilstreitkräfte auf 64 Jahre fest; das Regelpensionsalter für Generäle unterhalb des Vier-Sterne-Rangs blieb bei 60 Jahren. Bajwas Amtszeit wurde so bis zum 29.11.2022 ausgedehnt, während einige seiner Rivalen bis dahin pensioniert werden.

Opposition: Die Oppositionsparteien PML-N und PPP fanden sich im Sommer zu einer gemeinsamen parlamentarischen **Initiative zur Abwahl des Senatspräsidenten** zusammen, doch bei der Abstimmung am 1.8.2019 unterlagen sie überraschend, weil 14 ihrer Abgeordneten zur Regierung überwechselten. Der **Druck der Strafermittler gegen Oppositionspolitiker** wurde verschärft: Am 7.8.2019 wurden Ex-Finanzminister Miftah Ismail (PML-N) und die Vizepräsidentin der PML-N, Maryam Sharif, wegen Korruptionsvorwürfen inhaftiert; der amtierende Justizminister der Provinz Punjab, Rana Sanaullah (PML-N), wurde am 1.7.2019 wegen Drogenbesitzes in Haft genommen. Auch die PPP blieb im Fadenkreuz der Ermittler: Der Parteivorsitzende, Khurshid Shah, wurde am 18.9.2019 von der Anti-Korruptionsbehörde verhaftet. Die **Rechtsprechung höherer Gerichte** hob im November und Dezember zahlreiche Haftbefehle auf: Der seit Dezember 2018 einsitzende Vorsitzende der PML-N, Nawaz Sharif, wurde ebenso auf Kaution auf freien Fuß gesetzt wie der frühere PPP-Chef und Witwer Benazir Bhuttos, Azif Ali Zardari. Auch Khurshid Shah und Rana Sanaullah waren unter den Entlassenen.

Presse: Wiederholte Sendestörungen beim regierungskritischen Fernsehsender Geo TV seit Ende Juli 2019 lösten Vorwürfe der Zensur durch die Regierung aus. Am 12.3.2020 wurde der Eigentümer und Chefherausgeber der Mediengruppe Jang Geo, Mir Shakilur Rehman, wegen Unregelmäßigkeiten bei einem Immobiliengeschäft im Jahr 1986 verhaftet. Mitarbeiter und Journalistenverbände organisierten landesweite Proteste; sie beklagten den zunehmenden Druck auf Journalisten, die Parteien PPP, PML-N und JUI-F stellten gemeinsam beim High Court in Lahore Anträge auf Freilassung Shakilur Rehmans.

Musharraf: Das 2013 eingerichtete Sondertribunal verurteilte den im Exil in Dubai lebenden früheren Staats- und Militärchef Pervez Musharraf am 17.12.2019 wegen Hochverrats und Verfassungsbruchs im November 2007 in Abwesenheit zum Tode. Die Oppositionsparteien begrüßten das Urteil, die regierende PTI bezeichnete das Verfahren als unfair. Der von Musharraf angerufene Lahore High Court hob das Urteil am 13.1.2020 auf, weil das Sondertribunal selbst verfassungswidrig sei.

Außenpolitik: Nach der formellen Aufhebung der Autonomie von Jammu und Kashmir durch Indien am 5.8.2019 forderte Premierminister Imran Kahn in seiner Rede vor der **UN-Vollversammlung** am 27.9.2019 die Vereinten Nationen auf, die indische Politik in die Schranken zu weisen, und warnte vor einem atomaren Konflikt um Kashmir. Bei seinem **Besuch in Peking** am 8.10.2019 forderte Khan die Unterstützung Chinas ein, doch beim Treffen zwischen dem chinesischen Präsidenten Xi Jinping und dem indischen Premier Modi am 12.10.2019 vermied Xi eine Stellungnahme. Auch der Versuch Khans bei seinem **Treffen in Washington mit Donald Trump** am 22.7.2019 den nicht abgeneigten US-Präsidenten an einer Vermittlungsrolle zu interessieren, scheiterte am entschiedenen Widerspruch Neu-Delhis. Im Januar heizte eine von Peking beantragte **geheime Sitzung des UN-Sicherheitsrates über die Lage in Kashmir** am 15.1.2020 die Spannungen weiter an: Die pakistanische Armeeführung bekräftigte die Kampfbereitschaft der Streitkräfte, der indische Premier erklärte am 28.1., die indische Armee würde nur 7-10 Tage zur Niederwerfung der pakistanischen Armee benötigen.

Wirtschaft: Die **Abwertung der Rupie beschleunigte trotz schrumpfender Wirtschaft die Inflation.** Insbesondere die Preissteigerungen bei Agrarprodukten belasteten die Verbraucher. Eine schwere **Heuschreckenplage** in Sindh und Khyber Pakhtunkhwa veranlasste die Regierung am 31.1.2020, einen nationalen Notstand auszurufen. Die **Corona-Krise** traf das Land doppelt: Die am 14.3. verfügte Schließung der Landesgrenzen, die Schließung der Flughäfen am 21.3. und die seit dem 22.3. von den Provinzen verhängten Ausgangssperren drosselten die heimische Wirtschaft rapide, außerdem brachen die **Rücküberweisungen** von Wanderarbeitern, besonders aus Saudi-Arabien, ein. Die Weltbank prognostizierte 2020 einen Rückgang um 22 %. Der IWF bewilligte am 16.4.2020 einen Sofortkredit in Höhe von 1.4 Mrd. US-$, um die Folgen der Pandemie auf Pakistan abzufedern. Bereits am 3.7.2019 hatte der IWF einen **Haushaltskredit** in Höhe von 6 Mrd. US-$ mit einer Laufzeit von 39 Monaten bewilligt; dieser war an einen Schuldenabbau bei gleichzeitiger Erhöhung der Ausgaben für Armutsbekämpfung geknüpft. Die Sorge vor Sperrung der internationalen Hilfe führte zu Bemühungen, von der grauen **Liste mutmaßlicher Finanziers des Terrorismus** der Financial Action Task Force (FATF) gestrichen zu werden, die ungeachtet des Vorsitzes der VR China ultimative Auflagen machte. Die Verurteilung des Führers der radikal-islamistischen Jamaat-ut-Dawa, Hafiz Saeed, wegen Terrorfinanzierung zu 5 Jahren Haft am 12.2.2020 schuf etwas Entlastung. Eine starke Belastung waren Kreditverpflichtungen im Rahmen des chinesisch-pakistanischen Wirtschaftskorridors (CPEC). Im Juni 2020 untermauerte ein Regierungsbericht den Vorwurf überhöhter Forderungen chinesischer Unternehmen; allein bei Bau und Betrieb eines Kohlekraftwerks wurde der langfristige Schaden auf 3 Mrd. US-$ beziffert.

Palau

▸ 704

Ländername	Republik Palau
Zeitzone	MEZ +8 h
Fläche in km²	460
Anzahl der Einwohner	18 008
Einwohnerzahl pro km²	39
Hauptstadt	Ngerulmud (Melekeok)
Amtssprache	Palauisch, Englisch
Verwaltungsgliederung	16 Staaten
Wichtige Städte	Koror, Meyuns, Airai
Autokennzeichen | ISO-Code	PAL | PLW
Währung	1 US-Dollar = 100 Cents
Nationalfeiertag	9. Juli, 1. Oktober

Die westlichste Inselgruppe Mikronesiens besteht aus 241 Inseln und Eilanden. Dank seiner spektakulären Unterwasserwelt gehört das ehemalige US-Treuhandgebiet zu den schönsten Tauchrevieren der Welt.

GEOGRAFIE

Geografische Lage: Von 2° 57' bis 7° 44' nördlicher Breite sowie von 131° 08' bis 134° 40' östlicher Länge
Höchster Punkt: Mount Ngerchelchuus 242 m
Klima: Tropisches Klima

POLITIK

Staatsform: Präsidiale Republik
Staatsoberhaupt: Präsident
Legislative: Nationalkongress, bestehend aus Abgeordnetenhaus mit 16 für 4 Jahre gewählten Mitgliedern und Senat mit 13 für 4 Jahre gewählten Mitgliedern
Jahr der Verfassung: 1981
Wahlrecht: 18 Jahre
Staatsreligion: Keine

BEVÖLKERUNG

Bevölkerungsanteil: <15 Jahre 18.7 %, 15-64 Jahre 71.9 %, >64 Jahre 9.4 %
Verteilung: Stadt 80.5 %, Land 19.5 %
Wachstum 2019: 0.6 %
Lebenserwartung: Frauen 78 Jahre, Männer 71 Jahre
Alphabetenrate: Frauen 96.3 %, Männer 96.8 %
Ethnische Gruppen: Palauer, Asiaten u. a.
Religionen: Christen 81.7 %, Muslime 3 %, Ethnische 5.7 %, Sonstige 9.7 %
Sprachen: Palauisch, Englisch, Sonsorolesisch, Filipino u. a.

WIRTSCHAFT UND VERKEHR

BIP: 291 Mio. US-$
Wachstum BIP 2019: 0.3 %
BNE/Kopf: 16 736 US-$
Inflation: 0.6 %
Außenhandel: Import 158 Mio. US-$, Export 7 Mio. US-$
Erwerbstätige nach Sektoren: Keine Angabe
Arbeitslosenquote: Keine Angabe
Energieverbrauch/Kopf: Keine Angabe
Straßennetz: 125 km
Eisenbahnnetz: Keine Angabe

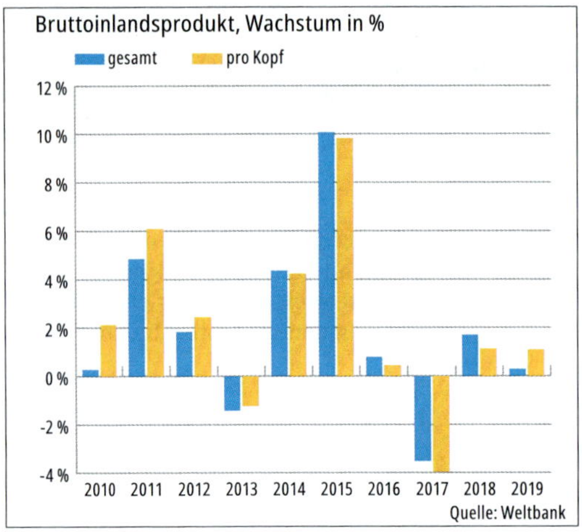

RÜCKBLICK

Wirtschaft: 2019 wuchs die Wirtschaft nur um 0.3 %. Hauptursache war die strategische Umorientierung des Fremdenverkehrs, die auf eine Ablösung des Massentourismus durch einen umweltschonenden Qualitätstourismus abzielt. Die Zahl der Touristen fiel um etwa 23 % und lag damit erstmals seit 2011 unter 100 000 im Jahr; besonders auffällig war der Rückgang der Gäste aus der Volksrepublik China. 2017 hatte Peking staatlichen Veranstaltern aus politischen Gründen untersagt, Reisen nach Palau zu vermitteln; doch auch aus Japan kamen etwa 20 % weniger Besucher, während die Anreisen aus Taiwan um 24 % zulegten. Insgesamt haben sich die Besucherzahlen seit ihrem Höhepunkt 2015 nahezu halbiert. Die Quarantänevorschriften seit Januar 2020 führten zu einem weiteren Einbruch, die Asiatische Entwicklungsbank prognostizierte eine Schrumpfung der Wirtschaft um 4.5 %. Infrastrukturinvestitionen wie der Bau eines Schlachthofs federten die Ausfälle etwas ab.

Fischerei: Seit dem 1.1.2020 war ein 2015 verabschiedetes Gesetz zur Einrichtung eines Marineschutzgebietes von 500 000 km² Ausdehnung in Kraft: In 80 % davon herrscht ein absolutes Fischfangverbot, in 20 % ist die Fischerei unter der Vorgabe erlaubt, den Fang in Palau zu entladen. Die Regierung versuchte Bedenken zu zerstreuen, es fehle an Personal zur Kontrolle. Im Oktober 2019 konnten Schwarzfischer nur mit Hilfe der australischen Luftwaffe aufgespürt werden, die zwei Wochen lang Beobachtungsflüge flog. Die Kontrollen von Ringwadennetz-Trawlern wurden wegen der Covid-19-Gefahr am 27.3.2020 ausgesetzt.

Steueroase: Am 18.2.2020 setzte die EU Palau auf die sogenannte **„schwarze" Liste der nicht-kooperativen Staaten**, auf der 12 Staaten und Überseegebiete stehen. Damit revidierte die EU ihre Entscheidung vom Oktober 2019, als Palau Gesetzesänderungen zugesagt hatte. Offenbar war Brüssel vom im Januar 2020 vollzogenen Beitritt Palaus zum Globalen Forum der OECD für Transparenz und Austausch von Steuerdaten nicht beeindruckt.

Corona: Durch strengste Quarantänemaßnahmen gelang es, den Ausbruch von Covid-19 zu verhindern. Ärzte aus Taiwan schulten medizinisches Personal, die USA unterstützten die Digitalisierung der Schulen mit 762 Mio. US-$, Australien gewährte eine Hilfe von 561 Mio. US-$ für die Verlegung eines zweiten Unterseekabels für schnelles Internet.

Panama

▸ 667

Ländername	Republik Panama
Zeitzone	MEZ -6 h
Fläche in km²	75 420
Anzahl der Einwohner	4.2 Millionen
Einwohnerzahl pro km²	56
Hauptstadt	Panama-Stadt
Amtssprache	Spanisch
Verwaltungsgliederung	10 Provinzen und 5 Territorien
Wichtige Städte	Panama-Stadt, San Miguelito, Las Cumbres, La Chorrera, Tocumen, Pacora
Autokennzeichen | ISO-Code	PA | PAN
Währung	1 Balboa = 100 Centésimos
Nationalfeiertag	3. November

Panamas Geschichte wurde geprägt von der Lage zwischen Pazifik und Atlantik. Nach der von den USA betriebenen Unabhängigkeit 1903 und der Fertigstellung des Panamakanals 1914 blieb das Land unter US-amerikanischem Einfluss. Erst Ende 1999 erloschen die Hoheitsrechte der USA über die Kanalzone.

GEOGRAFIE

Geografische Lage: Von 7° 12' bis 9° 37' nördlicher Breite sowie von 77° 10' bis 83° 03' westlicher Länge
Höchster Punkt: Barú 3475 m
Klima: Tropisches Klima

POLITIK

Staatsform: Präsidiale Republik
Staatsoberhaupt: Präsident
Legislative: Nationalversammlung mit 71 für 5 Jahre gewählten Mitgliedern
Jahr der Verfassung: 1972
Wahlrecht: 18 Jahre
Staatsreligion: Keine

BEVÖLKERUNG

Bevölkerungsanteil: <15 Jahre 26.8 %, 15-64 Jahre 64.9 %, >64 Jahre 8.3 %
Verteilung: Stadt 68.1 %, Land 31.9 %
Wachstum 2019: 1.7 %
Lebenserwartung: Frauen 82 Jahre, Männer 76 Jahre
Alphabetenrate: Frauen 94.9 %, Männer 96 %
Ethnische Gruppen: Mestizen, Guaymí, Kuna, Afrikaner, Europäer u. a.
Religionen: Christen 90.2 %
Sprachen: Spanisch, indigene Sprachen, Englisch, Kreolisch

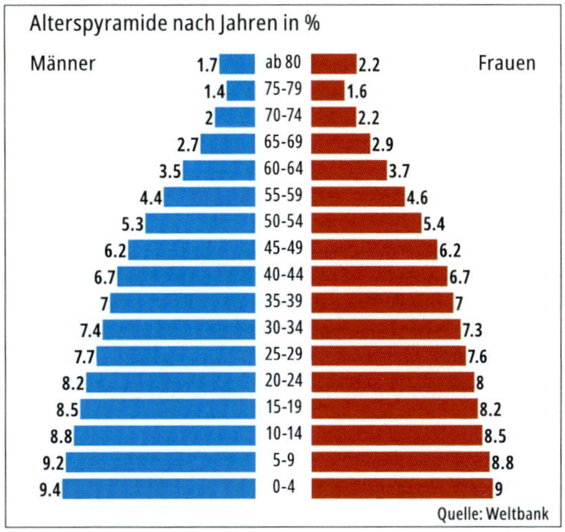

WIRTSCHAFT UND VERKEHR

BIP: 66.8 Mrd. US-$
Wachstum BIP 2019: 3 %
BNE/Kopf: 16 245 US-$
Inflation: -0.4 %
Außenhandel: Import 22.22 Mrd. US-$, Export 11.39 Mrd. US-$
Erwerbstätige nach Sektoren: Landwirtschaft 14 %, Industrie 18.7 %, Dienstleistungen 67.3 %
Arbeitslosenquote: 3.9 %
Energieverbrauch/Kopf: 1 080 kg ÖE
Straßennetz: 11 403 km
Eisenbahnnetz: 355 km

RÜCKBLICK

Laurentino Cortizo Cohen, * 30.1.1953, Studium Betriebswirtschaft und Internationaler Handel in Austin, Texas (USA); 1994-2004 Abgeordneter (Partido Solidaridad), dabei 2000-01 Parlamentspräsident; 2004 Beitritt zum Partido Revolucionario Democrático (PRD), 2004-06 Minister für landwirtschaftliche Entwicklung; 2008 erfolglose Kandidatur bei den Vorwahlen zur Präsidentschaft; am

5.5.2019 Sieg bei den Präsidentschaftswahlen; seit 1.7.2019 Staatspräsident in der Nachfolge von Juan Carlos Varela (Partido Panameñista/PAN).

Staatspräsident und Regierung: Am 1.7.2019 trat Laurentino Cortizo Cohen von der sozialdemokratischen Partido Revolucionario Democrático (PRD) sein Amt als Staatspräsident an. Am selben Tag stellte Cortizo sein **Kabinett** vor. Außenminister wurde der parteilose Alejandro Ferrer López, Innenminister Carlos Romero Montenegro. Nach dem Ausbruch eines Gefangenen aus einem Hochsicherheitsgefängnis trat Innenminister Romero am 5.2.2020 von seinem Posten zurück. Neue Innenministerin wurde die Gouverneurin der Provinz Panama, Sheyla María Grajales Gálvez, die bereits am 18.2. wieder zurücktrat. Am 6.3. wurde Janaina Tewaney Mencomo zur neuen Innenministerin ernannt.

Steueroase: Die EU setzte Panama am 18.2.2020 erneut auf die schwarze Liste der Steueroasen. Panama stand bereits von Dezember 2017 bis Januar 2018 auf dieser Liste. Das Land war 2016 mit den Panama Papers in den Fokus der Öffentlichkeit geraten.

Corona: Die Regierung reagierte angesichts der Pandemie mit strikten Maßnahmen, die zu den strengsten in Lateinamerika zählten. Am 25.3.2020 wurden in den bevölkerungsreichsten Provinzen Panama und West-Panama Ausgangsbeschränkungen verhängt. Abhängig von der letzten Ziffer des Ausweises durften die Einwohner ihr Haus für 2 Stunden verlassen, ab Anfang April Männer und Frauen nur an getrennten Tagen. Von Samstag 17 bis Montag 5 Uhr galt eine allgemeine Ausgangssperre. Ein Gesetz verbot den Konsum, Verkauf und Vertrieb von alkoholischen Getränken. Nachdem die Ausgangssperren zwischenzeitlich aufgelockert worden waren, wurden sie am 8.6.2020 wieder verschärft. Ab Mitte Mai stellte die Regierung eine sechsphasige Exitstrategie vor, die erste Lockerungen ab 1.6. vorsah. Sie beschloss zudem für rund 1.4 Mio. bedürftige Familien ein Notfallprogramm mit einem Geldtransfer und Essensbeuteln. Zur Finanzierung der durch die Corona-Krise verursachten Kosten legte die Regierung Ende März für 2.5 Mrd. US-$ eine **Staatsanleihe** mit 36 Jahren Laufzeit und einem Zinssatz von 4.5 % auf. Der **IWF** gewährte Panama am 15.4.2020 einen Nothilfekredit in Höhe von 515 Mio. US-$.

Papua-Neuguinea

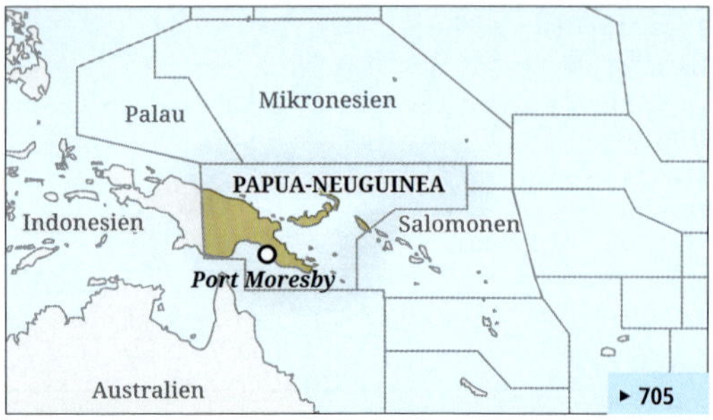

Ländername	Unabhängiger Staat Papua-Neuguinea
Zeitzone	MEZ +9 h
Fläche in km²	462 840
Anzahl der Einwohner	8.8 Millionen
Einwohnerzahl pro km²	19
Hauptstadt	Port Moresby
Amtssprache	Tok Pisin, Hiri Motu, Englisch
Verwaltungsgliederung	20 Provinzen, 1 autonome Region und 1 Hauptstadtdistrikt
Wichtige Städte	Port Moresby, Lae, Wewak, Madang, Mount Hagen
Autokennzeichen | ISO-Code	PNG | PNG
Währung	1 Kina = 100 Toea
Nationalfeiertag	16. September

Der Hauptteil des Landes, das erst seit 1975 unabhängig ist, besteht aus dem Ostteil von Neuguinea, der nach Grönland zweitgrößten Insel der Welt. Aufgrund der unwegsamen Natur lebten die zahlreichen Völker bis in die jüngste Vergangenheit weitgehend isoliert und von der Außenwelt abgeschieden.

GEOGRAFIE

Geografische Lage: Von 1° 21' bis 11° 38' südlicher Breite sowie von 140° 51' bis 155° 58' östlicher Länge
Höchster Punkt: Mount Wilhelm 4509 m
Klima: Tropisches, feuchtheißes Klima

POLITIK

Staatsform: Parlamentarische Demokratie unter konstitutioneller Monarchie
Staatsoberhaupt: Britische Königin, vertreten durch einen Generalgouverneur
Legislative: Nationalparlament mit 111 für 5 Jahre gewählten Mitgliedern
Jahr der Verfassung: 1975
Wahlrecht: 18 Jahre
Staatsreligion: Keine

BEVÖLKERUNG

Bevölkerungsanteil: <15 Jahre 35.5 %, 15-64 Jahre 61 %, >64 Jahre 3.5 %
Verteilung: Stadt 13.2 %, Land 86.8 %
Wachstum 2019: 2 %
Lebenserwartung: Frauen 66 Jahre, Männer 63 Jahre
Alphabetenrate: Frauen 57.9 %, Männer 65.3 %
Ethnische Gruppen: Melanesier, Papua, Mikronesier, Polynesier u. a.
Religionen: Christen 95.6 %
Sprachen: Tok Pisin, Hiri Motu, Englisch, indigene Sprachen

WIRTSCHAFT UND VERKEHR

BIP: 24.97 Mrd. US-$
Wachstum BIP 2019: 5.6 %
BNE/Kopf: 2 742 US-$
Inflation: 3.6 %
Außenhandel: Import 3.05 Mrd. US-$, Export 10.65 Mrd. US-$
Erwerbstätige nach Sektoren: Landwirtschaft 58.3 %, Industrie 6.6 %, Dienstleistungen 35.1 %
Arbeitslosenquote: 2.4 %
Energieverbrauch/Kopf: Keine Angabe
Straßennetz: 9 349 km
Eisenbahnnetz: Keine Angabe

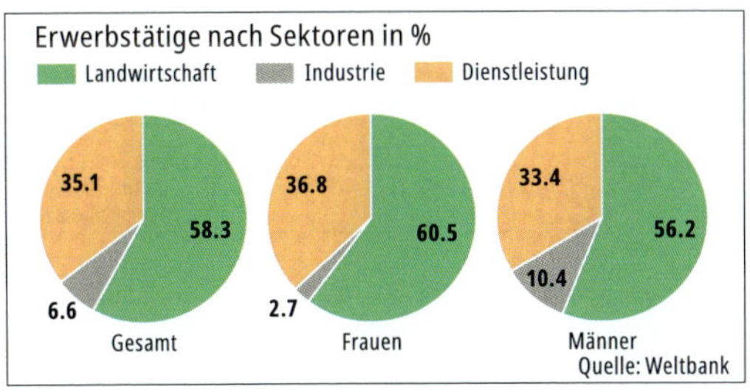

RÜCKBLICK

Innenpolitik: Vom 23.11.-4.12.2019 wurde auf **Bougainville** das im Friedensabkommen von 2001 vereinbarte **Unabhängigkeitsreferendum** durchgeführt. Bei einer Wahlbeteiligung von mehr als 85 % stimmten 98 % für die staatliche Unabhängigkeit, 2 % für eine größere Autonomie innerhalb von Papua-Neuguinea. Das Ergebnis der Volksabstimmung, die formal lediglich konsultativ war, bedarf der Ratifikation durch das Parlament in Port Moresby. Dort brachten Regierungsmitglieder eine Übergangszeit von 10 Jahren bis zur staatlichen Unabhängigkeit ins Spiel, auch der Gedanke an einen Staatenbund fand Fürsprecher. Der Vorsitzende der Wahlkommission, der frühere irische Premier Bertie Ahern, erklärte, Bougainville sei noch nicht reif für die Unabhängigkeit. Der Minister für die Angelegenheiten Bougainvilles, Sir Puka Temu, zog das Recht Bougainvilles zum Austritt in Zweifel; außerdem plädierte er für eine Verschiebung der kommenden regionalen Parlamentswahl, um Zeit für Verhandlungen über das weitere Vorgehen zu gewinnen. Daraufhin drohte der Abgeordnete für Zentral-Bougainville, Sam Akoitai, mit einer einseitigen Unabhängigkeitserklärung Bougainvilles, wie es sie bereits 1975 und 1990 gegeben hatte.

Außenpolitik: Das 2018 paraphierte Abkommen mit Australien über den Bau eines Marinestützpunkts auf Manus geriet in die Kritik. Außenminister Patrick Pruaitch tadelte am 11.6.2020 im Parlament die Verhandlungsführung der Vorgängerregierung unter Peter O'Neill und kündigte eine Untersuchung an – O'Neill war am 23.5. wegen Korruptionsvorwürfen verhaftet worden.

Wirtschaft: Im Januar 2020 scheiterten in Singapur Verhandlungen von Premierminister James Marape mit dem Erdölkonzern ExxonMobil über ein Gasförderungsprojekt. Die Verhandlungen über das P'nyang-Feld galten als Test für das Versprechen des Premiers, bessere Bedingungen für das Land auszuhandeln als sein Vorgänger Peter O'Neill, der darüber im Mai 2019 gestürzt worden war. Auch rückten 21 regionale Führer in einer Erklärung am 21.1.2020 von dem Projekt ab. Der Streit mit Exxon blockierte den Bau einer Flüssiggasraffinerie, die 2024 in Betrieb genommen werden sollte. Gefallene Weltmarktpreise für Öl und Gas, eine höhere Steuer auf Holzexporte und der Nachfrageeinbruch infolge der Corona-Krise belasteten 2020 die Wirtschaft. Die **zunehmende Auslandsverschuldung** erzeugte Bedenken bei der Asiatischen Entwicklungsbank.

Paraguay

▸ 674

Ländername	Republik Paraguay
Zeitzone	MEZ -5 h
Fläche in km²	406 752
Anzahl der Einwohner	7 Millionen
Einwohnerzahl pro km²	17
Hauptstadt	Asunción
Amtssprache	Guaraní, Spanisch
Verwaltungsgliederung	17 Departamentos und 1 Stadt
Wichtige Städte	Asunción, Ciudad del Este, San Lorenzo, Luque, Capiatá, Lambaré
Autokennzeichen | ISO-Code	PY | PRY
Währung	1 Guaraní = 100 Céntimos
Nationalfeiertag	14. und 15. Mai

Der südamerikanische Binnenstaat erlebte seit seiner Unabhängigkeit verheerende Grenzkriege gegen seine Nachbarn und wurde im Inneren von diktatorischen Regimen geprägt. Bis heute behindern die großen sozialen Gegensätze, unzureichende Strukturen und die extreme Korruption die wirtschaftliche und gesellschaftliche Entwicklung.

GEOGRAFIE

Geografische Lage: Von 19° 17' bis 27° 35' südlicher Breite sowie von 54° 15' bis 62° 39' westlicher Länge
Höchster Punkt: Cerro Peró (Tres Candú) 842 m
Klima: Im Norden wechselfeucht-tropisches Klima, sonst warmes subtropisches Klima, im Gran Chaco sehr trocken

POLITIK

Staatsform: Präsidiale Republik
Staatsoberhaupt: Präsident
Legislative: Nationalkongress, bestehend aus Abgeordnetenkammer mit 80 für 5 Jahre gewählten Mitgliedern und Senatorenkammer mit 45 für 5 Jahre gewählten Mitgliedern
Jahr der Verfassung: 1992
Wahlrecht: 18 Jahre
Staatsreligion: Keine

BEVÖLKERUNG

Bevölkerungsanteil: <15 Jahre 29.4 %, 15-64 Jahre 64.1 %, >64 Jahre 6.5 %
Verteilung: Stadt 61.9 %, Land 38.1 %
Wachstum 2019: 1.3 %
Lebenserwartung: Frauen 77 Jahre, Männer 72 Jahre
Alphabetenrate: Frauen 93.5 %, Männer 94.5 %
Ethnische Gruppen: Mestizen u. a.
Religionen: Christen 96.9 %, Sonstige 1.9 %
Sprachen: Guaraní, Spanisch, indigene Sprachen u. a.

WIRTSCHAFT UND VERKEHR

BIP: 38.15 Mrd. US-$
Wachstum BIP 2019: 0 %
BNE/Kopf: 5 692 US-$
Inflation: 2.8 %
Außenhandel: Import 12.54 Mrd. US-$, Export 7.65 Mrd. US-$
Erwerbstätige nach Sektoren: Landwirtschaft 20.1 %, Industrie 18.2 %, Dienstleistungen 61.7 %
Arbeitslosenquote: 4.7 %
Energieverbrauch/Kopf: 783 kg ÖE
Straßennetz: 74 676 km
Eisenbahnnetz: 441 km

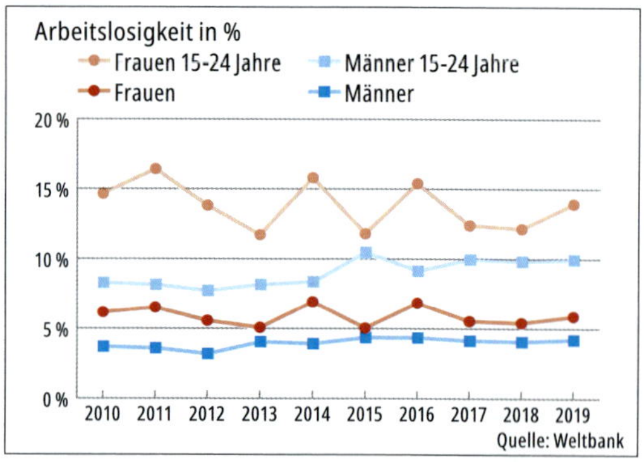

RÜCKBLICK

Krise um Itaipú-Kraftwerk: Neuverhandlungen mit Brasilien um das binationale Wasserkraftwerk Itaipú stürzten das Land im Juli 2019 in eine Regierungskrise. Brasilien und Paraguay hatten im Geheimen über die Neuverteilung der Einnahmen des zweitgrößten Wasserkraftwerks der Welt verhandelt. Der neue Vertrag legte fest, dass Energieüberschüsse vonseiten Paraguays statt auf dem freien Markt nur an das Unternehmen Leros Comercializadora verkauft werden dürfen. Dadurch wurde die Familie des brasilianischen Präsidenten Jair Bolsonaro begünstigt. Der ursprüngliche Vertrag von Itaipú war 1973 unter der Militärdiktatur von Alberto Stroessner (1954-89) abgeschlossen worden. Der Chef der Energiebehörde ANDE, Pedro Ferreira, trat im Juli wegen Missbilligung des Vertrages zurück. Er kritisierte, dass die Vertragsverhandlungen statt von Experten vom Außenministerium geführt wurden. Im Zuge der Krise traten Außenminister Luis Alberto Castiglioni Soria, der Botschafter in Brasilien sowie weitere hochgestellte Mitarbeiter von Itaipú und ANDE zurück. Die Opposition beantragte Ermittlungsverfahren gegen Präsident Mario Abdo Benítez, Vizeminister Hugo Veláquez sowie Finanzminister Benigno López. Die Regierungsfraktion lehnte diese am 20.8.2019 ab.

Wirtschaft: Vor der Corona-Krise hatte sich das Land allmählich von der Krise erholt, die 2019 schwere Unwetter verursacht hatten (BIP 2019 0 % nach 2018 +3.7 %). Im April 2020 erwartete der IWF einen Wirtschaftseinbruch um 1 %.

Dengue-Fieber: Die Regierung rief am 17.2.2020 wegen der Ausbreitung des Dengue-Fiebers einen 90-tägigen Gesundheitsnotstand aus. Von Anfang Januar bis Ende Februar verzeichnete das Land mehr als 135 000 Verdachtsfälle, 11 300 Dengue-Infektionen wurden bestätigt, 34 Menschen starben daran. Die Krankheit wird durch die Aedes-Mücke übertragen und verursacht hohes Fieber, Muskel- und Gelenkschmerzen.

Corona: Die Regierung schloss am 10.3.2020 die Schulen und verbot alle Veranstaltungen. Am 16.3. erfolgte eine nächtliche Ausgangssperre, die am 20.3. auf ganztags ausgedehnt und mehrfach verlängert wurde. Alle aus dem Ausland einreisenden Personen mussten in Massenunterkünften in Quarantäne. Nach Regierungsangaben gab es Ende Mai 55 solcher Unterkünfte mit 3 549 Rückkehrern. 70 % der Covid-19-Erkrankungen wurden in diesen Unterkünften registriert. Im regionalen Vergleich war das Land bis Ende Juni mit rund 2 000 Covid-19-Fällen nur wenig von der Pandemie betroffen. Ab 4.5. begann eine graduierte, vierphasige Öffnung der wirtschaftlichen Aktivitäten und sozialen Kontakte. Der IWF gewährte Paraguay am 21.4.2020 einen Nothilfekredit, Rapid Financing Instrument (RFI) in Höhe von 274 Mio. US-$.

Peru

▸ 670

Ländername	Republik Peru
Zeitzone	MEZ -6 h
Fläche in km²	1 285 220
Anzahl der Einwohner	32.5 Millionen
Einwohnerzahl pro km²	25
Hauptstadt	Lima
Amtssprache	Spanisch
Verwaltungsgliederung	25 Departamentos
Wichtige Städte	Lima, Arequipa, Trujillo, Chiclayo, Piura, Cusco, Huancayo
Autokennzeichen | ISO-Code	PE | PER
Währung	1 Sol = 100 Céntimos
Nationalfeiertag	28. und 29. Juli

Das ehemalige Zentrum des Inkareichs diente in der spanischen Kolonialzeit als wichtiger Rohstofflieferant. Auch heute basiert die Wirtschaft des drittgrößten Landes Südamerikas auf seinen reichen Bodenschätzen. Jahrzehntelang von Diktatoren beherrscht und vom Terrorismus gebeutelt, versucht Peru heute, sich von den Schatten seiner jüngsten Vergangenheit zu befreien.

GEOGRAFIE

Geografische Lage: Von 0° 02' bis 18° 21' südlicher Breite sowie von 68° 41' bis 81° 21' westlicher Länge
Höchster Punkt: Nevado Huascarán 6768 m
Klima: Tropisches Klima, an der Küste Wüstenklima, in den Anden tropische Höhenklimate

POLITIK

Staatsform: Präsidiale Republik
Staatsoberhaupt: Präsident
Legislative: Kongress mit 130 für 5 Jahre gewählten Mitgliedern
Jahr der Verfassung: 1993
Wahlrecht: 18 Jahre
Staatsreligion: Keine

BEVÖLKERUNG

Bevölkerungsanteil: <15 Jahre 25.3 %, 15-64 Jahre 66.4 %, >64 Jahre 8.3 %
Verteilung: Stadt 77.9 %, Land 22.1 %
Wachstum 2019: 1.7 %
Lebenserwartung: Frauen 80 Jahre, Männer 74 Jahre
Alphabetenrate: Frauen 91.7 %, Männer 97.1 %
Ethnische Gruppen: Mestizen, Indigene, Europäer, Afrikaner u. a.
Religionen: Christen 94.9 %
Sprachen: Spanisch, Quechua, indigene Sprachen

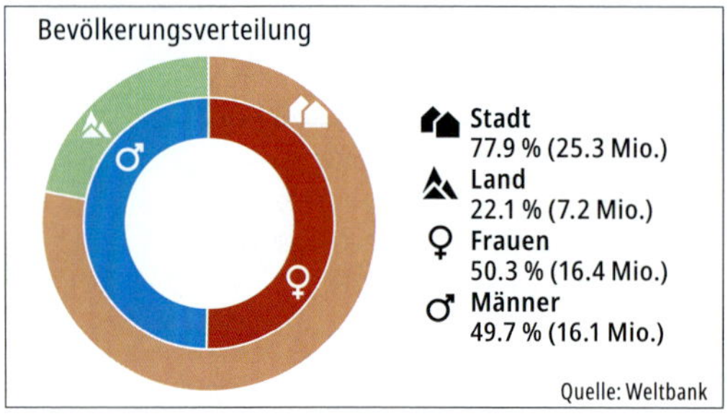

WIRTSCHAFT UND VERKEHR

BIP: 226.85 Mrd. US-$
Wachstum BIP 2019: 2.2 %
BNE/Kopf: 7 047 US-$
Inflation: 2.1 %
Außenhandel: Import 42.26 Mrd. US-$, Export 47.69 Mrd. US-$
Erwerbstätige nach Sektoren: Landwirtschaft 27.4 %, Industrie 15.3 %, Dienstleistungen 57.3 %
Arbeitslosenquote: 3.3 %
Energieverbrauch/Kopf: 790 kg ÖE
Straßennetz: 140 672 km
Eisenbahnnetz: 2 020 km

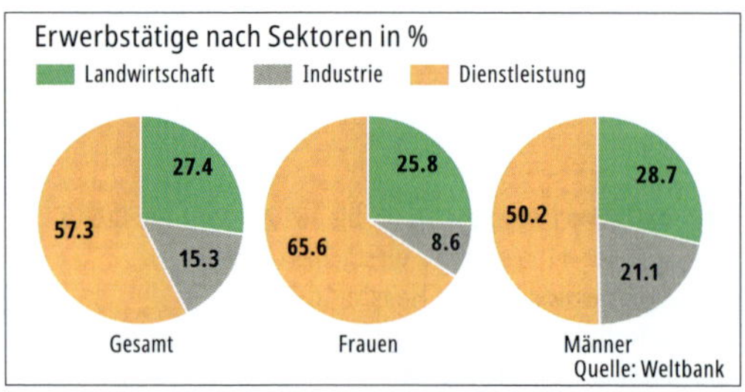

RÜCKBLICK

Toledo: Ex-Präsident Alejandro Toledo Manrique (2001-06) wurde auf Antrag der peruanischen Behörden am 16.7.2019 in den USA verhaftet. Er soll während seiner Amtszeit über 20 Mio. US-$ an Schmiergeldern angenommen haben. Am 19.3.2020 wurde er gegen Kaution freigelassen. Fast alle peruanischen Präsidenten seit 1985 wurden strafrechtlich verfolgt: Alberto Fujimori (1990-2000) wurde wegen Korruption und Menschenrechtsverletzungen zu einer jahrzehntelangen Haftstrafe verurteilt, Alan Garcia Pérez (1985-90, 2006-11) entzog sich nach Korruptionsvorwürfen im Zusammenhang mit dem **Odebrecht-Korruptionsskandal** am 17.4.2019 durch Suizid einer Verhaftung. Auch gegen Ollanto Humala (2011-16) wurde im Zusammenhang mit dem Odebrecht-Skandal ermittelt. Im März 2018 trat Präsident Pedro Pablo Kuczynski (2016-18) aus dem gleichen Grund zurück. Er steht seitdem unter Hausarrest. Der brasilianische Bauunternehmer Odebrecht hatte jahrelang Politiker und Beamte in ganz Lateinamerika bestochen. Peru war wegen der boomenden Wirtschaft besonders betroffen. Der als „Operation Lava Jato“ (Autowäscherei) bezeichnete Korruptionsskandal wurde 2014 bekannt.

Parlamentsauflösung: Präsident Martín Vizcarra (parteilos) löste am 30.9.2019 nach einem innenpolitischen Machtkampf das Parlament auf. Er kündigte Neuwahlen für den 26.1.2020 an. Vizcarra begründete diesen Schritt mit einem faktischen Vertrauensentzug. Die Opposition widersetzte sich der Auflösung des Parlaments und erklärte Vizepräsidentin Mercedes Aráoz Fernández (Peruanos Por el Kambio, PPK) zur neuen Präsidentin. Nach Kundgebungen für Vizcarra und scharfer Kritik von Seiten der Streitkräfte, der Polizei und zahlreicher Regionalregierungen trat Aráoz am nächsten Tag zurück und sprach sich ebenfalls für Neuwahlen aus.

Auslöser für die Regierungskrise war ein langwieriger **Machtkampf zwischen dem Präsidenten und dem Parlament**, der wegen der von der Opposition geforderten Neubesetzung des Verfassungsgerichts eskalierte. Das Gericht sollte über die Freilassung der inhaftieren Oppositionsführerin Keiko Fujimori entscheiden. Bei den Wahlen 2016 hatte deren national-populistische Fuerza Popular (FP) im Parlament eine Stimmenmehrheit von 73 der 130 Sitze errungen, die Präsidentschaft hatte jedoch der rechtsliberale Pedro Pablo Kuczynski (PPK) für sich entschieden. Nach dessen Rücktritt im März 2018 wurde der damalige Vizepräsident, der unabhängige Martín Vizcarra, zum Präsidenten vereidigt.

Kabinett: Präsident Martín Vizcarra besetzte im Zuge einer Kabinettsumbildung am 3.10.2019 elf der 18 Ministerposten seiner Regierung neu. Unter Premierminister Vicente Zeballos wurde Gustavo Meza-Cuadra neuer Außenminister. Innenminister Carlos Morán behielt seinen Posten, trat aber am 24.4.2020 zurück.

Keiko Fujimori: Am 25.11.2019 wurde die Oppositionspolitikerin Keiko Fujimori nach 13 der 36 vorgesehenen Monate Untersuchungshaft aus dem Gefängnis entlassen. Fujimori war im Oktober 2018 wegen eines Schmiergeldskandals zur Finanzierung ihres Wahlkampfs 2011 in Untersuchungshaft gekommen. Am 28.1.2020 wurde sie erneut inhaftiert und am 4.5. gegen Auflagen wieder entlassen. Fujimori ist die Tochter des inhaftierten populistischen Ex-Präsidenten Alberto Fujimori (1990-2000).

Parlamentswahlen: Bei den vorgezogenen Parlamentswahlen am 26.1.2020 wurden die Abgeordneten bis zum Ende der regulären fünfjährigen Legislaturperiode im Juli 2021 gewählt. Dann sollen die regulären Präsidentschafts- und Parlamentswahlen stattfinden. Großer Verlierer der Wahl war die Fuerza Popular von Keiko Fujimori, die auf 7.3 % abstürzte und die Zahl ihrer Parlamentssitze von 73 auf 15 (von 130 Sitzen) reduzierte. Die meisten Stimmen erzielte mit 10.3 % die bürgerliche Acción Popular, die 25 (+20) Mandate gewann. Das in 9 Fraktionen zersplitterte Parlament erschwert eine stabile Regierungsführung.

Polizeigesetz: Ende März 2020 trat ein neues Polizeigesetz in Kraft. Es garantiert Sicherheitskräften Straffreiheit, wenn sie während ihres Dienstes Menschen verletzen oder töten. Zudem sollen sie bei Dienstmissbrauch nicht mehr in Untersuchungshaft kommen. Menschrechtsorganisationen kritisierten das Gesetz scharf, die Koordinationsstelle für Menschenrechte in Peru stufte es als verfassungswidrig ein.

Corona: Trotz strenger Ausgangssperren war Peru eines der am meisten von der Pandemie betroffenen Länder der Region. Am 16.3.2020 wurde der nationale Notstand verhängt, der mit einer strengen Ausgangssperre („obligatorische soziale Isolierung") einherging. Die Menschen durften nur für Einkäufe und Arztbesuche auf die Straße. Von 18 bis 5 Uhr galt eine absolute Ausgangssperre, die von Sicherheitskräften kontrolliert wurde und bei Verstößen zu einer Inhaftierung führte. Zeitweise galt eine nach Geschlechtern getrennte Ausgangssperre. Präsident Vizcarra ersetzte am 20.3.2020 Gesundheitsministerin María Hinostroza Pereyra durch den erfahreneren Víctor Marcial Zamora Mesía. Für das Gesundheitssystem stellte das Virus eine große Herausforderung dar. Die Zahl an Intensivbetten konnte von 100 zu Beginn der Krise auf 1 000 erhöht werden. Rund ein Fünftel der Einwohner verfügt über keinen Zugang zu Trinkwasser, mehr als 40 % über keinen Kühlschrank und kann damit keine Lebensmittel längere Zeit aufbewahren. Rund 70 % der erwerbstätigen Bevölkerung arbeitet im informellen Sektor und ist auf ein tägliches Einkommen angewiesen.
Der Lockdown hatte schwere Folgen für die gesamte Wirtschaft. Besonders betroffen waren die Bauwirtschaft, Hotel- und Gastronomie- sowie das verarbeitende Gewerbe. Zwischen Februar und April 2020 sank alleine in der Metropolregion Lima die Zahl der Beschäftigten um 25 %. Für 2020 erwartete der IWF einen Wirtschaftsrückgang um 4.5 %. Mitte April stellte die Regierung ein Konjunkturprogramm in Höhe von rund 26.4 Mrd. US-$ vor, was 12 % des BIP entsprach. 17.5 Mrd. US-$ flossen in das Kreditprogramm Reactiva Peru, das der Liquiditätssicherung von Unternehmen dienen soll. Weitere Hilfsprogramme unterstützten mittlere und kleine Unternehmen und subventionierten Lohnkosten für Beschäftigte, die den Mindestlohn verdienen. Privatpersonen förderte der Staat u. a. mit der temporären Aussetzung von Rentenbeiträgen, einer einmaligen Auszahlung an Arbeitslose sowie finanzieller Unterstützung von 3.5 Mio. bedürftiger Haushalte. Der **IWF** gewährte Peru am 28.5.2020 im Rahmen einer flexiblen Kreditlinie einen 2-jährigen Nothilfekredit in Höhe von 11 Mrd. US-$. Die Zentralbank senkte im Zuge der Corona-Krise den Leitzins von 2.25 % auf 0.25 % – der niedrigste Wert in der Geschichte des Landes. Ab 11.5.2020 erfolgten die ersten Lockerungen. Die Aufnahme der wirtschaftlichen Aktivitäten soll in vier Phasen zwischen Mai und August 2020 erfolgen. Als erstes durften einige Industriebetriebe, große Bergbau- und Fischereibetriebe sowie der Handel von Agrarprodukten, E-Commerce, Bauunternehmen sowie Lieferservice von Restaurants wieder ihren Betrieb aufnehmen. Ende Juni liefen die strengen Ausgangsbeschränkungen aus, die seit Mitte März galten.

Philippinen

Ländername	Republik der Philippinen
Zeitzone	MEZ +7 h
Fläche in km²	300 000
Anzahl der Einwohner	108.1 Millionen
Einwohnerzahl pro km²	360
Hauptstadt	Manila
Amtssprache	Filipino, Englisch
Verwaltungsgliederung	17 Regionen
Wichtige Städte	Quezon, Manila, Davao, Caloocan, Cebu, Zamboanga, Taguig, Antipolo, Pasig
Autokennzeichen | ISO-Code	RP | PHL
Währung	1 Philippinischer Peso = 100 Centavos
Nationalfeiertag	12. Juni

Die Philippinen, jahrhundertelang in spanischem Kolonialbesitz, erhielten ihren Namen nach dem spanischen König Philipp II. im Jahr 1543. Hauptprobleme des vom Katholizismus geprägten südostasiatischen Inselreichs sind die weit verbreitete Armut, das hohe Bevölkerungswachstum und separatistische Bestrebungen der muslimischen Minderheiten.

GEOGRAFIE

Geografische Lage: Von 4° 39' bis 21° 07' nördlicher Breite sowie von 116° 57' bis 126° 37' östlicher Länge
Höchster Punkt: Mount Apo 2954 m
Klima: Tropisches Monsunklima

POLITIK

Staatsform: Präsidiale Republik
Staatsoberhaupt: Präsident
Legislative: Kongress, bestehend aus Repräsentantenhaus mit 297 für 3 Jahre gewählten Mitgliedern und Senat mit 24 für 6 Jahre gewählten Mitgliedern (alle 3 Jahre teilerneuert)
Jahr der Verfassung: 1987
Wahlrecht: 18 Jahre
Staatsreligion: Keine

BEVÖLKERUNG

Bevölkerungsanteil: <15 Jahre 30.5 %, 15-64 Jahre 64.2 %, >64 Jahre 5.3 %
Verteilung: Stadt 46.9 %, Land 53.1 %
Wachstum 2019: 1.4 %
Lebenserwartung: Frauen 76 Jahre, Männer 67 Jahre
Alphabetenrate: Frauen 98.2 %, Männer 98.1 %
Ethnische Gruppen: Tagalog, Bisaya, Cebuano, Ilocano, Hiligaynon, Bikol, Waray u. a.
Religionen: Christen 92.2 %, Muslime 5.6 %, Sonstige 2.1 %
Sprachen: Filipino, Englisch, Regionalsprachen

WIRTSCHAFT UND VERKEHR

BIP: 376.8 Mrd. US-$
Wachstum BIP 2019: 6 %
BNE/Kopf: 3 294 US-$
Inflation: 2.5 %
Außenhandel: Import 112.83 Mrd. US-$, Export 70.33 Mrd. US-$
Erwerbstätige nach Sektoren: Landwirtschaft 23.4 %, Industrie 19.4 %, Dienstleistungen 57.2 %
Arbeitslosenquote: 2.2 %
Energieverbrauch/Kopf: 474 kg ÖE
Straßennetz: 216 387 km
Eisenbahnnetz: 77 km

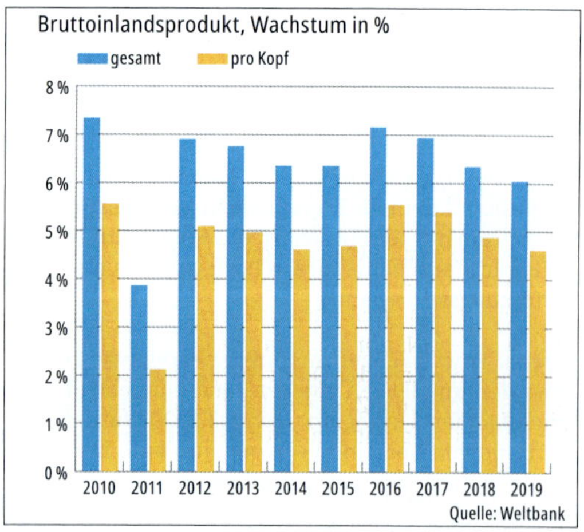

RÜCKBLICK

Außenpolitik: Im Januar 2020 erreichte das **Verhältnis zu den USA** einen Tiefstand: Das Einreiseverbot Washingtons für einen Senator und früheren Polizeichef, der an extralegalen Hinrichtungen von Drogenhändlern beteiligt war, beantwortete Präsident Rodrigo Duterte mit einem Verbot an seine Minister, in die USA zu reisen. Am 11.2.2020 kündigte der Präsident zudem das **Visiting Forces Agreement** mit den USA, das gemeinsame Manöver und Operationen der Streitkräfte ermöglicht, zum August 2020 auf. Ohne das VFA ist der Beistandspakt beider Länder praktisch entwertet. Washington warnte daher vor den schwerwiegenden Konsequenzen des Ausstiegs aus dem VFA, auch das Militär und Außenminister Teodoro Locsin sprachen sich gegen ein Ende der militärischen Zusammenarbeit mit den USA aus. Im Juni setzte Duterte den Vollzug des Austritts für mindestens 6 Monate aus. Auch die Beziehungen zur **VR China** waren nicht spannungsfrei: Nachdem mehrmals chinesische Kriegsschiffe Gewässer durchfahren hatten, die der Internationale Gerichtshof in Den Haag 2016 den Philippinen zugerechnet hatte, und dabei einmal ein philippinisches Fischerboot versenkt worden war, verschärfte Duterte am 20.8.2019 die Meldepflichten für ausländische Schiffe in nationalen Gewässern.

Sicherheitsgesetz: Am 6.6.2020 verabschiedete das Repräsentantenhaus ein Anti-Terrorismus-Gesetz; den Senat hatte das von Duterte als dringlich eingestufte Gesetz schon im Februar passiert. Trotz der Corona-Beschränkungen kam es landesweit zu Protesten gegen das Gesetz. Es dehnte die geltende Definition von Terrorismus erheblich auf viele Formen der Gewalt aus, kriminalisiert geistige Unterstützung und verkürzt Strafprozesse auf eine Instanz. Kritiker sahen in den umfassenden Kompetenzen der Sicherheitsbehörden ein Hilfsmittel zur Errichtung einer Diktatur.

Drogenkrieg: Am 4.6.2020 legte das UN-Menschenrechtsbüro eine Untersuchung über den von Präsident Duterte 2016 ausgerufenen „Krieg gegen Drogen“ vor: Danach sind mindestens 8 663 des Drogenhandels Verdächtige von der Polizei getötet worden. Nationale Menschenrechtsgruppen schätzten die Zahl der Opfer auf 27 000; die Polizei veröffentlichte die Zahl von 23 000 Todesfällen im Zusammenhang mit Ermittlungen innerhalb von zwei Jahren. Nur in einem Fall sind Polizisten 2018 wegen der ungesetzlichen Tötung von Drogensüchtigen gerichtlich belangt worden. Das Klima der Straffreiheit begünstigte auch die Gewalt gegen Journalisten, Menschenrechtsaktivisten und Anwälte, von denen laut UN-Bericht bislang 248 getötet worden seien. Wiederholt gerieten Polizeieinheiten in Verdacht, selbst in den Drogenhandel involviert zu sein. Dem nationalen Polizeichef, Oscar Albayalde, wurde von der Armeeführung vorgeworfen, korrupte Polizisten gedeckt zu haben – Albayalde erklärte am 14.10.2019 seinen Rücktritt.

Medienfreiheit: Am 5.5.2020 stellte der größte Fernsehsender des Landes den Betrieb ein, nachdem seine Sendeerlaubnis ausgelaufen war; der routinemäßige Antrag auf ihre Verlängerung war im Parlament verzögert worden. Etwa 11 000 Mitarbeiter des regierungskritischen Senders verloren ihre Arbeit. Duterte hatte den Eigentümern nach seinem Machtantritt 2016 wiederholt gedroht – sie legten wegen der Verschleppung ihres Lizenzantrags Klage beim Obersten Gericht ein. Die bekannte Journalistin Maria Ressa, die als Leiterin eines Nachrichtenportals kritische Recherchen über Dutertes Anti-Drogenpolitik veröffentlicht hatte, wurde am 15.6.2020 von einem Gericht in Manila in einem Verleumdungsprozess verurteilt, der auf einem Artikel aus dem Jahr 2012 fußte; das Strafmaß stand noch nicht fest. Gegen Ressa waren zuvor schon zahlreiche andere Verfahren eröffnet worden.

Wirtschaft: 2019 fiel das Wirtschaftswachstum unter den langjährigen Durchschnitt, weil die Kongresswahlen im Mai 2019 die Budgetberatungen verzögerten. Der Bauboom, der Dutertes Amtszeit seit 2016 prägte, wurde gedämpft. Die Corona-Pandemie traf mit dem Tourismus und den Rücküberweisungen zwei wichtige Devisenbringer schwer. 2019 transferierten Wanderarbeiter und Seeleute etwa 33 Mrd. US-$ in die Heimat. Hunderttausende wurden 2020 arbeitslos. Schätzungen rechneten mit bis zu 1 Mio. Rückkehrern im Fall einer Fortdauer der Corona-Krise.

Corona: Aus Manila wurde am 2.2.2020 erstmals außerhalb der VR China ein Todesfall mit der Diagnose Covid-19 gemeldet. Nach einer raschen Zunahme der Infektionen und Einreisebeschränkungen im Februar verhängte Duterte auf Rat der nationalen Gesundheitsbehörde innerhalb von zwei Tagen am 9.3.2020 den Gesundheitsnotstand. In der Folge wurden umfangreiche Kontaktverbote erlassen; Luzon stand zeitweise komplett unter Ausgangsverbot. Am 30.6.2020 betrug die Zahl der gemeldeten Infizierten 35 455, die der auf die Krankheit zurückgeführten Toten 1255.

Polen

Ländername	Republik Polen
Zeitzone	MEZ ±0 h
Fläche in km²	312 680
Anzahl der Einwohner	38 Millionen
Einwohnerzahl pro km²	121
Hauptstadt	Warschau
Amtssprache	Polnisch
Verwaltungsgliederung	16 Woiwodschaften
Wichtige Städte	Warschau, Krakau, Łódź, Breslau, Posen, Danzig, Stettin
Autokennzeichen | ISO-Code	PL | POL
Währung	1 Złoty = 100 Groszy
Nationalfeiertag	3. Mai

Im späten Mittelalter wurde Polen zur europäischen Großmacht, die aber mit den polnischen Teilungen Ende des 18. Jahrhunderts unterging. Nicht zerstört wurde das Nationalbewusstsein der Polen, das auch die Gräuel der nationalsozialistischen Besatzungszeit und die totalitäre kommunistische Herrschaft überdauerte. Das nationale Bindeglied ist das Bekenntnis zur katholischen Religion sowie die gemeinsame Sprache.

GEOGRAFIE

Geografische Lage: Von 49° bis 54° 50' nördlicher Breite sowie von 14° 07' bis 24° 09' östlicher Länge
Höchster Punkt: Rysy (Meeraugspitze) 2499 m
Klima: Übergangszone zwischen gemäßigtem ozeanischen und winterkaltem kontinentalen Klima

POLITIK

Staatsform: Parlamentarische Republik
Staatsoberhaupt: Präsident
Legislative: Parlament, bestehend aus Sejm mit 460 für 4 Jahre gewählten Mitgliedern und Senat mit 100 für 4 Jahre gewählten Mitgliedern
Jahr der Verfassung: 1997
Wahlrecht: 18 Jahre
Staatsreligion: Keine

BEVÖLKERUNG

Bevölkerungsanteil: <15 Jahre 15.2 %, 15-64 Jahre 66.7 %, >64 Jahre 18.1 %
Verteilung: Stadt 60.1 %, Land 39.9 %
Wachstum 2019: 0 %
Lebenserwartung: Frauen 83 Jahre, Männer 75 Jahre
Alphabetenrate: Frauen 99.7 %, Männer 99.9 %
Ethnische Gruppen: Polen, Schlesier u. a.
Religionen: Christen 87.6 %
Sprachen: Polnisch, Minderheitensprachen

Alterspyramide nach Jahren in %

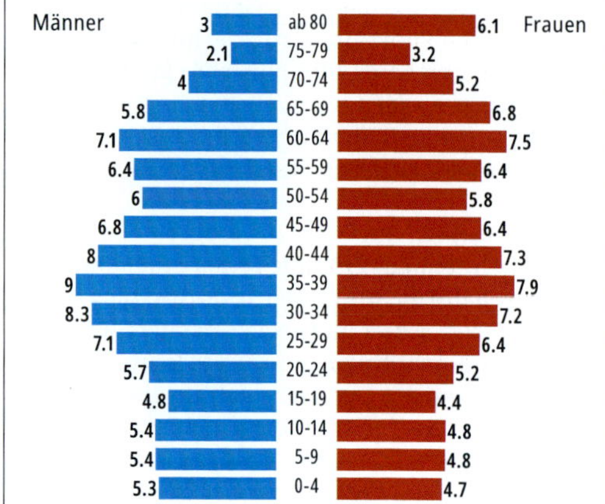

Quelle: Weltbank

WIRTSCHAFT UND VERKEHR

BIP: 592.16 Mrd. US-$
Wachstum BIP 2019: 4.1 %
BNE/Kopf: 14 902 US-$
Inflation: 2.2 %
Außenhandel: Import 262 Mrd. US-$, Export 264.01 Mrd. US-$
Erwerbstätige nach Sektoren: Landwirtschaft 9.2 %, Industrie 31.9 %, Dienstleistungen 58.9 %
Arbeitslosenquote: 3.7 %
Energieverbrauch/Kopf: 2 490 kg ÖE
Straßennetz: 423 997 km
Eisenbahnnetz: 19 231 km

RÜCKBLICK

Parlamentswahlen: Bei den Parlamentswahlen am 13.10.2019 konnte die regierende nationalkonservative Partei Recht und Gerechtigkeit (PiS) zusammen mit einigen verbündeten Kleinparteien ihren Stimmenanteil im Sejm, der ersten Parlamentskammer, auf 43.6 % (235 Sitze) steigern, deutlich vor dem von der liberalkonservativen Bürgerplattform (PO) angeführten Wahlbündnis Bürgerkoalition (KO) mit 27.4 % (134, -32). Ebenfalls in den Sejm gelangten das Bündnis linker Parteien (Lewica) mit 12.6 % (49, +49), die Polnische Koalition, ein Bündnis um die christdemokratische Volkspartei (PSL) mit 8.6 % (30, -28) und die konservativ-nationalistische Konföderation (KWIN) mit 6.8 % (11, +11) sowie ein Vertreter der deutschen Minderheit. Die Wahlbeteiligung lag mit 61.7 % mehr als zehn Prozentpunkte höher als 2015. Dass PiS trotz eines Zuwachses von 6 Prozentpunkten keinen Sitz hinzugewann, lag daran, dass der Stimmenanteil der drei kleineren Parteien gestiegen war. Bei den Wahlen zum Senat, der zweiten Kammer, verlor PiS mit nurmehr 48 Sitzen (-13) die absolute Mehrheit, während die oppositionellen Parteien, die sich zuvor auf gemeinsame Kandidaten verständigt hatten, Sitze hinzugewannen. Die KO verfügte nun über 43 Senatoren (+9), die Polnische Koalition über 3 (+2) und die Linke über 2 (+2), hinzu kamen 4 Unabhängige.

Der bisherige Ministerpräsident Mateusz Morawiecki verblieb im Amt, auch die Zusammensetzung der Regierung änderte sich trotz einiger Wechsel in den Ministerien kaum.

Umstrittene Justizreformen: Der Europäische Gerichtshof (EuGH), den das Oberste Gericht Polens angerufen hatte, urteilte am 19.11.2019 bezüglich der 2018 neu geschaffenen **Disziplinarkammer für Richter**. Der Umstand, dass die Richter dieser Kammer vom Staatspräsidenten ernannt werden, reiche nicht aus, um die Unparteilichkeit der Richter in Frage zu stellen. Der EuGH beauftragte das Oberste Gericht, zu überprüfen, wie der **Landesjustizrat** (KRS) seiner Aufgabe, die Unabhängigkeit der Justiz zu überwachen, nachkomme. Dieses stellte am 5.12. fest, dass weder der KRS noch die Disziplinarkammer den rechtlichen Standards genügten, zu denen ein EU-Mitgliedstaat wie Polen sich verpflichtet habe. Der KRS sei **keine unparteiische und unabhängige Körperschaft**, ebensowenig die Disziplinarkammer ein Gericht gemäß der europäischen und polnischen Gesetzgebung. Der KRS entscheidet landesweit über die Einsetzung der Richter und der Mitglieder der Disziplinarkammer. Seine Mitglieder werden ausschließlich durch das Parlament bestimmt.

Die **Venedig-Kommission** des Europarats, die dessen Mitgliedstaaten in verfassungsrechtlichen Fragen berät, stellte in einer Stellungnahme am 16.1.2020 fest, **das geplante Gesetz zur Disziplinierung von Richtern beeinträchtige** unter anderem **deren Meinungs- und Vereinigungsfreiheit**. Ihnen würden Disziplinarverfahren drohen, wenn sie Urteile fällten, die aufgrund der Europäischen Menschenrechtskonvention oder gemäß EU-Recht zwingend seien. Das Gesetz sieht unter anderem vor, dass Richter mit Geldstrafen, Degradierung oder Entlassung rechnen müssen, wenn sie die Rechtmäßigkeit der Ernennung bzw. die Entscheidungskompetenz eines anderen Richters oder eines Gerichts infrage stellen. Der Senat lehnte das am 20.12.2019 bereits vom Sejm verabschiedete Gesetz am 17.1.2020 ab, worauf der Sejm am 23.1. erneut dafür votierte und Staatspräsident Andrzej Duda das Gesetz mit seiner Unterschrift am 4.2. in Kraft setzte. Die EU-Kommission, die schon zuvor vor der Verabschiedung des Gesetzes gewarnt hatte, reichte nun einen Antrag auf einstweilige Verfügung beim **EuGH** ein. Dieser gab dem Antrag am 8.4. statt und ordnete an, das **Gesetz vorerst nicht anzuwenden**, bevor in der Sache vom EuGH endgültig entschieden wurde.
Die Disziplinarkammer entschied am 9.6., die Immunität des als regierungskritisch bekannten Richters Igor Tuleya nicht aufzuheben. Diesem war vorgeworfen worden, rechtswidrig Medienvertreter zu einer von ihm geführten Gerichtsverhandlung eingeladen zu haben. Die Kammer stellte fest, Tuleya habe nicht gegen das entsprechende Gesetz verstoßen.
Eine weitere Entscheidung des EuGH, die am 5.11.2019 gefällt wurde, betraf die von der Regierung vorgenommene **Zwangspensionierung von Richtern**. Der EuGH hielt fest, diese **verletze EU-Recht**, da der Justizminister die Möglichkeit habe, nach eigenem Gutdünken Ausnahmen zu bewilligen. Außerdem stelle das für Frauen und Männer unterschiedliche Pensionsalter eine Diskriminierung aufgrund des Geschlechts dar. Małgorzata Gersdorf, die bisherige Präsidentin des Obersten Gerichts, die sich entschieden gegen ihre Zwangspensionierung gewehrt hatte, beendete Ende April 2020 ihre sechsjährige Amtszeit. Zu ihrer Nachfolgerin ernannte Staatspräsident Duda am 26.5. Małgorzata Manowska.

Präsidentenwahlen: Angesichts der Covid-19-Epidemie wurden immer mehr Stimmen laut, die eine

Verschiebung der auf den 10.5.2020 angesetzten **Präsidentenwahl** verlangten. Die Kandidatin der KO, Małgorzata Kidawa-Błońska, drohte die Wahlen zu boykottieren. Der stellvertretende Ministerpräsident Jarosław Gowin, Vorsitzender der mit PiS verbündeten Gruppierung Porozumienie, trat am 6.4. von seinem Regierungsamt zurück, nachdem er sich mit seiner Forderung nach Verlegung der Wahlen und gleichzeitiger Verlängerung der Amtszeit des derzeitigen Staatspräsidenten bis 2022 nicht durchsetzen konnte. Der Sejm beschloss am 6.4. mit knapper Mehrheit, die Wahlen per Briefwahl durchzuführen. Der Senat lehnte diese Wahlgesetzänderung am 5.5. ab. Schließlich zeigte sich Jarosław Kaczyński, der Vorsitzende von PiS, am 6.5. zu einer Verschiebung der Wahl bereit, da ohne die Abgeordneten von Porozumienie das Wahlgesetz nicht verabschiedet werden konnte. Dieses wurde schließlich am 2.6. verabschiedet und ermöglichte den Wählern die Abstimmung in den Wahllokalen wie auch per Brief. Der Wahltermin wurde auf den 28.6. festgelegt. Neuer Kandidat der KO wurde Rafał Trzaskowski, der Bürgermeister von Warschau. Im ersten Wahlgang am 28.6. lag Duda mit 43.5 % an erster Stelle, gefolgt von Trzaskowski mit 30.5 %, dem Unabhängigen Szymon Hołownia mit 13.9 % und Krzysztof Bosak, dem Kandidaten der rechtsradikalen Konföderation Freiheit und Unabhängigkeit, mit 6.8 %. Von den übrigen Kandidaten kam keiner über 3 %.

Corona: Am 4.3.2020 wurde die erste Covid-19-Infektion bestätigt, am 12.3. kam es zum ersten Todesfall. Erste Maßnahmen wie das Verbot von Massenveranstaltungen sowie die Schließung von Bildungs- und Kultureinrichtungen wurden ab dem 10.3. eingeführt. Mit dem 25.3. wurde die Bewegungsfreiheit eingeschränkt, indem die Wohnung nur noch für den Weg zur Arbeit, den Einkauf von Lebensmitteln und Medikamenten sowie den Arztbesuch verlassen werden durfte. Ebenfalls erlaubt war das Ausführen von Hunden, Jogging, Radfahren und Wandern. Ab dem 10.4. wurden die Maßnahmen sukzessive wieder gelockert. Die Maßnahmen verhinderten indes nicht, dass die Zahl der Infektionen stetig, wenngleich in einem verhaltenen Tempo anstieg, und es nicht zu einem Abflachen der Kurve kam.

Portugal

▸ 622

Ländername	Portugiesische Republik
Zeitzone	MEZ -1 h
Fläche in km²	92 226
Anzahl der Einwohner	10.3 Millionen
Einwohnerzahl pro km²	111
Hauptstadt	Lissabon
Amtssprache	Portugiesisch
Verwaltungsgliederung	18 Distrikte und 2 autonome Regionen
Wichtige Städte	Lissabon, Porto, Vila Nova de Gaia, Amadora, Braga, Funchal
Autokennzeichen | ISO-Code	P | PRT
Währung	1 Euro = 100 Cent
Nationalfeiertag	10. Juni

Mit seinem Beitritt zur Europäischen Gemeinschaft hat Portugal nach Jahrzehnten der Isolation 1986 den Anschluss an Europa gefunden. Das kleine Land im äußersten Südwesten Europas war im 15. und 16. Jahrhundert eine bedeutende Seefahrer- und Handelsnation, die zahlreiche Kolonien in Übersee besaß. Im 20. Jahrhundert erlebte Portugal mehrere Putsche und Revolutionen. Mit der Nelkenrevolution befreite es sich 1974 von der über 40 Jahre währenden Salazar-Diktatur und erlebte die Entwicklung eines liberalen Gesellschaftssystems.

GEOGRAFIE

Geografische Lage: Von 36° 59' bis 42° 09' nördlicher Breite sowie von 6° 12' bis 9° 30' westlicher Länge
Höchster Punkt: Ponta do Pico 2351 m
Zugehöriges: Azoren, Madeira
Klima: Warmgemäßigtes Atlantikklima, nach Süden zunehmend Mittelmeerklima

POLITIK

Staatsform: Semipräsidiale Republik
Staatsoberhaupt: Präsident
Legislative: Parlament mit 230 für 4 Jahre gewählten Mitgliedern
Jahr der Verfassung: 1976
Wahlrecht: 18 Jahre
Staatsreligion: Keine

BEVÖLKERUNG

Bevölkerungsanteil: <15 Jahre 13.3 %, 15-64 Jahre 64.4 %, >64 Jahre 22.3 %
Verteilung: Stadt 65.8 %, Land 34.2 %
Wachstum 2019: -0.2 %
Lebenserwartung: Frauen 85 Jahre, Männer 79 Jahre
Alphabetenrate: Frauen 95.1 %, Männer 97.4 %
Ethnische Gruppen: Portugiesen u. a.
Religionen: Christen 84.3 %
Sprachen: Portugiesisch, Mirandés

Alterspyramide nach Jahren in %

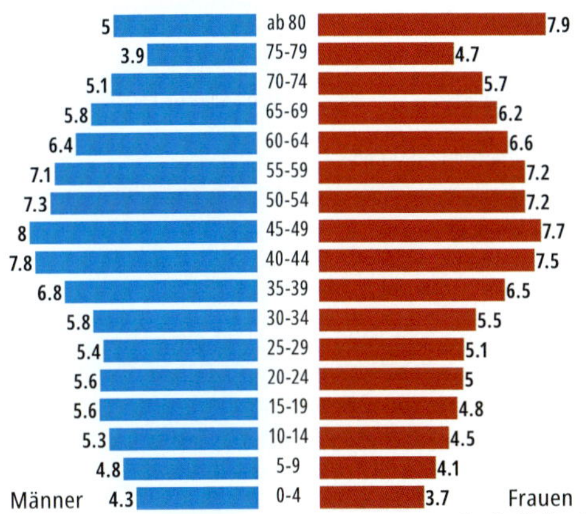

Quelle: Weltbank

WIRTSCHAFT UND VERKEHR

BIP: 237.69 Mrd. US-$
Wachstum BIP 2019: 2.2 %
BNE/Kopf: 23 031 US-$
Inflation: 0.3 %
Außenhandel: Import 89.92 Mrd. US-$, Export 67.06 Mrd. US-$
Erwerbstätige nach Sektoren: Landwirtschaft 5.9 %, Industrie 24.7 %, Dienstleistungen 69.4 %
Arbeitslosenquote: 6.3 %
Energieverbrauch/Kopf: 2 132 kg ÖE
Straßennetz: 82 909 km
Eisenbahnnetz: 3 075 km

RÜCKBLICK

Wahlen: Aus den Parlamentswahlen vom 6.10.19 ging der sozialistische PS von Ministerpräsident António Costa als Sieger hervor: Die Partei verbesserte ihren Stimmanteil um 4 Prozentpunkte auf 36.3 % und erhielt 108 der 230 Parlamentssitze. Zweitstärkste Kraft wurde der liberal-konservative PSD mit 27.8 % (-10.8 %) und 79 Mandaten, gefolgt vom Linksblock BE mit 9.5 % (-0.7 %), was 19 Sitzen entspricht, und dem Coligação Democrática Unitária (CDU), einem Bündis aus Grünen und Kommunisten, das auf 6.3 % (-2 %) und 12 Sitze kam. Die Wahlbeteiligung lag bei 48.6 %.

Regierungsbildung: Obwohl der PS die angestrebte absolute Mehrheit verfehlt hatte, strebte Costa keine Koalitionsverhandlungen an, sondern eine Fortführung seiner seit 2015 amtierenden Minderheitsregierung. Nachdem die kleineren Linksparteien ihre Bereitschaft zur Unterstützung einer Minderheitsregierung des PS signalisiert hatten, wurde Costa am 9.10.19 von Staatspräsident Marcelo Rebelo de Sousa für eine weitere Amtszeit bestätigt.

Politiker: Am 9.6. erklärte Finanzminister Mário Centeno seinen Rücktritt, damit endete am 12.7. auch sein Amt als Eurogruppenchef, das er seit 2017 innegehabt hatte. Zu seinem Nachfolger als Finanzminister wurde Haushaltsstaatssekretär João Leão ernannt. Centeno trat am 20.7. sein neues Amt als Chef der portugiesischen Notenbank an.

Asyl- und Ausländerpolitik: Am 27.3. erließ Innenminister Eduardo Cabrita ein Dekret, das allen Migranten und Flüchtlingen vorübergehend einen legalen Aufenthaltsstatus zuerkennt - vorausgesetzt, den Behörden liegt bereits ein Ayslantrag oder ein Antrag auf Arbeitserlaubnis vor. Mit der Maßnahme wollte die Regierung sicherstellen, dass während der Coronakrise möglichst viele im Land Lebende vollen Zugang zum Gesundheits- und Sozialsystem haben.

Sterbehilfe: Am 20.2.20 stimmte das Parlament einem Gesetzentwurf der Sozialisten zu, demzufolge schwer kranke, aber urteilsfähige Personen Sterbehilfe verlangen dürfen. Das Gesetz muss noch von Staatspräsident Rebelo de Sousa unterzeichnet werden, dessen Zustimmung als fraglich gilt.

Waldbrände: Bei Temperaturen von fast 40° und starken Winden kam es am 20./21.7.2019 in den Kreisen Vila de Rei, Mação und Sertã zu schweren

Waldbränden. Dabei wurden mindestens 30 Menschen verletzt und 70 km^2 Wald vernichtet.

Energienotstand: Nachdem die Gewerkschaft der Tanklastwagenfahrer für den 12.8.2019 den Beginn eines unbefristeten Streiks angekündigt hatte, kam es zu Hamsterkäufen von Benzin und infolgedessen zu Versorgungsengpässen mit Kraftstoff. Die Regierung rief den „Energienotstand" aus und verhängte Rationierungen: Pro PKW durften nur noch 25 l und pro LKW nur noch 100 l Benzin abgegeben werden.

Madeira: Aus der Parlamentswahl am 22.9.2019 ging der liberal-konservative Partido Social Democrata (PSD) als Sieger hervor und erhielt 40.3 % der Stimmen und 21 Mandate. Zweitstärkste Kraft wurde der sozialistische PS mit 36.6 % und 19 Sitzen. Am 7.3.2020 kam es zu einem Erdbeben der Stärke 5.1. Das Epizentrum lag etwa 40 km von Funchal entfernt. Wegen der Pandemie durfte ab dem 15.3.2020 nur einreisen, wer sich danach in eine 14-tägige Quarantäne begab. Ab dem 1.6. konnten Reisende dies durch Vorlage eines negativen Covid-19-Tests vermeiden.

Corona: Der erste Fall wurde am 2.3.2020 gemeldet, betroffen war ein 60-jähriger Mann, der sich zuvor in Norditalien aufgehalten hatte. Am 12.3. verkündete die Regierung, den Beginn der Osterferien um zwei Wochen vorzuziehen und ab dem 16.3. alle Schulen zu schließen. Auch die Grenze zu Spanien wurde weitgehend geschlossen. Am 19.3. trat ein vom Parlament gebilligter Ausnahmezustand in Kraft, der zunächst für zwei Wochen gelten sollte, aber bis Ende April verlängert wurde. Um die wirtschaftlichen Folgen der Krise abzufedern, verabschiedete die Regierung ein Hilfspaket in Höhe von 9.2 Mrd. €. Am 30.4. verkündete Ministerpräsident Costa einen Drei-Stufen-Plan zum Ausstieg aus den Coronabeschränkungen: Ab dem 4.5. sollten kleinere Geschäfte wieder öffnen dürfen, am 18.5. dann auch größere Läden sowie Schulen, Cafés und Restaurants. In der dritten Phase ab dem 1.6. schließlich Kinos, Museen und Theater. Die Strände sollten ab dem 6.6. unter Auflagen wieder geöffnet werden. Nachdem das Land zunächst vergleichsweise gut durch die Krise gekommen war, kam es zwischen dem 21.5. und dem 21.6. zu mehr als 9 000 Neuinfektionen, vor allem im Großraum Lissabon. Infolgedessen beschloss die Regierung am 26.6. für 19 Gemeinden in der Hauptstadtregion einen erneuten Lockdown, der ab dem 1.7. gelten sollte.

Ruanda

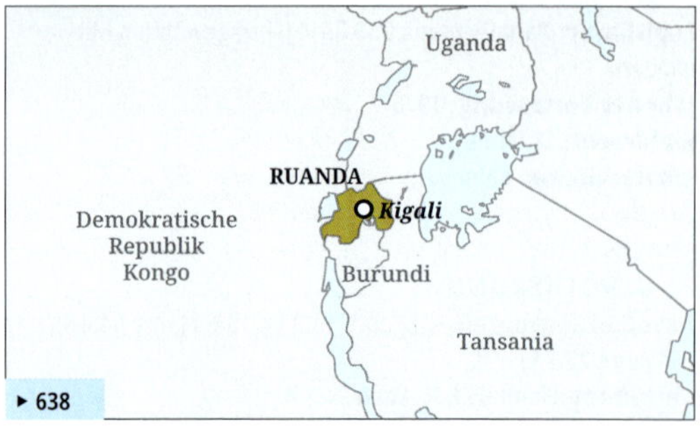

▸ 638

Ländername	Republik Ruanda
Zeitzone	MEZ +1 h
Fläche in km²	26 340
Anzahl der Einwohner	12.6 Millionen
Einwohnerzahl pro km²	479
Hauptstadt	Kigali
Amtssprache	Kinyarwanda, Französisch, Englisch
Verwaltungsgliederung	5 Provinzen
Wichtige Städte	Kigali, Gisenyi, Ruhengeri, Butare, Gitarama
Autokennzeichen | ISO-Code	RWA | RWA
Währung	1 Ruanda-Franc = 100 Centimes
Nationalfeiertag	1. Juli

Das „Land der 1000 Hügel" ist einer der am dichtesten besiedelten Staaten Afrikas. Das kleine Binnenland ist mit der Hypothek des historischen Konflikts zwischen der Minderheit der Tutsi und der Mehrheit der Hutu genauso belastet wie der Nachbarstaat Burundi.

GEOGRAFIE

Geografische Lage: Von 1° 04' bis 2° 50' südlicher Breite sowie von 28° 51' bis 30° 53' östlicher Länge
Höchster Punkt: Karisimbi 4507 m
Klima: Tropisches Hochlandklima

POLITIK

Staatsform: Präsidiale Republik
Staatsoberhaupt: Präsident
Legislative: Parlament, bestehend aus Abgeordnetenkammer mit 80 für 5 Jahre gewählten Mitgliedern und Senat mit 12 für 8 Jahre gewählten und 14 ernannten Mitgliedern
Jahr der Verfassung: 2003
Wahlrecht: 18 Jahre
Staatsreligion: Keine

BEVÖLKERUNG

Bevölkerungsanteil: <15 Jahre 40 %, 15-64 Jahre 57.1 %, >64 Jahre 2.9 %
Verteilung: Stadt 17.2 %, Land 82.8 %
Wachstum 2019: 2.6 %
Lebenserwartung: Frauen 71 Jahre, Männer 67 Jahre
Alphabetenrate: Frauen 69.4 %, Männer 77.6 %
Ethnische Gruppen: Hutu, Tutsi, Twa (Pygmäen) u. a.
Religionen: Christen 93.2 %, Muslime 2 %
Sprachen: Kinyarwanda, Französisch, Englisch, Swahili

WIRTSCHAFT UND VERKEHR

BIP: 10.12 Mrd. US-$
Wachstum BIP 2019: 9.4 %
BNE/Kopf: 825 US-$
Inflation: 3.4 %
Außenhandel: Import 2.7 Mrd. US-$, Export 1.17 Mrd. US-$
Erwerbstätige nach Sektoren: Landwirtschaft 62.4 %, Industrie 8.9 %, Dienstleistungen 28.7 %
Arbeitslosenquote: 1 %
Energieverbrauch/Kopf: Keine Angabe
Straßennetz: 4 708 km
Eisenbahnnetz: Keine Angabe

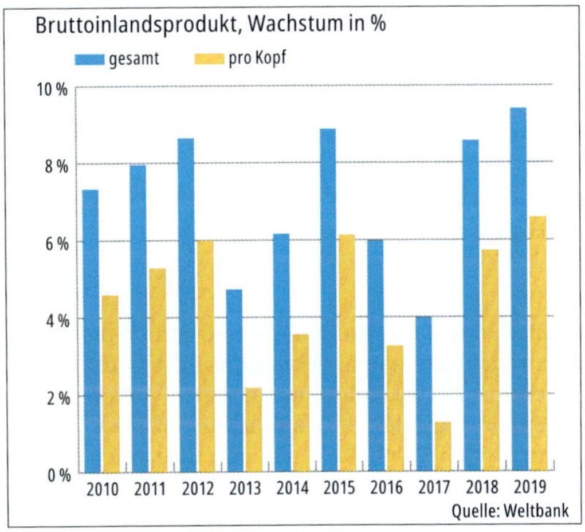

RÜCKBLICK

Innenpolitische Lage: Zwischen November 2019 und April 2020 nahm Präsident Paul Kagame mehrere **Kabinettsumbildungen** vor. Mit dem Ministerium für Innere Sicherheit entstand im November 2019 ein neues Ressort. Unter seiner autokratischen Führung blieb das als Musterstaat geltende Land **politisch wie wirtschaftlich stabil**. Kagame, häufig auch als „wohlwollender Dikator" bezeichnet, verfolgte seine strenge Politik der nationalen Einheit weiter, die zwar den inneren Frieden manifestierte, gleichzeitig aber auch die politische Freiheit der Bürger beschnitt. So blieb beispielsweise die öffentliche Berichterstattung stark staatlich kontrolliert. Die Nichtregierungsorganisation Reporter ohne Grenzen ordnete Ruanda auf ihrer Rangliste der **Pressefreiheit** 2020 auf Platz 155 von 180 Staaten und damit als **massiv eingeschränkt** ein.

Verhaftung: Im Mai 2020, 26 Jahre nach dem **Genozid** in Ruanda, bei dem mindestens 800 000 Tutsi und moderate Hutu getötet worden waren, wurde in Paris ein **Hauptverdächtiger** des Völkermordes verhaftet. **Félicien Kabuga** (* 1935), der 1994 das für seine Hetzpropaganda gegen die Tutsi-Minderheit bekannte „Freie Radio der Tausend Hügel" geleitet hatte, war jahrelang mit internationalem Haftbefehl gesucht worden. Dem einst reichsten Geschäftsmann Ruandas wurden vom UN-Tribunal zu Ruanda u. a. **Völkermord und Kriegsverbrechen** vorgeworfen. Er soll den Aufbau der maßgeblich am Genozid beteiligten Miliz unterstützt und deren Bewaffnung finanziert haben. Er wurde an den International Residual Mechanism for Criminal Tribunals (IRMCT) in Den Haag überstellt, das Nachfolgegremium des UN-Tribunals zu Ruanda, das 2015 nach 62 Verurteilungen geschlossen worden war. Kabuga galt als „Architekt" des Genozids, der Prozess gegen ihn sollte auch neue Erkenntnisse über die Planung und den Verlauf des Völkermordes geben.

Klimaforschung: Ruanda betreibt seit 2019 auf dem Gipfel des Mount Mugogo, etwa 70 km von Kigali entfernt, die **erste Klimaforschungsstation** des afrikanischen Kontinents. Wissenschaftler messen dort u. a. FCKW-Verbindungen und andere Treibhausgase in der Atmosphäre. Mit ihrer Arbeit ist die Erwartung verbunden, dass Afrikas Position bei internationalen Klimaverhandlungen mehr Gehör findet. Ruanda selbst ist stark **vom Klimawandel betroffen**. Wechselnde **Dürren und Starkregenfälle** bedrohen die landwirtschaftlichen Erträge. Die durchschnittliche Temperatur stieg in Ruanda in den letzten 50 Jahren um 1.4° C an.

Wirtschaftliche Entwicklung: 2019/20 zählte Ruanda weiterhin zu den wachstumsstärksten Märkten des afrikanischen Kontinents. In ihrem Doing-Business-Bericht, der die Wirtschaftsfreundlichkeit eines Staates bewertet, ordnete die Weltbank Ruanda 2019 hinter Mauritius als zweitbesten afrikanischen Kandidaten ein. Motor des dynamischen **Aufwärtstrends** waren insbesondere staatliche, von ausländischen Gebern wie der Weltbank oder der EU finanzierte **Großprojekte zur Verbesserung der Infrastruktur** wie das Wasserkraftwerk Rusumo oder das Ngoma-Nyanza-Straßensanierungsprojekt. Ende 2019 gab der VW-Konzern ein **Pilotprojekt** für Ruanda bekannt, das der E-Mobilität für den gesamten afrikanischen Markt die Tür öffnen sollte: In der Hauptstadt Kigali sollte das Carsharing-Angebot von VW-Fahrzeugen um 50 neue **Elektroautos** erweitert werden. VW hatte 2018 seine Automobilproduktion in Ruanda gestartet. 2019 **verbot** Ruanda die **Einfuhr von Altkleidern** aus Amerika und Europa, um die eigene Textilproduktion zu stärken und Arbeitsplätze zu sichern. Infolge der Corona-Pandemie musste der Anstieg des **BIP** für 2020 **nach unten korrigiert werden**: Statt eines ursprünglichen Zuwachses um 8 % gingen internationale Analysten im Juni 2020 von 3.5 % für 2020 und 6.7 % für 2021 aus.

Smartphone made in Africa: Präsident Kagame weihte im Oktober 2019 in der Hauptstadt Kigali die erste Smartphonefabrik Afrikas ein, die zur Mara Group, einem panafrikanischen Unternehmen mit Hauptsitz in Dubai gehört. In Komplettproduktion werden dort von etwa 200 aus Ruanda stammenden Mitarbeitern die Modelle Mara X und Mara Z hergestellt. Beide gehören mit einem Anschaffungspreis von 140 bis 210 € zum günstigen Preissegment und müssen auch technisch nach Einschätzung von Computerfachleuten den Vergleich mit ähnlichen Modellen der Marktführer im Smartphonegeschäft nicht scheuen. Als Markenzeichen tragen sie passenderweise einen Löwenkopf.

Soziale Lage: Trotz der hohen Steigerungsraten des BIP gehörte Ruanda zu den ärmsten Staaten weltweit. Etwa zwei **Fünftel der Bevölkerung** lebte **unterhalb der nationalen Armutsgrenze**. Im 2019 veröffentlichten UN-Index der menschlichen Entwicklung belegt Ruanda Rang 157 von insgesamt 189 Ländern. Der Großteil der Bevölkerung profitierte bisher nicht oder nur eingeschränkt von dem Wirtschaftswachstum, obwohl sich die Regierung die Verbesserung der Lebensbedingungen aller Ruander zum Ziel gemacht hat. Nur in der Hauptstadt und ihrem direkten Umfeld konnte sich eine kaufkräftigere Mittelschicht entwickeln, die sich importierte Produkte leisten kann.

Rumänien

Ländername	Rumänien
Zeitzone	MEZ +1 h
Fläche in km²	238 400
Anzahl der Einwohner	19.4 Millionen
Einwohnerzahl pro km²	81
Hauptstadt	Bukarest
Amtssprache	Rumänisch
Verwaltungsgliederung	41 Kreise und 1 Stadt
Wichtige Städte	Bukarest, Cluj-Napoca (Klausenburg), Timișoara (Temeschwar), Iași, Constanța, Craiova
Autokennzeichen | ISO-Code	RO | ROU
Währung	1 Rumänischer Leu = 100 Bani
Nationalfeiertag	1. Dezember

Schon der Name Rumäniens mit seinem Bezug auf das antike Rom verweist auf Ursprung und Orientierung des südosteuropäischen Volkes, das im Spannungsfeld der Großmächte Byzanz bzw. Osmanisches Reich, Russland und Österreich über Jahrhunderte die Verbindung zum Westen suchte. Im 20. Jahrhundert durchlief das Land alle Formen der Herrschafts- und Regierungsgewalt im Schnelldurchlauf – vom Feudalstaat über die nationalkommunistische Diktatur bis zur Demokratie.

GEOGRAFIE

Geografische Lage: Von 43° 39' bis 48° 16' nördlicher Breite sowie von 20° 15' bis 29° 42' östlicher Länge
Höchster Punkt: Moldoveanu 2544 m
Klima: Gemäßigtes Kontinentalklima

POLITIK

Staatsform: Semipräsidiale Republik
Staatsoberhaupt: Präsident
Legislative: Parlament, bestehend aus Abgeordnetenkammer mit 329 für 4 Jahre gewählten Mitgliedern und Senat mit 136 für 4 Jahre gewählten Mitgliedern
Jahr der Verfassung: 1991
Wahlrecht: 18 Jahre
Staatsreligion: Keine

BEVÖLKERUNG

Bevölkerungsanteil: <15 Jahre 15.6 %, 15-64 Jahre 65.6 %, >64 Jahre 18.8 %
Verteilung: Stadt 54 %, Land 46 %
Wachstum 2019: -0.6 %
Lebenserwartung: Frauen 80 Jahre, Männer 73 Jahre
Alphabetenrate: Frauen 98.6 %, Männer 99.1 %
Ethnische Gruppen: Rumänen, Ungarn, Roma u. a.
Religionen: Christen 92.6 %
Sprachen: Rumänisch, Ungarisch u. a.

Alterspyramide nach Jahren in %

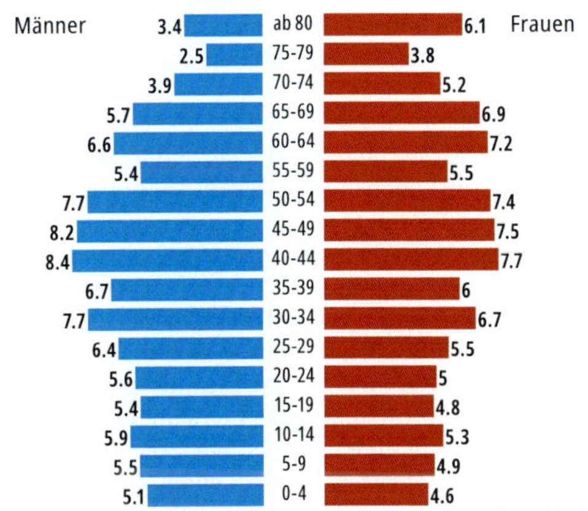

Quelle: Weltbank

WIRTSCHAFT UND VERKEHR

BIP: 250.08 Mrd. US-$
Wachstum BIP 2019: 4 %
BNE/Kopf: 12 483 US-$
Inflation: 3.8 %
Außenhandel: Import 96.53 Mrd. US-$, Export 76.87 Mrd. US-$
Erwerbstätige nach Sektoren: Landwirtschaft 21.7 %, Industrie 30.1 %, Dienstleistungen 48.2 %
Arbeitslosenquote: 4 %
Energieverbrauch/Kopf: 1 592 kg ÖE
Straßennetz: 84 185 km
Eisenbahnnetz: 11 268 km

RÜCKBLICK

Misstrauensvotum und Regierungswechsel: Die Allianz der Liberalen und Demokraten (ALDE) verließ am 26.8.2019 die Koalitionsregierung mit den Sozialdemokraten (PSD) unter Ministerpräsidentin Viorica Dăncilă, die darauf ihre Mehrheit verlor. Am 10.10. wurde die Regierung durch ein Misstrauensvotum gestürzt. **Zum neuen Ministerpräsidenten wurde** am 4.11. der Vorsitzende der Nationalliberalen Partei (PNL), **Ludovic Orban, gewählt**. Mit Ausnahme der Partei PRO Rumänien des früheren Ministerpräsidenten Victor Ponta stimmten alle Parteien, die das Misstrauensvotum unterstützt hatten, für die neue Regierung Orban. Dessen Partei, die nur 96 Sitze im Parlament hält, bildete eine **Minderheitsregierung** aus PNL-Politikern und Unabhängigen, wie etwa Außenminister Bogdan Aurescu, ein Karrierediplomat, und Verteidigungsminister Nicolae Ciucă, der bisherige Generalstabschef.

Die neue Regierung trat mit einer Reformagenda an, ein besonderes Augenmerk lag auf der **Justizpolitik der Vorgängerregierung**. Ein erster Schritt war am 4.12. die Abschaffung eines Gesetzes, das 2017 als Teil einer Reihe von Änderungen in der Justiz verabschiedet worden war. Es hatte mehr als 22 000 verurteilten Kriminellen ermöglicht, vor Verbüßung ihrer Strafe aus der Haft entlassen zu werden.

Erneutes Misstrauensvotum: Bereits am 5.2.2020 wurde die **Regierung Orban ihrerseits** durch ein von der PSD initiiertes Misstrauensvotum **gestürzt**. Motiviert war dieser Schritt dadurch, dass die PSD und die Ungarische Demokratische Union (UDMR) eine Reform des Wahlverfahrens bei den Kommunalwahlen verhindern wollten. Die Regierung plante, bei den Bürgermeisterwahlen künftig zwei Wahlgänge durchzuführen, falls im ersten keiner der Kandidaten die absolute Mehrheit erhält. Bisher genügte die relative Mehrheit.
Staatspräsident Klaus Iohannis nominierte Orban erneut für das Amt des Regierungschefs. Bei einer weiteren Ablehnung durch das Parlament hätte dies dem Staatsoberhaupt die Auflösung des Parlaments und die Ansetzung von Neuwahlen ermöglicht. Das Verfassungsgericht urteilte indes am 24.2., dass die erneute Nominierung eines durch ein Misstrauensvotum gestürzten Ministerpräsidenten nicht möglich sei. Darauf schlug Iohannis Finanzminister Florin Cîţu vor. Dieser zog kurz vor der Abstimmung am 12.3. seine Kandidatur zurück. Er begründete dies damit, dass **Orban** angesichts der Covid-19-Epidemie **weiterhin** als

geschäftsführender Regierungschef im Amt verbleiben sollte.

Präsidentenwahl: Am 10.11.2019 fand der erste Wahlgang der Präsidentenwahl statt. **Amtsinhaber Klaus Iohannis** (PNL) erhielt mit 37.8 % die meisten Stimmen, gefolgt von Viorica Dăncilă (PSD) mit 22.3 %. Dan Barna, der Kandidat des Bündnisses der beiden liberalen und reformorientierten Gruppierungen Union zur Rettung Rumäniens (USR) und Partei der Freiheit, Einheit und Solidarität (PLUS) stand an dritter Stelle mit 15 %. Der als Unabhängiger kandidierende Schauspieler Mircea Diaconu, den das Bündnis aus PRO und ALDE unterstützte, erhielt 8.9 %. Von zehn weiteren Kandidaten erzielte keiner mehr als 6 %. Im zweiten Wahlgang am 24.11. **setzte sich** Iohannis **mit 66.1 % deutlich gegen Dăncilă** mit 33.9 % **durch**. Von den Auslandsrumänen stimmten 94 % in der zweiten Runde für Iohannis. Die Wahlbeteiligung lag im ersten Wahlgang bei 51.2 %, im zweiten bei 54.9 %.

Verfassungsgericht: Das Verfassungsgericht entschied am 18.7.2019, dass ein gesetzliches Verbot, Politiker, die wegen Korruption verurteilt wurden, von Amnestien und Begnadigungen auszunehmen, die Grundrechte eines jeden Amnestierten oder Begnadigten verletzen würden, weil Begnadigungen durch den Präsidenten vor allem aus gesundheitlichen oder humanitären Gründen erfolgten. Dabei ging es um ein von Präsident Iohannis initiiertes Referendum, bei dem im Mai 80 % ein solches Verbot befürwortet hatten. Kurz darauf, am 29.7., erklärte das Gericht die von der PSD-Regierung durchgeführten Reformen des Strafrechts für verfassungswidrig, da diese frühere Entscheidungen des Verfassungsgerichts nicht berücksichtigten.

EU: Alle vier von der Regierung Dăncilă vorgeschlagenen Kandidaten für den Posten des rumänischen EU-Kommissars scheiterten. Sie fanden entweder keine Unterstützung im Europäischen Parlament oder wurden von Kommissionspräsidentin Ursula von der Leyen zurückgewiesen. Auch waren sie nicht von Staatspräsident Iohannis unterstützt worden. Nach dem Sturz der Regierung Dăncilă präsentierte die Regierung Orban eine Zweierliste, aus der von der Leyen die PNL-Europaabgeordnete **Adina Vălean** auswählte, die ihr Amt mit der neuen EU-Kommission am 1.12.2019 antrat.

Laura Codruţa Kövesi, die frühere Leitende Staatsanwältin der rumänischen Antikorruptionsbehörde DNA, trat am 1.10. das neu geschaffene Amt der **EU-Generalstaatsanwältin** an. Die Regierung Dăncilă hatte vergeblich versucht, ihre Wahl zu verhindern. Kövesi war im Juli 2018 entlassen worden. Am 5.5.2020 stellte der von Kövesi angerufene Europäische Gerichtshof für Menschenrechte fest, dass damals ihre Rechte auf einen fairen Prozess sowie auf Freiheit der Meinungsäußerung verletzt worden waren. Das Urteil des Verfassungsgerichts, das Staatspräsident Iohannis zwang, sie zu entlassen, habe nur die formaljuristischen Aspekte berücksichtigt, nicht jedoch das substantielle Argument, dass ihre Entlassung zu Unrecht erfolgte, weil sie die Korruptionsvergehen betreffenden Änderungen in der Gesetzgebung kritisiert hatte. Kövesi hatte in ihrer Klage keine finanzielle Entschädigung verlangt, sondern lediglich ein Urteil.

Corona: Am 26.2.2020 wurde die erste Covid-19-Infektion bestätigt, am 23.3. kam es zu den beiden ersten Todesfällen. Am 16.3. wurde vom Präsidenten der Ausnahmezustand verhängt, die Bildungseinrichtungen wurden geschlossen. Großveranstaltungen mit mehr als 1 000 Personen waren bereits am 8.3. untersagt worden. Ab dem 21.3. galt eine nächtliche Ausgangssperre, Gruppen von mehr als drei Personen waren verboten. Lediglich Geschäfte für Lebensmittel, Veterinär- und pharmazeutische Produkte sowie Reinigungsdienste blieben geöffnet. Am 24.3. wurde der landesweite Lockdown verhängt und die Armee zur Unterstützung von Polizei und Gendarmerie ermächtigt. Außer in Ausnahmefällen (Weg zur Arbeit, Einkäufe) war das Verlassen der Wohnung untersagt. Am 31.3. wurden die Stadt Suceava und acht Gemeinden in der Umgebung unter Quarantäne gestellt, die am 13.5. wieder aufgehoben wurde. Vom 4.4.-11.5. stand mit Tăndărei eine weitere Stadt unter Quarantäne. Am 14.5. ersetzte der Alarmzustand den Ausnahmezustand, die Bewegungseinschränkungen wurden gelockert. Im April kam es zu einem deutlichen Anstieg der Infektionen. Auch wenn die Zahl danach zurückging, verblieben sie doch auf einem markanten Niveau und stiegen im Juni wieder an.

Russland

▸ 615

Ländername	Russische Föderation
Zeitzone	MEZ +1 h bis +11 h
Fläche in km²	17 098 250
Anzahl der Einwohner	144.4 Millionen
Einwohnerzahl pro km²	8
Hauptstadt	Moskau
Amtssprache	Russisch
Verwaltungsgliederung	22 Republiken, 1 autonome Oblast, 4 autonome Kreise, 9 Regionen, 46 Oblaste und 3 Städte (inklusive der umstrittenen Republik Krim und der autonomen Stadt Sewastopol)
Wichtige Städte	Moskau, Sankt Petersburg, Nowosibirsk, Jekaterinburg, Nischni Nowgorod, Kasan, Tscheljabinsk, Omsk, Samara, Rostow am Don, Ufa, Krasnojarsk, Perm, Woronesch, Wolgograd
Autokennzeichen | ISO-Code	RUS | RUS
Währung	1 Russischer Rubel = 100 Kopeken
Nationalfeiertag	12. Juni

Russland ist auch im Vergleich mit der untergegangenen UdSSR noch ein Land von kontinentalem Ausmaß. Es ist fast doppelt so groß wie die USA und erstreckt sich über elf Zeitzonen sowie mehr als 9 000 km von der Ostsee und dem Schwarzen Meer über Osteuropa und Sibirien bis zum Pazifischen Ozean. Die schwere Krise nach Einführung der Marktwirtschaft ist überwunden. In der Innenpolitik haben autoritäre Tendenzen an Boden gewonnen. In der Außenpolitik dominiert neues Großmachtbewusstsein, wie Anfang des 21. Jahrhunderts das Agieren im Konflikt mit den Unruheherden in Kaukasien zeigte.

GEOGRAFIE

Geografische Lage: Von 41° 12' bis 81° 52' nördlicher Breite sowie von 26° 57' östlicher bis 169° westlicher Länge
Höchster Punkt: Elbrus 5642 m
Klima: Im europäischen Teil Russlands und im westlichen Sibirien winterfeucht-kaltes Klima, nach Osten zunehmend wintertrocken-kaltes Klima, nördliche Küstenzone polares Klima, am Schwarzen Meer mild

POLITIK

Staatsform: Semipräsidiale Republik
Staatsoberhaupt: Präsident
Legislative: Bundesversammlung, bestehend aus Staatsduma mit 450 für 5 Jahre gewählten Mitgliedern und Föderationsrat mit 170 für 4 Jahre ernannten Mitgliedern
Jahr der Verfassung: 1993
Wahlrecht: 18 Jahre
Staatsreligion: Keine

BEVÖLKERUNG

Bevölkerungsanteil: <15 Jahre 18.2 %, 15-64 Jahre 66.8 %, >64 Jahre 15 %
Verteilung: Stadt 74.4 %, Land 25.6 %
Wachstum 2019: 0 %
Lebenserwartung: Frauen 78 Jahre, Männer 67 Jahre
Alphabetenrate: Frauen 99.7 %, Männer 99.7 %
Ethnische Gruppen: Russen, Tataren, Ukrainer, Baschkiren, Tschuwaschen, Tschetschenen u. a.
Religionen: Christen 47.1 %, Muslime 6.5 %, Ethnische 1.2 %
Sprachen: Russisch, Minderheitensprachen

WIRTSCHAFT UND VERKEHR

BIP: 1.7 Bio. US-$
Wachstum BIP 2019: 1.3 %
BNE/Kopf: 11 163 US-$
Inflation: 4.5 %
Außenhandel: Import 254.05 Mrd. US-$, Export 418.8 Mrd. US-$
Erwerbstätige nach Sektoren: Landwirtschaft 5.8 %, Industrie 26.9 %, Dienstleistungen 67.3 %
Arbeitslosenquote: 4.7 %
Energieverbrauch/Kopf: 4 943 kg ÖE
Straßennetz: 1 283 387 km
Eisenbahnnetz: 87 157 km

VERWALTUNGSGLIEDERUNG

Verwaltungseinheit	Fläche in km²	Einwohner	Hauptstadt
Moskau	2 561	12.7 Mio.	Moskau
Sankt Petersburg	1 403	5.4 Mio.	St. Petersburg
AK der Chanten und Mansen | Jugra	534 801	1.7 Mio.	Chanty-Mansisk
AK der Jamal-Nenzen	769 250	544 444	Salechard
AK der Nenzen	176 810	44 111	Narjan-Mar
AK der Tschuktschen	721 481	50 288	Anadyr
Jüdische Autonome Oblast	36 271	158 305	Birobidschan
Kabardino-Balkarische Republik	12 470	868 350	Naltschik
Karatschai-Tscherkessische Republik	14 277	465 528	Tscherkessk
Republik Adygeja	7 792	463 088	Maikop
Republik Altai	92 903	220 181	Gorno-Altaisk
Republik Baschkortostan	142 947	4 Mio.	Ufa
Republik Burjatien	351 334	985 937	Ulan-Ude
Republik Chakassien	61 569	534 262	Abakan
Republik Dagestan	50 270	3.1 Mio.	Machatschkala
Republik Inguschetien	3 123	507 061	Magas
Republik Kalmückien Chalmg Tangtsch	74 731	271 135	Elista
Republik Karelien	180 520	614 064	Petrosawodsk
Republik Komi	416 774	820 473	Syktywkar
Republik Mari El	23 375	679 417	Joschkar-Ola
Republik Mordwinien	26 128	790 197	Saransk
Republik Nordossetien-Alanien	7 987	696 837	Wladikawkas
Republik Sacha Jakutien	3 083 523	971 996	Jakutsk
Republik Tatarstan	67 847	3.9 Mio.	Kasan
Republik Tuwa	168 604	327 383	Kysyl
Tschetschenische Republik	16 165	1.5 Mio.	Grosny
Tschuwaschische Republik	18 343	1.2 Mio.	Tscheboksary
Udmurtische Republik	42 061	1.5 Mio.	Ischewsk
Region Altai	167 996	2.3 Mio.	Barnaul
Region Chabarowsk	787 633	1.3 Mio.	Chabarowsk
Region Kamtschatka	464 275	313 016	Petropawlowsk-Kamtschatski
Region Krasnodar	75 485	5.7 Mio.	Krasnodar
Region Krasnojarsk	2 366 797	2.9 Mio.	Krasnojarsk
Region Perm	160 236	2.6 Mio.	Perm
Region Primorje	164 673	1.9 Mio.	Wladiwostok
Region Stawropol	66 160	2.8 Mio.	Stawropol
Region Transbaikalien	431 892	1.1 Mio.	Tschita
Oblast Amur	361 908	790 044	Blagoweschtschensk
Oblast Archangelsk	589 913	1.1 Mio.	Archangelsk
Oblast Astrachan	49 024	1 Mio.	Astrachan

Verwaltungseinheit	Fläche in km²	Einwohner	Hauptstadt
Oblast Belgorod	27 134	1.5 Mio.	Belgorod
Oblast Brjansk	34 857	1.2 Mio.	Brjansk
Oblast Irkutsk	774 846	2.4 Mio.	Irkutsk
Oblast Iwanowo	21 437	997 135	Iwanowo
Oblast Jaroslawl	36 177	1.3 Mio.	Jaroslawl
Oblast Kaliningrad	15 125	1 Mio.	Kaliningrad
Oblast Kaluga	29 777	1 Mio.	Kaluga
Oblast Kemerowo	95 725	2.7 Mio.	Kemerowo
Oblast Kirow	120 374	1.3 Mio.	Kirow
Oblast Kostroma	60 211	633 385	Kostroma
Oblast Kurgan	71 488	827 166	Kurgan
Oblast Kursk	29 997	1.1 Mio.	Kursk
Oblast Leningrad	83 908	1.9 Mio.	St. Petersburg
Oblast Lipezk	24 047	1.1 Mio.	Lipezk
Oblast Magadan	462 464	140 149	Magadan
Oblast Moskau	44 329	7.7 Mio.	Moskau
Oblast Murmansk	144 902	741 404	Murmansk
Oblast Nischni Nowgorod	76 624	3.2 Mio.	Nischni Nowgorod
Oblast Nowgorod	54 501	596 508	Weliki Nowgorod
Oblast Nowosibirsk	177 756	2.8 Mio.	Nowosibirsk
Oblast Omsk	141 140	1.9 Mio.	Omsk
Oblast Orenburg	123 702	2 Mio.	Orenburg
Oblast Orjol	24 652	733 498	Orjol
Oblast Pensa	43 352	1.3 Mio.	Pensa
Oblast Pskow	55 399	626 115	Pskow
Oblast Rjasan	39 605	1.1 Mio.	Rjasan
Oblast Rostow	100 967	4.2 Mio.	Rostow am Don
Oblast Sachalin	87 101	488 257	Juschno-Sachalinsk
Oblast Samara	53 565	3.2 Mio.	Samara
Oblast Saratow	101 240	2.4 Mio.	Saratow
Oblast Smolensk	49 779	934 889	Smolensk
Oblast Swerdlowsk	194 307	4.3 Mio.	Jekaterinburg
Oblast Tambow	34 462	1 Mio.	Tambow
Oblast Tjumen	1 464 173	3.8 Mio.	Tjumen
Oblast Tomsk	314 391	1.1 Mio.	Tomsk
Oblast Tscheljabinsk	88 529	3.5 Mio.	Tscheljabinsk
Oblast Tula	25 679	1.5 Mio.	Tula
Oblast Twer	84 201	1.3 Mio.	Twer
Oblast Uljanowsk	37 181	1.2 Mio.	Uljanowsk
Oblast Wladimir	29 084	1.4 Mio.	Wladimir
Oblast Wolgograd	112 877	2.5 Mio.	Wolgograd
Oblast Wologda	144 527	1.2 Mio.	Wologda
Oblast Woronesch	52 216	2.3 Mio.	Woronesch

RÜCKBLICK

Neue Regierung: Nach seiner Rede zur Lage der Nation am 15.1.2020 ließ Staatspräsident Wladimir Putin die Regierung umbilden. **Ministerpräsident** Dmitri **Medwedew trat** mit seiner Regierung **zurück** und wechselte auf den neu geschaffenen Posten eines stellvertretenden Vorsitzenden des Sicherheitsrats. Zum **Nachfolger** als Regierungschef ernannte Putin den Chef der zentralen Steuerbehörde **Michail Mischustin**, was die Staatsduma am Folgetag ohne Gegenstimme billigte. Daneben wurden **14 von 30 Kabinettsmitgliedern** ersetzt. Eine Schlüsselrolle als Erster Stellvertretender Ministerpräsident erhielt Putins Wirtschafts- und Finanzberater Andrej Belousow. Die direkt dem Staatschef unterstehenden Ressortleiter für Äußeres, Inneres und Verteidigung blieben im Amt. Die Regierungsarbeit soll sich auf die **Wirtschaft und soziale Belange** konzentrieren. Eine Leuchtturmfunktion haben dabei **„nationale Projekte"** in den Bereichen Infrastruktur, Gesundheit, Forschung und Umwelt. Angesichts eines schwachen Wirtschaftswachstums (2019: +1.3 %) und rückläufiger Realeinkommen wurde die **Hebung des Lebensstandards** als vordringliche Aufgabe formuliert. Nach einem Präsidialerlass soll die **Armut** bis 2024 **halbiert** werden. Ende 2019 lebten nach offiziellen Angaben rund 14 % der Bevölkerung unter dem Existenzminimum.

Verfassung: Die von Präsident Putin am 15.1.2020 angekündigten Änderungen der Verfassung von 1993 wurden zügig umgesetzt. Nach weiteren Vorschlägen aus einer mit 75 Prominenten besetzten „Arbeitsgruppe", der Zustimmung der Duma (11.3.), des Föderationsrats und des Verfassungsgerichts (16.3.) sollten **390 Änderungen** dem Volk zur Abstimmung vorgelegt werden. Neben deklaratorischen Abschnitten zu Staatsaufgaben und sozialen Belangen wurden neue Regeln für die obersten Staatsorgane getroffen, die faktisch die **Stellung des Staatspräsidenten stärken**: bei der Regierungsbildung, beim Veto gegen Gesetzesvorlagen und der Ernennung von Staatsanwälten. Die Amtszeit des Staatsoberhaupts wurde auf zwei Perioden von jeweils sechs Jahren inklusive unmittelbarer Wiederwahl begrenzt – ohne dass die bisherigen Amtszeiten von Präsident Putin (2000-08, ab 2012) gezählt werden. Beim **Verfassungsreferendum** (24.6.-1.7.2020) stimmten rund 78 % dem Änderungspaket zu, als Beteiligung gab die zentrale Wahlkomission 68 % an. Beobachter der unabhängigen Organsiation Golos („Stimme") dokumentierten allerdings zahlreiche Unregelmäßigkeiten bei der Stimmabgabe.

Soziale Verbesserungen: 2019 wurde der **Mindestlohn** per Gesetz an das Existenzminium gebunden; mit den Verfassungsänderungen 2020 erhielt die Vorschrift Verfassungsrang. In gleicher Weise wurde die jährliche **Rentenanpassung** (ab 2016 ausgesetzt) an die Inflationsrate gebunden. Das Eintrittsalter für den Bezug einer **Altersrente** wird schrittweise von 55 auf 60 Jahre (Frauen) bzw. 60 auf 65 Jahre (Männer) erhöht. Für Mütter ist abhängig von der Kinderzahl jedoch eine vorzeitige Altersrente möglich. **Familien** mit niedrigen Einkommen erhalten seit 2018 nach der Geburt eines Kindes Beihilfen in Höhe des Existenzminimums. Daneben versprach Präsident Putin im Januar 2020, die Zuzahlung für Mütter mit einem zweiten Kind, das sogenannte Familienkapital in Höhe eines durchschnittlichen Jahreseinkommens (seit 2007), weiterzuführen und auszuweiten. Damit soll auch die Geburtenrate erhöht und der **Bevölkerungsrückgang** in Russland gestoppt werden.

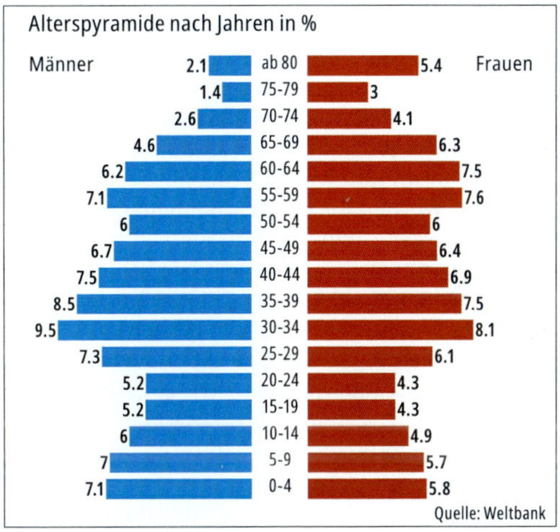

„Ehrliche Wahlen": Im Vorfeld der Wahlen von 16 **Gouverneuren** und zwölf **Regionalparlamenten** am 8.9.2019 erhob sich im Juli und August in **Moskau** erheblicher **Protest**, weil Kandidaten der außerparlamentarischen Opposition von der Wahl zum **Stadtparlament** ausgeschlossen worden waren. Bei friedlichen Demonstrationen forderten u. a. am 27.7. und 10.8. jeweils bis zu 60 000 Teilnehmer „ehrliche Wahlen". Sicherheitskräfte nahmen rund 2 400 Demonstranten fest. Es gab Arreststrafen und gegen ein Dutzend Personen Strafanklagen.

In Moskau verloren die Regierungspartei Einiges Russland (ER) und Unabhängige, die zuvor alle 45 Direktmandate der **Moskauer Stadtduma** gehalten hatten, 20 Sitze an Vertreter aus den Reihen von vier Parteien der parlamentarischen Opposition, zu deren Unterstützung der Antikorruptionsaktivist Alexej Nawalnyj aufgerufen hatte. Die Wahlbeteiligung lag bei 22 %. Bei den Gouverneuren wurden alle Kandidaten, die die Unterstützung der Staatsmacht hatten, gewählt. Bei der Wahl der **Regionalparlamente** erlitt ER deutliche Stimmeneinbußen, errang aber mindestens 40 % der Listen- und mehr als 70 % der Wahlkreismandate. **Wahlfälschungsvorwürfe** wurden in St. Petersburg (Stadtduma) erhoben. Dort und in fünf weiteren Regionen waren Gouverneurskandidaten der außerparlamentarischen Opposition nicht zur Wahl zugelassen worden.

Selektive Justiz: In Moskau ergingen im September 2019 gegen sechs Personen Urteile von zwei bis fünf Jahren Lagerhaft u. a. wegen Teilnahme an „Massenunruhen" und „Extremismus". **Solidaritätsbekundungen** und -aktionen, auch durch Kirchenvertreter und Presseorgane, für einige Verurteilte, darunter einen unbeteiligten Schauspieler, führten zu Strafmilderungen. **Öffentlicher Druck**, auch aus dem Ausland, hatte gleichfalls die Freilassung des Journalisten Iwan Golunow bewirkt. Er war im Juni wegen Drogenbesitzes festgenommen worden. Da die **Anschuldigungen** offenbar **fingiert** waren, wurden Polizisten entlassen und festgenommen. Golunow arbeitet für eines der zahlreichen unabhängigen Internetportale und recherchierte zu Korruption. Demgegenüber ergingen im Februar 2020 in der Stadt Pensa harte Urteile wegen Gründung einer Terrororganisation zur Vorbereitung von Anschlägen (2017/18) gegen sieben Männer zwischen sechs und 18 Jahren Lagerhaft. Sie hatten sich regelmäßig mit Softairwaffen getroffen. Die Menschenrechtsorganisation Memorial hielt die Urteile für **politisch motiviert**. Aussagen seien vom Inlandsgeheimdienst (FSB) durch **Misshandlungen** erzwungen worden. Nach offiziellen Angaben vereitelte der FSB im Jahr 2019 34 Terroranschläge. Wie Memorial wurde im Oktober 2019 auch die Antikorruptionsstiftung Alexej Nawalnyjs als **„ausländischer Agent"** eingestuft. Solche Organisationen, die von Spenden, auch aus dem Ausland, leben, sind beim Justizministerium registriert und unterliegen strengen Dokumentationspflichten. Ende 2019 wurden die Strafen bei Nichtbeachtung verschärft und die stigmatisierende Kennzeichnung auf Einzelpersonen ausgedehnt.

Unzufriedenheit: 2019 gab es auch in anderen Teilen Russlands **Proteste**. Meist standen **soziale, ökonomische und Umweltfragen** sowie Korruption und Behördenwillkür im Mittelpunkt. Zwei örtliche Projekte, in **Jekaterinburg** der Bau einer orthodoxen Kirche in einem beliebten Innenstadtpark (August) und eine **Mülldeponie** im hohen Norden (Gebiet Archangelsk), waren Anlass für Staatspräsident **Putin als „Streitschlichter"** einzugreifen. Er schlug für Jekaterinburg „Umfragen" unter der Bevölkerung vor. Bei der Müllentsorgung sollten Umweltprüfungen nachgeholt werden. Die Metropole Moskau suchte wegen fehlenden eigenen Deponieraums und Protesten gegen neue Deponien in Stadtnähe nach alternativen Standorten. Umfragen und Studien unabhängiger Institutionen wie Lewada zeigten eine allgemein wachsende Unzufriedenheit mit den wirtschaftlichen Verhältnissen und **Misstrauen** gegenüber dem Staat.

Internetregulierung: Am 1.11.2019 trat ein Gesetz in Kraft, das die technischen Voraussetzungen für ein vom Ausland unabhängiges, **„souveränes" Internet** schaffen soll. Im Zentrum stehen Austauschpunkte zur Analyse, Kontrolle und ggf. Blockade des Datenverkehrs (DPI). Smartphone-Hersteller wurden ab 1.7.2020 zur Installation von russischen Apps verpflichtet. Außerdem wurden **Bußgelder bei Verstößen** gegen Vorschriften zur Nutzerdatenspeicherung und Zulassung von Entschlüsselungstechnik erhöht. Diese Regeln werden wie auch die Verpflichtung, russische Server zu nutzen, von Kommunikationsfirmen, u. a. wegen hoher Kosten, vielfach nicht beachtet. Daneben erhöhte der Staat im November über ein neues Aufsichtsgremium seinen Einfluss auf das IT-Unternehmen **Yandex**, dem Marktführer für Internetdienstleistungen (u. a. Suchmaschine) in Russland.

Häusliche Gewalt: Im November 2019 legte der Föderationsrat einen **Gesetzentwurf zum besseren Schutz** vor häuslicher Gewalt vor. Während Fraueninitiativen und Fachleute dies seit langem forderten, weil der allergrößte Teil solcher Akte, die sich meist gegen Frauen und Kinder richten, nicht angezeigt werde, zeigte sich die russisch-orthodoxe Kirche ablehnend, u. a. weil sie darin einen unverhältnismäßigen Eingriff in den „heiligen Raum" der Familie sah. Der Europäische Gerichtshof für Menschenrechte (EGMR) hatte Russland im Juli 2019 wegen untätiger Behörden gerügt und aufgefordert, Frauen wirksamer zu schützen.

„Herrschaft der Großväter": Im Oktober 2019 tötete ein Wehrpflichtiger in einer Armee-Einheit bei Tschita acht andere Soldaten. Anlass waren **Erniedrigung und Misshandlung**. Die Gewalttat beleuchtete die informelle militärische „Hackordnung", in der Wehrpflichtige von älteren Rekruten gequält und von Vorgesetzten ausgebeutet werden. Sie ist seit der Zarenzeit als „Herrschaft der Großväter" (Dedowschtschina) bekannt. Vor allem die Komitees der Soldatenmütter, eine der ältesten russischen Nichtregierungsorganisationen (NGO, gegründet 1989), erreichten öffentliche Aufmerksamkeit für diese **Menschenrechtsverletzungen**. Ein Teil der jährlichen Todesfälle in der russischen Armee – die letzte offizielle Angabe, 478 Tote, stammt von 2010 – wird mit der Dedowschtschina (inkl. Selbstmord) erklärt.

Doping: Wegen systematischer **Manipulation** von Dopingproben durch das zuständige nationale Labor in Moskau (bis Januar 2019) schloss die Welt-Anti-Doping-Agentur (Wada) Russland als Sportnation am 9.12.2019 für vier Jahre von **internationalen Großveranstaltungen** (u. a. Olympische Spiele, Weltmeisterschaften) aus. Athleten „aus Russland" dürfen nur dann unter neutraler Flagge starten, wenn sie sich nachweislich nicht an den gerügten Manipulationen beteiligt oder davon profitiert hatten. Bis 2032 darf sich Russland auch nicht für Olympische Spiele bewerben. Gegen den Beschluss klagte Russland vor dem Internationalen Sportschiedsgericht (CAS). Sanktionen und teils lebenslange Sperren für russische Sportler hatte es bereits 2018 gegeben.

Umweltnotstand: Am 29.5.2020 flossen aus dem **Leck eines Kraftwerktanks** bei Norilsk rund 21 000 Liter **Dieseltreibstoff** in einen Fluss. Sperren hielten das Öl teils nicht vor dem Erreichen eines nahen Sees auf. Er speist einen Fluss, der die Taimyrhalbinsel mit Süßwasser versorgt und in die arktische Karasee mündet. Präsident Putin rief am 3.6. den nationalen Notstand aus. Wahrscheinlich hat aufgetauter Dauerfrostboden die Statik beschädigt und den seit 2016 nicht mehr geprüften Tank bersten lassen. Das Kraftwerk gehört einer Tochter des privaten Bergbaukonzerns Nornickel. Norilsk gilt als die „schmutzigste" Großstadt Russlands.

Trübe Konjunkturaussichten: Statt eines Wachstums von 1.9 %, wie vom russischen Wirtschaftsministerium Ende 2019 prognostiziert, wird die Wirtschaft nach dem Ausblick des Internationalen Währungsfonds vom April 2020 wegen der Corona-Krise um 5.5 % einbrechen. Die **drei Hilfspakete** für Wirtschaft und Bürger erweiterte die Regierung im Juni zu einem **Konjunkturprogramm** bis Ende 2021 im Umfang von 5 Bio. Rubel, um die Wirtschaft wieder auf den Wachstumspfad zu führen. Darin enthalten sind **Großprojekte** zur Erweiterung der Verkehrsinfrastruktur (Fernbahnstrecken, Autobahnen), Hilfen für besonders betroffene Branchen wie Fluggesellschaften, das Gastgewerbe und den Tourismus sowie staatliche Investitionen in die Digitalisierung und zur **Stärkung heimischer Unternehmen**, um Importe zu ersetzen. Das geschieht bereits in der Landwirtschaft durch Einfuhrverbote für Agrargüter als Reaktion auf internationale Sanktionen wegen der Annexion der Krim 2014. Allerdings führte dies zu Preiserhöhungen und Qualitätseinbußen bei Lebensmitteln. Insgesamt belasteten Corona-Hilfen und Konjunkturprogramm den **Staatshaushalt** mit einem Defizit von bis zu 2 % des BIP.

Diesel-Katastrophe in Sibirien

dpa•101099 Quelle: dpa, OSM-Mitwirkende

Bruttoinlandsprodukt, Wachstum in %

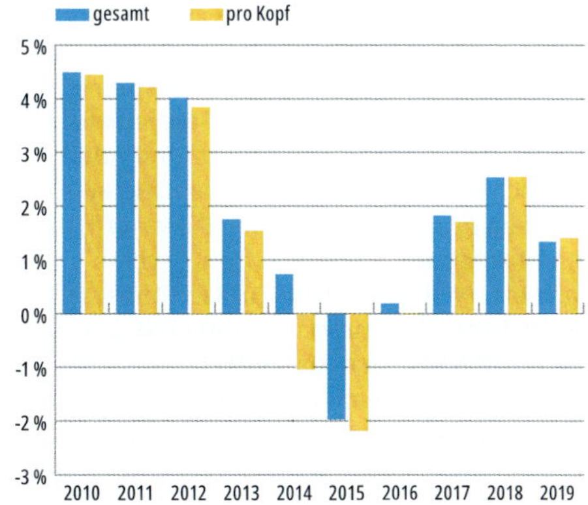

Quelle: Weltbank

Ölpreisschock: Eine weitere Krise provozierte Russland, als es im März 2020 eine **Nichteinigung** mit anderen Öl exportierenden Staaten über die Begrenzung der Weltförderung in Kauf nahm, sodass der Ölpreis angesichts der international **eingebrochenen Nachfrage** stark sank. Ab 1.4. galten gar keine Förderbeschränkungen mehr. Erst am 12.4. konnte der Preis durch neue Absprachen unter den Förderländern stabilisiert werden. Mit einem Finanz- und Devisenpolster im Rücken spekulierte Russland nach Auffassung von Rohstoffexperten auf die **Verdrängung** anderer Anbieter, insbesondere vom Persischen Golf und aus Nordamerika. Infolge des Ölpreisverfalls musste Russland auch eine **Abwertung des Rubels** um ein Viertel gegenüber dem US-Dollar hinnehmen. Seit 2018 ist der Staatshaushalt weniger abhängig vom Ölverkauf: Nur oberhalb von 42 US-$ pro Barrel fließen die Einnahmen direkt dorthin, unterhalb dieser Grenze speisen sie den Nationalen Wohlfahrtsfonds. Allerdings ist Russland langfristig **auf einen höheren Ölpreis angewiesen**, um die rückläufige Ausbeutung in Westsibirien durch die – technisch aufwendige – Erschließung neuer Felder, vor allem nördlich des Polarkreises, zu ersetzen. Offshore-Technik muss größtenteils importiert werden.

Erdgaspipelines: Am 2.12.2019 setzten die Staatspräsidenten Russlands und Chinas die 2014 vereinbarte Erdgasleitung **Sila Sibiri** (Kraft Sibiriens) in Betrieb. Dadurch soll Erdgas aus der Republik Sacha (Jakutien) und später der Region Irkutsk nach China geliefert werden. Die vereinbarte Menge soll von 5 Mrd. m^3 2020 auf 38 Mrd. m^3 2025 steigen; die Größenordnung entspricht einem Fünftel des Exports nach Europa. Die Leitung wird bis dahin von rund 2 200 km auf 3 000 km verlängert. Die Gesamtkosten wurden auf 55 Mrd. US-$ geschätzt.

Mit **Turkstream** (Turkish Stream) wurde eine zweite Erdgaspipeline durch das Schwarze Meer zwischen Russland (Anapa) und der Türkei (Kıyıköy) am 8.1.2020 eröffnet. Dadurch soll russisches Erdgas, jährlich 31.5 Mrd. m^3, fließen, jeweils zur Hälfte an die Türkei und an südost- und mitteleuropäische Staaten. Einer Anschlussleitung durch den europäischen Teil der Türkei (Thrakien) folgen Abschnitte durch Bulgarien, Serbien und Ungarn bis nach Österreich. Turkstream ersetzt Teillieferungen für Europa über die Ukraine, dem **Haupttransitland** für russisches Erdgas.
Das Projekt **Nord Stream 2** wurde aufgrund von **Sanktionen der USA** (20.12.2019) gegen beteiligte Unternehmen **gestoppt**. Die Verlegung des zweiten Strangs der Erdgasleitung (1 230 km) parallel zu Nord Stream 1 (2011) durch die Ostsee zwischen Russland und Deutschland war laut Angaben des Betreibers Gazprom nach der Bewilligung durch Dänemark zu 94 % abgeschlossen. Der russische Staatskonzern stellte die Pipeline ab Mai 2020 in eigener Regie fertig. Die Transportkapazität von Nord Stream ist auf 55 Mrd. m^3 Erdgas veranschlagt. Das Projekt war ebenso wie Turkstream **politisch umstritten**. Einige EU-Staaten und die USA befürchteten ein größeres strategisches Gewicht Russlands bei der Energieversorgung und Nachteile für die Ukraine.

Kooperation und Abschreckung: Vor dem Hintergrund der am 2.8.2019 wirksamen Kündigung des **INF-Abkommens** (1987) zum Verbot und zur Vernichtung bodengestützter atomarer Mittelstreckenwaffen (Raketen, Marschflugkörper) durch die USA und der Ankündigung der US-Regierung vom 21.5.2020, aus dem **Vertrag über den Offenen Himmel** (2002) zur gegenseitigen Militärbeobachtung (34 Vertragsstaaten) auszusteigen, verfolgte Russland eine **Doppelstrategie**: Als verlässlicher Partner setzte es sich einerseits für eine weitere internationale Kooperation ein. So warb Präsident Putin für eine Konferenz aller fünf ständigen Mitglieder des UN-Sicherheitsrats Ende 2020 und schlug den USA im Dezember 2019 eine **Verlängerung des New-START-Vertrags** (2011) zur Abrüstung und Begrenzung strategischer Kernwaffen (Trägersysteme, Sprengköpfe) um fünf Jahre vor; dieser läuft im Februar 2021 aus. Der Vertrag über den Offenen Himmel war ab 2018 blockiert, u. a. weil Georgien aufgrund von einseitig verhängten Regeln für die Separatistengebiete Abchasien und Südossetien Russland keine Überflüge mehr erlaubte.
Andererseits stärkte Russland die **Kampfkraft** seiner Armee, modernisierte sein **Kernwaffenarsenal** und intensivierte seine Manövertätigkeit. An der **Großübung** Zentr-2019 im September mit dem Einsatz von 128 000 Soldaten zwischen Nordpolarmeer und Zentralasien nahmen neben den Partnern aus der Verteidigungsorganisation ODKB auch Einheiten aus China, Indien und Pakistan teil. Daneben wies die NATO 2019 auf die starke Präsenz russischer **U-Boote** in der Norwegischen See und im Nordatlantik hin. An Bord eines Atom-U-Boots für Tiefseeoperationen brach am 1.7.2019 ein Feuer aus, bei dem offenbar 14 Besatzungsmitglieder starben. Eine im Dezember 2019 veröffentlichte schwedische Studie hielt Russland für fähig, gleichzeitig einen regionalen Krieg und mehrere kleinere Militäroperationen zu bestreiten. Im Dezember wurde der erste **Hyperschall-Gleitflugkörper** vom Typ „Awangard" bei den Strategischen Raketen-

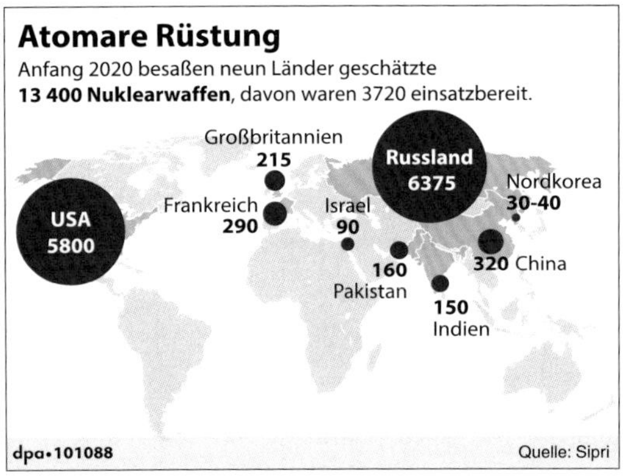

truppen stationiert. Er wird mit einer Interkontinentalrakete in die Stratosphäre geschossen. USA und NATO warfen Russland vor, den INF-Vertrag durch die Einführung (2016) bodengebundener **Marschflugkörper** (SSC-8) mit mehr als 2 000 km Reichweite gebrochen zu haben. Daneben würde ein russisches Übergewicht bei luft- und seegestützten Lenkwaffen und bei Kurzstreckenraketen die Sicherheit Europas bedrohen.

Ukraine: In den Konflikt zwischen der Ukraine und den von Russland unterstützen **„Volksrepubliken"** im Donbass kam diplomatische Bewegung, ohne dass sich eine grundsätzliche Lösung und ein Ende des **Stellungskriegs** im Osten der Ukraine abzeichnete. Nach drei Jahren Unterbrechung kam es im Dezember 2019 in Paris zu einem **Gipfeltreffen** zwischen der Ukraine, Russland, Deutschland und Frankreich („Normandie-Format"). Dort wurden u. a. eine punktuelle **Truppenentflechtung** entlang der 400 km langen „Kontaktlinie" und ein **Gefangenenaustausch** vereinbart. Dabei wurden auch in Russland verurteilte Ukrainer sowie 24 gefangene Seeleute von Schiffen der ukrainischen Kriegsmarine freigelassen, die von der russischen Küstenwache Ende 2018 bei der Einfahrt ins Asowsche Meer aufgebracht worden waren. Die Ukraine wehrte sich gegen die Kontrolle bzw. Blockade der **Straße von Kertsch** zwischen dem russischen Festland und der 2014 völkerrechtswidrig von Russland annektierten Halbinsel Krim. Die **Strafmaßnahmen** der EU, der USA und weiterer Staaten **gegen Russland** wegen der Krim-Annexion und der „Destabilisierung" der Ukraine wurden fortgesetzt und teils erweitert (EU: bis 1./31.7. 2020).

Nahost: In **Syrien** unterstützten russische Streitkräfte das Assad-Regime bei der Eroberung von Aufstandsgebieten. Mehrfach traf Russland Absprachen mit der Türkei, die gleichfalls in Syrien intervenierte. Im Februar 2020 kam es im Nordwesten an der Grenze zur Provinz Idlib zu Zusammenstößen mit türkischem Militär. Russland warf der Türkei vor, radikalislamische Milizen („Terroristen") zu unterstützen. Der Vorstoß der syrischen Armee (ab Mai 2019), mithilfe massiver russischer Luftangriffe, verursachte eine **Flüchtlingskatastrophe.** Russland verfügte mit Tartus (Marine) und Hmeimim bei Latakia (Luftwaffe) über zwei Militärstützpunkte in Syrien.
Interessengegensätze mit der Türkei zeigten sich auch in **Libyen**: Ankara unterstützte die international anerkannte Regierung in Tripolis, ab Anfang 2020 auch mit Waffen und Söldnern aus Syrien. Moskau stand wie Ägypten und die Vereinigten Arabischen Emirate an der Seite des Militärführers Khalifa Haftar, dessen Truppen den größten Teil Libyens beherrschten, und der im April 2019 eine Offensive auf Tripolis begann. Russland operierte auf libyschem Boden ebenfalls mit **Söldnern**, die wahrscheinlich in Russland vom Militärgeheimdienst GRU ausgebildet werden.
Das russische Engagement in Libyen stand in Zusammenhang mit einer stärkeren politischen und wirtschaftlichen **Präsenz in Nordafrika** (Ägypten, Algerien, Marokko), wie sie auch im ersten Russland-Afrika-Gipfel am 23./24.10.2019 in Sotschi zum Ausdruck kam.

Corona: Mit rund 400 000 Fällen Mitte Juni 2020 befand sich Russland in Europa an der Spitze der bestätigten **Covid-19-Erkrankungen**. Nach einem Höhepunkt Mitte Mai lag die Zahl der registrierten täglichen **Neuinfektionen** mit dem Sars-CoV-2-Virus im hohen vierstelligen Bereich. Inoffiziell wurde jedoch von einer höheren Ansteckungsrate ausgegangen. Für Moskau, neben dem Nordkaukasus (vor allem der Republik Dagestan) ein Hauptinfektionsschwerpunkt, ging Bürgermeister Sergej Sobjanin Ende April real von einer doppelt so hohen Ansteckungsrate, ca. 2 %, aus. Bei den **Todesfällen** gaben unabhängige Initiativen eine dreimal so hohe Rate an, weil Zahlen aus einigen Regionen „frisiert", vor allem aber **andere Krankheiten als Todesursache** angegeben worden seien – es gab keine verbindlichen Erfassungskriterien. Als **Ansteckungsherde** galten besonders **Krankenhäuser**, wo es zu wenig Schutzausrüstung gab, das Militär, wo unverändert Wehrpflichtige (1.4.2020) eingezogen und Manöver durchgeführt wurden, sowie **Glaubenseinrichtungen**, wo es trotz Aufforderung an die Gläubigen, zu Hause zu bleiben, weiterhin Gottesdienste und Feiern gab, und der Strafvollzug.

Bereits nach den ersten Covid-19-Fällen am 31.1., verhängte die Regierung **Einreisesperren** (inkl. Zwangsquarantäne) für sogenannte Risikoländer (ab 18.3. für alle Ausländer). Tests wurden nur in wenigen Fällen durchgeführt. Erst ab 30.3. ging Russland zu landesweiten **Eindämmungsmaßnahmen** wie der Schließung von Bildungseinrichtungen, Institutionen und Geschäften über. Präsident Putin rief **„arbeitsfreie Tage"** bzw. „bezahlte Ferien" (mit Lohnfortzahlung) und ein **„Regime der Selbstisolierung"** aus. Die Ausgestaltung blieb den **Föderationssubjekten** überlassen. Auf die Ausrufung des Notstandes – mit der Notwendigkeit, Entschädigungen zu zahlen – wurde verzichtet. Einen **Lockdown** von Wirtschaft und öffentlichem Leben mit **strengen Ausgangssperren** (Ausnahmen nur durch elektronische Bewilligung) gab es insbesondere in Moskau. Dort wurden auch Notkrankenhäuser errichtet, woanders waren die Kapazitäten im **Gesundheitswesen** offenbar schnell erschöpft. Viele Einrichtungen hatten aufgrund des Sparkurses der Medwedew-Regierung schließen müssen.
Mit der Beendigung der „arbeitsfreien Zeit" (12.5.) wurden Pläne für eine **Lockerung** in drei Stufen umgesetzt. Die Regierung sah am 24.5. in 44 Föderationssubjekten die Voraussetzungen als gegeben an. In Moskau fielen bis Ende Juni die meisten Einschränkungen, bei weiterer Beachtung von Hygiene- und Abstandsregeln. Der Inlandsflug- und Bahnverkehr wurde am 1.7. wieder aufgenommen. Hohe politische **Priorität** hatte für die Staatsführung die Nachholung der zentralen **Militärparade** (24.6.) zum 75. Jahrestag des Sieges über Hitler-Deutschland und der **Volksabstimmung** zu den Verfassungsänderungen.
Hilfsmaßnahmen für betroffene **Unternehmen** bestanden im Wesentlichen aus günstigen Bedingungen für Darlehen, Kredit- und Steuerzahlung sowie Lohnzuschüssen und geringeren Sozialabgaben. Die Unterstützung für Arbeitslose wurde angehoben und befristet auch auf Einzelselbstständige ausgeweitet. **Familien** erhielten für jedes Kind eine Einmalzahlung von 10 000 Rubel (rund 130 €). Die Corona-Krise war auch Anlass, Steuerpläne umzusetzen, darunter höhere Steuern auf Kapitalerträge, die im Ausland erzielt wurden, und neue Steuern auf Bankguthaben.

Salomonen

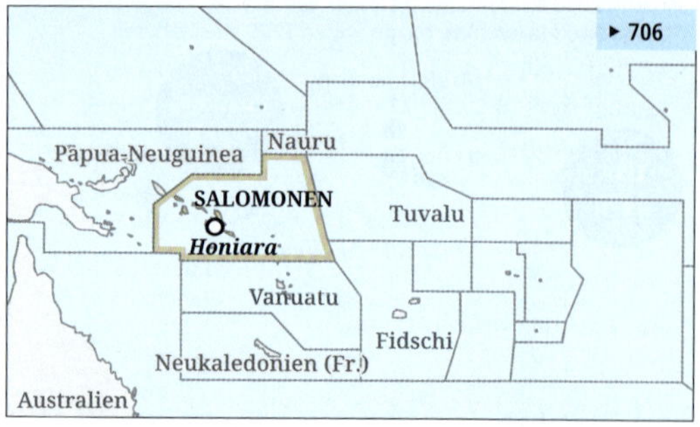

Ländername	Salomonen
Zeitzone	MEZ +10 h
Fläche in km²	28 900
Anzahl der Einwohner	669 823
Einwohnerzahl pro km²	23
Hauptstadt	Honiara
Amtssprache	Englisch
Verwaltungsgliederung	9 Provinzen und 1 Hauptstadtdistrikt
Wichtige Städte	Honiara, Auki, Tandai, Malango
Autokennzeichen | ISO-Code	SOL | SLB
Währung	1 Salomonen-Dollar = 100 Cents
Nationalfeiertag	7. Juli

Ihren Namen verdanken die nordöstlich von Australien gelegenen Salomonen spanischen Seefahrern, die im 16. Jahrhundert auf der Suche nach dem legendären Goldschatz König Salomons auf die Inselgruppe stießen.

GEOGRAFIE

Geografische Lage: Von 6° 36' bis 12° 17' südlicher Breite sowie von 155° 30' bis 168° 50' östlicher Länge
Höchster Punkt: Popomanaseu 2335 m
Klima: Feuchttropisches Klima

POLITIK

Staatsform: Parlamentarische Demokratie unter konstitutioneller Monarchie
Staatsoberhaupt: Britische Königin, vertreten durch einen Generalgouverneur
Legislative: Nationalparlament mit 50 für 4 Jahre gewählten Mitgliedern
Jahr der Verfassung: 1978
Wahlrecht: 21 Jahre
Staatsreligion: Keine

BEVÖLKERUNG

Bevölkerungsanteil: <15 Jahre 40.2 %, 15-64 Jahre 56.2 %, >64 Jahre 3.6 %
Verteilung: Stadt 24.2 %, Land 75.8 %
Wachstum 2019: 2.6 %
Lebenserwartung: Frauen 75 Jahre, Männer 71 Jahre
Alphabetenrate: Frauen 69 %, Männer 83.7 %
Ethnische Gruppen: Melanesier, Polynesier, Mikronesier u. a.
Religionen: Christen 95.9 %, Sonstige 4 %
Sprachen: Englisch, Pidgin, indigene Sprachen

Bevölkerungsverteilung

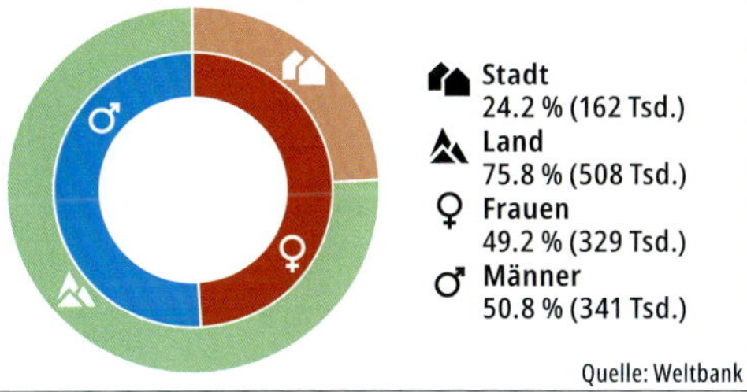

Quelle: Weltbank

WIRTSCHAFT UND VERKEHR

BIP: 1.43 Mrd. US-$
Wachstum BIP 2019: 2.7 %
BNE/Kopf: 2 247 US-$
Inflation: 1.6 %
Außenhandel: Import 570 Mio. US-$, Export 460 Mio. US-$
Erwerbstätige nach Sektoren: Landwirtschaft 37.6 %, Industrie 9.5 %, Dienstleistungen 52.9 %
Arbeitslosenquote: 0.6 %
Energieverbrauch/Kopf: Keine Angabe
Straßennetz: 1 390 km
Eisenbahnnetz: Keine Angabe

Erwerbstätige nach Sektoren in %

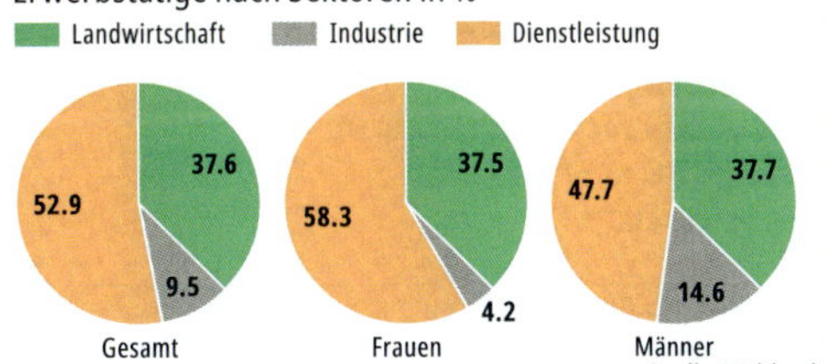

Quelle: Weltbank

RÜCKBLICK

China: Premierminister Manasseh Sogavare gab am 16.9.2019 den **Abbruch der seit 1983 bestehenden diplomatischen Beziehungen zur Republik China (Taiwan)** bekannt, um enge Beziehungen zur Volksrepublik China anknüpfen zu können. Die Regierung in Taipeh beschuldigte Peking der Dollardiplomatie. Alle von Taiwan finanzierten Entwicklungsprojekte wurden eingestellt und Studierende von den Salomonen mussten Taipeh verlassen.

Wirtschaft: Das Wachstum verlangsamte sich 2019 wegen eines Rückgangs der Holzexporte. Auch auf anderen Exportmärkten ging die Nachfrage zurück. Das Leistungsbilanzdefizit weitete sich aus, die Auslandsverschuldung nahm ebenfalls zu. Am 23.6.2020 ratifizierten die Salomonen als sechster Pazifikstaat das regionale Pacer Plus-Freihandelsabkommen, das einen freien Zugang zum australischen und neuseeländischen Arbeitsmarkt eröffnen würde, sobald es von 8 Signatarstaaten ratifiziert wurde, in den Augen von Kritikern aber die lokale Landwirtschaft gefährden würde.

Corona: Am 25.3.2020 rief Generalgouverneur Sir David Vunagi den **Ausnahmezustand** aus. Premierminister Sogavare nutzte die Ermächtigung umgehend und verhängte ein Reiseverbot, Passagierflüge wurden eingestellt, die Schulen geschlossen. Der Schiffsverkehr mit Papua-Neuguinea wurde ebenfalls eingestellt. Nach anfänglicher Zustimmung für diese Maßnahmen rief die Fortsetzung der Ausschiffung von Holz Kritik hervor. Vor allem aber erregten die weitreichenden Vollmachten der Regierung zur Einschränkung der Bewegungsfreiheit und der Pressefreiheit Bedenken über eine mögliche Politisierung des Ausnahmezustands durch die Regierung. Derartige Befürchtungen bekamen Nahrung durch die **Drohung der Regierung, das Provinzparlament von Malaita aufzulösen**, das Kritik an den Maßnahmen der Regierung in Honiara geübt hatte. Der Chef der Provinzbehörde, Daniel Suidani, hatte bereits im Vorjahr zu den Hauptkritikern des außenpolitischen Schwenks hin zur VR China gehört. Nachdem Suidani die Lieferung von 50 Tonnen Reis aus Taiwan akzeptiert hatte, beschuldigte Außenminister Jeremiah Manele ihn daraufhin am 11.6.2020 der Spaltung des Landes. Eine Lieferung von Schutzausrüstungen aus Taiwan nach Malaita wurde beschlagnahmt und gegen die Provinzregierung eine Untersuchung wegen Aufwiegelung der Bevölkerung gegen die Zentralregierung eingeleitet; im Gegenzug verklagte die Provinz die Polizei wegen unrechtmäßiger Konfiszierung potentiell lebensrettenden Materials.

Sambia

▸ 641

Ländername	Republik Sambia
Zeitzone	MEZ +1 h
Fläche in km²	752 610
Anzahl der Einwohner	17.9 Millionen
Einwohnerzahl pro km²	24
Hauptstadt	Lusaka
Amtssprache	Englisch
Verwaltungsgliederung	10 Provinzen
Wichtige Städte	Lusaka, Kitwe, Ndola, Kabwe, Chingola, Mufulira
Autokennzeichen | ISO-Code	Z | ZMB
Währung	1 Sambischer Kwacha = 100 Ngwee
Nationalfeiertag	24. Oktober

Kupfer bestimmt seit Jahrzehnten die wirtschaftliche Entwicklung der Republik im Herzen Afrikas. Namensgebend für das Land ist der Sambesi, der im äußersten Nordwesten des Landes entspringt und an der Grenze zu Simbabwe mit den imposanten Victoriafällen in eine über 110 m tiefe Schlucht stürzt.

GEOGRAFIE

Geografische Lage: Von 8° 12' bis 18° 04' südlicher Breite sowie von 21° 59' bis 33° 40' östlicher Länge
Höchster Punkt: Mafinga 2301 m
Klima: Wechselfeuchtes, tropisches Klima

POLITIK

Staatsform: Präsidiale Republik
Staatsoberhaupt: Präsident
Legislative: Nationalversammlung mit 156 für 5 Jahre gewählten und 8 ernannten Mitgliedern
Jahr der Verfassung: 1991
Wahlrecht: 18 Jahre
Staatsreligion: Christentum

BEVÖLKERUNG

Bevölkerungsanteil: <15 Jahre 44.5 %, 15-64 Jahre 53.4 %, >64 Jahre 2.1 %
Verteilung: Stadt 44.1 %, Land 55.9 %
Wachstum 2019: 2.9 %
Lebenserwartung: Frauen 67 Jahre, Männer 61 Jahre
Alphabetenrate: Frauen 83.1 %, Männer 90.6 %
Ethnische Gruppen: Bemba, Tonga, Chewa, Lozi, Nsenga, Tumbuka, Ngoni, Lala, Kaonde, Namwanga, Lunda, Mambwe, Luvale, Lamba u. a.
Religionen: Christen 95.5 %, Sonstige 2.7 %
Sprachen: Englisch, Bantusprachen

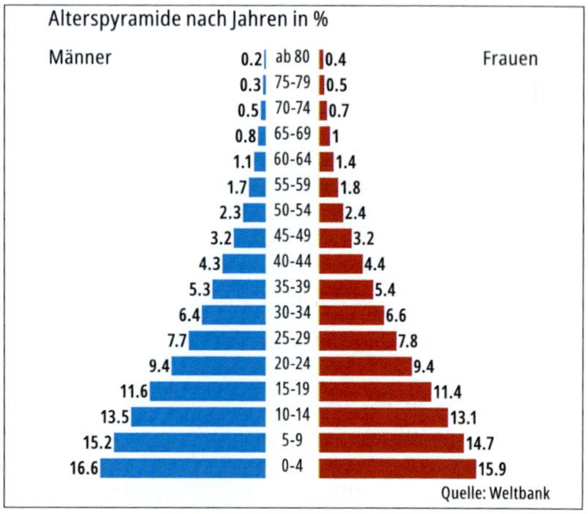

WIRTSCHAFT UND VERKEHR

BIP: 23.06 Mrd. US-$
Wachstum BIP 2019: 1.7 %
BNE/Kopf: 1 307 US-$
Inflation: 9.2 %
Außenhandel: Import 7.22 Mrd. US-$, Export 7.3 Mrd. US-$
Erwerbstätige nach Sektoren: Landwirtschaft 48.8 %, Industrie 10.8 %, Dienstleistungen 40.4 %
Arbeitslosenquote: 11.4 %
Energieverbrauch/Kopf: 645 kg ÖE
Straßennetz: 67 671 km
Eisenbahnnetz: 3 126 km

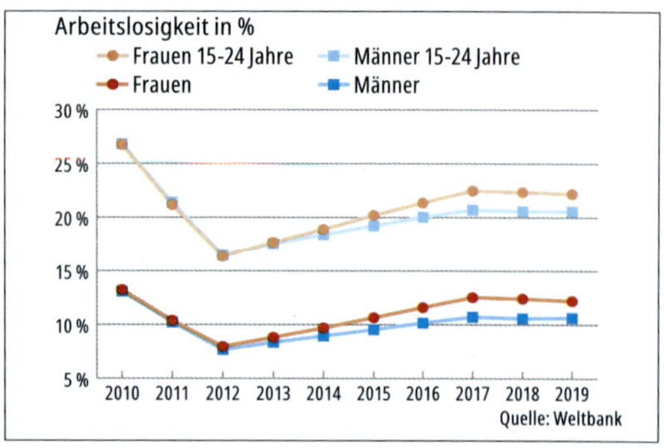

RÜCKBLICK

Innenpolitische Lage: Präsident **Edgar Lungu**, seit 2015 im Amt, und seine **Patriotic Front** (PF) verfolgten ihren autoritären Kurs weiter, indem sie die Rechte auf Versammlungs-, Meinungs- und Pressefreiheit einschränkten und oppositionelle parlamentarische und zivilgesellschaftliche Kräfte in ihrer Betätigung behinderten. Angesichts der für August 2021 anberaumten Präsidentschafts- und Parlamentswahlen befürchteten Beobachter eine Eskalation der Lage. Im Herbst 2019 brachte die Regierung einen **Gesetzentwurf zur Änderung der Verfassung** ins Parlament ein, der in der Opposition und in großen Teilen der Gesellschaft auf **breite Kritik** stieß. Sie werteten das sogenannte Gesetz Nummer 10 **(Bill 10)** als offenen Angriff auf die demokratischen Grundsätze, da es auf eine massive Stärkung der Machtposition von Präsident und Regierungspartei abziele. Die Verfassungsänderungen würden es dem Präsidenten u. a. erlauben, Richter und Minister zu ernennen, mehr Kontrolle über die Zentralbank zu bekommen und die Wahlvorschriften zu ändern.

Gasattacken: Ab der zweiten Jahreshälfte 2019 erschütterte eine **Serie von mysteriösen Angriffen** auf Zivilpersonen die Sicherheitslage in Sambia. Ausgehend von der nördlichen Bergbaustadt Chingola an der Grenze zur Demokratischen Republik Kongo verübten Unbekannte überall im Land Attacken mit einer gasförmigen Chemikalie. In Schulen, Gesundheitseinrichtungen, Läden und Fahrzeugen wurden die **Opfer narkotisiert und ausgeraubt** oder anderweitig körperlich angegriffen. Die Hintergründe der Taten blieben unklar und Regierung und Opposition machten sich gegenseitig für die Angriffe verantwortlich. Spekuliert wurde auch über einen **okkulten Hintergrund**, weil einigen Opfern Blut abgenommen oder Körperteile entfernt wurden. Im Zuge der Angriffsserie kam es auch zu **Lynchmorden an Verdächtigen**.

Wirtschaft: Fallende Weltmarktpreise für Kupfer im ersten Halbjahr 2020 infolge der **Corona-Pandemie** beeinträchtigten massiv die wenig diversifizierte Wirtschaft des Landes. Bis April 2020 brach der **Kurs für Kupfer** um rund 25 % ein. Als zweitgrößter afrikanischer Kupferproduzent ist Sambia massiv auf die Einnahmen durch den Export des Rohstoffes angewiesen. Der **hohe Schuldenstand**, der nach Angaben des Internationalen Währungsfonds (IWF) 2019 bei etwa 86 % des BIP lag, begrenzte zudem den finanziellen Aktionsrahmen. Der IWF prognostizierte für 2020 einen pandemiebedingten **Rückgang des BIP** um 3.5 %.

Samoa

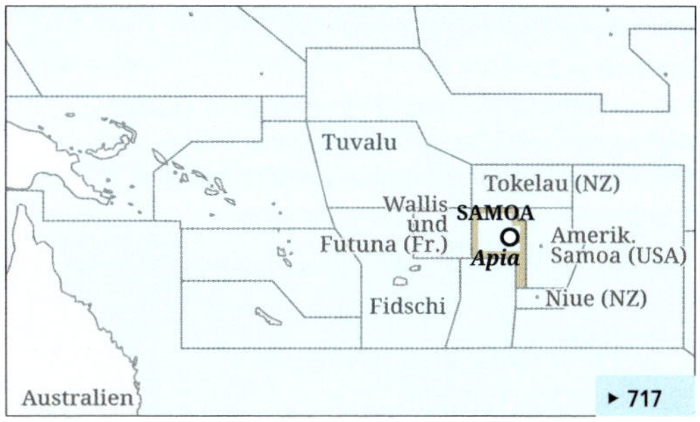

▸ 717

Ländername	Unabhängiger Staat Samoa
Zeitzone	MEZ +12 h
Fläche in km²	2 840
Anzahl der Einwohner	197 097
Einwohnerzahl pro km²	69
Hauptstadt	Apia
Amtssprache	Samoanisch, Englisch
Verwaltungsgliederung	11 Bezirke
Wichtige Städte	Apia, Vaitele, Faleasiu
Autokennzeichen | ISO-Code	WS | WSM
Währung	1 Tala = 100 Sene
Nationalfeiertag	1. Juni

Samoa gilt als die Wiege Polynesiens. Mehr als anderswo haben sich hier noch traditionelle Kultur und dörfliche Lebensweise erhalten. Politisch ist die Inselgruppe zweigeteilt: Die östlichen Inseln sind seit 1899 Territorium der USA, die westlichen wurden 1962 als Westsamoa (Name bis 1997) unabhängig.

GEOGRAFIE

Geografische Lage: Von 13° 28' bis 14° 03' südlicher Breite sowie von 171° 26' bis 172° 47' westlicher Länge
Höchster Punkt: Mount Silisili 1858 m
Klima: Feuchttropisches Klima

POLITIK

Staatsform: Parlamentarische Republik
Staatsoberhaupt: Gewählter Häuptling
Legislative: Legislativversammlung mit 50 für 5 Jahre gewählten Mitgliedern
Jahr der Verfassung: 1962
Wahlrecht: 21 Jahre
Staatsreligion: Keine

BEVÖLKERUNG

Bevölkerungsanteil: <15 Jahre 37.9 %, 15-64 Jahre 57.2 %, >64 Jahre 4.9 %
Verteilung: Stadt 18.2 %, Land 81.8 %
Wachstum 2019: 0.4 %
Lebenserwartung: Frauen 76 Jahre, Männer 71 Jahre
Alphabetenrate: Frauen 99.2 %, Männer 99 %
Ethnische Gruppen: Samoaner, Neuseeländer u. a.
Religionen: Christen 97 %, Sonstige 2.9 %
Sprachen: Samoanisch, Englisch

WIRTSCHAFT UND VERKEHR

BIP: 850.66 Mio. US-$
Wachstum BIP 2019: 3.5 %
BNE/Kopf: 4 501 US-$
Inflation: 1 %
Außenhandel: Import 388 Mio. US-$, Export 49 Mio. US-$
Erwerbstätige nach Sektoren: Landwirtschaft 30.4 %, Industrie 23.1 %, Dienstleistungen 46.5 %
Arbeitslosenquote: 8.3 %
Energieverbrauch/Kopf: Keine Angabe
Straßennetz: 2 337 km
Eisenbahnnetz: Keine Angabe

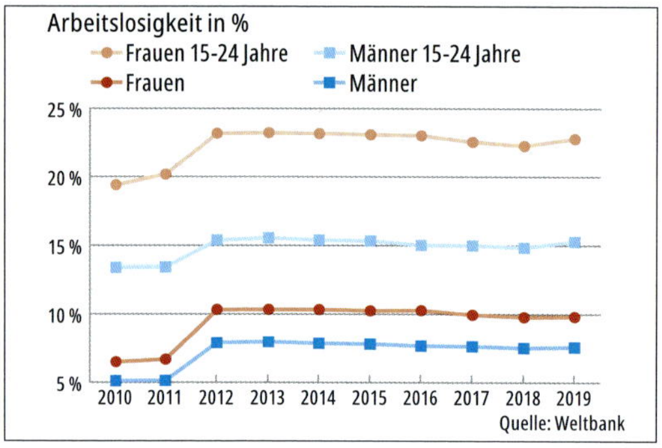

RÜCKBLICK

Proteste: Die Vorlage dreier verfassungsändernder Gesetze rief Proteste hervor, die sich wie 2016 an der Landgesetzgebung entzündeten. Ungeachtet der Kontaktverbote kam es am 8.5.2020 zu einer Demonstration vor dem Parlament. Im Zentrum des Konflikts stand eine Justizreform, die neben der bestehenden ordentlichen Gerichtsbarkeit einen gesonderten Zweig für Bodenrecht mit eigener Berufungsinstanz schaffen würde. Bisher sind die Landrechte einer Laiengerichtsbarkeit ohne reguläre Berufungsinstanz unterworfen, gegen deren Entscheidungen lediglich in Ausnahmefällen der Gang an den Obersten Gerichtshof möglich ist. Dorfbewohner fürchteten, dass die Professionalisierung der Rechtspflege ihr Recht zur Nutzung von Gemeinschaftsland beschränken werde.

Presse: Journalisten beklagten die Beschränkung ihrer Arbeitsmöglichkeiten: Das neue, von Australien finanzierte Parlamentsgebäude besitzt keine Pressetribüne, der Budgetdebatte im Juni 2020 konnten sie nicht beiwohnen.

Wirtschaft: 2019 wuchs die Wirtschaft, stimuliert durch die Ausrichtung der Pazifischen Spiele im Juli, um 3.5 %. Am 22.7.2019 ratifizierte Samoa als erster Staat das regionale Pacer Plus-Freihandelsabkommen, das den Zugang zum australischen und neuseeländischen Arbeitsmarkt erleichtert, die lokale Landwirtschaft aber verschärfter Konkurrenz aussetzt. Das Parlament genehmigte am 7.4. einen Corona-Nachtragshaushalt mit zusätzlichen Ausgaben in Höhe von 23.4 Mio. US-$.

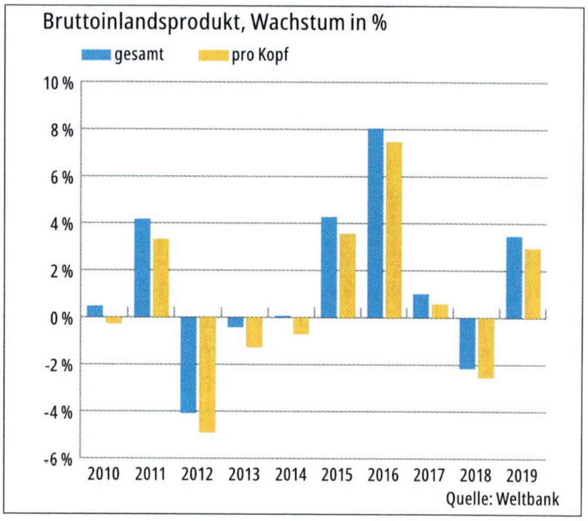

Viren: Der Ausbruch der hochinfektiösen **Masern** traf im Oktober 2019 auf eine unzureichend geimpfte Bevölkerung. Am 15.11. wurden die Schulen, am 29.11. die Hochschulen geschlossen, im Dezember folgte eine improvisierte Impfkampagne. Insgesamt steckten sich etwa 5 600 Menschen an, 83 starben, darunter viele Säuglinge und Kleinkinder. Am 26.3.2020 begann eine umfassende **Covid-19-Kontaktsperre**, die Institutionen und Geschäfte weitgehend lahmlegte. Heimgereiste wurden in Quarantäne genommen, die Flugverbindungen eingestellt. Die **Lockerungen** am 11.6. waren trotz der erfolgreichen Vermeidung von Infektionen zurückhaltend: Der Handel mit ungekochtem Fleisch und Verkäufe auf Bürgersteigen blieben ebenso verboten wie Zusammenkünfte von mehr als 5 Personen; für Hochzeiten galt eine Obergrenze von 50 Teilnehmern. Die Schattenseite der konsequenten Schließung der Grenze war, dass arbeitslose Saisonarbeiter und Seeleute im Ausland festsaßen und dort ihr Erspartes aufbrauchten.

San Marino

Ländername	Republik San Marino
Zeitzone	MEZ ±0 h
Fläche in km²	60
Anzahl der Einwohner	33 860
Einwohnerzahl pro km²	564
Hauptstadt	San Marino
Amtssprache	Italienisch
Verwaltungsgliederung	9 Gemeinden
Wichtige Städte	Serravalle, Borgo Maggiore, San Marino
Autokennzeichen | ISO-Code	RSM | SMR
Währung	1 Euro = 100 Cent
Nationalfeiertag	3. September

San Marino, allseits von Italien umgeben, ist nicht nur die kleinste Republik Europas, sondern auch eine der ältesten der Welt. Seit Jahrhunderten konnte sie ihre Unabhängigkeit gegen alle Machtansprüche von außen behaupten. Die Wirtschaft des Landes basiert in erster Linie auf dem lebhaften Tourismus sowie auf dem Bankenwesen und dem Verkauf von landeseigenen Briefmarken und Münzen.

GEOGRAFIE

Geografische Lage: Von 43° 54' bis 43° 59' nördlicher Breite sowie von 12° 23' bis 12° 30' östlicher Länge
Höchster Punkt: Monte Titano 739 m
Klima: Mediterranes Klima

POLITIK

Staatsform: Parlamentarische Republik
Staatsoberhaupt: 2 kollegial halbjährlich amtierende regierende Hauptleute
Legislative: Parlament mit 60 für 5 Jahre gewählten Mitgliedern
Jahr der Verfassung: 1600
Wahlrecht: 18 Jahre
Staatsreligion: Keine

BEVÖLKERUNG

Bevölkerungsanteil: <15 Jahre 14.7 %, 15-64 Jahre 65 %, >64 Jahre 20.3 %
Verteilung: Stadt 97.4 %, Land 2.6 %
Wachstum 2019: 0.6 %
Lebenserwartung: Frauen 87 Jahre, Männer 84 Jahre
Alphabetenrate: Frauen 99.9 %, Männer 99.9 %
Ethnische Gruppen: San-Marinesen, Italiener u. a.
Religionen: Christen 99 %
Sprachen: Italienisch, Romagnol

WIRTSCHAFT UND VERKEHR

BIP: 1.59 Mrd. US-$
Wachstum BIP 2019: 0.8 %
BNE/Kopf: 47 280 US-$
Inflation: Keine Angabe
Außenhandel: Import 315 Mio. US-$, Export 156 Mio. US-$
Erwerbstätige nach Sektoren: Keine Angabe
Arbeitslosenquote: Keine Angabe
Energieverbrauch/Kopf: Keine Angabe
Straßennetz: 292 km
Eisenbahnnetz: Keine Angabe

Den Felskamm des zum UNESCO-Welterbe gehörenden Monte Titano krönen die drei Festungen Guaita, Cesta und Montale.

RÜCKBLICK

Am 17.9.2019 wählte der Große Rat Luca Boschi (Movimento Civita 10) und Mariella Mularoni (PDCS) zu **neuen Staatspräsidenten (Capitani Reggenti)**. Sie traten am 1.10. ihr Amt an. Am 1.4.2020 wurden sie turnusgemäß von Grazia Zafferani (Bürgerbewegung R.E.T.E) und vom Sozialdemokraten Alessandro Mancini (PCS) abgelöst, der das Amt zum zweiten Mal seit 2007 innehatte.

Am 23.9.2019 wurde der Große Rat vorzeitig aufgelöst. Bei den **vorgezogenen Parlamentswahlen** am 8.12. wurde nach einem **neuen Wahlrecht** gewählt. Es sieht nicht mehr automatisch eine Stichwahl vor, wenn eine Partei oder ein Wahlbündnis in der ersten Runde nicht die absolute Mehrheit erreicht. Die San-Marinesen hatten am 2.6.2019 per Referendum eine Volksinitiative angenommen, nach der Parteien und Wahlbündnisse nach der ersten Runde einer Parlamentswahl zwei Wochen Zeit erhalten, um mögliche Mehrheiten auszuloten. Erst wenn diese Verhandlungen scheitern, kommt es zur Stichwahl. Sie entscheidet darüber, wer von den beiden stärksten Parteien den Mehrheitsbonus erhält und mit 35 Abgeordneten in das 60-sitzige Parlament einzieht.

Bei der Parlamentswahl vom 8.12.2019 landete die bisherige Regierungskoalition, die als Liste Libera angetreten war, mit 16.5 % (-4.9) nur auf dem dritten Platz. Eindeutiger Wahlsieger waren die Christdemokraten (PDCS), die mit 33.4 % (+8.9) stärkste Kraft wurden. Hinter ihnen erreichte das Bündnis Domani in Movimenti (DIM) mit 24.7 % (+1.6) den zweiten Platz. Ebenfalls wieder im Parlament vertreten waren die Liste Noi per la Repubblica (Noi) mit 13.1 % (-8.4) und die Partei Repubblica Futura mit 10.3 % (+0.7).
Am 17.9. einigten sich PDCS, DIM und Noi auf eine Koalition. Gemeinsam verfügten sie über 44 Sitze und damit über eine Zweidrittelmehrheit. Am 30.12. lag der Koalitionsvertrag vor. Er sah vor, dass die PDCS fünf der zehn Regierungsposten erhält, drei gingen an DIM und zwei an Noi. Am 8.1. wählte der Große Rat die neue Regierung. Außenminister und **damit neuer Regierungschef wurde Luca Beccari (PDCS)**.

Corona: In der **Corona-Pandemie** registrierte San Marino seinen ersten Covid-19-Fall am 27.2., den ersten Covid-19-Toten am 1.3.2020. Am 9.3. verhängte die Regierung eine Ausgangssperre (bis 5.5.), gleichzeitig wurde die Grenze zu Italien geschlossen. San Marino war weltweit hinter Katar das Land mit den meisten Infizierten pro Einwohner (2.1 %), bei den Toten pro Einwohner lag das Land sogar weltweit an der Spitze. Einer von 800 Einwohnern ist an einer Infektion mit Covid-19 gestorben.

São Tomé und Príncipe

▸ 637

Ländername	Demokratische Republik São Tomé und Príncipe
Zeitzone	MEZ -1 h
Fläche in km²	960
Anzahl der Einwohner	215 056
Einwohnerzahl pro km²	224
Hauptstadt	São Tomé
Amtssprache	Portugiesisch
Verwaltungsgliederung	2 Provinzen mit 7 Distrikten
Wichtige Städte	São Tomé, Trindade, Santana, Neves
Autokennzeichen | ISO-Code	STP | STP
Währung	Dobra
Nationalfeiertag	12. Juli

Auf dem Archipel im Golf von Guinea errichteten Portugiesen im 15. Jahrhundert die ersten tropischen Plantagen der Welt. Die Unabhängigkeit erhielten die Nachfahren der einst hierher verschleppten Sklaven erst 1975.

GEOGRAFIE

Geografische Lage: Von 0° 01' bis 1° 42' nödlicher Breite sowie von 6° 28' bis 7° 28' östlicher Länge
Höchster Punkt: Pico de São Tomé 2024 m
Klima: Tropisches Regenwaldklima

POLITIK

Staatsform: Semipräsidiale Republik
Staatsoberhaupt: Präsident
Legislative: Nationalversammlung mit 55 für 4 Jahre gewählten Mitgliedern
Jahr der Verfassung: 1975
Wahlrecht: 18 Jahre
Staatsreligion: Keine

BEVÖLKERUNG

Bevölkerungsanteil: <15 Jahre 42.1 %, 15-64 Jahre 54.9 %, >64 Jahre 3 %
Verteilung: Stadt 73.6 %, Land 26.4 %
Wachstum 2019: 1.9 %
Lebenserwartung: Frauen 73 Jahre, Männer 68 Jahre
Alphabetenrate: Frauen 89.5 %, Männer 96.2 %
Ethnische Gruppen: Mestizen, Angolaner, Mosambikaner, Kapverdier, Portugiesen, Chinesen u. a.
Religionen: Christen 71.6 %, Sonstige 6.2 %
Sprachen: Portugiesisch, Kreolisch

WIRTSCHAFT UND VERKEHR

BIP: 429.02 Mio. US-$
Wachstum BIP 2019: 2.4 %
BNE/Kopf: 1 933 US-$
Inflation: 7.9 %
Außenhandel: Import 141 Mio. US-$, Export 13 Mio. US-$
Erwerbstätige nach Sektoren: Landwirtschaft 19.1 %, Industrie 18.4 %, Dienstleistungen 62.5 %
Arbeitslosenquote: 13.3 %
Energieverbrauch/Kopf: Keine Angabe
Straßennetz: 15 km
Eisenbahnnetz: Keine Angabe

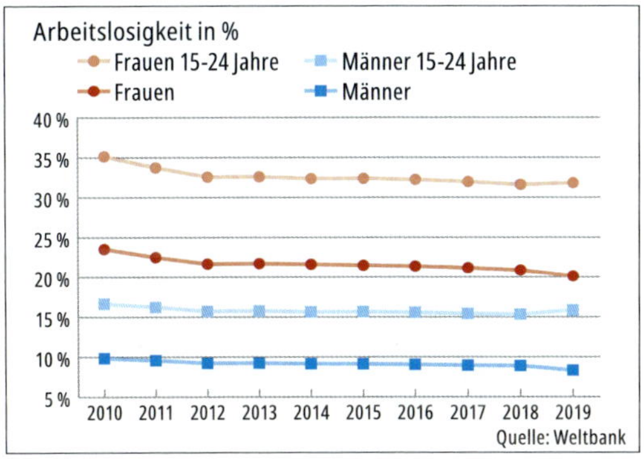

RÜCKBLICK

Mehrwertsteuer: Aufgrund der **Unterfinanzierung** des Staatshaushalts hat die Regierung mit dem Internationalen Währungsfonds Pläne erarbeitet, die unter anderem die Erhöhung der Mehrwertsteuer auf 15 % vorsahen. Zuvor gab es lediglich eine Umsatzsteuer von 5 % und minimale Körperschaftssteuern. Wegen des signifikanten Ausmaßes der Anpassung wurden die Pläne zum Teil von der Opposition und der Zivilgesellschaft kritisiert. Die Erhöhung der Steuer war die Grundlage für eine Vereinbarung über eine Erweiterte **IWF-Kreditfazilität** (ECF) über 18.2 Millionen US-$ im Oktober 2019. Die Anpassung der Mehrwertsteuer war für den 1.3.2020 vorgesehen, die Regierung musste die Reform jedoch am 12.3.2020 verschieben, da die **technischen Grundlagen** für die administrative Umsetzung der neuen Steuer nicht gegeben waren. Im Parlament kam es in diesem Zuge zu neuen Diskussionen, da führende Oppositionspolitiker weiterhin die entstehende Zusatzbelastung kritisierten.

Wirtschaftspolitik: Nach dem Machtwechsel bei der Wahl 2018 hat sich die staatliche Wirtschaftspolitik wieder weniger an China und mehr an **Angola** als **Partnerland** orientiert. Nachdem die chinesische Regierung offensichtlich das Interesse an der Umsetzung des Projekts verloren hatte, veröffentlichte die Regierung von São Tomé und Príncipe im November 2019 eine öffentliche Ausschreibung, die den Bau eines Tiefseehafens in Fernão Dias beinhaltete. Das Volumen belief sich auf 800 Mio. US-$.

Ökonomie: Die Inflation blieb mit 7.9 % auf dem gleichen Niveau wie im Vorjahr. Wegen der bestehenden **Bindung** der nationalen Währung Dobra an den **Euro** konnte trotz gestiegener Brennstoffpreise eine höhere Inflation verhindert werden.

Außenpolitik: Präsident Evaristo do Espírito Santo Carvalho hat am 18.12.2019 bei einem außerordentlichen **Gipfeltreffen** der Zentralafrikanischen Wirtschaftsgemeinschaft (ECCAS) teilgenommen. Dabei sollte eine deutliche Intensivierung der Integration der Mitgliedstaaten und eine Steigerung der **Befugnisse der Institution**, vergleichbar mit der Europäischen Union, diskutiert werden. Beobachter werteten das Treffen jedoch als nur wenig hilfreich, da lediglich vier Staatsoberhäupter anwesend waren.

Piraterie: Ungeachtet der geografischen Lage, die eine hohe Wahrscheinlichkeit piratischer Aktivitäten nahelegt, stellte ein versuchter Angriff auf einen Rohöltanker im November 2019 den ersten Vorfall dieser Art seit zwei Jahren im Hoheitsgewässer dar.

Saudi-Arabien

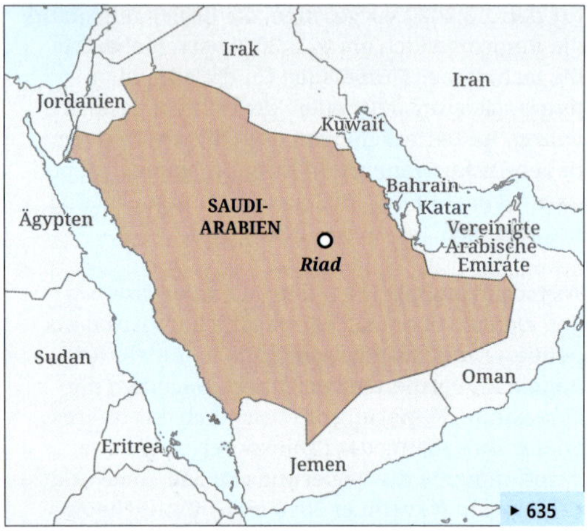

Ländername	Königreich Saudi-Arabien
Zeitzone	MEZ +2 h
Fläche in km²	2 149 690
Anzahl der Einwohner	34.3 Millionen
Einwohnerzahl pro km²	16
Hauptstadt	Riad
Amtssprache	Arabisch
Verwaltungsgliederung	13 Provinzen
Wichtige Städte	Riad, Djidda, Mekka, Medina, Dammam, Taif, Tabuk
Autokennzeichen | ISO-Code	KSA | SAU
Währung	1 Saudi-Riyal = 100 Halala
Nationalfeiertag	23. September

Das Königreich Saudi-Arabien ist das einzige Land der Welt, das mit „Saud" den Namen einer Familie trägt. Die saudischen Monarchen bezeichnen sich als „Hüter der heiligen Stätten" in Mekka und Medina. Bis heute bestimmen der Islam und Stammestraditionen die gesellschaftlichen Strukturen des Landes.

GEOGRAFIE

Geografische Lage: Von 16° 22' bis 32° 07' nördlicher Breite sowie von 34° 29' bis 55° 38' östlicher Länge
Höchster Punkt: Jabal as-Sawda 3133 m
Klima: Trockenheißes Wüstenklima

POLITIK

Staatsform: Absolute Monarchie
Staatsoberhaupt: König
Legislative: Konsultativrat mit 150 für 4 Jahre ernannten Mitgliedern
Jahr der Verfassung: 1992
Wahlrecht: 18 Jahre
Staatsreligion: Islam

BEVÖLKERUNG

Bevölkerungsanteil: <15 Jahre 25 %, 15-64 Jahre 71.6 %, >64 Jahre 3.4 %
Verteilung: Stadt 84.1 %, Land 15.9 %
Wachstum 2019: 1.8 %
Lebenserwartung: Frauen 77 Jahre, Männer 74 Jahre
Alphabetenrate: Frauen 92.7 %, Männer 97.1 %
Ethnische Gruppen: Araber, Afrikaner, Asiaten u. a.
Religionen: Muslime 92.2 %, Christen 5.2 %, Hindus 1.5 %, Buddhisten 1.1 %
Sprachen: Arabisch, Englisch

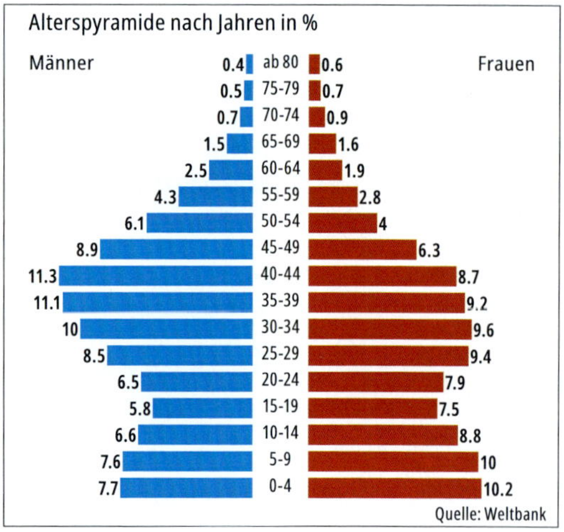

WIRTSCHAFT UND VERKEHR

BIP: 792.97 Mrd. US-$
Wachstum BIP 2019: 0.3 %
BNE/Kopf: 22 865 US-$
Inflation: -2.1 %
Außenhandel: Import 141.89 Mrd. US-$, Export 268.59 Mrd. US-$
Erwerbstätige nach Sektoren: Landwirtschaft 2.4 %, Industrie 24.7 %, Dienstleistungen 72.9 %
Arbeitslosenquote: 5.9 %
Energieverbrauch/Kopf: 6 906 kg ÖE
Straßennetz: 221 372 km
Eisenbahnnetz: 5 410 km

RÜCKBLICK

Mordfall Khashoggi: Am 23.12.2019 fällte ein Gericht die **Urteile im Fall des** im Oktober 2018 im saudischen Generalkonsulat in Istanbul **ermordeten Dissidenten Jamal Khashoggi**. Drei Angeklagte, darunter der ehemalige stellvertretende Geheimdienstchef Ahmed al-Asiri sowie der damalige saudische Generalkonsul in Istanbul Mohammed al-Otaibi, wurden freigesprochen. Fünf wurden zum Tod, drei weitere zu Haftstrafen verurteilt. Auf der anschließenden Pressekonferenz verlautete von Seiten der Generalstaatsanwaltschaft, die Ermittlungen hätten ergeben, dass es keine Absicht gegeben habe, Khashoggi zu töten, sondern dass die Situation eskaliert sei. Der Prozess fand unter absoluter Geheimhaltung statt, es wurden nicht einmal die Namen der acht Verurteilten bekanntgegeben. Gegen Saud al-Kahtani, einen engen Mitarbeiter des Kronprinzen Mohammed bin Salman Al Saud, wurde nicht einmal Anklage erhoben. Ein Sohn Khashoggis erklärte am 22.5.2020, seine Familie vergebe den Mördern, womit eine wichtige Voraussetzung für eine mögliche Begnadigung gegeben war.

Regierung: Abdulaziz bin Salman Al Saud, ein Sohn von König Salman bin Abdelaziz Al Saud und Halbbruder des Kronprinzen Mohammed bin Salman, übernahm am 8.9.2019 anstelle von Chaled al-Falih die Leitung des Energieministeriums. Auch im Außenministerium übernahm am 23.10. mit Faisal bin Farhan Al Saud ein Mitglied der Herrscherfamilie anstelle von Ibrahim al-Assaf die Führung.

Angebliche Putschpläne: Am 6.3.2020 wurden auf Anordnung des Kronprinzen 20 Angehörige des Herrscherhauses sowie Dutzende von Armeeoffizieren und Beamten des Innenministeriums verhaftet. Betroffen waren u. a. Ahmed bin Abdulaziz und der ehemalige Kronprinz Mohammed bin Nayef, Onkel und Cousin des Kronprinzen. Den Verhafteten wurde vorgeworfen, Kontakte zu den USA und anderen ausländischen Staaten gepflegt zu haben, um einen Putsch gegen den Kronprinzen vorzubereiten. Einige der Inhaftierten wurden am 8.3. wieder freigelassen.

Raketen- und Drohnenangriffe: Immer wieder kam es zu **Raketen- und Drohnenangriffen der jemenitischen Huthi-Rebellen** auf Ziele in Saudi-Arabien, das 2015 in den Bürgerkrieg im Nachbarland eingegriffen hat. Die Huthi beanspruchten auch die Urheberschaft für den **Drohnenangriff auf die Erdölverarbeitungsanlage in Abkaik**, die größte in Saudi-Arabien, wo rund die Hälfte der täglichen Fördermenge weiterverarbeitet wird, und das Ölfeld in Churais am 14.9.2019. Saudi-Arabien und die USA machten indes den Iran für den Angriff verantwortlich. Durch den Angriff ging die Erdölproduktion um rund 5.7 Mio. Barrel zurück. Der Angriff mit insgesamt 18 Drohnen und sieben Marschflugkörpern sei von Norden her erfolgt, nicht von Süden, erklärte Armeesprecher Turki al-Maliki am 18.9., außerdem handle es sich um iranische Waffensysteme. Ein Ende Januar 2020 bekannt gewordener UN-Bericht ging davon aus, dass die Urheberschaft der Huthi für diesen Angriff eher unwahrscheinlich sei.

Frauenrechte erweitert: Am 1.8.2019 wurde mitgeteilt, dass künftig Reisepässe allen Bürgern auf Antrag ausgestellt werden. Dies gelte auch für alle Frauen ab 21 Jahren, die künftig ohne Erlaubnis ihres Vormunds (Vater, Ehemann oder ein anderer männlicher Verwandter) ins Ausland reisen dürfen. Das System der männlichen Vormundschaft für jede Frau wurde indes nicht angetastet.

Strafrecht: Wie am 24.4.2020 bekannt wurde, sollen **künftig keine Prügelstrafen** mehr verhängt werden. Am 27.4. wurde angeordnet, die Todesstrafe nicht mehr für Minderjährige (unter 18 Jahren) zu verhängen. Laut Amnesty International wurden **2019 in Saudi-Arabien 184 Personen hingerichtet**, rund ein Fünftel mehr als im Jahr zuvor, darunter auch 33 Angehörige der schiitischen Minderheit, denen Spionage und die Teilnahme an Protesten vorgeworfen worden waren. Die Todesurteile beruhten meist auf durch Folter erzwungenen Geständnissen.

Menschenrechte: Der Menschenrechtsaktivist Abdullah al-Hamid, Träger des alternativen Nobelpreises, verstarb am 24.4.2020 im Gefängnis an den Folgen eines Schlaganfalls. Nach Angaben der Organisation Prisoners of Conscience wurde ihm die erforderliche medizinische Versorgung verweigert. Hamid war mehrfach zu Haftstrafen verurteilt worden, zuletzt 2013 zu elf Jahren wegen Ungehorsam gegenüber dem Herrscher und Anstiftung zur Unordnung. Mitte November kam es zu einer Verhaftungswelle, von der rund ein Dutzend Schriftsteller, Journalisten und Blogger betroffen waren. Unter diesen befand sich der Blogger und IT-Unternehmer Fouad al-Farhan und die Journalistin Maha ar-Rafidi. Anfang Dezember 2019 wurden die Inhaftierten wieder auf freien Fuß gesetzt.

Teilprivatisierung der Aramco: Am 11.12.2019 begann der Handel mit Aktien der bislang ausschließlich in Staatsbesitz befindlichen Erdölgesellschaft Saudi Aramco. Mit 29.4 Mrd. US-$ handelte es sich um den größten Börsengang der Geschichte, obwohl nur 1.5 % der Gesamtanteile – ursprünglich waren 5 % geplant gewesen – privatisiert wurden. Das Interesse ausländischer Investoren blieb gering, es waren vor allem inländische Investoren. 37.5 % wurden von saudischen Unternehmen erworben, 13.2 % durch staatliche Institutionen und 26.3 % durch einheimische Vermögensverwalter und Pensionsfonds. Auch Staatsfonds aus Kuwait und den Vereinigten Arabischen Emiraten zeichneten Aktien sowie einige westliche Hedgefonds.

Golfkooperationsrat: Am 10.12.2019 fand in Riad das jährliche Gipfeltreffen des Golfkooperationsrats (GCC) statt. Der Gastgeber, König Salman, rief zur regionalen **Einmütigkeit gegenüber dem Iran** auf; es gelte, die Energieversorgung und die Seewege zu sichern. Das Abschlusskommuniqué hob die Notwendigkeit hervor, die Zusammenarbeit in Sicherheitsfragen zu stärken.

Corona: Am 2.3.2020 wurde die erste Covid-19-Infektion bestätigt, am 24.3. kam es zum ersten Todesfall. Schon ab Ende Februar wurde keine Einreise für die sogenannte kleine Wallfahrt (Omrah) nach Mekka und Medina, die im Unterschied zur großen Wallfahrt (Haddsch) jederzeit durchgeführt werden kann, mehr genehmigt. Am 9.3. wurden die Bildungseinrichtungen geschlossen. Am 17.3. wurden alle öffentlichen Gebete in den Moscheen eingestellt, Kinos, Einkaufszentren und Restaurants geschlossen. Lediglich Apotheken und Supermärkte blieben geöffnet. Während des fünftägigen Fests des Fastenbrechens (Eid al-Fitr) vom 23.-27.5. zum Abschluss des Fastenmonats Ramadan galt landesweit eine den ganzen Tag währende Ausgangssperre. Auch zuvor waren in einzelnen Provinzen und Städten zeitweise Ausgangssperren verhängt worden. Trotz der strengen Maßnahmen breiteten sich die Infektionen rasch aus, nur Ende Mai, Anfang Juni gingen sie leicht zurück. Auch viele Mitglieder der Herrscherfamilie waren von den Infektionen betroffen.

Schweden

▸ 604

Ländername	Königreich Schweden
Zeitzone	MEZ ±0 h
Fläche in km²	447 430
Anzahl der Einwohner	10.3 Millionen
Einwohnerzahl pro km²	23
Hauptstadt	Stockholm
Amtssprache	Schwedisch
Verwaltungsgliederung	21 Provinzen
Wichtige Städte	Stockholm, Göteborg, Malmö, Uppsala, Nyköping, Jönköping, Västerås
Autokennzeichen | ISO-Code	S | SWE
Währung	1 Schwedische Krone = 100 Öre
Nationalfeiertag	6. Juni

Im größten Land Skandinaviens prägten die Gletscher der Eiszeiten Landschaften und Naturräume. Vom 16. bis 18. Jahrhundert erlebte Schweden den Auf- und Abstieg als europäische Großmacht. Seit dem 19. Jahrhundert verfolgte das Land eine Politik der Neutralität. Mit dem Beitritt zur EU 1995 entschloss es sich zur Teilnahme an einer vertieften Integration Europas.

GEOGRAFIE

Geografische Lage: Von 55° 21' bis 69° 02' nördlicher Breite sowie von 11° 07' bis 24° 10' östlicher Länge
Höchster Punkt: Kebnekaise 2111 m
Klima: Winterfeucht-kaltes Klima, im Süden ozeanisches Klima

POLITIK

Staatsform: Parlamentarische Monarchie
Staatsoberhaupt: König
Legislative: Reichstag mit 349 für 4 Jahre gewählten Mitgliedern
Jahr der Verfassung: 1975
Wahlrecht: 18 Jahre
Staatsreligion: Keine

BEVÖLKERUNG

Bevölkerungsanteil: <15 Jahre 17.6 %, 15-64 Jahre 62.3 %, >64 Jahre 20.1 %
Verteilung: Stadt 87.7 %, Land 12.3 %
Wachstum 2019: 0.6 %
Lebenserwartung: Frauen 85 Jahre, Männer 81 Jahre
Alphabetenrate: Frauen 99 %, Männer 99 %
Ethnische Gruppen: Schweden, Syrer, Finnen, Iraker u. a.
Religionen: Christen 67.8 %, Muslime 1.5 %
Sprachen: Schwedisch, Finnisch, Minderheitensprachen

WIRTSCHAFT UND VERKEHR

BIP: 530.83 Mrd. US-$
Wachstum BIP 2019: 1.2 %
BNE/Kopf: 51 242 US-$
Inflation: 1.7 %
Außenhandel: Import 158.69 Mrd. US-$, Export 160.54 Mrd. US-$
Erwerbstätige nach Sektoren: Landwirtschaft 1.6 %, Industrie 17.9 %, Dienstleistungen 80.5 %
Arbeitslosenquote: 6.4 %
Energieverbrauch/Kopf: 5 103 kg ÖE
Straßennetz: 573 134 km
Eisenbahnnetz: 14 127 km

RÜCKBLICK

Duldung: Nach der Parlamentswahl vom 9.9.2018 dauerte es mehr als vier Monate, bis es wieder eine reguläre Regierung gab. Weder die Linksparteien – Sozialdemokraten (SAP), Grüne (MpG) und Linkspartei (VP) – noch die bürgerliche Vier-Parteien-Allianz hatten eine Mehrheit. Verlusten der SAP und Konservativen (MS) standen **Stimmengewinne der rechtspopulistischen Schwedendemokraten (SD)** gegenüber. Mit ihrer Bereitschaft zur begrenzten Zusammenarbeit mit der SD spalteten MS und Christdemokraten (KdS) das bürgerliche Lager. Der amtierende Ministerpräsident Stefan Löfven (SAP) erreichte mit einer Duldung durch Zentrumspartei (CP) und Liberale (L) die Fortsetzung seiner **Minderheitsregierung** mit der MpG (ab 21.1.2019). Sie stützte sich lediglich auf ein Drittel der Mandate, hatte aber keine Mehrheit gegen sich und konnte daher eine Abwahl vermeiden. Eine weitere **Annäherung von MS und KdS an die SD** ab Sommer 2019 erschwerte der Löfven-Regierung, Gesetzesvorhaben zu verwirklichen, z. B. Reformen bei der staatlichen Arbeitsvermittlung und der Gemeindefinanzierung. Gemeinsamkeiten bei den Mitte-rechts-Parteien ergaben sich besonders beim Thema innere Sicherheit.

Gewaltkriminalität: Morde auf offener Straße im August 2019 an einer Frau und im November an einem Jugendlichen in Malmö zeigten die Konflikte zwischen **rivalisierenden Banden**, die vermehrt mit **Schusswaffen**, mit Handgranaten und **Sprengstoff** ausgetragen werden. Am 7.6. wurden in Linköping mit Dynamit rund 250 Wohnungen zerstört oder beschädigt. 2018 starben in Schweden bei 306 Schießereien 45 Personen. Vor allem die **Beteiligung von Jugendlichen** an Gewaltverbrechen mit Schusswaffen, nach Polizeiangaben ein Verdopplung 2009-18, prägte die politische Debatte. Gefordert wurden u. a. härtere Strafen für 15-20-Jährige, mehr Abhören von Telefongesprächen und eine Kronzeugenregelung. Die Polizei richtete einen Sonderermittlungsstab ein. Die organisierte Gewaltkriminalität machte sich besonders in **„sozial besonders stark exponierten" Vierteln** mit einem hohen Migrantenanteil breit. Experten wiesen auf die starke räumliche und soziale **Segregation** in den schwedischen Städten hin. Verschärft werde diese auch durch Wohnungsmangel im öffentlich regulierten Sektor. Die Bandenkriminalität nahm **Dänemark** im November 2019 zum Anlass, **Grenzkontrollen** einzuführen.

Fall Assange: Am 19.11.2019 **stellte** die schwedische Staatsanwaltschaft die **Ermittlungen** gegen den Gründer der Internet-Enthüllungsplattform WikiLeaks **wegen Vergewaltigung** nach mehr als neun Jahren endgültig **ein** (vorerst 2017 nach Befragung von Assange in London). Vorwürfe wegen sexueller Nötigung waren bereits 2015 verjährt. Assange hatte 2012-19 in der Botschaft Ecuadors in London Asyl erhalten. Er befürchtete eine Auslieferung an die USA wegen Veröffentlichung vertraulicher Militärdokumente, wenn er in Schweden vor Gericht gestellt würde. Ab 1.5.2019 befand er sich in britischer Auslieferungshaft.

Null statt negativ: Nach fünf Jahren verabschiedete sich die **Zentralbank** von ihrer Negativzinspolitik und **erhöhte** den **Leitzins** (Repo-Satz) zum 8.1.2020 von -0,25 auf 0 %, d. h. auf das Euro-Niveau der Europäischen Zentralbank. Zur Begründung führte sie das stabile Wirtschaftswachstum und das Erreichen des Inflationsziels (nahe 2 %) an (2019: 1.7 %). Allerdings hatte sich das BIP 2019 auf 1.2 % gegenüber 2018 (2.2 %) abgeschwächt. Daneben verwies die Zentralbank auf die **hohe Verschuldung der Privathaushalte**, besonders durch Hypotheken.

Corona – Schweden macht's anders: Im Unterschied zu den meisten anderen Staaten verzichtete Schweden im Frühjahr 2020 **auf** einen **Lockdown** zur Eindämmung der Covid-19-Pandemie. Auch gab es keine Einreiseverbote und keine Quarantänepflicht, lediglich eine Ausdünnung des Reiseverkehrs. Vielmehr setzte die Regierung auf die freiwillige Einhaltung von **Geboten** (Hygiene- und Abstandsregeln, Begrenzung von Kunden- und Passagierzahlen) und **Empfehlungen** (Homeoffice, über 70-Jährige sollten zu Hause zu bleiben) in Verbindung mit **sozialer Kontrolle**. Administrative Verbote gab es nur wenige: keine Veranstaltungen mit mehr als 50 Personen, kein Besuch in Alten- und Pflegeheimen, kein Thekenbetrieb in Cafés und Restaurants. Geschäfte, Parks und Freizeitstätten blieben offen, ebenso Kitas und Schulen bis zur 9. Klasse; die Sekundarstufe II und die Universitäten wurden auf Online-Betrieb umgestellt. Damit sollte – genauso wie anderswo – eine Überlastung des Gesundheitswesens vermieden und die Ansteckungskurve abgeflacht werden. Allerdings war die **Infektionsrate**, hauptsächlich bei Senioren in Betreuung und Pflege, **deutlich höher** als bei den nordeuropäischen Nachbarn. Die Covid-19-Todesrate (pro 100 000 Einwohner) gehörte zu höchsten der Welt. Innenpolitische Kritik betraf zunächst sichtbare **Mängel im Pflegesektor** (u. a. fehlende Schutzausrüstung, Regeleinsatz von Aushilfen), ab Juni jedoch auch den **„Sonderweg"**. Die Regierung richtete dazu auf Druck der Opposition eine Untersuchungskommission ein. Viele Unternehmen und Dienstleister gingen auch in Schweden zu Kurzarbeit, Schließungen und Entlassungen über. Der Staat reagierte mit **Anti-Krisen-Maßnahmen** (ab 16.3.): Lohnzuschüssen und der Ausweitung des Arbeitslosengelds sowie Erleichterungen bei Steuerzahlung und Sozialabgaben, Liquiditäts- und Kredithilfen und Rabatten bei Mietkosten für Unternehmer. Für 2020 rechnete die EU-Kommission in ihrer Frühjahrsprognose mit einem BIP-Rückgang von 6.1 % und einem Anstieg der Arbeitslosigkeit von 6.8 % (2019) auf 9.7 %.

Schweiz

▸ 618

Ländername	Schweizerische Eidgenossenschaft
Zeitzone	MEZ ±0 h
Fläche in km²	41 290
Anzahl der Einwohner	8.6 Millionen
Einwohnerzahl pro km²	208
Hauptstadt	Bern
Amtssprache	Deutsch, Französisch, Italienisch, Rätoromanisch
Verwaltungsgliederung	26 Kantone
Wichtige Städte	Zürich, Genf, Basel, Bern, Lausanne, Winterthur
Autokennzeichen | ISO-Code	CH | CHE
Währung	1 Schweizer Franken = 100 Rappen
Nationalfeiertag	1. August

Auf einem Gebiet, das von den alpinen Gebirgszügen eher unterteilt als begrenzt wird, ist seit dem Mittelalter eine Nation entstanden, die in sich verschiedene Sprachgemeinschaften, Konfessionen und Mentalitäten vereinigt. Die historisch gewachsenen, sehr unterschiedlich großen Kantone haben dabei ihre Eigenart und auch die politische Autonomie bewahrt. Dank einer flexiblen, exportorientierten Industrie, eines gut ausgebauten Finanzwesens und eines traditionell starken Tourismus gehört die strikter politischer Neutralität verpflichtete Schweiz zu den reichsten Staaten der Erde.

GEOGRAFIE

Geografische Lage: Von 45° 49' bis 47° 48' nördlicher Breite sowie von 5° 57' bis 10° 28' östlicher Länge
Höchster Punkt: Dufourspitze 4634 m
Klima: Feuchtgemäßigtes Klima im Norden, in den Alpen Gebirgsklima, im Süden mediterrane Einflüsse

POLITIK

Staatsform: Föderale Republik
Staatsoberhaupt: Bundespräsidentin
Legislative: Bundesversammlung, bestehend aus Nationalrat mit 200 für 4 Jahre gewählten Mitgliedern und Ständerat mit 46 für 4 Jahre gewählten Mitgliedern
Jahr der Verfassung: 2000
Wahlrecht: 18 Jahre
Staatsreligion: Keine

BEVÖLKERUNG

Bevölkerungsanteil: <15 Jahre 14.9 %, 15-64 Jahre 66.2 %, >64 Jahre 18.9 %
Verteilung: Stadt 73.8 %, Land 26.2 %
Wachstum 2019: 0.8 %
Lebenserwartung: Frauen 86 Jahre, Männer 82 Jahre
Alphabetenrate: Frauen 99 %, Männer 99 %
Ethnische Gruppen: Schweizer, Deutsche, Italiener, Portugiesen, Franzosen u. a.
Religionen: Christen 65.6 %, Muslime 5.4 %, Sonstige 1.7 %
Sprachen: Deutsch, Französisch, Italienisch, Rätoromanisch

Alterspyramide nach Jahren in %

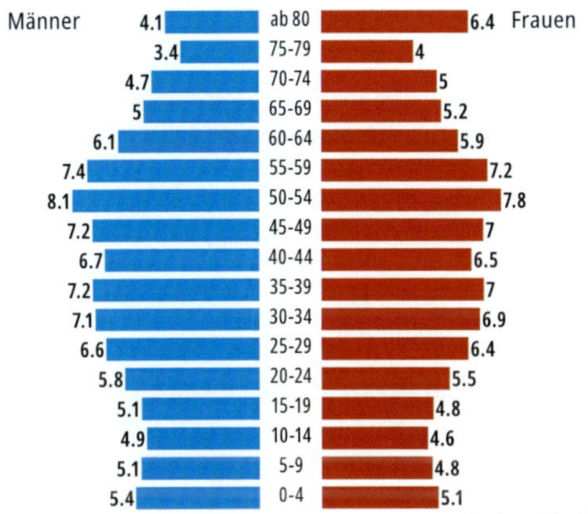

Quelle: Weltbank

WIRTSCHAFT UND VERKEHR

BIP: 703.08 Mrd. US-$
Wachstum BIP 2019: 0.9 %
BNE/Kopf: 83 717 US-$
Inflation: 0.4 %
Außenhandel: Import 277 Mrd. US-$, Export 313.87 Mrd. US-$
Erwerbstätige nach Sektoren: Landwirtschaft 2.9 %, Industrie 20.2 %, Dienstleistungen 76.9 %
Arbeitslosenquote: 4.6 %
Energieverbrauch/Kopf: 2 960 kg ÖE
Straßennetz: 71 557 km
Eisenbahnnetz: 5 690 km

Arbeitslosigkeit in %

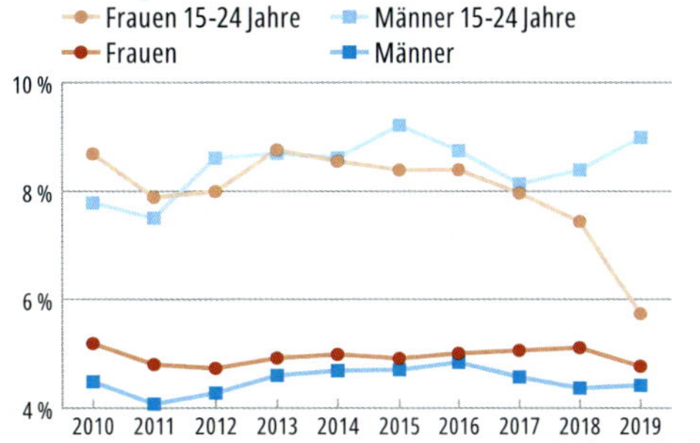

Quelle: Weltbank

VERWALTUNGSGLIEDERUNG

Verwaltungseinheit	Fläche in km²	Einwohner	Hauptstadt
Aargau	1 404	678 207	Aarau
Appenzell Ausserrhoden	243	55 234	Herisau
Appenzell Innerrhoden	173	16 145	Appenzell
Basel-Landschaft	518	288 132	Liestal
Basel-Stadt	37	194 766	Basel
Bern	5 959	1 Mio.	Bern
Freiburg	1 671	318 714	Freiburg
Genf	282	499 480	Genf
Glarus	685	40 403	Glarus
Graubünden	7 105	198 379	Chur
Jura	838	73 419	Delémont
Luzern	1 493	409 557	Luzern
Neuenburg	803	176 850	Neuenburg
Nidwalden	276	43 223	Stans
Obwalden	491	37 841	Sarnen
Schaffhausen	298	159 165	Schaffhausen
Schwyz	908	273 194	Schwyz
Solothurn	791	507 697	Solothurn
St. Gallen	2 026	81 991	St. Gallen
Tessin	2 812	276 472	Bellinzona
Thurgau	991	353 343	Frauenfeld
Uri	1 077	36 433	Altdorf
Waadt	3 212	799 145	Lausanne
Wallis	5 224	343 955	Sion
Zug	239	126 837	Zug
Zürich	1 729	1.5 Mio.	Zürich

RÜCKBLICK

Trotz großer Gewinne bei der Nationalratswahl Ende Oktober blieb den Grünen der Einzug in die Regierung verwehrt. Die Corona-Krise traf die Schweiz relativ hart. Zwei Monate lang regierte der Bundesrat mit Notrecht. Der Konflikt mit der EU über ein Rahmenabkommen blieb ungelöst.

Parallel zur internationalen Entwicklung fanden die **Klimaproteste** auch in der Schweiz immer mehr Unterstützer. Unter dem Motto „Klima des Wandels" demonstrierten am 29.9.2019 auf dem Bundesplatz in Bern rund **100 000 für mehr Klimaschutz**. Die Aktion war Teil der internationalen „Week for Future".

Das gewachsene Bewusstsein für den Klimawandel schlug sich auch im Ergebnis der **Parlamentswahl am 20.10.2019** nieder. Es wurden alle 200 Nationalräte und 45 der 46 Ständeräte neu gewählt. Grüne und Grünliberale Partei (GLP) waren die großen Gewinner der **Nationalratswahl**: Die Grünen konnten ihren Stimmanteil mit 13.2 % (+6.1) gegenüber der Wahl von 2015 fast verdoppeln. Gleiches galt für die GLP, die auf 7.8 % (+3.2) kam. Alle übrigen Parteien schnitten schlechter ab: Am stärksten verlor die Schweizerische Volkspartei (SVP), die dennoch mit 26.6 % (-3.8) mit Abstand stärkste Kraft blieb. Die Sozialdemokraten kamen auf 16.8 % (-2.0), die Freiheitlichen (FDP) erreichten 15.1 % (-1.3), die Christliche Demokratische Volkspartei (CVP) konnte ihren Stimmanteil mit 11.4 % (-0.2) fast halten. Die BDP kam nur noch auf 2.5 % (-1.6) und verlor ihren Fraktionsstatus.

Auch bei der **Wahl zum Ständerat** legten die Grünen deutlich zu. Sie gewannen vier Sitze und sind künftig mit fünf Räten vertreten. Den stärksten Einbruch verzeichneten die Sozialdemokraten, die nur noch auf neun Räte kamen (-3). Auffällig war, dass in beide Kammern des Parlaments deutlich mehr Frauen gewählt wurden als 2015.

Dem grünen Wahlerfolg zum Trotz blieb bei der **Bundesratswahl am 11.12.2019** alles beim Alten. Bei der Zusammensetzung der siebenköpfigen Regierung richtet sich die Bundesversammlung traditionell nach der „Zauberformel". Danach wählen die Mitglieder jeweils zwei Vertreter der drei größten Parteien und einen der viertstärksten Partei. **Alle bisherigen Bundesräte wurden wiedergewählt**. Die Parteichefin der Grünen Regula Rytz war zwar gegen Ignazio Cassis (FDP) angetreten, erhielt jedoch nur 82 Stimmen, Cassis 145. Neue Bundespräsidentin wurde am 1.1.2020 die bisherige Vizepräsidentin Simonetta Sommaruga, neuer Vizepräsident und designierter Regierungschef 2021 Wirtschafts-, Bildungs- und Forschungsminister Guy Parmelin.

Der Bundesrat verschärfte am 28.8.2019 **die nationalen Klimaziele**. Danach will die Schweiz bis 2050 klimaneutral werden und in der Summe keine Treibhaugase mehr ausstoßen. Bis dahin galt das Ziel, die Emissionen auf 70-85 % zu begrenzen. Die Regierung gab sich zuversichtlich, dass die CO_2-Emissionen in den Bereichen Verkehr, Gebäude und Industrie mit heute bekannten Technologien und dem Einsatz erneuerbarer Energien um bis zu 95 Prozent gesenkt werden können. Der Rest soll durch natürliche (Wälder, Seen) und technische Speicher der Atmosphäre entzogen werden. Bis Ende 2020 will das Bundesamt für Umwelt eine entsprechende Klimastrategie vorlegen.

Die Reform des CO_2-Gesetzes für die Emissionsziele bis 2030 wird dagegen immer noch in den Parlamenten beraten. Die Regierung hatte einen Gesetzentwurf vorgelegt, der im Dezember 2018 abgelehnt worden war. Der Ständerat machte am 25.9.2019 eigene Vorschläge zur CO_2-Reduktion: Sie umfassten eine **Abgabe auf Flugtickets** von 30-120 sfr. Auch **Benzin, Diesel und Heizöl sollten teurer werden**. Außerdem plante der Ständerat beim Ersatz von Heizungen ab 2023 strenge CO_2-Grenzwerte, die einem Aus für fossile Heizungen gleichkamen. Der Nationalrat stimmte am 10.6. den meisten Vorschlägen zu, verschob das Aus für fossile Heizungen aber auf 2026.

Der Konflikt mit der EU über ein Rahmenabkommen, das den Zugang der Schweiz zum EU-Binnenmarkt regelt, spitzte sich zu: Nachdem sich die Schweizer Regierung auch im Juni nicht zu einem klaren Votum zum Vertragsentwurf vom November 2018 durchringen konnte, machte **die EU** ab dem 1.7.2019 ihre Drohung wahr und **ließ die Börsenäquivalenz für die Schweiz auslaufen**. EU-Banken war es seitdem verboten, an der Schweizer Börse zu handeln. Umgekehrt untersagte die Schweiz den Handel mit Schweizer Aktien an den EU-Börsen. Streitpunkte beim Rahmenabkommen waren u. a. die Personenfreizügigkeit, der Schutz des Lohnniveaus der Schweiz und die Frage staatlicher Beihilfen. Generell sieht die Schweiz die dynamische Anpassung der Verträge an sich wandelndes EU-Recht sowie den Europäischen Gerichtshof als Letztinstanz in Streitfragen kritisch. Auf beide Punkte bestand die EU.
Eine weitere Eskalation im Konflikt blieb aus,

nachdem der Nationalrat am 3.12.2019 dem zweiten Schweizer Beitrag für ausgewählte EU-Mitgliedsländer **(Kohäsionsmilliarde)** zugestimmt hatte. Damit fließen auch in den kommenden zehn Jahren jährlich knapp 130 Mio. sfr in Projekte, die die wirtschaftlichen und sozialen Ungleichheiten innerhalb der erweiterten EU abmildern sollen. Die Drohung der EU, alle bestehenden bilateralen Abkommen einzufrieren, bis das Rahmenabkommen unterzeichnet ist, hätte im Mai 2020 als erstes **Schweizer Medizinprodukte** getroffen, die ihre Zulassung für die EU verloren hätten. Wegen der Corona-Krise verschob die EU-Kommission jedoch am 3.4. das Inkrafttreten einer neuen Verordnung auf den 26.5.2021.

Für Aufsehen sorgte die **Crypto-Affäre**: Am 11.2.2020 enthüllten mehrere Medien, dass die Nachrichtendienste Deutschlands und der USA mehr als 100 Staaten mithilfe manipulierter Verschlüsselungsgeräte aus der neutralen Schweiz abgehört hatten (Operation Rubikon). BND und die CIA kauften zu diesem Zweck 1970 über Strohmänner den Verschlüsselungsspezialisten Crypto AG. Der Weltmarktführer für Chiffriergeräte verkaufte seine Maschinen an ausländische Staaten fortan mit einer Hintertür für BND und CIA. Schweizer Behörden wussten offenbar seit 1977 Bescheid. Der BND stieg 1993 aus, die CIA machte bis mindestens 2018 weiter. Am 24.6. wurde bekannt, dass der Schweizer Nachrichtendienst seit den 80er Jahren von den Abhörinformationen profitierte und seit dem Beginn der 2000er Jahre selbst mitabhörte. Der Schweizer Bundesrat ermächtigte die Bundesstaatsanwaltschaft am 19.6., Ermittlungen einzuleiten.

Nachdem eine **Reform der Altersvorsorge** 2017 in einer Volksabstimmung gescheitert war, legte die Regierung am 28.8.2019 einen neuen Gesetzentwurf zur Stabilisierung der Alters- und Hinterbliebenenversicherung (AHV) vor. Er sieht vor, den **Rentenbeginn flexibler** zu gestalten: Menschen sollen zwischen 62 und 70 Jahren in Rente gehen. Als Anreiz für einen späteren Rentenbeginn sieht der Gesetzentwurf einen Freibetrag vor, auf den keine Sozialbeiträge entrichtet werden müssen. Gleichzeitig soll das Referenzalter von Frauen von bisher 64 Jahren schrittweise auf das der Männer (65 Jahre) angehoben werden. Frauen mit geringen und mittleren Einkommen sollen etwas höhere Renten erhalten. Zur Finanzierung der AHV-Reform will die Regierung die Mehrwertsteuer um 0.7 Prozentpunkte anheben.

Für die Reform der zweiten Säule der Altersvorsorge nach dem **Gesetz über die berufliche Vorsorge (BVG)** legte die Regierung dem Parlament am 13.12.2019 einen Gesetzentwurf vor. Vorausgegangen waren Verhandlungen mit Arbeitgebern und Gewerkschaften. Die BVG-Reform sieht vor, dass der für die Rentenhöhe ausschlaggebende Mindestumwandlungssatz von 6.8 % auf 6.0 % sinkt. Hintergrund ist die gestiegene Lebenserwartung. Jahrgänge, die bald in Rente gehen, sollen einen monatlichen Zuschlag von 100 bis 200 sfr erhalten. Geringverdiener und Teilzeit-Beschäftigte sollen bessergestellt werden.

Ständerat und Nationalrat stimmten am 27.9.2019 einem zweiwöchigen **bezahlten Vaterschaftsurlaub** zu. Väter können ihn in den ersten sechs Monaten nach der Geburt eines Kindes nehmen. Die geschätzten Kosten von jährlich 229 Mio. sfr sollten anteilig von Arbeitgebern und Arbeitnehmern getragen werden. Das Parlament kam mit dem Gesetz einer Volksinitiative entgegen, die einen vierwöchigen Vaterschaftsurlaub durchsetzen wollte. Die Initiative zog ihren Antrag daraufhin am 3.10. zurück. Gegner des neuen Gesetzes sammelten mehr als 50 000 Unterschriften und erzwangen damit am 5.2.2020 eine Volksabstimmung. Sie findet am 27.9.2020 statt.

In einer Volksabstimmung sprachen sich am 9.2.2020 61.1 % für einen **besseren Schutz von homosexuellen und bisexuellen Menschen** aus. Damit trat am 1.7.2020 die Reform des Strafgesetzbuches in Kraft, die den Artikel 261 um ein Diskriminierungsverbot aufgrund von sexueller Orientierung erweiterte. Bis dahin standen Hass und Hetze nur dann unter Strafe, wenn sie Menschen wegen ihrer Rasse, Ethnie oder Religion diskriminierten. Das Parlament hatte die Reform im Dezember 2018 verabschiedet. Vor allem die Vertreter der nationalkonservativen Eidgenössisch-Demokratischen Union (EDU) hatten sich dagegen ausgesprochen.

Die Volksinitiative „Mehr bezahlbarer Wohnraum" erreichte dagegen am 9.2.2020 nur eine Zustimmung von 42.9 % und scheiterte. Die Initiatoren hatten gefordert, dass mindestens 10 % aller neuen Wohnungen im Eigentum gemeinnütziger Träger sind.

Der Nationalrat beschloss am 11.6.2020 die **„Ehe für alle"**. Homosexuellen Paaren wäre damit eine Heirat möglich, bisher konnten sie ihre Partnerschaft nur eintragen lassen und hatten weniger

Rechte als verheiratete Paare. Der Gesetzentwurf geht auf eine parlamentarische Initiative der Grünliberalen zurück und hat die Zustimmung der Regierung.

Am 13.12.2019 wurde mit dem AKW Mühleberg **das erste Schweizer Atomkraftwerk abgeschaltet.** Der Rückbau begann 2020 und soll zehn Jahre dauern. Der Betreiber BKW Energie hatte die Stilllegung 2013 angekündigt, nachdem die Atomaufsicht die Sicherheitsanforderungen für Kernkraftwerke heraufgesetzt hatte.

Corona: Die Schweiz verzeichnete am 25.2.2020 **den ersten Covid-19-Fall**. Bereits am 28.2. rief der Bundesrat eine „besondere Lage" aus: Großveranstaltungen von mehr als 1 000 Personen wurden verboten. Zu diesem Zeitpunkt waren 21 Infizierte registriert, die meisten waren zuvor in Italien gewesen. Ein erstes Hilfspaket von 10 Mrd. sfr beschloss die Regierung am 13.3., am 20.3. folgten weitere Maßnahmen für Arbeitnehmer und Unternehmen im Umfang von 32 Mrd. sfr. Es war das größte Wirtschaftspaket der Geschichte.
Der besonders schwer betroffene Kanton Tessin rief am 11.3. den Notstand aus. Am 13.3. schloss die Bundesregierung die Schulen und beendete die Skisaison. Am 16.3. rief sie den **Notstand im ganzen Land** aus („außerordentliche Lage"). Alle nicht essenziellen Geschäfte, Restaurants, Kinos, Theater usw. mussten ab dem 17.3. schließen. Ab dem 20.3. durften sich nicht mehr als fünf Personen treffen. **Die Lockerung der Corona-Maßnahmen** begann ab dem 24.4., als erste Geschäfte wieder aufmachen durften. Es folgten Restaurants (1.5.), Grundschulen (ab 11.5.), Schwimmbäder, Zoos, Campingplätze, Sekundar- und Hochschulen sowie Clubs (6.6.).

Der Tessiner Staatskanzler Arnoldo Coduri kommt zur Sitzung des Tessiner Großen Rates am Montag, 25. Mai 2020, im Kongresspalast in Lugano. Im Rahmen der Sitzung wird der Opfer von Covid-19 gedacht.

Senegal

▸ 636

Ländername	Republik Senegal
Zeitzone	MEZ -1 h
Fläche in km²	196 710
Anzahl der Einwohner	16.3 Millionen
Einwohnerzahl pro km²	83
Hauptstadt	Dakar
Amtssprache	Französisch
Verwaltungsgliederung	14 Regionen
Wichtige Städte	Pikine, Dakar, Touba, Guédiawaye, Thiès, Kaolack
Autokennzeichen | ISO-Code	SN | SEN
Währung	1 CFA-Franc BCEAO = 100 Centimes
Nationalfeiertag	4. April

Senegal ist der westlichste Staat des afrikanischen Kontinents. Der erste Präsident, Léopold Sédar Senghor (1906-2001), machte die Négritude, die Rückbesinnung auf die afrikanische Kultur und Geschichte, zur Identitätsgrundlage des Landes.

GEOGRAFIE

Geografische Lage: Von 12° 18' bis 16° 41' nördlicher Breite sowie von 11° 23' bis 17° 32' westlicher Länge
Höchster Punkt: Unbenannt 581 m
Klima: Tropisches Savannenklima

POLITIK

Staatsform: Präsidiale Republik
Staatsoberhaupt: Präsident
Legislative: Nationalversammlung mit 165 für 5 Jahre gewählten Mitgliedern
Jahr der Verfassung: 2001
Wahlrecht: 18 Jahre
Staatsreligion: Keine

BEVÖLKERUNG

Bevölkerungsanteil: <15 Jahre 42.8 %, 15-64 Jahre 54.1 %, >64 Jahre 3.1 %
Verteilung: Stadt 47.7 %, Land 52.3 %
Wachstum 2019: 2.8 %
Lebenserwartung: Frauen 70 Jahre, Männer 66 Jahre
Alphabetenrate: Frauen 39.8 %, Männer 64.8 %
Ethnische Gruppen: Wolof, Tukulor, Serer, Mandinka, Diola, Soninke, Europäer, Libanesen u. a.
Religionen: Muslime 95.9 %, Christen 4.1 %
Sprachen: Französisch, Wolof, Fulfulde, Serer u. a.

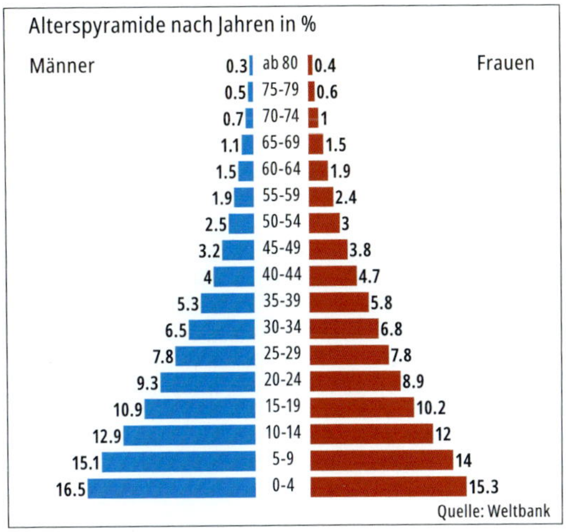

WIRTSCHAFT UND VERKEHR

BIP: 23.58 Mrd. US-$
Wachstum BIP 2019: 5.3 %
BNE/Kopf: 1 428 US-$
Inflation: 1.8 %
Außenhandel: Import 8.14 Mrd. US-$, Export 4.18 Mrd. US-$
Erwerbstätige nach Sektoren: Landwirtschaft 30 %, Industrie 13.5 %, Dienstleistungen 56.5 %
Arbeitslosenquote: 6.5 %
Energieverbrauch/Kopf: 279 kg ÖE
Straßennetz: 16 665 km
Eisenbahnnetz: 906 km

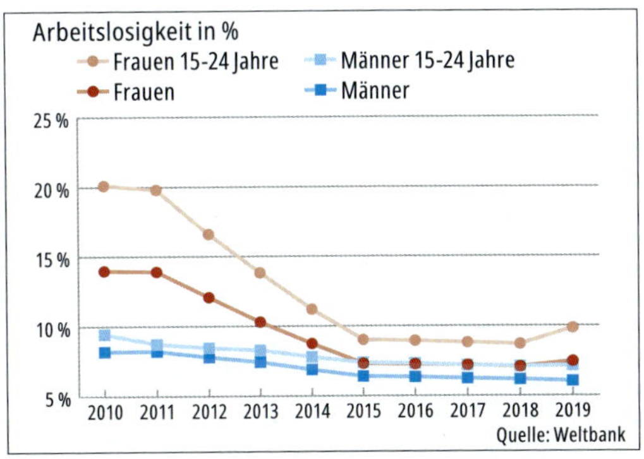

RÜCKBLICK

Wirtschaft: Das Wachstum des Bruttoinlandsprodukts blieb 2019 trotz leichter Einbußen hoch. Weiterhin gelingt es jedoch im Senegal nicht, die positiven makroökonomischen Trends in eine Verbesserung des Lebensstandards ärmerer Bevölkerungsschichten zu übersetzen. Primäre Wachstumstreiber waren die Landwirtschaft und Investitionen in große Infrastrukturprojekte durch den **Plan für ein aufstrebendes Senegal** (Plan Sénégal Émergent, PSE), dessen zweite Stufe 2019 startete.

Windpark: 2020 wurde ein 150 MW Windpark eröffnet. Die erste Windfarm des Landes ist damit auch gleichzeitig die größte in Westafrika. Senegal verfolgt Beobachtern zufolge ein ambitioniertes Programm zum Ausbau der Produktion erneuerbarer Energien. Das gesteckte Ziel, mittelfristig 30 % des nationalen Strombedarfs durch Windenergieanlagen zu produzieren, wird durch den neuen Windpark bereits zur Hälfte erfüllt.

Begnadigung: Der ehemalige Bürgermeister von Dakar und Oppositionspolitiker **Khalifa Sall** wurde im September 2019 vom senegalesischen Präsidenten Macky Sall begnadigt. Der Ex-Bürgermeister war 2017 wegen Korruptionsanschuldigungen inhaftiert worden, Kritiker sprachen jedoch von politischer Beeinflussung zugunsten des Präsidenten, um einen potentiellen Rivalen auszuschalten. Durch die Verurteilung konnte Khalifa Sall, der als aussichtsreicher Kandidat gehandelt wurde, nicht an den Präsidentschaftswahlen im Februar 2019 teilnehmen.

Raubkunst: Im Kontext der Bestrebungen zur Rückgabe kolonialer Raubkunst und der um dieses Thema entbrannten Debatte auf dem afrikanischen und dem europäischen Kontinent hat Frankreich die **Rückführung** verschiedener Artefakte angekündigt. Eine Expertenkommission berichtete 2018 von über 90 000 solcher **Artefakte** in Beständen französischer Museen. In diesem Zusammenhang kam es im November 2019 zur Rückführung eines Säbels, der ursprünglich Omar Saidou Tall gehörte, einem Anführer antikolonialer Kämpfe gegen die Franzosen im 19. Jahrhundert.

Filmauszeichnung: Der Film Atlantique von Mati Diop, einer französischen Regisseurin mit senegalesischem Hintergrund, erhielt bei den internationalen Filmfestspielen von Cannes 2019 den **Großen Preis der Jury**. Der Film war im Senegal primär mit senegalesischen Schauspielern gedreht worden.

Serbien

▸ 619

Ländername	Republik Serbien
Zeitzone	MEZ ±0 h
Fläche in km²	88 360
Anzahl der Einwohner	6.9 Millionen
Einwohnerzahl pro km²	79
Hauptstadt	Belgrad
Amtssprache	Serbisch
Verwaltungsgliederung	24 Kreise und 1 Stadt
Wichtige Städte	Belgrad, Novi Sad, Niš, Kragujevac, Subotica
Autokennzeichen | ISO-Code	SRB | SRB
Währung	Serbischer Dinar
Nationalfeiertag	15. Februar

Nach der Auflösung der Staatenunion Serbien und Montenegro 2006 geht Serbien seinen Weg in der internationalen Politik alleine. Die Unabhängigkeitserklärung des Kosovo, die unbefriedigende Wirtschaftslage und die schwierige Aufarbeitung der jüngsten Vergangenheit sind große innen- und außenpolitische Belastungsfaktoren.

GEOGRAFIE

Geografische Lage: Von 42° 14' bis 46° 10' nördlicher Breite sowie von 18° 51' bis 22° 59' östlicher Länge
Höchster Punkt: Midzor 2169 m
Klima: Gemäßigtes Kontinentalklima

POLITIK

Staatsform: Parlamentarische Republik
Staatsoberhaupt: Präsident
Legislative: Nationalversammlung mit 250 für 4 Jahre gewählten Mitgliedern
Jahr der Verfassung: 2006
Wahlrecht: 18 Jahre
Staatsreligion: Keine

BEVÖLKERUNG

Bevölkerungsanteil: <15 Jahre 15.5 %, 15-64 Jahre 65.7 %, >64 Jahre 18.8 %
Verteilung: Stadt 56.1 %, Land 43.9 %
Wachstum 2019: -0.6 %
Lebenserwartung: Frauen 79 Jahre, Männer 74 Jahre
Alphabetenrate: Frauen 97.5 %, Männer 99.1 %
Ethnische Gruppen: Serben, Ungarn, Roma, Bosniaken u. a.
Religionen: Christen 90.6 %, Muslime 3.1 %
Sprachen: Serbisch, Ungarisch u. a.

Alterspyramide nach Jahren in %

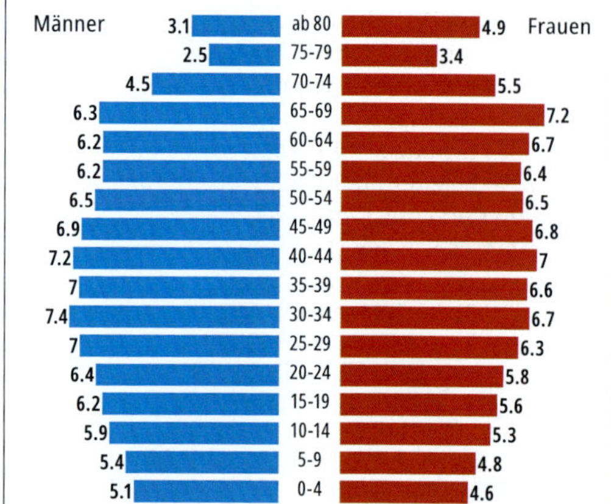

Quelle: Weltbank

WIRTSCHAFT UND VERKEHR

BIP: 51.41 Mrd. US-$
Wachstum BIP 2019: 4.4 %
BNE/Kopf: 7 398 US-$
Inflation: 2 %
Außenhandel: Import 26.73 Mrd. US-$, Export 19.63 Mrd. US-$
Erwerbstätige nach Sektoren: Landwirtschaft 15.5 %, Industrie 27.1 %, Dienstleistungen 57.4 %
Arbeitslosenquote: 12.7 %
Energieverbrauch/Kopf: 1 859 kg ÖE
Straßennetz: 44 248 km
Eisenbahnnetz: 3 809 km

Arbeitslosigkeit in %

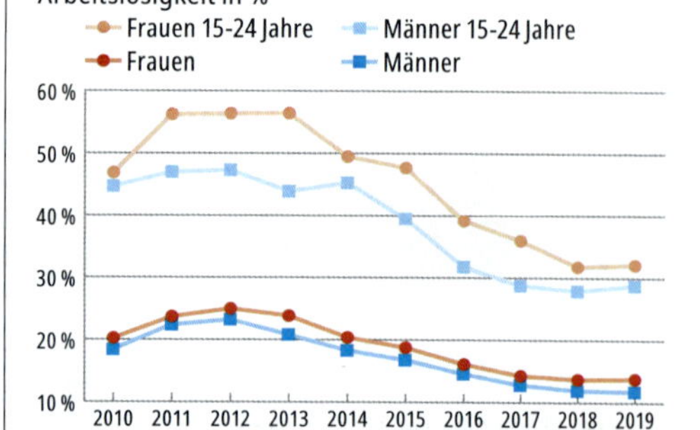

Quelle: Weltbank

RÜCKBLICK

Parlamentswahlen: Die **Parlamentswahlen** waren ursprünglich für den 26.4.2020 vorgesehen gewesen, wurden wegen der Covid-19-Epidemie aber auf den 21.6. **verschoben. Die oppositionelle „Allianz für Serbien"**, ein heterogenes Bündnis, dem sowohl liberale Kräfte wie die Demokratische Partei (DS) wie auch die extrem nationalistische Organisation Dveri (Tore) angehören, **boykottierte die Wahl**. Es sei nicht gewährleistet, dass diese in freier und fairer Weise durchgeführt würden. Der rechtspopulistischen **Fortschrittspartei** (SNS), die seit 2012 an der Macht ist, und dem von ihr angeführten Bündnis „Für unsere Kinder", dem noch etliche Kleinparteien angehören, gelang es mit 60.7 % (189 Sitze, +58) **erneut stärkste Kraft** zu werden. An zweiter Stelle folgte das Bündnis aus Sozialisten (SPS) und der konservativen Gruppierung Vereintes Serbien (JS) mit 10.4 % (32, +3), vor der rechtsgerichteten Serbischen Patriotischen Allianz (SPAS) des früheren Wasserballspielers Aleksandar Šapić mit 3.9 % (12 Sitze). Ebenfalls ins Parlament gelangten vier Parteien ethnischer Minderheiten, die Allianz der Vojvodina-Ungarn (VMSZ) mit 2.2 % (9, +5) sowie zwei bosniakische und eine albanische Partei mit insgesamt acht Abgeordneten. Die Wahlbeteiligung betrug 50.3 %, knapp 6 Prozentpunkte weniger als bei der letzten Wahl und zugleich die niedrigste Wahlbeteiligung seit der Einführung eines Mehrparteiensystems im Land 1990. Vor der Wahl war der für den Einzug ins Parlament erforderliche Mindeststimmenanteil von 5 auf 3 % gesenkt worden.

Der serbische Präsident Aleksandar Vučić bei der Stimmabgabe am 21. Juni 2020.

Am selben Tag wurden **auch in der Autonomen Provinz Vojvodina Wahlen** abgehalten, die von dem SNS-Bündnis mit 58.4 % (76 Sitze, +13) gleichfalls gewonnen wurden. Ebenfalls ins Provinzparlament gelangte das Bündnis SPS-JS mit 10.4 % (13, +1), die VMSZ mit 9.2 % (11, +5), die Liga der Sozialdemokraten der Vojvodina (LSV) mit 4.9 % (6, -3), die nationalistische Demokratische Partei Serbiens (DSS) mit 4.1 % (5, +5), die Bewegung für die Wiederherstellung des Königreichs Serbien (POKS) mit 4 % (5) und die rechtsextreme Radikale Partei (SRS) mit 3.1 % (5, -5). Die Wahlbeteiligung betrug 51.1 %.

„Einer von fünf Millionen": Die **wöchentlichen Proteste gegen die Regierung** und den Staatspräsidenten Aleksandar Vučić, die Ende 2018 nach der physischen Attacke auf einen Oppositionspolitiker unter dem Namen „Einer von fünf Millionen" begonnen hatten, fanden am 30.11.2019 zum 52. Mal statt. Am 14.12. forderten die Demonstranten die Freilassung von Aleksandar Obradović. Der Mitarbeiter einer staatlichen Rüstungsfabrik in Valjevo hatte Dokumente offengelegt, die auf Korruption in dem Unternehmen hindeuteten, in die der Vater des Innenministers Nebojša Stefanović verwickelt sein soll. Obradović war am 18.9. verhaftet und später unter Hausarrest gestellt worden, ihm wurde Betriebsspionage vorgeworfen. Eine Petition, die seine Freilassung forderte, wurde von mehr als 30 000 Personen unterzeichnet. Am 18.12. wurde Obradović aus dem Hausarrest entlassen. Aufgrund der nach dem Ausbruch der Covid-19-Epidemie verhängten Einschränkungen fanden die Proteste vorerst ein Ende.

Mini-Schengen-Abkommen: In Novi Sad unterzeichneten die Ministerpräsidenten Albaniens und Nordmazedoniens, Edi Rama und Zoran Zaev, sowie der serbische Staatspräsident Vučić am 10.10.2019 eine Vereinbarung, die die freie Bewegung von Personen, Gütern, Kapital und Dienstleistungen zwischen ihren Ländern ab 2021 vorsieht. Damit soll die regionale wirtschaftliche Zusammenarbeit zwischen den Ländern gefördert werden, eines der Ziele des sogenannten Berlin-Prozesses, einer europäischen Initiative, die die Kooperation in Südosteuropa in der Phase vor dem angestrebten Beitritt zur EU fördern soll.

Kriegsverbrechen: Ein Belgrader Gericht sprach am 19.9.2019 Nikola Vida Lujić, einst Mitglied der früheren paramilitärischen Sondertruppe „Rote Barette", schuldig, im Bosnienkrieg 1992 in Brčko eine Bosniakin vergewaltigt zu haben. Er wurde zu acht Jahren Haft verurteilt. Das Berufungsgericht bestätigte das Urteil am 31.1.2020.

Kosovo: Serbien und Kosovo unterzeichneten am 14.2.2020 in München eine Absichtserklärung, die die **Wiederherstellung des Eisenbahnverkehrs zwischen den beiden Ländern** sowie den Bau einer Autobahnverbindung vorsieht. Bereits am 20.1. war in Berlin die **Wiederherstellung des Flugverkehrs** vereinbart worden. Richard Grenell, den US-Präsident Donald Trump am 4.10.2019 zum Sondergesandten für die **Verhandlungen zwischen Serbien und Kosovo** ernannt hatte, kündigte am 15.6.2020 deren **Wiederaufnahme** an. Serbien werde als vertrauensbildende Maßnahme vorerst darauf verzichten, Drittstaaten zur Rücknahme der Anerkennung der Unabhängigkeit Kosovos zu bewegen.

Corona: Am 6.3.2020 wurde die erste Covid-19-Infektion bestätigt, am 20.3. kam es zum ersten Todesfall. Die Regierung verhängte am 15.3. den Ausnahmezustand. Alle Bildungseinrichtungen wurden an diesem Tag geschlossen. Ab dem 18.3. galten Bewegungsbeschränkungen und eine nächtliche Ausgangssperre von anfänglich neun, später zwölf Stunden, an den Wochenenden im März und April ganztägig. Ab einem Alter von 65 Jahren galt ein generelles Ausgangsverbot. Restaurants und Geschäfte mit Ausnahme des Lebensmittelhandels waren ab dem 20.3. geschlossen. Die Regierung ordnete am 29.3. an, dass alle lokalen Informationen bezüglich der Epidemie an den zentralen Krisenstab unter Leitung der Ministerpräsidentin Ana Brnabić weiterzuleiten seien. Den lokalen Krisenstäben wurde untersagt, vor Ort über die jeweilige Entwicklung zu informieren. Am 6.5. wurde der Ausnahmezustand wieder aufgehoben und die Maßnahmen wurden gelockert. Die Zahl der Neuinfektionen ging ab Anfang Mai auch deutlich zurück, bevor sie Ende Juni wieder in die Höhe schoss.

Seychellen

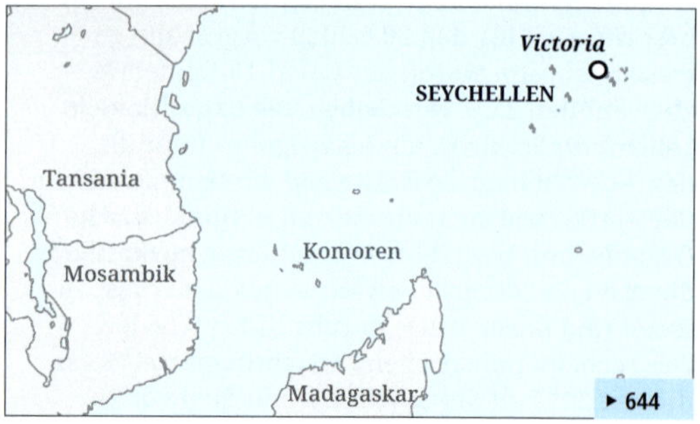

▸ 644

Ländername	Republik Seychellen
Zeitzone	MEZ +3 h
Fläche in km²	460
Anzahl der Einwohner	97 625
Einwohnerzahl pro km²	212
Hauptstadt	Victoria
Amtssprache	Seychellenkreol, Englisch, Französisch
Verwaltungsgliederung	25 Distrikte
Autokennzeichen | ISO-Code	SY | SYC
Währung	1 Seychellen-Rupie = 100 Cents
Nationalfeiertag	18. Juni, 29. Juni

Seit der Anbindung an den internationalen Flugverkehr 1971 entwickelte sich die von Vasco da Gama entdeckte Inselgruppe im Indischen Ozean, rund 1 000 km nördlich von Madagaskar, zu einem exklusiven Ziel des internationalen Tourismus.

GEOGRAFIE

Geografische Lage: Von 3° 47' bis 9° 45' südlicher Breite sowie von 46° 12' bis 56° 17' östlicher Länge
Höchster Punkt: Morne Seychellois 905 m
Klima: Tropisch-maritimes Klima

POLITIK

Staatsform: Präsidiale Republik
Staatsoberhaupt: Präsident
Legislative: Nationalversammlung mit 33 für 5 Jahre gewählten Mitgliedern
Jahr der Verfassung: 1993
Wahlrecht: 18 Jahre
Staatsreligion: Keine

BEVÖLKERUNG

Bevölkerungsanteil: <15 Jahre 23.7 %, 15-64 Jahre 68.5 %, >64 Jahre 7.8 %
Verteilung: Stadt 57.1 %, Land 42.9 %
Wachstum 2019: 0.2 %
Lebenserwartung: Frauen 77 Jahre, Männer 70 Jahre
Alphabetenrate: Frauen 96.4 %, Männer 95.4 %
Ethnische Gruppen: Kreolen, Franzosen, Inder, Chinesen, Araber u. a.
Religionen: Christen 89.1 %, Hindus 2.4 %, Muslime 1.6 %, Sonstige 1.1 %
Sprachen: Seychellenkreol, Englisch, Französisch

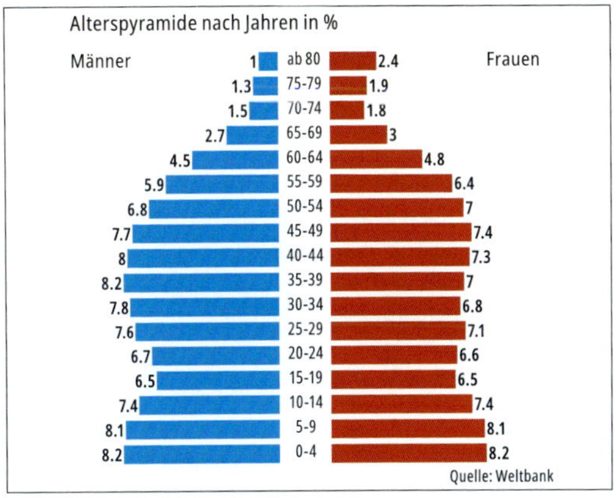

WIRTSCHAFT UND VERKEHR

BIP: 1.7 Mrd. US-$
Wachstum BIP 2019: 4.7 %
BNE/Kopf: 17 052 US-$
Inflation: 1.8 %
Außenhandel: Import 1.09 Mrd. US-$, Export 495 Mio. US-$
Erwerbstätige nach Sektoren: Keine Angabe
Arbeitslosenquote: 3.5 %
Energieverbrauch/Kopf: Keine Angabe
Straßennetz: 526 km
Eisenbahnnetz: Keine Angabe

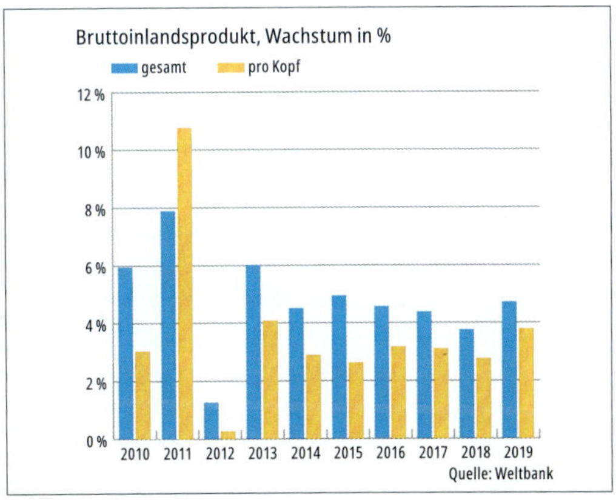

RÜCKBLICK

Innenpolitik: Die Wahlkommission setzte im Juni 2020 als Termine für die **nächsten Präsidentschaftswahlen** den **22. bis 24. Oktober 2020** fest. Bis Mitte 2020 gaben die zwei größten Parteien, das Bündnis Linyon Demokratik Seselwa (LDS) und die Partei des Präsidenten und Regierungschefs **Danny Faure**, die United Seychelles (US), ihre Kandidaten für die bevorstehende Wahl bekannt. Die LDS nominierte **Wavel Ramkalawan**, die US Faure. In seiner Ansprache an die Nation am 18.6.2020 stellte Faure mit Verweis auf die großen Herausforderungen durch die Corona-Pandemie für die nächsten Wahlen die Bildung einer Regierung der nationalen Einheit in Aussicht.

EU-Mission: Im Mai 2020 beschloss die EU die seit 2008 bestehende multinationale **Marineoperation Atalanta** auf das Seegebiet der Seychellen auszuweiten. Die Mission war bisher vor allem auf das Küstengebiet vor Somalia konzentriert, wo sie zur Bekämpfung der Piraterie zum Einsatz kam. Da sich die Aktivitäten der Piraten aber zunehmend in den Indischen Ozean verlagert hatten, war eine **Ausweitung des Operationsgebietes** notwendig geworden.

Drohende Rezession: Als Folge der Corona-Pandemie prognostizierte der Internationale Währungsfonds im Mai 2020 dem Inselstaat für 2020 einen Rückgang des BIP in Höhe von 5.1 %. Obwohl die Seychellen bis Mitte Mai vergleichsweise wenig Covid-19-Infektionen registrierten, litten sie unter den indirekten Folgen der Pandemie wie dem Zusammenbruch des Reiseverkehrs. Für die Ökonomie des Landes ist der Tourismus neben der Fischerei seit Langem eine tragende Säule. Der Sektor erwirtschaftet über die Hälfte des BIP und stellt einen Großteil der Arbeitsplätze. Die Wirtschaft ist wenig diversifiziert und daher stark abhängig von äußeren Einflüssen. Die Regierung verhängte bereits am 9.3.2020 ein Verbot für Kreuzfahrtschiffe, am 8. April trat ein generelles Reiseverbot in Kraft. Zwar wurde der Flughafen am 1. Juni für internationale Fluggäste wieder geöffnet, zugelassen waren aber nur Passagiere aus Ländern mit geringem Covid-19-Risiko.

Neuer Haushalt: Angesichts rückläufiger Staatseinnahmen stockte die Regierung ihren aktuellen Haushalt auf, um Arbeitsplatzverluste und Einkommenseinbußen der Bevölkerung ausgleichen und das Gesundheitssystem stärken zu können. Für den Ausbau von präventiven Gesundheitsmaßnahmen waren zusätzliche 3.6 Mio. US-$ vorgesehen.

Sierra Leone

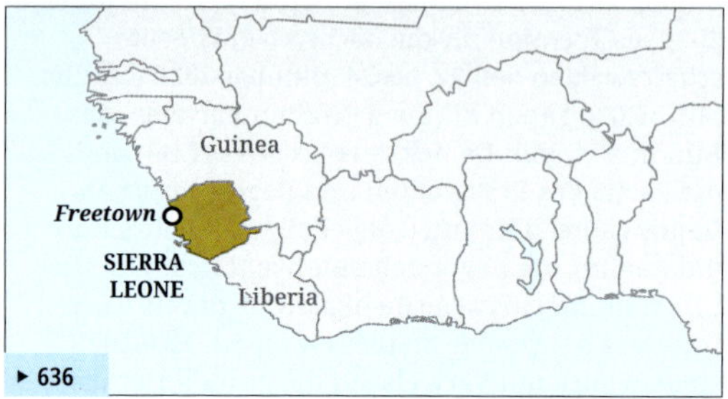

▸ 636

Ländername	Republik Sierra Leone
Zeitzone	MEZ -1 h
Fläche in km²	72 300
Anzahl der Einwohner	7.8 Millionen
Einwohnerzahl pro km²	108
Hauptstadt	Freetown
Amtssprache	Englisch
Verwaltungsgliederung	4 Provinzen und 1 Gebiet
Wichtige Städte	Freetown, Kenema, Bo, Koidu-Sefadu, Makeni
Autokennzeichen | ISO-Code	WAL | SLE
Währung	Leone
Nationalfeiertag	27. April

Freetown, die Hauptstadt des westafrikanischen Staates Sierra Leone, wurde 1787 als neue Heimat für freigelassene Sklaven gegründet. Nach einem langjährigen Bürgerkrieg zählt das an Bodenschätzen reiche Land zu den ärmsten Ländern der Welt. Die 2014 ausgebrochene Ebola-Epidemie hat die humanitäre Notlage weiter verschlimmert. Im November 2015 wurde das Land von der WHO für ebolafrei erklärt.

GEOGRAFIE

Geografische Lage: Von 6° 55' bis 10° nördlicher Breite sowie von 10° 17' bis 13° 18' westlicher Länge
Höchster Punkt: Bintimani 1948 m
Klima: Tropisches Regenwaldklima

POLITIK

Staatsform: Präsidiale Republik
Staatsoberhaupt: Präsident
Legislative: Parlament mit 146 für 5 Jahre gewählten Mitgliedern
Jahr der Verfassung: 1991
Wahlrecht: 18 Jahre
Staatsreligion: Keine

BEVÖLKERUNG

Bevölkerungsanteil: <15 Jahre 40.7 %, 15-64 Jahre 56.3 %, >64 Jahre 3 %
Verteilung: Stadt 42.5 %, Land 57.5 %
Wachstum 2019: 2.1 %
Lebenserwartung: Frauen 56 Jahre, Männer 54 Jahre
Alphabetenrate: Frauen 34.9 %, Männer 51.6 %
Ethnische Gruppen: Temne, Mende, Limba, Kono, Fullah, Loko, Koranko, Sherbro, Mandinka, Kreolen u. a.
Religionen: Muslime 78.6 %, Christen 20.8 %
Sprachen: Englisch, Mende, Temne, Kreolisch u. a.

WIRTSCHAFT UND VERKEHR

BIP: 3.94 Mrd. US-$
Wachstum BIP 2019: 5.5 %
BNE/Kopf: 547 US-$
Inflation: 14.8 %
Außenhandel: Import 1.53 Mrd. US-$, Export 487 Mio. US-$
Erwerbstätige nach Sektoren: Landwirtschaft 54.9 %, Industrie 6.5 %, Dienstleistungen 38.6 %
Arbeitslosenquote: 4.3 %
Energieverbrauch/Kopf: Keine Angabe
Straßennetz: 11 313 km
Eisenbahnnetz: Keine Angabe

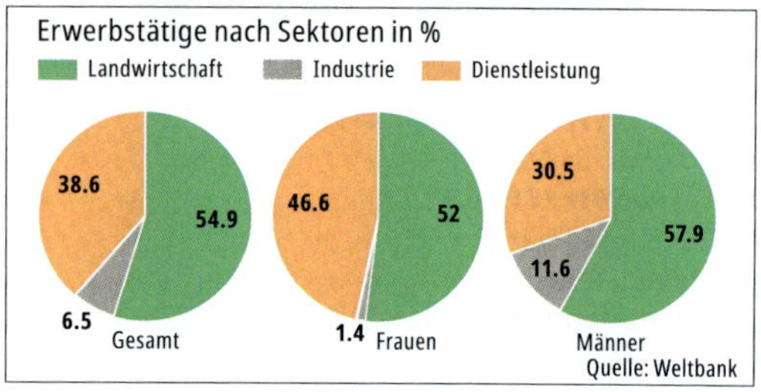

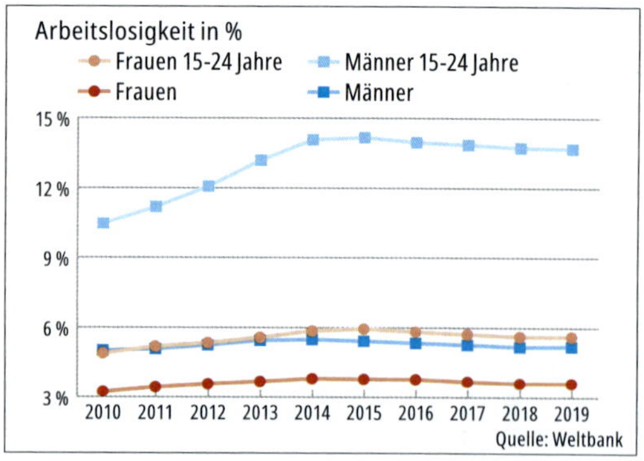

RÜCKBLICK

Wirtschaft: Nach dem geringen Wachstum im Jahr 2018 konnte sich die Wirtschaft 2019 erholen. Das Wachstum des Bruttoinlandsprodukts stieg auf über 5 %. Die Inflation sank um über ein Prozent auf durchschnittlich 14.8 %. Sierra Leones Notenbank kündigte an, ihre strenge Geldpolitik beizubehalten, musste das auf Grund der Auswirkungen der Covid-19-Pandemie zum Teil jedoch revidieren. Die Positiventwicklung 2019 war primär auf den **Agrar- und Bergbausektor** zurückzuführen. Im ersten Halbjahr 2020 wurde jedoch vor allem der Bergbausektor schwer von den **Konsequenzen der Pandemie** getroffen, die Einnahmen aus dem Bergbau sanken im April 2020 auf 0.33 Millionen US-$, verglichen mit 2.24 Mio. US-$ im gleichen Monat des Vorjahres. Trotz der tendenziell positiven ökonomischen Entwicklung im Jahr 2019 war die Staatsverschuldung bereits deutlich gestiegen und Prognosen gehen von einer signifikanten Verschärfung der Lage im Jahr 2020 aus, die sich Beobachtern zufolge zunehmend zu einer Schuldenkrise ausweiten könnte.

Temporäres Verbot von industriellem Fischfang: Für den gesamten April 2019 verhängte die Regierung ein Verbot von jeglichem industriellem Fischfang. Vorangegangen waren jahrelange **Beschwerden von lokalen Fischern** bezüglich sinkender Fischbestände und damit sinkender Fangzahlen. Das Verbot, das zu einer Erholung der Bestände führen sollte, wurde von der Regierung als Erfolg gewertet. Beobachter kritisierten das Verbot jedoch als zu kurz und die Auswirkungen für die lokale Fischerei als nur marginal.

Notstand wegen Vergewaltigungen: Im Februar 2020 hat die Regierung unter **Präsident Julius Maada Bio** den Notstand wegen sexueller und geschlechterbezogener Gewalt ausgerufen. Vergewaltigungen hatten in Sierra Leone nach dem Ende der Ebola-Epidemie stark zugenommen. Allein 2019 hatte sich die Zahl der **gemeldeten Vergewaltigungen** auf mehr als 8 500 **erhöht**, was knapp einer Verdopplung der Vorjahreszahlen entspricht. Nichtregierungsorganisationen hatten schon über Jahre auf das Problem hingewiesen und sprachen von einer deutlich höheren Dunkelziffer.

Schwangerschaften und Schulbesuch: Im März 2020 hat die Regierung ein Gesetz außer Kraft gesetzt, das seit 2015 **schwangeren Minderjährigen den Schulbesuch verboten** hatte. Vorangegangen waren mehrere Klagen beim Gericht der Westafrikanischen Wirtschaftsunion (ECOWAS).

Simbabwe

▸ 643

Ländername	Republik Simbabwe
Zeitzone	MEZ +1 h
Fläche in km²	390 760
Anzahl der Einwohner	14.6 Millionen
Einwohnerzahl pro km²	37
Hauptstadt	Harare
Amtssprache	Shona, Nord-Ndebele, Englisch, Chewa, Chibarwe, Kalanga, Khoisan, Nambya, Ndau, Shangani, Sotho, Tonga, Tswana, Venda, Xhosa, Gebärdensprache
Verwaltungsgliederung	8 Provinzen und 2 Metropolregionen
Wichtige Städte	Harare, Bulawayo, Chitungwiza, Mutare, Kariba, Gweru, Beitbridge
Autokennzeichen | ISO-Code	ZW | ZWE
Währung	1 Simbabwe-Dollar = 100 Cents
Nationalfeiertag	18. April

Der Name des im Südosten Afrikas gelegenen Binnenstaates geht auf die mittelalterliche Stadt Simbabwe zurück, deren Ruinen südöstlich von Masvingo liegen. Die despotische Herrschaft Robert Mugabes (bis 2017) hat das Land in den letzten Jahren in eine schwere Krise geführt. Die zivilgesellschaftliche und wirtschaftliche Ordnung ist dadurch völlig zerstört worden. Am 30. Juli 2018 fanden Präsidentschafts- und Parlamentswahlen statt, aus denen Emerson Mnangagwa, ein Vertrauter Mugabes, mit seiner Partei ZANU-PF als Sieger hervorging.

GEOGRAFIE

Geografische Lage: Von 15° 37' bis 22° 24' südlicher Breite sowie von 25° 13' bis 33° 03' östlicher Länge
Höchster Punkt: Mount Inyangani 2596 m
Klima: Tropisches Höhenklima

POLITIK

Staatsform: Präsidiale Republik
Staatsoberhaupt: Präsident
Legislative: Parlament, bestehend aus Nationalversammlung mit 270 für 5 Jahre gewählten Mitgliedern und Senat mit 80 für 5 Jahre gewählten Mitgliedern
Jahr der Verfassung: 2013
Wahlrecht: 18 Jahre
Staatsreligion: Keine

BEVÖLKERUNG

Bevölkerungsanteil: <15 Jahre 42.4 %, 15-64 Jahre 54.7 %, >64 Jahre 2.9 %
Verteilung: Stadt 32.2 %, Land 67.8 %
Wachstum 2019: 1.4 %
Lebenserwartung: Frauen 63 Jahre, Männer 60 Jahre
Alphabetenrate: Frauen 88.3 %, Männer 89.2 %
Ethnische Gruppen: Shona, Ndebele u. a.
Religionen: Christen 87.4 %, Ethnische 1.5 %
Sprachen: Shona, Nord-Ndebele, Englisch, Chewa, Chibarwe, Kalanga, Khoisan, Nambya, Ndau, Shangani, Sotho, Tonga, Tswana, Venda, Xhosa, Gebärdensprache

WIRTSCHAFT UND VERKEHR

BIP: 21.44 Mrd. US-$
Wachstum BIP 2019: -8.1 %
BNE/Kopf: 860 US-$
Inflation: 255.3 %
Außenhandel: Import 3.5 Mrd. US-$, Export 4.36 Mrd. US-$
Erwerbstätige nach Sektoren: Landwirtschaft 66.5 %, Industrie 6.6 %, Dienstleistungen 26.9 %
Arbeitslosenquote: Keine Angabe
Energieverbrauch/Kopf: 845 kg ÖE
Straßennetz: 97 267 km
Eisenbahnnetz: 3 136 km

RÜCKBLICK

Staatlicher Niedergang: Auch unter Präsident Emmerson Mnangagwa, der 2017 den langjährigen Machthaber Robert Mugabe abgelöst hatte, hielt der allgemeine Abwärtstrend des Landes an. Der nach den Wahlen 2018 von Mnangagwa verkündete **politische und wirtschaftliche Reformprozess ließ auf sich warten**, stattdessen kam es auch unter der neuen Führung zu **Menschenrechtsverletzungen** wie willkürliche Verhaftungen und Folter. Die Regierung ließ Proteste blutig niederschlagen und setzte gegen Demonstranten auch Schusswaffen ein. Simbabwe befand sich in einer schweren **Wirtschaftskrise** und der Lebensalltag der Bevölkerung war von **humanitärer Not** geprägt. Die Arbeitslosenquote lag zwischen 80 und 90 %, ein Großteil der Menschen konnte nur durch Betätigungen im informellen Sektor das Überleben sichern. Die Hyperinflation machte die ohnehin knappen Lebensmittel nahezu unbezahlbar, außerdem kam es zu Benzinknappheit sowie Unterbrechungen bei der Strom- und Wasserversorgung. Im September 2019 wurde in weiten Teilen des Landes einschließlich der Hauptstadt Harare die öffentliche **Trinkwasserversorgung** bis auf Weiteres **eingestellt**.

Staatsakt für Robert Mugabe: Etwa 20 000 Simbabwer und eine große Zahl ausländischer Staatschefs nahmen am 14.9.2019 in Harare am großen Staatsakt zum Tode des ehemaligen Präsidenten Robert Mugabe teil, der am 6.9.2019 im Alter von 95 Jahren verstorben war. Der **umstrittene Patriarch** und ehemalige Freiheitskämpfer hatte das Land von 1980 bis zu seinem erzwungenen Abschied 2017 regiert und dabei zunehmend autokratisch ohne Beachtung der Menschenrechte nach der Macht gegriffen. Er hinterließ ein durch jahrelanges **Missmanagement und Korruption** herabgewirtschaftetes Land. Ursprünglich sollte Mugabe bei Harare auf dem „Heldenacker" zwischen anderen simbabwischen Freiheitskämpfern bestattet werden. Mugabes Familie setzte jedoch gegen die Regierung durch, dass der zum Nationalhelden Erklärte am 28. September in seinem Geburtsort Kutama im engeren Kreis begraben wurde.

Hungerkatastrophe: Das UN-Welternährungsprogramm (WFP) schlug Ende 2019 Alarm und kündigte für Simbabwe die schlimmste Ernährungsnotlage seit mehr als zehn Jahren an. Bereits jeder zweite Simbabwer sei von Hunger bedroht, besonders Frauen und Kinder litten unter **Mangelernährung**. Das WFP forderte die internationale Staatengemeinschaft zu mehr Unterstützung auf, damit die zur Bekämpfung der Notsituation nötige Summe von rund 264 Mio. € erreicht werden könne. Als **Hauptursache** für die Hungerkrise galten der **Klimawandel und seine Folgen**: Dürren und Überschwemmungen setzten den landwirtschaftlichen Böden zu und immer unregelmäßiger auftretende Regenzeiten bereiteten Probleme beim Bewirtschaften der Felder. Hinzu kam ein Temperaturanstieg, der im Vergleich zum weltweiten Durchschnitt mehr als doppelt so stark war. Die **jahrelange Misswirtschaft** unter dem Mugabe-Regime und die Schäden durch den Wirbelsturm „Idai", der im März 2019 über Simbabwe hinweggefegt war, verschärften die Situation zusätzlich. Aufgrund der prekären Wirtschaftslage war der Rahmen für staatliche Maßnahmen gering. Im Mai

2020 kündigte die Regierung ein Hilfspaket von etwa 720 Mio. US-$ an, das u. a. Unterstützungen für die Landwirtschaft, Nahrungsmittelhilfen und stärkere Investitionen in den vom Zyklon betroffenen Regionen vorsah.

Neue Währung: Mitte 2019 führte die Regierung den **Simbabwe-Dollar** als neue Währung ein und verbot gleichzeitig die Verwendung anderer Währungen im Land wie US-Dollar, britisches Pfund oder südafrikanischer Rand. Zunächst fehlten Münzen und Banknoten. Im November 2019 kamen 2-Dollar-Münzen in Umlauf, im Mai 2020 dann 10- und 20-Dollar-Scheine. Der Simbabwe-Dollar war 2015 im Zuge einer **Hyperinflation** abgeschafft und durch den US-Dollar ersetzt worden. Als die Bargeldbestände knapp wurden, traten staatliche Schuldscheine, sogenannte **Bond Notes**, auf den Plan, die offiziell im Tausch 1:1 dem US-Dollar entsprachen, inoffiziell aber einen viel geringeren Wert hatten. Auch nach seiner Wiedereinführung verlor der Simbabwe-Dollar schnell an Wert: Im Mai 2020 betrug die Inflationsrate nach Angaben der Zentralbank 926 %.

Corona: Am 20.3.2020 wurde in Simbabwe die **erste Covid-19-Infektion** offiziell registriert. Bereits drei Tage zuvor hatte Präsident Mnangagwa den nationalen Notstand ausgerufen. Die staatliche Führung verhängte Reisebeschränkungen, Versammlungsverbote, einen teilweisen Lockdown des öffentlichen Lebens und eine Ausgangssperre. Kritische Stimmen wiesen darauf hin, dass die Regierung die Maßnahmen gegen die Corona-Pandemie nutze, um regierungskritische Bündnisse und Organisationen unter Druck zu setzen. Am 1.4.2020 **streikten** Tausende **Vertreter des medizinischen Pflegepersonals** und forderten für die Versorgung von Covid-19-Fällen mehr Schutzausrüstungen sowie sauberes Wasser, um eine Grundhygiene gewährleisten zu können. Ärzte erhoben Anfang April eine **Klage gegen die Regierung**, weil sie bei der Behandlung von Covid-19-Infizierten nicht ausreichend geschützt seien. In Simbabwe kamen 2019 nach Angaben von UN und Weltbank statistisch gesehen ca. 7.6 Ärzte auf 100 000 Einwohner. Für 1 000 Einwohner standen etwa 1.7 Krankenhausbetten zur Verfügung.

Singapur

Ländername	Republik Singapur
Zeitzone	MEZ +7 h
Fläche in km²	719
Anzahl der Einwohner	5.7 Millionen
Einwohnerzahl pro km²	7 933
Hauptstadt	Singapur
Amtssprache	Englisch, Chinesisch, Malaiisch, Tamil
Verwaltungsgliederung	5 Distrikte
Autokennzeichen | ISO-Code	SGP | SGP
Währung	1 Singapur-Dollar = 100 Cents
Nationalfeiertag	9. August

Der Stadtstaat, dessen Name sich aus dem Sanskrit herleitet und „Löwenstadt" bedeutet, ist mit seiner modernen Wolkenkratzersilhouette ein Symbol für den wirtschaftlichen Aufstieg Asiens im Rahmen der Globalisierung.

GEOGRAFIE

Geografische Lage: Von 1° 16' bis 1° 27' nördlicher Breite sowie von 103° 38' bis 104° östlicher Länge
Höchster Punkt: Bukit Timah 164 m
Klima: Immerfeuchtes Tropenklima

POLITIK

Staatsform: Parlamentarische Republik
Staatsoberhaupt: Präsidentin
Legislative: Parlament mit 89 für 5 Jahre gewählten und 12 ernannten Mitgliedern
Jahr der Verfassung: 1965
Wahlrecht: 21 Jahre
Staatsreligion: Keine

BEVÖLKERUNG

Bevölkerungsanteil: <15 Jahre 12.3 %, 15-64 Jahre 75.3 %, >64 Jahre 12.4 %
Verteilung: Stadt 100 %, Land 0 %
Wachstum 2019: 1.3 %
Lebenserwartung: Frauen 86 Jahre, Männer 82 Jahre
Alphabetenrate: Frauen 95.9 %, Männer 98.9 %
Ethnische Gruppen: Chinesen, Malaien, Inder u. a.
Religionen: Buddhisten 33.2 %, Christen 18.8 %, Muslime 14 %, Hindus 5 %, Ethnische (Daoisten) 10 %
Sprachen: Englisch, Chinesisch, Malaiisch, Tamil

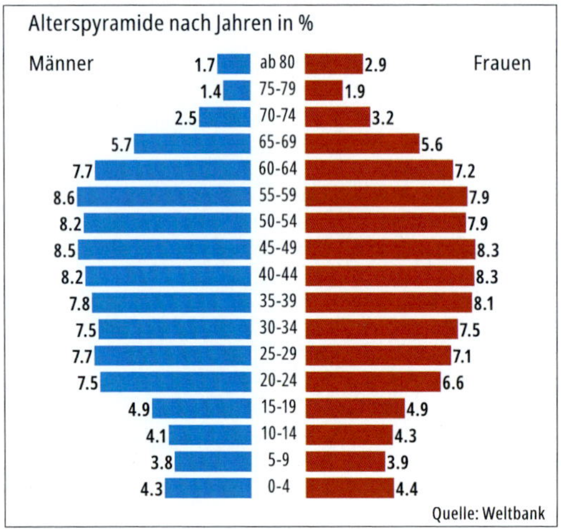

WIRTSCHAFT UND VERKEHR

BIP: 372.06 Mrd. US-$
Wachstum BIP 2019: 0.7 %
BNE/Kopf: 63 987 US-$
Inflation: 0.4 %
Außenhandel: Import 359.27 Mrd. US-$, Export 390.76 Mrd. US-$
Erwerbstätige nach Sektoren: Landwirtschaft 0.7 %, Industrie 15.5 %, Dienstleistungen 83.8 %
Arbeitslosenquote: 4.1 %
Energieverbrauch/Kopf: 5 122 kg ÖE
Straßennetz: 3 508 km
Eisenbahnnetz: Keine Angabe

RÜCKBLICK

Politik: Am 3.8.2019 trat eine neue politische Partei hervor, die Progress Singapore Party (PSP). Gründer war der frühere Parlamentarier Tan Cheng Bock, ein Dissident der People's Action Party (PAP), der bei der Präsidentschaftswahl 2011 als Unabhängiger kandidiert hatte und dem regierungsnahen Kandidaten nur knapp unterlegen war. Eine erneute Präsidentschaftskandidatur war 2017 durch eine Verfassungsänderung verhindert worden. Tan Cheng Bock begründete die **Parteineugründung** mit nepotistischen Tendenzen und nachlässiger Regierungsführung unter Ministerpräsident Lee Hsien Loong (PAP). Der Bruder des Ministerpräsidenten, Lee Hsieng Yang, bekundete seine Sympathie. Die **Regierung reagierte nervös auf die sich abzeichnende politische Herausforderung**: Von einem regierungskritischen Online-Magazin verlangte die Regierung im September 2019 die Zurücknahme eines Artikels über den Familienzwist im Lee-Clan; der Herausgeber berief sich auf Pressefreiheit und Informationspflicht. Ein am 2.10.2019 in Kraft getretenes **Gesetz zum „Schutz vor Online-Lügen und -Manipulationen"** wurde von Beobachtern als bedenkliche Einschränkung der Meinungsfreiheit bewertet; die Regierung hielt dem entgegen, dass sie bis Anfang Februar 2020 auf der Grundlage des neuen Gesetzes in aller Regel nur sachliche Korrekturen verlangt, aber keine Seiten gesperrt oder verboten habe. Das Gesetz sieht harte Höchststrafen für die Verfasser von „Fake News" vor: Geldstrafen bis 100 000 S$, Haftstrafen von bis zu 10 Jahren; Betreiber können zu Geldstrafen bis zu 1 Mio. S$ verurteilt werden. Am 23.6.2020 löste Ministerpräsident Lee Hsieng Loong das Parlament auf und setzte **kurzfristig Neuwahlen** am 10.7.2020 an. Damit durchkreuzte er die Pläne der noch im Aufbau befindlichen PSP, die auf den Wahltermin 2021 hingearbeitet hatte. Trotz Stimmverlusten an die Opposition konnte die Regierungspartei ihre Macht mit diesem Manöver behaupten.

Wirtschaft: 2019 wuchs die vom amerikanisch-chinesischen Handelskonflikt in Mitleidenschaft gezogene Wirtschaft nur um 0.7 %. Aufgrund ihrer internationalen Vernetzung wurde sie von der Corona-Pandemie 2020 stark erfasst. Ein Stimulierungspaket in Höhe von 5.6 Mrd. S$ führte erstmals seit Jahren zu einem defizitären Haushalt.

Corona: Dem für seine Effizienz bekannten Staat gelang es nicht, die Pandemie völlig einzudämmen, was im März und April konsekutiv verschärfte Kontaktbeschränkungen nach sich zog, die die Wirtschaft fast völlig lahmlegten. Ursache waren die beengten Wohnverhältnisse der Gastarbeiter, die Abstandsgebote unrealistisch machten. Die meisten der Infizierten waren Arbeitsmigranten. Am 1.6.2020 gab die Regierung Pläne zum Bau von 100 000 neuen Wohnungen bekannt, was aber die bisherige Segregation der Gastarbeiter in Außenbezirken aufweichen würde.

Slowakei

▸ 619

Ländername	Slowakische Republik
Zeitzone	MEZ ±0 h
Fläche in km²	49 030
Anzahl der Einwohner	5.5 Millionen
Einwohnerzahl pro km²	111
Hauptstadt	Bratislava
Amtssprache	Slowakisch
Verwaltungsgliederung	8 Kreise
Wichtige Städte	Bratislava, Košice, Prešov, Žilina, Banská Bystrica
Autokennzeichen | ISO-Code	SK | SVK
Währung	1 Euro = 100 Cent
Nationalfeiertag	1. September

Nach anfänglichen Problemen nach der Unabhängigkeit 1993 konnte sich die Wirtschaft durch eine mutige Reformpolitik stabilisieren. 2004 wurde die Slowakische Republik Mitglied der NATO und der EU, zum 1. Januar 2009 auch der Euro-Zone.

GEOGRAFIE

Geografische Lage: Von 47° 45' bis 49° 36' nördlicher Breite sowie von 16° 51' bis 22° 32' östlicher Länge
Höchster Punkt: Gerlsdorfer Spitze 2655 m
Klima: Gemäßigtes Klima

POLITIK

Staatsform: Parlamentarische Republik
Staatsoberhaupt: Präsidentin
Legislative: Nationalrat mit 150 für 4 Jahre gewählten Mitgliedern
Jahr der Verfassung: 1992
Wahlrecht: 18 Jahre
Staatsreligion: Keine

BEVÖLKERUNG

Bevölkerungsanteil: <15 Jahre 15.5 %, 15-64 Jahre 68.3 %, >64 Jahre 16.2 %
Verteilung: Stadt 53.7 %, Land 46.3 %
Wachstum 2019: 0.1 %
Lebenserwartung: Frauen 81 Jahre, Männer 74 Jahre
Alphabetenrate: Frauen 99.6 %, Männer 99.6 %
Ethnische Gruppen: Slowaken, Ungarn, Roma u. a.
Religionen: Christen 75.4 %, Sonstige 12.5 %
Sprachen: Slowakisch, Ungarisch, Roma u. a.

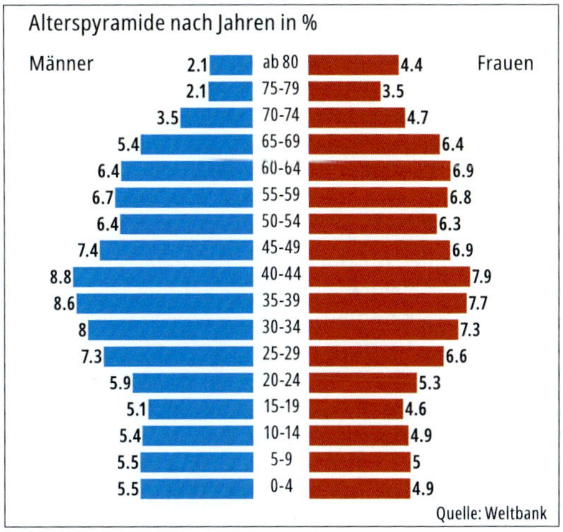

WIRTSCHAFT UND VERKEHR

BIP: 105.42 Mrd. US-$
Wachstum BIP 2019: 2.4 %
BNE/Kopf: 19 548 US-$
Inflation: 2.5 %
Außenhandel: Import 90.05 Mrd. US-$, Export 89.68 Mrd. US-$
Erwerbstätige nach Sektoren: Landwirtschaft 2.2 %, Industrie 36.3 %, Dienstleistungen 61.5 %
Arbeitslosenquote: 5.6 %
Energieverbrauch/Kopf: 3 004 kg ÖE
Straßennetz: 56 926 km
Eisenbahnnetz: 3 580 km

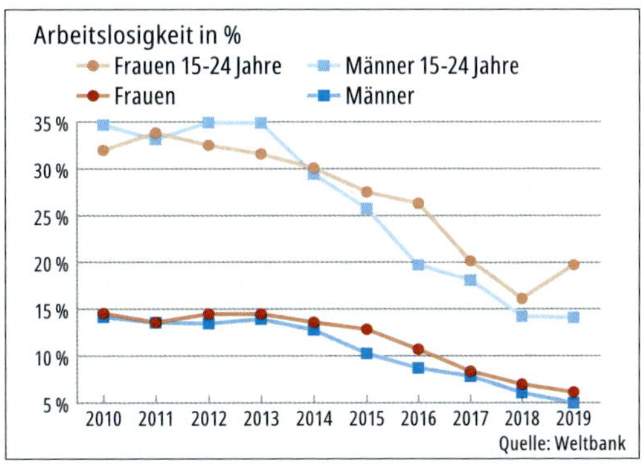

RÜCKBLICK

Parlamentswahlen: Bei den Parlamentswahlen am 29.2.2020 gelang es der konservativen Gruppierung Einfache Leute und unabhängige Persönlichkeiten (OĽANO), die wie schon 2016 gemeinsam mit der gleichfalls konservativen Neuen Mehrheit (NOVA) zu den Wahlen angetreten war, mit 25 % (53 Sitze, +34) ihren Stimmenanteil mehr als zu verdoppeln. Die Sozialdemokraten (SD-SMER) büßten mit 18.3 % (38, -11), über ein Drittel ihres bisherigen Anteils ein. An dritter Stelle folgte die konservative Sme Rodina (Wir sind eine Familie) mit 8.2 % (17, +6), vor der rechtsextremen Volkspartei Unsere Slowakei (ĽSNS) mit 8 % (17, +3). Des weiteren gelangte die liberale Freiheit und Solidarität (SaS) mit 6.3 % (13, -8) sowie die von dem früheren Staatspräsidenten Andrej Kiska gegründete Za ľudí (Für die Menschen) mit 5.8 % (12) ins Parlament. Nur noch sechs Parteien waren im Parlament vertreten, gegenüber acht im vorherigen. Die Wahlbeteiligung lag bei 65.8 %, 6 Prozentpunkte höher als 2016.

Regierungswechsel: Staatspräsidentin Zuzana Čaputová erteilte **Igor Matovič**, dem Vorsitzenden von OĽANO, am 4.3.2020 den Auftrag, die Regierung zu bilden. Dieser verständigte sich rasch mit Sme Rodina, SaS und Za ľudí auf eine Koalition. Das neue Kabinett unter **Ministerpräsident** Matovič trat am 21.3. sein Amt an und erhielt am 30.4. das Vertrauen des Parlaments. 95 der 150 Abgeordneten gehören den Koalitionsparteien an. Neun Ministerien fielen an OĽANO, drei an SaS, zwei an Za ľudí und eines an Sme Rodina. Das Außenministerium, das an die SaS gefallen war, wurde mit dem (parteilosen) Karrierediplomaten Ivan Korčok besetzt.

Der bisherige Ministerpräsident Peter Pellegrini trat am 10.6. als stellvertretender Vorsitzender von SD-SMER zurück und verließ die Partei. Am 17.6. kündigte er die Gründung einer neuen Partei an.

Mordfall Kuciak: Im Fall des im Februar 2018 zusammen mit seiner Verlobten Martina Kušnírová ermordeten Journalisten Ján Kuciak wurde am 21.10.2019 **Anklage gegen vier Tatverdächtige** erhoben. Dabei handelte es sich um den **Unternehmer Marian Kočner als mutmaßlichen Auftraggeber** sowie drei weitere Personen, denen vorgeworfen wurde, die Tat vorbereitet und ausgeführt zu haben. Am 30.12. wurde Zoltán Andruskó, der einzige der Beschuldigten, der mit den Ermittlern kooperiert und zugegeben hatte, die Anweisung von einer engen Mitarbeiterin Kočners erhalten und an die mutmaßlichen Mörder weitergeleitet zu haben, zu 15 Jahren Haft verurteilt. Für die übrigen Angeklagten begann der Prozess am 13.1.2020 vor dem Sondergericht für organisierte Kriminalität in Pezinok. Miroslav Marček, einer der Angeklagten, erklärte sich gleich am Eröffnungstag des Mordes schuldig. Er wurde am 6.4. zu 23 Jahren Haft sowie zur Zahlung von Schmerzensgeld an die Hinterbliebenen seiner Opfer verurteilt. Die Staatsanwaltschaft legte Berufung gegen das Urteil ein.

In einem weiteren Verfahren wurden Kočner und ein Mitangeklagter am 27.2. der Fälschung von Schuldscheinen, mit denen Kočner in den Besitz von 69 Mio. € gelangte, für schuldig befunden. Beide Angeklagten wurden zu 19 Jahren Haft verurteilt, Kočner überdies zu einer Geldstrafe von 10 000 €. Das Urteil ist noch nicht rechtskräftig.

Korruptionsverdacht: Mehrere Amtsträger traten zurück, da sie **mutmaßlich in** engerem **Kontakt mit Kočner standen**. So gab Monika Jankovská, Staatssekretärin im Justizministerium, ihr Amt am 3.9.2019 auf, ebenso am 7.11. der stellvertretende Parlamentspräsident Martin Glváč. Verfassungsrichter Mojmír Mamojka trat am 13.5.2020 zurück. Am 10.3. fanden bei mehreren Richtern Hausdurchsuchungen statt. Sie waren an verschiedenen Gerichten in Bratislava tätig. Insgesamt 13 Richter und fünf weitere Personen wurden verhaftet. Fünf davon blieben in Haft. Alle wurden der Korruption und Justizbehinderung beschuldigt.

Corona: Am 6.3.2020 wurde die erste Covid-19-Infektion bestätigt, am 7.4. kam es zu den ersten beiden Todesfällen. Ministerpräsident Peter Pellegrini erklärte am 12.3. den Ausnahmezustand, die Grenzen wurden geschlossen, alle Veranstaltungen abgesagt, Bildungseinrichtungen und Kirchen geschlossen. In der Öffentlichkeit galt eine Maskenpflicht. Nach dem Regierungswechsel wurden spezielle Einkaufszeiten ausschließlich für Rentner eingeführt. Über das Osterwochenende galten besonders strenge Bewegungseinschränkungen. Ab dem 22.4. wurden die Maßnahmen wieder gelockert, am 20.5. das Maskenobligatorium beendet. Im Mai und Juni gab es nur noch wenige Neuinfektionen, die Kurve stieg erst Ende Juni wieder leicht an.

Slowenien

▸ 618

Ländername	Republik Slowenien
Zeitzone	MEZ ±0 h
Fläche in km²	20 675
Anzahl der Einwohner	2.1 Millionen
Einwohnerzahl pro km²	101
Hauptstadt	Ljubljana
Amtssprache	Slowenisch
Verwaltungsgliederung	212 Gemeinden
Wichtige Städte	Ljubljana, Maribor, Kranj, Koper, Celje
Autokennzeichen | ISO-Code	SLO | SVN
Währung	1 Euro = 100 Cent
Nationalfeiertag	25. Juni

Slowenien nimmt eine führende wirtschaftliche Rolle unter den Nachfolgestaaten des zerfallenen Jugoslawien ein. Zerklüftete Hochgebirge, bizarre Karstlandschaften und die Seebäder an der kurzen Adriaküste locken immer mehr Touristen ins Land.

GEOGRAFIE

Geografische Lage: Von 45° 25' bis 46° 52' nördlicher Breite sowie von 13° 22' bis 16° 31' östlicher Länge
Höchster Punkt: Triglav 2864 m
Klima: Teilweise kontinentales bis alpines Klima, an der Küste mediterranes Klima

POLITIK

Staatsform: Parlamentarische Republik
Staatsoberhaupt: Präsident
Legislative: Parlament, bestehend aus Nationalversammlung mit 90 für 4 Jahre gewählten Mitgliedern und Nationalrat mit 40 für 5 Jahre gewählten Mitgliedern
Jahr der Verfassung: 1991
Wahlrecht: 18 Jahre
Staatsreligion: Keine

BEVÖLKERUNG

Bevölkerungsanteil: <15 Jahre 15.1 %, 15-64 Jahre 64.7 %, >64 Jahre 20.2 %
Verteilung: Stadt 54.8 %, Land 45.2 %
Wachstum 2019: 0 %
Lebenserwartung: Frauen 84 Jahre, Männer 79 Jahre
Alphabetenrate: Frauen 99.6 %, Männer 99.7 %
Ethnische Gruppen: Slowenen, Serben, Kroaten, Bosniaken u. a.
Religionen: Christen 77.8 %, Muslime 3.7 %
Sprachen: Slowenisch, Serbisch, Kroatisch u. a.

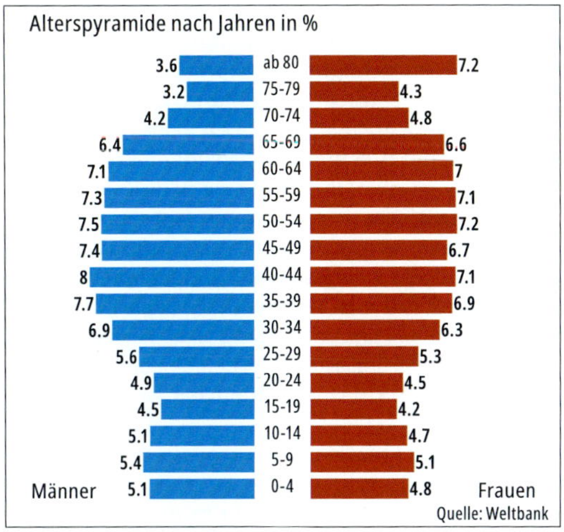

WIRTSCHAFT UND VERKEHR

BIP: 53.74 Mrd. US-$
Wachstum BIP 2019: 2.4 %
BNE/Kopf: 26 170 US-$
Inflation: 1.7 %
Außenhandel: Import 43.96 Mrd. US-$, Export 44.87 Mrd. US-$
Erwerbstätige nach Sektoren: Landwirtschaft 5.2 %, Industrie 33.5 %, Dienstleistungen 61.3 %
Arbeitslosenquote: 4.2 %
Energieverbrauch/Kopf: 3 175 kg ÖE
Straßennetz: 38 985 km
Eisenbahnnetz: 1 229 km

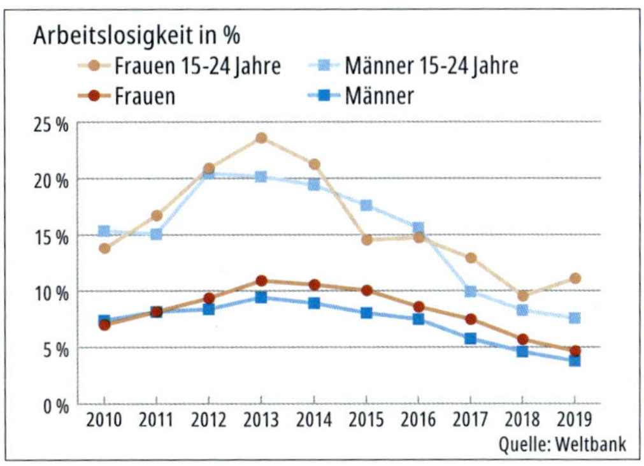

RÜCKBLICK

Regierungswechsel: Ministerpräsident Marjan Šarec gab am 27.1.2020 den **Rücktritt** seiner Regierung bekannt. Direkter Anlass war der Streit um eine Reform der Krankenversicherung, die den Staatshaushalt belastet hätte. Bereits zuvor hatte Šarec große Schwierigkeiten, Gesetze durch das Parlament zu bringen. Die fünf Parteien hatten sich 2018 vor allem deshalb zu einer Koalition bereit gefunden, weil keine von ihnen mit der größten Partei, der konservativen Demokratischen Partei (SDS), koalieren wollte. Es kam indes nicht zu den von Šarec beabsichtigten Neuwahlen, da die Partei des modernen Zentrums (SMC) und die Rentnerpartei (DeSUS), die der bisherigen Regierung angehörten, mit der SDS und der christdemokratischen Partei Neues Slowenien (NSi) eine **neue Koalition unter** dem SDS-Vorsitzenden **Janez Janša** eingingen. Janša hatte bereits zweimal **als Ministerpräsident** amtiert. Die SDS stellte sieben Minister, darunter Schlüsselressorts wie **Äußeres (Anže Logar), Inneres (Aleš Hojs) und Finanzen, die SMC vier, NSi drei und DeSUS zwei.** Das Parlament sprach der neuen Regierung am 6.3. das Vertrauen aus.

Grenzstreit mit Kroatien: Der Europäische Gerichtshof (EuGH) erklärte sich am 31.1.2020 im Streit zwischen Slowenien und Kroatien über den Verlauf der bilateralen Seegrenzen für nicht zuständig. Kroatien weigert sich, eine diesbezügliche Entscheidung eines Schiedsgerichts aus dem Jahr 2017 umzusetzen. Der EuGH forderte beide Länder auf, sich entsprechend dem Völkerrecht auf eine Lösung zu einigen.

Corona: Am 4.3.2020 wurde die erste Covid-19-Infektion bestätigt, am 17.3. kam es zum ersten Todesfall. Am 12.3. wurde der Epidemiezustand erklärt, ab dem 16.3. wurden alle Bildungseinrichtungen, Restaurants sowie Geschäfte, die keine lebensnotwendigen Güter verkauften, geschlossen. Der Bewegungsradius der Bürger wurde am 30.3. ganz auf den Wohnort beschränkt. Der Höhepunkt der Infektionswelle war bereits Anfang April überschritten, danach wurden markant niedrigere Neuinfektionszahlen konstatiert. Ende Juni stieg die Zahl der Neuinfektionen indes wieder an. Das Gesundheitswesen erreichte zu keinem Zeitpunkt seine Belastungsgrenze. Die **Regierung erklärte,** als erstes EU-Land überhaupt, am 14.5. die **Epidemie für beendet**. Erste Lockerungen hatten bereits Mitte April eingesetzt.

Somalia

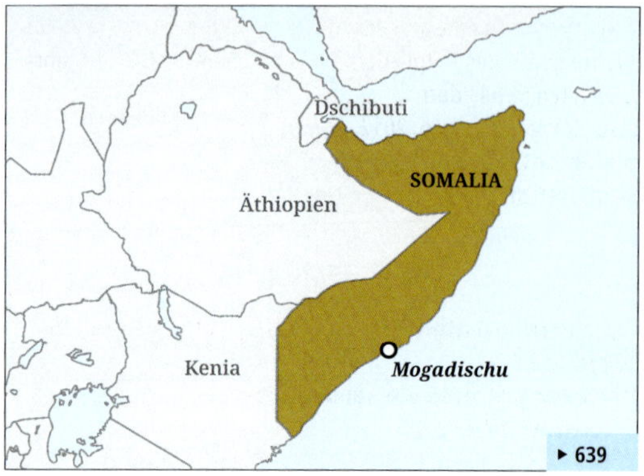

▸ 639

Ländername	Bundesrepublik Somalia
Zeitzone	MEZ +2 h
Fläche in km²	637 660
Anzahl der Einwohner	15.4 Millionen
Einwohnerzahl pro km²	24
Hauptstadt	Mogadischu
Amtssprache	Somali, Arabisch
Verwaltungsgliederung	18 Regionen
Wichtige Städte	Mogadischu, Hargeysa, Burco, Berbera, Marka, Boosaaso
Autokennzeichen | ISO-Code	SO | SOM
Währung	1 Somalia-Schilling = 100 Senti
Nationalfeiertag	1. Juli

Von dem einstigen „Götterland“ Punt, das den ägyptischen Pharaonen Weihrauch und Myrrhe lieferte, ist heute wenig geblieben. Bürgerkriegswirren und Dürrekatastrophen haben das Land am Horn von Afrika zerrüttet. Zum Problem für die internationale Gemeinschaft wurden in jüngster Zeit die von Somalia aus operierenden Piraten.Die Regionen Somaliland und Puntland im Norden des Landes streben nach politischer wie wirtschaftlicher Selbstständigkeit.

GEOGRAFIE

Geografische Lage: Von 11° 59' nördlicher bis 1° 42' südlicher Breite sowie von 40° 58' bis 51° 25' östlicher Länge
Höchster Punkt: Shimbiris 2416 m
Klima: Trockenheißes Wüstenklima

POLITIK

Staatsform: Parlamentarische Bundesrepublik
Staatsoberhaupt: Präsident
Legislative: Bundestag, bestehend aus Unterhaus mit 275 für 4 Jahre gewählten Mitgliedern und Oberhaus mit 54 für 4 Jahre gewählten Mitgliedern
Jahr der Verfassung: 2012
Wahlrecht: 18 Jahre
Staatsreligion: Islam

BEVÖLKERUNG

Bevölkerungsanteil: <15 Jahre 46.6 %, 15-64 Jahre 50.6 %, >64 Jahre 2.8 %
Verteilung: Stadt 45.6 %, Land 54.4 %
Wachstum 2019: 2.8 %
Lebenserwartung: Frauen 59 Jahre, Männer 56 Jahre
Alphabetenrate: Frauen 25.8 %, Männer 49.7 %
Ethnische Gruppen: Somalier, Bantu u. a.
Religionen: Muslime 99.8 %
Sprachen: Somali, Arabisch, Italienisch, Englisch u. a.

WIRTSCHAFT UND VERKEHR

BIP: 4.96 Mrd. US-$
Wachstum BIP 2019: 2.9 %
BNE/Kopf: 348 US-$
Inflation: 4 %
Außenhandel: Import 2.43 Mrd. US-$, Export 204.3 Mio. US-$
Erwerbstätige nach Sektoren: Landwirtschaft 83.1 %, Industrie 3.6 %, Dienstleistungen 13.3 %
Arbeitslosenquote: 11.4 %
Energieverbrauch/Kopf: Keine Angabe
Straßennetz: 22 122 km
Eisenbahnnetz: Keine Angabe

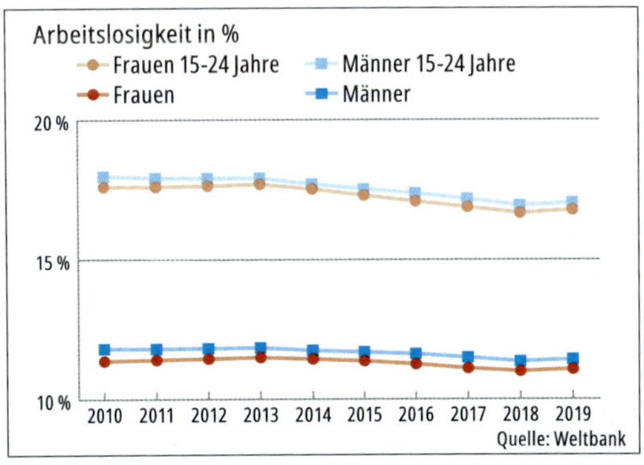

RÜCKBLICK

Wiederaufbau: Staatspräsident Mohamed Abdullahi Mohamed und die somalische **Bundesregierung** bemühten sich weiterhin um den politischen und wirtschaftlichen Wiederaufbau des fragilen Staates. Seit 2012 ist eine föderale Übergangsverfassung in Kraft, die der Regierung in Mogadischu die Zentralgewalt zubilligt. Tatsächlich konnte die von den UN anerkannte Regierung ihre Kontrolle nicht gesamtstaatlich ausüben und war auf die **Unterstützung der** African Union Mission to Somalia **(AMISOM)** angewiesen, die seit 2007 die Entwicklung des Staates begleitet. Mit einer Personenstärke von 20 370 war sie 2020 die größte multilaterale Friedensmission weltweit. Die **Autorität der Zentralregierung** wurde zum einen **bedroht** durch die **Terrorgruppe Al-Shabaab**, die vor allem Gebiete im Süden und im Zentrum des Landes kontrollierte. Zum anderen setzten auch die **Machtkonflikte mit den 18 Gliedstaaten** die bundesstaatliche Ordnung unter Druck. Die Region **Somaliland** im Nordwesten, die sich 1991 einseitig für unabhängig erklärt hatte, beanspruchte weiterhin ihre Eigenständigkeit. **Puntland** beharrte auf seinem weitgehend autonomen Status. Neben der Stärkung ihrer gesamtstaatlichen Position gehörten auch die Sicherung der Grundversorgung der Bevölkerung, die Verbesserung der Sicherheitslage und die Bekämpfung von Korruption zu den Hauptaufgaben der Regierung. Amnesty International konstatierte in einem Anfang 2020 veröffentlichten Bericht eine seit 2017 **stark beschnittene Presse- und Meinungsfreiheit**. Journalisten würden schikaniert, körperlich bedroht und auch getötet. Hinzu kämen Fälle von staatlicher Zensur.

Wahlvorbereitungen: Die Zentralregierung und mit ihr die unabhängige Wahlkommission bereiteten **landesweite Wahlen für Ende 2020/Anfang 2021** vor. Bis Mitte 2020 war der technische und organisatorische Ablauf noch weitgehend ungeklärt. So musste z. B. noch über die Festlegung der einzelnen Wahlkreise, die Zuteilung von Mandaten an die Wahlkreise und über die Umsetzung der verfassungsgemäß vorgeschriebenen 30-Prozent-Quote für weibliche Abgeordnete entschieden werden. 2016/17 hatte es die Sicherheitslage nicht erlaubt, freie Wahlen abzuhalten. Stattdessen war das Parlament von Clanvertretern bestimmt und der Präsident vom Parlament gewählt worden.

Sicherheitslage: Die militant islamistische **Al-Shabaab-Miliz**, die in Somalia seit vielen Jahren um die Vorherrschaft kämpft, verübte weiterhin insbesondere im Süden und in Zentralsomalia

blutige Anschläge. Die nationalen Sicherheitskräfte reagierten, unterstützt von AMISOM-Soldaten, mit militärischen Gegenstößen, die ebenfalls zahlreiche Menschenleben forderten. Die US-Armee flog **Drohnenangriffe** gegen die Milizen. In den Gliedstaaten Jubaland, Hir-Shabelle und Galmudug sowie in der Hauptstadtregion Banadir fanden 2019/20 auch zwischen verschiedenen Milizen Kampfhandlungen statt. Hinzu kamen landesweit **bewaffnete Überfälle** und gewalttätige Bandenkriminalität. Vor der Küste bestand die Gefahr von **Schiffskaperungen** durch Piraten.

Anschläge: 2018/19 wurden in Somalia mindestens 20 Al-Shabaab-Attentate gezählt. Im Juli 2019 sprengte ein Selbstmordattentäter sein Fahrzeug in Mogadischu auf der Hauptzufahrtsstraße zum internationalen Flughafen in die Luft und riss dabei mindestens 17 Menschen mit in den Tod. Bei einem Anschlag auf ein Hotel in der Hafenstadt Kismaayo, ebenfalls im Juli, gab es 26 Todesopfer, darunter auch die prominente Journalistin und Aktivistin Hodan Nalayeh. Am 1.8.2019 erlag der Bürgermeister der Hauptstadt den Folgen des Anschlags, der einige Tage zuvor auf sein Büro verübt worden war. Im Dezember 2019 starben bei einem Al-Shabaab-Angriff auf ein Hotel in Mogadischu mindestens zehn Personen. Ein verheerender Sprengstoffanschlag in Mogadischu Ende Dezember führte zu über 80 Toten und mehr als 100 Verletzten.

Ernährungskrise: Durch den Wechsel von extremen Dürreperioden und schweren Überschwemmungen schlug die ohnehin schwierige Ernährungslage der Bevölkerung 2019/20 in eine **neue Hungerkrise** um. 2019 waren in Somalia 2.2 Mio. Menschen vom Hungertod bedroht. Verschärft wurde die Situation durch die **Heuschreckenplage**, die sich Anfang 2020 über Ostafrika verbreitete. Die riesigen Insektenschwärme vernichteten die letzten Reste der Ernten. Die Regierung rief daraufhin Anfang Februar 2020 den **Notstand** aus.

Wirtschaftliche Entwicklung: Der Internationale Währungsfonds (IWF), der Somalia seit 2016 mit Wirtschaftsprogrammen zu stärken versucht, lobte die staatliche Führung für ihren Reformwillen und die **Fortschritte beim Wiederaufbau**, kritisierte u. a. aber die **grassierende Korruption**. Im Anfang 2020 veröffentlichten Korruptionswahrnehmungsindex von Transparency International rangierte Somalia auch 2019 unter 180 Staaten auf dem letzten Platz. Als Folge der Corona-Pandemie wurde Somalias **Wirtschaftswachstum** für 2020 vom IWF **nach unten** auf -2.5 % **korrigiert**.

Spanien

▸ 622

Ländername	Königreich Spanien
Zeitzone	MEZ ±0 h
Fläche in km²	505 935
Anzahl der Einwohner	47.1 Millionen
Einwohnerzahl pro km²	93
Hauptstadt	Madrid
Amtssprache	Spanisch
Verwaltungsgliederung	17 Regionen und 2 Städte
Wichtige Städte	Madrid, Barcelona, Valencia, Sevilla, Saragossa, Málaga
Autokennzeichen | ISO-Code	E | ESP
Währung	1 Euro = 100 Cent
Nationalfeiertag	12. Oktober

Im 16. Jahrhundert stieg das Land im Südwesten Europas zur Weltmacht auf. Der Niedergang im 17. und 18. Jahrhundert begünstigte die Abkapselung gegenüber dem übrigen Europa. Nach dem Ende der Franco-Diktatur 1975 setzte Spanien auf Demokratisierung und europäische Integration. Diesen Prozess begleiteten ein schneller wirtschaftlicher Aufschwung und ein radikaler gesellschaftlicher Umbruch. Nach der schweren Wirtschaftskrise 2009 ließ die spanische Volkswirtschaft die Jahre der lang anhaltenden Rezession ab 2014 hinter sich. Allerdings leidet das Land immer noch unter einer hohen Jugendarbeitslosigkeit.

GEOGRAFIE

Geografische Lage: Von 35° 16' bis 43° 48' nördlicher Breite sowie von 9° 17' westlicher bis 4° 21' östlicher Länge
Höchster Punkt: Pico de Teide 3718 m
Zugehöriges: Kanarische Inseln
Klima: Im Norden ozeanisches, ansonsten Mittelmeerklima

POLITIK
Staatsform: Parlamentarische Monarchie
Staatsoberhaupt: König
Legislative: Parlament, bestehend aus Abgeordnetenhaus mit 350 für 4 Jahre gewählten Mitgliedern und Senat mit 266 für 4 Jahre gewählten Mitgliedern
Jahr der Verfassung: 1978
Wahlrecht: 18 Jahre
Staatsreligion: Keine

BEVÖLKERUNG
Bevölkerungsanteil: <15 Jahre 14.6 %, 15-64 Jahre 65.8 %, >64 Jahre 19.6 %
Verteilung: Stadt 80.6 %, Land 19.4 %
Wachstum 2019: 0.3 %
Lebenserwartung: Frauen 86 Jahre, Männer 81 Jahre
Alphabetenrate: Frauen 98 %, Männer 98.9 %
Ethnische Gruppen: Spanier, Marokkaner, Rumänen u. a.
Religionen: Christen 68.9 %, Sonstige 2.8 %
Sprachen: Spanisch, Katalanisch, Baskisch, Galizisch u. a.

WIRTSCHAFT UND VERKEHR
BIP: 1.39 Bio. US-$
Wachstum BIP 2019: 2 %
BNE/Kopf: 29 961 US-$
Inflation: 0.7 %
Außenhandel: Import 371.93 Mrd. US-$, Export 333.62 Mrd. US-$
Erwerbstätige nach Sektoren: Landwirtschaft 4.1 %, Industrie 20.3 %, Dienstleistungen 75.6 %
Arbeitslosenquote: 14 %
Energieverbrauch/Kopf: 2 571 kg ÖE
Straßennetz: 683 175 km
Eisenbahnnetz: 15 333 km

EXKLAVEN
Ceuta
Fläche in km²: 19
Anzahl der Einwohner: 85 144
Hauptstadt: Keine
Status: Autonome Stadt seit 1995
Regierung: Präsident

Melilla
Fläche in km²: 12
Anzahl der Einwohner: 86 384
Hauptstadt: Keine
Status: Autonome Stadt seit 1995
Regierung: Präsident

RÜCKBLICK
Wahlen: Nachdem aus den Parlamentswahlen vom 28.4.19 keine klare Regierungskoalition hervorgegangen war, scheiterte der geschäftsführende Ministerpräsident Pedro Sánchez beim Versuch seiner Wiederwahl durch das Parlament am 23.7. Auch im zweiten Wahlgang am 25.7., bei dem eine einfache Mehrheit genügt hätte, erhielt er nicht die erforderlichen Stimmen. Am 17.9. wurden **Neuwahlen für den 10.11.2019** ausgerufen. Aus diesen ging wiederum der sozialistische PSOE mit 28 % (-0.7 Prozentpunkte) und 120 Sitzen als stärkste Partei hervor, gefolgt vom konservativen Partido Popular (PP), der 20.8 % (+4.1 Prozentpunkte) und 88 Sitze erhielt. Die rechtsgerichtete Vox konnte ihren Stimmenanteil um 4.8 Prozentpunkte verbessern und kam auf 15.1 % sowie 52 Sitze. Der linkspopulistische Unidas Podemos (UP) erzielte 12.8 % (-1.5 Prozentpunkte) und 35 Sitze, während die rechtsliberalen Ciudadanos um 9.1 Prozentpunkte abstürzten und nur noch auf 6.8 % und 10 Sitze kamen. Die Wahlbeteiligung lag mit 69.9 % um 5.9 Prozentpunkte niedriger als bei den Wahlen im April.

Regierungsbildung: Nach der Wahl vom 10.11. kündigten PSOE und UP an, eine Koalition bilden zu wollen, und stellten am 30.12. ihren Koalitionsvertrag vor. Allerdings verfügten PSOE und UP nicht über die notwendige Mehrheit im Parlament und waren auf die Unterstützung kleinerer Parteien angewiesen. Nachdem am 2.1.20 die katalanische Partei Esquerra Republicana de Catalunya (ERC) eine Stimmenthaltung ihrer Abgeordneten zugesagt hatte, wurde am 5.1. die Ministerpräsidentenwahl abgehalten. Erwartungsgemäß scheiterte Sánchez im ersten Wahlgang an der absoluten Mehrheit, setzte sich aber dank der Enthaltung der ERC und der baskischen Linksnationalisten am 7.1. im zweiten Wahlgang mit 167 Stimmen durch. Am 13.1. wurde die neue Regierung vereidigt.

Politiker: Wegen des schlechten Abschneidens seiner Partei bei den Parlamentswahlen trat der Vorsitzende der Ciudadanos, Albert Rivera, am 11.11. zurück. Zu seiner Nachfolgerin wurde am 8.3.20 Inés Arrimadas gewählt.

Monarchie: Am 15.3.20 erklärte König Felipe VI., auf das Erbe seines Vaters Juan Carlos zu verzichten. Dieser war in einen Skandal um zwei Offshore-Stiftungen verwickelt. Außerdem strich das Königshaus die jährliche Apanage von etwa 194 000 € für Juan Carlos. Am 8.6. kündigte die

Staatsanwaltschaft am Obersten Gerichtshof Ermittlungen gegen Juan Carlos wegen mutmaßlicher Schmiergeldzahlungen aus Saudi-Arabien in Höhe von 100 Mio. US-$ aus dem Jahr 2008 an.

Katalonien: Am 14.10.2019 verurteilte der Oberste Gerichtshof neun katalanische Separatisten wegen „Aufruhrs" zu Gefängnisstrafen zwischen 9 und 13 Jahren, darunter auch den früheren stellvertretenden Regionalpräsidenten Oriol Junqueras. Angeklagt waren sie wegen der Organisation des illegalen Referendums vom 1.10.2017 und dem darauffolgenden Unabhängigkeitsbeschluss des katalanischen Parlaments. Nach dem Urteil kam es in mehreren Städten Kataloniens wochenlang zu teils gewalttätigen Straßenprotesten und Blockaden. Am 19.12. entschied der EuGH, das Urteil gegen Junqueras sei zu Unrecht ergangen, da dieser als EU-Abgeordneter Immunität genieße und Spanien es versäumt habe, die Aufhebung dieser Immunität zu beantragen. Dieser Auffassung stellte sich der Oberste Gerichtshof mit seinem Urteil vom 9.1.2020 entgegen: Es gestattete Junqueras nicht, das Gefängnis zu verlassen, um sein Abgeordnetenmandat im EP anzutreten. Am 20.1. begann der Prozess gegen den früheren Polizeichef Kataloniens Josep Lluís Trapero und weitere Spitzenfunktionäre der katalanischen Regionalpolizei Mossos d'Esquadra wegen Rebellion im Zusammenhang mit dem Unabhängigkeitsreferendum von 2017. Regionalpräsident Quim Torra wurde am 19.12.2019 von einem Gericht in Barcelona wegen „Ungehorsams" mit einem 18-monatigen Verbot belegt, öffentliche Ämter zu bekleiden. Torra hatte sich geweigert, ein Plakat, das die Freilassung der inhaftierten Separatisten forderte, von öffentlichen Gebäuden entfernen zu lassen. Darauf entzog die spanische Wahlkommission Torra am 3.1.2020 das Abgeordnetenmandat und damit auch das Amt des Regionalpräsidenten. Bis zu einer endgültigen Entscheidung des Obersten Gerichts blieb Torra im Amt. Um die Möglichkeiten einer politischen Lösung des Katalonien-Konflikts auszuloten, initiierte Ministerpräsident Sánchez einen Dialog mit der katalanischen Regierung. Zu einem ersten Treffen kamen am 26.2.2020 in Madrid hochrangige Vertreter der Zentralregierung und der katalanischen Regionalregierung zusammen.

Sozialpolitik: Ohne Gegenstimme bei 52 Enthaltungen billigte das Parlament am 10.6.2020 die Einführung eines Grundeinkommens für Bedürftige zum 1.6.2020. Je nach familiärer Situation soll es zwischen 450 und 1 000 € liegen. Es wird mit etwa 2.5 Mio. Anspruchsberechtigten und jährlichen Kosten von 3 Mrd. € gerechnet. Die Einführung dieses Grundeinkommens war bereits im Koalitionsvertrag von PSOE und UP vorgesehen, mit der zügigen Umsetzung der Maßnahme will die Regierung die schlimmsten sozialen Folgen der Corona-Pandemie abmildern: Allein im März 2020 verloren fast 1 Mio. Menschen ihren Arbeitsplatz, 3 Mio. wurden vorübergehend freigestellt. Insgesamt waren Anfang Juni 2020 fast 3.9 Mio. arbeitslos gemeldet. Die Spanische Zentralbank rechnete mit einem Einbruch des BIP für 2020 um 9.5-12.4 %. Allein zwischen Januar und März war das BIP um 5.2 % zurückgegangen.

Francos Grab: Am 24.9.2019 genehmigte der Oberste Gerichtshof einstimmig die Exhumierung der Gebeine General Francos aus dem sogenannten „Tal der Gefallenen" und dessen Umbettung in ein kleineres Grab. Gegen dieses Vorhaben hatten Angehörige des Ex-Diktators geklagt. Am 24.10. wurde der Sarg Francos auf einem Friedhof in einem Vorort von Madrid beigesetzt.

Migration: Am 13.2.2020 gab der EGMR einer Klage Spaniens statt und erklärte die Praxis der Sofortabschiebungen von Migranten, die von Marokko aus die Grenzzäune zu den Exklaven Melilla und Ceuta überwinden, für rechtens.

Korruption: In einem der größten Korruptionsprozesse in der Geschichte des Landes verurteilte am 19.11.2019 ein Gericht in Sevilla den früheren Regionalpräsidenten von Andalusien, José Antonio Griñán, zu sechs Jahren Haft. Auch Griñáns Vorgänger Manuel Chavez wurde verurteilt, er darf neun Jahre lang keine öffentlichen Ämter mehr bekleiden. Insgesamt waren 19 ehemalige Minister und Staatsbeamte angeklagt, vor allem wegen Veruntreuung von Geldern aus dem Europäischen Regionalfonds ERE.

Sexuelle Gewalt: Nachdem ein Gericht am 31.10.2019 fünf Männer, die wegen Gruppenvergewaltigung einer Minderjährigen angeklagt waren, lediglich wegen sexuellen Missbrauchs verurteilt hatte, kam es in mindestens 40 spanischen Städten zu Protestdemonstrationen.

Weltklimagipfel: Vom 2. bis 15.12.2019 fand in Madrid die UN-Klimakonferenz statt, die ohne konkrete Ergebnisse zu Ende ging. Der Gipfel sollte ursprünglich in Chile stattfinden und wurde wegen der dortigen Unruhen nach Madrid verlegt.

Literatur: Am 19.6.2020 starb im Alter von 55 Jahren der Schriftsteller und Bestsellerautor Carlos Ruiz Zafón, der mit Romanen wie „Der Schatten des Windes“ oder „Der Fürst des Nebels“ internationale Bekanntheit erlangt hatte.

Corona: Die erste Covid-19-Infektion wurde am 30.1.2020 gemeldet, am 4.3. der erste Todesfall. Betroffen war ein 69-Jähriger, der Mitte Februar gestorben war, dessen Infektion aber erst postum entdeckt wurde. Angesichts rasant steigender Neuinfektionen rief Ministerpräsident Sánchez mit Billigung des Parlaments am 13.3. zunächst für zwei Wochen den Alarmzustand aus, der aber nach mehrfacher Verlängerung bis zum 21.6. aufrechterhalten wurde. Die Regierung ordnete eine strikte Ausgangssperre an, die Menschen durften ihre Wohnung nur noch zum Einkaufen verlassen oder, um zum Arzt oder zur Arbeit zu gehen. Vom 31.3.-13.4. wurden zudem die meisten Arbeitnehmer für zwei Wochen in Zwangsurlaub geschickt. Am 19.3. verfügte die Regierung die Schließung aller touristischen Unterkünfte, Touristen, die sich noch im Land befanden, wurden zur Heimreise aufgefordert.
Vor allem in der besonders stark betroffenen Hauptstadtregion geriet das Gesundheitssystem an den Rand des Kollaps. Besonders hoch war die Todesrate unter den Bewohnern von Seniorenheimen. Am 23.3. entdeckten Soldaten beim Desinfizieren von Pflegeheimen an mehreren Orten tote oder sich selbst überlassene Senioren. Zahlreiche Familien, die in Seniorenheimen lebende Angehörige verloren hatten, reichten Klage gegen die Madrider Stadtregierung ein. Sie warfen ihr vor, eine Anordnung erlassen zu haben, bestimmte Covid-Patienten von einer Aufnahme in Krankenhäuser auszunehmen
Ab dem 2.5. wurde die strenge Ausgangssperre schrittweise gelockert: Für jede Altersgruppe wurden Zeitfenster eingerichtet, während der sie sich an jedem Tag zum Spazierengehen oder Sporttreiben draußen aufhalten durften. Für Besucher aus dem Ausland trat ab dem 15.5. eine 14-tägige Quarantäne in Kraft. Am 20.5. verlängerte das Parlament den Ausnahmezustand um weitere zwei Wochen. Am 15.6. kündigte Ministerpräsident Sánchez ein 3.75 Mrd. € schweres Hilfspaket für die Autoindustrie an, mit dem vor allem E-Autos gefördert werden sollen. Bereits am 17.3. hatte die Regierung 200 Mrd. € für direkte Finanzhilfen und Kreditbürgschaften an Unternehmen zur Verfügung gestellt.

Sri Lanka

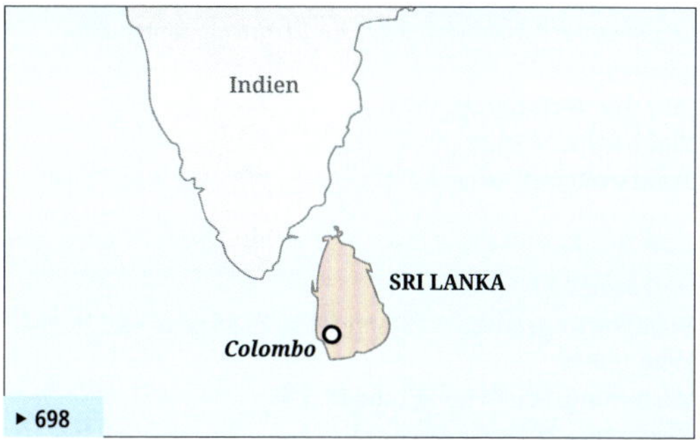

▸ 698

Ländername	Demokratische Sozialistische Republik Sri Lanka
Zeitzone	MEZ +4:30 h
Fläche in km²	65 610
Anzahl der Einwohner	21.8 Millionen
Einwohnerzahl pro km²	332
Hauptstadt	Colombo
Regierungssitz	Sri Jayewardenepura
Amtssprache	Singhalesisch, Tamil
Verwaltungsgliederung	9 Provinzen
Wichtige Städte	Colombo, Kaduwela, Maharagama, Kesbewa, Dehiwala-Mount Lavinia, Moratuwa
Autokennzeichen | ISO-Code	CL | LKA
Währung	1 Sri-Lanka-Rupie = 100 Cents
Nationalfeiertag	4. Februar

Die ethnischen Gegensätze zwischen Singhalesen und Tamilen führten seit 1983 zu einem blutigen Bürgerkrieg, der tiefe Spuren in Politik und Gesellschaft der Tropeninsel hinterließ. Nach der Zerschlagung der tamilischen Rebellenorganisation „Liberation Tigers of Tamil Eelam“ 2009 erlangte die Regierung nach mehr als zwei Jahrzehnten wieder die Kontrolle über das gesamte Land.

GEOGRAFIE

Geografische Lage: Von 5° 55' bis 9° 50' nördlicher Breite sowie von 79° 39' bis 81° 53' östlicher Länge
Höchster Punkt: Pidurutalagala 2524 m
Klima: Tropisches, feuchtheißes Monsunklima

POLITIK

Staatsform: Präsidiale Republik
Staatsoberhaupt: Präsident
Legislative: Parlament mit 225 für 5 Jahre gewählten Mitgliedern
Jahr der Verfassung: 1978
Wahlrecht: 18 Jahre
Staatsreligion: Keine

BEVÖLKERUNG

Bevölkerungsanteil: <15 Jahre 24 %, 15-64 Jahre 65.2 %, >64 Jahre 10.8 %
Verteilung: Stadt 18.5 %, Land 81.5 %
Wachstum 2019: 0.4 %
Lebenserwartung: Frauen 80 Jahre, Männer 74 Jahre
Alphabetenrate: Frauen 91 %, Männer 93 %
Ethnische Gruppen: Singhalesen, Tamilen, Moors u. a.
Religionen: Buddhisten 70.2 %, Hindus 12.6 %, Muslime 9.7 %, Christen 7.4 %

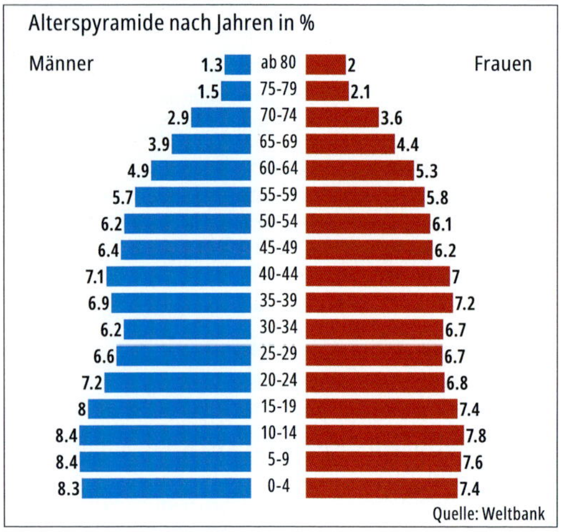

WIRTSCHAFT UND VERKEHR

BIP: 84.01 Mrd. US-$
Wachstum BIP 2019: 2.3 %
BNE/Kopf: 3 947 US-$
Inflation: 3.5 %
Außenhandel: Import 19.85 Mrd. US-$, Export 11.97 Mrd. US-$
Erwerbstätige nach Sektoren: Landwirtschaft 24.5 %, Industrie 29.7 %, Dienstleistungen 45.8 %
Arbeitslosenquote: 4.4 %
Energieverbrauch/Kopf: 516 kg ÖE
Straßennetz: 114 093 km
Eisenbahnnetz: 1 562 km

RÜCKBLICK

Wahlen: Bei der Präsidentschaftswahl am 16.11.2019 setzte sich bei hoher Beteiligung von 84 % der Kandidat der oppositionellen Volksfront (SLPP), der frühere Verteidigungsminister **Gotabaya Rajapaksa**, deutlich gegen den Kandidaten der regierenden UNP durch. Auf Rajapaksa entfielen 52 %, auf den Zweitplazierten, den amtierenden Wohnungsbauminister Sajith Premadasa (UNP), 42 %. Die langjährige Regierungspartei SLFP, von der sich die Volksfront 2016 abgespalten hatte, schickte erstmals keinen eigenen Kandidaten ins Rennen und unterstützte Rajapaksa. Der Wirtschaftsabschwung, die muslimischen Anschläge an Ostern 2019 und Flügelkämpfe in der UNP begünstigten die nationalistische SLPP, die eine scharf anti-muslimische und anti-tamilische Kampagne führte und dabei auch von „Fake News“ profitierte: So wurde kurz vor dem Wahltag in sozialen Netzwerken die falsche Behauptung lanciert, Premadasa habe ein geheimes Wahlabkommen mit der tamilischen TNA geschlossen. Tatsächlich gaben Muslime und Tamilen ihre Stimme überwiegend für Premadasa ab, während die singhalesische Bevölkerungsmehrheit sich von Rajapaksas Kampagne umso mehr angesprochen fühlte, als die Ausbootung von Premier Ranil Wickremesinghe im Kandidatenrennen der UNP die innerparteiliche Zerrissenheit der Regierungspartei offenkundig gemacht hatte. Nach den islamistischen Anschlägen auf Kirchen an Ostern 2019 fühlten sich auch Christen von der Volksfront angezogen, die UNP warf Kardinal Ranjith Wahlbeeinflussung vor. Rajapaksas Verstrickung in Kriegsverbrechen nach der Niederwerfung der Tamil Tigers 2009 schadete ihm bei den Wählern nicht. Dem damaligen Staatspräsidenten, Gotabayas Bruder Mahinda Rajapaksa, war aus verfassungsrechtlichen Gründen eine erneute Kandidatur verwehrt, die er als Vorsitzender der SLPP ansonsten beansprucht hätte. Durch die Wahl seines Bruders wurde für ihn der Weg an die Spitze der Regierung frei: Am 21.11.2019 wurde **Mahinda Pajapaksa zum Premierminister ernannt**. Am 2.3.2020 löste Präsident Rajapaksa das Parlament auf, die Neuwahlen wurden wegen der Corona-Quarantäne auf unbestimmte Zeit vertagt. Die Verschiebung führte zu Klagen vor dem Verfassungsgericht, da die Verfassung die Wahl eines neuen Parlaments binnen drei Monaten nach der Auflösung des alten vorschreibt.

Außenpolitik: Irritationen löste am 16.9.2019 die Rede von Präsident Maithripala Sirisena bei der Eröffnung des von der **VR China** mitfinanzierten

Fernsehturms in Colombo aus: Sirisena bezichtigte ein chinesisches Staatsunternehmen, 2016 etwa 18 Mio. US-$ Schmiergelder von der sri-lankischen Telekommunikationsbehörde erhalten zu haben. Peking hatte sich auch nach der Abwahl des china-freundlichen Mahinda Rajapaksa im Jahr 2015 um gute Beziehungen bemüht und 2018 ohne Zweckbindung 300 Mio. US-$ Finanzhilfe gezahlt. Die **Beziehungen zur Schweiz** wurden am 16.12.2019 durch die Inhaftierung einer lokalen Botschaftsangehörigen belastet, der die Behörden verleumderische Anschuldigungen vorwarfen. Sie hatte erklärt, von Unbekannten kurzzeitig entführt und zur Information über Asylsuchende gezwungen worden zu sein. Zuvor war ein von der neuen Regierung abgesetzter Direktor der Untersuchungsbehörde CID in die Schweiz geflohen.

Wirtschaft: Die Terroranschläge vom Ostersonntag 2019 trafen die Wirtschaft schwer, die lediglich um 2.3 % wuchs. Die Zahl der Anreisen ging 2019 um 18 % zurück. In der Folge brach auch die Konsumentennachfrage ein, die Preise stiegen trotzdem, zumal extreme Regenfälle zu Ernteausfällen führten. Die **Zunahme von notleidenden Krediten** führte dazu, dass Leitzinssenkungen nicht an die Kunden weitergegeben wurden, so dass die Zentralbank einen Zinsdeckel verordnete, um eine Kreditklemme und Insolvenzen zu vermeiden. Die Fiskalpolitik reagierte ebenfalls auf die Rezessionstendenzen: Am 27.11. kündigte die neue Regierung trotz eines hohen Haushaltsdefizits eine **Senkung der Mehrwertsteuer** von 15 auf 8 % und die Aussetzung einer Reihe von indirekten und direkten Steuern an. Tatsächlich stärkte dies den Optimismus, der Einkaufsmanagerindex stieg Ende 2019 auf einen Höchststand. Doch der Ausbruch der Covid-19-Pandemie im März 2020 machte Aufschwungshoffnungen zunichte. Am 15.3.2020 wurden **strikte Kontaktbeschränkungen und eine Einreisesperre** verkündet. Am 16.3.2020 beschloss die Zentralbank weitere Zinssenkungen; zugleich wurden zinsfreie Kredite an Haushalte ausgegeben und der Kapitaldienst in besonders betroffenen Branchen wie der Hotellerie für 6 Monate ausgesetzt. Die tiefe ökonomische Delle spiegelte sich im **Verfall des Außenwerts der Rupie**, die bereits 2019 gegenüber dem US-$ um etwa 10 % nachgab. Dies verringerte das Zahlungsbilanzdefizit. Die Anhebung einiger Zölle wirkte in die gleiche Richtung. Doch die Währungsabwertung verschärfte das **Problem der hohen Auslandsverschuldung**: Bis 2023 müssen Fremdwährungsanleihen im Wert von 17 Mrd. US-$ getilgt werden.

St. Kitts und Nevis

▸ 668

Ländername	Föderation St. Kitts und Nevis
Zeitzone	MEZ -5 h
Fläche in km²	260
Anzahl der Einwohner	52 823
Einwohnerzahl pro km²	203
Hauptstadt	Basseterre
Amtssprache	Englisch
Verwaltungsgliederung	14 Gemeinden
Wichtige Städte	Basseterre, Charlestown, St. Paul's
Autokennzeichen | ISO-Code	KAN | KNA
Währung	1 Ostkaribischer Dollar = 100 Cents
Nationalfeiertag	19. September

Der aus den Inseln St. Kitts und Nevis bestehende Karibikstaat der Kleinen Antillen hat sich durch gezielte Tourismusförderung von seiner Abhängigkeit vom Zuckerrohr befreit.

GEOGRAFIE

Geografische Lage: Von 17° 06' bis 17° 25' nördlicher Breite sowie von 62° 32' bis 62° 52' westlicher Länge
Höchster Punkt: Mount Liamuiga 1156 m
Klima: Tropisch-wechselfeucht mit Trockenzeit von Januar bis April

POLITIK

Staatsform: Föderale parlamentarische Demokratie unter konstitutioneller Monarchie
Staatsoberhaupt: Britische Königin, vertreten durch einen Generalgouverneur
Legislative: Nationalversammlung mit 11 für 5 Jahre gewählten und 3 ernannten Mitgliedern
Jahr der Verfassung: 1983
Wahlrecht: 18 Jahre
Staatsreligion: Keine

BEVÖLKERUNG

Bevölkerungsanteil: <15 Jahre 19.9 %, 15-64 Jahre 70.1 %, >64 Jahre 10 %
Verteilung: Stadt 30.8 %, Land 69.2 %
Wachstum 2019: 1.1 %
Lebenserwartung: Frauen 79 Jahre, Männer 74 Jahre
Alphabetenrate: Frauen 99 %, Männer 99 %
Ethnische Gruppen: Afrikaner, Mestizen, Europäer, Inder u. a.
Religionen: Christen 82.4 %, Sonstige 9.3 %
Sprachen: Englisch, Kreolisch

WIRTSCHAFT UND VERKEHR

BIP: 1.05 Mrd. US-$
Wachstum BIP 2019: 2.5 %
BNE/Kopf: 18 246 US-$
Inflation: -0.2 %
Außenhandel: Import 335 Mio. US-$, Export 65 Mio. US-$
Erwerbstätige nach Sektoren: Keine Angabe
Arbeitslosenquote: Keine Angabe
Energieverbrauch/Kopf: Keine Angabe
Straßennetz: 383 km
Eisenbahnnetz: 50 km

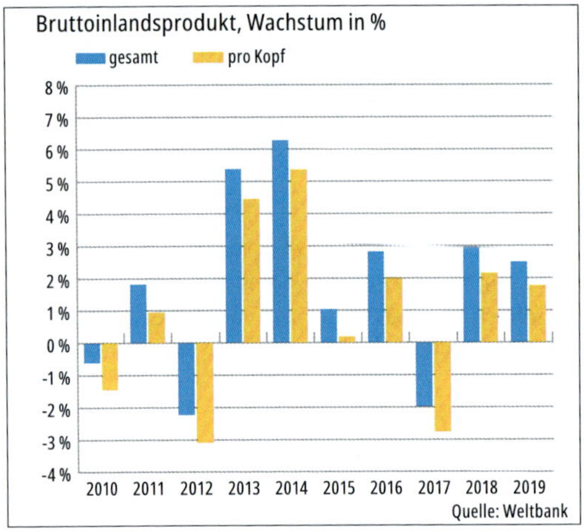

RÜCKBLICK

Parlamentswahl: Bei der Parlamentswahl am 5.6.2020 wurde das regierende Wahlbündnis Team Unity mit einem Erdrutschsieg bestätigt. Das seit den letzten Wahlen 2015 regierende Bündnis gewann mit einem Stimmenanteil von insgesamt 54.9 % 9 der 11 zu wählenden Parlamentssitze. Das Parlament besteht aus insgesamt 15 Sitzen, 3 Mandatsträger werden nach der Wahl vom Generalgouverneur ernannt. Innerhalb des Team Unity entfielen 4 Sitze (±0) auf die People's Action Movement (PAM), 3 (+1) Sitze auf die Concerned Citizens Movement (CCM) und 2 Sitze (+1) auf die People's Labour Party (PLP) mit Premierminister Timothy Harris. Die oppositionelle Saint Kitts and Nevis Labour Party (SKNLP) unter Ex-Premier Denzil Douglas (1995-2015) erzielte 37.1 % und damit zwei Mandate im Parlament – ein Mandat weniger als 2015. Die Wahlbeteiligung lag bei 58.4 %.

Premierminister: Am 7.6.2020 wurde Timothy Harris (PLP) zum zweiten Mal als Premierminister vereidigt. Er übernahm erneut zusätzlich die Ressorts Finanzen, Nationale Sicherheit und Nachhaltige Entwicklung. Auch Außenminister Mark Brantley behielt sein Amt. Timothy Harris war unter seinem Vorgänger Denzil Douglas (SKNLP) Außen- und Außenhandelsminister gewesen. Er hatte nach seiner Entlassung 2013 die People's Labour Party (PLP) gegründet und sich mit anderen Oppositionsparteien zur **Wahlallianz Team Unity** zusammengeschlossen.

Wirtschaft: Der Lockdown traf die Wirtschaft des Landes schwer. Fast alle wirtschaftlichen Aktivitäten wurden gestoppt. Der Internationale Währungsfonds schätzte den Wirtschaftseinbruch für 2020 auf -8.1 %. Etwa 2 000 der rund 53 000 Einwohner profitierten direkt von einem nationalen Notfallprogramm: Menschen, die aufgrund der Corona-Krise ihre Arbeit verloren hatten oder weniger als 1 000 EC-$ verdienten, erhielten eine Zahlung von 1 000 EC-$.

Corona: Die Regierung bestätigte am 24.3.2020 die ersten beiden Covid-19-Fälle. Am 28.3. verhängte sie den Ausnahmezustand. Am 31.3. trat eine absolute Ausgangssperre in Kraft, die mehrfach bis zum 25.4. verlängert wurde. Anschließend wurden essenzielle Wirtschaftsbereiche wieder freigegeben, zugleich aber eine Maskenpflicht eingeführt. Für das Wochenende 9./10.5. galt erneut eine absolute Ausgangssperre. Ab dem 11.5. wurden nicht-essenzielle Geschäfte für einen Tag in der Woche geöffnet, ab dem 18.5. an fünf Tagen. Nach Angaben der WHO trat die letzte Neuinfektion Ende April 2020 auf.

St. Lucia

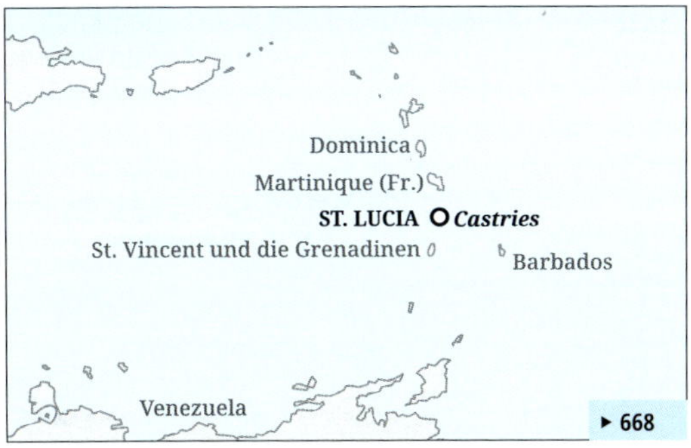

▸ 668

Ländername	St. Lucia
Zeitzone	MEZ -5 h
Fläche in km²	620
Anzahl der Einwohner	182 790
Einwohnerzahl pro km²	295
Hauptstadt	Castries
Amtssprache	Englisch
Verwaltungsgliederung	10 Distrikte
Wichtige Städte	Castries, Bexon, Babonneau
Autokennzeichen | ISO-Code	WL | LCA
Währung	1 Ostkaribischer Dollar = 100 Cents
Nationalfeiertag	22. Februar

Das Tropenparadies mit seinen Sandstränden und Vulkanlandschaften gilt als eine der schönsten Inseln der Kleinen Antillen und ist ein beliebtes Feriengebiet internationaler Touristen.

GEOGRAFIE

Geografische Lage: Von 13° 43' bis 14° 07' nördlicher Breite sowie von 60° 53' bis 61° 05' westlicher Länge
Höchster Punkt: Mount Gimie 950 m
Klima: Feuchttropisches Klima

POLITIK

Staatsform: Parlamentarische Demokratie unter konstitutioneller Monarchie
Staatsoberhaupt: Britische Königin, vertreten durch einen Generalgouverneur
Legislative: Parlament, bestehend aus Abgeordnetenhaus mit 17 für 5 Jahre gewählten Mitgliedern und Senat mit 11 für 5 Jahre ernannten Mitgliedern
Jahr der Verfassung: 1979
Wahlrecht: 18 Jahre
Staatsreligion: Keine

BEVÖLKERUNG

Bevölkerungsanteil: <15 Jahre 18.2 %, 15-64 Jahre 71.8 %, >64 Jahre 10 %
Verteilung: Stadt 18.7 %, Land 81.3 %
Wachstum 2019: 0.5 %
Lebenserwartung: Frauen 78 Jahre, Männer 75 Jahre
Alphabetenrate: Frauen 90.6 %, Männer 89.5 %
Ethnische Gruppen: Afrikaner, Mestizen, Inder u. a.
Religionen: Christen 90.4 %, Sonstige 2.3 %
Sprachen: Englisch, Kreolisch

WIRTSCHAFT UND VERKEHR

BIP: 2.12 Mrd. US-$
Wachstum BIP 2019: 1.7 %
BNE/Kopf: 11 076 US-$
Inflation: 0.7 %
Außenhandel: Import 620 Mio. US-$, Export 55 Mio. US-$
Erwerbstätige nach Sektoren: Landwirtschaft 17.3 %, Industrie 18.2 %, Dienstleistungen 64.5 %
Arbeitslosenquote: 20.9 %
Energieverbrauch/Kopf: Keine Angabe
Straßennetz: 1 210 km
Eisenbahnnetz: Keine Angabe

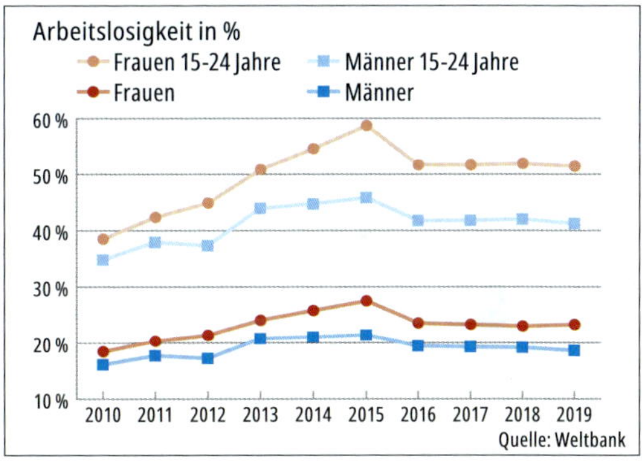

RÜCKBLICK

Tourismus: Nach Angaben des nationalen Statistischen Amtes verzeichnete das Land 2019 mit fast **425 000 Touristenankünften** (2018: 395 000) einen neuen Rekord. Zudem legten 2019 über 372 Kreuzfahrtschiffe mit fast 790 000 Passagieren auf St. Lucia an. Mit der Corona-Krise stand der Tourismus ab Mitte März 2020 still.

Wirtschaft: Die Corona-Krise hatte besonders im Tourismussektor schwere Folgen. Neben Hotels und Restaurants waren auch Taxis, Geschäfte und Duty-Free-Läden betroffen. Premierminister Allen Chastanet kündigte am 8.4.2020 ein Notfall-

programm für Menschen an, die im Zuge der Corona-Krise ihre Arbeit verloren hatten oder ihren Lebensunterhalt nicht mehr bestreiten konnten. Sie erhielten von April bis Juni von der Regierung zwischen 500 und 1 500 EC-$. Gleichzeitig wurde die Zahlung von Steuern gestundet. Ende April gab der Premierminister bekannt, dass das Gehalt aller Kabinettsmitglieder auf 75 % gekürzt wird. Bei der Vorstellung des **Haushaltsplanes** für 2020/2021 am 23.6. stellte Chastanet weitere Hilfsmaßnahmen vor. So wurden alle Taxi- und Minibus-Fahrer für 2 Jahre und Beschäftigte in systemrelevanten Berufen wie Ärzte, Krankenschwestern und Polizisten für 5 Jahre von der Kfz-Steuer befreit.
Der Internationale Währungsfonds schätzte den **Wirtschaftseinbruch** für 2020 auf -8.5 %. Im Zuge der Corona-Krise stellte der IWF St. Lucia und den anderen ostkaribischen Staaten Dominica und Grenada im April 2020 einen **Nothilfekredit** in Höhe von insgesamt 65.6 Mio. US-$ zur Verfügung. Der Anteil von St. Lucia belief sich auf 29.2 Mio. US-$. Die Weltbank gewährte dem Land am 30.4. einen Kredit in Höhe von 10.5 Mio. US-$.

Corona: Der erste Covid-19-Fall wurde am 13.3.2020 bestätigt. Am 23.3. erfolgte ein Lockdown nicht-essenzieller wirtschaftlicher Aktivitäten und eine nächtliche Ausgangssperre von 23 bis 5 Uhr. Die Regierung verhängte am 23.3. den Ausnahmezustand und schloss alle Flughäfen. Am 29.3. verbot sie den Verkauf von sämtlichen alkoholischen Getränken. Die Ausgangssperre wurde mehrfach bis zum 18.5. verlängert und galt vom 1.-26.4. ganztägig. Im Mai erfolgten erste Lockerungen, so das Aufheben des Alkoholverbots am 8.5. und die Öffnung von nicht-essenziellen Geschäften am 18.5. Am 4.6. wurden die Grenzen wieder geöffnet.
Nach Angaben der WHO gab es vom 22.-30.4.2020 keine neuen Covid-19-Infektionen. Damit war St. Lucia eines der ersten Länder, das nach bestätigten Infektionen wieder frei von neuen Ansteckungen war. Anschließend gab es vereinzelt neue Infektionen, aber weiterhin keinen Todesfall.

St. Vincent und die Grenadinen

▸ 668

Ländername	St. Vincent und die Grenadinen
Zeitzone	MEZ -5 h
Fläche in km²	390
Anzahl der Einwohner	110 589
Einwohnerzahl pro km²	284
Hauptstadt	Kingstown
Amtssprache	Englisch
Verwaltungsgliederung	6 Gemeinden
Wichtige Städte	Kingstown, Georgetown, Argyle
Autokennzeichen | ISO-Code	WV | VCT
Währung	1 Ostkaribischer Dollar = 100 Cents
Nationalfeiertag	27. Oktober

Die vulkanische Inselgruppe, die zu den Kleinen Antillen gehört und erst spät in das europäische Kolonialsystem einbezogen wurde, ist ein beliebter Anlaufpunkt des Kreuzfahrt- und Jachttourismus. Von den insgesamt 32 Inseln sind nur acht bewohnt.

GEOGRAFIE

Geografische Lage: Von 12° 35' bis 13° 43' nördlicher Breite sowie von 61° 07' bis 61° 28' westlicher Länge
Höchster Punkt: Soufrière 1234 m
Klima: Tropisch-maritimes Klima

POLITIK

Staatsform: Parlamentarische Demokratie unter konstitutioneller Monarchie
Staatsoberhaupt: Britische Königin, vertreten durch eine Generalgouverneurin
Legislative: Nationalversammlung mit 15 für 5 Jahre gewählten und 6 ernannten Mitgliedern
Jahr der Verfassung: 1979
Wahlrecht: 18 Jahre
Staatsreligion: Keine

BEVÖLKERUNG

Bevölkerungsanteil: <15 Jahre 22.2 %, 15-64 Jahre 68.1 %, >64 Jahre 9.7 %
Verteilung: Stadt 52.6 %, Land 47.4 %
Wachstum 2019: 0.7 %
Lebenserwartung: Frauen 75 Jahre, Männer 70 Jahre
Alphabetenrate: Frauen 95.5 %, Männer 95.8 %
Ethnische Gruppen: Afrikaner, Mestizen, Indigene, Inder, Europäer u. a.
Religionen: Christen 82.1 %, Sonstige 5.8 %
Sprachen: Englisch, Kreolisch

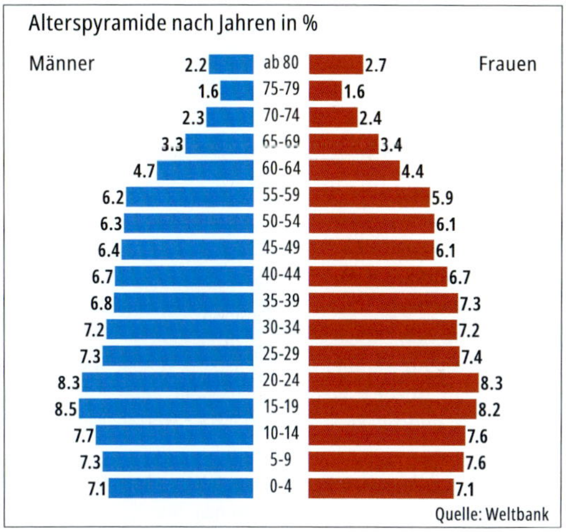

WIRTSCHAFT UND VERKEHR

BIP: 825.39 Mio. US-$
Wachstum BIP 2019: 0.3 %
BNE/Kopf: 7 751 US-$
Inflation: 0.9 %
Außenhandel: Import 315 Mio. US-$, Export 42 Mio. US-$
Erwerbstätige nach Sektoren: Landwirtschaft 10.7 %, Industrie 19.9 %, Dienstleistungen 69.4 %
Arbeitslosenquote: 18.9 %
Energieverbrauch/Kopf: Keine Angabe
Straßennetz: 829 km
Eisenbahnnetz: Keine Angabe

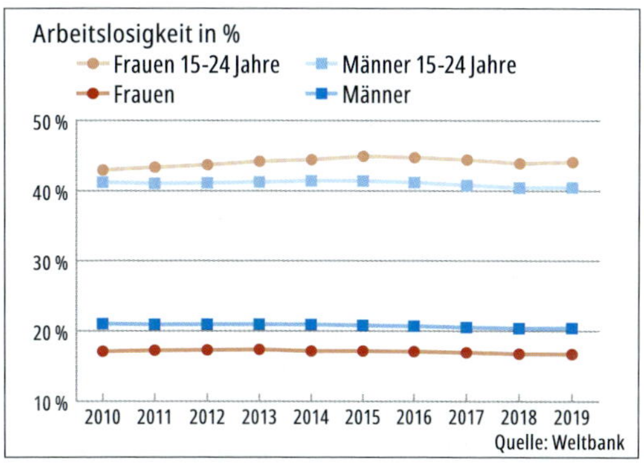

RÜCKBLICK

Generalgouverneurin: Am 1.8.2019 wurde **Susan Dilys Dougan** als neue Generalgouverneurin vereidigt. Sie war seit Dezember 2014 stellvertretende Generalgouverneurin und ist die erste Frau in diesem Amt. Dougan löste Sir Dr. Frederick Nathaniel Ballantyne ab, der seit 2002 das Amt des Generalgouverneurs innehatte und aus gesundheitlichen Gründen zurückgetreten war. Als Generalgouverneurin vertritt Dougan Königin Elizabeth II., die das offizielle Staatsoberhaupt des Commonwealth-Staates ist. St. Vincent und die Grenadinen ist als ehemalige britische Kolonie seit 1979 unabhängig.

Hafenumbau: Im Dezember 2019 bewilligte die Caribbean Development Bank (CDB) 28 Mio. Pfund zur Teilfinanzierung der Modernisierung des Hafens von Kingston. Der Umbau des 50 Jahre alten Hafens sollte ursprünglich 2020 beginnen, doch der Beginn wurde auf 2021 verschoben, 2024 soll das Projekt abgeschlossen werden. Der Umbau des Hafens ist umstritten, die Gesamtkosten entsprechen 21 % des Bruttoinlandsproduktes. Im April 2017 war mit dem neuen internationalen Flughafen Argyle ein ähnlich großes, umstrittenes Infrastrukturprojekt eingeweiht worden.

Wirtschaft: 2019 stagnierte die Wirtschaft, das BIP-Wachstum erreichte lediglich 0.3 %, nach 2.2 % 2018. Der IWF erwartete im April 2020 für das laufende Jahr einen Wirtschaftseinbruch um 5.5 %. Das sind 7.8 % weniger Wachstum als er vor der Corona-Krise prognostiziert hatte. Am 20.5. bewilligte der IWF einen Notfallkredit (Rapid Credit Facility) in Höhe von 16 Mio. US-$.

Corona: Das Land verzeichnete relativ wenige Covid-19-Fälle. Die Regierung bestätigte die erste Infektion am 11.3.2020. Der zweite Fall wurde erst am 1.4. registriert. Daraufhin sagte Premierminister Ralph Gonsalves das für Ende Juni bis Anfang Juli geplante größte Festival des Landes, Vincy Mas, ab. Darüber hinaus gab es keinerlei einschneidenden Maßnahmen wie Ausgangssperren oder von der Regierung angeordnete Schließungen. Doch auch ohne diese Maßnahmen litt das Land wirtschaftlich unter der Corona-Krise, insbesondere durch das Ausbleiben der Touristen. 2019 hatte der Tourismus mit fast 30 % zum Bruttoinlandsprodukt beigetragen. Um diese Probleme abzufedern, wurde allen privaten Konsumenten sowie Hotels vom 30.3. bis 30.6. die Mehrwertsteuer auf Strom erlassen. Am 28.5. erreichte das Land mit 7 Neuinfizierten einen Höchststand.

Südafrika

▸ 642

Ländername	Republik Südafrika
Zeitzone	MEZ +1 h
Fläche in km²	1 219 090
Anzahl der Einwohner	58.6 Millionen
Einwohnerzahl pro km²	48
Hauptstadt	Pretoria/Tshwane (Exekutive), Kapstadt (Legislative), Bloemfontein (Judikative)
Amtssprache	isiZulu, isiXhosa, Afrikaans, Sepedi, Setswana, Englisch, Sesotho, Xitsonga, Siswati, Tshivenda, Süd-Ndebele
Verwaltungsgliederung	9 Provinzen
Wichtige Städte	Johannesburg, Pretoria, Durban, Bloemfontein, Kapstadt, Port Elizabeth
Autokennzeichen | ISO-Code	ZA | ZAF
Währung	1 Rand = 100 Cents
Nationalfeiertag	27. April

Das Land an der Südspitze des afrikanischen Kontinents ist ein Land der Gegensätze. Die Natur spannt einen weiten Bogen von grünen Küstenstreifen bis zu kargen Wüsten, von weiten Plateaus und tief eingeschnittenen Tälern bis zu wilden Steilküsten und einladenden Sandstränden. Südafrika ist aber auch das Land, in dem lange Zeit die Mehrheit der Schwarzen von der Minderheit der Weißen mit dem international geächteten Apartheidsystem unterdrückt und ausgebeutet wurde. Die Abkehr von der Apartheid verlief weitgehend friedlich, was den maßgeblichen Politikern weltweit Respekt einbrachte.

GEOGRAFIE

Geografische Lage: Von 22° 08' bis 34° 49' südlicher Breite sowie von 16° 28' bis 32° 54' östlicher Länge
Höchster Punkt: Mafadi 3450 m
Klima: Im Norden warmes, wintertrockenes Klima, im Osten feuchtgemäßigtes Klima, im Inneren Steppenklima, nach Westen hin Übergang zum Wüstenklima, im Südwesten warmes, sommertrockenes Klima

POLITIK

Staatsform: Parlamentarische Republik
Staatsoberhaupt: Präsident
Legislative: Parlament, bestehend aus Nationalversammlung mit 400 für 5 Jahre gewählten Mitgliedern und Provinzrat mit 90 für 5 Jahre ernannten Mitgliedern
Jahr der Verfassung: 1997
Wahlrecht: 18 Jahre
Staatsreligion: Keine

BEVÖLKERUNG

Bevölkerungsanteil: <15 Jahre 29.1 %, 15-64 Jahre 65.6 %, >64 Jahre 5.3 %
Verteilung: Stadt 66.9 %, Land 33.1 %
Wachstum 2019: 1.4 %
Lebenserwartung: Frauen 68 Jahre, Männer 61 Jahre
Alphabetenrate: Frauen 86.5 %, Männer 87.7 %
Ethnische Gruppen: Zulu, Xhosa, Basotho, Venda, Tswana, Tsonga, Swazi, Ndebele, Coloureds, Europäer, Inder, Asiaten u. a.
Religionen: Christen 86 %, Muslime 1.9 %, Ethnische 5.4 %, Sonstige 1.5 %
Sprachen: isiZulu, isiXhosa, Afrikaans, Sepedi, Setswana, Englisch, Sesotho, Xitsonga, Siswati, Tshivenda, Süd-Ndebele u. a.

WIRTSCHAFT UND VERKEHR

BIP: 351.43 Mrd. US-$
Wachstum BIP 2019: 0.2 %
BNE/Kopf: 6 100 US-$
Inflation: 4.1 %
Außenhandel: Import 107.54 Mrd. US-$, Export 90.02 Mrd. US-$
Erwerbstätige nach Sektoren: Landwirtschaft 5.1 %, Industrie 22.9 %, Dienstleistungen 72 %
Arbeitslosenquote: 28.2 %
Energieverbrauch/Kopf: 2 695 kg ÖE
Straßennetz: 749 099 km
Eisenbahnnetz: 20 986 km

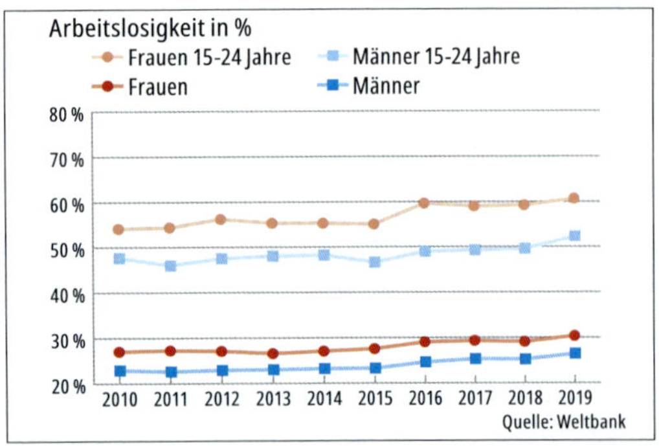

RÜCKBLICK

Gebremste Reformen: Der politische und wirtschaftliche Neustart unter **Cyril Ramaphosa** kam nur zögerlich voran. Unter der Führung des Präsidenten, der 2018 als Nachfolger Jacob Zumas (2009-18) ein schweres Erbe angetreten hatte, war zwar eine **Rückkehr zu mehr Rechtstaatlichkeit** und eine **Stärkung der staatlichen Institutionen** zu erkennen. Auch stieß Ramaphosa die Aufarbeitung der systematischen Ausbeutung des Landes durch das Zuma-Regime an. Die angeschobenen Reformen, die dem durch Missmanagement und Korruption heruntergewirtschafteten Schwellenland wieder Aufschwung geben sollten, konnten aber nur schleppend umgesetzt werden. Gebremst wurde der neue Kurs auch durch **Widerstände in Ramaphosas Partei**, dem African National Congress (ANC) und seinen Bündnispartnern. Der ANC regiert Südafrika seit 1994 in der sogenannten Dreier-Allianz (Tripartite Alliance), die 1990 aus dem ANC, der South African Communist Party (SACP) und dem Gewerkschaftsbund Confederation of South African Trade Unions (COSATU) gebildet wurde. SACP und COSATU sind aber nicht im Parlament vertreten.

Bestätigung: Der Reformkurs des **ANC** und seines Präsidenten war bei den Parlamentswahlen am 8.5.2019 von der Bevölkerung bewertet worden: Obwohl der ANC gegenüber den letzten Wahlen von 2014 einen Verlust von 4.7 Prozentpunkten hinnehmen musste, behielt er mit 57.5 % der Stimmen die **absolute Mehrheit im Parlament**. Auch bei den zeitgleich abgehaltenen Provinzwahlen konnte die Partei ihre **Dominanz in acht von neun Provinzen** behaupten. Ramaphosa wurde daraufhin am 22.5.2019 vom Parlament als Staatsoberhaupt und Regierungschef bestätigt. Zu den Hauptaufgaben seiner neuen Regierung gehörte die wirksame Bekämpfung von Korruption, Arbeitslosigkeit und Armut sowie der Wiederaufbau des desolaten Gesundheits- und Bildungssystems.

Rücktritt: Am 23.10.2019 trat der Vorsitzende der **Demokratischen Allianz** (DA), **Mmusi Maimane**, überraschend von seinem Amt zurück. Damit verlor die wichtigste südafrikanische Oppositionspartei den zweiten prominenten Vertreter binnen weniger Tage, denn zwei Tage zuvor hatte bereits der Bürgermeister von Johannesburg, Herman Mashaba, seinen Posten geräumt. Maimane, der **erste schwarze Vorsitzende** der DA, die lange ausschließlich als Partei der weißen Mittelschicht galt, begründete seine Entscheidung mit fehlendem Rückhalt in der Partei. Die DA sei offenbar nicht bereit, gleichermaßen für alle Gruppen und Hautfarben der Bevölkerung einzutreten. Unter seiner Führung war die DA zwar bei den Wahlen 2019 stärkste Oppositionskraft geworden, sie konnte aber nicht an das außerordentliche Ergebnis der Kommunalwahlen von 2016 anknüpfen. Die DA befindet sich seit Langem in einem **Richtungsstreit**, der in teils heftige Auseinandersetzungen mündete. Die ehemalige Parteivorsitzende **Helen Zille**, die 2017 wegen relativierender Äußerungen zum Thema Kolonialismus ihrer Positionen enthoben worden war, stand monatelang in offener Opposition zu Maimane. Sie war am 20.10.2019, also kurz vor dem Rücktritt des Parteichefs, in einer Kampfabstimmung wieder in die Führungsriege der Partei gewählt worden. Nach Maimanes Abgang übernahm übergangsweise John Steenhuisen die Leitung der DA.

Soziale Ungleichheit: Die Weltbank schrieb Südafrika das weltweit höchste Maß an Ungleichheit zu. Die oberen **10 %** der Bevölkerung verfügten über **90 % des Wohlstands**. Neben der glitzernden Welt der **modernen Dienstleistungsmetropolen** existierten auch die **informellen Elendsbehausungen** am Rande der Städte, die meist ohne Wasser-, Abwasser- und Stromversorgung auskommen mussten. Insbesondere die lange Zeit durch das rassistische Apartheid-System benachteiligte **schwarze Bevölkerungsmehrheit** war **von Armut** bedroht, auch wenn sich in ihrer Gruppe mittlerweile eine kleine Mittelschicht bilden konnte. Die Ungleichheit zeigte sich auch bei der **Landverteilung**: Obwohl die Regierung seit dem Ende der Apartheid mittels einer Landreform gegensteuerte, waren noch immer rund drei Viertel der landwirtschaftlichen Flächen in den Händen von Weißen, die aber nur etwa 8 % der Bevölkerung ausmachen.

Fremdenfeindliche Übergriffe: In der Wirtschaftsmetropole Johannesburg kam es Anfang September 2019 zu einer neuen Welle von Fremdenhass. Ein wütender **Mob** zog durch die Straßen und **attackierte die Läden afrikanischer Migranten**. Dabei kam es zu Plünderungen und Zerstörungen. Fünf Menschen starben bei den Gewaltakten, 189 Personen wurden festgenommen. Politische Vertreter, Sportler und Künstler aus den Nachbarstaaten reagierten auf das Geschehen, indem sie vereinbarte Termine in Südafrika absagten. In Nigeria, einem wichtigen Herkunftsland der Wirtschaftsmigranten, griffen Jugendliche kurz nach den Ereignissen südafrikanische Unternehmen an. Migranten aus Lesotho, Mosambik, Nigeria und Simbabwe waren in der Vergangenheit bereits mehrfach Ziel rassistischer Attacken geworden. In Südafrika gab es 2019 nach offiziellen Angaben rund 270 000 Flüchtlinge. Die Zahl der sich inoffiziell im Land aufhaltenden Migranten wurde aber auf einen Wert zwischen 500 000 und 5 Mio. geschätzt.

Wirtschaftliche Entwicklung: Bereits vor der Corona-Pandemie zeigte die Wirtschaft mit BIP-Zuwächsen im Zeitraum 2015-2019 von 0.2 bis 1.4 % eine **geringe Dynamik**. Ursachen für die gebremste Entwicklung waren vor allem die **Massenarbeitslosigkeit** (2019: 28.2 %), die **weitverbreitete Armut** und die hohe Staatsverschuldung. Als Hypothek aus der Regierungszeit Jacob Zumas stand die wirtschaftliche **Sanierung maroder Staatsunternehmen** an. Dazu zählte mit einem Schuldenstand von 31.5 Mrd US-$ auch der Stromkonzern Eskom, der 2019 vermehrt abgeschaltet werden musste. Nach dem Corona-Lockdown prognostizierte die südafrikanische Zentralbank für 2020 einen realen BIP-Rückgang von 7 % und für 2021 einen schwachen Zuwachs von 3.8 %.

Corona: Südafrika war bis Mitte 2020 das Land mit den **höchsten Covid-19-Fallzahlen des afrikanischen Kontinents** und rangierte teilweise bei den Neuinfektionen weltweit an fünfter Stelle aller Staaten. Bereits am 27.3.2020, einem Zeitpunkt mit sehr geringen Infektionszahlen, ordnete die staatliche Führung einen **Lockdown** an, der zu den strengsten weltweit gehörte. Das Infektionsgeschehen entwickelte sich entgegen düsterer Prognosen zunächst moderat, dafür griffen die **wirtschaftlichen Folgen** der allgemeinen Einschränkungen umso massiver. Rund 1 Mio. Menschen sollten nach offiziellen Schätzungen ihre Arbeit verloren haben, so dass die ohnehin hohe **Arbeitslosenquote** auf die Marke von 50 % zusteuerte. Bis zu 5 Mio. Haushalte, die vorwiegend von informellen Tätigkeiten lebten, sollten ihr **Einkommen eingebüßt** haben. Die Regierung reagierte mit Hilfsprogrammen in Höhe von 25 Mrd. € (etwa 10 % des BIP) und verkündete die **Lockerung** der Beschränkungen **nach einem Fünfstufenmodell** ab 1.5.2020. Daraufhin stieg die Infektionsrate stark an.

Sudan

Ländername	Republik Sudan
Zeitzone	MEZ +1 h
Fläche in km²	1 886 068
Anzahl der Einwohner	42.8 Millionen
Einwohnerzahl pro km²	23
Hauptstadt	Khartum
Amtssprache	Arabisch, Englisch
Verwaltungsgliederung	18 Bundesstaaten
Wichtige Städte	Omdurman, Khartum, Khartum-Nord, Nyala, Port Sudan, Kassala
Autokennzeichen | ISO-Code	SUD | SDN
Währung	1 Sudanesisches Pfund = 100 Piaster
Nationalfeiertag	1. Januar

Einst berühmt für seinen Reichtum an Gold und Elfenbein, haben Dürren und Bürgerkriege die Geschichte des seit 1956 unabhängigen Sudan geprägt. Die Rivalität zwischen dem arabisch-islamischen Norden und dem afrikanisch-christlichen Süden führte 2011 schließlich zur Loslösung des Südens und zur Bildung der unabhängigen Republik Südsudan.

GEOGRAFIE

Geografische Lage: Von 8° 41' bis 22° 14' nördlicher Breite bis 21° 49' bis 38° 37' östlicher Länge
Höchster Punkt: Jabal Marra 3088 m
Klima: Im Norden Wüstenklima, südlich von Khartum Halbwüstenklima

POLITIK

Staatsform: Präsidiale Republik
Staatsoberhaupt: Präsident
Legislative: Übergangsregierung mit 11 Mitgliedern
Jahr der Verfassung: Keines
Wahlrecht: 17 Jahre
Staatsreligion: Keine

BEVÖLKERUNG

Bevölkerungsanteil: <15 Jahre 40.2 %, 15-64 Jahre 56.2 %, >64 Jahre 3.6 %
Verteilung: Stadt 34.9 %, Land 65.1 %
Wachstum 2019: 2.4 %
Lebenserwartung: Frauen 67 Jahre, Männer 64 Jahre
Alphabetenrate: Frauen 56.1 %, Männer 65.4 %
Ethnische Gruppen: Araber, Fur, Beja, Nuba, Fallata u. a.
Religionen: Muslime 95.5 %, Christen 1.5 %, Ethnische 1.5 %
Sprachen: Arabisch, Englisch, Dinka, Nubisch u. a.

WIRTSCHAFT UND VERKEHR

BIP: 18.9 Mrd. US-$
Wachstum BIP 2019: -2.6 %
BNE/Kopf: 714 US-$
Inflation: 51 %
Außenhandel: Import 6.22 Mrd. US-$, Export 2.45 Mrd. US-$
Erwerbstätige nach Sektoren: Landwirtschaft 39.9 %, Industrie 16.2 %, Dienstleistungen 43.9 %
Arbeitslosenquote: 16.5 %
Energieverbrauch/Kopf: 381 kg ÖE
Straßennetz: 11 907 km
Eisenbahnnetz: 7 251 km

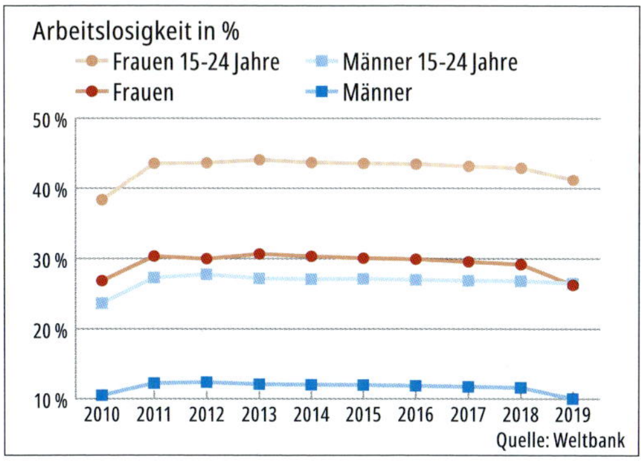

RÜCKBLICK

Übergangsregierung: Der Militärrat und Vertreter der Protestbewegung „Allianz für Freiheit und Wandel" unterzeichneten am 17.7.2019 eine gemeinsame Erklärung über die Gestaltung der Übergangszeit und schlossen im August 2019 ein Abkommen über neue politische Strukturen, die eine **Machtverteilung zwischen Zivilkräften und Militärvertretern** gewährleisten sollten. Das Militär hatte den langjährigen Machthaber **Omar Hassan Ahmad al-Baschir** im April 2019 **abgesetzt** und zunächst selbst die Macht übernommen. Massenproteste gegen den Militärrat führten aber schließlich zu Gesprächen über die Bildung einer zivilen Regierung. Am 21.8.2019 wurde als oberstes politisches Organ der **dreijährigen Übergangsphase** der elfköpfige sogenannte **Souveräne Rat** vereidigt. Ihm gehörten fünf Militärvertreter und fünf von der Protestbewegung bestimmte Zivilisten an. Als elftes Mitglied einigten sich die Lager auf eine Vertreterin der christlichen Minderheit. Für die ersten 21 Monate übernahm der Vorsitzende des Militärrates, **Abdel Fattah Abdelraham Burhan**, die Führung, danach sollte der Souveräne Rat für weitere 18 Monate unter ziviler Leitung stehen. Am selben Tag wurde auch der Wirtschaftsexperte **Abdalla Hamdok** als Kopf der neuen Regierung vereidigt. Im September erfolgte die Ernennung der 18 zivilen Kabinettsmitglieder. Das Innen- und das Verteidigungsressort wurden vom Militär bestimmt. Als drittes politisches Organ bildete sich ein **Übergangsparlament** mit maximal 300 Mitgliedern, darunter 40 % Frauen. 67 % der Abgeordneten bestimmte die Opposition, die übrigen Parlamentarier wurden von Parteien entsandt, die nicht zum ehemaligen Al-Baschir-Lager gehörten.

Staatlicher Umbruch: Zu den wichtigsten Aufgaben der neuen Regierung zählten die Einhaltung der fragilen Machtbalance zwischen Zivilisten und Militärs, die Auflösung der korrupten Strukturen des Al-Baschir-Regimes, die **Vorbereitung von freien Wahlen**, die Verbesserung der Sicherheit, die Annäherung an bislang verfeindete Staaten wie den Südsudan, die **Rückführung des Landes in die internationale Gemeinschaft** und die Reformierung der Wirtschaft. Im November 2019 löste die Regierung die National Congress Party auf, die Partei des ehemaligen Präsidenten Al-Baschir.

Attentatsversuch: Im März 2020 wurde ein Bombenanschlag auf die Wagenkolonne von **Premierminister Hamdok** verübt. Der zum Lager der Zivilisten gehörende Politiker blieb unverletzt.

Sicherheitslage: In der westlichen Krisenregion **Darfur** sowie in den Bundesstaaten **Südkordofan und Blauer Nil** kam es weiterhin zu gewaltsamen **Auseinandersetzungen** und Banditenunwesen. Nach UN-Angaben gab es 2019 im Sudan rund zwei Mio. Binnenvertriebene vorwiegend aus Darfur sowie 1.2 Mio. **Flüchtlinge**, vor allem aus dem Südsudan. Die Regierung nahm im Oktober 2019 in der südsudanesischen Hauptstadt Juba **Friedensverhandlungen** mit verschiedenen Rebellengruppen auf.

Verurteilung: Wegen **Korruption und Geldwäsche** wurde der 75-jährige ehemalige Machthaber **Al-Baschir** im Dezember 2019 zu einem zweijährigen Hausarrest in einer Pflegeeinrichtung verurteilt. Diese Strafform war im Sudan für über 70-Jährige gesetzlich vorgesehen. Gegenstand des Verfahrens war eine 2019 entgegengenommene Spende aus Saudi-Arabien in Höhe von 25 Mio. US-$. Ein weiteres Verfahren um die Tötung von Demonstrierenden war noch anhängig. Gegen Al-Baschir lag außerdem ein **Haftbefehl des Internationalen Strafgerichtshofs** in Den Haag vor wegen **Kriegsverbrechen, Verbrechen gegen die Menschlichkeit und Völkermord** in der Region Darfur. Im Februar 2020 entschied der Souveräne Rat Al-Baschir an den Strafgerichtshof auszuliefern.

UN-Mission: Der UN-Sicherheitsrat beschloss im Juni 2020 das Mandat der **UNAMID** (African Union/ UN Hybrid Operation in Darfur) bis 31.12.2020 zu verlängern. Danach sollten die etwa 6 500 Personen starken Truppen abgezogen und ab Januar 2021 durch die **neue Mission UNITAMS** (United Nations Transitional Assistance Mission in Sudan) ersetzt werden. Während die seit 2007 eingesetzte UNAMID-Mission vorwiegend dem Schutz der Zivilbevölkerung, der humanitären Hilfe und der Überwachung des Waffenstillstandsabkommens in Darfur galt, sollte die neue Mission **den demokratischen Übergang und den Friedensprozess** des Landes **begleiten.**

Wirtschaftliche und soziale Lage: Auch der Aufbau der am Boden liegenden Wirtschaft stellte die Übergangsregierung vor große Herausforderungen. Der Sudan zählte 2020 zu den **höchstverschuldeten Ländern** weltweit. Die Inflationsrate stieg zwischenzeitlich auf über 70 %. Etwa die Hälfte der Bevölkerung lebte **unterhalb der Armutsgrenze**. Der vom Internationalen Währungsfonds verordnete Abbau von Subventionen für Grundnahrungsmittel wie Mehl verschärfte die soziale Situation. Rund 2 Mio. Menschen litten unter **Mangelernährung**, etwa 6 Mio. waren auf humanitäre Hilfe angewiesen. Im Juni 2020 sagte die internationale Geberkonferenz dem Sudan insgesamt 1.8 Mrd. US-$ als Unterstützung zu.

Südsudan

Ländername	Republik Südsudan
Zeitzone	MEZ +2 h
Fläche in km²	619 745
Anzahl der Einwohner	11.1 Millionen
Einwohnerzahl pro km²	18
Hauptstadt	Juba
Amtssprache	Englisch
Verwaltungsgliederung	3 Regionen mit 10 Bundesstaaten und 3 Gebieten
Wichtige Städte	Juba, Wau, Malakal, Yei, Yambio
Autokennzeichen | ISO-Code	SSD | SSD
Währung	1 Südsudanesisches Pfund = 100 Piaster
Nationalfeiertag	9. Juli

Das erst 2011 durch die Loslösung von der Republik Sudan entstandene Land ist noch wenig erschlossen und nur dünn besiedelt. Seine wirtschaftliche Zukunft sieht es in den reichen Erdölvorkommen. Allerdings fehlen noch eine staatliche Infrastruktur und politische Stabilität, um sie zum Wohle der Menschen zu nutzen.

GEOGRAFIE

Geografische Lage: Von 3° 29' bis 12° 13' nördlicher Breite bis 24° 07' bis 35° 16' östlicher Länge
Höchster Punkt: Kinyeti 3187 m
Klima: Wechselfeuchtes Savannenklima

POLITIK

Staatsform: Präsidiale Republik
Staatsoberhaupt: Präsident
Legislative: Parlament, bestehend aus Nationaler Übergangslegislativversammlung mit 266 gewählten und 134 ernannten Mitgliedern und Rat der Staaten mit 50 ernannten Mitgliedern
Jahr der Verfassung: 2011
Wahlrecht: 18 Jahre
Staatsreligion: Keine

BEVÖLKERUNG

Bevölkerungsanteil: <15 Jahre 41.6 %, 15-64 Jahre 55.1 %, >64 Jahre 3.3 %
Verteilung: Stadt 19.9 %, Land 80.1 %
Wachstum 2019: 0.6 %
Lebenserwartung: Frauen 60 Jahre, Männer 57 Jahre
Alphabetenrate: Frauen 28.9 %, Männer 40.3 %
Ethnische Gruppen: Dinka, Nuer, Shilluk, Azande, Bari, Kakwa, Kuku, Murle, Mandari, Didinga, Ndogo, Bviri, Lndi, Anuak, Bongo, Lango, Dungotona, Acholi, Baka, Fertit u. a.
Religionen: Christen 60.5 %, Muslime 6.2 %, Ethnische 32.9 %
Sprachen: Englisch, Arabisch, Dinka u. a.

WIRTSCHAFT UND VERKEHR

BIP: 3.68 Mrd. US-$
Wachstum BIP 2019: 7.9 %
BNE/Kopf: 275 US-$
Inflation: 51.2 %
Außenhandel: Import 338.09 Mio. US-$, Export 1.56 Mrd. US-$
Erwerbstätige nach Sektoren: Landwirtschaft 56.9 %, Industrie 13.9 %, Dienstleistungen 29.2 %
Arbeitslosenquote: 12.2 %
Energieverbrauch/Kopf: 66 kg ÖE
Straßennetz: 7 034 km
Eisenbahnnetz: 248 km

RÜCKBLICK

Übergangsphase: Als neuer Versuch, das Land nach siebenjährigem Bürgerkrieg zu befrieden, wurde am 22. Februar 2020 eine neue **Übergangsregierung der Nationalen Einheit** geformt. Präsident **Salva Kiir Mayardit** ernannte seinen Widersacher **Riek Machar** erneut zum Vizepräsidenten. Die vier weiteren Stellvertreterposten wurden mit den bisherigen Vizepräsidenten James Wani Igga und Taban Deng Gai besetzt sowie mit Rebecca Nyandeng de Mabior und Hussein Abdelbagi Akol. Am 16.3.2020 wurde eine neue Regierung vereidigt, die aus Mitgliedern des bisherigen Kabinetts sowie aus Vertretern der Opposition bestand. Der Neuanfang ging auf ein unter Vermittlung von Uganda und dem Sudan im September 2018 zustande gekommenes **Friedensabkommen** zurück. Neben einem Waffenstillstand und der Demobilisierung aller bewaffneten Kräfte schrieb dies auch die Verlängerung von Kiirs Mandat als Präsident während der Übergangsperiode von drei Jahren und acht Monaten vor und die Einsetzung Machars in das Amt des ersten stellvertretenden Präsidenten. Am Ende der Übergangsphase sollten **freie Wahlen** und eine **neue Verfassung** stehen. Das Friedensabkommen sah auch die Errichtung eines unabhängigen Gerichtshofs und die Bildung einer „Kommission für Wahrheit, Versöhnung und Heilung" vor, die die gravierenden **Menschenrechtsverletzungen** auf beiden Seiten der Bürgerkriegslager **aufarbeiten** sollten. Die Bildung der Einheitsregierung war bereits zweimal verschoben worden, weil einige der im Abkommen vereinbarten Bedingungen noch nicht erfüllt waren. Dazu gehörte z. B. die Festlegung von neuen Verwaltungsgebieten, die sich an den jeweiligen Mehrheitsethnien orientieren sollten.

Hintergrund: Hervorgegangen aus einem blutigen Konflikt, war der Südsudan 2011 als **jüngster Staat der Welt** unabhängig geworden und hatte sich vom Sudan abgetrennt. Machtkämpfe zwischen Präsident Kiir und Vizepräsident Machar eskalierten 2013 in einem **Bürgerkrieg**, der bis 2020 nach Schätzungen etwa **400 000 Todesopfer** forderte. Die Auseinandersetzungen, die mit schweren Menschenrechtsverletzungen einhergingen, führten zur Lagerspaltung auch entlang ethnischer Linien. Die Kämpfe drehten sich um **politische Vorherrschaft**, aber auch um die **Kontrolle über** die wichtigste Ressource des Landes, die ergiebigen **Erdölquellen**. Mehrere international vermittelte Friedensschlüsse konnten die Gewalt nicht stoppen.

Machtaufteilung: Präsident Kiir und Vizepräsident Machar einigten sich im Juni 2020 über die **regionale Machtverteilung** und lösten damit einen **Streitpunkt**, der das gemeinsame Wirken in **der Einheitsregierung** zu behindern drohte. Die Kiir-Fraktion sollte über Central Equatoria mit der Hauptstadt Juba, die erdölreiche Region Unity und vier weitere Bundesstaaten regieren. Das Machar-Lager sollte die Kontrolle über drei Bundesstaaten erhalten, darunter Upper Nile, wo sich die Erdölproduktion konzentrierte. Die ebenfalls am Friedensabkommen beteiligte Südsudanesische Oppositionsallianz (SSOA) bekam Jonglei zugeschrieben.

Der Führer der südsudanesischen Opposition Dr. Riek Machar, l., und der Präsident des Südsudan Salva Kiir, r., bei ihrem Treffen in Juba, Südsudan, am 9. September 2019, mit dem Ziel, eine Regierungskoalition zu vereinbaren.

Humanitäre Situation: Infolge der langjährigen gewaltsamen Konflikte entwickelte sich die humanitäre Lage im Südsudan dramatisch. Ein großer Teil der Bevölkerung war 2020 **auf Nothilfe angewiesen**. Mehr als 6 Mio. Menschen waren Anfang 2020 nach UN-Angaben von **Hunger bedroht**. Die Trinkwasserversorgung und Abwasserentsorgung war unzureichend, Gesundheits- und Bildungswesen zeigten sich in einem maroden Zustand. Medizinische Hilfe leisteten vorwiegend ausländische humanitäre Hilfsdienste. Die **Sicherheitslage blieb instabil**, die Zivilbevölkerung war weiterhin durch Gewalt bedroht. Die UN bezifferte die Zahl der Menschen, die vor den Kämpfen geflüchtet waren, Anfang 2020 auf rund 3.6 Mio. Davon befanden sich 1.5 Mio. innerhalb des Landes auf der Flucht. Eines der wichtigsten Zielländer für Flüchtlinge aus dem Südsudan war der Nachbarstaat Uganda, der zwischen 2013 und 2020 mehr als 1 Mio. Menschen aufgenommen hatte.

Gefahr durch Landminen: Eine große Gefahr für die Bevölkerung waren auch die im Boden versteckten Landminen, die bei Berührung explodieren und damit Menschen verstümmeln oder töten können. Auf dem Gebiet des Südsudan befanden sich 2020 nach Schätzungen noch immer 500 000 bis **2 Mio. Minen**, die vorwiegend abseits von befestigten Straßen und Wegen im Boden lauerten. Auf die Minenräumung spezialisierte Organisationen bemühten sich, die tödlichen Sprengwaffen zu entfernen.

Verhältnis zum Sudan: Im November 2019 erschien der neue **sudanesische Premierminister** Abdallah Hamdok zu einem **Antrittsbesuch** im Südsudan. Der Sturz des sudanesischen Langzeitmachthabers und Bürgerkrieg-Hardliners Omar al-Baschir 2018 eröffnete **neue Perspektiven** für die verhärteten Beziehungen beider Staaten. Ein Hauptstreitpunkt war die **Verteilung der Erdölexporterlöse**. Seit der Trennung beider Staaten ist der Südsudan im Besitz der lukrativen Erdölfelder, hat als Binnenland aber keinen Zugang zu den Küstenhäfen. Das Land nutzt die Ölpipelines des Sudan und zahlt diesem dafür Gebühren. Unter dem Vorwurf, der Sudan behalte einen Teil des durchgeleiteten Erdöls ein, hatte der Südsudan 2012 seine Ölproduktion komplett gestoppt und damit nahezu seine gesamten Einkünfte verloren. Ungeklärt war auch die Grenzziehung zwischen beiden Staaten und der **Status der Grenzregion Abyei**. Außerdem warfen sich der Südsudan und der Sudan gegenseitig vor, Milizengruppen auf dem jeweils anderen Staatsgebiet zu unterstützen.

Suriname

▸ 669

Ländername	Republik Suriname
Zeitzone	MEZ -4 h
Fläche in km²	163 820
Anzahl der Einwohner	581 372
Einwohnerzahl pro km²	4
Hauptstadt	Paramaribo
Amtssprache	Niederländisch
Verwaltungsgliederung	10 Distrikte
Wichtige Städte	Paramaribo, Lelydorp, Nieuw Nickerie, Meerzorg, Moengo
Autokennzeichen | ISO-Code	SME | SUR
Währung	1 Suriname-Dollar = 100 Cents
Nationalfeiertag	25. November

Erst 1975 erlangte das Land im Nordosten Südamerikas seine Unabhängigkeit von den Niederlanden. Hauptpfeiler der Wirtschaft sind die reichen Bauxitvorkommen, die den größten Teil der Deviseneinnahmen sichern.

GEOGRAFIE

Geografische Lage: Von 1° 50' bis 6° nördlicher Breite sowie von 53° 59' bis 58° 04' westlicher Länge
Höchster Punkt: Julianatop 1280 m
Klima: Tropisches, feuchtheißes Regenwaldklima

POLITIK

Staatsform: Präsidiale Republik
Staatsoberhaupt: Präsident
Legislative: Nationalversammlung mit 51 für 5 Jahre gewählten Mitgliedern
Jahr der Verfassung: 1987
Wahlrecht: 18 Jahre
Staatsreligion: Keine

BEVÖLKERUNG

Bevölkerungsanteil: <15 Jahre 26.9 %, 15-64 Jahre 66.1 %, >64 Jahre 7 %
Verteilung: Stadt 66.1 %, Land 33.9 %
Wachstum 2019: 1 %
Lebenserwartung: Frauen 75 Jahre, Männer 69 Jahre
Alphabetenrate: Frauen 92.7 %, Männer 96.1 %
Ethnische Gruppen: Inder, Afrikaner, Kreolen, Javaner, Mestizen u. a.
Religionen: Christen 49.6 %, Hindus 22.3 %, Muslime 13.8 %, Ethnische 1.8 %, Sonstige 1.7 %
Sprachen: Niederländisch, Sranan, Englisch u. a.

WIRTSCHAFT UND VERKEHR

BIP: 3.99 Mrd. US-$
Wachstum BIP 2019: -0.8 %
BNE/Kopf: 6 311 US-$
Inflation: 4.4 %
Außenhandel: Import 1.82 Mrd. US-$, Export 2.27 Mrd. US-$
Erwerbstätige nach Sektoren: Landwirtschaft 7.5 %, Industrie 23.5 %, Dienstleistungen 69 %
Arbeitslosenquote: 7.3 %
Energieverbrauch/Kopf: 1 247 kg ÖE
Straßennetz: 4 304 km
Eisenbahnnetz: Keine Angabe

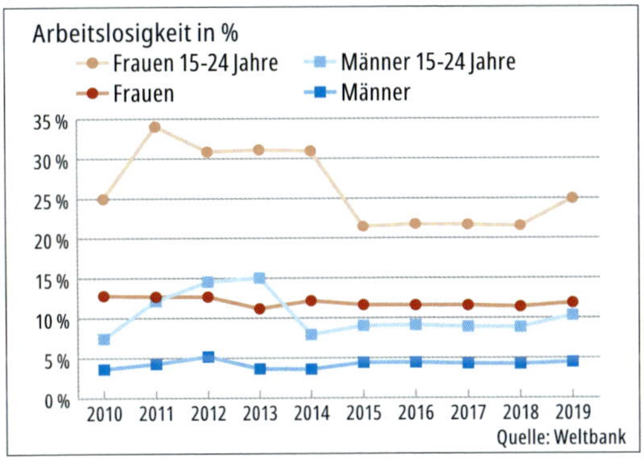

RÜCKBLICK

Urteil gegen Präsidenten: Am 29.11.2019 verurteilte ein Militärgericht **Präsident Désiré Delano Bouterse** wegen Beteiligung an der Ermordung von 15 Oppositionellen im Dezember 1982 („Dezembermorde“) zu einer 20-jährigen Haftstrafe. Bouterse legte Berufung ein. Er hatte bereits 2007 die politische Verantwortung für die Morde als damaliger Kopf der Militärregierung übernommen, eine persönliche Beteiligung jedoch stets zurückgewiesen. Désiré Bouterse war als Hauptfeldwebel an dem Militärputsch 1980 maßgeblich beteiligt gewesen. 2010 war er zum Präsidenten gewählt und 2015 bestätigt worden.

Zentralbank: Im Februar 2020 wurde Robert-Gray van Trikt, der Gouverneur der Zentralbank, in Untersuchungshaft genommen. Zuvor war das Verschwinden von umgerechnet 100 Mio. US-$ aus der Zentralbank bekannt geworden. Im April 2020 beantragte die Staatsanwaltschaft in diesem Zusammenhang Anklage gegen Finanzminister Gillmore Hoefdraad.

Parlamentswahl: Bei der am 25.5.2020 abgehaltenen Parlamentswahl gewann die oppositionelle Fortschrittliche Reformpartei (Vooruitstrevende Hervormings Partij) (VHP) 39.5 % der Stimmen. Es war ihr bestes Ergebnis seit 1973 und sie gewann 20 (+11) der insgesamt 51 Sitze im Einkammerparlament. Die regierende Nationale Demokratische Partei (Nationale Democratische Partij; NDP) von Staatspräsident Désiré Bouterse erlangte 24 % und verlor mit 16 (-10) Mandaten mehr als ein Drittel ihrer bisherigen Mandate. Die Nationale Partei Suriname (Nationale Partij Suriname; NPS) gewann mit 11.8 % 3 Sitze (+1), die Allgemeine Befreiungs- und Entwicklungspartei (Algemenen Bevrijdings- en Ontwikkelingspartij; ABOP) 9.1 % und 8 Sitze (+3) und Pertjajah Luhur (PL), die Partei der Einwanderer aus Java, mit 6.1 % 2 Sitze (-3). 2 weitere Sitze gingen an Sonstige. Die Wahlbeteiligung lag bei 71.6 %. Das Parlament soll im August 2020 den neuen Staatspräsidenten wählen. Am 30.5. bildeten die Oppositionsparteien VHP, NPS, ABOP und PL eine Koalition mit **Chan Santokhi (VHP) als Präsidentschaftskandidaten**.

Corona: Nach Bekanntwerden des ersten Covid-19-Falls am 13.3.2020 schloss die Regierung die Grenzen und Schulen und verhängte eine Ausgangssperre zwischen 20 Uhr und 6 Uhr. Am 8.4. erklärte die Nationalversammlung den Ausnahmezustand. Anlässlich der Parlamentswahl am 25.5. lockerte die Regierung die Ausgangssperre am 24 und 25.5.2020. Am 1.6. verschärfte Präsident Bouterse aufgrund steigender Fallzahlen die Ausgangssperre auf 18 bis 6 Uhr und verhängte vom 4.-12.6. eine ganztägige Ausgangssperre, die bis zum 21.6. verlängert wurde. Anschließend galt eine nächtliche Ausgangssperre zwischen 21 und 5 Uhr. Hotels, Kirchen und Sportstätten blieben weiterhin geschlossen, Restaurants durften nur einen Lieferservice anbieten.

Syrien

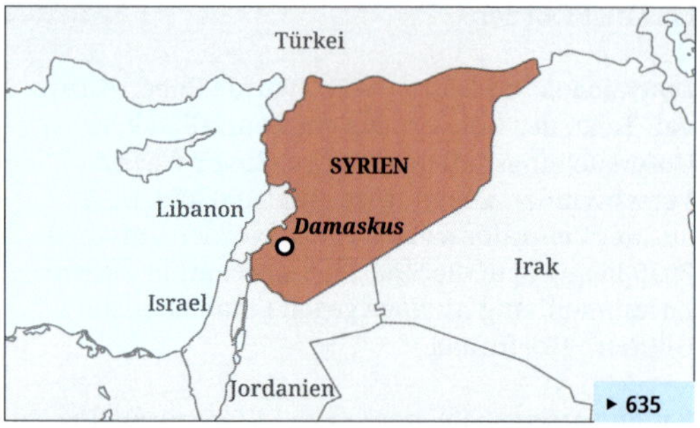

▸ 635

Ländername	Arabische Republik Syrien
Zeitzone	MEZ +1 h
Fläche in km²	185 180
Anzahl der Einwohner	17.1 Millionen
Einwohnerzahl pro km²	92
Hauptstadt	Damaskus
Amtssprache	Arabisch
Verwaltungsgliederung	14 Bezirke
Wichtige Städte	Aleppo, Damaskus, Homs, Hama, Latakia, Deir es-Sor
Autokennzeichen | ISO-Code	SYR | SYR
Währung	1 Syrische Lira = 100 Piaster
Nationalfeiertag	17. April

Im Altertum stand die Region unter dem Einfluss bedeutender Hochkulturen. Im Im 7. und 8. Jahrhundert war Damaskus unter den Omaijaden das Zentrum des islamischen Weltreichs. Der heutige Staat spielt eine wichtige Rolle im Nahostkonflikt. 2011 entwickelte sich durch eine Protestbewegung gegen das herrschende Regime ein Bürgerkrieg, der bis heute andauert und geschätzt 500 000 Todesopfer gefordert und bis zu 12 Millionen Menschen zu Flüchtlingen gemacht hat.

GEOGRAFIE

Geografische Lage: Von 32° 19' bis 37° 19' nördlicher Breite sowie von 35° 43' bis 42° 23' östlicher Länge
Höchster Punkt: Hermon 2814 m
Klima: Im Westen Mittelmeerklima, im Osten Wüstenklima

POLITIK

Staatsform: Präsidiale Republik
Staatsoberhaupt: Präsident
Legislative: Volksversammlung mit 250 für 4 Jahre gewählten Mitgliedern
Jahr der Verfassung: 2012
Wahlrecht: 18 Jahre
Staatsreligion: Keine

BEVÖLKERUNG

Bevölkerungsanteil: <15 Jahre 31.1 %, 15-64 Jahre 64.3 %, >64 Jahre 4.6 %
Verteilung: Stadt 54.8 %, Land 45.2 %
Wachstum 2019: 1 %
Lebenserwartung: Frauen 78 Jahre, Männer 69 Jahre
Alphabetenrate: Frauen 81 %, Männer 91.7 %
Ethnische Gruppen: Araber, Kurden, Armenier u. a.
Religionen: Muslime 87 %, Christen 10 %, Sonstige 3 %
Sprachen: Arabisch, Kurdisch, Armenisch u. a.

WIRTSCHAFT UND VERKEHR

BIP: 24.6 Mrd. US-$
Wachstum BIP 2019: -36.5 %
BNE/Kopf: 831 US-$
Inflation: 36.7 %
Außenhandel: Import 4.9 Mrd. US-$, Export 2.1 Mrd. US-$
Erwerbstätige nach Sektoren: Landwirtschaft 10.7 %, Industrie 26.6 %, Dienstleistungen 62.7 %
Arbeitslosenquote: 8.4 %
Energieverbrauch/Kopf: 577 kg ÖE
Straßennetz: 69 873 km
Eisenbahnnetz: 2 139 km

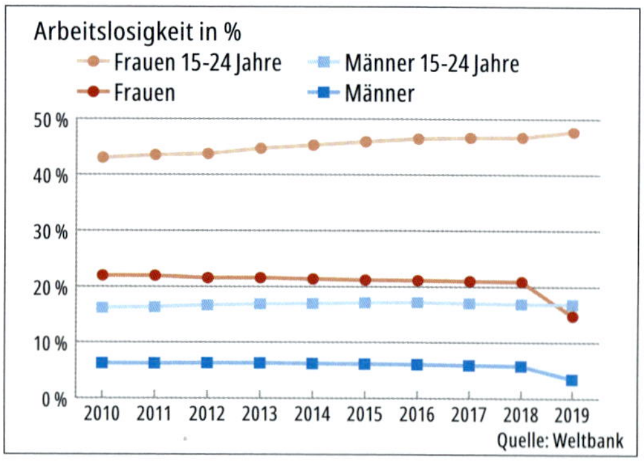

RÜCKBLICK

Türkische Invasion: US-Präsident Donald Trump gab am 6.10.2019 in einem Telefongespräch mit dem türkischen Staatspräsidenten Recep Tayyip Erdoğan diesem freie Hand, den schon länger angekündigten **Angriff auf die** von den kurdischen Volksverteidigungseinheiten (YPG) dominierten **Syrischen Demokratischen Kräfte** (SDF) zu beginnen. Am 9.10. begann die Offensive mit Luftangriffen und Artilleriebeschuss, deren Ziel die **Schaffung einer** 32 km tiefen **„Sicherheitszone"** entlang der syrisch-türkischen Grenze war, in der syrische Flüchtlinge angesiedelt werden sollen. An der Seite der türkischen Armee kämpften von der Türkei besoldete syrische Milizen, unter denen sich auch dschihadistische Gruppen befanden. Wie schon beim türkischen Angriff auf die kurdische Enklave Afrin im Nordwesten Syriens Anfang 2018 kam es erneut zu zahlreichen **Kriegsverbrechen und Plünderungen**. Hevrin Khalaf, die Generalsekretärin einer kurdischen Partei, wurde von Milizionären am 12.10. ermordet.

Die SDF sahen sich gezwungen, mit Russland und dem Assad-Regime zu verhandeln. Letzteres entsandte am 14.10. erste Einheiten nach Ain Issa und Tell Tamer sowie Manbij. US-Vizepräsident Mike Pence vermittelte bei seinem Besuch am 17.10. in Ankara eine Waffenruhe, die indes nur teilweise hielt. Erdoğan und Putin einigten sich am 22.10. bei einem Treffen in Sotschi darauf, zwischen Tal Abjad und Ras al-Ain den durch den türkischen Vormarsch geschaffenen Status quo auf einer Tiefe von 32 km beizubehalten, entlang dem weiteren Verlauf der syrisch-türkischen Grenze sollen syrische Truppen und russische Militärpolizei stationiert werden, die **SDF-Einheiten** sich **30 km von der Grenze zurückziehen**. Kurdische Einheiten sollen auch aus Manbij und Tel Rifat abziehen. Die gemeinsamen russisch-türkischen Patrouillen begannen schließlich am 1.11. Zuvor war es am 29.10. südlich von Ras al-Ain zu ersten Gefechten zwischen türkischen und syrischen Einheiten gekommen. Die Türken setzten am 30.10. ihre Offensive in Richtung Tell Tamer und östlich von Ras al-Ain fort, während sich die syrischen Truppen zurückzogen. Im November kam es zu fast täglichen Scharmützeln zwischen der SDF und den syrischen Hilfstruppen der Türkei, danach wurde es ruhiger. Von den anfangs geflüchteten 200 000 Personen kehrten 130 000 wieder zurück.

„Islamischer Staat": Die SDF, die die Hauptlast im Kampf gegen den „Islamischen Staat" (IS) getragen hatten, stellten nach dem türkischen Angriff ihre Beteiligung vorerst ein. Zugleich wuchs die Furcht, dass gefangengenommenen IS-Kämpfern die Flucht gelingen könnte, da die SDF zeitweise die Kontrolle über die Lager verloren. Rund 800 Frauen und Kindern von IS-Kämpfern gelang die Flucht aus dem Lager bei Ain Issa. In Al-Hol, einem anderen Lager, kam es zu einem Aufstand. Der Kommandeur der SDF, Mazlum Kobane, erklärte am 6.11., man beteilige sich wieder am Kampf gegen den IS und auch am Schutz der Erdölfelder. Trump hatte kurz zuvor seine Entscheidung zum Abzug teilweise revidiert. Aus dem US-Verteidigungsministerium verlautete am 25.10., man wolle die Erdölfelder in Syrien weiterhin kontrollieren, um zu verhindern, dass sie wieder dem IS in die Hände fielen. Zu diesem Zweck wurden erstmals auch Panzereinheiten der US-Armee nach Syrien verlegt.
Spezialkräfte der US-Armee spürten in der Nacht zum 26.10. in der Provinz Idlib, in der Nähe der türkischen Grenze, den Anführer und selbsternannten Kalifen des IS, **Abu Bakr al-Baghdadi**, auf, der sich dort versteckt hielt. Baghdadi **sprengte sich selbst in die Luft**. Einen wesentlichen Beitrag zur Lokalisierung Baghdadis hatten die Geheimdienste der syrischen und irakischen Kurden geleistet. Auch der Sprecher des IS, Abu al-Hassan al-Muhadschir, wurde bei dieser Operation getötet. In einer Mitteilung des IS wurde am 31.10. Abu Ibrahim al- Haschimi al-Kuraischi, wie Baghdadi ein Iraker, als neuer Führer genannt.

Kämpfe in Idlib: Die Truppen des Assad-Regimes, unterstützt von iranischen bzw. ausländischen schiitischen Milizen sowie der russischen Luftwaffe, verstärkten den militärischen Druck auf die Provinz Idlib im Nordwesten, das einzige noch von Rebellen gehaltene Gebiet. Die Offensive kam nur langsam voran, trotz der forcierten **Luftangriffe**, denen weiterhin **oft Zivilisten** zum **Opfer** fielen, wie am 22.7.2019, als bei der Bombardierung des Marktes in Maarrat an-Numan 35 Zivilisten getötet wurden. Die Rebellengruppen kämpften mit dem Rücken zur Wand, da es kein weiteres Rückzugsgebiet mehr gab. Am 20.8. nahmen Regierungstruppen Chan Scheichun im Süden der Provinz ein, das sich fünf Jahre lang in der Hand der Aufständischen befunden hatte. Mitte Dezember begann eine neue Phase der Offensive, die auf Gebiete östlich und südöstlich von Maarrat an-Numan zielte, wo die strategisch bedeutsame Straße M5 verläuft, die von Aleppo nach Damaskus führt. Die Regimekräfte nahmen die Stadt Anfang Februar 2020 ein, am 8.2. Saraqeb; am 11.2. war schließlich die komplette M5 in ihrer Hand. Auch westlich

von Aleppo gelangen weitere Geländegewinne, so dass der Flughafen der Stadt wieder für Passagierflüge geöffnet werden konnte.
In der Nacht zum 3.2. geriet einer der Beobachtungsposten, den die **türkische Armee in der Provinz** errichtet hatte, unter syrisches Artilleriefeuer, bei dem acht türkische Soldaten getötet wurden. Die türkische Artillerie beschoss ihrerseits syrische Positionen. Präsident Erdoğan forderte die syrische Regierung am 5.2. dazu auf, die Einkreisung von vier türkischen Beobachtungsposten, die durch den Vormarsch der Regimetruppen nun hinter der Front lagen, aufzuheben. Zugleich verstärkte die Türkei ihre Truppenpräsenz, zu den bereits stationierten 12 000 Mann kamen 7 000 weitere hinzu sowie 2 500 Militärfahrzeuge, darunter auch Panzer und Artillerie. Die türkische Artillerie unterstützte die Rebellen, zwei syrische Hubschrauber wurden mit tragbaren Flugabwehrraketen abgeschossen. Am 24.2. wurden zwei türkische Stützpunkte aus der Luft angegriffen, zehn Soldaten kamen ums Leben. Am 27.2. erfolgten weitere Luftangriffe, bei denen **mehrere Dutzend türkische Soldaten getötet wurden**. Vorausgegangen war der Beschuss syrischer und russischer Flugzeuge durch Rebellen mit tragbaren Flugabwehrraketen. Von russischer Seite verlautete, es habe sich um ein Versehen gehandelt, der Angriff habe syrischen Rebellen gegolten, man sei über die Präsenz türkischer Truppen nicht informiert gewesen. Mit türkischer Unterstützung eroberten die Rebellen am 27.2. für kurze Zeit Saraqeb zurück, bevor der Ort am 2.3. wieder verlorenging. Am 1.3. begannen die türkischen Einheiten die **Operation „Frühlingsschild"**, gemeinsam mit den Rebellen, die 23 Orte zurückeroberten.
Seit Beginn der Angriffe in Idlib Mitte 2019 waren insgesamt 800 000 Menschen nach Norden in Richtung der türkischen Grenze geflohen. Am 5.3. vereinbarten Erdoğan und sein russischer Amtskollege Wladimir Putin bei einem Treffen in Moskau einen **Waffenstillstand**. Entlang der in Ost-West-Richtung verlaufenden M4 sollte ein 12 km breiter Sicherheitsstreifen eingerichtet und **gemeinsame russisch-türkische Patrouillen** durchgeführt werden. Die erste Patrouille am 15.3. musste angesichts von Straßenblockaden und Protesten abgebrochen werden. Auch die vier nächsten Versuche im März und April konnten nicht zu Ende geführt werden. Erst im Mai gelang dies, nachdem die Türkei sich offensichtlich mit der in Idlib dominierenden Gruppe Hayat Tahrir asch-Scham (HTS, Bewegung für die Befreiung der Levante) verständigt hatte. Am 10.5. wurde der Waffenstillstand erstmals durch einen Angriff

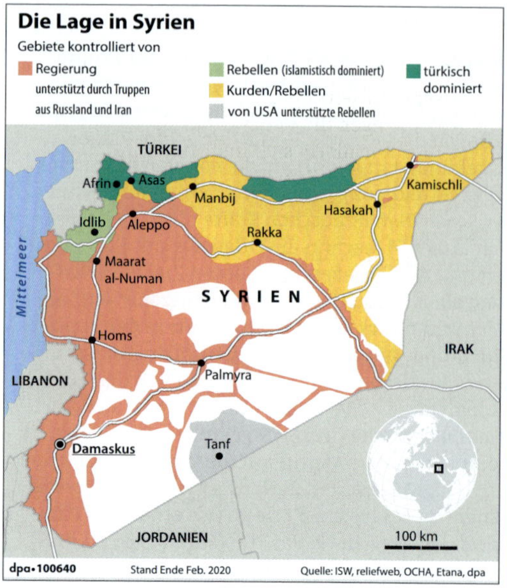

von Rebellen auf Regimetruppen im Norden der Provinz Hama gebrochen, am 2. und 3.6. kam es wieder zu russischen Luftangriffen in den Provinzen Idlib und Latakia.

Spannungen im Südwesten: Ende Februar 2020 brachen in der **Provinz Dar'a** im Südwesten des Landes in einigen Städten **Kämpfe** aus. In der Provinzhauptstadt und an einigen anderen Orten gab es Proteste, die sich gegen das Regime und die iranische Präsenz richteten. Seit Monaten hatte die Gewalt in der Provinz zugenommen, laut der in London ansässigen Syrischen Beobachtungsstelle für Menschenrechte (SOHR) fanden bis dahin in acht Monaten 320 Gewaltakte statt. 2019 wurden mehr als 150 Personen getötet, rund 100 von ihnen ehemalige Rebellen. 2018 hatten die USA die Unterstützung für die in jener Region aktiven Rebellen eingestellt, was diese zur Verständigung mit dem Regime zwang. Dabei wurden ihnen die persönliche Sicherheit, die Freilassung von Gefangenen und die Integration in von Russland kontrollierte syrische Armeeeinheiten zugesichert. Weder Einheiten des Regimes noch iranische bzw. von Iran besoldete ausländische Milizen sollten zu den Städten in der Region Zutritt erhalten. Ihre leichten Waffen durften die ehemaligen Rebellen behalten. Doch bereits 2018 wurden zahlreiche frühere Kommandanten verhaftet, später Hunderte von ehemaligen Kämpfern, Oppositionellen oder humanitären Helfern. Viele Personen verschwanden spurlos oder wurden getötet.

Andere wurden vom Regime für die Kämpfe in Idlib zwangsrekrutiert. Vor allem die iranischen Pläne, in der Provinz eine gegen Israel gerichtete militärische Präsenz aufzubauen, stießen auf Ablehnung. Gegen die Repressionsmaßnahmen des Regimes formierte sich im Untergrund der sich so nennende Volkswiderstand. **Auch in der Nachbarprovinz Suweida**, die mehrheitlich von Drusen bewohnt ist, wuchsen die Spannungen zwischen der Bevölkerung und dem Regime. Vor allem die zunehmende wirtschaftliche Krise führte im Mai und Juni zu Protesten.

Assads Cousin fällt in Ungnade: Rami Machluf, der Cousin von Staatspräsident Baschar al-Assad, der vor dem Bürgerkrieg 60 % der syrischen Wirtschaft kontrolliert haben soll, wurde offensichtlich unter Hausarrest gestellt, sein **Vermögen** durch das Finanzministerium am 19.5.2020 **gesperrt**. Ihm wurde vorgeworfen, in den Erdöl- und Erdgasschmuggel verwickelt zu sein und Steuern hinterzogen zu haben. Zwei seiner Mobilfunkfirmen wurden mit Geldstrafen von 255 Mio. US-$ belegt. Machluf äußerte in einem Video auf seiner Facebook-Seite, die Forderungen gegen ihn seien nicht gerechtfertigt, er sei aber dennoch bereit, die Zahlung zu leisten, wenn der Präsident dies anordne.

Wirtschaftskrise: Hinter dem Vorgehen gegen Machluf stand offensichtlich auch die **wirtschaftliche und finanzielle Misere** des Landes, die die Regierung zwang, neue Geldquellen zu erschließen. Präsident **Assad wechselte** am 11.6.2020 auch den **Ministerpräsidenten aus**. An die Stelle des seit 2016 amtierenden Imad Chamis trat der bisherige Minister für Wasserressourcen Hussein Arnus. Die finanziellen Engpässe waren auch eine Folge dessen, dass Iran aufgrund der Sanktionen der USA gezwungen war, seine Zuwendungen an Syrien zu reduzieren. Auch **die Krise im Libanon wirkte sich aus**. Dort waren Firmen mit dem Regime verbundener syrischer Unternehmer ansässig, syrische Gelder waren in libanesischen Banken angelegt. Über den Libanon lief die Einfuhr von Erdöl nach Syrien, um die Sanktionen umgehen zu können. Die im Herbst 2019 ausgebrochene Bankenkrise im Libanon reduzierte die Einfuhr von Gütern und Devisen nach Syrien markant. Zudem gingen auch die Überweisungen syrischer Flüchtlinge von dort zurück. Die wirtschaftliche Krise spiegelte sich im Dollarkurs auf dem syrischen Schwarzmarkt wider, der im Januar bei 900 Syrischen Pfund lag.

Hinzu kam der **Caesar Act**, ein von Demokraten und Republikanern im Kongress initiiertes Gesetz, das von Präsident Trump am 20.12.2019 unterzeichnet und am 17.6.2020 in Kraft gesetzt wurde. Darin waren Sanktionen gegen jede Regierung oder private Körperschaft vorgesehen, die Hilfe für das Assad-Regime leistet oder zum Wiederaufbau Syriens beiträgt. Diese Sanktionen sollen erst dann ein Ende finden, wenn die Luftangriffe auf Zivilisten beendet, den belagerten Gebieten humanitäre Hilfe geleistet und Flüchtlingen die Rückkehr in ihre vorherigen Wohnorte gestattet wird. Ebenso müssten die politischen Gefangenen auf freien Fuß gesetzt und die Verantwortlichen der vom Regime begangenen Kriegsverbrechen bestraft werden.

Israelische Luftangriffe: Mehrfach kam es zu israelischen Luftangriffen auf Ziele in Syrien, vor allem auf Stützpunkte der iranischen Revolutionsgarden oder pro-iranischer schiitischer Milizen. In der Nacht zum 1.7.2019 wurden auch zwei Forschungseinrichtungen der syrischen Armee bei Damaskus und Homs angegriffen.

Humanitäre Hilfe: Ein seit fünf Jahren laufendes **Programm der UN für humanitäre Hilfe** wurde am 10.1.2020 **lediglich um ein weiteres halbes Jahr verlängert**, auch sollen nur noch zwei Grenzübergänge genutzt werden statt wie bisher vier. Der ursprüngliche Entwurf, der die Verlängerung um ein Jahr und die Nutzung von vier Grenzübergängen vorsah, scheiterte am Veto Russlands und Chinas.

Corona: Am 23.3.2020 wurde ein erster Fall einer Covid-19-Infektion gemeldet, am 29.3. kam es zum ersten Todesfall. Ein nur annähernd realistisches Bild der Entwicklung der Epidemie im Lande war angesichts der extrem lückenhaften Erfassung der Infektionen unmöglich. Am 14.3. wurden alle Bildungseinrichtungen im Machtbereich des Assad-Regimes geschlossen. Ab dem 25.3. galt eine Ausgangssperre, der öffentliche und private Verkehr war bereits am 22.3. untersagt worden. In den von den SDF kontrollierten Gebieten der sogenannten Autonomen Verwaltung von Nord- und Ostsyrien waren die Bildungsinstitutionen gleichfalls am 14.3. geschlossen worden, eine Ausgangssperre wurde am 21.3. in den Städten, am 23.3. in den übrigen Gebieten eingeführt.

Tadschikistan

▸ 692

Ländername	Republik Tadschikistan
Zeitzone	MEZ +4 h
Fläche in km²	141 380
Anzahl der Einwohner	9.3 Millionen
Einwohnerzahl pro km²	66
Hauptstadt	Duschanbe
Amtssprache	Tadschikisch, Russisch
Verwaltungsgliederung	2 Provinzen, 1 autonome Provinz, 1 Distrikt und 1 Stadt
Wichtige Städte	Duschanbe, Chudschand, Qurghonteppa, Kulob, Istarawschan
Autokennzeichen | ISO-Code	TJ | TJK
Währung	1 Somoni = 100 Diram
Nationalfeiertag	9. September

Das kleine mittelasiatische Land, dessen Fläche fast zur Hälfte im Pamir liegt, ist der ärmste Nachfolgestaat der Sowjetunion. Geschwächt durch die Folgen eines mehrjährigen Bürgerkriegs, erholt sich die Wirtschaft des autoritär regierten Landes nur langsam.

GEOGRAFIE

Geografische Lage: Von 36° 41' bis 41° 02' nördlicher Breite sowie von 67° 21' bis 75° 10' östlicher Länge
Höchster Punkt: Pik Ismoil Somoni 7495 m
Klima: Hochgebirgsklima, zum Teil kontinentales Steppenklima

POLITIK

Staatsform: Präsidiale Republik
Staatsoberhaupt: Präsident
Legislative: Oberste Versammlung, bestehend aus Repräsentantenhaus mit 63 für 5 Jahre gewählten Mitgliedern und Nationalversammlung mit 25 für 5 Jahre gewählten und 8 ernannten Mitgliedern
Jahr der Verfassung: 1994
Wahlrecht: 18 Jahre
Staatsreligion: Keine

BEVÖLKERUNG

Bevölkerungsanteil: <15 Jahre 37.1 %, 15-64 Jahre 59.8 %, >64 Jahre 3.1 %
Verteilung: Stadt 27.1 %, Land 72.9 %
Wachstum 2019: 2.5 %
Lebenserwartung: Frauen 74 Jahre, Männer 69 Jahre
Alphabetenrate: Frauen 99.7 %, Männer 99.8 %
Ethnische Gruppen: Tadschiken, Usbeken, Kirgisen, Russen u. a.
Religionen: Muslime 96.7 %, Christen 1.6 %
Sprachen: Tadschikisch, Usbekisch, Kirgisisch, Russisch u. a.

WIRTSCHAFT UND VERKEHR

BIP: 8.12 Mrd. US-$
Wachstum BIP 2019: 7 %
BNE/Kopf: 877 US-$
Inflation: 7.8 %
Außenhandel: Import 3.2 Mrd. US-$, Export 1.05 Mrd. US-$
Erwerbstätige nach Sektoren: Landwirtschaft 44.9 %, Industrie 15.7 %, Dienstleistungen 39.4 %
Arbeitslosenquote: 10.9 %
Energieverbrauch/Kopf: 340 kg ÖE
Straßennetz: 29 167 km
Eisenbahnnetz: 680 km

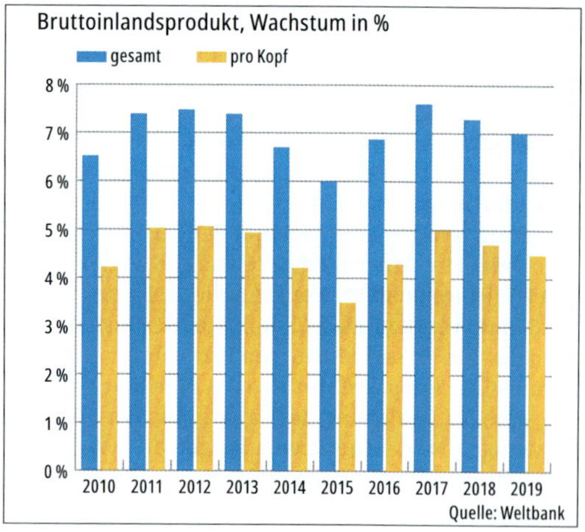

RÜCKBLICK

Parlamentswahl: Bei der Wahl zum **Repräsentantenhaus** am 1.3.2020, konnte die **Volksdemokratische Partei** (HDKT) des diktatorisch regierenden Präsidenten Emomali Rahmon mit 47 von 63 Sitzen ihre beherrschende Stellung **ungefährdet** halten. Sitze erhielten fünf weitere regimetreue Parteien. Die Sozialdemokraten, einzige zugelassene Oppositionspartei seit dem Verbot der Partei der Islamischen Wiedergeburt (IRP) 2015, blieb mit 0.3 % der Stimmen ohne Chance. Die **OSZE** hatte auf die Entsendung einer **Wahlbeobachtungsmission verzichtet**, weil keine Aussicht auf einen fairen Wahlprozess bestand.

Erbe: Mit der Neuwahl der Nationalversammlung (Oberhaus) durch die Vertretungen der Gebietskörperschaften am 27.3.2020 erhielt der Präsidentensohn **Rustam Emomali**, ab 2017 Bürgermeister der Hauptstadt Duschanbe, ein Mandat. Am 17.4. wurde er **Präsident der Nationalversammlung**, protokollarisch Nr. 2 hinter dem Staatsoberhaupt und damit potenzieller Nachfolger seines Vaters im Falle von Tod, Rücktritt oder Amtsunfähigkeit. 2020 stand die nächste Präsidentenwahl an. Rahmon darf allerdings erneut, ohne zeitliche Begrenzung, kandidieren und genießt als „Führer der Nation" (ab 2015) lebenslange Immunität.

Terrorismus: Bei einem **Feuergefecht** am 6.11.2019 an der Grenze zu Usbekistan wurden mindestens 17 Menschen getötet. Der Angriff von 20 Bewaffneten aus Afghanistan habe, so offizielle Angaben, einem Grenzposten gegolten und gehe auf das Konto des „Islamischen Staats" (IS), was dieser jedoch nicht bestätigte. Dagegen „bekannte" sich der IS für einen **Anschlag auf** vier ausländische **Fahrradtouristen** am 29.7.2018 mit vier Toten. Vier Attentäter wurden von Sicherheitskräften tags darauf erschossen, ein fünfter wurde vor Gericht gestellt und im November 2018 zu einer lebenslangen Freiheitsstrafe verurteilt. Am 3.3.2020 gab die Regierung dessen Tod in Haft bekannt. Für den damaligen Überfall hatte sie die IRP verantwortlich gemacht, genauso wie für zwei **Gefängnisaufstände** am 8.11.2018 und 19.3.2019 mit 23 bzw. 29 Toten.

Corona: In **Zentralasien** war Tadschikistan das Land mit der **dritthöchsten Covid-19-Infektionsrate**. Der erste bestätigte Fall wurde am 30.4.2020 registriert. Die offizielle **Sterberate**, im Mai die höchste unter den fünf zentralasiatischen GUS-Republiken, wurde von unabhängiger Seite in Zweifel gezogen, weil als Todesursache meist Lungenentzündung angegeben worden sei. Ab dem 15.6. durften Geschäfte, Restaurants und Cafés schrittweise **wieder öffnen**. Gleichzeitig wurden strenge Strafen u. a. bei Verstoß gegen die Maskenpflicht und gegen die Verbreitung von „Falschinformationen" verhängt.

Taiwan

▸ 696

Ländername	Republik China
Zeitzone	MEZ +7 h
Fläche in km²	36 197
Anzahl der Einwohner	23.6 Millionen
Einwohnerzahl pro km²	652
Hauptstadt	Taipeh
Amtssprache	Chinesisch (Taiwanisches Minnan)
Verwaltungsgliederung	13 Landkreise und 9 Städte
Wichtige Städte	Neu-Taipeh, Taichung, Kaohsiung, Taipeh, Taoyuan, Tainan
Autokennzeichen | ISO-Code	RC | TWN
Währung	1 Neuer Taiwan-Dollar = 100 Cents
Nationalfeiertag	10. Oktober

Die Insel vor der chinesischen Festlandküste wird international nur von wenigen Ländern der Erde als unabhängiger Staat anerkannt. Dabei gehört Taiwan zu den wichtigsten Wirtschaftsmächten der Welt. Die politischen Zukunftsoptionen sind Beibehaltung des Status Quo, Wiedervereinigung mit der Volksrepublik China oder Abschied vom Prinzip eines vereinigten Chinas, was die Führung in Peking allerdings strikt ablehnt.

GEOGRAFIE

Geografische Lage: Von 21° 54' bis 25° 17' nördlicher Breite sowie von 119° 27' bis 122° östlicher Länge
Höchster Punkt: Yu Shan 3952 m
Klima: Feuchtgemäßigtes, subtropisches bis tropisches Klima

POLITIK

Staatsform: Semipräsidiale Republik
Staatsoberhaupt: Präsidentin
Legislative: Legislativ-Yuan mit 113 für 4 Jahre gewählten Mitgliedern
Jahr der Verfassung: 1947
Wahlrecht: 20 Jahre
Staatsreligion: Keine

BEVÖLKERUNG

Bevölkerungsanteil: <15 Jahre 12.4 %, 15-64 Jahre 71.9 %, >64 Jahre 15.7 %
Verteilung: Stadt 78.9 %, Land 21.1 %
Wachstum 2019: 0.1 %
Lebenserwartung: Frauen 84 Jahre, Männer 78 Jahre
Alphabetenrate: Frauen 97.3 %, Männer 99.7 %
Ethnische Gruppen: Han Chinesen, Malaien, Polynesier u. a.
Religionen: Buddhisten 35.3 %, Christen 3.9 %, Ethnische (Daoisten, Konfuzianer) 43.2 %
Sprachen: Chinesisch, Taiwanesisch, Hakka, Englisch

WIRTSCHAFT UND VERKEHR

BIP: 586.1 Mrd. US-$
Wachstum BIP 2019: 2.7 %
BNE/Kopf: 24 828 US-$
Inflation: 0.6 %
Außenhandel: Import 287.16 Mrd. US-$, Export 330.62 Mrd. US-$
Erwerbstätige nach Sektoren: Keine Angabe
Arbeitslosenquote: 3.8 %
Energieverbrauch/Kopf: Keine Angabe
Straßennetz: 43 206 km
Eisenbahnnetz: 1 613 km

RÜCKBLICK

Regierung: Der harte Kurs Chinas und die Unterdrückung der Demokratiebewegung in Hongkong im 2. Halbjahr 2019 halfen der amtierenden Präsidentin Tsai Ing-wen in ihrem Wahlkampf zur Wiederwahl am 11.1.2020. Viele, insbesondere junge Menschen, fürchten die Einvernahme ihres Landes nach dem Prinzip „ein Land, zwei Systeme" durch China. Der unterlegene Präsidentschaftskandidat der KMT (Kuomintang-Partei) Han Guo-yu, hatte sich für eine Annäherung an Peking ausgesprochen, um die wirtschaftliche Zusammenarbeit zu vertiefen und vom chinesischen Markt zu profitieren. Die Wiederwahl Tsais mit 57.1 % der Stimmen fiel überzeugend aus und die Reaktion aus Peking war eindeutig: Es gibt nur ein China auf der Welt und Taiwan ist Teil Chinas.

USA: Kurz nach der Wiederwahl von Präsidentin Tsai Ing-wen wurde der Abschluss eines Rüstungsgeschäftes mit den USA über 18 Torpedos bekanntgegeben, Wert 164 Mio. €. Die USA unterstützt seit 1979 Taiwan mit Waffen zur Verteidigung, um militärischen Übergriffen durch China vorzubeugen. Das hat die Beziehung zwischen China und den USA im 1. Halbjahr 2020 weiter verschlechtert und führte erneut zu militärischen Konfrontationen zwischen beiden Staaten in der Taiwanstraße.

Wirtschaft: Taiwanische Unternehmen, die große Summen in der VR China investiert haben, verlagern Neuinvestitionen zunehmend nach Taiwan, als Folge neuer Handelsschranken und steigender Lohnkosten in China. Das ist der wichtigste Grund für den starken Zuwachs der Anlageinvestitionen in 2018 um 7.8 %, der zu einem Wirtschaftswachstum von offiziell geschätzten 2.6 % führte. Parallel stieg der Export in die Vereinigten Staaten weit überdurchschnittlich.
Mit einem Minus von 1.4 % schrumpfte 2019 der gesamte Export Taiwans. Das Wachstum des BIP in Taiwan betrug 2019 rund 2.7 % gegenüber dem Vorjahr.
Die taiwanische Regierung plant den Beitritt zum transpazifischen Freihandelspakt (CPTPP), ein Ziel, das sie ohne die Zustimmung der VR China nur schwer erreichen kann.

Atomausstieg: Die Regierung Taiwans hält an einem Atomausstieg bis zum Jahr 2025 fest und setzt auf einen schnellen Ausbau von Solar- und Windenergie, obwohl die Bevölkerung sich 2018 in einem Referendum gegen diesen festen Ausstiegstermin ausgesprochen hatte. Derzeit decken vier Atommeiler etwa 10 % des Stromverbrauchs.

Corona: Taiwans Vorgehen bei der Eindämmung der Corona-Pandemie wurde international gelobt. Mithilfe hoher Testkapazitäten und rigoroser Kontaktverfolgung, auch anhand digitaler Technik, hatte das Land den Corona-Ausbruch schnell unter Kontrolle und meldete rund 400 Infektions- und 7 Todesfälle.

Tansania

▸ 641

Ländername	Vereinigte Republik Tansania
Zeitzone	MEZ +2 h
Fläche in km²	947 300
Anzahl der Einwohner	58 Millionen
Einwohnerzahl pro km²	61
Hauptstadt	Dodoma
Regierungssitz	Daressalam
Amtssprache	Swahili, Englisch
Verwaltungsgliederung	31 Regionen
Wichtige Städte	Daressalam, Mwanza, Arusha, Dodoma, Mbeya, Morogoro, Tanga, Sansibar
Autokennzeichen | ISO-Code	EAT | TZA
Währung	1 Tansania-Schilling = 100 Senti
Nationalfeiertag	26. April

Tanganjika und Sansibar schlossen sich 1964 zur Vereinigten Republik Tansania zusammen. Der ostafrikanische Staat beherbergt mit dem Kibo im Kilimandscharo-Massiv den höchsten Gipfel Afrikas. Seine weiten Savannen sind Lebensraum für viele Großwildarten.

GEOGRAFIE

Geografische Lage: Von 0° 59' bis 11° 44' südlicher Breite sowie von 29° 19' bis 40° 27' östlicher Länge
Höchster Punkt: Kilimandscharo (Kibo) 5895 m
Klima: Tropisches Savannenklima

POLITIK

Staatsform: Präsidiale Republik
Staatsoberhaupt: Präsident
Legislative: Nationalversammlung mit 382 für 5 Jahre gewählten und 10 ernannten Mitgliedern
Jahr der Verfassung: 1977
Wahlrecht: 18 Jahre
Staatsreligion: Keine

BEVÖLKERUNG

Bevölkerungsanteil: <15 Jahre 43.8 %, 15-64 Jahre 53.5 %, >64 Jahre 2.7 %
Verteilung: Stadt 34.5 %, Land 65.5 %
Wachstum 2019: 3 %
Lebenserwartung: Frauen 68 Jahre, Männer 64 Jahre
Alphabetenrate: Frauen 73.1 %, Männer 83.2 %
Ethnische Gruppen: Bantu u. a.
Religionen: Christen 61.4 %, Muslime 35.2 %, Ethnische 1.8 %
Sprachen: Swahili, Englisch, Regionalsprachen

WIRTSCHAFT UND VERKEHR

BIP: 63.18 Mrd. US-$
Wachstum BIP 2019: 5.8 %
BNE/Kopf: 1 105 US-$
Inflation: 3.5 %
Außenhandel: Import 8.98 Mrd. US-$, Export 5.05 Mrd. US-$
Erwerbstätige nach Sektoren: Landwirtschaft 65.3 %, Industrie 6.8 %, Dienstleistungen 27.9 %
Arbeitslosenquote: 1.9 %
Energieverbrauch/Kopf: 497 kg ÖE
Straßennetz: 87 581 km
Eisenbahnnetz: 4 567 km

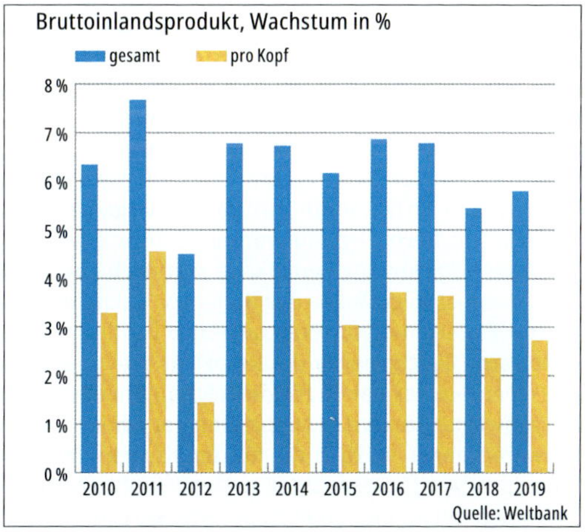

RÜCKBLICK

Repressive Führung: Unter **Staatspräsident John Pombe Magufuli** und seiner Chama Cha Mapinduzi-Partei der Revolution (CCM), der am längsten regierenden Partei des afrikanischen Kontinents, zeigte sich das Land politisch stabil. Allerdings verfolgte der Präsident einen zunehmend rigiden Kurs gegenüber regierungskritischen Stimmen. Zwar garantierte die Verfassung die bürgerlichen Grundrechte, in der politischen Praxis waren Vertreter der Opposition, Journalisten und Menschenrechtsaktivisten jedoch **Bedrohungen und Einschüchterungsversuchen** ausgesetzt wie die Menschenrechtsorganisation Amnesty International für 2019 dokumentierte. Es kam zu **willkürlichen Verhaftungen**, aber auch zu **Entführungen und zum ungeklärten Verschwinden** missliebiger Personen. Kritiker sprachen von einem Klima der Angst. Das US-Institut Freedom House stufte Tansania 2019 in Bezug auf politische Rechte und bürgerliche Freiheiten als „teilweise frei" ein. Die Nichtregierungsorganisation Reporter ohne Grenzen ordnete das Land in ihrer Rangliste der **Pressefreiheit** 2020 auf Platz 124 von 180 Staaten ein, zählte es aber im Vergleich zur Lage der Pressefreiheit 2013 mit einem Minus von 54 Plätzen zu den Staaten mit dem stärksten Abwärtstrend. Die nächsten Präsidentschafts- und Parlamentswahlen waren für Herbst 2020 geplant. Es bestand die allgemeine Erwartung, dass Magufuli bei den Abstimmungen für eine zweite Amtszeit bestätigt würde.

Staudammprojekt: Mitte 2019 starteten die Bauarbeiten am umstrittenen Staudammprojekt im **Selous-Wildreservat** im Südosten Tansanias. Das 1982 zum **UNESCO-Weltnaturerbe** erklärte Schutzgebiet wird vom Rufiji durchflossen, der zu den mächtigsten Strömen Afrikas gehört. Das **Wasserkraftwerk** am Oberlauf des Flusses, mit einer Turbinenleistung von rund 2.1 Gigawatt Strom das viertgrößte Kraftwerk in Afrika, sollte Tansanias Energiebedarf dauerhaft sichern. Geplant war die Flutung einer 1 000 bis 1 500 km² großen Fläche, wodurch ein See etwa dreimal so groß wie der Bodensee entstehen würde. Experten erwarteten nicht nur für das **biologische Gleichgewicht** des Reservats gravierende Folgen, sondern auch für die Regionen weiter flussabwärts: Durch das Ausbleiben der Überschwemmungen würden die für den Küstenschutz wichtigen Mangrovenwälder an der Mündung zum Indischen Ozean nicht mehr ausreichend mit Süßwasser versorgt. Das Bauvorhaben löste international kritische Reaktionen aus. Das 50 000 km² große Selous-Wildreservat gehört mit seiner nahezu unberührten Wildnis zu den **artenreichsten Regionen der Erde**. Dort lebte z. B. der stark in seiner Art bedrohte Afrikanische Wildhund.

Plastikverbot: Die Regierung erließ Mitte 2019 für das Festland ein umfassendes **Verbot für Plastiktüten**. Tüten dieser Art durften weder produziert, noch verkauft oder verwendet werden. Verstöße wurden mit **Geldstrafen oder Haftstrafen** geahndet: für Produzenten bis zu rund 380 000 Euro oder zwei Jahre Haft, für Nutzer 11-77 Euro oder sieben Tage Arrest. Der Gebrauch von Kunststoffverpackungen war weiterhin erlaubt für medizinische Zwecke, für die Sanitär- oder Abfallwirtschaft, die Lebensmittelverarbeitung und die Landwirtschaft. Tansania folgte mit dem Verbot den Nachbarländern Ruanda und Kenia, die bereits 2008 bzw. 2017 aus Gründen des Umweltschutzes Plastiktüten aus dem Handel verbannt hatten.

Wirtschaft: Auch wirtschaftlich blieb Tansania auf **solidem Kurs**. Die Wachstumsraten von 4.5 % bis 7.5 % reichten aber nicht aus, um das Bevölkerungswachstum (2020: geschätzt 3.1 %) auszugleichen und die **weitverbreitete Armut** zu beseitigen. Unter Berücksichtigung der Corona-Pandemie prognostizierte der Internationale Währungsfonds für 2020 einen BIP-Zuwachs von 2 % und für 2021 von 4.6 %. Zur Erreichung der Ziele des 1999 verabschiedeten Entwicklungsplanes, nach dem Tansania bis 2025 in die Riege der Staaten mit mittlerem Einkommen aufgestiegen sein sollte, setzte die staatliche Führung vor allem auf den massiven **Ausbau der Infrastruktur** im Transportwesen oder auch im Bereich der Energieversorgung. **Großes Potenzial** wurde dem **Tourismussektor** zugeschrieben, der mit Zuwachsraten von jährlich rund 7 % bis 2028 die Wirtschaft ankurbeln sollte. 2019 beschäftigte er etwa ein Zehntel aller Erwerbstätigen. Rund zwei Drittel der Erwerbstätigen waren dagegen in der meist kleinbäuerlichen Landwirtschaft tätig.

Corona: Auf die ersten bestätigten Covid-19-Infektionen im Land im März 2020 reagierte Tansania zunächst mit der Sperrung des internationalen Flugverkehrs, mit der **Schließung von Bildungseinrichtungen**, Versammlungsverboten und Einreisequarantäne. Präsident Magufuli sprach der Pandemie aber ihre Bedeutung ab. Statt weitere eindämmende Maßnahmen zu verhängen, forderte er die Bevölkerung auf, den gewohnten Aktivitäten nachzugehen und das Virus stattdessen mit Gebeten und Naturmedizin zu bannen. Die **Veröffentlichung von aktuellen Infektionszahlen** wurde verboten und die Leitung des nationalen Testlabors ihrer Aufgaben enthoben. Anfang Juni 2020 erklärte der Präsident das Land für virusfrei.

Thailand

Ländername	Königreich Thailand
Zeitzone	MEZ +6 h
Fläche in km²	513 120
Anzahl der Einwohner	69.6 Millionen
Einwohnerzahl pro km²	136
Hauptstadt	Bangkok
Amtssprache	Thai
Verwaltungsgliederung	76 Provinzen und 2 Sonderverwaltungseinheiten
Wichtige Städte	Bangkok, Nonthaburi, Pak Kret, Hat Yai, Nakhon Ratchasima, Chiang Mai
Autokennzeichen | ISO-Code	T | THA
Währung	1 Baht = 100 Satang
Nationalfeiertag	28. Juli

Während der Expansion des europäischen Kolonialismus bewahrte Thailand, das bis 1939 Siam hieß, als einziges Land der Region die Souveränität. König Bhumipol aus der seit 1782 regierenden Chakri-Dynastie, der 2006 sein 60-jähriges Thronjubiläum feierte und 2016 verstorben ist, verfügte dank seines Ansehens in der Bevölkerung über innenpolitischen Einfluss, der weit über seine verfassungsmäßigen Rechte hinaus ging. Sein Sohn Maha Vajiralongkorn ist seit dem 1. Dezember 2016 thailändischer König.

GEOGRAFIE

Geografische Lage: Von 5° 38' bis 20° 27' nördlicher Breite sowie von 97° 21' bis 105° 39' östlicher Länge
Höchster Punkt: Doi Inthanon 2565 m
Klima: Tropisches Monsunklima

POLITIK

Staatsform: Konstitutionelle Monarchie
Staatsoberhaupt: König
Legislative: Nationalversammlung, bestehend aus Repräsentantenhaus mit 500 für 4 Jahre gewählten Mitgliedern und Senat mit 250 für 5 Jahre ernannten Mitgliedern
Jahr der Verfassung: 2017
Wahlrecht: 18 Jahre
Staatsreligion: Keine

BEVÖLKERUNG

Bevölkerungsanteil: <15 Jahre 16.8 %, 15-64 Jahre 70.8 %, >64 Jahre 12.4 %
Verteilung: Stadt 50.7 %, Land 49.3 %
Wachstum 2019: 0.3 %
Lebenserwartung: Frauen 81 Jahre, Männer 74 Jahre
Alphabetenrate: Frauen 91.2 %, Männer 94.7 %
Ethnische Gruppen: Thai, Burmesen u. a.
Religionen: Buddhisten 94.6 %, Muslime 4.3 %, Christen 1 %
Sprachen: Thai, Englisch, Regionalsprachen

WIRTSCHAFT UND VERKEHR

BIP: 543.65 Mrd. US-$
Wachstum BIP 2019: 2.4 %
BNE/Kopf: 7 792 US-$
Inflation: 0.7 %
Außenhandel: Import 236.64 Mrd. US-$, Export 246.24 Mrd. US-$
Erwerbstätige nach Sektoren: Landwirtschaft 31.6 %, Industrie 22.6 %, Dienstleistungen 45.8 %
Arbeitslosenquote: 0.7 %
Energieverbrauch/Kopf: 1 969 kg ÖE
Straßennetz: 180 053 km
Eisenbahnnetz: 4 458 km

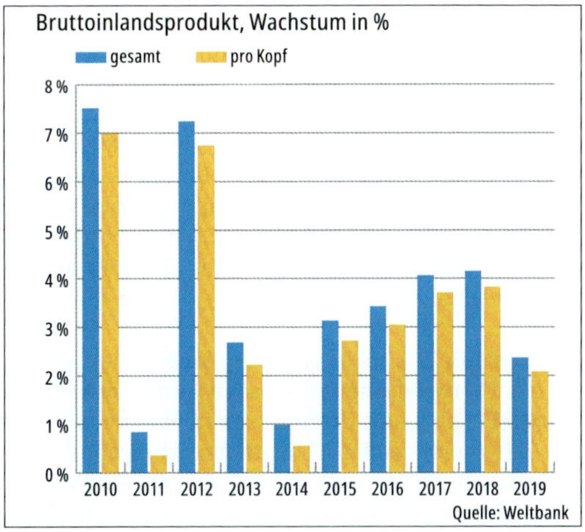

RÜCKBLICK

Zivile Regierung: Am 16.7.2019 vereidigte König Maha Vajiralongkorn den am 5.6.2019 von Senat und Repräsentantenhaus gewählten General Prayuth Chan-o-cha und sein Kabinett. Zugleich wurde der seit 2014 regierende Nationale Rat für Frieden und Ordnung – die Militärjunta – aufgelöst. Prayuths Kabinett gehörten 35 Minister an, die konservative Demokratische Partei trat in die Koalitionsregierung ein, ihr Vorsitzender Jurin Laksanavisit wurde Vizepremier und übernahm das Wirtschaftsressort. Die Schlüssel-Ministerien gingen sämtlich an die militärnahe Partei der Kraft des Volksstaats (PPP), die bei den Wahlen im März weniger als ein Viertel der Mandate errungen hatte. Da aber der gleichberechtigte Senat vollständig von der Armee besetzt war, war die Wahl Prayuths sicher. Dennoch war das Wahlergebnis für die monarchistischen Kräfte eine Enttäuschung und Prayuths Ansehen in diesen Kreisen abträglich. Der im Mai 2019 gekrönte König verlangte von der Regierung eine Revision der Verfassung zur Stärkung seiner Vorbehaltsrechte. Bei seiner Amtseinführung schwor Prayuth dem König Treue, doch unterließ er das in der Eidesformel vorgesehene Loyalitätsbekenntnis zur Verfassung, die dem Modell einer konstitutionellen Monarchie entspricht.

Militär: Im Oktober 2019 unterstellte König Maha Vajiralongkorn zwei Infanterieregimenter am Standort Bangkok seinem persönlichen Kommando. Gemeinsam mit der etwa 5 000 Mann starken Palastgarde verfügte der Monarch über militärische Einheiten in der Hauptstadt, die Putsche gegen die Regierung ohne Zustimmung des Königs nahezu ausschließen. Mit dem Umbau wurde Armeechef Apirat Konsompong betraut, der als Ultraroyalist gilt und die Ambitionen des Königs zur Revision der Verfassung unterstützen soll. Das geringe Ansehen der mit 560 000 Mann überdimensionierten Streitkräfte litt durch den 39 Menschen das Leben kostenden Amoklauf eines Soldaten am 8.2.2020 in Nakhon Ratchasima, dessen Hintergründe ein schlechtes Licht auf die Armee warfen.

Parteien: Am 21.2.2020 sprach das Verfassungsgericht ein **Verbot der oppositionellen Future Forward Party** (FFP) aus – das Urteil wurde mit einem Kredit des Parteivorsitzenden Thanathorn Juangroongruangkit an die Partei begründet, den das Gericht als verdeckte und wegen seiner Höhe von 6 Mio. US-$ verbotene Parteispende bewertete. Gegen Thanathorn und einige hohe Parteifunktionäre verhängten die Richter ein zehnjähriges politisches Betätigungsverbot, so dass ihnen auch der Weg einer Parteineugründung verstellt wurde. Thanathorns Parlamentsmandat hatte das Verfassungsgericht bereits am 20.11.2019 annulliert, weil der Milliardär vor der Parlamentswahl im März 2019 Aktien eines Medienunternehmens zu spät verkauft habe, um den Wahlgesetzen zu genügen. Beide Urteile wurden von Kommentatoren im Ausland übereinstimmend als **politisch motivierte Justiz mit dem Ziel der Ausschaltung des Oppositionsführers** angesehen. Bei der Parlamentswahl hatte die FFP mehr als 6 Mio. Wähler und 81 Mandate gewonnen; sie hatte vor allem bei Jungwählern Zuspruch gefunden. Ihre Agenda – Beschneidung des Einflusses der Armee, Abschaffung der Wehrpflicht, Rücknahme der autoritären Verfassungsreform von 2016 – forderte Regierung und Militär offen heraus. Armeechef Apirat beschuldigte Thanathorn am 11.10.2019 in einer vielbeachteten Rede, Teil einer kommunistischen Verschwörung zum Sturz der Monarchie zu sein. Tatsächlich aber lag die Gefährlichkeit der Partei für die herrschende Elite in ihrer Attraktivität für ideologisch ungebundene Wählergruppen: Schon die Wahl der Parteifarbe Orange drückte das Versprechen der FFP aus, die seit 2001 virulente politische Polarisierung zwischen links-populistischen Rothemden und konservativ-nationalistischen Gelbhemden zu überwinden.

Wirtschaft: Die Wirtschaft wuchs 2019 nur noch um 2.4 %. Der Handelskonflikt zwischen den USA und der VR China beeinträchtigte die exportorientierte Industrie, die seit Ende 2018 in einer Abwärtsspirale steckte. Der Tourismus wurde durch Visaerleichterungen angekurbelt, Touristen aus der VR China, die nach einem verheerenden Fährunglück bei Phuket im Juli 2018 ausgeblieben waren, kamen wieder verstärkt nach Thailand. Die Leitbranchen litten unter der anhaltenden Stärke der Landeswährung, die 2019 gegenüber dem US-$ um etwa 5 % aufwertete, was auch auf die positive Leistungsbilanz, die geringe Auslandsverschuldung und die niedrige Inflation zurückzuführen war. Um die heimische Nachfrage anzukurbeln, erhöhte die Regierung die Sozialleistungen, gewährte Krediterleichterungen für Bauern und setzte Steuern aus. 2020 traf die Corona-Pandemie die Industrie und den Tourismus schwer. Die Notenbank senkte den Leitzins zwischen Februar und Mai in raschen Schritten auf 0.5 %. Die Regierung legte am 10.3. ein Konjunkturprogramm im Umfang von 12.7 Mrd. US-$ auf, am 24.3. legte sie mit der Ausgabe von Barzuschüssen an die Haushalte in Höhe von 1.5 Mrd. US-$ nach.

Togo

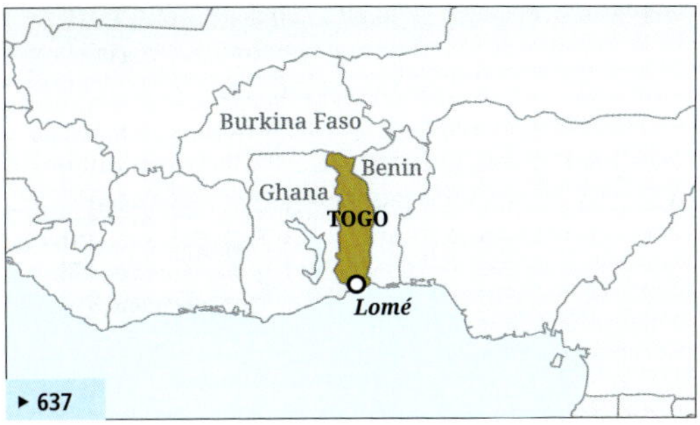

▸ 637

Ländername	Republik Togo
Zeitzone	MEZ -1 h
Fläche in km²	56 790
Anzahl der Einwohner	8.1 Millionen
Einwohnerzahl pro km²	142
Hauptstadt	Lomé
Amtssprache	Französisch
Verwaltungsgliederung	5 Regionen
Wichtige Städte	Lomé, Kara, Sokodé, Kpalimé, Atakpamé
Autokennzeichen | ISO-Code	TG | TGO
Währung	1 CFA-Franc BCEAO = 100 Centimes
Nationalfeiertag	27. April

Togo ist der kleinste Staat an der westafrikanischen Küste, dessen Bevölkerung sich aus etwa 40 verschiedenen ethnischen Gruppen zusammensetzt. Die westafrikanische Republik benannte sich bei ihrer Unabhängigkeit 1960 nach einem nahe der Hauptstadt Lomé gelegenen Dorf am Togosee.

GEOGRAFIE

Geografische Lage: Von 6° 06' bis 11° 08' nördlicher Breite sowie von 0° 10' westlicher bis 1° 47' östlicher Länge
Höchster Punkt: Mont Agou 986 m
Klima: Tropisches Savannenklima

POLITIK

Staatsform: Präsidiale Republik
Staatsoberhaupt: Präsident
Legislative: Nationalversammlung mit 91 für 5 Jahre gewählten Mitgliedern
Jahr der Verfassung: 1992
Wahlrecht: 18 Jahre
Staatsreligion: Keine

BEVÖLKERUNG

Bevölkerungsanteil: <15 Jahre 41 %, 15-64 Jahre 56.1 %, >64 Jahre 2.9 %
Verteilung: Stadt 42.2 %, Land 57.8 %
Wachstum 2019: 2.4 %
Lebenserwartung: Frauen 62 Jahre, Männer 60 Jahre
Alphabetenrate: Frauen 51.2 %, Männer 77.3 %
Ethnische Gruppen: Ewe, Kabiye, Akebu, Gurma u. a.
Religionen: Christen 43.7 %, Muslime 14 %, Ethnische 35.6 %
Sprachen: Französisch, Ewe, Kabiye u. a.

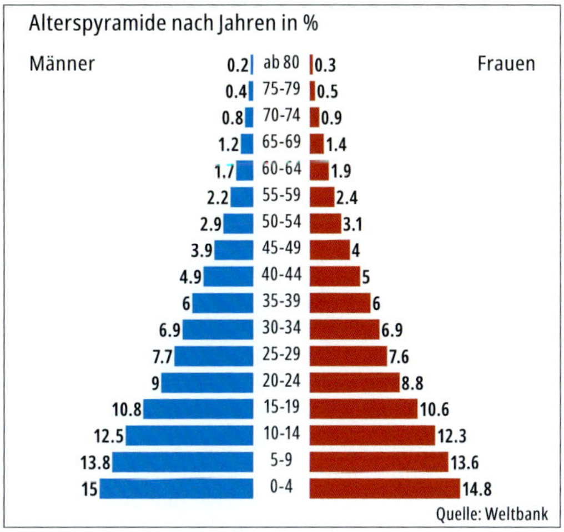

WIRTSCHAFT UND VERKEHR

BIP: 5.46 Mrd. US-$
Wachstum BIP 2019: 5.3 %
BNE/Kopf: 671 US-$
Inflation: 0.9 %
Außenhandel: Import 2.25 Mrd. US-$, Export 1.1 Mrd. US-$
Erwerbstätige nach Sektoren: Landwirtschaft 37.7 %, Industrie 12.9 %, Dienstleistungen 49.4 %
Arbeitslosenquote: 2 %
Energieverbrauch/Kopf: 462 kg ÖE
Straßennetz: 7 520 km
Eisenbahnnetz: 568 km

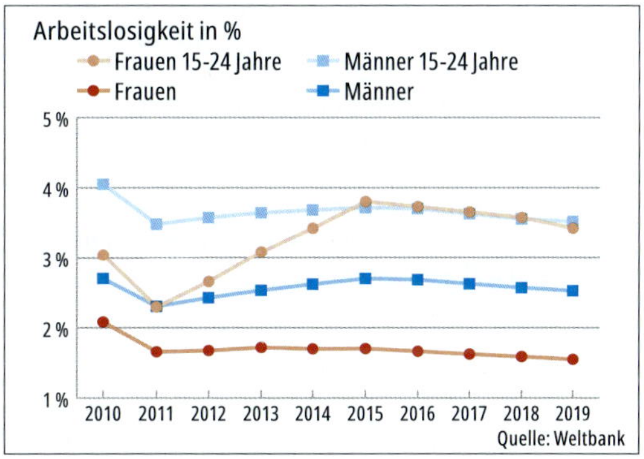

RÜCKBLICK

Parlamentswahl: Zum ersten Mal seit 32 Jahren fanden im Juni 2019 Kommunalwahlen statt. Die **Regierungspartei Union pour la République** (UNIR) erhielt eine Mehrheit mit 878 von 1490 Sitzen. An zweiter Stelle landete die **Alliance nationale pour le changement** mit 132 Sitzen, knapp dahinter das Oppositionsbündnis C14 mit 131 Sitzen.

Präsidentschaftswahl: Im März 2019 wurde die maximale Anzahl präsidialer Amtszeiten auf zwei begrenzt, **Präsident Faure Gnassingbé** trat trotz seiner bereits verstrichenen **zwei Amtszeiten** jedoch wieder an. Die Wahl fand am 22.2.2020 statt und Gnassingbé gewann laut amtlichem Endergebnis mit 70.9 % der Stimmen. Die stärkste Konkurrenz ging von **Agbéyomé Kodjo** aus, der 19.5 % der Stimmen erhielt. Kodjo erklärte sich direkt nach der Wahl zunächst selbst zum Sieger und warf der Regierung nach der Veröffentlichung der Wahlergebnisse Betrug vor. Nachdem er zu Protesten aufgerufen hatte, wurde ihm wiederum von der Regierung vorgeworfen, einen Putsch zu planen. Trotz **vereinzelter Unregelmäßigkeiten** und autoritärer Strukturen um die Familie Gnassingbé wurde die Wahl von der Westafrikanischen Wirtschaftsgemeinschaft (ECOWAS) als fair und frei evaluiert.

Wirtschaft: 2019 konnte im zehnten Jahr in Folge ein Wachstum des Bruttoinlandsprodukts von über 5 % erzielt werden. Das Wachstum der letzten Jahre war auf erhebliche staatliche Investitionen zurückzuführen, weswegen die Schuldenquote deutlich anstieg. Das 2017 folgende makroökonomische Programm führte bis 2019 zu einer Senkung staatlicher Ausgaben um über 40 %. Das fiskalische Defizit sank in diesem Zusammenhang auf 2.7 % des BIP, 2016 waren es noch 8.3 %.

Piraterie: Am 04.11.2019 attackierten Piraten einen griechischen Öltanker vor der togolesischen Küste und nahmen 4 Personen gefangen. Am 15.12.2019 wurden bei einer vergleichbaren Aktion auf einem Tanker unter der Flagge der Marshallinseln 21 Crewmitglieder gekidnappt. Der Golf von Guinea gilt noch immer als das Seegebiet mit den meisten Fällen von Piraterie weltweit. Im Jahr 2019 fanden 90 % aller global registrierten Entführungen auf See dort statt.

Tonga

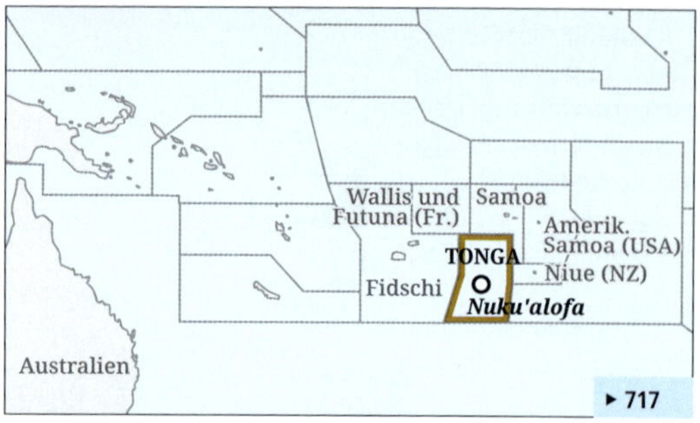

▸ 717

Ländername	Königreich Tonga
Zeitzone	MEZ +12 h
Fläche in km²	750
Anzahl der Einwohner	104 494
Einwohnerzahl pro km²	139
Hauptstadt	Nuku'alofa
Amtssprache	Tongaisch, Englisch
Verwaltungsgliederung	5 Divisionen
Wichtige Städte	Nuku'alofa, Neiafu, Haveloloto
Autokennzeichen | ISO-Code	TO | TON
Währung	1 Pa'anga = 100 Seniti
Nationalfeiertag	4. Juli, 4. November

Unter den Staaten des pazifischen Raums nimmt Tonga eine Sonderstellung ein, denn als einzige Inselgruppe konnte das Königreich seine Souveränität über Jahrhunderte erhalten. Lediglich zwischen 1900 und 1970 war Tonga britisches Protektorat. In jüngster Zeit verstärken sich Forderungen nach demokratischen Reformen.

GEOGRAFIE

Geografische Lage: Von 15° 34' bis 22° 20' südlicher Breite sowie von 173° 43' bis 176° 13' westlicher Länge
Höchster Punkt: Mount Kao 1030 m
Klima: Tropisch-maritimes Klima

POLITIK

Staatsform: Konstitutionelle Monarchie
Staatsoberhaupt: König
Legislative: Legislativversammlung mit 26 für 3 Jahre gewählten Mitgliedern
Jahr der Verfassung: 1875
Wahlrecht: 21 Jahre
Staatsreligion: Keine

BEVÖLKERUNG

Bevölkerungsanteil: <15 Jahre 35.1 %, 15-64 Jahre 59 %, >64 Jahre 5.9 %
Verteilung: Stadt 23.1 %, Land 76.9 %
Wachstum 2019: 0.8 %
Lebenserwartung: Frauen 73 Jahre, Männer 69 Jahre
Alphabetenrate: Frauen 99.5 %, Männer 99.4 %
Ethnische Gruppen: Tongaer u. a.
Religionen: Christen 96.9 %, Sonstige 2.4 %
Sprachen: Tongaisch, Englisch

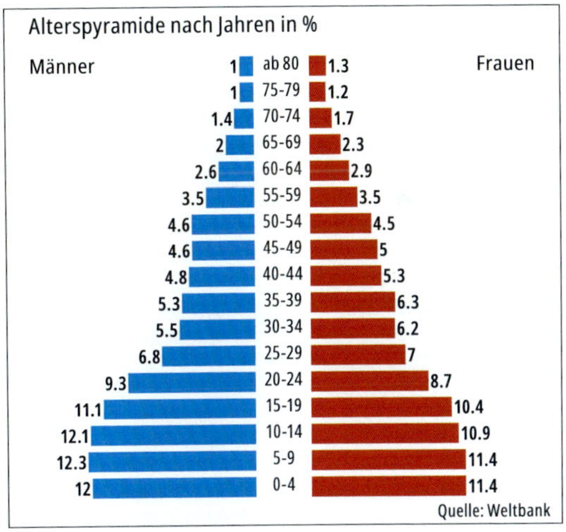

WIRTSCHAFT UND VERKEHR

BIP: 488 Mio. US-$
Wachstum BIP 2019: 3.5 %
BNE/Kopf: 4 862 US-$
Inflation: 4.6 %
Außenhandel: Import 240 Mio. US-$, Export 20 Mio. US-$
Erwerbstätige nach Sektoren: Landwirtschaft 24.2 %, Industrie 29.1 %, Dienstleistungen 46.7 %
Arbeitslosenquote: 1 %
Energieverbrauch/Kopf: Keine Angabe
Straßennetz: 680 km
Eisenbahnnetz: Keine Angabe

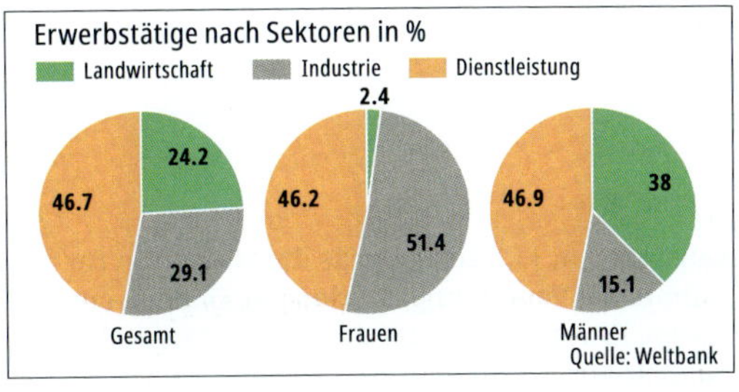

RÜCKBLICK

Innenpolitik: Am 11.9.2019 starb Premierminister Akilisi Pohiva – der Demokratieaktivist war 2014 zum Ministerpräsidenten gewählt worden und hatte den Einfluss des Adels zurückgedrängt. Zum neuen Regierungschef wurde am 27.9.2019 Finanzminister Pohiva Tu'i'onetoa mit 15 Stimmen gewählt, der dabei auch Stimmen von der Adelsbank erhielt und zwei Lords in sein Kabinett der Nationalen Versöhnung berief; 8 Abgeordnete der bislang regierenden Demokratischen Partei warfen ihm Verrat am Erbe Akilisi Pohivas vor. Dessen ältester Sohn gewann in der Nachwahl am 28.11. das Mandat seines Vaters.

Außenpolitik: Tongas Stimmrecht bei der UN wurde im Januar suspendiert, weil die Regierung ihren Mitgliedsbeitrag nicht entrichtet hatte. Die Bemerkung des chinesischen Botschafters, sein Land vertrete die Interessen Tongas in New York, löste im Januar Kontroversen über den Einfluss der VR China aus. Im Oktober hatte die Forderung des australischen Botschafters, Tonga möge die, seit 1982 nicht mehr vollstreckte, Todesstrafe abschaffen, ebenfalls für Empörung gesorgt. Am 31.1.2020 ernannte Großbritannien eine Botschafterin. Der Posten war seit 2006 vakant gewesen.

Wirtschaft: Weiterhin war der Wiederaufbau nach dem verheerenden Zyklon „Gita" im Februar 2018 die vorrangige Aufgabe; der Zyklon „Harold" richtete im April 2020 nach offiziellen Angaben weitere Schäden in Höhe von 111 Mio. US-$ an. Der Import von Baumaterialien und -maschinen, der Rückgang der Touristenzahlen und der Rücküberweisungen belasteten die Leistungsbilanz, deren negativer Saldo sich schon 2019 trotz stabiler Agrarexporte nach Neuseeland und Australien ausweitete. Zwar konnte die Regierung durch Quarantäne-Maßnahmen Covid-19 fernhalten, doch verschärfte die Corona-Pandemie die wirtschaftlichen Probleme weiter: Insbesondere die Minderung der Rücküberweisungen, die nahezu zwei Fünftel des BIP ausmachen, war ein erhebliches Problem. Die im Ausland verdienten Löhne wurden aufgrund der Krise zu einem erheblichen Teil im Ausland konsumiert: Die Rückkehr von etwa 7 000 Arbeitsmigranten wurde aus Sorge vor Einschleppung des Virus hinhaltend behandelt; am 19.6. erlaubte die Regierung die Rückführung von ersten Tongaern aus Samoa und Fidschi im Juli 2020. Die Regierung versuchte, fiskalpolitisch gegenzusteuern: Am 2.4.2020 legte sie ein Stimulierungspaket im Umfang von 25 Mio. US-$ auf.

Trinidad und Tobago

▸ 668

Ländername	Republik Trinidad und Tobago
Zeitzone	MEZ -5 h
Fläche in km²	5 130
Anzahl der Einwohner	1.4 Millionen
Einwohnerzahl pro km²	272
Hauptstadt	Port of Spain
Amtssprache	Englisch
Verwaltungsgliederung	9 Regionen, 3 Boroughs, 2 Städte und 1 Ward
Wichtige Städte	Chaguanas, San Fernando, Scarborough, Port of Spain, Arima
Autokennzeichen | ISO-Code	TT | TTO
Währung	1 Trinidad-und-Tobago-Dollar = 100 Cents
Nationalfeiertag	31. August

Dank ihrer großen Erdöl- und Erdgasvorkommen erlebte die 1498 von Kolumbus entdeckte karibische Inselgruppe seit den 1990er Jahren einen Wirtschaftsboom. Dieser wurde durch die steigenden Rohstoffpreise der vergangenen Jahre weiter verstärkt.

GEOGRAFIE

Geografische Lage: Von 10° 02' bis 11° 21' nördlicher Breite sowie von 60° 31' bis 61° 56' westlicher Länge
Höchster Punkt: Cerro del Aripo 940 m
Klima: Tropisch-wechselfeucht mit Trockenzeit von Januar bis Mai

POLITIK

Staatsform: Parlamentarische Republik
Staatsoberhaupt: Präsidentin
Legislative: Parlament, bestehend aus Repräsentantenhaus mit 41 für 5 Jahre gewählten Mitgliedern und Senat mit 31 für 5 Jahre ernannten Mitgliedern
Jahr der Verfassung: 1976
Wahlrecht: 18 Jahre
Staatsreligion: Keine

BEVÖLKERUNG

Bevölkerungsanteil: <15 Jahre 20.3 %, 15-64 Jahre 68.6 %, >64 Jahre 11.1 %
Verteilung: Stadt 53.2 %, Land 46.8 %
Wachstum 2019: 0.4 %
Lebenserwartung: Frauen 76 Jahre, Männer 71 Jahre
Alphabetenrate: Frauen 98.3 %, Männer 99.1 %
Ethnische Gruppen: Inder, Afrikaner, Mestizen u. a.
Religionen: Christen 55.2 %, Hindus 18.2 %, Muslime 5 %, Sonstige 8.4 %
Sprachen: Englisch, Kreolisch, Hindi, Spanisch u. a.

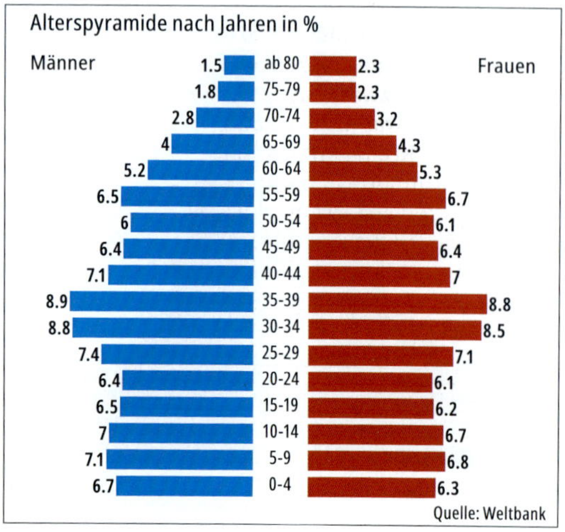

WIRTSCHAFT UND VERKEHR

BIP: 24.1 Mrd. US-$
Wachstum BIP 2019: -0.2 %
BNE/Kopf: 16 366 US-$
Inflation: 1 %
Außenhandel: Import 6 Mrd. US-$, Export 7.32 Mrd. US-$
Erwerbstätige nach Sektoren: Landwirtschaft 3 %, Industrie 26.7 %, Dienstleistungen 70.3 %
Arbeitslosenquote: 2.8 %
Energieverbrauch/Kopf: 14 364 kg ÖE
Straßennetz: 8 320 km
Eisenbahnnetz: Keine Angabe

RÜCKBLICK

Kabinett: Am 11.8.2019 wurde die Ministerin für Öffentliche Verwaltung, Marlene McDonald, entlassen. Es war bereits das dritte Mal, dass McDonald als Ministerin entlassen wurde, u. a. wegen Fehlverhalten im öffentlichen Dienst, Geldwäsche und Verschwörung zur Betrugsbekämpfung.

Cannabis: Am 23.12.2019 verabschiedete das Parlament ein Gesetz, das den Konsum von Cannabis entkriminalisierte. Es legalisiert den Besitz von weniger als 30 g Cannabis und reduziert die Strafe bei einem Besitz von 30 bis 60 g. Daneben erlaubt es jedem Erwachsenen den Anbau von bis zu 4 Cannabis-Pflanzen.

Tourismus: Nach Angaben der Caribbean Tourism Organization verzeichnete das Land 2019 rund 388 500 Touristenankünfte, 3.5 % mehr als 2018. Fast die Hälfte der Touristen kam aus den USA. Zudem besuchten rund 91 500 Kreuzfahrttouristen das Land. Damit verzeichnete der Kreuzfahrttourismus 2019 zwar einen Rückgang um 27 %, Ursache dafür war aber die außergewöhnlich hohe Zahl an Kreuzfahrtschiffen 2017 und 2018. Das Land profitierte dabei von den Schäden in anderen Häfen der Region, die die Hurrikane Irma und Maria 2017 verursacht hatten. Mitte März 2020 brach der Tourismus infolge der Corona-Pandemie zusammen.

Corona: Der erste Covid-19-Fall wurde am 12.3.2020 registriert. Am 21.3. wurden an einem Tag 40 weitere Fälle bestätigt. Sie gehörten zu einer Gruppe von 68 Staatsangehörigen, die am 5.3.2020 zu einer siebentätigen Kreuzfahrt aufgebrochen waren. Nach einem positiven Covid-19-Fall an Bord lag das Kreuzfahrtschiff mehrere Tage vor der Küste von Guadeloupe vor Anker. Alle 68 Urlauber wurden am 17.3. mit einem Charterflug zurückgeholt und unter Quarantäne gestellt, 40 von ihnen hatten sich mit dem Coronavirus infiziert.
Am 13.3. ordnete **Premierminister Keith Rowley** die Schließung aller Schulen und Universitäten an. Am 16.3. schloss die Regierung die Grenzen für alle Personen außer den eigenen Staatsbürgern, ab 22.3. galt das Einreiseverbot auch für Einheimische. Premierminister Rowley verkündete am 6.4. die Schließung aller Restaurants und der meisten Geschäfte. Nur Supermärkte, Bäckereien, Apotheken und Computerläden durften geöffnet bleiben. Zudem wurde eine Maskenpflicht eingeführt. Diese Maßnahmen und der Zusammenbruch des Tourismus wirkten sich negativ auf die Wirtschaft aus. Der IWF rechnete für 2020 mit einem Wirtschaftseinbruch um 4.5 %.

Tschad

▸ 634

Ländername	Republik Tschad
Zeitzone	MEZ ±0 h
Fläche in km²	1 284 000
Anzahl der Einwohner	15.9 Millionen
Einwohnerzahl pro km²	12
Hauptstadt	N'Djamena
Amtssprache	Arabisch, Französisch
Verwaltungsgliederung	23 Regionen
Wichtige Städte	N'Djamena, Moundou, Abéché, Sarh, Kelo
Autokennzeichen | ISO-Code	TCH | TCD
Währung	1 CFA-Franc BEAC = 100 Centimes
Nationalfeiertag	11. August

Die koloniale Grenzziehung, die keine Rücksicht auf die ethnischen und religiösen Unterschiede innerhalb der Bevölkerung nahm, legte den Keim für die inneren Konflikte, die das Land im Zentrum Afrikas seit seiner Unabhängigkeit vor schwere Probleme stellen.

GEOGRAFIE

Geografische Lage: Von 7° 27' bis 23° 27' nördlicher Breite sowie von 13° 27' bis 23° 59' östlicher Länge
Höchster Punkt: Emi Koussi 3415 m
Klima: Wüstenklima im Norden, wechselfeuchtes Tropenklima im Süden

POLITIK

Staatsform: Präsidiale Republik
Staatsoberhaupt: Präsident
Legislative: Nationalversammlung mit 188 für 4 Jahre gewählten Mitgliedern
Jahr der Verfassung: 2018
Wahlrecht: 18 Jahre
Staatsreligion: Keine

BEVÖLKERUNG

Bevölkerungsanteil: <15 Jahre 46.8 %, 15-64 Jahre 50.7 %, >64 Jahre 2.5 %
Verteilung: Stadt 23.1 %, Land 76.9 %
Wachstum 2019: 3 %
Lebenserwartung: Frauen 56 Jahre, Männer 53 Jahre
Alphabetenrate: Frauen 14 %, Männer 31.3 %
Ethnische Gruppen: Sara, Kanembu, Araber, Wadai, Gorane, Massa, Bulala, Marba, Mundang, Bidiyo, Dadjo, Tupuri, Gabri u. a.
Religionen: Muslime 52.1 %, Christen 44.1 %
Sprachen: Arabisch, Französisch, Regionalsprachen

WIRTSCHAFT UND VERKEHR

BIP: 11.31 Mrd. US-$
Wachstum BIP 2019: 3.2 %
BNE/Kopf: 861 US-$
Inflation: -1 %
Außenhandel: Import 2.23 Mrd. US-$, Export 2.36 Mrd. US-$
Erwerbstätige nach Sektoren: Landwirtschaft 76.6 %, Industrie 2.1 %, Dienstleistungen 21.3 %
Arbeitslosenquote: 1.9 %
Energieverbrauch/Kopf: Keine Angabe
Straßennetz: 40 014 km
Eisenbahnnetz: Keine Angabe

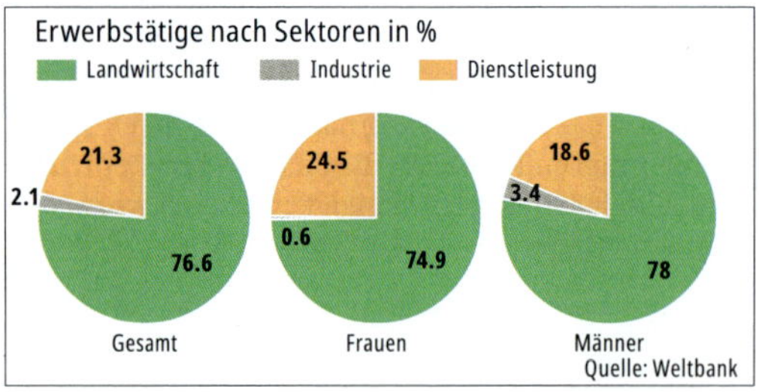

RÜCKBLICK

Innenpolitische Situation: Die schlechte Wirtschaftslage und die daraus resultierenden **öffentlichen Ausgabenkürzungen** führten zu innenpolitischen **Spannungen**, die sich auch in Protesten entluden. Die Sicherheitskräfte gingen teils massiv und unter Verletzung der Menschenrechte gegen kritische Stimmen vor. Die seit 2015 anstehenden **Parlamentswahlen** wurden auch 2019/20 **wiederholt verschoben**. Als neuen Termin visierte die staatliche Führung Dezember 2020 an. Die mehrmaligen Verschiebungen waren mit Schwierigkeiten bei der Finanzierung der Wahlen begründet worden. Eine 2018 beschlossene Verfassungsänderung hatte die **Machtposition des** seit 1990 amtierenden **Staatspräsidenten Idriss Déby** noch einmal **gestärkt**, indem sie ihm u. a. die alleinige Entscheidungsgewalt zubilligte, das Parlament aufzulösen. Das Amt des Ministerpräsidenten wurde ebenso wie der Posten eines stellvertretenden Präsidenten abgeschafft. Laut neuer Verfassung könnte Déby gegebenenfalls bis 2033 weiterregieren.

Regionale Ordnungsmacht: Das flächenmäßig drittgrößte Land Afrikas liegt umgeben von Libyen, dem Sudan, der Zentralafrikanische Republik und Nigeria in einem **schwierigen Sicherheitsumfeld**. Mit seiner etwa 30 000 Personen starken, gut ausgerüsteten Armee engagierte sich der Tschad auch in den Krisengebieten der Region und galt den westlichen Staaten als **Garant für Sicherheit**. Als Teil der Multinational Joint Task Force ging der Tschad gemeinsam mit Benin, Kamerun, Niger und Nigeria **gegen** die islamistische Terrormiliz **Boko Haram** vor und unterstützte auch die französische **Opération Barkhane** bei der Sicherung der tschadischen Grenze zu Libyen. Débys Truppen kamen 2019/20 auch als Teil von **UN-Missionen** in Mali, in der Demokratischen Republik Kongo und in Haiti zum Einsatz. Außerdem gehörte der Tschad der Regionalorganisation **G5 Sahel** an, die eine gemeinsame Eingreiftruppe zur Terrorismusbekämpfung bildete.

Terroranschlag: Am 23.3.2020 kam es auf dem militärischen **Stützpunkt Boma** in der Tschadsee-Region zur bislang schwersten inländischen **Attacke der Boko Haram**. Bei dem mehrstündigen Angriff wurden mindestens **100 Soldaten getötet**, weitere Personen verletzt oder entführt. Die Milizen zerstörten große Teile der Ausrüstung und transportierten u. a. Armeefahrzeuge mit Schnellbooten ab. Die Miliz ist seit 2009 insbesondere im Nordosten Nigerias aktiv, wo sie mit gewaltsamen Mitteln für die **Errichtung eines islamistischen Staates** kämpft. Mittlerweile weitete die Terrorgruppe ihre Aktivitäten auch auf die Nachbarländer aus. Bisher war der Tschad im eigenen Land weitgehend von Boko-Haram-Gewaltattacken verschont geblieben.

Krisengebiet Tschadsee: Die Region um den im Westen an der Grenze zu Kamerun, Nigeria und

Niger gelegenen Tschadsee war die größte Bedrohung für die innere Sicherheit und die humanitäre Lage. Dort kämpften seit Jahren Truppen der vier Anrainerstaaten gegen Boko-Haram-Milizen. Die gewaltsamen Konflikte hatten bis Ende 2019 rund 2.5 Mio. Menschen in die Flucht getrieben und den zuvor florierenden Handel gestoppt. Der etwa 1 500 km² große See, dessen Fläche allerdings durch starke Wassernutzung und den Klimawandel seit Jahrzehnten massiv schrumpft, ist als größtes Binnengewässer im Sahel ein bedeutender Wirtschaftsraum. Als einzigartiges fragiles Ökosystem stand er 2020 auf der Vorschlagsliste zum UNESCO-Weltnaturerbe.

Humanitäre Lage: Der Tschad gehörte zu den weltweit am wenigsten entwickelten Ländern und rangierte auf dem Ende 2019 veröffentlichten UN-Entwicklungsindex auf Platz 187 von 189 Staaten. Ein Großteil der Bevölkerung litt unter **Armut**. 2019 waren etwa 4.3 Mio. Menschen im Land **auf humanitäre Hilfe angewiesen**. Die Ernährungslage stufte der Welthunger-Index 2019 als sehr ernst ein. Insbesondere in der Krisenregion um den Tschadsee war die Lage aufgrund von Flucht und Vertreibung gravierend. Die infolge der Corona-Pandemie verhängten Mobilitätsverbote führten im Frühjahr 2020 zu einer weiteren Verschärfung der Ernährungssituation. Auch die **Gesundheitslage** der Bevölkerung war **schlecht**. Aids, Tuberkulose, Malaria, Atemwegsinfektionen, Cholera, Meningitis und Unterernährung zählten zu den Haupttodesursachen.

Wirtschaft: Die auf die Hauptsektoren **Landwirtschaft** (Vieh, Baumwolle) und **Erdölproduktion** gestützte Wirtschaft entwickelte sich nur schwach. **Haupthemmnisse** waren die **Binnenlage** und die damit verbundenen hohen Transportkosten, die **mangelhafte Infrastruktur**, die Abhängigkeit von den Weltmarktpreisen und die weitverbreitete **Korruption**. Die jahrzehntelange politische Instabilität hinderte außerdem ausländische Investoren an einem Engagement. Die **Volksrepublik China** war 2019/20 der **wichtigste Investor** und betrieb u. a. eine Pipeline, eine Zementfabrik, eine Erdölraffinerie sowie ein Kraftwerk zur Stromerzeugung. Im Mai 2020 setzte der Tschad als Reaktion auf die Corona-Pandemie und ihre ökonomischen Folgen für die Bevölkerung seine Einfuhrzölle auf Grundnahrungsmittel und medizinische Güter aus. Die **Zollbefreiung** für z. B. Getreide und Mehl, Desinfektionsmittel, Schutzkleidung und Beatmungsgeräte sollte bis 31.12.2020 gelten.

Tschechische Republik

► 613

Ländername	Tschechische Republik; auch: Tschechien
Zeitzone	MEZ ±0 h
Fläche in km²	78 870
Anzahl der Einwohner	10.7 Millionen
Einwohnerzahl pro km²	135
Hauptstadt	Prag
Amtssprache	Tschechisch
Verwaltungsgliederung	14 Kreise
Wichtige Städte	Prag, Brünn, Ostrava, Pilsen, Liberec, Olomouc
Autokennzeichen | ISO-Code	CZ | CZE
Währung	1 Tschechische Krone = 100 Heller
Nationalfeiertag	28. Oktober

Die Tschechische Republik - Kurzform Tschechien - ist ein junger Staat. Sie entstand 1993 durch die Teilung der Tschechischen und Slowakischen Föderativen Republik. In den Kernräumen Böhmen und Mähren bestand schon zu Zeiten der österreichisch-ungarischen Doppelmonarchie im 19. Jahrhundert eine gut ausgebaute Industrie. Nach marktwirtschaftlichen Reformen ist das Land heute eine wachstumsorientierte, moderne Industrienation, die von einem starken Exportgeschäft und ausländischen Investitionen profitiert.

GEOGRAFIE

Geografische Lage: Von 48° 33' bis 51° 02' nördlicher Breite sowie von 12° 05' bis 18° 50' östlicher Länge
Höchster Punkt: Schneekoppe 1603 m
Klima: Gemäßigtes Kontinentalklima

POLITIK

Staatsform: Parlamentarische Republik
Staatsoberhaupt: Präsident
Legislative: Parlament, bestehend aus Abgeordnetenkammer mit 200 für 4 Jahre gewählten Mitgliedern und Senat mit 81 für 6 Jahre gewählten Mitgliedern (alle 2 Jahre teilerneuert)
Jahr der Verfassung: 1993
Wahlrecht: 18 Jahre
Staatsreligion: Keine

BEVÖLKERUNG

Bevölkerungsanteil: <15 Jahre 15.7 %, 15-64 Jahre 64.5 %, >64 Jahre 19.8 %
Verteilung: Stadt 73.8 %, Land 26.2 %
Wachstum 2019: 0.3 %
Lebenserwartung: Frauen 82 Jahre, Männer 77 Jahre
Alphabetenrate: Frauen 99 %, Männer 99 %
Ethnische Gruppen: Tschechen, Mährer, Slowaken u. a.
Religionen: Christen 12.6 %
Sprachen: Tschechisch, Slowakisch u. a.

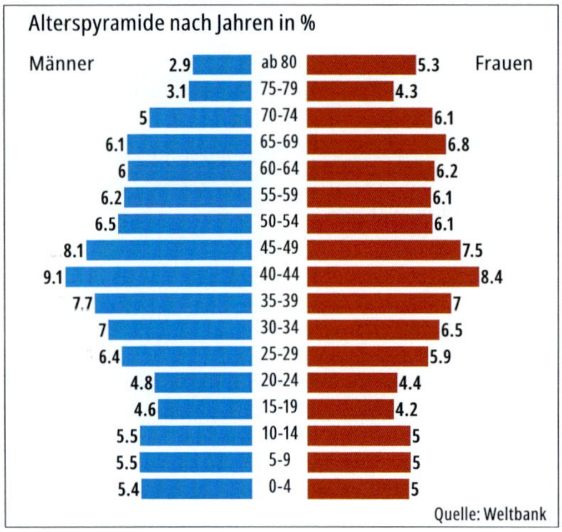

WIRTSCHAFT UND VERKEHR

BIP: 246.49 Mrd. US-$
Wachstum BIP 2019: 2.6 %
BNE/Kopf: 23 214 US-$
Inflation: 2.8 %
Außenhandel: Import 178.25 Mrd. US-$, Export 198.51 Mrd. US-$
Erwerbstätige nach Sektoren: Landwirtschaft 2.7 %, Industrie 37.3 %, Dienstleistungen 60 %
Arbeitslosenquote: 1.9 %
Energieverbrauch/Kopf: 3 860 kg ÖE
Straßennetz: 55 744 km
Eisenbahnnetz: 9 408 km

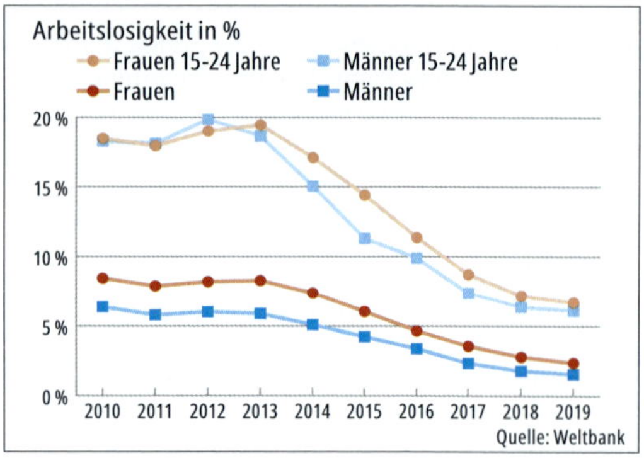

RÜCKBLICK

Interessenkonflikte des Ministerpräsidenten:
Die **Staatsanwaltschaft stellte** am 13.9.2019 die **Ermittlungen gegen Ministerpräsident Andrej Babiš** und weitere Personen, denen Subventionsbetrug und Schädigung der finanziellen Interessen der EU vorgeworfen wurde, **ein**; die Beweislage reiche nicht aus, hieß es. Babiš soll die Wellness-Anlage „Storchennest" an Verwandte und Freunde überschrieben haben, um in den Genuss von EU-Fördergeldern für kleine und mittlere Unternehmen zu gelangen. Das „Storchennest" gehört zu Babiš's Agrofert-Konzern, so dass die Förderung eigentlich zu Unrecht erfolgte. OLAF, das Amt der EU für Betrugsbekämpfung, hatte 2017 Unregelmäßigkeiten bei der Vergabe der Fördergelder festgestellt und empfohlen, die Gelder in Höhe von rund 1.7 Mio. € zurückzufordern. Die **EU-Kommission sprach** am 2.12.2019 nach der Vorlage eines Prüfungsberichts von einem **Interessenkonflikt des Ministerpräsidenten** und forderte die tschechischen Behörden auf, innerhalb von zwei Monaten mitzuteilen, wie die in dem Bericht angeführten Empfehlungen umgesetzt werden. Am 4.12. nahm die Staatsanwaltschaft die Ermittlungen wieder auf.
Das Verfassungsgericht verdeutlichte in einer Entscheidung am 18.2.2020, dass das 2017 in Kraft getretene Gesetz, mit dem Interessenkonflikte von Regierungsmitgliedern verhindert werden sollen, nicht geändert werden muss, wie es von Abgeordneten von Babiš's Partei, der Aktion unzufriedener Bürger (ANO), aber auch Staatspräsident Miloš Zeman gefordert wurde. Das Gesetz verbietet, dass Regierungsmitglieder im Besitz von Medienunternehmen sind. Auch dürfen Unternehmen, an denen Mitglieder der Regierung mindestens zu 25 % beteiligt sind, sich nicht um öffentliche Aufträge und Fördergelder bewerben. Das Gesetz zielte vor allem auf den damaligen Finanzminister und

jetzigen Ministerpräsidenten ab, der in der Folge die Beteiligung an seinen Unternehmen Agrofert und SynBiol Treuhandfonds übergab.

Proteste gegen Babiš: Mindestens 250 000 Personen nahmen am 16.11.2019, dem 30. Jahrestag der „Samtenen Revolution" von 1989, an einer **Großdemonstration** teil, die von der Initiative **„Eine Million Augenblicke für die Demokratie"** organisiert wurde. Dabei wurde verlangt, Ministerpräsident Babiš solle sich bis Ende 2019 von seinem Unternehmen Agrofert trennen und die Justizministerin Marie Benešová entlassen. Am 10.12. fand eine weitere Demonstration statt, an der sich mindestens 50 000 Personen beteiligten und den Rücktritt des Regierungschefs forderten. Außerdem sollten alle staatlichen Aufträge und Subventionen für Agrofert beendet werden. Die Initiative kündigte am 7.1.2020 an, man werde ab **Ende Februar wieder wöchentlich Kundgebungen** durchführen.

Protestmarsch am 1. März 2020 auf der Karlsbrücke in Prag, gegen Ministerpräsident Babiš.

Korruption: Der frühere Kreishauptmann von Mittelböhmen, David Rath, wurde am 31.1.2020 für schuldig befunden, öffentliche Aufträge für Instandhaltungsarbeiten in Krankenhäusern und für die Anschaffung von Krankenwagen manipuliert zu haben. Er wurde zu einer Haftstrafe von acht Jahren und einer zusätzlichen Geldstrafe in Höhe von 706 000 € verurteilt. Gegen das Urteil in der Vorinstanz hatte die Staatsanwaltschaft Berufung eingelegt. In einem weiteren Korruptionsfall war Rath bereits im Juni 2019 rechtskräftig zu sieben Jahren Haft verurteilt worden; die Strafe trat er im Oktober an. Damit fand das 2012 eröffnete Verfahren sein Ende.

Spannungen in der Regierungskoalition: Die Sozialdemokraten (ČSSD), der Koalitionspartner von Babiš, drängten im Juli 2019 auf die Absetzung des bisherigen Kulturministers Antonín Staněk (ČSSD). Staatspräsident Zeman weigerte sich längere Zeit, Staněk abzuberufen, bis er es am 31.7. doch tat. Schließlich einigte man sich auf den früheren Außenminister Lubomír Zaorálek, der vom Staatspräsidenten am 27.8. zum neuen Kulturminister ernannt wurde.

Corona: Am 1.3.2020 wurde die erste Covid-19-Infektion bestätigt, am 23.3. kam es zum ersten Todesfall. Die Regierung verhängte am 12.3. den Ausnahmezustand, der bis zum 17.5. beibehalten wurde. Am 16.3. wurden die Landesgrenzen geschlossen und landesweite Bewegungsbeschränkungen angeordnet. Erlaubt blieben Einkäufe, der Weg zum Arbeitsplatz, Besuche bei Verwandten, Spaziergänge in Parks und der freien Landschaft. Ab dem 19.3. wurde das Tragen von Masken in der Öffentlichkeit obligatorisch. Ab dem 7.4. begann man die Maßnahmen schrittweise wieder zu lockern. Ein Prager Gericht hob am 23.4. aus formalrechtlichen Gründen einige der Maßnahmen, die den Einzelhandel und die Ausgangsbeschränkungen betrafen, wieder auf. Die Zahl der Neuinfektionen ging ab Mitte April deutlich zurück und blieb danach, von wenigen Tagen abgesehen, auf niedrigem Niveau.

Tunesien

▸ 633

Ländername	Tunesische Republik
Zeitzone	MEZ ±0 h
Fläche in km²	163 610
Anzahl der Einwohner	11.7 Millionen
Einwohnerzahl pro km²	71
Hauptstadt	Tunis
Amtssprache	Arabisch
Verwaltungsgliederung	24 Gouvernements
Wichtige Städte	Tunis, Sfax, Sousse, Ettadhamen, Kairouan, Bizerte
Autokennzeichen | ISO-Code	TN | TUN
Währung	1 Tunesischer Dinar = 1000 Millimes
Nationalfeiertag	14. Januar, 20. März

Der kleinste Maghreb-Staat Tunesien bildet mit seinen vielfältigen Landschaften und dem reichen kulturellen Erbe einen Mikrokosmos der mediterranen Welt. Hier verschmolzen römisch-christliche, arabisch-islamische und europäische Einflüsse. Nach Jahren der Unterdrückung und landesweiten Massenprotesten, die 2010/11 den „Arabischen Frühling" in Gang setzten, steht das Land vor einem demokratischen Neubeginn. 2014 wurde eine neue Verfassung verabschiedet.

GEOGRAFIE

Geografische Lage: Von 30° 14' bis 37° 21' nördlicher Breite sowie von 7° 29' bis 11° 34' östlicher Länge
Höchster Punkt: Chambi 1544 m
Klima: Mediterranes Klima an der Küste, Wüstenklima im Landesinneren

POLITIK

Staatsform: Parlamentarische Republik
Staatsoberhaupt: Präsident
Legislative: Versammlung der Volksvertreter mit 217 für 5 Jahre gewählten Mitgliedern
Jahr der Verfassung: 2014
Wahlrecht: 18 Jahre
Staatsreligion: Islam

BEVÖLKERUNG

Bevölkerungsanteil: <15 Jahre 24.2 %, 15-64 Jahre 67.2 %, >64 Jahre 8.6 %
Verteilung: Stadt 69.3 %, Land 30.7 %
Wachstum 2019: 1.1 %
Lebenserwartung: Frauen 79 Jahre, Männer 75 Jahre
Alphabetenrate: Frauen 72.2 %, Männer 86.1 %
Ethnische Gruppen: Araber, Europäer u. a.
Religionen: Muslime 99.1 %
Sprachen: Arabisch, Berbersprachen, Französisch

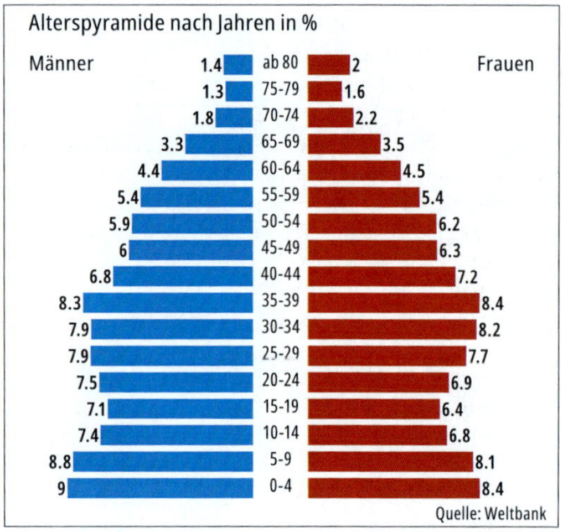

WIRTSCHAFT UND VERKEHR

BIP: 38.8 Mrd. US-$
Wachstum BIP 2019: 1 %
BNE/Kopf: 3 287 US-$
Inflation: 6.7 %
Außenhandel: Import 21.56 Mrd. US-$, Export 14.93 Mrd. US-$
Erwerbstätige nach Sektoren: Landwirtschaft 13 %, Industrie 32.5 %, Dienstleistungen 54.5 %
Arbeitslosenquote: 16 %
Energieverbrauch/Kopf: 950 kg ÖE
Straßennetz: 19 232 km
Eisenbahnnetz: 2 173 km

RÜCKBLICK

Tunesien steckt weiterhin in einer tiefen sozioökonomischen Krise, die Covid-19-Pandemie macht die leichten Zeichen einer wirtschaftlichen Erholung der letzten Jahre wieder zunichte. Vor diesem Hintergrund und der komplizierten politischen Situation nach der Revolution 2011, fanden 2019 sowohl Parlaments- als auch Präsidentschaftswahlen statt, bei denen sich sowohl Vertrauensverluste als auch Hoffnung auf Veränderung unter der Bevölkerung zeigten.

Parlamentswahl: Am 25.7.2019 verstarb der amtierende Staatspräsident **Beji Caid Essebsi**, weswegen die Präsidentschaftswahlen vorgezogen werden mussten und die Präsidentschafts- und Parlamentswahl in schneller Abfolge und mit kurzer Vorbereitungszeit durchgeführt wurden.
Die Parlamentswahl fand am 6.10.2019 mit einer im Vergleich zu den letzten Parlamentswahlen 2014 deutlich geringeren Wahlbeteiligung (41 % gegenüber 69 %) statt. Im Mittelpunkt des Wahlkampfs und der Berichterstattung stand die später folgende Präsidentschaftswahl.
Die seit der Arabellion stärkste Fraktion, die gemäßigt islamistische Partei **Ennahda**, musste Verluste hinnehmen, ist aber weiterhin stärkste Partei. Die Wahlergebnisse sind bedingt durch starke Verluste der etablierten Parteien und das Erstarken neu gegründeter Parteien von einer hohen Fragmentierung der politischen Landschaft geprägt. Besonders erwähnenswert sind die massiven Verluste der säkularen ehemaligen Regierungspartei Nidaa Tounes (NT) die gegenüber 86 Sitzen 2014 nur noch 3 Sitze erringen konnte, sowie ein Erstarken islamistischer und säkularer rechts-konservativer sowie sozialdemokratischer Parteien. Die neue Partei **Qalb Tounes**, die auf die Initiative des Medienunternehmers und früheren Unterstützers von Nidaa Tounes, Nabil Karoui, zurückgeht, wurde aus dem Stand zweitstärkste Partei.

Präsidentschaftswahl: Im ersten Wahlgang am 15.9. 2019 konnte sich keiner der 26 Kandidaten durchsetzen. Auch hier lag die Wahlbeteiligung deutlich unter dem Niveau von 2014. In die Stichwahl kamen der Parteilose Kandidat Kais Saied und der bereits erwähnte Medienunternehmer Karoui. Dieser besitzt unter anderem einen der reichweitenstärksten Fernsehsender des Landes und ist seit mehreren Jahren mit Vorwürfen der Geldwäsche und Steuerhinterziehung konfrontiert. Wegen der Vorwürfe wurde er kurz vor den Wahlen in Untersuchungshaft genommen, weswegen sich die Berichterstattung in besonderem Maße auf ihn konzentrierte. **Kais Saied** machte wegen der Situation seines Konkurrenten explizit keinen Wahlkampf für die Stichwahl. Diese fand am 13.10.2019 mit diesmal höherer Wahlbeteiligung statt. Mit deutlichem Vorsprung gewann dabei Kais Saied mit 72.7 % die Wahl. Er vertritt für tunesische Verhältnisse konservativ-islamische politische Positionen und ist pensionierter Verfassungsjurist.

Regierungsbildung: Insgesamt vier Monate dauerte die Kabinettssuche und zeigte die Spaltung der politischen Landschaft. Zunächst wurde **Habib Jemli** von der Ennahda-Partei mit der Regierungsbildung beauftragt, scheiterte jedoch daran, die nötige Unterstützung des Parlaments für seinen Kabinettsvorschlag einzuholen. In der Folge wurde **Elyes Fakhfakh** von Staatschef Saied mit der Regierungsbildung beauftragt. Sein Kabinett besteht in der Mehrheit aus parteiunabhängigen Personen. Am 27.2.2020 wurde seiner Regierung schließlich das Vertrauen von einer Mehrheit im Parlament ausgesprochen, Fakhfakh ist seitdem amtierender **Ministerpräsident**.

Wirtschaft: Die Tourismusbranche konnte sich zwar bis 2019 von den Auswirkungen der Terroranschläge 2016 erholen, jedoch stellt die fragile Sicherheitslage weiterhin ein konstantes Risiko für die Branche dar. Die Covid-19-Pandemie hat die tunesische Wirtschaft durch die ausbleibenden Reisenden und die hohe Bedeutung dieser Branche für die Gesamtökonomie in besonderem Maße getroffen. Daneben stellt die hohe Arbeitslosigkeit weiterhin eines der größten Hemmnisse dar, der Anteil von Akademikern ohne Anstellung lag 2019 beispielweise bei 28 %. Die Anzahl der Menschen unterhalb der Armutsgrenze, die bis 2016 sank, stieg wegen der angespannten ökonomischen Lage und gleichzeitig steigenden Lebenshaltungskosten in den letzten Jahren wieder an.

Sicherheit: Am 06.3.2020 ereignete sich ein Bombenanschlag auf die US-Botschaft in Tunis, bei dem ein Polizist zu Tode kam. Allgemein steht Tunesien vor großen sicherheitspolitischen Herausforderungen, da sich u. a. eine bedeutende Zahl von ehemaligen Kämpfern des sogenannten „Islamischen Staats" (IS) im Land aufhält. Außerdem bedeutet die Instabilität der Nachbarländer, vor allem Libyen, ein großes Risiko. Weiterhin starteten Flüchtlingsboote in Richtung Europa, wobei es immer wieder zu Unglücken mit Todesfällen kommt.

Türkei

▸ 627

Ländername	Republik Türkei
Zeitzone	MEZ +2 h
Fläche in km²	785 350
Anzahl der Einwohner	83.4 Millionen
Einwohnerzahl pro km²	106
Hauptstadt	Ankara
Amtssprache	Türkisch
Verwaltungsgliederung	81 Provinzen
Wichtige Städte	Istanbul, Ankara, Izmir, Bursa, Adana, Gaziantep, Konya, Antalya, Kayseri, Diyarbakır, Mersin
Autokennzeichen | ISO-Code	TR | TUR
Währung	1 Türkische Lira = 100 Kuruş
Nationalfeiertag	29. Oktober

Nach Jahrhunderten wechselvoller osmanischer Geschichte gründete Kemal Atatürk 1923 die moderne Türkische Republik. Staat und Religion sind seitdem getrennt, ohne dass die tiefe Verwurzelung des Islams in der türkischen Gesellschaft geschwunden ist. Geopolitisch befindet sich das Land an einer Schnittstelle zwischen den Krisenregionen des Balkans, des Kaukasus und des Nahen und Mittleren Ostens. Nach dem Putschversuch im Juli 2016 hat die Türkische Regierung den Ausnahmezustand verhängt und Maßnahmen erlassen, die das Land veränderten. Der Ausnahmezustand endete im Juli 2018. Heute steht der Islam im politischen und gesellschaftlichen Leben im Vordergrund.

GEOGRAFIE

Geografische Lage: Von 35° 49' bis 42° 06' nördlicher Breite sowie von 25° 40' bis 44° 48' östlicher Länge
Höchster Punkt: Ararat 5137 m
Klima: Im Norden warmgemäßigtes Klima, im Westen und Süden Mittelmeerklima, im Inneren trockenes Kontinentalklima

POLITIK

Staatsform: Präsidiale Republik
Staatsoberhaupt: Präsident
Legislative: Große Nationalversammlung mit 589 für 5 Jahre gewählten Mitgliedern
Jahr der Verfassung: 2018
Wahlrecht: 18 Jahre
Staatsreligion: Keine

BEVÖLKERUNG

Bevölkerungsanteil: <15 Jahre 24.3 %, 15-64 Jahre 67 %, >64 Jahre 8.7 %
Verteilung: Stadt 75.6 %, Land 24.4 %
Wachstum 2019: 1.5 %
Lebenserwartung: Frauen 81 Jahre, Männer 75 Jahre
Alphabetenrate: Frauen 93.5 %, Männer 98.8 %
Ethnische Gruppen: Türken, Kurden u. a.
Religionen: Muslime 99.8 %
Sprachen: Türkisch, Kurdisch, Minderheitensprachen

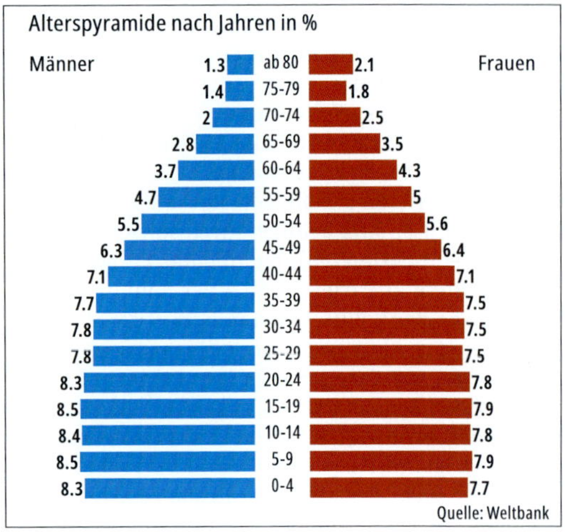

WIRTSCHAFT UND VERKEHR

BIP: 754.41 Mrd. US-$
Wachstum BIP 2019: 0.9 %
BNE/Kopf: 8 958 US-$
Inflation: 15.2 %
Außenhandel: Import 210.35 Mrd. US-$, Export 180.87 Mrd. US-$
Erwerbstätige nach Sektoren: Landwirtschaft 18.4 %, Industrie 26.3 %, Dienstleistungen 55.3 %
Arbeitslosenquote: 13.5 %
Energieverbrauch/Kopf: 1 651 kg ÖE
Straßennetz: 67 333 km
Eisenbahnnetz: 12 710 km

RÜCKBLICK

Neue Parteien: Der frühere Außenminister und Regierungschef **Ahmet Davutoğlu** verließ am 13.9.2019 die regierende Partei für Gerechtigkeit und Entwicklung (AKP), am 13.12. stellte er das Programm seiner neuen **Zukunftspartei** (GP) vor. Sie wolle sich für die Rückkehr zur Rechtsstaatlichkeit und die Abschaffung des 2017 eingeführten Präsidialsystems einsetzen. Auch **Ali Babacan**, ein früherer Wirtschafts- und Außenminister, verließ die AKP. Die von ihm am 9.3.2020 gegründete neue **Partei für Demokratie und Fortschritt** (DEVA) will sich für Pluralismus, Demokratie und Gewaltenteilung einsetzen.

Absetzung von Bürgermeistern: Der im März 2019 gewählte **Bürgermeister** von Diyarbakır, Adnan Selçuk Mızraklı, wurde am 19.8.2019 von der Regierung abgesetzt und am 9.3.2020 unter dem Vorwurf, Mitglied einer Terrororganisation zu sein, zu neun Jahren und vier Monaten Haft verurteilt. Neben ihm wurden auch die gleichfalls **der Demokratischen Partei der Völker (HDP)** angehörenden Bürgermeister von Mardin und Van **abgesetzt**. Auch gegen sie wurde wegen angeblicher Verbindungen zur Arbeiterpartei Kurdistans (PKK) Anklage erhoben. Nachdem weitere HDP-Bürgermeister in den kurdischen Gebieten im Südosten des Landes abgesetzt worden waren, befanden sich Mitte Mai 2020 von den bei den Kommunalwahlen 2019 gewählten 65 nur noch 12 im Amt. An die Stelle der Abgesetzten traten von der Regierung eingesetzte Verwalter. Bereits nach den Kommunalwahlen von 2014 hatte die Regierung den Großteil der HDP-Bürgermeister wieder aus dem Amt entfernt.

Politische Strafverfahren: Die am 2.9.2019 erfolgte Anordnung eines Gerichts, **Selahattin Demirtaş**, den früheren Co-Vorsitzenden der Demokratischen Partei der Völker (HDP), der sich seit November 2016 in Untersuchungshaft befand, auf freien Fuß zu setzen, wurde nicht umgesetzt, weil er in einem anderen Verfahren verurteilt worden war, obwohl dieses Urteil noch nicht rechtskräftig war. Der Europäische Gerichtshof für Menschenrechte (EGMR) ordnete am 10.12. die sofortige Freilassung des Unternehmers und Mäzens **Osman Kavala** an, der seit 2017 in Untersuchungshaft saß. Der zuständige Richter ignorierte das EGMR-Urteil, weil es angeblich nicht rechtskräftig sei. Kavala wurde am 17.2.2020 zusammen mit weiteren acht Angeklagten im **Prozess um die** regierungskritischen **Gezi-Proteste von 2013** – sie sollen geplant haben, die Regierung zu stürzen – aus Mangel an Beweisen freigesprochen. Noch am Tag des Freispruchs wurde ein neuer Haftbefehl der Generalstaatsanwaltschaft Istanbul gegen Kavala wegen angeblicher Beteiligung am Putschversuch im Juli 2016 erlassen. Der Journalist **Ahmet Altan** wurde am 4.11.2019 zu zehneinhalb Jahren Haft verurteilt, aber auf Bewährung aus der Haft entlassen. Nach dem Einspruch des Generalstaatsanwalts wurde er am 12.11. erneut in Haft genommen. Die Vorsitzende der Republikanischen Volkspartei (CHP) in Istanbul, **Canan Kaftancıoğlu**, wurde am 23.6.2020 unter anderem wegen Präsidentenbeleidigung und Terrorpropaganda zu einer Haftstrafe von insgesamt 9 Jahren und 8 Monaten verurteilt. Dabei wurden ihr Äußerungen in sozialen Netzwerken sechs Jahre zuvor zur Last gelegt.

Wikipedia: Das Verfassungsgericht urteilte am 26.12.2019, dass die in der Türkei verfügte Sperrung der Internetenzyklopädie Wikipedia gegen die Freiheit der Meinungsäußerung verstoße. Lediglich der Zugang zu bestimmten Artikeln könne gesperrt werden. Die Blockierung erfolgte im April 2017 durch Gerichtsbeschluss, nachdem in einem Eintrag von der Unterstützung des „Islamischen Staates“ (IS) durch die Türkei die Rede war. In den letzten vier Jahren vor dem Urteil waren mehr als 200 000 Websites gesperrt worden.

S-400: Die erste Lieferung des russischen Flugabwehrsystems S-400 traf am 12.7.2019 in der Türkei ein. Wie zuvor von den USA angedroht, wurde die **Türkei aus dem** das Kampfflugzeug **F-35** betreffenden **Programm ausgeschlossen**, sowohl in Bezug auf die Fertigung einiger Teile in der Türkei als auch die Ausbildung türkischer Militärpiloten in den USA, die bis Ende Juli die USA verlassen mussten. Befürchtet wurde, dass Russland über das in der Türkei stationierte S-400-System wichtige Informationen über die F-35 erhalten könnte.

Angriff auf syrische Kurden: Am 9.10.2019 begann die schon lange vom türkischen Präsidenten Recep Tayyip Erdoğan angekündigte **Offensive gegen die kurdischen Volksverteidigungseinheiten (YPG) in Nordsyrien**, nachdem US-Präsident Donald Trump in einem Telefonat mit Erdoğan seine Zustimmung gegeben hatte. Die Türkei erklärte, die YPG sei eine Schwesterorganisation der PKK, man wolle lediglich den Terrorkorridor beseitigen, der an der eigenen Grenze entstanden sei. Die Offensive stieß in der türkischen Bevölkerung mehrheitlich auf Zustimmung, auch im Parlament stimmten am 8.10. mit Ausnahme der HDP alle Parteien für die Verlängerung von Einsätzen der Armee in Syrien und im Irak. Die UN-Untersuchungskommision zur Menschenrechtslage in Syrien hielt in einem am 2.3.2020 publizierten Bericht fest, die Türkei trage möglicherweise Verantwortung für Kriegsverbrechen, die von den unter dem Kommando und der Kontrolle der türkischen Armee eingesetzten syrischen Milizionären begangen wurden, wie die Ermordung der kurdischen Politikerin Hevrin Khalaf. Am 9.10.2019 habe ein Luftangriff auf das Wasserwerk Aluk die Wasserversorgung für 460 000 Personen zerstört. Bei einem Luftangriff am 12.10. auf einen Fahrzeugkonvoi von Zivilisten, darunter Familien mit Kindern und Journalisten, wurden elf Personen getötet.

Reaktionen auf den Angriff: Die **US-Regierung verhängte Strafmaßnahmen gegen die Türkei**, die, wie Finanzminister Steven Mnuchin am 14.10.2019 erklärte, sich gegen mehrere Minister sowie das Verteidigungs- und das Energieministerium richteten, sie blieben in Kraft, bis die Kämpfe von der Türkei eingestellt würden. Am 15.10. begann vor einem Gericht **in New York** ein **Prozess gegen die Halkbank**, die zweitgrößte staatseigene Bank der Türkei, der vorgeworfen wurde, die Wirtschaftssanktionen gegen den Iran verletzt zu haben.
Die außenpolitische Kommission des US-Senats stimmte am 11.12. für ein Gesetz, das schärfere Sanktionen gegen die Türkei vorsah, nachdem das Repräsentantenhaus bereits im Oktober Sanktionen verabschiedet hatte. Der Besuch Erdoğans in Washington am 13.11.2019 führte trotz des guten Einvernehmens zwischen den beiden Präsidenten zu keiner Entspannung. Die beiden Häuser des US-Kongresses verabschiedeten am 12.12. eine Resolution, mit der die Deportationen und Massaker an der armenischen Bevölkerung im Osmanischen Reich während des Ersten Weltkriegs als Genozid eingestuft wurde.
Deutschland, Frankreich und Großbritannien sowie weitere europäische Länder beschlossen, vorerst keine Waffen mehr in die Türkei zu liefern. VW teilte am 15.10. mit, die Entscheidung, ein neues Fertigungswerk in Manisa bei Izmir zu errichten, werde vorläufig ausgesetzt.

Angriffe auf PKK-Positionen: In der Nacht zum 15.6.2020 begann die türkische Armee mit Angriffen auf mutmaßliche Positionen der PKK im Nordirak, was mit vorherigen verstärkten Angriffen der PKK begründet wurde. Bereits am ersten Tag sollen 81 Ziele aus der Luft, mit Kampfflugzeugen oder Drohnen, bombardiert worden sein. Kurdischen Angaben zufolge wurde auch das Flüchtlingslager Machmur attackiert.

Abkommen mit der libyschen Regierung: Die Türkei unterzeichnete am 27.11.2019 mit dem libyschen Ministerpräsidenten Fayez al-Sarraj ein **Abkommen über die bilateralen Seegrenzen** bzw. die Abgrenzung der jeweiligen Ausschließlichen Wirtschaftszone. Das Abkommen enthielt auch die **türkische Zusage von Waffenlieferungen und militärischer Unterstützung** der Regierung Al-Sarraj im Bürgerkrieg. Es nahm keine Rücksicht auf die Rechte anderer Anrainer in der Region, was zu entschiedener Ablehnung von Seiten der griechischen, zypriotischen, israelischen und ägyptischen Regierungen führte. Das türkische Parlament stimmte am 2.1.2020 dem Einsatz der Armee in Libyen zu. Diese sollte aber, so die Regierung, lediglich in beratender und koordinierender Funktion tätig werden. Für die eigentlichen Kampfeinsätze waren syrische Milizionäre vorgesehen, die von der Türkei besoldet wurden und bisher in Nordsyrien kämpften. Eine erste Vorhut war bereits Ende Dezember 2019 in Libyen eingetroffen. Fayez al-Sarraj hielt sich am 12.1. und 4.6.2020 zu Gesprächen in Ankara auf.

Russland: Die Beziehungen zu Russland blieben **ambivalent**. Am 8.1.2020 weilte der russische Präsident Wladimir Putin zur **Einweihung der Erdgaspipeline Turkstream** in Istanbul. Diese Leitung soll jährlich 31 Mrd. m^3 russisches Erdgas durch das Schwarze Meer in die Türkei transportieren, die Hälfte davon für den Verbrauch in der Türkei, die andere für den europäischen Markt. Neben diesen gemeinsamen wirtschaftlichen Interessen verfolgen die beiden Länder **in Syrien und Libyen** eher **entgegengesetzte Ziele**, versuchen sich aber zu verständigen. Am 16.9.2019 fand in Ankara ein Gipfeltreffen zu Syrien statt, an dem neben dem türkischen und dem russischen Präsidenten auch der iranische Amtskollege Hassan Rohani teilnahm. Dabei ging es vor allem um die Entwicklung im Nordwesten Syriens, wo türkische Truppen kurz zuvor in mehrere Zwischenfälle verwickelt waren. Am 24. und 27.2.2019 erfolgten **Angriffe russischer Kampfbomber auf türkische Militäreinheiten**, bei denen mehrere Dutzend türkische Soldaten getötet wurden. Am 5.3. vereinbarten Erdoğan und Wladimir Putin bei einem Treffen in Moskau einen Waffenstillstand. Die Vereinbarungen wahrten das Gesicht der türkischen Regierung, bestätigten aber faktisch die Gebietsgewinne des syrischen Regimes in Idlib.

Flüchtlingsabkommen suspendiert: Am 28.2.2020, dem Tag nach den schweren Luftangriffen auf türkische Truppen in Syrien, gab die türkische

Regierung bekannt, das **Flüchtlingsabkommen mit der EU** sei **ausgesetzt**, die Landgrenzen in Europa stünden für alle ausreisewilligen Flüchtlinge und Migranten, die sich in der Türkei aufhielten, offen. Zehntausende von diesen machten sich daraufhin, oft mit logistischer Unterstützung durch die türkischen Behörden, auf den Weg zur türkisch-griechischen Grenze. Innenminister Süleyman Soylu sprach am 1.3. davon, 76 000 hätten bereits die Türkei verlassen, in den folgenden Tagen wurden noch höhere Zahlen genannt. Tatsächlich jedoch gelang es nur wenigen, nach Griechenland, das die Grenze kurz zuvor geschlossen hatte, zu gelangen. Die Lage blieb mehr als zwei Wochen angespannt, bis die Türkei am 19.3. die Grenze wegen der Covid-19-Epidemie schloss. Ab dem 26.3. mehrten sich Berichte, dass die türkischen Behörden Flüchtlinge von der Grenze entfernten und mit Bussen ins Landesinnere brachten.
Hinter der Grenzöffnung standen verschiedene Motive. Zum einen war die **Akzeptanz der Flüchtlinge in der Türkei** infolge der wirtschaftlichen Krise deutlich **zurückgegangen**. Die Bewegungsfreiheit der Syrer im Land war eingeschränkt worden. Zum anderen ging es um die **Erhöhung der im Zusammenhang mit dem Flüchtlingsabkommen vorgesehenen Zahlungen**, die vor allem direkt an die türkische Regierung fließen sollten und nicht wie bisher vor allem an Hilfsorganisationen. Am 9.3. kam es in Brüssel zu Gesprächen zwischen Erdoğan und der EU-Kommissionspräsidentin Ursula von der Leyen sowie dem Präsidenten des Europäischen Rats, Charles Michel, ohne dass ein konkretes Ergebnis erzielt wurde, ebensowenig am 17.3. bei der Videokonferenz Erdoğans mit Bundeskanzlerin Angela Merkel, Frankreichs Staatspräsident Emmanuel Macron und dem britischen Premierminister Boris Johnson. Schließlich stimmte das EU-Parlament am 24.6. dem Vorschlag der Kommission zu, die Zahlungen um zusätzliche 485 Mio. € zu erhöhen.

Zypern: Als Reaktion auf die **Aktivitäten türkischer Bohr- und Forschungsschiffe im Seeraum vor Zypern** verhängten die **EU-Außenminister** am 15.7.2019 erste **Sanktionen gegen die Türkei**. Die Gelder, die für Beitrittskandidaten wie die Türkei vorgesehen sind, wurden für das Jahr 2020 gekürzt; außerdem wurden die Verhandlungen über ein Luftverkehrsabkommen abgebrochen. Außenminister Mevlüt Çavuşoğlu drohte darauf an, ein viertes Schiff in die betreffende Region zu entsenden. Am 11.11. beschlossen die EU-Außenminister weitere Schritte, mit denen die Vermögen von Personen bzw. Unternehmen gesperrt werden können, die

Erdgasstreit im Mittelmeer

Im Mittelmeer südlich von Zypern werden große Erdgasvorkommen vermutet.

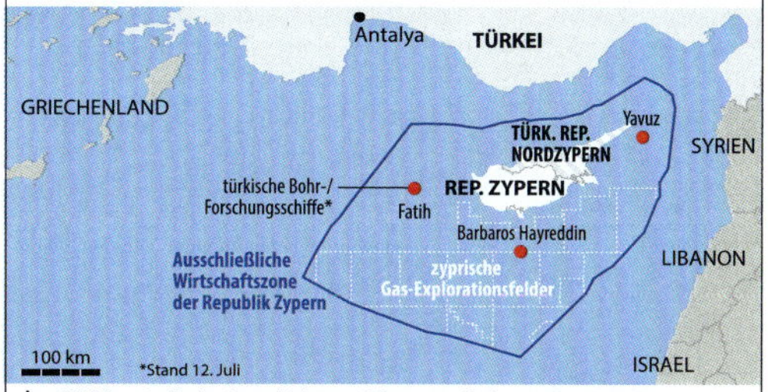

dpa•30539 Quelle: dpa, Konrad-Adenauer-Stiftung, vesselfinder.com, OpenStreetMap-Mitwirkende

sich an den Erdgasprobebohrungen beteiligen. Ebenso können Einreiseverbote in die EU verhängt werden.

Corona: Am 11.3.2020 wurde die erste Covid-19-Infektion bestätigt, am 18.3. kam es zu den ersten beiden Todesfällen. Am 16.3. wurde die Schließung der Bildungsinstitutionen verordnet, die schließlich bis zum Ende des laufenden Schul- bzw. Studienjahrs in Kraft blieb. Am 21.3. verhängte die Regierung ein absolutes Ausgangsverbot für Personen ab 65 Jahren sowie chronisch Kranke. Innenminister Süleyman Soylu verhängte kurz vor dem Wochenende am 11./12.4. eine Ausgangssperre, was zu einem chaotischen Massenandrang in den Lebensmittelgeschäften führte. Soylu erklärte danach seinen Rücktritt, den Erdoğan jedoch nicht annahm. Ausgangssperren folgten an weiteren Wochenenden, bisweilen wurden sie kurz zuvor auf Anordnung Erdoğans wieder zurückgenommen. Auch zum Ende des Ramadan vom 23.-26.5. galt ein Ausgangsverbot. Viele in Gefängnissen Inhaftierte wurden entlassen, allerdings beschränkte sich dies auf wegen krimineller Delikte Verurteilte, politische Gefangene blieben davon ausgenommen. Ende März rief die Regierung zu einer Spendenaktion auf. Auf lokaler Ebene waren solche Aktionen schon zuvor initiiert worden, so von den der oppositionellen CHP angehörenden Bürgermeistern von Istanbul und Ankara, wurden von der Regierung aber für illegal erklärt und die Bankkonten gesperrt. Die Zahl der Neuinfektionen ging ab Mai zurück, blieb aber weiterhin auf einem relativ hohen Niveau, so dass das Wachstum der Infektion stetig anhielt und die Kurve nur leicht abflachte.

Turkmenistan

▸ 692

Ländername	Turkmenistan
Zeitzone	MEZ +4 h
Fläche in km²	488 100
Anzahl der Einwohner	5.9 Millionen
Einwohnerzahl pro km²	12
Hauptstadt	Aschgabat
Amtssprache	Turkmenisch
Verwaltungsgliederung	5 Provinzen und 1 Hauptstadt-distrikt
Wichtige Städte	Aschgabat, Turkmenabat, Dascho-gus, Mary, Serdar, Turkmenbaschi
Autokennzeichen | ISO-Code	TM | TKM
Währung	1 Turkmenistan-Manat = 100 Teňňe
Nationalfeiertag	27. Oktober

Der mittelasiatische Staat ist trotz reicher Erdgas- und Erdölvorkommen ein armes Land, das zum größten Teil aus Wüsten und Wüstensteppen besteht. Der in Monokultur betriebene Anbau von Baumwolle hat Turkmenistan, dessen autokratisches Präsidialregime bislang keine demokratische Entwicklung erlaubte, schwere ökologische Schäden zugefügt.

GEOGRAFIE

Geografische Lage: Von 35° 08' bis 42° 47' nördlicher Breite sowie von 52° 26' bis 66° 39' östlicher Länge
Höchster Punkt: Ayrybaba 3139 m
Klima: Kontinentales Wüsten- und Steppenklima

POLITIK

Staatsform: Präsidiale Republik
Staatsoberhaupt: Präsident
Legislative: Nationalversammlung mit 125 für 5 Jahre gewählten Mitgliedern
Jahr der Verfassung: 2016
Wahlrecht: 18 Jahre
Staatsreligion: Keine

BEVÖLKERUNG

Bevölkerungsanteil: <15 Jahre 30.8 %, 15-64 Jahre 64.8 %, >64 Jahre 4.4 %
Verteilung: Stadt 52 %, Land 48 %
Wachstum 2019: 1.6 %
Lebenserwartung: Frauen 72 Jahre, Männer 65 Jahre
Alphabetenrate: Frauen 99.6 %, Männer 99.8 %
Ethnische Gruppen: Turkmenen, Usbeken, Russen u. a.
Religionen: Muslime 89 %, Christen 9 %
Sprachen: Turkmenisch, Russisch, Usbekisch u. a.

WIRTSCHAFT UND VERKEHR

BIP: 46.67 Mrd. US-$
Wachstum BIP 2019: 6.2 %
BNE/Kopf: 7 816 US-$
Inflation: 5.1 %
Außenhandel: Import 3 Mrd. US-$, Export 10 Mrd. US-$
Erwerbstätige nach Sektoren: Landwirtschaft 19.9 %, Industrie 42.4 %, Dienstleistungen 37.7 %
Arbeitslosenquote: 3.8 %
Energieverbrauch/Kopf: 4 893 kg ÖE
Straßennetz: 58 592 km
Eisenbahnnetz: 5 113 km

Bruttoinlandsprodukt, Wachstum in %

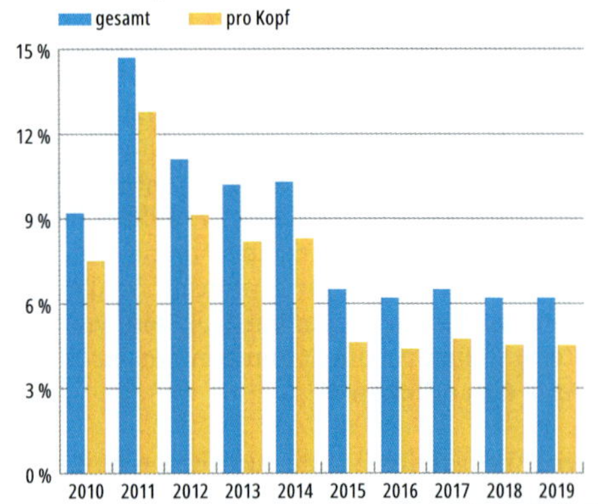

Quelle: Weltbank

RÜCKBLICK

Unmut: Ein **Sturm** am 27.4.2020 und starke Regenfälle im Umfang der durchschnittlichen Jahresmenge am 4.5. hinterließen in der Region Lebap (Ost-Turkmenistan) Zerstörungen und **Überflutungen**; Wasser- und Energieversorgung fielen zeitweise aus. Vorgebliche Untätigkeit der Regierung mobilisierte am 13.5. Proteste in der Regionshauptstadt Turkmenabat. Darüber berichteten turkmenische Exilmedien, ebenso vereinzelt über Unmut in der Bevölkerung wegen **Lebensmittelknappheit**, etwa in Mary und in der Region Daschogus.

Angespannte Lage: Besonders seit der **Grenzschließung** zu Iran (24.2.2020) zur Abwehr der Corona-Pandemie war die Bevölkerung mit **Lieferengpässen** in staatlichen Geschäften, wo es immer weniger Lebensmittel zu niedrigen Festpreisen zu kaufen gab, und einem starken **Preisanstieg** auf freien Märkten bzw. dem Schwarzmarkt konfrontiert. Zur Deckung seines Bedarfs muss Turkmenistan etwa 60 % der Nahrungsmittel einführen. Iran öffnete ab dem 13.4. schrittweise seine Grenze wieder für den Güterverkehr. Die allgemeine **Versorgungsunsicherheit** hatte auch andere Ursachen: Devisenmangel, niedrige Einnahmen aufgrund eingebrochener Ölpreise (2014/15, Anfang 2020) und eine geringere Binnennachfrage aufgrund von Einkommensverlusten nach Entlassungen im öffentlichen Sektor. Preistreibend wirkte auch 2019 die **Aufhebung von Subventionen** für Energie und Wasser.

Erdgas: Ausländisches Kapital benötigte Turkmenistan zur weiteren Erschließung des **Galkynysch**-Erdgasfelds und für große **Pipelineprojekte**: nach Pakistan und Indien (TAPI) sowie China (Erweiterung der Ost-West-Pipeline). Zu den strategischen Vorhaben des erdgasreichen Landes – weltweit die Nr. 4 bei den nachweisbaren Reserven – gehörte auch die **Transkaspische Pipeline** (TCP) nach Aserbaidschan. Die EU befürwortete das Projekt als Teil des „Südlichen Gaskorridors“. Dagegen opponierten Iran und Russland, beide Partner von Turkmenistan in der Konvention über das Kaspische Meer vom August 2018. Finanzielle Entlastung brachte Turkmenistan, das 90 % seines Exports mit Öl- und Gasprodukten bestreitet, die Wiederaufnahme des Erdgasexports nach **Russland** (2016 gestoppt), das sich im April 2019 verpflichtete, bis 2024 rund 5.5 Mrd. m³ abzunehmen.

Ohne Corona? Als einer der ganz wenigen Staaten der Welt präsentierte sich Turkmenistan bis Juni 2020 als komplett frei von Covid-19-Infektionen – im Unterschied zu allen Nachbarn. Quarantänezentren für Ausländer wurden zwar eingerichtet, in der Hauptstadt fanden aber weiterhin **Großveranstaltungen** statt. Ausländische Medien berichteten über Verbote für Kliniken, Krankheitssymptome und Todesfälle mit Covid-19 in Verbindung zu bringen. Turkmenistan gilt als eine der weltweit repressivsten Diktaturen.

Tuvalu

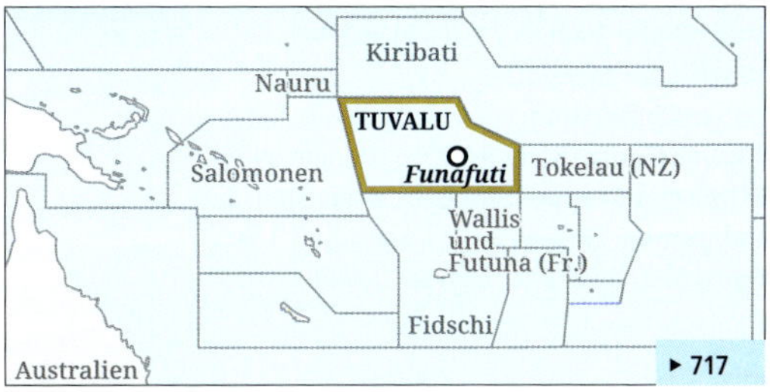

▸ 717

Ländername	Tuvalu
Zeitzone	MEZ +11 h
Fläche in km²	30
Anzahl der Einwohner	11 646
Einwohnerzahl pro km²	388
Hauptstadt	Funafuti
Regierungssitz	Vaiaku
Amtssprache	Tuvaluisch, Englisch
Verwaltungsgliederung	8 Falekaupule
Wichtige Städte	Funafuti, Motufoua, Teava
Autokennzeichen | ISO-Code	TUV | TUV
Währung	1 Tuvaluischer Dollar/Australischer Dollar = 100 Cents
Nationalfeiertag	1. Oktober

Der kleine Inselstaat im Pazifik gehört zu den abgelegensten Gebieten der Erde. Gleichwohl setzt er sich international für die Reduzierung des Kohlendioxid-Ausstoßes ein, um einem durch die globale Erwärmung verursachten Anstieg des Meeresspiegels entgegenzuwirken

GEOGRAFIE

Geografische Lage: Von 5° 41' bis 9° 25' südlicher Breite sowie von 176° 08' bis 179° 54' östlicher Länge
Höchster Punkt: Unbenannt 5 m
Klima: Tropisches Seeklima

POLITIK

Staatsform: Parlamentarische Demokratie unter konstitutioneller Monarchie
Staatsoberhaupt: Britische Königin, vertreten durch einen Generalgouverneur
Legislative: Versammlungshaus mit 16 für 4 Jahre gewählten Mitgliedern
Jahr der Verfassung: 1986
Wahlrecht: 18 Jahre
Staatsreligion: Christentum

BEVÖLKERUNG

Bevölkerungsanteil: <15 Jahre 29.4 %, 15-64 Jahre 63.9 %, >64 Jahre 6.7 %
Verteilung: Stadt 63.2 %, Land 36.8 %
Wachstum 2019: 4.3 %
Lebenserwartung: Frauen 70 Jahre, Männer 66 Jahre
Alphabetenrate: Frauen 99 %, Männer 99 %
Ethnische Gruppen: Tuvaluer, Kiribatier u. a.
Religionen: Christen 96.7 %, Sonstige 3.1 %
Sprachen: Tuvaluisch, Englisch, Samoanisch

WIRTSCHAFT UND VERKEHR

BIP: 47.27 Mio. US-$
Wachstum BIP 2019: 9.8 %
BNE/Kopf: 3 835 US-$
Inflation: 2.2 %
Außenhandel: Import 29 Mio. US-$, Export 20.13 Mio. US-$
Erwerbstätige nach Sektoren: Keine Angabe
Arbeitslosenquote: Keine Angabe
Energieverbrauch/Kopf: Keine Angabe
Straßennetz: 8 km
Eisenbahnnetz: Keine Angabe

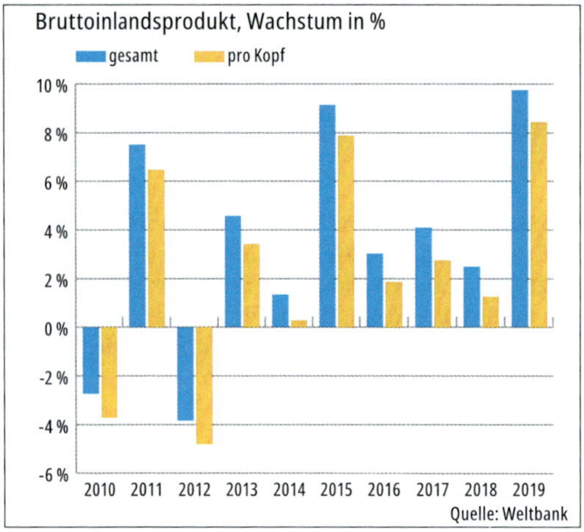

RÜCKBLICK

Wahlen: Am 9.9.2019 wurde turnusgemäß das Parlament neu gewählt. Um die 16 Mandate bewarben sich 37 Kandidaten, darunter zwei Frauen, von denen eine gewählt wurde. Regierungschef Enele Sopoaga wurde wieder in die Fale i Fono gewählt, doch mehrere seiner Minister kehrten nicht ins Parlament zurück; 7 der 16 Gewählten waren Parlamentsneulinge. Am 19.9.2019 wurde der erfahrene **Kausea Natano** von den Abgeordneten **zum neuen Premierminister gewählt**, er setzte sich mit 10 zu 6 Stimmen gegen den bisherigen Regierungschef Enele Sapoaga durch. Natano bekannte sich zur Kontinuität in der von Sapoaga stark herausgestellten Klimapolitik.

Außenpolitik: Natano bekannte sich nach seiner Wahl zu den freundschaftlichen Beziehungen zu Taiwan, was nach den im September 2019 erfolgten Seitenwechseln Kiribatis und der Salomonen hin zur VR China international Beachtung fand. Zum Nationalfeiertag am 1.10. rief US-Außenminister Mike Pompeo Tuvalu und Taiwan auf, ihre Zusammenarbeit zu vertiefen. Auf dem Gipfeltreffen des Pacific Island Forum in Funafuti am 15.8.2019 scheiterte eine Initiative 6 kleiner Mitgliedstaaten unter der Führung von Enele Sopoaga für einen sofortigen Verzicht auf Kohle als Energieträger am Veto Australiens; ersatzweise wurde eine verwässerte Erklärung zur Klimapolitik angenommen.

Zyklon: Am 17.1.2020 richtete nach Monaten der Dürre der Zyklon „Tino“ große Schäden an: Bis zu 8 Meter hohe Wellen überspülten Teile der maximal 4 Meter hohen Inseln und hinterließen entwurzelte Nutzpflanzen, versalzte Böden, erodierte Küsten sowie zerstörte Gebäude und Versorgungsleitungen. Die Regierung verhängte den Notstand, die Asiatische Entwicklungsbank und die Weltbank mobilisierten rasch Wiederaufbauhilfen in Höhe von 9 Mio. US-$.

Flughafenbesetzung: Im Juni 2019 blockierten etwa 50 Landbesitzer die Landebahn des Flughafens von Funafuti und beeinträchtigten den Flugbetrieb. Sie forderten 25 Jahre nach Abschluss der Pachtverträge deren Neuverhandlung; die Regierung bestand auf ihrer Rechtsauffassung, dass die Verträge 99 Jahre lang gültig seien. Sie erwirkte ein hartes Urteil des Obersten Gerichts, das allen Flughafenbesetzern mit Verhaftung drohte. Der australische Chefrichter Charles Sweeney wurde im September 2019 von der neu gewählten Regierung abgesetzt und eine Untersuchung wegen Amtsmissbrauchs gegen ihn eingeleitet.

Corona: Infektionen wurden im Berichtszeitraum nicht bekannt. Am 20.3.2020 verkündete die Regierung nach den ersten Infektionen auf den Fidschi-Inseln einen nationalen Ausnahmezustand und einen Einreisestopp. Seit Ende April wurde allen Bürgern eine Corona-Hilfe von umgerechnet 17 US-$ ausgezahlt; am 29.6. wurde diese Transferzahlung an nachgewiesene Bedürftigkeit gekoppelt.

Uganda

▸ 638

Ländername	Republik Uganda
Zeitzone	MEZ +2 h
Fläche in km²	241 550
Anzahl der Einwohner	44.3 Millionen
Einwohnerzahl pro km²	183
Hauptstadt	Kampala
Amtssprache	Englisch, Swahili
Verwaltungsgliederung	134 Distrikte und 1 Stadt
Wichtige Städte	Kampala, Nansana, Kira, Ssabagabo, Mbarara, Mukono
Autokennzeichen | ISO-Code	EAU | UGA
Währung	Uganda-Schilling
Nationalfeiertag	9. Oktober

Einst galt das ostafrikanische Binnenland mit seinen grandiosen Landschaften, der einzigartigen Tier- und Pflanzenwelt und seiner reichen Kultur als „Perle Afrikas". Diktatur, Bürgerkrieg und wirtschaftlicher Niedergang ließen diesen Glanz zunächst verblassen. Politisch streng geführt, zeigt sich der Staat seit Jahrzehnten stabil, trotz seines konfliktreichen regionalen Umfelds.

GEOGRAFIE

Geografische Lage: Von 4° 13' nördlicher bis 1° 29' südlicher Breite sowie von 29° 33' bis 35° östlicher Länge
Höchster Punkt: Margherita Peak 5109 m
Klima: Tropisches Savannenklima

POLITIK

Staatsform: Präsidiale Republik
Staatsoberhaupt: Präsident
Legislative: Nationalversammlung mit 426 für 5 Jahre gewählten Mitgliedern
Jahr der Verfassung: 1995
Wahlrecht: 18 Jahre
Staatsreligion: Keine

BEVÖLKERUNG

Bevölkerungsanteil: <15 Jahre 46.5 %, 15-64 Jahre 51.5 %, >64 Jahre 2 %
Verteilung: Stadt 24.4 %, Land 75.6 %
Wachstum 2019: 3.7 %
Lebenserwartung: Frauen 66 Jahre, Männer 61 Jahre
Alphabetenrate: Frauen 70.8 %, Männer 82.7 %
Ethnische Gruppen: Baganda, Banyankole, Basoga, Bakiga, Iteso, Langi, Bagisu, Acholi, Lugbara u. a.
Religionen: Christen 84.4 %, Muslime 13.7 %, Sonstige 1.6 %
Sprachen: Englisch, Swahili, Luganda, Regionalsprachen

WIRTSCHAFT UND VERKEHR

BIP: 34.39 Mrd. US-$
Wachstum BIP 2019: 6.5 %
BNE/Kopf: 770 US-$
Inflation: 2.9 %
Außenhandel: Import 7.48 Mrd. US-$, Export 3.46 Mrd. US-$
Erwerbstätige nach Sektoren: Landwirtschaft 72.7 %, Industrie 6.6 %, Dienstleistungen 20.7 %
Arbeitslosenquote: 1.7 %
Energieverbrauch/Kopf: Keine Angabe
Straßennetz: 20 544 km
Eisenbahnnetz: 1 244 km

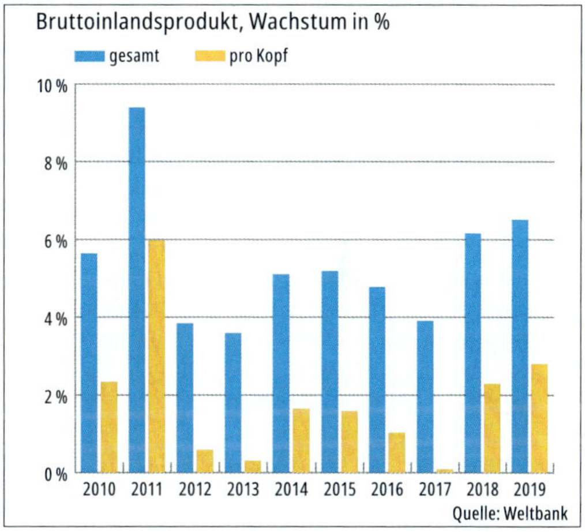

RÜCKBLICK

Wahlkampf: 2020 startete in Uganda der Wahlkampf für die **Präsidentschafts- und Parlamentswahlen**, die **Anfang 2021** stattfinden sollten. Die Wahlkommission legte bis Mitte 2020 keinen genauen Wahltermin fest, um in Absprache mit dem Gesundheitsministerium besser auf den Verlauf der Covid-19-Infektionen im Land reagieren zu können. Auch **Präsident Yoweri Museveni** (* 1944), der Uganda seit 1986 führt, war es erlaubt, trotz seines betagten Alters wieder zu den Wahlen anzutreten. Durch eine Verfassungsänderung hatte er 2017 die bisherige Altersbegrenzung für das Präsidentenamt von 75 Jahren aufheben lassen. Bis Juni 2020 hatten weitere politische Vertreter ihre Kandidatur für das oberste Staatsamt angekündigt, darunter der ehemalige Armeekommandeur Mugisha Muntu, der ehemalige Spionagechef Henry Tumukunde und **Robert Kyagulanyi alias Bobi Wine** von der „People's Power Pressure Group"-Bewegung. Seit 2017 als Abgeordneter im Parlament galt Kyagulanyi insbesondere bei der ugandischen Jugend als politischer Hoffnungsträger gegen die als verkrustet wahrgenommenen Strukturen unter der autoritären Langzeitherrschaft von Museveni. Der Musiker (* 1982), der sich gerne selbst als Ghetto-Präsident bezeichnete, trat für einen demokratischen Wandel ein. Für seine politischen Aktivitäten war Kyagulanyi bereits mehrfach verhaftet worden. Es wurde allgemein erwartet, dass auch **Oppositionsführer Kizza Besigye** vom Forum für Demokratischen Wandel (FDC) wieder als Kandidat antrat, um zum fünften Mal Museveni herauszufordern. Im Juni 2020 verkündeten Besigye und Kyagulanyi eine Bündelung ihrer politischen Aktivitäten unter dem Namen Vereinigte Kräfte des Wandels an.

Neuer Fahrplan: Die Wahlkommission verkündete im Juni 2020 neue Richtlinien für den Wahlkampf. Aufgrund der Corona-Pandemie und der daraus resultierenden Notwendigkeit zur sozialen Distanz sollte es den zu den Wahlen antretenden Kandidaten nicht erlaubt sein, öffentliche Kundgebungen abzuhalten. Der **Wahlkampf** müsse gänzlich **ohne physische Kontakte** allein über Radio, Fernsehen oder soziale Medien geführt werden. Die Opposition protestierte gegen diese Vorgaben und wertete sie als repressives Mittel der Regierung, um Einfluss auf die Wahlen zu nehmen.

Menschenrechte: Die Menschenrechtslage blieb 2019/2020 weiterhin kritisch. Die Menschenrechtsorganisation Amnesty International listete in ihrem Report 2019 u. a. **Verstöße gegen die Meinungs- und Versammlungsfreiheit** auf. Regierungskritische Stimmen wie politische Oppositionelle, Journalisten, Menschenrechtsverteidiger und auch Studenten seien **Einschüchterungen, Schikanen, willkürlichen Verhaftungen** und **Inhaftierungen** ausgesetzt. Im Oktober und November 2019 gingen Sicherheitskräfte gewaltsam gegen Studierende der Makerere Universität in Kampala vor, die gegen eine Erhöhung der staatlichen Schulgebühren protestiert hatten. Mindestens 30 Personen wurden verhaftet und tagelang ohne Anklage festgesetzt. Der staatliche Schutz für gesellschaftliche Minderheiten war unzureichend. **LGBT-Personen** waren aufgrund ihrer sexuellen Orientierung oder Geschlechtsidentität **Diskriminierung, Gewalt** und sogar Tötungen ausgesetzt.

Flüchtlinge: Uganda beherbergte 2019 nach Angaben des UN-Flüchtlingshilfswerks (UNHCR) **1.4 Mio. Flüchtlinge** und war damit nach der Türkei, Kolumbien und Pakistan das **viertwichtigste Aufnahmeland** für die weltweit 79.5 Mio. Menschen auf der Flucht. Die meisten der in Uganda Schutzsuchenden kamen aus der Demokratischen Republik Kongo, aus Burundi und dem Südsudan, die Mehrheit waren Frauen und Kinder. Im März 2020 **schloss** das Land **seine Grenzen** für Flüchtlinge, weil es sich aufgrund der Corona-Pandemie und anderer krisenhafter Entwicklungen wie Dürren, Überschwemmungen, Ausbreitung von Malaria und Masern sowie Heuschreckenplagen nicht imstande sah, die Menschen in den Flüchtlingscamps weiter zu versorgen. Im Juni 2020 verfügte die Regierung die erneute Öffnung der Grenzübergänge. Das UNHCR forderte die Gebernationen auf, für die Flüchtlinge in Uganda 28 Mio. US-$ an Nothilfe zu leisten.

Wirtschaft: Experten beurteilten Ugandas wirtschaftliche Perspektiven bis zum Beginn der Corona-Pandemie als gut und prognostizierten für 2020/21 **BIP-Zuwächse** von 5 bis 6 %. Angesichts eines anhaltend **hohen Bevölkerungswachstums** von über 3 % wurden aber keine Steigerungen beim Pro-Kopf-Einkommen erwartet. Verschiedene Infrastrukturgroßprojekte wie der Internationale Flughafen Hoima und das größte Wasserkraftwerk des Landes mit sechs 100-Megawatt-Turbinen an den Karumafällen des Nils befanden sich im Bau. Der Beginn der **Erdölförderung**, der die Wirtschaft langfristig beflügeln sollte, wurde weiter auf **2024 verschoben**.

Boda-Boda – Motorradtaxis der neuen Art: In der Hauptstadt Kampala gehören sie einfach zum Straßenbild dazu, tausende von Motorrädern, die als zweirädrige Taxis fungieren. Seit 2019 wurden immer mehr dieser Boda-Bodas auf Elektroantrieb umgerüstet. Mit einer durchschnittlichen Reichweite von 60 km und einer maximalen Geschwindigkeit von 60 km/h tun sie ebenso gut ihren Dienst, sind dabei aber kostensparender und umweltfreundlicher. Sie setzen allerdings den Zugang zu einem Stromanschluss voraus, was in Uganda nicht immer gewährleistet ist: Nur etwa jeder vierte Einwohner verfügte 2019 über einen Zugang.

Ukraine

▸ 614

Ländername	Ukraine
Zeitzone	MEZ +1 h
Fläche in km²	603 550
Anzahl der Einwohner	44.4 Millionen
Einwohnerzahl pro km²	74
Hauptstadt	Kiew
Amtssprache	Ukrainisch
Verwaltungsgliederung	24 Oblaste, 1 autonome Republik und 2 Städte
Wichtige Städte	Kiew, Charkiw, Odessa, Dnipro, Donezk, Saporischschja, Lwiw, Krywyj Rih
Autokennzeichen | ISO-Code	UA | UKR
Währung	1 Hrywnja = 100 Kopijok
Nationalfeiertag	24. August

Durch die Kiewer Rus, der Keimzelle russischer wie ukrainischer Staatlichkeit, verband sich die ukrainische Geschichte eng mit der russischen. Der politische und gesellschaftliche Wandel nach der Unabhängigkeit 1991 gestaltete sich schwierig. Der Erfolg der „orangen Revolution" von 2004 konnte den Gegensatz zwischen den prorussischen und den westlich orientierten Kräften nicht nachhaltig auflösen, was sich auch 2014 in den Euromaidan genannten Konflikten in den südöstlichen Landesteilen und der Krim gezeigt hat, die bis heute andauern.

GEOGRAFIE

Geografische Lage: Von 44° 23' bis 52° 22' nördlicher Breite sowie von 22° 08' bis 40° 10' östlicher Länge
Höchster Punkt: Howerla 2061 m
Klima: Gemäßigtes Kontinentalklima, im Süden der Krim subtropisch

POLITIK

Staatsform: Semipräsidiale Republik
Staatsoberhaupt: Präsident
Legislative: Oberster Rat mit 450 für 5 Jahre gewählten Mitgliedern
Jahr der Verfassung: 1996
Wahlrecht: 18 Jahre
Staatsreligion: Keine

BEVÖLKERUNG

Bevölkerungsanteil: <15 Jahre 15.9 %, 15-64 Jahre 67.4 %, >64 Jahre 16.7 %
Verteilung: Stadt 69.4 %, Land 30.6 %
Wachstum 2019: -0.5 %
Lebenserwartung: Frauen 77 Jahre, Männer 67 Jahre
Alphabetenrate: Frauen 100 %, Männer 100 %
Ethnische Gruppen: Ukrainer, Russen u. a.
Religionen: Christen 87.4 %
Sprachen: Ukrainisch, Russisch, Minderheitensprachen

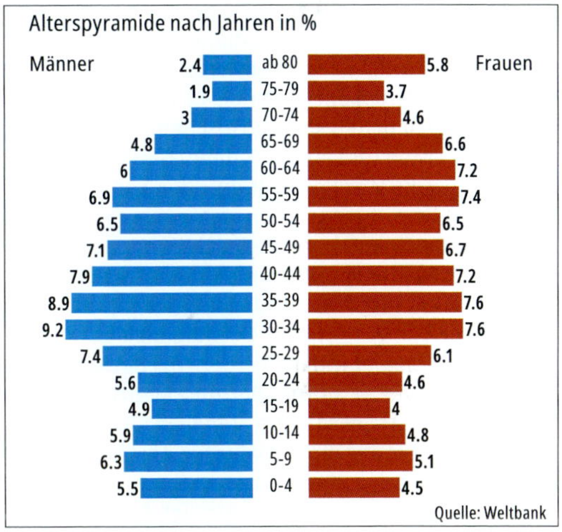

WIRTSCHAFT UND VERKEHR

BIP: 153.78 Mrd. US-$
Wachstum BIP 2019: 3.3 %
BNE/Kopf: 3 592 US-$
Inflation: 7.9 %
Außenhandel: Import 60.61 Mrd. US-$, Export 50.07 Mrd. US-$
Erwerbstätige nach Sektoren: Landwirtschaft 14.5 %, Industrie 24.6 %, Dienstleistungen 60.9 %
Arbeitslosenquote: 8.9 %
Energieverbrauch/Kopf: 2 334 kg ÖE
Straßennetz: 169 694 km
Eisenbahnnetz: 21 733 km

UMSTRITTENES GEBIET

Autonome Republik Krim

Fläche in km²: 26 080
Anzahl der Einwohner: 1.9 Millionen
Hauptstadt: Simferopol
Status: Seit der Unabhängigkeitserklärung im März 2014 unter der Verwaltung Russlands, international nicht anerkannt
Regierung: Regierungschef

RÜCKBLICK

Parlamentswahlen: Mit den durch Staatspräsident Wolodymyr Selenskyj herbeigeführten vorzeitigen Wahlen zur Werchowna Rada am 21.7.2019 setzte sich der radikale **Umbruch der politischen Landschaft** fort. Selenskyjs 2018 gegründete Gruppierung „Diener des Volkes" (SN) erreichte mit rund 43 % der Stimmen (Parteilisten) und 130 Direktmandaten eine absolute Mehrheit der Mandate. Die bisherigen proeuropäischen Regierungsparteien wurden deklassiert. Als größte Oppositionspartei blieb die prorussische „Oppositionsplattform – Für das Leben" mit 43 Sitzen. **Drei Viertel** der Abgeordneten waren **Parlamentsneulinge**. 26 Sitze blieben unbesetzt, weil in den separatistischen „Volksrepubliken" im Osten und auf der von Russland annektierten Krim die Wahl nicht stattfinden konnte.

Ehrgeiz vs. Realität: Der von Selenskyj propagierte **politische Neuanfang** sollte mit demokratischen Reformen und der Bekämpfung von Korruption und Klientelismus sowie der Beendigung des Konflikts im Donbass markiert werden. Als Erstes ließ Selenskyj mit verfassungsändernder Mehrheit die **Immunität** der Abgeordneten **aufheben** (3.9.), sodass eine Strafverfolgung ohne vorherige Abstimmung möglich ist. Damit sollte vor allem Stimmenkauf unterbunden werden. Parallel wurden **Regeln** für eine **Amtsenthebung des Staatspräsidenten** gefasst; ein solches Verfahren kann mit einer Zweidrittelmehrheit im Parlament eingeleitet werden. Im Kabinett von **Ministerpräsident Oleksij Hontscharuk** (am 29.8.2019 gewählt) dominierten neue Gesichter. Eine starke Stellung besaß Innenminister Arsen Awakow (ab 2014), u. a. durch die ihm unterstellte Polizei und Nationalgarde. Selenskyj bezeichnete ihn im Juni 2020 als „unentbehrlich".
Personalpolitisch herrschte **Unrast**, die u. a. mit politischer Unerfahrenheit und Machtkämpfen innerhalb des heterogenen Regierungslagers erklärt wurde: Am 11.2.2020 wechselte Selenskyj den **Leiter der Präsidialverwaltung** aus (Andrij Bohdan gegen Andrij Jermak). Kurz darauf trat Ministerpräsident Hontscharuk zurück. Größter Stolperstein für ihn waren abgehörte Regierungsgespräche, die im Januar bekannt geworden waren. Selenskyj nahm eine umfassende **Regierungsumbildung vor**, nur sechs Kabinettmitglieder behielten ihr Amt. **Ministerpräsident** wurde am 4.3. **Denys Schmyhal** (ab Februar Vizepremier). Erneute Entlassungen gab es am 31.3. (Minister für Finanzen und Gesundheit). Auch wurde der **Generalstaatsanwalt**, der seit Amtsantritt (30.8.2019) u. a. zahlreiche Staatsanwälte entlassen und Korruptionsverfahren eingeleitet hatte, vom Parlament **abberufen**.
Zentrale Reformen: Im ersten Jahr der Selenskyj-Präsidentschaft wurden Vorhaben durchgesetzt, die internationale Geldgeber als notwendig erachteten und die auch Voraussetzung für weitere Kredite des Internationalen Währungsfonds (IWF) waren. Zu den Hauptzielen der Regierung gehörten der Abbau der hohen Auslandsverschuldung und die Ukraine attraktiver für Investitionen zu machen. Ein im Oktober 2019 verabschiedetes Gesetz lässt die **Privatisierung** von rund 3 500 Staatsbetrieben zu, kleinere über eine Onlineplattform, größere über öffentliche Ausschreibungen mit Auflagen für den Käufer. Mit einer **Bankenregulierung** (Mai 2020) wurde dagegen die Reprivatisierung der 2016 verstaatlichten und dann sanierten Privatbank, damals das größte nationale Kreditinstitut, ausgeschlossen. Der frühere Eigentümer, der „Oligarch" Ihor Kolomojskyj, versuchte die Bank wieder in die Hand zu bekommen – daher auch **„Anti-Kolomojskyj-Gesetz"**. Zugleich wurden feindliche Übernahmen von Unternehmen mithilfe staatlicher Ressourcen erschwert. Im April hob das Parlament ein seit 2000 bestehendes Moratorium für den **Handel mit Agrarland** auf. Grund und Boden waren seit der Privatisierung der sowjetischen Kollektivgüter (1991) auf 2 Hektar pro Person beschränkt. Flächen, die nur verpachtet werden konnten, dürfen nun verkauft werden. Ein Erwerb durch Kleinbauern soll staatlich gefördert werden. Der **Markt** wird, abhängig von der Flächengröße (ab 1.7.2021 bis 100 Hektar), **schrittweise geöffnet**. Ausländer dürfen kein Land kaufen, Staatsland wird nicht veräußert.

Krieg im Osten: Der Stellungskrieg (ab 2014) mit nahezu täglichem Beschuss an der rund 450 km langen „Kontaktlinie" zu den **Separatistenrepubliken Luhansk und Donezk** setzte sich fort. Nach UN-Angaben wurden in dem Konflikt bis Februar 2020 rund 13 000 Menschen getötet, ein Viertel davon Zivilisten. Etwa 60 000 Soldaten auf ukrainischer Seite standen in den „Volksrepubliken" mindestens 26 000 Kämpfer, darunter auch Freiwillige und Söldner, sowie ca. 1 000 Armee- und Geheimdienstangehörige aus Russland, gegenüber. Zivilisten konnten die Frontlinie nur über fünf **Checkpoints**

passieren, auch um sich auf der ukrainisch kontrollierten Seite Renten und Sozialleistungen auszahlen zu lassen; die „Volksrepubliken“ waren vom Zahlungsverkehr abgeschnitten. Im Zuge der Corona-Pandemie wurden, angesichts eines allgemeinen **Lockdowns** in der Ukraine (Ausnahmezustand ab 25.3.2020, Lockerungen der Beschränkungen ab 11.5.), die Übergänge geschlossen. Auch schränkten die „Volksrepubliken“ die Bewegungsfreiheit der OSZE-Beobachtungsmission weiter ein.

Diplomatische Bewegung: Über die sogenannte Minsker Kontaktgruppe (Ukraine, Russland, OSZE) wurde bis November 2019 an drei Orten eine **Truppenentflechtung** (Rückzug von Waffen und Personal, Abbau von Stellungen) realisiert. Auch akzeptierte die Ukraine, wie von Russland als Voraussetzung für ein Gipfeltreffen im „Normandieformat“ (Ukraine, Russland, Deutschland, Frankreich) gefordert, die sogenannte **Steinmeier-Formel** zur Konkretisierung der Minsker Friedensabkommen (2014/15); sie definiert eine zeitliche Abfolge: 1. Abzug aller Bewaffneten aus den „Volksrepubliken“, 2. vollständige ukrainische Kontrolle der Grenze zu Russland, 3. faire und freie Lokalwahlen unter OSZE-Kontrolle, 4. Autonomiestatus. Von den Vereinbarungen des **Gipfeltreffens** am 9./10.12.2019 in Paris, dem ersten seit drei Jahren, wurde am 29.12. ein **Gefangenenaustausch** verwirklicht. Aufseiten der Ukraine wurden 141 Personen freigelassen. 56 der 76 Freigelassenen aus den Separatistenrepubliken waren laut einem UN-Bericht vom März 2020 **misshandelt** oder gefoltert worden. Nicht realisiert wurde ein allgemeiner Waffenstillstand bis Ende 2019. Vorgesehen war außerdem eine weitere Truppenentflechtung. Die ukrainische Regierung akzeptierte einen **Sonderstatus** für die „besetzten Gebiete“ und peilte für Oktober 2020 **Kommunalwahlen** im ganzen Land an. Im März 2020 brachte sie bis dahin abgelehnte **Direktgespräche** mit den „Volksrepubliken“ ins Spiel.

Erdgas: Am 20./31.12.2019 vereinbarte die Ukraine mit Russland einen neuen Vertrag über den **Transit von russischem Erdgas in die EU**. Darin verpflichtet sich der Staatskonzern Gazprom 2020-24 mindestens 105 Mrd. m^3 über ukrainisches Territorium zu leiten und dafür 7 Mrd. US-$ zu zahlen. Weiterhin wurden Entschädigungszahlungen an den ukrainischen Erdgasversorger Naftohas vereinbart. Die Vereinbarung geschah in letzter Minute und verhinderte einen erneuten „Gaskrieg“. Die Bedeutung der Ukraine als Transitland für Erdgas nimmt durch andere Pipelineprojekte ab.

Ungarn

▸ 619

Ländername	Ungarn
Zeitzone	MEZ ±0 h
Fläche in km²	93 030
Anzahl der Einwohner	9.8 Millionen
Einwohnerzahl pro km²	105
Hauptstadt	Budapest
Amtssprache	Ungarisch
Verwaltungsgliederung	19 Komitate und 1 Stadt
Wichtige Städte	Budapest, Debrecen, Szeged, Miskolc, Pécs, Győr
Autokennzeichen | ISO-Code	H | HUN
Währung	Forint
Nationalfeiertag	20. August

Ungarn ist ein relativ kleines Binnenland im Herzen Europas mit weiten fruchtbaren Ebenen, bewaldeten Mittelgebirgen und über 2 000 Sonnenstunden im Jahr. In seiner wechselvollen Geschichte geriet das Land immer wieder in den Einflussbereich verschiedener Großmächte. Die sowjetische Vorherrschaft verhinderte lange Zeit eine Öffnung zum Westen. Durch die Mitgliedschaften in NATO und Europäischer Union wurde die Westintegration schließlich abgeschlossen. Gleichwohl blieb die ungarische Gesellschaft parteipolitisch und sozial tief gespalten.

GEOGRAFIE

Geografische Lage: Von 45° 44' bis 48° 34' nördlicher Breite sowie von 16° 06' bis 22° 53' östlicher Länge
Höchster Punkt: Kékes 1014 m
Klima: Gemäßigt kontinentales, relativ trockenes Klima

POLITIK

Staatsform: Parlamentarische Republik
Staatsoberhaupt: Präsident
Legislative: Nationalversammlung mit 199 für 4 Jahre gewählten Mitgliedern
Jahr der Verfassung: 2012
Wahlrecht: 18 Jahre
Staatsreligion: Keine

BEVÖLKERUNG

Bevölkerungsanteil: <15 Jahre 14.4 %, 15-64 Jahre 65.9 %, >64 Jahre 19.7 %
Verteilung: Stadt 71.4 %, Land 28.6 %
Wachstum 2019: -0.2 %
Lebenserwartung: Frauen 80 Jahre, Männer 73 Jahre
Alphabetenrate: Frauen 99.1 %, Männer 99.2 %
Ethnische Gruppen: Ungarn, Roma, Deutsche u. a.
Religionen: Christen 52.8 %, Sonstige 1.9 %
Sprachen: Ungarisch, Englisch, Deutsch, Minderheitensprachen

WIRTSCHAFT UND VERKEHR

BIP: 160.97 Mrd. US-$
Wachstum BIP 2019: 5.1 %
BNE/Kopf: 17 463 US-$
Inflation: 3.3 %
Außenhandel: Import 119.81 Mrd. US-$, Export 123.62 Mrd. US-$
Erwerbstätige nach Sektoren: Landwirtschaft 4.7 %, Industrie 32.7 %, Dienstleistungen 62.6 %
Arbeitslosenquote: 3.4 %
Energieverbrauch/Kopf: 2 433 kg ÖE
Straßennetz: 203 601 km
Eisenbahnnetz: 8 049 km

RÜCKBLICK

Kommunalwahlen: Bei den Kommunalwahlen am 13.10.2019 gelang es Gergely Karácsony, einem Politiker der grünen Partei Dialog für Ungarn (PM) und bisherigen Bürgermeister eines Budapester Stadtbezirks, mit 50.9 % zum neuen Bürgermeister der Hauptstadt gewählt zu werden. Der seit neun Jahren amtierende Amtsinhaber István Tarlós von der Regierungspartei Bund der Jungen Demokraten (FIDESZ) erzielte lediglich 44.1 %. Der Erfolg wurde dadurch ermöglicht, dass sich die wichtigsten Oppositionsparteien auf einen gemeinsamen Kandidaten einigen konnten. Landesweit setzten sich Kandidaten des FIDESZ in 12 der 23 größeren Städte durch, sieben weniger als 2014, während Kandidaten der vereinten Opposition in vier und Unabhängige in sieben Städten erfolgreich waren. **In Budapest verlor der FIDESZ seine dominante Position** auch in den Bezirken. Nur noch in sieben stellte er den Bürgermeister (-10), die Opposition in 14, in zwei Bezirken Unabhängige. Erfolgreicher war der FIDESZ dagegen bei den Wahlen zu den Komitatsräten, wo er landesweit einen Anteil von 54.5 % erreichte.

Transitzonen: Der Europäische Gerichtshof für Menschenrechte (EGMR) stellte in einem Urteil am 21.11.2019 fest, die Transitzonen an der ungarischen Grenze verstießen nicht gegen Menschenrechte. Es handle sich um keinen Freiheitsentzug, da die beiden Kläger, zwei aus Bangladesch stammende Asylbewerber, sich freiwillig dorthin begeben hatten. Damit revidierte der EGMR ein Urteil der Vorinstanz, in dem Ungarn verurteilt worden war. Allerdings wurde Ungarn eine Entschädigung der Kläger und die Übernahme der Gerichtskosten auferlegt, da den beiden nicht ermöglicht worden war, einen Asylantrag in Serbien zu stellen.
Der Europäische Gerichtshof (**EuGH**) stellte in einer Entscheidung am 14.5.2020 fest, dass das Festhalten von Asylbewerbern in den **Transitzonen** europäischem Recht widerspreche, da es sich **faktisch** um **Haft** handle. Es sei zwar nicht erforderlich, diese Einrichtungen zu schließen, die Rechte der dort Festgehaltenen müssten indes erweitert werden. Die Regierung kündigte daraufhin am 21.5. an, man werde die beiden Transitzonen schließen. Asylanträge könnten künftig ausschließlich bei ungarischen Auslandsvertretungen eingereicht werden.

Transparenzgesetz: In einer weiteren Entscheidung am 18.6.2020 stellte der EuGH fest, dass das regierungsunabhängige Organisationen (NGO), die aus dem Ausland finanziell unterstützt werden, betreffende sogenannte **Transparenzgesetz gegen europäisches Recht** verstößt, da es sich um diskriminierende und ungerechtfertigte Einschränkungen handle. Es sei ausschließlich gegen Ausländer gerichtet und verletze das Recht auf freien Kapitalverkehr, den Persönlichkeitsschutz sowie die Vereinigungsfreiheit. Das im Juni 2017 verabschiedete Gesetz müsse aufgehoben werden. Es hatte vorgesehen, dass NGOs, die jährlich mit mehr als 24 000 € aus dem Ausland unterstützt werden, verpflichtet sind, sich gerichtlich registrieren zu lassen. Im Internet und in allen ihren Publikationen haben sie sich als aus dem Ausland unterstützte Organisation zu deklarieren, andernfalls drohten Geldstrafen. Die EU-Kommission hatte gegen das Gesetz eine Vertragsverletzungsklage eingereicht.

Keine Verwaltungsgerichte: Wie Justizministerin Judit Varga am 31.10.2019 mitteilte, verzichtet die Regierung auf die ursprünglich für 2020 vorgesehene Einführung der neuen Verwaltungsgerichte.

Das entsprechende Gesetz werde zurückgenommen. Die Venedig-Kommission des Europarats, die dessen Mitgliedstaaten in verfassungsrechtlichen Fragen berät, hatte das Gesetz kritisiert, da es einen großen Einfluss der Regierung auf die Besetzung der geplanten Gerichte vorsah.

Neue parlamentarische Regeln: Die Regierungsmehrheit im Parlament beschloss am 10.12.2019 neue parlamentarische Regeln. Diese untersagen u. a. den Zusammenschluss von zwei oder mehr Fraktionen zu einer neuen. Auch wurde verboten, dass ein als Unabhängiger ins Parlament gewählter Abgeordneter sich einer Fraktion anschließt, ebenso wenig dürfen sich Unabhängige zu einer gemeinsamen Fraktion zusammenschließen.

EVP-Mitgliedschaft weiterhin suspendiert: Wie Donald Tusk, der Vorsitzende der Europäischen Volkspartei (EVP) am 3.2.2020 mitteilte, bleibt die Mitgliedschaft der FIDESZ in der EVP weiterhin suspendiert, da keine positive Entwicklung festgestellt werden konnte. Diese Maßnahme war im März 2019 ergriffen worden, nachdem FIDESZ Verstöße gegen Grundwerte der EU sowie verbale Angriffe auf den damaligen EU-Kommissionspräsidenten Jean-Claude Juncker vorgeworfen worden waren.

Corona: Am 4.3.2020 wurden die ersten beiden Covid-19-Infektionen bestätigt, am 15.3. kam es zum ersten Todesfall. Ab dem 11.3. galt ein vorläufiger Notstand, die Bildungseinrichtungen wurden geschlossen. 140 strategisch bedeutsame Firmen wurden dem Militär unterstellt, das auch in den Städten patrouillierte. Am 28.3. wurden Ausgangsbeschränkungen eingeführt, die Wohnungen durften nur noch für den Weg zur Arbeit, für Einkäufe, sportliche Betätigung sowie einen anderen unumgänglichen Zweck verlassen werden. Das Parlament beschloss am 30.3. einen zeitlich unbefristeten Ausnahmezustand und **Sondervollmachten für die Regierung**, was dieser erlaubte, per Dekret zu regieren. Alle Gerichte außer dem Verfassungsgericht mussten ihre Arbeit einstellen. Für die Verbreitung von Falschnachrichten im Zusammenhang mit der Epidemie wurden Haftstrafen von bis zu fünf Jahren angedroht. Gegen den der Opposition angehörenden Bürgermeister von Mohács wurde ein Ermittlungsverfahren eingeleitet, nachdem er seine Stadt als „Corona-Hotspot“ bezeichnet hatte. Das Parlament beendete am 16.6. die Sondervollmachten für die Regierung, am 20.6. endete der Ausnahmezustand. Ab Mai gingen die Infektionszahlen deutlich zurück, die Kurve begann, sich abzuflachen.

Uruguay

► 675

Ländername	Republik Östlich des Uruguay
Zeitzone	MEZ -4 h
Fläche in km²	176 220
Anzahl der Einwohner	3.5 Millionen
Einwohnerzahl pro km²	20
Hauptstadt	Montevideo
Amtssprache	Spanisch
Verwaltungsgliederung	19 Departamentos
Wichtige Städte	Montevideo, Colonia del Sacramento, Salto, Paysandú, Las Piedras
Autokennzeichen | ISO-Code	ROU | URY
Währung	1 Uruguayischer Peso = 100 Centésimos
Nationalfeiertag	25. August

Im 20. Jahrhundert galt Uruguay lange als die „Schweiz Lateinamerikas“. Es zeichnete sich durch stabile politische und soziale Verhältnisse aus. In den 1970er Jahren übernahm das Militär die Macht. Inzwischen hat der La-Plata-Staat zur Demokratie zurückgefunden.

GEOGRAFIE

Geografische Lage: Von 30° 06' bis 34° 58' südlicher Breite sowie von 53° 07' bis 58° 26' westlicher Länge
Höchster Punkt: Cerro Catedral 514 m
Klima: Subtropisch-gemäßigtes Klima

POLITIK

Staatsform: Präsidiale Republik
Staatsoberhaupt: Präsident
Legislative: Generalversammlung, bestehend aus Repräsentantenkammer mit 99 für 5 Jahre gewählten Mitgliedern und Senatorenkammer mit 30 für 5 Jahre gewählten Mitgliedern
Jahr der Verfassung: 1967
Wahlrecht: 18 Jahre
Staatsreligion: Keine

BEVÖLKERUNG

Bevölkerungsanteil: <15 Jahre 20.6 %, 15-64 Jahre 64.6 %, >64 Jahre 14.8 %
Verteilung: Stadt 95.3 %, Land 4.7 %
Wachstum 2019: 0.4 %
Lebenserwartung: Frauen 82 Jahre, Männer 74 Jahre
Alphabetenrate: Frauen 99 %, Männer 98.4 %
Ethnische Gruppen: Europäer, Afrikaner, Indigene u. a.
Religionen: Christen 58.2 %, Sonstige 1.4 %
Sprachen: Spanisch

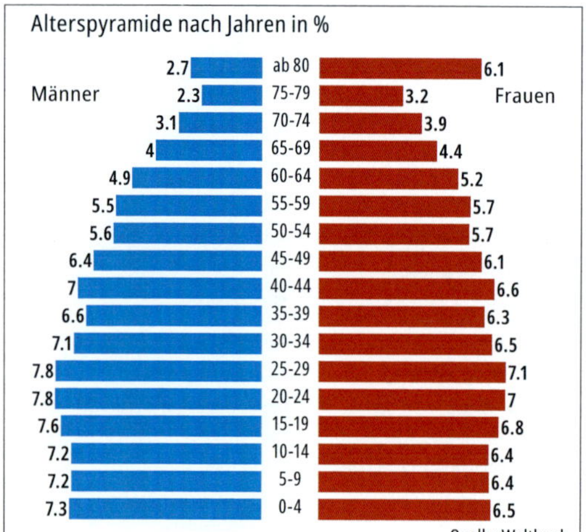

Quelle: Weltbank

WIRTSCHAFT UND VERKEHR

BIP: 56.05 Mrd. US-$
Wachstum BIP 2019: 0.2 %
BNE/Kopf: 17 029 US-$
Inflation: 7.9 %
Außenhandel: Import 8.25 Mrd. US-$, Export 7.68 Mrd. US-$
Erwerbstätige nach Sektoren: Landwirtschaft 8.1 %, Industrie 18.9 %, Dienstleistungen 73 %
Arbeitslosenquote: 8.7 %
Energieverbrauch/Kopf: 1 386 kg ÖE
Straßennetz: 77 732 km
Eisenbahnnetz: 1 673 km

RÜCKBLICK

Luis Lacalle Pou, * 11.8.1973
Sohn von Ex-Präsident Luis Alberto Lacalle de Herrera (1990-95); Jurastudium an der Universidad Católica de Uruguay; 2000-15 Abgeordneter (Partido Nacional), dabei 2011-12 Präsident der Abgeordnetenkammer; 2014 Niederlage bei der Stichwahl um das Präsidentenamt; 2015-19 Senator; am 24.11.2019 Sieg bei der Stichwahl zu den Präsidentschaftswahlen; seit 1.3.2020 Staatspräsident in der Nachfolge von Tabaré Ramón Vázquez Rosas (FA)

Wahlen: Bei den Präsidentschaftswahlen am 27.10.2019 erzielte der ehemalige Bürgermeister von Montevideo, Daniel Martínez von der regierenden linken Frente Amplio (FA), 39.2 % der Stimmen. Zweitplatzierter wurde der konservative Luis Lacalle Pou vom Partido Nacional (PN) mit 28.6 %. Ernesto Talvi vom Partido Colorado (PC) erzielte 13.3 %. Weitere 4 Kandidaten gewannen jeweils unter 5 %. Da keiner der Kandidaten eine absolute Mehrzeit erzielte, wurde eine Stichwahl nötig. Bei den gleichzeitig stattfindenden **Parlamentswahlen** verlor die Frente Amplio in beiden Kammern ihre absolute Mehrheit.

Stichwahl: Bei der Stichwahl zum Präsidentschaftsamt am 24.11.2019 setzte sich Luis Lacalle Pou (PN) mit 48.8 % hauchdünn gegen Daniel Martínez (FA) mit 47.3 % durch. Lacalle Pou konnte die Wähler der Liberalen, Konservativen und der neu gegründeten rechts-konservativen Calbildo Abierto für sich mobilisieren. Mit seiner Wahl endete die 15-jährige Regierung des sozialistisch geprägten Bündnisses Frente Amplio.

Neue Regierung: Am 1.3.2020 übernahm **Luis Lacalle Pou** das Amt des Präsidenten. Neuer Außenminister wurde Ernesto Talvi, der Präsidentschaftskandidat vom Koalitionspartner Partido Colorado (PC). Nach Unstimmigkeiten über die Außenpolitik kündigte Talvi am 11.6.2020 seinen bevorstehenden Rücktritt an.

Corona: Im Vergleich zu anderen Ländern der Region hatte Uruguay die Pandemie gut im Griff. Der erste Covid-19-Fall wurde am 13.3.2020 bestätigt, rund 2 Wochen nach dem Antritt der neuen Regierung. In den nächsten Tagen wurden die Grenzen geschlossen, Flüge gestrichen sowie Schulen und Kirchen geschlossen. Es wurde keine Ausgangssperre verhängt, vielmehr setzte die Regierung auf Freiwilligkeit. Uruguay verfügt über ein relativ gutes Gesundheitssystem und eine gut ausgebaute Infrastruktur. Aufgrund der niedrigen Fallzahlen erfolgten früh erste Lockerungen: im April wurde die Bauwirtschaft freigegeben, im Mai öffneten Geschäfte und Schulen. Die Regierung legte einen Corona-Fonds auf, der mit den 20%igen Lohnkürzungen des Präsidenten, der Minister und Parlamentarier sowie höherer Staatsangestellten finanziert wurde. Uruguay war das einzige Land in Südamerika, dessen Einwohner im Zuge der ersten Grenzöffnungen ab 1.7. in die EU einreisen durften.

Usbekistan

▸ 692

Ländername	Republik Usbekistan
Zeitzone	MEZ +4 h
Fläche in km²	447 400
Anzahl der Einwohner	33.6 Millionen
Einwohnerzahl pro km²	75
Hauptstadt	Taschkent
Amtssprache	Usbekisch
Verwaltungsgliederung	12 Provinzen, 1 autonome Republik und 1 Stadt
Wichtige Städte	Taschkent, Namangan, Andischan, Samarkand, Nukus, Buchara, Karschi
Autokennzeichen | ISO-Code	UZ | UZB
Währung	1 So'm = 100 Tiyin
Nationalfeiertag	1. September

Buchara, Samarkand und Taschkent waren wichtige islamische Zentren an der alten Seidenstraße und besitzen auch heute noch die magische Atmosphäre des alten Orients. Fluch und Segen des autoritär regierten mittelasiatischen Landes ist bis in die Gegenwart die Baumwolle, das wichtigste Exportprodukt, aber auch verantwortlich für immense Umweltschäden.

GEOGRAFIE

Geografische Lage: Von 37° 11' bis 45° 34' nördlicher Breite sowie von 55° 59' bis 73° 09' östlicher Länge
Höchster Punkt: Hazrat Sulton 4643 m
Klima: Kontinentales Wüstenklima

POLITIK

Staatsform: Präsidiale Republik
Staatsoberhaupt: Präsident
Legislative: Oberste Versammlung, bestehend aus Abgeordnetenhaus mit 150 für 5 Jahre gewählten Mitgliedern und Senat mit 84 für 5 Jahre gewählten und 16 ernannten Mitgliedern
Jahr der Verfassung: 1992
Wahlrecht: 18 Jahre
Staatsreligion: Keine

BEVÖLKERUNG

Bevölkerungsanteil: <15 Jahre 28.8 %, 15-64 Jahre 66.6 %, >64 Jahre 4.6 %
Verteilung: Stadt 50.5 %, Land 49.5 %
Wachstum 2019: 1.2 %
Lebenserwartung: Frauen 74 Jahre, Männer 70 Jahre
Alphabetenrate: Frauen 100 %, Männer 100 %
Ethnische Gruppen: Usbeken, Tadschiken, Kasachen, Russen, Karakalpaken, Tataren u. a.
Religionen: Muslime 88 %, Christen 9 %, Sonstige 3 %
Sprachen: Usbekisch, Russisch, Tadschikisch u. a.

WIRTSCHAFT UND VERKEHR

BIP: 57.92 Mrd. US-$
Wachstum BIP 2019: 5.6 %
BNE/Kopf: 1 832 US-$
Inflation: 14.6 %
Außenhandel: Import 23 Mrd. US-$, Export 16 Mrd. US-$
Erwerbstätige nach Sektoren: Landwirtschaft 23.9 %, Industrie 29.5 %, Dienstleistungen 46.6 %
Arbeitslosenquote: 5.9 %
Energieverbrauch/Kopf: 1 419 kg ÖE
Straßennetz: 86 496 km
Eisenbahnnetz: 4 642 km

RÜCKBLICK

Parlamentswahl: Am 22.12.2019 und 5.1.2020 fanden in der bevölkerungsreichsten zentralasiatischen GUS-Republik Wahlen zum Abgeordnetenhaus statt. Erstmals gab es eine offene **Medienbegleitung** (u. a. Debatten live im TV) und landesweite **Wahlbeobachtung** durch nationale und 800 internationale Vertreter. In der autoritär regierten Präsidialrepublik hatte das Parlament bislang eine untergeordnete politische Rolle. Für die 150 Sitze standen 750 Kandidaten zur Wahl. Zugelassen waren allerdings nur **fünf Parteien,** darunter die Regierungspartei (Liberaldemokraten, O'zlidep) und vier weitere **„systemkonforme"** Gruppierungen. O'zlidep ging mit 53 Sitzen erwartungsgemäß als Sieger hervor. Auf Platz zwei kam mit 36 Mandaten die sozialdemokratische „Gerechtigkeit“. Die **OSZE** sah mehr **Transparenz** als früher und internationale demokratische Standards gewahrt, kritisierte jedoch den **mangelnden demokratischen Wettbewerb** und die anhaltende Missachtung der Grundrechte. Die offiziell angegebene Wahlbeteiligung von 67.8 % wurde als realistisch bewertet.

Strategie: Staatspräsident Shavkat Mirziyoyev regiert Usbekistan seit dem Tod des Langzeitherrschers Islom Karimov (2016) und vollzog schrittweise eine Abkehr von gesellschaftlicher und politischer Repression. Am 24.1.2020 legte er in einer Grundsatzrede vor beiden Parlamentskammern die weitere **Modernisierung** und **Liberalisierung** dar. Als Schwerpunkte benannte er den Ausbau und die Verbesserung des Bildungswesens, die Deregulierung von Wirtschaft und Landwirtschaft sowie die Bekämpfung der Korruption.

Der Präsident Usbekistans, Shavkat Mirziyoyev, sichert am 1. Mai 2020 im Gebiet Syrdarja Hilfe nach einem Dammbruch zu.

Menschenrechte: Im Unterschied zum staatlichen Reformprogramm beobachtete Amnesty International im Jahresbericht 2019 deutliche Defizite bei Bürgerrechten und der Anerkennung einer lebendigen **Zivilgesellschaft**. Nach wie vor würden Regimekritiker und Journalisten durch Polizei und Geheimdienst eingeschüchtert und drangsaliert. Trotz Schließung des berüchtigten Straflagers Jaslik im August würden Inhaftierte misshandelt. Zwar seien politische Gefangene freigelassen worden und in größerem Umfang Begnadigungen ausgesprochen worden, es fehle, so auch andere Menschenrechtsorganisationen, die systematische **Überprüfung von Willkürurteilen** der Strafjustiz unter dem Karimov-Regime. Human Rights Watch schätzte die Zahl der unrechtmäßig Inhaftierten 2019 auf immer noch 2 000 bis 5 000 Personen.

Weniger Zwangsarbeit: Ein im Februar 2020 veröffentlichter Bericht der Internationalen Arbeitsorganisation (ILO) bescheinigte Usbekistan einen deutlichen Rückgang bei zwangsverpflichteten Helfern für die **Baumwollernte**. Die Rekrutierung u. a. von Schülern, Studenten, Lehrern und Gesundheitspersonal, gängige Praxis seit Sowjetzeiten, sei gestoppt worden. Staatspräsident Mirziyoyev hatte im Januar und März per Dekret **Zwangsverpflichtungen unter Strafe** gestellt und die jährlichen Ablieferungsquoten von Baumwolle an den Staat abgeschafft. Allerdings bezweifelte die ILO, dass die neuen Regeln konsequent eingehalten würden, weil der staatlich regulierte Baumwollsektor eine Einnahmequelle der regionalen Eliten sei. Der Baumwollabsatz wurde durch den **Boykott** internationaler Textilunternehmen (ab 2011) erschwert.

Außenpolitik: Staatspräsident Mirziyoyev intensivierte die **regionale Zusammenarbeit**, ließ Grenzübergänge zu den Nachbarstaaten, vor allem im dicht besiedelten Ferganatal, öffnen und versuchte durch Verträge mit Kirgisistan und Tadschikistan, Streit über Territorialansprüche durch Grenzvermessung und Landtausch beizulegen. Erstmals seit 1991 fand im November 2019 in Taschkent ein **Gipfeltreffen** der fünf zentralasiatischen Staatschefs statt. Zu einem Treffen der Außenminister im Februar 2020 reiste auch US-Außenminister Mike Pompeo nach Usbekistan, was dessen beanspruchte **regionale Führungsrolle** unterstrich. Ob Usbekistan der von Russland geführten Eurasischen Wirtschaftsunion (EEU) beitritt, wie von diesem angeboten, ließ Mirziyoyev Anfang 2020 offen.

Corona: Zur Eindämmung der Covid-19-Pandemie schloss Usbekistan seine Grenzen (16.3.2020) und stellte den Flugverkehr ein (30.3.), ergänzt durch einen Lockdown von Wirtschaft und öffentlichem Leben. Nach einer Abflachung der Infektionskurve hob die Regierung ab dem 7.5. Einschränkungen schrittweise auf. Abhängig von der Zahl der Erkrankungen wurden Städte und Landkreise in **grüne, gelbe und rote Zonen** eingeteilt und daran die Schnelligkeit der Öffnung (Geschäfte, Märkte, Cafés, Nahverkehr) festgemacht. Für betroffene Unternehmen und Beschäftigte legte die Regierung drei **Hilfspakete** im Gesamtumfang von 3 Mrd. US-$ auf. Besonderes Augenmerk wurde auf die Wiederbelebung des Tourismus gelegt. Dem von der Corona-Krise hart getroffenen Reise- und Gastgewerbe versuchte der Staat u. a. mit Steuervergünstigungen, zinslosen Krediten und Zuschüssen für Modernisierung wieder auf die Beine zu helfen. Als Ziel wurden 2020 Einnahmen von 450 Mio. US-$ angepeilt. Ab Juni kam der internationale Flugverkehr wieder in Gang.

Vanuatu

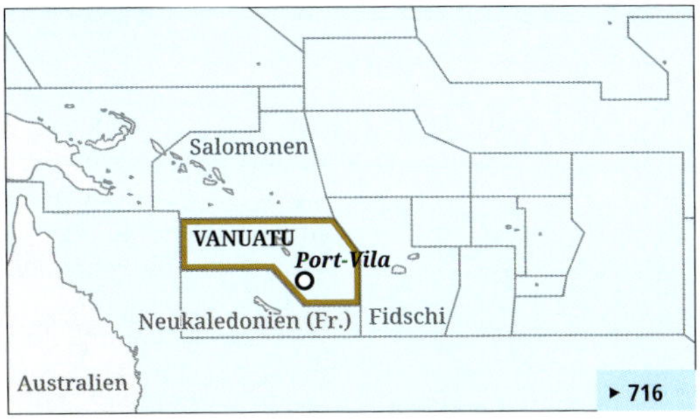

Ländername	Republik Vanuatu
Zeitzone	MEZ +10 h
Fläche in km²	12 190
Anzahl der Einwohner	299 882
Einwohnerzahl pro km²	25
Hauptstadt	Port Vila
Amtssprache	Bislama, Englisch, Französisch
Verwaltungsgliederung	6 Provinzen
Wichtige Städte	Port Vila, Luganville
Autokennzeichen | ISO-Code	VAN | VUT
Währung	1 Vatu = 100 Centimes
Nationalfeiertag	30. Juli

Der Archipel, der bis zu seiner Unabhängigkeit 1980 den Namen Neue Hebriden trug, wurde ein Jahrhundert lang durch europäische Kolonialmächte ausgebeutet und muss als Staat erst allmählich zu einer eigenen Identität finden.

GEOGRAFIE

Geografische Lage: Von 13° 04' bis 20° 15' südlicher Breite sowie von 166° 31' bis 169° 54' östlicher Länge
Höchster Punkt: Tabwemasana 1879 m
Klima: Tropisch-ozeanisches Klima

POLITIK

Staatsform: Parlamentarische Republik
Staatsoberhaupt: Präsident
Legislative: Parlament mit 52 für 4 Jahre gewählten Mitgliedern
Jahr der Verfassung: 1980
Wahlrecht: 18 Jahre
Staatsreligion: Keine

BEVÖLKERUNG

Bevölkerungsanteil: <15 Jahre 38.8 %, 15-64 Jahre 57.5 %, >64 Jahre 3.7 %
Verteilung: Stadt 25.3 %, Land 74.7 %
Wachstum 2019: 2.5 %
Lebenserwartung: Frauen 72 Jahre, Männer 69 Jahre
Alphabetenrate: Frauen 86.7 %, Männer 88.3 %
Ethnische Gruppen: Melanesier u. a.
Religionen: Christen 82.4 %, Buddhisten 4 %, Ethnische 3.7 %, Sonstige 6 %
Sprachen: Bislama, Englisch, Französisch, Regionalsprachen

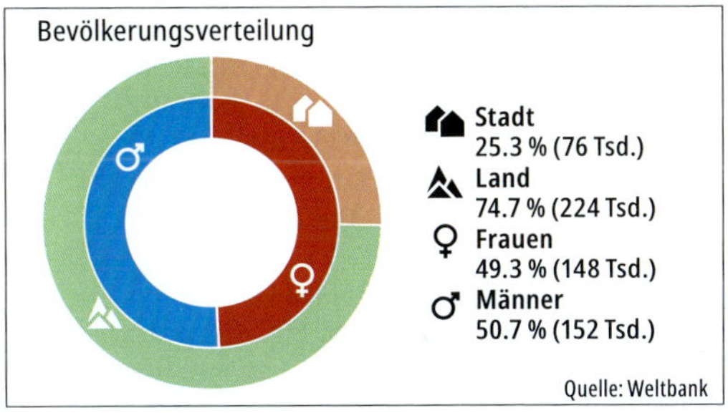

WIRTSCHAFT UND VERKEHR

BIP: 917.06 Mio. US-$
Wachstum BIP 2019: 2.9 %
BNE/Kopf: 3 260 US-$
Inflation: 2.8 %
Außenhandel: Import 290 Mio. US-$, Export 48 Mio. US-$
Erwerbstätige nach Sektoren: Landwirtschaft 55.8 %, Industrie 6.3 %, Dienstleistungen 37.9 %
Arbeitslosenquote: 4.4 %
Energieverbrauch/Kopf: Keine Angabe
Straßennetz: 1 070 km
Eisenbahnnetz: Keine Angabe

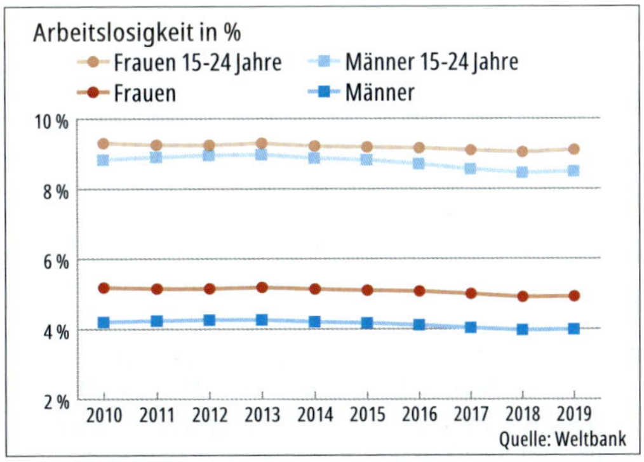

RÜCKBLICK

Zyklon: Vom 4.-6.4.2020 überquerte der Zyklon „Harold" Vanuatu und richtete die schwersten Schäden seit dem Zyklon „Pam" 2015 an. Besonders betroffen waren die nördlichen Inseln Espiritu Santo, Pentecost und Malo. Meistbetroffene Stadt war Luganville, 2015 war es Port Vila gewesen. Zu mehreren Inseln bestand über Tage kein Telefonkontakt. Nach Schätzungen von World Vision Australia wurden etwa die Hälfte der Einwohner des Landes obdachlos. Von einigen Inseln wurden erhöhte Fallzahlen von Dengue-Fieber und Malaria gemeldet. Neuseeland, Australien und Frankreich leisteten rasch Soforthilfe, die Weltbank gewährte am 27.4. einen Wiederaufbaukredit über 10 Mio. US-$. Insgesamt blieb die internationale Hilfe deutlich hinter 2015 zurück, trotz vergleichbaren Ausmaßes der Schäden.

Politik: Am 19.3.2020 fand die turnusmäßige Neuwahl des Parlaments statt. Ministerpräsident Charlot Salwai war es gelungen, trotz mehrerer Misstrauensanträge und einer Strafanzeige wegen Korruption, die gesamte Legislaturperiode im Amt zu überstehen. Besonders umstritten war seine Öffnung des Landes für Investitionen aus der VR China. Nach einem hitzigen Wahlkampf war das Misstrauen groß – die Auszählung wurde von einer WebCam übertragen. Die Wahlbeteiligung lag bei 52 %. Das politische System ist lokal basiert – auch die größeren Parteien traten in weniger als der Hälfte der 18 Wahlreise an. Gewählt wurden 52 Abgeordnete aus 18 Parteien. 6 Frauen hatten kandidiert, alle waren chancenlos – in den 40 Jahren seit der Unabhängigkeit gab es erst 5 Volksvertreterinnen. Innerhalb der 5 Parteien, die mehr als 10 000 Stimmen bekamen und zwischen 5 und 9 Abgeordnete entsandten, gab es nur geringfügige Verschiebungen. Nach der Konstituierung des neuen Parlaments wurde am 20.4.2020 der bisherige Vizepremier **Bob Loughman** mit 31 Stimmen **zum neuen Regierungschef** gewählt; auf seinen Gegenkandidaten Ralph Regenvanu entfielen 21 Stimmen. Loughman wurde vom bisherigen Oppositionsführer Ishmael Kalsakau unterstützt, der als Vizepremier und Innenminister ins neue Kabinett eintrat. Salwai hatte sich für Regenvanu eingesetzt.

Wirtschaft: 2019 litt die Kokosnussernte unter einer Nashornkäferplage, dafür stieg die Kawa-Produktion kräftig. Der Zyklon im April 2020 soll etwa 60 Prozent der Nutzpflanzen zerstört haben, der Tourismus kam wegen der Corona-Quarantäne schon zuvor zum Erliegen. Mit Hilfe der neuseeländischen Luftwaffe wurden im Mai und Juni 1 500 der 3 700 Wanderarbeiter zurückgeholt.

Vatikanstadt

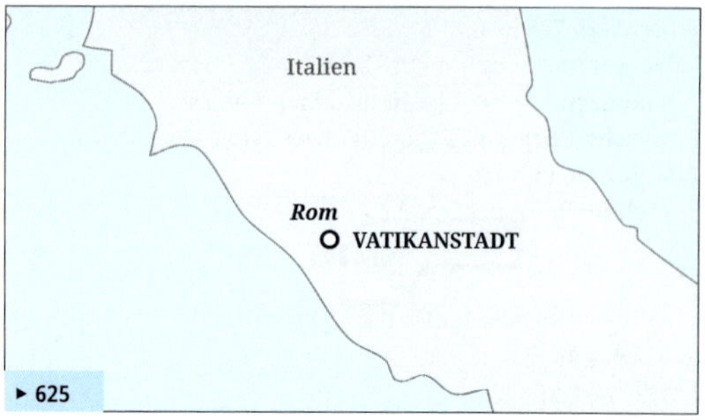

▸ 625

Ländername	Staat Vatikanstadt
Zeitzone	MEZ ±0 h
Fläche in km²	< 1
Anzahl der Einwohner	618
Einwohnerzahl pro km²	1 261
Hauptstadt	Vatikanstadt
Amtssprache	Italienisch, Latein
Verwaltungsgliederung	Keine
Autokennzeichen | ISO-Code	V | VAT
Währung	1 Euro = 100 Cent
Nationalfeiertag	13. März

Die Vatikanstadt, im Herzen Roms gelegen, ist das kleinste Land der Erde. Es verfügt aber über großen Einfluss in der internationalen Politik, da der Papst als Oberhaupt der römisch-katholischen Kirche einen großen Teil der Weltbevölkerung vertritt.

GEOGRAFIE

Geografische Lage: Bei 41° 54' nördlicher Breite und 12° 27' östlicher Länge
Höchster Punkt: Unbenannt 75 m
Klima: Warmgemäßigtes Klima

POLITIK

Staatsform: Absolute priesterliche Wahlmonarchie
Staatsoberhaupt: Papst
Legislative: Päpstliche Kommission mit 7 für 5 Jahre ernannten Mitgliedern
Jahr der Verfassung: 2001
Wahlrecht: Kardinäle jünger als 80 Jahre
Staatsreligion: Christentum

BEVÖLKERUNG

Bevölkerungsanteil: Keine Angabe
Verteilung: Stadt 100 %, Land 0 %
Wachstum 2019: -0.2 %
Lebenserwartung: Frauen 81 Jahre, Männer 74 Jahre
Alphabetenrate: Frauen 100 %, Männer 100 %
Ethnische Gruppen: Italiener, Schweizer, Argentinier u. a.
Religionen: Christen 100 %
Sprachen: Italienisch, Latein u. a.

WIRTSCHAFT UND VERKEHR

BIP: Keine Angabe
Wachstum BIP 2019: Keine Angabe
BNE/Kopf: Keine Angabe
Inflation: Keine Angabe
Außenhandel: Keine Angabe
Erwerbstätige nach Sektoren: Keine Angabe
Arbeitslosenquote: Keine Angabe
Energieverbrauch/Kopf: Keine Angabe
Straßennetz: Keine Angabe
Eisenbahnnetz: Keine Angabe

RÜCKBLICK

Finanzen: Ein **neuer Finanzskandal** erschütterte die Vatikanstadt. Am 1.10.2019 wurden die Büros des Direktors der Finanzaufsicht und der Vatikan-Gendarmerie durchsucht. Fünf Vatikan-Angestellte, darunter der Chef der Finanzaufsicht, wurden suspendiert, u. a. wegen des Verdachts auf Unterschlagung und Geldwäsche. Hintergrund sind **fragwürdige Immobilien-Geschäfte in London**. Die Luxus-Immobilien sollten eigentlich Renditen für die Vatikanstadt erwirtschaften. Jedoch musste mehrfach Geld nachgeschossen werden, auch aus Spenden von Gläubigen. Der Chef der Gendarmerie, Domenico Giani, erklärte am 14.10. seinen Rücktritt. Zuvor waren die Namen der Suspendierten an die Presse gelangt. Am 6.6.2020 wurde ein italienischer **Investmentbanker verhaftet**. Die Vorwürfe lauten Veruntreuung, Geldwäsche, schwerer Betrug und Erpressung.

Missbrauch: Das Disziplinarbüro der Vatikanstadt, die Behörde für Missbrauchsfälle, erhielt im Jahr 2019 so viele Missbrauchsanzeigen wie noch nie: rund 1 000. Papst Franziskus schaffte am 17.12.2019 das **päpstliche Geheimnis im Fall von Kindesmissbrauch** ab. Damit können staatliche Ermittlungsbehörden auf kirchliches Material im Zusammenhang mit Missbrauchsfällen und Kinderpornografie zurückgreifen.

Im **Missbrauchsprozess gegen** den ehemaligen Finanzchef der Vatikanstadt **Kardinal George Pell** wies das australische Berufungsgericht am 21.8.2019 Pells Klage ab. Pell war im März 2016 zu sechs Jahren Haft verurteilt worden, weil er während seiner Zeit als Erzbischof von Melbourne zwei Chorknaben missbraucht haben soll. Pell wandte sich daraufhin am 17.9. an die oberste Instanz, den High Court in Canberra. Der sprach den Kardinal am 7.4.2020 von allen Vorwürfen frei. Pell wurde aus dem Gefängnis entlassen. Mehrere Missbrauchsopfer erhoben daraufhin Zivilklage gegen Pell.

Corona: Die **Corona-Krise** traf auch die Vatikanstadt: Am 5.3.2020 wurde der erste Fall bestätigt: ein auswärtiger Teilnehmer einer Veranstaltung im Vatikan. Am 8.3. wurden die Museen, am 10.3. auch der Petersplatz und der Petersdom für Besucher geschlossen. Das Angelus-Gebet und Audienzen wurden per Video angeboten. Wegen der fehlenden Einnahmen der Vatikanischen Museen droht dem Kirchenstaat 2020 ein zweistelliges Millionendefizit.

Eine Gruppe von Gläubigen und Nonnen, während des Angelusgebets von Papst Franziskus, auf dem Petersplatz am 28. Juni 2020.

Venezuela

▸ 668

Ländername	Bolivarische Republik Venezuela
Zeitzone	MEZ -5 h
Fläche in km²	912 050
Anzahl der Einwohner	28.5 Millionen
Einwohnerzahl pro km²	31
Hauptstadt	Caracas
Amtssprache	Spanisch
Verwaltungsgliederung	23 Bundesstaaten, 1 abhängiges Gebiet und 1 Hauptstadtdistrikt
Wichtige Städte	Maracaibo, Caracas, Barquisimeto, Valencia, Ciudad Guayana, Petare, Maturín
Autokennzeichen | ISO-Code	YV | VEN
Währung	1 Venezolanischer Bolívar = 100 Céntimos
Nationalfeiertag	5. Juli

Das erdölreiche Land im äußersten Norden Südamerikas weist eine breite Palette unterschiedlicher Naturräume auf, die von den tropischen Küsten über die weiten Ebenen der Llanos bis zu den vergletscherten Gipfeln der Anden reicht. Der 1999 an die Macht gekommene und 2013 verstorbene Präsident Hugo Chávez leitete unter dem Schlagwort der „bolivarischen Revolution" einen tiefgreifenden Wandel ein, der zu einer politischen Spaltung der venezolanischen Bevölkerung führte und ein autoritäres Herrschaftsregime etablierte, das auch von seinem Nachfolger Nicolás Maduro fortgeführt wird. Das Land schlitterte ab 2013 in eine Wirtschaftskrise, mit negativen Auswirkungen wie Preissteigerungen und Versorgungsengpässen bei Grundbedarfsgütern. Mindestens 4.8 Millionen Venezolaner haben seither das Land verlassen.

GEOGRAFIE

Geografische Lage: Von 0° 39' bis 12° 12' nördlicher Breite sowie von 59° 49' bis 73° 23' westlicher Länge
Höchster Punkt: Pico Bolivar 4981 m
Klima: Tropisches Savannenklima, nach Südosten hin äquatoriales Regenwaldklima, im Nordwesten Trockenklima

POLITIK

Staatsform: Präsidiale Bundesrepublik
Staatsoberhaupt: Präsident
Legislative: Nationalversammlung mit 167 für 5 Jahre gewählten Mitgliedern
Jahr der Verfassung: 1999
Wahlrecht: 18 Jahre
Staatsreligion: Keine

BEVÖLKERUNG

Bevölkerungsanteil: <15 Jahre 27.4 %, 15-64 Jahre 65 %, >64 Jahre 7.6 %
Verteilung: Stadt 88.2 %, Land 11.8 %
Wachstum 2019: -1.2 %
Lebenserwartung: Frauen 76 Jahre, Männer 68 Jahre
Alphabetenrate: Frauen 97.2 %, Männer 97 %
Ethnische Gruppen: Spanier, Italiener, Portugiesen, Araber, Deutsche, Afrikaner, Indigene u. a.
Religionen: Christen 88 %, Sonstige 3 %
Sprachen: Spanisch, indigene Sprachen

WIRTSCHAFT UND VERKEHR

BIP: 70.14 Mrd. US-$
Wachstum BIP 2019: -35 %
BNE/Kopf: 2 548 US-$
Inflation: 19 906 %
Außenhandel: Import 5.84 Mrd. US-$, Export 16.45 Mrd. US-$
Erwerbstätige nach Sektoren: Landwirtschaft 8.3 %, Industrie 16.6 %, Dienstleistungen 75.1 %
Arbeitslosenquote: 8.8 %
Energieverbrauch/Kopf: 2 309 kg ÖE
Straßennetz: 96 189 km
Eisenbahnnetz: 336 km

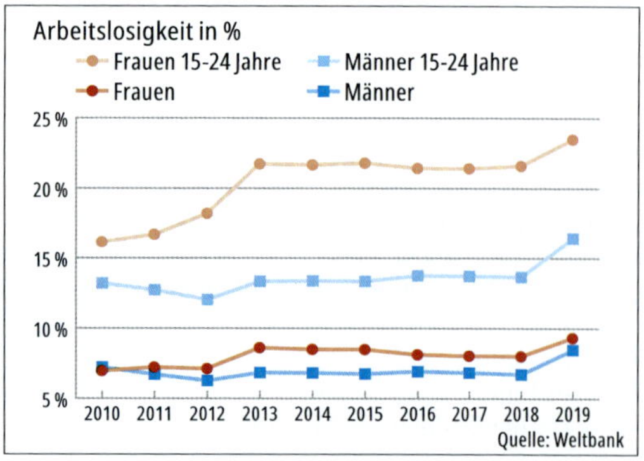

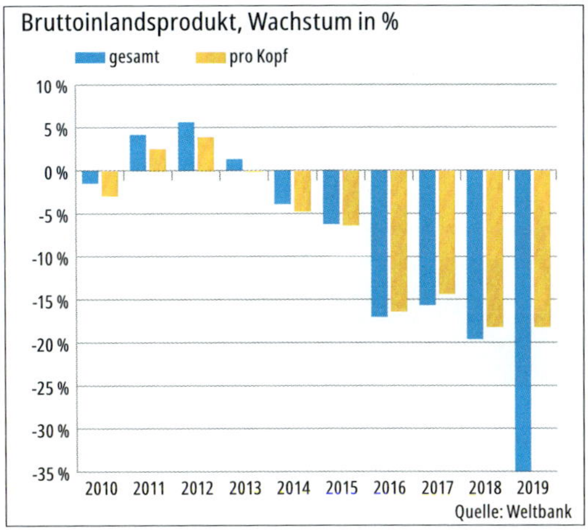

RÜCKBLICK

US-Sanktionen: Die USA verschärften ihre Sanktionen gegenüber Venezuela. Im August 2019 blockierten sie alle Besitztümer und Eigentumsrechte der venezolanischen Regierung und verhängten ein **Handelsverbot** mit Venezuela. Am 25.9.2019 sprachen sie ein Einreiseverbot für Angehörige der venezolanischen Regierung ab dem Rang eines Vizeministers aus. Ebenso erhielten die Mitglieder der verfassungsgebenden Versammlung sowie alle Offiziere der Armee, der Polizei und der Nationalgarde ab dem Rang eines Oberst Einreiseverbot. US-Außenminister **Mike Pompeo** setzte am 26.3.2020 eine Belohnung in Höhe von 15 Mio. US-$ für die Ergreifung von Präsident Nicolás Maduro aus. Er warf Maduro und anderen Regierungsmitgliedern vor, mit Drogenkartellen zusammenzuarbeiten. Am 31.3. boten die USA die Aufhebung ihrer Sanktionen an, wenn Venezuela eine Übergangsregierung bilden und innerhalb von 6 bis 12 Monaten Neuwahlen durchführen würde. Die venezolanische Regierung wies das Angebot zurück. Auch die EU belegte im Juni 11 Amtsträger mit Sanktionen. Daraufhin verwies Maduro am 29.6. die EU-Botschafterin Isabel Brilhante Pedrosa des Landes, nahm aber seine Entscheidung 3 Tage später wieder zurück.

TIAR: Die USA, Brasilien, Kolumbien und mehrere weitere lateinamerikanische Länder aktivierten am 23.9.2019 am Rande einer UN-Generaldebatte in New York den Interamerikanischen Vertrag über gegenseitigen Beistand (TIAR). Venezuela war 2012 mit anderen Mitgliedern der linken Bolivarianischen Allianz für Amerika (ALBA) aus dem 1947 abgeschlossenen Beistandspakt ausgetreten. Die Aktivierung des Paktes ermöglicht nicht nur den Beistand im Verteidigungsfall, sondern auch, Personen und Einrichtungen der venezolanischen Regierung in kriminellen Netzwerken zu identifizieren und zu bestrafen. Die USA reagierten damit auf venezolanische Truppenbewegungen an der kolumbianischen Grenze. Das Verhältnis zwischen Venezuela und Kolumbien ist nicht nur wegen des starken Flüchtlingsstroms angespannt, sondern auch wegen des Vorwurfs des kolumbianischen Präsidenten Iván Duque, dass Venezuela abtrünnige FARC-Kämpfer unterstützen würde.

Guaidó: Der Machtkampf zwischen Präsident Nicolás Maduro (seit 2013) und dem Parlamentspräsidenten und Oppositionsführer Juan Guaidó Márquez setzte sich fort. Maduro war bei einer umstrittenen Präsidentschaftswahl im Mai 2018 für eine zweite Amtszeit gewählt worden. Guaidó hatte sich selbst am 23.1.2019 zum Übergangspräsidenten ernannt. Über 50 Staaten einschließlich den USA und Deutschland erkennen Guiadó als Staatspräsidenten Venezuelas an. Am 30.4.2019 hatte Guaidó erfolglos versucht, Maduro zu stürzen. Daraufhin begannen im Mai 2019 in Oslo und auf Barbados unter der Vermittlung von Norwegen Verhandlungen zwischen Regierung und Opposition. Am 10.1.2020 brach Guaidó die Verhandlungen ab. Angesichts der Corona-Krise erklärten sich die beiden zerstrittenen Lager überraschend in einem Abkommen bereit, die Corona-Krise gemeinsam zu bekämpfen.

Der venezolanische Oppositionsführer Juan Guaido hält eine Rede auf einer Sitzung der Nationalversammlung auf der Plaza Bolívar de Chacao am 12. Februar 2020 in Caracas.

Anklage gegen Parlamentarier: Der oberste Gerichtshof leitete am 16.12.2019 ein Strafverfahren gegen 4 oppositionelle Parlamentarier ein und hob ihre Immunität auf. Er warf ihnen Rebellion,

Verschwörung und Vaterlandsverrat vor. Zwei Tage zuvor war 2 anderen Parlamentariern vorgeworfen worden, einen Putsch gegen Maduro zu planen. Anfang Dezember 2019 waren 9 führende Abgeordnete der Opposition in einem Investigativportal beschuldigt worden, in ein korruptes Netzwerk der Regierung für Lebensmittellieferungen verwickelt zu sein. Guiadó kündigte eine Untersuchung an.

Parlamentspräsidentschaft: Luis Parra ließ sich bei einer umstrittenen Abstimmung am 5.1.2020 von den Abgeordneten der regierenden Sozialisten zum neuen Parlamentspräsidenten wählen. Dem bisherigen Parlamentspräsidenten Juan Guaidó sowie Abgeordneten der Opposition wurden bei der Abstimmung der Zugang zum Parlament verwehrt. Die Opposition sprach von einem parlamentarischen Staatsstreich. Einige Stunden später ließ sich Guaidó in den Räumen einer regierungskritischen Zeitung von 100 Oppositionsabgeordneten in seinem Amt als Parlamentspräsident bestätigen. Da die Opposition über die Mehrheit im Parlament verfügt, wäre die Wahl Luis Parras bei ihrer Anwesenheit nicht möglich gewesen. Parra war einer der Oppositionspolitiker, denen im Dezember eine Verwicklung in ein Korruptionsnetzwerk der Regierung vorgeworfen wurde. Am 7.1.2020 verschafften sich Guaidó und rund 100 Oppositionsabgeordnete trotz Widerstands der Nationalgarde Zugang zum Parlament, wo Guaidó als neuer Parlamentspräsident vereidigt wurde.

Operation Gideon: Internationale Aufmerksamkeit erregte Anfang Mai 2020 ein mutmaßlicher Umsturzversuch auf Präsident Maduro. Demnach war eine Gruppe von Exilvenezolanern und Söldnern am 3.5. und 4.5. bei dem Küstenort Macuto in der Nähe von Caracas mit Schnellbooten gelandet. Mindestens 6 Angreifer wurden getötet und zahlreiche weitere verhaftet, darunter 2 ehemalige US-Soldaten, die für das amerikanische Sicherheitsunternehmen Silvercorps arbeiteten. Diesem werden Verbindungen zu den Oppositionskreisen um Juan Guaidó nachgesagt. US-Außenminister Mike Pompeo bestritt eine Verwicklung in die Operation. Die Armee beschuldigte auch Kolumbien, in die Operation involviert gewesen zu sein.

Wahlamt: Am 19.6.2020 benannte der oberste Gerichtshof die fünf Mitglieder des Obersten Wahlrates. Die oppositionelle Mehrheit im Parlament hatte den alten Wahlrat wegen zu großer Nähe zu Staatschef Nicolás Maduro abgelehnt. Laut Verfassung muss das Parlament die Obersten Wahlräte

Der venezolanische Präsident Nicolás Maduro präsentiert Dokumente von verhafteten US-Söldnern und erklärt in einer Ansprache zu dem Angriff, dass zwei US-Amerikaner aus Trumps Sicherheitsteam an dem Überfall beteiligt waren.

bestimmen. Nachdem sich das Parlament wochenlang nicht einigen konnte, benannte der Oberste Gerichtshof die Wahlräte. 11 Parteien, darunter die 4 wichtigsten Oppositionsparteien, kündigten daraufhin an, an der nächsten Parlamentswahl nicht teilzunehmen.

Stromausfall: Am 22.7.2019 kam es zu einem nahezu landesweiten Stromausfall. 94 % des Telekommunikationsnetzes brach zusammen. Bereits im März 2019 war in großen Teilen des Landes über 100 Stunden lang der Strom ausgefallen. Die Regierung sprach von einem Angriff auf das größte Wasserkraftwerk des Landes am Guri-Stausee. Die Opposition machte verschleppte Investitionen, Korruption und Missmanagement für die Probleme verantwortlich.

Benzinpreis: Am 1.6.2020 trat eine neue Preisregelung für Benzin in Kraft. Seitdem können Privatfahrzeuge monatlich nur noch 120 Liter und Motorräder 60 Liter zum Preis von 5 000 Bolivares (rund 0.025 US-$) pro Liter tanken, für weiteres Benzin werden 0.50 US-$ pro Liter fällig. Das Land litt unter Engpässen in der Treibstoffversorgung. Es verfügt zwar über die größten Erdölreserven der Erde, aber die Raffinerien sind so marode, dass sie den nationalen Benzinbedarf nicht decken können. Am 25.5.2020 traf der erste von fünf iranischen Tankern mit Benzin in Venezuela ein. Iran will dem Land bei der Überbrückung der Treibstoffengpässe helfen und unterläuft damit bewusst US-Sanktionen.

Humanitäre Krise: Der humanitäre Ausnahmezustand setzte sich fort. Nach UN-Angaben benötigen 7 Mio. Menschen humanitäre Hilfe. Nach Angaben von NGOs hat die Bevölkerung im Durchschnitt nur 48 Stunden pro Woche Zugang zu Trinkwasser. Auch die häufigen und langanhaltenden Stromausfälle beeinträchtigten das Gesundheitssystem. Ein Teil des medizinischen Fachpersonals ist ausgewandert. Die Situation spitzte sich während der Corona-Krise weiter zu.

Flüchtlinge: Bis zum Beginn der Corona-Pandemie setzte sich die Fluchtwelle ins Ausland fort. Nach Angaben des UN-Hochkommissars für Flüchtlinge (UNHCR) hatten bis Oktober 2019 rund 4.8 Mio. Menschen das Land verlassen, über 16 % der Gesamtbevölkerung. Die meisten von ihnen sind nach Kolumbien geflohen (1.4 Mio.), 860 000 nach Peru, 371 000 nach Chile und 330 000 nach Ecuador. Zur Unterstützung der ins Ausland geflohenen Venezolaner sagte eine internationale Geberkonferenz am 26.5.2020 finanzielle Hilfen in Höhe von 2.5 Mrd. € zu. Die virtuelle Konferenz war auf Initiative des EU-Außenbeauftragen Josep Borrell einberufen worden.

Menschenrechtsverletzungen: Die UN-Menschenrechtskommissarin Michelle Bachelet warf Venezuela am 4.7.2019 in einem Bericht schwere Menschenrechtsverletzungen vor. 2018 sollen bei Einsätzen der Sonderpolizei FAES (Fuerzas de Acciones Especiales) mehr als 5 200 Menschen ums Leben gekommen sein, zwischen Januar und Mitte Mai 2019 mehr als 1 500 weitere Personen. Die Regierung wies den Bericht Bachelets als einseitig und ungenau zurück.

Corona: Venezuela galt aufgrund der humanitären und wirtschaftlichen Krise als besonders anfällig für Covid-19. Nach offiziellen Angaben wies das Land jedoch bis Ende Juni vergleichsweise wenige Fälle auf. Allerdings verfügte Venezuela nur über geringe Test-Kapazitäten. Nachdem am 13.3.2020 die ersten beiden Covid-19-Fälle bestätigt worden waren, verhängte die Regierung am 17.3. eine landesweite Ausgangssperre. Sie stellte die meisten wirtschaftlichen Aktivitäten ein, schloss alle Schulen und setzte den internationalen Flugverkehr aus. Sie verlängerte am 11.4. und 12.5. die Ausgangssperre um jeweils weitere 30 Tage. Kuba und die Volksrepublik China lieferten medizinische Ausrüstung und Personal. Der IWF lehnte im März eine Anfrage für einen Kredit in Höhe von 5 Mrd. US-$ ab. Er begründete die Absage damit, dass mehrere IWF-Mitgliedstaaten Maduro nicht als legitimen Staatschef ansehen. Nachdem sich zwischen Anfang März und Ende April die Preise für Grundnahrungsmittel mehr als verdoppelt hatten, ordnete die Regierung am 1.5. Preisobergrenzen für 27 Produkte wie Eier, Käse und Maismehl an. Ab dem 1.5. erfolgten mit der Öffnung von Sporthallen und Shopping-Centern die ersten Lockerungen.

Vereinigte Arabische Emirate

▸ 635

Ländername	Vereinigte Arabische Emirate
Zeitzone	MEZ +3 h
Fläche in km²	83 600
Anzahl der Einwohner	9.8 Millionen
Einwohnerzahl pro km²	117
Hauptstadt	Abu Dhabi
Amtssprache	Arabisch
Verwaltungsgliederung	7 Emirate
Wichtige Städte	Dubai, Sharja, Abu Dhabi, Al Ain, Ajman, Ras al-Khaima
Autokennzeichen | ISO-Code	UAE | ARE
Währung	1 VAE-Dirham = 100 Fils
Nationalfeiertag	2. Dezember

Die aus sieben Emiraten bestehende Föderation im Osten der Arabischen Halbinsel gehört zu den großen Erdöl- und Erdgasförderländern und ist einer der reichsten Staaten der Erde. Die einst beschaulichen kleinen Hafenstädte haben sich zu internationalen Verwaltungs- und Dienstleistungszentren entwickelt, die beliebte Ziele des modernen Tourismus geworden sind.

GEOGRAFIE

Geografische Lage: Von 22° 37' bis 26° 04' nördlicher Breite sowie von 51° 34' bis 56° 23' östlicher Länge
Höchster Punkt: Jabal Yibir 1527 m
Klima: Wüstenklima

POLITIK

Staatsform: Föderale Monarchie
Staatsoberhaupt: Präsident
Legislative: Nationaler Bundesrat mit 20 für 4 Jahre gewählten und 20 ernannten Mitgliedern
Jahr der Verfassung: 1996
Wahlrecht: Keines
Staatsreligion: Islam

BEVÖLKERUNG

Bevölkerungsanteil: <15 Jahre 14.6 %, 15-64 Jahre 84.3 %, >64 Jahre 1.1 %
Verteilung: Stadt 86.8 %, Land 13.2 %
Wachstum 2019: 1.5 %
Lebenserwartung: Frauen 79 Jahre, Männer 77 Jahre
Alphabetenrate: Frauen 95.8 %, Männer 93.1 %
Ethnische Gruppen: Araber, Inder, Bangladescher, Pakistaner, Ägypter, Philippiner u. a.
Religionen: Muslime 76 %, Christen 12.6 %, Hindus 6.6 %, Buddhisten 2 %, Sonstige 1 %
Sprachen: Arabisch, Englisch, Hindi, Urdu, Persisch

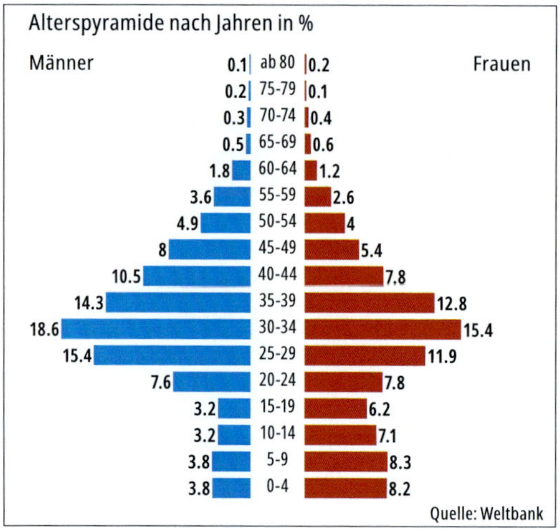

WIRTSCHAFT UND VERKEHR

BIP: 421.14 Mrd. US-$
Wachstum BIP 2019: 1.7 %
BNE/Kopf: 37 750 US-$
Inflation: -1.9 %
Außenhandel: Import 261.9 Mrd. US-$, Export 280.14 Mrd. US-$
Erwerbstätige nach Sektoren: Landwirtschaft 1.4 %, Industrie 34.4 %, Dienstleistungen 64.2 %
Arbeitslosenquote: 2.3 %
Energieverbrauch/Kopf: 7 648 kg ÖE
Straßennetz: 637 km
Eisenbahnnetz: Keine Angabe

RÜCKBLICK

Atomkraftwerk Barakah: Am 17.2.2020 wurde die **Betriebsgenehmigung für** den **ersten von vier Reaktoren** des im Bau befindlichen Atomkraftwerks (AKW) Barakah erteilt. Nach der Testphase soll der Reaktor ans Netz gehen. Damit wurde das erste AKW in einem arabischen Land in Betrieb genommen. Der Bau begann 2012, das Projekt lag in den Händen eines Konsortiums unter Führung der südkoreanischen Kepco. Die ursprünglich für 2017 vorgesehene Fertigstellung hatte sich u. a. wegen der Sicherheits- und regulatorischen Anforderungen verzögert. Nach Fertigstellung aller vier Reaktoren wird das AKW über eine Leistung von 5 600 MW verfügen, rund ein Viertel des Energiebedarfs des Landes.

Israel: Yusef al-Otaiba, der Botschafter der Vereinigten Arabischen Emirate (VAE) in den USA, warnte Israel in einem Artikel, der am 12.6.2020 in der israelischen Zeitung Yedioth Ahronoth erschien, vor der Annexion von Teilen des Westjordanlands. Ein solcher Schritt sei illegal und gefährde alles, was Israel bisher bei seinen Bemühungen, die Beziehungen zu arabischen Ländern zu verbessern, erreicht habe. Die VAE und Israel verfügen über keine offiziellen diplomatischen Verbindungen, kooperieren aber in diversen Bereichen. Wie am 26.6. bekannt wurde, vereinbarten zwei private Unternehmen aus den beiden Ländern, bei der Forschung und Entwicklung im Zusammenhang mit der Bekämpfung der Covid-19-Pandemie zu kooperieren.

Corona: Am 29.1.2020 wurden die ersten vier Covid-19-Infektionen bestätigt, am 21.3. kam es zu den ersten beiden Todesfällen. Am 8.3. erfolgte die Schließung der Bildungseinrichtungen, die schließlich bis zum Ende des Schul- bzw. Studienjahres verlängert wurde. Am 16.3. wurden die Moscheen geschlossen, am 23.3. die Einkaufszentren. Geöffnet blieben schließlich nur Lebensmittelgeschäfte und Apotheken. Ab dem 26.3. galt landesweit eine nächtliche Ausgangssperre, in Dubai vom 4.-23.4. sogar für den ganzen Tag. Zwischen Ende April und Anfang Juni konstatierte man eine kontinuierlich hohe Zahl von Neuinfektionen, erst danach gingen die Zahlen langsam zurück. Die landesweite nächtliche Ausgangssperre wurde ab dem 25.6. aufgehoben, Einkaufszentren, Geschäfte und Restaurants konnten unter strengen Auflagen wieder öffnen. Die für den Oktober geplante Eröffnung der **Weltausstellung Expo 2020** wurde nach einem Beschluss des Exekutivkomitees am 21.4. **um ein ganzes Jahr verschoben**.

Vereinigte Staaten von Amerika

▸ 658

Ländername	Vereinigte Staaten von Amerika
Zeitzone	MEZ -6 h bis -11 h
Fläche in km²	9 831 510
Anzahl der Einwohner	328.2 Millionen
Einwohnerzahl pro km²	33
Hauptstadt	Washington D. C.
Amtssprache	Englisch
Verwaltungsgliederung	50 Bundesstaaten und 1 Bundesdistrikt
Wichtige Städte	New York, Los Angeles, Chicago, Houston, Phoenix, Philadelphia, San Antonio, San Diego, Dallas, San José, Austin
Autokennzeichen | ISO-Code	USA | USA
Währung	1 US-Dollar = 100 Cents
Nationalfeiertag	4. Juli

Das größte Einwanderungsland der Erde wurde im 19. und 20. Jahrhundert für Millionen Europäer zur neuen Heimat. Heute sind es überwiegend Asiaten und Lateinamerikaner, die es auf der Suche nach individueller Freiheit und wirtschaftlichem Aufstieg in die USA zieht. Dabei darf nicht übersehen werden, dass die Kluft zwischen reicher und armer Bevölkerung zunehmend größer wird. Die USA, deren Einsatz in beiden Weltkriegen entscheidend war, sehen sich nach den Anschlägen vom 11. September 2001 im Krieg gegen den internationalen Terrorismus. Unter diesem Gesichtspunkt sind auch die Interventionen in Afghanistan und im Irak zu bewerten, mit denen dort demokratische Verhältnisse etabliert werden sollten. Weitere außenpolitische Herausforderungen des 21. Jahrhunderts für die USA bilden die machtpolitische Renaissance Russlands und der wirtschaftliche Aufstieg der Volksrepublik China, der zu einem weltweiten Wettbewerb um Energie- und andere Rohstoffe geführt hat.

GEOGRAFIE

Geografische Lage: Zentralstaaten: Von 24° 33' bis 49° 22' nördlicher Breite sowie von 66° 58' bis 124° 44' westlicher Länge; Alaska: Von 51° 13' bis 71° 25' nördlicher Breite sowie von 177° 13' östlicher bis 129° 59' westlicher Länge
Höchster Punkt: Denali (Mount McKinley) 6190 m
Zugehöriges: Guantánamo Bay (US-Marinestützpunkt auf Kuba)
Klima: Überwiegend gemäßigtes, im Süden randtropisches Klima, in Alaska arktisches Klima

POLITIK

Staatsform: Föderale präsidiale Republik
Staatsoberhaupt: Präsident
Legislative: Kongress, bestehend aus Repräsentantenhaus mit 435 für 2 Jahre gewählten Mitgliedern und Senat mit 100 für 6 Jahre gewählten Mitgliedern (alle 2 Jahre teilerneuert)
Jahr der Verfassung: 1789
Wahlrecht: 18 Jahre
Staatsreligion: Keine

BEVÖLKERUNG

Bevölkerungsanteil: <15 Jahre 18.5 %, 15-64 Jahre 65.2 %, >64 Jahre 16.3 %
Verteilung: Stadt 82.3 %, Land 17.7 %
Wachstum 2019: 0.6 %
Lebenserwartung: Frauen 81 Jahre, Männer 76 Jahre
Alphabetenrate: Frauen 99 %, Männer 99 %
Ethnische Gruppen: Weiße, Hispanics, Afroamerikaner, Asiaten, Indigene u. a.
Religionen: Christen 70.6 %, Juden 1.9 %, Sonstige 4.1 %
Sprachen: Englisch, Spanisch, Chinesisch u. a.

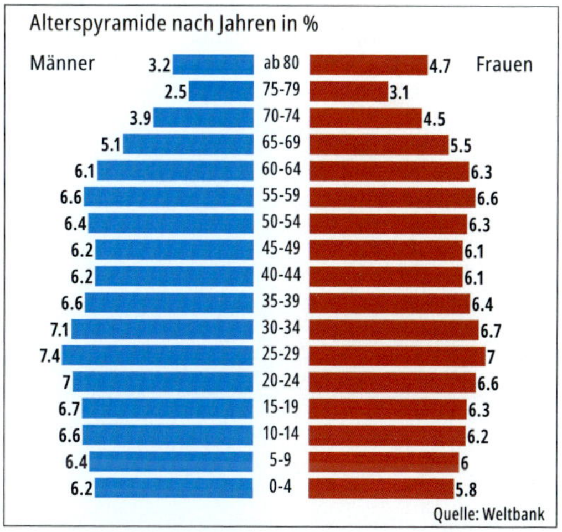

WIRTSCHAFT UND VERKEHR

BIP: 21.43 Bio. US-$
Wachstum BIP 2019: 2.3 %
BNE/Kopf: 65 112 US-$
Inflation: 1.8 %
Außenhandel: Import 2.57 Bio. US-$, Export 1.65 Bio. US-$
Erwerbstätige nach Sektoren: Landwirtschaft 1.3 %, Industrie 19.8 %, Dienstleistungen 78.9 %
Arbeitslosenquote: 3.9 %
Energieverbrauch/Kopf: 6 804 kg ÖE
Straßennetz: 6 586 610 km
Eisenbahnnetz: 293 564 km

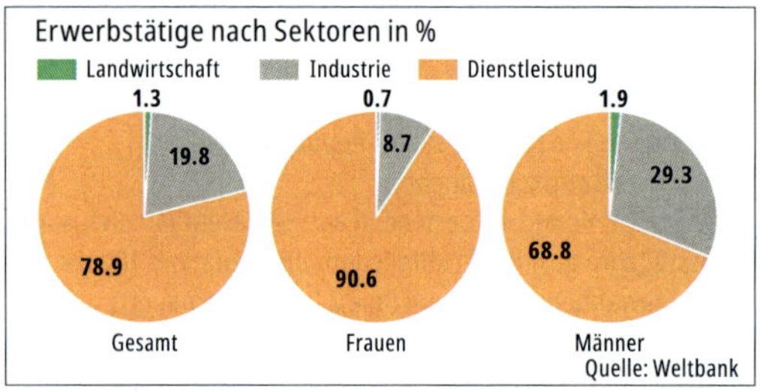

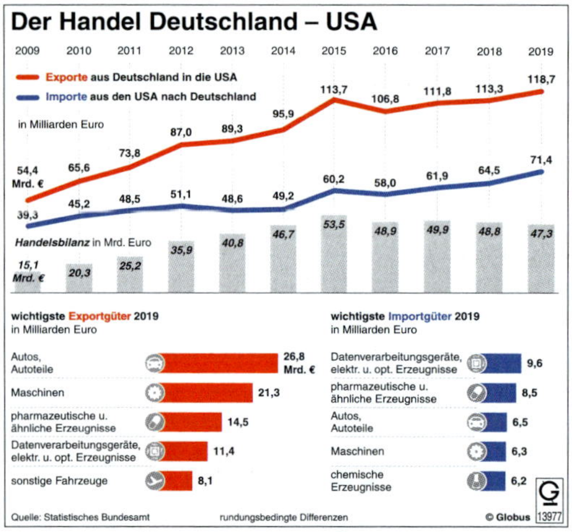

VERWALTUNGSGLIEDERUNG

Verwaltungseinheit	Fläche in km²	Einwohner	Hauptstadt
Alabama	135 767	4.9 Mio.	Montgomery
Alaska	1 723 337	731 545	Juneau
Arizona	295 234	7.3 Mio.	Phoenix
Arkansas	137 732	3 Mio.	Little Rock
Colorado	269 601	5.8 Mio.	Denver
Connecticut	14 357	3.6 Mio.	Hartford
Delaware	6 446	973 764	Dover
District of Columbia	177	705 749	Washington D. C.
Florida	170 312	21.5 Mio.	Tallahassee
Georgia	153 910	10.6 Mio.	Atlanta
Hawaii	28 313	1.4 Mio.	Honolulu
Idaho	216 443	1.8 Mio.	Boise
Illinois	149 995	12.7 Mio.	Springfield
Indiana	94 326	6.7 Mio.	Indianapolis
Iowa	145 746	3.2 Mio.	Des Moines
Kalifornien	423 967	39.5 Mio.	Sacramento
Kansas	213 100	2.9 Mio.	Topeka
Kentucky	104 656	4.5 Mio.	Frankfort
Louisiana	135 659	4.6 Mio.	Baton Rouge
Maine	91 633	1.3 Mio.	Augusta
Maryland	32 131	6 Mio.	Annapolis
Massachusetts	27 336	6.9 Mio.	Boston
Michigan	250 487	10 Mio.	Lansing
Minnesota	225 163	5.6 Mio.	St. Paul
Mississippi	125 438	3 Mio.	Jackson
Missouri	180 540	6.1 Mio.	Jefferson City
Montana	380 831	1.1 Mio.	Helena
Nebraska	200 330	1.9 Mio.	Lincoln
Nevada	286 380	3.1 Mio.	Carson City
New Hampshire	24 214	1.4 Mio.	Concord
New Jersey	22 591	8.9 Mio.	Trenton
New Mexico	314 917	2.1 Mio.	Santa Fe
New York	141 297	19.5 Mio.	Albany
North Carolina	139 391	10.5 Mio.	Raleigh
North Dakota	183 108	762 062	Bismarck
Ohio	116 098	11.7 Mio.	Columbus
Oklahoma	181 037	4 Mio.	Oklahoma City
Oregon	254 799	4.2 Mio.	Salem
Pennsylvania	119 280	12.8 Mio.	Harrisburg
Rhode Island	4 001	1.1 Mio.	Providence
South Carolina	82 933	5.1 Mio.	Columbia
South Dakota	199 729	884 659	Pierre
Tennessee	109 153	6.8 Mio.	Nashville
Texas	695 662	29 Mio.	Austin
Utah	219 882	3.2 Mio.	Salt Lake City
Vermont	24 906	623 989	Montpelier
Virginia	110 787	8.5 Mio.	Richmond
Washington	184 661	7.6 Mio.	Olympia

Verwaltungseinheit	Fläche in km²	Einwohner	Hauptstadt
West Virginia	62 756	1.8 Mio.	Charleston
Wisconsin	169 635	5.8 Mio.	Madison
Wyoming	253 335	578 759	Cheyenne

US-COMMONWEALTH TERRITORIEN

Nördliche Marianen
Fläche in km²: 464
Anzahl der Einwohner: 55 144
Hauptstadt: Capitol Hill
Status: Organisiertes, nicht eingegliedertes Gebiet
Regierung: Gouverneur

Puerto Rico
Fläche in km²: 9 104
Anzahl der Einwohner: 3.2 Millionen
Hauptstadt: San Juan
Status: Organisiertes, nicht eingegliedertes Gebiet
Regierung: Gouverneur

AUSSENGEBIETE

Amerikanische Junferninseln
Fläche in km²: 346
Anzahl der Einwohner: 106 235
Hauptstadt: Charlotte Amalie
Status: Organisiertes, nicht eingegliedertes Gebiet
Regierung: Gouverneur

Amerikanisch-Samoa
Fläche in km²: 199
Anzahl der Einwohner: 55 689
Hauptstadt: Pago Pago
Status: Nicht organisiertes, nicht eingegliedertes Gebiet
Regierung: Gouverneur

Guam
Fläche in km²: 540
Anzahl der Einwohner: 164 998
Hauptstadt: Hagåtña
Status: Organisiertes, nicht eingegliedertes Gebiet
Regierung: Gouverneur

SONSTIGE INSELN

Baker
Fläche in km²: 2
Anzahl der Einwohner: Unbewohnt
Hauptstadt: Keine
Status: Nicht organisiertes, nicht eingegliedertes Gebiet
Regierung: Verwalter

Howland
Fläche in km²: 3
Anzahl der Einwohner: Unbewohnt
Hauptstadt: Keine
Status: Nicht organisiertes, nicht eingegliedertes Gebiet
Regierung: Verwalter

Jarvis
Fläche in km²: 5
Anzahl der Einwohner: Unbewohnt
Hauptstadt: Keine
Status: Nicht organisiertes, nicht eingegliedertes Gebiet
Regierung: Verwalter

Johnston-Atoll
Fläche in km²: 3
Anzahl der Einwohner: Unbewohnt
Hauptstadt: Keine
Status: Nicht organisiertes, nicht eingegliedertes Gebiet
Regierung: Verwalter

Kingmanriff
Fläche in km²: 1
Anzahl der Einwohner: Unbewohnt
Hauptstadt: Keine
Status: Nicht organisiertes, nicht eingegliedertes Gebiet
Regierung: Verwalter

Midwayinseln
Fläche in km²: 6
Anzahl der Einwohner: Nur Personal
Hauptstadt: Keine
Status: Nicht organisiertes, nicht eingegliedertes Gebiet
Regierung: Verwalter

Navassa
Fläche in km²: 5
Anzahl der Einwohner: Unbewohnt
Hauptstadt: Keine
Status: Nicht organisiertes, nicht eingegliedertes Gebiet
Regierung: Verwalter

Palmyra
Fläche in km²: 12
Anzahl der Einwohner: Hauptsächlich Personal
Hauptstadt: Keine
Status: Nicht organisiertes, eingegliedertes Gebiet
Regierung: Verwalter

Wake-Atoll
Fläche in km²: 7
Anzahl der Einwohner: Nur Militär und Personal
Hauptstadt: Keine
Status: Nicht organisiertes, nicht eingegliedertes Gebiet
Regierung: Verwalter

RÜCKBLICK

Wahlen: Bei den **Zwischenwahlen** zum 116. US-Kongress am 6.11.2018 verlor die Republikanische Partei ihre Mehrheit im **Repräsentantenhaus** an die Demokratische Partei, die 235 von 435 Sitzen (+41) errang, baute sie jedoch im **Senat** aus; sie stellte dort nun 53 von 100 Mitgliedern (+2). Mit 53.4 % war die **Wahlbeteiligung** die höchste seit der ersten Erfassung bei Zwischenwahlen 1978; besonders stark gegenüber 2014 (41.9 %) wuchs die Beteiligung unter der nichtweißen Bevölkerung und den 18-29-Jährigen. Bei gleichzeitigen **Gouverneurswahlen** in 36 Bundesstaaten nahmen die Demokraten den Republikanern in sieben den Posten des Regierungschefs ab. Bei Wahlen in weiteren fünf **Bundesstaaten** im November 2019 waren die **Demokraten** in vier **erfolgreich**: In Louisiana stellten sie weiterhin den Gouverneur – als einzigem Staat des „tiefen Südens". In Kentucky wurde der republikanische Amtsinhaber abgewählt, in Virginia und Pennsylvania errangen die Demokraten jeweils Mehrheiten in beiden Parlamentskammern.

Die Praxis des **parteitaktischen Zuschnitts der Kongresswahlbezirke** erklärte das Oberste Gericht der USA (Supreme Court) am 27.6.2019 für **verfassungskonform**. Das Urteil betraf Maryland und North Carolina, für die Bundesberufungsgerichte die Wahlbezirksfestlegung für rechtswidrig befunden hatten. Die Abgeordnetenzahl für jeden Bundesstaat im Repräsentantenhaus richtet sich nach der Bevölkerungszahl, die alle zehn Jahre in einer Volkszählung (zuletzt 1.4.2020) ermittelt wird. Parlamentarische Mehrheiten (meist im jeweiligen Senat) bestimmen dann den Zuschnitt, was Manipulationen begünstigt, meist in Form einer Ausgrenzung oder Marginalisierung von Wählergruppen der Konkurrenzpartei („Gerrymandering").

Aufgrund der Corona-Pandemie erleichterten weitere Bundesstaaten für die **Präsidenten- und Kongresswahlen** am 3.11.2020 die **Briefwahl**. Sie war bis 2019 in 27 Staaten erlaubt, nur in fünf ohne (begründeten) Antrag. Briefwahl und vorzeitige Stimmabgabe („Early voting") wurden von Präsident Donald Trump bekämpft, weil sie „Wahlfälschung" begünstigten; Erhebungen für 2016 verneinten dies aber. Einige Vorwahlen (Primaries) der Demokraten für die Präsidentschaft wurden ausschließlich als Briefwahl abgehalten.

Vorwahlen: Trat aufseiten der Republikaner Präsident Trump für eine zweite Amtszeit an, setzte sich **Joe Biden** bei den Vorwahlen der **Demokraten** durch. Der frühere Vizepräsident (2009-17) vereinte bis 2.6.2020 die notwendige Mehrheit der Delegierten für den Nominierungsparteitag (geplant für 17.8.) auf sich. Sein **stärkster Konkurrent Bernie Sanders**, Senator aus Vermont und Exponent der linksorientierten Parteibasis, war am 8.4. aus dem Rennen ausgestiegen. Nach einem misslungenen Einstieg in den Vorwahlreigen, der in Iowa (3.2.) und New Hampshire (11.2.) begann, festigte Biden seine **Favoritenrolle** nach einem Sieg in South Carolina (29.2) und in neun von 14 Bundesstaaten beim „Super Tuesday" (3.3.). Danach zogen weitere **Mitbewerber** ihre Kandidatur zurück: u. a. Pete Buttigieg, früherer Bürgermeister von South Bend (Indiana) und erster Kandidat, der sich zu seiner Homosexualität bekannte, die Senatorinnen Amy Klobuchar und Elizabeth Warren sowie der Multimilliardär und Ex-Bürgermeister von New York Michael Bloomberg, der seine Werbekampagne mit eigenem Geld statt Spenden finanziert hatte.

Die Präsidentschaftskandidaten der Demokraten auf einer Wahlveranstaltung am 19. Februar 2020 in Las Vegas, Nevada. Von links: Michael Bloomberg, Elizabeth Warren, Bernie Sanders und Joe Biden.

Bis zur Corona-Pandemie hatte **Bidens Vorwahl-Wahlkampagne**, auch als Reaktion auf Sanders' Forderung nach einer „Krankenversicherung für alle", einen Schwerpunkt in der **Gesundheitspolitik**. Biden machte sich für den Ausbau der Versicherungsreform von 2010 („Obamacare") stark, die von der Trump-Regierung teils rückgängig gemacht worden war. 2019 entfielen z. B. die Strafen für die **Nichtbeachtung** des Versicherungszwangs für private Abschlüsse über Online-Marktplätze. 2018 hatte die Zahl der Nicht-Krankenversicherten mit 27.5 Mio. erstmals seit 2010 wieder zugenommen.

Trump-Regierung: Das **Personalkarussell** im Kabinett und bei zentralen Funktionen im Weißen Haus (Executive Office of the President) drehte sich weiter mit hoher Geschwindigkeit. Zeitweise vergab Präsident Trump **Ämter** nur **kommissarisch**. Die damit verbundene zeitliche Begrenzung (bis 210 Tage) sparte die teils notwendige Bestätigung durch den Senat. Dies galt z. B. für das Department of

Homeland Security (DHS) und den **Geheimdienstkoordinator** (DNI); Letzterer erhielt nach dem Abgang von Dan Coats (15.8.2019) erst mit John Ratcliffe (ab 26.5.2020) eine reguläre Spitze. Das **Verteidigungsministerium** (Pentagon) übernahm nach der Senatsbestätigung am 23.7.2019 Mark Esper. Robert O'Brien wurde am 18.9. Trumps vierter **Nationaler Sicherheitsberater**. Sein Vorgänger John Bolton war wegen Meinungsverschiedenheiten in der Außenpolitik (u. a. zu Afghanistan, Iran, Nordkorea) zurückgetreten. Trumps vierter **Stabschef** wurde am 7.3.2020 Mark Meadows. Der Jurist spielte eine Schlüsselrolle bei der Verteidigung des Präsidenten während des Amtsenthebungsverfahrens. Trumps **Pressesprecherin** Nr. 4, Kayleigh McEnany (ab 7.4.2020), reaktivierte die mehr als 400 Tage eingestellten Pressekonferenzen im Weißen Haus. In der vom Präsidenten bevorzugten Kommunikationsform, Mitteilungen über **Twitter**, provozierte der Microblogging-Dienst mit angefügten inhaltlichen „Einordnungen" ein präsidiales Dekret (28.5.) zum „Schutz vor Online-Zensur" – **Internetplattformen** waren in den USA bis dahin gesetzlich nicht für Nutzerinhalte verantwortlich.

Impeachment: Mit 232 gegen 196 Stimmen leitete das Repräsentantenhaus am 31.10.2019 gegen Präsident Trump ein verfassungsrechtliches **Amtsenthebungsverfahren** ein, das vierte in der Geschichte der USA (gegen Richard Nixon 1974 wegen Rücktritts nicht beendet). Am 24. September 2019 hatte die große Kongresskammer formal Ermittlungen gegen den Präsidenten wegen Fehlverhaltens aufgenommen. Dahinter standen die Vorwürfe Erpressung und Untergrabung der nationalen Sicherheit in der **„Ukraine-Affäre"**: Trump soll, so die Demokraten, die Auszahlung einer vom Kongress bereits bewilligten Militärhilfe an die Ukraine und ein Treffen mit seinem Amtskollegen Wolodymyr Selenskyj von Korruptionsermittlungen gegen Hunter Biden, den Sohn von Joe Biden, abhängig gemacht haben; jener war zeitweise als Unternehmer in der Ukraine tätig gewesen. Die **Anklage** („articles of impeachment"), angenommen am 18.12. mit 230 bzw. 229 Stimmen, lautete „Machtmissbrauch" und „Behinderung des Kongresses". Die parlamentarischen Anhörungen befassten sich vor allem mit der **„Schattendiplomatie"** Trumps in der Ukraine über den „persönlichen" Beauftragten Rudolph Giuliani und der Frage von Leistung und Gegenleistung („quid pro quo"). Das weitere Verfahren im Senat unter Leitung des Supreme-Court-Vorsitzenden John Roberts (ab 18.1.2020) endete bereits am 5.2. mit einem **Freispruch für Trump**. Die Republikaner hatten frühzeitig erklärt, dass sie im Impeachment eine **politische**

Verteidigungsminister Mark Esper beantwortet in Anwesenheit von Präsident Trump, Fragen von Reportern bezüglich einer verbesserten Drogenbekämpfung und einer verstärkten Grenzsicherung.

Kampagne sahen, sodass die nötige Zweidrittelmehrheit für eine Amtsenthebung aussichtslos war. Allerdings rügte der Rechnungshof in einem Gutachten (16.1.) die eigenmächtige **Blockade der Militärhilfe** durch die Regierung als **rechtswidrig**.

Einwanderung: In Fragen der Immigration setzte die Trump-Administration ihren restriktiven Kurs auf allen Ebenen fort. Mit Abkommen zwangen die USA 2019 **El Salvador, Guatemala** und **Honduras** sowie **Mexiko**, die Migration in die USA durch eigene Kontrollen einzudämmen. Die drei mittelamerikanischen Staaten wurden für Asylbewerber als „sichere Drittstaaten" klassifiziert. **Asylsuchende** an der **Südgrenze** der USA durften nicht mehr einreisen, sondern mussten in **Mexiko**, teils im Landesinnern, einer Entscheidung der Immigrationsgerichte harren (Migration Protection Protocols, 25.1.2020). Lange Wartezeiten in den USA hatten zuvor ein Abtauchen in die Illegalität erleichtert. Eine Vereinbarung von 1997, die verbot, einreisende Kinder länger als 20 Tage festzusetzen, versuchte die Regierung zunächst durch eine Trennung von den Eltern auszuhebeln. Sie provozierte damit aber öffentliche Empörung, sodass im August 2019 für **Familien** mit ungeklärtem Aufenthaltsstatus eigene „Haftanstalten" eingerichtet wurden. Auf dem vorläufigen Höhepunkt der Migration aus Mittelamerika im Mai 2019 waren die **Auffanglager überlastet**, sodass der Kongress im Juni 4.6 Mrd. US-$ für humanitäre Hilfen und die Grenzschutzbehörde bewilligte. Präsident Trump hatte bereits im Februar den **Notstand** verhängt, was ihm erlaubte, zusätzliche Mittel aus dem Staatshaushalt für den Bau neuer **Grenzbarrieren** aus bis zu 9 m hohen Stahlpfeilern (bis Mai 2020 waren rund 300 km fertig gestellt) umzuschichten. Der Supreme Court billigte das Vorgehen im Juli.

Im März 2020 ordnete die Seuchenschutzbehörde (CDC) im Zusammenhang mit der Covid-19-Pandemie die **Zurückweisung** aller Asylsuchenden an der Grenze **ohne Prüfung des Schutzstatus** an, zunächst befristet, ab Mai unbefristet. Für das Haushaltsjahr 2019/20 senkte die Regierung außerdem die **Flüchtlingsquote** auf 18 000 Personen, die niedrigste seit 1980. Die **legale Einwanderung** wurde ebenfalls unterbunden: Per Erlass setzte Präsident Trump am 20.4.2020 für 60 Tage, am 22.6. dann bis Jahresende die Möglichkeit aus, ein Daueraufenthaltsrecht **(Green Card)** zu erhalten. Für denselben Zeitraum wurden Visa (H-1B) für einen längeren **Arbeitsaufenthalt** in den USA (inkl. Familienzusammenführung) gestrichen. Diese Möglichkeit hatten vor allem Technologiefirmen zur Anwerbung ausländischer **Fachkräfte** und Hochschulabsolventen genutzt.

Haushaltstreit und Schulden: Da sich der Kongress und die Regierung nicht auf einen Kompromiss bei den **Ausgaben für die „Grenzmauer"** für das Haushaltsjahr 2018/19 (1.10.-30.9.) einigen konnten, kam es im Dezember 2018/Januar 2019 zu einem Verwaltungsstillstand **(Government Shutdown)** von 35 Tagen. Schließlich bewilligte der Kongress am 14.2.2019 1.38 Mrd. US-$. für die Grenzbefestigung. Da dies weit von seiner Forderung (5.7 Mrd. US-$) entfernt war, wich Trump auf den Notstand aus. Mit einer Einigung im Kongress im Juli zur Aussetzung der **Schuldenobergrenze** bis 31.7.2021 und der Erhöhung des **Ausgaberahmens** für die beiden kommenden Fiskaljahre wurden ein weiterer Shutdown und automatische Ausgabenkürzungen verhindert. Das **Haushaltsdefizit** 2018/19 erhöhte sich, das vierte Jahr in Folge, auf 4.6 % des BIP – ungeachtet des zehnjährigen Wirtschaftsaufschwungs. Das unabhängige Budgetbüro des Kongresses (CBO) ging bis 2030 von einem durchschnittlichen jährlichen Defizit von 1.3 Billionen US-$ aus. Der im Februar 2020 vorgelegte **Haushaltsentwurf** der Regierung für **2020/21** sah eine weitere Steigerung der Militärausgaben und Kürzungen bei Sozial-, Gesundheits- und Umweltschutzausgaben vor. Diese Planungen machte die Corona-Pandemie zunichte. Legte die Wirtschaft der USA 2019 noch um 2.3 % zu, ging sie im 1. Quartal 2020 um 4.8 % zurück.

Polizeigewalt: Der Tod von **George Floyd** am 25.5. 2020 in Minneapolis (Minnesota) bei einem Polizeieinsatz löste landesweit und später auch international Proteste gegen Polizeigewalt, Rassismus und soziale Ungerechtigkeit aus. Sie wurden von der 2012 entstandenen Bewegung bzw. dem Motto **„Black Lives Matter"** getragen. Der wegen Zahlung mit Falschgeld verhaftete Afroamerikaner wurde,

Aktivisten, vor allem der Bewegung „Black Lives Matter", wollen mit friedlichem Protest und Gesetzesänderungen ein Ende des systembedingten Rassismus und der Polizeigewalt erreichen. Auf einer Kundgebung am 4.7.2020 im Washington Square Park in New York lehnen sie die traditionellen Feierlichkeiten zum Unabhängigkeitstag ab.

am Boden liegend, durch anhaltenden „Druck auf den Nacken", so die offizielle Autopsie, getötet. Die Polizeiaktion wurde auf Video festgehalten und dann über Social Media verbreitet. Der Täter und drei weitere am Einsatz beteiligte Polizisten wurden aus dem Dienst entlassen und später unter Anklage (Mord bzw. Beihilfe) gestellt. Die friedlichen Proteste (ab 26.5.) schlugen teils in gewaltsame **Ausschreitungen, Brandstiftungen und Plünderungen** um. Gegen die Unruhen, befeuert durch einen weiteren Todesfall durch Polizeischüsse am 1.6. in Louisville (Kentucky), mobilisierten 29 Bundesstaaten die **Nationalgarde**; in 40 Städten wurden nächtliche **Ausgangssperren** verhängt. Präsident **Trump** ließ am Weißen Haus Militärpolizisten gegen Demonstranten einschreiten und **drohte mit** der Unterstellung der Nationalgarde unter Bundesbefehl und mit der **Armee**, sollten die Ausschreitungen anhalten. Eine solche Aktivierung des Insurrection Act (Aufstandsgesetz, 1807) nach dem Muster von 1957, als Präsident Dwight D. Eisenhower das bundesgerichtlich verfügte Ende der Rassentrennung (Segregation) in Arkansas durchgesetzt hatte, wurde u. a. von den Demokraten sowie Verteidigungsminister Esper und dessen Vorgänger James Mattis als Grundrechtsverstoß zurückgewiesen. Die Ursachen übermäßiger **Polizeigewalt**, die sich unverhältnismäßig oft **gegen Afroamerikaner** richtet, wurde bereits nach ähnlichen Vorfällen ab 2012, besonders 2014 in Ferguson (Missouri), debattiert: ein Teufelskreis aus Armut, Kriminalität und Polizeikontrollen nach „racial profiling", häufiger Schusswaffengebrauch, eine Polizeiausbildung, die vornehmlich dem Selbstschutz verpflichtet ist, und ein weitreichender Rechtsschutz für Polizisten im Einsatz. Gesetzentwürfe der Demokraten und Republikaner zur **Reform der Polizeiarbeit** in den USA scheiterten im Juni 2020 wegen fehlender Mehrheiten im Kongress.

Terrorismus: In der Grenzstadt El Paso (Texas) erschoss am 3.8.2019 ein weißer Suprematist 23 Menschen und verletzte weitere 23. Das **Massaker** vor einer Filiale des Einzelhandelskonzerns Walmart wurde dem Inlandsterrorismus zugerechnet. In einem „Manifest" sah der Täter in der „Invasion von Hispanics" eine Gefahr („Bevölkerungsaustausch"). Das Verbrechen war eines der schwersten „mass shootings" (mindestens vier Tote). Dem **Inlandsterrorismus** rechnete die Bundespolizei (FBI) im Haushaltsjahr 2018/19 rund 100 Festnahmen zu. 40 % von 850 FBI-Ermittlungen hätten **rechtsextremistischen** bzw. rassistischen **Weißen** gegolten. Unter die Kategorie „einheimischer" Terrorismus fielen weitere Anschläge: am 28.7. auf dem „Knoblauch-Festival" in Gilroy (Kalifornien, 3 Tote), am 4.8. in einem Ausgehviertel in **Dayton** (Ohio, 9 Tote) und am 10.12.2019 auf ein jüdisches Lebensmittelgeschäft in Jersey City (New Jersey, 5 Tote). Auf das Konto des militanten **Islamismus** ging der Angriff eines Luftwaffenangehörigen aus Saudi-Arabien, der am 6.12. auf einer **US-Militärbasis** in Florida drei Personen tötete. Im Unterschied zu „ausländischen" Extremisten stand einer systematischen Beobachtung von US-amerikanischen Extremisten die weite Auslegung der Grundrechte Meinungs- und Redefreiheit entgegen.
In **Reaktion** auf das El-Paso-Massaker verbot Walmart, einer der größten Waffenverkäufer in den USA, u. a. die Abgabe von Pistolen- und Gewehrmunition. Halbautomatische Waffen, wie sie der Täter von El Paso benutzte, werden dort seit 2015 nicht mehr verkauft. Jeden Tag kamen in den USA durchschnittlich 100 Menschen durch **Schusswaffen** zu Tode, zwei Drittel verübten Selbstmord. Die Zahl der Schusswaffen im Umlauf war unbekannt. 2018 gab es 26 Mio. polizeiliche Überprüfungen (background checks) von Waffenkäufern.

Weinstein-Prozess: In einem viel beachteten Strafprozess vor dem Obersten Gericht des Staates New York wurde **Harvey Weinstein** am 24.2.2020 der schweren sexuellen Nötigung (2006) und minderschweren Vergewaltigung (2013) an zwei Frauen schuldig gesprochen. Das Strafmaß für den ehemaligen Film- und Fernsehproduzenten in dem mehr als sechswöchigen Gerichtsverfahren legte der Richter am 11.3. auf insgesamt 23 Jahre Freiheitsentzug fest. Weitere Anklagen wegen Sexualstraftaten (2010/13) wurden im Januar und April 2020 von der Staatsanwaltschaft Los Angeles erhoben. Enthüllungen über jahrelange sexuelle **Übergriffe** Weinsteins hatten 2017 über die **#MeeToo-Bewegung** eine weltweite Debatte über sexualisierte Gewalt gegen Frauen und geschlechtliche Machtstrukturen ausgelöst.

Crew Dragon: Mit dem Start der Raumkapsel Crew Dragon am 30.5.2020 vom Kennedy Space Center der Raumfahrtbehörde NASA in Florida wurde ein neues Kapitel in der Geschichte der **bemannten Raumfahrt** der USA aufgeschlagen. Erstmals stand ein Flug zur Internationalen Raumstation (ISS) mit zwei Astronauten an Bord **unter der Regie eines privaten Unternehmens**: Den Bau von Raumkapsel (erster Testflug 2.3.2019) und Trägerrakete (Falcon-9), beide (teilweise) wiederverwendbar, sowie die Flugsteuerung und -kontrolle oblagen **Space-X**. Die Firma hatte für die NASA bereits Frachtflüge zur ISS durchgeführt. In der bemannten Raumfahrt hatten die USA nach der Außerdienststellung der Spaceshuttles (2011) russische Ausrüstung (Sojus-Kapseln und -Raketen) für den Personentransport ins All nutzen müssen. Die beiden Astronauten der zweiten „Space-X-Demonstrationsmission" (SpX-DM2) sollen sich bis zu vier Monaten auf der ISS aufhalten.

Puerto Rico: Erstmals in der Geschichte des US-Außengebiets trat am 2.8.2019 ein **gewählter Gouverneur zurück**. Anlass waren bekannt gewordene Chats über einen Instant-Messaging-Dienst, in dem sich Amtsinhaber Ricardo Rosseló und Regierungsmitarbeiter unflätig, frauen- und schwulenfeindlich äußerten. Damit provozierten sie zweiwöchige **Straßenproteste** Zehntausender. Neue Gouverneurin wurde Justizministerin Wanda Vázquez, nachdem die Amtsübergabe an den Vizegouverneur vom Obersten Gericht für verfassungswidrig erklärt worden war. Puerto Rico befand sich in einer **Mehrfachkrise**, die innerhalb eines Jahrzehnts zur Abwanderung einer halben Million Einwohner führte: Ab 2005 schrumpfte die Wirtschaft nahezu ununterbrochen. Wegen **Überschuldung** musste Puerto Rico 2016 Gläubigerschutz beantragen wird seitdem finanziell von der Bundesregierung überwacht („Junta") und zu Ausgabenkürzungen gezwungen. Am 20.9.2017 hinterließ der **Hurrikan „Maria"** offiziell 2 975 Tote und zerstörte oder beschädigte eine halbe Million Gebäude und Teile der Infrastruktur. Für den **Wiederaufbau**, der sich nur **schleppend** gestaltete, stellte der US-Kongress rund 94 Mrd. US-$ zur Verfügung.

Handelsstreit mit China: „Unfaire Handelspraktiken" waren die Begründung der Trump-Regierung, die Volksrepublik China ab März 2018 mit **Strafzöllen** zu überziehen. Die USA bezichtigten China der Wirtschaftsspionage und des Aufkaufs von amerikanischen Firmen mit strategischer Bedeutung und monierten den „Zwang" zum Technologietransfer und hohe staatliche Subventionen. Schrittweise wurden Importgüter aus China mit Zöllen von 10-25 % belegt. Die Schraube drehte sich bis 1.9.2019, als für Produktlinien im Wert von 120 Mrd. US-$ ein Aufschlag von 15 % fällig wurde. China reagierte spiegelbildlich. Hauptziel der USA war, das **Handelsbilanzdefizit** mit China, das etwa die Hälfte des Gesamtdefizits im US-Außenhandel ausmachte, zu verringern. Zunächst trat das Gegenteil ein: Beflügelt von einer expansiven Haushaltspolitik und Steuersenkungen, die den Konsum in den USA anheizten, vergrößerte sich das Defizit. Importeure gaben die **höheren Preise** an die Verbraucher in den USA weiter. Der **„Handelskrieg"** schwächte den bilateralen Außenhandel, löste eingespielte Lieferketten und förderte Substitutionseffekte, besonders aufseiten Chinas. Im Auf-und-Ab beiderseitiger Beschuldigungen wurden ab Mai 2018 aber auch Handelsgespräche geführt. Sie führten im Januar 2020 zu einem **Teilabkommen** („Phase 1"), das Strafzölle der USA teilweise reduzierte und auf weitere Zollerhöhungen verzichtete. Im Gegenzug verpflichtete sich China 2020/21 Güter und Dienstleistungen von 200 Mrd. US-$ über dem Wert von 2017 zu kaufen.

China im Blick: In den Fokus der **Außen- und Sicherheitspolitik** rückte die wirtschaftliche und politisch-militärische **Rivalität** mit der Volksrepublik China. Das Übergreifen der Covid-19-Pandemie auf die USA bildete den Hintergrund für Beschuldigungen Präsident Trumps an die Adresse Chinas und den Austritt der USA aus der **Weltgesundheitsorganisation (WHO)** am 6. Juli. Ihr warf Trump vor, die Pandemiebekämpfung aus Rücksicht auf China zu spät eingeleitet zu haben. Gleichzeitig wurden **Hongkong** die Sonderrechte im Außenhandel mit den USA genommen. Anlass war die Missachtung der Autonomierechte für die Sonderverwaltungsregion durch die chinesische Zentralregierung. Die Entscheidung der US-Regierung fußte auf einem am 21.11.2019 vom Kongress fast einstimmig beschlossenen **Sanktionsgesetz** (Hong Kong Human Rights and Democracy Act). Im Mai 2020 begrenzte die US-Regierung außerdem Zahl und Aufenthaltsdauer für chinesische Journalisten in den USA. Die breite Inszenierung von Trumps Besuch am 24./25.2.2020 in **Indien** demonstrierte die verstärkte Zusammenarbeit im sogenannten Quadrilateral Security Dialogue (Australien, Indien, Japan, USA) gegen die **Machtansprüche** Chinas **im indopazifischen Raum**.

Atomwaffen: Die Entwicklung und Stationierung neuer atomarer Kurz- und Mittelstreckenwaffen durch Russland diente den USA als Begründung für die **Kündigung** des **INF-Vertrags** von 1987 mit der damaligen Sowjetunion (wirksam ab 2.8.2019). Am 21.5.2020 gab die Regierung der NATO den Rückzug aus dem **Vertrag über den Offenen Himmel** (1992, 34 Teilnehmerstaaten) bekannt; er regelt die gegenseitigen Beobachtungen militärischer Einrichtungen und Manöver aus der Luft zwischen Atlantik und Ural. Eine Verlängerung des **New-START-Vertrags** (2011) mit Russland über die Verringerung strategischer Kernwaffen verband die USA u. a. mit der Forderung, auch China in nukleare Abrüstungsverhandlungen einzubinden.
Das Klima zu **Nordkorea** verschlechterte sich nach dem Treffen Präsident Trumps mit Diktator Kim Jong-un am 27./28.2.2019 in Hanoi (Vietnam), da die USA keine weiteren Zugeständnisse bei der „Denuklearisierung" Nordkoreas machten. Auch eine Zusammenkunft von Trump und Kim am 30.6. an der innerkoreanischen Waffenstillstandslinie brachte den Prozess nicht voran.

Naher Osten: Der **Eindämmung Irans** diente der tödliche Drohnenangriff der USA am 3.1.2020 auf den Befehlshaber der Al-Quds-Brigaden Ghasem Soleimani, nahe Bagdad; die Aktion war auch eine Reaktion auf schwere Angriffe proiranischer Milizen im **Irak** auf US-Militär. Der Rückzug der USA aus dem Kriegsgeschehen in **Syrien** ab Ende 2018 begünstigte das weitere Vorrücken der Türkei im Norden des Landes. Neue **Strafmaßnahmen** auf Grundlage des „Caesar Act" vom Dezember 2019 **gegen** das **Assad-Regime** (ab 17.6.2020 in Kraft) bezogen auch ausländische Unterstützer (Personen, Firmen, Banken) ein, d. h. vor allem aus dem Iran. Der am 28.1.2020 vorgestellte **Trump-Plan** verabschiedete sich faktisch von einer Zweitstaatenlösung für **Israel** und die Palästinensischen Autonomiegebiete. Ein Abkommen der USA mit den **Taliban** vom 29.2.2020 sollte den Abzug der NATO-geführten Mission Resolute Support (Juni 2020: rund 8 000 US-Soldaten) aus **Afghanistan** vorbereiten. Weitere Friedensverhandlungen wurden den innerstaatlichen Kontrahenten überlassen.

Corona: Am 21.1. 2020 gab es in den USA die erste bestätigte Covid-19-Erkrankung (Bundesstaat Washington). Ab Mitte April ging die Zahl der Todesfälle zurück, ab der dritten Juni-Woche erhöhte sich in 21 Bundesstaaten jedoch die Zahl der täglichen **Neuinfektionen** wieder deutlich. Schwerpunkte waren „Sun-Belt"-Staaten wie Arizona, Florida, Kalifornien und Texas. Zu Anfang gehörten Ballungsräume in Neu-England bzw. an der Ostküste, besonders New York und New Jersey, im Mittleren Westen (Michigan) und in Louisiana (New Orleans) zu den Hauptkrisenherden. Dabei zeigte sich, dass **ärmere Bevölkerungsgruppen**, gesundheitlich schlechter versorgte Stadtviertel und Erwerbstätige im Niedriglohnsektor, d. h. vor allem **Afroamerikaner, überproportional** betroffen waren. Zunächst erkrankten vor allem Ältere und Personen mit Vorerkrankungen, ab Juni infizierten sich immer mehr Jüngere. Bis Ende Juni waren die USA **von** der **Pandemie** auf der Welt **am stärksten betroffen**.

Zwischen Lockdown und Reopening: Die Pandemie traf die USA **schlecht vorbereitet:** Es gab zu wenig Schutzausrüstung für Ärzte und Pflegepersonal, es fehlte medizinisches Gerät, Krankenhäuser waren schnell ausgelastet, sodass Notlazarette errichtet werden mussten (z. B. New York), und die Seuchenschutzbehörde (CDC) ließ nur einen engen Personenkreis an wenigen Orten auf das Virus testen, erst später wurden die Kapazitäten ausgeweitet. Die Regierung **ignorierte** frühe **Warnungen** vor einer Pandemie im Januar/Februar durch CDC und Nachrichtendienste. Präsident Trump verfügte zwar **Einreisesperren** für China (31.1.), Iran (29.2.) und die europäischen Staaten des Schengenraums (11.3.), leugnete aber eine Gefahr. Am 13.3. rief er den **Notstand** aus, was erst eine umfangreiche Katastrophenhilfe des Bundes erlaubte. **Eindämmungsmaßnahmen** wurden den **Bundesstaaten** und Gebietskörperschaften **überlassen**. Lockdowns von öffentlichem Leben und Wirtschaft gab es zuerst an der Westküste (San Francisco). Dagegen erhoben sich mancherorts bereits nach kurzer Zeit Proteste, etwa in Michigan. Mitte April einigte sich die Regierung mit den Bundesstaaten auf eine **dreistufige Lockerung**, jeweils unter der Voraussetzung, dass zwei Wochen lang die Infektionszahlen abnehmen. Die **Vorgaben** wurden jedoch teils **nicht eingehalten**: Geschäfte und Unternehmen durften wieder öffnen, Schutzmaßnahmen wie social distancing und Mund-Nasen-Schutz wurden häufig ignoriert. Auch (politische) Großveranstaltungen fanden wieder statt. So waren mehrere Staaten gezwungen, ab Ende Juni **Lockerungen** wieder **rückgängig** zu machen.

Geöffnete Geldschleusen: Zu Bewältigung der Corona-Krise verabschiedete der Kongress im März **drei Hilfspakete**: Das erste unterstützte das Gesundheitswesen, das zweite führte Krankengeld

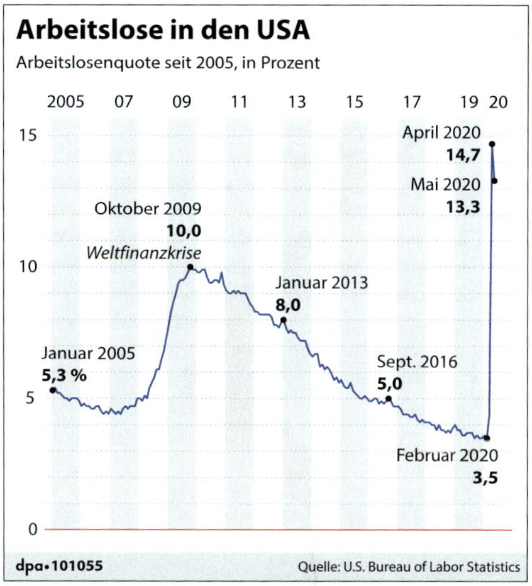

für Beschäftigte ein, das dritte („Cares") bestand aus einem **Wirtschafts- und Sozialprogramm** im Umfang von 2 Billionen US-$. Dazu gehörten Zusatzleistungen für Arbeitslose inkl. Ausweitung der Berechtigung, Einmalzahlungen für Familien sowie günstige Kredite und Zuschüsse für Unternehmen. Hinzu kamen im April Staatshilfen für Fluggesellschaften. Das Programm für kleinere und mittlere Unternehmen (KMU), das vor allem eine Lohnfortzahlung bei Kurzarbeit bzw. Arbeitsunterbrechung erlaubte, war bereits Mitte April erschöpft. Dennoch entließen gerade KMU Beschäftigte, sodass statistisch innerhalb eines Monats alle **Arbeitsplätze**, die ab 2010 neu geschaffen worden waren, wieder **verloren** gingen. Darüber hinaus erleichterte die **Zentralbank** (Federal Reserve, Fed) die Refinanzierung. Neben der Senkung der Leitzinsen am 15.3. auf 0-0.25 % (Federal Fund Rate) und 0.5 % (Diskont) legte die Fed im März/April **Kreditprogramme** (Fazilitäten) in bis dahin nicht gekanntem Ausmaß **zum Ankauf von Wertpapieren** über das Bankensystem auf. Sie galten für Anleihen von Staat, Gebietskörperschaften und Unternehmen sowie für Hypotheken. Damit sollten die Finanzmärkte (auch ausländische) funktionsfähig gehalten und die Kreditvergabe durch Geschäftsbanken erhöht werden. Andererseits verpflichtete die Fed am 26.6. 34 Großbanken, auf Aktienrückkäufe zu verzichten und Dividenden für das 3. Quartal 2020 zu begrenzen.

Vietnam

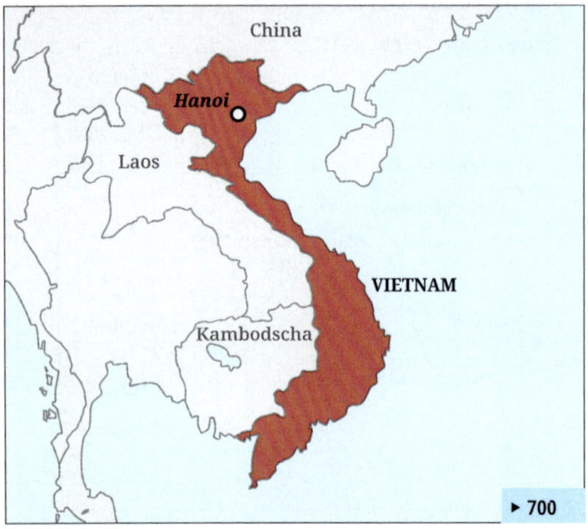

▸ 700

Ländername	Sozialistische Republik Vietnam
Zeitzone	MEZ +6 h
Fläche in km²	331 230
Anzahl der Einwohner	96.5 Millionen
Einwohnerzahl pro km²	291
Hauptstadt	Hanoi
Amtssprache	Vietnamesisch
Verwaltungsgliederung	8 Regionen mit 58 Provinzen und 5 Städten
Wichtige Städte	Ho-Chi-Minh-Stadt, Hanoi, Haiphong, Can Tho, Da Nang, Bien Hoa
Autokennzeichen | ISO-Code	VN | VNM
Währung	1 Dong = 100 Xu
Nationalfeiertag	2. September

Durch die kriegerischen Auseinandersetzungen im 20. Jahrhundert musste die vietnamesische Bevölkerung viel Leid erfahren. Heute erlebt das Land einen rasanten wirtschaftlichen Aufschwung, verbunden mit hohen Wachstumsraten. Ähnlich wie in der Volksrepublik China ist die wirtschaftliche Öffnung allerdings nicht mit einer politischen Liberalisierung verbunden.

GEOGRAFIE

Geografische Lage: Von 8° 34' bis 23° 22' nördlicher Breite sowie von 102° 07' bis 109° 28' östlicher Länge
Höchster Punkt: Fan Si Pan 3143 m
Klima: Im Norden subtropisches, im Süden tropisches Monsunklima

POLITIK

Staatsform: Sozialistische Republik
Staatsoberhaupt: Präsident
Legislative: Nationalversammlung mit 483 für 5 Jahre gewählten Mitgliedern
Jahr der Verfassung: 2014
Wahlrecht: 18 Jahre
Staatsreligion: Keine

BEVÖLKERUNG

Bevölkerungsanteil: <15 Jahre 23.2 %, 15-64 Jahre 69.2 %, >64 Jahre 7.6 %
Verteilung: Stadt 36.6 %, Land 63.4 %
Wachstum 2019: 1 %
Lebenserwartung: Frauen 80 Jahre, Männer 71 Jahre
Alphabetenrate: Frauen 93.6 %, Männer 96.5 %
Ethnische Gruppen: Vietnamesen, Tay, Thai, Muong, Khmer, Mong, Nung, Hoa u. a.
Religionen: Buddhisten 7.9 %, Christen 7.5 %, Ethnische 2.6 %
Sprachen: Vietnamesisch, Englisch, Französisch, Regionalsprachen

WIRTSCHAFT UND VERKEHR

BIP: 261.92 Mrd. US-$
Wachstum BIP 2019: 7 %
BNE/Kopf: 2 740 US-$
Inflation: 2.8 %
Außenhandel: Import 253.9 Mrd. US-$, Export 264.27 Mrd. US-$
Erwerbstätige nach Sektoren: Landwirtschaft 37.4 %, Industrie 27.6 %, Dienstleistungen 35 %
Arbeitslosenquote: 1.9 %
Energieverbrauch/Kopf: 660 kg ÖE
Straßennetz: 195 468 km
Eisenbahnnetz: 2 602 km

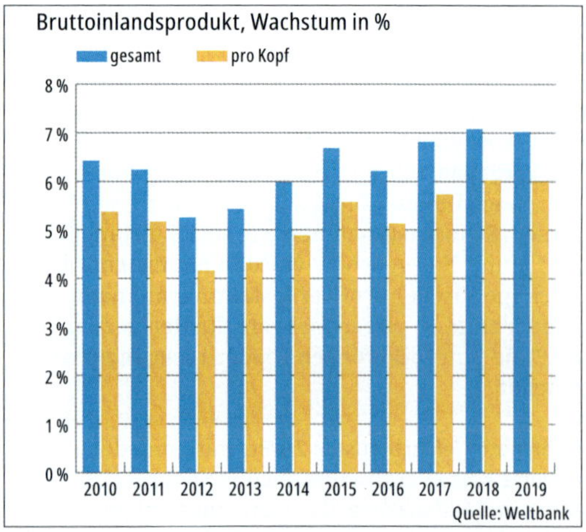

RÜCKBLICK

Mekong: Die Wasserstände des Mekong waren 2019 weit niedriger als gewöhnlich – auch führte der Fluss kaum Sedimente ins Mekongdelta mit, die dort für die Fruchtbarkeit der Böden von entscheidender Bedeutung sind. In der Region leben 19 % der Bürger des Landes, 70 % der Früchte, 65 % des Fischfangs und 50 % der Reisproduktion trägt das Delta zu den nationalen landwirtschaftlichen Erträgen bei. Sowohl für die Volksernährung wie für den Export ist das Mekongdelta von zentraler Bedeutung. Außerdem ist der Mekong in der Deltaregion das Haupttrinkwasserreservoir – das Vordringen des Salzwassers wegen des niedrigen Wasserstands führte daher 2019 zu Wasserknappheit; die Versalzung der Böden ist eine längerfristige Auswirkung. Eine **schwache Monsunsaison** und der, oft illegale, **Abbau von Sand** für die Bauindustrie waren zwei Ursachen der Misere. Darüber hinaus ist in den vergangenen Jahren die Sorge gewachsen, dass der **Bau von Wasserkraftwerken** am Oberlauf des Mekong, in erster Linie in der VR China und in Laos, verheerende Folgen für die Agrarwirtschaft in Kambodscha und Vietnam hat. Eine im April 2020 veröffentlichte wissenschaftliche Studie über die Wetteranomalien am Mekong zwischen Mai und Oktober 2019 kam zu dem Schluss, dass nicht ausbleibender Regen, sondern **regulierende Eingriffe der VR Chin**a zu den niedrigen Wasserständen geführt hätten. Chinesische Stellen stritten jede Verantwortung für die niedrigen Wasserstände ab und behaupteten, auch in China habe 2019 extreme Trockenheit geherrscht – die Öffnung chinesischer Stauseen auf Bitten Thailands im Januar 2020 ließ aber einigen politischen Spielraum erkennen. Im November vollzog die Regierung in Hanoi eine **überraschende Kehrtwende in ihrer Mekong-Politik**: Obwohl Vietnam bis dahin der schärfste Kritiker des Kraftwerkbaus am Mekong gewesen war und sich in der Mekong River Commission für ein Moratorium eingesetzt hatte, gab der staatliche Konzern Petrovietnam bekannt, sich am Bau des besonders umstrittenen Staudamms in Luang Prabang (Laos) zu beteiligen. Inoffizielle Quellen in Hanoi machten dafür das Motiv verantwortlich, der VR China zuvorzukommen, die bereits in drei Dammprojekte in Laos involviert ist. Mit ihrer Kehrtwende gefährdete die Regierung zugleich einen bis dahin bestehenden nationalen Konsens in der Mekong-Politik. Die Umweltschutzorganisation Vietnam Rivers Network forderte die Regierung auf, die Beteiligung in Luang Prabang zu revidieren, die im Widerspruch zur 2017 von der Regierung verabschiedeten „Resolution 120“ über nachhaltige und klimafreundliche Nutzung des Mekongdelta steht.

Außenpolitik: Die Spannungen mit der VR China verstärkten sich. Öl- und Gasbohrungen nahe der Vanguard Bank innerhalb der vietnamesischen Exklusiven Wirtschaftszone durch ein chinesisches Forschungsschiff sorgten im Juli 2019 für Beunruhigung, zumal Peking 4 Schiffe der Küstenwache zum Schutz der Testbohrungen entsandt hatte, darunter die schwer bewaffnete „Haijing 3901“ mit 12 000 Tonnen Standardverdrängung. Die vietnamesische Küstenwache versuchte vergebens, das Forschungsschiff abzudrängen. Der Anspruch Pekings auf das nahezu gesamte Südchinesische Meer löste in Hanoi große Nervosität aus, da man dort ein Wiederaufleben von nationalistischen Demonstrationen wie 2011 und 2015 befürchtete, die sich auch gegen die kommunistische Herrschaft richten könnten. So verbot die Regierung im Oktober 2019 einen chinesischen Zeichentrickfilm, in dem eine Landkarte zu sehen war, die den Rechtsanspruch der VR China abbildete.

Wirtschaft: 2019 blieb das Wachstum trotz der Probleme in der Landwirtschaft mit 7 % stabil. Ausländische Investitionen stiegen auf 38 Mrd. US-$, davon waren 20.4 Mrd. US-$ Direktinvestitionen. Die Leistungsbilanz wies einen Überschuss von 5 % des BIP aus. Die Staatsverschuldung wurde weiter auf 54 % des BIP gedrückt, die Inflation sank auf 2.8 %. Die Industrie, deren Exporte um 9 % wuchsen, profitierte vom Handelskonflikt zwischen den USA und der VR China, da Investoren nach Vietnam auswichen. Trotz des anhaltenden Wirtschaftsaufschwungs blieb die illegale Arbeitsmigration nach Europa hoch. Ein am 8.6.2020 vom Parlament ratifiziertes **Freihandelsabkommen mit der EU** soll ab 1.8.2020 die Wirtschaft weiter stimulieren. Die Corona-Krise konnte die exportorientierte Industrie und den Tourismus nicht unberührt lassen. Doch **sehr frühe Corona-Quarantänemaßnahmen**, die bereits im Februar ergriffen wurden, weil man den Beschwichtigungen aus Peking keinen Glauben schenkte und die Regierung sich mithilfe von Cyberspionage früh selbst ein Bild von der Epidemie in Wuhan verschaffte, schufen **gute Start- und Wettbewerbsbedingungen für die Überwindung der Wirtschaftskrise.** Die am 1.4.2020 verfügte allgemeine Kontaktsperre wurde bereits am 22.4. wieder gelockert. Bis zum 30.6. wurden 355 Infektionen registriert, ein Todesfall wegen Covid-19 wurde nicht gemeldet.

Weißrussland

▸ 614

Ländername	Republik Belarus
Zeitzone	MEZ +2 h
Fläche in km²	207 600
Anzahl der Einwohner	9.5 Millionen
Einwohnerzahl pro km²	47
Hauptstadt	Minsk
Amtssprache	Russisch, Weißrussisch
Verwaltungsgliederung	6 Gebiete und 1 Stadt
Wichtige Städte	Minsk, Gomel, Mahiljou, Grodno, Witebsk, Brest
Autokennzeichen | ISO-Code	BY | BLR
Währung	1 Weißrussischer Rubel = 100 Kopeken
Nationalfeiertag	3. Juli

Weißrussland bzw. Belarus ist auch nach der Unabhängigkeit 1991 noch immer politisch und ökonomisch sehr eng mit Russland verbunden. Oppositionelle Bewegungen werden von dem diktatorisch herrschenden Staatspräsidenten systematisch unterdrückt. Grundlegende marktwirtschaftliche Reformen und Privatisierungen der staatlich gelenkten Industrie zur Belebung der Ökonomie lassen weiterhin auf sich warten.

GEOGRAFIE

Geografische Lage: Von 51° 14' bis 56° 09' nördlicher Breite sowie von 23° 10' bis 32° 43' östlicher Länge
Höchster Punkt: Dsjarschynskaja 346 m
Klima: Kühlgemäßigtes Klima

POLITIK

Staatsform: Präsidiale Republik
Staatsoberhaupt: Präsident
Legislative: Nationalversammlung, bestehend aus Repräsentantenhaus mit 110 für 4 Jahre gewählten Mitgliedern und Rat der Republik mit 56 für 4 Jahre gewählten und 8 ernannten Mitgliedern
Jahr der Verfassung: 1994
Wahlrecht: 18 Jahre
Staatsreligion: Keine

BEVÖLKERUNG

Bevölkerungsanteil: <15 Jahre 17 %, 15-64 Jahre 67.8 %, >64 Jahre 15.2 %
Verteilung: Stadt 79 %, Land 21 %
Wachstum 2019: -0.1 %
Lebenserwartung: Frauen 80 Jahre, Männer 70 Jahre
Alphabetenrate: Frauen 99.7 %, Männer 99.8 %
Ethnische Gruppen: Weißrussen, Russen, Polen, Ukrainer u. a.
Religionen: Christen 55.4 %, Sonstige 3.5 %
Sprachen: Russisch, Weißrussisch, Polnisch, Ukrainisch u. a.

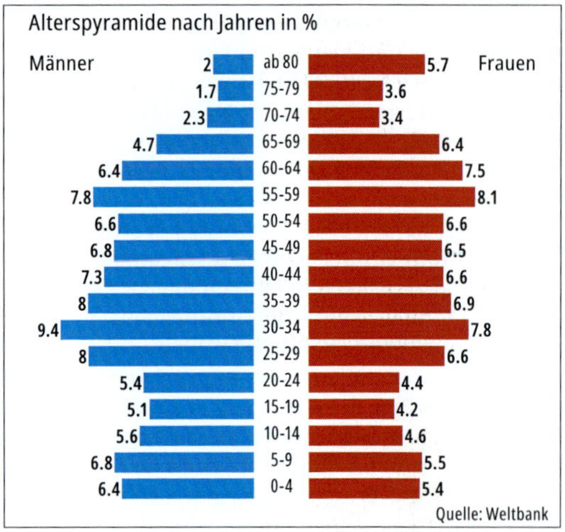

WIRTSCHAFT UND VERKEHR

BIP: 63.08 Mrd. US-$
Wachstum BIP 2019: 1.2 %
BNE/Kopf: 6 604 US-$
Inflation: 5.6 %
Außenhandel: Import 39.34 Mrd. US-$, Export 32.93 Mrd. US-$
Erwerbstätige nach Sektoren: Landwirtschaft 11 %, Industrie 30.5 %, Dienstleistungen 58.5 %
Arbeitslosenquote: 4.6 %
Energieverbrauch/Kopf: 2 929 kg ÖE
Straßennetz: 94 797 km
Eisenbahnnetz: 5 528 km

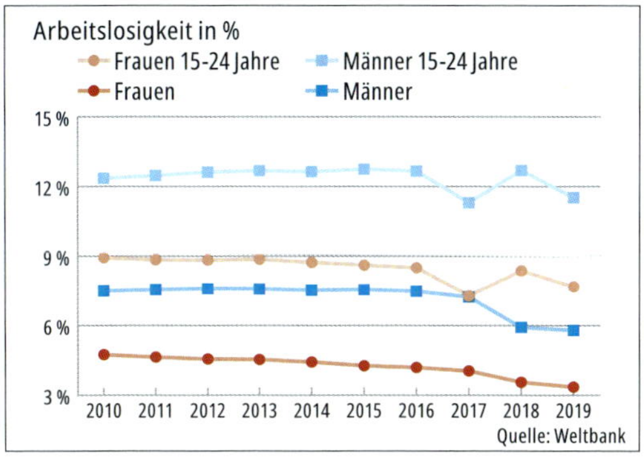

RÜCKBLICK

Undemokratisch: Bei den **Parlamentswahlen** am 17.11.2019 gelangte kein einziger Bewerber aus den Reihen der Opposition ins Repräsentantenhaus. Das diktatorische Regime von Präsident Alexander Lukaschenko hatte die Zulassung von Kandidaten verhindert und Bewerber vom Wahlkampf ausgeschlossen. Die OSZE kritisierte den gesamten Wahlprozess als undemokratisch. **Grundfreiheiten** seien **nicht beachtet** worden.

Konkurrenz: Im **Vorfeld** der für den 9.8.2020 geplanten **Präsidentschaftswahlen** gelang es im Mai/ Juni mehreren Gegenkandidaten Lukaschenkos, der zum fünften Mal antritt, die Öffentlichkeit zu mobilisieren und weit mehr als die erforderlichen 100 000 Unterschriften zusammenzubringen. Dazu gehörten u. a. der Unternehmer und Blogger Sjarhej Tychanouski sowie zwei Vertreter der staatsnahen Elite: Wiktar Babaryka, früherer Chef der Belgazprombank – zweitgrößtes Kreditinstitut Weißrusslands – und der Diplomat und IT-Manager Waleri Zepkalo. Lukaschenko reagierte einerseits mit einer **Regierungsumbildung** (neuer Ministerpräsident Raman Haloutschenka ab 4.6.2020). Andererseits diffamierte er die konkurrierenden Bewerber und ließ die **Strafjustiz** mit konstruierten Vorwürfen gegen sie einschreiten. Tychanouski und Babaryka wurden samt vieler (ehemaliger) Mitarbeiter in Untersuchungshaft genommen.

Weißrussische und polnische Protestierende am 27.6.2020 auf einer Solidaritätsveranstaltung in Warschau,Polen. Ihr Protest richtet sich gegen den letzten Diktator Europas, Alexander Lukaschenko, der sich trotz rückläufiger Zustimmung im eigenen Land, immer noch mit Repressionen und Polizeigewalt gegen politische Gegner an der Macht hält.

Union: Auf Druck Russlands wurden 2019 **Verhandlungen** zur Verwirklichung der faktisch inaktiven Union mit Weißrussland (Verträge von 1995/99) geführt. Strittig blieb vor allem die von Präsident Lukaschenko geforderte Beibehaltung des **Preisnachlasses für Erdgas und Erdöl**. Da auch auf zwei Gipfeltreffen im Dezember keine Einigung zum Erdöl zustande kam, wurde Anfang 2020 ein Großteil der russischen **Lieferungen gestoppt**. Im Februar 2020 drohte Lukaschenko mit der „Abzweigung" von Öl, das für EU-Staaten bestimmt ist (Transit durch die „Druschba"-Pipeline). Eine wichtige **Einnahmequelle** Weißrusslands war die Verarbeitung von verbilligtem Rohöl in weißrussischen **Raffinerien** und der anschließende Weiterverkauf der veredelten Produkte. Im Dezember 2019 kam es in mehreren Städten, u. a. am 27.12. in Minsk, zu **Demonstrationen** gegen eine Union mit Russland.

Corona – kein Problem? Unzufriedenheit artikulierte sich vor allem wegen des offiziellen Umgangs mit der Corona-Pandemie. Zwar gab es Einreisesperren, doch leugnete Präsident Lukaschenko die Gefahr und **verzichtete auf Einschränkungen** des öffentlichen Lebens und der Wirtschaft. Eltern durften ihre Kinder allerdings vom Schulunterricht befreien. Sportveranstaltungen, besonders der Fußball- und Eishockeyliga, fanden weiterhin statt. Auch ließ Lukaschenko die einzige **Militärparade** in der GUS zum sowjetischen Sieg über Hitler-Deutschland in Minsk abhalten (9.5.). Da die niedrigen offiziellen Zahlen zu Covid-19 angezweifelt wurden, ging die Zivilgesellschaft verstärkt zum **freiwilligen Eigenschutz** („Selbstisolation") über, private Spenden und Freiwillige unterstützten das **überforderte Gesundheitswesen**.

Zentralafrikanische Republik

▸ 638

Ländername	Zentralafrikanische Republik
Zeitzone	MEZ ±0 h
Fläche in km²	622 980
Anzahl der Einwohner	4.7 Millionen
Einwohnerzahl pro km²	8
Hauptstadt	Bangui
Amtssprache	Sango, Französisch
Verwaltungsgliederung	16 Präfekturen und 1 Stadt
Wichtige Städte	Bangui, Bimbo, Mbaïki, Berbérati, Kaga Bandoro
Autokennzeichen | ISO-Code	RCA | CAF
Währung	1 CFA-Franc BEAC = 100 Centimes
Nationalfeiertag	1. Dezember

Der Binnenstaat im Herzen des afrikanischen Kontinents erregte erstmals in den 1970er Jahren durch die Schreckensherrschaft des selbsternannten Kaisers Bokassa weltweite Aufmerksamkeit. Auch nach dem Ende seines Regimes erlangte der zu den ärmsten Ländern der Erde gehörende Staat keine dauerhafte innere Stabilität.

GEOGRAFIE

Geografische Lage: Von 2° 14' bis 11° nördlicher Breite sowie von 14° 23' bis 27° 26' östlicher Länge
Höchster Punkt: Mont Ngaoui 1420 m
Klima: Tropisches, wechselfeuchtes Klima

POLITIK

Staatsform: Präsidiale Republik
Staatsoberhaupt: Präsident
Legislative: Nationalversammlung mit 140 für 5 Jahre gewählten Mitgliedern
Jahr der Verfassung: 2016
Wahlrecht: 18 Jahre
Staatsreligion: Keine

BEVÖLKERUNG

Bevölkerungsanteil: <15 Jahre 43.9 %, 15-64 Jahre 53.3 %, >64 Jahre 2.8 %
Verteilung: Stadt 41.8 %, Land 58.2 %
Wachstum 2019: 1.5 %
Lebenserwartung: Frauen 56 Jahre, Männer 51 Jahre
Alphabetenrate: Frauen 25.8 %, Männer 49.5 %
Ethnische Gruppen: Baya, Banda, Mandschia, Sara, Mboum, Mbaka, Yakoma u. a.
Religionen: Christen 89.5 %, Muslime 8.5 %, Ethnische 1 %
Sprachen: Sango, Französisch, Regionalsprachen

WIRTSCHAFT UND VERKEHR

BIP: 2.22 Mrd. US-$
Wachstum BIP 2019: 3 %
BNE/Kopf: 448 US-$
Inflation: 2.7 %
Außenhandel: Import 460 Mio. US-$, Export 180 Mio. US-$
Erwerbstätige nach Sektoren: Landwirtschaft 77.3 %, Industrie 5.4 %, Dienstleistungen 17.3 %
Arbeitslosenquote: 3.7 %
Energieverbrauch/Kopf: Keine Angabe
Straßennetz: 24 307 km
Eisenbahnnetz: Keine Angabe

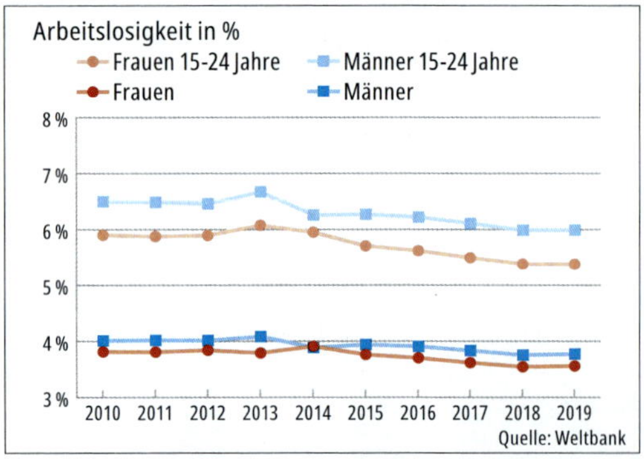

RÜCKBLICK

Sicherheitslage: Trotz eines neuen Friedensabkommens und trotz der Beteiligung von mehr als 14 000 Soldaten und Polizisten unter UN-Einsatz kam das Land nicht zur Ruhe. Der Einfluss des **Staatspräsidenten Faustin-Archange Touadéra** und seiner Regierung beschränkte sich vorwiegend auf die Hauptstadt Bangui. In den anderen Landesteilen, insbesondere im überwiegend muslimisch besiedelten Norden und Nordosten, waren verschiedene **bewaffnete Rebellenverbände aktiv**.
Im Frühjahr 2020 kämpften z. B. rivalisierende Milizen um die Vorherrschaft in der Region Ndélé

und damit gleichzeitig um die Kontrolle über die dort lagernden Rohstoffe Gold, Diamanten und Uran. Bei den Zusammenstößen kam es zu zahlreichen **Todesopfern**, der Großteil davon waren Zivilpersonen. Die Kampfhandlungen hatten zugenommen, nachdem die den Nordosten beherrschende Rebellengruppe Front Populaire pour la Renaissance de la Centrafrique (FPRC) und ihr folgende muslimisch geprägte Verbände im April 2020 das **Friedensabkommen** von Bangui **aufgekündigt** hatten. Das Abkommen war im Februar 2019 in der Hauptstadt unter Vermittlung von UN und Afrikanischer Union zwischen der Regierung und 14 Rebellenbewegungen geschlossen worden. **Als achter Friedensversuch** seit Beginn des Bürgerkrieges 2013 war es im März 2019 u. a. in eine neue Regierung gemündet, die auch aus Vertretern der einzelnen Milizengruppen bestand. Im Dezember 2019 kehrte der ehemalige Präsident **François Bozizé** nach sechs Jahren aus seinem Exil in Uganda in die Zentralafrikanische Republik zurück. Seine Kandidatur wurde für die Präsidentschaftswahlen im Dezember 2020 erwartet.

Hintergrund: Mit der Forderung, den geografisch unwegsameren Norden des Landes stärker an der allgemeinen nationalen Entwicklung zu beteiligen und die lange Vernachlässigung aufzuholen hatten sich **2012 muslimische Aufständige** aus den Nordprovinzen gegen die staatliche Führung von **Präsident Bozizé** erhoben. Es bildete sich die **Rebellenallianz Séléka**, die 2013 den Präsidenten stürzte. Ihnen stellte sich die **Anti-Balaka** entgegen, ein Milizenverbund, der sich vorwiegend aus der christlichen Bevölkerung der südlichen Regionen rekrutierte. Die **religiös aufgeladenen Verteilungskämpfe** eskalierten in einem blutigen Konflikt mit teils pogromartigen Auswüchsen. Beide Lager begingen **massive Menschenrechtsverletzungen**. 2014 wurde eine Übergangsregierung eingesetzt, die das andauernde Konfliktgeschehen aber nicht kontrollieren konnte. Mit dem 2016 in freien Wahlen bestimmten Staatspräsidenten Touadéra kehrte das Land zwar zu einer verfassungsgemäßen Ordnung zurück, die gewaltsamen Spannungen hielten aber weiter an.

Der Präsident der Zentralafrikanischen Republik Faustin-Archange Touadéra verlässt am 5. September 2019, nach einem Treffen mit Frankreichs Präsident Emmanuel Macron, den Élysée-Palast in Paris.

Humanitäre Situation: Der vom Zerfall bedrohte Staat befand sich auch 2019/20 in einer humanitären Krise. Trotz ihrer wertvollen Rohstoffe zählte die Zentralafrikanische Republik **zu den ärmsten Staaten weltweit** und lag in der UN-Entwicklungsrangliste unverändert auf dem letzten Platz von 188 Ländern. Bis Anfang 2020 waren rund 610 000 Menschen vor den bewaffneten Konflikten in die Nachbarländer geflüchtet, wo sie meist in schlecht ausgestatteten Camps lebten. Weitere 640 000 waren als **Binnenflüchtlinge** im Land selbst verstreut. Etwa 2.5 Mio. Menschen waren auf **Nothilfe** angewiesen, 1.7 Mio. von Hunger bedroht. Die UN-Ernährungs- und Landwirtschaftsorganisation FAO zählte Anfang 2020 rund 178 000 Kinder, die an **Unterernährung** litten.

Wirtschaftlicher Wiederaufbau: Durch die langjährigen gewaltsamen Auseinandersetzungen wurden auch die wirtschaftlichen Strukturen zerschlagen. Deren Sanierung sowie die **Instandsetzung der zerstörten Infrastruktur** gehörte zu den Hauptaufgaben der neuen Regierung. Dabei war das Land **auf internationale Hilfe** von UN, Weltbank und Internationalem Währungsfonds **angewiesen**, stützte sich aber auch auf die EU, Frankreich, die Volksrepublik China und die USA als wichtige Handelspartner. Devisen erhielt das Binnenland durch den **Export von Tropenholz, Kaffee und Baumwolle** und in bescheidenerem Maße von **Gold und Diamanten**, die vor dem Bürgerkrieg das wichtigste Ausfuhrprodukt waren. Die Bevölkerung war um zu überleben auf die landwirtschaftliche Selbstversorgung, auf den informellen Sektor und auf humanitäre Hilfe angewiesen.

Corona: In der Zentralafrikanischen Republik wurde am 14.3.2020 die erste Covid-19-Infektion offiziell bestätigt. Da nur wenige Tests durchgeführt werden konnten, blieben die Zahlen jedoch vage. Die Regierung reagierte auf die Pandemie mit **Versammlungsverboten**, der Schließung öffentlicher Räume und dem Aussetzen des Flugverkehrs. Da durch die Beschränkungen auch die Möglichkeiten für humanitäre Hilfe beeinträchtigt waren, wurde das Land ab Mai 2020 über eine von der EU und internationalen Nichtregierungsorganisationen initiierte **humanitäre Luftbrücke** mit medizinischem Material und geschultem Personal versorgt.

Zypern

▸ 628

Ländername	Republik Zypern
Zeitzone	MEZ +1 h
Fläche in km²	9 250
Anzahl der Einwohner	1.2 Millionen
Einwohnerzahl pro km²	129
Hauptstadt	Nikosia (Lefkosia)
Amtssprache	Griechisch, Türkisch
Verwaltungsgliederung	6 Bezirke
Wichtige Städte	Nikosia (Lefkosia), Limassol, Strovolos, Larnaka, Lakatamia
Autokennzeichen | ISO-Code	CY | CYP
Währung	1 Euro = 100 Cent
Nationalfeiertag	1. Oktober

Die Insel im östlichen Mittelmeer war seit jeher wichtiger Kreuzungspunkt europäischer und vorderasiatischer Kulturen. Seiner Brückenfunktion zwischen Orient und Okzident verdankt Zypern daher ein reiches kulturelles Erbe. Seit der Besetzung des Nordteils durch türkische Truppen im Jahr 1974 ist die Insel zweigeteilt. Trotzdem konnte der griechische Südteil 2004 Mitglied der Europäischen Union werden. Die damit verbundenen Hoffnungen auf eine Wiedervereinigung erfüllten sich bislang aber nicht. Im Süden unterhält Großbritannien die Militärstützpunkte Dhekelia und Akrotiri.

GEOGRAFIE

Geografische Lage: Von 34° 37' bis 35° 42' nördlicher Breite sowie von 32° 16' bis 34° 36' östlicher Länge
Höchster Punkt: Olympus 1952 m
Klima: Mediterranes Klima

POLITIK

Staatsform: Präsidiale Republik
Staatsoberhaupt: Präsident
Legislative: Repräsentantenhaus mit 56 für 5 Jahre gewählten Mitgliedern
Jahr der Verfassung: 1960
Wahlrecht: 18 Jahre
Staatsreligion: Keine

BEVÖLKERUNG

Bevölkerungsanteil: <15 Jahre 16.7 %, 15-64 Jahre 69.2 %, >64 Jahre 14.1 %
Verteilung: Stadt 66.8 %, Land 33.2 %
Wachstum 2019: 0.8 %
Lebenserwartung: Frauen 83 Jahre, Männer 79 Jahre
Alphabetenrate: Frauen 98.1 %, Männer 99.3 %
Ethnische Gruppen: Griechen u. a.
Religionen: Christen 94 %, Muslime 1.8 %, Buddhisten 1 %, Sonstige 1.4 %
Sprachen: Griechisch, Türkisch, Englisch u. a.

WIRTSCHAFT UND VERKEHR

BIP: 24.56 Mrd. US-$
Wachstum BIP 2019: 3.2 %
BNE/Kopf: 27 720 US-$
Inflation: 0.3 %
Außenhandel: Import 9.17 Mrd. US-$, Export 3.46 Mrd. US-$
Erwerbstätige nach Sektoren: Landwirtschaft 2.1 %, Industrie 16.4 %, Dienstleistungen 81.5 %
Arbeitslosenquote: 7.3 %
Energieverbrauch/Kopf: 1 712 kg ÖE
Straßennetz: 19 901 km
Eisenbahnnetz: Keine Angabe

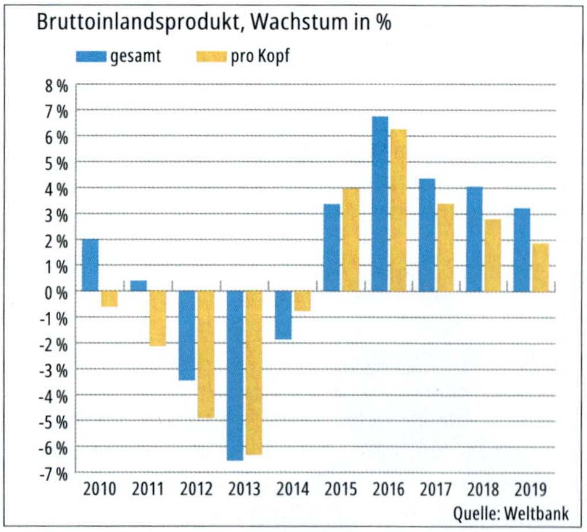

UMSTRITTENES GEBIET
Türkische Republik Nordzypern
Fläche in km²: 3 355
Anzahl der Einwohner: 374 299
Hauptstadt: Nikosia (Lefkosia)
Status: De-facto-Regime, Gebiet ist völkerrechtlich Teil der Republik Zypern
Regierung: Präsident

RÜCKBLICK

Kleine Kabinettsumbildung: Staatspräsident Nikos Anastasiadis nahm am 3.12.2019 eine kleine Kabinettsumbildung vor. An die Stelle von Innenminister Konstantinos Petridis trat der Abgeordnete der konservativen Regierungspartei Demokratische Sammlung (DISY) Nikos Nouris. Das Ministerium für Transport und Kommunikation übernahm Ioannis Karousos, Bürgermeister von Agia Nappa, von Vasiliki Anastasiadou. Neuer Regierungssprecher als Nachfolger von Prodromos Prodromou wurde Kyriakos Kousios.

Türkische Bohrschiffe im Seeraum vor Zypern: Die Präsenz mehrerer türkischer Bohr- und Forschungsschiffe seit dem Frühjahr 2019 im Seeraum vor Zypern, in dem Erdgasvorkommen vermutet werden bzw. bereits nachgewiesen wurden, führte nicht nur zu **Spannungen zwischen der Türkei und Zypern**, sondern am 15.7. und 11.11.2019 auch zu **Sanktionsmaßnahmen der EU** gegen die Türkei. Die **Schiffe** befanden sich **aus zypriotischer Sicht innerhalb der eigenen Ausschließlichen Wirtschaftszone** (AWZ) gemäß der UN-Seerechtskonvention von 1982. Aus türkischer Sicht besitzt Zypern als Insel keinen Kontinentalsockel, deshalb gehöre die von Zypern beanspruchte AWZ zum Kontinentalsockel des türkischen Festlands. Als Solidaritätsgeste Frankreichs gegenüber Zypern lief am 21.2.2020 der französische Flugzeugträger Charles de Gaulle im Hafen von Limassol ein, kurz nach dem Besuch der Verteidigungsministerin Florence Parly am 18.2.2020. Josep Borrell, der Hohe Vertreter der EU für die Außen- und Sicherheitspolitik, erklärte bei seinem Besuch in Zypern am 25.6., die illegalen türkischen Bohrungen, derzeit bereits die sechsten in weniger als einem Jahr, müssten beendet werden.

Umstrittene Goldene Pässe: Die **Regierung kündigte** am 7.11.2019 **an, mehrere Einbürgerungen zurückzunehmen**, die im Rahmen eines 2013 lancierten Programms, mit dem ausländische Investoren angezogen werden sollten, erfolgt waren. Voraussetzung waren Investitionen in Höhe von mindestens 2 Mio. €, mindestens 500 000 € davon in Immobilien. Vonseiten der Regierung wurden keine Namen von Betroffenen genannt, es soll sich Medienberichten zufolge um insgesamt 26 Personen, vor allem Russen, Kambodschaner und Chinesen handeln. Einer soll der flüchtige, von Malaysia, Singapur und den USA gesuchte malaysische Geschäftsmann Jho Taek Low sein. Auch der russische Oligarch Oleg Deripaska und zwei Personen aus dem politischen Establishment Kambodschas, offensichtlich Verwandte des Ministerpräsidenten Hun Sen, sollen sich unter den Betroffenen befinden. Finanzminister Charis Georgiadis gestand ein, dass man **keine gründliche Überprüfung vor der Passvergabe** durchgeführt habe, man wolle an dem Programm aber im Prinzip festhalten. 4 000 Personen, die etwa 6 Mrd. € im Land investiert haben, wurden bisher eingebürgert, womit sie sich auch innerhalb der EU frei bewegen konnten. Innenminister Petridis erklärte, man habe anfangs keinen entsprechenden Kriterienkatalog aufgestellt. Seit 2019 gebe es jedoch einen solchen, mit dem man anhand von elf Punkten Personen mit hohem Risiko ausschließen könne, etwa Träger eines öffentlichen Amtes, Vorbestrafte oder Personen, gegen die ermittelt werde bzw. die mit internationalen Sanktionen belegt seien.

Fehlgeleitete Rakete: Am 1.7.2019 schlug im Norden der Insel, im Gebiet der (international nicht anerkannten) Türkischen Republik Nordzypern (TRNC), eine Rakete ein; dabei kam niemand zu Schaden. Es handelte sich offensichtlich um eine syrische S-200-Flugabwehrrakete, die in Reaktion auf einen israelischen Luftangriff abgefeuert und fehlgeleitet wurde.

Corona: Am 9.3.2020 wurden die ersten beiden Covid-19-Infektionen bestätigt, am 21.3. kam es zum ersten Todesfall. Die Regierung verhängte am 23.3. einen Lockdown und eine nächtliche Ausgangssperre. Die Bildungseinrichtungen waren bereits am 13.3. geschlossen worden. Die Wohnung konnte nur für lebenswichtige Besorgungen und zur sportlichen Betätigung verlassen werden, was jeweils per SMS bei den zuständigen Behörden angemeldet werden musste. Bereits in der zweiten Aprilhälfte ging die Zahl der Neuinfektionen deutlich zurück und stieg danach kaum noch an. Ab dem 4.5. wurden erste Lockerungen ermöglicht, der Lockdown schließlich am 21.5. beendet.
In der TRNC wurde die erste Covid-19-Infektion am 10.3. festgestellt, am 28.3. kam es zum ersten Todesfall. Die Bildungseinrichtungen wurden am 12.3. geschlossen, ab dem 31.3. galt bis Ende April eine nächtliche Ausgangssperre. Am 17.3. wurde bekannt gegeben, dass die ursprünglich für den 26.4. vorgesehenen Präsidentschaftswahlen auf den 11.10. verlegt werden.

Arktis

Territorium: Als Arktis wird ein etwa 26 Mio. km^2 großes Gebiet bezeichnet, in dessen Zentrum das Nordpolarmeer liegt, das flächenmäßig etwa die Hälfte der Arktis ausmacht. Die andere Hälfte bilden Inseln und Festlandgebiete der fünf Anrainerstaaten USA, Russland, Kanada, Norwegen und Dänemark (über Grönland).

Bevölkerung: In der Arktis leben etwa 4 Mio. Menschen, darunter rund eine halbe Million Angehörige von indigenen Völkern. Dazu zählen die etwa 150 000 Inuit, die in Grönland, Kanada, Alaska und Sibirien leben. Andere Polarvölker sind Jakuten, Nenzen, Samen oder Tschuktschen. Nur in Grönland und im autonomen kanadischen Nunavut stellen die Indigenen die Bevölkerungsmehrheit.

Flora: Die arktische Vegetation besteht hauptsächlich aus Flechten, Moosen und Kräutern, Gräsern sowie Sträuchern. Die Hocharktis (Polarwüste) ist so gut wie vegetationslos, während sich am südlichen Rand, der arktischen Tundra, auch Baumbestand findet. Sowohl in Alaska, Kanada, Sibirien als auch Grönland kam es im Sommer 2019 zu heftigen Wald- oder Buschbränden, die für ungewöhnlich hohe CO_2-Emissionen in der Arktis sorgten. So war nach Angaben des Copernicus Atmosphere Monitoring Service (Cams) im Juli 2019 der Ausstoß mit 60 Megatonnen doppelt so hoch wie im Vorjahresmonat. Auch im Frühjahr 2020 wurden in Sibirien bereits wieder Waldbrände gemeldet.

Fauna: In der Arktis leben Eisbären, Rentiere, Moschusochsen, Polarfüchse, Wölfe und Schneehasen, außerdem Wale, Robben und viele Vogel- und Fischarten. Die Lebensgrundlage vieler Arten ist bedroht durch Jagd, Überfischung, Umweltgifte, aber auch durch den Klimawandel: So finden etwa Eisbären durch das Schmelzen des arktischen Meereises immer weniger Beutetiere. In der Folge kommen Eisbären auf der Suche nach Nahrung immer häufiger in die Nähe von menschlichen Siedlungen bzw. dringen sogar dort ein. Auf der sibirischen Arktisinsel Nowaja Semlja etwa hielten sich im Winter 2019 zwischenzeitlich mehr als 50 Eisbären in dem Ort Beluschja Guba auf, bis sie von den Behörden vertrieben wurden. Am 10.2.2020 kündigte die russische Regierung an, bis 2023 den gesamten Eisbärenbestand Sibiriens zählen zu lassen, um sich einen Überblick über die Lage der bedrohten Tiere zu verschaffen.

Wirtschaft und Rohstoffe: Hauptwirtschaftszweige sind Fischerei, Pelztierjagd und -zucht sowie der Abbau von Bodenschätzen und die Förderung von Öl und Gas. Die Arktis ist reich an natürlichen Ressourcen wie Erdöl, Gas, Gold, Silber oder Zink und hat eine lange Bergbautradition. Weitere große Rohstoffvorkommen werden vermutet, größtenteils offshore. So könnten in der Arktis nach Schätzungen etwa 90 Mio. Barrel Öl ruhen und knapp 50 Mio. m^3 Gas.

Politische Situation: Der politische Status des Polarmeeres ist zum Teil ungeklärt: Auf der Basis des internationalen Seerechtsübereinkommens (SRÜ), das 1994 in Kraft trat, hat jeder Anrainerstaat das Recht auf eine „Ausschließliche Wirtschaftszone" von 200 Seemeilen vor seiner Küste. Darüber hinaus kann er weitere Ansprüche geltend machen, sofern er nachweist, dass der Festlandsockel seines Territoriums über diese 200-Seemeilengrenze hinausreicht. Aus diesem Grund versuchen verschiedene Anrainerstaaten, eine Verbindung ihres Festlandsockels zum sogenannten Lomonossowrücken zu dokumentieren – einem unterseeischen, 1 800 km langen Gebirgszug, der von Kanadas Norden über Grönland bis vor Russland reicht. Bisher haben Kanada, Russland und Dänemark bei den UN Ansprüche unter Berufung auf das SRÜ geltend gemacht. Darüber hinaus beanspruchen auch die USA und Norwegen weitere Gebiete in der Arktis. Das gewachsene strategische Interesse der USA an der Arktis zeigt ein offenbar ernst gemeintes Kaufangebot für Grönland durch US-Präsident Donald Trump im August 2019, das allerdings sowohl von dänischer als auch von grönländischer Seite abgelehnt wurde.

Arktischer Rat: Um die Entwicklung der Polarregion, Infrastruktur, Forschung und Umweltschutz zu koordinieren, wurde 1996 der Arktische Rat gegründet. In ihm sind die Arktis-Anrainerstaaten Dänemark, Finnland, Island, Kanada, Norwegen, Russland, Schweden und die USA vertreten, außerdem 6 Organisationen, die die Interessen der indigenen Völker der Region vertreten. Ständige Beobachter im Arktischen Rat sind China, Deutschland, Frankreich, Großbritannien, Indien, Italien, Japan, die Niederlande, Polen, die Schweiz, Spanien und Südkorea sowie internationale Organisationen und NGOs. Von 2019-21 hat Island den Vorsitz im Arktische Rat inne.

Klimawandel: Dem World Ocean Review zufolge, der am 7.11.2019 vorgestellt wurde, schreitet der Klimawandel in der Arktis mehr als doppelt so schnell voran wie in der übrigen Welt. Steigende

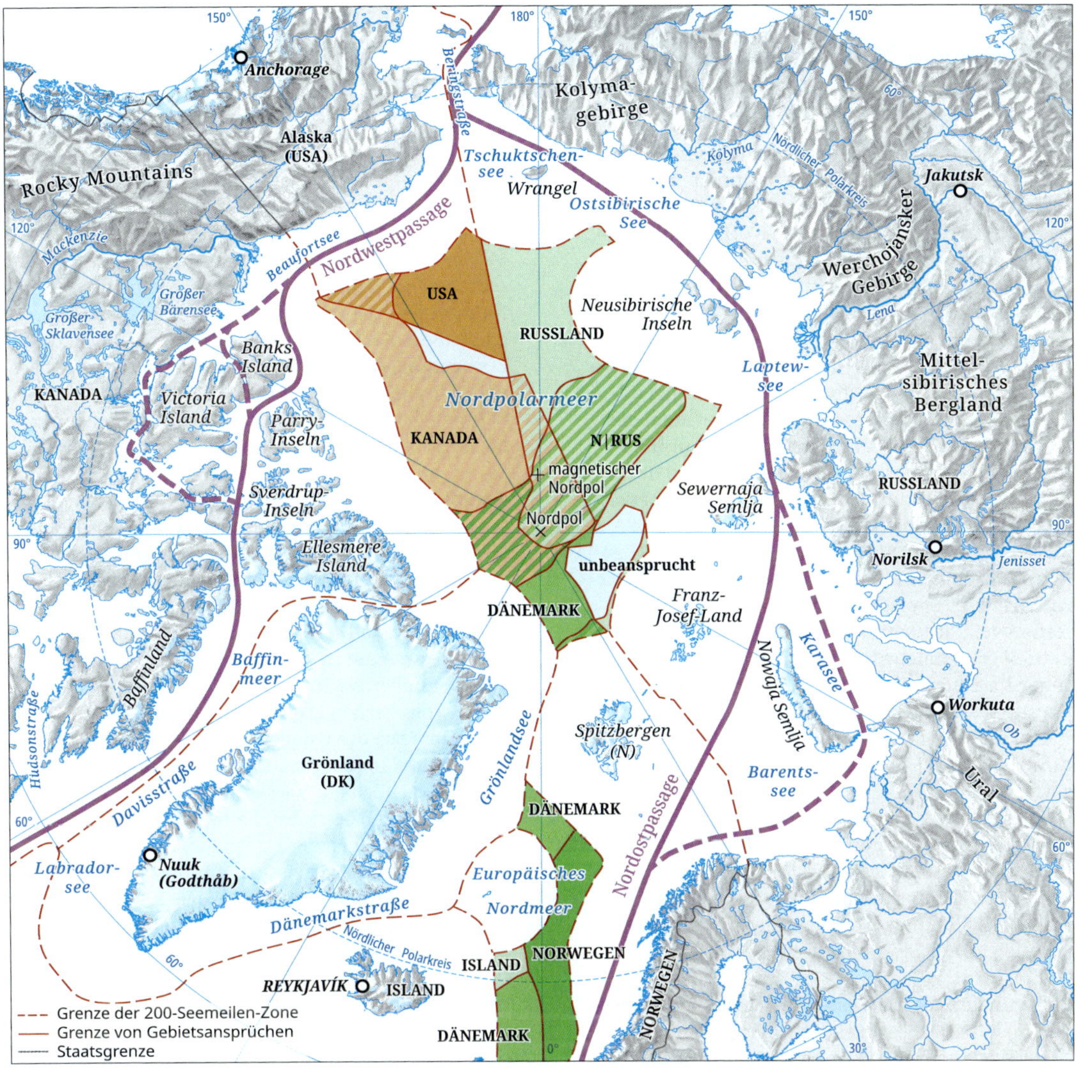

Temperaturen sorgen dafür, dass das **Meereis und die Gletscher schmelzen**. Die minimale Meereisausdehnung des Jahres 2019 wurde im September erreicht und war nach Angaben des Alfred-Wegener-Instituts mit 3.77 Mio. km² der zweitniedrigste Wert, der seit Beginn der Satellitenaufzeichnungen gemessen wurde. Die maximale Meereisausdehnung im Winter wurde am 4.3.2020 mit 14.98 Mio. km² erreicht, was leicht über dem Wert des Vorjahres liegt.

Um Gründe und Dynamik des Abschmelzens des arktischen Eises zu untersuchen, startete am 20.9.2019 vom norwegischen Tromsø aus die **Forschungsexpedition Mosaic** (Multidisciplinary drifting Observatory for the Study of Arctic Climate). Unter der Leitung des Alfred-Wegener-Instituts ließen sich Forscher aus 20 Nationen für ein Jahr lang mit dem Forschungs-Eisbrecher Polarstern im Eis festfrieren und mit der Drift treiben. Dabei werden Daten etwa zu Wetter, CO_2-Emissionen oder dem Zusammenspiel von Meerwasser, Eis und Atmosphäre gesammelt.

Eine weitere Folge des Klimawandels in der Arktis ist das **Tauen des Permafrostbodens**, durch das im Boden gespeicherter Kohlenstoff als CO_2 in die Atmosphäre gelangt. Einer Studie zufolge sind so zwischen 2003 und 2017 jährlich 0.7 Mrd. t CO_2 in die Atmosphäre gelangt.

Antarktis

▸ 598

Territorium: Die Antarktis erstreckt sich über die Festland- und Meeresgebiete rund um den Südpol. Anders als die Arktis ist sie ein Kontinent und verfügt über eine Festlandfläche von etwa 13 Mio. km^2, das Schelfeis eingerechnet sind es über 14 Mio. km^2. 98 % der Fläche sind ganzjährig mit einem Eismantel bedeckt. Dieser ist im Durchschnitt 2 200 m dick und kann bis zu einer Höhe von 5 500 m reichen.

Bevölkerung: Offiziell ist die Antarktis unbewohntes Gebiet. Dennoch gibt es einige feste Siedlungen, die für Wissenschaftler und anderes Personal der etwa 80 Forschungsstationen errichtet wurden. Insgesamt leben so im Sommer bis zu 5 000 und im Winter etwa 1 000 Menschen in der Antarktis. Die größte Forschungsstation ist die von den USA betriebene McMurdo-Station auf Ross Island. Hier leben im Sommer bis zu 1 200 Menschen, 200 überwintern dort. Deutschland betreibt 5 Forschungsstationen in der Antarktis, darunter die erst 2009 in Betrieb genommene Neumayer III des Alfred-Wegener-Instituts am östlichen Weddellmeer. Als jüngste Forschungsstation wurde am 15.1.2020 die brasilianische Station Comandante Ferraz auf der King-George-Insel eingeweiht.

Flora: Wegen der klimatischen Bedingungen ist die Vegetation äußerst spärlich und besteht meist aus Flechten, Moosen, Algen oder Pilzen. Auf der antarktischen Halbinsel kommen darüber hinaus zwei Arten von Blütenpflanzen vor: die „Antarktische Schmiele" und die „Antarktische Perlwurz".

Fauna: In der Antarktis leben zahlreiche Pinguine und mehr als 20 Seevogelarten, darunter Albatrosse, Raubmöwen und Seeschwalben. Außerdem gibt es dort mehr als 200 Fischarten und bis zu 500 Mio. t Krill, ein 4-6 cm langer Krebs, der die Nahrungsgrundlage für die meisten antarktischen Tiere bietet, auch für Robben und Wale, die einzigen Säugetiere der Antarktis. Wie eine Expedition von US-amerikanischen Wissenschaftlern gemeinsam mit Aktivisten der Umweltorganisation Greenpeace im Winter 2019/20 herausfand, ist der Bestand an Zügelpinguinen in der Antarktis stark zurückgegangen. Wie Greenpeace am 11.2.2020 meldete, zählten die Forscher auf Elephant Island nur 52 786 Brutpaare. Bei der letzten Bestandsaufnahme 1971 waren es noch 122 550 Brutpaare gewesen.

Politische Situation: Die Antarktis gilt als staatsfreies Territorium. Allerdings haben im 20. Jahrhundert 7 Staaten Ansprüche auf Teilgebiete erhoben: Großbritannien (1908/1917), Neuseeland (1923), Frankreich (1924), Australien (1933), Norwegen (1939), Chile (1940) und Argentinien (1943). Gemäß dem 1961 in Kraft getretenen Antarktisvertrag, dem inzwischen 53 Staaten beigetreten sind, ruhen diese Gebietsansprüche für die Vertragsdauer jedoch. Der Vertrag gibt das Gebiet südlich des 60. Breitengrades für wissenschaftliche Forschung frei. Militärische Aktivität, Atomtests und die Einfuhr radioaktiven Mülls sind untersagt. Neben dem Antarktisvertrag regeln weitere Abkommen vor allem die Antarktis betreffende Umweltfragen: die Einrichtung von Schutzzonen zur Erhaltung der antarktischen Flora und Fauna (1964), der Erhalt der antarktischen Robben (1978) und der lebenden Meeresschätze der Antarktis (1982).

Natürliche Ressourcen: In der Antarktis werden große Vorkommen an Erdöl (schätzungsweise 45 Mrd. Barrel), Erdgas (etwa 115 Bio. m^3), Gold, Platin und anderen Metallen vermutet. Abgebaut werden dürfen diese Rohstoffe jedoch nicht, da das Madrid-Protokoll seit 1998 den Abbau mineralischer Ressourcen in der Antarktis untersagt. Auch kommerzieller Fischfang ist weitgehend verboten. Gleichwohl wird in großem Stil illegal gefischt: Besonders betroffen davon ist der Schwarze Seehecht. Jahrelang sorgte auch der Walfang, den Japan vorgeblich aus wissenschaftlichen Gründen in der Antarktis betrieben hatte, für internationale Proteste, hatte doch der Internationale Gerichtshof in Den Haag diese Praxis 2014 für illegal erklärt. Im Juli 2019 kündigte die japanische Regierung an, künftig auf den Walfang in antarktischen Gewässern zu verzichten.

Klima: In der ersten Februarhälfte 2020 kam es in Teilen der Antarktis zu ungewöhnlich hohen Temperaturen. So wurden nach Angaben der NASA am 6.2.2020 an der argentinischen Forschungsstation Esperanza im Norden der Antarktis 18.3° gemessen. Ebenfalls im Norden kletterte das Thermometer am 9.2. an der argentinischen Forschungsstation Marambio sogar über 20° – es war das erste Mal überhaupt, dass in der Antarktis so hohe Temperaturen gemessen wurden.

Klimawandel: Wie die Arktis ist auch die Antarktis von der globalen Erderwärmung betroffen. Anders als dort spiegelt sich das in der Antarktis jedoch nicht unbedingt in schmelzendem Meereis wider. In den letzten Jahren allerdings ist auch in der Antarktis das Meereis zurückgegangen. Im Winter 2019/20 wurde die minimale Meereisausdehnung nach Angaben des Alfred-Wegener-Instituts am

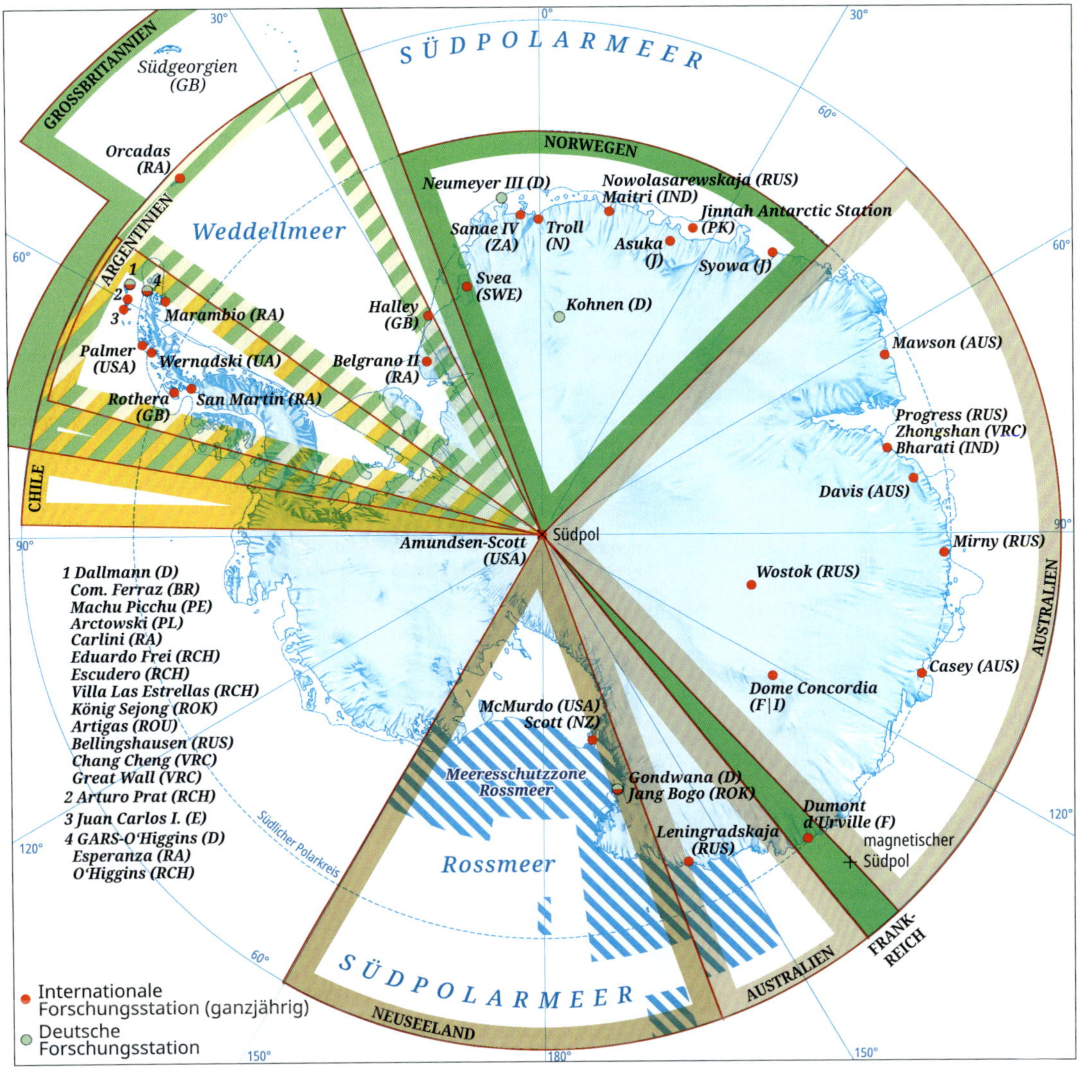

19.2.2020 erreicht und betrug 2.68 Mio. km². Im Monatsmittel lag sie im Februar 2020 bei 2.9 Mio. km², knapp unter dem langjährigen Mittelwert für die Jahre 1981-2010. Während Forscher lange Zeit davon ausgingen, dass bisher nur die Westantarktis vom Klimawandel betroffen sei, zeigten etwa Messungen im März 2020, dass sich der etwa 130 km lange ostantarktische Denmangletscher in den letzten 22 Jahren um 5.4 km zurückgezogen hat. Erst im Dezember 2019 hatten Forscher anhand von Radar- und Satellitendaten herausgefunden, dass unter dem Denmangletscher ein 3 500 m tiefer Canyon liegt, der wahrscheinlich tiefste Punkt der Erde. Ebenfalls in der Ostantarktis löste sich Ende September 2019 der knapp 1 600 km² große und 315 Mrd. t schwere Eisberg D28 vom Amery-Schelfeis ab.

Meeresschutzgebiet: Auf der 38. Jahrestagung der Kommission zum Erhalt der lebenden Meeresschätze der Antarktis (CCAMLR) im australischen Hobart wurde am 2.11.2019 die Einrichtung einer Schutzzone im Weddellmeer abgelehnt, da keine Einstimmigkeit erzielt werden konnte. Vor allem Russland und China wandten sich gegen den Antrag, in erster Linie, weil sie Auswirkungen auf die Fischereirechte befürchten. Mit etwa 3 Mio. km² wäre es die größte Meeresschutzzone der Welt gewesen.

Staaten nach Fläche in km²

1	Russland	17 098 250
2	Kanada	9 984 670
3	Vereinigte Staaten	9 831 510
4	China	9 562 910
5	Brasilien	8 515 770
6	Australien	7 741 220
7	Indien	3 287 259
8	Argentinien	2 780 400
9	Kasachstan	2 724 902
10	Algerien	2 381 740
11	Kongo, Demokratische Republik	2 344 860
12	Saudi-Arabien	2 149 690
13	Mexiko	1 964 375
14	Indonesien	1 913 580
15	Sudan	1 886 068
16	Libyen	1 759 540
17	Iran	1 745 150
18	Mongolei	1 564 120
19	Peru	1 285 220
20	Tschad	1 284 000
21	Niger	1 267 000
22	Angola	1 246 700
23	Mali	1 240 190
24	Südafrika	1 219 090
25	Kolumbien	1 141 749
26	Äthiopien	1 104 300
27	Bolivien	1 098 580
28	Mauretanien	1 030 700
29	Ägypten	1 001 450
30	Tansania	947 300
31	Nigeria	923 770
32	Venezuela	912 050
33	Namibia	824 290
34	Pakistan	796 100
35	Mosambik	786 380
36	Türkei	785 350
37	Chile	756 700
38	Sambia	752 610
39	Myanmar	676 590
40	Afghanistan	652 860
41	Somalia	637 660
42	Norwegen	625 217
43	Zentralafrikanische Republik	622 980
44	Südsudan	619 745
45	Ukraine	603 550
46	Madagaskar	587 295
47	Botswana	581 730
48	Kenia	580 370
49	Frankreich	549 087
50	Jemen	527 970
51	Thailand	513 120
52	Spanien	505 935
53	Turkmenistan	488 100
54	Kamerun	475 440
55	Papua-Neuguinea	462 840
56	Schweden	447 430
57	Usbekistan	447 400
58	Marokko	446 550
59	Irak	435 052
60	Paraguay	406 752
61	Simbabwe	390 760
62	Japan	377 970
63	Deutschland	357 580
64	Kongo, Republik	342 000
65	Finnland	338 450
66	Vietnam	331 230
67	Malaysia	330 345
68	Elfenbeinküste	322 460
69	Polen	312 680
70	Oman	309 500
71	Italien	301 340
72	Philippinen	300 000
73	Burkina Faso	274 220
74	Neuseeland	267 710
75	Gabun	267 670
76	Ecuador	256 370
77	Guinea	245 860
78	Vereinigtes Königreich	243 610
79	Uganda	241 550
80	Ghana	238 540
81	Rumänien	238 400
82	Laos	236 800
83	Guyana	214 970
84	Weißrussland	207 600
85	Kirgisistan	199 950
86	Senegal	196 710
87	Syrien	185 180
88	Kambodscha	181 040
89	Uruguay	176 220
90	Suriname	163 820
91	Tunesien	163 610
92	Bangladesch	147 630
93	Nepal	147 180
94	Tadschikistan	141 380
95	Griechenland	131 960
96	Nicaragua	130 370
97	Korea, Demokratische Volksrepublik	120 540
98	Malawi	118 480
99	Eritrea	117 600
100	Benin	114 760
101	Honduras	112 490
102	Liberia	111 370
103	Bulgarien	111 000
104	Kuba	109 880
105	Guatemala	108 890
106	Island	103 000
107	Korea, Republik	100 339
108	Ungarn	93 030
109	Portugal	92 226
110	Jordanien	89 320
111	Serbien	88 360
112	Aserbaidschan	86 600
113	Österreich	83 879
114	Vereinigte Arabische Emirate	83 600
115	Tschechische Republik	78 870
116	Panama	75 420
117	Sierra Leone	72 300
118	Irland	70 280
119	Georgien	69 700
120	Sri Lanka	65 610
121	Litauen	65 286
122	Lettland	64 490
123	Togo	56 790
124	Kroatien	56 590
125	Bosnien und Herzegowina	51 210
126	Costa Rica	51 100
127	Slowakei	49 030
128	Dominikanische Republik	48 670
129	Estland	45 340
130	Dänemark	42 920
131	Niederlande	41 540
132	Schweiz	41 290
133	Bhutan	38 394
134	Taiwan	36 197
135	Guinea-Bissau	36 130
136	Moldawien	33 850
137	Belgien	30 530
138	Lesotho	30 360
139	Armenien	29 740
140	Salomonen	28 900
141	Albanien	28 750
142	Äquatorialguinea	28 050
143	Burundi	27 830
144	Haiti	27 750
145	Ruanda	26 340
146	Nordmazedonien	25 710
147	Dschibuti	23 200
148	Belize	22 970
149	Israel	22 070
150	El Salvador	21 040
151	Slowenien	20 675
152	Fidschi	18 270
153	Kuwait	17 820
154	Eswatini	17 360
155	Osttimor	14 870
156	Bahamas	13 880
157	Montenegro	13 810
158	Vanuatu	12 190
159	Katar	11 610
160	Gambia	11 300
161	Jamaika	10 990
162	Kosovo	10 887
163	Libanon	10 450
164	Zypern	9 250
165	Brunei	5 770
166	Trinidad und Tobago	5 130
167	Kap Verde	4 030
168	Samoa	2 840
169	Luxemburg	2 590
170	Mauritius	2 040
171	Komoren	1 861
172	São Tomé und Príncipe	960
173	Kiribati	810
174	Bahrain	778
175	Dominica	750
175	Tonga	750
177	Singapur	719
178	Mikronesien	700
179	St. Lucia	620
180	Andorra	470
181	Palau	460
181	Seychellen	460
183	Antigua und Barbuda	440
184	Barbados	430
185	St. Vincent und die Grenadinen	390
186	Grenada	340
187	Malta	320
188	Malediven	300
189	St. Kitts und Nevis	260
190	Marshallinseln	180
191	Liechtenstein	160
192	San Marino	60
193	Tuvalu	30
194	Nauru	20
195	Monaco	2
196	Vatikanstadt	< 1

Staaten nach Einwohnern

1	China	1 397 715 000
2	Indien	1 366 417 754
3	Vereinigte Staaten	328 239 523
4	Indonesien	270 625 568
5	Pakistan	216 565 318
6	Brasilien	211 049 527
7	Nigeria	200 963 599
8	Bangladesch	163 046 161
9	Russland	144 373 535
10	Mexiko	127 575 529
11	Japan	126 264 931
12	Äthiopien	112 078 730
13	Philippinen	108 116 615
14	Ägypten	100 388 073
15	Vietnam	96 462 106
16	Kongo, Demokratische Republik	86 790 567
17	Türkei	83 429 615
18	Deutschland	83 132 799
19	Iran	82 913 906
20	Thailand	69 625 582
21	Frankreich	67 059 887
22	Vereinigtes Königreich	66 834 405
23	Italien	60 297 396
24	Südafrika	58 558 270
25	Tansania	58 005 463
26	Myanmar	54 045 420
27	Kenia	52 573 973
28	Korea, Republik	51 709 098
29	Kolumbien	50 339 443
30	Spanien	47 076 781
31	Argentinien	44 938 712
32	Ukraine	44 385 155
33	Uganda	44 269 594
34	Algerien	43 053 054
35	Sudan	42 813 238
36	Irak	39 309 783
37	Afghanistan	38 041 754
38	Polen	37 970 874
39	Kanada	37 589 262
40	Marokko	36 471 769
41	Saudi-Arabien	34 268 528
42	Usbekistan	33 580 650
43	Peru	32 510 453
44	Malaysia	31 949 777
45	Angola	31 825 295
46	Ghana	30 417 856
47	Mosambik	30 366 036
48	Jemen	29 161 922
49	Nepal	28 608 710
50	Venezuela	28 515 829
51	Madagaskar	26 969 307
52	Kamerun	25 876 380
53	Elfenbeinküste	25 716 544
54	Korea,Demokratische Volksrepublik	25 666 161
55	Australien	25 364 307
56	Taiwan	23 603 121
57	Niger	23 310 715
58	Sri Lanka	21 803 000
59	Burkina Faso	20 321 378
60	Mali	19 658 031
61	Rumänien	19 356 544
62	Chile	18 952 038
63	Malawi	18 628 747
64	Kasachstan	18 513 930
65	Sambia	17 861 030
66	Ecuador	17 373 662
67	Niederlande	17 332 850
68	Syrien	17 070 135
69	Guatemala	16 604 026
70	Kambodscha	16 486 542
71	Senegal	16 296 364
72	Tschad	15 946 876
73	Somalia	15 442 905
74	Simbabwe	14 645 468
75	Guinea	12 771 246
76	Ruanda	12 626 950
77	Benin	11 801 151
78	Tunesien	11 694 719
79	Burundi	11 530 580
80	Bolivien	11 513 100
81	Belgien	11 484 055
82	Kuba	11 333 483
83	Haiti	11 263 077
84	Südsudan	11 062 113
85	Dominikanische Republik	10 738 958
86	Griechenland	10 716 322
87	Tschechische Republik	10 669 709
88	Schweden	10 285 453
89	Portugal	10 269 417
90	Jordanien	10 101 694
91	Aserbaidschan	10 023 318
92	Vereinigte Arabische Emirate	9 770 529
93	Ungarn	9 769 949
94	Honduras	9 746 117
95	Weißrussland	9 466 856
96	Tadschikistan	9 321 018
97	Israel	9 053 300
98	Österreich	8 877 067
99	Papua-Neuguinea	8 776 109
100	Schweiz	8 574 832
101	Togo	8 082 366
102	Sierra Leone	7 813 215
103	Laos	7 169 455
104	Paraguay	7 044 636
105	Bulgarien	6 975 761
106	Serbien	6 944 975
107	Libanon	6 855 713
108	Libyen	6 777 452
109	Nicaragua	6 545 502
110	Kirgisistan	6 456 900
111	El Salvador	6 453 553
112	Turkmenistan	5 942 089
113	Dänemark	5 818 553
114	Eritrea	5 750 433
115	Singapur	5 703 569
116	Finnland	5 520 314
117	Slowakei	5 454 073
118	Kongo, Republik	5 380 508
119	Norwegen	5 347 896
120	Costa Rica	5 047 561
121	Oman	4 974 986
122	Irland	4 941 444
123	Liberia	4 937 374
124	Neuseeland	4 917 000
125	Zentralafrikanische Republik	4 745 185
126	Mauretanien	4 525 696
127	Panama	4 246 439
128	Kuwait	4 207 083
129	Kroatien	4 067 500
130	Georgien	3 720 382
131	Uruguay	3 461 734
132	Bosnien und Herzegowina	3 301 000
133	Mongolei	3 225 167
134	Armenien	2 957 731
135	Jamaika	2 948 279
136	Albanien	2 854 191
137	Katar	2 832 067
138	Litauen	2 786 844
139	Moldawien	2 657 637
140	Namibia	2 494 530
141	Gambia	2 347 706
142	Botswana	2 303 697
143	Gabun	2 172 579
144	Lesotho	2 125 268
145	Slowenien	2 087 946
146	Nordmazedonien	2 083 459
147	Guinea-Bissau	1 920 922
148	Lettland	1 912 789
149	Kosovo	1 794 248
150	Bahrain	1 641 172
151	Trinidad und Tobago	1 394 973
152	Äquatorialguinea	1 355 986
153	Estland	1 326 590
154	Osttimor	1 293 119
155	Mauritius	1 265 711
156	Zypern	1 198 575
157	Eswatini	1 148 130
158	Dschibuti	973 560
159	Fidschi	889 953
160	Komoren	850 886
161	Guyana	782 766
162	Bhutan	763 092
163	Salomonen	669 823
164	Montenegro	622 137
165	Luxemburg	619 896
166	Suriname	581 372
167	Kap Verde	549 935
168	Malediven	530 953
169	Malta	502 653
170	Brunei	433 285
171	Belize	390 353
172	Bahamas	389 482
173	Island	361 313
174	Vanuatu	299 882
175	Barbados	287 025
176	São Tomé und Príncipe	215 056
177	Samoa	197 097
178	St. Lucia	182 790
179	Kiribati	117 606
180	Mikronesien	113 815
181	Grenada	112 003
182	St. Vincent und die Grenadinen	110 589
183	Tonga	104 494
184	Seychellen	97 625
185	Antigua und Barbuda	97 118
186	Andorra	77 142
187	Dominica	71 808
188	Marshallinseln	58 791
189	St. Kitts und Nevis	52 823
190	Monaco	38 964
191	Liechtenstein	38 019
192	San Marino	33 860
193	Palau	18 008
194	Nauru	12 581
195	Tuvalu	11 646
196	Vatikanstadt	618

Europäische Union (EU)

Verträge und Mitgliedstaaten

Der Ursprung der Europäischen Union wurde in den 1950er-Jahren mit den drei Europäischen Gemeinschaften gelegt. Die älteste von ihnen war die 1951 vertraglich gegründete, am 23.7.1952 in Kraft getretene **Europäische Gemeinschaft für Kohle und Stahl (EGKS; auch Montanunion).** Diese erste supranationale Organisation überhaupt diente der gemeinsamen Kontrolle der Kohle- und Stahlproduktion ihrer Mitgliedstaaten – Belgien, Bundesrepublik Deutschland, Frankreich, Italien, Luxemburg und Niederlande – ohne Zoll. In den Römischen Verträgen gründeten die sechs EGKS-Staaten mit Wirkung zum 1.1.1958 zwei weitere Organisationen: die **Europäische Wirtschaftsgemeinschaft (EWG)** mit der Idee der Schaffung eines gemeinsamen Marktes und die Europäische Atomgemeinschaft (EURATOM) zur gemeinsamen Förderung und Entwicklung der (friedlich genutzten) Kernenergie. Die drei Europäischen Gemeinschaften nutzten von Beginn an gemeinsame Organe (u. a. parlamentarische Versammlung; Gerichtshof); im EG-Fusionsvertrag (1965) wurden zum 1.7.1967 ihre übrigen Organe zusammengeführt.

Die beiden **Gründungsverträge der EU** sind der Vertrag über die Europäische Union (EU-Vertrag) und der Vertrag über die Arbeitsweise der Europäischen Union (AEU-Vertrag). Der EU-Vertrag wurde am 7.2.1992 im niederländischen Maastricht unterzeichnet und daher zunächst als „Vertrag von Maastricht" bezeichnet (in Kraft seit 1.11.1993); verändert und weiterentwickelt wurde der EU-Vertrag im Vertrag von Amsterdam (in Kraft seit 1.5.1999), im Vertrag von Nizza (1.2.2003) und im Vertrag von Lissabon (1.12.2009). Der AEU-Vertrag wurde als „Vertrag zur Gründung der Europäischen Wirtschaftsgemeinschaft" (EWG-Vertrag, einer der Römischen Verträge) am 25.3.1957 unterzeichnet (in Kraft seit 1.1.1958); er wurde in der Folgezeit mehrmals geändert und dabei zweimal umbenannt: mit dem Vertrag von Maastricht in „Vertrag zur Gründung der Europäischen Gemeinschaft" (EG-Vertrag); mit dem Vertrag von Lissabon erhielt er seinen heutigen Namen.

Die EWG wurde durch den Vertrag von Maastricht in Europäische Gemeinschaft (EG) umbenannt und die EU als Dachorganisation eingeführt; im Vertrag von Lissabon ging die EG in der EU auf. Während die EGKS nach Ende der 50-jährigen Vertragsdauer 2002 auslief, ist EURATOM bis heute eine eigenständige Organisation, die sich mit der EU sämtliche Organe teilt.

Mitgliedstaaten: Die erste Erweiterung der Europäischen Gemeinschaften fand 1973 durch den Beitritt von Dänemark, Großbritannien und Irland statt. Es folgten sechs weitere Erweiterungen; die bislang letzte am 1.7.2013 ließ durch den Beitritt Kroatiens die EU auf zeitweise 28 Mitgliedstaaten anwachsen. Seit dem Austritt des Vereinten Königreichs Großbritannien und Nordirland am 31.1.2020 hat die EU 27 Mitgliedstaaten mit insgesamt rund 448 Mio. Einwohnern: Belgien, Bulgarien, Dänemark, Deutschland, Estland, Finnland, Frankreich, Griechenland, Irland, Italien, Kroatien, Lettland, Litauen, Luxemburg, Malta, Niederlande, Österreich, Polen, Portugal, Rumänien, Schweden, Slowakei, Slowenien, Spanien, Tschechische Republik, Ungarn und Zypern (de facto nur der Südteil).

Amtssprachen: Die ersten Amtssprachen der Europäischen Gemeinschaften waren Deutsch, Französisch, Italienisch und Niederländisch. Mit dem Beitritt neuer Staaten kamen jeweils Amtssprachen hinzu, zuletzt 2013 Kroatisch. Heute gibt es 24 Amtssprachen in der EU: Bulgarisch, Dänisch, Deutsch, Englisch, Estnisch, Finnisch, Französisch, Griechisch, Irisch, Italienisch, Kroatisch, Lettisch, Litauisch, Maltesisch, Niederländisch, Polnisch, Portugiesisch, Rumänisch, Schwedisch, Slowakisch, Slowenisch, Spanisch, Tschechisch und Ungarisch.

Beitrittskandidaten: Derzeit gibt es fünf Beitrittskandidaten: Albanien (seit 27.6.2014), Montenegro (seit 17.12.2010), Nordmazedonien (seit 16.12.2005), Serbien (seit 1.3.2012) und die Türkei (seit 10.12.1999). Bereits begonnen haben die Beitrittsverhandlungen mit Montenegro (29.6.2012), Serbien (21.1.2014) und der Türkei (4.10.2005); am 24./26.3.2020 billigten Rat und ER die Aufnahme von Beitrittsverhandlungen mit Albanien und Nordmazedonien. Als potenzielle Beitrittskandidaten gelten Bosnien und Herzegowina (Beitrittsantrag 15.2.2016) und Kosovo – dessen 2008 erklärte Unabhängigkeit allerdings von mehreren EU-Staaten nicht anerkannt wird. Ehemalige Beitrittskandidaten, die ihren Antrag zurückgezogen haben, sind Island (zurückgezogen 2015) und die Schweiz (2016).

Organe und Institutionen

Gemäß Art. 13 EU-Vertrag verfügt die Europäische Union über sieben Organe, an die die Mitgliedstaaten einen Teil ihrer Hoheitsrechte delegiert haben: Europäisches Parlament; Europäischer Rat; Rat; Europäische Kommission; Gerichtshof der Europäischen Union; Europäische Zentralbank; Rechnungshof. Darüber hinaus gibt es zahlreiche weitere

Einrichtungen und Gremien, die die EU-Politik mitgestalten.

Europäisches Parlament (EP)

Das Europäische Parlament (EP) mit Sitz in Straßburg (weitere Standorte: Brüssel, Luxemburg) ist das Parlament der Europäischen Union. Es ist die einzige direkt gewählte EU-Institution und weltweit das einzige direkt gewählte supranationale Parlament.

Geschichte: Die Wurzeln des EP reichen zurück bis zur 1952 gebildeten Gemeinsamen Versammlung der EGKS. Ihre zunächst 78 Mitglieder wurden von den nationalen Parlamenten der Mitgliedstaaten entsandt und hatten somit ein Doppelmandat inne. Das seit 1958 als „Europäische Parlamentarische Versammlung" auf alle drei Europäischen Gemeinschaften ausgeweitete Organ (1962 umbenannt in „Europäisches Parlament") blieb weitgehend auf Kontrollbefugnisse beschränkt. Seit 1979 werden die Mitglieder des EP alle fünf Jahre (zuletzt 23.-26.5.2019; konstituierende Sitzung 2.7.2019) in den EU-Mitgliedstaaten in allgemeinen, direkten, freien und geheimen – nicht aber gleichen – Wahlen gewählt.

Aufgaben: Die Befugnisse des EP wurden schrittweise erweitert. Heute ist es ein dem Rat gleichberechtigter Mitgesetzgeber und entscheidet gemeinsam mit diesem über den Haushalt der EU. Es wählt den Kommissionspräsidenten und billigt die Mitglieder der Kommission. Es kontrolliert die Arbeit von Kommission und Rat, verfügt zu diesem Zweck über Informations- und Fragerechte, kann Untersuchungsausschüsse einrichten und Klage beim EuGH erheben. Durch ein Misstrauensvotum mit Zweidrittelmehrheit der abgegebenen Stimmen und Mehrheit der Abgeordneten kann das EP die Kommission zum Rücktritt zwingen.

Abgeordnete: Bis zum EU-Austritt Großbritanniens Ende Januar 2020 hatte das EP 751 Sitze (seit 2014); nach dem Ausscheiden der 73 britischen Abgeordneten wurden 27 der frei gewordenen Sitze auf die EU-Mitgliedstaaten neu verteilt, wodurch das EP auf 705 Sitze (704 zuzüglich des Präsidenten) verkleinert wurde. Die Abgeordneten entstammen rund 200 nationalen Parteien, die sich auf EU-Ebene meist zu Europaparteien zusammengeschlossen haben. Im EP sind die Abgeordneten in sieben Fraktionen zusammengeschlossen, dazu kommen fraktionslose Parlamentarier.

Sitzverteilung nach dem Brexit

Ab 1. Februar 2020 gilt im Europaparlament folgende Verteilung

	bisher	*Zuwächse*	***neu***
Belgien	21		21
Bulgarien	17		17
Dänemark	13	●	14
Deutschland	96		96
Estland	6	●	7
Finnland	13	●	14
Frankreich	74	● ● ● ● ●	79
Griechenland	21		21
Irland	11	● ●	13
Italien	73	● ● ●	76
Kroatien	11	●	12
Lettland	8		8
Litauen	11		11
Luxemburg	6		6
Malta	6		6
Niederlande	26	● ● ●	29
Österreich	18	●	19
Polen	51	●	52
Portugal	21		21
Rumänien	32	●	33
Schweden	20	●	21
Slowakei	13	●	14
Slowenien	8		8
Spanien	54	● ● ● ● ●	59
Tschechien	21		21
Ungarn	21		21
Zypern	6		6
insgesamt	*bisher* 751		***neu*** 705

Quelle: Bundeswahlleiter, EU-Parlament © Globus 13737

Ausschüsse (22): Auswärtige Angelegenheiten (Unterausschüsse: Menschenrechte; Sicherheit und Verteidigung); Entwicklung; Internationaler Handel; Haushalt; Haushaltskontrolle; Wirtschaft und Währung; Beschäftigung und soziale Angelegenheiten; Umweltfragen, öffentliche Gesundheit und Lebensmittelsicherheit; Industrie, Forschung und Energie; Binnenmarkt und Verbraucherschutz; Verkehr und Tourismus; Regionale Entwicklung; Landwirtschaft und ländliche Entwicklung; Fischerei; Kultur und Bildung; Recht; Bürgerliche Freiheiten, Justiz und Inneres; Konstitutionelle Fragen; Rechte der Frauen und Gleichstellung der Geschlechter; Petitionen.

David Sassoli

Präsidium: Die Mitglieder des EP wählen aus ihren Reihen für jeweils zweieinhalb Jahre einen Präsidenten, 14 Vizepräsidenten und fünf Quästoren. Präsident seit 3.7.2019: David Sassoli (Italien, S&D; als Nachfolger von Antonio Tajani, Italien, EVP); Generalsekretär seit 15.3.2009: Klaus Welle (Deutschland).

Internet: https://www.europarl.europa.eu/portal/de

Fraktionen im EP nach dem Brexit

Kürzel	Fraktion	Abgeordnete
EVP	Fraktion der Europäischen Volkspartei (Christdemokraten)	187
S&D	Fraktion der Progressiven Allianz der Sozialdemokraten im EP	146
Renew	Fraktion Renew Europe	98
ID	Fraktion Identität und Demokratie	76
Grüne/EFA	Fraktion der Grünen/Freie Europäische Allianz	68
EKR	Fraktion der Europäischen Konservativen und Reformer	62
GUE/NGL	Fraktion der Vereinigten Europäischen Linken/Nordische Grüne Linke	39
NI	Fraktionslos	29

Europäischer Rat (ER)

Der Europäische Rat (ER) mit Sitz in Brüssel ist das Gremium, in dem sich die Staats- bzw. Regierungschefs der EU-Staaten mindestens zweimal pro Halbjahr treffen (auch „EU-Gipfel“ genannt); weitere Teilnehmer (ohne Stimmrecht) sind der Präsident des ER, die Präsidentin der EU-Kommission und – sofern außenpolitische Fragen diskutiert werden – der Hohe Vertreter der Union für Außen- und Sicherheitspolitik.

Aufgaben: Der ER legt die allgemeinen politischen Zielvorstellungen und Prioritäten sowie die Außen- und Sicherheitspolitik der EU fest. Er besitzt keine gesetzgeberischen Befugnisse, kann aber in seinen Beschlüssen („Schlussfolgerungen“) Fristen für Gesetzesvorschläge setzen und so die politische Agenda der EU entscheidend mitbestimmen.

Der 1974 gegründete ER, seit 2009 offizielles EU-Organ, ist die höchste Ebene der politischen Abstimmung der Mitgliedstaaten innerhalb der EU. Er dient der Entscheidung und Kompromissfindung in strittigen und komplexen Fragen, in denen auf Ministerebene keine Einigung erzielt werden konnte. Die Entscheidungen erfolgen zumeist im Konsens. Einstimmigkeit ist u. a. erforderlich bei Fragen der gemeinsamen Außen- und Sicherheitspolitik, Gewährung neuer Bürgerrechte, EU-Mitgliedschaft, EU-Finanzen und Harmonisierung nationaler Rechtsvorschriften in den Bereichen indirekte Besteuerung sowie Justiz und Inneres; in einigen weiteren Bereichen sind Entscheidungen mit qualifizierter Mehrheit (55 % der Mitgliedstaaten, die zusammen mindestens 65 % der EU-Bevölkerung ausmachen; auch „doppelte Mehrheit“ genannt) erforderlich.

Einfluss bei Personalentscheidungen: Der ER wählt seinen Präsidenten mit zweieinhalbjähriger Amtszeit; einmalige Wiederwahl ist möglich. Seit 1.12.2019 ist Charles Michel (Belgien) Präsident, als Nachfolger von Donald Tusk (Polen). Auch bei der Besetzung weiterer hochrangiger Führungspositionen der EU ist der ER maßgeblich beteiligt: Er schlägt den Präsidenten der Europäischen Kommission vor (Wahl durch das EP) und ernennt den Hohen Vertreter der EU für Außen- und Sicherheitspolitik sowie die Mitglieder der Kommission (nach Wahl durch das EP); mit qualifizierter Mehrheit kann er die Amtszeit des Hohen Vertreters vorzeitig beenden. Ferner ernennt der ER alle sechs Direktoriumsmitglieder der EZB, einschließlich deren Präsident.

Charles Michel

Internet: https://www.consilium.europa.eu/de/european-council/

Rat der Europäischen Union

Der 1952 gegründete Rat der Europäischen Union mit Sitz in Brüssel (im April, Juni und Oktober Tagungen in Luxemburg) ist gemeinsam mit dem EP Gesetzgeber und Haushaltsbehörde der EU. Er dient außerdem der Koordination der Interessen der EU-Mitgliedstaaten.

Zusammensetzung und Vorsitz: Jeder Mitgliedstaat ist im Rat durch einen Minister vertreten (daher informell auch „Ministerrat“), der befugt ist, für seine Regierung verbindlich zu handeln. Je nach Politikbereich tagt der Rat mit den Ministern der jeweiligen Ressorts in zehn verschiedenen Zusam-

Der Rat der Europäischen Union

- zusammengesetzt aus den Ministern der 27 EU-Mitgliedsländer – auch ***Ministerrat*** genannt
- tagt in zehn verschiedenen Ratsformationen (z. B. Rat der Innenminister, der Justizminister, der Agrarminister)

Aufgaben

- verhandelt und erlässt EU Rechtsakte (gemeinsam mit Europäischem Parlament)
- koordiniert die Politik der Mitgliedstaaten
- entwickelt gemeinsame Außen- und Sicherheitspolitik der EU
- stellt den Haushaltsplan fest (gemeinsam mit Europäischem Parlament)
- schließt internationale Abkommen

Vorsitz hat zwei Hauptaufgaben

- Planung und Leitung der Tagungen des Rates und seiner Vorbereitungsgremien
- Vetretung des Rates gegenüber den anderen EU-Organen

der Vorsitz wechselt halbjährlich

1. Halbjahr 2. Halbjahr

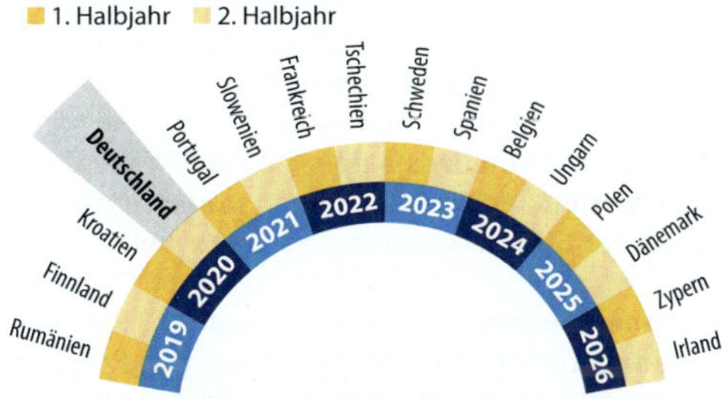

dpa•101161 Stand Juni 2020 Quelle: Rat der Europäischen Union

mensetzungen, den so genannten Ratsformationen: Allgemeine Angelegenheiten; Auswärtige Angelegenheiten; Beschäftigung, Sozialpolitik, Gesundheit und Verbraucherschutz; Bildung, Jugend, Kultur und Sport; Justiz und Inneres; Landwirtschaft und Fischerei; Umwelt; Verkehr, Telekommunikation und Energie; Wettbewerbsfähigkeit; Wirtschaft und Finanzen.

Der Vorsitz wechselt halbjährlich in einer festgelegten Reihenfolge der Mitgliedstaaten; einzige Ausnahme ist der Rat für Auswärtige Angelegenheiten, dessen (nicht stimmberechtigter) Vorsitzender der Hohe Vertreter der EU für Außen- und Sicherheitspolitik ist. Die Ratsvorsitze 2018-21 hatten/haben inne: Bulgarien (1. Halbjahr 2018), Österreich (2. Halbjahr 2018), Rumänien (1. Halbjahr 2019), Finnland (2. Halbjahr 2019), Kroatien (1. Halbjahr 2020), Deutschland (2. Halbjahr 2020), Portugal (1. Halbjahr 2021), Slowenien (2. Halbjahr 2021). Die Entscheidungen im Rat erfolgen mit qualifizierter Mehrheit.

Die Arbeit des Rates wird vom Generalsekretariat unterstützt, das von einem vom Rat ernannten Generalsekretär geleitet wird. Generalsekretär ist seit 1.7.2015 Jeppe Tranholm-Mikkelsen (Dänemark; am 29.4. 2020 für eine zweite fünfjährige Amtszeit bis 30.6.2025 ernannt). Vorbereitet und koordiniert wird die Arbeit des Rates durch den Ausschuss der Ständigen Vertreter (AStV): Sowohl die Ständigen Vertreter der Mitgliedstaaten bei der EU als auch deren Stellvertreter treten jeweils wöchentlich zusammen, um die Treffen des Rates vorzubereiten.

Internet: https://www.consilium.europa.eu/de/council-eu/

Europäische Kommission

Die 1967 gegründete Europäische Kommission, auch EU-Kommission genannt, mit Sitz in Brüssel (Tagungen auch in Straßburg) ist die Exekutive im politischen System der EU. Als einziges EU-Organ kann sie dem EP und dem Rat Gesetzesvorschläge zur Abstimmung vorlegen. Sie erstellt Haushaltspläne und (nach Annahme durch EP und Rat) überwacht deren Einhaltung. Als „Hüterin der Verträge" wacht sie außerdem über die Einhaltung des EU-Rechts innerhalb der Mitgliedstaaten. Sie vertritt die EU in internationalen Organisationen und handelt im Namen der EU internationale Verträge aus.

Zusammensetzung: Die Kommission hat 27 Mitglieder, eines aus jedem EU-Mitgliedstaat. Das Kollegium besteht aus der Präsidentin (seit 1.12.2019 Ursula von der Leyen, Deutschland; Nachfolgerin von Jean-Claude Juncker, Luxemburg), acht Vizepräsidenten – darunter drei Exekutiv-Vizepräsidenten – und 18 Kommissaren. Dem Kollegium gehört auch (im Rang eines Vizepräsidenten) der Hohe Vertreter der EU für Außen- und Sicherheitspolitik an. Die Entscheidungen der Kommission erfolgen mit Mehrheit der Mitglieder; bei Stimmgleichheit entscheidet die Stimme der Präsidentin. Die Mitglieder der Kommission sind dem Wohl der EU verpflichtet, nicht dem ihrer Herkunftsländer.

Ursula von der Leyen

Wahl: Die Kommission wird jeweils nach den Wahlen zum EP gebildet und amtiert für fünf Jahre (Amtszeit der Kommission von der Leyen: 1.12.2019-31.10.2024). Der Kommissionspräsident wird vom Rat mit qualifizierter Mehrheit nominiert; das EP muss der Nominierung zustimmen. Anschließend stellen die Mitgliedstaaten jeweils ihren Kandidaten dem designierten Kommissionspräsidenten vor, der diese ablehnen kann. Das Kollegium muss danach vom Rat und vom EP gewählt werden. Nach Beginn der Amtszeit muss ein Kommissionsmitglied zurücktreten, wenn es vom Präsidenten dazu aufgefordert wird. Die Kommission als Ganze kann vom EP mit Zweidrittelmehrheit abgesetzt werden, der Hohe Vertreter auch vom Rat.

Die neu gewählte Europäische Kommission.

Prioritäten: Als politische Leitlinien für ihre Amtszeit 2019-24 stellte die neue Kommission sechs Prioritäten vor: ein europäischer Grüner Deal (erster klimaneutraler Kontinent werden); eine Wirtschaft im Dienste der Menschen (soziale Gerechtigkeit und Wohlstand); ein Europa für das digitale Zeitalter (aktive Teilhabe mit einer neuen Technologiegeneration); Förderung unserer europäischen Lebensweise (Schutz unserer Bürger und unserer Werte); ein stärkeres Europa in der Welt (Festigung der verantwortungsvollen globalen Führungsrolle Europas); neuer Schwung für die Demokratie in Europa (Förderung, Schutz und Stärkung unserer Demokratie). Jeder dieser Leitlinien ist eine Gruppe von Kommissionsmitgliedern zugeordnet, die aus dem für die Priorität verantwortlichen Vizepräsidenten und mehreren Kommissaren besteht.

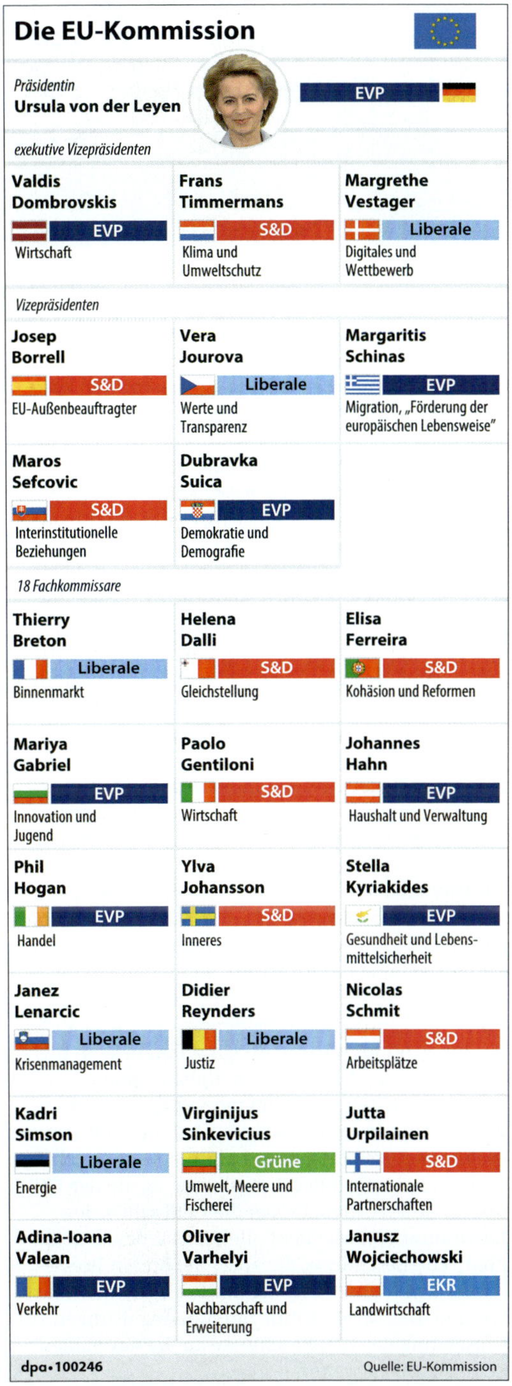

Internet: https://ec.europa.eu/info/index_de

Gerichtshof der EU (EuGH)

Der Gerichtshof der Europäischen Union mit Sitz in Luxemburg hat die Aufgabe, „die Wahrung des Rechts bei der Auslegung und Anwendung" der Verträge zu sichern. Er legt auf Ersuchen nationaler Gerichte das EU-Recht aus und überwacht die Einhaltung der vertraglichen Verpflichtungen durch die Mitgliedstaaten. Er überprüft aufgrund von Nichtigkeits- bzw. Untätigkeitsklagen auch das Handeln von EU-Institutionen und kann EU-Rechtsakte annullieren, das Eingreifen der EU gewährleisten und (bei entstandenen Schäden aufgrund rechtswidriger Handlungen oder Unterlassungen) Strafmaßnahmen gegen EU-Institutionen beschließen.

Koen Lenaerts

Der EuGH besteht aus zwei Gerichten: Der 1952 gegründete **Europäische Gerichtshof** ist das höchste rechtsprechende Organ der EU. Er besteht aus 27 Richtern (einem pro Mitgliedstaat), die für sechs Jahre ernannt werden (Wiederernennung zulässig), und elf Generalanwälten. Die Richter wählen aus ihrem Kreis einen Präsidenten (seit 8.10.2015 Koen Lenaerts, Belgien) und einen Vizepräsidenten (seit 9.10.2018 Rosario Silva de Lapuerta, Spanien) mit einer Amtszeit von drei Jahren (Wiederwahl zulässig). Das 1988 gegründete **Gericht der Europäischen Union** (früher „Gericht erster Instanz") ist dem Gerichtshof nachgeordnet. Ihm gehören zwei Richter je EU-Mitgliedstaat an. Es hat einen Präsidenten (seit 27.9.2019 Marc van der Woude, Niederlande) und einen Vizepräsidenten (seit 27.9.2019 Savvas Papasavvas, Griechenland) mit jeweils dreijähriger Amtszeit. Gegen alle Entscheidungen des Gerichts können beim Gerichtshof Rechtsmittel eingelegt werden.

Neben Gerichtshof und Gericht können gemäß Art. 19, Abs. 1 EU-Vertrag Fachgerichte eingerichtet werden. Das bislang einzige Fachgericht, das 2004 gegründete Gericht für den öffentlichen Dienst der EU (zuständig für dienstrechtliche Streitigkeiten zwischen der EU und ihren Bediensteten), wurde 2016 aufgelöst, seine noch laufenden Rechtssachen dem Gericht überstellt.

Internet: https://curia.europa.eu/jcms/jcms/j_6/de/

Europäische Zentralbank (EZB)

Die Europäische Zentralbank (EZB) mit Sitz in Frankfurt am Main ist die Zentralbank der (aktuell 19) Staaten, die bereits den Euro als Währung eingeführt haben. Gemeinsam mit den nationalen Zentralbanken dieser Staaten bildet sie das **Eurosystem**. Zusammen mit den nationalen Zentralbanken aller 27 EU-Mitgliedstaaten bildet die EZB das **Europäische System der Zentralbanken (ESZB)**. Die EZB wurde am 1.6.1998 als Nachfolgerin des Europäischen Währungsinstituts (EWI) gegründet, das seit 1994 u. a. für die Koordinierung der Geldpolitik der nationalen Zentralbanken, Stärkung der Finanzstabilität, Schaffung eines einheitlichen Geldmarktes und Verbesserung des grenzüberschreitenden Zahlungsverkehrs zuständig war.

Aufgaben: Die EZB ist zuständig für die Geldpolitik im Euroraum. Sie verwaltet die Geldreserven des Euroraums, stabilisiert die Wechselkurse durch An- und Verkauf von Fremdwährungen, genehmigt die Ausgabe von Banknoten durch die nationalen Zentralbanken, fördert das reibungslose Funktionieren des Zahlungsverkehrs und die Stabilität des Bankensystems. Das vorrangige Ziel der EZB ist die Sicherung der Preisstabilität, definiert als eine jährliche Inflationsrate, die „auf mittlere Sicht unter, aber nahe 2 %" liegt – gemessen am harmonisierten Verbraucherpreisindex im gesamten Euroraum.

Die EZB legt die **Leitzinsen** des Euroraums fest. Deren wichtigster ist der Hauptrefinanzierungssatz, zu dem sich Geschäftsbanken kurzfristig gegen Einlage von Wertpapieren Geld von der Zentralbank leihen können (main refinancing operations); er liegt seit dem 16.3.2016 bei 0.0 % (historischer Tiefstwert). Weitere Leitzinsen sind: der Einlagesatz (-0.5 % seit 18.9.2019; im negativen Bereich seit 11.6.2014) – der Zinssatz, den Banken für Einlagen bei der Zentralbank erhalten (deposit facility); der Spitzenrefinanzierungssatz (0.25 % seit 16.3.2016) – derjenige Zinssatz, zu der sich Banken sehr kurzfristig („über Nacht") Geld bei der Zentralbank beschaffen können (marginal lending facility).

Christine Lagarde

Direktorium und Rat: Das Direktorium besteht aus sechs Mitgliedern mit achtjähriger Amtszeit (keine Verlängerung möglich): der Präsidentin (seit 1.11.2019 Christine Lagarde, Frankreich; Nachfolgerin von Mario Draghi, Italien), dem Vizepräsidenten (Luis de Guindos, Spanien, seit 1.6.2018) und vier weiteren Direktoren (Yves Mersch, Luxemburg, seit 15.12.2012; Philip R. Lane, Irland, seit 1.6.2019; Fabio Panetta, Italien, seit 1.1.2020; Isabel Schnabel, Deutschland, seit 1.1.2020). Jedes Direktoriumsmitglied ist stimmberechtigtes Mitglied im EZB-Rat.

Der in der Regel zweimal monatlich in Frankfurt am Main tagende **EZB-Rat** ist das höchste Beschlussorgan der EZB. Ihm gehören neben den Direktoriumsmitgliedern die Präsidenten der 19 nationalen Zentralbanken des Euroraums an. Besaß bis 2014 jeder Zentralbankpräsident eine Stimme, so wurde zum 1.1.2015 durch den Beitritt Litauens als 19. Mitgliedstaat zum Euro-Währungsgebiet ein im EU-Vertrag vorgesehenes Rotationsprinzip eingeführt: die Zentralbankpräsidenten der fünf Länder mit der größten Wirtschafts- und Finanzkraft (derzeit Deutschland, Frankreich, Italien, Spanien und Niederlande) teilen sich im monatlichen Wechsel vier Stimmrechte, die übrigen 14 Staaten elf Stimmrechte. Der EZB-Rat erlässt Leitlinien und Beschlüsse über diejenigen Regelungsbereiche, die der EZB übertragen wurden. Er legt die Geldpolitik des Euroraums fest und fasst alle sechs Wochen geldpolitische Beschlüsse, die anschließend in Pressekonferenzen unter Leitung der Präsidentin erklärt werden. Das Direktorium gibt die Anweisungen zur Umsetzung der EZB-Beschlüsse an die nationalen Zentralbanken weiter.

Der **Erweiterte Rat**, der in der Regel einmal pro Quartal tagt, setzt sich aus der Präsidentin und dem Vizepräsidenten der EZB sowie den Zentralbankpräsidenten aller 27 EU-Mitgliedstaaten zusammen. Er nimmt Aufgaben wahr, die bis 1998 das EWI erfüllte und die weitergeführt werden müssen, solange nicht alle EU-Mitgliedstaaten den Euro eingeführt haben. Außerdem wirkt er u. a. bei statistischen Erhebungen, der Erstellung des Jahresberichts und bei Vorbereitungen zur Festlegung von Wechselkursen des Euro zu Währungen von Euro-Beitrittskandidaten mit.

Einlagen: Das Kapital der EZB stammt von den nationalen Zentralbanken der EU-Mitgliedstaaten und wird nach einem Schlüssel berechnet, der die Größe der Bevölkerung und des BIP berücksichtigt. Größte Kapitalzeichner sind Deutschland mit einem Anteil von 21.4394 %, Frankreich (16.6108 %), Italien (13.8165 %) und Spanien (9.6981 %). Die Zentralbanken der Eurozone zahlen ihre Anteile zu 100 % ein, die übrigen EU-Staaten zu 3.75 %. Eine Anpassung des Schlüssels erfolgt alle fünf Jahre und bei EU-Beitritten. Bei der letzten Anpassung anlässlich des Austritts Großbritanniens im Januar 2020 blieb die Höhe des gezeichneten Kapitals unverändert bei 10.825 Mrd. €, der Anteil Großbritanniens wurde auf die verbleibenden EU-Mitgliedstaaten verteilt. Die Euro-Staaten werden ihre erhöhten Anteile in zwei Raten (2021, 2022) aufstocken; die Summe des eingezahlten Kapitals wird dadurch von 7.659 Mrd. € (Stand 30.1.2020) auf 8.880 Mrd. € steigen.

Internet: https://www.ecb.europa.eu/ecb/html/index.de.html

Europäischer Rechnungshof (EuRH)

Der 1977 errichtete Europäische Rechnungshof mit Sitz in Luxemburg prüft als unabhängiges Kontrollorgan die recht- und ordnungsmäßige Erhebung und Verwendung der EU-Mittel. Er prüft Personen und Organisationen, die EU-Mittel verwalten, kontrolliert die Wirtschaftlichkeit der Mittelverwendung und erstattet dem Europäischen Amt für Betrugsbekämpfung (OLAF) Bericht über mögliche Fälle von Betrug und Korruption. Mit Prüfberichten und Empfehlungen wendet er sich an die Kommission und an Regierungen der Mitgliedstaaten. Er erstellt einen jährlichen Bericht für das EP und den Rat, den das Parlament prüft, bevor es den Haushaltsplan der Kommission billigt.

Der Rechnungshof besteht aus 27 Mitgliedern, einem pro Mitgliedstaat, die an keine Weisung gebunden sind. Sie werden auf Vorschlag der Mitgliedstaaten und nach Anhörung des Parlaments vom Rat für eine sechsjährige Amtszeit gewählt; Wiederwahl ist zulässig. Die Mitglieder wählen aus ihrer Mitte einen Präsidenten mit dreijähriger Amtszeit (seit 13.9.2016 Klaus-Heiner Lehne, Deutschland, am 12.9.2019 für eine zweite Amtszeit ernannt).

Internet: https://www.eca.europa.eu/de/Pages/ecadefault.aspx

Weitere Institutionen (Auswahl)

Europäischer Auswärtiger Dienst (EAD): Der EAD mit Sitz in Brüssel ist seit 1.1.2011 der diplomatische Dienst der EU. Er ist dem Hohen Vertreter der EU für Außen- und Sicherheitspolitik (seit 1.12.2019 Josep Borrell Fontelles, Spanien; Nachfolger von Federica Mogherini, Italien) unterstellt und unterstützt diesen bei der Umsetzung der Gemeinsamen Außen- und Sicherheitspolitik (GASP) der EU. Dem EAD gehören Experten aus den diplomatischen Diensten der EU-Mitgliedschaften, des Rates und der Kommission an. Er unterhält weltweit in rund 140 Staaten Delegationen, deren Funktion derjenigen von Botschaften vergleichbar ist.

Josep Borrell Fontelles

Internet: https://eeas.europa.eu/headquarters/headquarters-homepage_en

Europäischer Wirtschafts- und Sozialausschuss (EWSA): Der 1958 gegründete EWSA mit Sitz in Brüssel ist eine beratende Einrichtung der EU, in der die EU-Mitgliedstaaten je nach Einwohnerzahl mit zwischen 5 und 24 Mitgliedern vertreten sind. Die aktuell 326 Mitglieder (vor dem Austritt Großbritanniens 350) werden von den Regierungen der EU-Staaten vorgeschlagen und vom Rat für fünf Jahre ernannt (die aktuelle Mandatsperiode endet im September 2020); Wiederernennung ist möglich. Die EWSA-Mitglieder, die an keine Weisung ihrer Regierungen gebunden sind, sollen die europäische Zivilgesellschaft abbilden und setzen sich jeweils

etwa zu einem Drittel aus Arbeitnehmer- und Arbeitgebervertretern sowie aus sonstigen Interessengruppen zusammen. Aus ihren Reihen wählen sie einen Präsidenten mit zweieinhalbjähriger Amtszeit (seit 18.4.2018 Luca Jahier, Italien) und zwei Vizepräsidenten.
Der EWSA tritt in der Regel neunmal jährlich im Plenum zusammen und bildet zudem sechs Fachausschüsse zu verschiedenen Themen. Er wird zu Themengebieten, bei denen dies nach den Verträgen vorgesehen ist (z. B. in Fragen, die Wirtschafts- und Sozialpolitik betreffen), von EP, Rat und Kommission obligatorisch angehört und kann von diesen nach eigenem Ermessen auch in weiteren Fällen konsultiert werden.

Internet: https://www.eesc.europa.eu/de

Europäischer Ausschuss der Regionen (AdR): Der AdR mit Sitz in Brüssel ist wie der EWSA ein beratendes Gremium. Er wurde 1994 errichtet, um durch Einbeziehung von Vertretern der Regionen in die EU-Entscheidungen – die häufig die lokale und regionale Ebene betreffen – Subsidiarität und Bürgernähe zu gewährleisten. Der AdR besitzt ein Klagerecht bei Verstößen gegen das Subsidiaritätsprinzip und muss bei Entscheidungen zu Themen mit Auswirkungen auf die kommunale und regionale Ebene von EP, Rat und Kommission angehört werden.
Die AdR-Mitglieder eines Landes, meist gewählte Kommunal- und Regionalpolitiker, sollen aus verschiedenen Landesteilen kommen und die politische Parteienlandschaft abbilden; sie können sich im Ausschuss einer der (derzeit sechs) Fraktionen anschließen oder fraktionslos bleiben. Bis zum EU-Austritt Großbritanniens bestand der AdR aus 350 Mitgliedern und ebenso vielen Stellvertretern, die sich nach demselben Schlüssel wie beim EWSA auf die EU-Staaten verteilten; für die aktuelle Mandatsperiode (26.1.2020-25.1.2025) wurde der AdR nach dem Austritt Großbritanniens auf 329 Mitglieder und Stellvertreter verkleinert. Der AdR trifft sich sechsmal jährlich zu Plenarversammlungen, die von sechs aus seinen Mitgliedern gebildeten Fachkommissionen vorbereitet werden. Er wählt aus seinen Reihen den Präsidenten (seit 12.2.2020 Apostolos Tzitzikostas, Griechenland, Zentralmakedonien, EVP) und den Ersten Vizepräsidenten (seit 12.7.2017 Markku Markkula, Finnland, Espoo, EVP) mit jeweils zweieinhalbjähriger Amtszeit (Wiederwahl möglich).

Internet: https://cor.europa.eu/de

Europäische Investitionsbank (EIB): Die EIB mit Sitz in Luxemburg (gegründet 1958) ist die Bank der Europäischen Union. Sie vergibt Darlehen für Projekte innerhalb (etwa 90 %) und außerhalb der EU, übernimmt Garantien (Bürgschaften) und bietet Beratung. Ihre Aufgabe gemäß Art. 309 AEU-Vertrag ist es, mit Hilfe eigener Mittel und des Kapitalmarktes „zu einer ausgewogenen und reibungslosen Entwicklung des Binnenmarktes im Interesse der Union beizutragen". Hierbei konzentriert sie sich auf sechs Schwerpunkte: Klima und Umwelt (Übergang zu einer CO_2-armen, umweltverträglichen Wirtschaft); Entwicklung (nachhaltiges Wachstum, Verringerung von Armut und Ungleichheit); Innovation und Wissen; Kleine und mittlere Unternehmen; Infrastruktur; Zusammenhalt (ausgewogene territoriale Entwicklung).
Die EIB ist autonom, nicht an Weisungen des Parlaments oder der Kommission gebunden. Ihr gezeichnetes Kapital beläuft sich auf 248.8 Mrd. € (1.3.2020), davon müssen satzungsgemäß mindestens 5 % eingezahlt sein. Kapitalzeichner sind die 27 EU-Mitgliedstaaten (größte Kapitalzeichner: Deutschland, Frankreich und Italien, jeweils 46.7 Mrd. €). Rund 9 % (22.2 Mrd. €) des gezeichneten Kapitals sind eingezahlt (größte Einzahler: Deutschland, Frankreich und Italien, jeweils 4.17 Mrd. €). Die Höhe der ausstehenden Darlehen der EIB darf laut Satzung bis zu 250 % des gezeichneten Kapitals betragen.

Organe: Der Rat der Gouverneure, bestehend aus je einem Minister (in der Regel dem Finanzminister) der 27 EU-Mitgliedstaaten, legt die Leitlinien der Kreditvergabe fest, entscheidet über Finanzierungen außerhalb der EU und beschließt Kapitalerhöhungen. Der Verwaltungsrat entscheidet über die Vergabe von Krediten und Bürgschaften; er besteht aus 28 Mitgliedern – 27 von den EU-Staaten, eines von der Kommission ernannt – mit fünfjähriger Amtszeit (Wiederernennung möglich). Das Direktorium, bestehend aus dem Präsidenten (seit 1.1.2011 Werner Hoyer, Deutschland) und acht Vizepräsidenten mit sechsjähriger Amtszeit (Wiederernennung zulässig), ist das ständige geschäftsführende Organ der EIB; es kontrolliert den Verwaltungsrat, bereitet dessen Entscheidungen vor und betreibt deren Umsetzung. Der Prüfungsausschuss, bestehend aus sechs Mitgliedern mit einer einmaligen, sechsjährigen Amtszeit, prüft die Ordnungsmäßigkeit der Geschäfte und erstattet dem Rat der Gouverneure Bericht.

Die EIB bildet gemeinsam mit dem 1994 gegründeten **Europäischen Investitionsfonds (EIF)** mit Sitz in Luxemburg, deren Hauptanteilseigner sie ist, die **EIB-Gruppe**. Der EIF mit einem genehmigten Kapital von 4.5 Mrd. € (59.1 % EIB; 29.7 % EU-Kommission; 11.2 % Banken und Finanzinstitute aus den EU-Staaten, Großbritannien und Türkei) ist spezialisiert auf Risikokapitalfinanzierungen und Garantien zugunsten kleiner und mittlerer Unternehmen (KMU), insbesondere neu gegründeter und innovativer Unternehmen. Er vergibt keine direkten Kredite, sondern arbeitet mit anderen Instituten (z. B. privaten Banken) zusammen, bei denen er Bürgschaften für die KMU übernimmt. Durch Hebelwirkung kann er eine Wirkung erzielen, die einem Vielfachen seiner eigenen Kapitalausstattung entspricht. Im Jahr 2019 unterzeichnete die EIB-Gruppe 1095 Finanzierungen in einer Gesamthöhe von 72.2 Mrd. €, davon 63.4 Mrd. € (88 %) für Projekte innerhalb der EU. Finanzierungsschwerpunkte waren KMU (25.52 Mrd. €), Umwelt (16.52 Mrd. €), Infrastruktur (15.74 Mrd. €) und Innovation (14.4 Mrd. €). Dadurch wurden Investitionen in Höhe von rund 280 Mrd. € ermöglicht.

Als gemeinsame Initiative der EIB und der Kommission entstand 2015 der **Europäische Fonds für strategische Investitionen (EFSI; auch „Juncker-Fonds")**. Mit 33.5 Mrd. € ausgestattet (26 Mrd. € aus dem EU-Haushalt, 7.5 Mrd. € von der EIB), soll der EFSI durch Investitionen (Schwerpunkte in vier Bereichen: strategische Infrastruktur; Bildung, Forschung, Entwicklung und Innovation; erneuerbare Energien und Ressourceneffizienz; KMU) über Hebelwirkung bis 2020 zusätzliche Investitionen von 500 Mrd. € mobilisieren. Bis Ende 2019 hatte der EFSI nach eigenen Angaben bereits Investitionen von 458 Mrd. € angestoßen und dabei rund 1.1 Mio. KMU unterstützt.

Internet EIB: https://www.eib.org/de/index.htm
Internet EIF: https://www.eif.org/

Europäische Bürgerbeauftragte: Die Europäische Bürgerbeauftragte (auch Europäische Ombudsfrau; seit 1.10.2013 Emily O'Reilly, Irland) mit Amtssitz in Straßburg untersucht Beschwerden über Missstände in den Organen und Institutionen der EU; nicht zuständig ist sie für Beschwerden gegen die Rechtsprechung von Gerichtshof und Gericht sowie gegen EU-Mitgliedstaaten. Beschwerde einreichen kann jeder EU-Bürger und jede natürliche oder juristische Person mit Wohnsitz bzw. Sitz in einem EU-Mitgliedstaat. Die Bürgerbeauftragte wird vom EP mit einer Amtszeit von fünf Jahren gewählt (Verlängerung möglich).

Internet: https://www.ombudsman.europa.eu/de/home

Europäischer Datenschutzbeauftragter (EDSB): Der EDSB (seit 6.12.2019 Wojciech Wiewiórowski, Polen, zuvor kommissarisch seit 21.8.2019) mit Amtssitz in Brüssel kontrolliert die Einhaltung der Datenschutzregeln bei der Verarbeitung personenbezogener Daten durch Organe und Institutionen der EU; er berät EP, Rat und Kommission in Fragen des Datenschutzes, untersucht Beschwerden und arbeitet mit nationalen Datenschutzbehörden der EU-Staaten zusammen. Der EDSB wird vom EP und vom Rat mit einer Amtszeit von fünf Jahren gewählt (Wiederwahl möglich).

Internet: https://edps.europa.eu/

Europäischer Datenschutzausschuss (EDSA): Der EDSA mit Sitz in Brüssel wurde 2018 gegründet. Mit Inkrafttreten der Datenschutz-Grundverordnung (DSGVO) am 25.5.2018 wurde ihm (in Nachfolge der 1995 gegründeten Artikel-29-Datenschutzgruppe) die Aufgabe übertragen, eine einheitliche Anwendung des europäischen Datenschutzrechts – insbesondere der DSGVO – und die Zusammenarbeit zwischen den nationalen Datenschutzbehörden zu fördern. Der EDSA setzt sich zusammen aus dem EDSB, den Leitern der Datenschutzbehörden aller EU-Staaten sowie Islands, Liechtensteins und Norwegens. Er wählt aus seinen Reihen die Vorsitzende (Andrea Jelinek, Österreich) und zwei Stellvertretende Vorsitzende (Ventsislav Karadjov, Bulgarien; Aleid Wolfsen, Niederlande; alle seit 2018) mit fünfjähriger, einmal verlängerbarer Amtszeit.

Internet: https://edpb.europa.eu/edpb_de

Haushalt

Am 18.11.2019 einigten sich Rat, Kommission und Parlament auf einen Haushaltsplan für das Jahr 2020. Die jährliche Festlegung des Haushaltsplans erfolgt in einer im Vertrag von Lissabon (Art. 310-316 AEU-Vertrag) geregelten Verfahrensweise unter Beteiligung von Kommission, Rat und Parlament: Die Kommission erhält bis zum 1. Juli von jedem Organ mit Ausnahme der EZB einen Haushaltsvorschlag für das folgende Jahr. Daraufhin verfasst sie einen Entwurf des Haushaltsplans und legt ihn bis spätestens zum 1. September Rat und Parlament vor. Zu diesem Entwurf formuliert der Rat seine Stellungnahme (die Änderungsvorschläge enthalten kann) und legt sie bis spätestens zum 1. Oktober dem Parlament vor; dieses hat nun 42 Tage Zeit, seinerseits Abänderungen vorzunehmen. Billigt das Parlament den Entwurf oder billigt der Rat alle Änderungen des Parlaments, ist der Haushaltsplan erlassen, ansonsten tritt ein Vermittlungsausschuss zusammen.

Der Haushaltsplan unterscheidet zwischen Mitteln für Zahlungen (den tatsächlich für das Haushaltsjahr geplanten Auszahlungen) und Mitteln für Verpflichtungen, die bereits vertraglich zugesagt werden können und in späteren Jahren ausgezahlt werden. Beim Beschließen des Jahreshaushalts ist ein mehrjähriger Finanzrahmen einzuhalten (Art. 312 AEU-Vertrag), der für einen Zeitraum von mindestens fünf Jahren aufzustellen ist. Aktuell werden siebenjährige Finanzrahmen aufgestellt; mit dem Jahr 2020 endet der Finanzrahmen 2014-2020, der Finanzrahmen 2021-2027 wird in der zweiten Jahreshälfte 2020 beschlossen.

Haushaltsmittel 2020

Ausgaben 2020	Zahlungen in Mio.	Verpflichtungen	
		Mio. Euro	Haushalt
1. Intelligentes und integratives Wachstum	72 354	83 931	49.8 %
Wettbewerbsfähigkeit für Wachstum und Beschäftigung	22 308	25 285	15.0 %
Wirtschaftlicher, sozialer und territorialer Zusammenhalt	50 046	58 646	34.8 %
2. Nachhaltiges Wachstum, natürliche Ressourcen	57 904	59 907	35.5 %
Marktbezogene Ausgaben und Direktzahlungen	43 380	43 410	25.7 %
3. Sicherheit und Unionsbürgerschaft	3 685	3 729	2.2 %
4. Europa in der Welt	8 929	10 262	6.1 %
5. Verwaltung	10 275	10 272	6.1 %
6. Besondere Instrumente	419	588	0.3 %
Gesamt	**153 566**	**168 688**	**100 %**

Quelle: Europäische Kommission, Bundesfinanzministerium

Nettozahler und Nettoempfänger: Größter Nettozahler 2018 war Deutschland vor Großbritannien und Frankreich; gemessen am BIP und an der Bevölkerungszahl war jeweils Dänemark größter Nettozahler, gefolgt von Deutschland und Österreich. Größter Nettoempfänger war in absoluten Zahlen Polen, gemessen am BIP Ungarn und gemessen an der Bevölkerungszahl Litauen.

Die größten Nettozahler und Nettoempfänger 2018

Nettozahler	In Mrd. Euro	Nettoempfänger	In Mrd. Euro
Deutschland	13.4	Polen	12.3
Großbritannien	6.9	Ungarn	5.2
Frankreich	6.2	Griechenland	3.4
Italien	5.1	Portugal	3.3
Niederlande	2.5	Rumänien	3.2

Nettozahler	In % am BIP	Nettoempfänger	In % am BIP
Dänemark	0.39	Ungarn	4.11
Deutschland	0.39	Litauen	3.96
Österreich	0.35	Lettland	3.31
Schweden	0.32	Bulgarien	3.01
Niederlande	0.31	Polen	2.59

Nettozahler	In € pro Kopf	Nettoempfänger	In € pro Kopf
Dänemark	206	Litauen	610
Deutschland	161	Ungarn	533
Österreich	152	Lettland	505
Schweden	149	Estland	408
Niederlande	142	Polen	325

Quelle: Europäische Kommission; Bundeszentrale für politische Bildung

Politikbereiche (Auswahl)

Europäischer Binnenmarkt

Der Europäische Binnenmarkt ist der gemeinsame Markt der EU-Mitgliedstaaten. Die Schaffung eines gemeinsamen Marktes war bereits bei Gründung der EWG 1958 zentrales Ziel; offiziell verwirklicht wurde der Binnenmarkt 1993 mit dem Vertrag von Maastricht.
Der Binnenmarkt ist ein gemeinsamer Wirtschaftsraum ohne Binnengrenzen, an dem die (bereits im EWG-Vertrag formulierten) **vier Grundfreiheiten („vier Freiheiten")** gelten: der freie (grenzenlose) Verkehr von Waren, Personen, Dienstleistungen und Kapital. Der **freie Warenverkehr** ist in den Artikeln 28-37 AEU-Vertrag verankert und am weitesten verwirklicht: Für den gesamten Warenverkehr besteht in den Staaten der EU – bereits seit 1968 – eine Zollunion (Art. 28 AEU-Vertrag), die Zollbehörden der Einzelstaaten arbeiten zusammen. Ein- und Ausfuhrzölle zwischen den EU-Mitgliedstaaten sind verboten (Art. 30 AEU-Vertrag), ebenso mengenmäßige Ein- und Ausfuhrbeschränkungen (Art. 34 bzw. 35 AEU-Vertrag); gegenüber Nicht-EU-Staaten erhebt die Union einheitliche Außenzölle, deren Festlegung nicht den Einzelstaaten obliegt, sondern dem Rat auf Vorschlag der Kommission (Art. 31 AEU-Vertrag).

Die **Personenfreizügigkeit** umfasst die Freiheit, in einen anderen EU-Staat einreisen (weitgehende Abschaffung von Personenkontrollen an den Binnengrenzen), dort leben, studieren und arbeiten zu können; zentrale Grundpfeiler sind die Freizügigkeit für Arbeitskräfte (Art. 45-48 AEU-Vertrag) und die – auch für juristische Personen geltende – Niederlassungsfreiheit (Art. 49-55 AEU-Vertrag). Die Freizügigkeit für Arbeitnehmer bedeutet das Recht, sich unter gleichen Bedingungen wie Inländer in einem anderen EU-Staat auf eine Stelle bewerben, sich im Staatsgebiet frei bewegen, eine Beschäftigung ausüben und auch nach Ende der Beschäftigung dort aufhalten zu können (Art. 45 AEU-Vertrag). Hindernisse für die Arbeitnehmer-Freizügigkeit liegen immer noch in der Schwierigkeit bei der Anerkennung mancher Berufsabschlüsse.

Die **Dienstleistungsfreiheit** (Art. 56-62 AEU-Vertrag) bedeutet – zusätzlich zur Niederlassungsfreiheit – die Aufhebung aller Beschränkungen des Dienstleistungsverkehrs für Dienstleister, die in einem anderen EU-Mitgliedstaat als der Leistungsempfänger ansässig sind (Art. 56 AEU-Vertrag). Die **Freiheit des Kapital- und Zahlungsverkehrs** (Art. 63-66 AEUV) bedeutet, dass alle Beschränkungen des Kapitalverkehrs (z. B. des Erwerbs von Aktien und Immobilien) und des Zahlungsverkehrs zwischen EU-Mitgliedstaaten sowie zwischen Mitgliedstaaten und dritten Ländern verboten sind (Art. 63 AEU-Vertrag).

Der Binnenmarkt ist nach wie vor unvollendet, und die EU unternimmt zahlreiche Maßnahmen, um Hindernisse zu beseitigen und ein besseres Funktionieren zu erreichen. Hemmnisse eines funktionierenden Binnenmarktes sind z. B.: unterschiedliche nationale Steuersysteme; unterschiedliche Regeln für Unternehmensführung, elektronischen Handel oder Berufsausbildung; unterschiedliches Gesellschafts-, Vertrags- oder Produkthaftungsrecht; unterschiedliche technische Normen; nationale Märkte (Energie, Finanzdienstleistungen, Verkehr).

Europäischer Wirtschaftsraum (EWR)

Der Europäische Wirtschaftsraum (EWR) ist eine Freihandelszone zwischen der Europäischen Union und der Europäischen Freihandelsassoziation (EFTA) mit Ausnahme der Schweiz. Aufgrund eines 1992 unterzeichneten Abkommens zwischen der damals zwölf Mitgliedstaaten umfassenden Europäischen Gemeinschaft und den sieben EFTA-Staaten trat der EWR am 1.1.1994 in Kraft. Nachdem Finnland, Österreich und Schweden am 1.1.1995 aus der EFTA aus- und in die EU eintraten und die Schweiz nach einem ablehnenden Referendum dem EWR nicht beitrat, umfasst der EWR neben den heute 27 EU-Staaten die drei (außer der Schweiz) verbliebenen EFTA-Staaten Island, Liechtenstein und Norwegen.

In wichtigen Punkten entspricht der EWR einer Ausweitung der Rechte und Pflichten des Binnenmarktes auf die drei EFTA-Staaten. So gelten im EWR die vier Grundfreiheiten, und die Zölle zwischen den EWR-Mitgliedstaaten wurden aufgehoben. Im Unterschied zum Binnenmarkt gibt es im EWR keine gemeinsame Agrarpolitik, keine Zollunion (betrifft die Zölle gegenüber Drittstaaten) und nicht das Ziel einer gemeinsamen Wirtschafts- und Währungspolitik.

Europäische Wirtschafts- und Währungsunion (EWWU)

Die Europäische Wirtschafts- und Währungsunion (EWWU) ist eine vertragliche Vereinbarung der EU-Mitgliedstaaten im Vertrag von Maastricht, sich über den Binnenmarkt hinaus in ihrer Wirtschafts- und Währungspolitik enger aneinander zu binden und insbesondere eine gemeinsame Währung einzuführen.

Als Voraussetzung für die Teilnahme eines Staates am Euro wurden **vier Konvergenzkriterien** („Maastricht-Kriterien"; Art. 140 AEU-Vertrag) festgelegt: Preisstabilität (Inflationsrate nicht mehr als 1.5 Prozentpunkte über den Werten der drei preisstabilsten EU-Mitgliedsländer); gesunde und auf Dauer tragfähige öffentliche Finanzen (jährliches Defizit nicht über 3 % und Schuldenstand nicht über 60 % des BIP); Wechselkursstabilität (mindestens zweijährige Teilnahme am Europäischen Währungssystem EWS, bei nur geringfügiger Schwankung der eigenen Währung gegenüber den übrigen Währungen); Zinssatz langfristiger Staatsanleihen nicht mehr als zwei Prozentpunkte über dem der drei preisstabilsten EU-Mitgliedsländer.

Die Verwirklichung der EWWU erfolgte in drei Stufen. In der ersten Stufe (1.7.1990-31.12.1993) war mit dem freien Kapitalverkehr (beschlossen 1986 in der Einheitlichen Europäischen Akte) bereits eine Säule des Binnenmarktes verwirklicht. Die Zusammenarbeit der Zentralbanken wurde verstärkt, der ECU (Vorläufer des Euro) als Recheneinheit verwendet, Haushaltsdisziplin und Geldwertstabilität der Mitgliedstaaten sollten gestärkt und so die wirtschaftliche Konvergenz verbessert werden. In der zweiten Stufe (1.1.1994-31.12.1998) wurde das Europäische Wirtschaftsinstitut (EWI) errichtet, um die Zusammenarbeit der Zentralbanken und die Koordinierung der Währungspolitik weiter zu verstärken (am 1.6.1998 trat die EZB an seine Stelle). Zur Vorbereitung des Europäischen Systems der Zentralbanken (ESZB) wurde ein Prozess zur Unabhängigkeit der nationalen Zentralbanken eingeleitet. Zur Gewährleistung der Haushaltsdisziplin wurde der **Stabilitäts- und Wachstumspakt** beschlossen (1997; reformiert 2005 und 2011), der die teilnehmenden Staaten auch nach Euro-Einführung auf ein jährliches Defizit von nicht über 3 % und eine Gesamtverschuldung von nicht über 60 % des BIP verpflichtet und im Übertretungsfall die Möglichkeit von Sanktionen vorsieht.

Mit Beginn der dritten Stufe (1.1.1999) wurde das ESZB errichtet; die EZB erhielt die Aufgabe einer einheitlichen Geldpolitik. In den elf Staaten, die nach Entscheidung des Rats die Konvergenzkriterien erfüllt hatten, wurde der Euro – zunächst nur als Buchwährung – eingeführt; dabei wurde der Wechselkurs zwischen den Währungen dieser Staaten unwiderruflich festgelegt. Das EWS wurde durch den **Wechselkursmechanismus II (WKM II)** abgelöst, bei dem als Maß der Stabilität nun die Schwankung der Landeswährung gegenüber dem Euro gilt. Voraussetzung für den Beitritt eines Landes zur Eurozone ist eine mindestens zweijährige Teilnahme am WKM II und die Erfüllung der vier Konvergenzkriterien. Noch vor Einführung des Euro-Bargelds (1.1.2002) trat Griechenland als zwölfter Euro-Staat der Eurozone bei. Durch weitere Beitritte – zuletzt am 1.1.2015 Litauen – haben inzwischen 19 EU-Mitglieder den Euro eingeführt: Belgien, Deutschland, Estland, Finnland, Frankreich, Griechenland, Irland, Italien, Lettland, Litauen, Luxemburg, Malta, Niederlande, Österreich, Portugal, Slowakei, Slowenien, Spanien und Zypern. Die übrigen EU-Staaten sind zur Einführung des Euro verpflichtet, sobald sie die Konvergenzkriterien erfüllen. Einzig Dänemark besitzt das Recht, auf einen Euro-Beitritt zu verzichten (Opt-out); im Falle Schwedens wird angesichts eines ablehnenden Referendums (2003) ein „informelles Opt-out“ seitens der Kommission toleriert.

Einführung des Euro

Einführungsdatum	Staat | Staaten
1. Januar 1999	Belgien, Deutschland, Finnland, Frankreich, Irland, Italien, Luxemburg, Niederlande, Österreich, Portugal, Spanien
1. Januar 2001	Griechenland
1. Januar 2007	Slowenien
1. Januar 2008	Malta, Zypern
1. Januar 2009	Slowakei
1. Januar 2011	Estland
1. Januar 2014	Lettland
1. Januar 2015	Litauen

EWWU und Eurozone

Die EWWU wird im allgemeinen Sprachgebrauch oft mit der Eurozone gleichgesetzt und bezeichnet dann die Gesamtheit der 19 EU-Mitgliedstaaten, die bereits den Euro eingeführt haben. Diese Gleichsetzung ist jedoch ungenau: Mitglied der EWWU sind nicht nur die Euro-Staaten, sondern auch die (momentan acht) EU-Mitgliedstaaten, die den Euro (noch) nicht eingeführt haben.

Das Euro-Währungsgebiet (auch Eurozone, Euroraum) umfasst diejenigen – aktuell 19 – Staaten der EU, deren Währung der Euro ist. In einem weiteren Sinne zählen auch Staaten und Gebiete zur Eurozone, die den Euro nutzen, ohne Mitglied der EU und der EWWU zu sein: Andorra, Monaco, San Marino und Vatikanstadt nutzen laut Vereinbarung mit der EU den Euro offiziell als Zahlungsmittel und dürfen in begrenztem Umfang eigene Münzen prägen (jedoch keine Banknoten drucken). Auch in den beiden französischen Überseegebieten Saint Barthelémy sowie Saint-Pierre und Miquelon ist der Euro offizielles Zahlungsmittel. Weitere Staaten und Gebiete benutzen den Euro ohne ein Abkommen mit der EU, z. B. Kosovo und Montenegro, oder haben ihre Währung an den Euro gebunden.

Schengen-Raum

Als Schengen-Raum (Schengen-Gebiet) wird die Gesamtheit der derzeit 26 Staaten (auch „Schengen-Staaten“) bezeichnet, die den Schengener Abkommen beigetreten sind. An den Binnengrenzen des Schengen-Raumes finden keine systematischen personenbezogenen Grenzkontrollen mehr statt. Damit verbunden sind eine gemeinsame Politik zum Schutz der Außengrenzen, eine gemeinsame Visapolitik, eine Intensivierung der Zusammenarbeit von Polizei und Justiz und das Schengener Informationssystem (SIS), eine zentrale Datenbank zur Personen- und Sachfahndung.

Rechtliche Grundlagen sind das Schengener Übereinkommen (14.6.1985; „Schengen I“) zwischen Belgien, Deutschland, Frankreich, Luxemburg und den Niederlanden und das Schengener Durchführungsübereinkommen (19.6.1990; „Schengen II“). Beide Abkommen sowie damit zusammenhängende Beitrittsprotokolle, Beschlüsse und Rechtsakte wurden mit Wirkung zum 1.5.1999 als **Schengen-Besitzstand** (der von EU-Beitrittskandidaten vollständig übernommen werden muss) in EU-Recht überführt. Dem Schengen-Raum gehören 22 EU-Mitgliedstaaten sowie Island, Liechtenstein, Norwegen und die Schweiz an. Irland nimmt (wie Großbritannien) nicht am Schengen-Raum teil. Die EU-Staaten Bulgarien, Kroatien, Rumänien und Zypern sind Beitrittskandidaten; sie werden in den Schengen-Raum aufgenommen, sobald sie alle Beitrittsbedingungen erfüllen – wofür es einer einstimmigen Entscheidung des Rates bedarf.

Kurzzeitige Wiedereinführungen von Grenzkontrollen aufgrund schwerwiegender Bedrohungen der öffentlichen Ordnung oder der inneren Sicherheit sind möglich und werden regelmäßig anlässlich politischer Gipfeltreffen, sportlicher Großveranstaltungen oder nach Terroranschlägen angewendet. Seit Beginn der Flüchtlingskrise (2015) kehrten mehrere Staaten dauerhaft zu Grenzkontrollen zurück, was zu einer ernsthaften Gefahr für die im Schengen-Raum garantierte Reisefreiheit und damit einer wesentlichen Säule der europäischen Integration führt.

Besitzstand der EU

Als Besitzstand der EU (auch gemeinschaftlicher Besitzstand; frz.: acquis communautaire) wird die Gesamtheit aller Rechtsakte bezeichnet, die für alle EU-Mitgliedstaaten verbindlich sind. Staaten, die der EU beitreten wollen, müssen den Besitzstand in seiner Gesamtheit übernehmen – wobei in den

Beitrittsverhandlungen Übergangs- und Ausnahmeregeln vereinbart werden können.
Zum Besitzstand der EU zählen u. a.: die Gründungsverträge der EU (Primärrecht); die von den Organen der EU (bzw. ihrer Vorgängerorganisationen) erlassenen Rechtsvorschriften (Sekundärrecht); die Rechtsprechung des EuGH; Rechtsakte der gemeinsamen Außen- und Sicherheitspolitik (GASP) und der Zusammenarbeit im Bereich Justiz und Inneres; die von der EU (bzw. deren Vorgängerorganisationen) mit anderen Staaten oder internationalen Organisationen geschlossenen Verträge und Abkommen.
Die Rechtsvorschriften der EU-Organe gliedern sich nach Art. 288 AEU-Vertrag in Verordnungen (gelten allgemein, unmittelbar und verbindlich in jedem Mitgliedstaat), Richtlinien (Zielvorgaben, die von den Mitgliedstaaten in nationales Recht umgesetzt werden müssen), Beschlüsse (für die Adressaten in allen Teilen verbindlich; häufig Einzelfallentscheidungen, Ernennungen bzw. im Rahmen der GASP oder beim Abschluss internationaler Verträge) sowie Empfehlungen und Stellungnahmen (nicht verbindlich).

Raum der Freiheit, der Sicherheit und des Rechts

Der Raum der Freiheit, der Sicherheit und des Rechts ist ein politisches Programm der EU, das im Vertrag von Amsterdam formuliert wurde (gesetzlich verankert in Art. 3 Abs. 2 EU-Vertrag und Art. 67-89 AEU-Vertrag). Unter diesem Konzept sind Kooperationen aus den Bereichen der Innen- und Justizpolitik zusammengefasst, die zuvor zumeist auf zwischenstaatlicher Ebene entschieden wurden und somit der Einstimmigkeit im Rat bedurften. Durch die Verträge von Amsterdam und Lissabon wurden sie auf die Gemeinschaftsebene übertragen und können nun durch Mehrheitsentscheidungen im Rat und unter Mitsprache des EP weiterentwickelt werden (Dänemark und Irland dürfen über ihre Teilnahme an einzelnen Maßnahmen von Fall zu Fall entscheiden). Eine vertiefte Zusammenarbeit in diesen Bereichen war nicht zuletzt notwendig geworden, weil nach Verwirklichung des Binnenmarktes (besonders der Personenfreizügigkeit) grenzüberschreitende Kriminalität, unkontrollierte Migration und die Probleme aufgrund der Inkompatibilität nationaler Rechtsordnungen zugenommen hatten.

Wesentliche Bestandteile des Raums der Freiheit, der Sicherheit und des Rechts sind:

a) die Kernpunkte des Schengen-Besitzstandes: Wegfall der Personenkontrollen an den Binnengrenzen, eine wirksame Kontrolle an den Außengrenzen und eine gemeinsame Visapolitik (Art. 77 AEU-Vertrag);

b) eine gemeinsame Politik im Bereich Asyl, subsidiärer Schutz und vorübergehender Schutz, die jedem Drittstaatenangehörigen einen in der gesamten EU gültigen Status, gemeinsame Asylverfahren und Normen über die Aufnahmebedingungen von Schutzsuchenden gewährt (Art. 78 AEU-Vertrag); eine Maßnahme zur gemeinsamen Asylpolitik war 2003 die Einführung der Fingerabdruck-Datenbank Eurodac;

c) eine gemeinsame Einwanderungspolitik mit wirksamer Steuerung der Migrationsströme (Art. 79 und 80 AEU-Vertrag), die legal eingereisten Personen aus Drittstaaten Rechte und Pflichten gibt, die denen von EU-Bürgern ähnlich sind, während illegale Einwanderung (und insbesondere Menschenhandel und das Schleusergeschäft) wirksam bekämpft werden;

d) eine justizielle Zusammenarbeit in Zivilsachen (Art. 81 AEU-Vertrag), die den im Binnenmarkt grenzüberschreitend tätigen Personen und Unternehmen auch im EU-Ausland Rechtssicherheit und problemlosen Zugang zu den Gerichten garantiert;

e) eine justizielle Zusammenarbeit in Strafsachen (Art. 82-86 AEU-Vertrag), die eine effektive Bekämpfung grenzüberschreitender Kriminalität ermöglicht, Rechtsvorschriften einander angleicht, Kompetenzkonflikte zwischen den Mitgliedstaaten vermeidet und die gegenseitige Anerkennung von Gerichtsurteilen garantiert; die 2002 gegründete Justizbehörde Eurojust (Sitz: Den Haag) unterstützt die Zusammenarbeit zwischen nationalen Behörden im Kampf gegen internationale Kriminalität;

f) eine polizeiliche Zusammenarbeit (Art. 87-89 AEU-Vertrag), die alle für die Ermittlung, Aufdeckung oder Verhütung von Straftaten zuständigen Behörden (u. a. auch Zollbehörden) einschließt; für die Koordination und den Informationsaustausch der nationalen Behörden ist das 1999 gegründete Europäische Polizeiamt (Europol) zuständig;

g) der Schutz personenbezogener Daten (Art. 16 AEU-Vertrag); der durch die fortschreitende Vernetzung und Digitalisierung noch gestiegenen Bedeutung des Datenschutzes trug der europäische Gesetzgeber mit der 2018 in Kraft getretenen – allerdings umstrittenen – Datenschutz-Grundverordnung (DSGVO) Rechnung.

Gemeinsame Außen- und Sicherheitspolitik (GASP)

Die mit dem Vertrag von Maastricht eingerichtete Gemeinsame Außen- und Sicherheitspolitik (GASP) ist eine zwischenstaatliche Kooperation der EU-Staaten für ein gemeinsames Handeln auf dem Gebiet der Außenpolitik.
Das außenpolitische Handeln der EU bewegt sich in einem Spannungsfeld: Einerseits besteht angesichts internationaler Handelskonflikte, globaler Migrationsbewegungen, zahlreicher Kriege und Bürgerkriege und des Aufstiegs neuer Mächte (z. B. China, Indien) eine wachsende Notwendigkeit, das außenpolitische Gewicht der europäischen Staaten zu bündeln, um außenpolitisch „mit einer Stimme zu sprechen". Andererseits ist eine eigenständige Außenpolitik ein wesentliches Element nationalstaatlicher Souveränität, weswegen die Mitgliedstaaten einer Übertragung ihrer Kompetenzen an die Gemeinschaft skeptischer gegenüberstehen als in anderen Politikbereichen. Aus diesem Grund hat die EU keinen Außenminister; die weltweit rund 140 Delegationen des Europäischen Auswärtigen Dienstes (EAD) heißen nicht „Botschaften", und die wichtigsten Entscheidungen werden von den Regierungschefs im ER und von den Außenministern (und ggf. weiteren Fachministern) im Rat für Auswärtige Angelegenheiten getroffen und bedürfen dort der Einstimmigkeit.
Wichtigste koordinierende Kraft auf EU-Ebene ist der **Hohe Vertreter der EU für Außen- und Sicherheitspolitik**. Als Vizepräsident der Kommission Mitglied der EU-Exekutive, ist er zugleich Vorsitzender (ohne Stimmrecht) des Rats für Auswärtige Angelegenheiten. Er ist für die Umsetzung der Beschlüsse von ER und Rat verantwortlich und vertritt gemeinsam mit dem Präsidenten des ER die EU nach außen. Unterstützt wird er vom EAD, dem diplomatischen Dienst der EU. Der EAD unterhält diplomatische Beziehungen zu zahlreichen Nicht-EU-Staaten, arbeitet mit den diplomatischen Diensten der EU-Staaten und mit internationalen Organisationen zusammen.
Ein wichtiger Teil der GASP ist die in Art. 42-46 EU-Vertrag verankerte **Gemeinsame Sicherheits- und Verteidigungspolitik (GSVP)**. Sie beinhaltet Operationen außerhalb der EU mit zivilen und militärischen Kräften „zur Friedenssicherung, Konfliktverhütung und Stärkung der internationalen Sicherheit in Übereinstimmung mit den Grundsätzen der Charta der Vereinten Nationen" (Art. 42, Abs. 1 EU-Vertrag). Die GSVP-Missionen dienen der Prävention und der Lösung von Krisen sowie der Stabilisierung nach deren Überwindung. Je nach Krisenherd umfassen sie so unterschiedliche Maßnahmen wie Bekämpfung von Schmuggel und Korruption, Ausbildung von Streitkräften oder zivilen Sicherheitskräften, Bekämpfung von Piraterie oder Schleusernetzwerken, Absicherung von Waffenruhen und Aufbau rechtstaatlicher Strukturen.
Die GSVP beinhaltet auch ein gegenseitiges Beistandsrecht der EU-Staaten im Falle eines bewaffneten Angriffs auf einen Mitgliedstaat (Art. 42, Abs. 7 EU-Vertrag). Da die EU selbst nicht über die erforderlichen zivilen (z. B. Polizeikräfte) und militärischen Einsatzkräfte verfügt, müssen diese von den Mitgliedstaaten gestellt werden; die EU-Staaten sind zudem verpflichtet, „ihre militärischen Fähigkeiten schrittweise zu verbessern" (Art. 42, Abs. 3 EU-Vertrag). Die Entscheidungen zur GSVP und insbesondere zum Einleiten einer GSVP-Mission trifft der Rat, und sie bedürfen der Einstimmigkeit.

Europäische Nachbarschaftspolitik (ENP)

Die Europäische Nachbarschaftspolitik (ENP) ist ein 2004 entwickeltes Programm, das den Nachbarstaaten der EU eine privilegierte Partnerschaft anbietet mit dem Ziel, Wohlstand, Demokratie, Menschenrechte, Rechtstaatlichkeit und nachhaltige Entwicklung zu fördern. Dadurch soll die Entstehung scharfer Trennlinien an den EU-Außengrenzen zu Nachbarstaaten, die keine Beitrittsperspektive besitzen, verhindert werden. Die ENP richtet sich an insgesamt 16 Staaten und Gebiete: im Osten an Weißrussland, Moldawien und die Ukraine; im Südkaukasus an Armenien, Aserbaidschan und Georgien; im Süden an Ägypten, Algerien, Israel, Jordanien, den Libanon, Libyen, Marokko, die Palästinensischen Autonomiegebiete, Syrien und Tunesien.
Nicht einbezogen in die ENP sind tatsächliche oder mögliche EU-Beitrittskandidaten (EFTA-Staaten; Staaten des Balkans). Die Beziehungen der EU mit Russland sind in einem Partnerschafts- und Kooperationsabkommen geregelt (1997-2007; seitdem automatische Verlängerung um jeweils ein Jahr, wenn nicht einseitig gekündigt); 2003 vertieften beide Seiten ihre Zusammenarbeit im Rahmen der „vier gemeinsamen Räume" („Common Spaces"): Wirtschaft; Freiheit, Sicherheit und Recht; äußere Sicherheit; Forschung, Bildung und Kultur.

Freihandelsabkommen

Die EU hat mit über 40 Staaten und Staatengruppen Freihandelsabkommen abgeschlossen. Umstritten sind die Abkommen der „neuen Generation", die neben klassischen Maßnahmen wie dem Abbau von Zöllen und anderen Handelsbeschränkungen weitreichende Vereinbarungen beinhalten, die nach Ansicht von Kritikern zu einer ernsten Bedrohung für Demokratie, staatliche Souveränität und wichtige Bürger- und Menschenrechte führen können. Insbesondere Regelungen zum Investitionsschutz, durch die **private Schiedsgerichte (Investor-State Dispute**

Die EU im Einsatz

Im Rahmen der Gemeinsamen Sicherheits- und Verteidigungspolitik (GSVP) kann die EU eigene Missionen zur internationalen Konfliktverhütung, Krisenbewältigung und Friedenssicherung durchführen.

Aktuell unterhält die EU **11 zivile** und **6 militärische** Operationen und Missionen.

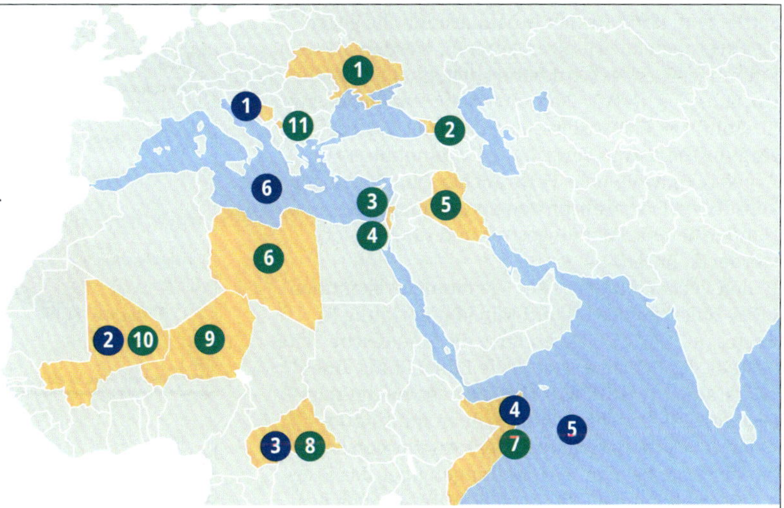

	Region / seit	**Mission / Operation** Zahl der Soldaten und Zivilpersonen	Auftrag unter anderem:
1	Ukraine 2014	**EUAM** über 300	Reformierung des ukrainischen Sicherheitssektors
2	Georgien 2008	**EUMM** rund 200	Beobachtermission, Einhaltung des Waffenstillstands
3	Palästinensische Gebiete 2005	**EUBAM RAFAH** rund 20	Kontrolle der lokalen Kräfte am Grenzpunkt Rafah, Vertrauensbildung zwischen Palästinensern und Israelis
4	Palästinensische Gebiete 2006	**EUPOL COPPS** über 100	Aufbau einer Polizei, Reformierung des Sicherheitssektors und der Strafrechtspflege
5	Irak 2017	**EUAM** über 110	Beratung des Innenministeriums, v. a. bei Bekämpfung von Terrorismus und organ. Kriminalität, Reform der Polizei
6	Libyen 2013	**EUBAM** über 30	Aufbau einer Grenzsicherung, Terrorismusbekämpfung, Ausbau Polizei/Strafverfolgung
7	Somalia 2012	**EUCAP** über 110	Aufbau der Hafenpolizei und der Küstenwache
8	Zentralafrikanische Republik 2020*	**EUAM RCA** keine Angabe	Reform der Sicherheitskräfte, Beratung des Innenministeriums
9	Niger 2012	**EUCAP SAHEL** über 120	Ausbildung und Beratung der Sicherheitskräfte, v. a. von mobilen Grenzschutzeinheiten
10	Mali 2014	**EUCAP SAHEL** rund 190	Ausbildung und Beratung der Sicherheitskräfte, Stabilisierung der inneren Sicherheit
11	Kosovo 2008	**EULEX** rund 500	Beratung und Beobachtung
1	Bosnien-Herzegowina 2004	**EUFOR ALTHEA** rund 600	Aufrechterhaltung eines sicheren Umfelds, Einhaltung des Dayton-Abkommens, Ausbildung bosnischer Streitkräfte
2	Mali 2013	**EUTM** rund 700	Ausbildung und Schulung malischer Streitkräfte
3	Zentralafrikanische Republik 2016	**EUTM RCA** rund 180	Ausbildung militärischer Streitkräfte, Beratung
4	Somalia 2010	**EUTM** über 200	Ausbildung somalischer Streitkräfte, Beratung
5	Somalia 2008	**EU NAVFOR ATALANTA** rund 600	Schutz der Seetransporte, Bekämpfung der Piraterie
6	Mittelmeer 2020	**EUNAVFOR MED Irini** rund 1000	Ausbildung der libyschen Küstenwache und Marine, Durchsetzung des UN-Waffenembargos

*Start im Juni 2020 geplant   Stand Mai 2020

Quelle: Europäischer Auswärtiger Dienst, Bundesverteidigungsministerium, Auswärtiges Amt

Settlement, ISDS) Strafen in Milliardenhöhe gegen Vertragsstaaten verhängen können, werden als Gefahr angesehen; es wird befürchtet, dass allein die Drohung solcher Strafzahlungen die staatliche bzw. EU-Politik zu Privatisierungen (z. B. der Wasserversorgung) oder zum Verzicht auf Maßnahmen zum Arbeits-, Umwelt- oder Verbraucherschutz zwingen könnte, weil diese ansonsten als „nichttarifäre Handelshemmnisse" eingestuft und sanktioniert werden könnten.
In den Verhandlungen zum Freihandelsabkommen CETA zwischen der EU und Kanada (vorläufig in Kraft seit 21.9.2017) akzeptierte die kanadische Seite anstelle der Schiedsgerichte die Einrichtung eines bilateralen Investitionsgerichts (Investment Court System, ICS), das später durch einen multinationalen Investitionsgerichtshof ersetzt werden soll. Japan lehnte bei den Verhandlungen über das Freihandelsabkommen EPA (auch „JEFTA") ein solches Investitionsgericht ab, so dass über den Investitionsschutz auch nach Inkrafttreten von EPA (1.2.2019) weiter verhandelt wurde. Die Verhandlungen über das umstrittene Freihandelsabkommen TTIP mit den USA ruhen seit der Wahl Donald Trumps zum US-Präsidenten (2016), der das Abkommen ablehnt.

RÜCKBLICK

Europawahl und neue Kommission: Vom 23.5. bis 26.5.2019 fanden in den 28 EU-Mitgliedstaaten Wahlen zum Europäischen Parlament statt. Erst wenige Wochen vor der Wahl hatte sich entschieden, dass Großbritannien – dessen ursprünglicher EU-Austrittstermin (29.3.2019) verschoben worden war – an den Wahlen teilnehmen würde. Die bereits beschlossene Verkleinerung des Parlaments von 751 auf 705 Mitglieder fand daher zunächst nicht statt und musste wie die Neuverteilung von 27 der 73 britischen Mandate auf andere EU-Staaten nach dem Brexit nachgeholt werden.
Die konservative EVP ging mit 182 Sitzen (24.23 %) als stärkste Fraktion aus der Wahl hervor, gefolgt von den Sozialdemokraten (154 Sitze; 20.51 %); beide verzeichneten jedoch deutliche Verluste und erreichten erstmals in der Geschichte der Europawahlen zusammen weniger als 50 % der Mandate. Die weitere Sitzverteilung: Renew 108, Grüne/EFA 74, ID 73, EKR 62, GUE/NGL 41, Fraktionslose 57 Sitze.
Bereits im Vorfeld der Wahl hatten sich Konflikte bei der Ernennung des EU-Kommissionspräsidenten abgezeichnet: Das Parlament hatte sich entschlossen gezeigt, am (informellen) Spitzenkandidatenprinzip festzuhalten und nur Spitzenkan-

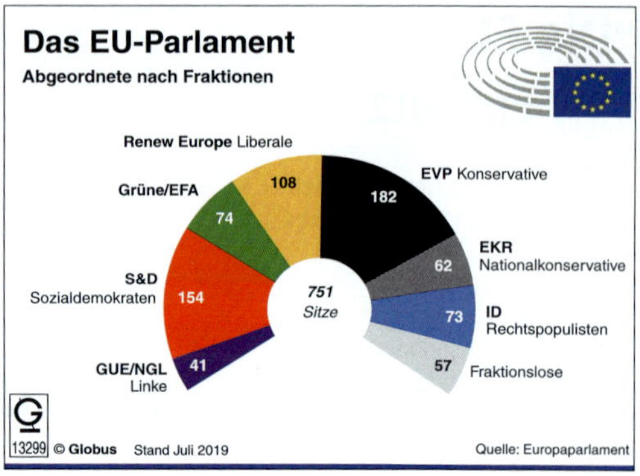

didaten einer der europäischen Parteien für das Amt des Kommissionspräsidenten zu akzeptieren. Allerdings hatten sich frühzeitig Widerstände – insbesondere seitens des französischen Präsidenten Emmanuel Macron – gegen den EVP-Spitzenkandidaten Manfred Weber angedeutet, u. a. weil der deutsche CSU-Politiker über keine Regierungserfahrung verfügte. Als Weber nach der Europawahl nicht die Zustimmung des Europäischen Rates erreichte und eine Nominierung des Niederländers Frans Timmermans (Spitzenkandidat der zweitstärksten Fraktion S&D) ebenfalls an politischen Widerständen scheiterte, nominierte der ER am 2.7.2019 auf Vorschlag Macrons die deutsche Verteidigungsministerin Ursula von der Leyen. Bei der Wahl zur Kommissionspräsidentin am 16.7.2019 erreichte von der Leyen nur knapp die absolute Mehrheit; auch aus den Reihen der sie unterstützenden Fraktionen EVP, Sozialdemokraten und Renew (Liberale) gab es Gegenstimmen, weil der Rat das Spitzenkandidatenprinzip übergangen hatte. Im September stellte von der Leyen ihren Vorschlag für die künftige Kommission aus 13 Frauen und 14 Männern vor (Großbritannien verzichtete auf das Aufstellen eines Kandidaten). Das EU-Parlament lehnte mit den Kandidatinnen Rumäniens und Frankreichs und dem Kandidaten Ungarns gleich drei der vorgeschlagenen Kommissionsmitglieder ab. Nachdem die betreffenden Mitgliedstaaten neue Kandidaten vorgeschlagen hatten, konnte die Kommission erst am 27.11.2019 vom Parlament gewählt werden und trat am 1.12.2019 – einen Monat später als vorgesehen – ihre Arbeit an. Mit zwölf Frauen von 27 Mitgliedern (44.4 %) erhöhte sich der Frauenanteil gegenüber der letzten Kommission (neun Frauen bei 28 Mitgliedern, 32.1 %) deutlich, jedoch verfehlte von der Leyen ihr erklärtes Ziel einer paritätischen Besetzung.

Das Spitzenkandidatenprinzip:
Erstmals bei der Europawahl 2014 stellten die meisten europäischen Parteien Spitzenkandidaten auf. Eine informelle Absprache unter den Europaparteien sollte gewährleisten, dass der Spitzenkandidat der stärksten Fraktion im neuen EP zum Kommissionspräsidenten gewählt würde („Spitzenkandidatenprinzip"). Dadurch sollten sowohl der Einfluss des Parlaments als auch die demokratische Legitimation der Kommission gestärkt werden. Allerdings fehlt eine rechtliche Verankerung des Spitzenkandidatenprinzips; der ER, der den Kommissionspräsidenten vorschlägt, soll hierbei das Ergebnis der Wahlen zum Europäischen Parlament zwar berücksichtigen (Art. 17, Abs. 7 EU-Vertrag), ist aber nicht auf den Kreis der Spitzenkandidaten festgelegt.
2014 folgte der ER mit der Nominierung des Kandidaten der stärksten Fraktion, des langjährigen luxemburgischen Premierministers Jean-Claude Juncker (EVP), dem Spitzenkandidatenprinzip. 2019 dagegen hatte weder der Spitzenkandidat der stärksten Fraktion, Manfred Weber (EVP), noch einer der anderen Spitzenkandidaten ausreichend Unterstützung im ER. Die Ernennung Ursula von der Leyens, die bei der Europawahl gar nicht angetreten war, zur Kommissionspräsidentin wurde von vielen Abgeordneten als Rückschlag für die Demokratie kritisiert. In ihrer Bewerbungsrede vor dem EP kündigte von der Leyen an, das Spitzenkandidatenprinzip stärken zu wollen. Wichtige Maßnahmen dazu wären z. B. die Einführung transnationaler Listen (möglich nur unter Änderung der EU-Verträge) und die Vereinheitlichung der nationalen Wahlrechte zur Europawahl (erfordert die Zustimmung der nationalen Gesetzgeber).

„Brexit": Am 31.1.2020 verließ Großbritannien die Europäische Union. Der Austrittstermin, ursprünglich spätestens am 29.3.2019, war im Laufe des Jahres 2019 dreimal verlegt worden, um den Verhandlungsparteien Zeit für einen Vertragsabschluss zu geben.

Chronologie des „Brexit"
23.6.2016: Konsultatives Referendum über die EU-Mitgliedschaft des Vereinten Königreichs – 51.89 % stimmen für Austritt.
13.7.2016: Premierminister David Cameron tritt zurück; Nachfolgerin: Theresa May.
29.3.2017: Großbritannien überreicht Austrittserklärung aus EU und EURATOM; spätestmöglicher Austrittstermin ist danach der 29.3.2019.
8.6.2017: Neuwahlen zum Unterhaus: die Conservative Party verliert ihre absolute Mehrheit und bildet in der Folge eine Minderheitsregierung mit der nordirisch-protestantischen Democratic Unionist Party (DUP).
19.6.2017: Beginn der Verhandlungen über zukünftiges Verhältnis von EU und Großbritannien.
15.1.2019: Britisches Unterhaus lehnt Theresa Mays Vertragsentwurf ab.
12.3.2019: Zweite Ablehnung des Vertragsentwurfes durch das Unterhaus.
13.3.2019: Unterhaus lehnt ungeordneten Brexit ab.
14.3./10.4.2019: EU billigt auf britischen Wunsch Verschiebung des Austrittsdatums, zunächst auf 12.4.2019, schließlich auf 31.10.2019.
26.5.2019: Großbritannien nimmt an den Wahlen zum EU-Parlament teil.
24.7.2019: Rücktritt Theresa Mays; Nachfolger: Boris Johnson.
28.10.2019: Der Europäische Rat billigt die Verschiebung des Austrittsdatums auf den 31.1.2020; das britische Parlament hatte die Regierung zur Beantragung der Verschiebung gezwungen.
12.12.2019: Neuwahlen zum Unterhaus: die Conservative Party Boris Johnsons erhält absolute Mehrheit.
31.1.2020: Um 24:00 Uhr MEZ verlässt Großbritannien die EU.

Austrittsabkommen: Im Austrittsabkommen ist eine Übergangsphase bis zum 31.12.2020 vereinbart, während der die künftigen Beziehungen beider Seiten ausgehandelt werden können. Während dieser Zeit verbleibt Großbritannien im Binnenmarkt, muss sich an EU-Gesetze halten und in den EU-Haushalt einzahlen, ohne noch über die EU-Politik mitbestimmen zu können. Für EU-Bürger, die im Vereinigten Königreich leben, ändert sich bis Ende 2020 nichts, und auch der Zuzug von EU-Bürgern ist noch möglich. Am 30.6. ließ Großbritannien die

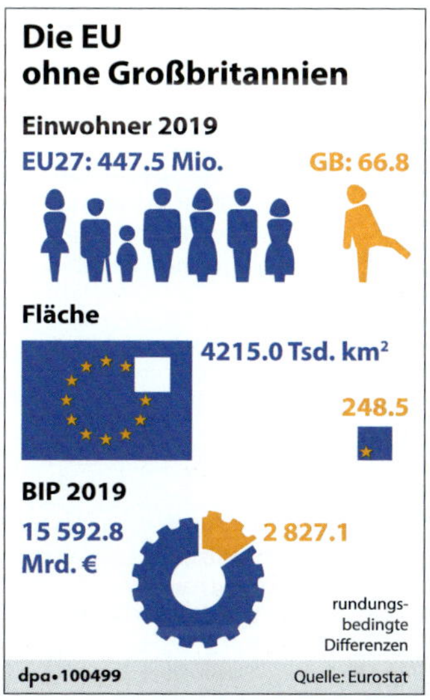

Möglichkeit verstreichen, diese Übergangszeit um bis zu zwei Jahre zu verlängern. Somit bleibt bis Ende 2020 Zeit, um die langfristigen Beziehungen beider Seiten auszuhandeln.

Zukünftige Handelsbeziehungen: Beide Seiten sind an einem freien Handel miteinander interessiert. Ein grundlegender Konflikt besteht jedoch darin, dass die EU einen Zugang zu ihren Märkten nur auf Basis eines ausgewogenen Verhältnisses von Rechten und Pflichten gewähren will (auch weil der Eindruck, für Großbritannien überwögen die Vorteile durch den „Brexit", andere EU-Staaten zum Austritt motivieren könnte), während die britische Seite Verpflichtungen als Verletzung ihrer gerade wiedergewonnenen Souveränität ablehnt. Die EU verbindet den Zugang zum Binnenmarkt mit der Einhaltung ihrer Standards – u. a. beim Arbeitnehmer-, Umwelt- und Verbraucherschutz oder bei staatlichen Beihilfen. Die britische Regierung betont, nicht aus der EU ausgetreten zu sein, um Dumping in Bezug auf Lohn-, Sozial- oder Umweltstandards zu betreiben. Sie ist jedoch nicht bereit, sich auf diese Standards verpflichten zu lassen, da dies bedeuten würde, dass EU-Gesetze automatisch auch in Großbritannien Geltung erlangten und das Land bei Verstößen der EU-Gerichtsbarkeit unterläge. Ein offenbar von der britischen Regierung lancierter Vorschlag im Juni 2020 zeigte eine Lösungsmöglichkeit auf: Großbritannien könnte grundsätzlich das Recht eingeräumt werden, von EU-Wettbewerbsregeln abzuweichen. Der EU könnte in diesem Fall erlaubt sein, Zölle auf die betroffenen Produkte zu erheben.
Ein weiterer Streitpunkt ist der von Großbritannien erstrebte Zugang zum EU-Markt für Finanzdienstleister. Die EU-Regeln gegenüber Drittstaaten besagen, dass der Marktzugang jederzeit binnen 30 Tagen zurückgerufen werden kann – was für London keine akzeptable Lösung darstellt. Umgekehrt strebt Brüssel ein Abkommen an, das Fischern aus der EU Zugang zu den fischreichen britischen Gewässern sichert. Dazu ist Großbritannien zwar grundsätzlich bereit, will sich aber nicht durch eine vertragliche Regelung dauerhaft binden.

Weitere Folgen: EU-Bürger, die sich im Zuge der Personenfreizügigkeit in Großbritannien angesiedelt haben, müssen nach dem Austritt des Vereinigten Königreichs einen Antrag auf dauerhafte Aufenthaltserlaubnis stellen. Mitte 2020 hatten bereits über 3.5 Mio. EU-Bürger den Antrag auf Bleiberecht gestellt; nach Ende der Übergangsphase haben sie bis 30.6.2021 dazu Zeit.
Nordirland bleibt Teil des britischen Zollgebiets; zugleich werden die relevanten Regeln des Europäischen Binnenmarktes und der EU-Zollkodex angewendet. Durch diese Regelung soll verhindert werden, dass die Insel Irland künftig durch eine Zollgrenze zwischen der Republik Irland und dem zum Vereinigten Königreich gehörenden Nordir-

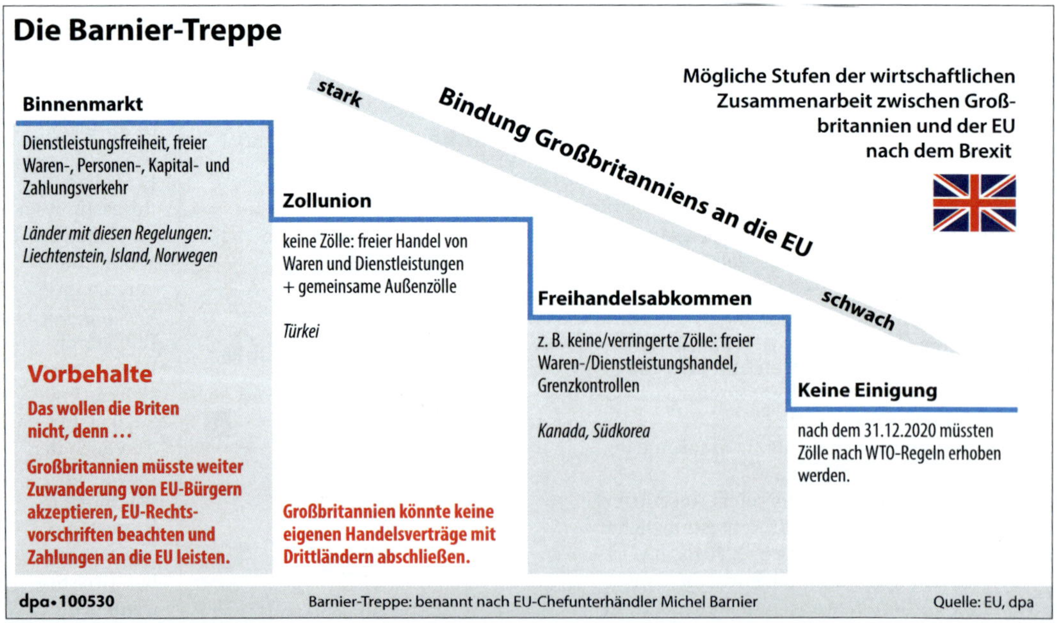

land geteilt ist. Eine solche Grenze könnte beide Teile der Insel in eine ökonomische Krise stürzen und womöglich sogar den Waffenstillstand im Nordirlandkonflikt (Karfreitagsabkommen von 1998) gefährden.
Das britische Überseegebiet Gibraltar, dessen einzige Landgrenze zu Spanien durch den „Brexit" zu einer EU-Außengrenze geworden ist, erwägt den Beitritt zum Schengen-Raum.

Maßnahmen in der Corona-Krise: Am 28.1.2020 aktivierte der kroatische Ratsvorsitz wegen Covid-19 die IPCR („Integrated Political Crisis Response"), einen der Krisenmechanismen der EU, auf der zweiten von drei Stufen, dem Informationsaustauschmodus. Im Februar tagten die zuständigen Minister für Gesundheit sowie Wettbewerbsfähigkeit im Rat zur Corona-Krise. Am 2.3. stufte der Ratsvorsitz die IPCR auf den höchsten Modus („vollständige Aktivierung"), die neben Maßnahmen der Überwachung und des Informationsaustausches auch Krisensitzungen mit Botschaftern oder Ministern der Mitgliedstaaten und Vorschläge für Maßnahmen der EU vorsieht.
Während der folgenden Wochen stimmten – bereits häufig in Videokonferenzen – die wichtigsten Organe der EU und die Mitgliedstaaten ihr Handeln in der Krise miteinander ab. Maßnahmen in zuvor nicht gekanntem Ausmaß wurden ergriffen; sie bestanden im Wesentlichen in: der Mobilisierung neuer Finanzmittel; der Flexibilisierung bestehender Regeln (z. B. der Haushaltsführung, der staatlichen Förderung von Unternehmen) und beim Einsatz vorhandener Fördermittel; der Koordinierung von Maßnahmen in den Einzelstaaten.
Im April formulierte das Europäische Parlament zehn Ziele zur Bekämpfung des Coronavirus:

1. Verlangsamung der Ausbreitung des Virus: Am 16.3.2020 erließ die Kommission eine Beschränkung von Einreisen in die EU (angelegt zunächst auf 30 Tage; Empfehlung des Rates zur Aufhebung am 30.6.); Ausnahmen galten u. a. für Personal aus dem Gesundheitswesen, dem Güterverkehr sowie rückreisenden Bürgern aus EU- und Schengen-Staaten. Mit dieser Maßnahme wollte die Kommission einen gemeinsamen Schutz der Außengrenze sicherstellen, da nationale Einzelgänge bei der Grenzschließung leicht unterlaufen werden könnten.
Nachdem in den Tagen zuvor mehrere Staaten entgegen dem Schengen-Abkommen an EU-Binnengrenzen Kontrollen eingeführt und Personen ohne triftigen Reisegrund abgewiesen hatten, richtete die EU am 18.3. an den Binnengrenzen Sonderspuren für LKW ein. Ziel war es, den grenzübergreifenden Transport von Waren, insbesondere von Lebensmitteln und Medikamenten, zu gewährleisten. Um die Mitgliedstaaten bei der Aufhebung ihrer Reisebeschränkungen zu unterstützen, schlug die Kommission am 13.5. Richtlinien für „sicheres Reisen" vor. Während die EU-Staaten ihre Reisebeschränkungen schrittweise wieder aufhoben, stellte die EU am 14.6. eine Informationsplattform („Re-open EU") ins Internet.

2. Bereitstellung medizinischer Ausrüstung: Eine strategische Notfallreserve an medizinischer Ausrüstung (z. B. Beatmungsgeräte, Schutzmasken), angelegt im Rahmen des 2019 gegründeten Katastrophenschutzprogramms „rescEU", wurde den EU-Staaten zur Verfügung gestellt. Eine gemeinsame Beschaffung von medizinischen Artikeln (Tests, Masken, Beatmungsgeräte) sollte die Kaufkraft der EU-Staaten auf den internationalen Beschaffungsmärkten bündeln. Am 7.4. billigte das Parlament 3.08 Mrd. € Soforthilfe, die schwerpunktmäßig in den am stärksten betroffenen Gebieten z. B. zum Bau mobiler Krankenhäuser, zum Patiententransport und dem Erwerb dringend benötigter medizinischer Güter dienen sollen.

3. Forschungsförderung: Über das seit 2014 bestehende Forschungsprogramm „Horizont 2020" werden europaweit 18 Forschungsprojekte und 151 Teams unterstützt, um Diagnostik, Vorsorge und Behandlung zu verbessern und möglichst schnell einen Impfstoff zu entwickeln.

4. Europäische Solidarität: Bis zu 800 Mio. € aus dem (eigentlich für die Folgen von Naturkatastrophen eingerichteten) EU-Solidaritätsfonds können nun auch zur Bewältigung der Pandemie eingesetzt werden.

5. Sicherung des wirtschaftlichen Aufschwungs: Die Kommission kündigte an, einen neuen Vorschlag für den langfristigen Haushalt (2021-27) zu unterbreiten, der ein umfassendes Konjunkturpaket enthält. Am 27.5. stellte Kommissionpräsidentin von der Leyen dem Parlament das 750-Mrd.-Euro-Paket „Next generation EU" für wirtschaftlichen und sozialen Aufschwung innerhalb des Entwurfs für den langfristigen EU-Haushalt vor; davon sollen zwei Drittel als nicht rückzahlbare Transfers ausbezahlt werden, ein Drittel als Darlehen.

6. Unterstützung der Wirtschaft: Ein EU-Hilfspaket in Höhe von 540 Mrd. € soll Arbeitnehmer, Unternehmen und Mitgliedstaaten unterstützen. Die

EZB führt ein Anleihenkaufprogramm durch, das von zunächst 750 Mrd. € am 4.6. auf 1.35 Bio. € aufgestockt wurde, stellt 120 Mrd. € für „Quantitative Easing" (Aufkauf von Wertpapieren, der das Wirtschaftswachstum stützen soll) und 20 Mrd. € für Schuldenkäufe bereit. Das Parlament stellte am 26.3. den Mitgliedstaaten 37 Mrd. € aus den drei wichtigsten EU-Strukturfonds zur Verfügung, um sie zur Bewältigung der Corona-Krise in Gesundheitssysteme, Arbeitsmärkte und KMU zu investieren.

7. Sicherung der Arbeitsplätze: Am 19.3. lockerte die EU die Vorschriften für staatliche Beihilfen. Damit wurde es den Mitgliedstaaten möglich gemacht, flexibler als sonst Unternehmen über Liquiditätsengpässe hinwegzuhelfen. Am 23.3. lockerte die EU auch die Haushaltsvorschriften, um den Mitgliedstaaten außerplanmäßige Ausgaben zu ermöglichen. Am 6.4. gab die Kommission 1 Mrd. € aus dem Europäischen Fonds für strategische Investitionen (EFSI) frei, die als Garantie für den Europäischen Investitionsfonds (EIF) dienen sollen. Mit diesen Garantien soll der EIF bei Kreditgebern etwa 8 Mrd. € mobilisieren, um europaweit mindestens 100 000 kleine und mittlere Unternehmen (KMU), die durch die Corona-Pandemie in wirtschaftliche Schieflage geraten sind, mit Liquidität zu versorgen. Um Massenentlassungen zu verhindern, legte die EU das Programm „SURE" zur Förderung von Kurzarbeit auf: Gesichert durch Garantien der Mitgliedschaften kann die Kommission an den Finanzmärkten bis zu 100 Mrd. € aufnehmen und als günstige Kredite an Unternehmen weitergeben, die durch Covid-19 in wirtschaftlichen Schwierigkeiten sind.

8. Rückführung von EU-Bürgern: Zehntausende EU-Bürger wurden vom Ausbruch der Pandemie im Ausland, oft auf anderen Kontinenten überrascht. In großem Umfang flogen die EU-Staaten ihre Bürger aus anderen Regionen aus. Bis zum 22.6. hatten die EU-Staaten gemeinsam mit Großbritannien und der Türkei mit 350 Flügen insgesamt 77 749 EU-Bürger sowie 9 870 Nicht-EU-Bürger in ihre Heimatländer zurückgebracht.

9. Unterstützung von Entwicklungsländern: Am 8.4. brachte die EU das „Team Europa"-Maßnahmenpaket mit einem Umfang von 36 Mrd. € auf den Weg, um vor allem in Afrika, aber auch in Asien, Lateinamerika und im Pazifikraum in den von der Pandemie am stärksten betroffenen Ländern die wirtschaftlichen und sozialen Folgen abzufedern.

10. Sicherstellung richtiger Information: Falschinformationen über das Coronavirus, die aus wirtschaftlichem oder politischem Interesse in die Welt gesetzt und oft aus Unwissenheit weiter verbreitet werden, können Menschen verunsichern und sogar die Bekämpfung der Krankheit behindern. Die EU-Parlamentarier forderten die Einrichtung einer eigenen EU-Website mit sachlichen Informationen über Covid-19 sowie politischen Druck gegen die Betreiber von Online-Plattformen, aktiv gegen Desinformation vorzugehen.

Streit um „Corona-Bonds": Ein Streitpunkt zwischen den EU-Staaten war die Einführung so genannter Corona-Bonds. Mehrere Länder, insbesondere Frankreich, Italien und Spanien, forderten vehement dieses Finanzierungsinstrument, bei dem die EU- oder die Euro-Staaten gemeinsam Geld an den Kapitalmärkten aufnehmen und dann auch gemeinsam haften würden. Vor allem die gemeinsame Haftung, die eine Vergemeinschaftung der Schulden bedeutete, führte zu starkem Widerstand in Deutschland und einigen anderen EU-Staaten, v. a. Dänemark, Niederlande, Österreich und Schweden („die Sparsamen Vier"). Als Kompromissvorschlag war das 750-Mrd.-Euro-Konjunkturpaket der Kommissionspräsidentin von der Leyen gedacht. Während es in den südeuropäischen Staaten auf Zustimmung traf, gab es u. a. seitens der „Sparsamen Vier" Kritik an dem Vorschlag. Sie kritisierten die Höhe des Gesamtpakets, sprachen sich gegen nicht rückzahlbare Transfers aus oder wollten deren Anteil zumindest reduzieren.

Flüchtlingslager: Am 3.3. erhielt Griechenland von der EU finanzielle Mittel in Höhe von bis zu 700 Mio. € sowie Sachlieferungen, medizinische und logistische Unterstützung zur Migrationssteuerung. Weitere 3.3 Mrd. € mobilisierte die EU am 29.4. für die EU-Partnerländer auf dem Westbalkan; das Geld soll der Unterstützung des Gesundheitssystems, humanitärer Hilfe für Geflüchtete und der wirtschaftlichen Erholung dienen.
Trotz dieser Mittel verschärfte sich die ohnehin angespannte Situation in einigen Flüchtlingslagern durch die Covid-19-Pandemie noch dramatisch. Mehrere griechische Flüchtlingslager meldeten Fälle von Corona. Menschenrechtsorganisationen forderten zu Beginn der Pandemie insbesondere die Evakuierung des, mit über 20 000 unter unhaltbaren hygienischen Bedingungen lebenden Menschen, größten Flüchtlingslagers Moria auf der Insel Lesbos. Erste unbegleitete Minderjährige wurden im April aus dem Lager evakuiert, nachdem einige EU-Staaten sich zu ihrer Aufnahme bereit erklärt hatten.

Blick auf das Flüchtlingslager Camp Moria und angrenzende Behelfslager am 21. Juni 2020.

Operation Irini: Am 31.3.2020 beschloss der Rat im Rahmen der Gemeinsamen Sicherheits- und Verteidigungspolitik (GSVP), die Operation Irini (auch EUNAVFOR MED Irini) mit einem zunächst einjährigen Mandat (bis 31.3.2021) zu starten. Die Mission hat das Ziel, das UN-Waffenembargo gegen Libyen durchzusetzen.
Die Operation Irini kann vor der libyschen Küste Schiffe kontrollieren, wenn der Verdacht besteht, dass diese das Embargo unterlaufen wollen. Ferner sammelt sie Informationen über illegale Ausfuhr von Erdöl und Erdölerzeugnissen aus Libyen, schult die libysche Küstenwache und Marine und will durch Sammeln von Informationen und durch Luftpatrouillen einen Beitrag zur Zerschlagung von Schleusernetzen leisten. Die Operation Irini löste die EUNAVFOR MED Operation Sophia ab, die am 22.6.2015 begann und nach mehreren Verlängerungen am 31.3.2020 endete. Die Aufgaben beider Missionen sind weitgehend die gleichen, allerdings lag bei Operation Sophia der Schwerpunkt in der Zerschlagung des Geschäftsmodells der Schleuser und Menschenhändler.

Deutsche Ratspräsidentschaft: Am 30.6.2020 endete die EU-Ratspräsidentschaft Kroatiens und Deutschland übernahm den Vorsitz im Rat der EU für die Zeit vom 1.7. bis 31.12.2020. Gemeinsam mit den Präsidentschaften Portugals und Sloweniens (2021) begann zudem ein neuer 18-Monats-Zyklus: Jeweils drei Staaten, deren Ratsvorsitze direkt aufeinanderfolgen, arbeiten zusammen und stimmen ihre Programme aufeinander ab.
Wichtigste Aufgabe der deutschen Präsidentschaft ist die Bewältigung der Corona-Pandemie und ihrer wirtschaftlichen und sozialen Folgen. In die Zeit des deutschen Ratsvorsitzes fallen zudem die Verhandlungen über einen neuen langfristigen EU-Haushalt (2021-2027). In ihrem Programm unter dem Titel „Gemeinsam. Europa wieder stark machen." nannte die Bundesregierung sechs Ziele der deutschen Präsidentschaft: Europas-Antwort auf die Corona-Pandemie; ein stärkeres und innovatives Europa; ein gerechtes Europa; ein nachhaltiges Europa; ein Europa der Sicherheit und der gemeinsamen Werte; eine handlungsfähige Europäische Union für eine partnerschaftliche und regelbasierte internationale Ordnung.

Bundeskanzlerin Angela Merkel (CDU) lächelt im Foyer des Bundeskanzleramtes EU-Kommissionspräsidentin Ursula von der Leyen (CDU) zu, die per Video zugeschaltet ist. Sie gaben eine gemeinsame Pressekonferenz. Einen Tag nach der Übernahme der Ratspräsidentschaft schaltete sich Merkel mit der EU-Kommissionspräsidentin, den drei exekutiven Vizepräsidenten, dem Außenbeauftragten und der Innenkommissarin zusammen. Sie haben das Arbeitsprogramm der beginnenden EU-Ratspräsidentschaft der Bundesrepublik abgestimmt.

Die Geschichte der EU

★ Von den Römischen Verträgen (u. a. über die Gründung der Europäischen Wirtschaftsgemeinschaft EWG) im Jahr 1958 bis zur heutigen EU – die Entwicklung der Staatengemeinschaft

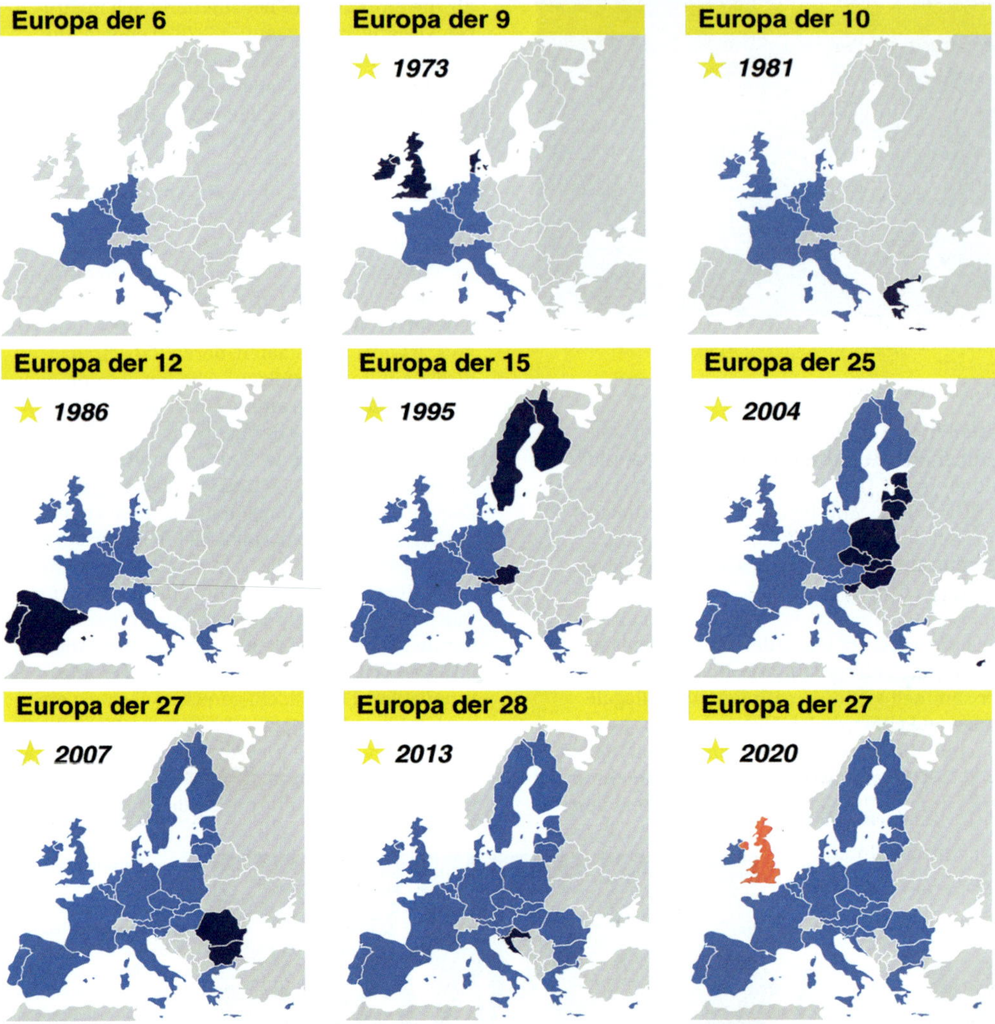

Europa der 6

Belgien
Deutschland
Frankreich
Italien
Luxemburg
Niederlande

Europa der 9

+ Dänemark
+ Großbritannien
+ Irland

Europa der 10

+ Griechenland

Europa der 12

+ Portugal
+ Spanien

Europa der 15

+ Finnland
+ Österreich
+ Schweden

Europa der 25

+ Estland
+ Lettland
+ Litauen
+ Malta
+ Polen
+ Slowakei
+ Slowenien
+ Tschechien
+ Ungarn
+ Zypern

Europa der 27

+ Bulgarien
+ Rumänien

Europa der 28

+ Kroatien

Europa der 27

• **Austritt Großbritanniens**

Quelle: EU Stand Februar 2020

dpa•GlobusSteps 13725

Vereinte Nationen

Internationale Organisationen

Mitglieder der UN und der WTO, sowie Vertragsstaaten des IStGH** (mit Beitrittsjahr)

Staat	UN	WTO	IStGH
Afghanistan	1946	2016	2003
Ägypten	1945	1995	
Albanien	1955	2000	2003
Algerien	1962	*	
Andorra	1993	*	2001
Angola	1976	1996	
Antigua und Barbuda	1981	1995	2001
Äquatorialguinea	1968	*	
Argentinien	1945	1995	2001
Armenien	1992	2003	
Aserbaidschan	1992	*	
Äthiopien	1945	*	
Australien	1945	1995	2002
Bahamas	1973	*	
Bahrain	1971	1995	
Bangladesch	1974	1995	2010
Barbados	1966	1995	2002
Belgien	1945	1995	2000
Belize	1981	1995	2000
Benin	1960	1996	2002
Bhutan	1971	*	
Bolivien	1945	1995	2002
Bosnien und Herzegowina	1992	*	2002
Botswana	1966	1995	2000
Brasilien	1945	1995	2002
Brunei	1984	1995	
Bulgarien	1955	1996	2002
Burkina Faso	1960	1995	2004
Burundi	1962	1995	2004-17
Chile	1945	1995	2009
China	1971	2001	
Costa Rica	1945	1995	2001
Dänemark	1945	1995	2001
Deutschland	1973	1995	2000
Dominica	1978	1995	2001
Dominikanische Republik	1945	1995	2005
Dschibuti	1977	1995	2002
Ecuador	1945	1996	2002
El Salvador	1945	1995	2016
Elfenbeinküste	1960	1995	2013
Eritrea	1993		
Estland	1991	1999	2002
Eswatini	1968	1995	
Fidschi	1970	1996	1999
Finnland	1955	1995	2000
Frankreich	1945	1995	2000
Gabun	1960	1995	2000
Gambia	1965	1996	2002

Staat	UN	WTO	IStGH
Georgien	1992	2000	2003
Ghana	1957	1995	1999
Grenada	1974	1996	2011
Griechenland	1945	1995	2002
Großbritannien und Nordirland	1945	1995	2001
Guatemala	1945	1995	2012
Guinea	1958	1995	2003
Guinea-Bissau	1974	1995	
Guyana	1966	1995	2004
Haiti	1945	1996	
Honduras	1945	1995	2002
Indien	1945	1995	
Indonesien	1950	1995	
Irak	1945	*	
Iran	1945	*	
Irland	1955	1995	2002
Island	1946	1995	2000
Israel	1949	1995	
Palästinensische Gebiete	*		2015
Italien	1955	1995	1999
Jamaika	1962	1995	
Japan	1956	1995	2007
Jemen	1947	2014	
Jordanien	1955	2000	2002
Kambodscha	1955	2004	2002
Kamerun	1960	1995	
Kanada	1945	1995	2000
Kap Verde	1975	2008	
Kasachstan	1992	2015	
Katar	1971	1996	
Kenia	1963	1995	2005
Kirgisistan	1992	1998	
Kiribati	1999		
Kolumbien	1945	1995	2002
Komoren	1975	*	2006
Kongo, Demokratische Republik	1960	1997	2002
Kongo, Republik	1960	1997	2004
Korea, Demokratische Volksrepublik	1991		
Korea, Republik	1991	1995	2002
Kosovo			
Kroatien	1992	2000	2001
Kuba	1945	1995	
Kuwait	1963	1995	
Laos	1955	2013	
Lesotho	1966	1995	2000
Lettland	1991	1999	2002
Libanon	1945	*	
Liberia	1945	2016	2004

Staat	UN	WTO	IStGH
Libyen	1955	*	
Liechtenstein	1990	1995	2001
Litauen	1991	2001	2003
Luxemburg	1945	1995	2000
Madagaskar	1960	1995	2008
Malawi	1964	1995	2002
Malaysia	1957	1995	
Malediven	1965	1995	2011
Mali	1960	1995	2000
Malta	1964	1995	2002
Marokko	1956	1995	
Marshallinseln	1991		2000
Mauretanien	1961	1995	
Mauritius	1968	1995	2002
Mexiko	1945	1995	2005
Mikronesien	1991		
Moldawien	1992	2001	2010
Monaco	1993		
Mongolei	1961	1997	2002
Montenegro	2006	2012	2006
Mosambik	1975	1995	
Myanmar	1948	1995	
Namibia	1990	1995	2002
Nauru	1999		2001
Nepal	1955	2004	
Neuseeland	1945	1995	2000
Nicaragua	1945	1995	
Niederlande	1945	1995	2001
Niger	1960	1996	2002
Nigeria	1960	1995	2001
Nordmazedonien	1993	2003	2002
Norwegen	1945	1995	2000
Oman	1971	2000	
Österreich	1955	1995	2000
Osttimor	2002	*	2002
Pakistan	1947	1995	
Palau	1994		
Panama	1945	1997	2002
Papua-Neuguinea	1975	1996	
Paraguay	1945	1995	2001
Peru	1945	1995	2001
Philippinen	1945	1995	2011-19
Polen	1945	1995	2001
Portugal	1955	1995	2002
Ruanda	1962	1996	
Rumänien	1955	1995	2002
Russland	1945	2012	
Salomonen	1978	1996	
Sambia	1964	1995	2002
Samoa	1976	2012	2002
San Marino	1992		1999
São Tomé und Príncipe	1975	*	

Staat	UN	WTO	IStGH
Saudi-Arabien	1945	2005	
Schweden	1946	1995	2001
Schweiz	2002	1995	2001
Senegal	1960	1995	1999
Serbien	2000	*	2001
Seychellen	1976	2015	2010
Sierra Leone	1961	1995	2000
Simbabwe	1980	1995	
Singapur	1965	1995	
Slowakei	1993	1995	2002
Slowenien	1992	1995	2001
Somalia	1960	*	
Spanien	1955	1995	2000
Sri Lanka	1955	1995	
St. Kitts und Nevis	1983	1996	2006
St. Lucia	1979	1995	2010
St. Vincent und die Grenadinen	1980	1995	2002
Südafrika	1945	1995	2000
Sudan	1956	*	
Südsudan	2011	*	
Suriname	1975	1995	2008
Syrien	1945	*	
Tadschikistan	1992	2013	2000
Taiwan	1945-71	2002	
Tansania	1961	1995	2002
Thailand	1946	1995	
Togo	1960	1995	
Tonga	1999	2007	
Trinidad und Tobago	1962	1995	1999
Tschad	1960	1996	2007
Tschechische Republik	1993	1995	2009
Tunesien	1956	1995	2011
Türkei	1945	1995	
Turkmenistan	1992	*	
Tuvalu	2000		
Uganda	1962	1995	2002
Ukraine	1945	2008	
Ungarn	1955	1995	2001
Uruguay	1945	1995	2002
Usbekistan	1992	*	
Vanuatu	1981	2012	2011
Vatikanstadt	*	*	
Venezuela	1945	1995	2000
Vereinigte Arabische Emirate	1971	1996	
Vereinigte Staaten	1945	1995	
Vietnam	1977	2007	
Weißrussland	1945	*	
Zentralafrikanische Republik	1960	1995	2001
Zypern	1960	1995	2002

*** Beobachterstatus**

**** Internationaler Strafgerichtshof**

Vereinte Nationen

Organisation	Vereinte Nationen
Abkürzung	UN (United Nations)
Gründungsdatum	26. Juni 1945
Sitz	New York (USA)
Haushalt	3.08 Milliarden US-$ (2020)
Mitglieder	193 Staaten
Internet	www.un.org

Die Vereinten Nationen, 1945 als Nachfolgeorganisation des Völkerbunds (1918-46) von 51 Staaten gegründet, verfolgen als wichtigste Ziele die Wahrung des Weltfriedens und der internationalen Sicherheit. Heute sind mit Ausnahme der Vatikanstadt alle als souverän anerkannten Staaten der Welt Mitglied der Vereinten Nationen.

Der Hauptsitz der Vereinten Nationen, mit dem markanten Sekretariatshochhaus in Manhattan, zwischen der United Nations Plaza und dem East River.

Ziele/Grundsätze: Die Charta der Vereinten Nationen, die als eine Art Weltverfassung neben der Umschreibung von Aufgaben und Befugnissen der Organisation selbst auch allgemein den Umgang der Staaten miteinander regelt, sieht als oberstes Ziel der Vereinten Nationen die friedliche Beilegung der Streitigkeiten zwischen ihren souveränen Mitgliedstaaten. Dem Weltfrieden gleichgestellte Ziele sind die Sicherstellung der Würde und der daraus abgeleiteten Rechte jedes Menschen sowie die Schaffung sozial gerechter und freiheitlicher Lebensbedingungen.

Aufbau: Die Vereinten Nationen bestehen heute aus einem komplexen Geflecht aus Organen, Kommissionen, Abteilungen und anderen Institutionen. Wichtigster Bestandteil sind die in der UN-Charta festgelegten sog. **Hauptorgane (engl. principal organs)**, die wiederum Nebenorgane einrichten oder Fonds und Programme auflegen können und die Arbeit der Sonderorganisationen steuern.

Haushalt: Nachdem bisher alle zwei Jahre ein 2-Jahres-Haushalt beschlossen wurde, verabschiedete die Generalversammlung 2020 erstmals einen Jahreshaushalt. Die Finanzierung dieses regulären Haushalts erfolgt maßgeblich durch die Mitgliedstaaten, die entsprechend ihres wirtschaftlichen Gewichts unterschiedlich hohe Beiträge entrichten. Die vier größten Beitragszahler USA, China, Japan und Deutschland tragen fast die Hälfte des regulären UN-Haushalts. Neben diesen Pflichtbeiträgen finanzieren sich die verschiedenen Organisationen und Missionen der Vereinten Nationen aus freiwilligen Zuwendungen der Mitgliedstaaten und privater Geldgeber.

Hauptorgane

Generalversammlung

Abkürzung: GA (Genaral Assembly)
Vorsitz: 2019: Tijjani Muhammad Bande (Nigeria), 2020: Volkan Bozkir (Türkei)
Aufgaben: Zentrales Beratungsorgan aller Mitgliedstaaten, Entscheidung über Zusammensetzung der anderen Organe, Mitgliedschaften, Haushalt, Verabschiedung von Resolutionen
Aufbau: Jahrestagung mit allen Mitgliedstaaten in New York; Einsetzung von Ausschüssen (derzeit 6 Hauptausschüsse)
Internet: www.un.org/en/ga

Die **Generalversammlung** ist das einzige Plenarorgan der Vereinten Nationen und fungiert somit als **politisches Hauptorgan der Vereinten Nationen** mit allumfassender Zuständigkeit. In ihr sind alle 193 Mitgliedstaaten mit gleichen Rechten vertreten.

Blick in den Sitzungssaal der 74. Generalversammlung am 24. September 2019.

Die Sitzung des Sicherheitsrats am 11. März 2020.

Sicherheitsrat

Abkürzung: SC (Security Council)
Vorsitz: Monatlich wechselnde Präsidentschaft
Aufgaben: Weitreichende Kompetenzen zur Konfliktverhütung und -lösung, Verabschiedung von völkerrechtlich bindenden Resolutionen
Aufbau: 15 Mitglieder, davon 5 ständige Mitglieder mit Vetorecht: VR China, Frankreich, Großbritannien, Russland, USA; sowie 10 Mitglieder in wechselnder Besetzung durch jährliche Neuwahl von 5 Mitgliedern: gewählt für 2019/2020: Deutschland, Belgien, Dominikanische Republik, Indonesien, Südafrika; gewählt für 2020/2021: Niger, St. Vincent und die Grenadinen, Estland, Vietnam, Tunesien; gewählt für 2021/2022: Irland, Norwegen, Mexiko, Indien, Kenia; Einsetzung von Ausschüssen, Sanktionsausschüssen und Ad-hoc-Organen
Internet: www.un.org/securitycouncil

Der **Sicherheitsrat** ist das zentrale Hauptorgan der Vereinten Nationen für die Wahrung des Weltfriedens und der internationalen Sicherheit. Er ist das einzige Organ, das **Beschlüsse mit völkerrechtlich bindender Wirkung** für die Mitgliedstaaten der Vereinten Nationen fassen kann. Zudem erteilt der Sicherheitsrat Mandate für Friedenseinsätze und politische Missionen.

Friedenseinsätze und politische Missionen: Zentrales Instrument der Vereinten Nationen, das Ziel der Friedenssicherung zu erreichen, sind die so genannten Friedenseinsätze (engl. peacekeeping missions). Zunächst wurden die UN-Friedenstruppen aus militärischen (sog. Blauhelmsoldaten), polizeilichen (UN Police) und zivilen Einsatzkräften vor allem zur Sicherstellung eines geschlossenen Friedens oder Waffenstillstands eingesetzt, wirkten somit als unparteilicher Puffer zwischen feindseligen Truppen. In den 1980er-Jahren veränderte sich die Qualität der Friedensmissionen jedoch dahingehend, dass nun auch Entwaffnung und Reintegration von Kämpfern, die Rückführung von Flüchtlingen oder die Unterstützung demokratischer Prozesse bis hin zur Quasi-Übernahme von Verwaltungsstrukturen dazugehören können. Und seit den 1990er-Jahren gehören auch Einsätze zum Bild, die nicht mehr in einem Nachkriegsszenario stattfanden, sondern mithelfen sollten, den Krieg zu beenden. Nach den militärischen Debakeln in Somalia, Ruanda und Bosnien gingen die Vereinten Nationen vielfach dazu über, Friedensmissionen auf Regionalorganisationen wie die NATO zu übertragen. Seit Beginn der 2000er-Jahre werden Missionen vielfach in Kooperation mit mehreren, auch nichtstaatlichen Organisationen sowie unter verstärktem Einsatz von Zivilpolizisten und Verwaltungsexperten durchgeführt. Mit diesem multidimensionalen Ansatz gelang es den Vereinten Nationen, den entstandenen Vertrauens- und Glaubwürdigkeitsverlust der Friedensmissionen abzubauen.

Koordiniert werden die Friedenseinsätze von der sog. Hauptabteilung Friedensmissionen, seit 2017 unter der Leitung von Jean-Pierre Lacroix (Frankreich). Sie ist dem UN-Sekretariat und damit dem Generalsekretär zugeordnet. Dieser beruft für jede Mission vor Ort eine/n Sondergesandte/n. Aktuell laufen weltweit 13 Friedensmissionen mit rund 90 000 eingesetzten zivilen und militärischen Kräften. Rund 85 % aller Einsatzkräfte sind in den Missionen in der DR Kongo, im Sudan und Südsudan, in Mali und in der Zentralafrikanischen Republik eingesetzt, die auch zu den jüngsten Missionen gehören.

Zu den Traditionen der UN-Friedensmissionen gehört, dass die Blauhelmtruppen hauptsächlich aus Entwicklungsländern stammen. Aktuell stellen Äthiopien (6 700 Einsatzkräfte), Bangladesch (6 400), Ruanda (6 300), Nepal (5 600) und Indien (5 400) die größten Kontingente – zusammen kommen sie auf mehr als ein Drittel aller weltweit aktiven Einsatzkräfte.

Philippinische Blauhelmsoldaten vor dem Abflug zu einem Friedenssicherungseinsatz.

Friedensmission	Staat|Region|Ort	Sitz	Jahr	Einsatzkräfte (Mai 2020)	Davon Militär & Polizei
MONUSCO	DR Kongo	Kinshasa	2010	18 467	15 163
UNMISS	Südsudan	Juba	2011	16 300	16 300
MINUSMA	Mali	Bamako	2013	15 484	13 893
MINUSCA	Zentralafrikanische Republik	Bangui	2014	13 196	13 196
UNIFIL	Libanon	Naqoura	1978	10 035	10 035
UNAMID	Darfur (Sudan)	Fascher	2007	6 361	6 361
UNISFA	Abyei (Sudan/Südsudan)	Abyei	2011	4 033	3 784
UNDOF	Golan (Israel/Palästina)	Camp Faouar	1974	1 009	1 009
UNFICYP	Zypern	Nikosia	1964	849	849
MINURSO	Westsahara (Marokko)	Aaiún	1991	430	187
UNTSO	Israel/Palästina	Jerusalem	1948	365	143
UNMIK	Kosovo	Priština	1999	350	17
UNMOGIP	Kashmir (Indien/Pakistan)	Islamabad/Srinagar	1949	40	40

Neben den Friedensmissionen führen die Vereinten Nationen auch sog. politische Missionen (engl. political missions) durch, die die Stabilisierung politischer Systeme und Lösung interner Konflikte, Krisen und Wandlungsprozesse beinhalten. Die aktuell 15 politischen Missionen werden ebenfalls aus dem Sekretariat gesteuert, jedoch über die Hauptabteilung für politische Angelegenheiten und Friedenskonsolidierung (DPPA). Diese Abteilung, seit 2018 unter der Leitung von Rosemary A. DiCarlo (USA), ging 2019 aus dem Zusammenschluss der bisherigen Hauptabteilung für politische Angelegenheiten (DPA) und der Hauptabteilung für Friedenssicherungseinsätze (DPKO) hervor.

Darüber hinaus ernennt der Generalsekretär für einzelne Staaten oder Konflikte auch sog. Spezialgesandte (engl. special envoy), die die Situation vor Ort ohne eigene Mission begleiten. Darunter befinden sich teilweise auch prominente Personen wie beispielsweise der ehemalige Bundespräsident Horst Köhler (2017-19, Westsahara) oder Ex-US-Präsident Bill Clinton (2009, Haiti). Aktuell sind neben Westsahara (seit 1997) für folgende Gebiete Spezialgesandte benannt: Jemen (seit 2012), Syrien (2012), Afrikanische Große Seen (2013), Burundi (2016), Horn von Afrika (2018), Myanmar (2018) sowie seit 2019 auch für Mosambik. Zusätzlich laufen unter der Steuerung der DPPA die UN-Sonderbeauftragte für den Zypern-Konflikt (seit 1964) sowie seit 2017 eine Überwachungsmission für Kolumbien.

UN-Blauhelmsoldaten sollen im Südsudan für Ordnung und Sicherheit sorgen.

Politische Mission	Staat	Sitz	Jahr
UNSCO	Israel/Palästina	Jerusalem	1999
UNAMA	Afghanistan	Kabul	2002
UNOWAS	Senegal	Dakar	2002
UNAMI	Irak	Bagdad	2003
UNSCOL	Libanon	Beirut	2007
UNRCCA	Turkmenistan	Aschgabat	2007
UNOAU	Äthiopien	Addis Abeba	2010
UNIOGBIS	Guinea-Bissau	Bissau	2010
UNRGID	Georgien	Genf	2010
UNSMIL	Libyen	Tripolis	2011
UNOCA	Gabun	Libreville	2011
UNSOM	Somalia	Mogadischu	2013
BINUH	Haiti	Port-au-Prince	2019
UNMHA	Jemen		2019
UNITAMS	Sudan		2020

Wirtschafts- und Sozialrat

Abkürzung: ECOSOC (Economic and Social Council)
Vorsitz: Präsidentin Mona Juul (Norwegen), seit 2019
Aufgaben: Zentrale Plattform zur Erreichung der vereinbarten Ziele im Bereich ökonomischer, sozialer und ökologischer Nachhaltigkeit. Koordinierende Funktion ohne eigene rechtliche oder finanzielle Mittel; Wirkmächtigkeit durch Beauftragung von Studien, Durchführung von Konferenzen, Verabschiedung von Empfehlungen; Koordinierung der Arbeit der nachgeordneten Nebenorgane und Sonderorganisationen
Aufbau: 54 Mitgliedstaaten bei jährlicher Nachwahl von 18 Mitgliedern; Einsetzung von Fach- und Regionalkommissionen
Internet: www.un.org/ecosoc

Der **Wirtschafts- und Sozialrat** fungiert als zentrales koordinierendes Organ und Bindeglied zwischen der Politikebene der Generalversammlung und den Tätigkeiten der nachstehenden Institutionen. Er steuert auf zwischenstaatlicher Ebene auch die (rechtlich autonomen) Sonderorganisationen.

Sekretariat

Vorsitz: Generalsekretär António Manuel de Oliveira Guterres (Portugal), seit 2017
Aufgaben: Zentrales Verwaltungsorgan, vor allem administrative Aufgaben. Generalsekretär als höchster Verwaltungsbeamte mit herausgehobener Stellung in der Vertretung der UN nach außen sowie in der Einwirkung auf die inhaltliche Agenda der anderen Hauptorgane. Einsetzen von Sonderbeauftragten, Gesandten etc. zur Wahrung der diplomatischen Aufgaben.
Aufbau: Unterbau mit Hauptabteilungen und Büros, die die Arbeit der verschiedenen Nebenorgane und Sonderorganisationen ergänzen und unterstützen.
Internet: www.un.org/en/sections/about-un/secretariat/

Das **Sekretariat** ist das zentrale Verwaltungsorgan der Vereinten Nationen, das im Auftrag der anderen Hauptorgane planerisch und administrativ tätig wird. Geleitet wird das Sekretariat von einem **Generalsekretär**, der neben seiner nach innen gerichteten Leitungsfunktion die Vereinten Nationen auch nach außen repräsentiert und ihnen und ihren Anliegen ein Gesicht gibt. Er wird von den anderen Organen mit der Umsetzung von Beschlüssen oder Erarbeitung von Strategien und Studien beauftragt, kann aber seinerseits auch Themen auf die Agenda der Vereinten Nationen setzen. Zudem kann er für einzelne Themen oder Missionen sog. Hohe Repräsentanten oder Sonderbeauftragte einsetzen. Seit 1. Januar 2017 ist **António Guterres**, ehemaliger Premierminister Portugals, als Nachfolger von Ban Ki-moon (Südkorea) der neunte Generalsekretär der Vereinten Nationen.

Der aktuelle Generalsekretär António Manuel de Oliveira Guterres.

Internationaler Gerichtshof

Abkürzung: ICJ (International Court of Justice)
Vorsitz: Präsident Abdulqawi Ahmed Yusuf (Somalia), seit 2018
Aufgaben: Hauptrechtsprechungsorgan der Vereinten Nationen. Verbindliche Entscheidung von internationalen Streitigkeiten auf Basis des Völkerrechts, aber keine Zwangsmittel zur Durchsetzung.
Aufbau: 15 Richter (Wahl für 9 Jahre von Generalversammlung und Sicherheitsrat)
Internet: www.icj-cij.org

Der **Internationale Gerichtshof** ist das **Hauptrechtsprechungsorgan** der Vereinten Nationen. Ihm gehören 15 unabhängige Richter an, die von der Generalversammlung und dem Sicherheitsrat für neun Jahre gewählt werden.

Als sechstes Hauptorgan sieht die UN-Charta den **Treuhandrat** vor, dessen Aufgabe darin bestand, die dem Internationalen Treuhandsystem unterstellten (Kolonial-)Gebiete zu überwachen und zu unterstützen. Mit der Beendigung des letzten Treuhandabkommens hat der Treuhandrat somit de facto seine Arbeit beendet.

RÜCKBLICK

Die **74. Sitzung der Generalversammlung** im September 2019 unter Vorsitz von Tijjani Muhammad Bande (Ghana) stand unter dem Motto einer Verzahnung der **Bemühungen um Armutsbekämpfung, Bildungsoffensive, Bekämpfung des Klimawandels und Inklusion**. In den Reden der verschiedenen Staats- und Regierungschefs wurde dabei der **Klimawandel** unter dem Eindruck der globalen Bewegungen (u. a. Fridays for Future) zum bestimmenden Thema.
Die Generalversammlung in New York wurde begleitet von mehreren Gipfeltreffen, etwa dem sog. **Klimaaktionsgipfel** sowie dem ersten **Gipfel zur Umsetzung der im Jahr 2015 verabschiedeten sog. Agenda 2030** mit ihren 17 Zielen für nachhaltige Entwicklung (engl. Sustainable Development Goals, SGD). Ergebnis dieses Gipfels war die Verabschiedung einer politischen Erklärung, mit der die Vereinten Nationen eine **„Aktionsdekade"** zur Umsetzung der Agenda 2030 ausriefen (engl. decade of action and delivery for sustainable development).

Die **75. Sitzung der Generalversammlung** im September 2020 wird unter dem Vorsitz von Volkan Bozkir (Türkei) stattfinden.

Der **Sicherheitsrat**, der in Zeiten der Corona-Pandemie nurmehr online tagte und schriftlich Abstimmungen durchführte, fasste im Berichtszeitraum den Beschluss, die **Friedensmission UNAMID in der Krisenregion Darfur im Sudan** mit Ablauf des Jahres 2020 zu beenden und durch eine politische Mission zu ersetzen (United Nations Transitional Assitance Mission in Sudan – UNITAMS). Gleichzeitig wurde die Mission im Südsudan (UNMISS) verlängert.

Beendet wurde mit der Mission MINUJUSTH eine bis in die 1990er-Jahre zurückreichende Reihe von **Friedensmissionen in Haiti**. Sie wurde ersetzt durch die politische Mission BINUH. Darüber hinaus wurde **im Jemen eine weitere politische Mission (UNMHA)** eingerichtet, um den Friedensprozess zwischen der von weiteren Staaten (u. a. Saudi-Arabien) militärisch unterstützten Regierung und der Volksgruppe der Huthi voranzubringen.

In der **Corona-Krise** konnte sich der Sicherheitsrat bisher nicht auf eine Resolution einigen, die den Aufruf von Generalsekretär Guterres nach einem Ruhen der bestehenden Kriege und Konflikte hätte verbindlicher machen, die teilweise unklare Situation der verschiedenen Friedensmissionen klären und generell ein wichtiges politisches Signal an die Weltgemeinschaft senden können. Da die USA die führende Rolle der WHO im Kampf gegen die Pandemie anzweifeln, verhinderten sie einen entsprechenden Resolutionsentwurf. Gleichwohl arbeiten die verschiedensten UN-Organisationen und -Organe unter Federführung der WHO mit Hochdruck daran, insbesondere die Entwicklungsländer und die Staaten mit Konflikten oder Krisen bei ihrem Kampf gegen das Virus zu unterstützen.

Der **Wirtschafts- und Sozialrat** verabschiedete im Februar 2020 eine Resolution zur Unterstützung der Staaten der **Sahelzone**, mit der sich die Vereinten Nationen zu einer Bündelung ihrer Aktivitäten im Bereich der Entwicklungshilfe und anderer Programme auf die Region verpflichten.

Der **Internationale Gerichtshof** befasste sich im Berichtszeitraum unter anderem mit einer Klage, die Gambia im Namen der Organisation für Islamische Zusammenarbeit (OIC) gegen Myanmar eingebracht hatte. Darin wird das Land des **Genozids an der Volksgruppe der Rohingya** beschuldigt. Der Gerichtshof ließ die Klage zu und forderte Myanmar auf, Maßnahmen zur Verhinderung eines Völkermords zu ergreifen.

Nebenorgane

Die sog. **Nebenorgane** (engl. subsidiary organs) können durch die Hauptorgane der Vereinten Nationen eingesetzt werden, um die Bearbeitung der verschiedensten Zuständigkeits- und Handlungsfelder sicherzustellen. Zu den aufgeführten Nebenorganen gehören Fonds und Programme sowie Forschungs- und Ausbildungsinstitute. Daneben komplettieren die unmittelbar an die Hauptorgane angelehnten Haupt-, Sanktions- und ständigen Ausschüsse sowie Ad-hoc-Organe (Generalversammlung und Sicherheitsrat), Fach- und Regionalkommissionen sowie Sachverständigenausschüsse (ECOSOC) bzw. Hauptabteilungen und Büros (Sekretariat) die Liste der Nebenorgane im System der Vereinten Nationen.

Abkürzung	Organisation	Jahr	Sitz
CDP	Ausschuss für Entwicklungspolitik	1998	New York
CTC	Ausschuss zur Bekämpfung des Terrorismus	2001	New York
DPO	Hauptabteilung Friedensmissionen	1992	New York
DPPA	Hauptabteilung für politische Angelegenheiten und Friedenskonsolidierung	2019	New York
HLPF	Hochrangiges politisches Forum über nachhaltige Entwicklung	2013	New York
HRC	Menschenrechtsrat	2006	Genf
ILC	Völkerrechtskommission	1947	New York
ITC	Internationales Handelszentrum	1964	Genf
JIU	Gemeinsame Inspektionsgruppe	1968	Genf
MICT	Internationaler Residualmechanismus für die Ad-hoc-Strafgerichtshöfe	2010	Den Haag/ Arusha
	Ausschuss für nichtstaatliche Organisationen	1946	New York
OCHA	Amt für die Koordinierung humanitärer Angelegenheiten	1991	Genf, New York
OCT	Büro für Terrorismusbekämpfung	2017	New York
OHCHR	Hohes Kommissariat für Menschenrechte	1993	Genf
PBC	Kommission für Friedenskonsolidierung	2005	New York
UNAIDS	Gemeinsames Programm für HIV/Aids	1996	Genf
UNCD	Abrüstungskommission	1978	New York
UNCTAD	Handels- und Entwicklungskonferenz	1964	Genf
UNDP	Entwicklungsprogramm	1965	New York
UNEP	Umweltprogramm	1972	Nairobi
UNFPA	Bevölkerungsfonds	1969	New York
UN-HABITAT	Programm für menschliche Siedlungen	1978	Nairobi
UNHCR	Hohes Flüchtlingskommissariat	1950	Genf
UNICEF	Kinderhilfswerk	1946	New York

Abkürzung	Organisation	Jahr	Sitz
UNICRI	Interregionales Forschungsinstitut für Kriminalität und Rechtspflege	1968	Turin
UNIDIR	Institut für Abrüstungsforschung	1980	Genf
UNITAR	Ausbildungs- und Forschungs-institut	1963	Genf
UNODA	Büro für Abrüstungsfragen	1998	New York
UNODC	Büro für Drogen- und Verbrechens-bekämpfung	1997	Wien
UN-OHRLLS	Büro des Hohen Beauftragten für die am wenigsten entwickelten Länder	2001	New York
UNOPS	Büro für Projektdienste	1995	Kopen-hagen
UNPFII	Ständiges Forum für indigene Fragen	2000	New York
UNRISD	Forschungsinstitut für soziale Entwicklung	1963	Genf
UNRWA	Hilfswerk für Palästinaflüchtlinge im Nahen Osten	1949	Gaza-Stadt/Amman
UNSSC	Fortbildungsakademie des UN-Systems	2002	Turin
UNU	Universität der Vereinten Nationen	1973	Tokio
UN-WO-MEN	Einheit für Gleichstellung und Ermächtigung der Frauen	2010	New York
WFP	Welternährungsprogramm	1961	Rom

Ausschuss zur Bekämpfung von Terrorismus

Abkürzung: CTC (Counter Terrorism Committee)
Gründungsdatum: 28. September 2001
Sitz: New York (USA)
Internet: www.un.org/sc/ctc
Vorsitz: Vorsitzender Kais Kabtani (Tunesien), seit 2020; Exekutivdirektorin Michèle Coninsx (Belgien), seit 2017
Aufgaben: Überwachung der Umsetzung der Resolution 1373 (28.9.2001) zur Bekämpfung des internationalen Terrorismus (u. a. Einfrieren der Vermögenswerte von Terroristen, strafrechtliche Verfolgung)

Menschenrechtsrat

Abkürzung: HRC (Human Rights Council)
Gründungsdatum: 15. März 2006
Sitz: Genf (Schweiz)
Internet: www.ohchr.org/en/hrbodies/hrc
Vorsitz: Präsidentin Elisabeth Tichy-Fisslberger (Österreich), 2020

Sitzung des UN-Menschenrechtsrats am 19. Juni 2020 in Genf.

Aufgaben: Weltweite Förderung und Schutz der Menschenrechte, Unterstützung der Mitgliedstaaten bei der Einhaltung der Menschenrechte

Weltklimarat

Abkürzung: IPCC (Panel on Climate Change)
Gründungsdatum: 1988
Sitz: Genf (Schweiz)
Internet: www.ipcc.ch
Vorsitz: Vorsitzender Hoesung Lee (Südkorea), seit 2015
Aufgaben: Abschätzung der Folgen der globalen Erwärmung, Zusammenführung wissenschaftlicher Studien zum Klimawandel, Unterstützung der Mitgliedstaaten bei Maßnahmen gegen den Klimawandel

Amt für die Koordinierung humanitärer Angelegenheiten

Abkürzung: OCHA (Office for the Coordination of Humanitarian Affairs)
Gründungsdatum: 19. Dezember 1991
Sitz: Genf (Schweiz)/ New York (USA)
Internet: www.unocha.org
Vorsitz: UN-Nothilfekoordinator Mark Andrew Lowcock (Großbritannien), seit 2017
Aufgaben: Koordinierung der humanitären Hilfseinsätze der Mitgliedstaaten und UN-Organisationen in humanitären Angelegenheiten

Hohes Kommissariat für Menschenrechte

Abkürzung: OHCHR (Office of the United Nations High Commissioner for Human Rights)
Gründungsdatum: 20. Dezember 1993
Sitz: Genf (Schweiz)
Internet: www.ohchr.org
Vorsitz: Hohe Kommissarin für Menschenrechte Michelle Bachelet Jeria (Chile), seit 2018
Aufgaben: Förderung und Schutz der Menschenrechte weltweit, Unterstützung des Menschenrechtsrats

Hohe Kommissarin für Menschenrechte Michelle Bachelet Jeria.

Gemeinsames Programm für HIV/AIDS

Abkürzung: UNAIDS
Gründungsdatum: 1994
Sitz: Genf (Schweiz)
Haushalt: 242 Mio. US-$ (2018)
Internet: www.unaids.org
Vorsitz: Exekutivdirektorin Winnie Byanyima (Uganda), seit 2019
Aufgaben: Weltweite Bekämpfung von HIV/Aids, Sammlung wissenschaftlicher Studien, Förderung der Behandlung von Kranken

Handels- und Enwicklungskonferenz

Abkürzung: UNCTAD (United Nations Conference on Trade and Development)
Gründungsdatum: 30. Dezember 1964
Sitz: Genf (Schweiz)
Haushalt: 109 Mio. US-$ (2017)
Internet: www.unctad.org
Vorsitz: Generalsekretär Mukhisa Kituyi (Kenia), seit 2013
Aufgaben: Unterstützung der weltweiten wirtschaftlichen Entwicklung, Schwerpunkt Handel

Entwicklungsprogramm

Abkürzung: UNDP (United Nations Development Programme)
Gründungsdatum: 1965
Sitz: New York (USA)
Haushalt: 5.5 Mrd. US-$ (2018)
Internet: www.undp.org
Vorsitz: Administrator Achim Steiner (Deutschland), seit 2017
Aufgaben: Bekämpfung der weltweiten Armut, Unterstützung von demokratischen Strukturen, Beseitigung von Umweltproblemen und Schaffung von Arbeitsplätzen

Umweltprogramm

Abkürzung: UNEP (United Nations Environment Programme)
Sitz: Nairobi (Kenia)
Internet: www.unep.org
Vorsitz: Exekutivdirektorin Inger Andersen (Dänemark), seit 2019
Aufgaben: Formulierung internationaler und regionaler Umweltschutzrichtlinien, Unterstützung der Mitgliedstaaten bei der nationalen Umweltpolitik

Programm für menschliche Siedlungen

Abkürzung: UN-HABITAT
Gründungsdatum: 19. Dezember 1977
Sitz: Nairobi (Kenia)
Haushalt: 296 Mio. US-$ (2019)
Internet: www.unhabitat.org
Vorsitz: Exekutivdirektorin Maimunah Mohd Sharif (Malaysia), seit 2018
Aufgaben: Durchführung von Entwicklungsprojekten (u. a. Trinkwasserversorgung), Unterstützung der Mitgliedstaaten bei Maßnahmen zum Wohnungs- und Siedlungswesen

Hohes Flüchtlingskommissariat

Abkürzung: UNHCR (Office of the United Nations High Commissioner for Refugees)
Gründungsdatum: 14. Dezember 1950
Sitz: Genf (Schweiz)
Internet: www.unhcr.org
Vorsitz: Hoher Kommissar Filippo Grandi (Italien), seit 2017
Aufgaben: Schutz und Unterstützung von Flüchtlingen/Vertriebenen, Unterstützung der Integration von Flüchtlingen

Kinderhilfswerk

Abkürzung: UNICEF (United Nations Children's Fund)
Gründungsdatum: 11. Dezember 1946
Sitz: New York (USA)
Internet: www.unicef.org
Vorsitz: Exekutivdirektorin Henrietta H. Fore (USA), seit 2018
Aufgaben: Schutz von Kindern vor Gewalt, Ausbeutung und Vernachlässigung; Notfallhilfe; Förderung der Bildungsmöglichkeiten und der medizinischen Versorgung

Welternährungsprogramm

Abkürzung: WFP (World Food Programme)
Gründungsdatum: 24. November 1961
Sitz: Rom (Italien)
Internet: www.wfp.org
Vorsitz: Exekutivdirektor David Beasley (USA), seit 2017
Aufgaben: Sicherstellung der Nahrungsmittelversorgung für Flüchtlinge und Betroffene von Kriegen oder Naturkatastrophen, Koordinierung von Hilfslieferungen

RÜCKBLICK

Für das **Kinderhilfswerk UNICEF** bedeutet die Corona-Krise eine **deutliche Zunahme problematischer Situationen für Kinder weltweit**, einerseits durch die ökonomischen Folgen für viele Familien, andererseits durch den teilweise vollständigen Wegfall sozialer Hilfseinrichtungen und Fördermöglichkeiten in Kita und Schule. Schwerpunkt der **Hilfstätigkeit von UNICEF 2019** waren die humanitären Kriegs- und Katastrophengebiete **Jemen, Syrien, Südsudan und Mosambik**. Zudem vermeldete das deutsche UNICEF-Komitee für das Jahr 2019 einen deutlichen Zuwachs der Spendengelder auf rund 126 Mio. €.

Die Exekutivdirektorin des gemeinsamen Programms für HIV/AIDS **(UNAIDS)**, Winnie Byanyima, warnte im Zusammenhang mit der Covid-19-Pandemie vor deutlichen **Rückschritten im weltweiten Kampf gegen das HI-Virus**. Sowohl die medizini-

Hoher Flüchtlingskommissar Filippo Grandi.

sche Versorgung, Engpässe beim Nachschub mit Medikamenten, als auch die Zunahme prekärer Lebensverhältnisse durch Arbeitslosigkeit und Ausgangssperren würden dazu beitragen, die Zahl der Infizierten und vor allem auch die Todesrate Infizierter in die Höhe zu treiben. Schon vor der Corona-Krise lagen die weltweiten HIV-Infektionszahlen weit über dem selbst gesteckten UNAIDS-Ziel von maximal 500 000 neu Infizierten pro Jahr: 2019 steckten sich nach UNAIDS-Angaben **rund 1.7 Mio. Menschen** mit dem HI-Virus an. Damit gerät das Ziel, die Welt bis 2030 von dem Virus zu befreien, in weite Ferne.

Auch das **Flüchtlingshilfswerk UNHCR** geht von negativen **Auswirkungen der Corona-Pandemie** auf die weltweite Situation von Flüchtlingen aus, unter anderem durch die Verschärfung der ökonomischen Situation in vielen Staaten und die Gefahr von Ausbrüchen in Flüchtlingslagern, wenngleich hier die Situation bisher unter Kontrolle blieb. Im **Weltflüchtlingsbericht für 2019** schlug das UNHCR bereits Alarm: mit fast 80 Mio. erreichte die Zahl der Menschen auf der Flucht vor Krieg, Krisen, Hunger, Gewalt oder Verfolgung einen **neuen historischen Höchststand**. Als Grund wurden sowohl die Zunahme von Konflikten (DR Kongo, Sahelzone) als auch die fehlende Rückkehrmöglichkeit in viele Kriegsgebiete genannt. Hauptherkunftsländer waren Syrien, Venezuela, Afghanistan, Südsudan und Myanmar.

Nach dem **Global Report on Food Crises, den das Welternährungsprogramm (WFP)** gemeinsam mit der FAO und weiteren Organisationen seit 2017 herausbringt, wurde 2019 mit **rund 135 Mio. Menschen mit ungesicherter Ernährungssituation** ein neuer Höchststand erreicht. Mehr als die Hälfte dieser Menschen lebt in afrikanischen Staaten. Als Hauptgründe werden Konflikte und Kriege, Naturkatastrophen und wirtschaftliche Turbulenzen genannt.

Der Weltklimarat (IPCC) verabschiedete im Berichtszeitraum zwei Sonderberichte: Im **Sonderbericht Ozean und Kryosphäre** werden die Entwicklungen der globalen Eisschichten und Gletscher und die Auswirkungen auf den Meeresspiegel zusammengefasst. Es wird von weiteren deutlichen Rückgängen der Eismasse und in deren Folge von einem Anstieg des Meeresspiegels um mindestens einen Meter ausgegangen. Im **Sonderbericht Klimawandel und Landsysteme** werden sowohl der wachsende Druck auf Landsysteme (Landschaften, Siedlungen, Vegetation etc.) und die damit verbundenen Existenzgrundlagen für Millionen Menschen als auch die große Bedeutung von Landsystemen für den Klimaschutz beschrieben. Derzeit arbeitet der IPCC an mehreren zusammenfassenden Berichten als Bestandteile des **Sachstandsberichts zum sog. sechsten Berichtszyklus**, der 2021/22 erscheinen soll.

Sonderorganisationen

Als UN-Sonderorganisationen (engl. specialized agencies) werden jene internationalen Organisationen bezeichnet, die über eine eigene Rechtsnatur, Mitgliedschaft und Finanzierung verfügen, gleichzeitig aber über Sonderabkommen mit den Vereinten Nationen verbunden sind. Sie bearbeiten teilweise ähnliche Aufgabenfelder wie die UN-Nebenorgane, sind dem ECOSOC zugeordnet und erstatten diesem in der Regel jährlich Bericht.

Abkürzung	Organisation	Mitglieder	Sitz
FAO	Ernährungs- und Landwirtschaftsorganisation	194	Rom
ICAO	Internationale Zivilluftfahrt-Organisation	193	Montreal
IFAD	Internationaler Fonds für landwirtschaftliche Entwicklung	177	Rom
ILO	Internationale Arbeitsorganisation	187	Genf
IMO	Internationale Seeschifffahrtsorganisation	174	London
ITU	Internationale Fernmeldeunion	193	Genf
IWF	Internationaler Währungsfonds	189	Washington D.C.
UNESCO	Organisation für Erziehung, Wissenschaft und Kultur	193	Paris
UNIDO	Organisation für industrielle Entwicklung	170	Wien
UNWTO	Weltorganisation für Tourismus	159	Madrid
UPU	Weltpostverein	192	Bern
	Weltbank-Gruppe	189	Washington D.C.
WHO	Weltgesundheitsorganisation	194	Genf
WIPO	Weltorganisation für geistiges Eigentum	193	Genf
WMO	Weltorganisation für Meteorologie	193	Genf

Enährungs- und Landwirtschaftsorganisation

Abkürzung: FAO (Food and Agriculture Organisation)
Gründungsdatum: 16. Oktober 1945
Mitglieder: 194
Sitz: Rom (Italien)
Haushalt: 2.5 Mrd. US-$ (2020/21)
Internet: www.fao.org

Vorsitz: Generaldirektor Qu Dongyu (China), seit 2019
Aufgaben: Bekämpfung von Unter- und Mangelernährung, Sicherstellung der weltweiten Lebensmittelversorgung

Internationale Arbeitsorganisation

Abkürzung: ILO (International Labour Organisation)
Gründungsdatum: 11. April 1919
Mitglieder: 187
Sitz: Genf (Schweiz)
Haushalt: 791 Mio. US-$ (2020-21)
Internet: www.ilo.org
Vorsitz: Generaldirektor Guy Ryder (Großbritannien), seit 2012
Aufgaben: Definition und Umsetzung internationaler Arbeitsnormen, Abbau der Arbeitslosigkeit, Verbesserung des Zugangs zu menschenwürdiger Arbeit, soziale und faire Gestaltung der wirtschaftlichen Entwicklung

Internationaler Währungsfonds

Abkürzung: IMF (International Monetary Fund), IWF (Internationaler Währungsfonds)
Gründungsdatum: 22. Juli 1944
Mitglieder: 189
Sitz: Washington D. C. (USA)
Haushalt: 1.13 Mrd. US-$ (2019)
Internet: www.imf.org
Vorsitz: Geschäftsführende Direktorin Kristalina Georgiewa (Bulgarien), seit 2019
Aufgaben: Beobachtung und Analyse der weltwirtschaftlichen und regionalen Entwicklungen sowie der Wirtschafts-, Währungs- und Finanzpolitik der Mitgliedstaaten; Beratung der Mitgliedstaaten zur Vorbeugung oder Überwindung von Finanzkrisen; Gewährung vorübergehender Finanzhilfen an Mitgliedstaaten

Organisation für Erziehung, Wissenschaft und Kultur

Abkürzung: UNESCO (United Nations Educational, Scientific and Cultural Organization)
Gründungsdatum: 16. November 1945
Mitglieder: 193
Sitz: Paris (Frankreich)
Haushalt: 1.3 Mrd. US-$ (2020/21)
Internet: www.unesco.org
Vorsitz: Generaldirektorin Audrey Azouley (Frankreich), seit 2017
Aufgaben: Förderung von Bildung, Wissenschaft, Kommunikation und Kultur im weltweiten Kontext; Betreuung des Weltkulturerbes

Weltbank-Gruppe

Gründungsdatum: 22. Juli 1944
Mitglieder: 189
Sitz: Washington D. C. (USA)
Internet: www.worldbank.org
Vorsitz: Präsident David Malpass (USA), seit 2019
Aufgaben: Förderung des wirtschaftlichen Fortschritts der Mitgliedstaaten über Finanzhilfen, Beratung und weitere Hilfen durch die (rechtlich souveränen) Teilinstitutionen der Weltbankgruppe: IDA (Internationale Entwicklungsorganisation), IBRD (Internationale Bank für Wiederaufbau und Entwicklung), IFC (Internationale Finanz-Corporation), ICSID (Internationales Zentrum zur Beilegung von Investitionsstreitigkeiten) und MIGA (Multilaterale Investitionsgarantie-Agentur)

Weltgesundheitsorganisation

Abkürzung: WHO (World Health Organization)
Gründungsdatum: 7. April 1948
Mitglieder: 194
Sitz: Genf (Schweiz)
Haushalt: 5.84 Mrd. US-$ (2020-2021)
Internet: www.who.int
Vorsitz: Generaldirektor Tedros Adhanom Ghebreyesus (Äthiopien), seit 2017
Aufgaben: Verbesserung der weltweiten Gesundheitsversorgung, Auf- und Ausbau von Gesundheitsdiensten in den Mitgliedstaaten, Bekämpfung von HIV/Aids und Pandemien, Förderung der medizinischen Forschung

RÜCKBLICK

Auf seiner **44. Jahressitzung** in Baku (Aserbaidschan) beschloss das **Welterbe-Komitee der UNESCO** die Aufnahme von 29 Orten in die Welterbeliste, die damit weltweit 1 121 Kultur- und Naturstätten von außergewöhnlichem Wert umfasst. Zu diesen 29 neu auf die Liste gesetzten Orten gehören unter anderem als Naturstätten die Zugvogelschutzgebiete im Bo Hai (VR China), die Hyrkanischen Wälder (Iran) oder der Nationalpark Vatnajökull (Island) sowie als Kulturstätten die Altstadt von Scheki (Aserbaidschan), die Kulturlandschaft Budj Bim (Australien), die Grabhügel von Dilmun (Bahrain), die Ruinen der Stadt Liangzhu (VR China), die historischen Stätten der Eisenverhüttung (Burkina Faso), die Stadt Jaipur (Indien), die Ruinen der Stadt Babylon (Irak), die Zeche Ombilin in Sawahlunto (Indonesien), die Landschaft Bagan (Myanmar), der königliche Gebäudekomplex von Mafra (Portugal), die Kirchen der Architekturschule von Pskow (Russland), die heiligen Berge von Gran Canaria (Spanien) und die Architektur von Frank Lloyd Wright (USA). Mit dem Augsburger Wassermanagement-System und der Montanregion Erzgebirge (grenzüberschreitende Stätte mit Bereichen in der Tschechischen Republik) wurden auch zwei weitere deutsche Welterbestätten aufgenommen. Insgesamt verfügt Deutschland damit über 46 Natur- und Kulturstätten auf der UNESCO-Liste.

Kristalina Iwanowa Georgiewa, geschäftsführende Direktorin des Internationalen Währungsfonds (IWF), am 5. Februar 2020 in Rom.

Im Herbst 2019 trat die ehemalige EU-Kommissarin **Kristalina Georgiewa (Bulgarien)** die Nachfolge der zur Europäischen Zentralbank (EZB) gewechselten Christine Lagarde als **geschäftsführende Direktorin des Internationalen Währungsfonds (IWF)** an. Angesichts der Corona-Pandemie legte der **IWF im April und Juni 2020** eine extrem düstere Wachstumsprognose vor. Er erwartet für das Jahr 2020 eine internationale Rezession, die nach Ansicht der Finanzmarktexperten mindestens so stark ausfallen dürfte wie jene bei der Währungs- und Finanzkrise 2008. Trotz der **massiven nationalen Investitionen** sei für alle Staaten, auch für die entwickelten und die Eurozone ein deutlicher Rückgang der Wirtschaftsleistung zu erwarten. Massiv seien auch die Auswirkungen auf die Wirtschaft in weniger entwickelten Staaten. Der IWF stellte sich darauf ein, sein Kreditvolumen von rund 1 Bio. US-$ im Zuge der Krise ausschöpfen zu müssen. Gleichzeitig warnte er vor einem zu hohen Anstieg des weltweiten Schuldenstandes. Zahlreiche Schuldenschnitte seien eine realistische Perspektive.

Auch die **Internationale Arbeitsorganisation (ILO)** beschäftigte sich in ihrem Ende Mai 2020 erschienenen „ILO-Monitor“ mit den Auswirkungen der Corona-Krise. Die Organisation schätzt, dass rund 94 % der weltweiten Arbeitsplätze – in unterschiedlichem Maße – von Einschränkungen im Zuge der Seuchenbekämpfung betroffen waren. Dies führte unter anderem zu einem **Rückgang der geleisteten Arbeitsstunden** um rund 10 %, wobei in Europa, Amerika und Zentralasien der Schwerpunkt lag. Insbesondere **junge Menschen und Wanderarbeiter** seien von der Krise betroffen, da sie überdurchschnittlich häufig prekäre oder informelle Jobs ausübten. Die ILO fordert zur Abfederung dieser Krise breit angelegte Bildungsprogramme und massive Investitionen in besonders betroffene Arbeitsmarktsegmente.

Schon in ihrem im Januar herausgegebenen **„World Employment and Social Outlook“** hatte die ILO für 2019 das Fazit gezogen, dass neben dem Ende des Rückgangs der weltweiten Arbeitslosenzahlen vor allem die Zahl derjenigen auf hohem Niveau verharrte, die keinen Zugang zu angemessener Arbeit finden würden wodurch die Erreichung des Nachhaltigkeitsziels **Abbau der weltweiten Armut** weiterhin nicht vorankomme. Im Juni 2019 verabschiedete die ILO aus Anlass ihres 100-jährigen Bestehens eine **Erklärung zur Zukunft der Arbeit**, in der ein auf die Menschen ausgerichteter Ansatz gefordert wurde, in dessen Zuge verstärkt in die menschlichen Fähigkeiten und in nachhaltige und annehmbare Arbeit investiert werden solle. Die Mitgliedstaaten wurden aufgefordert, die Arbeitenden für die sich wandelnde Arbeitswelt zu qualifizieren.

Naturgemäß am weitreichendsten mit Covid-19 beschäftigt ist die **Weltgesundheitsorganisation WHO**. Als zentrale Koordinationsinstanz der globalen Seuchenbekämpfung laufen hier die Informationen aus den Staaten ein und werden gemeinsam mit den betroffenen Staaten Maßnahmen zur Verhinderung der weiteren Ausbreitung des Virus entwickelt und umgesetzt. Nachdem die WHO zum Jahreswechsel 2019/20 über erste Fälle in Wuhan (China) informiert worden war, erklärte sie den Ausbruch im März 2020 zur Pandemie. Wie schon bei der Hilfe bei anderen Epidemien (z. B. Ebola 2014) geriet die WHO im Laufe der Pandemie selbst in die Kritik. Ihr wurde vorgeworfen, zu spät und nicht konsequent genug reagiert zu haben. Die USA, die die WHO darüber hinaus einer zu engen Verbindung zur VR China bezichtigen, kündigten in diesem Zuge die Einstellung ihrer Beitragszahlungen an die WHO und ihren Austritt an.

Tedros Adhanom Ghebreyesus, Generaldirektor der Weltgesundheitsorganisation (WHO), während einer Pressekonferenz am 25. Juni 2020 am Hauptsitz der WHO in Genf.

Internationale Organisationen

Begriff/Kategorisierung: Beginnend mit dem 19. Jahrhundert treten im internationalen System neben den Staaten in zunehmendem Maße internationale Organisationen auf, die als Ausdruck einer steigenden Verflechtung und Vernetzung verstanden werden können.

Üblicherweise wird anhand des rechtlichen Status zwischen Zusammenschlüssen von Staaten (sog. Zwischenstaatliche Organisationen, engl. international governmental organizations, **IGO**) und grenzüberschreitend tätigen gesellschaftlichen Akteuren (sog. internationale Nichtregierungsorganisationen, engl. international non-governmental organizations, **INGO**) unterschieden. Darüber hinaus können auch transnationale Konzerne als internationale Organisationen definiert werden.

Die IGOs lassen sich in politisch und nicht-politisch sowie detaillierter nach ihrer inhaltlichen Ausrichtung (militärisch, wirtschaftlich, kulturell, technisch) differenzieren. Für die folgende Auflistung wird, der räumlichen Unterscheidung folgend, in global agierende IGOs (mit unterschiedlichen Themenschwerpunkten) und regionale Bündnisse unterschieden. Da je nach Definition weltweit viele zehntausend Organisationen existieren, erfolgt eine eingeschränkte Auflistung der bedeutendsten Organisationen. Transnationale Konzerne bleiben ebenso unberücksichtigt wie internationale Verbände beispielsweise aus Sport oder Kultur, oder Organisationen aus dem Verwaltungsbereich (z. B. Internationale Astronautische Föderation, Europäische Patentorganisation). Dagegen werden internationale Konferenzen wie die G7-Treffen, die eine akteursähnliche Rolle im internationalen System einnehmen, mit aufgeführt.

Regionale Bündnisse

Abkürzung	Name	Mitglieder	Jahr	Sitz
AU	Afrikanische Union	55	2002	Addis Abeba
CAN	Andengemeinschaft	9	1969	Lima
LAS	Arabische Liga	22	1945	Kairo
APEC	Asiatisch-Pazifische Wirtschaftskooperation	21	1989	Singapur
SADC	Entwicklungsgemeinschaft des südlichen Afrika	16	1979	Gaborone (Botswana)
EAEU	Eurasische Wirtschaftsunion	5	2015	Moskau, Minsk, Almaty
EBRD	Europäische Bank für Wiederaufbau und Entwicklung	69	1991	London
EFTA	Europäische Freihandelsassoziation	4	1960	Genf/Brüssel/Luxemburg
COE	Europarat	47	1949	Straßburg
COMESA	Gemeinsamer Markt für das östliche und südliche Afrika	21	2000	Lusaka
MERCOSUR	Gemeinsamer Markt Südamerikas	12	1991	Montevideo
CELAC	Gemeinschaft der Lateinamerikanischen und Karibischen Staaten	33	2010	Panama-Stadt
CIS	Gemeinschaft Unabhängiger Staaten	10	1991	Minsk
GCC	Golfkooperationsrat (Golfrat)	6	1981	Riad
ACP	Gruppe der afrikanischen, karibischen und pazifischen Staaten	79	1975	Brüssel
CARICOM	Karibische Gemeinschaft	20	1973	Georgetown (Guyana)
CEFTA	Mitteleuropäisches Freihandelsabkommen	7	1992	Brüssel
	Nordischer Rat	5	1962	Kopenhagen
OAS	Organisation Amerikanischer Staaten	35	1948	Washington D. C.
NATO	Organisation des Nordatlantikvertrags	30	1949	Brüssel
OSCE	Organisation für Sicherheit und Zusammenarbeit in Europa	57	1994	Wien
ECO	Organisation für wirtschaftliche Zusammenarbeit	10	1985	Teheran
CBSS	Ostseerat	11	1992	Stockholm
SCO	Shanghaier Organisation für Zusammenarbeit	8	2001	Peking
SAARC	Südasiatische Vereinigung für regionale Kooperation	8	1985	Kathmandu
UMA	Union des Arabischen Maghreb	5	1989	Rabat
UFM	Union für den Mittelmeerraum	41	2008	Barcelona
USMCA	United States-Mexico-Canada-Agreement	3	2020	Mexiko-Stadt
ASEAN	Vereinigung südoastasiatischer Nationen	10	1967	Jakarta
ECOWAS	Westafrikanische Wirtschaftsgemeinschaft	15	1975	Abuja
SICA	Zentralamerikanisches Integrationssystem	8	1991	San Salvador

Afrikanische Union

Gründungsdatum: 10. Juli 2002
Sitz: Addis Abeba
Mitglieder: Alle 55 souveränen afrikanischen Staaten
Vorsitz: Vorsitzender (2020) Cyril Ramaphosa (Südafrika); Generalsekretär der Komission Moussa Faki Mahamat (Tschad), seit 2017
Aufgaben: Vertiefung der wirtschaftlichen und sozialen Verflechtungen der Mitgliedstaaten, Schaffung von Frieden und wirtschaftlichem Wachstum
Internet: www.au.int

Europarat

Gründungsdatum: 5. Mai 1949
Sitz: Straßburg
Mitglieder: 47 europäische Staaten; nicht-europäische Staaten (u. a. USA, Kanada, Japan) mit Beobachterstatus
Vorsitz: Generalsekretärin Marija Pejčinović Burić (Kroatien), seit 2019
Aufgaben: Förderung des sozialen und wirtschaftlichen Fortschritts; Forum für Debatten und Formulierung von Konventionen zu wichtigen zwischenstaatlichen Themen (z. B. Menschenrechtskonvention)
Haushalt: 496 Mio. € (2020)
Internet: www.coe.int

NATO

Gründungsdatum: 4. April 1949
Sitz: Brüssel
Mitglieder: 28 europäische Staaten + Kanada und USA
Vorsitz: Generalsekretär Jens Stoltenberg (Norwegen), seit 2014
Aufgaben: Verteidigungsbündnis zur Sicherstellung der militärischen Sicherheit der Mitgliedstaaten und Gewährleistung der weltweiten Stabilität
Haushalt: Rund 2 Mrd. € (ohne Verteidungsausgaben der Mitgliedstaaten)
Internet: www.nato.org

OSCE

Gründungsdatum: 2. Dezember 1994
Sitz: Wien
Mitglieder: 57 Staaten aus Europa, Zentralasien (Tadschikistan, Turkmenistan, Kasachstan, Usbekistan, Kirgisistan) und Nordamerika (USA, Kanada)
Vorsitz: Generalsekretär Thomas Greminger (Schweiz), seit 2017
Aufgaben: Sicherstellung der Sicherheit für die Mitgliedstaaten im politisch-militärischen, wirtschaftlichen, sozialen und Umweltbereich; Friedens- und Beobachtungseinsätze, Wahlbeobachtungen, Wahrung der Pressefreiheit
Haushalt: 138.2 Mio. € (2019)
Internet: www.osce.org

ASEAN

Gründungsdatum: 8. August 1967
Sitz: Jakarta
Mitglieder: 10 Staaten Südostasiens
Vorsitz: Generalsekretär Lim Jock Hoi (Brunei), seit 2018
Aufgaben: Verbesserung der wirtschaftlichen, sozialen und politischen Zusammenarbeit der Mitgliedstaaten, Schaffung eines gemeinsamen Wirtschaftsraums (u. a. Gründung der Freihandelszone AFTA 2003)
Internet: www.asean.org

Arabische Liga

Gründungsdatum: 22. März 1945
Sitz: Kairo
Mitglieder: 22 Staaten in Nordafrika, im Nahen Osten und auf der Arabischen Halbinsel
Vorsitz: Generalsekretär Ahmed Aboul Gheit (Ägypten), seit 2016
Aufgaben: Förderung der Beziehungen der Mitgliedstaaten in politischer, sozialer, wirtschaftlicher und kultureller Hinsicht; gemeinsames Interesse der arabischen Staaten nach außen vertreten; Erreichung der Anerkennung Palästinas als souveräner Staat
Internet: www.lasportal.org

RÜCKBLICK

Auf seiner Dezember-Sitzung 2019 verabschiedete das **Ministerkomitee des Europarats eine Empfehlung** an die Mitgliedstaaten zur Sicherstellung eines effektiven **Vormundschaftssystems für unbegleitete minderjährige Flüchtlinge**, um deren Wohlergehen in Einklang mit internationalen Normen sicherzustellen. Zudem zeigte sich der Ministerrat besorgt hinsichtlich der hohen **Kinderarmutsraten und unsicheren Lebensverhältnisse für Kinder in Europa** und forderte die Mitgliedstaaten zu entsprechenden Gegenmaßnahmen auf.
Bereits im Mai 2019 hatte der Ministerrat einen **neuen Sanktionsmechanismus** für Mitgliedstaaten beschlossen, die die Statuten des Europarats verletzen. So wurde das **drohende Ausscheiden Russlands aus dem Europarat** abgewendet, dem nach der Annexion der Krim 2014 das Stimmrecht entzogen worden war.
Im Juni 2019 wählte die Parlamentarische Versammlung des Europarats die ehemalige kroatische Außenministerin **Marija Pejčinović Burić** als Nachfolgerin von Thorbjørn Jagland (Norwegen) zur **neuen Generalsekretärin**. In ihrem Bericht im Juli 2020 lobte die Generalsekretärin den Europarat für seine **Hilfestellungen an die Mitgliedstaaten während der Corona-Pandemie**. Unter anderem wurde ein sog. Toolkit entwickelt, das dabei helfen sollte, ein angemessenes Verhältnis der Maßnahmen zur tatsächlichen Bedrohung durch das Virus sicherzustellen und die Auswirkungen auf Menschenrechte oder Rechtstaatlichkeit zu begrenzen.

Ende Mai 2019 wurde mit dem Freihandelsabkommen **AfCFTA (African Continental Free Trade Area) die formal größte Freihandelszone der Welt** begründet. 22 afrikanische Staaten traten diesem Verbund bei, mit dem freier Handel ermöglicht und ein erster Schritt zu einem gemeinsamen afrikanischen Binnenmarkt nach europäischem Vorbild gemacht werden soll. Die AfCFTA ist einer der Bausteine der 2013 verabschiedeten **sog. Agenda 2063**, mit der die Afrikanische Union (AU) die wirtschaftliche und politische Entwicklung des Kontinents voranbringen will. Ein erster **Fortschrittsbericht**, der beim AU-Gipfel im Februar 2020 in Addis Abeba vorgelegt wurde, bescheinigte den Staaten zwar Fortschritte, mahnte gleichzeitig aber zu weiteren Anstrengungen, um alle Ziele zu erreichen.
Bei der im Februar 2020 durchgeführten **10. Sitzung der Kommissionen von EU und AU** wurde die künftige Zusammenarbeit anhand von zehn Zielen diskutiert, die unter anderem eine Stärkung der politischen Systeme, der Bildungsinfrastruktur und der Friedensbestrebungen in afrikanischen Staaten sowie die Umsetzung des digitalen Wandels und einer grünen Wirtschaft vorsehen.

Im März 2020 wurde **Nordmazedonien als 30. Mitglied in die NATO** aufgenommen. Vorangegangen war die Beilegung des jahrelangen Namensstreits mit Griechenland. Damit verbleibt auf der Liste der sog. Membership Action Plans zur Vorbereitung weiterer Beitritte noch Bosnien und Herzegowina.

Bestimmendes Thema 2019 in der NATO war die Forderung von US-Präsident Trump, das 2002 verabredete und 2014 bestätigte Ziel einer **Steigerung der Militärausgaben der Mitgliedstaaten auf mindestens 2 %** ihres jeweiligen Bruttoinlandsprodukts zeitnah in die Realität umzusetzen. Nach einer NATO-Aufstellung erreichten dieses Ziel im Mai 2020 **nur neun der 30 Mitgliedstaaten**, allen voran die USA selbst (3.42 %), Bulgarien (3.25 %) und Griechenland (2.28 %). Deutschland lag mit einem Anteil von 1.38 % weit unter der Zielvorgabe.
Derzeit ist die NATO v. a. in fünf Operationen bzw. Einsätzen aktiv: Seit 2015 unterstützt das Bündnis die nationalen Streitkräfte von **Afghanistan** mit einem Mandat für bis zu 16 500 Soldaten. Im **Kosovo** ist die NATO mit rund 3 500 Soldaten Teil des seit 1999 laufenden internationalen Einsatzes KFOR zur Absicherung der laufenden Gespräche mit der serbischen Regierung und zur Unterstützung des Aufbaus der kosovarischen Sicherheitskräfte. Darüber hinaus führt die NATO Einsätze zur **Sicherung der Mittelmeerregion**, zur Qualifizierung der **irakischen Streitkräfte** sowie zur **Unterstützung der Afrikanischen Union** bei der Friedensmission in Somalia (AMISOM) aus.

Themen des **36. ASEAN-Gipfeltreffens** Ende Juni 2020, das aufgrund der Corona-Pandemie per Videokonferenz der Staats- und Regierungschefs unter dem Vorsitz von Vietnam durchgeführt wurde, waren die **Vereinbarung einer vertieften Partnerschaft im Gesundheitsbereich** sowie die Verabschiedung eines solidarischen **Plans für die Zeit nach der Pandemie**, der Maßnahmen zur Zusammenarbeit im industriellen und privatwirtschaftlichen Bereich umfasst.
Beim **35. Gipfeltreffen** im November 2019 in Bangkok waren noch die Themen Nachhaltige wirtschaftliche Entwicklung und Sicherung des Friedens bzw. des Schutzes vor Terrorismus und Kriminalität im Mittelpunkt gestanden.

Unter dem Eindruck des weiterhin ungelösten Konflikts in der Ukraine und der schwierigen Verhandlungen mit Russland beschwor der Gastgeber des 26. OSCE-Ministerrats in Bratislava, der slowakische Außenminister Miroslav Lajčák, in einem als „Bratislava Appeal" verabschiedeten Aufruf die besondere Bedeutung der Organisation als Dialogforum und Schlichtungsorgan.
Nach Angaben der OSCE starben bei den **bewaffneten Konflikten in der Ostukraine** im Jahr 2019 insgesamt 26 Menschen, 140 wurden verletzt. Für das Jahr 2020 übernahm Albanien den Vorsitz der OSCE.

Als Reaktion auf den **umstrittenen Nahost-Plan** des US-Präsidenten Trump rief die **Arabische Liga** im Januar 2020 eine Dringlichkeitssitzung ein. Darin wurde der Plan in Solidarität mit Palästina zurückgewiesen. In einer weiteren Dringlichkeitssitzung auf Antrag Ägyptens verurteilte die Arabische Liga die zunehmende Gewalt in Libyen und rief dazu auf, ausländische Einmischung in dem Krisenstaat zu unterlassen.
Im Juni 2019 eröffneten **die Vereinten Nationen ein Büro bei der Arabischen Liga** in Kairo zur Umsetzung der Kooperationsvereinbarungen zwischen den beiden Organisationen, die bereits 1989 erstmals beschlossen worden waren. Künftig sollen auch zwischen einzelnen Einheiten der beiden Organisationen Kooperationen und Treffen ermöglicht werden.

Zwischenstaatliche Organisationen (IGOs)

Abkürzung	Name	Bereich	Mitglieder	Jahr	Sitz
	Commonwealth of Nations	Int. Zusammenarbeit	54	1931	London
OCCAR	Gemeinsame Organisation für Rüstungskooperation	Int. Zusammenarbeit	6	1996	Bonn
G7	Gruppe der sieben wichtigsten Industrienationen	Int. Zusammenarbeit	7	1975	
G20	Gruppe der 20 wichtigsten Industrie- und Schwellenländer	Int. Zusammenarbeit	19	1999	
IAEA	Internationale Atomenergie-Organisation	Energiewirtschaft	171	1957	Wien
IEA	Internationale Energieagentur	Energiewirtschaft	30	1974	Paris
Interpol	Internationale kriminalpolizeiliche Organisation	Sicherheit	194	1923	Lyon
ISA	Internationale Meeresbodenbehörde	Umweltschutz	167	1994	Kingston (Jamaika)
OIF	Internationale Organisation der Frankophonie	Int. Zusammenarbeit, Kultur	54	1997	Paris
IOM	Internationale Organisation für Migration	Flüchtlingshilfe, Zuwanderung	173	1951	Le Grand-Saconnex (Schweiz)
ITLOS	Internationaler Seegerichtshof	Justiz	168	1996	Hamburg
ICC	Internationaler Strafgerichtshof (IStGH)	Justiz	123	2002	Den Haag
ICDO	Internationale Zivilschutzorganisation	Zivilschutz	57	1931	Genf
IPU	Interparlamentarische Union	Int. Zusammenarbeit	179	1889	Genf
OPEC	Organisation erdölexportierender Staaten	Energiewirtschaft	13	1960	Wien
OPCW	Organisation für das Verbot chemischer Waffen	Nonproliferation	193	1997	Den Haag
OIC	Organisation für islamische Zusammenarbeit	Int. Zusammenarbeit	57	1969	Djidda
OECD	Organisation für wirtschaftliche Zusammenarbeit und Entwicklung	Int. Zusammenarbeit	37	1961	Paris
WTO	Welthandelsorganisation	Wirtschaft	164	1995	Genf
OTIF	Zwischenstaatliche Organisation für den internationalen Eisenbahnverkehr	Verkehr	51	1893	Genf

Welthandelsorganisation

Gründungsdatum: 1. Januar 1995
Sitz: Genf
Mitglieder: 164 Staaten
Vorsitz: Generaldirektor Roberto Azevêdo (Brasilien), seit 2013
Aufgaben: Regelung der Handels- und Wirtschaftsbeziehungen zwischen den Mitgliedstaaten durch Koordinierung und Streitschlichtung
Haushalt: 197 Mio. CHF (2018)
Internet: www.wto.org

Organisation für wirtschaftliche Zusammenarbeit und Entwicklung

Gründungsdatum: 30. September 1961
Sitz: Paris
Mitglieder: 37 Staaten, überwiegend aus Europa
Vorsitz: Generalsekretär Angel Gurría (Mexiko), seit 2006
Aufgaben: Forum zum Erfahrungsaustausch, Beitrag zu Wirtschaftsentwicklung und hohem Lebensstandard in den Mitgliedstaaten, Förderung des Welthandels
Haushalt: 386 Mio. € (2019)
Internet: www.oecd.org

OPEC

Gründungsdatum: 14. September 1960
Sitz: Wien
Mitglieder: 13 erdölexportierende Staaten
Vorsitz: Generalsekretär Mohammed Sanusi Barkindo (Nigeria), seit 2016
Aufgaben: Schaffung eines monopolisierten Erdölmarktes zur Absicherung gegen Weltmarktpreise und zur Sicherstellung festgelegter Förderquoten
Internet: www.opec.org

Internationale Organisation für Migration

Gründungsdatum: 5. Dezember 1951
Sitz: Le Grand-Saconnex
Mitglieder: 173 Staaten
Vorsitz: Generaldirektor António Vitorino (Portugal), seit 2018
Aufgaben: Problemlösung in allen Fragen der Migration, humanitäre Hilfe für Migranten, Flüchtlinge, Vertriebene, Schutz der Rechte von Migranten
Haushalt: 910 Mio. US-$ (2020)
Internet: www.iom.int

Internationaler Strafgerichtshof

Gründungsdatum: 1. Juli 2002
Sitz: Den Haag
Mitglieder: 123 Staaten
Vorsitz: Präsident Chile Eboe-Osuji (Nigeria), seit 2018
Aufgaben: Ständiges internationales Strafgericht zur Verfolgung von Kernverbrechen des Völkerstrafrechts (Völkermord, Verbrechen gegen die Menschlichkeit, Kriegsverbrechen); keine universelle, aber weitreichende Zuständigkeit; nachrangige Kompetenz zur Rechtsprechung gegenüber nationalen Instanzen
Internet: www.icc-cpi.int

RÜCKBLICK

Die Krise der seit Jahren schwächelnden und bedeutungsloser zu werden drohenden **Welthandelsorganisation (WTO)** wurde im Berichtszeitraum entscheidend verschärft: Da die USA Ende 2019 die routinemäßige **Nachbesetzung des Streitschlichtungsgremiums** verweigerten, wurde dieses zentrale WTO-Instrument blockiert. Nur durch eine Übergangsregelung, auf die sich die Europäische Union und 16 weitere WTO-Mitgliedstaaten einigten, wurde die Handlungsfähigkeit der WTO wiederhergestellt. Allerdings bestätigt dieser Vorgang die Kritiker, die seit Jahren eine **Reform der Organisation** anmahnen, der wachsender nationaler Protektionismus und Handelsstreitigkeiten zusetzen.
2020 erklärte **Generaldirektor Roberto Azevêdo** nach sieben Jahren im Amt seinen Rücktritt.
Im Oktober 2019 hatte die WTO ihren jährlichen **Welthandelsbericht** vorgelegt, der eine weiter **steigende Bedeutung des Dienstleistungssektors** bestätigte und diese auch für die kommende Dekade vorhersagte. Um diesen Wandel zu begleiten, mahnte die WTO eine verstärkte **internationale Kooperation** an.

Das jährliche Treffen der sieben wichtigsten Industrienationen USA, Kanada, Japan, Deutschland, Frankreich, Italien und Großbritannien (sog. **G7-Gipfel**) fand im August 2019 im französischen Biarritz statt. Wichtigste Themen waren der **globale Klimawandel, die Entwicklung des weltweiten Handels sowie aktuelle Krisen und Kriege** wie beispielsweise in Syrien, der Ukraine oder der Sahelzone. Der G7-Gipfel 2020, der in den USA stattfinden sollte, wurde aufgrund der Corona-Pandemie in den Herbst verschoben.

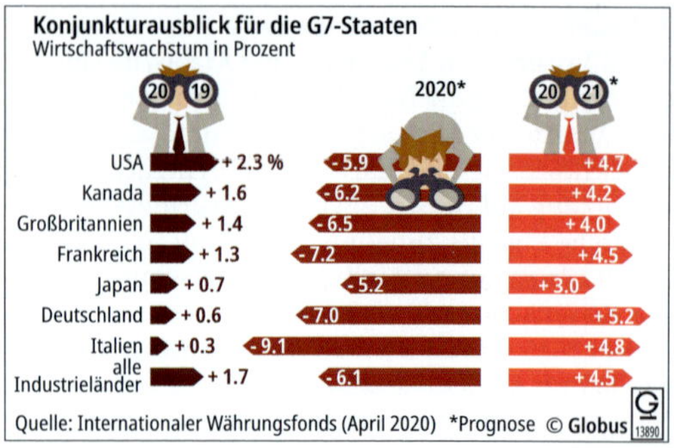

Das **14. Treffen der 20 wichtigsten** Industrie- und Schwellenländer (G20) fand im Juni 2019 im japanischen Osaka statt. Auch hier standen die **globale Wirtschafts- und Handelsentwicklung** sowie Umweltfragen im Mittelpunkt. Im März 2020 beratschlagten die Staats- und Regierungschefs der G20 in einer **Videokonferenz** über mögliche Maßnahmen für eine globale Reaktion auf die **Corona-Pandemie**. Im November 2020 soll unter Vorsitz von Saudi-Arabien der nächste G20-Gipfel in Riad stattfinden.

Nachdem der **Ölpreis** in der ersten Jahreshälfte 2019 fast beständig gestiegen war, sackte er unter dem Eindruck der amerikanisch-chinesischen Handelsstreitigkeiten deutlich ab. Nach einem kurzfristigen Anstieg der Preise infolge eines Anschlags auf die Förderanlagen in Saudi-Arabien fielen sie wieder, sodass sich die **Organisation erdölexportierender Staaten (OPEC)** genötigt sah, die Fördermenge zu drosseln, um die Preise zu stabilisieren. 2020 stand vorrangig im Zeichen der Corona-Krise, die zu einem **massiven Einbruch der Rohöl-Nachfrage** und in der Folge zu einer Reduzierung der Förderquoten durch die OPEC führte. Dabei geriet die OPEC an die Grenze dessen, was die **Mitgliedstaaten an Zugeständnissen** in Kauf nehmen wollten. Nachdrücklichstes Zeichen für die schwindende Macht des Kartells waren die **Austritte des langjährigen Mitglieds Katar** (Januar 2019) **und von Ecuador** (Januar 2020). Zwar war der Anteil der beiden Staaten an der Fördermenge sehr gering, doch gelten die Austritte als Symbol für den **Bedeutungsverlust der OPEC**.

Internationale Nichtregierungsorganisationen (INGOs)

Abkürzung	Name	Bereich	Jahr	Sitz
	350.org	Klimaschutz	2008	Oakland (USA)
AI	Amnesty International	Menschenrechte	1961	London (England)
MSF	Ärzte ohne Grenzen	Medizinische Versorgung	1971	Paris (Frankreich)
	Ashoka	Entwicklungszusammenarbeit	1987	Arlington County (USA)
BRAC	Bangladesch Rural Advancement Committee	Entwicklungszusammenarbeit	1972	Dhaka (Bangladesch)
	Barefoot College	Entwicklungszusammenarbeit	1972	Tilonia (Indien)
CESR	Center for Economic and Social Rights	Menschenrechte	1993	New York (USA)
	Climate Analytics	Klimaschutz	2008	Berlin (Deutschland)
CERES	Coalition for Environmentally Responsible Economies	Nachhaltigkeit	1989	Boston (USA
CARE	Cooperative for Assistence and Relief Everywhere	Entwicklungszusammenarbeit	1945	Genf (Schweiz)
DRC	Danish Refugee Council	Flüchtlingshilfe	1956	Kopenhagen (Dänemark)
	FidesCo	Entwicklungszusammenarbeit	1981	Paris (Frankreich)
FIAN	FoodFirst Informations- und Aktions-Netzwerk	Ernährung	1986	Heidelberg (Deutschland)
FAN	Forest Action Network	Umweltschutz	1995	Nairobi (Kenia)
WwB	Frauen ohne Grenzen	Frauenrechte	2001	Wien (Österreich)
GI	Global Initiative Network	Menschenrechte	2013	Wien (Österreich)
	Greenpeace	Umweltschutz	1971	Amsterdam (Niederlande)
	Habitat for Humanity	Behausung	1976	Americus (USA)
	Heifer International	Armutsbekämpfung	1944	Little Rock (USA)
	HelpAge International	Entwicklungszusammenarbeit	1983	London (England)
HI	Humanity & Inclusion (ehem. Handicap International)	Menschen mit Behinderung	1982	Lyon (Frankreich)
HRF	Human Rights First	Menschenrechte	1978	New York/ Washington D. C. (USA)
HRW	Human Rights Watch	Menschenrechte	1978	New York (USA)
ICJ	Internationale Juristenkommission	Justiz	1952	Genf (Schweiz)
FIDH	Internationale Liga für Menschenrechte	Menschenrechte	1992	Paris (Frankreich)
	Internationale Rotkreuz- und Rothalbmond-Bewegung	Medizinische Versorgung, Katastrophenhilfe	1863	Genf (Schweiz)
IUCN	Internationale Union zur Bewahrung der Natur	Umweltschutz	1948	Gland (Schweiz)
ISHR	Internationaler Dienst für Menschenrechte	Menschenrechte	1984	Genf (Schweiz)/New York (USA)
ITUC	Internationaler Gewerkschaftsbund	Arbeit	2006	Brüssel (Belgien)
IUFRO	Internationaler Verband Forstlicher Forschungsanstalten	Forstwirtschaft	1892	Wien (Österreich)
IJM	International Justice Mission	Menschenrechte	1994	Washington D. C. (USA)
IRC	International Rescue Committee	Flüchtlingshilfe	1933	New York (USA)
	Landesa	Landrechte, Frauenrechte	1967	Seattle (USA)
PETA	Menschen für die ethische Behandlung von Tieren	Tierschutz	1980	Norfolk (USA)
	Mercy Corps	Entwicklungszusammenarbeit	1981	Edinburgh (Schottland)
	OceanCare	Meeresschutz	1989	Wädenswil (Schweiz)
	Oikos International	Umweltbildung	1987	Sankt Gallen (Schweiz)
	One Acre Fund	Entwicklungszusammenarbeit	2006	Kakamega (Kenia)
	Opportunity International	Entwicklungszusammenarbeit	1979	Chicago (USA)
	Oxfam International	Entwicklungszusammenarbeit	1995	Oxford (England)
PIH	Partners in Health	Medizinische Versorgung	1987	Boston (USA)
	Plan International	Kinderhilfe	1937	London (England)
RSF	Reporter ohne Grenzen	Journalismus	1985	Paris (Frankreich)
	Root Capital	Entwicklungszusammenarbeit	1999	Cambridge (USA)
	Save the Children	Kinderhilfe	1919	London (England)
	Sea Shephard Global	Meeresschutz	2013	Amsterdam (Niederlande)
TDH	Terre des hommes	Kinderhilfe	1960	Genf (Schweiz)
	Transparency International	Korruptionsbekämpfung	1993	Berlin (Deutschland)

Abkürzung	Name	Bereich	Jahr	Sitz
Attac	Vereinigung zur Besteuerung von Finanztransaktionen im Interesse der Bürger*innen	Finanzpolitik	1998	Paris (Frankreich)
WIN	Water Integrity Network	Entwicklungszusammenarbeit	2006	Berlin (Deutschland)
OMCT	Weltorganisation gegen Folter	Menschenrechte	1985	Genf (Schweiz)
WEF	Weltwirtschaftsforum	Ökonomie, Globalisierung	1971	Cologny (Schweiz)
VCDNP	Wiener Zentrum für Abrüstung und Nonproliferation	Abrüstung	2010	Monterey (USA)
WECF	Women Engage for a Common Future	Frauenrechte, Umweltschutz	1994	Utrecht (Niederlande)
	World Resources Institute	Umweltschutz	1982	Washington D. C. (USA)
	World Vision	Entwicklungszusammenarbeit	1950	Monrovia (USA)
WWF	World Wide Fund For Nature	Umweltschutz	1961	Gland (Schweiz)

Amnesty International

Gründungsdatum: 28. Mai 1961
Sitz: London
Leitung: Internationale Generalsekretärin (Interim) Julie Verhaar (Schweiz), seit 2019
Budget: 295 Mio. €
Mitglieder: Sektionen in 53 Staaten
Handlungsbereiche: Überwachung und Einforderung von Menschenrechten weltweit
Internet: www.amnesty.org

Ärzte ohne Grenzen

Gründungsdatum: 22. Dezember 1971
Sitz: London
Leitung: Internationaler Präsident Christos Christou (Griechenland), seit 2019
Budget: 170.2 Mio. € (2019)
Mitglieder: 25 nationale und regionale Mitgliedsverbände (Sektionen)
Handlungsbereiche: Medizinische Hilfe für Menschen in Not, öffentliche Aufmerksamkeit für Kriegs- und Krisengebiete und die in Not geratene Bevölkerung
Internet: www.msf.org

Greenpeace International

Gründungsdatum: 1971
Sitz: Amsterdam
Leitung: Exekutivdirektorinnen Jennifer Morgan (USA) und Bunny McDiarmid (Neuseeland), seit 2016
Budget: 90.2 Mio. € (2019)
Mitglieder: 27 nationale und regionale Organisationen
Handlungsbereiche: Kampagnen für Umwelt- und Naturschutz, Energiewende, bessere Tierhaltung, gegen Klimawandel, Nuklearenergie, Gentechnik, Überfischung und Verschmutzung der Meere, Zerstörung der Regenwälder
Internet: www.greenpeace.org

Oxfam International

Gründungsdatum: 1995
Sitz: Oxford
Leitung: Interims-Exekutivdirektor José María Vera, seit 2019; Exekutivdirektorin Gabriela Bucher (Kolumbien), ab November 2020
Budget: 1.02 Mio. € (2018/19)
Mitglieder: 20 nationale Mitgliedsorganisationen
Handlungsbereiche: Existenzsicherung in Entwicklungsländern, Zugang zu Bildung und gesundheitlichen Einrichtungen und Trinkwasser, Kampf gegen Geschlechterungerechtigkeit
Internet: www.oxfam.org

Reporter ohne Grenzen

Gründungsdatum: 1985
Sitz: Paris
Leitung: Präsident Pierre Haski (Frankreich), seit 2017
Budget: 6.1 Mio. € (2018)
Mitglieder: 7 nationale Sektionen
Handlungsbereiche: Dokumentation von Verstößen gegen die Presse- und Informationsfreiheit, Verbesserung des Schutzes von Journalisten, Unterstützung bei Verfolgung oder Bedrohung
Internet: www.rsf.org

Terre des hommes

Gründungsdatum: 1960
Sitz: Genf
Leitung: Vorsitzende Franziska Lauper (Schweiz)
Budget: 183.1 Mio. € (2019)
Mitglieder: 8 nationale Mitgliedsorganisationen
Handlungsbereiche: Verbesserung der Lebenssituation für Kinder weltweit (Zugang zu Bildung, Gesundheitssystem, Kampf gegen Unterernährung und Armut), Kampf gegen Kinderarbeit
Internet: www.terredeshommes.org

RÜCKBLICK

Schwerpunkte der weltweiten Tätigkeit des medizinischen Nothilfenetzwerks **Ärzte ohne Grenzen** waren 2019 die Folgen des Ebola-Ausbruchs in der **Demokratischen Republik Kongo**, die von Naturkatastrophen betroffenen Staaten **Mosambik (Zyklon Idai), Sudan und Südsudan (Überschwemmungen)**, die Nothilfe in den Kriegs- und Krisengebieten **Jemen und Sahelzone** sowie die Versorgung in den Flüchtlingslagern weltweit, insbesondere in **Griechenland, Libyen und Mexiko**. Insgesamt war das

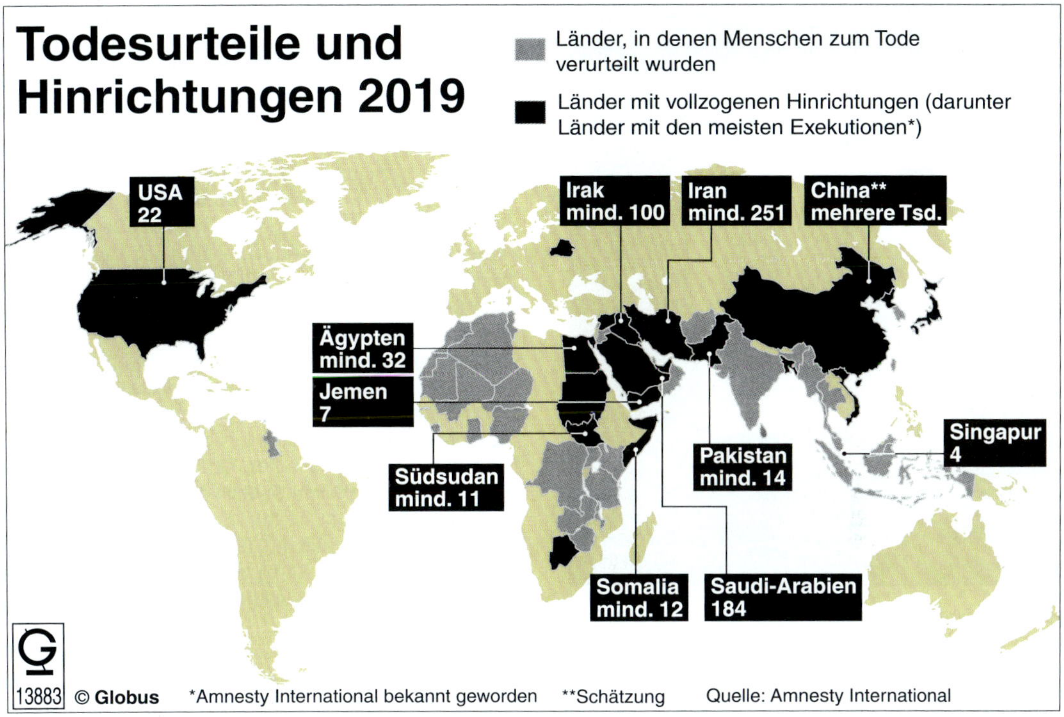

Netzwerk in rund 70 Staaten weltweit im Einsatz. Die deutsche Sektion vermeldete für das Jahr 2019 einen **Zuwachs an Spendengeldern**: rund 650 000 Spender (davon knapp ein Sechstel neue Spender) trugen rund 165 Mio. € zu den Gesamteinnahmen von rund 171 Mio. € bei. Zudem stieg die Zahl der **Unterstützungsangebote** im ersten Halbjahr im Zuge der Corona-Krise nochmals deutlich an. Gleichzeitig äußerte die Organisation angesichts der Pandemie Sorge um die Bedürftigen und die Mitarbeiter in den Einsatzgebieten.

Zum Weltwirtschaftsgipfel in Davos 2020 legte die **Organisation Oxfam den Report „Time to Care"** vor, der von der deutschen Tochterorganisation mit der Studie „Im Schatten der Profite" begleitet wurde. Darin beschreibt Oxfam die ungleiche Bezahlung von Frauen, die insbesondere auch auf unbezahlte Pflege- und Fürsorgearbeit zurückzuführen sei. Angesichts des gleichzeitig deutlichen **Vermögenszuwachses der reichsten 500 Menschen der Welt** (+25 % in 2019) vertiefe sich weltweit die Ungleichheit in der Bevölkerung, insbesondere auch zwischen den Geschlechtern. Zur Abhilfe fordert Oxfam unter anderem **höhere Investitionen in Kindertagesstätten, Grundschulen und gezielte Förderprogramme für Frauen**.

Im November 2020 wird die **Kolumbianerin Gabriela Bucher** (bisher operative Geschäftsführerin bei Plan International) als Exekutivdirektorin an die Spitze der Organisation rücken. Sie tritt damit nach der Interimsbesetzung mit Chema Vera die Nachfolge von Winnie Byanyima an, die 2019 zu UNAIDS gewechselt war.

Die **weltgrößte Menschenrechtsorganisation Amnesty International** geriet im Berichtszeitraum nicht aufgrund ihrer Arbeit, sondern aufgrund interner Probleme in die Schlagzeilen. Nach dem Suizid von zwei Mitarbeitern 2018 hatte die Organisation eine Untersuchung in Auftrag gegeben, deren Ergebnis im Januar 2019 bekannt gegeben worden war. Diese listete **interne Missstände** auf, unter anderem hohe Arbeitslast und fehlendes Vertrauen der leitenden Angestellten untereinander. In der Folge wurden fünf der sieben Mitglieder der leitenden Generaldirektion freigestellt. **Generalsekretär Kumi Naidoo** legte im Dezember 2019 aus gesundheitlichen Gründen sein Amt nieder. Im September 2019 ehrte Amnesty die schwedi-

Greta Thunberg und Kumi Naidoo bei der Preisverleihung an der George Washington University am 16. September 2019, in Washington D. C..

sche **Klimaaktivistin Greta Thunberg und ihre Initiative Fridays for Future** für ihren Einsatz für das Weltklima mit der seit 2003 jährlich verliehenen Auszeichnung **Botschafterin des Gewissens** (engl. Ambassador of Conscience).
Zuletzt prangerte Amnesty Folterungen durch Polizeieinheiten in Nigeria, Misshandlungen von Flüchtlingen in Kroatien, Verhaftungen in Weißrussland, die strikten chinesischen Polizeigesetze für Hongkong oder die Luftangriffe auf Zivilisten in Myanmar an. Zu der **Protestbewegung in den USA** und weltweit nach dem Tod von George Floyd im Mai 2020 veröffentlichte Amnesty eine **Karte, die gewaltsame Polizeieinsätze gegen Demonstranten** zwischen Ende Mai und Mitte Juni 2020 in 40 US-Bundesstaaten dokumentierte.
Im Zuge der **Corona-Pandemie** warnt Amnesty vor der Verstärkung bereits bestehender Problemsituationen, beispielsweise der zunehmenden Zahl von Morden an Frauen in der Türkei oder der **Zunahme rassistischer Vorfälle** unter Polizisten in Europa. Gleichzeitig macht die Organisation auf die problematische Situation von Angestellten im Gesundheitswesen etwa in Guatemala oder Simbabwe aufmerksam.

Die Naturschutzorganisation **Greenpeace** führt als größte Erfolge für das **Jahr 2019** unter anderem den im Januar von der **indischen Regierung verabschiedeten Nationalen Luftreinhalteplan**, für den ein breites Bündnis aus Naturschutzorganisationen über drei Jahre lang gekämpft hatte; die **gerichtliche Klagemöglichkeit wegen Luftverschmutzung gegen Großkonzerne** mit der Begründung des Menschenrechtsverstoßes, die eine entsprechende Verlautbarung der Menschenrechtskommissionen der Philippinen ermöglicht; den Rückzug des holländischen **Versicherungskonzerns Aegon aus der Finanzierung der Teersandförderung** nach einer monatelangen Kampagne der holländischen Greenpeace-Organisation; die **Einrichtung eines 300 000 ha großen Primärwaldreservats in Russland** nach jahrzehntelangem Einsatz durch Greenpeace Russland; die von einem globalen **Netzwerk von 14 Großstädten** (u. a. Barcelona, London, Los Angeles, Paris, Seoul, Tokio) verabschiedete Erklärung (sog. Good Food Cities Declaration) mit der Selbstverpflichtung zur **Reduzierung des Fleischkonsums** in allen öffentlichen Einrichtungen, an.
Zuletzt erregte Greenpeace mit der Anbringung eines **Plakats an einem Baukran der Kathedrale Notre Dame** in Paris Aufmerksamkeit, mit dem die Klimapolitik Frankreichs kritisiert wurde.

Umweltaktivisten von Greenpeace während einer Protestaktion vor dem EU-Hauptsitz in Brüssel am 12. Dezember 2019.

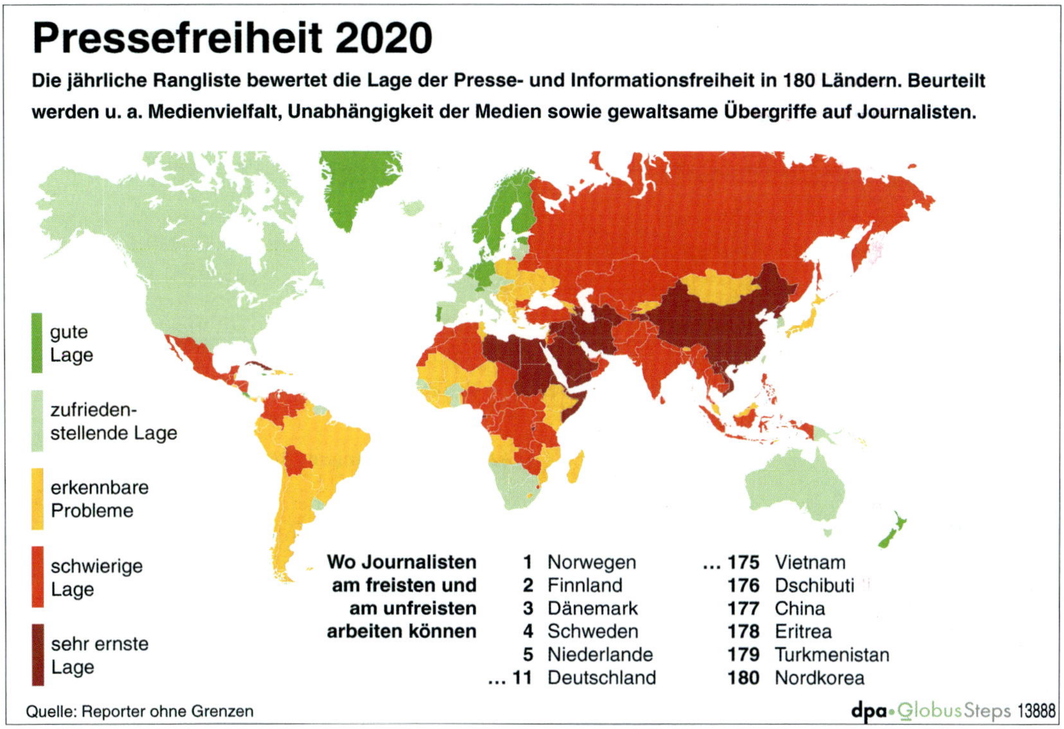

Unter dem Titel „Ausbeutung jetzt beenden! Was arbeitenden Kindern wirklich hilft" legte das **Kinderhilfswerk Terre des hommes** seinen Jahresbericht 2019 vor. Demnach waren noch rund 150 Mio. Kinder weltweit in Arbeit, davon rund die Hälfte unter extremen und ausbeuterischen Bedingungen. Terre des hommes fordert einen Katalog an Maßnahmen, unter anderem die **Sicherstellung des Zugangs der Kinder zu Schule und Bildung** sowie Selbstverpflichtungen der Wirtschaft, Produkte aus Kinderarbeit nicht zu akzeptieren.
Im Zuge der Corona-Krise befürchtet Terre des hommes einen **massiven Anstieg der Kinderarbeit**, da viele Familien auf deren Zuverdienst angewiesen seien. Auch sei davon auszugehen, dass ohne Gegenmaßnahmen die Zahl der Kinder in extremer Arbeit deutlich ansteigen werde.

Laut **Jahresbilanz Pressefreiheit von Reporter ohne Grenzen** saßen zum Jahresende 2019 insgesamt 389 Journalisten und Medienvertreter weltweit in Haft. Dies entspricht **einem Zuwachs um rund 12 % gegenüber dem Vorjahr**. Die meisten Fälle werden dabei den drei Staaten China, Ägypten und Saudi-Arabien zugeordnet. Zudem kamen 2019 **fast 50 Journalisten weltweit zu Tode**, fast 60 waren zum Zeitpunkt der Veröffentlichung als entführt gemeldet. Dabei waren Syrien, Mexiko, Afghanistan, Pakistan und Somalia die gefährlichsten Orte für Journalisten.
Gleichzeitig sieht Reporter ohne Grenzen durch die **Corona-Krise die Pressefreiheit in massiver Bedrängnis**. Informationen über das wahre Ausmaß der Pandemie würden gezielt zurückgehalten und Medienberichte manipuliert bzw. Journalisten drangsaliert. Hinzu komme die Gefährdung inhaftierter und entführter Journalisten durch geschlossene Grenzen und schlechte Gesundheitsversorgung.

Wirtschaft

Weltwirtschaft

Wirtschaftsentwicklung

Der **Internationale Währungsfonds (IWF)** rechnet aufgrund der Corona-Pandemie mit der schwersten globalen Rezession seit der Großen Depression nach 1929. Der IWF geht davon aus, dass die **globale Wirtschaftsleistung** 2020 um -3 % einbrechen wird. Zum Vergleich: In der Wirtschafts- und Finanzkrise 2008/09 war die Weltwirtschaft erstmals seit dem Zweiten Weltkrieg um -0.1 % geschrumpft. Während in der Finanzkrise Schwellenländer wie die VR China und Indien weiterhin stabile Wachstumsraten verzeichneten und die Weltwirtschaft ankurbelten traf die Pandemie und damit die Wirtschaftskrise sowohl Industriestaaten als auch Schwellen- und Entwicklungsländer.

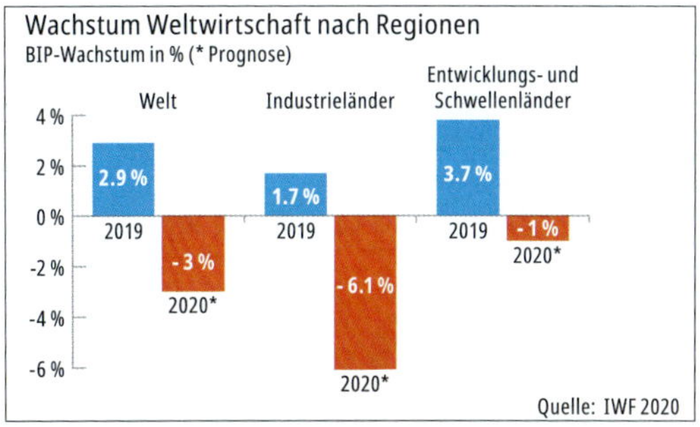

2019 wuchs die Weltwirtschaft noch um +2.9 %, das Wachstum hatte sich jedoch bereits verlangsamt. Das Wachstum in den **Industriestaaten** fiel 2019 mit +1.7 % leicht geringer aus als in den Vorjahren (2018: +2.2 %, 2017: +2.5 %). Für 2020 prognostiziert der IWF einen Einbruch der Wirtschaftsleitung um -6.1 %. Viele Industriestaaten waren hart von der Corona-Pandemie und massiven Maßnahmen zur Eindämmung der Verbreitung des Virus (Lockdown-Maßnahmen) getroffen. Dies verschärfte die bereits bestehenden strukturellen und wirtschaftlichen Probleme wie eine anhaltend hohe Staatsverschuldung und Arbeitslosigkeit, die ungünstige demografische Entwicklung und ein niedriges Produktivitätswachstum.

In der **Eurozone**, die 2019 ein Wachstum von +1.2 % verzeichnete, wird die Wirtschaftsleistung 2020 dem IWF zufolge im Vergleich zum Vorjahr um -10.2 % schrumpfen. Für Deutschland wird ein Rückgang um -7.8 % erwartet. Noch schlechter sehen die Prognosen für die besonders stark von der Pandemie betroffenen Staaten Frankreich (-12.5 %), Italien und Spanien (je -12.8 %) aus. Für 2021 rech-

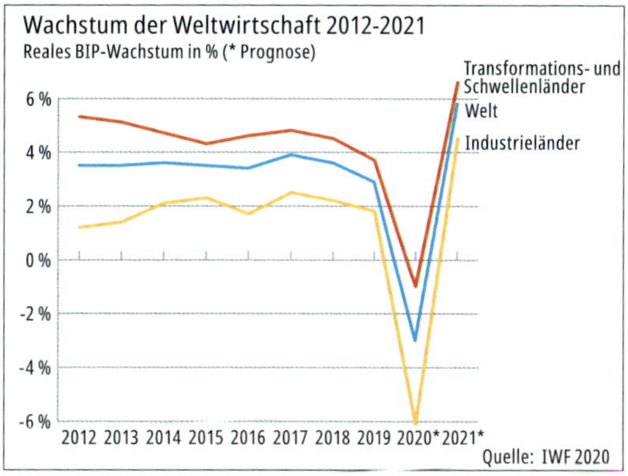

net der IWF für die Staaten der Eurozone mit einer Erholung der Wirtschaft und einem Wachstum von +4.5 %. Voraussetzung hierfür ist jedoch, dass die Pandemie in der zweiten Jahreshälfte abklingt und die wirtschaftlichen Auswirkungen unter Kontrolle gebracht werden können. Die **Wirtschaft der USA** wuchs 2019 trotz Abkühlung der Konjunktur um +2.3 % und damit stärker als der Durchschnitt der Industriestaaten. In Folge der Corona-Krise wird die Wirtschaft 2020 nach Schätzungen des IWF um -10.2 % einbrechen. Die Wirtschaftskrise führte zu einem massiven Anstieg der US-Arbeitslosenquote. Auch für Japan (-5.8 %) und Großbritannien (-10.2 %) wird 2020 ein deutlicher Einbruch der Wirtschaft erwartet.

Die **Schwellen- und Entwicklungsländer**, die 2019 mit einem Wachstum von +3.7 % noch maßgeblich zum globalen Wachstum beigetragen haben, wurden von der Krise besonders hart getroffen. Insgesamt rechnet der IWF mit einem Rückgang des Bruttoninlandsproduktes um -1 %. Die Krise wird jedoch durch zahlreiche weitere Faktoren, die sich gegenseitig verstärken, verschärft. Die humanitäre Krise, Kapitalflucht und eine Verschärfung der globalen Finanzlage, ein massiver Einbruch der Auslandsnachfrage, sinkende Rohstoffpreise und explodierende Schulden stürzen viele Schwellen- und Entwicklungsländer in eine tiefe Krise. Viele Staaten in Afrika, Asien und Lateinamerika sind dem Virus gegenüber einem höheren Risiko ausgesetzt, da die Gesundheitssysteme oft schwächer sind und Menschen in dicht besiedelten Städten und in den von Armut geprägten Slums kaum in der Lage sind, nötige Abstände untereinander einzuhalten. Die meisten Staaten können wenig Mittel für Konjunkturprogramme bereitstellen und sind daher auf ausländische Hilfen angewiesen. Erschwert wird dies dadurch, dass Ausländische Direktinvestitionen zurückgefahren werden und internationale Investoren ihr Kapital abziehen. Auch Rücküberweisungen aus dem Ausland sinken spürbar. Die stark gesunkenen Rohstoffpreise treffen zusätzlich die rohstoff-exportierenden Staaten. In vielen Staaten Afrikas und des Nahen Ostens verschärft dies die Rezession.

Beschäftigung

Nach Schätzungen der **Internationalen Arbeitsorganisation (ILO)** waren 2019 von weltweit 5.7 Mrd. Menschen im arbeitsfähigen Alter (ab 15 Jahren) rund 188 Mio. arbeitslos. Weitere 165 Mio. Menschen fanden keine ausreichende Erwerbsarbeit und arbeiten beispielsweise nur wenige Stunden pro Woche. Die **globale Arbeitslosenquote** lag 2019 wie im Vorjahr bei 5.4 %, die Situation wird sich jedoch verschärfen. Bereits vor dem Ausbruch der Corona-Pandemie prognostizierte die ILO für 2020 einen Anstieg der Arbeitslosigkeit um etwa 2.5 Mio. Menschen, nachdem diese in den letzten neun Jahren relativ stabil geblieben war. Angesichts der stagnierenden Weltwirtschaft können nicht genügend Arbeitsplätze für die weltweit wachsende Erwerbsbevölkerung geschaffen werden. Neben den geringen Fortschritten beim Abbau der Arbeitslosigkeit führt dies dazu, dass immer mehr Arbeitslose die Suche nach einem Job aufgeben und aus dem Arbeitsmarkt ausscheiden. So sank die weltweite **Erwerbsquote** seit 2007 von 64.1 % auf 60.7 % im Jahr 2019.

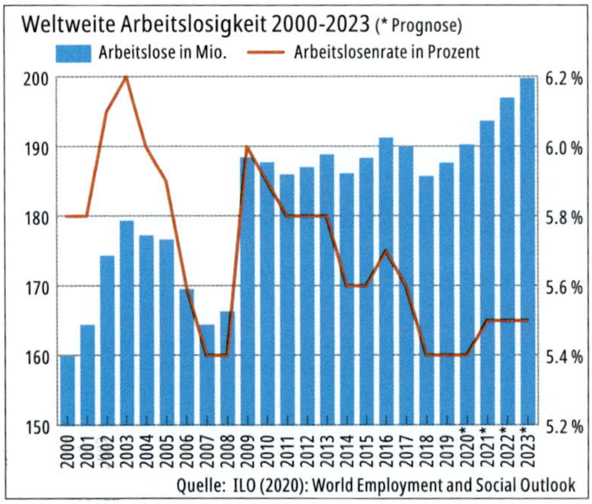

Weltweite Arbeitslosigkeit 2000-2023 (* Prognose)
Quelle: ILO (2020): World Employment and Social Outlook

Weltweit bestehen auf den **Arbeitsmärkten** erhebliche **räumliche Unterschiede**. Die höchsten durchschnittlichen Arbeitslosenquoten werden 2020 demnach die Regionen Nordafrika (11.9 %) und Zentral- und Westasien (9.2 %) aufweisen. Die niedrigsten Werte erreichen Südostasien (3.2 %) und Ostasien (4.2 %).

Der Arbeitsmarkt in **Europa** hat sich positiv entwickelt. Nach Angaben von Eurostat lag die Arbeitslosenquote im März 2020 in der EU bei 6.6 % und im Euroraum bei 7.4 %. Sie liegt damit nah am Tiefstand aus dem Februar 2020, als die Arbeitslosenquote in der EU (6.5 %) auf den niedrigsten Wert seit Beginn der monatlichen Reihen zur EU-Arbeitslosigkeit im Februar 2000 lag. Der Euroraum verzeichnete im Februar 2020 eine Arbeitslosenquote von 7.3 % – die niedrigste Quote seit März 2008. Bedenklich ist jedoch die weiterhin hohe **Langzeitarbeitslosenquote**. Zwar sank der Anteil der Langzeitarbeitslosen an der Gesamtarbeitslosenzahl in der EU27 2019 im Vergleich zum Vorjahr auf 41.8 % (2018: 44.7 %). Damit war jedoch in vielen Staaten weiterhin fast jede/r zweite Arbeitslose seit mindestens einem Jahr auf der Suche nach Arbeit. Diese Entwicklung deutet darauf hin, dass es sich nicht mehr um zyklische, konjunkturell bedingte, sondern in zunehmendem Maße um **strukturelle Arbeitslosigkeit** handelt. Mit steigender Dauer der Erwerbslosigkeit sinken die Chancen auf eine Neubeschäftigung. Dies gilt umso mehr, wenn keine Umschulungs- oder Weiterbildungsmaßnahmen genutzt werden.

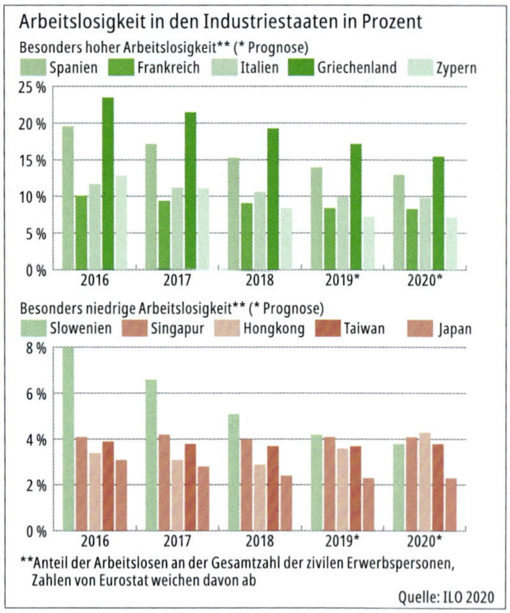

Arbeitslosigkeit in den Industriestaaten in Prozent
**Anteil der Arbeitslosen an der Gesamtzahl der zivilen Erwerbspersonen, Zahlen von Eurostat weichen davon ab
Quelle: ILO 2020

Die Unterschiede zwischen den EU-Staaten sind enorm. Die **niedrigsten Arbeitslosenquoten** wiesen im März 2020 die Tschechische Republik (2 %), die Niederlande (2.9 %), Polen (3 %), Deutschland und Malta (je 3.5 %) auf. Demgegenüber standen Staaten wie Spanien und Griechenland mit Arbeitslosenquoten von 14.5 % (Stand: März 2020) bzw. 16.4 % (Januar 2020). Während in einigen tschechischen Regionen, wie z. B. Prag, Mittelböhmen (je 1.3%)

und einigen deutschen Regionen, wie z. B. Oberbayern und Tübingen (alle 1.9%) 2020 nahezu Vollbeschäftigung herrschte, war in einigen spanischen und griechischen Regionen weiterhin rund jede vierte Erwerbsperson arbeitslos.
Die wirtschaftlichen Folgen der **Corona-Pandemie** haben sich noch nicht in den Arbeitsmarktstatistiken der Europäischen Union niedergeschlagen. Die meisten Mitgliedstaaten hatten erst im März 2020 Maßnahmen zur Eindämmung der Verbreitung des Virus (Lockdown-Maßnahmen) ergriffen, deren Auswirkungen erst in den Folgemonaten deutlich wurden. So zeigen die nationalen Statistiken bereits die z. T. verheerenden Auswirkungen der Pandemie auf die Arbeitsmärkte. Unter den Industriestaaten entwickelte sich die Situation insbesondere in Südeuropa und den USA dramatisch. Die Corona-Pandemie stürzte den **Arbeitsmarkt der USA** nach einem jahrelangen Boom in eine tiefe Krise und sorgte für einen massiven Jobabbau. Nach Angaben des US Department of Labor stieg die Arbeitslosenquote in den USA im April 2020 auf 14.7 % an. Dies war der höchste Stand seit Beginn der Aufzeichnung nach dem Ende des Zweiten Weltkriegs. Im Mai 2020 erholte sich der Arbeitsmarkt leicht: Die Arbeitslosenquote sank auf 13.3 % und die Zahl der Arbeitslosen ging um rund 2.1 Mio. auf rund 21 Mio. zurück (Mai 2019: 3.6 % bzw. 5.9 Mio.). Auch der **deutsche Arbeitsmarkt** wurde massiv getroffen. Nach Angaben der Bundesagentur für Arbeit waren im Mai 2020 578 000 Menschen wegen der Folgen der Corona-Pandemie in die Arbeitslosigkeit gerutscht, die Arbeitslosenquote stieg auf 6.1 %. Damit war jede/r fünfte Arbeitslose in Deutschland auf die Corona-Krise zurückzuführen. Zudem waren im Mai rund 7.3 Mio. Beschäftigte in **Kurzarbeit**, fast fünfmal so viele wie in der Finanzkrise 2009.
Zugleich klagen Unternehmen insbesondere in Deutschland über einen **Mangel an Fachkräften** und über **unbesetzte Lehrstellen**. Zwar ist die Zahl der offenen Stellen auf dem deutschen Arbeitsmarkt zuletzt zurückgegangen. Nach einer Studie des Instituts für Arbeitsmarkt- und Berufsforschung (IAB) waren in Deutschland im 1. Quartal 2020 dennoch rund 1.08 Mio. Arbeitsplätze unbesetzt. Der starke Rückgang um rund 300 000 Stellen ggü. dem Vorjahresquartal war v. a. auf die Konjunkturschwäche zurückzuführen und spiegelte noch nicht die Auswirkungen der Corona-Krise wider. Ein zentrales Thema bildet angesichts des demografischen Wandels und des Fachkräftemangels in Industriestaaten die Integration von Migranten in den Arbeitsmarkt. Am 1.3.2020 ist in Deutschland das **Fachkräfteeinwanderungsgesetz** (FEG) in Kraft getreten. Mit dem Gesetz wird erstmals eine allgemeine Einwanderung von ausländischen qualifizierten Fachkräften aus Nicht-EU-Ländern geregelt. Das Gesetz erleichtert die Einreise und den Aufenthalt von Menschen aus Drittstaaten, die in Deutschland für eine Beschäftigung als Fachkraft in Frage kommen. Für die qualifizierte Beschäftigung dieser Fachkräfte (Hochschulabsolventen oder Personen mit qualifizierter Berufsausbildung) wird auf die sogenannte „Vorrangprüfung" durch die Bundesagentur für Arbeit verzichtet. Damit muss nicht mehr vor jeder Einstellung einer Fachkraft aus einem Drittstaat festgestellt werden, ob eine Bewerberin oder ein Bewerber aus Deutschland oder der EU zur Verfügung steht.

Welthandel

Die Verlangsamung des globalen Wirtschaftswachstums und die Zunahme protektionistischer Maßnahmen und Handelsbarrieren belasten auch den Welthandel. Der Wert der **globalen Handelsströme** ging 2019 nach Angaben der Welthandelsorganisation (WTO) um -0.1 % zurück. Für 2020 rechnet die WTO infolge der Corona-Krise mit einem drastischen Einbruch des Welthandels um – je nach Szenario – -13 % bis -32 %. Im optimistischen Szenario geht die WTO davon aus, dass sich die Wirtschaft

Welthandelsvolumen 1980-2023
Jährliche Wachstumsraten (Güter und Dienstleistungen) in %
(* Schätzungen)

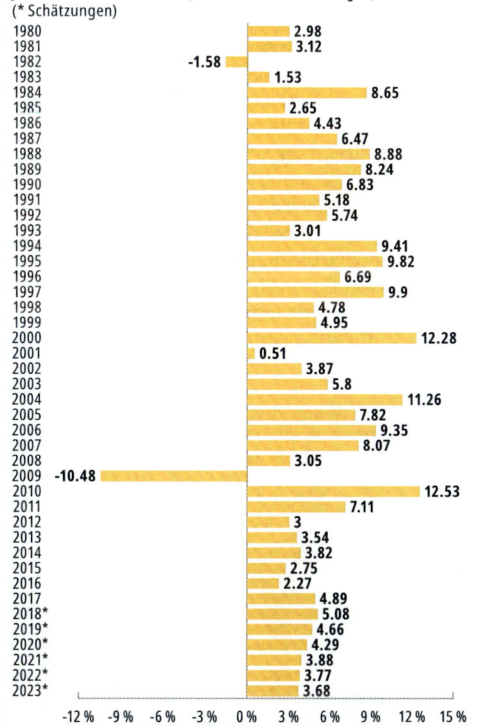

Quelle: IWF 2018: World Economic Outlook Database April 2018

nach einem Einbruch bereits in der zweiten Jahreshälfte 2020 wieder erholt. Sollte die Pandemie 2020 unter Kontrolle gebracht werden, könnte bereits 2021 in den meisten Regionen wieder mit einem deutlichen Wachstum gerechnet werden.
Bereits 2019 belasteten protektionistische Tendenzen und der Handelsstreit zwischen der VR China und den USA den Welthandel. Der Wert der **weltweiten Güterexporte** ist 2019 im Vergleich zum Vorjahr um -3 % zurückgegangen und belief sich auf 18.89 Bio. US-$. Der Wert der globalen Güterimporte war ebenfalls rückläufig und betrug 19.24 Bio. US-$ (-2.9 %). Die bedeutendsten Welthandelsströme verliefen zwischen Europa, Nordamerika und Asien (der sog. Triade), wobei der Anteil Asiens über die vergangenen Jahre bei Ein- und Ausfuhren deutlich gestiegen ist. Demgegenüber spielten die Außenbeziehungen der Triade, wie z. B. der Handel zwischen Nordamerika und Mittel- und Südamerika, nur eine untergeordnete Rolle. Die weltweit **größten Güterexporteure** nach Staatengruppen waren 2019 Europa (36.7 % des Weltexports) und Asien (35.8 %), gefolgt von Nordamerika (13.5 %). Die westlichen Industriestaaten (inkl. Japan) vereinten Exporte im Wert von 9 721 Mrd. US-$ (51.5 % der weltweiten Ausfuhren) auf sich. Hierunter waren die EU-Staaten 2019 mit einem Exportwert von 5 813 Mrd. US-$ der größte Exporteur weltweit. Deutlich zurück gingen 2019 die Exporte der Staaten des Nahen Ostens (Exportwert: 968 Mrd. Mrd. US-$, Anteil am Welthandel: 5.1 %) und der afrikanischen Staaten (462 Mrd. Mrd. US-$, 2.4 %). Insbesondere die erdölexportierenden Staaten litten unter dem gefallenen Weltmarktpreis für Rohöl. Während die G20-Staaten mit einem Exportwert von 14.59 Bio. US-$ 77.3 % der weltweiten Ausfuhren auf sich vereinten nahmen die ärmsten und am wenigsten entwickelten Staaten (Least Developed Countries/LDC) mit einem Exportwert von 181 Mrd. US-$ (1 %) kaum am Welthandel teil.
Die **globalen Dienstleitungsexporte** stiegen 2019 im Vergleich zum Vorjahr hingegen auf 6.03 Bio. US-$ an (+2 %). Das Wachstum fiel jedoch deutlich geringer aus als 2018, als der Dienstleistungshandel weltweit um +9 % zunahm. Während die asiatischen Staaten weiterhin stabile Wachstumsraten verzeichneten schwächte sich das Exportwachstum in vielen EU-Staaten spürbar ab. In einigen Staaten, darunter auch Deutschland, waren die Dienstleistungsexporte sogar rückläufig (-1.8 %).
Die **globalen Importe** gingen 2019 im Vergleich um zum Vorjahr um -2.9 % zurück und beliefen sich auf 19.24 Bio. US-$. Mittel- und Südamerika verzeichnete einen starken Einbruch der Importe von -5.5 %. Auch in Europa (-3.2 %), Nordamerika (-1.7 %) und Asien (-3.9 %) waren die Importe rückläufig. Demgegenüber nahmen die Importe in den GUS-Staaten deutlich zu (+5.1 %). Insgesamt dominierte bei den Güterimporten weiterhin Europa mit einem Anteil von 35.7 % vor Asien (33.8 %) und Nordamerika (18.2 %).
Die führenden Welthandelsländer waren 2019 die VR China, die USA und Deutschland. Zwar dominieren auf den obersten Rängen der weltweit größten Exporteure mehrheitlich noch die westlichen Industriestaaten, aber die Schwellen- und Entwicklungsländer holen seit einiger Zeit deutlich auf.

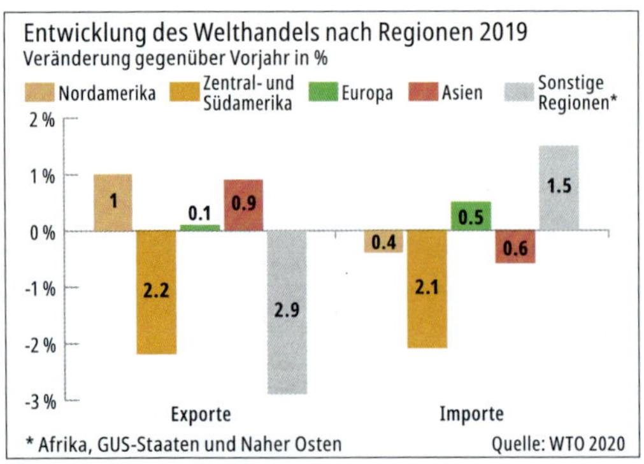

* Afrika, GUS-Staaten und Naher Osten
Quelle: WTO 2020

Importe der führenden Welthandelsstaaten:

Rang	Staat	Mrd. US-$	Weltanteil in %
1	USA	2 568	13.4
2	VR China	2 077	10.8
3	Deutschland	1 234	6.4
4	Japan	721	3.7
5	Großbritannien	692	3.6
6	Frankreich	651	3.4
7	Niederlande	636	3.3
8	Hongkong	578	3.0
9	Republik Korea	503	2.6
10	Indien	484	2.5
11	Italien	474	2.5
12	Mexiko	467	2.4
13	Kanada	464	2.4
14	Belgien	426	2.2
15	Spanien	372	1.9

Exporte der führenden Welthandelsstaaten:

Rang	Staat	Mrd. US-$	Weltanteil in %
1	VR China	2 499	13.2
2	USA	1646	8.7
3	Deutschland	1 489	7.9
4	Niederlande	709	3.8
5	Japan	706	3.7
6	Frankreich	570	3.0
7	Republik Korea	542	2.9

Rang	Staat	Mrd. US-$	Weltanteil in %
8	Hongkong	535	2.8
9	Italien	533	2.8
10	Großbritannien	469	2.5
11	Mexiko	461	2.4
12	Kanada	447	2.4
13	Belgien	445	2.4
14	Russland	419	2.2
15	Singapur	391	2.1

Quelle: WTO 2020

Zunehmend belasten Handelskonflikte, Strafzölle und andere protektionistische Maßnahmen den Welthandel. Insbesondere die USA schlugen unter Präsident Trump einen restriktiveren handelspolitischen Kurs ein. Der Handelskonflikt zwischen der VR China und den USA spitzte sich im Laufe der vergangenen beiden Jahre massiv zu und belastete spürbar den Welthandel. Nach Berechnungen des chinesischen Zolls ist der Handel zwischen den beiden größten Volkswirtschaften der Welt 2019 um -14.6 % eingebrochen. Demnach sind die Importe von Waren aus den USA in die VR China um -20.9 % auf 122 Mrd. US-$ gefallen, die Exporte aus der VR China in die USA sind um -12.5 % auf 418 Mrd. US-$ zurückgegangen. Demgegenüber schritt der **wirtschaftliche Integrationsprozess** in einigen anderen Regionen weiter voran. Zum 1.2.2019 ist das bilaterale **Freihandelsabkommen zwischen der EU und Japan** in Kraft getreten. Mit dem Abkommen sollen Handelshemmnisse abgebaut, die wirtschaftlichen und politischen Beziehungen zwischen diesen beiden wichtigen Handelsräumen gestärkt werden. Das Freihandelsabkommen umfasst rund 30 % des globalen BIP und rund 40 % des Welthandels. Damit ist das EU-Japan-Abkommen das größte Abkommen, das die EU je abgeschlossen hat, und es entsteht die größte Wirtschaftszone der Welt. Über das Abkommen hatten die EU und Japan fünf Jahre lang intensiv verhandelt. Nachdem die Verhandlungen zwischenzeitlich ins Stocken geraten waren, bewegten sich beide Parteien mit dem Ausstieg der USA aus dem transpazifischen Freihandelsabkommen TTP 2017 schnell aufeinander zu.
Der **Außenhandel Deutschlands** erreichte im Jahr 2019 neue Rekordwerte. Allerdings verlor das Wachstum im Vergleich zu den Vorjahren an Dynamik. Nach Angaben des Statistischen Bundesamts exportierte Deutschland Güter und Dienstleistungen im Wert von 1.328 Bio. € und importierte Waren im Wert von 1.104 Bio. €.

Innovationstätigkeit

Innovationen sind ein zentraler Treiber für Wirtschaftsentwicklung und Beschäftigung. Ein häufig genutzter Indikator für die Innovationsfähigkeit von Staaten, Regionen und Unternehmen ist die Anzahl der **Patentanmeldungen**. Nach Angaben der Weltorganisation für geistiges Eigentum (WIPO) hat die VR China 2019 mit 58 990 Anmeldungen erstmals die USA (57 840) überholt. Deutschland verzeichnete einen leichten Rückgang und lag mit 19 350 Anmeldungen auf Platz vier hinter Japan (52 660), gefolgt von der Republik Korea (19 085). Insgesamt registrierte die WIPO die Rekordzahl von 265 800 Patentanmeldungen, was einem Anstieg von 5.2 % im Vergleich zu 2018 entspricht. Unter den Technologiefeldern machte die Computertechnologie (8.7 % aller Anmeldungen) den größten Anteil aus, gefolgt von digitaler Kommunikation (7.7 %), elektrischen Maschinen (7 %), Medizintechnik (6.9 %) und Messtechnik (4.7 %). Sechs der zehn Unternehmen mit den weltweit meisten Patentanmeldungen meldeten diese überwiegend im Technologiefeld Digitale Kommunikation an (Ericsson, Guang Dong Oppo Mobile Telecommunications, Huawei Technologies, LG Electronics, Samsung Electronics und Qualcomm).
In **Europa** wurde beim Europäischen Patentamt (EPA) 2019 mit 181 406 Patentanmeldungen ein neuer Höchststand registriert (2018: 174 481). Die aktivsten Ursprungsländer in Europa waren 2019 die USA, auf die 25 % aller Anmeldungen entfielen, gefolgt von Deutschland (15 %), Japan (12 %), China (7 %) und Frankreich (6 %). Die Anmeldungen aus den 38 EPA-Mitgliedstaaten verzeichneten gegenüber 2018 einen moderaten Anstieg (+1.1 %) und wuchsen damit das dritte Jahr in Folge. Unternehmen aus Schweden verbuchten 2019 mit einem Zuwachs von +8 % das stärkste Wachstum. Auch die Patentanmeldungen aus Großbritannien stiegen signifikant (+6.9 %), während das Anmeldeaufkommen aus Frankreich (-2.9 %) und den Niederlanden (-2.6 %) zurückging. Europäische Unternehmen und Erfinder weisen damit weiterhin den größten Anteil am Gesamtaufkommen der europäischen Patentanmeldungen auf, auch wenn der Anteil seit 2009 von 51 % auf 45 % im Jahr 2019 gefallen ist.

Ursprung der Patentanmeldungen in Europa

Staat	2019	2018	Veränderung
USA	46 201	43 789	+5.5 %
Deutschland	26 805	26 663	+0.5 %
Japan	22 066	22 591	-2.3 %
Andere EPO-Staaten*	15 329	15 140	+1.2 %
VR China	12 247	9 480	+29.2 %
Frankreich	10 163	10 468	-2.9 %
Andere Staaten	10 112	9 764	+3.6 %
Republik Korea	8 287	7 263	+1.1 %
Schweiz	8 249	7 961	+3.6 %

Staat	2019	2018	Veränderung
Niederlande	6 954	7 142	-2.6 %
Großbritannien	6 156	5 761	+6.9 %
Italien	4 456	4 404	+1.2 %
Schweden	4381	4 055	+8.0 %

*** EPO-Staaten: 39 Mitgliedstaaten der Europäischen Patentorganisation, darunter die 27 EU-Mitgliedstaaten und Großbritannien**

Quelle: Europäisches Patentamt 2020

Das anhaltende Wachstum der Patentanmeldungen wurde nach EPA-Angaben insbesondere vom starken Anstieg in den Technologiefeldern Digitale Kommunikation (+19.6 %) und Computertechnik (+10.2 %) getrieben. Dies unterstreicht die herausragende Bedeutung dieser Technologiebereiche in der digitalen Transformation, die alle Wirtschafts- und Technologiesektoren durchdringt. Das Technologiefeld Digitale Kommunikation liegt an der Schnittstelle von Telekommunikation und Computern und beinhaltet unter anderem Schlüsseltechnologien zur Implementierung von 5G-Netzwerken. Zu den anmeldestärksten Technologiefeldern zählten neben der Digitalen Kommunikation (14 175 Anmeldungen) die Medizintechnik (13 833, +0.9% ggü. 2018), die Computertechnik (12 744, +10.2 %), Elektrische Maschinen, Geräte und Energie (11 255, +5.5 %), Erfindungen im Bereich Transport (9 635, +6.6 %), Messtechnik (9 045, +3.8 %), Arzneimittel (7 697, +4.4 %), Biotechnologie (6 801, +1.7 %), sonstige Spezialmaschinen (6 536, +1.5 %) und Organische Feinchemie (6 167, -0.5 %). Auch das Unternehmensranking spiegelt die steigende Bedeutung digitaler Technologien wider: der chinesische Technologiekonzern Huawei stand mit 3 524 Anmeldungen 2019 an der Spitze der EPA-Anmelderliste, gefolgt von den Elektronikkonzernen Samsung und LG.

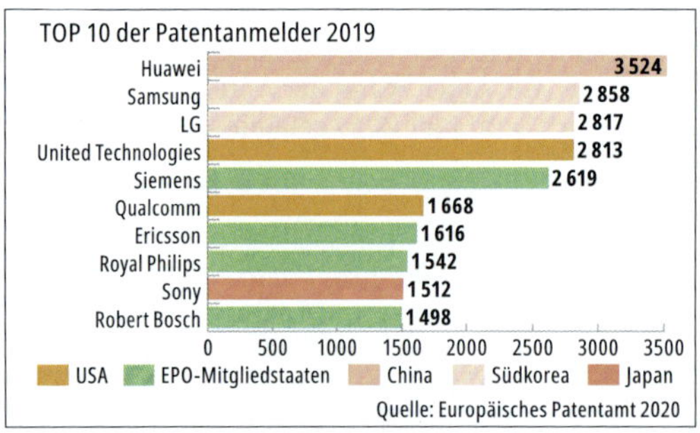

Konflikte und Krisen

Ökonomische Verteilungskonflikte

Globale Einkommensungleichheit: Die **Verteilung von Arbeitseinkommen** zwischen Ländern und ihren Gesellschaften gilt in der öffentlichen Diskussion als ein zentrales Kriterium zur systematischen Erfassung und Überwindung ökonomischer Ungleichheiten. Ungleichheitsanalysen basieren häufig auf der Betrachtung von sog. Perzentilen als statistische Größe, die die Position eines Wertes innerhalb eines Kollektives angibt. Wohlstandsunterschiede werden dadurch insbesondere durch einen Vergleich der Einkommensanteile zwischen verschiedenen Perzentilen sichtbar.

Nach Angaben der World Inequality Database (WID) verdiente 2018 **das oberste Prozent** (erstes Perzentil) **der Weltbevölkerung 20.4 % der globalen Arbeitseinkommenssumme**. Die untere Hälfte der Weltbevölkerung (50 Perzentile) vereint hingegen lediglich 9.7 % aller Einkommen auf sich und damit nur die Hälfte dessen, was das erste Perzentil für sich vereinnahmt. Ein Blick auf die zeitliche Entwicklung offenbart, dass trotz einer jahrzehntewährenden Phase globaler ökonomischer Prosperität die Disparitäten zwischen dem ersten Perzentil und den unteren 50 Perzentilen kaum verringert werden konnten: Während die Einkommensanteile des obersten Perzentils seit 1985 um +20 % kletterten, fiel der Zuwachs bei der unteren Hälfte mit +5 % doch **erheblich niedriger** aus.

Mittels Klassifizierung nach Einkommensgruppen analysiert die Weltbank Verteilung und Entwicklung des globalen Wohlstandes auf Ebene der Nationalstaaten. Dazu definiert die Weltbank vier Einkommenskategorien: Staaten mit niedrigem Einkommen (bis 1 025 US-$), Staaten mit mittlerem Einkommen im unteren Bereich (1 026 US-$ bis 3 995 US-$), Staaten mit mittlerem Einkommen im oberen Bereich (3 996 US-$ bis 12 375 US-$) sowie Staaten mit hohem Einkommen (ab 12 376 US-$). 2017 **lebten lediglich 15 % der Weltbevölkerung in einem Staat mit hohem Einkommen**, während 10 % in einem Staat mit niedrigem Einkommen wohnten (Staaten mit mittlerem Einkommen im unteren Bereich: 40 %; Staaten mit mittlerem Einkommen im oberen Bereich: 35 %). Im Vergleich zum Jahr 2000 ist festzustellen, dass der Bevölkerungsanteil der Staaten mit hohem Einkommen um -3 % rückläufig ist. Im Gegensatz dazu stieg der Anteil der Menschen, die in einem Land mit niedrigem Einkommen leben, um +3 % an.

Insgesamt registrierten die beiden unteren Einkommensgruppen eine Steigerung an Bevölkerungsanteilen, während die beiden oberen Gruppen einen Rückgang verzeichneten. Auch wenn diese

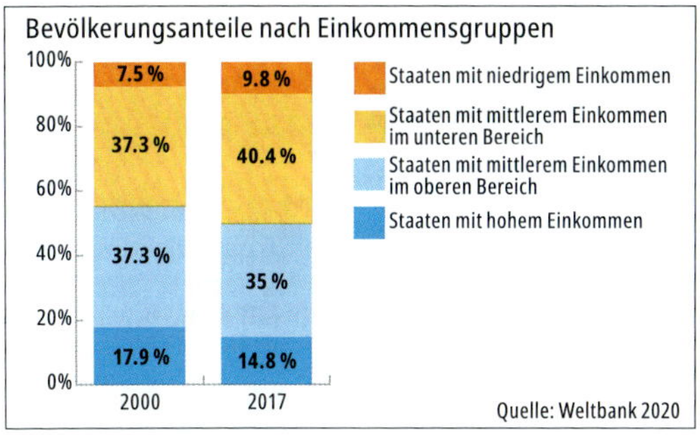

Verschiebungen ganz überwiegend auf das rasche Bevölkerungswachstum der Schwellen- und Entwicklungsländer zurückzuführen ist, **lebten 2017 mehr Menschen von einem niedrigeren Einkommen** als im Jahr 2000.

Der Vergleich der **absoluten Pro-Kopf-Einkommen** unter den Staaten der Welt wiederum nimmt einen Blick auf das Ausmaß der globalen Wohlstandsunterschiede ein. Lässt man die erdölexportierenden Emirate am arabischen Golf sowie Offshore-Steueroasen außer Acht, rangiert 2018 Island mit einem Pro-Kopf-Einkommen von über 77 400 US-$ an erster Stelle, gefolgt von den USA (75 600 US-$) und Norwegen (74 600 US-$). Die Schweiz (71 100 US-$) liegt an fünfter, Österreich (62 100 US-$) an achter und Deutschland (59 700 US-$) an zwölfter Stelle. Am unteren Ende der Einkommensskala liegen die Demokratische Republik Kongo (2 000 US-$), die Zentralafrikanische Republik (1 900 US-$) sowie Burundi (1 700 US-$). Ein Einwohner Islands **verdiente 2018 demnach das 45-fache** eines Einwohners von Burundi.

»Working poor« Armut trotz Beschäftigung: Die Ausübung einer Beschäftigung ist in den Industriestaaten untrennbar mit dem Erwerb von Einkommen für eine maßvolle Lebensgestaltung verknüpft. Für viele Menschen in den Schwellen- und Entwicklungsländern trifft diese Erwartung an den eigenen Job indes häufig nicht zu. Trotz vertragsbasierter Beschäftigungsverhältnisse erhalten Arbeiter für ihre tägliche Berufsausübung ein Einkommen, welches zur Beseitigung materieller Armut nicht ausreicht.

Die Internationale Arbeitsorganisation (ILO) spricht in diesen Fällen von sog. »working poor« (Arbeits- bzw. Erwerbsarmut), also Beschäftigten, die trotz eines Jobs unter sehr ärmlichen Verhältnissen leben müssen. Dabei differenziert die ILO die »working poor« in eine extreme und eine gefährdete Ausprägung: Stehen einem Haushalt trotz Beschäftigung nicht mehr als 1.90 US-$ pro Tag für Konsumausgaben zur Verfügung, handelt es sich um extreme Armut trotz Beschäftigung; hat ein Haushalt hingegen bis 3.20 US-$ zur Verfügung, handelt es sich um eine Armutsgefährdung trotz Beschäftigung.

Nach Angaben des Weltarbeits- und Sozialbericht der ILO galten 2018 **weltweit mehr als 630 Mio. Arbeiter als arm trotz Beschäftigung**: davon leiden 230 Mio. Menschen an extremer Arbeitsarmut trotz Beschäftigung. Weitere 400 Mio. Menschen sind trotz eines Jobs von Armut gefährdet. Immerhin konnte seit Formulierung der Millenniums-Entwicklungsziele 2000 eine Reduzierung der »working poor« beobachtet werden: Zählten zu Beginn der 2000er-Jahre noch knapp 50 % der Arbeiter (1.2 Mrd.) weltweit zu den »working poor«, waren es 2018 nur noch rund 24 %.

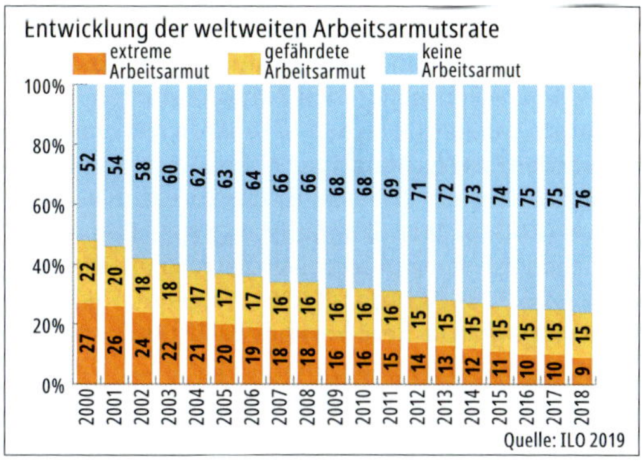

Allerdings werden viele Erfolge auf den nationalen Arbeitsmärkten **durch das rasche Bevölkerungswachstum** in den jeweiligen Staaten wieder neutralisiert. Ein lediglich moderates Produktivitätswachstum und geringe Fortschritte bei der Durchsetzung von Arbeitnehmerrechten reichen v. a. in den Schwellen- und Entwicklungsländern nicht aus, um der wachsenden Zahl an Erwerbspersonen eine auskömmliche Jobperspektive zu bieten. Differenziert nach Berufsfeldern sind v. a. ungelernte Arbeiter im Bereich Landwirtschaft, Bergbau, Einzelhandel, Gastronomie und Baugewerbe von Arbeitsarmut betroffen. Eine demographische Perspektive auf diese Gruppe zeigt wiederum, dass jüngere Beschäftigte im Alter von 15 bis 24 Jahren überproportional unter Erwerbsarmut leiden. Auch sind weibliche Beschäftigte tendenziell eher als männliche Beschäftigte erwerbsarm.

Ein Blick auf **einzelne Regionen** zeigt hingegen ein differenziertes Bild: Die meisten «working poor« leben nach Angaben der ILO 2019 im subsaharischen Afrika. Knapp 55 % aller Arbeiter (rund 200 Mio. Menschen) gehen dort einer Arbeit nach und bleiben trotzdem arm. Besonders dramatisch dabei ist, dass es im Vergleich mit der globalen Entwicklung der Arbeitsarmutsrate (2018: 24 %) nicht gelingt, den Anteil der »working poor« signifikant zu reduzieren und - gemessen an absoluten Zahlen - sogar eine Steigerung zu beobachten ist (2000: 165 Mio. Menschen). Große Fortschritte wurden hingegen in Süd-, Ost- und Südostasien erreicht. Parallel zur anhaltend guten Wirtschaftsdynamik konnte die Zahl der «working poor« von 50 % aller Arbeiter 2004 auf rund 10 % im Jahr 2018 reduziert werden. Die ILO fordert angesichts dieser Trends daher zu mehr Anstrengungen in Ausbildungssysteme und Bildungseinrichtungen zu investieren, um zumindest die extremen Fälle der »working poor« in den Schwellen- und Entwicklungsländern zu beseitigen.

Landgrabbing: Weltweite Konflikte um Agrarland

Beim Landgrabbing erwerben **kapitalstarke Investoren** wie Banken, Investmentfonds, Agrar- und Lebensmittelkonzerne sowie Nationalstaaten agrarisch nutzbare Flächen **in Ländern mit zumeist schwachen Landrechten**, aber hohem Investorenschutz als Anreiz für ausländische Direktinvestitionen (FDI) für ihre ökonomische Expansion. Als Ursachen für den globalen Wettbewerb um die endliche Ressource Agrarland gelten folgende Faktoren: das **stetige globale Bevölkerungswachstum** lässt die Nachfrage nach Nahrungsmitteln kontinuierlich steigen; durch den **Klimawandel** veröden fruchtbare Böden mit der Folge zunehmender Missernten; infolge **der Wirtschafts- und Finanzkrise** sicherten sich globale Investoren durch den Aufkauf von Agrarflächen eine wertstabile Anlagemöglichkeit; **die Begrenztheit fossiler Energieträger** erfordert zunehmend den Anbau von Energiepflanzen wie Mais, Soja oder Ölpalme anstelle von Kartoffeln oder Reis. Nach Angaben der **Land Matrix**, einem Zusammenschluss internationaler Organisationen aus der Entwicklungspolitik und -forschung, erwarben globale Investoren seit dem Startjahr der Erfassung (2000) insgesamt **etwa 1.14 Mio. km² Agrarland**, was fast der 3.5-fachen Fläche Deutschlands entspricht. Als größte Investoren treten insbesondere die Industrie- und Schwellenländer auf, darunter die VR China (186 000 km²), die USA (142 000 km²) und Großbritannien (120 000 km²). Die Verkäufe von Landwirtschaftsflächen finden hingegen überwiegend in den Entwicklunsgländern statt, worin gerade Afrika im Mittelpunkt dieses globalen Landgeschäfts steht. 70 % der verkauften Flächen entfallen auf lediglich elf Länder, darunter sieben auf dem afrikanischen Kontinent. An der Spitze verkauften Ackerlandes steht Peru (182 000 km²), gefolgt von der Demokratischen Republik Kongo (81 000 km²) und der Ukraine (64 000 km²).
Das Ziel der Landakquisitionen ist allerdings **in eher seltenen Fällen die Lebensmittelproduktion**. Nur

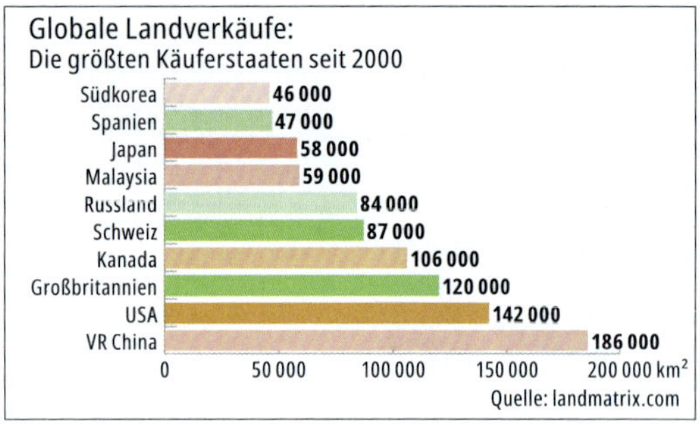

18 % der insgesamt verkauften Flächen werden ausschließlich für den Anbau von Nahrungspflanzen verwendet. Im Gegensatz dazu waren etwa 38 % des Agrarlandes nicht für die Ernährung des Menschen, sondern für die Erzeugung von Energiepflanzen oder Tierfutter bestimmt. Auf weiteren 15 % der Flächen sollen Agrarerzeugnisse hergestellt werden, die je nach Marktlage zu Nahrung, Tierfutter oder Energie verarbeitet werden (sog. Mehrzwecknutzpflanzen). Die restliche Fläche verteilt sich auf mehrere Produktgruppen zugleich.
Die Folgen des Landgrabbing sind insbesondere **für Bevölkerung und Umwelt der Verkaufsstaaten fatal**: Weltweit werden durch Landgrabbing Millionen Kleinbauern von ihrem Land vertrieben, enteignet und in ihren Menschenrechten verletzt. Bauern verlieren ihre Äcker; Wälder als Quelle von Feuerholz, Früchten und Arzneipflanzen werden zerstört. Meist verschlechtert sich in den betroffenen Regionen sogar die Nahrungsmittelversorgung infolge des Landgrabbings, da ein Großteil der Anbauflächen ausschließlich für den Export in das Käuferland bestimmt ist. Eine Verknappung und Preissteigerungen beim Angebot lokaler Nahrungspflanzen ist die unmittelbare Folge. Außerdem verdrängen agrarindustrielle Großbetriebe die kleinbäuerliche Subsistenzwirtschaft und gefährden damit die Lebensgrundlage der heimischen Bevölkerung. Aber auch die Umwelt wird durch diese industrialisierten Formen der Landwirtschaft beeinträchtigt. Die angepflanzten Monokulturen wie Soja oder Ölpalmen erfordern einen massiven Einsatz von Pestiziden, Herbiziden und Kunstdünger. Außerdem steigt infolge der Investitionen der Wasserverbrauch stark an. Quellen und Brunnen als zentrale Wasserversorgung der heimischen Bevölkerung versiegen zunehmend. Durch Versalzung und Verkrustung der oberen Bodenschichten verschlechtert sich zudem die Fruchtbarkeit des Bodensubstrats. Landgrabbing steht damit in den betroffenen Staaten zunehmend in Konflikt mit einer nachhaltigen Wirtschaftsweise und einer Partizipation der heimischen Bevölkerung an der Wohlstandsentwicklung.

Corona-Pandemie und Krise der Weltwirtschaft

Der global hochdynamische Ausbruch der Lungen- und Atemwegserkrankung Covid-19 durch das neuartige Coronavirus veranlasste die Weltgesundheitsorganisation (WHO) am 11. März 2020 zur **Ausrufung einer Pandemie** (kontinentübergreifende rasche Ausbreitung einer Infektionskrankheit).
Die weltweit zu beobachtenden, stetig steigenden Übertragungraten des Erregers zwischen den Menschen überlasteten aufgrund des unvorbereiteten, menschlichen Immunsystems zunehmend die Gesundheitssysteme der betroffenen Regionen und gefährdeten damit Leben und Gesundheit von Millionen Menschen. Eine wirksame Verlangsamung der Ausbreitungsgeschwindigkeit verlangte daher staatlich verordnete Isolierungs-, Abriegelungs- und Schließungsmaßnahmen, die in vielen Staaten der Erde das öffentliche Leben auf ein Mindestmaß reduzierte. Umfangreiche Kontaktbeschränkungen, wochenlange Ausgangssperren sowie die Einstellungen von Geschäfts- und Industriebetrieben (sog. »lockdown«) hatten schließlich auch **schwerwiegende Auswirkungen auf die globale wie regionale Wirtschaftstätigkeit**. Nach Angaben des Internationalen Währungsfonds (IWF) wird infolge der Corona-Pandemie die Weltjahreswirtschaftsleistung 2020 **um etwa -3 %** im Vergleich zum Vorjahr **schrumpfen**. Zuletzt war die globale Wirtschaftsentwicklung im Jahr der Wirtschafts- und Finanzkrise 2009 mit -0.1 % leicht negativ. Insgesamt blickt die Wirtschaft der Welt damit **auf die wohl schwerste Rezession seit Ende des Zweiten Weltkrieges**.
Die Hauptursache für die Schwere des Wirtschaftseinbruchs liegt in der **extremen Unsicherheit** über den Verlauf der Pandemie sowie der Andauer des zu ihrer Bekämpfung erforderlichen »lockdown« des öffentlichen Lebens, die auf schwer vorhersehbare Weise zusammenwirken. Für die privaten Haushalte, Unternehmen sowie die Regierungen zahlreicher Staaten stellen sich damit hinsichtlich ihrer Ausgaben- und Investitionstätigkeit Unwägbarkeiten in bisher nicht gekanntem Ausmaß.
Folgende Faktoren sind dabei für den Einbruch der globalen Wirtschaftstätigkeit von entscheidender Bedeutung:
Andauer der Versorgungsunterbrechungen: Global gesehen wird durch gestörte Wertschöpfungsketten (v. a. beim Maschinenbau sowie der Elektroindustrie) infolge der staatlich angeordneten Schließungen von Betrieben die unternehmerische Produktion stark zurückgefahren. Dieser Einbruch der Industrieproduktion führt wiederum zu weiteren Verzögerungen in anderen Produktionsabläufen, was die Krise im Industriesektor zusätzlich verschärft. Zusätzlich erschweren Grenzschließungen den Personen- und Warenverkehr. Auf regionaler Ebene wiederum leidet die Konsumtätigkeit der privaten Haushalte durch die Beeinträchtigungen des öffentlichen Lebens sowie der Schließung zahlreicher Geschäftsbetriebe sowie der Absage aller Großevents in den Bereichen Sport und Kultur.
Verschiebungen im Ausgabeverhalten: Drohende oder bereits erfahrene Arbeitslosigkeit bzw. Einkommensausfälle angesichts von Covid-19-bedingter Unternehmensschließungen sowie eine allgemeine Verunsicherung durch verhängte Kontakt- und Ausgangssperren beeinflussen die Konsumgewohnheiten der privaten Verbraucher. Besonders davon betroffen sind Luxusgüter wie Schmuck und Uhren, Textilien, Reisen sowie langlebige Güter wie Kraftfahrzeuge oder Möbel. Ebenfalls ist angesichts zu erwartender Einkommenseinbußen eine Erhöhung der Sparquote bzw. ein Aussetzen der Beiträge für die Altersversorge zu verzeichnen. Die Einbrüche auf den Aktienmärkten, die sich bis Ende März 2020 in den USA auf -35 % (Dow Jones Industrial Average) sowie der Eurozone auf -32 % (EURO STOXX 50) summierten, haben sich bis Redaktionsschluss dieser Ausgabe nahezu kompensiert. Allerdings berichten die Notenbanken beider Währungsräume von einer rückläufigen Kreditvergabe an Haushalte und Unternehmen, was die Konsum- und Investitionstätigkeit zusätzlich beeinträchtigt.
Verhaltensänderungen bei den Konsumenten: Generell erwartet der IWF für das Jahr 2020 angesichts staatlich verordneter Isolierungs- und Abriegelungsmaßnahmen Verhaltensänderungen bei den Konsumenten. So werden sich die Verbraucher von Aktivitäten, die in der Öffentlichkeit stattfinden, tendenziell abwenden, hin zu solchen Vorhaben, die die Menschen im kleineren Kreis nutzen können. Zudem ist davon auszugehen, dass hochfrequentierte Orte wie Einkaufszentren, Bahnhöfe oder auch die öffentlichen Verkehrsmittel rückläufige Nutzungszahlen aufweisen und damit niedrigere Umsätze erzielen werden.
Volatile Rohstoffpreise: Im Zusammenhang mit der rapiden Verschlechterung der globalen Wirtschaftsdynamik im ersten Quartal 2020 waren bei den Rohstoffpreisen teils erhebliche Preisverluste zu verzeichnen. Nach IWF-Angaben knickte der Preis für ein Barrel Erdöl (159 Liter) mit einem Rückgang von -65 % innerhalb weniger Wochen am stärksten unter allen Rohstoffgruppen ein. Es folgen Erdgas (-38 %) und Metalle (-15 %). Dieser rasche Preisverfall beeinträchtigt damit die Wirtschaftsmodelle zahlreicher rohstoffexportierender Staaten, darunter Russland, Saudi-Arabien oder Brasilien, mit erheblichen Einschränkungen auf die Binnennachfrage sowie die Finanzierung der jeweiligen Staatshaushalte.

Insgesamt sehen sich die Volkswirtschaften der Welt durch dieses Zusammenspiel der Faktoren **mit einer vielschichtigen ökonomischen Krise konfrontiert**, die neben eines Gesundheitsschocks auch schwerwiegende Störungen der Binnenwirtschaft sowie einen Einbruch der Auslandsnachfrage umfasst.
Mit Blick auf die regionale Ebene wird der Wirtschaftseinbruch nach Angaben des IWF allerdings unterschiedlich verlaufen: Eine besonders schwere Rezession werden die Industriestaaten registrieren. Insgesamt rechnet der IWF für 2020 mit einem Rückgang des BIP um -6.1 % im Vergleich zu 2019. Innerhalb der drei großen Währungsräume (US-Dollar, Euro und Yen) der Welt ist die Eurozone mit -7.5 % am schwersten von einer Kontraktion des BIP betroffen, während die BIP-Schrumpfung in den USA (-5.9 %) und Japan (-5.2 %) etwas glimpflicher ablaufen soll.

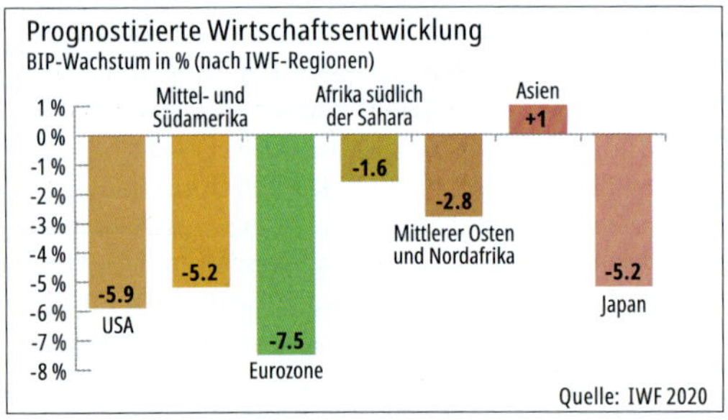

Im Vergleich dazu prognostiziert der IWF hingegen für die **Schwellen- und Entwicklungsländer** eine erheblich schwächere Rezession (-1 %). Von stark rückläufigen BIP-Zahlen werden darin lediglich die rohstoffexportierenden Staaten Brasilien (-5.3 %) und Russland (-5.5 %) betroffen sein. Die Wirtschaftsleistung der Staaten südlich der Sahara wird nur um ca. -1.6 % einbrechen. Für die Gruppe der Niedrigeinkommensländer schätzt der IWF sogar ein schwaches Wachstumsplus von +0.4 %. Mit einem BIP-Zuwachs von +1 % bleiben die Schwellen- und Entwicklungsländer Asiens auch 2020 der Wachstumsmotor der Weltwirtschaft. Wenn auch die VR China bereits Ende 2019 von rigorosen Quarantänemaßnahmen infolge der neuartigen Covid-19-Erkrankung betroffen war, erholt sich die Wirtschaftsdynamik 2020 mit einem Zuwachs in Höhe von +1.2 % davon doch erheblich. Damit gilt die VR China neben Indien (+1.8 %) als besonders stark wachsende Volkswirtschaften während der Pandemie.
In einer vorsichtigen Schätzung des Konjunkturverlaufs für 2021 prognostiziert der IWF unter Annahme eines Abklingens der Pandemie in der zweiten Jahreshälfte 2020 sowie der schrittweisen Aufhebung der Eindämmungsmaßnahmen ein Wachstum von +5.8 % (darunter für die Industriestaaten +4.5 %; für die Schwellen- und Entwicklungsländer: +6.6 %).

Marktentwicklungen

Finanzmärkte

Ausländische Direktinvestitionen: Die **Globalisierung der Wirtschaft** zeigt sich in besonderem Maße an den zunehmenden **grenzüberschreitenden Investitionen** von Unternehmen und anderen **Kapitalverflechtungen** zwischen Volkswirtschaften. Wichtige Akteure sind dabei **multinationale Unternehmen**, deren Umsätze z. T. der Wirtschaftsleistung ganzer Volkswirtschaften entsprechen oder diese sogar übertreffen. Aufgrund ihrer staatenübergreifenden Aktivitäten und ihrer globalen Verflechtung über Handels-, Kapital- und Technologieströme gelten sie als wesentliche Triebkräfte wirtschaftlicher Globalisierungsprozesse.
Nach einem Rückgang in den Jahren 2017 und 2018 stiegen die weltweiten **Direktinvestitionen im Ausland** (Foreign Direct Investments/FDI) nach Berechnungen der **Welthandels- und Entwicklungskonferenz der UN (UNCTAD)** 2019 auf insgesamt 1.54 Bio. US-$ (+3 %). Der Anstieg der ausländischen Direktinvestitionen war hauptsächlich auf höhere Zuflüsse in die Industriestaaten zurückzuführen. Die Corona-Pandemie führte 2020 jedoch zu einem radikalen Wandel und Unternehmen investierten deutlich weniger im Ausland. Die UNCTAD rechnet 2020 mit einem Einbruch der weltweiten Direktinvestitionen um -40 %. Die globalen FDI würden damit erstmals seit 2005 unter eine Bio. US-$ fallen. Auch für das Jahr 2021 erwartet die UNCTAD einen Rückgang um weitere 5-10 %, ehe ab 2022 eine Erholung einsetzten könnte. Die Auswirkungen der Corona-Krise sind zwar überall schwerwiegend, variieren jedoch je nach Region. In Entwicklungsländern wird mit dem größten Rückgang der ausländischen Direktinvestitionen gerechnet, da diese stärker auf Investitionen in die von globalen Wertschöpfungsketten geprägten Industrien und den Rohstoffsektor angewiesen sind und sie gleichzeitig nicht in der Lage sind, dieselben wirtschaftlichen Unterstützungsmaßnahmen zu ergreifen wie Industriestaaten.
Entgegen dem Anstieg der globalen FDI-Zuflüsse nahmen sowohl grenzüberschreitende Firmenkäufe und Zusammenschlüsse, sog. Mergers & Acquisitions **(M&A)**, als auch sog. **greenfield investments** (Neugründung eines Unternehmens im Ausland) ab. Grenzüberschreitende M&A-Aktivitäten gingen 2019 gemessen am Wert der Transaktionen um -40 % zurück und fielen auf einen Gesamtwert von 491 Mrd. US-$ – den niedrigsten Stand seit fünf Jahren. Das Volumen der greenfield investments sank gegenüber 2018 um -14 % auf ein Gesamtvolumen von 846 Mrd. US-$. Ursächlich für den Rückgang

war v. a. ein durchschnittlich geringeres Volumen der Investitionen.
Die **größte Empfängerregion** für FDI bildete 2019 Asien mit 30.8 % aller weltweiten FDI, gefolgt von Europa (27.9 %) und Nordamerika (19.3 %). Bei den Herkunftsregionen der Direktinvestitionen dominierten 2019 Europa (36.2 %), Asien (24.9 %) und Nordamerika (15.3 %). Vom Anstieg der Direktinvestitionen profitierten in erster Linie die **Industriestaaten**, in denen die FDI-Zuflüsse um rund +5 % auf 800 Mrd. US-$ zunahmen (52 % aller FDI). Investitionen in **Schwellen- und Entwicklungsländer** gingen leicht zurück (-2 %) auf 685 Mrd. US-$.

Die wichtigsten Empfängerstaaten der weltweiten Direktinvestitionen:
(Investitionssummen ausländischer Investoren in Millionen US-$)

Staat	2010	2015	2018	2019
USA	198 049	467 625	253 561	246 215
VR China	114 734	135 577	138 305	141 225
Singapur	57 460	59 700	79 738	92 081
Niederlande	-7 184	178 990	114 306	84 216
Irland	42 804	217 869	-28 089	78 234
Brasilien	77 687	49 961	59 802	71 989
Hongkong	70 541	174 353	104 246	68 379
Großbritannien	58 200	39 186	65 300	59 137
Indien	27 417	44 064	42 156	50 553
Kanada	28 400	43 836	43 459	50 332

Die wichtigsten Herkunftsstaaten der weltweiten Direktinvestitionen:
(Investitionssummen im Ausland in Millionen US-$)

Staat	2010	2015	2018	2019
Japan	56 263	136 249	143 161	226 648
USA	277 779	264 359	-90 623	124 899
Niederlande	68 358	247 737	-18 843	124 652
VR China	68 811	145 667	143 040	117 120
Deutschland	125 451	99 025	78 813	98 700
Kanada	34 723	67 440	49 880	76 602
Hongkong	86 247	71 821	82 201	59 279
Frankreich	48 155	53 218	105 636	38 663
Republik Korea	28 222	23 687	38 220	35 531
Singapur	35 407	45 223	29 761	33 283

ohne Offshore-Finanzzentren (Britische Jungferninseln)

Quelle: UNCTAD 2020

Staatsverschuldung

Die hohe Staatsverschuldung in Europa, den USA und Japan belastete bereits seit Jahren die Wirtschaft. Durch die Corona-Krise erhöhten sich weltweit die Staatsschulden dramatisch.
Nach Prognosen der EU-Kommission wird das durchschnittliche **Haushaltsdefizit** in der Eurozone drastisch zunehmen. Bedingt durch umfangreiche Hilfsprogramme, die die EU-Staaten im Zuge der Corona-Krise verabschiedet haben, steigen die Schuldenstände auf ein Rekordhoch. Die Neuverschuldung soll 2020 auf 8.5% und 2021 auf 3.5 % des gesamten BIP ansteigen. Die größten Haushaltsdefizite werden 2020 für Italien (11.1 %), Spanien (10.1 %), Frankreich (9.9 %), Belgien (8.9 %) und die Slowakei (8.5 %) prognostiziert. Den Prognosen zufolge wird keiner der EU-Mitgliedstaaten einen Haushaltsüberschuss erwirtschaften. Angesichts der wirtschaftlichen Folgen der Corona-Pandemie hatte die EU-Kommission die Vorgaben für Haushaltsdefizite und Gesamtverschuldung im März 2020 bis auf Weiteres ausgesetzt. Lediglich Bulgarien hätte mit einem geschätzten Haushaltsdefizit von 2.8 % des BIP die vorher gültige EU-Vorgabe einer maximalen Neuverschuldung von 3 % der Wirtschaftsleistung erfüllt. Auch die Staatsverschuldung wird nach Berechnung der EU-Kommission in der Eurozone 2020 einen neuen Höchststand von durchschnittlich 102.7 % des BIP erreichen. Für die gesamte EU27 wird eine **Verschuldungsquote** von 95.1 % der Wirtschaftsleistung erwartet. Die mit Abstand höchste Schuldenquote in der Eurozone wird nach wie vor Griechenland (196.4 % des BIP) aufweisen, gefolgt von Italien (158.9 %), Portugal (131.6 %), Frankreich (116.5 %), Zypern (115.7 %) und Belgien (113.8 %). Deutschlands Schuldenstandquote ist in den vergangenen Jahren kontinuierlich gesunken, aufgrund milliardenschwerer Hilfsprogramme wird der Schuldenstand 2020 wieder deutlich anwachsen auf 75.6 % (2019: 59.8 %).
Die Corona-Krise trifft die südeuropäischen Staaten besonders hart. Griechenland litt schon vor dem Ausbruch unter einer dramatischen Staatsverschuldung. Durch mehrere Hilfspakete der Euro-Staaten und des IWF sowie umfangreiche Spar- und Reformmaßnahmen, die u. a. Rentenkürzungen und Steuererhöhungen umfassten, konnten die Schulden in den vergangenen Jahren langsam abgebaut und eine Staatspleite abgewendet werden. Alleine durch die Rezession wird 2020 die Schuldenquote, die in Abhängigkeit zur Wirtschaftsleistung berechnet wird, deutlich ansteigen. Hinzu kommen neue Kredite, um die Unterstützungsprogramme zu finanzieren, und Steuerausfälle.
Deutschlands Staatsschulden beliefen sich nach Angaben der Deutschen Bundesbank zum Jahresende 2019 auf 2.053 Bio. € (2018: 2.069 Bio. €) und gingen damit leicht zurück. Die Schuldenquote fiel von 61.9 % Ende 2018 auf 59.8 % und unterschritt damit erstmals seit 2002 wieder den Referenzwert des Maastricht-Vertrages von 60 %. Alle staatlichen Ebenen wiesen im Jahr 2019 spürbare Überschüsse aus. Der Bund nutzte diese zum Schuldenabbau. Die

Länder bauten mit ihren Überschüssen Finanzvermögen auf, die Verschuldung nahm hier zu. Auch die Gemeinden und die weitgehend schuldenfreien Sozialversicherungen verwendeten ihre Überschüsse vor allem, um Rücklagen weiter aufzustocken. Die im Zuge der Wirtschafts- und Finanzkrise eingerichteten staatlichen "Bad Banks" verringerten ihre Schulden geringfügig. Die Hilfsmaßnahmen für angeschlagene Euro-Staaten machten unverändert 88 Mrd. € aus.
Die Schuldenkrise der **USA** spitzte sich weiter zu. Das Haushaltsdefizit ist im Finanzjahr 2019 stark angestiegen und belief sich Ende September auf 984 Mrd. US-$ (2018: 779 Mrd. US-$) und damit auf dem höchsten Stand seit der Wirtschafts- und Finanzkrise 2007. Gründe hierfür waren u. a. die Steuerreform der US-Regierung und höhere Verteidigungsausgaben. Mit der Corona-Pandemie verschärfte sich die Schuldenkrise dramatisch. US-Kongress und Regierung haben infolge der Corona-Pandemie Konjunkturpakete von über 3 Bio. US-$ beschlossen. Seit Februar 2020 stieg die Staatsverschuldung von 23.20 auf 26.24 Bio. US-$.
Der mit Abstand am höchsten verschuldete Staat weltweit ist **Japan**. Die Staatsschulden beliefen sich 2018 laut IWF auf 236.5% des BIP und durch die Pandemie wird die Staatsverschuldung 2020 weiter ansteigen. Während der Corona-Krise hat die japanische Regierung einen zweiten Zusatzhaushalt in Milliardenhöhe aufgestellt um ein riesiges Konjunkturpaket in Höhe von 40 % des BIP zu finanzieren.
Neben den Industriestaaten leidet auch ein Großteil der **Entwicklungsländer** seit Jahren unter einer hohen Auslandsverschuldung. Viele Staaten sind nicht in der Lage, ihre Auslandsschulden zurückzuzahlen. Sinkende Rohstoffpreise, niedrige Zinssätze und ein nicht ausreichendes Wirtschaftswachstum verstärken die Staatsverschuldung zusätzlich. Die **Auslandsschulden aller Entwicklungs- und Schwellenländer** betrugen nach Angaben der Weltbank 2018 7 819 Mrd. US-$ und sind damit gegenüber 2017 weiter angestiegen (+5.3 %). Davon entfielen 35.7 % auf die Staaten Ostasiens und des Pazifiks, 23.9 % auf Mittel- und Südamerika, 19.5 % auf Europa und Zentralasien, 9.3 % auf Südasien, 7.5 % auf das subsaharische Afrika und 4.1 % auf Nordafrika und den Nahen Osten. Die Folgen sind z. T. dramatisch: In vielen Staaten belastet die hohe Staatsverschuldung die wirtschaftliche Entwicklung und erschwert notwendige Investitionen in Bildung, Gesundheit und Infrastruktur. Dies wiederum verstärkt in vielen Entwicklungs- und Schwellenländern wachsende Armut und soziale Ungleichheit.

Schuldenhöhe ausgewählter Entwicklungs- und Transformationsländer:
(Auslandsschulden in Milliarden US-$))

Staat	2000	2010	2017	2018
China	145.874	734.639	1 709.949	1 962.304
Brasilien	242.512	352.364	542.98	557.823
Indien	101.131	290.428	511.484	521.391
Russland	146.665	417.852	518.191	453.938
Mexiko	152.558	245.906	441.577	452.991
Türkei	116.799	300.869	456.174	445.139
Indonesien	144.049	198.278	353.663	379.664
Argentinien	150.063	126.642	236.471	280.516
Südafrika	25.435	108.392	180.497	179.306
Thailand	79.83	106.358	157.583	169.241
Kasachstan	12.89	119.151	158.917	156.921
Venezuela	49.458	116.966	148.878	154.898

Quelle: Weltbank 2020

Regulierung der Finanzmärkte: Die Wirtschafts- und Finanzkrise 2008/09 und die folgende Staatsschuldenkrise in Europa haben die Schwächen im europäischen Finanzsystem aufgedeckt. Ein Grundproblem der weltweit vernetzten Finanzmärkte war und ist, dass die Kreditaktivität im Bankensektor der EU ins Stocken geraten und der Realwirtschaft in den Euro-Staaten deshalb ein **Engpass in der Geld- und Kreditversorgung** drohen kann. Eine zentrale Gegenmaßnahme ist die Senkung des Leitzinses durch die Europäische Zentralbank (EZB). Durch den fast weltweiten Shutdown im Zusammenhang mit der Corona-Pandemie stockten große Teile der Realwirtschaft. Die Finanzmärkte reagierten panisch, was zu massiven Kursstürzen an den Aktienmärkten führte. Als Reaktion auf die Finanzkrise wurde im Jahr 2012 die Einführung einer **Europäischen Bankenunion** beschlossen, die sich aus drei Säulen zusammensetzt. Das Kernelement der Bankenunion bildet die gemeinsame, europaweite Bankenaufsicht. Als unabhängiges Organ der EU beaufsichtigt die EZB gemeinsam mit den nationalen Aufsichtsbehörden im Rahmen des **Einheitlichen Europäischen Aufsichtsmechanismus** (Single Supervisory Mechanism/SSM) die größten Finanzinstitute der teilnehmenden EU-Staaten. Als zweite Säule der Bankenunion wurde ein **Einheitlicher Abwicklungsmechanismus** (Single Resolution Mechanism/SRM) beschlossen. Damit wurden die nationalen Abwicklungsinstitutionen durch eine zentrale europäische Entscheidungsebene ergänzt, die seit Januar 2016 die Abwicklung notleidender Banken in der Eurozone übernommen hat. Die Bankenunion soll durch ein **Europäisches Einlagensicherungssystem** (European Deposit Insurance Scheme/EDIS) als dritte Säule komplettiert werden.

Geldpolitik: Die Geldpolitik beinhaltet alle Maßnahmen, mit denen v. a. die Zentralbank den Geldumlauf und die Geld- und Kreditversorgung der Wirtschaft steuert. Das vorrangige Ziel der Geldpolitik ist es, **Preisstabilität** zu **gewährleisten**. Während der Corona-Krise haben weltweit Noten- und Zentralbanken ihre Geldpolitik gelockert und die **Leitzinsen** stark gesenkt, um Kredite für Firmen zu verbilligen und so die Konjunktur zu stützen.
Die **US-amerikanische Notenbank Federal Reserve** (Fed) hat die Leitzinsen im März 2020 zwei Mal um insgesamt 1.5 Prozentpunkte gesenkt. Damit lag der Leitzins bei einer Spanne von 0.00-0.25 %. Gleichzeitig wurden weitere geldpolitische Maßnahmen, wie ein milliardenschweres Anleihekaufprogramm und Notfallkredite für Banken, ergriffen.
Die EU, Großbritannien, Japan und die VR China haben ihre bereits sehr expansive Geldpolitik in der Corona-Krise weiter gelockert. Die EZB beließ den Leitzins der Eurozone unverändert auf dem Rekordtief von 0.0 %. Auch der Einlagenzins blieb auf dem bisherigen Niveau von -0.5 %. Die Negativzinsen entsprechen einem Strafzins, den Banken für Einlagen bei der EZB zahlen müssen. Zur Bekämpfung der wirtschaftlichen Folgen der Corona-Pandemie legte die EZB im März ein **Notkaufprogramm für Anleihen (Pandemic Emergency Purchase Programme/ PEPP)** in Höhe von 750 Mrd. € für Anleihen öffentlicher und privater Schuldner auf. Im Juni erhöhte die Zentralbank ihre Anleihekäufe auf insgesamt 1.35 Bio. € und verlängerte das Programm um sechs Monate bis Ende Juni 2021. Anleihekäufe sind bereits seit Jahren ein von der EZB genutztes Mittel, um Staaten und Unternehmen zu stützen. Das Instrument ist jedoch umstritten. Im Mai 2020 stufte das Bundesverfassungsgericht das 2015 von der EZB aufgelegte Staatsanleihenkaufprogramm PSPP (Public Sector Purchase Programme) entgegen der Auffassung des Europäischen Gerichtshofs als teilweise verfassungswidrig ein und forderte die Zentralbank auf, die Verhältnismäßigkeit der Maßnahmen darzulegen. Die EZB strebt zur Wahrung der Preisstabilität für die Eurozone eine Inflationsrate von knapp 2 % an. Die Inflationsrate liegt allerdings seit Jahren darunter. Der Trend hat sich während der Corona-Pandemie durch den Einbruch der Energiepreise weiter verschärft – im Mai 2020 lag die jährliche Inflationsrate im Euroraum bei 0.1 %.
Die **Bank of England (BoE)** senkte im März 2020 als Reaktion auf die Corona-Krise ihren Leitzins in zwei Schritten auf 0.1 % und beließ diesen seitdem auf dem Rekordtief. Zusätzlich erhöhte die Zentralbank im Juni 2020 das Volumen ihrer Wertpapierkäufe um 100 Mrd. auf insgesamt 745 Mrd. Pfund.
Auch die **chinesische und die japanische Notenbank** hielten an ihrer lockeren Geldpolitik fest. Die Bank of Japan (BoJ) führte bereits 2016 negative Zinsen ein, um einen unerwünschten Kursanstieg des Yen einzudämmen und beließ den Leitzins seitdem bei -0.1 %. Seit März 2020 hat die BoJ unbegrenzte Käufe von Staatsanleihen zugesagt, Anleihekäufe ausgeweitet und Darlehensprogramme aufgelegt. Die chinesische Zentralbank senkt die Zinssätze für Bankkredite mit ein- und fünfjähriger Laufzeit auf 3.85 % bzw. 4.65 %.

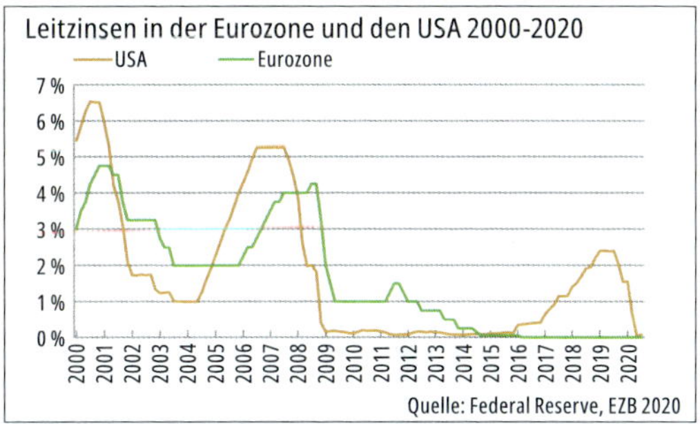

Devisen- und Kapitalmärkte: Die Devisenmärkte waren im Jahr 2020 geprägt von der rasanten Ausbreitung der Corona-Pandemie und einer zunehmenden Unsicherheit der Marktteilnehmer über die wirtschaftlichen Folgen und die wirtschaftspolitischen Maßnahmen zur Krisenbekämpfen. Der Euro gewann von Mitte Februar bis Anfang März 2020 gegenüber dem US-Dollar zunächst massiv an Wert. Spekulationen zu möglichen Zinssenkungen durch die Fed belasteten den US-Dollar. Mit dem Einbruch der Ölpreise Anfang März und der Ausbreitung der Corona-Pandemie nahm auch die Volatilität wichtiger Eurokurse spürbar zu. Der Euro fiel in der zweiten Märzhälfte auf 1.07 US-$ und damit auf den tiefsten Stand seit April 2017. Angetrieben durch die Ankündigung eines milliardenschweren europäischen Rettungsfonds und das Corona-Hilfsprogramm der EZB (PEPP) gewann der Euro seit Mitte Mai wieder deutlich an Wert und notierte am 25.6.2020 bei 1.12 US-$. Während der Euro gegenüber dem Yen seit Anfang März abwertete, verzeichnete er gegenüber dem Pfund Sterling bis in die zweite Märzhälfte deutliche Kursgewinne und erreichte den höchsten Stand seit 11 Jahren.
Auch die **internationalen Finanzmärkte** standen im Jahr 2020 unter dem Einfluss der Corona-Pandemie und ihrer wirtschaftlichen Folgen. An den Aktienmärkten kam es ab Ende Februar zu einem drastischen **Anstieg der Volatilität** und starken **Kursverlusten**. Der **DAX**, im Februar 2020 noch auf einem Rekordhoch von 13 795 Punkten, brach innerhalb weniger Wochen um -36.7 % ein, auf einen Tiefststand von 8 255 Punkten (16.3.2020). Dies war der

Der Wechselkurs des € gegenüber US-$, £ und Yen
(1. Juli 2019 bis 30. Juni 2020)

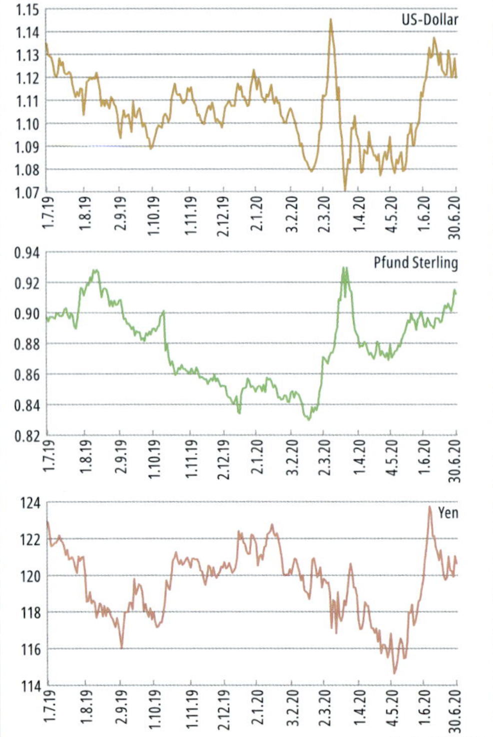

Quelle: EZB 2020

Die wichtigsten Aktienindizes in Deutschland, USA und Japan
(1. Juli 2019 bis 30. Juni 2020 in Punkten)

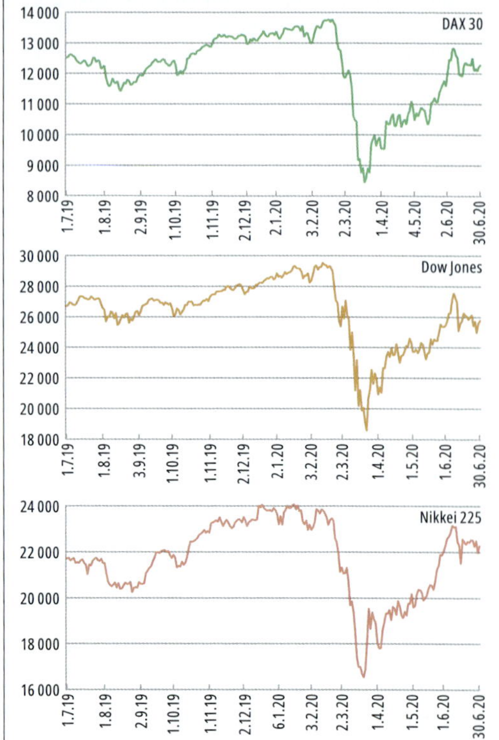

Quelle: finanzen.net (2020)

stärkste Fall in der Geschichte des Leitindex. In Folge historisch einmaliger Konjunkturprogramme der Regierungen und Maßnahmen der EZB stieg der **DAX** anschließend trotzt deutlicher Schwankungen wieder stark an und notierte am 26.6.2020 bei 12 177 Punkten. Auch der **Dow-Jones-Index** der 30 größten US-amerikanischen Industriewerte und wichtige asiatische Aktienindizes, wie z. B. der chinesische **Hang-Seng-Index** und der japanische **Nikkei 225**, stürzten ab Mitte Februar dramatisch ein, erholten sich dann jedoch unter starken Schwankungen z. T. wieder.

Immobilienmärkte

2018 erreichten **die weltweiten Investments** in Immobilien nach Angaben von Pricewaterhouse-Coopers (PwC) 964 Mrd. US-$. Dies bedeutete den dritten Anstieg des Transaktionsvolumens in Folge. Jedoch blieb der bisherige Höchststand aus 2007 von 1.05 Bio. US-$ unerreicht. **Nach Weltregionen** werden die meisten Immobilienkäufe in Nordamerika (494 Mrd. US-$) getätigt, gefolgt von Europa (311 Mrd. US-$) und Asien (159 Mrd. US-$). Während die Investments sowohl in Nordamerika (+19 %) als auch in Asien (+2 %) zulegen konnten, entwickelten sie sich mit -10 % in Europa rückläufig.

Differenziert **nach Nutzungsarten** werden weltweit die wertmäßig größten Käufe mit 344 Mrd. US-$ im Bürogebäudesegment getätigt. Dahinter folgen Wohnungen (222 Mrd. US-$), Einzelhandelsimmobilien (155 Mrd. US-$), Industrieanlagen (147 Mrd. US-$), Beherbergungsgebäude (75 Mrd. US-$) sowie Wohnheime (21 Mrd. US-$).

Auf Ebene einzelner Nationalstaaten gilt **die USA** mit einer Investitionssumme in Höhe von 471 Mrd. US-$ **als größter Immobilienmarkt der Welt**. Mit beträchtlichem Abstand folgen Deutschland (76 Mrd. US-$), Großbritannien (68 Mrd. US-$), Frankreich (38 Mrd. US-$) und die VR China (31 Mrd. US-$). Besonders beliebte Standorte für Immobilieninvestments in Nordamerika sind Dallas, New York, Toronto und Vancouver; in Europa zählen hierzu die Städte Lissabon, Berlin, Dublin und Madrid; in Asien gehören Singapur, Tokio und Osaka dazu.

Durch technologischen Wandel sowie sich wandelnden Konsummustern unterliegen die globalen Immobilienmärkte vermehrt **strukturellen Veränderungen**. Ein zunehmend größerer Einfluss auf die künftige Dynamik auf dem globalen Immobilienmarkt wird durch **Online-Vermittlungsplattformen** für zeitlich begrenzte Unterkünfte erwartet. Dadurch sehen sich viele Städte zum einen mit einer enormen Ausweitung des Angebots an Übernachtungskapazitäten, andererseits mit einer gravierenden Verknappung des Wohnraums konfrontiert. Bereits der Marktführer Airbnb listet für die Städte London, New York und Paris schon mehrere zehntausend solcher Angebote.

Anzahl an Airbnb-Angeboten in ausgewählten Städten, 2018

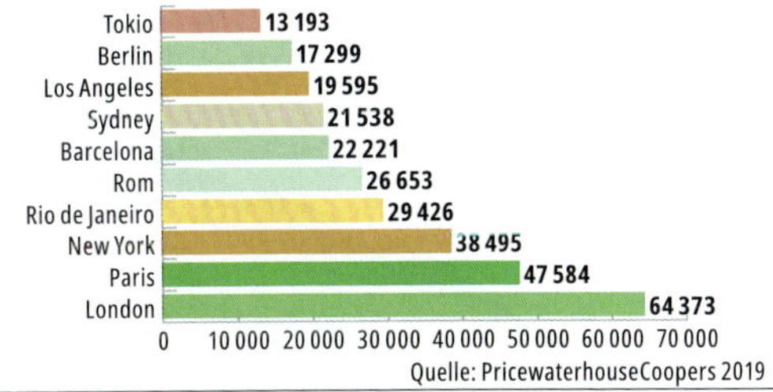

Quelle: PricewaterhouseCoopers 2019

Daneben ermöglichen neue digitale Technologien sowie Veränderungen in der Arbeitsteilung eine räumlich und zeitlich flexiblere Arbeitsweise. Der Bedarf an entsprechend flexiblen Arbeitsplätzen wie Co-working-spaces wird sich in Zukunft daher stark erhöhen. So gehen Prognosen davon aus, dass allein bis 2023 12.5 % aller Büroimmobilien weltweit für eine flexible Nutzung zur Verfügung stehen werden. Allein für Europa ist nach Angaben von PwC eine Zunahme bis 2023 um +70 %, für Nordamerika von +60 % zu erwarten, mit noch unabsehbaren Folgen für die Investitionstätigkeit im Büroflächensegment. Der **deutsche Immobilienmarkt** war durch folgende Entwicklungen gekennzeichnet:
Die Zahl der Fertigstellungen auf dem deutschen **Wohnungsmarkt** lag nach Angaben des Statistischen Bundesamts zum Jahresende 2018 bei 28 7000 Wohnungen. Die Dynamik war damit trotz steigender Nachfrage nach Wohnraum zum dritten Mal in Folge verhalten. Insgesamt stieg die Zuwachsrate an fertiggestelltem Wohnraum seit 2016 um lediglich +3 %, wodurch die Bautätigkeit nach wie vor nicht an die Werte früherer Jahre (1995: 600 000) heranreichte. Die Zahl der Baugenehmigungen für Wohnungen entwickelte sich seit 2016 sogar rückläufig (2016: 375 000 Baugenehmigungen; 2018: 347 000 Baugenehmigungen). Insbesondere das für den Wohnungsmarkt wichtige Segment der Mehrfamilienhäuser verzeichnete mit -4.4 % den stärksten Rückgang. Als Gründe für diese gebremste Entwicklung gelten die hohen Preise für Grundstücke und Immobilien sowie fehlendes Bauland in den Großstädten. Zudem ist die deutsche Bauwirtschaft stark ausgelastet, sodass ein weiterer Anstieg der Bautätigkeit kaum noch möglich ist. Außerdem stoßen die Genehmigungskapazitäten der Baubehörden an ihre Auslastungsgrenzen.

Die **Miet- und Kaufpreise** auf dem deutschen Wohnungsmarkt stiegen auch 2019 weiter an, wenn auch die Dynamik im Vergleich zu den Vorjahren etwas nachlässt. Im Jahresdurchschnitt stiegen die Mietpreise im Neubausegment um +3.3 % (2018: +4.4 %). Die kräftigsten Anstiege unter den Großstädten verzeichneten Stuttgart (+5.8 %) und Berlin (+4.3 %). Dabei gilt München mit einer Nettokaltmiete von 17.70 €/m² als die teuerste Stadt, Berlin und Frankfurt am Main mit 12 €/m² als die günstigsten Städte. Die Preise für neue Eigentumswohnungen stiegen binnen Jahresfrist sogar um +8.3 % (2018: +9.4 %).

Entwicklung der Miet- und Kaufpreise auf dem deutschen Wohnungsmarkt, 2009-19
indexiert (2009 = 100)

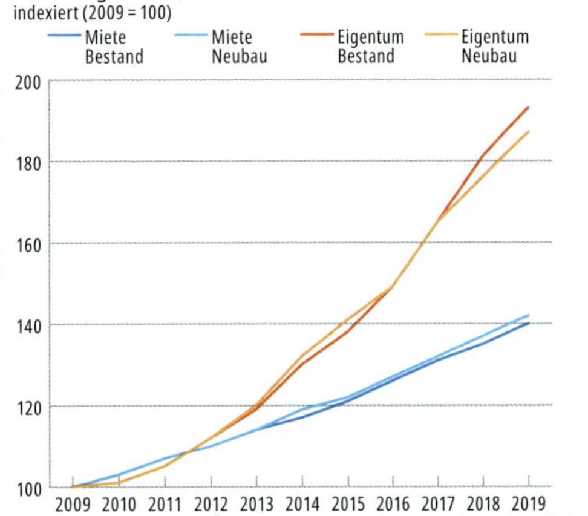

Quelle: Immobilienverband 2020

Mit einem Transaktionsvolumen von knapp 71 Mrd. € bei den **gewerblichen Immobilien** wurde in Deutschland nach Angaben von Ernst & Young ein neuer Höchststand seit Aufzeichnungsbeginn erreicht. Darin dominierten Investitionen in Büroimmobilien. Die größten Büroimmobilienstandorte Deutschlands blieben 2019 München (20.6 Mio. m² Büroflächen), gefolgt von Berlin (20.4 Mio. m²) und Hamburg (15 Mio. m²). Nach Zahlen von BNP Paribas zählten die Städte Frankfurt am Main (47 €/m²), Berlin (40 €/m²), München (39.50 €/m²) und Hamburg (32 €/m²) zu den teuersten Bürostandorten Deutschlands.

Energiemärkte

Weltweiter Energieverbrauch: Der weltweite **Primärenergieverbrauch** stieg nach Angaben des von BP herausgegebenen Statistical Review of World Energy von 576.23 Exajoule (EJ) im Jahr 2018 auf 583.90 EJ im Jahr 2019. Dies entspricht einer Zunahme um 7.67 EJ bzw. 1.3 %. Damit hat sich die Wachstumsrate gegenüber dem starken Anstieg 2018 (+15.81 EJ bzw. 2.8 % gegenüber 2017) mehr als halbiert. Die

Steigerung des globalen Primärenergieverbrauchs lag 2019 unter dem 10-Jahres-Durchschnitt von +1.6 %. Grund für das geringere Wachstum war vor allem die schwächere wirtschaftliche Konjunktur.

Energieverbrauch nach Kontinenten und in ausgewählten Staaten

	2009 in EJ	2019 in EJ	Veränderung 2018-2019 in %	Weltanteil 2019 in %
Nordamerika	**109.76**	**116.58**	**-1**	**20**
USA	89.92	94.65	-1	16.2
Mittel- und Südamerika	**24.82**	**28.61**	**0.3**	**4.9**
Europa	**85.55**	**83.82**	**-1.1**	**14.4**
EU	71.58	68.81	-1.4	11.8
Deutschland	13.15	13.14	-2.2	2.3
GUS	**33.92**	**38.68**	**-0.3**	**6.6**
Russland	26.92	29.81	-0.8	5.1
Naher Osten	**28.22**	**38.78**	**3.1**	**6.6**
Afrika	**15.57**	**19.87**	**2.5**	**3.4**
Asiatisch-pazifischer Raum	**184.99**	**257.56**	**3.3**	**44.1**
VR China	97.52	141.7	4.4	24.3
Indien	21.52	34.06	2.3	5.8
Japan	19.83	18.67	-0.9	3.2
OECD-Staaten	**224.69**	**233.43**	**-0.8**	**40**
Nicht-OECD-Staaten	**258.13**	**350.47**	**2.8**	**60**
Welt	**482.82**	**583.9**	**1.3**	**100**

Quelle: Quelle: BP 2020

Den stärksten Anstieg des Energiebedarfs verzeichneten 2019 die Staaten des asiatisch-pazifischen Raums (+3.3 %), des Nahen Ostens (+3.1 %) und Afrikas (+2.5 %). In Mittel- und Südamerika (+0.3 %) stieg die Energienachfrage nur geringfügig und verlief deutlich unter dem 10-Jahres-Durchschnitt der Region (+1.3 %). In Nordamerika (-1 %), Europa (-1.1 %) und den GUS (-0.3 %) ging der Energieverbrauch zurück. Die VR China (+4.4 % bzw. +5.93 EJ) war mit einem Anteil von mehr als drei Vierteln am globalen Nettowachstum der mit Abstand größte Treiber des gestiegenen Primärenergieverbrauchs, gefolgt von Indien (+2.3 % bzw. +0.76 EJ) und Indonesien (+8.3 % bzw. +0.68 EJ). Demgegenüber hatten insbesondere die USA (-1 % bzw. -0.95 EJ) und Deutschland (-2.2 % bzw. -0.3 EJ) deutliche Rückgänge bei der Energienachfrage zu verzeichnen. Wie schon in den Jahren zuvor wurde das Wachstum des globalen Energieverbrauchs auch 2019 von den Nicht-OECD-Staaten (+2.8 %) getragen, während in den OECD-Staaten (-0.8 %) die Energienachfrage zurückging.

Bezogen auf einzelne Energieträger wurde das Wachstum des weltweiten Energieverbrauchs insbesondere durch **Zuwächse bei den erneuerbaren Energien** (von 2018 bis 2019 um +3.2 EJ auf 29 EJ) **und bei Erdgas** (+2.8 EJ auf 141.5 EJ) getragen. Gestiegen ist zudem der Verbrauch von Erdöl (+1.6 EJ auf 193 EJ), Kernkraft (+0.8 EJ auf 24.9 EJ) und Wasserkraft (+0.3 EJ auf 37.6 EJ). Demgegenüber ging der Verbrauch von Kohle (-0.9 EJ auf 157.9 EJ) zurück.

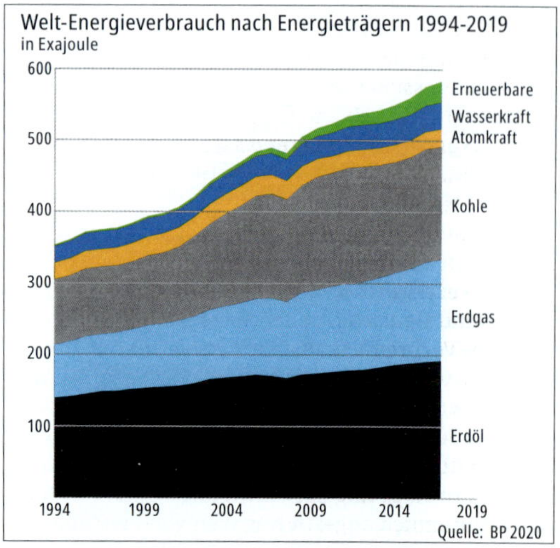

Diese Entwicklungen führten dazu, dass die erneuerbaren Energien mit einem Anteil von 5 % am weltweiten Primärenergieverbrauch und Erdgas mit 24.2 % jeweils ihr bisheriges Allzeithoch erreichten, während der Anteil von Kohle mit 27 % auf den geringsten Wert seit 2003 zurückging. Der Anteil erneuerbarer Energien, die bereits seit den 1990er Jahren die höchsten Wachstumsraten aller Energieträger aufweisen, überstieg 2019 zudem erstmals den Anteil der Kernenergie (4.3 %) am globalen Primärenergieverbrauch. Den größten Anteil am weltweiten Energiebedarf behielt – trotz in den letzten Jahrzehnten kontinuierlich zurückgehender Marktanteile – Erdöl (33.1 %). Der Anteil der Wasserkraft (6.4 %) blieb wie in den letzten Jahren weitgehend konstant, da der Verbrauch von Energie aus Wasserkraft über lange Zeit etwa im gleichen Maße wie der Weltprimärenergieverbrauch zunahm.
In den einzelnen Weltregionen stellte sich der Energiemix durchaus unterschiedlich dar: Während Erdöl in Europa, Afrika und Amerika jeweils der wichtigste Energieträger war, dominierte Erdgas in den GUS-Staaten und im Nahen Osten mit einem Anteil von mehr als der Hälfte des Energiemix in beiden Regionen. Kohle war demgegenüber der dominierende Brennstoff im asiatisch-pazifischen Raum. Vor allem in den aufstrebenden Ökonomien

dieser Region spielt Kohle eine wichtige Rolle als Energieträger. 2019 stieg der Kohleverbrauch entgegen dem globalen Trend in der VR China (+1.8 EJ), Indonesien (+0.6 EJ) und Vietnam (+0.5 EJ) besonders deutlich, während er in den Industrieländern immer weiter zurückgeht, z. B. in den USA (-1.9 EJ) und Deutschland (-0.6 EJ).
Aufgrund des insgesamt langsameren Wachstums des Energiebedarfs und einer Verlagerung des Brennstoffmixes weg von Kohle hin zu Erdgas und erneuerbaren Energien kam es 2019 zu einer **Verlangsamung des Wachstums der Treibhausgasemissionen**. Die globalen Emissionen stiegen von 34 007.9 Mio. t auf 34 169 Mio. t, was einem Anstieg um 161.1 Mio. t bzw. um 0.5 % entspricht, während sie im Vorjahr noch ungewöhnlich stark um 2.1 % gewachsen waren.
Den **größten Anteil am weltweiten Primärenergieverbrauch** hatte 2019 die VR China (24.3 %) vor den USA (16.2 %), in deutlichem Abstand gefolgt von Indien (5.8 %), Russland (5.1 %), Japan (3.2 %), Kanada (2.4 %) und Deutschland (2.3 %). Bezogen auf den Pro-Kopf-Verbrauch lagen die USA jedoch mit 286.7 Gigajoule (GJ) pro Person deutlich vor der VR China, die mit 98.8 GJ/Kopf etwas über dem weltweiten Durchschnitt von 75.7 GJ/Kopf lag. Aufgrund des wirtschaftlichen Aufstiegs der VR China ist der dortige Pro-Kopf-Energiebedarf in den letzten Jahrzehnten deutlich angestiegen, betrug er doch noch im Jahr 1979 nur 17 GJ/Kopf.

Deutschland: Energieverbrauch 1990-2019
Primärenergieverbrauch in PJ

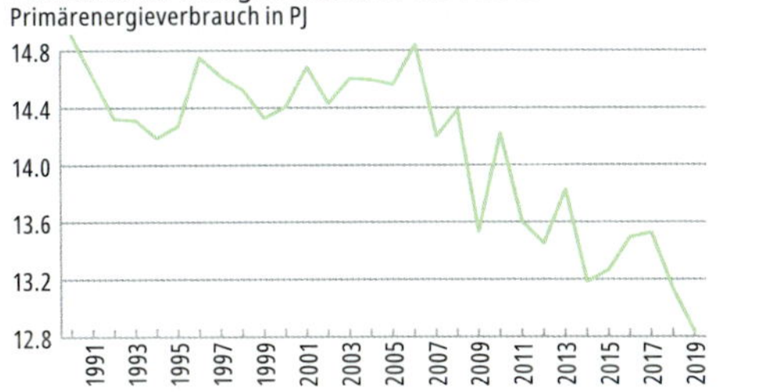

Quelle: Bundesministerium für Wirtschaft und Energie 2020

Zu den Ländern mit dem weltweit höchsten **Pro-Kopf-Energieverbrauch** gehörten 2019 Katar (714.3 GJ/Kopf), Singapur (611.6 GJ/Kopf) sowie Trinidad und Tobago (511.6 GJ/Kopf). Bezogen auf einzelne Erdteile war Nordamerika die Region mit dem höchsten Pro-Kopf-Verbrauch (236 GJ/Kopf), gefolgt von den GUS (158 GJ/Kopf) und dem Nahen Osten (151 GJ/Kopf). Afrika blieb die Region mit dem niedrigsten Durchschnittsverbrauch (15 GJ/Kopf).

Energieverbrauch in Deutschland: Der **Primärenergieverbrauch** in Deutschland erreichte 2019 mit 12 832 Petajoule (PJ) den niedrigsten Stand seit Anfang der 1970er Jahre. Gegenüber dem Vorjahr wurde ein Rückgang um 297 PJ bzw. 2.26 % verzeichnet. Verantwortlich für den Verbrauchsrückgang waren nach Angaben der Arbeitsgemeinschaft Energiebilanzen Verbesserungen bei der Energieeffizienz, Verschiebungen im Energiemix sowie ein konjunkturell bedingter Rückgang des Energieverbrauchs in der Industrie. Diese verbrauchssenkenden Faktoren hatten gegenüber verbrauchssteigernden Aspekten wie einer etwas kühleren Witterung und einer leichten Zunahme der Bevölkerung (+0.2 Mio. Einwohner) einen stärkeren Einfluss.

Deutschland: Energieträger 2019
Anteil am Primärenergieverbrauch in %

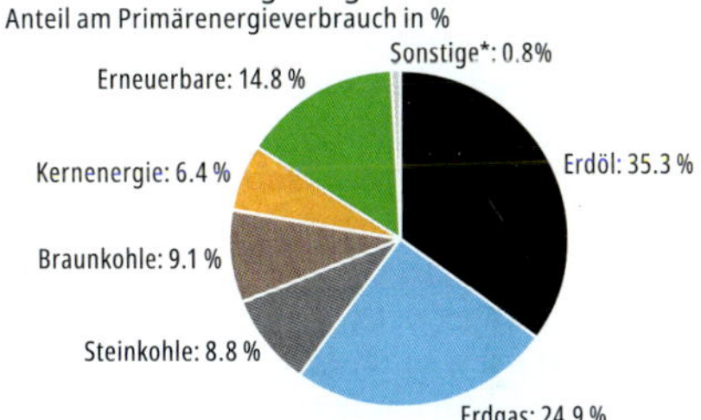

Gesamtverbrauch: 13 832 Petajoule
*(einschließlich Stromaußenhandelssaldo) Quelle: AG Energiebilanzen 2020

Der **effizienz- und konjunkturbedingte Verbrauchsrückgang** sorgte in Verbindung mit strukturellen Veränderungen beim Energiemix dafür, dass die energiebedingten Treibhausgasemissionen in Deutschland 2019 um etwa 50 Mio. t verringert werden konnten. Dies entspricht einem Rückgang um 7 % gegenüber dem Vorjahr.
Der Verbrauch von **Erdöl** stieg 2019 insgesamt um 2 % auf 4 530 PJ. Erdöl blieb mit einem Anteil von 35.3 % am deutschen Energiemix der wichtigste Energieträger. Bei allen Mineralölprodukten mit Ausnahme von Rohbenzin und schwerem Heizöl konnten Zuwächse im Verbrauch verzeichnet werden: Der Verbrauch von Dieselkraftstoff nahm um 1.5 %, der von Ottokraftstoffen um 0.7 % zu. Bei Flugkraftstoffen stieg der Bedarf um 0.9 %. Besonders stark fielen die Zuwächse beim Absatz von leichtem Heizöl mit einem Plus von 15.5 % aus. Ursächlich dafür dürfte vor allem eine Preissenkung sein: So fielen die Preise für leichtes Heizöl im Jahresdurchschnitt von 0.689 EUR/Liter im Jahr 2018 um 2.3 % auf 0.673 EUR/Liter 2019, was zu einer Aufstockung der Vorräte bei den Verbrauchern führte. Wegen sehr begrenzter inländischer Erdölressourcen ist Deutschland fast ausschließlich von Importen abhängig. Die inländische Gewinnung machte 2019 lediglich 2% des Gesamtaufkommens aus. Wichtigste drei Lieferländer waren Russland (31.5 % der Rohölimporte), Großbritannien (11.9 %) und Norwegen (11.3 %), aus denen zusammen mehr als die Hälfte der gesamten Rohölimporte nach Deutschland kamen.

Die Nachfrage nach **Erdgas** nahm 2019 gegenüber dem Vorjahr um 3.3 % zu und erreichte eine Höhe von 3 191 PJ, womit Erdgas mit einem Anteil von 24.9 % am Energiemix zweitwichtigster Energieträger blieb. Grund für den Verbrauchsanstieg war vor allem der zunehmende Einsatz von Erdgas bei der Strom- und Wärmeerzeugung in Kraft- und Heizwerken. Daneben nahm der Absatz der privaten Haushalte aufgrund der kühleren Witterung im ersten Halbjahr 2019 zu. Hierbei spielte auch eine Rolle, dass der Zubau an erdgasbeheizten Wohnungen immer weiter steigt. So wurden 2019 Baugenehmigungen für etwa 295 000 neue Wohnungen in Deutschland erteilt. Davon sollen 37 % direkt mit Erdgas beheizt werden und weitere 25.5 % indirekt über einen Fernwärmeanschluss. Zum Jahresende 2019 waren bereits 49.5 % aller Wohnungen in Deutschland mit einer Gasheizung ausgestattet. Gegenüber den Verbrauchssteigerungen bei den Privathaushalten kam es in der Industrie zu einem Rückgang der Nachfrage nach Erdgas. Ursache dessen war vor allem die konjunkturelle Abkühlung, die dazu führte, dass weniger Erdgas für die Erzeugung von Prozesswärme und Strom in Industriekraftwerken aufgewendet wurde und auch der Verbrauch als Rohstoff in der chemischen Grundstoffindustrie zurückging. Die insgesamt geringe inländische Erdgasförderung war auch 2019 wie schon in den Vorjahren erneut rückläufig und sank gegenüber dem Vorjahr um 4 %. Deutschland importierte 96.7 % des Erdgases im Jahr 2019.
Der Verbrauch von **Steinkohle** ging wie schon in den Vorjahren auch 2019 erneut deutlich zurück und sank gegenüber 2018 um 20.5 % auf 1 134 PJ. Mit einem Anteil von 8.8 % am deutschen Primärenergieverbrauch wurde bei Steinkohle nach einem nunmehr über sechs Jahre kontinuierlich verlaufenden Rückgang der niedrigste Verbrauchswert seit dem Ende des Zweiten Weltkriegs erreicht. Grund für die Abnahme ist einerseits, dass Steinkohlekraftwerkskapazitäten im Umfang von etwa 1 GW vom Netz genommen wurden. Andererseits wurde der Anteil erneuerbarer Energien im Stromsektor deutlich ausgebaut. Dadurch und aufgrund niedriger Erdgaspreise ist Steinkohle zunehmend in der Stromerzeugung verdrängt worden. Besonders stark waren deshalb die Rückgänge beim Kraftwerkseinsatz, was dazu führte, dass der Kraftwerkssektor als bislang wichtigster Einsatzbereich der Steinkohle durch den Stahlsektor überholt wurde, wo Kokskohle und Koks als Reduktionsmittel bei der Stahlerzeugung dienen. Zu erwähnen ist zudem, dass Ende 2018 der heimische Steinkohlenbergbau in Deutschland vollständig eingestellt wurde. Seitdem speist sich das Steinkohleaufkommen ausschließlich durch Importe. Wichtigste Lieferländer waren Russland (45.1 % der Importe), die USA (19 %) und Australien (11.3 %).

Deutschland: Stromerzeugung nach Energieträgern 2019
Anteil an der Gesamterzeugung in %

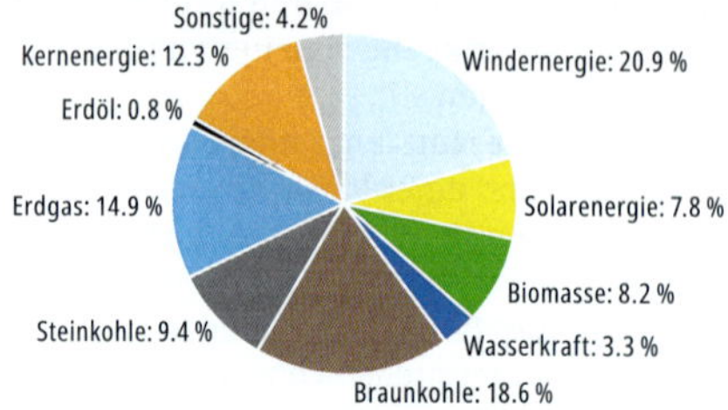

Gesamterzeugung: 612.4 Mrd. kWh Quelle: AG Energiebilanzen 2020

Braunkohle erreichte 2019 nach einem deutlichen Verbrauchsrückgang um 20.3 % gegenüber dem Vorjahr mit einem Verbrauch von 1 167 PJ einen Anteil von 9.1 % am deutschen Energiemix. Wie bei der Steinkohle liegt auch für Braunkohle ein wesentlicher Grund für den Rückgang des Verbrauchs in der Zunahme der Stromerzeugung aus erneuerbaren Energien. Die Braunkohleförderung in den deutschen Revieren ging das siebte Jahr in Folge deutlich zurück. Im Rheinischen Revier (-24.9 %) und in Mitteldeutschland (-24.6 %) war der Rückgang besonders deutlich, aber auch in der Lausitz (-14.3 %) war die Veränderung zweistellig negativ.
Bei der **Kernenergie** kam es zu einem leichten Rückgang des Verbrauchs um 1.1 %. Insgesamt leistete die Kernenergie 2019 noch einen Beitrag von 820 PJ zur Energiebilanz, was einen Anteil von 6.4 % am Primärenergieverbrauch ausmachte.
Die **erneuerbaren Energien** konnten 2019 um 5.2 % auf insgesamt 1896 PJ zulegen und erreichten damit als drittwichtigster Energieträger einen Anteil von 14.8 % am Primärenergieverbrauch. Die stärksten Zuwächse erzielte die **Windkraft**, die ihren Beitrag zum Energiemix um 15 % erhöhen konnte. Bei der **Wasserkraft** gab es einen Zuwachs von 12 %. Die **Geothermie** nahm um 8 % zu. Die **Solarenergie** konnte leicht um 2 % zulegen. Die **Biomasse** verbuchte ebenfalls ein leichtes Plus von 2 %. Einzig der Primärenergieverbrauch von biogenen Abfällen nahm ab und verzeichnete ein Minus von 2 %. Insgesamt zeigte die Nutzung erneuerbarer Energien in Deutschland in den letzten Jahrzehnten eine sehr dynamische Entwicklung. Lag der Anteil regenerativer Energiequellen am Primärenergieverbrauch im Jahr 1990 noch bei nur 1.5 %, konnte er in den letzten 30 Jahren fast verzehnfacht werden.
Besonders hohen Anteil haben die erneuerbaren Energien inzwischen an der **Stromerzeugung**. 2019 wurden 39.9 % der Bruttostromerzeugung aus regenerativen Quellen gedeckt. Mit insgesamt 879 PJ übertraf die Stromerzeugung aus erneuerbaren

Energien erstmals die gesamte Stromerzeugung aus Braun- und Steinkohle. Den größten Anteil daran hatte die Windenergie, die gegenüber dem Vorjahr um 15 % auf 454 PJ zulegen konnte und die Braunkohle als wichtigsten Energieträger im deutschen Strommix verdrängte. Die Stromerzeugung aus Photovoltaik-Anlagen stieg dagegen nur um etwa 4 % auf 171 PJ. Die Nutzung von Wasserkraft für die Stromzeugung konnte 2019 gegenüber dem Vorjahr um 12 % auf 73 PJ gesteigert werden. Biomasse, auf die mehr als die Hälfte des gesamten Energieaufkommens im Bereich der Erneuerbaren entfällt, verbuchte ein leichtes Plus von 2 %.

Am Endenergieverbrauch bei Wärme und Kälte haben erneuerbare Energieträger 2019 einen Anteil von 14.5 % (2018: 14.3 %) gehabt. Im Verkehrsbereich stagnierte der Anteil erneuerbarer Energien, die für Biokraftstoffe und für Strom im Bereich der Elektromobilität eingesetzt werden, bei 5.6 % des Endenergieverbrauchs.

Die zukünftige Entwicklung des Energiemixes ist neben demographischen, wirtschaftlichen und meteorologischen Faktoren vor allem von den **energiepolitischen und regulatorischen Rahmenbedingungen** abhängig. Maßgeblich sind mittel- und langfristig die Ende 2018 vollzogene Beendigung des Steinkohlenbergbaus in Deutschland, der schrittweise **Atomausstieg bis Ende 2022** und der Ausstieg aus der **Kohleverstromung bis zum Jahr 2038**. Diese Entwicklungen werden von einer fortgesetzten Förderung des Ausbaus der Nutzung erneuerbarer Energien begleitet. Hier zeigen sich jedoch auch bereits Deckeneffekte: So sind etwa die neu installierten Erzeugungskapazitäten bei Windkraft im Jahr 2019 drastisch zurückgegangen. Insbesondere der Ausbau der Windkraftnutzung an Land ging stark zurück von 4.9 GW im Jahr 2017 über 2.3 GW im Jahr 2018 auf nur noch 0.9 GW im Jahr 2019. Bei Windkraft auf See wird die gegenwärtig noch anhaltende Ausbauphase bis Anfang der 2020er Jahre mit der Inbetriebnahme der letzten Anlagenparks weitgehend abgeschlossen sein.

Als ressourcenarmes Land ist Deutschland auch bei der Energiegewinnung stark auf **Importe** angewiesen. Die hohe Einfuhrabhängigkeit bringt die Gefahr von Angebotsstörungen und -unterbrechungen mit sich und geht mit einem Preisrisiko für die deutsche Wirtschaft einher, zumal Deutschland bei den fossilen Energieträgern teilweise gänzlich Nettoimporteur ist. Das deutsche Energieaufkommen stammte im Jahr 2019 zu 27.9 % aus inländischen Quellen und zu beinahe drei Viertel aus Importen. Gegenüber 2018 ist die inländische Erzeugung um 8 % auf 3 582 PJ zurückgegangen. Nachdem Ende 2018 der deutsche Steinkohlenbergbau vollständig eingestellt wurde, ist die Importabhängigkeit bei Steinkohle 2019 auf 100 % gestiegen. Daneben nahm die inländische Förderung von Braunkohle erheb-

Energieflussbild 2018*
für die Bundesrepublik Deutschland
in Petajoule (PJ)

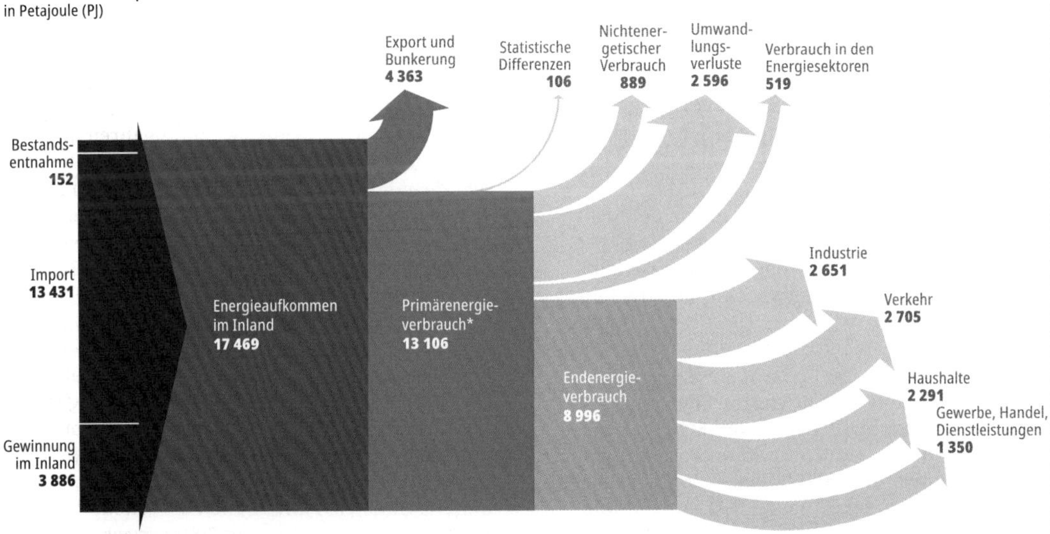

Der Anteil der erneuerbaren Energieträger am Primärenergieverbrauch liegt bei 13.8 %.
Abweichungen in den Summen sind rundungsbedingt.
* Alle Zahlen vorläufig/geschätzt.
29.3 Petajoule (PJ) ≙ 1 Mio. t SKE

Quelle: Arbeitsgemeinschaft Energiebilanzen 09/2019

lich ab und sank um 21 %. Die wenigen Erdöl- und Erdgasvorkommen in Deutschland sind zunehmend erschöpft. So ging denn auch 2019 die Erdgas- und Erdölgasgewinnung um 4 %, die Erdölförderung um 6.9 % zurück. Hingegen nahm die inländische Förderung der erneuerbaren Energien um 6.1 % zu. Die regenerativen Energiequellen konnten damit ihre Bedeutung als wichtigster heimischer Energieträger vor der Braunkohle weiter ausbauen. Sie machen inzwischen 53.2 % der gesamten inländischen Primärenergiegewinnung in Deutschland aus.
Betrachtet man Energieaufkommen und Energieverbrauch in Deutschland in der Gesamtschau, ergeben sich für 2018 (die letztverfügbaren Daten) folgende im **Energieflussbild** auf der vorherigen Seite ausgedrückte Strukturen: Zusammengesetzt aus inländischer Energiegewinnung und Energieimporten aus dem Ausland sowie einem geringen Anteil von Lagerkapazitäten errechnete sich ein Energieaufkommen von 17 469 PJ. Abzüglich der Energieexporte und einer Bunkerung in Höhe von 4 363 PJ ergab sich ein Primärenergieverbrauch in Höhe von 13 106 PJ. Von diesem gingen nach Abzug der Umwandlungsverluste (2 596 PJ), des nichtenergetischen Verbrauchs (889 PJ) und des Verbrauchs in den Energiesektoren (519 PJ) sowie unter Berücksichtigung statistischer Differenzen (106 PJ) 8 996 PJ in den Endenergieverbrauch. Verglichen mit dem deutlich gesunkenen Primärenergieverbrauch ist der Endenergieverbrauch seit Beginn der 1990er Jahre kaum gesunken – 1990 betrug der Endenergieverbrauch 9 472 PJ –, da zwar Energie immer effizienter eingesetzt und teilweise auch eingespart wird, das Wirtschaftswachstum und die Konsumsteigerungen den Verbrauchsrückgang jedoch kompensiert haben.
Die Struktur des **Endenergieverbrauchs nach Sektoren** stellte sich 2018 wie folgt dar: 30 % des Endenergieverbrauchs entfielen auf den Verkehr, 29.5 % auf die Industrie, 25.5 % auf Privathaushalte sowie 15 % auf Gewerbe, Handel und Dienstleistungen.
Die **Energiepreise** waren 2019 von einem deutlichen Rückgang bei den Einfuhrpreisen gekennzeichnet. Während die Importe von Rohöl im Durchschnitt des Jahres um 2.3 % billiger wurden, sind die Einfuhrpreise für Steinkohle um 13.3 %, die für Erdgas sogar um 20.6 % gefallen. Demgegenüber entwickelten sich die Verbraucherpreise uneinheitlich, da diese nicht nur von der Entwicklung der Importpreise, sondern zusätzlich auch von Steuern und Abgaben, Transport- und Verteilungskosten sowie sonstigen Vertriebskosten abhängen. Während die Preise für leichtes Heizöl um 2.5 % gesunken sind, stiegen die Verbraucherpreise für Erdgas um 3.9 %.
2019 hatte Deutschland einen Anteil von 2.3 % am Welt-Primärenergieverbrauch. Der **Pro-Kopf-Verbrauch** an Primärenergie betrug hierzulande 157.3 PJ pro Person. Gegenüber dem Vorjahr entspricht dies einem Rückgang um 2.7 %. Verglichen mit dem globalen Durchschnitt von 75.7 PJ/Kopf lag der deutsche Verbrauch sehr hoch, wird jedoch im globalen Vergleich auch besonders effizient genutzt. Bezogen auf die hohe Energieeffizienz ist die sogenannte gesamtwirtschaftliche Energieproduktivität von Bedeutung, die den Energieaufwand je Einheit Wirtschaftsleistung angibt. Die Energieproduktivität hat sich 2019 um 2.7 % verbessert und lag damit über dem langjährigen Durchschnittswert der Jahre 1990 bis 2019 von 2.3 % jährlich. Damit deutet sich an, dass sich die in dem Faktor zum Ausdruck kommende Entkopplung zwischen wirtschaftlicher Entwicklung und Energieverbrauch weiterhin fortsetzt.

Verkehr und Mobilität

Globaler Überblick: Mobilität von Personen und Gütern ist eine **entscheidende Voraussetzung** für eine funktionierende arbeitsteilige Wirtschaftsweise. Mobilität wird dabei ausgelöst von Bedürfnissen, die für Menschen nicht unmittelbar vor Ort befriedigt werden können. Für den Zugang zu Angeboten und Leistungen an anderen Orten werden folglich Ortsveränderungen von Personen oder Warentransporte notwendig. Die zur Ortsveränderung benutzten Instrumente stellen **Verkehrsmittel** wie Auto, Lkw, Bahn, Schiff, Flugzeug, Fahrrad oder Fuß dar. Aus dem Zusammenwirken der Verkehrsmittel resultiert wiederum das **Verkehrsgeschehen**.
Nach Angaben des Internationalen Transportforums entwickelte sich **der globale Güterverkehr** unterschiedlich. Im Eisenbahngüterverkehr war das Frachtaufkommen sowohl in den USA (-6.3 %) als auch in der EU (-1.9 %) rückläufig. Lediglich Russland verzeichnete einen leichten Zuwachs (+0.2 %). Im Straßengüterverkehr konnten die drei Wirtschaftsregionen hingegen einen geringfügigen Zuwachs verbuchen.
Der globale Personenverkehr kletterte nach Angaben der Organisation für wirtschaftliche Zusammenarbeit (OECD) 2018 erstmals auf über 5 Bio. Personenkilometer.
Innerhalb der OECD-Staaten wurden 2018 **rund 885 Mrd. € in die Verkehrsinfrastruktur** investiert; gegenüber dem Vorjahr blieben die Investitionstätigkeiten konstant, während sie sich im Zehnjahresvergleich mehr als verdoppelt haben. Die mit Abstand größte Investitionssumme leistet die VR China mit 655 Mrd. €, was knapp 75 % der weltweiten Straßenbauinvestitionen entspricht. Es folgen die USA (91 Mrd. €), Deutschland (23 Mrd. €), Großbritannien (22 Mrd. €) und Australien (19 Mrd. €).

Globaler Straßenverkehr: Der Weltbestand an Kraftfahrzeugen liegt gegenwärtig bei **schätzungsweise 1.4 Mrd. Kfz**, die regional jedoch sehr ungleich

verteilt sind. Beim weltweiten Straßennetz entfielen laut CIA World Factbook bei einer Gesamtlänge von rund 48 Mio. km die höchsten Anteile auf die USA (14 %), Indien (10 %) und die VR China (9 %). In den meisten Industriestaaten wird der Straßenbau seit Jahren zunehmend eingeschränkt, da der vordringliche Bedarf weitgehend gedeckt ist und Gesichtspunkte des Natur- und Umweltschutzes gegen eine weitere Verdichtung des Straßennetzes sprechen. In vielen Entwicklungs- und Transformationsländern besteht hingegen Nachholbedarf.
In den OECD-Staaten wurden 2016 **knapp 90 Mrd. €** in den Straßenbau investiert. Im Vergleich zum Vorjahr ergab sich damit ein Rückgang von -8.6 %. Die höchste Summe investierten die USA mit 44 Mrd. €, was knapp der Hälfte der gesamten Investitionstätigkeit der OECD-Staaten entspricht. Es folgen Japan (14 Mrd. €), Italien (8.5 Mrd. €) sowie Kanada (4.9 Mrd. €).

Globaler Eisenbahnverkehr: Die Staaten mit den **größten Streckennetzen** waren nach Angaben des Internationalen Eisenbahnverbandes (UIC) 2018 die USA (293 564 km), die EU (230 548 km), die VR China (131 015 km) und Russland (87 157 km). Bei der Verteilung nach Kontinenten lag Europa (Weltanteil 43.2 %) vorne, gefolgt von Asien (28.8 %), Nord- und Südamerika (21.1 %) und Afrika (6.9 %). Beim Vergleich mit den Zahlen früherer Jahre wird deutlich, dass die **Größe des Streckennetzes** in den meisten Staaten **stagniert**. Veränderungen ergeben sich derzeit vorrangig in den Schwellenländern, etwa in der VR China, die auch nach Fertigstellung der Strecke Peking–Tibet weiter an großen Fernverbindungsstrecken baut.
Die VR China (1.35 Bio. Personen-km; Weltanteil: 46 %) und Indien (1.16 Bio.; 39 %) erzielten 2018 laut UIC mit deutlichem Abstand die höchsten Beförderungszahlen im schienengebundenen Personenverkehr, gefolgt von Japan (431 Mrd.), Russland (129.4 Mrd.) und Frankreich (110.5 Mrd.). Die meisten Fahrgäste wiederum wurden mit 9.4 Mrd. in Japan befördert. Es folgen Indien (8.1 Mrd.) und Deutschland (2.9 Mrd.). Die Nutzungsintensität (Kilometer/Person/Jahr) liegt in der Schweiz mit 2 431 km am höchsten. Danach folgen Japan (2 142 km) und Österreich (1 505 km).

Globaler Luftverkehr: Der Weltluftverkehr nahm auch 2019 gegenüber dem Vorjahr deutlich zu. Nach Schätzungen der International Air Transport Association (IATA) stieg die Zahl der weltweit beförderten Passagiere gegenüber 2018 um +5.1 % auf 4.7 Mrd. Gemessen an der Zahl der ein- und aussteigenden Passagiere waren Atlanta (USA; 110.5 Mio.), Peking (VR China; 100 Mio.) und Los Angeles (USA; 88 Mio.) die größten internationalen Flughäfen.

Die größten internationalen Flughäfen 2019 nach Passagieraufkommen:

Rang	Flughafen	Passagiere in Mio.	Veränderung ggü. Vorjahr
1	Atlanta/Hartsfield	110.5	5.70 %
2	Peking	100	0 %
3	Los Angeles	88	-3.40 %
4	Dubai	86.4	1.10 %
5	Tokio/Haneda	85.5	-2.30 %
6	Chigaco/O'Hare	84.6	1.20 %
7	London/Heathrow	80.9	0 %
8	Schanghai/Pudong	76.2	2.70 %
9	Paris/Charles de Gaulle	76.2	5.0 %
10	Dallas	75.1	8.60 %

Quelle: ACI 2020

Die größten Fluggesellschaften nach Anzahl der Passagier-Kilometer waren 2019 nach Angaben der IATA American Airlines (330.5 Mrd.), gefolgt von Delta Airlines (330 Mrd.) und United Airlines (329.6 Mrd.). Auf dem vierten Platz folgt mit Emirates (302.2 Mrd.) die erste Fluggesellschaft außerhalb der USA. Größte europäische Fluggesellschaft war 2019 Ryanair (Irland) mit 191 Mrd. Personen-Kilometern.

Globaler Schiffsverkehr: Im Bereich des internationalen Schiffpersonenverkehrs verzeichnete die Kreuzfahrtindustrie weitere Zuwächse. Angaben des Branchenverbandes Cruise Lines International Association (CLIA) zufolge wurden 2017 weltweit insgesamt 26.7 Mio. Passagiere gezählt (2016: 25.2 Mio.), das Hauptwachstum lag dabei in den Entwicklungs- und Schwellenländern, insbesondere in Asien. So belegte die VR China als Herkunftsland von 2.4 Mio. Passagieren bereits Rang 2 hinter dem unangefochtenen Spitzenreiter USA (11.9 Mio. Passagiere) und noch vor Deutschland (2.2 Mio.). Hauptziele waren die Karibik (rund 35 % aller Fahrten) und das Mittelmeer (rund 18 %). Auch für die nächsten Jahre werden weitere Anstiege der Passagierzahlen erwartet, entsprechend wurden 2018 nach CLIA-Angaben 18 neue Schiffe ausgeliefert.

Personenverkehr in Deutschland: Die Verkehrsmittelwahl (sog. modal split) in Deutschland ist stark vom motorisierten Individualverkehr (MIV) geprägt. Allerdings zeigen die Daten des Statistischen Bundesamtes, dass sich über längere Zeit eine langsame Abkehr vom Auto als Hauptverkehrsmittel hin zu einer vermehrten Nutzung des Umweltverbundes (Nahverkehr, Fahrrad, Fußverkehr) abzeichnet. Insgesamt wies das Auto 2019 einen Anteil an allen Verkehrsmitteln von 79 % (2013: 80.5 %) auf. Es folgen der Schienenpersonenverkehr (8.4 %; 2013:

7.8 %), der öffentliche Straßenpersonenverkehr (6.6 %; 2013: 6.7 %) und der Luftverkehr (6 %; 2013: 5 %).

Straßenverkehr: Der Bestand an Kraftfahrzeugen kletterte in Deutschland 2019 auf 57.31 Mio., im Vergleich zum Vorjahr eine Zunahme von +1.5 %. Diese Wachstumsrate ist seit Jahren recht konstant. Auf Pkw entfielen davon 47.10 Mio., auf Krafträder 4.43 Mio., auf Lkw 3.015 Mio.. Auch die **Neuzulassungen steigen seit Jahren kontinuierlich**, so auch 2019 mit einer Zunahme der Zahl neuzugelassener Kfz auf 4.23 Mio. (+5.2 % im Vergleich zu 2018), davon 3.61 Mio. Pkw.
In Deutschland wurden 2017 laut Verkehrsinvestitionsbericht der Bundesregierung etwa 6.8 Mrd. € Bundesmittel für Straßenbauprojekte bereitgestellt, wobei durch die kontinuierlich steigenden Investitionserfordernisse für Reparaturen der Anteil an Mitteln zur Erhaltung weiter zunahm und mittlerweile mehr als rund zwei Drittel der Ausgaben beträgt (4.1 Mrd. €). Ein Teil der Ausgaben (rund 3.1 Mrd. €) wurde mit Einnahmen aus der Lkw-Maut auf Autobahnen finanziert, die neben den Autobahnen nun auch alle Bundesstraßen umfasst. Angaben des Bundesministeriums für Verkehr und digitale Infrastruktur (BMVI) zufolge wurden seit 2001 rund 45 Mrd. € in das Fernstraßennetz investiert, wovon u. a. etwa 1 500 km Autobahn und 550 Ortsumgehungen neu gebaut wurden.
Das überörtliche Straßennetz in Deutschland umfasste nach Zahlen des BMVI im Jahr 2018 insgesamt rund 229 900 km, davon 13 000 km Bundesautobahnen, 38 000 km Bundesstraßen, 87 000 km Landstraßen und 92 000 km Kreisstraßen. Diese Zahlen sind seit Jahren annähernd konstant.
2018 wurden auf Deutschlands Straßen nach Angaben des Statistischen Bundesamtes 2.6 Mio. Unfälle polizeilich erfasst. Dabei starben 3 275 Personen, womit die Zahl im Vergleich zu 2017 um +3 % anstieg. Die Zahl der verletzten Personen betrug ca. 396 000.

Öffentlicher Personenverkehr: Seit vielen Jahren registriert der öffentliche Personenverkehr mit **Bus und Bahn in Deutschland steigende Fahrgastzahlen**. 2019 wurde nach Angaben des Statistischen Bundesamtes mit 11.61 Mrd. Personen ein weiterer Höchstwert erreicht. Im Vergleich mit dem Vorjahr betrug die Zuwachsrate +0.4 %, womit allerdings die Dynamik der Vorjahre nicht beibehalten werden konnte. Im Zehnjahresvergleich stiegen die Fahrgastzahlen im ÖPNV hingegen um mehr als 1 Mrd. beförderter Personen bzw. um +9.5 % an. Die meisten der beförderten Personen entfallen davon auf den Liniennahverkehr (11.44 Mrd.), gefolgt von der Eisenbahn (151 Mio.) und Fernbuslinien (21 Mio.).

Radverkehr: In deutschen Haushalten ist das Fahrrad das am meisten verbreitete Fahrzeug. Zum Jahresanfang 2018 verfügten rund 80 % der Haushalte über ein Fahrrad, etwa 30 % aller Haushalte verfügen über drei und mehr Fahrräder. Der Gesamtbestand (inkl. E-Bikes) lag 2019 bei rund 76 Mio. Fahrrädern (davon 5.4 Mio. E-Bikes). Nach Angaben des Statistischen Bundesamts besaßen 7 % aller deutschen Haushalte ein E-Bike. Der Anteil des Radverkehrs an der Verkehrsmittelwahl betrug in Deutschland nach der neuesten Erhebung »Mobilität in Deutschland« 11 % und stieg damit gegenüber den Vorgängerstudien 2002 (9 %) und 2008 (10 %) weiter an. Dabei bestehen aber deutliche regionale Unterschiede insbesondere auch zwischen städtischen und ländlichen Regionen (Werte zwischen 7 % und 15 %; auf Ebene der Bundesländer: höchste Werte 21 % Bremen, 15 % Hamburg; niedrigste Werte 6 % Thüringen, 2 % Saarland). Nach einer EPOMM-Zusammenstellung waren die deutschen Städte mit den höchsten Radverkehrsanteilen Münster (38 %), Freiburg (34 %), Emden (30 %) und Göttingen (27 %).
Der Anteil von Radfahrenden an Straßenverkehrsunfällen lag 2018 bei rund 29 %, was einem Zuwachs von über 10 % im Vergleich zum Vorjahr entspricht. 445 Radfahrer kamen dabei ums Leben (+16.5 %).

Güterverkehr weltweit: Im Güterverkehr **auf der Schiene** lagen die USA 2016 mit 2.55 Bio. Tonnen-km (Weltanteil: 29.6 %) vor Russland (2.34 Bio. Tonnen-km), der VR China (1.92 Bio.) und Indien (681.7 Mrd.). In Europa sieht das EU-Konzept der Transeuropäischen Netze (TEN) u. a. den Aus- und Neubau leistungsfähiger Bahnlinien vor. Ein Kernstück stellt dabei der Brenner-Basistunnel zwischen dem Tiroler Inntal und Südtirol dar, der voraussichtlich 2026 eröffnet und rund 8-10 Mrd. € kosten wird. In der Schweiz wurde 2016 nach rund 17 Jahren Bauzeit der Gotthard-Basistunnel als Teil der Schnellfahrstrecke Zürich–Mailand in Betrieb genommen. Er ist mit 57 km Länge der längste und zugleich tiefste Eisenbahntunnel der Welt, und soll mit dem 2007 eröffneten Lötschbergtunnel und dem voraussichtlich 2020 fertiggestellten Ceneri-Basistunnel das Kernstück der Alpentransversale bilden, die zur Verlagerung des alpenquerenden Güterverkehrs von der Straße auf die Schiene beitragen soll.
Der **Welt-Seegüterverkehr** stieg nach Zahlen der Welthandels- und Entwicklungskonferenz der Vereinten Nationen (UNCTAD) auch 2018 gegenüber 2017 an, um +2.7 % auf 11 Mrd. t. Allerdings verlangsamten sich die Zuwachsraten infolge der sich verschärfenden Handelsstreitigkeiten zwischen einzelnen Wirtschaftsregionen wie USA/

VR China. Insgesamt wurden rund zwei Drittel des weltweiten Seegüterumschlags (6.5 Mrd. t) in den Schwellen- und Entwicklungsländern verladen. Den höchsten Anteil unter den Regionen verzeichnete Asien (39 %) vor Nord- und Südamerika (13 %). Die wichtigsten weltweit beförderten Güter waren Rohöl (1.9 Mrd. t; +0.6 % gegenüber 2017), Eisenerz (1.5 Mrd. t; +0.2 %), Steinkohle (1.25 Mrd. t; +5.1 %) und Getreide (471 Mio. t; -1.1 %). Auch die Zahl weltweit transportierter Container erreicht seit 2009 jährlich neue Rekordhöhen. 2018 stieg sie um +4.7 % auf rund 793 Mio. TEU (Twenty-foot Equivalent Unit/ Standardcontainer). Insgesamt wurden rund 20 % der weltweiten Schifffahrtsgüter in Containern transportiert. Die höchsten Umschlagszahlen erreichten 2018 die Häfen Schanghai (42 Mio. TEU), Singapur (36.6 Mio. TEU) und Ningbo (26.3 Mio. TEU). Mit Dubai (Rang 10) befand sich in den Top 10 nur ein Hafen außerhalb von Ost- bzw. Südostasien. Hinter Rotterdam (Rang 11) und Antwerpen (Rang 13) lag Hamburg als drittgrößter europäischer Containerhafen auf Rang 19 (8.8 Mio. TEU).

Containerverkehr in führenden Seehäfen 2018:

Rang	Hafen	Land	Containerumschlag in Mio. TEU*	Veränderung ggü. Vorjahr
1	Schanghai	VR China	42	4.4 %
2	Singapur	Singapur	36.6	8.7 %
3	Ningbo	VR China	26.3	6.9 %
4	Shenzhen	VR China	25.7	2.1 %
5	Guangzhou	VR China	21.9	7.6 %
6	Busan	Südkorea	21.6	5.5 %
7	Hongkong	VR China	19.6	-5.6 %
8	Qingdao	VR China	19.3	5.5 %
9	Tianjin	VR China	16	6.2 %
10	Dubai	Vereinigte Arabische Emirate	15	-2.9 %
11	Rotterdam	Niederlande	14.5	5.7 %
12	Kelang	Malaysia	12	0.4 %

* Twenty-foot Equivalent Unit (Standardcontainer)

Quelle: UNCTAD 2020

Der Seegüterverkehr hat weiterhin mit **Piraterie** zu kämpfen. 2018 stieg die Zahl weltweiter Überfälle mit 201 (+12 % gegenüber 2017) kräftig an. Den Schwerpunkt der weltweiten Piraterie bildete mit 82 Überfällen (+95 % ggü. 2017) Westafrika mit Golf von Guinea, gefolgt von Südostasien mit 60 gemeldeten Überfällen (-21 %). Am häufigsten waren Schiffe aus Singapur (56 Schiffe), gefolgt von Deutschland und Griechenland (jeweils 22 Schiffe) betroffen.

Auch das **weltweite Frachtaufkommen im Flugverkehr** nahm 2019 zu, um +8.2 % auf 63.5 Mio. t. Die höchsten Frachtumsätze verzeichneten Hongkong (VR China; 5.12 Mio. t), Memphis (USA; 4.47 Mio. t) und Schanghai (VR China; 3.77 Mio. t).

Die größten internationalen Flughäfen 2019 nach Frachtaufkommen:

Rang	Flughafen	Fracht in Mio. Tonnen	Veränderung ggü. Vorjahr
1	Hongkong	5.12	1.4 %
2	Memphis	4.47	3.1 %
3	Schanghai/Pudong	3.77	-1.50 %
4	Incheon	2.95	1 %
5	Anchorage	2.80	3.50 %
6	Dubai	2.64	-0.50 %
7	Louisville	2.62	0.80 %
8	Taipeh	2.32	-3.20 %
9	Tokio/Narita	2.26	2.40 %
10	Los Angeles	2.21	2.40 %

Quelle: ACI 2020

Die Entwicklung des **Güterverkehrs in Deutschland stagnierte 2019**: nach Angaben des Statistischen Bundesamtes wurden rund **4.131 Mrd. t Güter** transportiert. Differenziert nach Transportart entfielen davon auf den Straßengüterverkehr 3.2 Mrd. t (78 %). Danach folgen der Eisenbahnverkehr (340.6 Mio. t), der Seeverkehr (287.7 Mio. t), die Binnenschifffahrt (205.1 Mio. t) sowie Rohrfernleitungen (85.1 Mio. t). Mit knapp 5 Mio. t blieb die innerdeutsche Luftfracht weiterhin bedeutungslos.

Deutschland – Güterverkehr 2019:

Verkehrszweig	Beförderte Güter in Mio. t	Veränderung zum Vorjahr	Tonnen-km in Mrd.
Straßenverkehr	3208.2	0.30 %	311.9
Eisenbahnverkehr	340.6	-0.20 %	113.1
Binnenschifffahrt	205.1	3.6 %	50.9
Seeverkehr	287.7	-1.70 %	k. A.
Rohrfernleitungen (Rohöl)	85.1	1.20 %	17.6
Luftverkehr	4.8	-3 %	k. A.
GESAMT	4 131.5		493.5

Quelle: Statistisches Bundesamt 2020

Nach Angaben des Statistischen Bundesamtes registrierten die Seehäfen Hamburg (117.2 Mio. t), Bremerhaven (47.6 Mio. t) und Wilhelmshaven (23.1 Mio. t) den größten Containerumschlag. Zu den umschlagsstärksten deutschen Flughäfen nach Frachtaufkommen zählten 2019 Frankfurt/Main (2.1 Mrd. t), Leipzig/Halle (1.23 Mrd. t) und Köln/Bonn (800 Mio. t).

Einzelhandel

Der Umsatz der 250 weltweit größten Einzelhandelsunternehmen betrug 2018 nach Angaben von Deloitte 4.74 Bio. US-$, was einer Zunahme von +4.1 % gegenüber dem Vorjahr entspricht. Allerdings berichtete gut ein Fünftel dieser Unternehmen von rückläufigen Umsatzzahlen. Insgesamt wird der globale Einzelhandel **von US-amerikanischen und europäischen Konzernen** dominiert. Von den Unternehmen der Top 250 stammten 2018 88 aus Europa und 77 aus der USA. In Europa wiederum hatten die meisten Unternehmen in Deutschland ihren Sitz (19), gefolgt von Großbritannien (14) und Frankreich (12). Außerdem entfielen knapp 80 % der Umsätze der 250 größten Einzelhandelsunternehmen allein auf diese 165 Unternehmen. Die **Top Ten** der größten Einzelhandelsunternehmen wird ebenfalls ausschließlich von europäischen und US-amerikanischen Konzernen angeführt: Wal-Mart Stores, Inc. ist dabei mit einem Umsatz in Höhe von 514 Mrd. US-$ das größte Einzelhandelsunternehmen der Welt. Den größten Sprung in der Rangliste vollzog 2018 Amazon.com, Inc. mit einem Umsatzwachstum von über 18 %. Der US-Onlineversandhändler rangierte mit einem Umsatz von 140 Mrd. US-$ mittlerweile auf Platz 3. Erst 2015 stieß Amazon.com, Inc. in die Top Ten vor. Mit der **Schwarz-Gruppe (**122 Mrd. US-$) und **der Aldi Einkauf GmbH & Co. oHG** (106 Mrd. US-$) zählen auch zwei deutsche Einzelhandelskonzerne zu den Top Ten weltweit. Erst mit Blick auf die Top 20 durchbrachen asiatische Unternehmen wie Aeon Co., Ltd. (71 Mrd. US-$, Japan), JD.com, Inc. (63 Mrd. US-$, VR China) sowie die Seven & i Holdings Co., Ltd. (59 Mrd. US-$, Japan) die europäische und US-amerikanische Dominanz.

Die weltweit größten Einzelhandelsunternehmen 2018:

Unternehmen	Herkunftsland	Umsatz in Mrd. US-$	Auslands-umsatz in %
Wal-Mart Stores, Inc.	USA	514	24
Costco Wholesale Corp.	USA	142	28
Amazon.com, Inc.	USA	140	31
Schwarz-Gruppe	Deutschland	122	65
The Kroger Co.	USA	118	0
Walgreens Boots Alliance	USA	111	11
The Home Depot, Inc.	USA	108	8
Aldi Einkauf GmbH & Co. oHG	Deutschland	106	66
CVS Health Corp.	USA	84	1
Tesco plc	Großbritannien	83	21

Quelle: Deloitte 2020

Die Liste der am **schnellsten wachsenden Einzelhändler** führten dagegen asiatische Unternehmen an. Mit einem Umsatzwachstum zwischen 2013-18 von +56 % nimmt der indische Supermarktkonzern Reliance Industries, Ltd. den Spitzenplatz ein, gefolgt von den Onlineversandhändlern Wayfair, Inc. (USA, +49 %) und Vipshop Holdings, Ltd. (+48 %). Mit Zalando SE (+25 %) zählte auch ein deutscher Versandhändler zu diesen Top Ten.
Mit Inblicknahme **einzelner Produktgruppen** (Textilien; Haushaltswaren und Freizeitartikel; Lebensmittel) war 2018 folgende Entwicklung zu beobachten: Insgesamt konnten alle drei Gruppen ein Umsatzwachstum realisieren. Das größte Wachstum erzielten Haushaltswaren und Freizeitartikel (+7.3 %), gefolgt von Textilien (+4.7 %) und Lebensmitteln (+3 %). Mit einer Nettomarge von 8.3 % waren hingegen die Textilien der profitabelste Sektor des weltweiten Einzelhandels. Mit beträchtlichem Abstand folgen die Sektoren Haushaltswaren und Freizeitartikel (2.9 %) sowie Lebensmittel (2 %).

Kommunikation

Die internetbasierten Informations- und Kommunikationstechnologien (IKT) zählen zu den am schnellsten wachsenden Märkten weltweit. 2019 erreichte der Anteil der globalen Internetnutzer nach Schätzungen der Internationalen Fernmeldeunion (ITU) **mit knapp 54 % einen neuen Höchstwert**. Seit 2005 vervierfachte sich damit die Zahl der aktiven Internetnutzer. Allerdings offenbaren sich zwischen den Weltregionen erhebliche Nutzungsunterschiede. Während in den Industriestaaten nahezu 87 % der Bevölkerung eine regelmäßige Internetnutzung aufweisen, reduziert sich dieser Anteil in den Niedrigeinkommensländern (LDC) auf lediglich 19 %. Die geringsten Nutzerraten weisen die Staaten Afrikas südlich der Sahara sowie die von Bürgerkriegen erschütterten asiatischen Staaten auf. Auf Länderebene nutzt in Burundi (3 %), Somalia (2 %) sowie Eritrea (1 %) nur ein verschwindend geringer Anteil das Internet, während die höchsten Anteile auf Kuwait (100 %), Lichtenstein (98 %) und Dänemark (97 %) entfallen. In Deutschland nutzen 90 % der Bevölkerung das Internet.
Von allen internetbasierten IKT-Anwendungen hat die **Mobilfunknutzung** seit der Jahrtausendwende das stärkste Wachstum erfahren. Mit 108 Mobilfunkverträgen pro 100 Einwohner erreichte die Verbreitungsrate der Mobilfunknutzung 2019 einen neuen Spitzenwert. In den Schwellen- und Entwicklungsländern kletterte die Penetrationsquote auf 104 Mobilfunkverträgen je 100 Einwohner, während sie in den Industriestaaten infolge gesättigter Märkte seit Jahren stagniert (129 Mobilfunkverträge je 100 Einwohner). Parallel dazu ist **eine**

massive Ausweitung der verfügbaren Übertragungskapazitäten festzustellen. Von einer Mobilfunkabdeckung durch die Netze LTE, 3G und 2G werden nach Angaben der ITU mittlerweile knapp 96 % der Weltbevölkerung erfasst. 82 % der Weltbevölkerung steht dabei der höchste Mobilfunkstandard LTE zur Verfügung (3G: 11 %; 2G: 3 %). Auch hier spiegeln sich bei regionaler Betrachtung die ökonomischen Entwicklungsunterschiede wieder: Während in den Industriestaaten knapp 94 % Zugang zu einem LTE-Netz haben, profitieren in den Niedrigeinkommensländern lediglich etwa 40 % der Menschen davon.
Die **Nutzungszeit eines Mobilfunkgerätes** steigt indes seit Jahren sehr dynamisch an. Im Durchschnitt wird ein Mobilfunkgerät täglich 3:40 Stunden genutzt. Allein in den letzten beiden Jahren legte diese Dauer nach Schätzungen des State of Mobile-Reports 2020 um ca. 35 % zu. Die höchsten durchschnittlichen Nutzungszeiten pro Tag entfallen auf Indonesien (4:45 Stunden), die VR China (3:50) sowie Brasilien (3:40 Stunden). Dazu wurden 2019 weltweit mehr als 204 Mrd. mobile App-Downloads getätigt. Dies entspricht einer Zuwachsrate von über 45 % seit 2016. Die weltweit meisten Downloads 2019 **zählten mobile Apps aus dem Kommunikationsbereich**. An der Spitze rangiert der Instant-Messaging-Dienst WhatsApp (860 Mio.), gefolgt vom chinesischen Videoportal TikTok (740 Mio.), der Facebook Messaging-App Messenger (720 Mio.) sowie der Facebook-App (680 Mio.). Die Umsatzerlöse für die globalen App-Downloads summierten sich auf über 120 Mrd. US-$ (+200 % im Vergleich zu 2016). Der größte Ausgabenanteil entfällt dabei auf Spiele-Apps (72 %).

Die weltweit häufigsten mobile App-Downloads 2019:

App Store und Google Play:

App	Symbol	Unternehmen	Herkunftsland	Downloads
WhatsApp		Facebook	USA	860 Mio.
TikTok		ByteDance	VR China	740 Mio.
Messenger		Facebook	USA	720 Mio.
Facebook		Facebook	USA	680 Mio.
Instagram		Facebook	USA	440 Mio.
Likee		YY Inc	Singapur	330 Mio.
SHAREit		SHAREit	VR China	320 Mio.
Youtube		Google	USA	270 Mio.
Snapchat		Snap	USA	260 Mio.
Netflix		Netflix	USA	220 Mio.

Quelle: visualcapitalist.com (2020)

Regionale Entwicklungen

Industriestaaten

Nach Angaben der Weltbank zählen zu den Industriestaaten (»high income economies«) alle Staaten mit einem Pro-Kopf-Einkommen im Jahr 2018 von über 12 376 US-$. Ohne Berücksichtigung von Offshore-Steueroasen gelten demnach 39 Nationen als Industriestaaten. Nach Daten des Internationalen Währungsfonds (IWF) erstellen sie knapp 40 % der globalen Wertschöpfung und handeln 63 % der globalen Exportgüter, zählen allerdings lediglich 14 % der weltweiten Bevölkerung. Aus dieser Staatengruppe schlossen sich die sieben größten Wirtschaftsnationen (»major advanced economies«, 30 % des Welt-BIPs, 33 % des Welthandels, 10 % der Weltbevölkerung) zur informellen Gruppe der **G7** zusammen, um in Fragen zur internationalen Wirtschafts-, Handels- und Finanzpolitik gemeinsame Leitlinien zu entwickeln und umzusetzen. Hierzu zählen die USA, Japan, Deutschland, Frankreich, Großbritannien, Italien und Kanada.
Nach Angaben des IWF entwickelten sich die Industriestaaten 2019 **mit einer Wachstumsrate in Höhe von +1.7 % stabil**, aber im Vergleich zu den Vorjahren doch deutlich schwächer (2018: +2.2 %; 2017: +2.5 %). Im Vergleich zur globalen Wirtschaftsdynamik (+2.9 %) fällt sie ebenfalls niedriger aus. Die Ursachen für die schwächere Wirtschaftsentwicklung lagen in einer geringeren Industrieproduktion sowie Wachstumseinbußen bei der Investitions- und Handelstätigkeit. Dabei erzeugte insbesondere der Handelskonflikt zwischen den USA und der VR China, welcher sich 2019 durch wiederholte Zollerhöhungen sogar noch verschärfte, Unsicherheiten, die die Dynamik in den Industriestaaten entscheidend belastete. Außerdem litt unter der anhaltenden Wachstumsschwäche in großen Schwellenländern (insbesondere in der VR China, Indien und Brasilien) auch die Exporttätigkeit der Industriestaaten.
Innerhalb der drei großen Währungsräume der Industriestaaten (US-Dollar, Euro und Yen) zeigte die Wirtschaftsentwicklung allerdings ein differenziertes Bild: Die stärksten Wachstumsimpulse zeigte die US-Wirtschaft mit +2.3 %. Demgegenüber verzeichnete die Eurozone ein lediglich moderates BIP-Wachstum von +1.2 %. Mit +0.7 % registrierte Japan den geringsten Zuwachs.
Mit Blick auf einzelne Faktoren war die Wirtschaftsentwicklung der Industriestaaten wie folgt gekennzeichnet: Insgesamt entwickelte sich die **Konjunktur** robust. Alle Industriestaaten verzeichneten ein positives Wirtschaftswachstum. Während Irland (+5.5 %), Malta (+4.4 %) und Estland (+4.3 %) die höchsten BIP-Zuwächse verzeichneten, fiel das

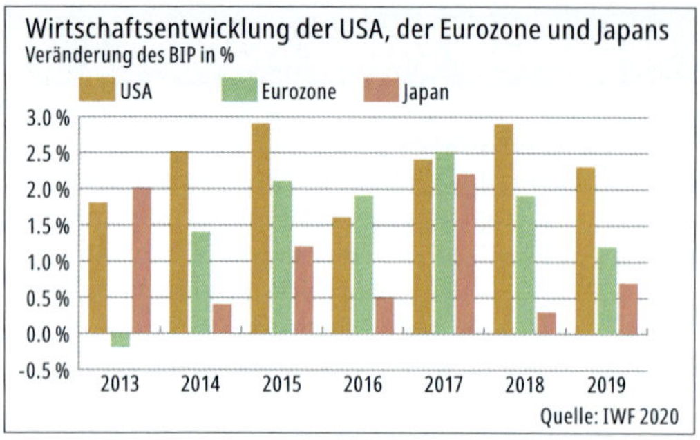

Wirtschaftswachstum mit Japan (+0.7 %), Deutschland (+0.6 %) und Italien (+0.3 %) besonders in den großen Volkswirtschaften schwach aus.
Die Bedingungen auf den **Finanzmärkten** blieben das gesamte Jahr hindurch günstig. Sowohl die Europäische Zentralbank (EZB) als auch die Bank of Japan (BoJ) sowie die Bank of England (BoE) behielten im Vergleich zu 2018 ihren äußerst expansiven geldpolitischen Kurs bei und pumpten über niedrige Leitzinssätze und großvolumige Anleiheanaufkäufe Kapital in die jeweiligen Währungsräume. Auf einen ähnlichen Kurs schwenkte im Jahresverlauf auch die US-Notenbank Federal Reserve System (Fed) ein, die bis Ende 2019 in mehreren Schritten die Leitzinsen auf 1.75 % (2018: 2.5 %) senkte und so die Finanzierungsbedingungen für private Haushalte und Unternehmen verbesserte. Die Außenfinanzierungsbedingungen stabilisierten sich 2018 auf dem Niveau das Vorjahres. Insgesamt flossen in die Industriestaaten ausländische Direktinvestitionen (FDI) in Höhe von 557 Mrd. US-$. Größte Devisenempfänger blieben nach Angaben der Welthandels- und Entwicklungskonferenz (UNCTAD) die USA (252 Mrd. US-$), gefolgt von Niederlande (70 Mrd. US-$) und Großbritannien (64 Mrd. US-$).
Die Lage auf den **Arbeitsmärkten** entspannte sich infolge der positiven BIP-Zuwächse 2019 weiter. Insgesamt ging die Arbeitslosenquote der Industriestaaten auf 4.8 % zurück und erreichte damit einen historischen Tiefststand (2018: 5.1 %). Die niedrigsten Quoten wurden in der Schweiz (2.3 %) und in Japan (2.4 %), die höchsten Stände in Spanien (14.1 %) und Griechenland (17.3 %) gemessen.
Die etwas schwächere Konjunkturentwicklung hatte mit Blick auf **die Preise** rückläufige Inflationsraten zur Folge. So schwächte sich die Preisdyanmik in allen drei großen Währungsräumen ab. Mit +0.5 % zogen in Japan die Preise am schwächsten an. Die Eurozone lag mit einer Teuerungsrate von +1.2 % im Mittelfeld, während in den USA die Preise im Jahresverlauf 2019 um +1.8 % kletterten. Insgesamt erreichten die Notenbanken der drei Währungsräume damit zum wiederholten Male nicht ihre anvisierten Inflationsziele. Vielmehr pendelten die Preissteigerungsraten seit der Wirtschafts- und Finanzkrise 2009 um lediglich 1 %, sodass nach wie vor die Deflationsrisiken als nicht beseitigt gelten. Vor dem Hintergrund erhöhter Handelsstreitigkeiten führten die gestiegenen Einfuhrzölle zu einem gravierenden Rückgang der **Handelsaktivität**. Nach Angaben des IWF wuchs das Exportvolumen 2019 lediglich um +0.6 %; das Importvolumen um +1 %. Damit registrierten die Industriestaaten die schwächste Handelsdynamik seit der Finanz- und Wirtschaftskrise 2009. Nach Einschätzung der EZB deuten die seit Jahren niedrigen Wachstumsbeiträge des Handels auch darauf hin, dass strukturelle Entwicklungen (wie sinkende Transportkosten, die Liberalisierung des Handels, eine Ausweitung der Wertschöpfungsketten und eine Vertiefung der Finanzmärkte), ihre Wirkung als Wachstumsfaktoren zunehmend verlieren und das globale Handelsgeschehen künftig beeinträchtigen.

USA: Die USA sind mit einem BIP in Höhe von 21.4 Bio. US-$ die größte Volkswirtschaft der Welt und erstellen damit rund ein Viertel der weltweiten Wertschöpfung. Diese ökonomische Spitzenposition resultiert aus einem rohstoffreichen, infrastrukturell dicht erschlossenen Staatsgebiet, auf einem großen und kaufkräftigen Binnenmarkt und einem durch unternehmerische Initiative und freien Handel gekennzeichneten Finanz- und Wirtschaftssystem.
2019 legte die US-Wirtschaft um +2.3 % zu (2018: +2.9 %; 2017: +2.4 %). Diese positive Dynamik wurde von einer kräftigen Binnennachfrage getragen (+2.4 %). Verbesserte Arbeitsmarktzahlen (Arbeitslosenquote 2019: 3.7 %; 2018: 3.9 %) stimulierten die private Konsumtätigkeit (+2.6 %) infolge höherer Einkommen. Die private Investitionstätigkeit (+1.8 %) konnte infolge des ungewissen Ausgangs im Handelsstreit mit der VR China sowie der sich insgesamt abkühlenden, globalen Dynamik dagegen nicht an die Steigerungsrate des Vorjahres (2018: +4.1 %) anknüpfen. Insbesondere das verarbeitende Gewerbe investierte angesichts sich eintrübender Wachstumsprognosen zurückhaltend in bestehende Kapazitäten. Auch die Handelsdynamik zeigte sich schwach. Sie steuerte mit -0.1 % sogar einen negativen Wachstumsbeitrag bei. Während die Importe um 1% zulegten, stagnierte das Exportvolumen auf dem Niveau von 2018. Resultat war eine wiederholt negative Leistungsbilanz in Höhe von -2.3 % des BIP. Wirtschaftspolitisch verfolgte die Trump-Regierung weiterhin eine handelspolitische Strategie zur Stärkung des US-Binnenmarktes **(»America-First«-Politik)**. Infolgedessen führten die USA sog. Abwehr- und Strafzölle auf nahezu sämtliche chinesische

Wareneinfuhren ein. Zahlreiche Handelsabkommen (u. a. das Trans-Pacific-Partnership) wurden verlassen bzw. neu verhandelt (NAFTA-Abkommen). Mittelfristig ist nach Angaben des IWF eine Beeinträchtigung der globalen Wirtschaftsdynamik durch die zunehmend restriktiv gestaltete US-Handelspolitik zu erwarten.

Eurozone: Die Eurozone umfasst derzeit 19 Staaten in einem gemeinsamen Währungsraum und gilt mit einer Bevölkerung von 337 Mio. Menschen und einem BIP von rund 13.3 Bio. US-$ neben den USA als der bedeutendste zusammenhängende Währungs- und Wirtschaftsraum der Welt.
Die Wirtschaftsentwicklung in der Eurozone **schwächte sich 2019 deutlich ab**. Mit einem BIP-Zuwachs von +1.2 % lag das Wachstum sowohl weit hinter den Vorjahresraten (Ø 2014-2018: +2 %) als auch hinter der globalen Dynamik zurück. Hauptursache war die Wachstumsschwäche in den großen Volkswirtschaften Deutschland und Italien. Beide Exportnationen litten unter der schwachen globalen Nachfrage nach Gütern und Dienstleistungen gepaart mit den Unsicherheiten des Handelskonflikts zwischen der USA und der VR China. Demzufolge steuerte der Außenhandelsbeitrag mit -0.5 % erstmals seit vielen Jahren einen negativen Beitrag zur Wirtschaftsentwicklung der Eurozone bei. Insgesamt blieb die inländische Nachfrage im Euroraum die wichtigste Säule der Wirtschaft. Während der private Konsum mit +0.8 % zum BIP-Wachstum beisteuerte, zeigte sich die private Investitionstätigkeit mit +1.2 % als Hauptwachstumstreiber. Positiv wirkten sich neben den anhaltend günstigen Finanzierungsbedigungen für die Unternehmen auch die erfreuliche Entwicklung auf dem Arbeitsmarkt aus. Infolgedessen zeigte sich auch das Verbrauchervertrauen über das Jahr hinweg auf hohem Niveau robust. Zudem stiegen 2019 die Arbeitnehmerentgelte inflationsbereinigt weiter an. Insgesamt kletterte das real verfügbare Einkommen der privaten Haushalte nach EZB-Angaben um ca. 2 %. Mit +1.7 % trugen die öffentlichen Ausgaben ebenfalls einen positiven Beitrag zum BIP-Wachstum bei. Trotz der insgesamt gebremsten Entwicklung registrierten alle Mitgliedstaaten positive BIP-Zuwächse. Ein Blick auf die nationale Ebene offenbart allerdings eine differenzierte Dynamik: Besonders kräftig fiel das Wachstumsplus in Irland (+5.5 %), Malta (+4.4 %) und Estland (+4.3 %) aus. Dahingehend verzeichneten Italien (+0.3 %), Deutschland (+0.6 %) und Finnland (+1 %) eine recht verhaltene Konjunkturdynamik. Die Preisentwicklung der Eurozone gewann auch 2019 nicht an Fahrt (+1.2 %). Damit erreichte die Inflationsrate die Zielmarke der EZB von nahe 2 % nun mehr seit 2012 nicht. Nach Angaben der EZB zeigten sich dafür die abnehmende Konjunkturdynamik gepaart mit stagnierenden Preisen bei Energierohstoffen und Nahrungsmittlen verantwortlich.

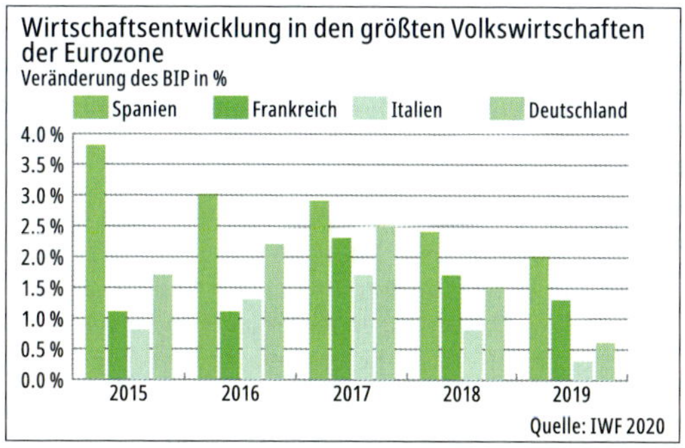

Die **Arbeitsmarktzahlen** der Eurozone entwickelten sich 2019 weiter positiv. Insgesamt stieg die Zahl der Beschäftigten im Jahresverlauf um +1.2 %. Außerdem ging nach Angaben des Statistischen Amtes der Europäischen Union (EUROSTAT) die Arbeitslosigkeit im Jahresdurchschnitt auf 7.6 % zurück und ereichte damit das Niveau von vor der Finanz- und Wirtschaftskrise. Allerdings war die Streuung der Arbeitslosigkeit innerhalb der Eurozone fortwährend hoch: Während Griechenland (17.3 %), Spanien (14.1 %) und Italien (10 %) zwar rückläufige, aber wiederholt zweistellige Quoten verzeichneten, meldeten Malta und die Niederlande (jeweils 3.4 %) sowie Deutschland (3.2 %) erheblich niedrigere Werte. Ein großes Risiko auf dem Arbeitsmarkt stellt dagegen die nach wie vor teils hohe Jugendarbeitslosigkeit dar. Während knapp 16 % aller Personen zwischen 15 und 24 Jahren in der Eurozone als arbeitslos gemeldet sind, streut der Wert auf Ebene einzelner Staaten zwischen Spanien (33 %) und Griechenland (32 %) sowie Niederlande (6 %) und Deutschland (5 %).
Trotz der gestiegenen Staatsausgaben **stabilisierte sich die Staatsverschuldung** innerhalb der Eurozone angesichts mehrjähriger stabiler Wachstumsraten. Ende 2019 waren die Staaten mit 86 % der Jahreswirtschaftsleistung veschuldet (2018: 87 %). Auf Ebene einzelner Staaten wiesen allerdings Griechenland (177 %), Italien (135 %) und Portugal (118 %) die höchsten Schuldenquoten auf, während Estland (8 %), Luxemburg (21 %) sowie Litauen (36 %) die niedrigste Staatsverschuldung aufwiesen.
Mit einem BIP in Höhe von 2.7 Bio. US-$ ist **Frankreich** nach Deutschland die zweitgrößte Volkswirtschaft der Eurozone. Dabei ist die französische Wirtschaft sehr breit und innovativ aufgestellt, steht jedoch unter starkem Einfluss staatlicher Wohlfahrts- und Industriepolitik. Eine hohe Wett-

bewerbsfähigkeit weist insbesondere der Dienstleistungssektor bei Banken, der Versicherungswirtschaft und dem Tourismus auf. Im Industriebereich gilt die französische Wirtschaft in den Branchen Luftfahrt, Automobil und Luxusartikel als hochspezialisiert. Mit einem BIP-Zuwachs von +1.3 % **erreichte Frankreich unter den großen Volkswirtschaften der Eurozone die höchste Zuwachsrate**. Wiederholt erwies sich die Binnennachfrage als Wachstumstreiber. Verbesserte Arbeitsmarktzahlen und ein gestiegenes aggregiertes Einkommen in Kombination mit einer lediglich moderaten Preisentwicklung stimulierten die private Konsumtätigkeit (+1.2 %). Davon angetrieben legte die unternehmerische Investitionstätigkeit im Jahresverlauf um +3.6 % zu. Mit +1.2 % trugen auch die Staatsausgaben positiv zur Wirtschaftsentwicklung bei, wobei allerdings die Staatsverschuldung trotz guter Konjunktur bei 98 % des BIP stagnierte. Die Arbeitslosigkeit reduzierte sich angesichts der positiven Entwicklung leicht auf 8.5 % (2018: 9 %).
Die drittgrößte Volkswirtschaft der Eurozone (1.98 Bio. US-$) **Italien** gilt durch eine, im europäischen Vergleich hohe Arbeitslosigkeit, einer Staatsverschuldung von 135 % des BIP sowie anhaltend niedrigen BIP-Zuwachsraten als Krisenland der Eurozone. Auch 2019 registrierte Italien mit einem Wirtschaftswachstum von +0.3 % **das schwächste Wachstum der Eurozone**. Querelen und Streitigkeiten innerhalb der Regierung um Ministerpräsident Conte dämpften die inländische Nachfrage erheblich. Zudem fuhr die öffentliche Hand angesichts der hohen Staatsverschuldung ihre Ausgaben weiter zurück (-0.4 %). Einzig die Exportwirtschaft steuerte trotz der globalen Konjunkturabkühlung einen nennenswerten Wachstumsbeitrag (+0.5 %) zur Wirtschaftsentwicklung bei. Aufgrund der schwierigen gesamtwirtschaftlichen Situation gerät auch die bisher positive Entwicklung auf dem italienischen Arbeitsmarkt ins Stocken. Im Jahresverlauf 2019 waren rund 10 % aller Erwerbspersonen arbeitslos gemeldet. Die Jugendarbeitslosigkeit verharrte weiterhin bei knapp 30 %.

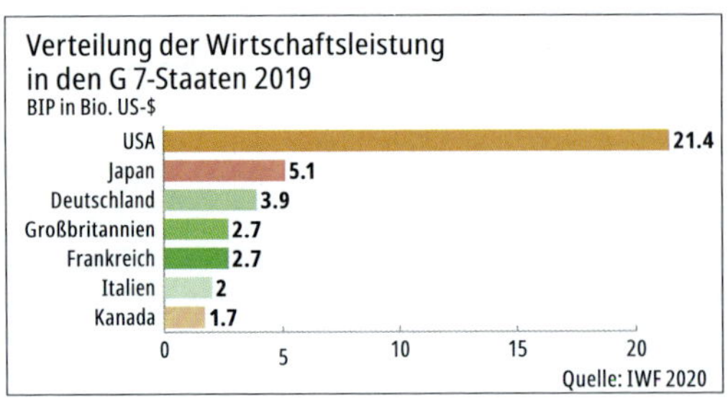

Japan: Die drittgrößte Volkswirtschaft der Welt (BIP: 5.15 Bio. US-$) konnte auch 2019 **ein lediglich verhaltenes Wirtschaftswachstum verzeichnen**. Mit einem Zuwachs von +0.7 % verlief die Entwicklung im Vergleich zum Vorjahr zwar etwas dynamischer (2018: +0.3 %), allerdings registrierte Japan damit das niedrigste Wachstum innerhalb der drei großen Währungsräume der Welt. Dabei erwies sich nur die Inlandsnachfrage (+0.8 %) als Wachstumsstütze. Sie profitierte von einer erhöhten öffentlichen (1.9 %) und privaten (1.3 %) Investitionstätigkeit, die hauptsächlich auf die Organisation der Olympischen Sommerspiele 2020 in Tokio (mittlerweile infolge der Corona-Pandemie auf den Sommer 2021 verschoben) basierte. Zudem investieren die japanischen Firmen zur Realisierung höherer Produktivitätszuwächse zunehmend in die arbeitsersetzende Automatisation ihrer Arbeitsprozesse. Ein großes Risiko für die japanische Wirtschaftsentwicklung stellt die **rasante Überalterung der Gesellschaft** dar. Dadurch litten die japanischen Unternehmen unter zunehmendem Fachkräftemangel. Zudem sah sich die japanische Regierung 2019 zur Finanzierung des Rentensystems gezwungen, die Konsumsteuer um zwei Prozentpunkte auf 10 % anzuheben. Infolge ausgabenfreundlicher Konjunkturprogramme unter Ministerpräsident Abe zur Stützung des Wirtschaftswachstums betrug die Staatsverschuldung 236 % des BIP, womit Japan als die höchst verschuldete Volkswirtschaft der Welt gilt.

Großbritannien: Das Wirtschaftswachstum Großbritanniens verlief 2019 **mit einem Zuwachs von +1.4 %** wie bereits in den Vorjahren **gedämpft** und blieb damit deutlich hinter der Wachstumsrate der Industriestaaten zurück. Ursache waren die anhaltend großen Ungewissheiten infolge des Austritts Großbritanniens aus der Europäischen Union (EU) (»Brexit«) mit negativen Folgen für das Konsum- und Investitionsklima. Zudem wurde die Kauf- und Investitionslaune durch die vorgezogenen Neuwahlen im Dezember 2019 zusätzlich belastet. Am 31.1.2020 verließ das Vereinigte Königreich die EU. Allerdings bleibt die Volkswirtschaft bis Ende 2020 Teil des Binnenmarktes und der Zollunion. Infolge dieser Vorzeichen konsumierten die britischen Verbraucher erneut schwächer (2019: +1.1 %; 2018: +1.6 %). Ebenso schränkte die Wirtschaft ihre Investitionstätigkeit in Maschinen und Anlagen erheblich ein (+0.6 %). Besonders in der Industrie und in der Bauwirtschaft waren kräftige Rückgänge der Investitionssummen zu verzeichnen. Einzig die Ausgaben des öffentlichen Sektors entwickelten sich dynamisch (+3.5 %) und trugen somit erheblich zum BIP-Zuwachs bei.

Kanada: Die kanadische Wirtschaft stützt sich hauptsächlich auf Rohstoffe, Energie, Industrie und Landwirtschaft. Alle Wirtschaftszweige sind in erheblichem Maße exportabhängig, wobei die USA mit einem Anteil von über 70 % der mit Abstand größte Handelspartner sind. Die Wirtschaftsentwicklung zeigte sich mit einem **BIP-Zuwachs von +1.6 %** robust gegenüber dem gedämpften globalen Umfeld. Wachstumsmotor blieben die privaten Konsumausgaben, die infolge der anhaltend positiven Konjunkturdynamik von steigenden Einkommens- und Vermögensverhältnissen profitierten. Dagegen verspürte die kanadische Industrie Unsicherheiten vor dem Hintergrund des Zollkonflikts mit den USA und den bevorstehenden Nachverhandlungsrunden beim **NAFTA-Abkommen**. Im Dezember 2019 gaben Kanada, die USA und Mexiko eine Einigung bei der Neuverhandlung des Abkommens bekannt (sog. »USMCA-Text«). Infolge der für lange Zeit ungeklärten Handelsbeziehungen waren die Ausrüstungsinvestitionen in der Energie- und Bergbaubranche 2019 stark rückläufig. Außerdem belasteten die Handelsstreitigkeiten den Außenhandel, sodass davon ebenfalls keine Wachstumsimpulse für die kanadische Wirtschaft ausgingen.

Schwellen- und Entwicklungsländer

Die Schwellen- und Entwicklungsländer vereinen Staaten **mit wirtschaftlichen, infrastrukturellen und/oder sozialen Entwicklungsrückständen** im Vergleich zu den Industriestaaten. Ein wichtiges Charakteristikum ist die Existenz ausgeprägter wirtschaftlicher und sozialer Disparitäten innerhalb eines Staates und seiner Bevölkerung. Typisch sind eine sehr ungleiche Entwicklung zwischen der Hauptstadtregion und den peripher-ländlichen Gebieten sowie ökonomische, soziale und kulturelle Unterschiede zwischen einer meist sehr kleinen, reichen Oberschicht und der armen Bevölkerungsmehrheit. In internationalen Statistiken werden die Schwellen- und Entwicklungsländer häufig allein aufgrund ökonomischer Kriterien (z. B. Pro-Kopf-Einkommen) abgegrenzt und klassifiziert.
Eine viel zitierte Klassifikation wird jährlich im Weltentwicklungsbericht der Weltbankgruppe veröffentlicht. Darin werden die Schwellen- und Entwicklungsländer folgendermaßen unterteilt: **Staaten mit niedrigem Einkommen** (»low-income economies«): Bruttonationaleinkommen (BNE) je Einwohner 2018 bis 1 025 US-$; z. B. Afghanistan, DVR Korea, Äthiopien, Senegal und Haiti; **Staaten mit mittlerem Einkommen im unteren Bereich** (»lower middle-income economies«): BNE je Einwohner 2018 zwischen 1 026 und 3 995 US-$; z. B. Kenia, Indien, Bolivien, Ägypten, Marokko, auch ehemals sozialistische Staaten wie die Ukraine; **Staaten mit mittlerem Einkommen im oberen Bereich** (»upper middle-income economies«): BNE je Einwohner 2018 zwischen 3 996 und 12 375 US-$; z. B. Brasilien, Mexiko, VR China, Thailand, in Europa u. a. Bulgarien, Rumänien und Weißrussland.
Die Wirtschaftsentwicklung der Schwellen- und Entwicklungsländer verlief 2019 mit einem BIP-Zuwachs von +3.9 % erneut recht kräftig. Allerdings **sank die Rate auf den tiefsten Wert seit 2009** und markierte damit das Ende einer hochdynamischen Entwicklung in den 2010er-Jahren (Ø +5.2 %). Als Ursache gelten die globale Abkühlung der Konjunktur, gerade auch vor dem Hintergrund des anschwellenden Handelsstreits zwischen der USA und der VR China. Infolgedessen hielten sich internationale Investoren mit FDI zurück, was die BIP-Zuwächse entscheidend schmälerte. Als weitere Wachstumsbremse erwies sich die gedämpfte globale Handelstätigkeit. Der Blick auf die einzelnen Großregionen nach IWF-Klassifikation zeichnet allerdings ein differenziertes Bild: **Wachstumsmotor** waren 2019 wiederholt **die Staaten Asiens** (+5.5 %). Ohne VR China und Indien realisierten Bangladesch (+7.9 %), Nepal (+7.1 %) und Vietnam (+7 %) besonders hohe Zuwachsraten. Es folgen die Staaten Afrikas südlich der Sahara (+3.1 %), worin Südsudan (+11.3 %), Ruanda (+10.1 %) und Äthiopien (+9 %) ökonomisch kräftig prosperierten. Die Schwellen- und Entwicklungsländer Europas verzeichneten mit +2.1 % einen vergleichsweise schwächeren Wachstumspfad. Eine überdurchschnittliche Entwicklung registrierten Ungarn (+4.9 %), Serbien (+4.2 %) und Polen (+4 %). Die Staaten des Mittleren Ostens und Nordafrikas legten lediglich um +1.2 % zu. Besonders wachstumsstark zeigten sich hier Armenien (+7.6 %) und Tadschikistan (+7.5 %). Die wirtschaftliche Entwicklung der Staaten Süd- und Mittelamerikas stagnierte insgesamt (+0.1 %). Verantwortlich dafür war eine schwere Rezession in Argentinien (-2.2 %) sowie der anhaltende ökonomische Niedergang Venezuelas (-35 %).

Wirtschaftsentwicklung der Schwellen- und Entwicklungsländer
Veränderung des BIP in % (nach IWF-Regionen)

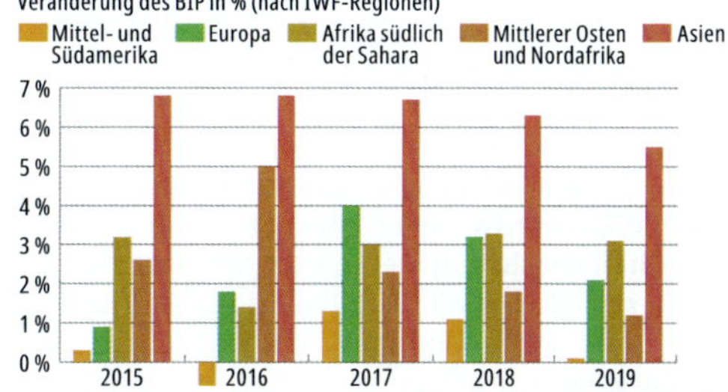

Quelle: IWF 2020

Neben einer kräftigen Inlandsnachfrage stellen FDI **einen bedeutenden Wachstumsfaktor** unter den Schwellen- und Entwicklungsländern dar. Nach Angaben der UNCTAD waren die global getätigen FDI 2018 mit 1.3 Bio. US-$ allerdings zum dritten Mal in Folge rückläufig (2017: 1.5 Bio. US-$; 2016: 1.9 Bio. US-$) und erreichten damit **den niedrigsten Stand seit 2005**. Der kräftige Rückgang ergibt sich einzig infolge einer Abnahme der FDI-Zuflüsse in die Industriestaaten. Die Schwellen- und Entwicklungsländer konnten hingegen im Vergleich zum Vorjahr eine deutliche Steigerung um +5 % verzeichnen. Insgesamt flossen in die Schwellen- und Entwicklungsländer FDI in Höhe von 706 Mrd. US-$ (2017: 671 Mrd-US-$). Allerdings zeigte sich die Verteilung der Summe regional unterschiedlich: Während in die asiatischen Staaten FDI von 513 Mrd. US-$ (73 %) flossen, erhielten die Staaten Süd- und Mittelamerikas 147 Mrd. US-$ (21 %). In die afrikanischen Staaten investierten die privaten, internationalen Geldgeber lediglich 46 Mrd. US-$ (6 %).
Unter den Entwicklungsländern mit mittlerem Einkommen stehen einige in ihrer wirtschaftlichen und technischen Entwicklung an der Schwelle zu den Industriestaaten. Aufgrund konstant hoher BIP-Zuwachsraten seit Anfang der 1990er-Jahre zählen hierzu Brasilien, Russland, Indien, die VR China sowie Südafrika **(BRICS-Staaten).** Sie bilden die Gruppe der **Schwellenländer**, die als große Volkswirtschaften eine zentrale Rolle für die wirtschaftliche und politische Entwicklung ihrer jeweiligen Region oder ihres jeweiligen Kontinents spielen. Wirtschaftspolitisch verfolgen sie mit geringen Modifikationen die Verbesserung der wirtschaftlichen Situation durch staatlich geförderte Expansion des Unternehmertums, einen weiteren industriellen Aufbau und verstärkten Fertigwarenexport in die Industriestaaten, Anreize für FDI, die Ausweisung von Sonderwirtschaftszonen sowie den Ausbau eines leistungsfähigen privaten Dienstleistungssektors. Die Wirtschaftsentwicklung dieser Staatengruppe zeigte sich wie folgt:

Brasilien: Brasilien war nach Angaben des IWF mit einem BIP in Höhe von 1.85 Bio. US-$ 2019 die größte Volkswirtschaft Mittel- und Südamerikas. Nach der schweren Wirtschaftskrise der Jahre 2015 und 2016 erholte sich die konjunkturelle Dynamik auch 2019 nicht vollständig davon. Mit einem **BIP-Zuwachs von lediglich +1.1 %** blieb das Wirtschaftswachstum weit hinter den Vorkrisenjahren zurück. Die Wirtschaftsentwicklung litt dabei unter der generellen Wachstumsschwäche Südamerikas, wo sich einige Volkswirtschaften in einer Rezession befanden. Als großer Exporteur von Waren und Dienstleistungen in die Anrainerstaaten beeinträchtigte dieses wirtschaftliche Umfeld die Handelsdynamik Brasiliens erheblich mit negativen Effekten auf die gesamte inländische Nachfrage. So legten zwar die Importe infolge einer verbesserten Verbraucherstimmung leicht um +1.5 % gegenüber dem Vorjahr zu, die Exporte stagnierten allerdings auf dem Vorjahresniveau (+0.1 %). Zudem hielten sich die Unternehmen aufgrund hoher Kapazitätsreserven mit Investitionen in Maschinen und Anlagen deutlich zurück. 2019 verbesserte sich die Lage am Arbeitsmarkt hingegen leicht. Lag die Arbeitslosenquote 2018 noch bei 12.3 %, waren im Jahresdurchschnitt 2019 nur noch 11.8 % der Erwerbspersonen als Arbeitslose registriert. Auch die Zahl der Erwerbstätigen stieg weiter an. Damit zusammenhängend hellte sich die Kauflaune unter den brasilianischen Konsumenten weiter auf. Für zusätzliche Impulse sorgte der öffentliche Sektor. Die im Oktober 2019 beschlossene Rentenreform soll bei den Unternehmen für eine steuerliche Entlastung sorgen. Zudem bieten sich infolge einiger Deregulierungsvorhaben im Rohstoff- und Energiesektor neue Anreize für größere Investitionsvorhaben. Angesichts der weiter rückläufigen Preisentwicklung senkte die brasilianische Notenbank den Leitzins, um die private Investitionstätigkeit zusätzlich zu stimulieren. Infolgedessen konnte Brasilien im Jahresverlauf 2019 einen kräftigen Zuwachs bei den FDI-Zuflüssen verzeichnen.

Russland: Der größte Flächenstaat der Welt gilt als einer der weltweit wichtigsten Produzenten von Energierohstoffen. So verfügt Russland über 18 % der globalen Kohle-, 17 % der Erdgas- und 6 % der Erdölreserven. Die Wirtschaftsstruktur stützt sich folglich hauptsächlich auf den Export dieser Rohstoffe, um mit den erzielten Deviseneinnahmen die Inlandsnachfrage zu beleben. Gleichzeitig ist damit die Wirtschaftsentwicklung stark von der Entwicklung der Rohstoffpreise abhängig, so dass die Volatilitäten auf den Rohstoffmärkten zu erheblichen Auswirkungen auf die russische Wirtschaft führen können.
Die Wirtschaftsentwicklung Russlands **kühlte sich** 2019 nach einem dynamischen Vorjahr erneut **ab** (2019: +1.3 %; 2018: +2.5 %). Die schwache globale Handelsdynamik gepaart mit stagnierenden Preisen für Energierohstoffe belasteten den Außenhandel Russlands schwer. Insgesamt verzeichneten die Exporte 2019 sogar einen Rückgang um -2.1 %. Da zugleich die Importe infolge einer robusten inländischen Nachfrage um +2.2 % stiegen, trug die Handelsbilanz negativ zum BIP-Wachstum bei (-0.5 %). Als Wachstumsstütze wirkte wiederholt die Binnennachfrage (+1.9 %). Steigende Reallöhne und eine deutliche Anhebung des Mindestlohn-

satzes verhalfen dem privaten Konsum zu neuem Schwung (+2.3 %). Zudem sorgte der öffentliche Sektor mit Ankündigung zahlreicher neuer Großprojekte im Infrastrukturbereich für kräftige Impulse auf die Wirtschaftsentwicklung (+2.8 %). Lediglich die private Investitionstätigkeit verhielt sich angesichts des gedämpften globalen Umfeldes zurückhaltend (+1.4 %). Parallel zu der anhaltend schwachen Konjunkturentwicklung zählte die Weltbank Russland 2016 erstmals nicht mehr zu den »high income countries«, sondern gruppiert die Volkswirtschaft in die Klasse der »upper middle income countries« ein, **womit Russland in die Kategorie der Schwellen- und Entwicklungsländer zurückfiel**. Diesen Status behielt Russland auch 2019 bei. Diesen drastischen wirtschaftlichen Abstieg bekommen v. a. große Teile der Mittel- und Unterschicht durch stark rückläufige, verfügbare Einkommen und schlechte Beschäftigungsmöglichkeiten zu spüren.

Indien: Indiens Wirtschaftswachstum entwickelte sich 2019 im Vergleich zu den Vorjahren erheblich schwächer (2019: +4.2 %; 2018: +6.1 %; 2017: +7 %). Die Konjunktur erfuhr damit **einen erheblichen Dämpfer**, da Indien seit der Wirtschafts- und Finanzkrise jährlich stabile Wachstumsraten von 6 % und mehr realisierte. Die Wirtschaftsschwäche ist überwiegend der Zurückhaltung bei der privaten Investitions- sowie Konsumtätigkeit geschuldet. So ging mit der vergleichsweise wenig dynamischen Wirtschaftsentwicklung ein Nachfragerückgang bei langlebigen Konsumgütern wie Kfz einher. Zusätzlich drückte eine hohe Steuerlast sowie stark gestiegene Versicherungsprämien negativ auf den Kfz-Konsum. Aufgrund der niedrigen Auslastung der Produktionskapazitäten reduzierte die Kfz-Branche (sie stellt etwa 35 Mio. Jobs der indischen Wirtschaft) ihre Investitionen in neue Anlagen und Maschinen. Mehr als 350 000 indische Wanderarbeiter verloren ihren Arbeitsplatz. Zudem gilt der indische Bankensektor durch **überschuldete Schattenbanken** als instabil, weswegen die Kreditvergabe an Haushalte und Unternehmen zum wiederholten Mal abnahm. Die indische Notenbank reagierte daraufhin 2019 mit mehreren Leitzinssenkungen auf die Wachstumsschwäche. Auch der öffentliche Sektor versuchte mit einem milliardenschweren Infrastrukturprogramm Impulse für eine Konjunkturbelebung zu erzielen. Die Situation am Arbeitsmarkt verschlecherte sich wegen der Konjunkturabkühlung zusehends. Weniger als 10 % der indischen Erwerbstätigen stehen in einem vertraglich geregelten Beschäftigungsverhältnis. Außerdem exisitieren in der indischen Gesellschaft ernorme soziale Unterschiede: Während die Volkswirtschaft **weltweit die meisten Millionäre und Milliardäre** beheimatet, muss ein Großteil der Arbeiterinnen und Arbeiter im Landwirtschafts- und Textilsektor mit weniger als 30 € im Monat auskommen. Trotz einer jahrelang boomenden Wirtschaftsentwicklung verharrte Indien beim Human Development Index (HDI) im Bereich der »mittleren menschlichen Entwicklung« (Rang 129 von 190) und erreichte damit keine wesentliche Verbesserung bei der Armutsbekämpfung.

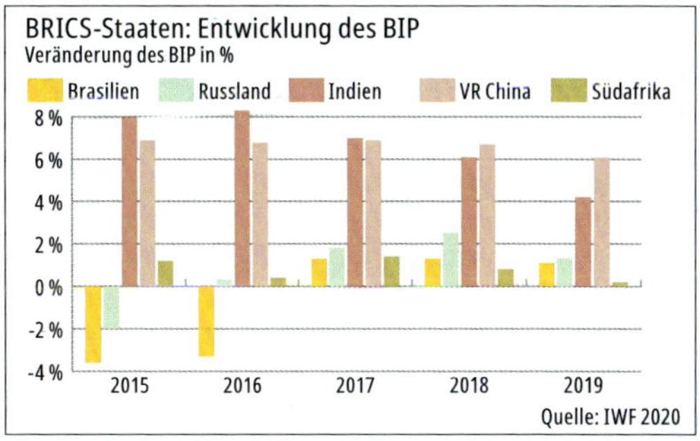

VR China: Durch ihre globale Weltmarktintegration und eine prosperierende Handelsdynamik infolge zahlreicher Faktorvorteile konnte die VR China im Zeitverlauf in die Spitzengruppe der größten Wirtschaftsnationen vorstoßen. Mit einem BIP in Höhe von 14.1 Bio. US-$ war die VR China nach Angaben des IWF vor Japan und Deutschland die zweitgrößte Volkswirtschaft der Welt. Infolgedessen zählt die VR China mittlerweile **zu den Schwergewichten der Weltwirtschaft**: In über 100 Staaten, die über 80 % des Welt-BIP erwirtschaften, ist die VR China unter den zehn größten Handelspartnern. Im Rohstoffsektor verbucht die VR China über 40 % der weltweiten Nachfrage; ähnliche Größenordnungen ergeben sich für das produzierende Gewerbe.
Mit einem BIP-Zuwachs von +6.1 % wies die VR China gemeinsam mit den anderen Schwellenländern 2019 ebenfalls eine spürbare Beeinträchtigung bei der Wirtschaftsentwicklung auf. Trotzdem zählte die VR China zu den **am stärksten prosperierenden großen Volkswirtschaften** der Erde. Verantworlich für die geringere Wachstumsrate erwiesen sich eine schwächere Binnennachfrage sowie der ungelöste Handelskonflikt mit den USA. Der öffentliche Sektor versuchte hingegen mit Steuerentlastungen für die privaten Haushalte sowie einer kräftigen Erhöhung der Infrastukturausgaben im Bereich des innerstädtischen Verkehrs oder der Stromübertragung Wachstumsimpulse zu setzen. Die kräftige Preisentwicklung für Waren und Dienstleistungen (2019: +2.9 %; 2018: +2 %) wirkte sich dagegen leicht dämpfend auf die Konsumtätigkeit der privaten Haushalte aus. Infolgedessen entwickelten sich auch die Investitionen in neue Anlagen seitens der Unternehmen weniger dynamisch. Zudem belasteten die Handelsstreitigkeiten

mit den USA die Wirtschaftsentwicklung. Seit 2018 werfen sich die beiden größten Handelsnationen der Welt gegenseitig unfaire Handelspraktiken vor und belegten sich im Zuge dessen mit stetig steigenden Importzöllen. Insgesamt galten bis Ende 2019 für chinesische Exporte im Gesamtwert von 450 Mrd. US-$ Einfuhrzölle, was fast der gesamten chinesischen Warenausfuhr in die USA entspricht. Diese Rahmenbedingungen ließen das Handelsvolumen mit den USA erstmals seit vielen Jahren auf 559 Mrd. US-$ (2018: 660 Mrd. US-$; 2017: 636 Mrd. US-$) fallen, was die chinesische Industrieproduktion entscheidend schwächte. Erst im Dezember 2019 einigten sich die Präsidenten Xi Jingping und Trump auf eine schrittweise Reduzierung der Strafzölle, ohne allerdings konkrete Zahlen oder Termine dafür zu nennen.

Südafrika: Mit einem BIP in Höhe von 360 Mrd. US-$ gilt Südafrika nach Nigeria (446 Mrd. US-$) als zweitgrößte Volkswirtschaft des afrikanischen Kontinents. Mit Blick auf die menschliche Entwicklung (HDI) rangiert Südafrika mit Rang 113 außerdem im Spitzenfeld der afrikanischen Staaten. Außerdem zählt Südafrika als einziger Vertreter Afrikas zu den G20, weswegen der Staat als Hoffnungsträger und Vorbild für die Entwicklung des gesamten Kontinents gilt. Allerdings leidet Südafrika seit einigen Jahren unter einer schwachen Konjunkturentwicklung (Ø-BIP-Wachstum seit 2015: +0.8 %) und liegt damit deutlich hinter den Wachstumsraten des subsaharischen Afrikas im gleichen Zeitraum (Ø +2.8 %) zurück. Auch 2019 **stagnierte die Wirtschaftsentwicklung** mit einem BIP-Zuwachs von lediglich +0.2 %. Als eine Ursache dieses ökonomischen Abwärtstrends gilt die seit Jahren schwelende Energiekrise im Land. Grund dafür ist eine Verknappung des Stromangebotes durch Verzögerungen von im Bau befindlichen Kraftwerken. Infolgedessen wurde in Südafrika 2019 zu festgelegten Zeiten der Strom abgestellt, mit massiven Beeinträchtigungen für das produzierende Gewerbe. Vor allem kleinere und mittlere Industrieunternehmen leiden mangels eigener Stromaggregate unter Stromausfällen. Zudem grassiert bei den staatseigenen, hoch verschuldeten Energieversorgern Korruption und Nepotismus.
Die jahrelang schwache Wirtschaftsentwicklung hinterlässt mittlerweile auf dem südafrikanischen Arbeitsmarkt erhebliche Folgen. Im Jahresverlauf 2019 galten knapp 28 % aller Erwerbspersonen (6.1 Mio. Menschen) als arbeitslos. Niedriges Wachstum und steigende Arbeitslosigkeit wirken zusätzlich dämpfend auf die private Konsumtätigkeit. Zudem beschloss die Regierung um Präsident Ramaphosa zur Bekämpfung der Korruption und Misswirtschaft Steuererhöhungen. Besonders die junge Bevölkerung Südafrikas leidet unter der schwachen Wirtschaftsentwicklung: Die **Jugendarbeitslosigkeit** stieg Ende 2019 auf knapp **57 %**, sodass jeder zweite unter 25 Jahren keinen festen Arbeitsplatz besitzt und ein beständiges Einkommen erhält, mit teils gravierenden Folgen für bereits erzielte Fortschritte bei der Armutsbekämpfung oder der Bildungsgerechtigkeit. Beispielhaft dafür liegt der Gini-Koeffizient (»0« für perfekte Einkommensgleichheit und »1« für maximale Ungleichheit) Südafrikas 2017 bei 0.63, womit das Land **den globalen Spitzenplatz bei der Ungleichverteilung von Einkommen** einnimmt.

Niedrigeinkommensländer

Die UNCTAD grenzt in einer komplexen Definition aus Einkommen, Humanvermögen und ökonomischer Verletzlichkeit innerhalb der Entwicklungsländer die sog. Niedrigeinkommensländer (»least developed countries«, »LDC«) ab, wozu 2019 47 Staaten zählten. Aus ökonomischer Perspektive sehen sich die LDC mit **einem schwierigen Umfeld** konfrontiert: die finanziellen Zuflüsse aus internationaler Entwicklungszusammenarbeit, ausländischen Direktinvestitionen und privaten Rücküberweisungen weisen starke jährliche Schwankungen auf, sodass eine stabile Finanzierungsbasis für dringend benötigte Investitionen in soziale wie technische Infrastruktur fehlt. Zudem erfahren die Staaten **strukturelle Benachteiligungen**. Während sie 12 % der Weltbevölkerung repräsentieren, erreichen sie nur 0.9 % des globalen BIP sowie einen Anteil von lediglich 1 % am Welthandel. Zusätzlich **beeinträchtigen nichtökonomische Einflüsse** wie der internationale Terrorismus oder die globale Klimaerwärmung die Entwicklungsmöglichkeiten stark. Die Wirtschaftsentwicklung wurde in den vergangenen Jahren durch die Expansion des Dienstleistungssektors angetrieben, der eine Vielzahl traditioneller (und oft informeller) verbraucherorientierter Unternehmen sowie kleine Branchen mit relativ hoher Produktivität, wie in der Softwareentwicklung oder im Finanzsystem, umfasst. Die Dynamik in der Landwirtschaft und in der verarbeitenden Industrie war dagegen eher gedämpft, sodass der Wachstumsbeitrag beider Sektoren weitaus geringer war als der des Dienstleistungssektors. Dieses sektorale Wachstumsmuster signalisiert, dass es nach wie vor schwierig ist, die Produktivität in der Landwirtschaft zu steigern und Arbeitsplätze in produktivere sowie kapitalintensivere Sektoren zu verlagern, um eine Ankurbelung des Wirtschaftswachstums durch technischen Fortschritt zu ermöglichen.
2019 verzeichneten die LDC **ein stabiles Wirtschaftswachstum** von +5.1 %. Da gleichzeitig die Bevölkerungsdynamik mit Zuwachsraten von über +6 % das BIP-Wachstum überkompensierte, war mit Blick auf das Pro-Kopf-Einkommen erneut ein Rückgang der Wirtschaftsleistung zu verzeichnen. Insgesamt

erfährt die Einkommenssituation der privaten Haushalte damit trotz positiver Wachstumsraten keine nachhaltige Verbesserung. Hauptstütze des Wirtschaftswachstum stellen die private Konsum- (+2.9 %) und Investitionstätigkeit (+1.4 %) dar. Weitere Wachstumsimpulse werden durch die Exporttätigkeit der LDC erzeugt. Laut Angaben der Welthandelsorganisation (WTO) exportierte diese Staatengruppe 2017 Waren im Wert von 204 Mrd. US-$. Bedeutende Importländer stellen die VR China (42 %) sowie die EU (41 %) dar. Wichtige Ausfuhrgüter sind arbeitsintensive Industriegüter, Erdöl, Textilien und Agrarrohstoffe. Allerdings realisieren lediglich die erdölexportierenden Staaten Handelsbilanzüberschüsse. Die große Mehrheit der Staaten leidet unter einer unterentwickelten Industrieproduktion, was vor allem bei technologieintensiven Gütern zu einer hohen Importabhängigkeit führt.

Exportgüter der LDC nach Warengruppen, 2017
Anteil am Exportvolumen in %

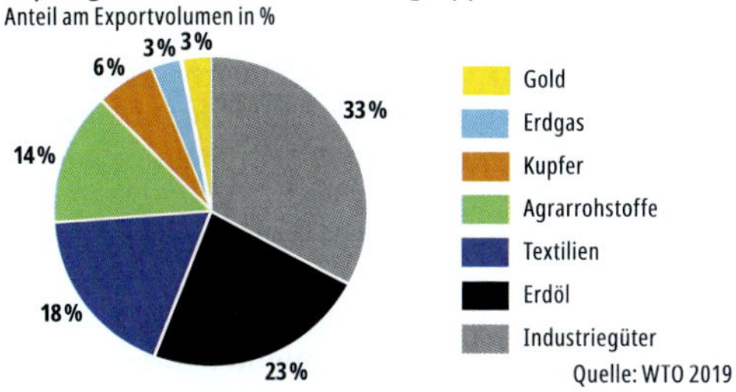

Quelle: WTO 2019

Schließlich profitiert die Entwicklung der LDC besonders von **exogenen Impulsen**, wodurch sich die Staatengruppe aber von der konjunkturellen Entwicklung in den jeweiligen Ursprungsländern abhängig macht. Nach UNCTAD-Angaben flossen 2017 an finanziellen Mitteln aus der internationalen Entwicklungszusammenarbeit 49 Mrd. US-$. Rücküberweisungen von Privatpersonen aus dem Ausland an Familienangehörige betrugen 42 Mrd. US-$. Internationale Investoren engagierten sich wiederum mit FDI in Höhe von 21 Mrd. US-$. Allerdings ist die Bedeutung der Zuflüsse für die Wirtschaftsentwicklung innerhalb der LDC nach UNCTAD Angaben ungleich verteilt: Während die Transfers für die Wirtschaftsleistung Angolas (1 %) und Sudans (3 %) keinen großen Stellenwert besitzen, tragen sie in den Staaten Haiti (44 %), Liberia (51 %) und Südsudan (58 %) erheblich dazu bei.

Einen **zentralen Multiplikator der sozialen und wirtschaftlichen Entwicklung** stellt die Bildung in den LDC dar. Trotz weiterer Fortschritte lag die Alphabetisierungsrate der Altersgruppe 15-24 Jahre 2018 mit 73 % immer noch recht niedrig. Die Grundschulabschlussquote erreichte nach Angaben der UNCTAD gerade einmal 68 % der Bevölkerung im Grundschulalter.

Sektorale Entwicklungen

Dienstleistungen

Globale Entwicklung des tertiären Sektors: Die wirtschaftliche Entwicklung der Industriestaaten ist seit Jahrzehnten von einer zunehmenden **Tertiärisierung** der Wirtschaft geprägt. Diese **Verschiebung des Wirtschaftsschwerpunkts von der Industrie zu den Dienstleistungen** zeigt sich v. a. in der Zunahme der Beschäftigten- und Wertschöpfungsanteile des Dienstleistungssektors. Dabei betreffen die Zunahme und wachsende Bedeutung nicht jeden Dienstleistungsbereich. Während sich **einfachere Dienstleistungen** – wie z. B. im Einzelhandel, im medizinisch-pflegerischen und sozialen Bereich, oder im Reinigungs- und Wachdienst – in den letzten Jahren eher unterdurchschnittlich entwickelten, fand das Wachstum v. a. bei den qualifizierten Dienstleistungen statt. Diese Dienstleistungsaktivitäten, für deren Ausübung eine höhere Ausbildung und spezialisierte Kenntnisse erforderlich sind, werden vielfach als sog. **quartärer Sektor** von den weniger qualifizierten und geringer bezahlten Tätigkeiten abgegrenzt. Zu den qualifizierten Dienstleistungen gehören etwa Rechts- und Unternehmensberatungen, Finanzdienstleistungen, Medizin, Wissenschaft und Forschung. Die höchste Dynamik weisen wissensintensive Dienstleistungen auf, die zu den unternehmensorientierten Dienstleistungen zählen.

Bruttowertschöpfung des Dienstleistungssektors in ausgewählten Staaten (in % des BIP):

Staat	2008	2017	2018
VR China	42.86	51.89	52.16
Deutschland	62.22	61.78	61.84
Brasilien	56.80	63.34	63.01
EU28	63.95	65.28	65.26
Spanien	63.50	67.69	67.71
Japan	69.77	69.12	-
Frankreich	69.65	70.30	70.34
Großbritannien	69.79	70.93	71.04
USA	74.53	77.37	-
Luxemburg	76.02	79.33	78.55

Quelle: Weltbank 2020

Aufgrund des Bedeutungsgewinns und der relativen Krisenfestigkeit steht der Dienstleistungssektor in den entwickelten Staaten verstärkt im **Fokus der Wirtschaftspolitik**. Insbesondere die Arbeitsmarktpolitik stützt sich auf den tertiären und quartären Sektor. Zudem bedarf die Schaffung neuer Arbeitsplätze im Dienstleistungssektor meist – mit Ausnahme von Forschung und Entwicklung – geringerer Investitionen als in der Industrie.

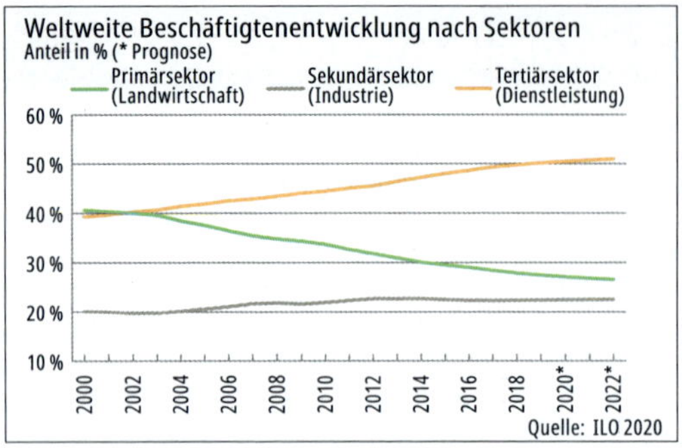

Im Zuge der Globalisierung hat der Handel mit Dienstleistungen stark an Gewicht gewonnen, auch wenn deren Wert noch deutlich unter dem der weltweiten Güterexporte liegt. Die globalen Dienstleitungsexporte stiegen 2019 im Vergleich zum Vorjahr um +2 % an, während der Export von Sachgütern rückläufig war (-3 %).
Die Digitalisierung verändert nicht nur die Industrie, sondern auch den Dienstleistungssektor grundlegend. Viele bestehende Wertschöpfungsketten und Geschäftsmodelle werden sich in Folge der Digitalisierung stark verändern oder gar wegfallen, zugleich ermöglichen digitale Technologien neue Geschäftsmodelle, Vertriebsstrategien oder Dienstleistungsprozesse.

Wissensintensive Dienstleistungen: Unternehmensorientierte – und insbesondere wissensintensive – Dienstleistungen zählen zu den **Wachstumsbranchen der entwickelten Volkswirtschaften**. Dies wird v. a. zurückgeführt auf eine stete Steigerung der Nachfrage nach Dienstleistungen durch die Globalisierung (höherer Beratungsbedarf multinationaler Unternehmen, Zunahme der Logistik infolge zunehmenden Handels), die Entwicklung und Markteinführung neuer Dienstleistungen durch die Dienstleister selbst (z. B. Finanzprodukte, Software) sowie den statistischen Effekt, dass Beschäftigte nicht nach ihrer Tätigkeit, sondern nach ihrer Arbeitsstätte gezählt werden, so dass z. B. ein Jurist einer Anwaltskanzlei zum Dienstleistungssektor, derjenige im Management eines Industriebetriebs jedoch zur Industrie gehört. Daher resultiert das Wachstum des Sektors auch aus der zunehmenden Auslagerung von Tätigkeiten aus Industrieunternehmen.
Wissensintensive Dienstleistungsbranchen gelten als vergleichsweise innovativ und wettbewerbsfähig und sind damit ein bedeutender Faktor für das Wirtschafts- und Beschäftigungswachstum von Staaten und Regionen. Dies sind Dienstleistungen, bei denen die Erzeugung oder Nutzung neuen Wissens im Vordergrund steht. Sie sind gekennzeichnet durch einen überdurchschnittlich hohen Anteil an (Fach-) Hochschulabsolventen. Hierzu zählen v. a. Forschungs- und Entwicklungsdienstleistungen, Ingenieursdienstleistungen, Telekommunikation und Informationsdienstleistungen, Werbung- und Marktforschung sowie Finanz-, Versicherungs- und Wirtschaftsdienstleistungen (Unternehmensberatung).
Aufgrund der großen Bedeutung forschungsintensiver Industrien und Dienstleistungen setzen die entwickelten Industriestaaten verstärkt auf den **Ausbau von Forschung und Entwicklung (F&E)**, sowohl im öffentlichen Forschungssektor als auch in der Unternehmensforschung. Diese Entwicklung spiegelt sich in einem zunehmenden Anteil des F&E-Personals an der gesamten Erwerbsbevölkerung wider. So erhöhte er sich nach Angaben von Eurostat in der EU zwischen 2008 und 2018 von 1.05 % auf 1.36 % (Eurozone: 1.43 %). Die höchsten Anteile innerhalb der EU erreichten Dänemark (2.23 %), Luxemburg (1.91 %) und Finnland (1.88 %), die niedrigsten Rumänien (0.36 %), Zypern (0.38 %) und Malta (0.6 %). Um die Wettbewerbsfähigkeit der EU zu fördern, ist die Erhöhung der **F&E-Intensität**, d. h. der prozentuale Anteil der F&E-Ausgaben am BIP, in der EU auf 3 % bis zum Jahr 2020 eines der fünf Leitziele der **„Strategie Europa 2020"**. 2018 beliefen sich die Ausgaben für Forschung und Entwicklung im EU-Durchschnitt auf 2.12 % des BIP (2008: 1.83 %) und damit deutlich unter der Zielmarke. Ein Vergleich mit anderen wichtigen Volkswirtschaften zeigt, dass die F&E-Intensität in der EU deutlich niedriger war als in Südkorea (2015: 4.22 %), Japan (2015: 3.28 %) und den USA (2015: 2.76 %). Innerhalb der EU verzeichneten Schweden (3.32 %), Österreich (3.17 %), Deutschland (3.13 %) und Dänemark (3.03 %) die höchste F&E-Intensität, während Rumänien (0.5 %), Zypern (0.55 %) und Malta (0.57 %) die niedrigsten Werte aufwiesen.

Ausgaben für Forschung und Entwicklung in ausgewählten Staaten (in % des BIP):

Staat	2008	2017	2018
Russland	0.97	1.11	0.99
Griechenland	0.66	1.13	1.18
Brasilien	1.12	1.26	-
Spanien	1.33	1.21	1.24
Italien	1.16	1.37	1.39
Kanada	1.86	1.59	1.55
Großbritannien	1.61	1.68	1.7
EU28	1.83	2.08	2.12
VR China	1.44	2.15	-
Frankreich	2.06	2.21	2.2
Finnland	3.54	2.73	2.75
USA	2.77	2.78	-

Staat	2008	2017	2018
Dänemark	2.77	3.05	3.03
Deutschland	2.62	3.07	3.13
Österreich	2.57	3.05	3.17
Japan	3.34	3.2	-
Republik Korea	3.12	4.55	-
Israel	4.35	4.54	-

Quelle: Eurostat, Weltbank 2020

Entwicklung in Deutschland: Nach einem kurzen Einbruch während der Wirtschafts- und Finanzkrise 2009 hat sich der Dienstleistungssektor in Deutschland in den Folgejahren wieder erholt. Im Jahr 2019 stiegen sowohl die Umsätze als auch die Zahl der Beschäftigten weiter an. Beim Umsatz lagen die Zuwächse gegenüber den Vorjahresquartalen zwischen +2.4 % und +4 %, bei den Beschäftigten zwischen +0.8 % und +1.8 %. Der Anteil des Dienstleistungssektors an der Bruttowertschöpfung aller Wirtschaftsbereiche betrug 2019 in Deutschland 69.3 %. Rund 80 % aller Unternehmen in Deutschland sind Dienstleistungsunternehmen. Die größten Dienstleistungsbranchen, gemessen an der Bruttowertschöpfung sowie am Anteil der Beschäftigten, stellen öffentliche Dienstleistungen (u. a. Gesundheitswesen, Verwaltung, Bildung, Zivilschutz), Immobilien- und Unternehmensdienstleistungen sowie der Handel dar.

Bruttowertschöpfung im Dienstleistungssektor in Deutschland (in Mrd. €)

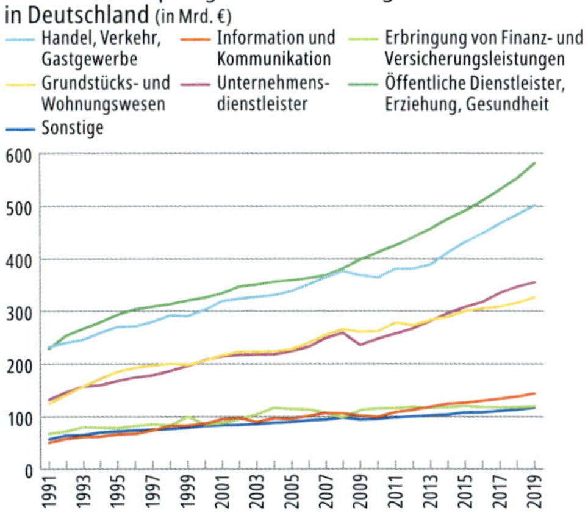

Quelle: Statistisches Bundesamt 2020

Überdurchschnittlich positiv entwickelten sich auch in Deutschland wissensintensive Dienstleistungen. Nach Angaben des Statistischen Bundesamts erhöhte sich die Zahl der Beschäftigten im Laufe des Jahres 2019 kontinuierlich. Der Umsatz nahm im Vergleich zum Vorjahr oftmals stärker zu als in den anderen Dienstleistungsbereichen, z. B. im Bereich der Informationsdienstleistungen (+7.4 %) und der Unternehmensnahen Beratungsleistungen (+5.5 %). Im Bereich Information und Kommunikation, zu dem sehr heterogene Branchen – die z. T. einem starken Strukturwandel unterliegen – wie Verlagswesen, Kinos, Rundfunkveranstalter, Telekommunikation und Informationsdienstleistungen gehören, entwickelte sich der Umsatz 2019 positiv (+3.9 %). Die **Corona-Pandemie** hat auch den Dienstleistungssektor stark getroffen, jedoch mit starken Unterschieden zwischen den einzelnen Branchen. Während die **Reisebranche (-22.9 %), die Luftfahrt (-12.7 %) und der Bereich der Informationsdienstleistungen (-9.7 %)** im ersten Quartal 2020 starke Umsatzrückgänge im Vergleich zum Vorjahresquartal verzeichneten, konnten andere Branchen ein Umsatzwachstum erzielen, wie z. B. Architektur-und Ingenieurbüros (+3.5 %), Rechts- und Steuerberater sowie Wirtschaftsprüfer (+2.6 %), Wach- und Sicherheitsdienste (+1.6 %) sowie Post-, Kurier- und Expressdienste (+0.7 %).

Tourismus: Der Tourismus zählt weltweit zu den größten Wirtschaftszweigen. Nach Angaben des Welttourismusverbandes (WTTC) trug der Tourismussektor 2019 10.3 % zum globalen BIP bei. Mit rund 330 Mio. Arbeitsplätzen hatte weltweit etwa jede/r zehnte Beschäftigte einen Job im Tourismusbereich. Der **internationale Tourismus** nahm auch 2019 deutlich zu und erreichte neue Rekordwerte. Nach Angaben der Welttourismusorganisation (UNWTO) stieg die Zahl der weltweiten Ankünfte gegenüber dem Vorjahr um +3.8 % auf 1.5 Mrd. Das Wachstum fiel leicht schwächer aus als in den Vorjahren (2017: +7.2 %; 2018: +5.6 %). Die Gründe hierfür waren v. a. Unsicherheiten um den Brexit, geopolitische Spannungen und Handelskonflikte, die Verlangsamung des globalen Wirtschaftswachstums sowie die Insolvenzen des britischen Touristikkonzerns Thomas Cook und diverser Billigfluggesellschaften in Europa.
Hinter den weltweiten Zahlen verbergen sich deutliche regionale Unterschiede. **Meistbesuchter Erdteil** blieb auch 2019 **Europa** mit 742 Mio. und damit mehr als der Hälfte (50.8 %) der weltweiten Gästeankünfte. Asien (mit Ozeanien) mit 364 Mio. (24.9 %) und Nord- und Südamerika mit 210 Mio. Ankünften (15.1 %, davon zwei Drittel in Nordamerika) lagen mit Abstand dahinter. Deutlich weniger Ankünfte verzeichneten Afrika (68 Mio.) und der Nahe Osten (59 Mio.). 2019 nahmen in allen Regionen bis auf Südamerika die Zahlen der internationalen Ankünfte zu. Die höchsten Wachstumsraten erzielte der Nahe Osten (+7.6 %), gefolgt von Asien/Pazifik (+4.6 %), Afrika (+4.2 %) und Europa (+5.8 %). Unter den einzelnen Subregionen verzeich-

neten Nordafrika (+9.1 %), Südostasien (+7.8 %) und Südasien (+7.7 %) das stärkste Wachstum. Bei den **Herkunftsländern** der weltweiten Touristen lag Europa 2018 vorn (Anteil: 39.3 %), gefolgt von Asien/Pazifik (30 %) sowie Nord- und Südamerika (23 %). Mit rund 277 Mrd. US-$ (+5 % ggü. 2017) gaben Reisende aus China 2018 mit Abstand das meiste Geld innerhalb des internationalen Tourismus aus. Die US-Amerikaner landeten mit 144 Mrd. US-$ (+7 %) auf dem zweiten Platz, gefolgt von den deutschen Touristen mit rund 94 Mrd. Mrd. US-$ (+1 %).
Für viele Staaten, insbesondere kleine Inselstaaten im Pazifik und in der Karibik, ist die **wirtschaftliche Bedeutung des Tourismus** enorm, da sie mangels Alternativen vom Devisenerwerb durch ausländische Gäste abhängig sind. Nach Berechnungen des WTTC beträgt der Anteil des Tourismus am BIP z. T. über 30 %. Neben den Staaten der Karibik waren 2019 v. a. einige asiatische Länder (u. a. Philippinen: 25.3 % des BIP, Thailand: 19.7 %), Mexiko (15.5 %), einige nordafrikanische Staaten (u. a. Tunesien: 13.9 %), aber auch viele südeuropäische Staaten (u. a. Griechenland: 20.8 %, Spanien: 14.3 %, Italien: 13 %) von einer starken Abhängigkeit vom Tourismus geprägt.

Industrie

Globale Entwicklung des Industriesektors: Die Industrie gilt als Motor des gesamtwirtschaftlichen Wachstums.
Nachdem sich bereits zum Jahreswechsel 2017/2018 nach mehreren Jahren eines fortgesetzten Wachstumskurses eine Verschlechterung der Weltkonjunktur angedeutet hatte, verlangsamte sich sowohl 2018 als auch 2019 das Wachstum der globalen Industrieproduktion deutlich. Ein wesentlicher Grund für das **Absinken der Wachstumsraten** in den letzten Jahren waren vor allem die zunehmenden **Spannungen zwischen den dominierenden Wirtschaftsnationen**, zuletzt insbesondere zwischen den USA und der VR China.
In dieser Phase des graduellen Rückgangs des Wachstums der Produktionsleistung wurden zu Beginn des Jahres 2020 die ersten **Auswirkungen der Corona-Pandemie** spürbar, die den bereits beobachteten Abwärtstrend stark beschleunigten. Das weltweite Wachstum der Produktionsleistung im verarbeitenden Gewerbe ist im 1. Quartal 2020 aufgrund der Maßnahmen zur Eindämmung der Viruspandemie, die in vielen Ländern u. a. Produktionsstilllegungen, Betriebsuntersagungen und Kurzarbeit umfassten, sehr stark zurückgegangen. Im Vergleich zum Vorjahreszeitraum sank die globale Industrieproduktion nach Angaben der United Nations Industrial Development Organization (UNIDO) um 6 %. Dieser rasante wirtschaftliche Abschwung ist der erste von einer solchen Größenordnung seit der Finanz- und Wirtschaftskrise 2008/2009. Damals war die Produktion im verarbeitenden Gewerbe im 4. Quartal 2008 um 7.1 % gegenüber dem 4. Quartal 2007 gesunken.
Die Industrieländer, in denen vielfach zum Ende des 1. Quartals 2020 Maßnahmen des wirtschaftlichen Lockdowns einsetzten, verzeichneten, in einer bereits länger andauernden Phase rückläufigen Wachstums, einen noch verhältnismäßig moderaten Rückgang der Industrieproduktion, die im Vergleich zum 1. Quartal 2019 um 2.5 % zurückging. Demgegenüber war die VR China, wo die globale Ausbreitung des Coronavirus Ende 2019 ihren Ausgang genommen hatte, bereits im 1. Quartal 2020 schwer von den Folgen der Virus-Epidemie getroffen und hatte einen beispiellosen Rückgang der Produktionsleistung um 14.1 % verglichen mit dem Vorjahresquartal zu verkraften.
Der bedeutende Anteil der VR China als weltgrößter Industrieproduzent ist denn auch ursächlich für den massiven globalen Einbruch der Industrieproduktion. Andere Entwicklungs- und Schwellenländer waren im 1. Quartal 2020 noch nicht so stark von der Corona-Pandemie betroffen. So erlitt in diesen Staaten das verarbeitende Gewerbe im 1. Quartal 2020 einen Rückgang um 1.8 %.
Gegenüber dem externen Schock der Corona-Pande-

Wachstumsraten der Industrieproduktion in ausgewählten Branchen im 1. Quartal 2020
im Vergleich zum 1. Quartal des Vorjahres

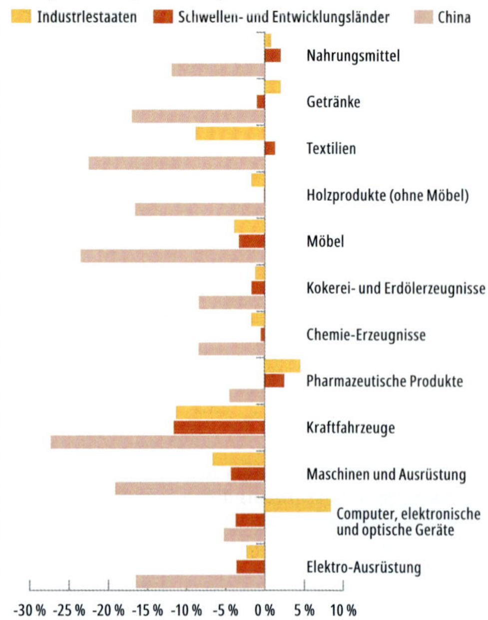

Quelle: UNIDO 2020

mie sind andere Risiken und Unsicherheiten, die für die Entwicklung des verarbeitenden Gewerbes in den letzten Jahren eine Schlüsselrolle spielten, Ende 2019 beispielsweise der Brexit, stark in den Hintergrund getreten.
Bezogen auf einzelne Industriebranchen fielen die Folgen der Corona-Pandemie unterschiedlich aus. Während sie auf die Herstellung von Verbrauchsgütern (insbesondere bei Nahrungsmitteln und pharmazeutischen Erzeugnissen) relativ wenig Auswirkungen zeigte, ging insbesondere die Produktion von langlebigen Investitions- und Konsumgütern (z. B. Maschinen und Ausrüstung) stark zurück. So sank im 1. Quartal 2020 beispielsweise die Textilproduktion verglichen mit dem 1. Quartal des Vorjahres weltweit um 13.8 % und die Herstellung von Kraftfahrzeugen ging weltweit um 15.7 % zurück. Demgegenüber war der Produktionsrückgang bei Nahrungsmitteln (-1.9 %) und Getränken (-2.6 %) vergleichsweise gering. Die weltweite Produktion pharmazeutischer Erzeugnisse konnte sogar um 2.1 % zulegen. Eine Steigerung des industriellen Outputs konnte ansonsten nur bei der Herstellung von Computern, elektronischen und optischen Geräten verzeichnet werden, die um 2 % gewachsen ist.

Regionale Entwicklungen: In den **Industriestaaten** ist das Produktionswachstum der Industrie seit Ende 2018 kontinuierlich zurückgegangen. Grund dafür waren zunächst vor allem die Unsicherheiten zwischen den USA und der Europäischen Union sowie der Brexit. Deutlich verstärkt wurde dieser Rückgang im 1. Quartal 2020 durch die ersten Auswirkungen der Corona-Pandemie.
In **Nordamerika** ist die Produktionsleistung der Industrie im 1. Quartal 2020 um 2.4 % im Vergleich zum Vorjahreszeitraum gesunken. Damit setzte sich ein 2018 begonnener Trend des immer weiteren Absinkens der Produktionszuwächse fort, der erstmals im 3. Quartal 2019 bereits zu einem negativen Wachstum in der Region geführt hatte.
In **Europa**, wo ein deutlicher Rückgang der Produktionsleistung schon mit Ausnahme einer moderaten Zunahme im 2. Quartal 2019 über den gesamten Jahresverlauf des Vorjahres verzeichnet wurde, war im 1. Quartal 2020 sogar ein Absinken des industriellen Outputs um 4.4 % festzustellen. Neben den vergleichsweise zu Nordamerika früher eingetretenen Auswirkungen der Corona-Pandemie in Europa sind für den stärkeren Einbruch vor allem die nachteiligen Auswirkungen des Brexit und verschiedener Handelsbeschränkungen verantwortlich, die besonders die exportorientierte Industrie trafen. Die führenden Wirtschaftsnationen Europas waren durch die Corona-Krise am stärksten betroffen: Die Produktionsleistung in Italien ging im 1. Quartal 2020 um 11 % zurück, nachdem das Land früh und besonders schwer von der Ausbreitung des Coronavirus betroffen war. Deutschland (-6.8 %), Frankreich (-7.8 %) und Spanien (-5,6%) hatten aufgrund der corona-bedingten Betriebsausfälle ebenfalls massive Einbrüche in der Industrieproduktion zu verkraften. In Großbritannien, wo ein Rückgang des industriellen Outputs um 6 % im 1. Quartal 2020 gegenüber dem Vorjahreszeitraum festgestellt wurde, kamen zu den Folgen der Corona-Pandemie noch die Unsicherheiten aufgrund des Brexit, der am 31. Januar 2020 vollzogen wurde. In anderen europäischen Ländern verlief die Entwicklung der Industrieproduktion uneinheitlich. Neben Ländern wie Norwegen (+0,2%), der Schweiz (+0,7%), Polen (+0,9%), Finnland (+1,1%), Griechenland (+1,5%), Irland (+8,0%) und Malta (+8,6%), die ihre Produktionsleistung (jeweils im Vergleich des 1. Quartals 2020 mit dem 1. Quartal des Vorjahres) steigern konnten, kam es in vielen Staaten zu einem deutlichen Einbruch des Produktionswachstums: Schweden (-1.2 %), Ungarn (-1.6 %), Portugal (-3.7 %), Österreich (-5.8 %) und die Slowakei (-10 %) hatten beispielsweise deutliche Rückgänge der Produktion im verarbeitenden Gewerbe zu verzeichnen.
In den industrialisierten Ländern **Ost- und Südostasiens** konnte die Industrieproduktion weitgehend stabil gehalten werden. Lediglich in Japan kam es im 1. Quartal 2020 zu einem Rückgang um 4.2 % verglichen mit dem 1. Quartal des Vorjahres. Demgegenüber konnten – entgegen dem globalen Trend – Taiwan (+9 %), Singapur (+6.4 %), Südkorea (+4.8 %) und Malaysia (+1.4 %) ein Produktionswachstum verzeichnen.
Für die Industrieländer liegt eine der größten Herausforderungen der nächsten Jahre neben der Bewältigung der wirtschaftlichen Folgen der Corona-Krise in der **Sicherung der Fachkräftebasis**. Aufgrund des demographischen Wandels, der viele Industrienationen besonders stark trifft, ist in zahlreichen Branchen inzwischen ein Fachkräftemangel zu verzeichnen. Zudem erobern die aufstrebenden **Schwellen- und Entwicklungsländer** aufgrund ihrer Wettbewerbsvorteile durch geringere Umwelt- und Sozialstandards immer neue Industriebereiche.
Ihr Anteil an der weltweiten Industrieproduktion beträgt inzwischen 43.5 %, nachdem er sich im Jahr 2010 noch auf 32.1 % belaufen hatte. Allerdings waren die Wachstumsraten in den letzten Jahren bereits deutlich zurückgegangen.
Die **VR China** hat unter den Entwicklungs- und Schwellenländern aufgrund des starken Produktionswachstums der letzten Jahre und angesichts der Bedeutung als weltgrößter Industrieproduzent eine Sonderstellung und wird deshalb inzwischen in den meisten Statistiken einzeln ausgewiesen.

Der Anteil der VR China an der globalen Industrieproduktion belief sich zuletzt auf 27.7 %. Konnte die VR China 2019 noch in jedem Quartal solide und hohe Wachstumsraten von über 5 % aufweisen, so ging die industrielle Produktion im 1. Quartal 2020 aufgrund der Corona-Pandemie dramatisch zurück. Mit Ausnahme der Herstellung von Tabakerzeugnissen (+5.2 % im 1. Quartal 2020 verglichen mit dem Vorjahreszeitraum) sank die chinesische Industrieproduktion in allen Teilbereichen. Besonders stark betroffen waren der Kraftfahrzeugbau (-27.3 %), die Möbelproduktion (-23.5 %) sowie die Herstellung von Ledererzeugnissen (-23 %) und Textilien (-22.5 %). Die VR China war als Ausgangspunkt der weltweiten Virus-Pandemie früh und besonders stark betroffen.
Auch in den anderen Schwellen- und Entwicklungsländern ging der industrielle Output im 1. Quartal 2020 zurück, nachdem er im 4. Quartal 2019 noch moderat um 0.8 % gestiegen war.
Indien, das in den letzten Jahren auf einem dauerhaften Wachstumspfad gesehen wurde, musste bereits in der zweiten Jahreshälfte 2019 deutliche Rückgänge des Produktionswachstums verbuchen. Im 1. Quartal 2020 ging der industrielle Output in Indien um 5.4 % gegenüber dem Vorjahreszeitraum zurück.
In den aufstrebenden Ökonomien der Länder **Osteuropas und Westasiens** stieg die Industrieproduktion deutlich um 1.7 % im 1. Quartal 2020 an. Dies ist vor allem auf die Produktionszuwächse in der Türkei zurückzuführen, die den industriellen Output um 4.7 % steigern konnte.
In **Mittel- und Südamerika** ging die Industrieproduktion im 1. Quartal 2020 um 2.8 % im Jahresvergleich zurück, was den bereits seit Ende 2018 anhaltenden Trend eingebremsten Wachstums fortsetzt. Nur wenige Länder in der Region konnten ihre Produktionsleistung leicht steigern, Ecuador beispielsweise um 1.4 %. In Argentinien vertiefte sich demgegenüber die anhaltende Rezession. Die Industrieproduktion ging im 1. Quartal 2020 noch einmal um 6.3 % zurück. Mexiko (-3.4 %) und Brasilien (-2.2 %), die größten Industrieproduzenten der Region, mussten ebenfalls deutliche Einschnitte verkraften.
Für **Afrika** sind zwar nur im begrenzten Umfang sichere Daten verfügbar, Schätzungen gehen aber davon aus, dass die Industrieproduktion auf dem afrikanischen Kontinent im 1. Quartal 2020 um 0.2 % gegenüber dem 1. Quartal 2019 wachsen konnte.

Entwicklung in Deutschland: Noch zu Beginn des Jahres 2018 war das verarbeitende Gewerbe in Deutschland auf dem mehrere Jahre zuvor eingeschlagenen Wachstumskurs, obwohl sich die Randbedingungen für die exportstarke deutsche Industrie bereits deutlich verschlechtert hatten: Die USA hatten unter ihrem Präsidenten Donald Trump einen zunehmend protektionistischen Weg eingeschlagen und die anhaltende Diskussion um den Ausstieg Großbritanniens aus der Europäischen Union hatte Verunsicherung an den Märkten ausgelöst.
Seit Mai 2018 sank die Produktion in der deutschen Industrie deutlich und langanhaltend. Es setzte die längste Schwächephase seit Beginn der 1990er Jahre ein, als seinerzeit die tiefgreifenden Folgen der Wiedervereinigung dem verarbeitenden Gewerbe in Deutschland zugesetzt hatten. War denn auch die reale Bruttowertschöpfung der deutschen Industrie 2018 nur um 1.5 % gewachsen, musste 2019 sogar ein deutlicher Rückgang um 3.6 % verzeichnet werden. Der Umsatz in der Industrie konnte von 2017 bis 2018 noch einmal von 1839.4 Mrd. € um 5.4 % auf 1938.3 Mrd. € gesteigert werden, ging allerdings 2019 um 0.4 % auf 1930.6 Mrd. € zurück.
Grund für die derzeitige Industriekrise ist zum einen die **schwache Weltkonjunktur**, zum anderen befinden sich einige Branchen wie die **Automobilindustrie in strukturellen Krisen und Umbrüchen**, die durch die zunehmende Digitalisierung und Automatisierung ausgelöst werden. Es wird erwartet, dass sich die Krise des verarbeitenden Gewerbes auch auf den Arbeitsmärkten zeigen wird. Bislang konnte die Beschäftigung in der Industrie noch verhalten gesteigert werden, zuletzt von 6.38 Mio. Beschäftigten im Jahr 2018 um 0.25 % auf 6.4 Mio. im Jahr 2019.

Die bedeutendsten Industriezweige in Deutschland im Jahr 2018:

Branche	Zahl der Betriebe	Beschäftigte in Mio.	Umsatz in Mrd. €	Entgelte in Mrd. €	Exportquote in %
Kraftfahrzeugbau	1 357	0.851	428.917	56.995	64.6
Maschinenbau	6 343	1.085	261.779	59.482	61.3
Elektrotechnik/ Elektronik*	4 183	0.748	184.339	40.541	56.1
Chemische Industrie	1 686	0.343	148.935	21.023	60.6
Nahrungs- und Futtermittelindustrie	5566	0.546	157.349	16.656	22.4
Metallerzeugnisse	7 945	0.698	121.513	28.681	31.4
Verarbeitendes Gewerbe insgesamt	45 815	6.383	1938.255	318.839	48.6

Quelle: Statistisches Bundesamt

* Eigene Berechnungen

Bei der Beschäftigung zeigte sich infolge der Corona-Krise im April 2020 ein Rückgang um 1.8 % gegenüber dem Vorjahresmonat. Die Produktion war aufgrund der Corona-Pandemie im April 2020 um 17.9 % niedriger als im Vormonat März und sogar um 25.3 % geringer im Vergleich zum April des Vorjahres, was den stärksten Rückgang seit Beginn der statistischen Zeitreihe zur Produktion im verarbeitenden Gewerbe 1991 darstellt.

Ernährung und Bergbau

Globale Ernährungssituation: Nach Angaben der Ernährungs- und Landwirtschaftsorganisation der Vereinten Nationen (FAO) ist die globale Ernährungssituation insbesondere durch folgende Faktoren gekennzeichnet:
Hunger: Hunger wird durch die Verbreitung von Unterernährung festgestellt, die durch mangelnden Zugang zu einer ausreichenden Ernährung für die Deckung des täglichen Energiebedarfs gekennzeichnet ist. In vielen Fällen tritt Hunger in Zusammenhang mit Armut oder Krisenereignissen wie Dürren oder Kriege auf. Nach Angaben der FAO **galten 2018 821 Mio. Menschen als von Hunger betroffen**, was etwa 11 % der Weltbevölkerung entspricht. Damit stieg die Zahl der unterernährten Menschen seit 2015 um etwa +4.5 % an. Die Zahl der extrem Unterernährten kletterte 2018 mit 704 Mio. Menschen auf neuen Höchstwert. Hier ist seit 2015 sogar ein Plus von +24 % zu verzeichnen, sodass trotz politischer Anstrengungen zur Verringerung des globalen Hungerproblems weiterhin keine Erfolge in der Bekämpfung festzustellen sind.
Regional differenziert gilt Afrika als besonders von Hunger betroffen. 2018 litt jeder fünfte Afrikaner an Unterernährung. In Asien lag der Anteil unterernährter Menschen bei etwa 11 %, in Süd- und Mittelamerika sowie Ozeanien bei 6 %. In absoluten Zahlen sind 2018 in Indien (190 Mio.) am meisten Menschen von Hunger betroffen, gefolgt von der VR China (120 Mio.) und Pakistan (40 Mio.).
Gemessen am **Welthunger-Index 2019** der Welthungerhilfe, welcher die Situation der allgemeinen Unterernährung, der Kindersterblichkeit und der hungerbedingten Wachstumsverzögerungen bei Kindern zusammenfasst, herrscht in der Zentralafrikanischen Republik eine gravierende Hungersnot. In einer sehr ernst zu nehmenden Hungersituation befinden sich demnach Jemen, Tschad und Madagaskar.

Ernährungssicherheit: Der Zugang zu Nahrung ist hauptsächlich durch die Höhe des Einkommens sowie der Nahrungsmittelpreise bestimmt. Außerdem ist der physische Zugang durch eine funktionierende Infrastruktur wie die eines Lebensmitteleinzelhandels, von Märkten, Straßen und anderen Transportmöglichkeiten abhängig. Nach FAO-Angaben existieren **für weltweit mehr als 2 Mrd. Menschen lediglich unsichere Zugänge** zur Nahrungsmittelversorgung (davon entfallen immerhin 8 % auf Europa und Nordamerika). Damit sehen sich 27 % der Weltbevölkerung mit der Ungewissheit konfrontiert, den täglichen Nahrungsbedarf weder quantitativ noch qualitativ decken zu können. Einige Staaten davon weisen aufgrund ihrer geographischen Lage besonders ungünstige Anbaubedingungen in der Landwirtschaft auf. Die Ernährungssicherheit dieser Staaten gilt somit als besonders gefährdet. Diese Lageungunst befördert zudem die Importabhängigkeit der Nahrungsmittelversorgung bei Qualität, Menge und Preis. Nach Angaben der FAO zählen zu den von Unterversorgung gefährdetsten Staaten der Welt Indien, Kenia, Laos, Syrien, Turkmenistan und Vietnam. Bezogen auf Getreide sind bspw. Zypern, Botswana und viele ozeanische Inselstaaten zu 100 % importabhängig.

Nahrungsmittelangebot: Nach den statistischen Angaben der FAO nahm auch 2018 die globale landwirtschaftliche Produktion gegenüber dem Vorjahr weiter zu. Die zehn häufigsten Produkte erreichten eine Gesamtproduktion von 4.76 Mrd. Tonnen. Mengenmäßig lag erneut Mais mit 1.1 Mrd. Tonnen an der Spitze, gefolgt von Milch (840 Mio. Tonnen) und Weizen (732 Mio. Tonnen).

Haupterzeugnisse der globalen Landwirtschaft 2018
in Mio. Tonnen

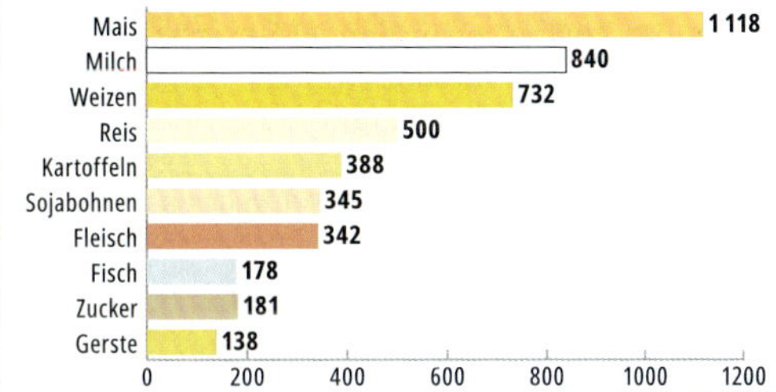

Quelle: FAO 2019

Mit Blick auf einzelne Agrarerzeugnisse war 2018 folgende Entwicklung zu beobachten:
Die **Weltgetreideproduktion** setzt sich im Wesentlichen aus Mais, Weizen und Gerste sowie aus weiteren Arten (Sorghum, Hirse, Roggen, Hafer) zusammen. Häufigste Getreideart 2018 war Mais (1.1 Mrd. Tonnen), gefolgt von Weizen (732 Mio. Tonnen) und Gerste (138 Mio. Tonnen). Größter Getreideproduzent war die USA (378 Mio. Tonnen), gefolgt von der VR China (266 Mio. Tonnen) und Brasilien (84 Mio. Tonnen).
Die weltweite **Fleischproduktion** zählte 2018 342 Mio. Tonnen, was gegenüber dem Vorjahr einen wiederholten Rückgang bedeutete. Davon entfielen

auf Geflügel 127 Mio. Tonnen, auf Schwein 120 Mio. Tonnen, auf Rind 72 Mio. Tonnen und auf Schaf 16 Mio. Tonnen. Hauptgrund für den Mengenrückgang ist das in Afrika und in Asien grassierende Schweinepest-Virus, infolgedessen die afrikanischen Aufzuchtmengen eingebrochen sind.
Beim **Fischfang** war 2018 ebenfalls ein Rückgang der Produktionsmenge zu verzeichnen. Insgesamt wurden weltweit 178 Mio. Tonnen Fisch gefangen, darunter stammen 96 Mio. Tonnen aus klassischem Fischfang und 82 Mio. Tonnen aus Aquakultur.
Zu den größten Exporteuren von Fisch zählen die VR China, Chile, Norwegen, Vietnam und Thailand.
Die Weltproduktion bei **Ölfrüchten** fiel 2018 ebenfalls leicht auf 593 Mio. Tonnen. Davon entfiel der Löwenanteil auf Sojabohnen (345 Mio. Tonnen), gefolgt von Raps (76 Mio. Tonnen) und Baumwollsaaten (44 Mio. Tonnen). Als größte Exporteure von Ölfrüchten gelten die USA, Kanada, Brasilien und Argentinien.

Preisentwicklung: Die Preisentwicklung auf den Weltmärkten für landwirtschaftliche Erzeugnisse stabilisierte sich insgesamt. 2019 konnte der jahrelange Preisverfall bei den wichtigsten Produkten wie Fleisch, Milchprodukten, Getreide und Zucker im Vergleich zu den Vorjahren gestoppt werden. Lediglich bei den Ölfrüchten waren die Preise auch 2019 leicht rückläufig. Insgesamt zeigte sich die Preisentwicklung für alle Agrarerzeugnisse seit Jahren konstant. Nach Angaben der FAO schwankt der Gesamtindex seit 2015 aufgrund hoher Angebotsüberschüsse sowie Handelsunterbrechungen infolge zahlreicher Handelsstreitigkeiten zwischen den Wirtschaftsregionen kaum.

Preisentwicklung ausgewählter Agrarerzeugnisse auf dem Weltmarkt

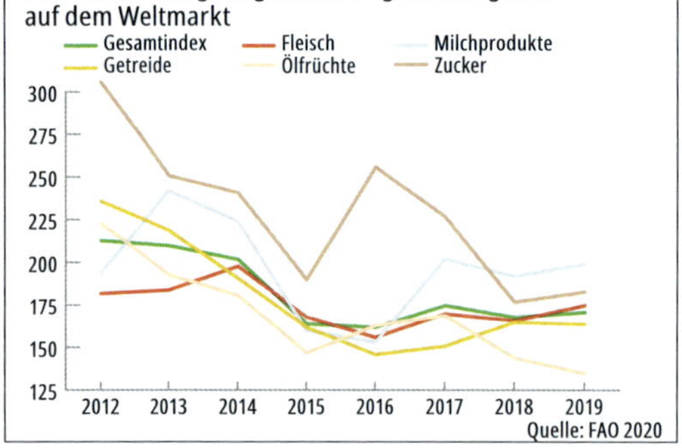

Quelle: FAO 2020

Weltagrarhandel: Der Handel mit landwirtschaftlichen Erzeugnissen boomt. Innerhalb **der letzten 30 Jahre hat sich das Volumen des Weltagrarhandels mehr als verfünffacht**. 2017 wurden nach Angaben der FAO erstmals agrarische Erzeugnisse im Wert von über 1 Bio. US-$ gehandelt. Größter Exporteur ist Europa (428 Mrd. US-$), gefolgt von Nord- und Südamerika (303 Mrd. US-$) sowie Asien (206 Mrd. US-$). Auf Ebene einzelner Staaten exportieren die USA (100 Mrd. US-$), die Niederlande (70 Mrd. US-$) und Brasilien (65 Mrd. US-$) wertmäßig die meisten Erzeugnisse. Deutschland folgt mit 55 Mrd. US-$ auf dem vierten Platz. Zu den größten Importeuren landwirtschaftlicher Erzeugnisse zählen die VR China (115 Mrd. US-$), die USA (80 Mrd. US-$) und Deutschland (65 Mrd. US-$).

Landwirtschaft in Deutschland: Die Situation der deutschen Landwirtschaft **verbesserte sich 2019** gegenüber dem Vorjahr **merklich**. Der Produktionswert aller landwirtschaftlichen Tätigkeiten stieg um +5 % auf 55.4 Mrd. €. Hauptursache dafür stellt die deutliche Erholung bei pflanzlichen Erzeugnissen dar, da 2018 ein Großteil der Betriebe unter einer schweren Dürre infolge großer Trockenheit und extremer Hitze litt. Hohe Zuwachsraten wurden bei Getreide, Kartoffeln und Futterpflanzen erzielt.

Produktionswert der deutschen Landwirtschaft 2019

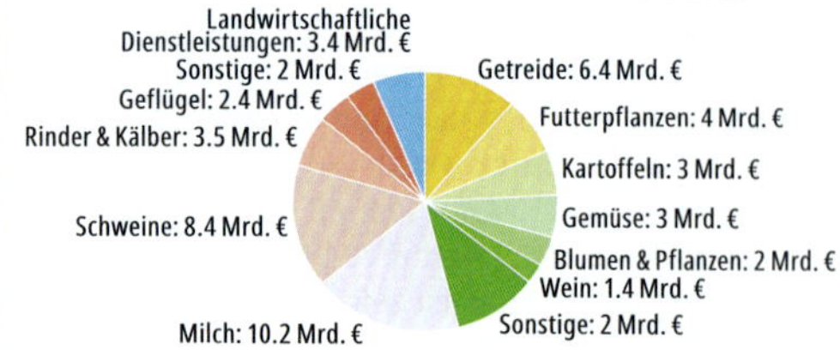

Gesamtproduktion 55.4 Mrd. €
Tierische Erzeugnisse 26.5 Mrd. €
Pflanzliche Erzeugnisse 25.5 Mrd. €
Quelle: Deutscher Bauernverband 2019

Die tierischen Erzeugnisse konnten im Jahresverlauf 2019 ebenfalls zulegen. Dabei resultierte diese Entwicklung einzig von einer global steigenden Nachfrage nach Schweinefleisch infolge des in Afrika und in Asien grassierenden Schweinepest-Virus. Bei Milch, Geflügel und Rind waren unterdessen wie in den Vorjahren rückläufige Zahlen zu verzeichnen.
Die Nettowertschöpfung als Indikator für die Einkommensentwicklung in der Landwirtschaft stieg auch 2019. Nach Schätzungen des Deutschen Bauernverbandes erreichte sie 14.7 Mrd. € bzw. 32 000 € pro Arbeitskraft.
Allerdings war die **Zahl der Beschäftigten** im deutschen Agrarsektor auch 2019 **weiter rückläufig**. Nach Angaben des Statistischen Bundesamtes waren 2019 noch 608 000 Personen in der Landwirtschaft erwerbstätig (−1.1 % im Vergleich zum Vorjahr). Der Anteil an allen Erwerbstätigen sank damit auf 1.4 %.
Weiter wachsende Bedeutung in Deutschland erfährt **der ökologische Landbau**. Die ökologisch bewirtschaftete Fläche kletterte 2018 auf 9.1 % (1,52 Mio. ha) der gesamten landwirtschaftlich genutzten Fläche. Auch die Zahl der ökologisch wirtschaften-

den Betriebe stieg weiter auf 31 713 an, womit 12 % aller Landwirtschaftsbetriebe auf eine ökologische Bewirtschaftungsform entfallen. Nach Anbauverbänden waren die Betriebe am häufigsten in Bioland (7 744) organisiert, gefolgt von Naturland (3 721) und Demeter (1 599).

Rohstoffabbau im globalen Überblick: Jede wirtschaftliche Tätigkeit erfordert den Einsatz von Rohstoffen, die als Fundament aller Produktionsvorgänge am Anfang der Wertschöpfung stehen. Deshalb sind der Zugang zu Rohstoffvorkommen und die langfristige **Sicherung der Rohstoffverfügbarkeit von strategischer Bedeutung für die Wirtschaftsentwicklung**. Um die Versorgung mit Rohstoffen nachhaltig zu gestalten, sollten sie möglichst sparsam eingesetzt und effizient genutzt werden.
Im Folgenden werden vornehmlich mineralische Rohstoffe behandelt. Diese umfassen metallische Rohstoffe, nichtmetallische Rohstoffe (z. B. Gesteine und Sedimente, Salze, Edelsteine) und Energierohstoffe (Holz, Kohle, Erdöl, Erdgas, Uran).

Im Jahr 2018 wurden weltweit insgesamt 17.7 Mrd. t **mineralische Rohstoffe** (einschließlich mineralischer Brennstoffe) bergbaulich gefördert, was einer Steigerung um 56.6 % gegenüber dem Jahr 2000 (11.3 Mrd. t) und um 84.3 % seit 1985 (9.6 Mrd. t) entspricht. Die **Gesamtfördermengen** unterscheiden sich zwischen den einzelnen Rohstoffen teilweise erheblich: 2018 wurden weltweit insgesamt 1.5 Mrd. t Eisenerz abgebaut. Demgegenüber lag die Förderung von Kupfer mit 20.4 Mio. t etwa 74-mal niedriger. Damit war die Kupferförderung 6 000-mal höher als die Abbaumenge von Gold, die etwa 3 400 t betrug. Die Menge des 2018 produzierten Platins (189 t) machte wiederum etwa 5.6 % der Goldförderung aus.
Räumlich konzentrierte sich die Förderung von mineralischen Rohstoffen (einschließlich Mineralöl) auf die VR China als **führenden Produzenten** mit 23.1 % der weltweiten Gesamtförderung im Jahr 2018. China ist insgesamt führend beim Abbau von 32 verschiedenen mineralischen Rohstoffen, darunter Aluminium, Titan, Gold, Wolfram und Blei. In

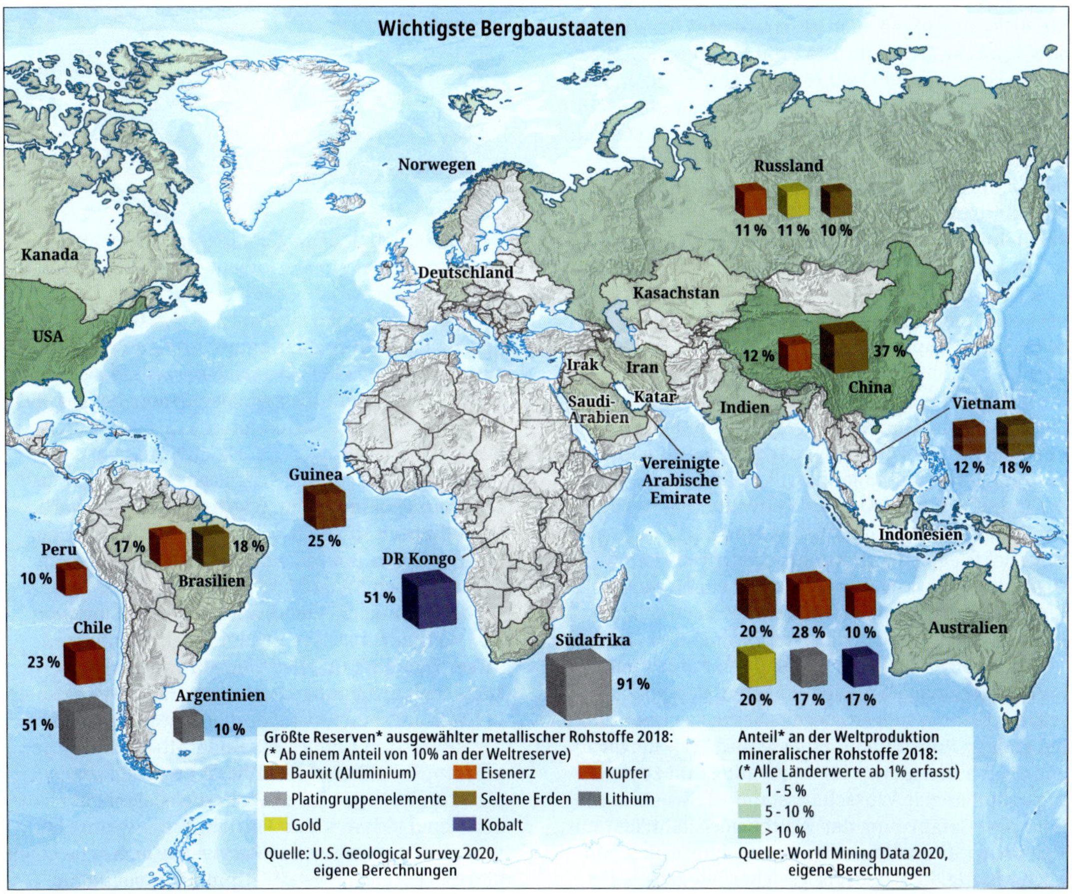

der Liste der größten Bergbau-Nationen folgten die USA mit 12.1 % der globalen Fördermenge. Dahinter lagen Russland mit 9.2 % und Australien mit 7.2 %. Damit machten diese vier Staaten zusammen mehr als die Hälfte des globalen Rohstoffabbaus aus.
Wie bei der Förderung ist auch bei den sicher vorhandenen und als wirtschaftlich abbaubar eingestuften **Reserven** vieler mineralischer Rohstoffe eine starke räumliche Konzentration auf wenige Staaten festzustellen. So verfügt etwa Australien über ein Viertel der Weltreserven an Eisenerz, Chile über beinahe ein Drittel der globalen Kupfer-Reserven und Südafrika über 71.8 % der Weltreserven von Platin.
Insbesondere für die Entwicklung innovativer Technologien wird eine Vielzahl von Rohstoffen benötigt, bei denen es sich häufig um Spezialmetalle handelt, von denen jedes Jahr nur sehr geringe Mengen gefördert werden. Die Vorkommen und der Abbau dieser Metalle sind meist auf wenige Länder, teilweise sogar nur auf einen einzigen Staat konzentriert, sodass die Abhängigkeit von Importen für andere Staaten groß ist. Sie gelten aufgrund dieser Bedingungen auch als **strategisch bedeutsame oder kritische Rohstoffe**. Die Produktion von Niob, das als Stahlveredler und für Superlegierungen z. B. bei Flugzeugturbinen verwendet wird, fand im Jahr 2018 beinahe ausschließlich in zwei Staaten statt: In Brasilien wurden 90 % und in Kanada 8 % der Weltbergbauproduktion von Niob geleistet. 72 % der weltweiten Produktion von Kobalt, das u. a. für Akkus in mobiler Elektronik verwendet wird, fanden in der DR Kongo statt. Bei den z. B. in Katalysatoren, Lasertechnik, Smartphones oder Windkraftturbinen verwendeten Metallen der Seltenen Erden handelt es um eine Gruppe von insgesamt 17 Elementen, darunter etwa Scandium, Yttrium und Neodym, die nur in geringer Konzentration vorkommen und deshalb nur mit hohem Aufwand gewonnen werden können. Die Förderung der Seltenerdmetalle konzentrierte sich im Jahr 2018 zu fast drei Vierteln auf China, wo 120 000 t von weltweit etwa 164 000 t der Seltenen Erden abgebaut wurden.
Angesichts der Energiewende, der fortschreitenden Digitalisierung und Trends wie der zunehmenden Elektromobilität wird die Nachfrage nach solchen räumlich sehr konzentriert vorkommenden und in nur wenigen Ländern abgebauten **Rohstoffen für Hochtechnologie-Anwendungen** in den nächsten Jahren deutlich steigen. Bereits heute zeichnen sich bei einigen Rohstoffen Engpässe und Preissteigerungen ab, was besonders für innovative und zugleich importabhängige Wirtschaftsstandorte wie Deutschland eine Gefährdung der Wettbewerbsfähigkeit mit sich bringt. Deshalb werden Strategien gesucht, um auch künftig die Versorgungssicherheit zu gewährleisten, indem neue Lagerstätten erkundet, Substitutionsmöglichkeiten erforscht und das Recycling verbessert wird.

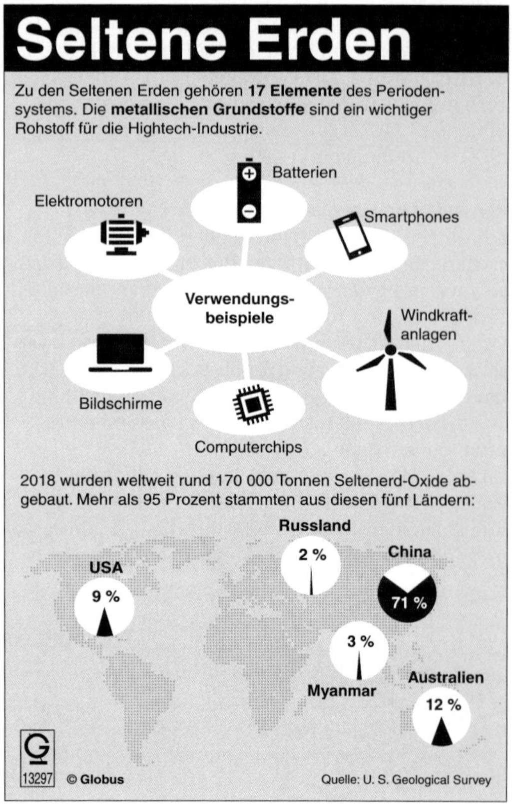

Derartige Strategien sind auch deshalb erforderlich, da die **Vorräte** aller mineralischen Rohstoffe begrenzt sind. Zwar wird nach derzeitigem wissenschaftlichem Kenntnisstand bei keinem bergbaulich zu gewinnenden Rohstoff eine kurz- oder mittelfristige Erschöpfung der Vorkommen erwartet. Allerdings sind genaue Prognosen schwierig. Einerseits muss bekannt sein, wie groß die gegenwärtigen Reserven sind, d.h. welche Vorkommen sicher nachgewiesen und mit vorhandener Technologie wirtschaftlich abbaubar sind. Andererseits ist der Verbrauch entscheidend, der wiederum stark von den Weltmarktpreisen bestimmt wird. Aufgrund dieser Dynamik und der Vielzahl von unsicheren Faktoren wird häufig die **statische Reichweite** für Rohstoffvorkommen angegeben. Diese stellt den gegenwärtigen Kenntnisstand im Hinblick auf die bekannten und abbauwürdigen Reserven sowie die aktuelle Förder- und Verbrauchsmenge dar. Sie berechnet sich aus dem Verhältnis der weltweiten Reserven zur weltweiten Bergwerksförderung eines Jahres. Das Leichtmetall Lithium, das bei auflad-

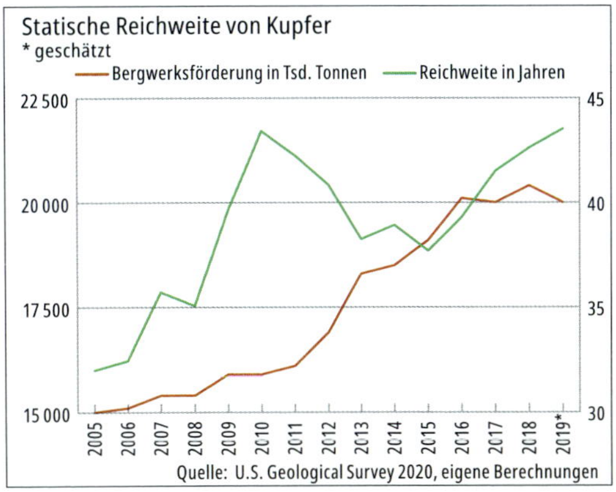

baren Batterien Anwendung findet und deshalb vor allem im Bereich der E-Mobilität eine Schlüsselkomponente darstellt, hat bezogen auf das Jahr 2017 eine Reichweite von etwa 440 Jahren. Diese Angabe ist jedoch nur eine hypothetische Kennziffer, die keine Auskunft über den realen Erschöpfungszeitpunkt des Rohstoffs erlaubt. Dies zeigt auch eine historische Betrachtung der statischen Reichweite, die aufgrund der Entdeckung neuer Vorkommen oder technischer Fortschritte bei der Förderung selbst bei steigender Nachfrage konstant geblieben oder sogar gestiegen sein kann. Auch dies lässt sich am Beispiel von Lithium verdeutlichen, dessen statische Reichweite sich von 213 Jahren im Jahr 2005 mehr als verdoppeln konnte – trotz gewachsener Nachfrage. Ein anderes Beispiel ist die trotz gestiegener Bergwerksförderung weitgehend konstant gebliebene statische Reichweite von Kupfer, die in der folgenden Abbildung dargestellt ist.

Die **Preisentwicklung** bei mineralischen Rohstoffen war in den letzten Jahrzehnten durch einen Wechsel von Hochpreisphasen mit einem ausreichenden Angebot und Phasen niedriger Nachfrage und entsprechend niedrigen Preisen gekennzeichnet. Insbesondere die Preisdynamik bei Industriemetallen und Stahlveredlern steht in einem engen Zusammenhang mit der Konjunkturentwicklung, während bei Hochtechnologiemetallen, die für Zukunftstechnologien verwendet werden, eher kurzfristige technologie- und spekulationsbedingte Preisanstiege auftreten. Kupfer konnte 2018 mit einem Anstieg um +5.9 % im Jahresdurchschnitt das zweite Jahr in Folge wieder im Preis zulegen, nachdem die Preise zuvor seit 2011 deutlich zurückgegangen waren und Anfang 2016 einen Tiefststand erreicht hatten. Auch bei Aluminium (+7.2 %) und Nickel (+26.1 % aufgrund eines deutlichen Anstiegs der Nachfrage) haben sich 2018 die Jahresdurchschnittspreise gegenüber 2017 deutlich erhöht, während bei Zink (+1.1 %) und Zinn (+0.3 %) nur geringe Preissteigerungen verzeichnet werden konnten. Bei Blei (-3.2 %) und Eisenerz (-2.3 %) gaben die Preise nach. Bei den Edelmetallen war die Preisentwicklung 2018 uneinheitlich: Während Gold (+0.9 %) und Palladium (+18.5 %) zulegen konnten, verbilligten sich Silber (-9.1 %) und Platin (-7.3 %), letzteres damit das siebte Jahr in Folge.

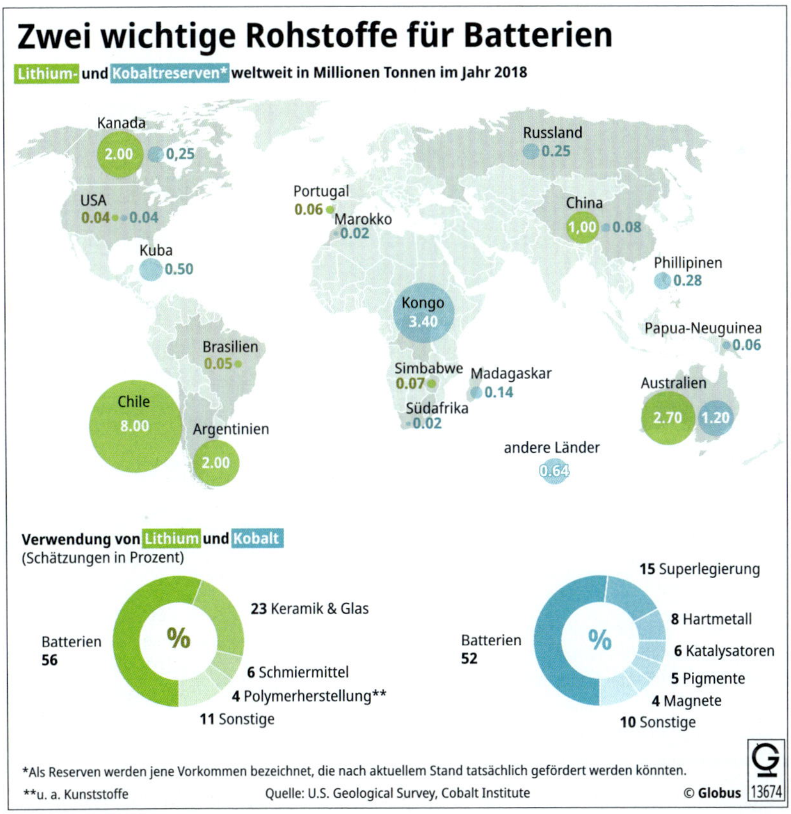

NAFTA
3 Staaten
NORDAMERIKA
27 Staat
ATLANTISCHER
OZEAN
PAZIFISCHER
OZEAN
OZEANIEN
CAN
4 Staaten
SÜDAMERIKA
MERCOSUR
5 Staaten
(Venezuela
seit 2016 suspendiert)
NAFTA (North American Free Trade Agreement | Nordamerikanische Freihandelszone)
CAN (Comunidad Andina de Naciones | Andengemeinschaft)
MERCOSUR (Mercado Común del Sur | Gemeinsamer Markt Südamerikas)
EU (Europäische Union)
EFTA (European Free Trade Association | Europäische Freihandelsassoziation)
CEFTA (Central European Free Trade Agreement | Mitteleuropäisches Freihandelsabkommen)
Stand: Mitte 2020

Wirtschaftsbündnisse weltweit

Die wichtigsten Freihandelsabkommen unter dem Dach der WTO

- COMESA (Common Market for Eastern and Southern Africa | Gemeinsamer Markt für das östliche und südliche Afrika)
- ECOWAS (Economic Community of West African States | Westafrikanische Wirtschaftsgemeinschaft)
- SACU (Southern African Customs Union | Zollunion des südlichen Afrika)
- SADC (Southern African Development Community | Entwicklungsgemeinschaft des südlichen Afrika)
- APEC (Asia-Pacific Economic Cooperation | Asiatisch-Pazifisches Wirtschaftsforum)
- ASEAN (Association of Southeast Asian Nations | Südostasiatische Staatengemeinschaft)

Umwelt

Durch die Zunahme der Weltbevölkerung geht Lebensraum für Pflanzen und Tiere zugunsten von Siedlungen, Infrastruktur, Industrieanlagen, Abfalldeponien, Bergbau und landwirtschaftliche Flächen verloren; zudem werden die verbliebenen Ökosysteme durch die menschlichen Aktivitäten, v. a. durch die Übernutzung natürlicher Ressourcen beeinträchtigt. Dadurch gehen auch vielfältige Ökosystemdienstleistungen für Menschen verloren. Natur und Menschen leiden gleichermaßen unter Emissionen aus Haushalten, Industrie und Verkehr, wegen ihrer Wirkungen auf den Organismus oder die Atmosphäre. Viele Aktivitäten mit negativen Umweltauswirkungen verzeichneten seit Beginn der Industrialisierung um 1750, andere seit Mitte des 20. Jahrhunderts einen exponentiellen oder ähnlich steilen Anstieg. Dieser zweite Schritt markiert mit seinen tiefgreifenderen Eingriffen den Beginn eines neuen Erdzeitalters, des **Anthropozäns**.

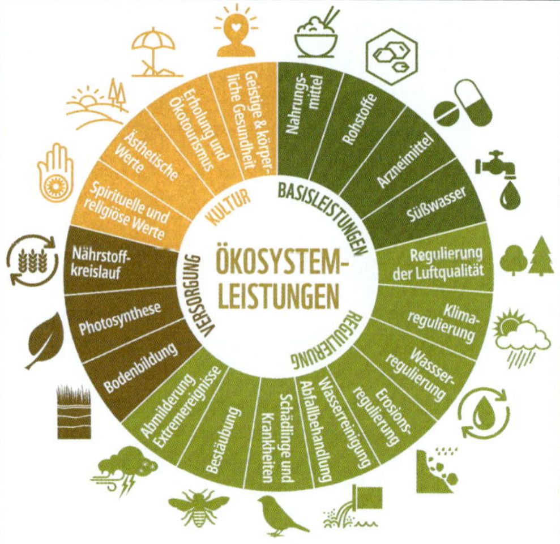

Nachhaltigkeit

Der Begriff Nachhaltigkeit stammt ursprünglich aus der Forstwirtschaft: Im Jahr 1713 forderte Hans Carl von Carlowitz in einem Lehrbuch, es sollte nur so viel Holz geschlagen werden, wie im selben Zeitraum nachwächst. In die Umweltpolitik ging der Begriff 1987 mit dem Bericht der World Commission on Environment and Development (Brundtland-Kommission) ein; er definiert eine Entwicklung als nachhaltig, die die Bedürfnisse der Gegenwart befriedigt, ohne zu riskieren, dass künftige Generationen ihre Bedürfnisse nicht befriedigen können.

Bei der UN-Konferenz über Nachhaltige Entwicklung im Juni 2012 in Rio de Janeiro beschloss die Weltgemeinschaft, sich **17 Ziele zur nachhaltigen Entwicklung**, kurz SDGs (Sustainable Development Goals) für 2030 zu setzen. Sie wurden am 1.9.2015 von der UN-Generalversammlung verabschiedet und betreffen u. a. Landwirtschaft, Biodiversität, Ressourcennutzung, Wasser und Klima. Die **Nachhaltigkeitsziele der EU** bis 2020 im 2013 verabschiedeten 7. Umwelt-Aktionsprogramm der EU haben drei thematische Prioritäten: (1) Schutz, Erhalt und Verbesserung des Naturkapitals der EU, (2) Umwandlung der EU in eine ressourcenschonende, umweltfreundliche und wettbewerbsfähige, kohlenstoffarme Wirtschaft, (3) Schutz der EU-Bürgerinnen und Bürger vor Umweltbelastungen und Gefahren für ihre Gesundheit und ihr Wohlergehen. Der am 4.12.2019 veröffentlichte Bericht „Die Umwelt in Europa" der Europäischen Umweltagentur kommt zu dem Schluss, dass Maßnahmen zur Ressourceneffizienz und Emissionsreduktion erfolgreicher waren als jene zum Schutz der Ökosysteme und zum Wohlergehen der Menschen (Schadstoffe, Klimawandel). Die Emissionen aus Verkehr und Landwirtschaft sind gestiegen, ebenso seit 2014 der Endenergieverbrauch. Mit der aktuellen Entwicklung wären die Klima- und Energieziele bis 2030 nicht zu erreichen. Die **Nationale Nachhaltigkeitsstrategie der Bundesregierung** mit mehr als 60 Zielen wurde am 17.4.2002 als Leitfaden nicht nur für die Umwelt-, sondern auch für die Sozial- und Wirtschaftspolitik beschlossen; seit 2016 orientiert sie sich an den SDG. Alle zwei Jahre ermittelt das Statistische Bundesamt in einem Indikatorenbericht die Fortschritte anhand der quantitativen Ziele, z. B. Reduzierung der Flächeninanspruchnahme, Steigerung der Energieproduktivität oder Verringerung des Stickstoffüberschusses in der Landwirtschaft; seit Februar 2020 werden die Daten außerdem online veröffentlicht. Der Indikatorenbericht 2018 konstatiert bei den Zielen zu Umwelt, Ökologie und Energie wieder überwiegend unzureichende Entwicklungen.

Einen immer größeren Einfluss auf die **Nachhaltigkeit der Landwirtschaft** haben steigender Lebensstandard und neue Konsummuster, z. B. der zunehmende Verzehr von Fleisch, Eiern und Milch nicht zuletzt in aufstrebenden Schwellenländern. Sie führen zu einer Ausdehnung der landwirtschaftlichen Flächen, meist auf Kosten der Wälder, und zu einer wachsenden Konkurrenz um die Wassernutzung zwischen Landwirtschaft, Industrie und Haushalten; innerhalb der Landwirtschaft kommt die Konkurrenz durch Energiepflanzen hinzu. Zum steigenden Wasserverbrauch der Landwirtschaft führt neben einer Ausdehnung der bewässerten Flächen auch das so genannte „virtuelle Wasser“ – also das gesamte Wasser, das in ein Produkt investiert wird, bei Fleisch auch Regen oder Bewässerung für den Futteranbau. Laut Water Footprint Network summiert sich das für 1 kg Tomaten auf 214 l, für 1 kg Rindfleisch auf 15 415 l.

1.3 Mrd. t Lebensmittel jährlich, ein Drittel der Gesamtproduktion, gehen verloren, d. h. sie gelangen nicht in den Handel oder werden zu Abfall – und damit die entsprechenden Ressourcen. Dies betrifft v. a. Obst und Gemüse (45 %), Fisch und Meeresfrüchte (35 %) sowie Getreideprodukte (30 %). Um gezielte Gegenmaßnahmen zu entwickeln, hat die FAO in ihrem Weltagrarbericht (State of Food and Agriculture) 2019 Daten zu **Lebensmittelverlusten** zusammengetragen. 2016 betraf das 14 % der landwirtschaftlichen Produkte, wobei die Ursachen je nach Produkt und Region variieren: v. a. sind das Fehler bei der Ernte, unzulängliche Lagerung und fehlende Transportinfrastruktur. **Lebensmittelabfälle** in Handel und Gastronomie oder bei Verbrauchern sind eher ein Problem reicherer Länder, u. a. durch optische Mängel, zu große Packungen, Verwechseln von Mindesthaltbarkeits- und Verzehrdatum, schlechte Lagerung im Haushalt. In der EU ist die Reduzierung von Lebensmittelabfällen Teil der Strategie „Vom Hof auf den Tisch“.

Durch Sortierung und Recycling von **Abfall** lassen sich Ressourcen und Energie zurückgewinnen. Doch laut dem ersten Weltabfallbericht (Global Waste Management Outlook), 2015 vom UN-Umweltprogramm (UNEP) und dem Internationalen Verein für Abfallwirtschaft (ISWA) erstmals veröffentlicht, sind mindestens 2 Mrd. Menschen nicht an Abfallsammelsysteme angeschlossen, mindestens 3 Mrd. fehlt ein Zugang zu geordneten Abfallentsorgungsanlagen. Jährlich fallen weltweit ca. 2 Mrd. t Siedlungsabfälle an. Das gesamte Abfallaufkommen, einschließlich Gewerbe- und Industrieabfällen, Bauschutt etc., liegt bei 7-10 Mrd. t. Die Mengen können nur geschätzt werden, weil Daten aus vielen Nicht-OECD-Staaten fehlen. Bevölkerungswachstum, Verstädterung und Wirtschaftswachstum lassen die Abfallmengen weiter steigen, außer in Regionen mit hohem Einkommen. Allerdings fällt in den wohlhabenden Ländern derzeit rund die Hälfte des Abfalls an. Laut OECD-Umweltbericht 2020 (Environment at a Glance) waren es in **OECD-Staaten** 2017 jährlich 520 kg Siedlungsabfälle pro Person (2000: 556 kg, 1995: 523 kg), der aber zum Großteil energetisch oder stofflich verwertet oder kompostiert wird.

Übersicht über die Recyclingquoten*
der Verpackungsverordnung und des Verpackungsgesetzes

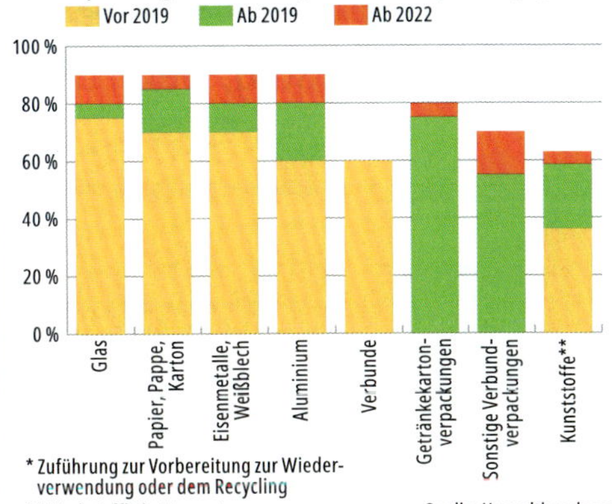

* Zuführung zur Vorbereitung zur Wiederverwendung oder dem Recycling
** Werkstoffliche Verwertung
Quelle: Umweltbundesamt

Nur 42 % (2000: 60 %) wurden deponiert und 1 % (2000: 4 %) ohne Energiegewinnung verbrannt. In **Deutschland** fielen 2017 laut Umweltbundesamt 557 kg (2000: 458 kg) pro Person an, verwertet wurden 98 % (2000: 51 %), davon 69 % stofflich. Seit den 1990er-Jahren steigt die Verpackungsabfallmenge, 2017 waren es knapp 226 kg pro Person. Seit 1.1.2019 gelten höhere Verwertungsquoten für Verpackungsabfälle. Als entscheidenden Schritt der **EU-Kunststoffstrategie**, von der EU-Kommission im Januar 2018 beschlossen, trat am 25.6.2019 die Kunststoffprodukte-Richtlinie in Kraft: Bis 3.7.2021 müssen die Mitgliedsländer ein Verkaufsverbot von Einweg-Kunststoffartikeln sowie Recyclingquoten für Einweg-Kunststoffflaschen umsetzen.

Laut jüngsten Daten der Global E-waste Statistics Partnership fielen 2016 weltweit 44.7 Mio. t **Elektro- und Elektronikschrott** an, 6.1 kg pro Person (2014: 5.8 kg). Er enthält Materialien im Wert von ca. 55 Mrd. €: Edelmetalle (Gold, Silber, Kupfer, Platin, Palladium etc.), Aluminium, Eisen und Kunststoffe. Keine andere Abfallart verzeichnet größere Zuwächse, (1) weil die Geräte für immer mehr Menschen auch in ärmeren Ländern erschwinglich werden, (2) weil in reicheren Ländern der schnelle Austausch gegen neue Geräte propagiert wird. 2016 fiel der meiste E-Schrott, 18.2 Mio. t bzw. 4.2 t pro Person, in Asien an. Der Verbleib von 80 % des E-Schrotts von 2016 ist nicht dokumentiert, obwohl entsprechende Recycling-Gesetze im Januar 2017 in 67 Ländern (2014: 61) mit 66 % (2014: 44 %) der Weltbevölkerung in Kraft waren. E-Schrott wird z. T. aus Industrieländern in Entwicklungsländer exportiert, vorgeblich zur Reparatur und Weiterverwendung. Eine Studie mit GPS-Trackern des Basel Action Network zeigte 2016, dass von den aus Europa und den USA exportierten Geräten 93 % in asiatische

Earth Overshoot Day 2020

Erdüberlastungstag, wenn die ganze Welt lebte wie die genannten Länder

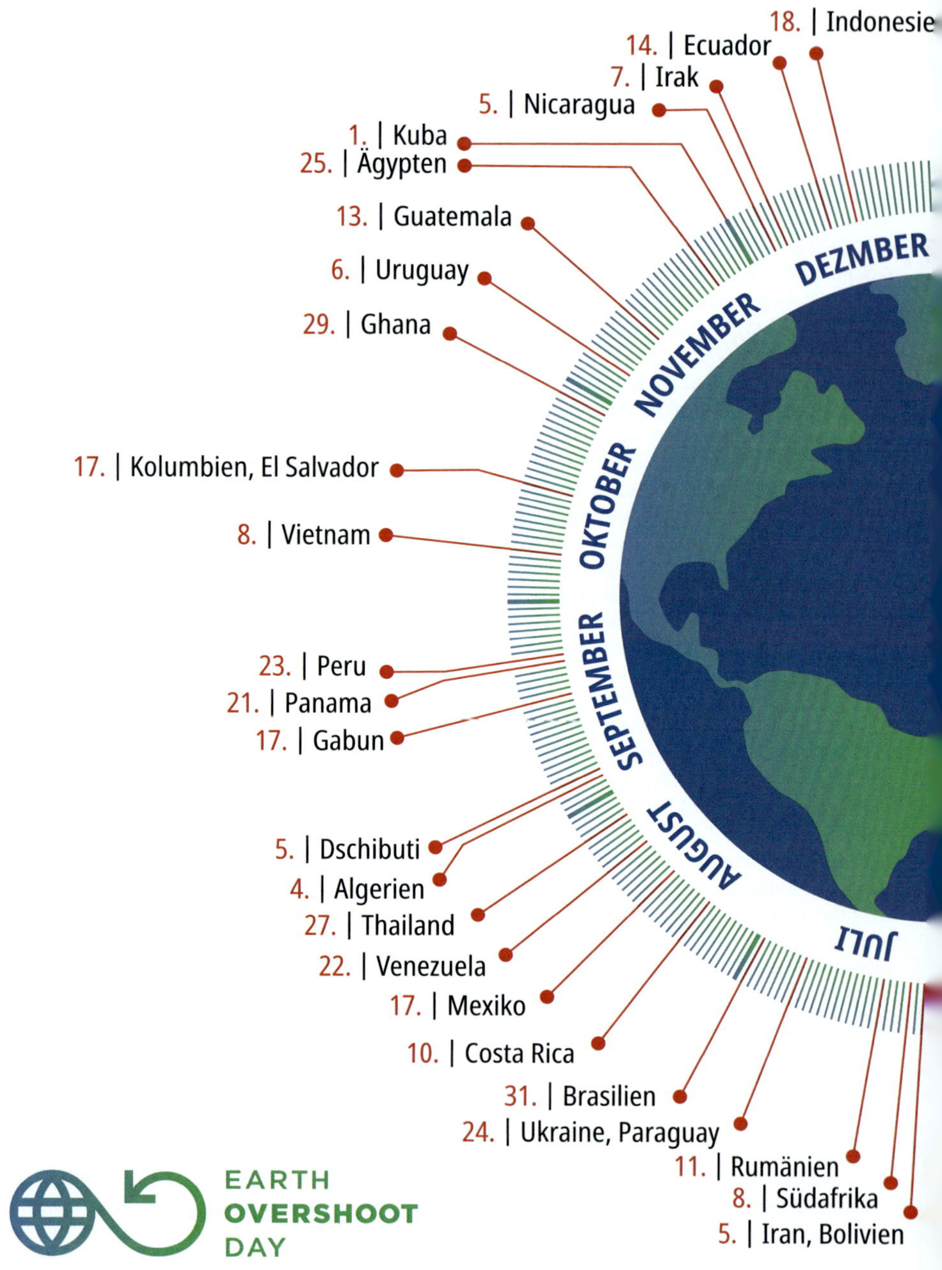

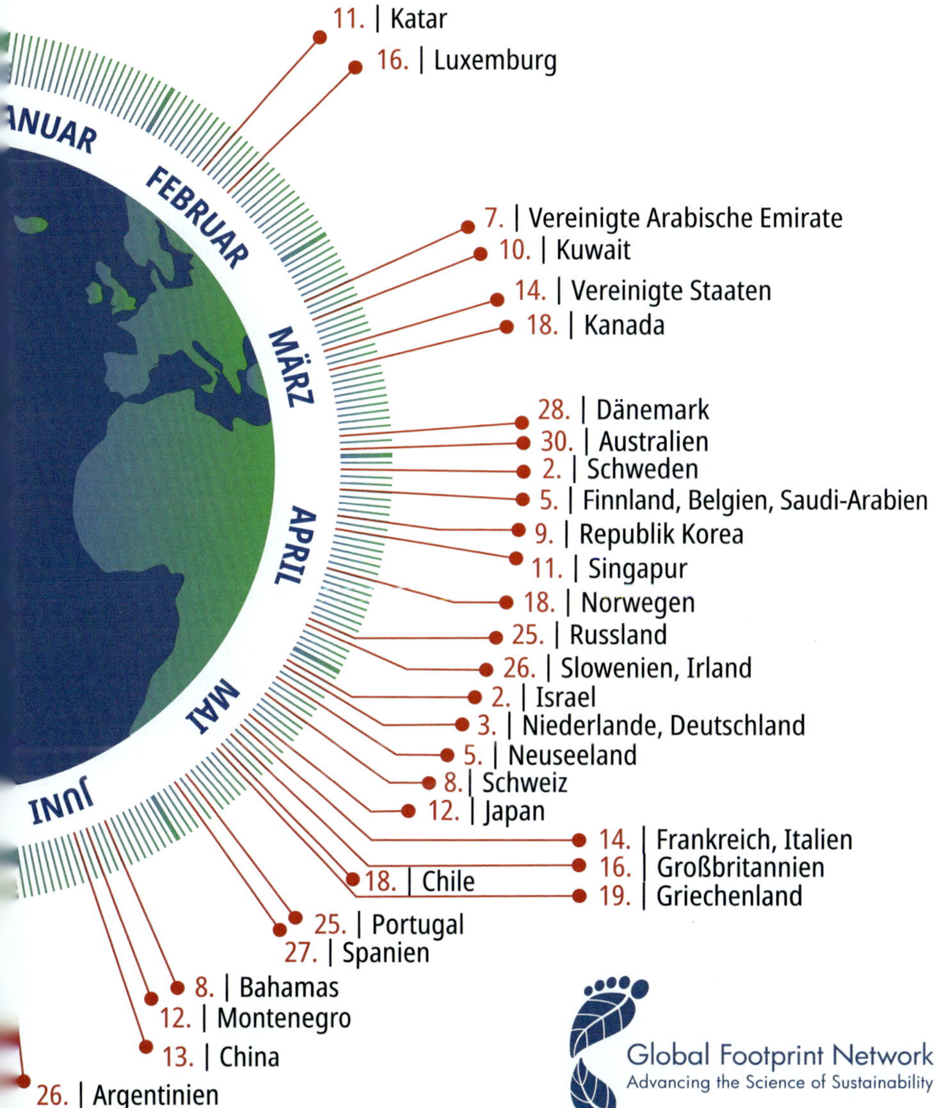

Global Footprint Network
Advancing the Science of Sustainability

Quelle: Global Footprint Network National Footprint and Biocapacity Accounts 2019

Länder gingen, in denen kein ordnungsgemäßes Recycling stattfindet; dies ist ein Verstoß gegen das Exportverbot für gefährliche Abfälle (Basel-Konvention). Die Geräte werden mit unzulänglichen Methoden zerlegt oder als Abfall entsorgt, z. B. offen eingeschmolzen oder verbrannt, was zu erheblichen Umwelt- und Gesundheitsbelastungen führt; zudem gehen wertvolle Materialien verloren.

Das Ecological Footprint Network vergleicht die Biokapazität der Erde, d. h. die Ressourcen aus Landwirtschaft, Fischerei etc. und die Aufnahmefähigkeit der Erde für Abfälle und Emissionen, mit dem Verbrauch durch die Menschheit und errechnet daraus den Tag des Jahres, an dem die Kapazitäten der Erde erschöpft sind: den Earth Overshoot Day (Erdüberlastungstag); darauf basiert der **Ökologische Fußabdruck** der Welt und einzelner Länder. Die Biokapazität schwankt von Jahr zu Jahr z. B. durch Düngung, Zerstörung von Ökosystemen, Wetter oder Bevölkerungsgröße, während der Fußabdruck u. a. von Verbrauch und Produktionseffizienz abhängt. Die Welt hat die Biokapazität erstmals 1970 überschritten. 2018 und 2019 lag der **Earth Overshoot Day** mit dem 29.7. so früh wie nie zuvor, d. h. die Menschheit verbrauchte das 1.75-fache der globalen Ressourcen. Bei einem Lebensstil der gesamten Menschheit wie in Deutschland ergäbe sich etwa das Dreifache, bei dem der USA das Fünffache. Durch die Einschränkungen wegen der Covid-19-Pandemie wurde der Erdüberlastungstag 2020 auf den 22.8. gelegt.

Emissionen

Zahl und Menge der weltweit vermarkteten Chemikalien sind unbekannt. Eine Orientierung bietet das REACH-Verfahren der EU: Seit Inkrafttreten der REACH-Verordnung (Registration, Evaluation, Authorisation and Restriction of Chemicals) am 1.7.2004 müssen alle Chemikalien, von denen mehr als 1 t/Jahr in der EU hergestellt oder in die EU eingeführt wird, vor dem Inverkehrbringen registriert werden. Ende Juli 2020 enthielt die REACH-Datenbank 22 910 Substanzen. Viele umweltrelevante Stoffe werden aber nicht absichtlich hergestellt, sondern sind Nebenprodukte von industriellen oder Verbrennungsprozessen, z. B. Dioxine, Stickoxide oder CO_2. Abfälle können alle umweltrelevanten Schadstoffe enthalten. Aus Deponien ohne ausreichende Abdichtung oder bei der Verbrennung ohne Abgasreinigung gelangen sie in die Umwelt; dies betrifft v. a. Entwicklungsländer.

Abhängig von ihren Emissionswegen und chemischen Eigenschaften **verbreiten** sich chemische Verbindungen in Wasser, Gewässersedimenten, Luft und Böden und werden z. T. von Pflanzen aufgenommen. Metalle und persistente (schwer abbaubare) Substanzen sammeln sich in Böden und Sedimenten, und es kann zu einer Anreicherung im Verlauf der Nahrungskette kommen. D. h. von Pflanzen oder Plankton über Pflanzenfresser zu kleinen und dann immer größeren, immer weniger Fleischfressern, ggf. bis hin zum Menschen, findet eine Aufkonzentration der Belastung statt. Dies betrifft z. B. Quecksilber oder organische Chemikalien wie Dioxine. Einige langlebige Gase wie CO_2 oder FCKW akkumulieren in der Atmosphäre.

Seit den 1970er-Jahren wurden **internationale Abkommen** geschlossen, um die Ausbreitung umweltschädlicher Substanzen einzudämmen. Die älteren beziehen sich auf Umweltgüter wie Luft, Ozonschicht, Klima, die jüngeren setzen an der Quelle an, z. B. Basler Übereinkommen über den internationalen Verkehr gefährlicher Abfälle, Rotterdamer Übereinkommen zum internationalen Handel mit Gefahrstoffen, Stockholmer Übereinkommen über persistente organische Schadstoffe oder Minamata-Abkommen zu Quecksilber.

Luft

Zu den wichtigsten primären gasförmigen Luftschadstoffen in der Atemluft zählen Schwefeldioxid (SO_2) v. a. aus Kraftwerken, Stickoxide (NO_x) aus Verkehr, Kraftwerken und Landwirtschaft, Ammoniak (NH_3) aus der Viehhaltung sowie Schwermetalle aus Industrieanlagen. Zu den sekundären Luftschadstoffen gehört Ozon („Sommersmog"), das durch fotochemische Reaktionen aus NO_x entsteht. Flüchtige organische Verbindungen stammen v. a. aus Lösemitteln, können aber auch aus Kunststoffen oder Baumaterialien ausgasen. Feinstaub PM_{10} bzw. Ultrafeinstaub $PM_{2.5}$ ist allein definiert durch den Durchmesser von weniger als 10 µm bzw. 2.5 µm, gleich ob Straßenabrieb, Ruß, Pollen oder Partikel, die aus gasförmigen Luftschadstoffen entstehen.

Ein Sonderfall ist **Quecksilber**: Die direkten anthropogenen, meist industriellen Emissionen von mehr als 2 000 t/a entsprechen 30 % der globalen Emissionen; 10 % stammen aus natürlichen Quellen wie Vulkanen. Zwar emittieren Böden und Wasser die restlichen 60 %, aber dabei handelt es sich größtenteils um ursprünglich anthropogene Ablagerungen. Quecksilber reichert sich in der Nahrungskette an.

Luftverschmutzung führt zu Vegetationsschäden, Überdüngung von Ökosystemen durch Stickstoff sowie zur Versauerung oder Kontamination von Böden. Sie ist die **Hauptursache für umweltbeding-**

te Krankheiten und verursacht laut Global Environmental Outlook 6 (2019) des UNEP weltweit 6-7 Mio. vorzeitige Todesfälle jährlich, die meisten in Ost- und Südasien – also in der Region, die am stärksten belastet ist durch die Produktion von Waren für andere Teile der Welt, v. a. Westeuropa und Nordamerika. Allgemein leiden unter Luftverschmutzung v. a. Menschen in urbanen Regionen von Ländern mit mittlerem und geringem Einkommen sowie die rund 3 Mrd. Menschen, die für Kochen, Heizen und Beleuchtung auf feste Brennstoffe oder Kerosin angewiesen sind; darauf sind 2.8-3.6 Mio. Todesfälle zurückzuführen. Luftverschmutzung verursacht laut WHO bei Erwachsenen einen großen Teil der Todesfälle durch Herzkrankheiten (24 %), Schlaganfälle (25 %), chronische obstruktive Lungenerkrankung (43 %) und Lungenkrebs (29 %). Beim Feinstaub gilt die Fraktion $PM_{2.5}$ als besonders problematisch, ultrafeine Partikel mit einem Durchmesser unter 0.1 µm können über die Lungenbläschen bis ins Blut vordringen und u. a. zu Herzerkrankungen oder Demenz führen.

Als erstes internationales Umweltabkommen beschlossen europäische Staaten, die USA, Kanada und die Sowjetunion ab 1979 das **Übereinkommen über weiträumige grenzüberschreitende Luftverunreinigung** (Convention on Long-range Transboundary Air Pollution, LRTAP). Es trat am 16.3.1983 in Kraft; viele der Vertragsparteien haben allerdings acht später vereinbarte Zusatzprotokolle nicht ratifiziert.

Global wurde der **Emissionsrückgang** in einigen Weltregionen und Sektoren ausgeglichen durch steigende Emissionen in aufstrebenden Volkswirtschaften und Regionen mit starker Urbanisierung. In der EU sind laut dem Bericht Air Quality in Europe 2019 der Europäischen Umweltagentur die Emissionen aller primären Luftschadstoffe 2000-17 gesunken, am stärksten SO_2 mit 77 % (1990-2015: 89 %), am wenigsten NH_3 mit nur 9 % (1990-2015: 23 %) und einem leichten Anstieg seit 2013, verursacht v. a. durch die Landwirtschaft. Die PM_{10}-Emissionen sanken 2000-17 um 27 %. Mit der Einführung des RDE-Prüfverfahrens (RDE = Real Driving Emissions, Emissionen im praktischen Fahrbetrieb) 2015 mussten die Hersteller u. a. bei neuen Modellen den Übereinstimmungsfaktor für **NO_x-Emissionen von Pkw** zwischen Prüfstand und Straße von durchschnittlich fünf schrittweise bis Januar 2020 auf 1.5 senken. Mit dem vierten Rechtsakt vom 3.5.2018 werden u. a. die Typgenehmigungsbehörden verpflichtet, jedes Jahr die Emissionen bereits in Verkehr gebrachter Fahrzeuge zu testen; der Übereinstimmungsfaktor sinkt von 1.5 auf 1.43 und bis spätestens 2023 auf 1.

Vorläufige Daten des Umweltbundesamtes (UBA) vom Januar 2020 zeigen, dass 2019 in **Deutschland** der NO_2-Jahresmittelwert an städtisch-verkehrsnahen Messstationen seit 2000 stärker sinkt als an anderen städtischen oder ländlichen. Der Grenzwert 40 µg/m³, identisch mit den WHO-Empfehlungen, wurden laut UBA-Schätzung an 21 % der verkehrsnahen Stationen überschritten. Beim NO_2-Stundenmittelwert von 200 µg/m³ wurde wie in den Vorjahren der EU-Grenzwert von weniger als 18 Überschreitungen jährlich eingehalten; die WHO-Empfehlung, keine Überschreitung, hielt 1 % der Stationen nicht ein. Die stark wetterabhängige Ozonbelastung lag 2019 im Mittel der letzten 20 Jahre; an 19 Tagen wurde die Informationsschwelle (Warnung über die Medien) von 180 µg/m³ überschritten. Für Feinstaub wurde 2019 die geringste Belastung seit 2000 gemessen; die Belastung geht allgemein zurück. Die EU-Jahresmittelwerte wurden eingehalten: 40 µg/m³ PM_{10}, 25 µg/m³ $PM_{2.5}$. Die WHO-Empfehlungen liegen allerdings niedriger: 25 µg/m³ PM_{10}, 10 µg/m³ $PM_{2.5}$.

Ozonschicht

Die Konzentration von Ozon (O_3) in der Atmosphäre ist in 15-25 km Höhe, d. h. in der Stratosphäre, besonders hoch. Diese Ozonschicht absorbiert UV-C- und UV-B-Strahlung, die für alle lebenden Organismen schädlich ist. Bestimmte chlorhaltige Kohlenwasserstoffe, v. a. die früher als Treibmittel für Schaumstoffe, Kälte- und Lösemittel verwendeten FCKW, sowie die z. T. noch als Feuerlöschmittel eingesetzten Halone sind sehr stabil und deshalb ungiftig. Aufgrund dieser Stabilität gelangen sie bis in die Stratosphäre, wo sie unter dem Einfluss von Sonnenlicht zerfallen. Dadurch wird eine Kettenreaktion ausgelöst, die das Ozon abbaut. Um dem entgegenzuwirken, wurde 1987 das **Montrealer Protokoll über Stoffe, die zum Abbau der Ozonschicht führen,** verabschiedet, das am 1.1.1989 in Kraft trat; es wurde – ebenso wie spätere Zusatzvereinbarungen – von allen UN-Mitgliedern sowie der EU ratifiziert. Die mehrmals angepassten, schrittweisen Verbote ozonschädlicher Stoffe, von denen viele auch starke Treibhausgase sind, mit langen Übergangsfristen für Entwicklungsländer oder bestimmte Anwendungen (Asthmasprays) gelten inzwischen für 99 % der Substanzen. Die Emissionen sind entsprechend gesunken, wegen der Langlebigkeit der Substanzen regeneriert sich die Ozonschicht aber nur langsam. Zudem wird, wie im Mai 2018 bekannt wurde, in China illegal das stark ozonschädliche FCKW R-11 (CCl_3F) produziert. Im Frühjahr 2020 war auch die **Ozonschicht über der Arktis** ungewöhnlich dünn, Anfang März bis Anfang April entstand ein Ozonloch (Ozonmenge unter 220 Dobsoneinheiten).

Begünstigt wurde dies durch ein meteorologisches Phänomen, den besonders stabilen Polarwirbel. Das arktische Ozonloch erstreckte sich für fünf Wochen über maximal 0.9 Mio. km² – das antarktische Pendant kann 20-25 Mio. km² über drei bis vier Monate erreichen.

Klima

Die globale Klimaerwärmung beruht auf der im 19. Jahrhundert entdeckten Eigenschaft der unteren Atmosphäre (Troposphäre), wie ein Glasdach die Wärmeabstrahlung der Erdoberfläche und der bodennahen Luftschichten ins Weltall zu verringern. Andernfalls läge die bodennahe Weltmitteltemperatur heute nicht bei 14.5 °C, sondern bei -18 °C. Dies wird durch die so genannten Treibhausgase bewirkt. Zwar sind deren atmosphärische Konzentrationen wie auch die globale Mitteltemperatur natürlichen Schwankungen unterworfen, doch werden diese zunehmend überlagert durch menschliche Aktivitäten, die zu einer Anreicherung der Treibhausgase und dadurch zu einer globalen Erwärmung durch den **anthropogenen Treibhauseffekt** führen. Der letzte Sachstandsbericht (Climate Change 2014) des Intergovernmental Panel on Climate Change (IPCC) bilanzierte die Erkenntnisse der weltweiten Klimaforschung mit den Worten: „Die Erwärmung des Klimasystems ist eindeutig, und die Veränderungen seit den 1950er-Jahren haben über Jahrzehnte bis Jahrtausende nicht Ihresgleichen. Die Atmosphäre und die Ozeane haben sich erwärmt, die Schnee- und Eisbedeckung ist zurückgegangen, der Meeresspiegel und die Konzentration der Treibhausgase sind gestiegen". Der Strahlungsantrieb, d. h. der Treibhauseffekt nahm 1990-2018 um 43 % zu. Aufgrund der langen Verweildauer der Treibhausgase in der Atmosphäre wird sich dies in den nächsten Jahrzehnten fortsetzen.

Nach Angaben der Weltmeteorologie-Organisation (WMO) ist die Zunahme des Treibhauseffekts in den letzten zehn Jahren zu 82 %, in den letzten fünf Jahren zu 81 % allein auf **Kohlendioxid, CO_2** zurückzuführen, mit einer Verweildauer von zwölf Jahren. Vor Beginn der Industrialisierung um 1750 enthielt die Atmosphäre stets unter 280 ppm (parts per million) CO_2, heute 147 % dieses Wertes. Der Anstieg während des letzten Jahrzehnts, knapp über 2 ppm jährlich, verlief 100- bis 200-mal schneller als am Ende der letzten Eiszeit. CO_2 stammt überwiegend aus der Verbrennung fossiler Energieträger, wobei der Zuwachs 2019 nach Berechnungen des Global Carbon Project 0.6 % betrug (2017: 1.5 %, 2018: 2.1 %). 2009-18 sammelten sich 45 % des emittierten CO_2 in der Atmosphäre, 29 % an Land, v. a. in Wäldern, und 23 % in den Ozeanen.

Methan (CH_4) verursacht 17 % des Treibhauseffekts, bei einer Verweildauer von zwölf Jahren, und stammt zu 60 % aus anthropogenen Quellen, z. B. Viehhaltung, Reisanbau, Erdöl- und Erdgasförderung, Mülldeponien sowie Verbrennung von Biomasse und zunehmend auch aus auftauenden Permafrostböden. Die atmosphärische Konzentration liegt bei 259 % des vorindustriellen Werts, 2018 nahm sie um 10 ppb, 2016/17 um 7 ppb zu. Beobachtungsdaten und Isotopenanalysen zeigen, dass dies wohl v. a. durch tropische Feuchtgebiete sowie landwirtschaftliche Quellen in den mittleren Breiten der Nordhemisphäre verursacht wird. **Distickstoffoxid oder Lachgas** (N_2O) mit einem Atmosphärengehalt von 123 % des vorindustriellen Niveaus und 6 % Anteil am gestiegenen Strahlungsantrieb stammt zu rund 40 % aus anthropogenen Quellen wie Stickstoffdünger, dem Verbrennen von Biomasse und industriellen Prozessen. 2018 stieg der Atmosphärengehalt um 1.2 ppb (parts per billion), im Durchschnitt der letzten zehn Jahre um 0.95 ppb/a. Die WMO vermutet als Quellen eine Zunahme der Düngung und dass zuvor aus Luftschadstoffen deponierter Stickstoff aus den Böden ausgast. **Halogenhaltige Kohlenwasserstoffe** tragen 11 % zur Zunahme des Treibhauseffekts bei. Der Atmosphärengehalt der Fluorchlorkohlenwasserstoffe (FCKW) und der meisten Halone sinkt in den letzten Jahren. Der von teilhalogenierten FCKW (H-FCKW) und Fluorkohlenwasserstoffen (FKW) hingegen steigt erheblich.

Nach Angaben der WMO war 2019 das zweitwärmste Jahr nach 2016, die letzten fünf Jahre waren die wärmsten Jahre und **2010-19 das wärmste Jahrzehnt** seit Beginn der instrumentellen Messungen. Die globale Durchschnittstemperatur lag 2019 1.1 °C über dem vorindustriellen Mittelwert. Im EU-Erdbeobachtungsprogramm Copernicus war 2019 das wärmste Jahr in Europa, dicht gefolgt von 2014, 2015 und 2018; elf der zwölf wärmsten Jahre lagen nach 2000. In Teilen Europas gab es Ende Juni und Ende Juli **Hitzewellen** mit neuen Temperaturrekorden, die an einigen Langzeit-Messstationen 2 °C oder mehr über dem bisherigen Höchstwert lagen. In Deutschland lagen Ende Juli an drei Tagen die Werte über 40 °C, und der Deutsche Wetterdienst verzeichnete am 25.7. in Lingen (Emsland) mit 42.6 °C einen neuen Rekord. 2019 war in Deutschland eines der drei wärmsten Jahre seit Beginn regelmäßiger Aufzeichnungen 1881, der Mittelwert von 10.2 °C lag 2 °C über dem der internationalen Referenzperiode 1961-90 (2014: 10.3 °C, 2018: 10.5 °C) und 1.3 °C über dem Mittel 1981-2010. Für die Hitzewelle Ende Juli ergaben Berechnungen des internationalen Netzwerks World Weather Attri-

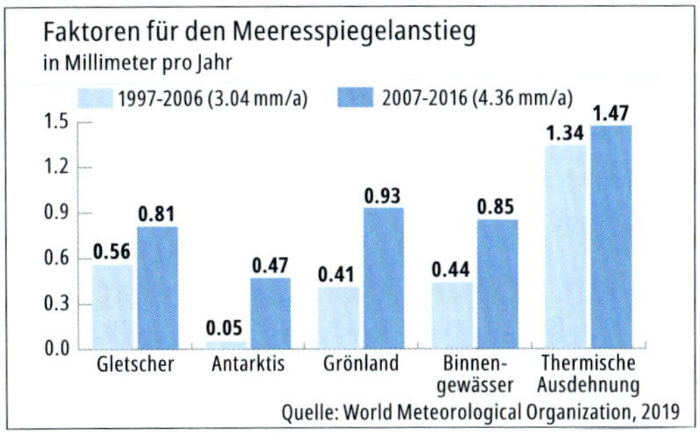

bution, dass die Eintrittswahrscheinlichkeit durch den Klimawandel in Deutschland rund zehnmal (mindestens dreimal) so hoch war, d. h. eine solche Hitzewelle tritt etwa einmal im Jahrzehnt statt einmal im Jahrhundert auf. Für die Niederlande und Frankreich ist die Eintrittswahrscheinlichkeit rund hundertmal (mindestens zehnmal) so hoch. Überall wären die Temperaturen ohne Klimawandel 1.5-3 °C niedriger gewesen.

Seit Beginn des 20. Jahrhunderts stieg der **Meeresspiegel** global im Mittel um ca. 20 cm. Jüngste Zahlen der WMO zeigen, dass sich der Anstieg beschleunigt und abschmelzende Gletscher dazu immer mehr beitragen.

Der am 24.9.2019 veröffentlichte IPCC-Bericht zu Ozeanen und Kryosphäre dokumentiert für das Meereis der **Arktis** 1979-2018 einen Rückgang von rund 13 %/a, mehr als je zuvor in den letzten 1000 Jahren. Außerdem wurde das Eis dünner und der Anteil von mindestens fünf Jahre altem Eis ging um ca. 90 % zurück. Der Grönländische Eisschild verlor 2006-15 rund 278 Mio. t/a, was ca 0.8 mm/a Meeresspiegelanstieg entspricht. 1979-2018 war für das Meereis der **Antarktis** wegen großer regionaler und jährlicher Unterschiede kein klarer Trend zu erkennen, während der Eisschild 2006-15 rund 155 Mio. t/a Eis verlor. Die Temperatur im **Permafrost** (Dauerfrostboden) der Polar- und Gebirgsregionen stieg seit den 1980er-Jahren auf Rekordhöhen, 2007-16 um rund 0.3 °C/a weltweit. Dies führt z. B. in Sibirien zu Schäden an Gebäuden und Infrastruktur, die trotz spezieller Bautechnik dem immer tieferen Auftauen des Bodens nicht standhalten. So zerbrach im Juni 2020 bei Norilsk ein Öltank und 21 000 l Diesel liefen in den Fluss Ambarnaja.

Die Eisschmelze kann eine sog. **Klimarückkoppelung** zur Folge haben. So entweicht aus aufgetautem Permafrost das Treibhausgas Methan. In der Arktis gibt es immer weniger helles Meereis, das Sonnenlicht reflektiert (Albedo-Effekt), dafür mehr dunkles Ozeanwasser, das Sonnenlicht absorbiert. Deshalb stiegen dort die Sommertemperaturen in den letzten 20 Jahren mehr als doppelt so schnell wie im globalen Mittel. Frühjahr und Sommer 2020 waren im westlichen Sibirien laut dem EU-Klimabeobachtungsdienst Copernicus bis zu 10 °C wärmer als im langjährigen Mittel.

Daten des World Glacier Monitoring Service (WGMS) zeigen für sog. Referenzgletscher mit 30- bis 120-jähriger Datenreihe im hydrologischen Jahr 1.10.17-30.9.18 einen Rückgang von rund 0.89 m w.e. (Wasseräquivalent, 1 m w.e. entspricht 1.1 m Eis oder 1000 kg/m²), für 2018/19 von mehr als 1.1 m w.e. Damit waren acht der zehn Jahre mit den stärksten Schmelzraten nach 2010. 2011-18 verloren die Gletscher im Durchschnitt rund 92 cm w.e., 2001-10 rund 81 cm w.e., 1991-2000 rund 43 cm w.e. und 1981-90 rund 29 cm w.e. Langfristig kann es durch fehlende Gletscher zu sommerlichem Wassermangel in Gebirgstälern und Flüssen kommen.

Der Süden Afrikas ist immer wieder von **Dürre** betroffen. In der Regenzeit 2015/16 (Oktober bis April) fiel zum zweiten Mal in Folge 20-60 % weniger Regen als im langjährigen Durchschnitt. 2017 setzte sich die Dürre fort, besonders stark betroffen waren die Staaten am Horn von Afrika. Im Dezember 2019 meldeten Rotkreuz- und Rothalbmondbewegung (IFRC) eine Dürre von nie dagewesenem Ausmaß mit rund 11 Mio. Betroffenen.

Grundlage der globalen Klimapolitik ist das in der 1992 auf dem Erdgipfel in Rio de Janeiro (Brasilien) unterzeichneten **Klimarahmenkonvention** (KRK) formulierte Ziel, die Treibhausgaskonzentrationen auf einem Niveau zu stabilisieren, „auf dem eine gefährliche anthropogene Störung des Klimasystems verhindert wird“. Die KRK trat am 21.3.1994 in Kraft. Auf dem Weltklimagipfel von Cancún (Mexiko) Ende 2010 wurde dieses Ziel erstmals verbindlich konkretisiert: Die Erwärmung soll bis 2100 unter 2 °C gegenüber dem vorindustriellen Niveau bleiben. Das **Übereinkommen von Paris** geht noch weiter: Der Temperaturanstieg soll „deutlich unter“ 2 °C liegen, möglichst bei 1.5 °C; es trat am 4.11.2016 in Kraft.

In seinem Emissions Gap Report kommt das UN-Umweltprogramm UNEP zu dem Ergebnis, dass für den kostengünstigsten Pfad zu diesem Ziel die **Treibhausgasemissionen** bis 2030 um 55 % gegenüber 2018 sinken müssten (2°-Ziel: 25 %), dass aber ein Höhepunkt der Emissionen bisher nicht in Sicht sei. Die Vertragsparteien des Paris-Abkommens müssen alle fünf Jahre jeweils ehrgeizigere Klimaschutzbeiträge (Nationally Determined Contributions, NDC)

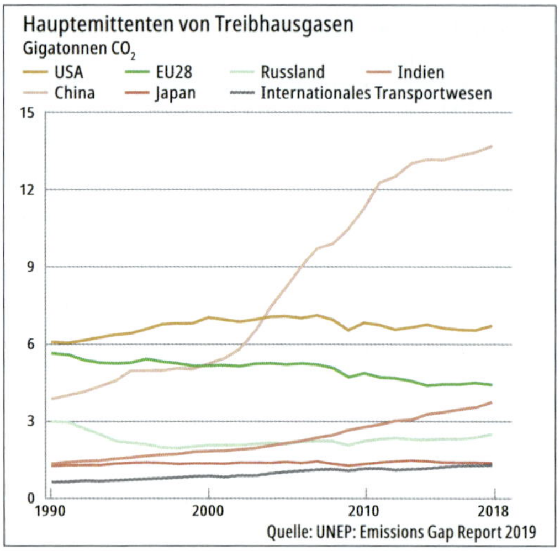

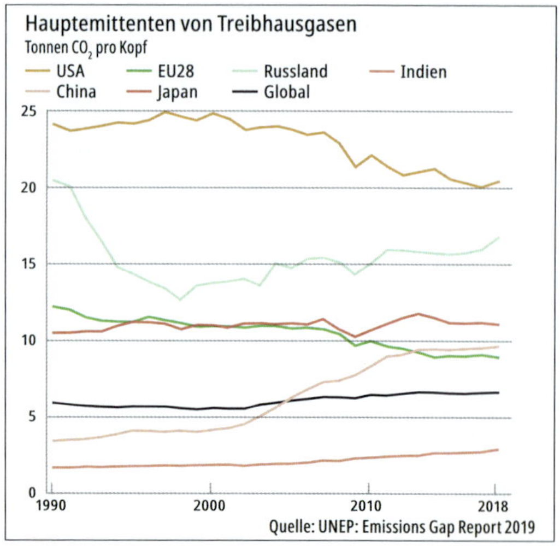

vorlegen. Die G20-Staaten, die 78 % der Treibhausgase emittieren, werden laut Emissions Gap Report ihre NDC für 2020 gemeinsam sogar übererfüllen, Indonesien, Kanada, Mexiko, Südkorea, Südafrika, USA ihre individuellen Ziele aber wohl verfehlen. Argentinien, Saudi-Arabien und die Türkei haben keine NDC für 2020 abgegeben, die einiger anderer Länder sind laut UNEP eher anspruchslos. Von der UN-Klimakonferenz 2019 in Madrid waren Beobachter enttäuscht. U. a. gelang es nicht, Regeln für marktbasierte und nicht-marktbasierte Mechanismen der Emissionsminderung festzulegen.

Die CO_2e-Emissionen (CO_2-Äquivalente, d. h. Treibhausgas-Potential) in der EU sind 1990-2017 um 23.5 % gesunken. Deutschland steuerte 2017 21 % der Emissionen bei und lag mit 11 t pro Person im oberen Drittel, bei einem EU-28-Durchschnitt von

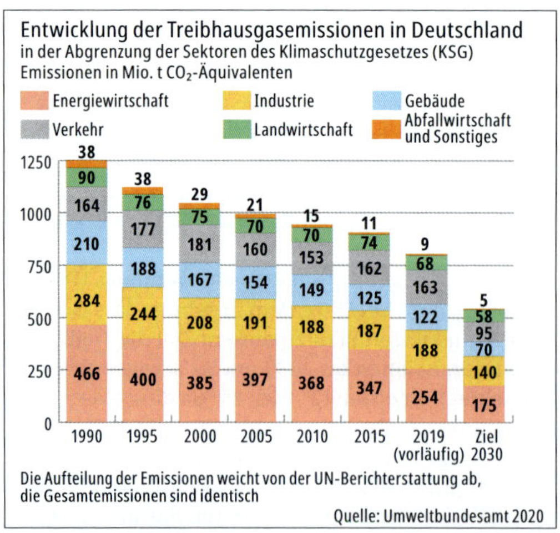

8.4 t pro Person. Bezogen auf das BIP hingegen liegt Deutschland mit 277 t pro Einheit nur knapp über dem EU-28-Durchschnitt von 281, während Bulgarien trotz durchschnittlicher Pro-Kopf-Emissionen mit deutlichem Abstand den Spitzenplatz einnimmt. Die EU hat sich im Rahmen des Pariser Abkommens dazu verpflichtet, ihre Treibhausgasemissionen bis 2030 um mindestens 40 % gegenüber 1990 zu senken, und der Emissions Gap Report konstatiert einen deutlichen Abwärtstrend der Emissionen. Um ihr Ziel zu erreichen, setzt die EU auf den Emissionshandel sowie auf nationale Emissionsziele entsprechend dem BIP pro Kopf; dieser zweite Pfad betrifft fast 60 % der Emissionen, z. B. aus Verkehr und Landwirtschaft.

2014-17 stagnierten die Treibhausgasemissionen in **Deutschland**, laut Umweltbundesamt (UBA) sind sie 2019 um 6.3 % gesunken – der größte jährliche Rückgang seit 1990 mit Ausnahme des Krisenjahres 2009. Den größten Beitrag leistete die Energiewirtschaft mit -16.7 %. Wesentliche Treiber dieser Entwicklung sind laut UBA der vermehrte Einsatz von Gas- statt Kohlekraftwerken, begünstigt durch die Reform des EU-Emissionshandels, die den CO_2-Preis seit 2018 fast verdoppelte, und niedrige Weltmarktpreise für Gas. Außerdem stieg der Anteil erneuerbarer Energieträger in der Stromproduktion durch wind- und sonnenreiches Wetter. Die Rückgänge in den anderen Sektoren sind deutlich geringer, die Emissionen aus dem Verkehr nahmen sogar um 0.7 % zu. Zwar wurden sparsamere Fahrzeuge zugelassen, aber die Zunahme des Kfz-Bestandes insgesamt führte zu höheren Emissionen. Das im Dezember 2019 verabschiedete, am 1.1.2020 in Kraft getretene Bundes-Klimaschutzgesetz legt verbindliche Treibhausgasminderungsziele für 2020 bis 2030 in den verschiedenen Sektoren fest; die Fortschritte werden jährlich vom „Klimakabinett" bewertet. Allerdings können die Bundesministerien, in deren Sektor die Verpflichtungen nicht eingehalten werden, diese auf das nächste Jahr oder ein anderes, erfolgreicheres Ministerium verlagern. Ein Expertenrat begutachtet die Entwicklungen.

Wasser

Von den 35 Mio. km³ Süßwasser der Erde sind 70 % in permanenten Eis- und Schneeschichten gebunden, 30 % liegen in Form von Grundwasser vor, 0.3 % befinden sich in Flüssen und Seen.

Der **Wasserbedarf** hat sich in den letzten 100 Jahren versechsfacht und stieg damit mehr als doppelt so schnell wie die Weltbevölkerung; aktuell nimmt er um 1 % pro Jahr zu. Bei der Wasserentnahme steht die Landwirtschaft mit 69 % an erster Stelle; 20 % der Ackerfläche werden bewässert, sie liefern 40 % der Agrarprodukte. 19 % der Wasserentnahme gehen in die Industrie, wobei die Energiewirtschaft allein für 10 % der Wasserentnahme steht. **Wassermangel** ist oft ein saisonales Phänomen, durch den Klimawandel sind dabei Verschiebungen zu erwarten. Mehr als 2 Mrd. Menschen leben in Ländern mit starkem Wasserstress, rund 4 Mrd. Menschen erleben starken Wassermangel mindestens einen Monat pro Jahr. Laut UN Water werden bis 2050 rund 52 % der Weltbevölkerung in Wassermangel-Regionen leben.

Süßwasserreserven sind nationale oder regionale Güter, zu deren Schutz es **nationaler und länderübergreifender Strategien** bedarf. Aus der Abhängigkeit von Süßwasserzuflüssen aus Nachbarstaaten können Konflikte resultieren, v. a. wenn Wasserknappheit herrscht und die Nutzung des Flusswassers nicht über Verträge geregelt ist. 148 Staaten haben Territorien in 276 grenzüberschreitenden Flusseinzugsgebieten. Das Pacific Institute verzeichnet für die Jahre 2010-19 466 Konflikte, die meisten in Asien, bei denen entweder ein Streit über Wasserressourcen der Auslöser war oder diese als Druckmittel genutzt oder absichtlich geschädigt wurden.
Seit 1820 wurden weltweit rund 450 internationale Abkommen zur gemeinschaftlichen Flussbewirtschaftung beschlossen, aber in vielen Fällen fehlen Vereinbarungen über eine nachhaltige Entwicklung. Die UNECE-Wasserkonvention (UNECE Water Convention) wurde 1992 in Helsinki mit dem Ziel abgeschlossen, die Bewirtschaftung grenzüberschreitender **Süßwasservorkommen** zu regeln. Zunächst auf europäischer Ebene abgeschlossen, wurde sie 2003 ergänzt und zur weltweiten Teilnahme geöffnet. Als globales Abkommen tritt sie in Kraft, wenn sie von mindestens 55 Vertragsparteien ratifiziert wurde; bis Mitte 2020 waren es 43. Die UN-Fluss-Konvention (UN Watercourses Convention), die am 21.5.1997 von der UN-Vollversammlung verabschiedet wurde und am 17.8.2014 in Kraft trat, soll ein partnerschaftliches, zwischenstaatliches Management für Wassersysteme garantieren, die internationale Grenzen überschreiten.

Wassermangel und -verschmutzung sind die Hauptursachen für den Verlust an Biologischer Vielfalt und die Zerstörung von Ökosystemen. Dies kann Klima- und andere Umweltrisiken für die Bevölkerung erhöhen, dazu kommen direkte Gesundheitsschäden. **Wasserverschmutzung** verursacht 58 % der Durchfallerkrankungen bei Kindern, eine Hauptursache der Kindersterblichkeit in Entwicklungsländern. Dies führt auch zu wirtschaftlichen Schäden durch Gesundheitskosten, verminderte Ökosystemdienstleistungen (z. B. Rückgang der Fischbestände) und erhöhter Aufwand für die Wasseraufbereitung. Laut dem UNEP-Bericht Global Chemicals Outlook II (2019) fließen weltweit mehr als 80 % der industriellen oder Siedlungsabwässer direkt in Gewässer. In ärmeren Ländern bleiben 90 % der landwirtschaftlichen und industriellen Abwässer unbehandelt. Chemikalien gelangen aus Industrieanlagen, kommunalen Kläranlagen, Mülldeponien, undichten Rohrleitungen oder Tanks und aus diffusen, schwer kontrollierbaren Quellen wie dem Abfluss von Äckern, Straßen und Parkplätzen in Gewässer.

Das **Menschenrecht** auf Zugang zu sauberem Wasser und Sanitäranlagen bleibt laut einem Bericht von WHO und UNICEF von 2019 weiterhin vielen Menschen verwehrt; 2.2 Mrd. haben keinen Zugang zu sauberem Trinkwasser; 2 Mrd. nutzen mit Fäkalien verunreinigtes Trinkwasser. 4.2 Mrd. Menschen haben keinen Zugang zu sicheren Sanitäranlagen, mehr als 673 Mio. gar keinen Zugang zu Sanitäranlagen. In den Zielen für nachhaltige Entwicklung wird „nachhaltiges Management von Wasser und Sanitäranlagen für Alle" bis 2030 gefordert.

Aus Landwirtschaft und Lebensmittelverarbeitung stammt in reicheren Ländern 40 %, in ärmeren 54 % des Schadstoffeintrags. In der EU sind 38 % der Gewässer durch den Abfluss von landwirtschaftlichen Flächen geschädigt. Fließen **nährstoffhaltige Abwässer** unbehandelt in Gewässer oder das Meer, kommt es zu starker Überdüngung und Sauerstoffmangel, im Extremfall zu sauerstofffreien „Todeszonen". Große, zentrale Abwassersysteme sind allerdings für viele Staaten nicht geeignet, der Trend geht weltweit zu dezentralen Systemen. Sie ermöglichen eine Rückgewinnung der Pflanzennährstoffe Stickstoff und Phosphor (dessen bergbaulich erschließbaren Reserven zur Neige gehen) und die Energiegewinnung durch die Vergärung von Klärschlamm zu Biogas oder die Klärschlammverbrennung. Zudem sichern sie die Wasserversorgung in Zeiten wachsender Knappheit. In Deutschland haben Kläranlagen dafür gesorgt, dass der Phosphatgehalt von Gewässern zurückging, z. B. im Bodensee von 84 µg/l Ende der 1970er-Jahre auf aktuell 6-8 µg/l, typisch für einen Alpensee. Dadurch sank der Fischbestand, es kam zu Protesten von Berufsfischern.

Weit verbreitete **chemische Schadstoffe** im Grundwasser sind Industriechemikalien wie Lösungsmittel, zunehmend auch Substanzen aus dem Fracking zur Gas- und Ölförderung. Mehr als 750 verschiedene Chemikalien werden in den USA dafür verwendet, darunter Benzol und Blei. Lange Zeit unbeachtet blieb die Wasserbelastung mit per- und polyfluorierten Alkylverbindungen wie PFOS und PFOA. Sie wurden u. a. als wasser- oder fettabweisende Beschichtung von Textilien und Papier oder Löschschäume verwendet und gelangten v. a. nahe Industrieanlagen oder Flughäfen ins Grundwasser. Die Menge der Pestizide, die direkt von Äckern in Gewässer ausgewaschen werden, geht weltweit zurück. Zunehmende Besorgnis gilt allerdings dem Eintrag von Pharmazeutika. Je nach ihrer chemischen Struktur können Kläranlagen die etwa 4 000 aktiven Substanzen zu 20-80 % abbauen. Rund 100 000 t Wirkstoffe werden jährlich weltweit produziert, vermehrt werden sie in Flüssen, Grundwasser und Sedimenten gefunden. Eine wichtige Quelle ist die zunehmende Zahl der Nutztiere einschließlich Fischen; in einigen Ländern werden mehr Antibiotika an Tiere als an Menschen verabreicht.

Der EuGH stellte in einem Urteil am 21.6.2018 fest, dass **Deutschland** gegen seine Verpflichtungen zum Schutz des Grundwassers im Rahmen der Nitratrichtlinie verstoßen habe, da ein Aktionsprogramm, dessen Regelungen sich als unzureichend erwiesen hatten, nicht überarbeitet wurde. Da auch die weiteren Maßnahmen nach Ansicht der EU-Kommission Mängel wie unzureichende Vorschriften zur Begrenzung der Düngung nicht vollständig behoben, mahnte sie Deutschland am 25.7.2019, das EuGH-Urteil umzusetzen – die Grundwasserqualität in Deutschland gehöre zu den schlechtesten in Europa; der nächste Schritt wären Strafzahlungen.

Ozeane

Ozeane bedecken 71 % der Erdoberfläche, enthalten rund 97 % der weltweiten Wasservorkommen (knapp 1.4 Mrd. km³), produzieren 40 % des Sauerstoffs und beherbergen bis zu 80 % des Lebens auf der Erde, zu einem großen Teil in Form von Plankton. Nach UN-Angaben sind mehr als 3 Mrd. Menschen für Ernährung und Lebensunterhalt auf die Ressourcen der Küsten und Meere angewiesen. Küstennahe Ökosysteme wie Mangrovenwälder und Korallenriffe beherbergen eine große Zahl von Tier- und Pflanzenarten. Bei den Eingriffen in marine Ökosysteme steht die **Überfischung** im Vordergrund, obwohl die durchschnittliche Fangmenge nach einem starken Anstieg bis 1990 kaum noch zugenommen hat. Im Gegensatz zum Ertrag aus Aquakulturen, die seit 2016 den meisten Fisch für den menschlichen Verzehr liefern. Ihr jährlicher Ertragszuwachs lag in den Jahren 2001-18 bei 5.3 %, 2018 noch bei 3.2 %. Aquakulturen mit Fütterung dominieren, was im Fall von Raubfischen wie Lachs auch Auswirkungen auf die Überfischung haben kann. Inzwischen wird aber 25-35 % des Fischmehls und -öls aus zuvor ungenutzten Abfällen der Fischverarbeitung hergestellt. In Kanada, den USA und der EU sind inzwischen auch Insektenlarven als Proteinfutter zugelassen.

Globale Trends der marinen Fischbestände 1974-2017

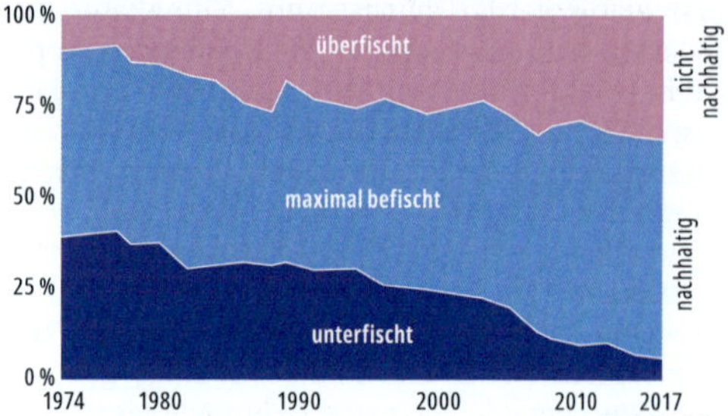

Quelle: FAO 2020

Bis 1950 war die **Überfischung** auf Fanggründe im Nordatlantik, im Nordpazifik und im Mittelmeer beschränkt, inzwischen ist sie ein globales Phänomen. Laut FAO stammen 78.7 % der Fangmenge aus biologisch nachhaltig bewirtschafteten Beständen. Die in einigen Ländern oder Regionen erzielten Erfolge konnten noch keine globale Trendumkehr bewirken. Dies zeigt laut FAO, dass der Zustand von Fischbeständen schlecht ist und sich weiter verschlechtert, wo Regelungen fehlen oder unzulänglich sind. Dabei gilt der Code of Conduct for Responsible Fisheries der FAO von 1995 als Blaupause für die Entwicklung von Fangquoten und Regelungen für die Aquakultur. Zudem gehen nach Schätzungen weltweit 35 % der Erträge aus Fischerei und Aquakulturen verloren, u. a. wegen fehlender Vermarktungsmöglichkeit, was zur Überfischung beiträgt.

Das 1994 in Kraft getretene **UN-Seerechtsübereinkommen** UNCLOS (UN Convention on the Law of the Sea) mit dem Übereinkommen zur Erhaltung und Bewirtschaftung gebietsübergreifender und weit wandernder Fischbestände von 1995 (Fish Stocks Agreement) bildet den rechtlichen Rahmen für alle Aktivitäten im Bereich der Ozeane, auch hinsichtlich ihrer nachhaltigen Nutzung. Zusätzlich beschloss die UN-Generalversammlung 2015 die Entwicklung eines rechtsverbindlichen Instruments unter UNCLOS für den Schutz der Biodiversität der Ozeane und die nachhaltige Nutzung ihrer Ressourcen außerhalb der Hoheitsgewässer, um damit die Verpflichtung aus Ziel 14 für Nachhaltige Entwicklung umzusetzen. Schon 1970 wurden Meeresgebiete außerhalb der Ausschließlichen Wirtschaftszonen einschließlich Rohstoffvorkommen im Meeresboden zum Erbe der gesamten Menschheit erklärt. Für den Nordatlantik ist seit 1998 das **OSPAR-Übereinkommen zum Schutz der Meeresumwelt** in Kraft.

2014 trat die reformierte **Gemeinsame Fischereipolitik** der EU in Kraft, bei der die Nachhaltigkeit und der Wiederaufbau überfischter Bestände im Mittelpunkt stehen. Bis 2020 sollte durch die Bewirtschaftung der Bestände entsprechend dem maximalen Dauerertrag (Maximum Sustainable Yield, MSY) die Überfischung beendet werden. Der Monitoringbericht des Scientific, Technical and Economic Committee for Fisheries der EU vom April 2019 verzeichnet aber für 2017 immer noch 41 % der Bestände als überfischt. Besonders stark ist die Ostsee betroffen, mit sieben von acht Beständen; dort hat sich die Situation seit 2014 verschlechtert.

Ökologische Gütesiegel signalisieren Verbrauchern, dass Produkte nachhaltig erzeugt wurden. Die unabhängige Organisation Marine Stewardship Council (MSC, gegründet 1996) lizenziert entsprechende Meeresfischerei. Der WWF erkennt die Leistung des MSC an, einen Umweltstandard geschaffen zu haben, sieht aber zunehmende Mängel und fordert eine Reform. Nachhaltig produzierende Zuchtbetriebe können sich vom Aquaculture Stewardship Council (ASC, gegründet 2009) zertifizieren lassen. Der WWF sieht dies als einen Kompromiss, u. a. weil Fischmehl noch nicht vollständig ersetzt werden könne; besser bewertet er die Naturland-Zertifizierung.

Durch den Klimawandel wird sich die biologische Vielfalt in den Weltmeeren langfristig verändern, weil sich die Arten unterschiedlich schnell oder gar nicht anpassen können; dies kann Auswirkungen auf die Fischerei haben. Ozeane absorbieren mehr als 90 % der zusätzlichen **Wärme**, die durch den anthropogenen Treibhauseffekt entsteht. Laut dem am 24.9.2019 veröffentlichten IPCC-Bericht zu Ozeanen und Kryosphäre hat sich die Wärmeaufnahme der Ozeane seit 1993 mehr als verdoppelt. In 700-200 m Tiefe stieg diese von knapp 1 Zj/a 1969-93 (1 Zettajoule = 10^{12} Joule) auf 3.9 ZJ/a 1993-2017, in den oberen 700 m von 3.2 ZJ/a auf 6.3 Zj/a; dieser Bereich war laut WMO 2018 so warm wie nie zuvor. Nahe der Oberfläche haben sich die Meere in den meisten Regionen um ein Grad oder mehr erwärmt. Dies führt zu einer schwächeren Durchmischung und dadurch zu einem geringeren Sauerstoffgehalt. Marine „Hitzewellen" können zu Korallensterben, extremem **Sauerstoffmangel** („Todeszonen") oder der Massenvermehrung von Algen führen. Ihre Häufigkeit hat sich laut IPCC seit 1982 verdoppelt, ihre Intensität erhöht. Fische und Meeressäuger zwingt dies zur Abwanderung in kältere Gewässer. Die Ozeane haben seit 1980 20-30 % des anthropogenen CO_2 aufgenommen; da dieses im Wasser Kohlensäure bildet, führt das zur **Versauerung** der Meere. Seit Beginn der Industrialisierung ist der pH-Wert durchschnittlich um 0.1 auf 8.1 gesunken; auf der logarithmischen Skala entspricht dies einem Absinken um 30 %. Das saurere Wasser greift die Kalkschalen bzw. -skelette von Schnecken, Muscheln, Korallen und Algen an.

Der Großteil der **Meeresverschmutzung** stammt aus Quellen an Land: Industrieabwässer, Motoröl, Luftschadstoffe, Dünger, Abfälle. Hinzu kommen Erdöl, Abwässer und Abfälle von Schiffen. Industrielle Schadstoffe wie langlebige organische Chemikalien (z. B. Polychlorierte Biphenyle, PCB) oder Quecksilber reichern sich in der Nahrungskette an. Stickstoff- und Phosphatverbindungen gelangen aus der Verbrennung fossiler Brennstoffe und mit ungeklärten Abwässern in die Meere, aber v. a. von stark gedüngten landwirtschaftlichen Flächen über Flüsse oder Küsten. Die Überdüngung mit diesen Stoffen kann eine Massenvermehrung von Algen zur Folge haben, die wiederum zu Sauerstoffmangel führt.

Anhand einer Metaanalyse wissenschaftlicher Veröffentlichungen bilanzieren Forscher des Alfred-Wegener-Instituts (AWI), dass rund 75 % des Abfalls im Meer und an Stränden ab 5 mm Größe aus Kunststoffen besteht, an der Meeresoberfläche fast 88 %. Da dessen Abbau durch chemische oder biologische Prozesse im Meer viele hundert Jahre dauern kann, werden größere Teile über lange Zeit zu **Mikroplastik** zerrieben, Partikel kleiner als 5 mm. In der gesamten Wassersäule besteht es zu rund 98 % aus Kunststoff, an der Meeresoberfläche zu knapp 90 %. In europäischen Meeren gibt es laut AWI kein abfallfreies Gebiet, und durch Tiefseegrä-

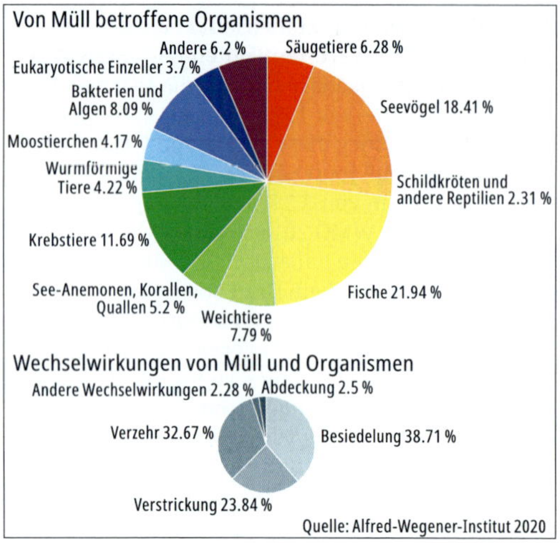

ben treibt der Abfall von den Küsten in entlegene Tiefseegebiete. Eine weitere Quelle für Mikroplastik sind winzige Kunststoff-Kügelchen in Kosmetikprodukten und Textilfasern (z. B. Fleece), die sich in der Waschmaschine lösen. Mikroplastik kann bis in die Körperzellen von Weichtieren wie Muscheln und damit auch in die menschliche Nahrungskette gelangen – zusammen mit persistenten Umweltchemikalien wie DDT oder PCB, die an der Oberfläche haften. Im arktischen Meereis fanden AWI-Forscher pro Liter 12 000 Mikroplastik-Teilchen. Lack- und Nylonpartikel von Schiffsanstrichen und Netzen verweisen auf den zunehmenden Schiffsverkehr und Fischfang in der Arktis, aber einige Partikel ließen sich anhand von Meeresströmungen bis zum Pazifischen Müllfleck zurückverfolgen, einer Ansammlung von Abfall im Nordatlantikwirbel.

Das Online-Portal Litterbase des AWI katalogisiert Wechselwirkungen mit Abfall für 2 248 Arten von Tieren, Pflanzen und Mikroorganismen. Zu 54 % handelte es sich um Kunststoffabfall, zu 73 % um Teile über 5 mm Größe. Tiere können sich z. B. darin verstricken, sie mit Nahrung verwechseln (und dann evtl. „mit vollem Magen verhungern"). Viele Kunststoffe enthalten den Weichmacher Bisphenol A, der den Hormonhaushalt von Meerestieren so verändern kann, dass sie steril werden. Wenn Organismen Abfall besiedeln und damit abdriften, können sie andernorts als gebietsfremde Art zum Problem werden.

Die **EU-Kunststoffprodukte-Richtlinie** verbietet ab 2021 Einweg-Kunststoffartikel, die besonders oft als Abfall ins Meer gelangen. Am 17.4.2019 verabschiedete das EU-Parlament die Richtlinie über Hafenauffangeinrichtungen für Schiffsabfälle, die von den Mitgliedsländern bis 28.6.2021 umgesetzt werden muss. In Deutschland wurde 2016 der **Runde Tisch Meeresmüll** gegründet. Die 50 Experten aus Fachbehörden, wissenschaftlichen Einrichtungen, Fischerei und Umweltverbänden haben Empfehlungen zu Hafenauffangeinrichtungen und zur Reduzierung des Kunststoffabfalls in Kommunen veröffentlicht.

Lärm, u. a. durch Schiffe, militärisches Sonar, Schallkanonen zur Suche nach Erdöl und Erdgas sowie Windkraftanlagen oder deren Bau kann das Gehör von Walen und Delfinen schädigen, sie sogar töten; andere Meerestiere können herannahende Räuber oder Beute überhören. Durch Ausweichverhalten gehen Lebensräume verloren oder die Tiere werden durch höheren Energieverbrauch geschwächt. Das Bundesamt für Seeschifffahrt und Hydrographie betreibt seit 2017 das System MarinEARS zur Überwachung der Grenzwerte für Rammschall beim Bau von Windkraftanlagen. Dieser weltweit größte Datensatz für Bauschall-Monitoring im Meer ist seit 29.4.2020 öffentlich zugänglich. Schutzmaßnahmen wie ein Luftblasenschleier können Rammschall dämpfen.

Wälder

Nach Ende der letzten Eiszeit vor 10 000 Jahren waren rund 6 Mrd. ha bzw. 45 % der Landfläche von Wald bedeckt, heute sind es 4.06 Mrd. ha auf 31 % der Landfläche. Weltweit gibt es 80 000 bis 100 000 Baumarten; zusammen mit den größeren Sträuchern machen sie die Hälfte der Gefäßpflanzen aus. Laut FAO sind 34 000 Arten sozioökonomisch, ökologisch oder wissenschaftlich relevant, aber nur 2 360 Arten spielen eine Rolle in der Forstwirtschaft.

Die Waldfläche ging 1990-2000 um 7.8 % zurück, 2000-10 um 5.2 % und 2010-20 um 4.7 %. Wälder sind neben Ozeanen und Atmosphäre der dritte große **Kohlenstoffspeicher** („Kohlenstoffsenke"); daran ist lebende Biomasse zu 44 %, organische Substanz der Böden zu 34 % beteiligt, der Rest entfällt auf Totholz und Streu. Vor allem junge Wälder mit starkem Zuwachs verbrauchen große Mengen CO_2. Allerdings sank der Kohlenstoffvorrat der Wälder 1990-2020 von 668 auf 662 Gt/ha.

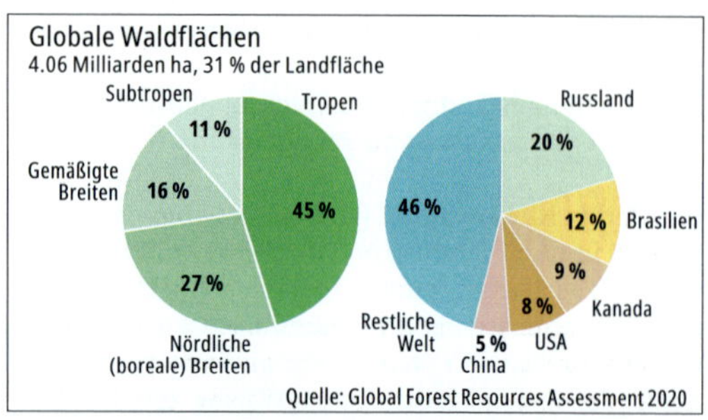

93 % der Wälder, 3.75 Mrd. ha, entstanden durch Naturverjüngung, ihr Anteil sinkt seit 1990, zuletzt langsamer. 7 % oder 290 Mio. ha Wälder wurde angepflanzt; die Fläche nahm seit 1990 um 123 Mio. ha zu, seit 2010 langsamer. 45 % der angepflanzten Wälder (3 % der Wälder insgesamt), 131 Mio. ha, sind Plantagen, die besonders intensiv bewirtschaftet werden und aus nur ein oder zwei Arten bestehen. In Südamerika sind 99 % der angepflanzten Wälder Plantagen, in Europa nur 6 %. Primärwälder – natürliche Wälder ohne Anzeichen menschlichen Einflusses – bedecken immer noch 1.11 Mrd. ha; davon liegen 61 % in Brasilien, Kanada und Russland. Weltweit ist die Fläche dieser ökologisch besonders wertvollen Wälder seit 1990 um 81 Mio. ha zurückgegangen, aber 2010-20 weniger als halb so schnell wie in der Dekade zuvor.

Wälder sind entscheidend für die **Biologische Vielfalt**, sie bilden die Lebensgrundlage für etwa 80 % der an Land lebenden Tier- und Pflanzenarten. Die FAO bilanziert in ihrem Globalen Waldzustandsbericht 2020 (The State of the World's Forests), dass sie der Lebensraum von 80 % der Amphibien, 75 % der Vögel und 68 % der Säugetiere sind. Rund 60 % der Gefäßpflanzen sind in tropischen Wäldern zu finden. Mangroven bilden die Laichgründe zahlloser Fisch- und Krustentierarten; außerdem halten sie Sedimente zurück, die ansonsten Seegraswiesen und Korallenriffe überdecken würden – weitere Biotope für viele marine Arten.

Bei der **Nutzung** der Wälder dominiert die Gewinnung von Holz und anderen Produkten: 1.15 Mrd. ha haben überwiegend diesen Zweck; der Anteil ist seit 1990 etwa stabil. Dazu kommen 749 Mio. ha mehrfachgenutzte Wälder, deren Anteil sinkt. Dem Schutz der Biodiversität sind weltweit 424 Mio. ha Wald gewidmet, 111 Mio. ha mehr als 1990. Dieser Anteil nahm v. a. 2000-10 zu, seither steigt er langsamer. Zusätzlich liegen 726 Mio. ha Wald in Schutzgebieten wie Nationalparks, ein Anstieg um 191 Mio. ha seit 1990, der sich aber seit 2010 verlangsamt hat. Dem Schutz von Boden und Wasser dienen 399 Mio. ha Wälder, die Zunahme um 119 Mio. ha seit 1990 wurde v. a. seit 2010 verzeichnet. Sozialen Zwecken wie Tourismus, Erholung, Bildung und Forschung dienen 186 Mio. ha Wald, eine Zunahme um 186 000 ha jährlich seit 1990. Die FAO schätzte den wirtschaftlichen Wert der Ökosystemdienstleistungen von Wäldern 2018 auf bis zu 16.2 Bio. US-$. 2017 waren mehr als 2 Mrd. Menschen weltweit auf Holz als Energiequelle angewiesen; über 90 % des Feuerholzes und der Holzkohle weltweit wird in Entwicklungsländern verbraucht. Industrieländer erzeugen etwa die Hälfte der Energie aus Biomasse mit Holz.

Abholzung und Schädigung von Wäldern haben nach wie vor ein alarmierendes Ausmaß und betreffen auch die ökologisch besonders wertvollen Primärwälder, konstatiert die FAO in ihrem Waldzustandsbericht 2020. Seit 1990 gingen etwa 420 Mio. ha verloren, wobei die Verlustrate gesunken ist: Sie lag 2015-20 bei 10 Mio. ha/a, in den 1990er-Jahren noch bei 16 Mio. ha/a. Mit einem Anteil von 40 % war 2000-10 die Hauptursache für Verlust oder Fragmentierung von Wäldern die Ausdehnung landwirtschaftlicher Großbetriebe, v. a. für Rinderhaltung, Soja- und Ölpalmenanbau. Subsistenzlandwirtschaft ist die Ursache für 33 % des Waldverlusts, dabei ist die Biodiversität der Wälder ein wichtiger Faktor für Resilienz und Anpassungsfähigkeit der Nahrungsmittelproduktion an den Klimawandel: Wälder schützen vor Desertifikation und Erosion und beherbergen Bestäuber, Mangroven schützen Küstengebiete vor Überflutung. Weitere Ursachen für den Waldverlust sind Feuer, Schädlinge und Krankheiten sowie invasive gebietsfremde Arten.

Daten des Netzwerks Global Forest Watch vom Juni 2020 zeigen für 2019 den dritthöchsten Verlust (nach 2016 und 2017) bei tropischen Wäldern seit 2002. 11.9 Mio. ha Wald gingen verloren (das entspricht einem Fußballfeld täglich), davon 3.8 Mio. ha **Regenwälder**; sie spielen für die Biodiversität und als Kohlenstoffsenke eine bedeutende Rolle. Mehr als ein Drittel der Fläche, 1.4 Mio ha, gingen allein in Brasilien verloren, v. a. in Gebieten mit indigener Bevölkerung. Dort nahm illegales „Land Grabbing“ für Abholzungen, Bergbau, Gas- und Ölbohrungen zu, das von der Regierung Bolsonaro geduldet wird. Der WWF warnt, dass bereits 20 % des Amazonas-Regenwaldes zerstört seien, und dass ab einem Verlust von 25 % der Zusammenbruch des Ökosystems drohe.

In Europa leiden viele Waldgebiete nach wie vor unter **Luftschadstoffen** („Waldsterben“), wobei die Belastung in den meisten Regionen leicht zurückgegangen ist. Die Emissionen führen v. a. zu einer Versauerung der Böden, der Stickstoff aus Verkehr, Landwirtschaft und anderen Quellen außerdem zu Schäden durch ein Nährstoff-Ungleichgewicht. Zunehmend wirken sich die Folgen der Klimaveränderung aus, z. B. durch Trockenheit und nachfolgenden Schädlingsbefall. Dies kann chronische Effekte durch Luftschadstoffe überlagern. In Deutschland führte die anhaltende Dürre 2018 und 2019 verbreitet zum vorzeitigen Abfallen der Blätter und begünstigte bei der Fichte die Massenvermehrung von Borkenkäfern; es wurde verstärkt ein Absterben von Bäumen beobachtet. Der Anteil deutlicher Kronenverlichtung (mehr als 25 % Blatt- bzw. Nadelver-

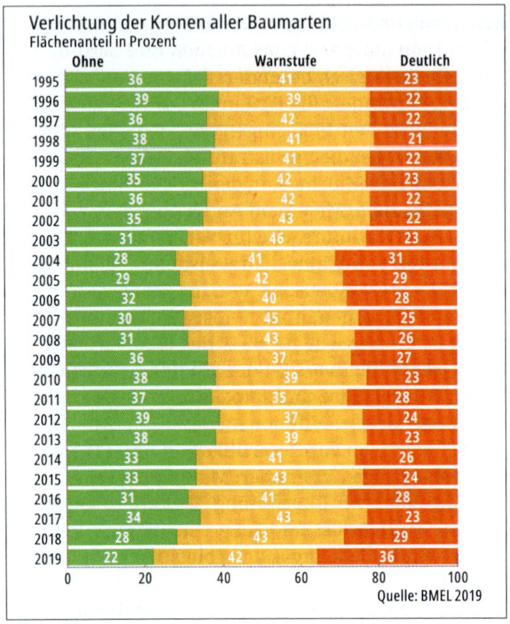

lust) war so hoch wie nie zuvor und stieg gegenüber dem Vorjahr bei der Buche von 39 % auf 47 %, bei der Eiche von 42 % auf 50 %, bei der Fichte von 30 % auf 36 %, bei der Kiefer von 15 % auf 26 %.

Unter der **Klimarahmenkonvention** wurde seit 2005 über den Schutz der Wälder verhandelt und 2007 das Programm REDD (Reduzierung von Emissionen durch Entwaldung und Schädigung) beschlossen. Ärmere Staaten sollen im Rahmen dieser Regelung einen finanziellen Ausgleich erhalten, wenn sie ihre Regenwälder schützen. Später wurde das Programm um nachhaltige Waldbewirtschaftung zu REDD+ erweitert.

In vielen Ländern fehlen aber Regeln zur nachhaltigen Bewirtschaftung oder Wälder werden illegal abgeholzt, d. h. es handelt sich um gefährdete oder geschützte Arten, Abholzungen ohne Genehmigung oder in Schutzgebieten. Nach Schätzungen von Interpol wird **illegales Holz** im Wert von 51-152 Mrd. US-$/a gehandelt, das entspricht 10-30 % des legalen Holzhandels. UNEP schätzt, dass es in einigen tropischen Ländern sogar 50-90 % sind. In Deutschland stammen laut Johann Heinrich von Thünen-Institut, Bundesforschungsinstitut für Ländliche Räume, Wald und Fischerei 2-5 % der importierten Hölzer aus illegalem Holzeinschlag, bei einzelnen, v. a. tropischen Ländern liegt der Anteil höher.

Die seit März 2013 geltende **EU-Holzhandelsverordnung** (European Timber Regulation, EUTR) verbietet die Vermarktung von illegal eingeschlagenem Holz und verpflichtet alle Marktteilnehmer, Angaben zur Art und Herkunft sowie zum Weiterverkauf ihrer Produkte machen zu können. Dadurch soll eine Vermischung von illegalen und legalen Hölzern verhindert werden. Die EUTR erfasst rund 90 % der holzhaltigen Produkte, auch Druckerzeugnisse. Die zuständige Kontrollbehörde in Deutschland ist die Bundesanstalt für Landwirtschaft und Ernährung (BLE), Gutachten erstellt das in Europa einmalige Kompetenzzentrum Holzherkünfte am Thünen-Institut. Mikroskopische Holzartbestimmungen sowie genetische Analysen, mit denen sich die Herkunft von Hölzern bestimmen lassen, ergaben, dass Massivholz größtenteils korrekt, Holzwerkstoffe wie Sperrholz, Span- und Faserplatten hingegen häufig unvollständig oder in Teilen falsch deklariert waren. Gleiches gilt für Papier und Zellstoff.

Die EU-Handelsverordnung ergänzt die freiwilligen Partnerschaftsabkommen (Voluntary Partnership Agreements, VPA) der EU mit wichtigen Holzlieferländern seit 2003 im Rahmen des **FLEGT-Aktionsplans** (Forest Law Enforcement, Governance and Trade). Im Rahmen dieser Abkommen richten die Partnerländer ein Genehmigungs- und Lizenzsystem ein, um zu gewährleisten, dass nur legal eingeschlagenes Holz in die EU exportiert wird. Im Gegenzug erhalten sie Unterstützung beim Aufbau von Kontrollsystemen und der Planung legaler Einkommensmöglichkeiten für die im illegalen Holzeinschlag Beschäftigten. Seit 2016 stellt Indonesien als erstes Partnerland FLEGT-Lizenzen für Holzexporte aus. FLEGT-Abkommen wurden auch mit Ghana, Guyana, Honduras, der Republik Kongo, Kamerun, Liberia, Vietnam und der Zentralafrikanischen Republik geschlossen. Verhandlungen laufen mit der Elfenbeinküste, der Demokratischen Republik Kongo, Gabun, Laos, Malaysia und Thailand; Konsultationen gibt es mit der VR China und Myanmar. Weitere Länder haben ihr Interesse bekundet. Das FAO-EU-FLEGT Programm unterstützt rund 250 Projekte in 26 Tropenholz produzierenden Ländern bei Maßnahmen gegen illegale Abholzungen und illegalen Holzhandel.

In deutsches Recht umgesetzt werden die europäischen Vereinbarungen durch das **Holzhandels-Sicherungs-Gesetz** (Gesetz gegen den Handel mit illegal eingeschlagenem Holz, HolzSiG) von 2011. Es befugt die BLE, verdächtiges Holz zu beschlagnahmen. Der erste große Fall betraf eine Lieferung von Wengé-Holz aus der Demokratischen Republik Kongo mit Auffälligkeiten in den Ursprungszertifikaten im Oktober 2013; eine Klage des Importeurs gegen die Beschlagnahme wurde im Juni 2017 abgewie-

Das Schuppentier (Pangolin) ist das am häufigsten gewilderte Säugetier; in Asien (v. a. China) wird es zu wirkungsloser Medizin und teuren Fleischgerichten verarbeitet. Seit 2017 ist der Handel aller acht Arten komplett verboten.

sen, das Holz wird zu Gunsten der Bundesrepublik Deutschland versteigert.

Verbraucher haben die Möglichkeit, beim Kauf von Holzprodukten und Papier auf Gütesiegel zu achten, die eine **Herkunft aus legalem Einschlag und nachhaltiger Forstwirtschaft** garantieren. Sie haben die Wahl zwischen den Siegeln FSC (Forest Stewardship Council, 2.1 Mio. ha in 90 Ländern), PEFC (Programme for the Endorsement of Forest Certification Schemes, 326 Mio. ha, 44 nationale Zertifizierungssysteme) und Naturland in Deutschland (über 53 000 ha in 18 kommunalen und privaten Betrieben).

Biologische Vielfalt

Die UN-Konvention zur Biologischen Vielfalt definiert diese nicht nur als die Verschiedenheit der Arten („Artenvielfalt"), sondern schließt auch die Variabilität innerhalb von Arten (lokale Unterarten, Sorten) und die Vielfalt der Ökosysteme ein. Das Ziel, die biologische Vielfalt zu erhalten, folgt zum einen aus der Anerkennung des Eigenwerts von Arten und Ökosystemen. Zum anderen sind Ökosysteme mit hoher biologischer Vielfalt stabiler und können damit Ökosystemdienstleistungen für Menschen zuverlässiger aufrechterhalten: die Bereitstellung von Böden, von natürlichen Ressourcen wie Wasser, Nahrung, Brennstoffe, Naturfasern und biogene Medikamente, sowie die Aufrechterhaltung von Prozessen wie die Reinigung von Wasser und Luft, Bestäubung und biologische Schädlingsbekämpfung durch Nützlinge.

2020 waren mehr als 2.14 Mio. Arten wissenschaftlich beschrieben; die Zahl der tatsächlich existierenden Arten ist weit höher. Schätzungen kommen, je nach der gewählten Systematik der Arten, zu sehr unterschiedlichen Ergebnissen. Demzufolge lässt sich auch die Aussterberate nur schätzen, da zusätzlich zu den bekannten eine unbekannte Zahl unentdeckter Arten ausstirbt.

Seit 1963 veröffentlicht die Weltnaturschutzunion IUCN (International Union for Conservation of Nature) regelmäßig eine **Rote Liste** der bedrohten Arten. Für die Ausgabe vom Juli 2020 wurden 120 372 Arten bewertet, das entspricht 6 % der wissenschaftlich beschriebenen Arten; einzelne Gruppen sind sehr unterschiedlich vertreten: 73 % der Wirbeltiere, 10 % der Pflanzen, 2 % der Wirbellosen, darunter 0.9 % der Insekten. Von den bewerteten Arten fallen 32 441 (27 %) in die Kategorien gefährdet, vom Aussterben bedroht oder stark bedroht. Dies betrifft 41 % der Amphibien, 34 % der Koniferen, 33 % der Korallenriffe, 30 % der Haie und Rochen, 28 % ausgewählter Krustentiere und 26 % der Säugetiere. Die Aussterberate liegt laut Weltbiodiversitätsrat IPBES (Intergovernmental Science-Policy Platform on Biodiversity and Ecosystem Services) zwischen zehn- und mehrere hundertmal höher als ohne menschlichen Einfluss.

Der IPBES kommt in seinem Global Assessment Report 2019 zu dem Ergebnis, dass menschliche Aktivitäten mindestens 70 % der Landoberfläche verändert haben, 66 % der Meeresoberfläche zunehmend beeinträchtigt werden, und seit dem 18. Jh. 85 % der Feuchtgebiete verloren gegangen sind. Weil Ökosysteme fragmentiert werden, Siedlungen sich immer mehr ausbreiten und der unregulierte Wildtierhandel zunimmt, steigt das Risiko für die Entstehung von Zoonosen wie Covid-19. Der IPBES warnte im April 2020, dass in Säugetieren und Wasservögeln 1.7 Mio. Viren existieren, die möglicherweise Menschen infizieren können.

Bei 25 % der Pflanzen und 33 % der Land- und Süßwassertiere, die laut Roter Liste ausgestorben sind, waren **gebietsfremde Arten** dafür mitverantwortlich – zu diesem Schluss kommt ein internationales Forscherteam in einer am 26.6.2020 veröffentlichten Studie. Weltweit sind aktuell 18 000 solcher Arten erfasst. Manche wurden absichtlich freigelassen, z. B. zur Schädlingsbekämpfung (Aga-Kröte in Australien), die meisten aber versehentlich eingeschleppt, z. B. im Ballastwasser von Handelsschiffen (chinesische Wollhandkrabbe in Norddeutschland) oder Transportkisten (Asiatischer Laubholzbockkäfer in Europa und Nordamerika). Die unbeabsichtigte Verschleppung nimmt stark zu, begünstigt durch neue Verbreitungswege wie den Handel mit Exoten, Müll als „Floß" im Meer oder neue Handelsrouten durch den Klimawandel. Dieser ermöglicht auch zunehmend die Besiedlung neuer Lebensräume und die Vermehrung auf Kosten heimischer Arten, da die Feinde der Ursprungsregion fehlen. Die EU führt seit 2016 eine Liste mit solchen invasiven gebietsfremden Arten von EU-weiter Bedeutung; für sie gelten

Restriktionen hinsichtlich Haltung bzw. Anbau, Import, Handel und Zucht. Derzeit stehen 36 (2017: 23) Pflanzen- und 30 (25) Tierarten auf der Liste.

Im Rahmen der Fauna-Flora-Habitat-Richtlinie müssen die EU-Mitgliedsländer regelmäßig Berichte zur Lage der Artenvielfalt vorlegen. Die Europäische Umweltagentur veröffentlichte auf dieser Basis im März 2015 ihren zweiten **Bericht zur Lage der Natur in der EU**. Eine günstige Lage konstatiert er nur für 23 % der Arten; für 17 % ist die Lage unbekannt. Der Großteil von 60 % ist in einer ungünstigen Lage, darunter 4 % mit einem positiven, aber 22 % mit einem negativen Trend; für 20 % der Arten ist der Trend stabil, für 14 % unbekannt. Bei den Lebensraumtypen sind nur 16 % in einer günstigen Lage, z. B. Felsökosysteme und Hartlaubgehölze. Ungünstig ist die Lage für 67 %; darunter zeigen 30 % einen negativen Trend, mit Feuchtgebieten an erster, Grünland an zweiter Stelle. Dünen, Süßwasser und Wälder zählen zu den 33 % der Lebensräume in einer ungünstigen, aber stabilen Lage.

Das Bundesamt für Naturschutz veröffentlichte die Daten zur Habitatrichtlinie 2015 im ersten Artenschutz-Report und am 19.5.2020 im ersten Bericht zu **Lage der Natur in Deutschland**. Für 25 % der Arten ist die Situation günstig (2015: 20 %), in den Alpen sogar für 48 % (2015: 33 %). Unter den Lebensraumtypen haben nur 30 %, in den Alpen 67 % einen günstigen Erhaltungszustand. In den letzten zwölf Jahren zeigten 50 % der Arten und 54 % der Lebensraumtypen einen stabilen oder positiven Trend, 34 % bzw. 41 % einen negativen.

Der IPBES nennt als wichtigste **Ursachen** für den globalen Rückgang der Biodiversität in absteigender Rangfolge: Veränderte Landnutzung wie die Umwandlung in Ackerland oder Plantagen, Übernutzung wie die Überfischung der Meere, Schadstoffe und invasive gebietsfremde Arten. Zu wichtigen Ursachen für den Artenverlust in Deutschland und in der EU zählen außerdem: hoher Nährstoffeintrag durch Düngung, Entwässerung oder Grundwasserentnahme, Zerschneidung von Lebensräumen durch Verkehrsinfrastruktur, Siedlungen und Gewerbegebiete, Freizeitnutzung, Klimawandel und der Ausbau erneuerbarer Energien (Mais- und Rapsanbau, Wind- und Wasserkraftanlagen). Marine Ökosysteme leiden v. a. unter Überfischung, Schadstoffeintrag und Nutzungsdruck an den Küsten.

Die intensive **Landwirtschaft** als Ursache für den Rückgang der Biodiversität an Land steht in den Berichten zur Lage der Natur in der EU und in Deutschland an erster Stelle. Der Verlust artenreicher Wiesen durch Düngung und häufige Mahd ist ein wesentlicher Treiber für den Rückgang der Biodiversität, da viele Insektenarten auf diese Biotope angewiesen sind und sich deren Rückgang wiederum auf die gesamte Nahrungskette mit Vögeln, Kleinsäugern etc. auswirkt.

Die Landwirtschaft ist allerdings auch selbst vom Rückgang der **Agrobiodiversität**, der genetischen Vielfalt von Nutztieren und -pflanzen betroffen. Allein zwischen 2000 und 2018 sind laut FAO 150 **Nutztierarten** ausgestorben. Eine Ursache ist die Konzentration auf nur wenige Arten, die sich auch bei den Nutzpflanzen zeigt: Von den 200 Arten, die 2014 angebaut wurden, stehen nur neun für 66 % der landwirtschaftlichen Produktion: Weizen, Mais, Reis, Kartoffeln, Sojabohne, Maniok, Zuckerrohr und -rübe, Ölpalme.

Bei der Übernutzung von Ökosystemen spielt auch die **Umweltkriminalität** eine wichtige Rolle; laut Interpol und UNEP steht sie nach dem Handel mit gefälschten Produkten und dem Drogenschmuggel weltweit an dritter Stelle der organisierten (Wirtschafts-)Kriminalität. Ökologische und ökonomische Schäden entstehen durch illegalen Holzeinschlag und -handel, Bergbau u. a. mit Quecksilber bei Goldminen, Fischerei, Abfallentsorgung sowie Wildern geschützter Arten und Schmuggel von Produkten wie Elfenbein. Deutschland ist ein wichtiger Umschlagplatz für bedrohte Arten, u. a. wegen der viermal jährlich stattfindenden Terraristika, der größten Reptilienmesse der Welt. Paare besonders begehrter, weil seltener Reptilien können mehrere tausend Euro kosten. Auch wenn sie im Herkunftsland geschützt sind, ist der Handel innerhalb der EU legal.

Die bisher umfassendste internationale Vereinbarung zum Schutz der biologischen Vielfalt ist die am 29.12.1993 in Kraft getretene **Biodiversitäts-Konvention**. Über den Erhalt der biologischen Vielfalt hinaus hat sie als weiteres Ziel die nachhaltige Nutzung der Ökosysteme und die faire Aufteilung der daraus resultierenden Gewinne durch die Regelungen des Nagoya-Protokolls, das 2014 in Kraft trat. Das Cartagena-Protokoll zur biologischen Sicherheit trat 2003 in Kraft. Bei der 14. Vertragsparteienkonferenz der Konvention 2018 in Scharm el-Scheich (Ägypten) wurde ein Aktionsprogramm verabschiedet, das den Schutz von Bestäubern, v. a. Insekten, in die Arbeit der FAO und der internationalen Chemikalienkonventionen einbeziehen soll, u. a. durch finanzielle Unterstützung bei der Entwicklung von Schutzprogrammen. Um Meeresschutzgebiete zu fördern, wurden einige Gebiete in der Ostsee, dem

Schwarzen und Kaspischen Meer als bedeutsam für die biologische Vielfalt deklariert.

Bei der Vertragsstaatenkonferenz der UN-Konvention im Oktober 2010 wurden die 20 **Aichi-Ziele zur Artenvielfalt** verabschiedet, die bis 2020 erreicht werden sollten, z. B. Abbau schädlicher Subventionen, Nachhaltigkeit bei Konsum, Landwirtschaft, Fischerei, Ende des Aussterbens von Arten, Wissenstransfer; jedes Land muss eine Biodiversitätsstrategie entwickeln. Die Ziele wurden nicht erreicht oder waren nicht gut messbar; 2020 werden sie mit dem neuen Zieljahr 2030 überarbeitet. Laut Aichi-Ziel 11 müssten 2020 17 % der Land- und 10 % der Meeresflächen als **Schutzgebiete** ausgewiesen sein, die ökologisch besonders wertvoll, wichtig für die Ökosystemdienstleistungen und gut vernetzt sind. Der Protected Planet Digital Report vom Juni 2020 des UNEP World Conservation Monitoring Centre verzeichnet 245 Schutzgebiete nach IUCN-Definition weltweit, und zwar auf 15.2 % der Landfläche (2016: 14.7 %) und 17.2 % der Meeresflächen innerhalb (2016: 10.2 %) sowie 1.2 % außerhalb der nationalen Hoheitsbereiche. Der qualitative Anspruch wird aber oft nicht erfüllt, sondern es werden Gebiete unter Schutz gestellt, für die das ohne großen Widerstand anderer Interessengruppen durchsetzbar ist. Die Umweltorganisation WWF beklagt, dass viele Lebensräume nicht ausreichend repräsentiert sind, z. B. nur 4 % der Ozeane. Und dass viele Schutzgebiete zu klein oder zerstückelt, schlecht finanziert und verwaltet sind und menschliche Aktivitäten nicht in ausreichendem Maß unterbunden werden. In Deutschland gibt es neun Schutzgebietskategorien, u. a. Nationalparke, Biosphärenreservate, Naturschutzgebiete und besonders geschützte Biotope. Da sie z. T. überlappen, lässt sich keine Gesamtfläche errechnen. Land- und Forstwirtschaft oder Tourismus ist in vielen dieser Gebiete möglich, beim Naturpark ist umweltverträglicher Tourismus sogar Teil des Konzepts.

Bereits 1975 ist das **Washingtoner Artenschutzabkommen** (Convention on International Trade in Endangered Species of Wild Fauna and Flora, CITES) in Kraft getreten. Mittels Handelsbeschränkungen oder -verboten für rund 5 800 Tier- und 30 000 Pflanzenarten soll es deren Bestände schützen. Bei der 18. Vertragsparteienkonferenz im August 2018 in Genf wurden für 142 Tier- und 20 Pflanzenarten Handelsbeschränkungen eingeführt oder verschärft, u. a. für Giraffen und bestimmte tropische Hölzer. Das totale Handelsverbot für Elfenbein wurde bestätigt, gegen den Widerstand einiger Länder im südlichen Afrika. Sie argumentierten, dass die Elefantenbestände sich erholt hätten und die Tiere in manchen Gegenden eine Gefahr für Menschen seien. Handelserleichterungen wurden hingegen beschlossen für Musikinstrumente oder deren Teile aus bestimmten Tropenhölzern. Ein totales Handelsverbot ist leichter durchzusetzen als ein eingeschränkter Handel, bei dem illegale Ware mittels gefälschter Papiere in den Handel kommen kann, was Wilderei und Schmuggel Vorschub leistet.

Die Bundesregierung hat am 1.9.2019 ein **Aktionsprogramm Insektenschutz** beschlossen. Es beinhaltet u. a. Schutz und Wiederherstellung von Insektenlebensräumen, klare Vorgaben für eine umwelt- und naturverträgliche Anwendung von Pestiziden sowie die Eindämmung des „Staubsaugereffekts" auf Insekten durch Licht. Insektenschutz und -forschung sollen mit 100 Mio. € mehr gefördert werden. Der nächste Schritt ist ein Insektenschutzgesetz, das ein Runder Tisch erarbeitet. In Bayern und Baden-Württemberg wurden 2019 Volksbegehren für mehr Artenschutz und eine stärker ökologisch ausgerichtete Landwirtschaft initiiert und an Runden Tischen verhandelt. In Bayern musste der Gesetzentwurf der Initiatoren umgesetzt werden; das Artenschutz- und das ergänzende Versöhnungsgesetz wurden am 17.7.2019 im Landtag verabschiedet. In Baden-Württemberg wurde das Volksbegehren eingestellt, da es zu einem Kompromiss kam; das Artenschutzgesetz wurde am 22.7.2020 verabschiedet.

Der negative Einfluss der Landwirtschaft auf die Biodiversität ließe sich durch einen höheren Anteil **Ökologischer Landwirtschaft** verringern, die Schädlinge mit Nützlingen bekämpft oder durch angepasste Anbaustrategien vermeidet und auf Mineraldünger verzichtet; auch die Vielfalt der Ackerfrüchte ist höher. Laut der Internationalen Vereinigung der ökologischen Landbaubewegungen IFOAM wurden Ende 2018 1.5 % der globalen Ackerfläche, 71.5 Mio. ha ökologisch bewirtschaftet; eine Zunahme von 2.9 % gegenüber 2017. Den höchsten Anteil verzeichnen Liechtenstein (38.5 %), Samoa (34.5 %) und Österreich (24.7 %). Eurostat nennt 13.5 Mio. ha oder 7.5 % der Ackerfläche für 2018 in der EU, Deutschland liegt mit 7.3 % im Mittelfeld. Das Umweltbundesamt hingegen kommt für 2018 auf einen Anteil von 9.1 % der Fläche, 1.52 Mio. ha, bewirtschaftet von 12 % der Agrarbetriebe. Seit 1996 steigt der Anteil stetig, seit 2015 deutlich schneller. Die EU-Kommission hat am 20.5.2020 im Rahmen des European Green Deal ihre Strategie „Vom Hof auf den Tisch" präsentiert; u. a. soll bis 2030 ein Viertel der landwirtschaftlichen Fläche ökologisch bewirtschaftet werden.

ABKÜRZUNGEN UND ERKLÄRUNGEN

A

ACP: Gruppe der afrikanischen, karibischen und pazifischen Staaten
ADB: Asiatische Entwicklungsbank
AdR: Europäischer Ausschuss der Regionen
AfDB: Afrikanische Entwicklungsbank
Alphabetenrate: Eine statistische Größe, die den Anteil der Bevölkerung angibt, die über 15 Jahre alt ist und lesen sowie schreiben kann.
AMISOM: Friedenstruppe der Afrikanischen Union
APEC: Asiatisch-Pazifisches Wirtschaftsforum
ASEAN: Verband Südostasiatischer Nationen
Attac: Eine globalisierungskritische weltweit agierende Nichtregierungsorganisation. Wörtlich übersetzt bedeutet es Vereinigung zur Besteuerung von Finanztransaktionen im Interesse der Bürger.
AU: Afrikanische Union

B

BINUH: Politische UN-Mission in Haiti zur Stärkung der politischen Stabilität und Förderung eines friedlichen rechtstaatlichen Umfelds.
BIP: Bruttoinlandsprodukt: Wert aller Waren und Dienstleistungen, die in einem bestimmten Zeitraum (meist einem Jahr) innerhalb der Landesgrenzen einer Volkswirtschaft durch In- und Ausländer produziert werden.
BIP-Deflator: Maßstab für die Inflation, der das Verhältnis des nominalen Bruttoinlandsproduktes eines Jahres zum realen Bruttoinlandsprodukt darstellt. Er beruht nicht auf einem festen Warenkorb, der jedes Jahr gleich bleibt, sondern bewertet alle in einer Volkswirtschaft in dem berechneten Jahr produzierten Güter und Leistungen. Er ist damit ein Preisindex auf breiter Grundlage, mit dem Preissteigerungen und Inflationsraten über einen längeren Zeitraum berechnet werden können.
BNE/Kopf: Bruttonationaleinkommen je Einwohner
BNE: Bruttonationaleinkommen: es umfasst alle erwirtschafteten Einkommen der Inländer innerhalb einer bestimmten Periode, in der Regel ein Jahr. Die Berechnung ist unabhängig davon, ob die Einkommen im Inland oder im Ausland erzielt wurden.
Das BNE entspricht damit dem Wert aller Güter und Dienstleistungen, die von inländischen Unternehmen, Haushalten und vom Staat erwirtschaftet werden.
BRICS-Staaten: Bündnis der aufstrebenden Wirtschaftsmächte Brasilien, Russland, Indien, China und Südafrika

C

CAN: Andengemeinschaft
CARICOM: Karibische Gemeinschaft
CAS: Internationales Sportschiedsgericht
CBSS: Ostseerat
CCAMLR: Kommission zum Erhalt der lebenden Meeresschätze der Antarktis
CCRT: Katastrophenbeistandsfonds des IWF
CDP: Ausschuss für Entwicklungspolitik
CEFTA: Mitteleuropäisches Freihandelsabkommen
CELAC: Gemeinschaft der Lateinamerikanischen und Karibischen Staaten
CEPA: Das „Center for European Policy Analysis" ist eine überparteiliche, gemeinnützige US-amerikanische Denkfabrik, die sich seit 2006 mit der politischen, ökonomischen und sozialen Situation der Länder Mittel- und Osteuropas und deren Verhältnis zu den USA beschäftigt.
CEPAL: Wirtschaftskommission der Vereinten Nationen für Lateinamerika und die Karibik
CERES: Koalition von umweltbewussten Volkswirtschaften
CETA: Europäisch-kanadisches Wirtschaftsabkommen
CIDH: Interamerikanischer Gerichtshof für Menschenrechte
CITES: Übereinkommen über den internationalen Handel mit gefährdeten Arten freilebender Tiere und Pflanzen oder auch Washingtoner Artenschutzübereinkommen
CIVICUS: Eine internationale Allianz, die sich der Stärkung der Bürgeraktionen und der Zivilgesellschaft auf der ganzen Welt widmet.
COE: Europarat
COMESA: Gemeinsamer Markt Ost- und Südafrikas
CTC: Ausschuss zur Bekämpfung von Terrorismus

D

DPO: Hauptabteilung Friedenssicherungseinsätze der Vereinten Nationen
DPPA: Abteilung der Vereinten Nationen für politische und friedensfördernde Angelegenheiten
DRC: Dänischer Flüchtlingsrat
DSGVO: Datenschutz-Grundverordnung

E

EAD: Europäischer Auswärtiger Dienst
EAEU, EEU: Eurasische Wirtschaftsunion
Earth Overshoot Day: Erdüberlastunstag; es ist der Tag des Jahres, an dem die menschliche Nachfrage nach nachwachsenden Rohstoffen das Angebot und die Kapazität der Erde zur Reproduktion dieser Ressourcen im laufenden Jahr übersteigt.
EBRD: Europäische Bank für Wiederaufbau und Entwicklung
ECF: Erweiterte IWF-Kreditfazilität

ECOSOC: Wirtschafts- und Sozialrat der Vereinten Nationen
ECOWAS: Westafrikanische Wirtschaftsgemeinschaft
EDSB: Europäischer Datenschutzbeauftragter
EFF: Erweiterte Fondsfazilität des IWF; in ihrem Rahmen werden einem Mitgliedsland über einen längeren Zeitraum hinweg mit höheren Finanzierungsbeiträgen Hilfen geleistet.
EFTA: Europäische Freihandelsassoziation
EGKS: Europäische Gemeinschaft für Kohle und Stahl; auch Montanunion
EGMR: Europäischer Gerichtshof für Menschenrechte
EIB: Europäische Investitionsbank
EIF: Europäische Investitionsfonds
ENP: Europäische Nachbarschaftspolitik
EP: Europäisches Parlament
ER: Europäischer Rat
ERE: Europäische Regionalfonds
Erwerbstätige: Erwerbstätige sind Personen im Alter von 15 Jahren und mehr, die mind. eine Stunde in der Woche gegen Entgelt einer beruflichen Tätigkeit nachgehen bzw. in einem Arbeitsverhältnis stehen (Arbeitnehmerinnen und Arbeitnehmer) oder selbstständig ein Gewerbe, einen freien Beruf, ein Handwerk oder eine Landwirtschaft betreiben oder als mithelfende Familienangehörige im Betrieb eines Familienmitgliedes mitarbeiten, ohne dafür Lohn oder Gehalt zu beziehen. Als Erwerbstätige gelten auch Personen, die vorübergehend nicht arbeiten, sofern sie formell mit ihrem Arbeitsplatz verbunden sind.
ESA: Europäische Weltraumorganisation
ESFI: Europäische Fonds für strategische Investitionen; auch „Juncker-Fonds“
EU: Europäische Union
EU27: Europäische Union mit 27 Mitgliedstaaten (seit dem Austritt Großbritanniens am 1.2.2020)
EuGH: Europäischer Gerichtshof
EUNAVFOR: Militärische Marinemission der Europäischen Union zum Schutz von humanitären Hilfslieferungen nach Somalia
EURATOM: Europäische Atomgemeinschaft
EuRH: Europäischer Rechnungshof
Eurostat: Statistisches Amt der Europäischen Union
EUTR: EU-Holzhandelsverordnung
EWI: Europäisches Wirtschaftsinstitut
EWR: Europäischer Wirtschaftsraum
EWSA: Europäischer Wirtschafts- und Sozialausschuss
EWWU: Europäische Wirtschafts- und Währungsunion
EZB: Europäische Zentralbank

F
FAO: Ernährungs- und Landwirtschaftsorganisation der Vereinten Nationen
FATF: Die „Financial Action Task Force“ ist eine selbstständige und internationale Expertengruppe zur Erarbeitung von Maßnahmen zur Bekämpfung von Geldwäsche und Terrorismusfinanzierung. Gründung 1989 auf Veranlassung der G7-Staaten und der EU-Kommission.
FIAN: FoodFirst Informations- und Aktions-Netzwerk: es kämpft als internationale Menschenrechtsorganisation für das Recht auf angemessene Ernährung für alle Menschen, vor allem auf Basis des internationalen Sozialpakts.
FIDH: Internationale Liga für Menschenrechte
FIL: Das „Foreign Investment Law“ ist ein chinesisches Gesetz bezüglich ausländischer Investitionen.
Fiskalpolitik: Alle finanzpolitischen Maßnahmen des Staates im Dienst der Konjunkturpolitik mittels öffentlicher Einnahmen und Ausgaben.
FLEGT: Aktionsplan für die Durchsetzung, Steuerung und den Handel im Forstrecht der Europäischen Union. Es ist ein Programm zur Bekämpfung des illegalen Holzeinschlags und der damit verbundenen schädlichen Folgen für Natur, Umwelt und Wirtschaft.

G
G5: Gruppe der fünf wichtigsten Schwellenländer
G7: Gruppe der sieben wichtigsten Industrienationen
G20: Gruppe der 20; die Europäische Union und die 19 wichtigsten Industrie- und Schwellenländer
GASP: Gemeinsame Außen- und Sicherheitspolitik der Europäischen Union
GATT: Allgemeines Zoll- und Handelsabkommen
GCC: Golfkooperationsrat (Golfrat)
Gerrymandering: Ein politikwissenschaftlicher Begriff, der die Manipulation von Wahlkreisgrenzen in einem Mehrheitswahlsystem bezeichnet, um die eigenen Erfolgsaussichten zu maximieren.
„Global Forest Watch“: Eine Open-Source-Webanwendung zur Überwachung der weltweiten Waldbestände, nahezu in Echtzeit.
GSVP: Gemeinsame Sicherheits- und Verteidigungspolitik der Europäischen Union

H
HDI: Index der menschlichen Entwicklung; Maßstab für den Entwicklungsstand eines Staates
HRC: Menschenrechtsrat
Hufeisentheorie: Die Hufeisentheorie geht davon aus, dass das politische Spektrum einer Gesellschaft mit einem Hufeisen vergleichbar ist. Politische Kräf-

te sollen sich nur dadurch unterscheiden, dass sie den Staat und seine Ordnung entweder akzeptieren, unterstützen und erhalten (in der Mitte des Hufeisens angesiedelt) oder ablehnen bis bekämpfen (an den Rändern des Hufeisens angesiedelt); jeweils links bzw. rechts.

I

IAEA: Internationale Atomenergieagentur
ICAO: Internationale Zivilluftfahrtorganisation
ICDO: Internationale Zivilschutzorganisation
ICJ: Internationaler Gerichtshof
ICTY: Internationaler Strafgerichtshof für das ehemalige Jugoslawien
IEA: Internationale Energieagentur
IEC: Unabhängige Wahlkommission
IFAD: Internationaler Fonds für landwirtschaftliche Entwicklung
IFOAM: Internationale Vereinigung der ökologischen Landbaubewegungen; seit 2015 IFOAM – Organics International
IFRC: Internationale Rotkreuz- und Rothalbmond-Bewegung
IGO: Internationale Organisation mit Völkerrechtsstatus
IJM: Internationale Juristenkommission
IKRK: Internationales Komitee vom Roten Kreuz
ILO: Internationale Arbeitsorganisation
IMO: Internationale Seeschifffahrtsorganisation
INF-Vertrag: Mittelstrecken-Nuklearstreitkräfte-Vertrag oder Washingtoner Vertrag über nukleare Mittelstreckensysteme
INGO: Internationale Nichtregierungsorganisation
IOM: Internationale Organisation für Migration
IPCC: Weltklimarat
IPCR: Krisenmechanismus der Europäischen Union: Integrierte Regelung für die politische Reaktion auf Krisen
IRC: Internationale Hilfsorganisation für Flüchtlinge und Kriegsopfer
ISA: Internationale Meeresbodenbehörde
ISO-Codes: Ländercodeliste: bei den Staaten wird der dreibuchstabige ISO-3-Code nach DIN EN ISO 3166-1 angewendet.
ISS: Internationale Raumstation
IStGH: Internationaler Strafgerichtshof
ITC: Internationales Handelszentrum
ITLOS: Internationaler Seegerichtshof
ITU: Internationale Fernmeldeunion
ITUC: Internationaler Gewerkschaftsbund
IUCN: Internationale Union zur Bewahrung der Natur
IUFRO: Internationaler Verband Forstlicher Forschungsanstalten
IWF: Internationaler Währungsfonds

K

KFOR: Kosovo-Truppe; multinationale militärische Einheit unter der Leitung der NATO im Kosovo.

L

LAS: Liga der Arabischen Staaten
LDC: Am wenigsten entwickelte Länder
LRTAP: Übereinkommen über weiträumige grenzüberschreitende Luftverunreinigung oder auch Genfer Luftreinhaltekonvention

M

MACCIH: Mission zur Unterstützung des Kampfes gegen Korruption und Straflosigkeit in Honduras
MarinEARS: „Marine Explorer and Registry of Sound"; ein System des Bundesamts für Seeschifffahrt und Hydrographie zur Überwachung der Grenzwerte für Rammschall beim Bau von Windkraftanlagen.
MERCOSUR: Gemeinsamer Südamerikanischer Markt
MINUJUSTH: UN-Mission zur Unterstützung der Justiz in Haiti
MINURSO: UN-Mission für das Referendum in Westsahara
MINUSCA: Multidimensionale Integrierte Stabilisierungsmission der Vereinten Nationen in der Zentralafrikanischen Republik
MINUSMA: UN-Mission für die Stabilisierung von Mali
MINUSTAH: UN-Mission zur Stabilisierung Haitis
MONUSCO: UN-Mission für die Stabilisierung der Demokratischen Republik Kongo
MSF: Ärzte ohne Grenzen

N

NAFTA: Nordamerikanisches Freihandelsabkommen
NASA: Nationale Luft- und Raumfahrtbehörde der Vereinigten Staaten von Amerika
NATO: Organisation des Nordatlantikvertrags
NDC: Die nationalen Klimabeiträge bilden das Herzstück des Pariser Klimaabkommens. Alle Vertragsstaaten formulieren in ihnen ihre Emissionsminderungs- und Anpassungsziele, die sie international kommunizieren und regelmäßig aktualisieren müssen.
New-START-Vertrag: Atomarer Abrüstungsvertrag zwischen den USA und Russland, der die Begrenzung strategischer Kernwaffen regelt.

NGO: Nichtregierungsorganisation
Nonproliferation: Nichtverbreitung; verwendet unter anderem im Zusammenhang mit Kernwaffen: Atomwaffensperrvertrag oder Nuklearer Nichtverbreitungsvertrag.
NVK: Nationaler Volkskongress

O
OAS: Organisation Amerikanischer Staaten
OCCAR: Internationale Organisation für Rüstungskooperation
OCHA: Amt der Vereinten Nationen für die Koordinierung humanitärer Angelegenheiten
OCT: Büro der Vereinten Nationen für Terrorismusbekämpfung
ODKB: Organisation des Vertrags über kollektive Sicherheit
OECD: Organisation für wirtschaftliche Zusammenarbeit und Entwicklung
OHCHR: Kommissar für Menschenrechte
OLAF: Europäisches Amt für Betrugsbekämpfung
OMCT: Weltorganisation gegen Folter
OPCW: Organisation für das Verbot chemischer Waffen
OPEC: Organisation erdölexportierender Länder
OSZE: Organisation für Sicherheit und Zusammenarbeit in Europa

P
PBC: Kommission für Friedenskonsolidierung innerhalb der Vereinten Nationen
PEPP: Pandemie-Notfallaufkaufprogramm der Europäischen Zentralbank. Es handelt sich um ein temporäres Ankaufprogramm für Anleihen öffentlicher und privater Schuldner.
PNA: Palästinensische Nationalverwaltung

R
RDE: Emissionen im praktischen Fahrbetrieb
RSF: Reporter ohne Grenzen

S
SAARC: Südasiatische Vereinigung für regionale Kooperation
SADC: Entwicklungsgemeinschaft des südlichen Afrika
SDG: Ziele für nachhaltige Entwicklung
SGC: Südlicher Gaskorridor
SICA: Zentralamerikanisches Integrationssystem
SNMCMG: Ständiger Minenabwehrverband der NATO
SNMG: Ständiger maritimer Einsatzverband der NATO
Staatsform: Darunter versteht man die äußere politische Organisationsform eines Staates. Es gibt eine Vielzahl unterschiedlicher Systeme, u. a. 1) die moderne Unterteilung: Monarchie, Aristokratie, Demokratie, 2) nach dem Staatsoberhaupt: Monarchie, Republik, 3) nach Art der Regierung: parlamentarisches, präsidiales Regierungssystem, 4) nach der rechtlichen Bindung des Herrschers: Absolutismus, Verfassungsstaat oder 5) nach der Binnengliederung: Einheits- oder Bundesstaat. In den unterschiedlichen Varianten existieren auch viele Mischformen, wie z. B. Wahlmonarchie, Diktatur, Volksrepublik oder islamische Republik. Bei der Monarchie übt eine einzelne Person i. d. R. auf Lebenszeit die Herrschaft aus. Zu unterscheiden sind a) nach Art der Weitergabe der Herrschaft die Erb- oder Wahlmonarchie und b) nach der Herrschaftsbefugnis die unbeschränkte (absolute) und eingeschränkte (konstitutionelle oder parlamentarische) Monarchie. Bei Letzteren ist die Macht des Monarchen durch eine Verfassung beschränkt. Bei der parlamentarischen Monarchie hat der Monarch im Gegensatz zur konstitutionellen Monarchie nicht die Möglichkeit, die Regierung abzusetzen und ausschließlich repräsentative Aufgaben. Die Staatsform der Republik zeichnet sich dadurch aus, dass die Regierenden direkt durch das Volk oder indirekt durch Repräsentanten des Volkes gewählt werden und dass ihre Amtszeit begrenzt ist. Bei der parlamentarischen Republik liegt die Macht beim Parlament bzw. dem daraus gewählten Regierungschef. Er hat erweiterte Rechte gegenüber dem Staatsoberhaupt, dem Präsidenten und ist dadurch die mächtigste Person. In der Präsidialrepublik dagegen hat der Präsident als Staatsoberhaupt und Regierungschef die Regierungsgewalt inne. In der semipräsidialen Republik existiert eine zweiköpfige Exekutive aus Präsident und Ministerpräsident, beide mit gleichen Machtbefugnissen. Diese Machtverteilung führt dazu, dass Beide miteinander rivalisieren können vor allem, wenn sie nicht derselben politischen Partei angehören.

T
TANAP: Transanatolische Pipeline
TAP: Trans-Adria-Pipeline
TAPI: Turkmenistan-Afghanistan-Pakistan-Indien-Pipeline
TCP: Transkaspische Pipeline
TDH: Terre des hommes
TIAR: Interamerikanischer Vertrag über gegenseitigen Beistand

Triage: In der Medizin beschreibt es im Fall eines Massenanfalls die schnelle Sichtung bzw. Einteilung der Betroffenen in unterschiedlich priorisierte Kategorien nach der Schwere ihrer Verletzungen.
Turkstream: Gaspipeline durch das Schwaze Meer zwischen der Türkei und Russland

U
UN: Vereinte Nationen
UNAIDS: Gemeinsames Programm der Vereinten Nationen für HIV/Aids
UNAMA: UN-Unterstützungsmission in Afghanistan
UNAMI: UN-Unterstützungsmission im Irak
UNAMID: Friedenstruppe der Vereinten Nationen und der Afrikanischen Union in Darfur
UNCD: UN-Konferenz für Abrüstung; im deutschsprachigen Raum als Genfer Abrüstungskonferenz bekannt.
UNCTAD: Welthandels- und Entwicklungskonferenz
UNDOF: UN-Truppenkontingent auf den Golanhöhen
UNDP: Entwicklungsprogramm der UN
UNEP: Umweltprogramm der Vereinten Nationen
UNESCO: Organisation für Erziehung, Wissenschaft und Kultur
UNFICYP: Friedenstruppe der UN in Zypern
UNFPA: Bevölkerungsfonds der Vereinten Nationen zur Finanzierung von Bevölkerungsprogrammen
UN-HABITAT: Wohn- und Siedlungsprogramm der Vereinten Nationen
UNHCR: Hoher Flüchtlingskommissar der Vereinten Nationen
UNICEF: Kinderhilfswerk der Vereinten Nationen
UNICRI: Interregionales Forschungsinstitut für Kriminalität und Rechtspflege
UNIDIR: Institut für Abrüstungsforschung
UNIDO: Organisation für industrielle Entwicklung
UNIFIL: UN-Beobachtungsmission im Libanon
UNIOGBIS: UN-Mission zur Stabilisierung des afrikanischen Staates Guinea-Bissau
UNISFA: UN-Friedensmission für das zwischen Sudan und Südsudan umstrittene Abyei-Gebiet
UNITAMS: Neue UN-Mission zur Unterstützung des demokratischen Übergangs im Sudan und der Begleitung des innersudanesischen Friedensprozess.
UNITAR: Ausbildungs- und Forschungsinstitut
UNMHA: UN-Mission zur Unterstützung des Hodeida-Abkommens
UNMIK: Interimsverwaltungsmission der Vereinten Nationen im Kosovo
UNMISS: UN-Mission im Südsudan
UNMOGIP: Militärbeobachtergruppe der Vereinten Nationen in Indien und Pakistan
UNOAU: Büro der UN bei der Afrikanischen Union
UNOCA: Regionalbüro der UN für Zentralafrika
UNODC: Büro für Drogen- und Verbrechensbekämpfung
UN-OHRLLS: UN-Koordinator für die am wenigsten entwickelten Länder
UNOWAS: UN-Mission für Westafrika und den Sahel
UNPFII: Ständiges Forum für indigene Fragen
UNRCCA: Abteilung der Vereinten Nationen für politische und friedensfördernde Angelegenheiten für Zentralasien
UNRGID: Hauptabteilung für politische und friedensfördernde Angelegenheiten der Vereinten Nationen in Genf
UNRISD: Forschungsinstitut für soziale Entwicklung
UNRWA: Hilfswerk der Vereinten Nationen für Palästina-Flüchtlinge im Nahen Osten
UNSCO: Sonderkoordinator der Vereinten Nationen für den Nahost-Friedensprozess
UNSCOL: Sonderkoordinator der UN im Libanon
UNSMIL: UN-Mission zur Stabilisierung in Libyen
UNSOM: UN-Mission zur Unterstützung der Afrikanischen Union zur Friedenssicherung in Somalia
UNTSO: UN-Mission zur Wahrung des Waffenstillstandes im Nahen Osten
UN-WOMEN: UN-Einheit für Gleichstellung und Ermächtigung der Frauen
UNWTO: Weltorganisation für Tourismus
UPU: Weltpostverein
USMCA: US-Freihandelsabkommen

V
VCDNP: Wiener Zentrum für Abrüstung und Nonproliferation
Venedig-Kommission: Europäische Kommission für Demokratie durch Recht. Eine Einrichtung des Europarats, die mit den Staaten daran arbeitet Demokratie, Grundrechte und Rechtsstaatlichkeit zu etablieren und zu festigen.
Volatilität: Maß der Schwankung von Preisen, Aktien- und Devisenkursen, Zinssätzen oder auch ganzen Märkten innerhalb einer kurzen Zeitspanne.

W
Wada: Welt-Anti-Doping-Agentur
WEF: Weltwirtschaftsforum
WFP: Welternährungsprogramm
WGMS: Welt-Gletscher-Beobachtungsdienst
WHO: Weltgesundheitsorganisation
WIPO: Weltorganisation für geistiges Eigentum
WMO: Weltorganisation für Meteorologie
WTO: Welthandelsorganisation
WWF: World Wide Fund For Nature

ABKÜRZUNGEN ATLAS

A

AUS: A Australia (engl.) Australien

B

Bol.: Bolsch | oj, -aja, -oje (rus.) Groß-

BR: Brasil (port.) Brasilien

C

Cd.: Ciudad (span.) Stadt

C., Co.: Cerro (span.) Berg, Hügel

CO: Colombia (span.) Kolumbien

CR: Costa Rica

D

DK: Danmark (dän.) Dänemark

E

E: España (span.) Spanien

EC: Ecuador

F

F: France (frz.) Frankreich

Ft.: Fort (engl.) Festung, Schanze

G

GB: Great Britain (engl.) Großbritannien

GQ: Äquatorialguinea

GR: Griechenland

H

Hist.: Historic (engl.) historisch

HN: Honduras

I

I.: Ilha (port.), Isla (span.), Island (engl.) Insel

I: Italia (ital.) Italien

IND: Indien

J

J.: Jabal, Jebel (arab.) Berg

J: Japan

K

K.: Kap

K.: Kuala (malaisch) Flussmündung

L

L.: Lake (engl.) See

M

MEX: Mexiko

MS: Mauritius

Mt.: Mount (engl.) Berg

Mtn.: Mountain (engl.) Berg

Mtns., Mts.: Mountains (engl.) Gebirge

MYA: Myanmar

N

N: Norge (norw.) Norwegen

Nev.: Nevado (span.) Berg mit Schneegipfel

NIC: Nicaragua

NL: Niederlande

NP: Nationalpark

NZ: New Zealand (engl.) Neuseeland

P

P.: Pik, Pico (span.) Bergspitze, Gipfel

P: Portugal

Pal.: Pallace (engl.) Palast

Pen.: Peninsula (engl.) Halbinsel

Pk.: Peak (engl.) Bergspitze

Pt.: Port (engl.) Hafen

Pt.: Point (engl.) Kap, Spitze

Pta.: Punta (port., span.) Kap, Spitze

Pto.: Puerto (span.) Hafen

R

R.: Río (span.) Fluss

RCH: Chile

RUS: Russland

S

S.: São (port.), San (span.) heilig, Sankt

Sa.: Serra (port.) Gebirge

Sn ía.: Serranía (span.) Bergland

Sra.: Sierra (span.) Gebirge

St., St: Saint (engl., frz.) Heiliger, Sankt

Sta.: Santa (span.) Heilige, Sankt

Ste: Sainte (frz.) Heilige, Sankt

Sto.: Santo (span., port.) Heiliger, Sankt

SY: Seychellen

T

TN: Tunesien

TR: Türkei

U

USA: United States of America (engl.) Vereinigte Staaten von Amerika

V

V., Vn: Volcán (span.) Vulkan

Z

ZA: Zuid-Afrika (nied.) Südafrika

WELTATLAS

DIE ERDE

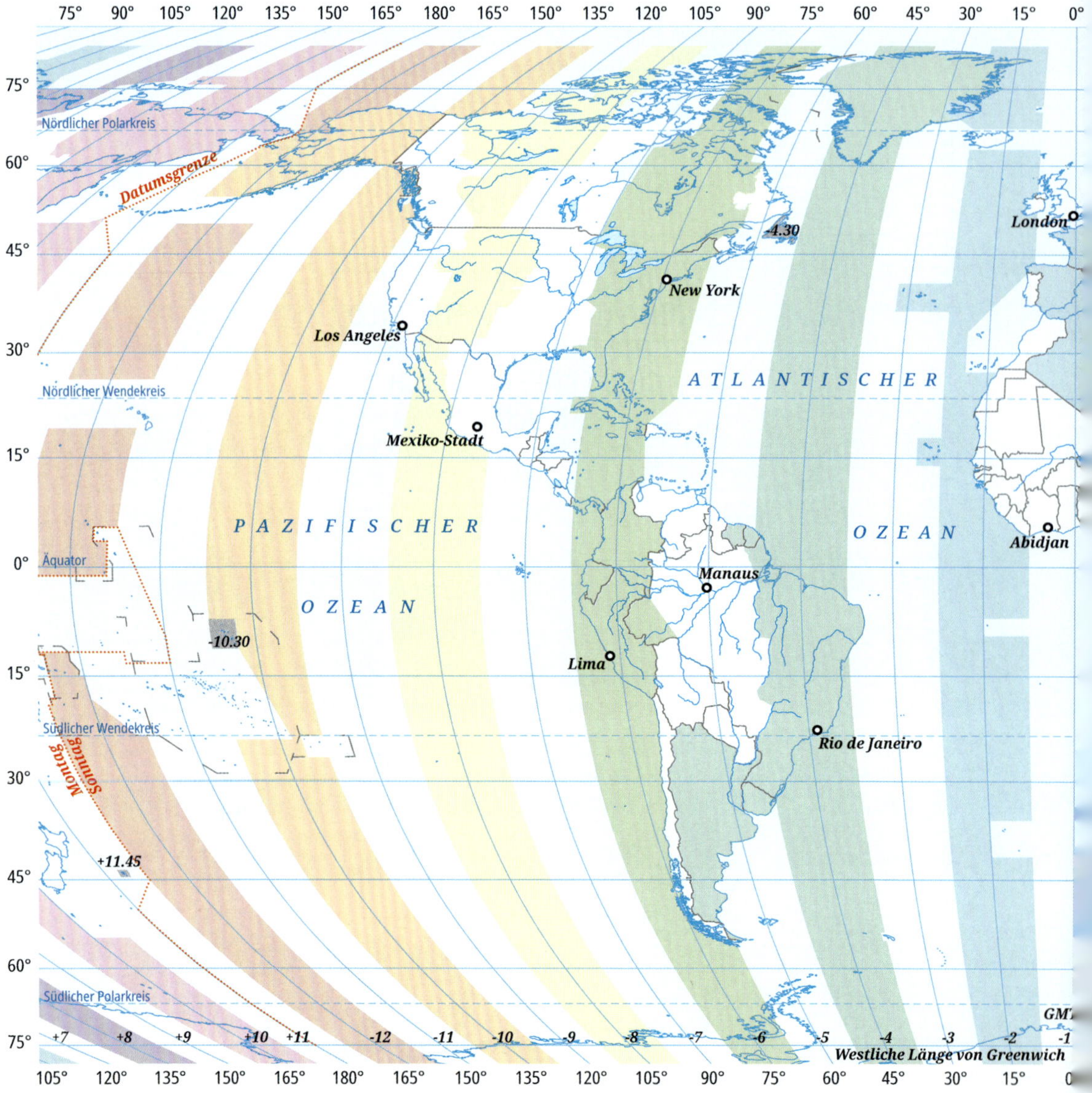

Im internationalen Verkehr sind außer der geografischen Lage von Städten die jeweils dort gültige Ortszeit von großer Bedeutung. Die Welt ist in 24 Zeitzonen unterteilt, in denen es beim höchsten Sonnenstand jeweils 12 Uhr mittags ist. Im Jahr 1884 wurde international festgelegt, dass der durch Greenwich verlaufende nullte Längengrad (Nullmeridian) Grundlage für die Zonenzeiten sein soll. Von örtlichen Ausnahmen abgesehen sind die Zeitzonen jeweils 15 Längengrade breit, was einer Zeitstunde entspricht. In jeder Zeitzone werden die Uhren danach gestellt, ob sie sich westlich oder östlich von Greenwich befinden. Alle Länder, die um einen bestimmten Längengrad gruppiert sind, haben die gleiche Ortszeit. Die Grenzlinien der Zeitzonen verlaufen im festländischen Bereich meist entlang von Staatsgrenzen, was die Zeitrechnung in größeren Regionen vereinfacht.

Die Westeuropäische Zeit (WEZ) entspricht der Ortszeit des Meridians von Greenwich (0°), die Mitteleuropäische Zeit (MEZ) der Ortszeit von 15° östlich Greenwich, die Osteuropäische Zeit (OEZ) der Ortszeit von 30° östlich Greenwich.

Die deutschsprachigen Länder gehören in die Zone der Mitteleuropäischen Zeit. Aus naheliegenden Gründen ist deshalb in dieser Karte zum Auffinden der verschiedenen weltweiten Zonenzeiten die 12-Uhr-Stunde der Mitteleuropäischen Zeit als Ausgangszeit zugrunde gelegt worden. Ist es in Berlin oder München (MEZ) 12 Uhr, so ist es in London (WEZ) 11 Uhr, in Helsinki (OEZ) 13 Uhr, in Tokio 20 Uhr, in New York 6 Uhr morgens.

Die Datumsgrenze im Zentralpazifik folgt teils dem 180. Längengrad, teils staatlichen Grenzen. Beim Überschreiten der Datumsgrenze in ostwestlicher Richtung wird ein Datum (Tag) übersprungen, in westöstlicher Richtung wird das gleiche Datum wiederholt. Dadurch werden die Zeitdifferenzen ausgeglichen, die sich durch das Fahren oder Fliegen mit oder gegen die Erdumdrehung ergeben.

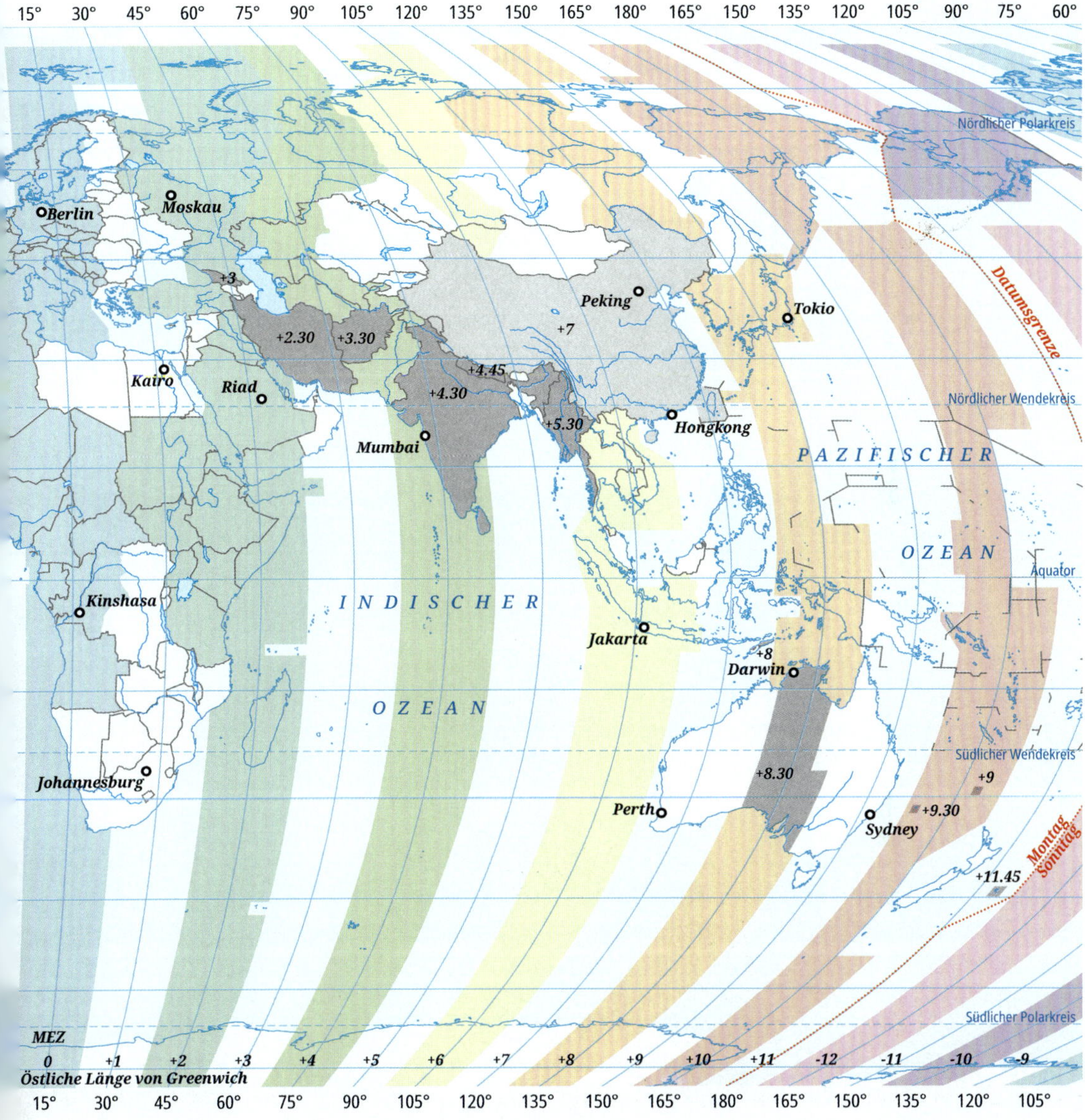

Zeitzonen

Zeitzonen

abweichende Landeszeit (bezogen auf MEZ)

Sonntag
Montag
Datumsgrenze

GMT Greenwich Mean Time (= Koordinierte Weltzeit UTC)

MEZ Mitteleuropäische Zeit

1: 140 000 000

0 1500 3000 4500 5000 km

KW KUWAIT - Kuwait
LB LIBANON - Beirut
LC ST. LUCIA - Castries
LI LIECHTENSTEIN - Vaduz
LS LESOTHO - Maseru
LU LUXEMBURG - Luxemburg
MC MONACO - Monaco
MD MOLDAWIEN - Chisinau
ME MONTENEGRO - Podgorica
MK NORDMAZEDONIEN - Skopje
MT MALTA - Valletta
MW MALAWI - Lilongwe
NL NIEDERLANDE - Amsterdam
QA KATAR - Doha
RS SERBIEN - Belgrad
RW RUANDA - Kigali
SI SLOWENIEN - Ljubljana
SK SLOWAKISCHE REPUBLIK - Bratislava
SL SIERRA LEONE - Freetown
SM SAN MARINO - San Marino
ST SÃO TOMÉ UND PRÍNCIPE - São Tomé
SV EL SALVADOR - San Salvador
SZ ESWATINI/SWASILAND - Mbabane
TG TOGO - Lomé
TT TRINIDAD UND TOBAGO - Port of Spain
VA VATIKANSTADT - Vatikanstadt
VC ST. VINCENT UND DIE GRENADINEN - Kingstown
XK KOSOVO - Priština

1: 140 000 000 — 0 1500 3000 4500 5000 km

EUROPA
ASIEN
AUSTRALIEN
Sibirien
Westsibirisches Tiefland
Mittelsibirisches Bergland
Franz-Josef-Land
Spitzbergen
Nowaja Semlja
Sewernaja Semlja
Neusibirische Inseln
Wrangelinsel
Tschuktschensee
Laptewsee
Karasee
Barentssee
Taimyrhalbinsel
Werchojansker Gebirge
Kolymagebirge
Kamtschatka
Beringmeer
Aleuten
Ochotskisches Meer
Sachalin
Kurilen
Hokkaido
Honshu
Kyushu
Japanisches Meer
Sichote Alin
Mandschurei
Skandinavien
Ostsee
Nordsee
Alpen
Karpaten
Kaukasus
Schwarzes Meer
Kaspisches Meer
Uralgebirge
Altai
Sajan
Tian Shan
Gobi
Takla-Makan
Kunlun Shan
Hindukusch
Himalaja
Belutschistan
Thar
Dekhan
Mesopotamien
Arabische Halbinsel
Rub al-Khali
Rotes Meer
Libysche Wüste
Tibesti
Hoggar
Darfur
Sahara
AFRIKA
Kongobecken
Kalahari
Namib
Drakensberge
Madagaskar
Komoren
Seychellen
Sokotra
Somalihalbinsel
Maskarenen
Réunion
Malediven
Chagos-archipel
Ceylon
Arabisches Meer
Golf von Bengalen
Andamanen
Nikobaren
Südchinesisches Bergland
Hainan
Taiwan
Ryukyu-Inseln
Ostchinesisches Meer
Südchinesisches Meer
Philippinensee
Philippinen
Luzon
Mindanao
Kalimantan
Sumatra
Java
Sulawesi
Molukken
Neuguinea
Bismarck-archipel
Salomonen
Christmas I.
Nördliche Marianen
Mikronesien
Karolinen
Palau
Ogasawara-Inseln
Gilbertinseln
Fidschi
Neue Hebriden
Neukaledonien
Korallensee
Große Sandwüste
Great Dividing Range
Nullarborebene
Tasmanien
Tasmansee
Neuseeland
Nordinsel
Südinsel
Chathaminseln
NORDPAZIFISCHER OZEAN
SÜDPAZIFISCHER OZEAN
INDISCHER OZEAN
Zentralindischer Rücken
Bengalischer Rücken
Südwestindischer Rücken
Südostindischer Rücken
Prince-Edward-Inseln
Crozetinseln
Kerguelen
Heard I.
SÜDPOLARMEER
Enderbyland
Prinz-Charles-Gebirge
Amerikanisches Hochland
Wilkesland
Ballenyinseln
Belgica-Gebirge
Schwabenland
Königin-Maud-Land
ANTARKTIS
St. Lawrence I.
Nördlicher Polarkreis
Nördlicher Wendekreis
Äquator
Südlicher Wendekreis
Südlicher Polarkreis
30°
60°
90°
120°
150°
180°
0°

ANTARKTIS
Polarplateau
Südpol
2803
Transantarktisches Gebirge
SÜDPOLARMEER
Weddell-meer
Ross-meer
Amundsen-see
Bellingshausen-meer
Drakestraße
Ross-Schelfeis
Ronne-Schelfeis
Filchner-Schelfeis
Amery-Schelfeis
West-Schelfeis
Shackleton-Schelfeis
Larsen-Schelfeis
Abbot-Schelfeis
Wilkesland
Königin-Maud-Land
Neuschwabenland
Wegener Eis
Enderbyland
MacRobertsonland
Prince-Charles-Gebirge
Amerikanisches Hochland
Coatsland
Edith-Ronne-Land
Ellsworth-land
Ellsworthhochland
Marie-Byrd-Land
Victoria-land
Adélieland
Antarktische Halbinsel
Palmerland
Pensacola-gebirge
Theronkette
Shackletonkette
Königin-Maud-Kette
Harold-Byrd-Kette
Commonwealth-kette
Königin-Alexandra-Kette
Britanniakette
Worcesterkette
Prinz-Albert-Kette
Admiralitätsberge
Horlick Mts.
Whitmore Mts.
Hudson Mts.
Kohler-kette
Hal-Flood-Kette
Rockefeller-plateau
Hollick-Kenyon-Plateau
Mt. Vinson
4892
Mt. Markham
4352
Mt. Erebus
3794
Mt. Lister
3962
Mt. Sidley
4181
Mt. Menzies
3358
Mt. Hawkes
3659
Südlicher Polarkreis
Magnetischer Pol
Kap Adare
Kap Dart
K. Norvegia
K. Poinsett
K. Colbeck
Südl. Shetland-inseln
Südl. Orkney-inseln (GB)
Elephant I.
Clarence I.
Peter I. Island
Alexander Island
Berkner Island
Roosevelt I.
Ross I.
Balleny-inseln
1:35 000 000
0
500
1000
1500 km

EUROPA

EUROPÄISCHES NORDMEER
Dänemarkstraße
Nördlicher Polarkreis
Jan Mayen (N)
Ittoqqortoormiit
Grönland
ISLAND
Isafjördhur
Akureyri
Seydhisfjördhur
Akranes
Reykjavík
Keflavík
Vestmannæyjar
Färöer (DK)
Tórshavn
Shetland-inseln
Lerwick
Orkney-inseln
Thurso
Hebriden
Rockall (GB)
Inverness
Aberdeen
Dundee
Edinburgh
Glasgow
Londonderry
Belfast
Carlisle
Newcastle upon Tyne
GROSSBRITANNIEN U. NORDIRLAND
Leeds
Kingston upon Hull
Manchester
Liverpool
Sheffield
IRLAND
Galway
Limerick
DUBLIN
Birmingham
Norwich
Cork
Keltische See
Oxford
LONDON
Cardiff
Bristol
Dover
Plymouth
Southampton
Ärmelkanal
Kanalinseln (GB)
Cherbourg
Nordsee
NORWEGEN
SCHWEDEN
Tromsø
Lofoten
Narvik
Bodø
Namsos
Trondheim
Kristiansund
Ålesund
Östersund
Sundsvall
Bergen
Lillehammer
Oslo
Drammen
Falun
Gävle
Västerås
Uppsala
Stavanger
Karlstad
Örebro
Norrköping
Kristiansand
Skagerrak
Göteborg
Jönköping
Aalborg
DÄNEMARK
Kalmar
Öland
KOPENHAGEN
Helsingborg
Esbjerg
Odense
Malmö
(DK) Bornholm
Kiel
Rostock
HAMBURG
Bremen
Groningen
NIEDERLANDE
Amsterdam
Hannover
BERLIN
Stettin
Danzig
Posen
Rotterdam
Essen
DEUTSCHLAND
Leipzig
Dresden
Breslau
Antwerpen
Düsseldorf
Köln
Lille
BELG.
Calais
Erfurt
Ústí n. Labem
BRÜSSEL
Lüttich
Bonn
Frankfurt a. Main
Pilsen
PRAG
LUX.
Luxemburg
TSCHECH. REP.
Ostrava
Brünn
Rouen
Reims
Le Havre
Brest
PARIS
Straßburg
Stuttgart
Nürnberg
WIEN
Rennes
MÜNCHEN
LIECHT.
Linz
Salzburg
Bratislava
Lorient
Tours
Orléans
Dijon
Basel
Zürich
Innsbruck
ÖSTERREICH
Graz
Győr
Nantes
Poitiers
FRANKREICH
Bern
Clermont-Ferrand
Genf
SCHWEIZ
SLOWENIEN
Ljubljana
BUDA
La Rochelle
Golf von Biskaya
Limoges
Lyon
MAILAND
Triest
Pécs
Zagreb
Bordeaux
St-Étienne
Turin
Verona
Venedig
Rijeka
Banja Luka
Genua
Bologna
KROATIEN
SAN MARINO
Adriatisches Meer
La Coruña
Gijón
Bilbao
Biarritz
Toulouse
Nîmes
Nizza
MONACO
Florenz
Ancona
Sarajevo
Split
León
Burgos
Donostia-San Sebastián
Montpellier
Marseille
Livorno
Vigo
ANDORRA
Perpignan
Bastia
Korsika
Ajaccio
VATIKANSTADT
ROM
Dubrovnik
Pescara
Podgorica
Valladolid
Saragossa
BARCELONA
Porto
PORTUGAL
SPANIEN
Coimbra
MADRID
Sassari
Olbia
NEAPEL
Bari
Salerno
ITALIEN
Tarent
Mallorca
Menorca
Palma d. Mallorca
Tyrrhenisches Meer
Toledo
Lissabon
Badajoz
Albacete
Valencia
Sardinien
Cosenza
Setúbal
Córdoba
Linares
Alicante
Balearen
Cagliari
Palermo
Messina
Sevilla
Granada
Reggio di C.
MITTELMEER
Bizerte
Faro
Cádiz
Almería
ALGIER
Bejaïa
Annaba
Agrigent
Catania
Málaga
Sizilien
Syrakus
Tanger
Gibraltar (GB)
Ceuta (E)
Melilla (E)
Oran
TUNIS
Sousse
MALTA
Valletta
Tetouan
El Asnam
SÉTIF
Constantine
Sidi Bel-Abbès
Oujda
RABAT
Fès
Biskra
Sfax
TUNESIEN
CASABLANCA
Meknès
Laghouat
Madeira-Archipel (P)
Funchal
MAROKKO
Tozeur
Medenine
TRIPOLIS
Marrakesch
Ghardaïa
Ouargla
Misurata
ALGERIEN
Agadir
Kanarische Inseln
Miguel
a Delgada
ATLANTISCHER OZEAN
Trail
70°
60°
50°
40°
20°
10°
0°
1:30 000 000
0
500
1000
1500 km

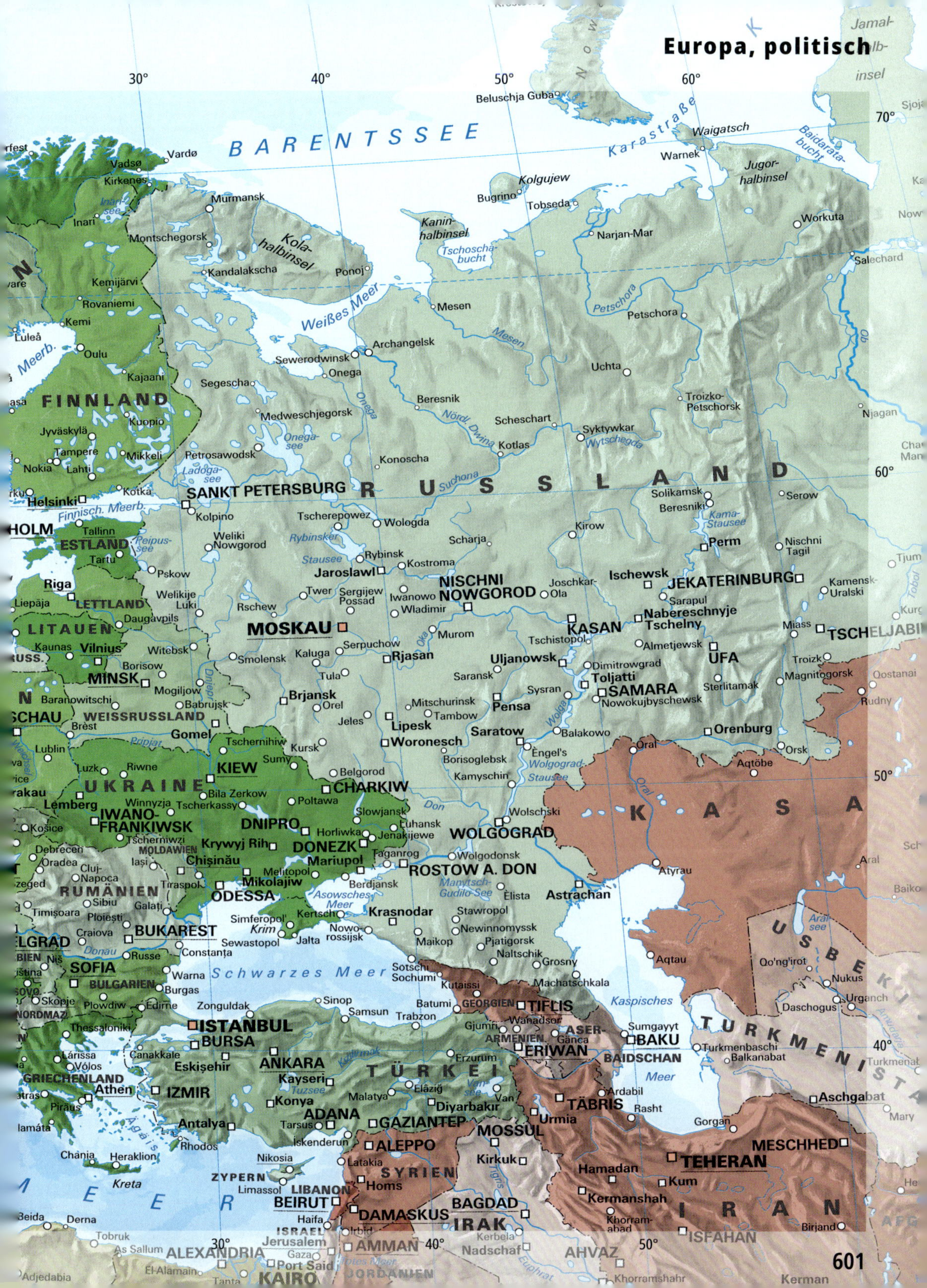

BARENTSSEE
Karastraße
Waigatsch
Baidarata-bucht
Jugor-halbinsel
Jamal-halbinsel
Nowaja Semlja
Beluschja Guba
Kolgujew
Bugrino
Tobseda
Narjan-Mar
Workuta
Salechard
Ob
Kanin-halbinsel
Tschoscha-bucht
Vardø
Vadsø
Kirkenes
Murmansk
Inari-see
Inari
Montschegorsk
Kola-halbinsel
Kandalakscha
Ponoj
Kemijärvi
Rovaniemi
Kemi
Luleå
Oulu
Kajaani
Weißes Meer
Mesen
Petschora
Uchta
Archangelsk
Sewerodwinsk
Onega
Segescha
FINNLAND
Kuopio
Jyväskylä
Tampere
Mikkeli
Nokia
Lahti
Kotka
Helsinki
Finnisch. Meerb.
Medweschjegorsk
Onegasee
Petrosawodsk
Ladogasee
Beresnik
Nördl. Dwina
Scheschart
Syktywkar
Wytschegda
Kotlas
Konoscha
Suchona
Troizko-Petschorsk
Njagan
RUSSLAND
SANKT PETERSBURG
Kolpino
Tscherepowez
Wologda
Solikamsk
Beresniki
Kama-Stausee
Serow
Tallinn
ESTLAND
Peipussee
Tartu
Weliki Nowgorod
Rybinsker Stausee
Rybinsk
Scharja
Kirow
Perm
Nischni Tagil
Tjumen
Pskow
Jaroslawl
Kostroma
Riga
LETTLAND
Liepāja
Welikije Luki
Twer
Sergijew Possad
Iwanowo
NISCHNI NOWGOROD
Joschkar-Ola
Ischewsk
JEKATERINBURG
Kamensk-Uralski
Sarapul
Nabereschnyje Tschelny
Wladimir
Rschew
Daugavpils
LITAUEN
MOSKAU
KASAN
Miass
TSCHELJABINSK
Kaunas
Vilnius
Witebsk
Smolensk
Kaluga
Serpuchow
Murom
Rjasan
Tschistopol
Almetjewsk
UFA
Troizk
Borisow
MINSK
Tula
Uljanowsk
Dimitrowgrad
Toljatti
SAMARA
Nowokujbyschewsk
Sterlitamak
Magnitogorsk
Qostanai
Rudny
Baranowitschi
Mogiljow
Bobruisk
Brjansk
Orel
Saransk
Sysran
Pensa
Mitschurinsk
Tambow
WEISSRUSSLAND
Brest
Gomel
Jelez
Lipesk
Woronesch
Saratow
Balakowo
Orenburg
Orsk
Wolga
Dnjepr
Pripjat
Lublin
Tschernihiw
Sumy
Kursk
Luzk
Riwne
KIEW
Belgorod
Engel's
Borisoglebsk
Kamyschin
Wolgograd-Stausee
Oral
Aqtöbe
UKRAINE
Bila Zerkow
CHARKIW
Winnyzja
Tscherkassy
Poltawa
Lemberg
IWANO-FRANKIWSK
Tscherniwzi
DNIPRO
Slowjansk
Luhansk
Horliwka
Jenakijewe
Don
Wolschski
WOLGOGRAD
KASACHSTAN
Košice
MOLDAWIEN
Krywyj Rih
DONEZK
Debrecen
Oradea
Cluj-Napoca
Iași
Chișinău
Mariupol
Taganrog
Wolgodonsk
ROSTOW A. DON
Melitopol
Atyrau
Aral
Szeged
RUMÄNIEN
Tiraspol
Mikolajiw
ODESSA
Asowsches Meer
Berdjansk
Manytsch-Gudilo-See
Elista
Astrachan
Sibiu
Galați
Timișoara
Ploiești
Craiova
BUKAREST
Kertsch
Simferopol
Krim
Sewastopol
Jalta
Krasnodar
Noworossijsk
Stawropol
Newinnomyssk
Maikop
Pjatigorsk
Naltschik
Grosny
Aqtau
Aralsee
USBEKISTAN
Oo'ng'irot
Nukus
Urganch
BELGRAD
Donau
Niš
Constanța
Russe
SOFIA
BULGARIEN
Warna
Burgas
Schwarzes Meer
Sotschi
Sochumi
Kutaissi
Machatschkala
Skopje
Plowdiw
Edirne
Zonguldak
Sinop
Samsun
Batumi
GEORGIEN
TIFLIS
Kaspisches Meer
Daschogus
NORDMAZEDONIEN
Thessaloniki
ISTANBUL
BURSA
Trabzon
Gjumri
Wanadsor
ARMENIEN
ASERBAIDSCHAN
Gänca
Sumgayyt
BAKU
TURKMENISTAN
Turkmenbaschi
Balkanabat
Turkmenabat
Lárissa
Vólos
Çanakkale
Eskişehir
ANKARA
Kızılırmak
TÜRKEI
Erzurum
ERIWAN
GRIECHENLAND
Athen
Piräus
IZMIR
Kayseri
Tuzsee
Konya
Malatya
Elâzığ
Vansee
Van
Diyarbakır
Ardabil
TÄBRIS
Urmia
Rasht
Aschgabat
Mary
Antalya
ADANA
Tarsus
GAZIANTEP
MOSSUL
Gorgan
Rhodos
İskenderun
ALEPPO
Kirkuk
MESCHHED
TEHERAN
Chania
Heraklion
Kreta
Nikosia
ZYPERN
Limassol
Latakia
SYRIEN
Homs
Tigris
Hamadan
Kum
Kermanshah
LIBANON
BEIRUT
Haifa
ISRAEL
DAMASKUS
BAGDAD
IRAK
Khorram-abad
IRAN
Birjand
Beida
Derna
Tobruk
As Sallum
ALEXANDRIA
Jerusalem
Gaza
Irbid
AMMAN
Kerbela
Nadschaf
Euphrat
AHVAZ
ISFAHAN
El-Alamain
Port Said
Totes Meer
JORDANIEN
Khorramshahr
Kerman
Adjedabia
Tanta
KAIRO
MEER
30°
40°
50°
60°
70°

657

1:4 500 000

0 50 100 150 200 km

Norwegisches
Nördlicher Polarkreis
NORWEGISCHE
SEE
Becken
Schottland-Rücken
Island-Färöer-Schwelle
Nordhoyar
Vidareidi
Eysturoy
Vidhoy
Streymoy
Bordhoy
Vagar
Mykines
Sørvágur
Tórshavn
Nólsoy
Sandoy
Färöer (DK)
Skúvoy
Tvøroyri
Sudhuroy
Färöer-bank
Bill-Bailey's-Bank
ousy-bank
Herma Ness
Baltasound
Yell
Unst
Fetlar
Tangwick
Stenness
Shetlandinseln
St.-Magnus-Bucht
Whalsay
Mainland
Papa Stour
Lerwick
Foula
Scalloway
Grutness
Sumburgh Head
12°
10°
8°
6°
4°
2°
0°
66°
64°
62°
60°

610

8°
10°
12°
14°
16°
18°
20°
22°
24°
70°
68°
66°
64°
Vesterålen
Lofoten
Vestfjord
Røst-bank
Nördlicher Polarkreis
Lopphavet
Frohavet
Lappland
Norrbotten
Västerbotten
Ångermanland
Jämtland
Bottnischer Meerbusen
Tromsø
Narvik
Bodø
Harstad
Mo i Rana
Mosjøen
Kiruna
Gällivare
Jokkmokk
Luleå
Piteå
Skellefteå
Umeå
Arvidsjaur
Arjeplog
Lycksele
Vilhelmina
Storuman
Namsos
Steinkjer
Levanger
Stjørdalshalsen
Trondheim
Alta
Hammerfest
Karesuando
Kautokeino
Pajala
Haparanda
Kalix
Boden
Abisko
Kebnekaise 2111
Sarektjåkkå 2089
Sulitjelma
Svartisen
Saltfjellet-Svartisen-NP
Lofotodden-NP
Abisko-Nationalpark
Stora Sjöfallets Nationalpark
Padjelanta Nationalpark
Sarek Nationalpark
Muddus-Nationalpark
Pieljekaise-Nationalpark
Børgefjell-NP
Blåfjella-Skjækerfjella-NP
Skarvan und Roltdalen-NP
Bjørnlandst-NP
Haparanda-Skärgård-NP
Andøy
Hinnøy
Langøy
Senja
Kvaløy
Ringvassøy
Vanna
Arnøy
Sørøy
Seiland
Vestvågøy
Austvågøy
Moskenesøy
Værøy
Røst
Vega
Vikna
Leka
Stora Lulevatten
Hornavan
Uddjaure
Storavan
Torneträsk
Åre
Östersund
Krokom
Hudiksvall
Örnsköldsvik
Husum
Nordmaling
Holmsund
Jakobstad/Pietarsaari
Kokkola/Karleby
Kalajoki
604
1:4 500 000
0 50 100 150 200 km
607

26°
28°
30°
32°
34°
36°
38°
40°
42°
70°
68°
66°
64°
BARENTS-SEE
WEISSES MEER
Nordkap
Honningsvåg
Mehamn
Gamvik
Kjøllefjord
Nordkyn-halbinsel
Berlevåg
Båtsfjord
Kåfjord
Porsanger-halbinsel
Laksefjord
Tanafjord
Varanger-halbinsel
Varangerhalvøya-NP
Vardø
Vadsø
Varangerfjord
Porsangerfjord
Ifjord
Rustefjelbma
Nordre
Tana
Rastigaissa
Lakselv
Levajok
Utsjoki
Kevo
Guivi
Kevo Nationalpark
Karasjok
Karigasniemi
Sevettijärvi
Neiden
Kirkenes
Bjørnstad
Kap Skorbejewskij
Fischer-halbinsel
Kap Cypnawolok
Cypnawolok
Bol. Oserko
Linachamari
Petschenga
Kildin
Kolabucht
Nikel
Sapoljarny
Uraguba
Poljarnyj
Seweromorsk
Teriberka
Dalnije Selenzy
Charlowka
Tumannyj
Nyrud
Øvre-Pasvik-Nationalpark
Inarisee
Kaamanen
Niskakoski
Inari/Anar
Nellim
MURMANSK
Kola
Murmaschi
Menesjärvi
Lemmenjoki-Nationalpark
Ivalo/Avvil
Urho Kekkosen-Nationalpark
Saariselkä
Radun
Werchnetulomskij
Werchnetulomsker Stausee
Pulosero
Olenegorsk
Montschegorsk
Chibinen
Kirowsk
Apatity
Oktjabrski
Lowosero
Murmansk
Keiwy-Bergland
Kola-halbinsel
Jagelutra
Krasnoschtschelje
Kanewka
Ponoj
Warsino
Kap Swjatoj Nos
Gremicha
Limbowka
Balkon-Mylk
Sokosti
Vuotso
Pokka
Lokka-Stausee
Porttipahdan-Stausee
Elgoras
Ebrutschorr
Kittilä
Kowdor
Poljarnyje Sori
Kandalakscha
Kolwiza
Wostotschnoje Munosero
Sodankylä
Vaalajärvi
Kaukonen
Unari
Pyhä-Luosto-NP
Pyhätunturi
Pelkosenniemi
Alakurtti
Kandalakschabucht
Umba
Oleniza
Kaschkaranzy
Kusomen
Strelna
Sosnowka
Meltaus
Salla
Rohmojwa
Selenoborskij
Zarechensk
Wielikij
Peschostrow
Keret
Hyypiö
Kemijärvi
Joutsijärvi
Hautajärvi
Sinettä
Vikajärvi
Rovaniemi
Tennilä
Pirttikoski
Maaninkavaara
Oulanka NP
NP Paanajärvi
Riisitunturi-Nationalpark
Tschupa
Louhi
Ambarnyj
Gridino
Olenij
Nis. Solotiza
Posio
Ruka
Kuusamo
Sosnowyj
Kestenga
Engosero
Muurola
Tervola
Nuupas
Ranua
Pjasee
Sofporog
Topsee
Alaniemi
Syöte-NP
Murtovaara
Kemi
Rytinki
Taivalkoski
Kusema
Solowezki-Inseln
Anzerskij
Dwinabucht
Oijärvi
Hossa-NP
Peranka
Solowezki-kloster
Solowezki
Rabotscheostrowsk
Pudasjärvi
Yli-Näljänkä
Juntusranta
Kalewala
Kepa
Juma
Kem
Letnjaja Sol.
Puschlachta
Pertominsk
Nenoksa
Sommer-küste
Onega-halbinsel
SEWERODWINSK
OULU
Kempele
Kiiminki
Ylikiiminki
Wojniza
Kalevala NP
Schuj-Insel
Puolanka
Suomussalmi
Juschkosero
Borowoj
Westkarelische Höhen
Belomorsk
Ljamza
Muhos
Juorkuna
Saarivaara
Hyrynsalmi
Kostomukscha
Nowoe Maschosero
Beresowa
Onegabucht
Koleschma
Tamiza
Vaala
Rokua-NP
Rantsila
Oulujärvi
Paltamo
Hämänkylä
Lentiira
Puschno
Sumskij Posad
Pomorjeküste
Onega
Porog
Kajaani
Kontiomäki
Ledmosero
Tikscha
Kotschkoma
Malenga
Oulainen
Pulkkila
Sotkamo
Kuhmo
Hukkajärvi
Ondosero
Nadwojze
Worenscha
Maloschujka
Pyhäntä
Vuokatti
Sivakka
Muesersksij
Segescha
Kärsämäki
Sukeva
Reboly
Wygsee
Wetrany Pojas-Rücken
Vieremä
Kiuruvesi
Sonkajärvi
Valtimo
Peninga
Schalgowaara
Sigowez
Waldaj
Pyhäjärvi
Iisalmi
Nurmes
Nurmijärvi
Republik
Popow Porog
Wodlsesee
Lendery
Padany
Segsee
Maselgskaja
Pihtipudas
Pielavesi
Lapinlahti
Nilsiä
Juuka
Keitele
Sukkosero
Selgi
Maselga
Kar
Pinduschi
Patvinsuo-Nationalpark
608

1:4 500 000

0 50 100 150 200 km

Bottnischer Meerbusen
Finnischer Meerbusen
Rigaer Bucht
Åland (Ahvenanmaa)
Gotland
Öland
Hiiumaa
Saaremaa
Gotska Sandön
Nationalpark Gotska Sandön
Schärenmeer-Nationalpark
Bottnische See NP
Ångermanland
Hälsingland
Uppland
Östergötland
Pohjanmaa
Suomenselkä
Finnische Seenplatte
Salpausselkä
Uusimaa
Varsinais-Suomi
STOCKHOLM
HELSINKI/HELSINGFORS
TALLINN
RIGA
VANTAA/VANDA
ESPOO/ESBO
TURKU/ÅBO
TAMPERE
LAHTI
JYVÄSKYLÄ
UPPSALA
VÄSTERÅS
Umeå
Vaasa/Vasa
Pori
Rauma
Gävle
Sundsvall
Härnösand
Örebro
Eskilstuna
Södertälje
Norrköping
Linköping
Kuopio
Kouvola
Kotka
Jelgava
Jūrmala
Mariehamn/Maarianhamina
Hanko/Hangö
Kokkola/Karleby
Jakobstad/Pietarsaari
Visby
ESTLAND
LETTLAND
605
609
613
614
16°
18°
20°
22°
24°
26°
28°
58°
60°
62°

Maßstab 1:4 500 000
0 50 100 150 200 km

Republik Karelien
Leningrad
Nowgorod
Archangelsk
Wologda
Kostroma
Jaroslawl
Iwanowo
Twer
Wladimir
RUSSLAND
Onegasee
Ladogasee
Weißer See
Rybinsker Stausee
Gorkier Stausee
Wygsee
Segsee
Wodlasee
Latschasee
Woschesee
Kubenasee
Ilmensee
Seliger
Großer See
Onega-Bucht
Wetrany-Pojas-Rücken
Werchowaschje Höhe
Charowsker Höhe
Beloserskо-Kirillower Höhen
Tichwinsker Höhe
Waldaihöhen
Beschezker Höhe
Galitsch-Tschuchlomaer Höhen
Klin-Dmitrower Höhe
Torschkowsker Höhe
Wodlosero-Nationalpark
NP Russki Sewer
Waldai-Nationalpark
Nationalpark Plesehtschejewosee
Kischi
Troize-Sergijewa-Lawra
PETROSAWODSK
Schuja
Kondopoga
Medweschjegorsk
Segescha
Belomorsk
Kargopol
Plesezk
Welsk
Konoscha
Wytegra
Podporoschje
Lodejnoje Pole
Olonez
Tichwin
Kirischi
Wolchow
Borowitschi
Okulowka
Bologoje
Wyschni Wolotschek
Ostaschkow
Torschok
TWER
Kimry
Dubna
Kaljasin
Uglitsch
Bescheztk
RYBINSK
JAROSLAWL
Rostow
Pereslawl-Salesskij
Alexandrow
SERGIJEW POSSAD
KOSTROMA
IWANOWO
Kineschma
Galitsch
Buj
Danilow
Gajutino
Poschechonje
TSCHEREPOWEZ
WOLOGDA
Sokol
Kirillow
Belosersk
Babajewo
Pestowo
Totma
Njandoma
Kowrow
WLADIMIR
Dmitrow
Klin
Selenograd
Mytischtschi
Staraja Russa
Demjansk
Kaschin
Ustjuschna
Kotlas
Ust-Waga
Kondratowskaja
Schenkursk
Oboserskij
Samoded
Jemza
Kodino
Porog
Pudosch
Oschta
Lipin Bor
Ferapontowo
Scheksna
Nesterowo
Markowo
Sjamscha
Charowsk
Tschuchloma
Soligalitsch
Kadyj
Ostrowskoje
Sudislawl
Nerechta
Furmanow
Rodniki
Juscha
Teikowo
Komsomolsk
Gawrilow-Jam
Nerl
Uglitsch
Kalasin
Rameschki
Lichoslawl
Kuschalino
Konakowo
Taldom
Redkino
Nowosawidowskij
Wysokowsk
Lukownikowo
Pogorelюscha
Ostaschkow
Selischarowo
Kuwschinowo
Krasnyj Cholm
Sandowo
Wesegonsk
Tschaewo
Lentewo
Tschagoda
Budogoschtsch
Boksitogorsk
Pikalewo
Gankowo
Pascha
Aljochowschtschina
Nowaja Ladoga
Sjasstroj
Kobona
Schlisselburg
Prjascha
Pitkjaranta
Salmi
Suojarwi
Loimola
Hautawaara
Gakugsa
Oktjabrski
Janischewo
Uchta
Kretschetowo
Ignatowo
Ostrowo
Subowo
Kowarsino
Nowlenskoje
Uste
Enjukowo
Kaduj
Suda
Wladytschnoje
Shuyskaja
Grjasowez
Mosejewskaja
Igumnowskaja
Jesinskaja
Woschega
Tscharosero
Juchnewo
Rowdino
Makarow Dwor
Schelascha
Kuloi
Oktjabrski
Emezk
Pogost
Kali
Chetowo
Bersnik
Roschegda
Rakowskaja
Konewo
Fedowo
Oksowskij
Sawinskij
Jarnema
Kowkula
Maloschukа
Malenga
Worenscha
Nadwojzy
Ondosero
Waldaj
Sigowez
Popow Porog
Padany
Sukkosero
Selgi
Kar
Maselga
Pinduschi
Lobskoje
Sowdesero
Justosero
Porosozero
Girwas
Sundsee
Spasskaja Guba
Welikaja Guba
Rimskoje
Pestschanoje
Kuganawolok
Potscha
Ust-Reka
Schalskij
Schokscha
Gomorowitschi
Lenderу
Peninga
Schalgowaara
Muezerskij
Gurenitschi
Korbenitschi
Borisowo-Sudskoje
Timochino
Sasonowo
Chwojnaja
Bol. Saborowe
Ljubytino
Paporotno
Malaja Wischera
Tschudowo
Schapki
Krestzy
Jaschelbizy
Waldai
Pola
Lossnizy
Kuschenkino
Wekschino
Cholm
Bologowo
Peno
Elzy
Stariza
Udomlja
Krasucha
Petrowo
Garusowo
Wydropuschsk
Gorizy
Kesma
Dubez
Tutajew
Wolga
Myschkin
Woskresenskoje
Nagore
Osurowo
Jurjew-Polskij
Susdal
Kameschkowo
Koltschugino
Kirschatsch
Sobinka
Lakinsk
Witschuga
Priwolschsk
Piszowo
Sawolschsk
Dymniza
Tschuchloma
Tarnogskij Gorodok
Tschuschtschwo
Tschekschino
Tschutschkowo
Kowarsino
Galitsch
32°
34°
36°
38°
40°
42°
44°
58°
60°
62°
605
615

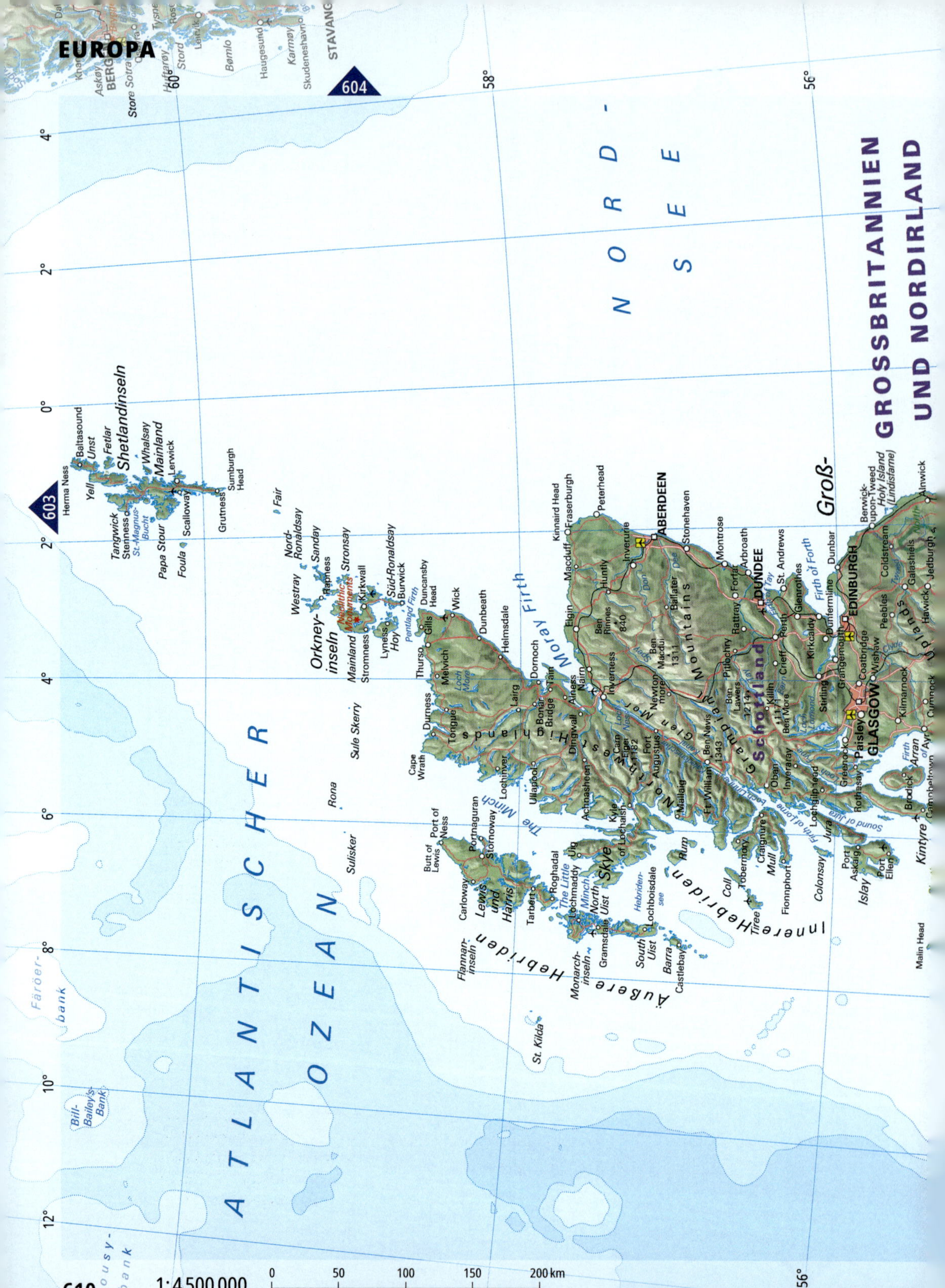
GROSSBRITANNIEN UND NORDIRLAND
ATLANTISCHER OZEAN
NORD-SEE
Shetlandinseln
Orkney-inseln
Schottland
Groß-
Äußere Hebriden
Innere Hebriden
Grampian Mountains
North West Highlands
Southern Uplands
Moray Firth
Firth of Forth
Firth of Lorne
Sound of Jura
The Minch
The Little Minch
Pentland Firth
Hebriden-see
Färöer-bank
Bill-Bailey's-Bank
Lousy-bank
603
604
ABERDEEN
DUNDEE
EDINBURGH
GLASGOW
Inverness
Perth
Stirling
Paisley
Greenock
Kilmarnock
Fort William
Oban
Ullapool
Thurso
Wick
Kirkwall
Stromness
Lerwick
Scalloway
Baltasound
Stornoway
Tobermory
Campbeltown
Peterhead
Fraserburgh
Stonehaven
Montrose
Arbroath
St. Andrews
Dunbar
Berwick-upon-Tweed
Alnwick
Ben Nevis 1343
Ben Macdui 1311
Ben Lawers 1214
Skye
Mull
Islay
Jura
Arran
Kintyre
Lewis und Harris
North Uist
South Uist
Barra
St. Kilda
Rona
Sula Skerry
Sulisker
Foula
Fair
Unst
Yell
Mainland
Hoy
Westray
Sanday
Stronsay
Neolithic Monuments
Cape Wrath
Butt of Lewis
Malin Head
Sumburgh Head
Herma Ness
Kinnaird Head
Duncansby Head
STAVANGER
Haugesund
Karmøy
Bømlo
Stord
BERGEN
60°
58°
56°
0°
2°
4°
6°
8°
10°
12°
0
50
100
150
200 km

1:4 500 000

Großbritannien, Irland
612
616
britannien
Irland
IRLAND
Nord-irland
Ulster
Connacht
Leinster
Munster
England
Wales
Nordkanal
Irische See
Sankt-Georgs-Kanal
Keltische See
Ärmelkanal
Straße von Dover
Kanalinseln
Isle of Man (GB)
Isle of Wight
Anglesey
Scillyinseln
Cambrian Mountains
Cumbrian Mts.
Wicklow Mts.
LONDON
DUBLIN (BAILE ATHA CLIATH)
BELFAST
CORK (CORCAIGH)
Limerick (Luimneach)
Galway
Londonderry
NEWCASTLE UPON TYNE
SUNDERLAND
MIDDLESBROUGH
YORK
LEEDS
BRADFORD
MANCHESTER
LIVERPOOL
SHEFFIELD
NOTTINGHAM
LEICESTER
BIRMINGHAM
COVENTRY
WOLVERHAMPTON
NORWICH
IPSWICH
CAMBRIDGE
OXFORD
READING
BRISTOL
CARDIFF
SWANSEA
NEWPORT
GLOUCESTER
PLYMOUTH
EXETER
SOUTHAMPTON
PORTSMOUTH
BRIGHTON
BOURNEMOUTH
POOLE
EASTBOURNE
SOUTHEND-ON-SEA
CHELMSFORD
COLCHESTER
PETERBOROUGH
NORTHAMPTON
MILTON KEYNES
LUTON
KINGSTON-UPON-HULL
BLACKPOOL
PRESTON
Carlisle
Calais
Dünkirchen
Oostende
Boulogne-sur-Mer
AMIENS
LE HAVRE
ROUEN
Dieppe
Eurotunnel

1:4 500 000

0 50 100 150 200 km

607
614
619
Ostsee
Öland
Bornholm (DK)
Hanöbucht
Pommersche Bucht
Danziger Bucht
Kurische Nehrung
Rügen
Seeland
Falster
Møn
Usedom
Halmstad
Växjö
Kalmar
Karlskrona
Helsingborg
København (Kopenhagen)
Malmö
Lund
Ystad
Trelleborg
Rønne
Liepaja
Klaipeda (Memel)
Kaliningrad (Königsberg)
Sowjetsk (Tilsit)
Russland
Rostock
Stralsund
Greifswald
Schwerin
Neubrandenburg
Szczecin (Stettin)
Stargard Szcz.
Koszalin
Słupsk
Gdynia
Gdańsk (Danzig)
Elbląg
Olsztyn
Tczew
Grudziądz
Bydgoszcz
Toruń
Piła
Polen
Włocławek
Płock
Warszawa (Warschau)
Gorzów Wielkopolski
Poznań (Posen)
Gniezno
Konin
Kalisz
Łódź
Radom
Kielce
Częstochowa
Berlin
Potsdam
Brandenburg an der Havel
Frankfurt (O.)
Cottbus
Zielona Góra
Leszno
Głogów
Legnica
Wrocław (Breslau)
Opole
Wałbrzych
Leipzig
Halle
Dresden
Chemnitz
Zwickau
Plauen
Gera
Jena
Dessau
Görlitz
Liberec
Děčín
Ústí n. Labem
Teplice
Karlovy Vary (Karlsbad)
Most
Praha (Prag)
Plzeň (Pilsen)
Kladno
Hradec Králové
Pardubice
Olomouc
Ostrava
Opava
Gliwice
Katowice
Bytom
Chorzów
Sosnowiec
Dąbrowa Górnicza
Tychy
Rybnik
Kraków (Krakau)
Bielsko-Biała
Tschechische Republik
Mecklenburg
Vorpommern
Brandenburg
Sachsen
Masuren
Schlesien
Riesengebirge
Erzgebirge
Pommersche Seenplatte
NP Jasmund
Slowinzischer Nationalpark
Nationalpark Kurische Nehrung
12°
14°
16°
18°
20°
22°
50°
52°
54°
56°

EUROPA

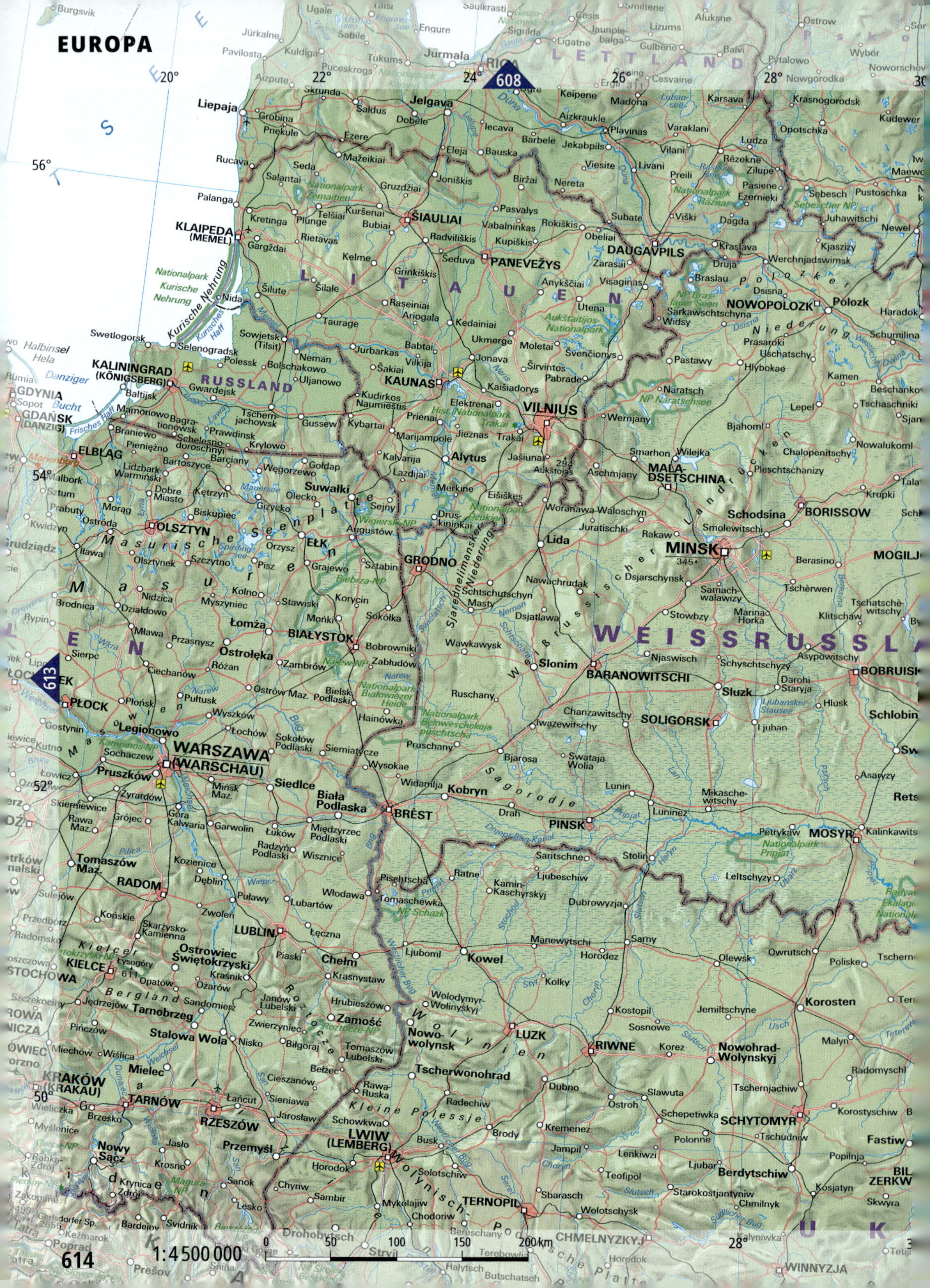

1:4 500 000

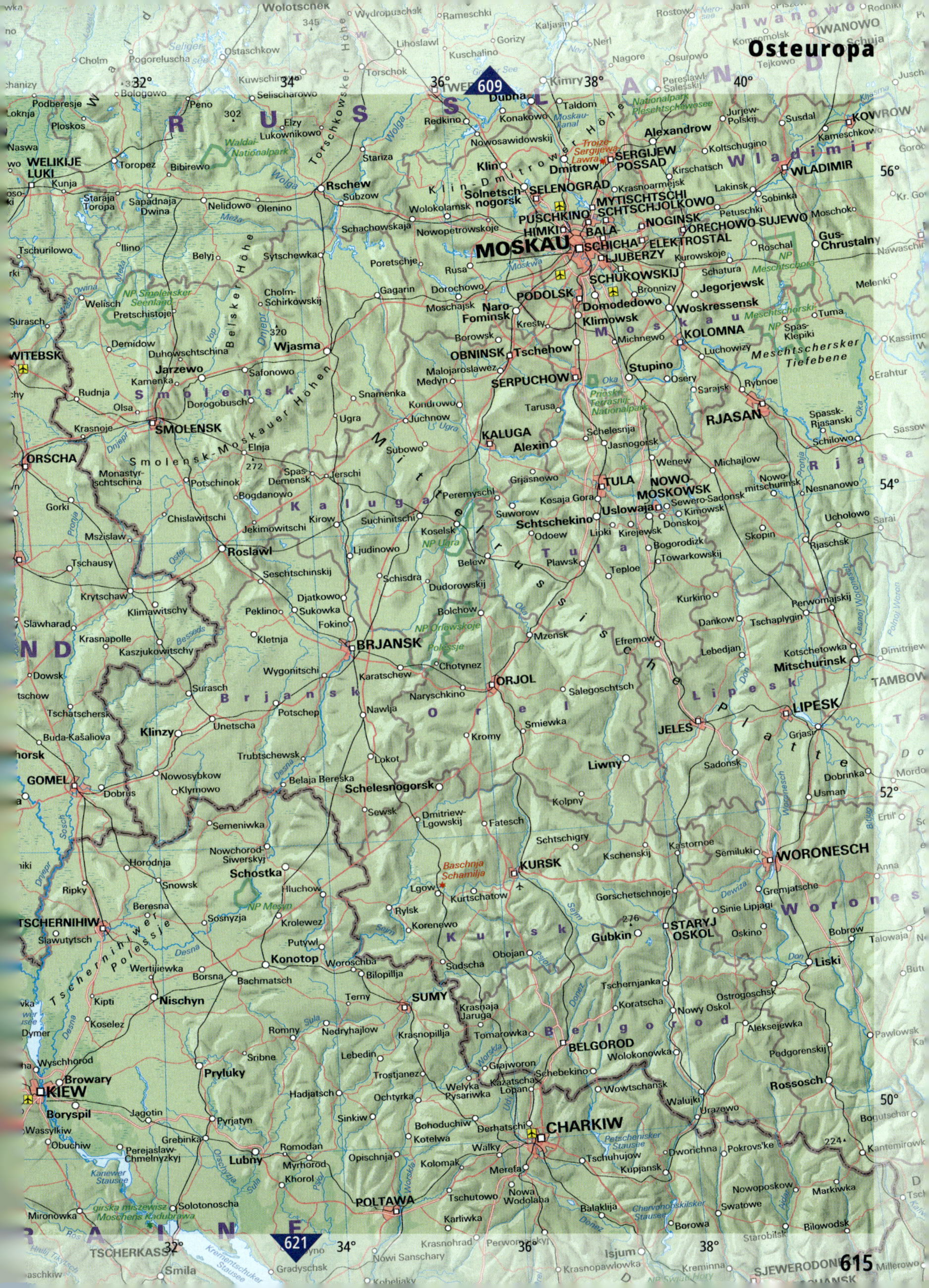
609
MOSKAU
Dubna
Taldom
Kimry
Klin
Dmitrow
Sergijew Possad
Alexandrow
Kowrow
Wladimir
Selenograd
Solnetschnogorsk
Puschkino
Mytischtschi
Schtschjolkowo
Himki
Bala
Noginsk
Orechowo-Sujewo
Balaschicha
Elektrostal
Ljuberzy
Gus-Chrustalny
Schukowskij
Podolsk
Domodedowo
Woskressensk
Jegorjewsk
Naro-Fominsk
Klimowsk
Kolomna
Obninsk
Tschehow
Serpuchow
Stupino
Rjasan
Kaluga
Alexin
Tula
Nowomoskowsk
Uslowaja
Schtschekino
Welikije Luki
Rschew
Wolokolamsk
Toropez
Nelidowo
Witebsk
Smolensk
Orscha
Jarzewo
Wjasma
Roslawl
Brjansk
Orjol
Mzensk
Jelez
Lipezk
Mitschurinsk
Klinzy
Gomel
Schelesnogorsk
Kursk
Woronesch
Staryj Oskol
Gubkin
Belgorod
Sumy
Schostka
Konotop
Nischyn
Tschernihiw
Kiew
Browary
Boryspil
Pryluky
Lubny
Poltawa
Charkiw
Rossosch
Liski
Tscherkassy
Ostrogoschsk
Waldai-Nationalpark
Smolensker Seenland
Smolensk-Moskauer Höhen
Mittelrussische Platte
Meschtschersker Tiefebene
Belsker Höhe
Torschkowsker Höhe
Klin-Dmitrower Höhe
NP Ugra
NP Orlowskoje Polesje
NP Mesin
Baschnja Schamilja
Prioksko-Terrasnij Nationalpark
Troize-Sergijewa Lawra
Nationalpark Pleschtschejewosee
NP Meschtschora
NP Meschtscherski
Kremenstschuker Stausee
Kanewer Stausee
Petschenisker Stausee
Tschernihiwer Polessje
RUSSLAND
UKRAINE
Moskau
Kaluga
Smolensk
Tula
Brjansk
Orel
Kursk
Belgorod
Lipezk
Woronesch
Wladimir
Rjasan
32°
34°
36°
38°
40°
56°
54°
52°
50°
621

10°
8°
6°
4°
2°
48°
46°
44°
611
A T L A N T I S C H E R
O Z E A N
Ärmelka
Launceston
Tintagel
Bodmin
Newquay
Tavistock
Torquay
Paignton
Lymebucht
Lyme Regis
POOLE
BOURNEMOUTH
Weymouth
Portland
Isle of Wight
St Ives
Truro
PLYMOUTH
Land's End
Penzance
Falmouth
Lizard Point
Scillyinseln
La Hague
Alderney
Cherbourg
Guernsey
St. Peter Port
Sark
Kanalinseln (GB)
Jersey
Saint Helier
Cotentin
Carentan
Coutances
Golf von St-Malo
Granville
Villedieu-les-Poêles
Avranches
Mont-Saint-Michel
Perros-Guirec
Paimpol
Lannion
Roscoff
Saint-Pol-de-Léon
Bucht von Saint-Brieuc
Île d'Ouessant
BREST
Morlaix
Guingamp
Saint-Brieuc
Dinard
St-Malo
Lamballe
Pontorson
Dinan
Pointe de St-Mathieu
Mer d'Iroise
Crozon
Armorique-Naturpark
Bretagne
Châteaulin
Carhaix-Plouguer
Rostrenen
Mur-de-Bretagne
Lac de Guerlédan
Saint-Méen-le-Grand
RENNES
Vitré
Fougères
Ernée
Douarnenez
Pointe du Raz
Audierne
Bucht von Audierne
Quimper
Pontivy
Ploërmel
Le Faouët
Saint-Guénolé
Pointe de Penmarch
Concarneau
Hennebont
Lohéac
Glénan-inseln
Lorient
Redon
Châteaubriant
Île de Groix
Vannes
Nozay
Quiberon
Port-Navalo
Naturpark Brière
Le Palais
Guérande
La Baule
Ancenis
Belle-Île
St-Nazaire
NANTES
Loire
Bucht von Bourgneuf
Pornic
Noirmoutier
Montaigu
Challans
Yeu
St-Jean-de-Monts
La Roche-sur-Yon
Les Sables-d'Olonne
La Tranche-sur-Mer
Luçon
Pertuis Breton
Ré
La Rochelle
Pertuis d'Antioche
Rochefort
Oléron
Marennes
Royan
Le Verdon-sur-Mer
Soulac
Hourtin-und-Carcans-See
Médoc
Lacanau-Océan
Lacanausee
Andernos-les-Bains
Arcachon
Becken von Arcachon
Dune du Pilat
Biscarrosse
Côte d'Argent
Mimizan
Castets
Capbreton
Anglet
Biarritz
Bayonne
Dax
St-Jean-de-Luz
Golf von Biskaya
Punta da Escada de Bares
Ortigueira
Viveiro
Costa Verde
Ferrol
LA CORUÑA
Malpica de Bergantiños
Xistral 1033
Ribadeo
Navia
Luarca
Avilés
Luanco
GIJÓN
Ribadesella
Höhlen von Altamira
SANTANDER
Laredo
Carballo
Betanzos
Vilalba
Mondoñedo
Tineo
OVIEDO
Pola de Siero
Villaviciosa
Llanes
Rías Gallegas
Asturien
Grado
Mieres
Picos de Europa 2650
Torrelavega
El Astillero
DONOSTIA-S. SEBASTIÁN
Irún
Fisterra
Cee
Ordes
Curtis
Cangas del Narcea
Pola de Lena
Felguera
Kantabrisches Gebirge
Kantabrien
Barakaldo
BILBAO
Azpeitia
Andoain
Lugo
Galicien
Santiago de Compostela
Muros
Outes
Padrón
Miravalles 1969
Villablino
Nuevo Riano
Reinosa
Durango
Bergara
Tolosa
Elizondo
Vilagarcía de Arousa
Ribeira
Pontevedra
Becerreá
Sarria
Lalín
Chantada
Catoute 2117
Villafranca del Bierzo
Cistierna
Cervera d. P.
Ebro-Stausee
Incinillas
Baskenland
Euskadi
Irurzun
Roncesvalles
Burriozar
PAMPLONA
Soutelo
Monforte
Ponferrada
La Robla
LEÓN
Guardo
Aguilar d. C.
Oña
Miranda de Ebro
VITORIA-GASTEIZ
Alsasua
Estella
Aoiz (IRUÑA)
Navarra
Redondela
Moaña
Astorga
Saldaña
Herrera
Villadiego
Ubierna
Haro
Tafalla
Ledea
LOGROÑO
1:4 500 000
0
50
100
150
200 km

Frankreich

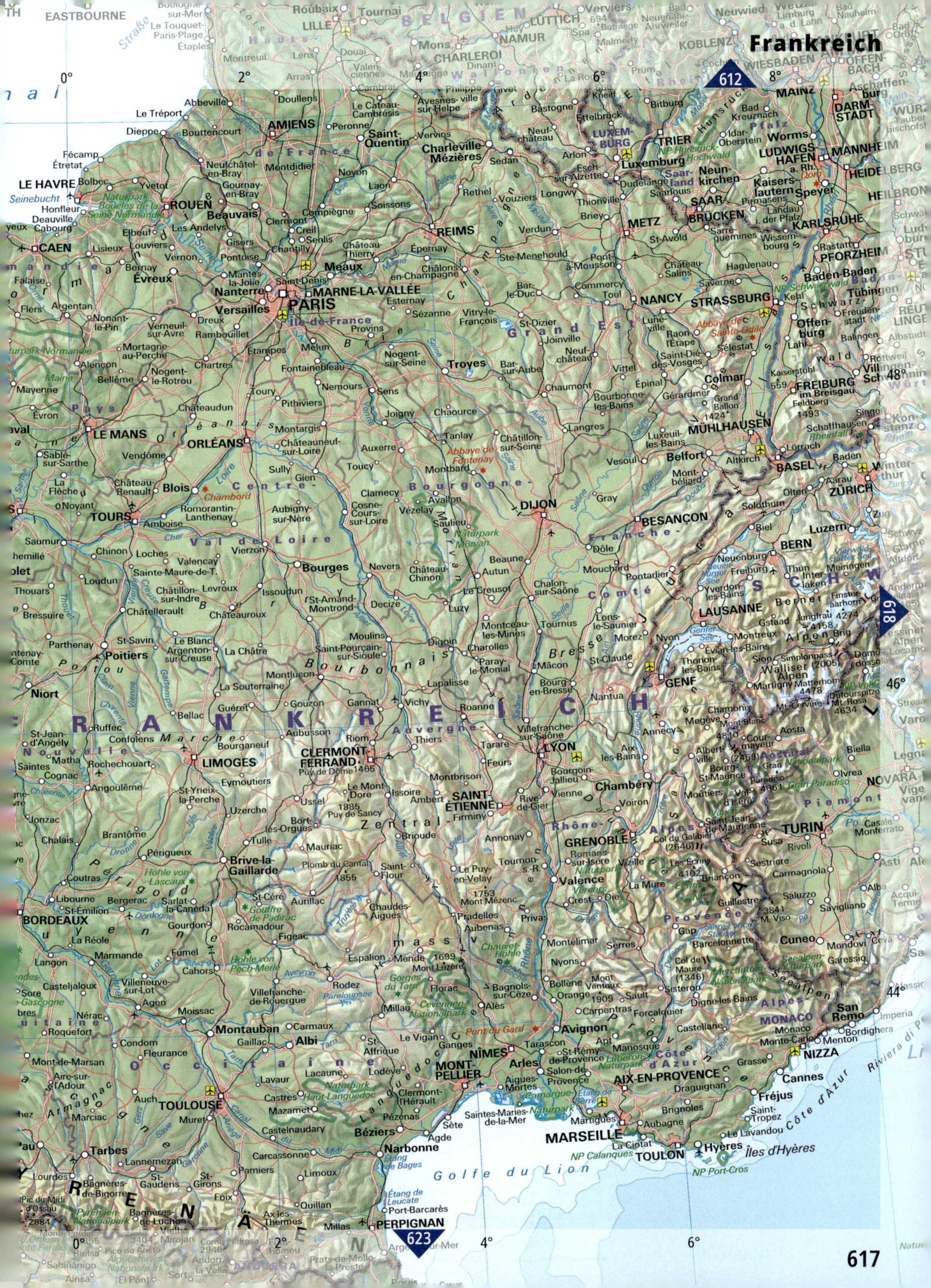

612
618
623
FRANKREICH
PARIS
Île-de-France
MARNE-LA-VALLÉE
Versailles
Nanterre
AMIENS
ROUEN
LE HAVRE
CAEN
REIMS
METZ
NANCY
STRASSBURG
Grand Est
Champagne
LE MANS
ORLÉANS
TOURS
Centre-Val de Loire
Bourgogne-Franche-Comté
DIJON
BESANÇON
MÜHLHAUSEN
BASEL
ZÜRICH
BERN
LAUSANNE
GENF
LYON
Auvergne-Rhône-Alpes
CLERMONT-FERRAND
SAINT-ÉTIENNE
GRENOBLE
Chambéry
TURIN
LIMOGES
Poitiers
Nouvelle-Aquitaine
BORDEAUX
TOULOUSE
Occitanie
MONTPELLIER
Nîmes
Avignon
AIX-EN-PROVENCE
MARSEILLE
TOULON
NIZZA
MONACO
Provence-Alpes-Côte d'Azur
Golfe du Lion
Îles d'Hyères
Côte d'Azur
Massif Central
Perpignan
Narbonne
Béziers
Luxembourg
SAARBRÜCKEN
KARLSRUHE
FREIBURG im Breisgau
MANNHEIM
WIESBADEN
MAINZ
BELGIEN
NAMUR
CHARLEROI
LILLE
0°
2°
4°
6°
8°
44°
46°
48°

612
617
625
FRANKFURT AM MAIN
WIESBADEN
MAINZ
WÜRZBURG
Bamberg
Bayreuth
PRAHA (PRAG)
PLZEŇ (PILSEN)
Luxemburg
TRIER
METZ
SAAR-BRÜCKEN
MANNHEIM
LUDWIGSHAFEN a. Rh.
HEIDELBERG
HEILBRONN
ERLANGEN
FÜRTH
NÜRNBERG
REGENSBURG
České Budějovice
KARLSRUHE
PFORZHEIM
STUTTGART
NANCY
STRASSBURG
INGOLSTADT
ULM
AUGSBURG
MÜNCHEN
Passau
LINZ
Landshut
FREIBURG im Breisgau
MÜHLHAUSEN
BASEL
Konstanz
Friedrichshafen
Kempten (A.)
Rosenheim
SALZBURG
BESANÇON
ZÜRICH
Winterthur
St. Gallen
LIECHTENSTEIN
Vaduz
INNSBRUCK
BERN
Luzern
LAUSANNE
GENF
SCHWEIZ
ÖSTERREICH
GRAZ
Villach
Klagenfurt
BOZEN
TRIENT
UDINE
LJUBLJANA
SLOWENIEN
TRIEST
Koper
Dolomiten
MAILAND
MONZA
BERGAMO
BRESCIA
NOVARA
TURIN
VERONA
VICENZA
Treviso
MESTRE
VENEDIG
PADUA
Golf von Venedig
Golf von Triest
Chioggia
RIJEKA
Pula
Cremona
Piacenza
PARMA
REGGIO NELL'EMILIA
MODENA
BOLOGNA
FERRARA
Ravenna
Rimini
SAN MARINO
GENUA
Savona
La Spezia
Massa
Carrara
Lucca
Pisa
PRATO
FLORENZ
LIVORNO
Siena
Arezzo
PERUGIA
ANCONA
Pesaro
Fano
TERNI
Viterbo
PESCARA
Chieti
L'Aquila
Civitavecchia
MONACO
Monte-Carlo
NIZZA
Cannes
Fréjus
Ligurisches Meer
Riviera di Ponente
Riviera di Levante
Côte d'Azur
Îles d'Hyères
ADRIATISCHES MEER
Elba
Korsika
Ajaccio
Bastia
Toskanischer Archipel
0 50 100 150 200 km
1:4 500 000

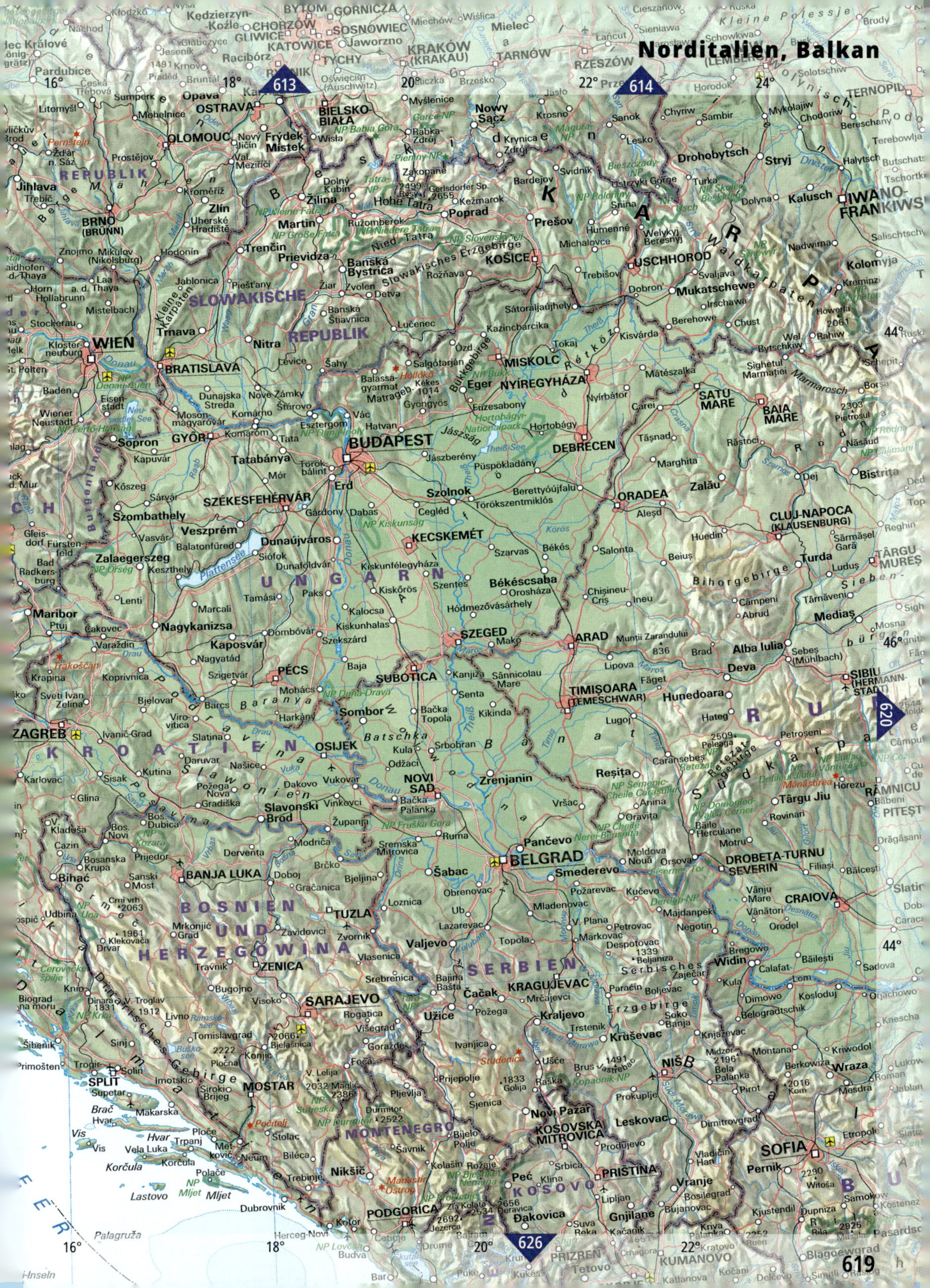
613
614
620
626
SLOWAKISCHE REPUBLIK
UNGARN
KROATIEN
BOSNIEN UND HERZEGOWINA
SERBIEN
MONTENEGRO
KOSOVO
KARPATEN
BUDAPEST
WIEN
BRATISLAVA
BELGRAD
ZAGREB
SARAJEVO
SOFIA
PODGORICA
PRIŠTINA
OSTRAVA
OLOMOUC
BRNO (BRÜNN)
KOŠICE
MISKOLC
NYÍREGYHÁZA
DEBRECEN
ORADEA
CLUJ-NAPOCA (KLAUSENBURG)
SATU MARE
BAIA MARE
USCHHOROD
SZEGED
ARAD
TIMIŞOARA (TEMESCHWAR)
KECSKEMÉT
SZÉKESFEHÉRVÁR
GYŐR
PÉCS
OSIJEK
NOVI SAD
SUBOTICA
BANJA LUKA
TUZLA
ZENICA
MOSTAR
SPLIT
KRAGUJEVAC
NIŠ
CRAIOVA
DROBETA-TURNU SEVERIN
SIBIU (HERMANNSTADT)
RÂMNICU
Plattensee
Donau
Theiß
Drau
Save
16°
18°
20°
22°
24°
44°
46°

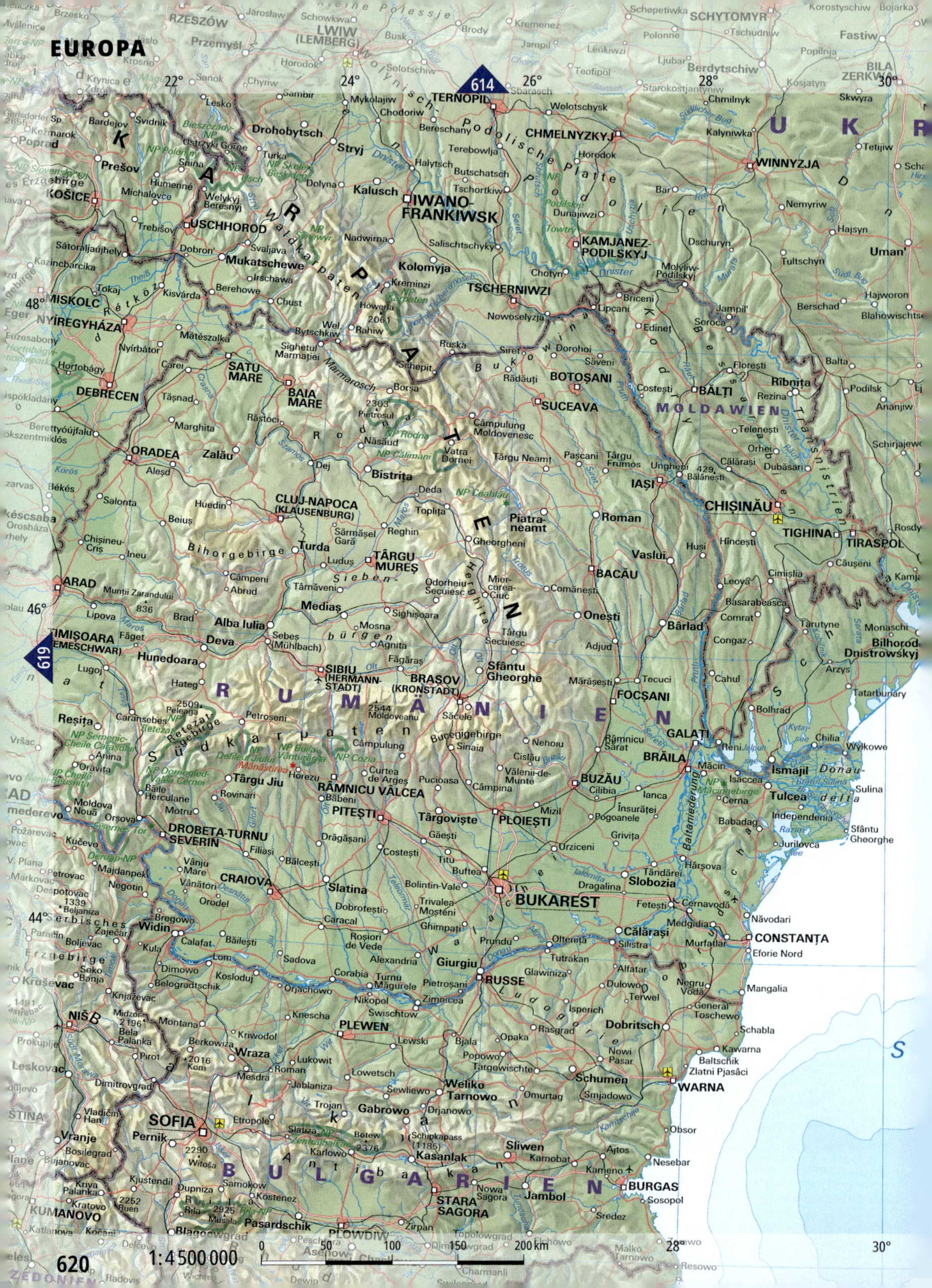
614
619
UKR
MOLDAWIEN
RUMÄNIEN
BULGARIEN
KARPATEN
Waldkarpaten
Podolische Platte
Bukowina
Kodry
Bessarabien
Transnistrien
Siebenbürgen
Südkarpaten
Bihorgebirge
Walachei
Dobrudscha
Ludogorie
Donaudelta
Balkan
Serbisches Erzgebirge
RZESZÓW
LWIW (LEMBERG)
TERNOPIL
CHMELNYZKYJ
WINNYZJA
IWANO-FRANKIWSK
KAMJANEZ-PODILSKYJ
TSCHERNIWZI
KOŠICE
Prešov
USCHHOROD
Mukatschewe
MISKOLC
NYÍREGYHÁZA
DEBRECEN
SATU MARE
BAIA MARE
ORADEA
CLUJ-NAPOCA (KLAUSENBURG)
TÂRGU MUREȘ
SUCEAVA
BOTOȘANI
BĂLȚI
IAȘI
CHIȘINĂU
TIGHINA
TIRASPOL
Piatra-neamt
BACĂU
ARAD
TIMIȘOARA (TEMESCHWAR)
SIBIU (HERMANNSTADT)
BRAȘOV (KRONSTADT)
FOCȘANI
GALAȚI
BRĂILA
BUZĂU
PLOIEȘTI
PITEȘTI
RÂMNICU VÂLCEA
DROBETA-TURNU SEVERIN
CRAIOVA
Slatina
BUKAREST
Tulcea
CONSTANȚA
Giurgiu
RUSSE
Widin
PLEWEN
Weliko Tarnowo
Schumen
Dobritsch
WARNA
SOFIA
Sliwen
BURGAS
STARA SAGORA
Jambol
Kasanlak
PLOWDIW
KUMANOVO
NIŠ
Kruševac
1:4 500 000
0 50 100 150 200 km
22° 24° 26° 28° 30°
48° 46° 44°

615
627
628
687
32°
34°
36°
38°
40°
48°
46°
44°
42°
U K R A I N E
TSCHERKASSY
Smila
Krementschuker Stausee
KREMENTSCHUK
POLTAWA
CHARKIW
Isjum
SJEWERODONEZK
LYSSYTSCHANSK
SLOWJANSK
KRAMATORSK
Druschkiwka
Konstjantyniwka
Bachmut
KADIJIWKA
LUHANSK
ALTSCHEWSK
Brjanka
HORLIWKA
JENAKIJEWE
Chrustalnyj
Antrazyt
Pokrowsk
MAKIJIWKA
Schachtarsk
Tores
Snischne
Dowschansk
DONEZK
NOWOSCHACHTINSK
ROSTOW AM DON
TAGANROG
Asow
Taganrogbucht
MARIUPOL'
BERDJANSK
Ejsk
Lozowa
PAWLO-HRAD
Nowomoskowsk
DNIPRO
KAMJANSKE
KROPYWNYZKYJ
Olexandrija
Schowti Wody
KRYWYJ RIH
SAPORISCHSCHJA
Enerhodar
NIKOPOL
Kachowkaer Stausee
Asowsche Höhen
Kamjana Mohyly
Kamjana Mohyla
Tokmak
MELITOPOL'
Nowa Kachowka
CHERSON
MYKOLAJIW
ODESSA
Tschornomorsk
Perwomajsk
Wosnesensk
Landschaft von Tender
Karkinitskabucht
Krasnoperekopsk
Armjansk
Henitschesk
Landzunge von Arabat
Asowsches Meer
Obytotschna-küste
Dschankoj
Krasnohwardijske
Halbinsel Tarchankut
Tschornomorske
JEWPATORIJA
Bucht von Jewpatorija
Krim
Saky
SIMFEROPOL
Bachtschissarai
SEWASTOPOL
Krimgebirge
Jalta
Aluschta
Sudak
Alupka
Feodossija
KERTSCH
Halbinsel Kertsch
Str. v. Kertsch
Kisilatschskij-Liman
Halbinsel Taman
Temrjuk
Anapa
NOWOROSSIJSK
Gelendschik
Tuapse
KRASNODAR
Slawjansk an der Kuban
Krymsk
Timaschewsk
Kuban-niederung
Krasnodar
Atschujewo
Primorsko-Achtarsk
Die Halbinsel Krim wird von Russland verwaltet, von der Ukraine beansprucht.
SCHWARZES MEER
Sinop
Inebolu
Gerze

PORTUGAL
SPANIEN
Costa Verde
Costa de la Luz
Costa del Sol
Golf von Cádiz
Bucht von Setúbal
Straße von Gibraltar
Rías Gallegas
Galicien
Asturien
Kantabrisches Gebirge
Kantabrien
Kastilien und León
Altkastilien
Kastilisches Scheidegebirge
Sierra de Guadarrama
Sierra de Gata
Sierra de la Estrela
Sierra de San Pedro
Sierra Morena
Sierra Nevada
Sierra Bermeja
Serranía de Ronda
Betische Kordillere
Extremadura
Neukastilien
Castilla
Trás-os-Montes
Beira Alta
Alentejo
Algarve
Andalusien
Punta da Escada de Bares
Ortigueira
Viveiro
Ferrol
LA CORUÑA
Malpica de Bergantiños
Carballo
Betanzos
Ordes
Curtis
Vilalba
Lugo
Mondoñedo
Navia
Luarca
Avilés
GIJÓN
OVIEDO
Pola de Siero
Tineo
Grado
Mieres
Cangas del Narcea
Villablino
Pola de Lena
Nuevo Riaño
Ribadesella
Villaviciosa
Llanes
Höhlen von Altamira
SANTANDER
Laredo
Torrelavega
El Astillero
Barakaldo
Picos de Europa
2650
Reinosa
Cervera de Pisuerga
Aguilar de Campoo
Cistierna
Guardo
La Robla
LEÓN
Ponferrada
Astorga
Villafranca del Bierzo
Miravalles
1969
Becerreá
Sarria
Monforte
Chantada
Lalín
Santiago de Compostela
Padrón
Fisterra
Kap Finisterre
Cée
Muros
Outes
Vilagarcía de Arousa
Ribeira
Pontevedra
NP der atlantischen Inseln von Galicien
Moaña
VIGO
Baiona
Tui
A Guarda
Redondela
Ponteareas
Ribadavia
ORENSE
A Rúa
A Gudiña
Puebla de Sanabria
Oulteiro Maior
1415
Lobios
Verín
Vinhais
Bragança
Chaves
Montalegre
Nationalpark Peneda-Gerês
Viana do Castelo
BRAGA
Póvoa de Varzim
Vila do Conde
Guimarães
Santo Tirso
Arco
Mirandela
Macedo de Cavaleiros
Vimioso
Alcañices
Mogadouro
Torre de Moncorvo
Murça
Vila Real
Lamego
PORTO
VILA NOVA DE GAIA
Espinho
Ovar
Castro Daire
Vila Nova de Foz Côa
Almendra-Stausee
Vitigudino
Aveiro
Albergaria-a-Velha
Vouzela
Viseu
Mangualde
Celorico da Beira
Almeida
Agueda
Santa Comba Dão
Mira
Mealhada
Seia
Guarda
Vilar Formoso
Ciudad-Rodrigo
Malhão
1993
Sabugal
Covilhã
Fundão
Figueira da Foz
COIMBRA
Mondego
Figueiró dos Vinhos
Pombal
Leiria
Mosteiro de Batalha
Nazaré
Fátima
Alcobaça
Tomar
Óbidos
Peniche
Rio Maior
Santarém
Torres Vedras
Alenquer
Almeirim
Abrantes
Gavião
Ponte de Sor
Sertã
Oleiros
Castelo Branco
Vila Velha de Ródão
Marvão
Portalegre
Alter do Chão
Alcántara-Stausee
Valencia de Alcántara
Sintra
Kap Roca
Estoril
LISSABON
Barreiro
Vila Franca de Xira
Coruche
Montemor-o-Novo
Mora
Estremoz
Elvas
Monforte
Sesimbra
Kap Espichel
SETÚBAL
Marateca
Alcácer do Sal
Évora
Grândola
Ferreira do Alentejo
Beja
Sines
Kap Sines
Aljustrel
Serpa
Moura
Odemira
São Teotónio
Mértola
Aljezur
Silves
Portimão
Lagos
Kap São Vicente
Sagres
Albufeira
Faro
Tavira
Kap Sta. Maria
Vila Real de Santo António
Ayamonte
HUELVA
Almonte
Doñana Nationalpark
Sanlúcar de Barrameda
El Puerto de Sta. María
CÁDIZ
San Fernando
JEREZ DE LA FRONTERA
Arcos de la Frontera
Medina-Sidonia
Vejer de la Frontera
Kap Trafalgar
ALGECIRAS
Tarifa
La Línea
San Roque
Gibraltar (GB)
Ceuta (E)
TANGER
Martil
Alborán (E)
BADAJOZ
Mérida
Olivenza
Almendralejo
Jerez de los Caballeros
Zafra
Oliva de la Frontera
Fregenal de la Sierra
Fuente de Cantos
Llerena
Aracena
Cortegana
Valverde del Camino
Villanueva de la C.
La Palma del Condado
Sanlúcar la Mayor
SEVILLA
DOS HERMANAS
Coria del Río
Lebrija
Utrera
Morón de la Frontera
Osuna
Carmona
Écija
Palma del Río
Constantina
Sta. Olalla del Cala
Guadalcanal
Azuaga
Peñarroya-Pueblonuevo
Fuente Obejuna
Espiel
Villanueva de Córdoba
CÓRDOBA
Almodóvar del Río
Montilla
Puente-Genil
Lucena
Priego de Córdoba
Alcalá la Real
JAÉN
Martos
Andújar
Montoro
Bailén
Linares
Úbeda
Baeza
Cazorla
Jódar
Huelma
GRANADA
Loja
Antequera
Mulhacén 3478
Ronda
Marbella
Estepona
MÁLAGA
Torremolinos
Fuengirola
Vélez-Malaga
Nerja
Almuñécar
Motril
Adra
Berja
Campillos
Olvera
Villamartín
Cáceres
Trujillo
Plasencia
Coria
Moraleja
Zarza de G.
Valverde del Fresno
Miajadas
Montijo
Don Benito
Alange-Stausee
Zalamea de la Serena
Castuera
Serena-Stausee
Almadén
Guadalupe
Navalmoral de la Mata
Jaraíz de la Vera
Candeleda
El Barco de Ávila
Béjar
La Alberca
SALAMANCA
Alba de Tormes
Peñaranda de Bracamonte
Ávila
Segovia
Arévalo
Medina del Campo
Tordesillas
Zamora
Toro
VALLADOLID
Medina de Rioseco
Palencia
Villalpando
Benavente
Valencia de Don Juan
Sahagún
Becilla de Valderaduey
Osorno
Herrera de Pisuerga
Saldaña
Villadiego
BURGOS
Estépar
Lerma
Aranda de Duero
Cuéllar
Cantalejo
Olmedo
NP Sierra de Guadarrama
Collado Villalba
San Sebastián de los Reyes
ALCALÁ DE HENARES
MADRID
ALCORCÓN
MÓSTOLES
FUENLABRADA
GETAFE
El Escorial
Pto. de Menga (1566)
Talavera de la Reina
Torrijos
Valdemoro
Aranjuez
Toledo
Ocaña
Santa Olalla
Oropesa
Los Navalmorales
Las Ventas con Peña Aguilera
Montes de Toledo
Los Yébenes
Madridejos
Mora
Villacañas
Nationalpark Cabañeros
Horcajo de los Montes
Herrera del Duque
Puebla de Alcocer
Piedrabuena
Nationalpark Las Tablas de Daimiel
Daimiel
Ciudad Real
Abenójar
Fuente el Fresno
Alcázar de San Juan
Manzanares
Calzada de Calatrava
Valdepeñas
Puertollano
Villanueva de los Infantes
Cardeña
La Carolina
Vilches
Nationalpark Monfragüe
Guadiana
Tajo
Duero
Guadalquivir
Ebro-Stausee
Ebro
Miranda de Ebro
Oña
Ubierna
Nájera
Salas de los Infantes
San Leonardo de Yague
El Burgo de Osma
Ayllón
Siguenza
El Atazar-Stausee
Torrelaguna
Colmenar Viejo
Guadalajara
Mansilla
616
10°
8°
6°
4°
42°
40°
38°
36°
0
50
100
150
200 km

1:4 500 000

617
624
633
PYRENÄEN
Golfe du Lion
Costa Brava
Costa Dorada
Costa del Azahar
Costa Blanca
Golf von Valencia
Illes Balears
Balearen
MITTELM
TOULOUSE
MARSEILLE
TOULON
Montpellier
Narbonne
PERPIGNAN
DONOSTIA-SEBASTIÁN
PAMPLONA (IRUÑA)
VITORIA-GASTEIZ
LOGROÑO
ANDORRA
Andorra la Vella
Girona
Figueres
LLEIDA
Manresa
TERRASSA
SABADELL
MATARÓ
BADALONA
BARCELONA
Castelldefels
Vilanova i la Geltrú
REUS
TARRAGONA
SARAGOSSA
Teruel
CASTELLON DE LA PLANA
Vila-real
Sagunt
VALENCIA
Torrent
Gandía
ALBACETE
Alcoi
Benidorm
Elda
ELCHE
ALICANTE
Orihuela
TORREVIEJA
MURCIA
Molina de Segura
Lorca
CARTAGENA
Región de Murcia
Mar Menor
Roquetas de Mar
Golf Almería
Menorca
Mahón
Ciutadella
Mallorca
PALMA DE MALLORCA
Ibiza
Formentera
Cabrera
NP des Archipels von Cabrera
ALGIER
BOUMERDES
TIZI OUZOU
BLIDA
MÉDÉA
EL ASNAM
MOSTAGANEM
ORAN
RELIZANE
Corniche des Dahra
Große Kabylei
42°
40°
38°
36°
2°
0°
4°

Béziers
Sète
Saintes-Maries-de-la-Mer
Narbonne
Agde
MARSEILLE
Aubagne
Brignoles
Draguignan
Cannes
Fréjus
Saint-Tropez
Côte d'Azur
Riviera
Ligurisches Meer
LIVORNO
S. Gimignano
Volterra
Golfe du Lion
La Ciotat
NP Calanques
TOULON
Hyères
Le Lavandou
Îles d'Hyères
NP Port-Cros
618
Nationalpark
Cecina
Massa Marittima
Kap Corse
Capraia
Piombino
Portoferraio
Follonica
Grosseto
Elba
Toskanischer Archipel
Pianosa
Orbetello
Montecristo
Giglio
Archipel
PERPIGNAN
Port-Barcarès
Argelès-sur-Mer
Roses
Kap Creus
Figueres
Girona
Palafrugell
Palamós
St. Feliu de Guíxols
Blanes
MATARÓ
Costa Brava
L'Île-Rousse
Bastia
Calvi
Mt. Cinto 2706
2622
Corte
Naturpark Korsika
Porto
Mt. Rotondo
Cargèse
Aléria
Ajaccio
Korsika (F)
Mt. Incudine 2136
Solenzara
Propriano
Sartène
Porto-Vecchio
Bonifacio
Straße von Bonifacio
Maddalena
La Maddalena
Santa Teresa d. G.
Palau
NP La-Maddalena-Archipel
Costa Smeralda
Asinara
NP Asinara
Golf von Asinara
Tempio Pausania
Golfo Aranci
Olbia
Stintino
Porto Torres
Castelsardo
SASSARI
Monti
Oschiri
Ozieri
Siniscola
Alghero
Bitti
Sardinien (I)
Rasu 1259
Bosa
Nuoro
Dorgali
Macomer
Fonni
NP Gennargentu
Gennargentu 1834
Oristano
Sorgono
Tortolì
Lanusei
Terralba
Guspini
Sanluri
Linas 1236
Monastir
Muravera
Iglesias
Quartu Sant' Elena
Carbonia
CAGLIARI
San Pietro
Golf v. Cágliari
Kap Carbonara
Sant' Antioco
Teulada
Pula
Kap Spartivento
40°
42°
38°
36°
4°
6°
8°
10°
Ciutadella
Fornells
Menorca
Alaior
Mahón
Alcúdia
Artà
Cala Ratjada
Manacor
Porto Cristo
Mallorca
Santanyí
NP des Archipels von Cabrera
623
T E L M E E R
La Galite (TN)
Kap Blanc
BIZERTE
Kap Serrat
Ichkeul
Menzel Bourguiba
Zembra
Kap Bougaroun
Kap Takouch
Zitouna
Collo
Chetaibi
Dellys
Tigzirt
BOUMERDES
Golf von Bougie
DJIDJELLI
SKIKDA
ANNABA
Tabarka
Sejenane
Nefza
Mateur
Golf von Tunis
La Marsa
Karthago
TUNIS
TIZI OUZOU
Azazga
BEJAÏA
El Milia
Berrahal
Ben Mehidi
El Kala
Aïn Draham
Tébourba
Große Kabylei
Lalla Khedidja 2307
Kseur
Ziama Mansouria
J. Babor 1833
Azzaba
El Tarf
Béja
Hammam-Lif
Grombalia
Lakhdaria
Djurdjura
Akbou
Kherrata
Kleine Kabylei
El Maad
Mila
Zighout Youcef
El Arrouch
GUELMA
Drean
Jendouba
Khroumirie
Ain Bessem
BOUIRA
Les Portes de Fer
Bougaa
Djemila
Ferdjioua
Tiddis
CONSTANTINE
Mechroha
Ghardimaou
Téboursouk
Dougga
Testour
Zaghouan
Nabeul
Hammamet
Sour el-Ghozlane
Chaîne des Bibans
SÉTIF
Chelghoum el-Aïd
Oued Zenati
SOUK AHRAS
Sakiet Sidi Youssef
Le Kef
El Fahs
J. Zaghouan 1295
Golf von Hammamet
Sidi Aïssa
Mansoura
BORDJ BOU ARRERIDJ
EL EULMA
Teleghma
EL KHROUB
Aïn Fakroun
Sedrata
Siliana
Enfida
Ras el-Oued
Aïn Oulmene
Aïn M'Lila
Oum el-Bouaghi
AÏN BEIDA
Ouenza
Ksar Lemsa
El Ksour
M'Sila
Beni Hammad
Hodna
Aïn Kercha
1288
El Aouinet
Djerissa
Makthar
SOUSSE
Monastir
Aïn el-Hadjel
Chellal
Magra
Merouana
Kalaat Khasba
Rouhia
KAIROUAN
Msaken
Schott el-Hodna
BARIKA
BATNA
Timgad
KHENCHELA
TÉBESSA
J. Chambi 1544
Thala
Haffouz
Sebkhet Sidi el-Hani
Sufetula
Medjedel
BOU-SAADA
Mdoukal
Kasserine
Sbeitla
633
Si. Amor Bou Hajla
Beni Hassan
Amphitheater
El Jem
1:4 500 000
0 50 100 150 200 km

619
626
TYRRHENISCHES MEER
IONISCHES MEER
MITTELM
Golf von Tarent
Golf von Gaeta
Golf von Manfredonia
Golf von Squillace
Golf von S. Eufemia
Golf v. Salerno
Golf von Policastro
Straße von Otranto
Straße von Messina
Straße von Sizilien
Straße von Malta
Sizilien
MALTA
Malta
Gozo
Valletta
Viktoria
Pelagische Inseln (I)
Lampedusa
Linosa
Pantelleria
NP Pantelleria
Ägadische Inseln
Liparische Inseln
Stromboli
Panarea
Salina
Filicudi
Alicudi
Lipari
Vulcano
Ustica
Ponza-Inseln
Ischia
Capri
Tremiti-Inseln
Palagruža
Lastovo
Korčula
Mljet
ROM
Vatikanstadt
Lido di Ostia
NEAPEL
PALERMO
MESSINA
CATANIA
SYRAKUS
REGGIO DI CALABRIA
BARI
PESCARA
FOGGIA
SALERNO
TARENT
Brindisi
Lecce
Otranto
Potenza
Matera
Cosenza
Catanzaro
Crotone
Lamezia Terme
Trapani
Marsala
Agrigent
Caltanissetta
Enna
Ragusa
Gela
Vittoria
Acireale
Taormina
Cefalù
Umbrien
Marken
Abruzzen
Molise
Kampanien
Apulien
Basilicata
Kalabrien
Gran Sasso d'Italia
Ätna 3350
Nebrodi
Madonie
PODGORICA
DURRËS
TIRANA
Vlorë
Dubrovnik
SPLIT
MOSTAR
Kotor
Budva
Bar
Ulcinj
12°
14°
16°
18°
36°
38°
40°
42°

1:4 500 000

0 50 100 150 200 km

SCHWARZES MEER
Marmarameer
ISTANBUL
Bosporus
EDIRNE
Kırklareli
Lüleburgaz
TEKİRDAĞ
ÇORLU
Silivri
ESENYURT
Marmaraereğlisi
Gelibolu
Çanakkale
Gökçeada (TR)
Bozcaada (TR)
Troja
BANDIRMA
Karacabey
Mustafa Kemal Paşa
BURSA
İNEGÖL
Gemlik
Yalova
GEBZE
Gölcük
IZMIT
ADAPAZARI
Orhangazi
İznik
Bilecik
Bozüyük
ESKİŞEHİR
ZONGULDAK
Ereğli
Karabük
Safranbolu
Kastamonu
Bartın
Düzce
Bolu
Gerede
Kızılcahamam
Çubuk
ANKARA
Gölbaşı
Polatlı
Haymana
KÖROĞLU
BALIKESİR
Edremit
Ayvalık
Bergama
Soma
Akhisar
Dikili
Aliağa
Foça
Menemen
MANISA
TURGUTLU
Salihli
IZMIR
Çeşme
Urla
Ödemiş
Tire
Selçuk
Kuşadası
Söke
AYDIN
NAZILLI
DENIZLI
Pamukkale
Milet
Didim
Milas
Bodrum
Muğla
Marmaris
Datça
Fethiye
Kemer
ANTALYA
Manavgat
ALANYA
Serik
Isparta
Burdur
Eğirdir
Beyşehir
Seydişehir
KONYA
Akşehir
AFYONKARAHISAR
UŞAK
KÜTAHYA
Tavşanlı
Gediz
Simav
Emet
TÜRKEI
Tuz-Gölu
Cihanbeyli
Westtaurus
Gölgeli Dağları
Bey Dağları
Ak Dağlar
Kalkan
Kaş
Demre
Finike
Kumluca
Lesbos (GR)
Mytilini
Chios (GR)
Samos (GR)
Ikaria
Patmos
Leros
Kalymnos
Kos (Gr.)
Symi (GR)
Nisyros
Tilos
Dodekanes
Rhodos
Rhodos (GR)
Lindos
Kárpathos (GR)
Kasos
Südliche Sporaden
Naxos
Amorgos
Astipálea
Thíra
Anáfi
Sitía
Ierápetra
Agios Nikolaos
Mégiste (GR)
Paphos
Nea Pafos
Trodos
Morfou
Kap Gata
BURGAS
Sosopol
Jambol
Stara Sagora
Dimitrowgrad
Chaskowo
Kardschali
Komotini
Alexandroupoli
Samothráki
Limnos
26°
28°
30°
32°
36°
38°
40°
42°
628

32°
34°
621
36°
38°
42°
40°
38°
36°
627
690
635
İnebolu
Ayancık
Sinop
Cide
Küregebirge-NP
K ü r e g e b i r g e
Gerze
Bartın
Alaçam
Bafra
ZONGULDAK
Ulus
Taşköprü
Ereğli
Kastamonu
Boyabat
Durağan
SAMSUN
Akçakoca
Safranbolu
Devrek
Akçakoagebirge
Karabük
Araç
Ilgaz
2587
Kargı
Kavak
Çarşamba
Terme
Ünye
Yığılca
Tosya
Ayvacık
ORDU
Bulancak
Tirebolu
Vakfıkebir
Düzce
I l g a z g e b i r g e
Osmancık
Havza
Fatsa
Giresun
Gerede
Ilgaz
Merzifon
Bolu
Çerkeş
Kurşunlu
İskilip
Amasya
Taşova
Golköy
Dereli
Erbaa
Niksar
3027
3331
Kıbrıscık
Çamlıdere
Çankiri
ÇORUM
Mecitözü
Mesudiye
Kızılcahamam
TURHAL
Şebinkarahisar
Nallıhan
Zile
TOKAT
Reşadiye
Alucra
Çubuk
Beypazarı
Alaca
P o n t i s c h e
G i r e s u n g e b i r g e
Sulakyurt
Sungurlu
2552
Suşehri
Akyurt
Kalecik
Deveci Dağı
Köse gebirge
Ayaş
Çekerek
Sündiken
1786
Mihalıççık
ANKARA
Elmadağ
Hattusha
Boğazkale
Sulusaray
Yıldızeli
Hafik
Zara
İmranlı
Refahiye
Gölbaşı
1862
Elma
KIRIKKALE
Yozgat
Yozgat-Çamlığı-NP
Sorgun
SIVAS
ERZINCAN
Polatlı
Keskin
Yerköy
Akdağmadeni
2690
Tecergebirge
Akpınar
Sarıkaya
Sincan
Sivrihisar
Haymana
Balâ
Kaman
Bozok-Hochebene
Ak Dağlar
Şarkışla
Divriği
Kemaliye
T Ü R K E I
Kulu
Hirfanlı-Stausee
Kırşehir
Mucur
Boğazlıyan
Gemerek
Kangal
2735
Emirdağ
Çeltic
Tuz-Gölu
Şereflikoçhisar
Arapgir
Sülüklü
A n a t o l i e n
Bünyan
2461
Hinzir
Hekimhan
Arguvan
Yunak
Tuz-see
Gülşehir
KAYSERI
Pınarbaşı
Keban
Cihanbeyli
Ortaköy
Ürgüp
Gürün
Nevşehir
Hist. Nationalpark Göreme
Erciyas
3917
Develi
Darende
Akşehir
Cihanbeyli Hochebene
Becken
Eskil
Tomarza
AKSARAY
Tufanbeyli
Ilgın
Kadınhanı
Sultanhanı
2142
Göllü
Yeşilhisar
Akçadağ
MALATYA
Aşağı Pınarbası
3075
Bey
Şarki Karaağaç
Hasan
3268
Elbistan
Nurhak
3081
Doğanşehir
Aladağ
2305
Obruk-Hochebene
Kappadokien
Yahyalı
Nemrut Dağı
3050
Beyşehirsee Nationalpark
KONYA
Niğde
Göksun
Nurhak
Kâhta
ADIYAMAN
Emirgazi
Bor
3756
Demirkazık
Aladağlar
Alaberge-NP
Feke
Gölbaşı
Beyşehir
Karapınar
Çumra
KAHRAMANMARAŞ
Besni
Seydişehir
Ereğli
Kozan
Kadirli
Türkoğlu
Pazarcık
Araban
Yavuzeli
Bozova
ŞANLIURFA
2288
Karadağ
Ayrancı
Pozantı
Karatepe
Arslantaş-NP
Düziçi
Belörem
3134
Yıldız
3524
Medetsiz
Bolkargebirge
İmamoğlu
Bahçe
KARAMAN
Kâzımkarabekir
Bozkır
Yüğlük
Çamlıyala
Seyhan-Stausee
GAZIANTEP
Hadım
2474
Ceyhan
OSMANIYE
İslahiye
Oğuzeli
Nizip
Birecik
Suruç
Akseki
2877
Geyik
Taşkent
Taşeli-plateau
TARSUS
ADANA
Serik
Gündoğmuş
MERSIN
Dörtyol
Hassa
Kilis
Jarablus
Ain al-Arab (Kobanê)
Göktepe
Ermenek
Kırobası
Karataş
Golf von İskenderun
İSKENDERUN
Kırıkhan
Azaz
Mut
Erdemli
Afrin
MANBIJ
ALANYA
Akçaligebirge
Olukbaşı
Uluçınar
AL BAB
2339
Karaçal
Gülnar
Silifke
Amanos
2240
Reyhanlı
Muslimiyah
Gazipaşa
HATAY (ANTAKYA)
ALEPPO
As Sfire
Assad-Maskane Stausee
Anamur
Bozyazı
Samandağı
Sugra
IDLIB
Saraqeb
Ebla
Khanasir
Rizokarpaso
K. Apostolos Andreas
Jisr ash-Shugur
Al Haffah
Maarrat an-Numan
Türk. Rep. Nordzypern
LATAKIA
Abu Darikha
K. Kormakitis
Kyrenia
Jablah
Khirbat Isriya
NIKOSIA (LEFKOSIA)
S Y R I E N
Morfou
Kap Akamas
Famagusta
Banias
HAMA
Poli
Galata
Montoullas
Troodos-NP
Olympos
1952
Larnaka
Kap Greko
Tartus
Masyaf
Salamija
Troodosgeb.
Paphos
Nea Pafos
Choirokoitia
Safita
Ar Rastan
Jabal Rash
1354
ZYPERN
Amrit
Tall-kalah
HOMS
Hamidiya
Furqlus
Tadmur (Palmyra)
LIMASSOL
Kap Gata
TRIPOLI
Al Qusair
Qurnat as Sawda
3088
Al Qaryatain
LIBANON
0
50
100
150
200 km

1:4 500 000

AFRIKA

AFRIKA, POLITISCH
NORDWESTLICHES AFRIKA
NORDÖSTLICHES AFRIKA
WESTLICHES AFRIKA
ÖSTLICHES AFRIKA
ZENTRALAFRIKA
SÜDLICHES AFRIKA
MADAGASKAR, SEYCHELLEN, MAURITIUS

AFRIKA

1: 45 000 000

SAUDI-ARABIEN
IRAN
IRAK
SYRIEN
JORDANIEN
KUWAIT
JEMEN
OMAN
ÄGYPTEN
SUDAN
SÜDSUDAN
ERITREA
ÄTHIOPIEN
SOMALIA
KENIA
UGANDA
TANSANIA
MOSAMBIK
SAMBIA
SIMBABWE
MADAGASKAR
KOMOREN
SEYCHELLEN
MAURITIUS
MALEDIVEN
AFGHANISTAN
PAKISTAN
INDIEN
TÜRKEI
TURKMENISTAN
KIRGISISTAN
Arabisches Meer
INDISCHER OZEAN
Rotes Meer
Persischer Golf
Golf v. Oman
Golf von Aden
Straße von Mosambik
Äquator
Südlicher Wendekreis
Schwarzes Meer
Kaspisches Meer
ISTANBUL
ANKARA
BAKU
TEHERAN
BAGDAD
DAMASKUS
BEIRUT
AMMAN
Jerusalem
ALEXANDRIA
KAIRO
GIZEH
RIAD
MEKKA
MEDINA
DJIDDA
SANAA
Aden
DSCHIBUTI
Dschibuti
ADDIS ABEBA
Asmara
KHARTUM
OMDURMAN
NYALA
MOGADISCHU
NAIROBI
KAMPALA
Kigali
KISANGANI
Mombasa
DARESSALAM
LUBUMBASHI
LUSAKA
HARARE
MAPUTO
PRETORIA (TSHWANE)
JOHANNESBURG
DURBAN
Pietermaritzburg
Port Elizabeth
ANTANANARIVO
Port Louis
Réunion (F)
Mayotte (F)
Moroni
Victoria
Male
Colombo
KABUL
KARATSCHI
LAHORE
DELHI
MUMBAI (BOMBAY)
HYDERABAD
BAN-GALORE
CHENNAI
DUBAI
Abu Dhabi
Doha
Maskat
KATAR
BAHRAIN
VEREIN. ARAB. EMIRATE
Sokotra (Jemen)
Chagos-archipel (GB)
Diego Garcia
Rodrigues (MS)
Agalega-Inseln (MS)
Lakkadiven (IND)
ESWATINI (SWASILAND)
LESOTHO
30°
40°
50°
60°
70°
80°
0°
10°
20°

ATLANTISCHER OZEAN
SPANIEN
MAROKKO
ALGERIEN
MAURETANIEN
Westsahara
SENEGAL
MALI
622
Lissabon
Setúbal
Barreiro
Sintra
Peniche
Évora
Cáceres
Badajoz
Ciudad Real
La Mancha
Toledo
Cuenca
Albacete
Puertollano
Sines
Beja
Algarve
Lagos
Kap São Vicente
Faro
Sevilla
Huelva
Golf von Cádiz
Córdoba
Jaén
Linares
Granada
Sierra Nevada
3478
Jerez de la Frontera
Cádiz
Málaga
Almería
Straße von Gibraltar
Gibraltar (GB)
Ceuta (E)
Tanger
Tétouan
Larache
Melilla (E)
Nador
Oujda
Hocaima
Ouezzane
2456
Rif
Kénitra
Sale
RABAT
Taza
Fès
Meknès
Guercif
CASABLANCA
Jadida
Settat
Khouribga
Mittlerer Atlas
Kap Beddouza
Safi
Ben Guerir
J. Ayachi
3737
Beni-Mellal
Tendrara
Figuig
Marrakesch
Essaouira
Ighil M'Goun
4071
Ar-Rachidia
Erfoud
Béchar
Toubkal
4167
Hoher Atlas
Ouarzazate
Abadla
Agadir
Taroudant
Antiatlas
Zagora
Tiznit
Tafraoute
Akka
Jebel Bani
Sidi Ifni
Guelmim
Hamada du Draa
Hamada du Guir
Beni-Abbès
Erg er Raoui
Tabelbala
Tan-Tan
Wadi Draa
Jebel Ouarkziz
Tinfouchy
Madeira-Archipel (P)
Madeiraschwelle
Madeira
Porto Santo
Funchal
Desertasinseln
Selvagensinseln (P)
Kanarische Inseln (E)
Lanzarote
Arrecife
Santa Cruz de la Palma
La Palma
Teneriffa
La Laguna
Santa Cruz de Tenerife
La Gomera
San Sebastián de la Gomera
El Hierro
Gran Canaria
Las Palmas d. Gran Canaria
Pto. del Rosario
Fuerteventura
Tarfaya
Aaiún
El Mahbas
Tindouf
Sebkha de Tindouf
Smara
Erg Iguidi
Mcherrah
Kap Boujdour
Boujdour
Bou Kra
Dra Afratir
Ain Ben Tili
Bir Mogrein
Sebkhet Iguetti
Chegga
Agargar
Sebkhet Aghzoumal
Sebkhet Oumm ed Droûs Telli
Sebkhet Oumm ed Droûs Guebli
Erg Chech
Nördlicher Wendekreis
Dakhla
Al Argoub
Mijek
El Hammâmi
Erg Tanezrouft
Aoussard
Zouérat
Fdérik
Maqteïr
Hamada el-Harich
Taoudenni
Lamalaga
Tichla
El Khnâchîch
Nouâdhibou
Kap Blanc
Azeffâl
Choûm
Guelb er Richât
485
Sebkhet Chemchâm
Atar
Adrar
Ouadâne
Chinguetti
Ouarane
Akjoujt
El Djouf
Nouâmghâr
Sebkha de Ndrhamcha
Nouakchott
Tagant
Tidjikja
Tichît
Aouker
Araouane
Azaouad
Tiguent
Trarza
Boutilimit
Moudjéria
Çangrâfa
Aleg
Hodh
Oualâta
El Açâba
Affollé
Kiffa
Ayoûn el-Atroûs
Faguibine-see
Timbuktu
Bamba
Niger
Rosso
Senegal
Dagana
Kaédi
Néma
Saint Louis
Guiersee
Louga
Mbout
Timbedgha
Diré
Lac Do
Niafounké
Linguère
Ouro Sogui
Sélibabi
Karaba-see
Debo-see
Niangay-see
Kap Verde
Thiès
Touba
Diourbel
DAKAR
Bakel
Nioro du Sahel
Nara
Nampala
Nokara
1155 Hombori Tondo
Douentza
Konna
Mopti
Ségou
Djenné
Kayes
Kidira
Diéma
Bafoulabé
Didjéni
Kaffrine
Banjul
Nioro
Djibo
1:14 000 000
0 250 500 750 km
20°
15°
10°
5°
35°
30°
25°
20°
15°

625
634
637
Mittelmeer
Tyrrhenisches Meer
Ionisches Meer
Golf von Hammamet
Kleine Syrte
Große Syrte
Sardinien (I)
Sizilien
MALTA
Valletta
Lampedusa
Pantelleria
ALGIER
TUNIS
TUNESIEN
TRIPOLIS
BENGASI
Palermo
Messina
Catania
Syrakus
Reggio di Calabria
Cagliari
Valencia
Palma d. M.
Alicante
Bizerte
Annaba
Skikda
Constantine
Sétif
Biskra
Batna
Tébessa
Kairouan
Sousse
Monastir
Sfax
Gabès
Djerba
Zarzis
Medenine
Tozeur
Gafsa
El Oued
Touggourt
Ouargla
Ghardaïa
Laghouat
Djelfa
Tiaret
Saïda
Aflou
Bayadh
Blida
Médéa
Tizi Ouzou
Bejaïa
Ténès
Tipaza
El Asnam
Souk Ahras
Ain Beida
Bou-Saada
Aurèsmassiv
Tell-Atlas
Sahara-Atlas
Hochland der Schotts
Schott Melrhir
Schott el-Djerid
M'Zab
El Abiodh Sidi Cheikh
El Meniaa
El Homr
Timimoun
Hassi Messaoud
Östlicher Großer Erg
Großer Erg
Tademaït-Plateau
Hamada du Tinrhert
Bordj Omar Driss
In Amenas
Edjelé
El Adeb Larache
Erg Issaouane
Illizi
Aoulef
In Salah
Tidikelt
Arak
Asedjrad
Tassili n'Ajjer
Bordj el-Haouès
Adrar Souïa
Djanet
Erg d'Admer
Hoggar
Tahat 2918
Tamanrasset
Tazrouk
Tanezrouft
Bordj Mokhtar
Tassili du Hoggar
Tessalit
Adrar des Iforas
Kidal
Anéfis
Gao
Ménaka
Ansongo
Labbezanga
Ayorou
Niamey
Tillabéri
Téra
Dogondoutchi
Birni-n-Konni
Madaoua
Maradi
Tessaoua
Zinder
Tahoua
Talcho
Tchin-Tabaraden
Aderbissinat
Tanout
Agadez
Arlit
Assamakka
I-n-Guezzam
Air ou Azbine
Gréboun 1944
Bagzane 2022
Iferouâne
Ténéré du Tafassasset
Djado-Plateau
Chirfa
Seguedine
Bilma
Fachi
Grand Erg de Bilma
Agadem
Ngourti
Nguigmi
Gouré
Manga
Kanouri
Tégouma
NIGER
Tibesti
Emi Koussi 3415
Pic Toussidé 3315
Tarso-Emissi 3376
Bikubiti 2285
Abo-Massiv
Atafi-Massiv
Wour
Bardai
Yebbi Souma
Zouar
Borkou
Bodélé
Djourab
Faya-Largeau
Nokou
Mao
Moussoro
N'Délé
TSCHAD
Sarir Tibesti
Jabal Nuqay 1660
Dehiba
Nalut
Jadu
Mizdah
Nafusa
Gharyan
Bani Walid
Homs
Misurata
Suwara
Tripolitanien
Al Qaryah ash-Sharqiyah
Darj
Ghadames
Bordj Messouda
Sinawan
Hammadah al-Hamra
Sahra Awbari
Al Uwaynat
Ghat
Fessan
Sahra Murzuq
Murzuq
Awbari
Sebha
Tamanhint
Qasr Larocu
Ghadduwah
Zawilah
Tmassah
Birak
Adiri
Harudsch al-Aswad
Qarat as-Sabah 1200
Waw al-Kabir
Al Qatrun
Hun
Waddan
Soda
Zillah
Marada
Bir Zaltan
Syrtebecken
Sirt
Sidr
Buayrat al-Hsun
Sabkhat Umm al-Izam
Marsa el-Brega
Ajdedabia
Al Marj
Beida
Cyrenaika
LIBYEN
ALGERIEN
0°
5°
10°
15°
20°
35°
30°
25°
20°
15°

626
633
638
Liparische Inseln
Palermo
Messina
Trapani
Sizilien
Catania
Syrakus
Agrigento
Ragusa
Reggio di Calabria
Pantelleria
Gozo
Malta
MALTA
Valletta
Lampedusa
Ionisches Meer
Mittelmeer
Korfu (Kerkyra)
Ionische Inseln
Lefkada
Zakynthos
Peloponnes
Patras
Piräus
ATHEN
Korinth
Kalamata
Tripoli
Sparta
Areopoli
Kythera
Naxos
Kykladen
Milos
Ägäisches Meer
Larissa
Vólos
Euböa
Lesbos
Chios
Samos
Chania
Heraklion
Kreta
Sitia
Karpathos
Rhodos
Çanakkale
BURSA
Balıkesir
Eskişehir
ANKARA
Kırıkkale
Kütahya
Kırşehir
Manisa
Uşak
İZMİR
Afyonkarahisar
Denizli
Aydın
Isparta
Akşehir
Konya
Aksaray
Burdur
Eğirdir
Muğla
Westlicher Taurus
Antalya
Akseki
Karaman
Alanya
Tarsus
Mittlerer
Silifke
Demre
Anamur
Morfou
Nikosia
Larnaka
Limassol
ZYPERN
Pafos
LIBANON
Haifa
ISRAEL
Tel Aviv-Jaffa
Jerusalem
TRIPOLIS
Homs
Misurata
Gharyan
Bani Walid
Große Syrte
Sabkhat Umm al-Izam
Buayrat al-Hsun
Surt
Syrte
Sidr
Ajdedabia
Marsa el-Brega
BENGASI
Al Marj
Beida
Derna
Achdar
Tobruk
Cyrenaika
Um Saad
As Sallum
Sidi Barranj
Dur al Fawakhir
Syrtebecken
Hun
Waddan
Soda
Zillah
Maradah
Bir Zaltan
Awjilah
Djaghbub
Siwa
Harudsch
Qarat as-Sabah 1200
al-Aswad
Tamanhint
Sebha
Ghadduwah
Tmassah
Zawilah
Murzuq
Waw al-Kabir
Al Qatrun
LIBYEN
Sarir Kalansho
Tazarbu
Zighan
Libysche Wüste
Rebiana
Kufra-Oasen
Al Jawf
Sarir Tibesti
Jabal Nugay 1660
Bikubiti 2285
Abo-Massiv
Atafi-Massiv
Wour
Bardai
Tarso Emissi 3376
Pic Toussidé 3315
Yebbi Souma
Zouar
Tibesti
Emi Koussi 3415
Matan as-Sarah
Jabal Arkanu 1435
Al Uwaynat
Uweinat 1934
Plateau von Gilf al-Kabir
1081
1064
Nördlicher Wendekreis
ALEXANDRIA
Marsa Matruh
El-Alamein
Damanhur
Damiette
Mahalla al-Kubra
Tanta
Mansura
Port Said
Arish
Ismailia
SHOUBRA AL-KHAIMA
GIZEH
KAIRO
Suez
Sinai
Jabal at-Tih
Kattarasenke
Faijum
Zafarana
Beni Suef
Bani Mazar
Minia
Mallawi
Dairut
Assiut
Al Badari
Sohag
Girga
Kena
Luxor
Idfu
Assuan
Bahariya-Oase
Al Jadida
Ghurd Abu Muharrik
Farafra-Oase
Qasr Farafra
ÄGYPTEN
Arabische Wüste
Mut
Dakhla-Oase
Kharga
Baris
Kharga-Oase
Toshka-Seen
Nasser-Stausee
Abu Simbel
Wadi Halfa
J. Rafit 843
Abri
J. Kurur 1240
Nubische Wüste
Karma
Dongola
Karima
Merowe
Abu Hamed
Ad Dabba
Fagrinkotti
Atbara
Damir
Bajuda
Shandi
Eilai
Nil
OMDURMAN
Khartum-Nord
KHARTUM
Al Kamilin
Wad Medani
Hamrat al-Wuzz
Hamrat as-Shaikh
Malha
Darfur
SUDAN
TSCHAD
Bilma
Borkou
Bodélé
Faya-Largeau
Ounianga Kébir
Erdi
Mourdisenke
Ennedi
Fada
Djourab
Oum-Chalouba
Nédéley
Massif du Kapka 1220
Iriba
Wadi Howar
Abéché
Am Djemena
Moussoro
Mao
Nokou
Kanem
J. Gurgei 2351
Kabkabiya
Dueim
Ati
Massakory
Bokoro
Mt. Guédi 1506
N'DJAMENA
Am-Dam
1:14 000 000
0 250 500 750 km
35°
30°
25°
20°
15°
15°
20°
25°
30°

691
639
IRAK
SYRIEN
JORDANIEN
KUWAIT
SAUDI-ARABIEN
JEMEN
OMAN
ERITREA
KATAR
BAHRAIN
VEREINIGTE ARABISCHE EMIRATE
TEHERAN
BAGDAD
DAMASKUS
AMMAN
RIAD
MEKKA
MEDINA
DJIDDA
SANAA
ALEPPO
MOSSUL
SULAIMANIYA
BASRA
AHVAZ
ISFAHAN
SHIRAZ
KARAJ
Persischer Golf
Rotes Meer
Rub al-Khali
Syrische Wüste
Nefud
Nedjd
Hidjas
Große Salzwüste (Dasht-e Kavir)
Farasan-inseln
Dahlak-archipel
Halaib-Dreieck (unter sudanesischer Verwaltung)
Kermanshah
Hamadan
Kirkuk
Arbil
Samarra
Ramadi
Falluja
Kerbela
Nadschaf
Hilla
Diwaniya
Nasiriya
Amara
Kut
Homs
Hama
Tabuk
Hail
Buraida
Unaiza
Hofuf
Dammam
Manama
Doha
Abu Dhabi
Dubai
Sharja
Kuwait
Taif
Abha
Nadjran
Hodeida
Port Sudan
Asmara
Kassala
40°
45°
50°
55°
35°
30°
25°
20°
15°

 1:14 000 000

0 250 500 750 km

633
638
640
0°
5°
10°
15°
Adrar des Iforas
Tassili du Hoggar
Ténéré du Tafassasset
Aïr ou Azbine
Grand Erg de Bilma
Ténéré
Kanouri
Manga
Tibesti
Bodélé
Djourab
N I G E R
N I G E R I A
T S C H A D
B E N I N
T O G O
K A M E R U N
G A B U N
Ä Q U A T O R I A L G U I N E A
REP. KONGO
SÃO TOMÉ UND PRÍNCIPE
Tschadbecken
Tschad-see
Bordj Mokhtar
Tessalit
I-n-Quezzam
Assamakka
Gréboun 1944
Iferouâne
Arlit
Bagzane 2022
Agadez
Bilma
Fachi
Agadem
Kidal
Anéfis
Gao
Ménaka
Tchin-Tabaraden
Aderbissinat
Ansongo
Labbezanga
Ayorou
Tahoua
Tanout
Ngourti
Nokou
Mao
Nguigmi
Bosso
Zinder
Gouré
Birnin-Konni
Madaoua
Tessaoua
Maradi
Niamey
Dosso
Dogondoutchi
Loga
Talcho
Tillabéri
Téra
Dori
Koalla
Sokoto
Talata Mafara
Argungu
Katsina
Magaria
Gumel
Nguru
Maine-Soroa
Diffa
Kukawa
Geidam
Ngala
N'DJAMENA
Massakori
Ngoura
Bokoro
Am Djemena
Moussoro
Massaguet
Massenya
Kantchari
Fada-N'gourma
Tenkodogo
Gusau
KANO
Hadejia
Azare
Damaturu
MAIDUGURI
Dikwa
Potiskum
Funtua
Gummi
Dan-Gulbi
Kamba
Birnin Kudu
Zaria
Birni Gwari
Kaduna
Gongola
Bauchi
Biu
Damboa
Mubi
Mandara-gebirge
Maroua
Waza
Guider
Bongor
Chari
Kandi
Yelwa
Kainji-Stausee
Kontagora
Babana
New Bussa
Minna
Jos
Jos plateau
Gombe
Numan
Yola
Garoua
Lagdo-see
Logone
Laï
Pala
Kelo
Doba
Moundou
Dapaong
Natitingou
Bembèrèkè
Djougou
Kara
Parakou
Sokodé
Bida
Abuja
Jalingo
Vogel Peak 2042
Alantikagebirge
Poli
Tcholliré
Baïbokoum
Goré
Kişi
Saki
Ilorin
Ogbomosho
Shendam
Lafia
Kontcha
Benue
Niger
Lokoja
Makurdi
Savè
Iseyin
Oshogbo
Ado-Ekiti
Iwo
Ilesa
Akure
Owo
Ife
IBADAN
Ijebu-Ode
Abeokuta
Abomey
Porto-Novo
Atakpamé
Notsé
Kpalimé
Lokossa
Idah
Enugu
Katsina-Ala
Abakaliki
Ngaoundéré
Adamaua
Chappal Waddi 2419
Gembu
Tibati
Mbakaou-see
Béboura
Bocaranga
Mt. Karé 1113
Bozoum
Bouar
Baboua
Bétaré-Oya
Mushin
Cotonou
LAGOS
BENIN CITY
Onitsha
Ihiala
Sapele
Warri
Owerri
Aba
Ugep
Calabar
PORT HARCOURT
Wum
Mt. Oku 3008
Bamenda
Fumban
Mamfe
Bambouto Mts. 2740
Bafoussam
Nkongsamba
Yoko
Bertoua
Nanga Eboko
Batouri
Carnot
Berbérati
Gamboula
Kumba
Kamerunberg 4095
Limbe
DOUALA
Edéa
YAOUNDÉ
Abong Mbang
Akonolinga
Nola
Ngato
M'Balmayo
Sangmelima
Dja
Ebolowa
Kribi
Malabo
3008
Bioko
Campo
Ambam
Moloundou
Souanké
Ouesso
Ngoko
Bata
Ncue
Mbini
Evinayong
Oyem
Mekambo
Liouesso
Cocobeach
Mitzic
Makokou
Libreville
Gabunmündung
Corisco-bucht
Kap San Juan
Príncipe
São Antônio
São Tomé
Annobón (GQ)
Ndjolé
Booué
Makoua
Owando
Kellé
Ogooué
Lambaréné
Lastoursville (Bonda)
Koulamoutou
Obouya
Mossaka
Kap Lopez
Port-Gentil
Onangué-see
Fougamou
Mimongo
Moanda
Lékoni
Franceville
Ossélé
Gamboma
Alima
Omboué
Mouila
Goumbi 820
Mbinda
Iguéla
Ndendé
Zanaga
Djambala
Tchibanga
Komono
Sibiti
Pangala
Mbé
Mayumba
Kibangou
Niari
Nkayi
Dolisie
Mindouli
BRAZZAVILLE
KINSHASA
Pointe-Noire
Lomé
Tema
Keta
Volta
Bucht von Benin
Bucht von Biafra
Golf von Guinea
O Z E A N
Aquator
Togo-Atakora-Gebirge
Ouémé
Mono
Nyong
Sanaga
Sangha
Likouala
Kouyou
Ngounié
Nyanga
Kongo
Lobaye
Mambéré
Nana

1: 14 000 000 — 0 250 500 750 km

DJIDDA
MEKKA
Taif
Bisha
Sabt al-Ulya
Al Quz
Khamis Mushayt
Abha
Ahad Rafida
Haradja
Zahran
Nadjran
Ash Sharaura
Jabal Marat
Jadib
Mughsail
Salalah
Dhofar
Karaberg
Dauka
Ad Dikaka
As Sulayyil
Rub al Khali
Shaqqat al-Kharita
Al Qa'amiyat
Jabal al-Wajid
JEMEN
Sada
Djizan
Samita
Al Harf
Amran
Marib
SANAA
Haddja
Manaha
J. Ishil 3199
Damar
Zabid
Ibb
Taiz
Hodeida
Ramlat as-Sabatain
Hadramaut
Saiun
Tarim
al-Mahra
Zabut
Saihut
Makalla
Ar Rauda
Laudar
Abyan
Shaqra
Aden
Mokka
Mafraq
Bab al-Mandab
Golf von Aden
Sokotra
Abd al-Kuri
The Brothers
Kap Caluula
Caluula
Kap Guardafui (Asair)
Bargaal
Qandala
Boosaaso
Cal Miskaat
Laasqoray
Maydh
Karin
2416
Ceerigaabo
Hochland
Hurdiyo
Kap Hafun
Bandarbeyla
Qardho
Xalin
Garoowe
Eyl
Garacad
Bullaxaar
Berbera
Guban
Boorama
Nabadeed
Hargeysa
Burco
Ogo
Sool
Somaliland
Nugaal
Kirit
Laascaanood
Haud
Ogaden
Geladi
Werder
Gaalkacyo
Wisil
Dabaro
Hobyo
Dhuusa Mareeb
Ceel Buur
Beledweyne
Buulo Burte
Mareeg
Dschowhar
Cadale
MOGADISCHU
Marka
Baraawe
SOMALIA
Baydhabo
Buur Hakkaba
Baardheere
Dudduumo
Webe Shebele
Jilib
Jamaame
Kismaayo
Buur Gaabo
Afmadow
Liboi
Kolbio
Iljara
Lamu
Ungwana-bucht
Malindi
Mombasa
Kilifi
Voi
INDISCHER OZEAN
Somalibecken
Äquator
Port Sudan
Suakin
Sinkat
Tokar
Haya
Aqiq
1906
J. Hamoyet 2780
Algena
Derudeb
Nakfa
2371
Qawz Ragab
ERITREA
Akordat
Bisha
Kassala
Barentu
Asmara
Mitsiwa
Farasan-inseln
Dahlak-archipel
Teseney
Mendefera
Soira 3018
Adigrat
Asale
Aksum
Showak
Himora
Mekele
Az Zuqur
Ed
Beylul
Assab
Danakil
Danakil-tiefland
Ras Dashen 4620
Amba Aladschi 3949
Gonder
Gorgora
Tanasee
Yosef 4190
Lalibela
Weldiya
Maych'ew
1200
Musa Ali 2928
Obock
Tadjoura
DSCHIBUTI
Dschibuti
Guna Terara 3131
Bahir Dar
Mile
Dikhil
Aysha
Abbe-see
Dese
Bure
Debre Markos
Kara Kore
Awash
Gewane
Harewa
Dire Dawa
Harer
Debre Birhan
Mileso
ADDIS ABEBA
Tullu Amara Terara 3146
Gimbi
Nekemte
Ambo
Giyon
Adama
Ahmargebirge
3120
Somali-hochland
Degeh Bur
ÄTHIOPIEN
Asela
Bada
Hosaina
Jima
Bonga
4193
Shashemene
Awasa
Wendo
Batu 4307
Goba
Ginir
Imi
Denan
Korahe
Guge 2742
Arba Minch
Jinka
Audoberge
1385
El Medo
Kelafo
El Koran
Negele
Konso
Yabelo
Kelem
Mega
Lokitaung
Dolo Bay
Mandera
Luuq
Waajid
Xuddur
Garbahaarrey
Moyale
North Horr
Chalbi-wüste
2293
Buna
Marsabit
Lokichar
Turkanasee
Wajir
Maralal
Loruk
Eldoret
Mado Gashi
KENIA
Nanyuki
Isiolo
Mt. Kenia 5199
Meru
Nakuru
Nyeri
Garissa
Thika
Nguni
Narok
NAIROBI
Machakos
Kitui
Magadi
Mgangerabeli-Ebene
Garsen
Kibwezi
Lolmalasin 3648
Arusha
Mt. Meru 4567
Kilimandscharo 5895
2205
Moshi
Taveta
Makuyuni
Masai-
Babati
Rotes Meer
Lorian-sumpf
Rift Valley
Ostafrikanischer Graben
635
641
40°
45°
50°
15°
10°
5°
0°

1: 14 000 000

0 250 500 750 km

639
644
643
UGANDA
KENIA
RUANDA
BURUNDI
TANSANIA
MALAWI
SAMBIA
SIMBABWE
KAMPALA
NAIROBI
Kigali
BUJUMBURA
Gitega
DARESSALAM
Dodoma
Lilongwe
LUSAKA
HARARE
LUBUMBASHI
Juba
Yambio
Arua
Gulu
Lira
Soroti
Mbale
Tororo
Jinja
Entebbe
Masaka
Mbarara
Kasese
Fort Portal
Hoima
Kitale
Eldoret
Kakamega
Kisumu
Nakuru
Nanyuki
Meru
Nyeri
Thika
Machakos
Garissa
Malindi
Kilifi
Mombasa
Lamu
Kismaayo
Jamaame
Victoria-see
Sese-Inseln
Ukerewe
Bukoba
Musoma
Mwanza
Shinyanga
Arusha
Moshi
Kilimandscharo 5895
Mt. Kenia 5199
Mt. Elgon 4321
Tanga
Wete
Pemba
Sansibar
Mafia
Kilwa Kivinje
Lindi
Mtwara
Tabora
Kigoma
Singida
Morogoro
Iringa
Mbeya
Sumbawanga
Songea
Tanganjikasee
Ruwenzori 5109
Goma
Bukavu
Uvira
Kindu
Kalemie
Kongolo
Moba
Mpulungu
Kasama
Mansa
Likasi
Kolwezi
Mufulira
Chingola
Kitwe
Ndola
Luanshya
Kabwe
Kapiri Mposhi
Chipata
Mzuzu
Karonga
Nkhotakota
Lichinga
Blantyre
Zomba
Tete
Malawisee
Chilwasee
Cahora-Bassa-Stausee
Kariba-Stausee
Livingstone
Victoriafälle
Mutare
Chimoio
Beira
Quelimane
Nampula
Nacala
Pemba
Mocímboa da Praia
Cuamba
Moçambique
Angoche
Mazabuka
Chitungwiza
Bulawayo
Kwekwe
Gweru
Kadoma
Serengeti
Masaisteppe
Muchinga Escarpment
Muchingagebirge
Sambesigebirge
Mashonaland
Matabeleland
Straße von Mosambik
Chalbiwüste
Turkanasee
Mganga rabeli-Ebene
Lorian-sumpf
Komoren
Njazidja (Grande Comore)
Moroni
Mwali (Mohéli)
Juân de Nova (F)
30°
35°
40°
0°
5°
10°
15°

640
10°
15°
20°
25°
30°
35°
ATLANTISCHER
OZEAN
Südlicher Wendekreis
NAMIBIA
BOTSWA
Skelettküste
Namib
Lubango
Namibe
Tombua
Chibia
Matala
Kuvango
Menongue
Longa
Chiume
Kalabo
Mongu
Kaoma
Huila-plateau
Chibemba
Caiundo
Cuito Cuanavale
Mavinga
Neriquinha
Baía dos Tigres
Serra da Chela
Cahama
Oncocua
Xangongo
Ondjiva
Chitado
Kunene
Ruacana
Ruacana-Wasserfälle
Cuangar
Okavango
Cubango
Cuito
Muine
Sitoti
Sambesi
Katima Mulilo
Kasane
Kongola
Chobe
Linyanti
Dirico
Rundu
Nepara
Okongo
Ondangwa
Opuwo
Kaokoveld
Kap Fria
Okatjiura
Oshivelo
Etoscha-pfanne
Sesfontein
Hoanib
Okaukuejo
Tsumeb
Otavi
2069
Grootfontein
Omatako
Kaukauveld
Shakawe
Okavango-becken
Kudumane
Tsumkwe
Nokaneng
Maun
Kamanjab
Grootberg 1638
Outjo
Waterberg 1857
Otjiwarongo
Fransfontein
Huab
Torra Bay
Otjozondjou
Ngami-see
Toteng
Botetle
Makga
Rakops
Xausee
Brandberg 2573
Ugab
Uis Mine
Sukses
Okondjatu
Otjinene
Eiseb
Alexeck
Erongo 2319
Omaruru
Hochveld
Okahandja
Ghanzi
Karibib
Nossob
Okwa
Mamuno
Tswaane
Swakopmund
Walvis Bay
Windhuk
Witvlei
Gobabis
Gamsberg 2347
Rehoboth
Leonardville
Kuiseb
Solitaire
Büllsport
Kang
Kalahari
Hukuntsi
Aranos
Stampriet
Maltahöhe
Mariental
Olifants
Lendepas
Union's End
Khakhea
Gibeon
Helmeringhausen
Koës
Berseba
Molopo
Morokweng
Lüderitzbucht
Lüderitz
Aus
Keetmanshoop
Aroab
Rietfontein
Goageb
Seeheim
Andriesvale
Vryburg
Huib-Hochplateau
2202
Große Karasberge
Grünau
Hotazel
Kuruman
Karasburg
Ai-Ais
Warmbad
Upington
Postmasburg
Kimberley
Griekwastad
Alexanderbaai
Goodhouse
Oranje
Kakamas
Port Nolloth
Pofadder
Kenhardt
Hopetown
Namaqualand
Springbok
Buschmannland
Grootvloer
Hondeklipbaai
Garies
Brandvlei
Vosburg
De Aar
Loeriesfontein
Renoster
Carnarvon
Bitterfontein
Calvinia
Williston
Loxton
Victoria West
Vanrhynsdorp
Fraserburg
Three Sisters
Clanwilliam
Nuweveldberge
Beaufort West
Aberdeen
St.-Helena-Bucht
Sutherland
Vredenburg
Piketberg
Laingsburg
Klipplaat
Hopefield
Tulbagh
Große Karoo
Willowmore
Malmesbury
Worcester
Oudtshoorn
Uniondale
Kleine Karoo
KAPSTADT
Bellville
George
Knysna
Strand
Swellendam
Mosselbaai
Kap der Guten Hoffnung
Bredasdorp
Kap Agulhas
0
250
500
750 km

1: 14 000 000

641
644
30°
35°
40°
20°
25°
30°
35°
Lusaka
Kabwe
Lubungu
Chisamba
Rufunsa
Luangwa
Zumbo
Caponda
Zambué
Cahora Bassa
Cahora-Bassa-Stausee
Mâgoé
Beno
Balaka
Zóbuè
Zomba
Mulanje
3002
Blantyre
Cuamba
Namuli
2419
Malema
Ribaue
Nacala
Mogincual
Nametil
Molocuè
Errego
Ligonha
Mulanje
Angoche
Namwala
Mazabuka
Kafue
Chirundu
Chitongo
Monze
1553
Choma
Kalomo
Sambesigebirge
Makuti
Kariba
Karoi
Guruve
Kariba-Stausee
Siabuwa
Mashonaland
Bindura
HARARE
Chinhoyi
Chitungwiza
Livingstone
Victoriafälle
Hwange
Gokwe
Kadoma
Chegutu
Dete
SIMBABWE
Kwekwe
Chivhu
Gwayi
Gweru
Mvuma
Matabeleland
Masvingo
Bulawayo
Zvishavane
Nata
Plumtree
Mbalabala
Gwanda
West Nicholson
Rutenga
Francistown
Shashe
Thuli
Chikombedzi
Serule
Selebi-
Serowe
Palapye
Beitbridge
Musina (Messina)
Mahalapye
Soutpansberg
1585
Makhado (Louis Trichardt)
Tzaneen
Lephalale (Ellisras)
Mokopane (Potgietersrus)
Polokwane (Pietersburg)
Marulaneng (Hoedspruit)
Mochudi
Thabazimbi
Derdepoort
Modimolle (Nylstroom)
Burgersfort
Mashishing (Lydenburg)
PRETORIA (TSHWANE)
Sun City
Zeerust
Rustenburg
Mbombela (Nelspruit)
Komatipoort
Mamelodi
Middelburg
Witwatersrand
Springs
SOWETO
JOHANNES-BURG
Evaton
Carolina
Mbabane
Manzini
Ermelo
Potchefstroom
Klerksdorp
Vereeniging
ESWATINI (SWASILAND)
Nhlangano
Piet Retief
Volksrust
Vaal-Stausee
Heilbron
Frankfort
Bloemhof-Stausee
Kroonstad
Vryheid
Welkom
Reitz
Harrismith
Ulundi
Dundee
Hochveld
Bethlehem
Emnambithi (Ladysmith)
Dealesville
Winburg
Empangeni
Botshabelo
Maluti Mts.
Greytown
Maseru
3314
Giant's Castle
3450
Pietermaritzburg
Wepener
LESOTHO
DURBAN
Quthing
Kokstad
Bethulie
Harding
Aliwal North
Gariep-Stausee
Port Shepstone
Burgersdorp
Maclear
Elliot
Umtata
Port Saint Johns
Queenstown
Cradock
Butterworth
Bisho
Mdantsane
Ft. Beaufort
Buffalo City (East London)
Grahamstown
Uitenhage
Port Alfred
Port Elizabeth
Drakensberge
Tete
Changara
Sambesi
Mutarara
Morrumbala
Mocuba
Mualama
Moma
Kap Lipobane
Pebane
Namacurra
Vila de Sena
Caia
Quelimane
Catandica
Inyangani
2596
Gorongosa
1862
Marromeu
Chinde
Rusape
Inhaminga
Mutare
Chimoio
Mt. Binga
2436
Chimanimani
Save
Beira
Nova Sofala
Chibabava
Chiredzi
Nova Mambone
Jofane
Massangena
Bazaruto-Archipel
Mabote
Kap São Sebastião
Chicualacuala
Machaila
Mapinhane
Changane
Limpopo
Funhalouro
Combomune
Massinga
Bucht v. Inhambane
Inhambane
Maqueze
Inharrime
Magude
Chidenguele
Xai-Xai
Moamba
Maputobucht
MAPUTO
Bela Vista
St.-Lucia-See
MOSAMBIK
Straße von Mosambik
Juân de Nova (F)
Bassas da India (F)
Europa-Insel (F)
Tambohor
Maint
Morombe
Manombo
Toliara
Mosambikbecken
Mosambikrücken
INDISCHER OZEAN
Natalbecken

1:14 000 000

0 250 500 750 km

AMERIKA

NORD- UND MITTELAMERIKA, POLITISCH
SÜDAMERIKA, POLITISCH
ALASKA
NÖRDLICHES KANADA
NÖRDLICHES GRÖNLAND
SÜDLICHES GRÖNLAND
WESTLICHE USA, KANADA
ÖSTLICHE USA, KANADA
SÜDWESTLICHE USA, MEXIKO, HAWAII
SÜDÖSTLICHE USA, KARIBIK
MITTELAMERIKA
NÖRDLICHES SÜDAMERIKA
PERU, BOLIVIEN
BRASILIEN
CHILE, ARGENTINIEN
PATAGONIEN, FEUERLAND

1:60 000 000 — 0 | 1000 | 2000 | 3000 km

Grönland
(DK)
Ellesmere Island
Axel Heiberg Island
Sverdrup-inseln
Devon Island
Baffinland
Baffin-meer
Davisstraße
Labrador-see
Hudson Bay
Foxe-becken
Labradorhalbinsel
Neufundland
ISLAND
Reykjavík
Dänemarkstraße
ATLANTISCHER OZEAN
Sargassosee
Bermuda-Inseln (GB)
Azoren (P)
Golf von Mexiko
Karibisches Meer
Westindische Inseln
Nördlicher Wendekreis
Hudsonstraße
Lancastersund
Jonessund
Naresstraße
Lincolnsee
Kane-becken
Melville-bucht
Resolution Island
Southampton Island
Coats I.
Mansel I.
Ungava-halbinsel
Akpatok Island
Ungava Bay
Belcher-inseln
Akimiski I.
Labrador City
I. d'Anticosti
St-Pierre und Miquelon (F)
St. John's
Sable I.
MONTREAL
Québec
Ottawa
TORONTO
Boston
NEW YORK
PHILADELPHIA
Washington D. C.
CHICAGO
Detroit
Pittsburgh
Baltimore
Indianapolis
Memphis
Nashville
Atlanta
Charlotte
Jacksonville
New Orleans
HOUSTON
Miami
Tampa
Winnipeg
HAVANNA
KUBA
BAHAMAS
Nassau
SANTIAGO D. L. C.
DOMINIKANISCHE REP.
SANTO DOMINGO
PORT-AU-PRINCE
HAITI
JAMAIKA
Kingston
Puerto Rico (USA)
ANTIGUA U. BARBUDA
DOMINICA
BARBADOS
TRINIDAD U. TOBAGO
GRENADA
TEGUCIGALPA
MANAGUA
BELIZE
CARACAS
BARRANQUILLA
MARACAIBO
BOGOTÁ D. C.
MEDELLÍN
VENEZUELA
GUYANA
Georgetown
Paramaribo
SURINAME
Madeira-Archipel (P)
Kanarische Inseln
KAP VERDE
Nouakchott
DAKAR
SENEGAL
GAMBIA
CONAKRY
Freetown
IRLAND
Lissabon
Jan Mayen
Färöer (DK)
Rockall (GB)
110° 100° 90° 80° 70° 60° 50° 40° 30° 20°
80° 70° 60° 50° 40° 30° 20° 10°

1:35 000 000

0 500 1000 1500 km

ATLANTISCHER
OZEAN
PAZIFISCHER
OZEAN
Mar Argentino
Scotia-see
Drakestraße
ARGENTINIEN
CHILE
URUGUAY
BUENOS AIRES
MONTEVIDEO
SANTIAGO DE CHILE
PORTO ALEGRE
CÓRDOBA
ROSARIO
Mendoza
La Plata
Mar del Plata
Bahía Blanca
Coquimbo
Viña del Mar
Valparaíso
Talca
Chillán
Talcahuano
Concepción
Temuco
Valdivia
Osorno
Puerto Montt
Isla Grande de Chiloé
Chonos-archipel
Taitao-halbinsel
Wellington-archipel
Königin-Adelaide-Archipel
Punta Arenas
Ushuaia
Feuerland
Magellanstraße
Isla de los Estados
Río Gallegos
Bahía Grande
Comodoro Rivadavia
San-Jorge-Golf
Rawson
Viedma
San-Matías-Golf
Valdés-halbinsel
Neuquén
Zapala
Santa Rosa
Tandil
San Juan
La Rioja
San Luis
Río Cuarto
Villa María
Santa Fe
Paraná
Concordia
Salto
Uruguaiana
Alegrete
Santa Maria
Bagé
Pelotas
Rio Grande
Canoas
Novo Hamburgo
Caxias do Sul
Lagoa dos Patos
Lagoa Mirim
Río de la Plata
Falklandinseln (GB)
Westfalkland
Ostfalkland
Stanley
Goose Green
Südgeorgien (GB)
Grytviken
Südliche Orkneyinseln (GB)
Orcadas
Südliche Shetland-inseln
Elephant I.
Clarence I.
King George I.
Livingstone I.
Bransfieldstraße
Î. d'Urville
Î. Joinville
Ross I.
Snow Hill I.
Î. Brabant
Palmerarchipel
Î. Anvers
Juan-Fernández-Inseln (Chile)
Isla A. Selkirk
Isla R. Crusoe
30°
40°
50°
60°
70°
80°
90°
100°

Tschuktschensee
175°
170°
165°
160°
155°
150°
145°
65°
60°
55°
Barrow
Wainwright
Icy Cape
Point Lay
Kap Lisburne
Wevok
Tikigaq (Pt. Hope)
Dease Inlet
Smith-bucht
Teshekpuk-see
Harrison-bucht
Wainwright Inlet
Arctic Plains
Lisburne-halbinsel
Brookskette
De Long Mountains
1350
Colville
Awuna
475
Nuiqsut
Prudhoe Bay
North Slope
Mt. Michelson 2699
2152
Philip Smith Mts.
Kivalina
Noatak
Enurmino
Koljutschinsker Bucht
Tschuktschen-halbinsel
Wankarem
Nördlicher Polarkreis
K. Deschnjow
Lorino
Kotzebue
Shishmaref
Schwatka Mountains
2594
Endicott Mts.
Mt. Doonerak 2273
1660
Table Mt. 1537
East Fork Chandalar
Kobuk
Kotzebue-sund
Beringstraße
K. Prinz-v.-Wales
Wales
Deering
Selawik
Selawiksee
Coldfoot
Chandalar
Seward-halbinsel
Teller
Buckland
Bendeleben Mts.
1137
Allakaket
970
1063
Beaver
Fort Yukon
Gambell
Savoonga
673
442
Lietnik
Lawrence Island (USA)
Nome
Golovin
Koyuk
Kokrines Hills
Stevens Village
Circle
White Mts.
Nortonbucht
Nortonsund
1040
Nulato
Galena
Tanana
Livengood
Kaltag
Ruby
Yukon
Stuart I.
Unalakleet
Kaiyuh Mts.
867
Poorman
Fairbanks
Bluff
Pastol-bucht
St. Michael
Yukon-delta
Alakanuk
Nunam Iqua
Hamilton
Kuskokwim Mts.
Haystack Mt. 1070
Anderson
Delta Junction
Mount Harper 1944
Kantishna
Tanana
Cloudy Mountain 1291
Healy
Mt. Hayes 4216
Kap Romanzof
Hooper Bay
Scammon Bay
Saint Mary's
Anvik
Crater Mt. 1164
McGrath
Denali (Mt. McKinley) 6190
Cantwell
Alaskakette
Mt. Russell 3557
Pilot Station
Holy Cross
Russian Mission
Stony River
2368
Talkeetna
Susitna
Louise-See
Gulkana
Hazen-bucht
Newtok
Aniak
Alaska (USA)
Talkeetna Mts. 2996
Sutton
K. Mohican
Mekoryuk
Toksook Bay
Baird Inlet
Kuskokwim
Bethel
Napaskiak
Kilbuck Mts.
Mt. Torbert 3479
Wasilla
Palmer
Mt. Marcus Baker 4016
Chugach Mountains
Nunivak I.
Roberts Mt. 511
Etolinstraße
Chefornak
Kipnuk
Eek
Anchorage
Portage
Valdez
Cordova Peak 2356
Kwigillingok
Mt. Oratia 1420
Tikchik-seen
Redoubt Vol. 3108
Cook Inlet
Kenai
Prinz-William-Sund
Cordova
Alaganik
Kuskokwim-bucht
Ahklun Mts.
Clarksee
Nondalton
Newhalen
Chigmit Mts.
Kenai-halbinsel
Seward
Montague Island
Platinum
Togiak
Nerka-see
Nushagak
Iliamnasee
Homer
Kenai Mts.
Kayak
Kap Newenham
Togiak-bucht
Dillingham
Augustine I.
Hagemeister I.
Naknek
Kukaklek-see
Kennedy Entrance
Kap Constantine
Kvichakbucht
King Salmon
Egegik
Mt. Katmai 2047
Schelichowstraße
Afognak I.
Golf von Alaska
Bristol Bay
Pilot Point
Becharofsee
Karluk
Kodiak
Kodiak Island
Port Heiden
Alaskahalbinsel
Aleutenkette
Sutvik I.
Port Moller
2507
Mt. Veniaminof
Chignik
Trinityinseln
Perryville
Cold Bay
Unga I.
Unimak I.
2857
Chirikof I.
Nagai I.
Akutan I.
Unimak Pass
Shumagininseln
Sanak I.
Krenitzin-inseln
Aleuten
1: 14 000 000
0
250
500
750 km

683

Banks Island
Albert-Halbinsel
Victoria Island
Beaufortsee
Amundsengolf
Kap Kellett
Kap Lambton
Uluqsaqtuuq
Diamond-Jenness-Halbinsel
Prinz-Albert-Sund
Wollaston-halbinsel
Kap Baring
Kap Bathurst
Kap Parry
Kap Dalhousie
Kaktovik
Herschel I.
Richards Island
Tuktoyaktuk
Mackenzie-bucht
Mackenzie-delta
Inuvik
Franklin-bucht
Parry-halbinsel
Paulatuk
Melville Hills
K A N A D A
Dolphin-und-Union-Straße
Coronationgolf
Kenthalbinsel
Kugluktuk (Coppermine)
K. Barrow
Kingaok (Bathurst Inlet)
Iqaluktuuttiaq (Cambridge Bay)
Bluenose-see
Horton
Hortonsee
Crossley-Seen
Anderson
Maunoir-see
Barren
British Mts.
Richardson Mts.
Aubrysee
Colville Lake
Belotsee
Lac des Bois
Dease Arm
Großer Bärensee
Smith Arm
Port Radium (abandoned)
Northwest Territories
Spike Mountain 1139
Old Crow
1035
Tetlit Zheh (Fort McPherson)
Fort Good Hope
Eagle Plains
Mount Burgess 1621
Ogilvie Mts.
Norman Wells
Mahony-see
Great Bear
Mackenzie
Tulita (Fort Norman)
Hottah-see
Hardisty-see
Rae-see
MacKay-See
Grandinsee
Faber-see
La-Martre-See
Yukon
1799
Wernecke Mts. 2366
2515
2667
Mount Eduni 2352
Mackenzie Mountains
Franklin Mts.
1577
Wrigley
Kellersee
Behchokǫ̀
Yellowknife
North Arm
Großer Sklavensee
Hornplateau
838
Willow-see
Eagle
Dawson
Glenboyle
Keno Hill
2235
Keele Peak 2972
Selwyn Mountains
Yukon-plateau
Klondike
Tetlin Junction
Stewart Crossing
Fort Simpson
Fort Providence
Hay River
Pine Point
Fort Resolution
Dawson Ra.
2022
Pelly Crossing
2190
Tungsten
Liard-plateau
Nahanni Butte
Kakisa-see
Tathlinasee
Trout-see
Caribou Mts.
1036
Beaver Creek
Carmacks
Ross River
Logan Mts.
Fort Liard
Meander River
High Level
Fort Vermilion
McCarthy
5029
Kluane-see
Pelly Mts.
ROCKY MOUNTAINS
Watson Lake
Zama-see
Rainbow Lake
Mt. Logan 5959
Haines Junction
Whitehorse
Teslin
Liard
Fort Nelson
Mt. St. Elias 5489
Malaspina-gletscher
Skagway
Haines
Atlin-see
Cassiar Mts.
Toad River
King Peak 2848
2910
North Star
Clear Hills
Peace River
Yakutat
Mt. Fairweather 4671
Dease Lake
Stikine
Küstengebirge
Kap Fairweather
Juneau
Fort Ware
British Columbia
Omineca Mts.
Fort Saint John
Grande Prairie
Dawson Creek
Kap Spencer
Hoonah
Admiralty I.
Chichagof I.
Stikineplateau
Williston-see
Kruzof I.
Sitka
Kupreanof I.
Petersburg
Baranof I.
Kuiu I.
Wrangell
Skeena Mts.
Stewart
Revillagigedo I.
Prince of Wales I.
Alexander-Archipel
Kap Ommaney
Ketchikan
Hazelton
Fraser-becken
Stuartsee
Fort Saint James
Babinesee
Vanderhoof
Topley
Cariboo Mountains
Grande Cache
Prince George
Baker I.
Noyes I.
Suemez I.
Dall I.
Kap Muzon
Kap Chacon
Prince Rupert
Terrace
Nechakoplateau
Kitimat
Quesnel
Fraserplateau
Dixon Entrance
Graham I.
Masset
Haida Gwaii
Queen Charlotte City
Hecatestraße
Banks I.
Williams Lake
100 Mile House
Bella Coola
Anahim Lake
140°
135°
130°
125°
120°
115°
110°
105°
65°
60°
55°
652
658

135°
130°
125°
120°
115°
110°
105°
100°
70°
65°
60°
55°
Beaufortsee
McClure-Straße
Melville Island
Bathurst Island
Kap Prince Alfred
Dundashalbinsel
Byam Martin I.
Viscount-Melville-Sund
Qausuittuq (Resolute)
Barrowstraße
Stefansson Island
Russell Island
Kap Elvira
Banks Island
Kap Kellett
Sachs Harbour
Prinz-Wales-Straße
Prinz-Albert-Halbinsel
Storkersonhalbinsel
Prescott I.
Prince of Wales Island
Peelsund
McClintock-Kanal
Franklinstraße
Herschel I.
Mackenziebucht
Richards Island
Tuktoyaktuk
Mackenziedelta
Eskimo Lakes
Liverpoolbucht
Kap Dalhousie
Kap Bathurst
Amundsengolf
Kap Lambton
Kap Parry
Franklinbucht
Parryhalbinsel
Inuvik
Darnleybucht
Uluqsaqtuuq
Diamond-Jenness-Halbinsel
Victoria Island
Kap Baring
Prinz-Albert-Sund
Paulatuk
Melville Hills
Tetlit Zheh (Fort McPherson)
Wollastonhalbinsel
Gateshead Island
Collisonhalbinsel
KANADA
Dolphin-und-Union-Straße
Bluenosesee
Victoriastr.
Iqaluktuuttiaq (Cambridge Bay)
King William I.
Uqsuqtuuq (Gjoa Haven)
Nördlicher Polarkreis
Fort Good Hope
Deasestr.
Kenthalbinsel
Kugluktuk (Coppermine)
K. Barrow
Coronationgolf
Königin-Maud-Golf
Northwest Territories
Smith Arm
Dease Arm
Großer Bärensee
Norman Wells
Adelaidahalbinsel
Mount Eduni 2352
Tulita (Fort Norman)
Port Radium (abandoned)
Kingaok (Bathurst Inlet)
Barren Grounds
MacAlpinesee
McVicar Arm
Mackenzie Mountains
Franklin Mts.
Contwoytosee
Hottahsee
Hardistysee
Raesee
Wrigley
1577
Kellersee
Grandinsee
Yambasee
Pointsee
Grassee
Garrysee
Pellysee
Nunavut
Fabersee
La-Martre-See
MacKaysee
Aylmersee
Aberdeensee
Tehek-see
Qamanittuaq
Hornplateau
838
Behchokò
Liard-plateau
Willowsee
Fort Simpson
Yellowknife
McLeod Bay
Reliance
Artillerysee
Thelon
Whartonsee
Nahanni Butte
North Arm
Christie Bay
Dubawntsee
Großer Sklavensee
Whitefishsee
Tulemalusee
Fort Providence
Rutledgesee
Lynxsee
Fort Liard
Kakisasee
Troutsee
Hay River
Fort Resolution
Nonachosee
Angikunisee
Yathkyedsee
Tathlinasee
Pine Point
Thoasee
Süd-Henik-See
Buffalosee
Hicksee
Wattersonsee
Toad River
Fort Nelson
Bistchosee
Caribou Mts.
Fort Smith
Snowbirdsee
Ennadaisee
Wholdaiasee
Meander River
1036
Zamasee
Tazinsee
Scottsee
Selwynsee
Kasbasee
Nueltinsee
King Peak
Rainbow Lake
High Level
Peace
Fort Chipewyan
Fond-du-Lac
Athabascasee
Stony Lake
Fort Vermilion
Clairesee
Blacksee
Nejanilinisee
Cluff Lake Mine
Birch Mts.
Wollastonsee
Duffinsee
North Star
Clear Hills
Fort Saint John
Wabasca
Fort MacKay
Wollaston Lake Landing
Tadoulesee
Dawson Creek
Peace River
Fort McMurray
Clearwater
Creesee
Reindeersee
Big-Sand-See
Northern-Indian-See
Kinoosao
Lynn Lake
Grande Prairie
Kleiner Sklavensee
La Loche
Frobishersee
Southend
Gauersee
Valleyview
Slave Lake
Peter-Pond-See
Churchillsee
Granvillesee
Alberta
Île-à-la-Crosse-See
Black-Bear-Island-See
Thompson
Beauval
Sandy Bay
La Ronge
Athabasca
Lac La Biche
Saskatchewan
Manitoba
Flin Flon
Rocky Mountains
651
1: 14 000 000
0
250
500
750 km
100°

655
Devon Island
Lancastersund
Philpots I.
Kap Sherard
Coburg Island
Jonessund
Aujuittuq (Grise Fiord)
1908
Baffin-Meer
Baffinbecken
Somerset Island
Prince Regent Inlet
Admiralty Inlet
550
1189
Ikpiarjuk (Arctic Bay)
Bordenhalbinsel
Bylot I.
Eclipsesund
Mittimatalik
K. Graham Moore
Brodeurhalbinsel
Bernierbucht
Golf von Boothia
Boothiahalbinsel
Taloyoak
Boothia Isthmus
Simpsonhalbinsel
Kugaaruk (Pelly Bay)
Pellybucht
Committee Bay
Wales I.
Melvillehalbinsel
Hallsee
Parry Bay
Sanirajak (Hall Beach)
Jens Munk I.
Koch I.
Bray I.
Rowley I.
Bairdhalbinsel
Foley I.
Spicerinseln
Prince Charles Island
Air Force Island
Baffinland
Kordilleren
Kangiqtugaapik
K. Raper
Henry-Kater-Halbinsel
Home Bay
Merchants Bay
Kap Dyer
2591
Cumberlandhalbinsel
Pangnirtuuq
Hoare Bay
Cumberlandsund
Kap Mercy
Nettillingsee
Amadjuaksee
Foxebecken
Rae-Isthmus
Naujaat (Repulse Bay)
Repulse Bay
Winter I.
Vansittart I.
White I.
Frozenstr.
Wager Bay
K. Dorchester
Foxehalbinsel
Kinngait (Cape Dorset)
Foxekanal
Mill I.
Salisbury I.
Nottingham I.
Lemieuxinseln
Kap Murchinson
Hallhalbinsel
Iqaluit
Meta-Incognita-Halbinsel
Kimmirut
Frobisherbucht
Loks Land
Edgell I.
Resolution I.
East Bluff
Big I.
Hudsonstraße
Charles Island
623
Southampton Island
Salliq (Coral Harbour)
Bellhalbinsel
Roes-Welcome-Sund
Lorillard
Quoich
Chesterfield Inlet
Kap Low
Fisherstr.
Evansstr.
Coats Island
Mansel Island
K. Wolstenholme
Ivujivik
Salluit
Kangiqsujuaq
Cratère du Nouveau-Québec
657
Akpatok I.
Killiniq
Kap Labrador
Torngat Mts.
Ungava Bay
Kangirsuk
Chukotat
Klotzsee
Arnaud (Payne)
Ungava-Halbinsel
Igluligaarjuk
Tikirarjuaq (Whale Cove)
Arviat
Smith Island
Povungnituk
Paynesee
Faribaultsee
Kuujjuaq (Fort Chimo)
La-Potherie-See
Tassialoucsee
Hudson Bay
Ottawa-Inseln
Chavignysee
Feuilles
Mélèzes
Koksoak
Caniapiscau
Le-Moyne-See
George
Inukjuak
Mintosee
Labrador-Halbinsel
Chambeaux-see
Churchill
Kap Churchill
Sleeperinseln
Nastapoka-Inseln
Umiujaq
Guillaume-Delisle-See
Eau-Claire-See
Lac-Bienville
Caniapiscau-Stausee
Schefferville
661
Port Nelson
Kap Tatnam
Nelson
Hayes
Belcherinseln
Gillam
Fort Severn
Kuujjuarapik
Gd Rère. de la Baleine
Brisay
Bienvillesee
Bermensee
Winisk
Kap Henrietta Maria
Long I.
Laforge-2
La-Grande-4-Stausee
La-Grande-3-Stausee
Opiskotéosee
Labrador City
Pointe Louis-XIV
Robert-Bourassa-Stausee
Radisson
Sakami
Chisasibi
Gagnon
Barren Grounds
659
95°
90°
85°
80°
75°
70°
65°
60°
55°
50°
70°
65°
60°
55°
Uummannaq
Nuussuaqhalbinsel
Qeqertarsuaq (Disko Ø)
Qeqertarsuaq (Godhavn)
Diskobucht
Qasigiannguit (Christianshåb)
Sisimiut (Holsteinsborg)
Sigguup Nunaa
Upernavik
Davisstraße

1:14 000 000

0 250 500 750 km

652

656

Nördliches Grönland

654
661
85°
80°
75°
70°
65°
60°
55°
50°
45°
70°
65°
60°
55°
Borden-halbinsel
Bylot I.
Eclipsesund
Mittimatalik
K. Graham Moore
Baffin-becken
Baffinmeer
Kap York
Melville-bucht
Steenstrup-gletscher
Nuussuaq
Upernavik
1890
Sigguup Nunavik
Karrat Isfjord
Uummannaq Fjord
Uummannaq
Nuussuaq-halbinsel
Grö
Qeqertarsuaq (Disko Ø)
Qeqertarsuaq (Godhavn)
Ilulissat
Diskobucht
Qasigiannguit (Christianshåb)
Sisimiut (Holsteinsborg)
Kangerlussuaq (Søndre Strømfjord)
Maniitsoq
Nuuk (Godthåb)
Paamiut (Frederikshåb)
Ivittuut
Narsarsuaq
Qaqortoq (Julianehåb)
Uummannarsuaq/ Kap Farvel
König-Frederik-VI.-K
Erikrücken
Nordkordillere
Baffinland
Jens Munk I.
Koch I.
Brøl I.
Rowley I.
Melville-halbinsel
Hallsee
Sanirajak (Hall Beach)
Parry Bay
Spicer-inseln
Baird-halbinsel
Foley I.
Prince Charles Island
Air Force Island
Foxebecken
Winter I.
Kangiqtugaapik
K. Raper
Henry-Kater-Halbinsel
Home Bay
2591
Merchants Bay
Cumberland-halbinsel
Kap Dyer
Pangniqtuuq
Cumberlandsund
Hoare Bay
Kap Mercy
Davisstraße
Nettilling-see
K. Dorchester
Foxe-halbinsel
Kinngait (Cape Dorset)
Mill I.
Nottingham
Salisbury I.
Amadjuak-see
K. Wolstenholme
Ivujivik
Charles Island
Salluit
Meta-Incognita-Halbinsel
Iqaluit
Hall-halbinsel
Lemieuxinseln
Kimmirut
Big I.
Frobisherbucht
Kap Murchinson
Loks Land
Cratère du Nouveau-Québec
657
Kangiqsujuaq
Hudsonstraße
East Bluff
Edgell I.
Resolution I.
Ungava-halbinsel
Kangirsuk
Akpatok I.
Killiniq
Kap Labrador
Ungava Bay
Torngat Mts.
Kuujjuaq (Fort Chimo)
Labrador-halbinsel
Hebron
Cod Island
Labradorküste
South Aulatsivik I.
Nain
Labradorsee
Labradorbecken
Schefferville
Makkovik
Kap Harrison
Smallwood-Stausee
Neufundland
Labrador City
Groswater Bay
0
250
500
750 km
50°
45°

1: 14 000 000

655
602
Grönland
(DK)
König-Christian-X.-Land
König-Christian-IX.-Land
Blosseville-küste
Gunnbjørn Fjeld
Kap Franklin
Foster Bay
Traill Ø
König-Oscar-Fjord
Scoresby-land
Jameson-land
Ittoqqortoormiit
Scoresbysund
Kap Brewster
Daneborg
Kap Gustav-Holm
Tasiilaq
Dänemarkstraße
2279
Jan Mayen (N)
Jan-Mayen-Rücken
Nördlicher Polarkreis
Grimsey
Raufarhöfn
Hornbjarg
Seydhisfjördhur
Egilsstadhir
Ísafjördhur
Húnaflói
Akureyri
ISLAND
Vatnajökull
Höfn
Breidhafjord
Stykkishólmsbær
1446
Langjökull
Hvannadalshnúkur 2119
Akranes
Hekla 1491
Reykjavík
Keflavík
Vík
Heimaey
Reykjanesrücken
ATLANTISCHER OZEAN
40°
35°
30°
25°
20°
15°
10°
5°
70°
65°
60°
55°

1: 14 000 000

0 250 500 750 km

652
653
660
663
105°
100°
95°
90°
85°
80°
55°
50°
45°
40°
35°
KANADA
Manitoba
Saskatchewan
Ontario
Barren Grounds
VEREINIGTE STAATEN VON AMERIKA
North Dakota
South Dakota
Nebraska
Kansas
Oklahoma
Minnesota
Wisconsin
Iowa
Missouri
Illinois
Indiana
Michigan
Kentucky
Arkansas
Colorado
Wyoming
Zentrales Tiefland
Great Plains
Sand Hills
Coteau du Missouri
Coteau des Prairies
Ozarkplateau
Boston Mts.
Laramie Mts.
Bighorn Mts.
Black Hills
San Juan Mts.
Sangre de Cristo Mts.
Große Seen
Oberer See
Michigansee
Winnipegsee
Manitobasee
Winnipegosis-See
Reindeer-See
Wollaston-See
Athabasca-See
Lake of the Woods
Nipigonsee
Red Lake
Hudson Bay
James Bay
Churchill
Kap Churchill
Port Nelson
Kap Tatnam
Fort Severn
Winisk
Kap Henrietta Maria
Fort Albany
Moosonee
Gillam
Thompson
The Pas
Flin Flon
Prince Albert
Saskatoon
Regina
Moose Jaw
Swift Current
Yorkton
Brandon
Dauphin
Winnipeg
Portage la Prairie
Selkirk
Kenora
Dryden
Fort Frances
International Falls
Thunder Bay
Nipigon
Geraldton
Marathon
Wawa
Sault Ste. Marie
Sioux Lookout
Pickle Lake
Armstrong
Savant Lake
Hearst
Kapuskasing
Timmins
Chapleau
Minot
Williston
Bismarck
Jamestown
Fargo
Grand Forks
Devils Lake
Dickinson
Aberdeen
Pierre
Rapid City
Sioux Falls
Mitchell
Watertown
Brookings
Yankton
Duluth
Saint Cloud
Saint Paul
Minneapolis
Rochester
Mankato
Eau Claire
La Crosse
Madison
Milwaukee
Green Bay
Appleton
Oshkosh
Kenosha
Waukegan
Evanston
CHICAGO
Joliet
Gary
South Bend
Fort Wayne
Lafayette
Indianapolis
Terre Haute
Evansville
Louisville
Owensboro
Bowling Green
Nashville
Clarksville
Paducah
Memphis
Jonesboro
Little Rock
Fort Smith
Fayetteville
Tulsa
Muskogee
Oklahoma City
Enid
Ponca City
Wichita
Hutchinson
Salina
Topeka
Kansas City
Independence
Saint Joseph
Lawrence
Emporia
Joplin
Springfield
Columbia
Jefferson City
Saint Louis
East St. Louis
Cape Girardeau
Peoria
Bloomington
Champaign
Danville
Decatur
Quincy
Burlington
Davenport
Rockford
Dubuque
Cedar Rapids
Waterloo
Iowa City
Des Moines
Ames
Fort Dodge
Mason City
Sioux City
Council Bluffs
Omaha
Lincoln
Grand Island
Kearney
North Platte
Scottsbluff
Norfolk
Cheyenne
Laramie
Casper
Sheridan
Gillette
Denver
Boulder
Arvada
Lakewood
Colorado Springs
Pueblo
Grand Junction
Aspen
Trinidad
La Junta
Garden City
Dodge City
Liberal
Hays
Great Falls
Green Bay
Marquette
Escanaba
Traverse City
Grand Rapids
Lansing
Holland
Benton Harbor
Ann Arbor
Detroit
Toledo
Muncie
Kalamazoo
2209
4022
4401
1516
423

Hudson Bay
653
659
664
1:14 000 000
0 250 500 750 km
105° 100° 95° 90° 85° 80°
55° 50° 45° 40°
KANADA
VEREINIGTE STAATEN VON AMERIKA
Manitoba
Ontario
Minnesota
North Dakota
South Dakota
Iowa
Wisconsin
Michigan
Illinois
Indiana
Ohio
Missouri
Kansas
Pennsylvania
New York
West Virginia
Kentucky
Barren Grounds
Clay Belt
Zentrales Tiefland
Coteau du Missouri
Coteau des Prairies
Blue Ridge Mts.
Churchill
Kap Churchill
Port Nelson
Kap Tatnam
Fort Severn
Winisk
Kap Henrietta Maria
Ottawa-Inseln
Inukjuak
Sleeper-inseln
Nastapoka-Inseln
Belcher-inseln
Kuujjuarapik
Long I.
Pointe Louis-XIV
Chisasibi
James Bay
Akimiski I.
Charlton I.
Fort Albany
Moosonee
Waskaganish (Fort Rupert)
Eastmain
Wemindji
Radisson
Povungnituk
Smith Island
Reindeersee
Kinoosao
Lynn Lake
Southend
Sandy Bay
Thompson
Gillam
Flin Flon
The Pas
Nipawin
Westray
Hudson Bay
Tisdale
Norway House
Winnipegsee
Grand Rapids
Mafeking
Swan River
Reindeer Island
Berens Island
Pine Dock
Black Island
Manigotagan
Ashern
Hecla I.
Eriksdale
Dauphin
Minnedosa
Brandon
Portage la Prairie
Selkirk
Winnipeg
Pipestone
Manitou
Westhope
Minot
Kenora
Dryden
Savant Lake
Armstrong
Red Lake
Central Patricia
Ogoki
Webequie
Nakina
Geraldton
Ignace
Fort Frances
International Falls
Mine Centre
Atikokan
Nipigon
Thunder Bay
Isle Royale
Grand Portage
Rossport
Marathon
Hearst
Kapuskasing
Ameson
Matagami
Oba
Cochrane
Timmins
Normétal
Amos
Kirkland Lake
Rouyn-Noranda
Val-d'Or
Foleyet
Chapleau
Wawa
Michipicoten I.
New Liskeard
Laniel
North Bay
Greater Sudbury
Massey
Sault Ste. Marie
Oberer See
Große Seen
Keweenaw-halbinsel
Houghton
Little Marais
Duluth
Superior
Ashland
Ironwood
Covington
Marquette
Upper Pen.
Manitoulin-inseln
Georgian Bay
Huronsee
Bruce-halbinsel
Michigansee
Eriesee
Ontariosee
Pembroke
Huntsville
Orillia
Peterborough
Kingston
Owen Sound
Ottawa
TORONTO
Oshawa
Kitchener
Hamilton
London
Sarnia
Chatham
Windsor
Niagara Falls
Buffalo
Rochester
Syracuse
Jamestown
Erie
Warren
Pembina
Grand Forks
Devils Lake
Harvey
Karlstad
Thief River Falls
Red Lake
Bemidji
Jamestown
Bismarck
Fargo
Moorhead
Detroit Lakes
Virginia
Fergus Falls
Brainerd
Alexandria
Aberdeen
Redfield
Gettysburg
Watertown
Pierre
Huron
Brookings
Mitchell
Willmar
Saint Cloud
Coon Rapids
Minneapolis
Saint Paul
Mankato
Rochester
Winona
Eau Claire
Barron
Wausau
Rhinelander
Iron Mtn.
Menominee
Escanaba
Petoskey
Cheboygan
Alpena
Traverse City
Green Bay
Appleton
Oshkosh
Sheboygan
La Crosse
Worthington
Sioux Falls
Yankton
Vermillion
Sioux City
Fort Dodge
Madison
Milwaukee
Waukegan
Kenosha
Rockford
Dubuque
Waterloo
Cedar Rapids
Iowa City
Davenport
Des Plaines
Evanston
CHICAGO
Joliet
Gary
Benton Harbor
South Bend
Fort Wayne
Big Rapids
Grand Rapids
Bay City
Flint
Lansing
Holland
Detroit
Ann Arbor
Toledo
Cleveland
Lorain
Ashtabula
Euclid
Akron
Youngstown
Canton
Mansfield
Findlay
Lima
Newark
Zanesville
Columbus
Dayton
Cincinnati
Covington
Huntington
Charleston
Pittsburgh
Washington
Morgantown
Altoona
Harrisburg
Frederick
Arlington
Washington
Staunton
Roanoke
Lynchburg
Richmond
Portsmouth
Norfolk
Omaha
Council Bluffs
Grand Island
Columbus
Ames
Des Moines
Creston
Ottumwa
Galesburg
Burlington
Peoria
Bloomington
Champaign
Springfield
Danville
Lafayette
Muncie
Indianapolis
Terre Haute
Effingham
Columbus
Louisville
Evansville
Owensboro
Frankfort
Lexington
Winchester
Lincoln
Hastings
Beatrice
Clarinda
Lancaster
Marysville
Saint Joseph
Chillicothe
Hannibal
Quincy
Topeka
Kansas City
Independence
Lawrence
Columbia
Jefferson City
Alton
Saint Louis
East St. Louis
Salina
Hutchinson
Emporia
Wichita
Caldwell
Ponca City
Pittsburg
Nevada
Joplin
Miami
Springfield
Collins
Lebanon
Rolla
Park Hills
Carbondale
Mt. Vernon
Cape Girardeau
Paducah
Poplar Bluff
Bowling Green
Clarksville
Nashville
Muskogee
Tulsa

656
665
75°
70°
65°
60°
55°
50°
45°
40°
Labradorbecken
Labrador-
halbinsel
Ungava-
halbinsel
Ungava Bay
Torngat Mts.
Labradorküste
Neufundland und Labrador
Mealy Mts.
Québec
Côte Nord
Kangiqsujuaq
Cratère du Nouveau-Québec 657
Akpatok I.
Killiniq
Kap Labrador
Kangirsuk
Kuujjuaq (Fort-Chimo)
Hebron
Cod Island
South Aulatsivik I.
Nain
Makkovik
Kap Harrison
Groswater Bay
Rigolet
Schefferville
Smallwood-Stausee
Churchill Falls
Happy Valley-Goose Bay
Melville-see
Mary's Harbour
Belle Isle
Kap Bauld
St. Anthony
Brador
Belle-Isle-Straße
Labrador City
Gagnon
Mont Babel 948
Manicouagan-Stausee
Petit Lac Manicouagan
Ashuanipi-see
Brisay
Laforge-2
Caniapiscau-Stausee
Chavigny-see
Minto-see
Le-Moyne-See
Champdoré-see
Chakonipau-see
Bienvillesee
Iberville-see
La-Grande-3-Stausee
La-Grande-4-Stausee
Opiskotéo-see
Naococane-see
Plétipi-see
Mistassini-see
Manouane-see
Mistassini
Chibougamau
Chibougamausee
Chapais
Outardes-Stausee
Pipmuacan-Stausee
Manic-Cinq
Havre-St-Pierre
Sept-Îles
Port-Cartier
Godbout
Baie-Comeau
Pointe-Parent
Harrington Harbour
Jacques-Cartier-Passage
Pt. Menier
Île d'Anticosti
Gaspépassage
Sankt-Lorenz-Strom
Sankt-Lorenz-Golf
Marsoui
Matane
1268
Gaspé
Gaspé-halbinsel
K. Gaspé
Chandler
Île de Lamèque
Chaleurbucht
Bathurst
Campbellton
Rimouski
Notre-Dame-Berge
Mistassini
St-Paul-du-Nord
Alma
Saguenay
Roberval
St-Jean-Stausee
Rivière-du-Loup
La Malbaie
La Tuque
Montmagny
Québec
Trois-Rivières
Labelle
St-Georges
Drummondville
Gatineau
MONTREAL
Sherbrooke
Cornwall
Edmundston
Grand Falls
Van Buren
Presque Isle
Houlton
Woodstock
New Brunswick
Miramichi
Moncton
Fredericton
Saint John
Calais
Tignish
Prince Edward I.
Charlottetown
Northumberlandstr.
Inverness
Glace Bay
Kap Breton
Cape Breton Island
Port Hastings
Cansostraße
New Glasgow
Truro
Kingston
Nova Scotia
Dartmouth
Halifax
Digby
Bridgewater
Liverpool
Yarmouth
Barrington
Kap Sable
Bay of Fundy
Sable I.
Porto au Choix
Long Range Mountains
White Bay
Notre-Dame-Bucht
Fogo I.
Neufundland
Gander
Bonavista-halbinsel
Trinitybucht
Deer Lake
Grand Falls-Windsor
Corner Brook
Stephenville
Grand Lake
Goobies
St. John's
St. Albans
Burgeo
Fortunebucht
Placentia
Avalon-halbinsel
Placentiabucht
Fortune
Kap Race
Kap Ray
Channel-Port-aux-Basques
Cabotstraße
Saint-Pierre und Miquelon (F)
Maine
1607
Moosehead Lake
Skowhegan
Bangor
Ellsworth
Augusta
Portland
Golf von Maine
Neuengland
Champlain-see
Burlington
Potsdam
Adirondack Mts.
1629
Montpelier
Mt. Washington 1917
Vermont
New Hampshire
Watertown
Chestertown
Utica
Concord
Portsmouth
Lowell
Salem
Troy
Albany
Mass.
Boston
Provincetown
Codhalbinsel
Binghamton
Springfield
Worcester
Hartford
Providence
R.I.
Conn.
New Bedford
Nantucket I.
Bridgeport
New Haven
Long I.
N.J.
Newark
NEW YORK
Trenton
PHILADELPHIA
Camden
Atlantic City
New Jersey
Cape May
Delawarebucht
Salisbury
Ocean City
ATLANTISCHER OZEAN
Sohm-ebene

658
125°
120°
115°
110°
35°
30°
25°
20°
PAZIFISCHER OZEAN
Sierra Nevada
Nevada
Großes Becken
Utah
Colorado
Colorado-plateau
Kalifornien
Arizona
New Mexico
Death Valley
Mojavewüste
Sonorawüste
Coloradowüste
Kanalinseln
Santa-Barbara-Kanal
Niederkalifornien
Golf von Kalifornien
Llanura Costera del Pacífico
Desierto de Altar
Sra. de la Giganta
Sra. Tarahumara
Rocky Mountains
San Juan Mts.
San Andres Mts.
Diablo Range
Santa Lucia Range
Kap Mendocino
Pt. Arena
Ukiah
Chico
Reno
Carson City
Sacramento
Santa Rosa
Napa
Berkeley
San Francisco
Oakland
Stockton
Modesto
San Jose
Santa Cruz
Monterey
Salinas
Pt. Sur
Fresno
Cape San Martin
San Luis Obispo
Pt. Buchon
Bakersfield
Santa Maria
Santa Barbara
Ventura
Oxnard
Sta. Cruz I.
Sta. Rosa I.
San Nicolas I.
Sta. Catalina I.
San Clemente I.
LOS ANGELES
Pasadena
San Bernardino
Santa Ana
Long Beach
Indio
SAN DIEGO
El Cajon
TIJUANA
Mexicali
Yuma
San Luis Río Colorado
Ensenada
Kap Colonet
San Quintín
Rosario
San Felipe
Puertecitos
Isla Guadalupe (MEX)
Isla Angel de la Guarda
Sebastián-Vizcaíno-Bucht
Isla Cedros
Guerrero Negro
Punta Eugenia
Bahía Tortugas
Isla Tiburón
Santa Rosalía
Loreto
Ciudad Constitución
I. Magdalena
I. Sta. Margarita
I. San José
I. Cerralvo
La Paz
Todos Santos
San José del Cabo
Kap San Lucas
Mt. Whitney 4421
Las Vegas
Boulder City
Barstow
Mojave
Beatty
Tonopah
Benton
Caliente
St. George
Mesquite
Kingman
Lake Havasu City
Blythe
Flagstaff
Prescott
Humphreys Pk. 3853
Grand Canyon
PHOENIX
Mesa
Globe
Gila Bend
Casa Grande
Tucson
Benson
Nogales
Douglas
Agua Prieta
Sonoita
Caborca
Santa Ana
Hermosillo
Guaymas
Ciudad Obregón
Navojoa
Los Mochis
Guasave
Culiacán
Mazatlán
Tres-Marías-Inseln
CIUDAD JUÁREZ
Chihuahua
Nuevo Casas Grandes
Hidalgo del Parral
Deming
Lordsburg
Albuquerque
Farmington
Durango
Gallup
Holbrook
Salt Lake City
Orem
Provo
Ogden
Logan
Moab
Grand Junction
Revillagigedo-Inseln (MEX)
I. San Benedicto
I. Socorro
Kauai
Niihau
Lihue
Oahu
Honolulu
Molokai
Lanai
Kahului
Maui
Hawaii
Honokaa
Waimea
Hilo
Mauna Kea 4205
Mauna Loa 4169
Kailua-Kona
Kap Kumukahi
Ka Lae (South Point)
Hawaiirücken
160°
155°
20°
0
250
500
750 km
1:14 000 000

659
664
666
VEREINIGTE STAATEN VON AMERIKA
Golf von Mexiko
Golf von Campeche
Nördlicher Wendekreis
Halbinsel Yucatán
MEXIKO
BELIZE
Denver
Colorado Springs
Pueblo
Kansas
Wichita
Topeka
Kansas City
Saint Louis
Illinois
Indianapolis
Cincinnati
Louisville
Kentucky
Nashville
Tennessee
Memphis
Missouri
Springfield
Tulsa
Oklahoma
Oklahoma City
Arkansas
Little Rock
Amarillo
Lubbock
Texas
Fort Worth
DALLAS
Shreveport
Jackson
Mississippi
Birmingham
Alabama
Atlanta
Montgomery
Mobile
Pensacola
Louisiana
Baton Rouge
New Orleans
Austin
HOUSTON
Galveston
SAN ANTONIO
Corpus Christi
Padre Island
Laredo
Brownsville
Matamoros
MONTERREY
Saltillo
Torreón
Victoria de Durango
Zacatecas
Tampico
San Luis Potosí
Aguascalientes
LEÓN
GUADALAJARA
Querétaro
MEXIKO-STADT
NEZAHUALCÓYOTL
PUEBLA
Veracruz
Coatzacoalcos
Villahermosa
Campeche
Mérida
Cancún
Chetumal
Belize City
Acapulco
105°
100°
95°
90°
85°
35°
30°
25°
20°

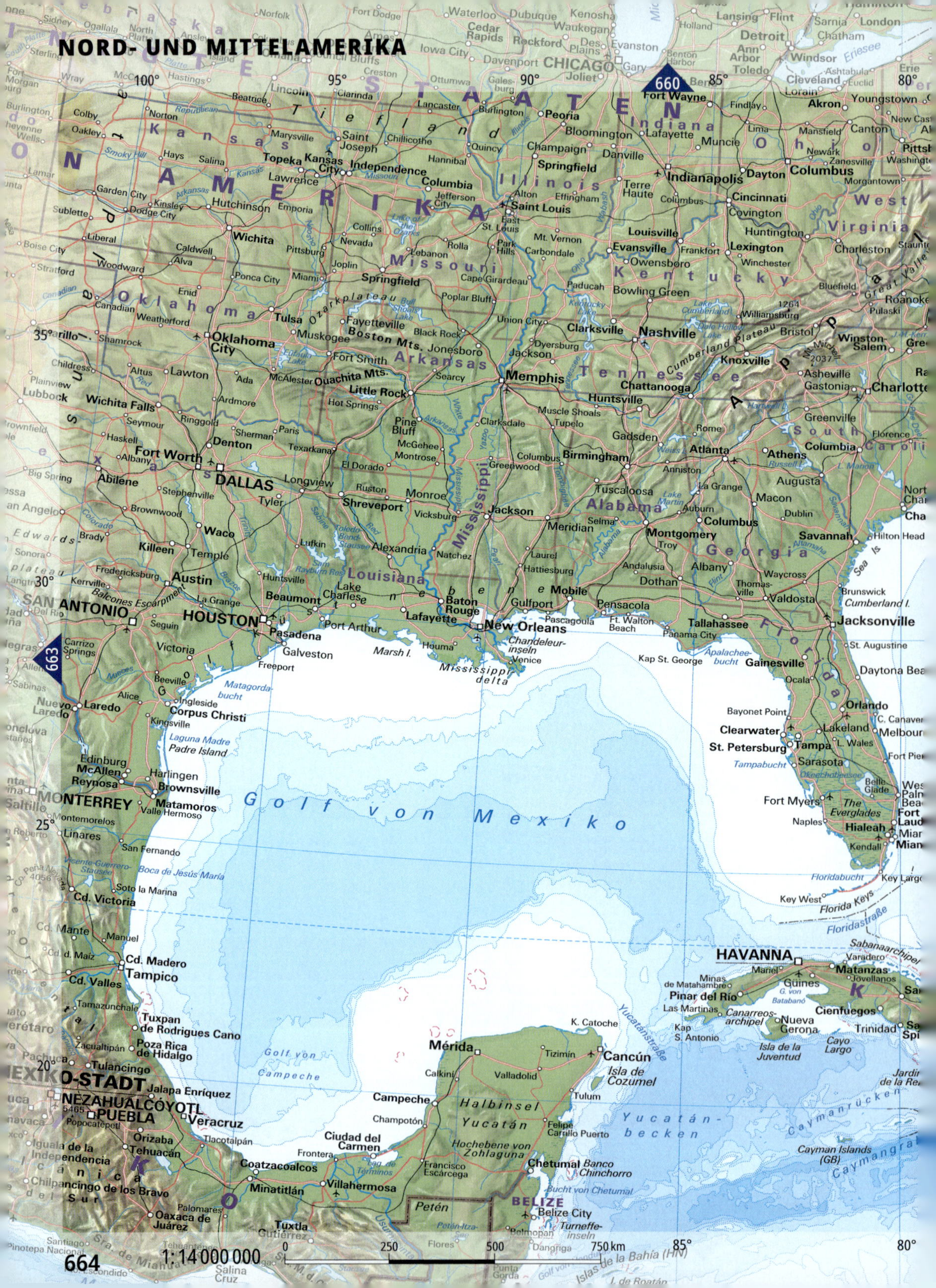
Golf von Mexiko
Kansas
Missouri
Illinois
Indiana
Ohio
Kentucky
Tennessee
Oklahoma
Arkansas
Louisiana
Mississippi
Alabama
Georgia
Florida
West Virginia
Chicago
Indianapolis
Saint Louis
Memphis
Nashville
Atlanta
Birmingham
Dallas
Fort Worth
Houston
San Antonio
Austin
New Orleans
Baton Rouge
Jackson
Oklahoma City
Wichita
Little Rock
Jacksonville
Tampa
Orlando
Miami
Monterrey
Tampico
Veracruz
Puebla
Mérida
Cancún
Campeche
Halbinsel Yucatán
Havanna
Belize City
Yucatán-becken
Golf von Campeche
Florida Keys
660
663
100°
95°
90°
85°
80°
35°
30°
25°
20°
0
250
500
750 km

1: 14 000 000

ATLANTISCHER OZEAN
Sargassosee
Hatterasebene
Nordamerikanisches Becken
Naresebene
Westindien
Puerto-Rico-Graben
Nördlicher Wendekreis
Bermuda-Inseln (GB)
Hamilton
Bermudaschwelle
661
667
75°
70°
65°
60°
35°
30°
25°
20°
NEW YORK
PHILADELPHIA
Washington D. C.
Baltimore
Boston
Providence
Worcester
Lowell
Salem
Provincetown
Codhalbinsel
New Bedford
Nantucket I.
Hartford
Springfield
Albany
Troy
Syracuse
Buffalo
Binghamton
Elmira
Scranton
Wilkes-Barre
Bridgeport
New Haven
Long I.
Newark
Bethlehem
Allentown
Harrisburg
Trenton
Camden
Wilmington
Atlantic City
New Jersey
Cape May
Dover
Delaware
Delawarebucht
Frederick
Arlington
Salisbury
Maryland
Ocean City
Fredericksburg
Virginia
Reedville
Chesapeakebucht
Richmond
Exmore
Hampton
Lynchburg
Portsmouth
Virginia Beach
Durham
Windsor
Albemarlesund
Manteo
Greenville
Hatteras I.
N. Carolina
New Bern
Kinston
Pamlicosund
Kap Hatteras
Fayetteville
Atlantic
Kap Lookout
Lumberton
Onslowbucht
Wilmington
Myrtle Beach
Long Bay
Georgetown
BAHAMAS
Grand Bahama I.
Freeport
Marsh Harbour
Great Abaco I.
Dunmore Town
New Providence I.
Nassau
Eleuthera I.
Arthur's Town
Andros Island
Cat I.
San Salvador
Exuma Cays
Exumasund
South Andros I.
Kemps Bay
Long I.
Große Bahamabank
Clarence Town
Colonel Hill
Crooked I.
Mayaguana I.
Acklins I.
Abraham's Bay
Camagüeyarchipel
Blue Hills
Cockburn Town
Caicosinseln (GB)
Turksinseln (GB)
Great Inagua I.
Matthew Town
Silverbank
Clara
Morón
Ciego de Ávila
Florida
Camagüey
Las Tunas
Holguín
Mayarí
Sta. Cruz del Sur
Manzanillo
Bayamo
Baracoa
Paso de los Vientos
Guantánamo
Santiago de Cuba
Kap Cruz
Pilón
Große Antillen
Montego Bay
JAMAIKA
Portmore
Kingston
Hispaniola
Port-de-Paix
Monte Cristi
San Felipe de Puerto Plata
SANTIAGO D. L. CABALLEROS
Cap-Haïtien
Gonaïves
Golf von Gonâve
Hinche
San Francisco de Macorís
DOMINIKANISCHE REPUBLIK
Salvaleón de Higüey
HAITI
Jérémie
PORT-AU-PRINCE
San Juan
Baní
SANTO DOMINGO
La Romana
Les Cayes
Jacmel
Santa Cruz de Barahona
Kap Beata
Monakanal
San Juán
Carolina
Arecibo
Mayagüez
Caguas
Ponce
Puerto Rico (USA)
Jungferninseln (USA)
(GB)
St. Croix
Charlotte Amalie
The Valley
Anguilla (GB)
St-Martin (F)
St. Maarten (NL)
Saba
Basseterre
ST. KITTS UND NEVIS
ANTIGUA UND BARBUDA
Barbuda
St. John's
Antigua
Guadeloupe (F)
Montserrat (GB)
Basse-Terre
DOMINICA

1: 14 000 000 — 0 250 500 750 km

HAVANNA
Matanzas
Pinar del Río
Santa Clara
Cienfuegos
Nueva Gerona
Isla de la Juventud
Kap S. Antonio
Sancti Spíritus
Ciego de Ávila
Camagüey
Las Tunas
Holguín
Manzanillo
Bayamo
Guantánamo
Santiago de Cuba
K U B A
Cayman Islands (GB)
Caymangraben
Montego Bay
Kingston
Portmore
JAMAIKA
Große Antillen
Great Inagua I.
Hispaniola
HAITI
PORT-AU-PRINCE
Cap-Haïtien
Gonaïves
Jérémie
Les Cayes
SANTIAGO D. L. CABALLEROS
DOMINIKANISCHE REPUBLIK
SANTO DOMINGO
San Juan
Puerto Rico (USA)
San Juán
Ponce
Kap Beata
Karibisches Meer
Kolumbianisches Becken
I. de Providencia (CO)
I. de San Andrés (CO)
Cayos Miskitos
Puerto Cabezas
Bluefields
COSTA RICA
San José
Limón
PANAMA
Panamakanal
Colón
Panama Stadt
Golf von Panama
Azuerohalbinsel
I. de Coiba
David
Golf von Darién
Aruba (NL)
Curaçao (NL)
Bonaire (NL)
Willemstad
Oranjestad
Kap Gallinas
Punto Fijo
BARRANQUILLA
Sta. Marta
Riohacha
Cartagena
Soledad
MARACAIBO
Maracaibosee
Barquisimeto
VALENCIA
MARACAY
CARACAS
Valledupar
Sincelejo
Montería
Magangué
Mérida
Barinas
VENEZUELA
S. Fernando de Apure
Cúcuta
San Cristóbal
Bucaramanga
Barrancabermeja
MEDELLÍN
Bello
Itagüí
Quibdó
Manizales
Pereira
Armenia
Ibagué
BOGOTÁ D. C.
Tunja
Villavicencio
Buenaventura
CALI
Palmira
Neiva
Popayán
Pasto
Tumaco
Florencia
KOLUMBIEN
Llanos del Orinoco
Mesa de Yambí
Mesas de Iguache
I. de Malpelo (CO)
Esmeraldas
Ibarra
Tulcán
QUITO
Sto. Domingo de los Colorados
Manta
Portoviejo
Quevedo
Ambato
Riobamba
Chimborazo 6267
ECUADOR
GUAYAQUIL
Cuenca
Iquitos
Leticia
665
666
670
85°
80°
75°
70°
20°
15°
10°
5°
0°

SÜDAMERIKA

1: 14 000 000 — 0 — 250 — 500 — 750 km

55°
50°
45°
40°
15°
10°
5°
0°
ATLANTISCHER OZEAN
Guayana-becken
Demerara-Tiefseeebene
Mittelatlant
Guayana-plateau
Äquator
eorgetown
Mahaicony
New Amsterdam
Paramaribo
Nieuw Amsterdam
Nieuw Nickerie
Groningen
Wasjabo
Zanderij
Albina
St-Laurent-du-Maroni
Afobaka
Kourou
Cayenne
Pointe Béhague
Van-Blommesteinmeer
Saint-Élie
SURINAME
Franz.-Guayana
Maroni
Régina
Kap Orange
Kabalebo-Stausee
St-Georges
Wilhelminageb.
Coeroeni
Maripasoula
Saül
São João do Caçiporé
Oyapoque
Guayana
Oranjegeb.
(verwaltet von Frz.-Guayana, beansprucht von Suriname)
Sa. do Tumucumaque
I. de Maracá
Amapá
Nordkap
Amapá
Araguari
Serra do Navio
Ferreira Gomes
Pta. de Santarém
Amazonasmündung
I. Caviana de Fora
Macapá
Santana
Mazagão
Paru
Jari
Sa.d. Almeirim
Trombetas
Cuminá
Maicuru
Monte Dourado
Chaves
K. Maguari
Bucht von Marajó
I. de Marajó
Curuçá
Salinópolis
Anajás
Soure
Vigia
Kap Gurupi
Bragança
I. Grande do Gurupá
Castanhal
Capanema
Viseu
I. de São João
Almeirim
Gurupá
Ponta de Pedras
Breves
Turiaçu
Oriximiná
Óbidos
Monte Alegre
Porto do Moz
Abaetetuba
BELÉM
São Miguel do Guama
Cururupu
Amazonas
Portel
Cametá
Alcântara
I. Santana
Juruti
Santarém
Senador José Porfírio
Pinheiro
São Luís
Primeira Cruz
Tutóia
Parintins
Pacoval
Mocajuba
Baião
Paragominas
Barreirinhas
Parnaíba
Altamira
Zé Doca
Camocim
Maués
Aveiro
Tucuruí
Capim
Gurupi
Tiracambu
Maranhão
Itapecuru Mirim
Luzilândia
Sobral
Itaituba
Santa Inês
Chapadinha
Tianguá
671

1: 14 000 000

0 250 500 750 km

668
669
672
674
65°
60°
55°
5°
10°
15°
20°
BRASILIEN
BOLIVIEN
PARAGUAY
A m a z o n a s
Rondônia
Mato Grosso
Hochland von Mato Grosso
Pantanal
Goiás
Chaco Boreal
MANAUS
SANTA CRUZ DE LA SIERRA
Santarém
Porto Velho
Cuiabá
Campo Grande
La Paz
Cochabamba
Oruro
Sucre
Potosí
Tarija
Trinidad
Corumbá
Manacapuru
Itacoatiara
Parintins
Óbidos
Oriximiná
Juruti
Altamira
Itaituba
Maués
Borba
Humaitá
Lábrea
Tefé
Coari
Codajás
Ji-Paraná
Ariquemes
Vilhena
Cacoal
Guajará-Mirim
Riberalta
Guayaramerín
Sinop
Cáceres
Várzea Grande
Rondonópolis
Barra do Garças
Rio Verde
Jataí
Três Lagoas
Dourados
Ponta Porã
Pedro Juan Caballero
Concepción
Aquidauana
Miranda
Araçatuba
Pres. Prudente
Maringá
Londrina
Apucarana
Umuarama
Paranavaí
Jujuy
Salta
Libertador Gral. San Martín
Tartagal
Yacuiba
Villazón
La Quiaca
Uyuni
Camiri
Montero
Concepción
San Ignacio de Velasco
San José de Chiquitos
Puerto Suárez
Filadelfia
Mariscal Estigarribia
Solimões (Amazonas)
Madeira
Purus
Juruá
Tapajós
Xingu
Juruena
Teles Pires
Guaporé
Mamoré
Beni
Paraná
Paraguay
Pilcomayo
Serra do Cachimbo
Serra dos Carajás
Serra do Roncador
Chapada dos Parecis
Serra do Norte
Serra do Tombador
Serra de Maracaju
Serra das Divisões
Ostkordillere
Zentralkordillere
Llanos de Chiquitos
Sa. dos Pacaás Novos
Lago Poopó
Salar de Uyuni
Cord. de Lípez

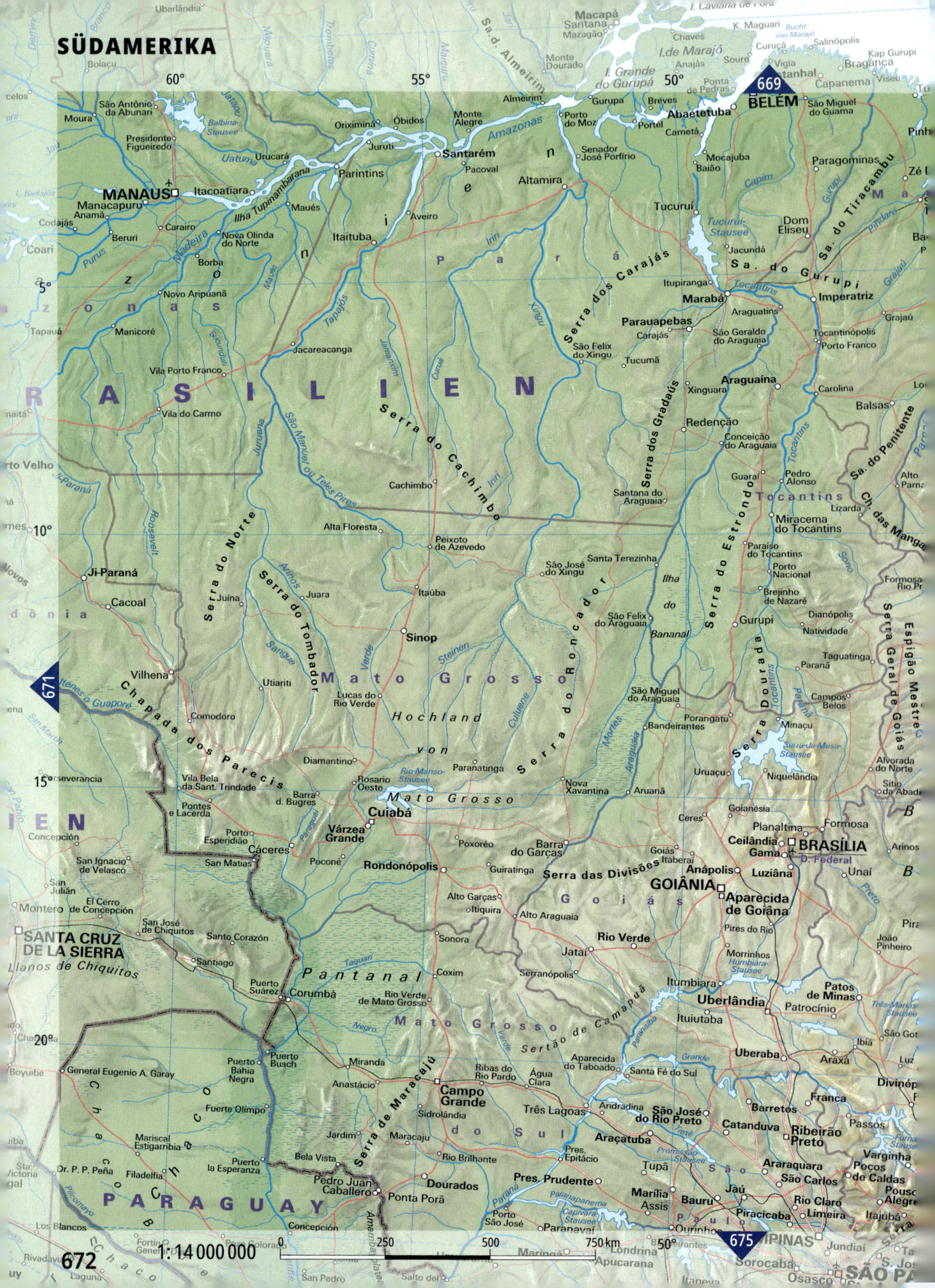
BRASILIEN
PARAGUAY
Mato Grosso
Hochland von Mato Grosso
Mato Grosso do Sul
Goiás
Pará
Amazonas
Rondônia
Tocantins
Pantanal
Chaco
Llanos de Chiquitos
Amazonas
MANAUS
BELÉM
BRASÍLIA
GOIÂNIA
SANTA CRUZ DE LA SIERRA
Santarém
Manacapuru
Itacoatiara
Parintins
Óbidos
Oriximiná
Monte Alegre
Almeirim
Macapá
Santana
Mazagão
I. de Marajó
Breves
Abaetetuba
Cametá
Tucuruí
Marabá
Parauapebas
Imperatriz
Araguaína
Paragominas
Altamira
Itaituba
Maués
Borba
Humaitá
Novo Aripuanã
Manicoré
Jacareacanga
Vila Porto Franco
Vila do Carmo
Ji-Paraná
Cacoal
Vilhena
Juína
Juara
Sinop
Alta Floresta
Peixoto de Azevedo
Cachimbo
Itaúba
Lucas do Rio Verde
Diamantino
Cuiabá
Várzea Grande
Rondonópolis
Cáceres
Pontes e Lacerda
Vila Bela da Sant. Trindade
Comodoro
Barra do Garças
Nova Xavantina
Redenção
Conceição do Araguaia
Santana do Araguaia
São Félix do Xingu
São Félix do Araguaia
Miracema do Tocantins
Paraíso do Tocantins
Porto Nacional
Gurupi
Anápolis
Luziânia
Aparecida de Goiânia
Rio Verde
Jataí
Itumbiara
Uberlândia
Uberaba
Patos de Minas
Campo Grande
Corumbá
Puerto Suárez
Dourados
Ponta Porã
Pedro Juan Caballero
Três Lagoas
Araçatuba
Presidente Prudente
Bauru
Marília
Ribeirão Preto
Franca
São Carlos
Araraquara
Piracicaba
Limeira
Londrina
Sorocaba
SÃO PAULO
Serra dos Carajás
Serra do Cachimbo
Serra do Roncador
Serra dos Gradaús
Serra do Estrondo
Serra Dourada
Serra do Norte
Serra do Tombador
Chapada dos Parecis
Serra de Maracajú
Serra das Divisões
Serra Geral de Goiás
Serra do Gurupi
Serra do Tiracambu
Ilha do Bananal
Tucuruí-Stausee
Balbina-Stausee
Rio-Manso-Stausee
Serra-da-Mesa-Stausee
Xingu
Tapajós
Tocantins
Araguaia
Madeira
Purus
Juruena
Teles Pires
Paraná
Paraguai
Concepción
General Eugenio A. Garay
Filadelfia
Mariscal Estigarribia
Fuerte Olimpo
Puerto Bahía Negra
San Ignacio de Velasco
San José de Chiquitos
Roboré
Santiago
60°
55°
50°
5°
10°
15°
20°
669
671
675
0
250
500
750 km

1: 14 000 000

40°
35°
30°
5°
10°
15°
20°
I. de São João
Cururupu
Alcântara
I. Santana
Primeira Cruz
Tutóia
Parnaíba
Acaraú
São Luís
Barreirinhas
Camocim
Itapecuru Mirim
Luzilândia
Sobral
Caucaia
FORTALEZA
Itapagé
Maranguape
Maracanaú
Chapadinha
Tianguá
Serra da Ibiapaba
Peritoro
Codó
Piripiri
Pedro II
Ipu
Canindé
Aracati
União
Caxias
Campo Maior
Boa Viagem
Quixadá
Russas
Areia Branca
Teresina
Pres. Dutra
Alto Longá
Crateús
Mossoró
Macau
Touros
Pta. Coconho
Ceará-Mirim
Kap S. Roque
Natal
Parnamirim
S. Miguel do Tapuio
Senador Pompeu
Jaguaribe
Rio Grande do Norte
Caraúbas
Barra do Corda
Ceará
Patu
Currais Novos
Nova Cruz
Canguaretama
Tauá
Iguatu
Colinas
Amarante
Valença do Piauí
Cedro
Sousa
Mirador
Pombal
Patos
João Pessoa
Santa Rita
Floriano
Fronteiras
Juazeiro do Norte
Crato
Paraíba
Campina Grande
Boa-Esperaça-Stausee
Picos
Uruçuí
Goiana
Chapada Araripe
Carpina
Olinda
Bertolínia
Canto do Buriti
Simplício Mendes
Salgueiro
Jaboatão d. G.
RECIFE
Paulistana
Arcoverde
Caruaru
Cabo de Santo Agostinho
Piauí
S. João do Piauí
Afrânio
Pernambuco
Garanhuns
Barreiros
Bom Jesus
S. Raimundo Nonato
Serra dois Irmãos
Curaçá
Casa Nova
Itaparica Stausee
Gurguéia
Alagoas
União dos Palmares
Petrolina
Juàzeiro
Paulo Afonso
Rio Largo
Maceió
Remanso
Arapiraca
São Miguel dos Campos
Monte Alegre do Piauí
Sobradinho-Stausee
Uauá
S. Francisco
Penedo
Jeremoabo
Senhor do Bonfim
Euclides da Cunha
Sergipe
Xique-Xique
Barra
Tucano
Aracajú
Preto
Itapicuru
Irecê
Capim Grosso
Santaluz
Estância
Igarité
Serrinha
Baixa Grande
Conde
Barreiras
Ibotirama
Feira de Santana
Alagoinhas
Itaberaba
Muritiba
Paratinga
Lençóis
Camaçari
Bahia
Itaetê
Santo Antônio de Jesus
SALVADOR
I. de Itaparica
Bom Jesus da Lapa
Chapada Diamantina
Paramirim
Santa Inês
Valença
Brasilianisches Becken
Jequié
Carinhanha
Caetité
Brumado
I. de Tinharé
Ipiaú
Itacaré
Manga
Urandi
Vitória da Conquista
Poções
Itabuna
Ilhéus
Januária
Una
Cândido Sales
Itapetinga
Pardo
São Francisco
Canavieiras
Janaúba
Itapebi
Belmonte
Salinas
Eunápolis
Almenara
Montes Claros
Jequitinhonha
Porto Seguro
Serra do Espinhaço
ATLANTISCHER OZEAN
Berilo
Araçuaí
Bocaiúva
Itamaraju
Sulphur-bank
Serra do Chifre
Prado
Teófilo Otoni
Pta. da Baleia
Caravelas
Nanuque
Corinto
Abrolhos-bank
Gov. Valadares
São Mateus
Espírito Santo
Doce
Minas Gerais
Sete Lagoas
Ipatinga
Linhares
João Monlevade
Caratinga
Colatina
BELO HORIZONTE
Pta. dos Camboios
Chaparaó
Cons. Lafaiete
Manhuaçu
Vitória
Vila Velha
Serra da Mantiqueira
S. João d. R.
Muriaé
Barbacena
Cachoeiro d. I.
Juiz de Fora
Rio de Janeiro
Campos dos Goytacazes
Três Rios
Barra Mansa
Petrópolis
Kap São Tomé
Duque d. C.
Macaé
NOVA IGUAÇU
Niterói
Cabo Frio
Campos
RIO DE JANEIRO
Fernando de Noronha (BR)
Vila dos Remédios
Ilha da Trindade (BR)

PARAGUAY
Iquique
Calama
Antofagasta
Südlicher Wendekreis
Salta
San Salvador de Jujuy
San Miguel de Tucumán
Santiago del Estero
Resistencia
Corrientes
Formosa
ASUN
Copiapó
La Serena
Coquimbo
La Rioja
CÓRDOBA
Santa Fe
Paraná
ROSARIO
San Juan
Mendoza
Viña del Mar
Valparaíso
SANTIAGO DE CHILE
Rancagua
San Luis
Río Cuarto
BUENOS AIRES
La Plata
Talca
Concepción
Talcahuano
Chillán
Los Ángeles
Temuco
Valdivia
Osorno
Neuquén
Santa Rosa
Bahía Blanca
Tandil
Mar del Plata
Viedma
Carmen de Patagones
Río Negro
La Pampa
Pampa Húmeda
Chaco Boreal
Chaco Central
Gran Chaco
Chaco Austral
Mesopotamia
Entre Ríos
Cordillera de Domeyko
Puna de Atacama
Sierras de Córdoba
Laguna Mar Chiquita
Aconcagua 6961
Ojos del Salado 6880
70°
65°
60°
25°
30°
35°
40°
671
676
0
250
500
750 km

1:14 000 000

Chile, Argentinien
673

Patagonien, Feuerland

1: 14 000 000

0 250 500 750 km

ASIEN

ASIEN

BARENTSSEE
Karasee
Laptewsee
Nowaja Semlja
Franz-Josef-Land (RUS)
Sewernaja Semlja
Jamal-halbinsel
Gydan-halbinsel
Taimyrhalbinsel
R U S S L A N D
K A S A C H S T A N
M O N G O L E I
C H I N A
I N D I E N
I R A N
AFGHANISTAN
P A K I S T A N
USBEKISTAN
TURKMENISTAN
KIRGISISTAN
TADSCHIKISTAN
TÜRKEI
SAUDI-ARABIEN
JEMEN
OMAN
IRAK
SYRIEN
NEPAL
BHUTAN
MYANMAR (BIRMA)
THAILAND
LAOS
KAMBODSCHA
VIETNAM
SRI LANKA
MALEDIVEN
ÄTHIOPIEN
SOMALIA
MALAYSIA
Arabisches Meer
Golf von Bengalen
Südchinesisches Meer
Golf von Aden
Rotes Meer
Kaspisches Meer
Aralsee
Balchaschsee
Baikalsee
Weißes Meer
Ob
Jenissei
Lena
Irtysch
Angara
Indus
Ganges
Jangtsekiang
Huang He
Mekong
NOWOSIBIRSK
OMSK
JEKATERINBURG
TSCHELJABINSK
Krasnojarsk
Irkutsk
MOSKAU
NISCHNI NOWGOROD
KASAN
SAMARA
WOLGOGRAD
ROSTOW A. DON
CHARKIW
DONEZK
TASCHKENT
ALMATY
Bischkek
Duschanbe
KABUL
PESHAWAR
RAWALPINDI
LAHORE
FAISALABAD
KARATSCHI
DELHI
MUMBAI (BOMBAY)
KOLKATA (KALKUTTA)
CHENNAI (MADRAS)
BANGALORE
HYDERABAD
DHAKA
RANGUN
BANGKOK
PHNOM PENH
HO CHI MINH-STADT (SAIGON)
HANOI
KUALA LUMPUR
TEHERAN
ISFAHAN
MESCHHED
SHIRAZ
BAGDAD
BASRA
DAMASKUS
AMMAN
ALEPPO
RIAD
MEKKA
DUBAI
Abu Dhabi
Maskat
SANAA
Aden
DSCHIBUTI
ADDIS ABEBA
MOGADISCHU
BAKU
TIFLIS
ERIWAN
Ulan-Bator
ÜRÜMQI
PEKING
TIANJIN
XI'AN
CHENGDU
CHONGQING
WUHAN
GUANGZHOU
SHENZHEN
HONGKONG
KUNMING
LANZHOU
1:60 000 000
0
1000
2000
3000 km
50°
60°
70°
80°
90°
100°
110°
120°
130°
140°
10°
20°
30°
40°
50°
60°
70°
80°

150°
160°
170°
180°
170°
160°
150°
140°
Neusibirische Inseln
Anschu-Inseln
Faddejewski-halbinsel
Neusibirien
Sannikowstraße
Kleine Ljachowinsel
Große Ljachowinsel
Laptewstraße
Janabucht
Ostsibirische See
Wrangel
Medweschi-Inseln
De-Long-Straße
Tschuktschensee
Ajon
Nördlicher Polarkreis
Tschuktschen-halbinsel
Beringstraße
Seward-halbinsel
Alaska
(USA)
Nortonsund
St. Lawrence Island
Anadyr-golf
Ust'-Nera
Susuman
Jagodnoje
Magadan
Tajgonos-halbinsel
Schelichowgolf
Jakutsk
Anchorage
Kenai-halbinsel
Cook Inlet
60°
Golf von Al
St. Matthew Island
Nunivak I.
Bristol Bay
Afognak I.
Kodiak I.
BERINGMEER
Karaginski-I.
Pribilof-inseln (USA)
St. Paul I.
St. George I.
Trinity-inseln
Shumagin-inseln
Unimak I.
Unalaska I.
Umnak I.
Aleuten (USA)
Atka I.
Andreanofinseln
Kiska I.
Attu I. (USA)
Kommandeur-inseln (RUS)
Ochotskisches Meer
Kamtschatka
Petropawlowsk-Kamtschatski
Schantar-inseln
Sachalin-bucht
Ocha
Nikolajewsk am Amur
Sachalin
Tatarensund
Belogorsk
Komsomolsk am Amur
Blagoweschtschensk
Poronajsk
Chabarowsk
Juschno-Sachalinsk
50°
Paramuschir
Onekotan
Schiaschkotan
Simuschir
Kurilen (RUS)
Urup
Iturup
Kunaschir
Wudalianchi
QIQIHAR
Hegang
Jiamusi
HARBIN
Mudanjiang
Jixi
JILIN
Wladiwostok
Nachodka
SAPPORO
Hokkaido
Wakkanai
Asahikawa
Kitami
Kushiro
Obihiro
Tomakomai
Hakodate
Liaoyuan
FUSHUN
ANSHAN
Dandong
NORDKOREA
Hamheung
Heungnam
Wonsan
Cheongjin
PJÖNGJANG
Nampo
SEONGNIM
Chuncheon
SEOUL
INCHEON
SÜDKOREA
SUWON
Cheongju
DAEJEON
DAEGU
QINGDAO
GWANGJU
Ulsan
BUSAN
Japanisches Meer
Aomori
Hachinohe
Morioka
Miyako
Akita
Yamagata
JAPAN
SENDAI
Honshu
Niigata
Fukushima
Koriyama
Nagaoka
Toyama
Kanazawa
Fukui
TOKIO
KYOTO
NAGOYA
KAWASAKI
YOKOHAMA
HIROSHIMA
KOBE
OSAKA
Hamamatsu
Kitakyushu
FUKUOKA
Oita
Kochi
Shikoku
Kyushu
Nagasaki
Kumamoto
Miyazaki
Kagoshima
Osumi-Inseln
Miyake
Hachijo
40°
Gelbes Meer
Jeju
Nantong
SCHANGHAI
HANGZHOU
NINGBO
Wenzhou
Ostchinesisches Meer
Tokara-Archipel
Amami-Inseln
FUZHOU
Naha
Ryukyu-Inseln
Minami-Daito (J)
Ogasawara-Inseln (J)
Vulkaninseln Io Kazan Retto (J)
Minam Tori (J)
TAIPEH
TAIWAN
TAINAN
KAOHSIUNG
Bataninseln
Babuyaninseln
Luzon
PHILIPPINEN
Philippinensee
QUEZON
Naga
Legaspi
Catbayog
Tacloban
Cebu
Butuan
Iligan
Cagayan
Mindanao
DAVAO
General Santos
NORDPAZIFISCHER OZEAN
30°
Kure
Midwayinseln
Hawaii-Inseln (USA)
Lisianski
Laysan
Gardner Pinnacles
Nördlicher Wendekreis
Necker
Nihoa
Niihau
Kauai
Oahu
Honolulu
20°
Maui
Hawaii
Johnston-Atoll
Asuncion
Agrihan
Pagan
Alamagan
Guguan
Sarigan
Anatahan
Nördliche Marianen (USA)
Tinian
Saipan
Rota
Guam (USA)
Mikronesien
Taongi
MARSHALLINSELN
Bikini
Ralik-gruppe
Rongelap
Ratak-gruppe
Kwajalein
Wotje
Lae
Maloelap
Yapinseln
Chuukinseln
Ifalik
MIKRONESIEN
PALAU
Sulu-Inseln
Celebes-
20°
130°
140°
150°
160°
170°
180°
170°

 1:14 000 000 — 0 250 500 750 km

685

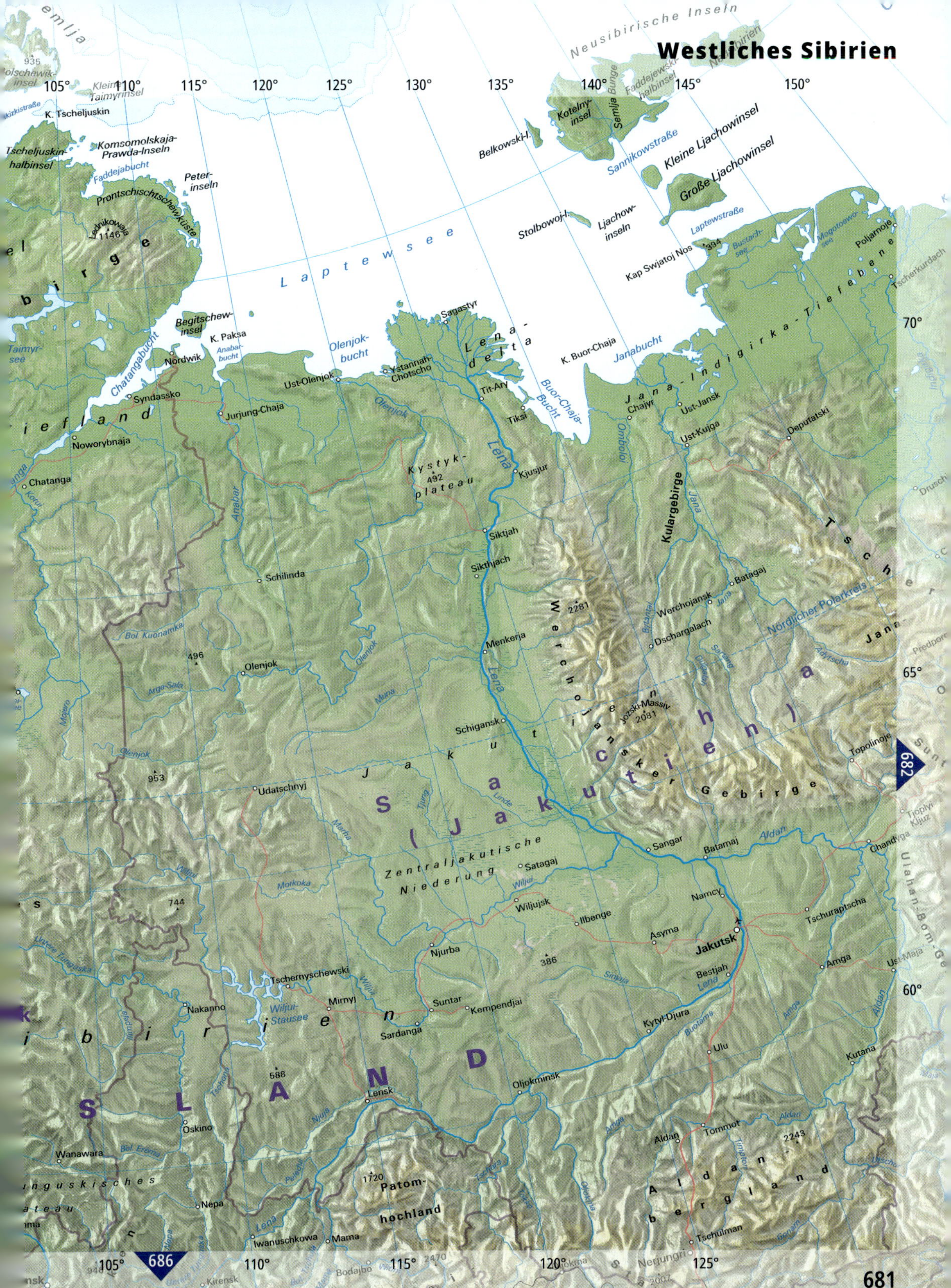
Neusibirische Inseln
Kotelny-insel
Belkowski-I.
Faddejewski-halbinsel
Semlja Bunge
Sannikowstraße
Kleine Ljachowinsel
Große Ljachowinsel
Stolbowoj-I.
Ljachow-inseln
Laptewstraße
Kap Swjatoj Nos
Bustach-see
Mogotoewo-see
Poljarnoje
Tscherkurdach
K. Tscheljuskin
Komsomolskaja-Prawda-Inseln
Tscheljuskin-halbinsel
Faddejabucht
Peter-inseln
Prontschischtschewküste
Ladnikowaja 1146
Laptewsee
Begitschew-insel
K. Paksa
Anabar-bucht
Olenjok-bucht
Sagastyr
Lena-delta
Ystannah-Chotscho
Tit-Ary
Tiksi
Buor-Chaja-Bucht
K. Buor-Chaja
Janabucht
Jana-Indigirka-Tiefebene
Taimyr-see
Chatangabucht
Nordwik
Syndassko
Ust-Olenjok
Jurjung-Chaja
Noworybnaja
Chatanga
Olenjok
Kystyk-plateau
492
Lena
Kjusjur
Chajyr
Ust-Jansk
Ust-Kujga
Deputatski
Omboloi
Anabar
Kulargebirge
Jana
Siktjah
Sikthjach
Schilinda
2281
Batagaj
Werchojansk
Dschargalach
Nördlicher Polarkreis
Bol. Kuonamka
496
Menkerja
Werchojansker Gebirge
Arga-Sala
Muna
Jozski-Massiv 2081
Schigansk
Topolinoje
Olenjok
953
Jakutien
Udatschnyj
Jakutien (Sacha)
Tjung
Linde
Sangar
Batamaj
Aldan
Chandyga
Ulahan-Bom-Gebirge
Marcha
Zentraljakutische Niederung
Sataga
Wiljui
Wiljujsk
Namcy
Morkoka
744
Ilbenge
Tschuraptscha
Asyma
Jakutsk
Njurba
386
Amga
Ust-Maja
Untere Tunguska
Tschernyschewski
Wiljui
Sinjaja
Bestjah
Wiljui-Stausee
Mirnyj
Suntar
Kempendjai
Nakanno
Sardanga
Kytyl-Djura
Buotama
Ulu
Kutana
Sibirien
588
Mittelsibirisches Bergland
Lensk
Olijokminsk
Oskino
Njuja
Aldan
Tommot
2243
Wanawara
Bol. Erema
Tunguskisches Plateau
1720
Patom-hochland
Aldanbergland
Nepa
Tschulman
Iwanuschkowa
Mama
Lena
Nerjungri
Bodaibo
Kirensk
105°
110°
115°
120°
125°
130°
135°
140°
145°
150°
70°
65°
60°
682
686

Laptewsee
Neusibirische Inseln
De Long-Inseln
Kotelny-insel
Faddejewski-halbinsel
Neusibirien
Sannikowstraße
Kleine Ljachowinsel
Große Ljachowinsel
Ljachow-inseln
Stolbowoi-I.
Kap Swjatoj Nos
Laptewstraße
Olenjok-bucht
Ust-Olenjok
Jurjung-Chaja
Sagastyr
Lena-delta
Tit-Ary
Tiksi
Buor-Chaja-Bucht
K. Buor-Chaja
Janabucht
Kystyk-plateau
Lena
Kjusjur
Siktjah
Sikthjach
Jana-Indigirka-Tiefebene
Ust-Jansk
Ust-Kujga
Chajyr
Poljarnoje
Kolyma-bucht
Logaschkino
Tscherkurdach
Kulargebirge
Menkerja
Werchojansker Gebirge
2281
Schigansk
Deputatski
Werchojansk
Dschargalach
Batagaj
Jakutien
Jozski-Massiv
2081
Tscherskigebirge
Kolyma-tiefebene
Argahtah
Druschina
Alazeisker Bergland
Nördlicher Polarkreis
Satagaj
Wiljujsk
Ilbenge
Sangar
Batamaj
Jana-Oimjakon-Bergland
Chonuu
Momagebirge
Hatyngnah
Lobuja
Predporoschny
Pobeda
3147
Syrjanka
Topolinoje
Ust Nera
Asyma
Namcy
Aldan
Jakutsk
Bestjah
Kytyl-Djura
Artyk
Oimjakon
Omsuktschangebirge
Balygytschan
Chandyga
Tjoplyi Kljuz
Tschuraptscha
Suntar-Chajata-Gebirge
Mus-Chaja
2959
Ulahan-Bom-Gebirge
Ulu
Amga
Sejmtschan
Susuman
Jagodnoje
Orotukan
Kulu
2588
Magadan
Ust-Maja
Tommot
Kutana
Ust-Omtschug
1964
Kolyma
2243
Atka
Palatka
Ochotsk
Inja
Talon
Tachtojamsk
Sokol
Ola
Magadan
Jamsk
Lisjanskogo-halbinsel
Taujskaja-bucht
1549
Pjagina-halbinsel
Dschugdschurgebirge
1906
K. Enken
Kekra
Ajan
K. Juschnyi
681
0 250 500 750 km
1:14 000 000

Ostsibirische See
Wrangel
Gerald
De-Long-Straße
Tschuktschensee
Medweschi-Inseln
Ajon
K. Schelagski
K. Billingsa
Leningradski
Pewek
Tschaunbucht
Krestowo
Medweschka
Rytkutschi
Anadyrbergland
Wankarem
Enurmino
Koljutschinsker Bucht
Kap Deschnjow
Beringstraße
Paljawaam
Tscherski
Nischne-Kolymsk
Anjujsk
Bilibino
Kolyma
RUSSLAND
Amguéma
Nördlicher Polarkreis
Egwekinot
Tschuktschenhalbinsel
Lorino
Mal. Anjui
Anjuigebirge
Autonomer Kreis der Tschuktschen
Krestabucht
Mandrikowo
Staduhino
Bol. Anjui
Pekulnejgeb.
Tanjurer
Welkal
Enmelen
Nunligran
Prowidenija
Tschuktschenkap
Omolon
Oloigebirge
Jablon
Lamutskoje
Anadyr
Ugolnye Kopi
Anadyr-tiefebene
Krasneno
Krassee
K. Geka
Anadyrgolf
St. Lawrence (USA)
Oloi
Usch-Urektschan-Gebirge
Golaja 1437
Markowo
Main
Welikaja
Beringowski
Omolon
Walunnaja 1242
Penschina
1653
Ajanka
Tschigemskigebirge
Korjakengebirge
Mejnypilgyno
K. Nawarin
Oklanplateau
Oklan
Manily
Kamenskoje
Hatyrka
Belaja
Gischiga
Awekowa
Talowka
Ledjanaja 2562
Ewensk
Gischiga 1484
Tajgonoshalbinsel
Topolowka
Gischigabucht
Penschinabucht
Pachatschi
Apuka
Tilitschiki
Oljutorskibucht
Oljutorskihalbinsel
K. Oljutorski
Korf
Korfbucht
Ilpyrskoje
Karaginskigolf
Palana
Ossora
Karaginski
2550
Tigil
K. Osenoj
Beringmeer
Kamtschatkabecken
Icy C.
Pt. Lay
Kap Lisburne
Wevok
Tikigaq (Point Hope)
Wainwright
Kivalina
160°
165°
170°
175°
180°
65°
70°
60°
650
689

55°
60°
65°
70°
75°
80°
55°
50°
45°
40°
KASACHSTAN
USBEKISTAN
KIRGISISTAN
Tafelland von Turgai
Turgaisenke
Kasachische Schwelle
Hungersteppe
Mujunkum
Karatau
Kysylkum
Siebenstromland
Tian Shan
Fergana kette
Alaigebirge
Mugodscharberge
Südl. Ural
Ural-Tau
Gebirge
Tiefland
Sibirisches Tiefland
Baschkortostan
Swerdlowsk
Tjumen
Kurgan
Tscheljabinsk
Omsk
Nowosibirsk
Baraba steppe
Kulundasteppe
Aralsee
Kleiner Aralsee
Balqaschsee
Issykkul
Tengizsee
Qusmuryn-see
Syrdarja
Irtysch
Ischim
Tobol
Sarysu
Ili
Schu
Amudarja
Ob
Tura
Konda
Jekaterinburg
Tscheljabinsk
Perm
Ufa
Orenburg
Nischni Tagil
Slatoust
Miass
Magnitogorsk
Orsk
Nowotroizk
Kurgan
Tjumen
Tobolsk
Ischim
Omsk
Petropawl
Qostanai
Rudny
Kökschetau
Pawlodar
Ekibastus
Nur-Sultan
Temirtau
Qaraghandy
Schachtinsk
Balqasch
Qysylorda
Baikonur
Aral
Turkistan
Schymkent
Taras
Bischkek
Almaty
Taldy-Kurgan
Taschkent
Namangan
Andischan
Kokand
Fergana
Osch
Dschalal-Abad
Samarkand
Buchara
Nawoi
Dschisak
Urganch
Nukus
Chudschand
Kaschgar
Aqtöbe
Qarabulaq
Arqalyk
Sätbajew
Schensqasghan
Pik Pobedy
7439
1:14 000 000
0
250
500
750 km

691

680
689
693
85°
90°
95°
100°
105°
110°
55°
50°
45°
40°
R U S S L
Zentraltunguskisches Plateau
Ketsk-Tymsker Tiefland
Tschulymsker Tiefland
Angararücken
Lena-Angara-Plateau
Irkutsk
Östlicher Sajan
Westlicher Sajan
Tuwa
Tannu-Ola
Republik Altai
Altai
Mongolischer Altai
Changaigebirge
Gobi-Altai
M O N G O L
Dsungarei
Gurbantünggüt Shamo
Altajn Caadah Gov'
Bogda Shan
Karlik Shan
Hamibecken
Turfanbecken
Kuruktag
Bei Shan
Lop Nur
Tarimbecken
Takla Makan
Alxa Gaoyuan
Alashan Shamo (Badain Jaran)
Qilian Shan
Danghe Shan
Xinjiang Uygur Zizhiqu (Autonomes Uigurisches Gebiet)
Chakassien
Kemerowo
Baikalsee
NOWOSIBIRSK
Kemerowo
Tomsk
Barnaul
Biisk
Nowokusnezk
Prokopewsk
Belowo
Kisseljowsk
Leninsk-Kusnezki
Anschero Sudschensk
Jurga
Mariinsk
Atschinsk
Krasnojarsk
Kansk
Bratsk
Ust-Ilimsk
Jenisseisk
Lesosibirsk
Abakan
Minussinsk
Kysyl
Irkutsk
Angarsk
Usolje-Sibirskoje
Tscheremchowo
Ulan-Ude
Darchan
Erdenet
Bulgan
Ulaangom
Ölgii
Chowd
Uliastaj
Altai
Öskemen
Ridder
Semipalatinsk
Karamay
Kuytun
Shihezi
Changji
ÜRÜMQI
Hami
Turfan
Korla
Kuqa
Yumen
Jiayuguan
Jiuquan
Zhangye
Jinchang
Wuwei
Dunhuang
Aksay
Belucha 4506
Khuiten Uul 4374
Turgen 3978
Monh Tsast uul 3802
Otgon Tenger 4021
Bogda Feng 5445
Tuomuer 4925
Uws Nuur
Chöwsgöl Nuur
Char Us Nuur
Saissan-see

680
695
85°
90°
95°
100°
105°
110°
60°
55°
50°
45°
40°
R U S S L A N D
Krasnojarsk
Sibirien
Tomsk
Nowosibirsk
Kemerowo
Leninsk-Kusnezki
Prokopewsk
Belowo
Kisseljowsk
Nowokusnezk
Meschduretschensk
Osinniki
Schorija-bergland
Atschinsk
Krasnojarsk
Kansk
Ujar
Tajschet
Bratsk
Ust-Ilimsk
Nischneudinsk
Tulun
Sima
Tscheremchowo
Usolje-Sibirskoje
Angarsk
Irkutsk
Bajkalsk
Listrwjanka
Selenginsk
Ulan-Ude
Abakan
Tschernogorsk
Minusinsk
Kysyl
Chakassien
Tuwa
Burjatien
Baikalsee
Sewerobajkalsk
Ust-Kut
Kirensk
Wilui-Stausee
Oskino
Wanawara
Keschma
Motygino
Lesosibirsk
Jenisseisk
Sewero Jenisseisk
Bor
Surinda
Zentraltunguskisches Plateau
Lena-Angara-Plateau
Östlicher Sajan
Westlicher Sajan
Tannu-Ola
Tschulymsker Tiefland
Ket-Tymsker Tiefland
Bargusingebirge
Jablonowigebirge
Uws Nuur
Chöwsgöl Nuur
M O N G O L E I
Ulan-Bator
Darchan
Suchbaatar
Erdenet
Bulgan
Mörön
Tsetserleg
Uliastaj
Chowd
Ölgij
Altaj
Bajanchongor
Arbajcheer
Mandalgow
Sajnshand
Ondorchaan
Tschojr
Erenhot
Dalandsadgad
Changaigebirge
Mongolischer Altai
Gobi-Altai
Gobi
Altai
Altai Shan
Bogda Shan
Karlik Shan
Turfan
Turfanbecken
Hamibecken
Hami
Bei Shan
Lop Nur
Dunhuang
Yumenguan
Guazhou
Yumen
Jiayuguan
Alxa Gaoyuan
Baotou
Hohhot
Bayan Obo
Hetao
Siziwang Qi
Jining
Linhe
1: 14 000 000
0
250
500
750 km

681
682
889
697
696
115°
120°
125°
130°
135°
140°
145°
60°
55°
50°
45°
40°
Zentraljak.
Niederung
Satagaj
Sangar
Batamaj
Tjoplyi Kljuc
Chandyga
Wiljujsk
Ilbeng
Namcy
Njurba
386
Asyma
Jakutsk
Tschurapitscha
Mirnyj
Suntar
Kempendjai
Bestjah
Amga
Ust-Maja
Sardanga
Lena
Kytyl-Djura
Ochotsk
N
D
Lensk
Oljokminsk
Ulu
Aldan
Kutana
Ulahan-Bom-Gebirge
K. Enken
Kekra
Maja
1720
Patom-hochland
Aldan
Tommot
Aldan
2243
Aldanbergland
1906
Dschugdschurgebirge
Ajan
Utschur
2470
Oljokma
Tschulman
Nerjungri
2007
Stanowoigebirge
Gonam
Schantarinseln
Gr. Schantar
K. Alexandra
Taksimo
Skalistyj Golez
2467
Tschiltschi
Uda-bucht
Tschumikan
Akademie-bucht
Tugur
Tynda
Seja-Stausee
2384
Nikolajewsk am Amur
1463
Uda
Bagdarin
Uteni
Skoworodino
Seja
Amur
Olginsk
Briakan
Albazino
Chabarowsk
Sofijsk
Mogotscha
Fewralsk
Transbaikalien
Tschingikan
1644
Mohe
Schimanowsk
Duki
Tscherysschewsk
Mangui
Tahe
2167
Tschegdomyn
Komsomolsk am Amur
Tschita
Huma
Swobodnyj
Bureja-Stausee
Burejagebirge
Amursk
Darasun
Sretensk
Schilka
Schelopugino
Balej
Belogorsk
Tyrma
Olotschi
Akuraj
Uljatuj
Gegen Gol
Alihe
Blagoweschtschensk
Sawitinsk
Slawjanka
Tardoki-Jani
2077
Ganhe
Jagdaqi
Borsja
Priargunsk
Ergun
782
HEIHE
Kleiner Chingan
Birobidschan
Chabarowsk
Krasnokamensk
Sunwu
Jiayin
Obluttsche
Jüdischer Autonomer Oblast
Birofeld
Manzhouli
Nenjiang
Leninskoje
Fuyuan
Hulun Nuur
Yakeshi
Hulun Buir
Wudalianchi
Pusino
Wjasemskij
Bei'an
Wehe
Tongjiang
Zalantun
Yichun
Hegang
Fujin
Bikin
Wostock
Tschojbalsan
Fuyu
Mingshui
Jiamusi
Raohe
1712
QIQIHAR
Baiquan
SHUANGYASHAN
Buir Nuur
Chalchgol
Arxan
Lindian
Tieli
Dalneretschensk
1504
Daqing
SUIHUA
Huanan
Qitaihe
Hulin
Primorje
Anda
Heilongjiang
Baruun-Urt
Matad
Tailai
Zhaodong
Songhua Jiang
Ulanhot
HARBIN
Jixi
Mishan
Acheng
Linkou
Chanka-see
Spassk-Dalnij
Dalnegorsk
Rudnaja Pristan
Erdenetsagaan
Holin Gol
Baicheng
Shangzhi
Mudanjiang
Songyuan
Taonan
Yushu
Suifenhe
Arsenjew
1691
1855
Olga
Großer Chingan
Zhangguangcai Ling
Jilin
Ning'an
Ning'an
Ussurijsk
Artjom
Xi Ujimqin Qi
Wladiwostok
Sapowedny
1950
Jiaohe
Dunhua
Bairin Zuoqi
CHANGCHUN
JILIN
Xilinhot
Shuangliao
Tumen
Nachodka
Yanji
Peter-der-Große-Bucht
Hunchun
Linxi
Tongliao
Siping
Nei Mongol Ziziqu (Innere Mongolei)
Xi Liao He
Changtu
LIAOYUAN
Helong
Meihekou
Najin
Chifeng
Aohan Qi
TIELING
BAISHAN
Cheongjin
2540
Japanisches Meer
Fuxin
Weichang
Beipiao
SHENYANG
FUSHUN
Tonghua
Chaoyang
Hyesan
JINZHOU
ANSHAN
Benxi
Liaoning
Ganggye
Gimchaek
Zhangbei
HULUDAO
Haicheng
Zhangjiakou
Yingkou
Fengcheng
Huicheon
Hamheung
Xuanhua
Jianchang
Xingcheng
Dandong
Heungnam
Beijing
Golf von Liaodong
Sinuiju

1: 14 000 000

0 250 500 750 km

683
155°
160°
165°
170°
175°
180°
Oklan-plateau
Oklan
Manily
Kamenskoje
Omsuktschan
Gischiga
1484
Ewensk
Tajgonos-halbinsel
1964
Topolowka
Gischiga-bucht
Penschina-bucht
Pachatschi
Apuka
Oljutorski-bucht
Oljutorski-halbinsel
K. Oljutorski
Tilitschiki
Korf
Korf-bucht
Ilpyrskoje
Schelichow-
golf
Tachtojamsk
Jamsk-bucht
Jamsk
Pjagina-halbinsel
Palana
Ossora
Karaginski-
golf
Karaginski
2550
Bering
meer
Kamtschatka-
becken
K. Juschnyi
Tigil
K. Osenoj
Chairjusowo
Ust-Kamtschatsk
Kljutschi
Kljutschewskaja Sopka
4835
Krutogorowski
Esso
3622
Kamtschatka-bucht
Nikolskoje
Bering
Mednyi
Kommandeurinseln
(RUS)
Atlasowo
Kronozki-See
Milkowo
Kronozki-bucht
Zentralkette
Kamtschatka
Attu I.
(USA)
Semichi-Inseln
Buldir I.
Nearinseln
Agattu I.
Kiska I.
Ratten
Korjakskaja Sopka
3456
Elisowo
Petropawlowsk-Kamtschatski
Oktjabrski
2476
55°
50°
45°
K. Lopatka
Atlasowa
Schumschu
Paramuschir
Sewero-Kurilsk
Onekotan
PAZIFISCHER
OZEAN
155°
160°
165°
170°

1: 14 000 000

0 250 500 750 km

KASACHSTAN
USBEKISTAN
TURKMENISTAN
ASERBAIDSCHAN
ARMENIEN
GEORGIEN
IRAK
IRAN
KUWAIT
BAHRAIN
KATAR
OMAN
Kaspisches Meer
Persischer Golf
Golf von Oman
Straße von Hormus
Aralsee
Kara-Bogas-Gol
Große Salzwüste (Dasht-e Kavir)
Ust-Jurt-Plateau
Kysylkum
Karakum
Kopet-Dag
Elburs-Gebirge
Kuh-Rud-Gebirge
Sagros
Kaukasus
Wolgograd
Astrachan
Elista
Atyrau
Aqtau
Machatschkala
Derbent
TIFLIS
ERIWAN
BAKU
Sumqayit
Nukus
Urgench
Daschogus (Taschaus)
Turkmenbaschi
Balkanabat
Aschgabat
Mary
Turkmenabat
Buchara
Täbris
Urmia
Ardebil
Rasht
Gorgan
Sari
TEHERAN
KARAJ
Kum
Hamadan
Kermanshah
MESCHHED
Neyshabur
Herat
ISFAHAN
Yazd
Kerman
Zahedan
SHIRAZ
Bushehr
Bandar Abbas
AHVAZ
Abadan
BASRA
BAGDAD
MOSSUL
Kirkuk
SULAIMANIYA
Arbil
Kerbela
Nadschaf
Kuwait
Dammam
Manama
Doha
Abu Dhabi
DUBAI
SHARJA
RIAD
Maskat
45°
50°
55°
60°
65°
45°
40°
35°
30°
25°

684
692
635

TURKMENISTAN
USBEKISTAN
AFGHANISTAN
PAKISTAN
OMAN
Golf von Oman
Nördlicher Wendekreis
Straße von Hormus
Karakum
Kysylkum
Kopet Dag
Große Salzwüste (Dasht-e Kavir)
Wüste Lut
Dasht-e Margo
Registan
Band-i-Turkestan
Kuh-e Baba
Hindukusch
Pamir
Sulaimankette
Toba-Karkar-Gebirge
Makrangebirge
Siahangebirge
Makranküstengebirge
Brahuigebirge
Hadjargebirge
Kuh-e Eshger
Kuh-e Palangan
Kuh-e Taftan
Kuh-e Hezar
Kuh-e Bakhun
Belutschistan
Rann von Kutch
Wüste Thar
Kara-Bogas-Gol
Sarygamyssee
Aydarkul
Hamun-e Saberi
Sonmianibucht
Indusmündungen
55°
60°
65°
70°
40°
35°
30°
25°
684
691
Nukus
Urganch
Daschogus (Taschaus)
Xiwa
Turkmenbaschi
Balkanabat
Serdar
Aschgabat
Mary
Turkmenabat
Buchara
Samarkand
Nawoi
Karschi
Dschisak
TASCHKENT
Schymkent
Turkistan
Taras
Namangan
Andischan
Fergana
Kokand
Chudschand
Duschanbe
Kuljab
Termes
Mazar-e-Sharif
Kunduz
Baghlan
Herat
KABUL
Jalalabad
PESHAWAR
Ghazni
Kandahar
Quetta
Zahedan
Zabol
Kerman
Bam
Yazd
Birjand
Tabas
MESCHHED
Neyshabur
Sabzevar
Gorgan
Bojnurd
Quchan
Shahrud
Semnan
Bandar Abbas
Qeshm
Iranshahr
Chabahar
Gwadar
KARATSCHI
HYDERABAD
MULTAN
FAISALABAD
Sargodha
Sukkur
Jacobabad
Larkana
Dera Ismail Khan
Dera Ghazi Khan
Bahawalpur
Muzaffargarh
Zhob
Chaman
SHARJA
DUBAI
Ras al-Khaima
Ajman
Fujaira
Al Ain
Sohar
Maskat
Matrah
Ruwi
Sur
Kap al-Hadd
Nizwa
Ibri
Rustaq
Bhuj
Gandhidham
AHMEDABAD
RAJKOT
Jamnagar
Porbandar
Jaisalmer
Jodhpur
1 : 14 000 000
0
250
500
750 km

685
694
698
Tian Shan
Takla Makan
Tarimbecken
Tibet
Himalaja
Karakorum
Kunlun
Transhimalaja
Xinjiang Uygur Zizhiqu (Autonomes Uigurisches Gebiet)
(Xizang Zizhiqu)
Hochland von Tibet
ALMATY
Bischkek
KIRGISISTAN
Kaschgar
Hotan
Lhasa
Kathmandu
NEPAL
BHUTAN
BANGLADESCH
DHAKA
DELHI
LUCKNOW
KANPUR
AGRA
JAIPUR
PATNA
VARANASI (BENARES)
ALLAHABAD
KOLKATA (KALKUTTA)
CHITTAGONG
KHULNA
BHOPAL
INDORE
JABALPUR
VADODARA
RAWALPINDI
Srinagar
Mt. Everest
8848

1: 14 000 000 — 0 250 500 750 km

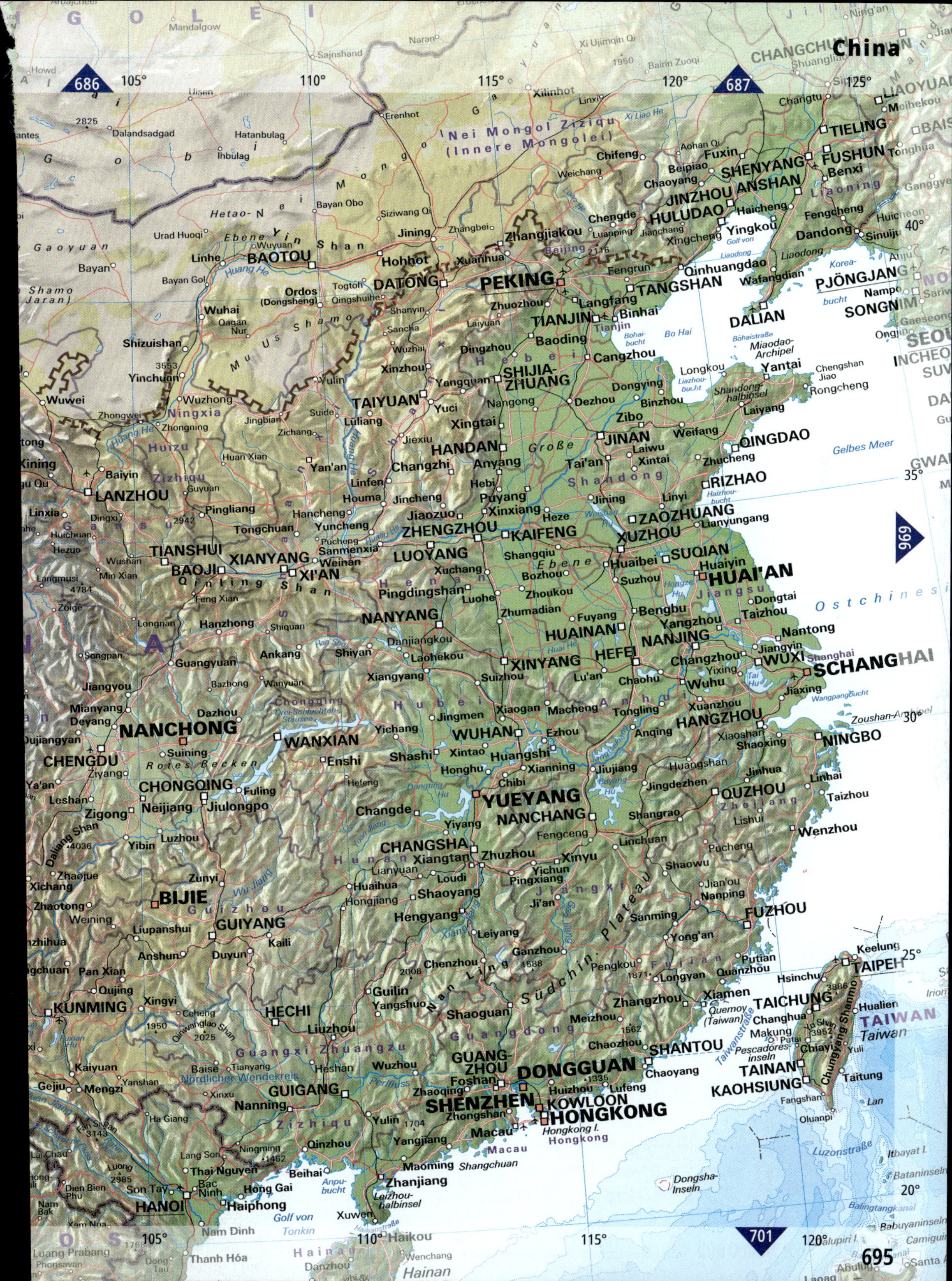
686
687
701
969
105°
110°
115°
120°
125°
40°
35°
30°
25°
20°
Nei Mongol Zizhiqu
(Innere Mongolei)
PEKING
TIANJIN
SHENYANG
ANSHAN
FUSHUN
TIELING
JINZHOU
HULUDAO
DALIAN
TANGSHAN
Qinhuangdao
BAOTOU
DATONG
Hohhot
Zhangjiakou
Chengde
Chifeng
Fuxin
Benxi
Dandong
Yingkou
PJÖNGJANG
SONGNIM
Nampo
Bo Hai
Bohaibucht
Liaodong
Korea-bucht
Miaodao-Archipel
Yantai
Shandonghalbinsel
QINGDAO
Gelbes Meer
RIZHAO
JINAN
Zibo
Weifang
Tai'an
Shandong
TAIYUAN
SHIJIA-ZHUANG
Baoding
Cangzhou
Dezhou
HANDAN
Anyang
ZHENGZHOU
KAIFENG
LUOYANG
XI'AN
XIANYANG
BAOJI
TIANSHUI
LANZHOU
Xining
Yinchuan
Wuwei
Ningxia
Huang He
Mu Us Shamo
Ordos
Yan'an
Yulin
Luliang
Qinling Shan
Hanzhong
NANYANG
Pingdingshan
XUZHOU
ZAOZHUANG
Lianyungang
SUQIAN
HUAI'AN
Huaiyin
Yangzhou
NANJING
HEFEI
HUAINAN
Bengbu
Fuyang
XINYANG
Ostchinesisches Meer
SCHANGHAI
WUXI
Changzhou
Nantong
Suzhou
HANGZHOU
NINGBO
Shaoxing
Zhoushan-Archipel
Jiaxing
Wuhu
WUHAN
Yichang
Shashi
Jingmen
Xiaogan
Huangshi
YUEYANG
NANCHANG
CHANGSHA
Xiangtan
Zhuzhou
Hengyang
Jiujiang
Jingdezhen
QUZHOU
Wenzhou
Taizhou
FUZHOU
Xiamen
Quanzhou
Zhangzhou
SHANTOU
Chaozhou
Meizhou
Ganzhou
Südchin. Plateau
Nan Ling
GUANGZHOU
DONGGUAN
SHENZHEN
KOWLOON
HONGKONG
Hongkong I.
Macau
Foshan
Zhaoqing
Huizhou
Zhanjiang
Leizhouhalbinsel
Maoming
Yangjiang
Beihai
Qinzhou
Nanning
Wuzhou
GUIGANG
Guilin
Liuzhou
HECHI
Guangxi Zhuangzu Zizhiqu
Nördlicher Wendekreis
Tonkin
Golf von Tonkin
Haikou
Hainan
HANOI
Haiphong
Nam Dinh
Thanh Hóa
Luang Prabang
KUNMING
Qujing
GUIYANG
Zunyi
BIJIE
Guizhou
CHONGQING
CHENGDU
NANCHONG
WANXIAN
Fuling
Neijiang
Zigong
Leshan
Yibin
Luzhou
Mianyang
Deyang
Guangyuan
Dazhou
Rotes Becken
Sichuan
TAIPEH
Keelung
Hsinchu
TAICHUNG
TAINAN
KAOHSIUNG
Hualien
Taitung
TAIWAN
Taiwanstraße
Luzonstraße
Pescadores-inseln
Quemoy (Taiwan)
Dongsha-Inseln
Gobi
Hetao
Bayan Obo
Erenhot
Xilinhot
Mandalgow
695

1: 14 000 000 — 0, 250, 500, 750 km

688
Die südlichen Kurilen Kunaschiri, Schikotan und Habomai werden verwaltet von Russland, beansprucht von Japan.
135°
140°
145°
150°
40°
35°
30°
25°
Hegang
Jiamusi
Fujin
SHUANGYASHAN
Huanan
Qitaihe
Jixi
Mishan
Linkou
Mudanjiang
Primorje
Spassk-Dalnij
Arsenjew
Ussurijsk
Artjom
Wladiwostok
Nachodka
Dalnegorsk
Rudnaja Pristan
Olga
Peter-der-Große-Bucht
Najin
Cheongjin
Japanisches Meer
Ulleungdo
Oki-Inseln
Okistraße
Tottori
Matsue
Hamada
Chugokugebirge
Himeji
Okayama
KOBE
KYOTO
OSAKA
Yamaguchi
HIROSHIMA
Ube
Hofu
Matsuyama
Shikokubergland
Kochi
Tokushima
Wakayama
Tanabe
Shikoku
Beppu
Oita
Kumamoto
Nobeoka
Kyushu
Kyushubergland
Miyazaki
Miyakonojo
Osumi-halbinsel
Osumistraße
Tanega
Yaku
Satsunan-Inseln
Minami-Daito (J)
JAPAN
Newelsk
Korsakow
Aniwa-bucht
Kap Aniwa
La-Pérouse-Straße
Wakkanai
Rebun
Rishiri
Haboro
Mombetsu
Shiretoko-halbinsel
Kurilsk
Etorofu (Iturup)
Kunaschiri
Juschno-Kurilsk
Schikotan
Habomai
Nemuro
Asahikawa
Asahi 2290
Kitami
Takikawa
Otaru
SAPPORO
Obihiro
Kushiro
Hokkaido
Tomakomai
Muroran
Hiro'o
Kap Erimo
Okushiri
Oshima-halbinsel
Hakodate
Tsugarustraße
Mutsu
Aomori
Hachinohe
Hirosaki
Odate
Morioka
Miyako
Akita
Kamaishi
Sakata
Honshu
Ishinomaki
Sado
Yamagata
SENDAI
Ryotsu
Niigata
Fukushima
Nagaoka
Aizu-Wakamatsu
Koriyama
Noto-halbinsel
Joetsu
Iwaki
Toyama
Nagano
Utsunomiya
Hitachi
Kanazawa
Hotaka 3190
Mito
Maebashi
TOKIO
Fukui
Matsumoto
Saitama
Chiba
Wakasa-bucht
Tsuruga
Kofu
KAWASAKI
Gifu
Fuji 3776
YOKOHAMA
NAGOYA
Toyohashi
Shimizu
Ito
Tateyama
Oshima
Matsusaka
Hamamatsu
Kii
Miyake
Izu-Inseln
Hachijyo
Aoga
Tori
Japangraben
Izu-Bonin-Graben
PAZIFISCHER OZEAN
Mukoshima-rettō
Titishima-rettō
Hahashima-rettō
Ogasawara-Inseln
Kita-Io-Jima
Kazan-rettō (J)
Vulkaninseln (J)
Minami-Io-Jima
Nördlicher Wendekreis

1: 14 000 000

0 250 500 750 km

694
700
702
85°
90°
95°
100°
20°
15°
10°
5°
0°
Golf von Bengalen
Andamanensee
Andamanenbecken
Andamanen und Nikobaren
Indischer Ozean
Mergui-Archipel
Straße von Malakka
MYANMAR (BIRMA)
THAILAND
BANGLADESCH
DHAKA
KOLKATA (KALKUTTA)
HAORA
KHULNA
CHITTAGONG
PATNA
BHADRAKH
VISHAKHAPATNAM
MANDALAY
RANGUN (YANGON)
BANGKOK
MEDAN
Naypyidaw
Dhanbad
Durgapur
Jamshedpur
Ranchi
Hazaribagh
Raurkela
Kharagpur
Baripada
Sambalpur
Kendujhar
Baleshwar
Cuttack
Bhubaneshwar
Puri
Chilkasee
Berhampur
Sompeta
Srikakulam
Vizianagaram
Bhawanipatna
Barddhaman
Bankura
Chunchura
Jessore
Barisal
Comilla
Feni
Agartala
Aizawl
Sylhet
Mymensingh
Rajshahi
Pabna
Bhagalpur
Gaya
Dehri
Sasaram
Arrah
Ghazipur
Chapra
Ballia
Saidpur
Rangpur
Katihar
Shillong
Khasiberge
Meghalaya
Goalpara
Dimapur
Kohima
Imphal
Manipur
Silchar
Gangesdelta
Sundarbans
Gangesmündungen
Cox's Bazar
Bandarban
Sittwe
Combermere-bucht
Kyaukpyu
Ramree (Ramree I.)
Man'aung
Thandwe (Candoway)
Arakangebirge
Adarau Taungdan
Mt. Victoria
Monywa
Sagaing
Amarapura
Myingyan
Pakokku
Meiktila
Minbu
Magway
Taunggyi
Pyinmana
Tayet
Pyay
Taungngu
Nyaunglebin
Hinthada
Bago
Thaton
Pathein (Bassein)
Bogale
Irrawaddy-mündungen
Golf von Martaban
Kyaikkami
Moulmein (Mawlamyine)
Ye
Dawei (Tavoy)
Myeik (Mergui)
Morrison-bucht
Tanintharyi
Kanmaw Island
Preparis I.
Große Kokosinsel (MYA)
Alexandrakanal
Kokoskanal
Nord-andaman
Mittel-andaman
Andamanen (IND)
Süd-andaman
Port Blair
Klein-andaman
Zehn-Grad-Kanal
Car Nicobar I.
Tillanchang Dwip
Tarasa Dwip
Trinkat I.
Katchall I.
Kleinnikobar
Nikobaren (IND)
Groß-nikobar
Großer Kanal
Weh
Banda Aceh
Sigli
Lhokseumawe
Langsa
Takengon
Meulaboh
Leuser 3381
Binjai
Belawan
Tebingtinggi
Pematangsiantar
Tapaktuan
Tobasee
Simeulue
Banyak-inseln
Singkil
Sibolga
Padang Sidempuan
Gunungsitoli
Nias
Batu-inseln
Aquator
Bukittinggi
Rantau-prapat
Tanjung-balai
Kisaran
Lashio
Hsipaw
Kyaukme
Pyin u Lwin
Mong Hsat
Keng Tung
Kalemyo
Kalewa
Wayongon
Katha
Bhamo
Mawlaik
Myitkyina
Tanyan
Man Kat
Chiang Rai
Chiang Mai
Mae Hong Son
Fang
Lampang
Doi Inthanon 2565
Den Chai
Uttaradit
Sukhothai
Phitsanulok
Phichit
Phetchabun
Tak
Hpaan
Nakhon Sawan
Chai Nat
Nakhon Ratchasima
Saraburi
Kanchanaburi
Nakhon Pathom
Ratchaburi
Phetchaburi
Bucht von Bangkok
Chonburi
Pattaya
Rayong
Chanthaburi
Ko Chang
Prachuap Khiri Khan
Tenasserimgebirge
Chumphon
Isthmus von Kra
Ranong
Lang Suan
Ko Phangan
Ko Samui
Surat Thani
Takuapa
Nakhon Si Thammarat
Krabi
Thung Song
Phatthalung
Phuket
Thalang
Ko Phuket
Trang
Songkhla
Hat Yai
Langkawi
Alor Setar
George Town
Penang
Taiping
Kangsar
Ipoh
Kulim
Pattani
Yala
Vientiane (Viangchan)
Loei
Jinghong
Simao
Lancang
Nong Phai
Nong Bua
Pranakhon Si Ayutthaya
Mae Sai
Phou Khoun
Nan
Sirikit-Stausee
Bhumibol-Stausee
Khao-Laem-Stausee
Srinakarin-stausee
Chiao-Lan-Stausee
Salween
Irrawaddy
Sittang
Chindwin
Mekong
Mizoram
Tripura
Odisha
Mahanadi
Hirakud-Stausee
Balangir
Angul
Raigarh
Deogarh
Jharkhand
Westbengalen
Bihar
Nördlicher Wendekreis
Daltenganj
Giridih
Deoghar
Bhagalpur
Barddhaman

694
699
702
95°
100°
105°
110°
20°
15°
10°
5°
0°
C H I N A
Kunming
Yunnan
Guangxi Zhuangzu Zizhiqu
Nanning
Guigang
Liuzhou
Wuzhou
Guilin
Beihai
Zhanjiang
Maoming
Haikou
Hainan
Sanya
Golf von Tonkin
Leizhou-halbinsel
MYANMAR (BIRMA)
Mandalay
Naypyidaw
Rangun (Yangon)
Sittwe
Moulmein (Mawlamyine)
Dawei (Tavoy)
Myeik (Mergui)
Golf von Martaban
Irrawaddy-mündungen
LAOS
Vientiane (Viangchan)
Luang Prabang
Savannakhet
Pakse
HANOI
Haiphong
Vinh
Hue
Da Nang
VIETNAM
Ho-Chi-Minh-Stadt (Saigon)
Annamitische Kordillere
THAILAND
Bangkok (Krung Thep)
Chiang Mai
Nakhon Ratchasima
Ubon Ratchathani
Udon Thani
Khorat-Plateau
Bucht von Bangkok
Surat Thani
Phuket
Hat Yai
Isthmus von Kra
KAMBODSCHA
Phnom Penh
Siem Reap
Battambang
Tonle Sap
Mekong
Mekong-mündungen
Golf von Thailand
Andamanensee
Andamanen (IND)
Port Blair
Andamanen-becken
Mergui-Archipel
Nikobaren
Car Nicobar I.
Groß-nikobar
MALAYSIA
Kuala Lumpur
Malaiische Halbinsel
Straße von Malakka
Ipoh
George Town
Kuantan
Kota Baharu
Kuala Terengganu
Malakka
Singapur
Johor Bahru
Banda Aceh
Medan
Padang
Sumatra
Pekanbaru
Dumai
Natunasee
Anambasinseln
Natuna Besar
Kuching
Südchinesisches Meer
Laut
1:14 000 000
0 250 500 750 km

1: 14 000 000

JAPAN
Ryukyu-Inseln
Miyako-Inseln
Saki-Inseln
Ishigaki
Iriomote
Nördlicher Wendekreis
695
696
703
115°
120°
125°
130°
20°
15°
10°
5°
FUZHOU
Sanming
Leiyang
Ganzhou
Chenzhou
Yong'an
Putian
Quanzhou
Longyan
Pengkou
Shaoguan
Meizhou
Zhangzhou
Xiamen
Quemoy (Taiwan)
Guangdong
GUANG-ZHOU
Foshan
DONGGUAN
SHANTOU
Chaozhou
Chaoyang
Huizhou
Lufeng
SHENZHEN
KOWLOON
HONGKONG
Zhongshan
Macau
Hongkong I.
Hongkong
Shangchuan
Keelung
TAIPEH
TAICHUNG
Changhua
Makung
Pescadores-inseln
Taiwanstraße
Putai
Chiayi
Yu Shan 3952
Chungyang Shan
Hualien
TAIWAN
Taiwan
Yuli
TAINAN
KAOHSIUNG
Taitung
Fangshan
Lan
Oluanpi
Luzonstraße
Dongsha-Inseln
Itbayat I.
Bataninseln
Philippinensee
Balingtangkanal
Babuyaninseln
Dalupiri I.
Camiguin I.
Babuyankanal
Abulug
Santa Ana
Laoag
Cord. Central
Tuguegarao
Tabuk
Bandue
Sierra Madre
San Fernando
2928
Baguio
Alaminos
Casiguran
Dagupan
Luzon
Tarlac
Cabanatuan
Iba
1486
Angeles
Mt. Pinatubo
CALOOCAN
Olongapo
QUEZON
Mariveles
MANILA
Calamba
Lucena
Daet
Catanduanes I.
Naga
Virac
Lopez
Legaspi
Sorsogon
Batangas
Boac
Marinduque I.
Calapan
Burias I.
2585
Mindoro
Sibuyan I.
Laoang
San Jose
Tablas I.
Masbate
Calbayog
Masbate
Samar
Roxas
Sibuyansee
Kalibo
Panay
Ormoc
Tacloban
Leyte
Cebu
Iloilo
Bacolod
Cebu
Maasin
Dinagat I.
Naga
Talibon
Siargao I.
Kabankalan
Surigao
Negros
Bohol
Tanjay
Mindanaosee
Butuan
Cagayan de Oro
Dipolog
2404
Iligan
Bislig
Mindanao
Pagadian
Tagum
Mt. Apo 2954
DAVAO
Cotabato
Mati
Morogolf
Zamboanga
Basilan I.
Koronadal
General Santos
Samales-inseln
Sarangani-Inseln
Miangas
Philippinengraben
Luzonsee
Paracel-inseln
(Verwaltet von China, beansprucht von Vietnam)
Scarborough Shoal
Südchinesisches Meer
Südchinesisches Becken
Calamian-gruppe
Mindorostraße
El Nido
Cuyo-Inseln
Taytay
San Jose
Dumaran I.
Thitu
Discovery Great Reef
Palawanpassage
Palawan
Puerto Princesa
Quezon
Cagayan-inseln
Tubbataha-riffe
Spratly Island
Spratlyinseln
Mt. Mantalingajan
2085
Sulusee
Sulubecken
Balabac I.
Balabacstraße
Amboyna Cay
Banggi
Cagayan Sulu I.
Jolo I.
Jolo
Tapul-inseln
Kota Kinabalu
Kinabalu 4095
Sandakan
Lahad Datu
Lahad-Datu-Bucht
Tawi-Tawi-Gruppe
Sulu-Inseln
Bandar Seri Begawan
BRUNEI
Beaufort
Sipitang
Kuala Belait
Miri
Sapulut
Tawau
Sibutu-Inseln
Sebuku-bucht
Harun
2377
Mulu
2160
Bintulu
Tarakan
Bunyu
Tanjungselor
Celebessee
Celebesbecken
Sibu
Rajang
Song
Hosegeb 2012
2550
Maratua
Tanjungredeb
Kemal 2053
2988
Liangpran 2240
Müllergebirge
Putussibau
Kapuas
Lesung 1730
Muarawahau
Sangkulirang
Kap Mangkalihat
Kalimantan (Borneo)
Samarinda
Lohjanan
Donggala
Tomini
Sangihe
Tahuna
Sangihe-Inseln
Siau
Tahulandang
Karakelong
Talaudinseln
Kaburuang
Morotai
Manado
Bitung
Amurang
Tondano
Tolitoli
Tentolomatinan 2207
Sojol 3000
Kotamobagu
Marisa
Gorontalo
Ternate
Tidore
Jailolo
1635
Tobelo
Halmahera
Kobe
Molukkensee
Kayoa
Gebe
Kasiruta
Saketa
Bacan
Raja-Ampat-Inseln

1:14 000 000

0 250 500 750 km

110°

701
704
710
115°
120°
125°
130°
5°
0°
10°
Palawan
Puerto Princesa
Quezon
Mt. Mantalingajan
2085
Balabac I.
Balabacstraße
Spratly Island
Spratlyinseln
Discovery Great Reef
Amboyna Cay
Banggi
Cagayan Sulu I.
Taytay
Dumaran I.
San Jose
Iloilo
Bacolod
Cebu
Leyte
Kabankalan
Negros
Naga
Talibon
Maasin
Dinagat I.
Siargao I.
Surigao
Bohol
Tanjay
Cagayan-inseln
Tubbataha-riffe
Mindanaosee
Butuan
Dipolog
Cagayan de Oro
Iligan
Bislig
Pagadian
Mindanao
2404
Tagum
Mt. Apo
2954
DAVAO
Mati
Cotabato
Morogolf
Zamboanga
Basilan I.
Koronadal
General Santos
Sulusee
Sulubecken
Jolo I.
Jolo
Samales-inseln
Tapul-inseln
Tawi-Tawi-Gruppe
Sulu-Inseln
Sibutu-Inseln
Sarangani-Inseln
Miangas
Mindanaograben
Karakelong
Talaudinseln
Kaburuang
Sangihe
Tahuna
Sangihe-Inseln
Siau
Tahulandang
Celebessee
Celebesbecken
Kota Kinabalu
Kinabalu
4095
Sandakan
Lahad Datu
Lahad-Datu-Bucht
Beaufort
Bandar Seri Begawan
BRUNEI
Sipitang
Kuala Belait
Miri
Sapulut
Tawau
Sebuku-bucht
Hatun
2377
Mulu
2160
Iranggebirge
Bunyu
Tarakan
Bintulu
Tanjungselor
2550
Maratua
Tanjungredeb
Hosegeb
2012
Song
Rajang
Kemal
2053
2988
Langpran
2240
Putussibau
Müllergebirge
Sangkulirang
Kap Mangkalihat
Muarawahau
Lesung
1730
Kapuas
Mahakam
Kalimantan
(Borneo)
Longiram
Kutai
Bukit Raya
2278
Samarinda
Lohjanan
Muarateweh
Balikpapan
Barito
Kahayan
Katingan
Dayu
Tanahgrogot
Palangkaraya
Amuntai
Tanjung
Negara
Besar
1892
Tabudarat
Sampit
Kualakapuas
Banjarmasin
Martapura
Muratusgeb.
Kotabaru
Pagatan
Laut
Kap Selatan
Laut Kecil-inseln
Karamian
Makassarstraße
INDONESIEN
Masalembu Besar
Bawean
Madura
Kamal
Sumenep
Kangean-inseln
Balisee
SURABAYA
Kediri
Pasuruan
Semeru
3676
Merapi
2800
Lumajang
Banyuwangi
Singaraja
3142
Agung
Amlapura
Denpasar
Bali
Praya
Mataram
Lombok
Sumbawa Besar
Taliwang
Sumbawa
Bima
Dompu
Komodo
Reo
Flores
Labuan Bajo
Ende
Larantuka
Lomblen
Alor
Kalabahi
Pantar
Kleine Sundainseln
Sumbastraße
Memboro
Waingapu
Sumba
1225
Baing
Sawusee
Sawu
Roti
Kupang
Kefamenanu
Tatamailau
2963
Timor
OSTTIMOR
Dili
Atauro
Ilwaki
Wetar
1412
Lospalos
Timorrinne
Timorsee
Sahul Banks
Ashmore-Inseln
Cartierinseln
Sahulschelf
Scott Reef
Nord-australisches Becken
Bonaparte-Archipel
Admiralitäts-golf
Kalumburu
Kap Londonderry
Joseph-Bonaparte-Golf
Bathurst
Darwin
Beagle-golf
Heywood-
Yorksund
Wyndham
Floressee
Bonerate-Inseln
Macaninseln
Daya-Barat-Inseln
Romang
Damar
Babarinseln
Leti-Inseln
Sermata-Inseln
Südbandabecken
Bandasee
Banda-Inseln
Nordbandabecken
Tukangbesi-Inseln
Buton
Baubau
Muna
Raha
Kabaena
Selayar
Benteng
Bulukumba
Bontosunggu
MAKASSAR
2878
Pangkajene
Watampone (Bone)
Golf von Bone
Kolaka
Kendari
Wowoni
Manui
Parepare
Majene
Polewali
Malunda
Mamasa
Mamuju
Palopo
Enrekang
Makale
Masamba
(Celebes)
Sulawesi
Towutisee
Karosa
Pindolo
Kolonedale
Mapane
Gimpu
Torenali
2528
Palu
Donggala
Golf von Tolo
Banggai-Inseln
Peleng
Basiano
Luwuk
Uebonti
Golf von Tomini
Togianinseln
Sojol
3000
Tolitoli
Tentolomatinan
2207
Marisa
Gorontalo
Kotamobagu
Manado
Bitung
Amurang
Tondano
Molukkensee
Molukken
Sula-Inseln
Mangole
Taliabu
Todeli
Sanana
Morotai
Tobelo
1635
Jailolo
Ternate
Tidore
Halmahera
Kobe
Kayoa
Saketa
Gebe
Kasiruta
Bacan
Halmaherasee
Raja-Ampat-Inseln
Kofiau
Salawati
Waigeo
Batanta
Bisa
Sesepe
Obi-Inseln
Adua
Seramsee
Wahai
Piru
Binaia
3019
Amahai
Seram
Namlea
2736
Tifu
Buru
Ambon
False-Pisang-Inseln

Mindanao
DAVAO
General Santos
Palau-Inseln
Melekeok
Westkarolinen-becken
PALAU
Halmahera
Morotai
Ternate
Tidore
Sangihe-Inseln
Manado
Bitung
Bandasee
Südbanda-becken
Seram
Ambon
Buru
Sorong
Manokwari
Biak
Jayapura
Papua (Irian Jaya)
Puncak Jaya 4884
Zentralgebirge
Neuguinea
INDONESIEN
Aruinseln
Kai-Inseln
Tanimbarinseln
Wetar
Dili
OSTTIMOR
Timor
Timorsee
Arafurasee
Darwin
Arnhemland
Carpentaria-golf
Merauke
Sarmi
Timika
Vanimo
Kiunga
Morehead
Weipa
Torresstraße
Melville I.
Bathurst I.
Groote Eylandt
Nhulunbuy
Katherine
Kap Londonderry
Joseph-Bonaparte-Golf
Wyndham
1:14 000 000
0 250 500 750 km
125° 130° 135° 140°
5° 0° 5° 10°

703

Magur
Murillo
Pisaras
Hallinseln
Namonuito Atoll
Ulul
Nomwin
Faraulep
145°
150°
155°
Oroluk
Senyavininseln
Palikir
Pohnpei
Mokil
Olimarao
C a r o l i n e S e a m o u n t s
Nomoneas
Chuukinseln
Faichuk
Pulap
Puluwat
Lamotrek
Woleai
Ifalik
Pulusuk
Elato
Sapwuahfik Atoll
Nomoi-Inseln (Mortlockinseln)
5°
M I K R O N E S I
P A Z I F I S C H E R
O Z E A N
Nukuoro
Ostkarolinen-becken
Kapingamarangi
Äquator
0°
Ninigo-Inseln
Sae-Inseln
Kanietinseln
Admiralitätsinseln
Aua I.
Awin I.
Hermit-inseln
Lorengau
Manus I.
Mussau Island
Sankt-Matthias-Gruppe
Lyra Reef
Ysabelkanal
Lavongai (New Hanover)
Kavieng
Tabarinseln
Fangalawa
Hormo-Inseln
P A P U A -
Bismarck-
N E U G U I N E A
archipel
Bismarcksee
New Ireland
Lihirinseln
Nuguria-Inseln
Namatanai
Tanga-Inseln
Feni-Inseln
Greeninseln
Wewak
Maprik
Angoram
Bogia
Sepik
Karkar I.
Rabaul
Gazelle-halbinsel
2399
Vitu-Inseln
Ulamona
Milim
Lemankoa
Buka I.
Takuu-Inseln
Nukumanu Inseln
5°
Madang
Long I.
Eram
Bismarckgebirge
Wabag
Kelabo
Mt. Hagen
Mt. Wilhelm 4509
Goroka
Mendi
Saidor
Umboi I.
Sag Sag
1825
Talasea
Kimbe
2334 Mt. Ulawun
New Britain
Kandrian
Wakunai
2715
Arawa
Watarais
4120
Huon-halbinsel
Finschhafen
Mt. Bosavi 2509
Lae
Huon-golf
New Britain-Bougainville-Graben
Bougainville
Buin
Fauro I.
Chirovanga
Choiseul
Mt. Maitabi 980
Korasa
Kikori
Baimuru
Ilaura
Malama
Salomonensee
Shortlandinseln
Treasury-inseln
Luti
New-Georgia-Sund
Suavar
Paraso
Ringgi
Hovoro
Kerema
Terapo
Guari
Mt. Albert Edward 3990
Purutu I.
Kiwai I.
Papua-golf
Bereina
Owen-Stanley-Gebirge
Popondetta
Trobriandinseln
Kiriwina I.
New-Georgia-Archipel
Egholo
New Georgia
Mbatuna
Daru
Tufi
Goodenough I.
Woodlarkinseln
Fergusson I.
D'Entrecasteaux-inseln
Warrior-riffe
Port Moresby
Mt. Simpson 3039
Salamo
Kupiano
Rabaraba
Alotau
Normanby I.
Misima I.
Bwagaoia
Louisade-Archipel
Pocklington Reef
Calvados Chain
Rossel I.
Vanatinai (Tagula I.)
10°
Shelburne-bucht
Lockhart River
Prinzessin-Charlotte-Bucht
Kap Melville
Marina
145°
150°
155°
713
706

Salomonen
Melanesien
Salomonensee
Bougainville
Buka I.
Choiseul
Santa Isabel
Malaita
Guadalcanal
Honiara
Makira (San Cristobal)
New-Georgia-Archipel
Rennell I.
Ontong-Java-Atoll
Nukumanu-Inseln
Takuu-Inseln
Stewartinseln
Ulawa I.
Santa-Cruz-Inseln
San-Cristobal-Graben
New-Britain-Bougainville-Graben
Louisiade-Archipel
Rossel I.
Vanatinai (Tagula I.)
Calvados Chain
Misima I.
Woodlarkinseln
D'Entrecasteaux-inseln
Trobriandinseln
Kiriwina I.
Normanby I.
Fergusson I.
Pocklington Reef
Indispensable-riffe
Lihourriffe
Marion Reef
Chesterfield-inseln
Entrecasteaux-riffe
Huon
Grand Passage
Grand Récif de Cook
Récif des Français
Belepinseln
Astrolabe-Riffe
Neukaledonien (F)
Vanuatu
Espíritu Santo
Lyra Reef
Tabarinseln
Lihirinseln
Nuguria-Inseln
Tanga-Inseln
Feni-Inseln
Greeninseln
New Ireland
Gazelle-halbinsel
Rabaul
Namatanai
Kavieng
Milim
Lemankoa
Wakunai
Arawa
Buin
Fauro I.
Shortlandinseln
Treasury-inseln
Chirovanga
Mt. Maetambe 980
Korasa
Luti
Suavanao
Filuo
Buala
Tatamba
Paraso
Ringgi
Hovoro
New Georgia
Egholo
Mbatuna
Russell-inseln
Lambi
Mbambanakira
2335 Mt. Popomanaseu
Florida-Inseln
Maluu
Auki
Hauhui
Maramasike
Tetere
Wataa
Hauraha
Lavanggu
Äquator
155°
160°
165°
5°
10°
15°
20°
2715
2399
2334 Mt. Ulawun
705
713
716
Nauru
1:14 000 000
0
250
500
750 km

AUSTRALIEN, OZEANIEN

AUSTRALIEN, OZEANIEN, POLITISCH
WESTLICHES AUSTRALIEN
NORDÖSTLICHES AUSTRALIEN
SÜDÖSTLICHES AUSTRALIEN
NEUKALEDONIEN, FIDSCHI, TONGA, VANUATU
NEUSEELAND

AUSTRALIEN, OZEANIEN

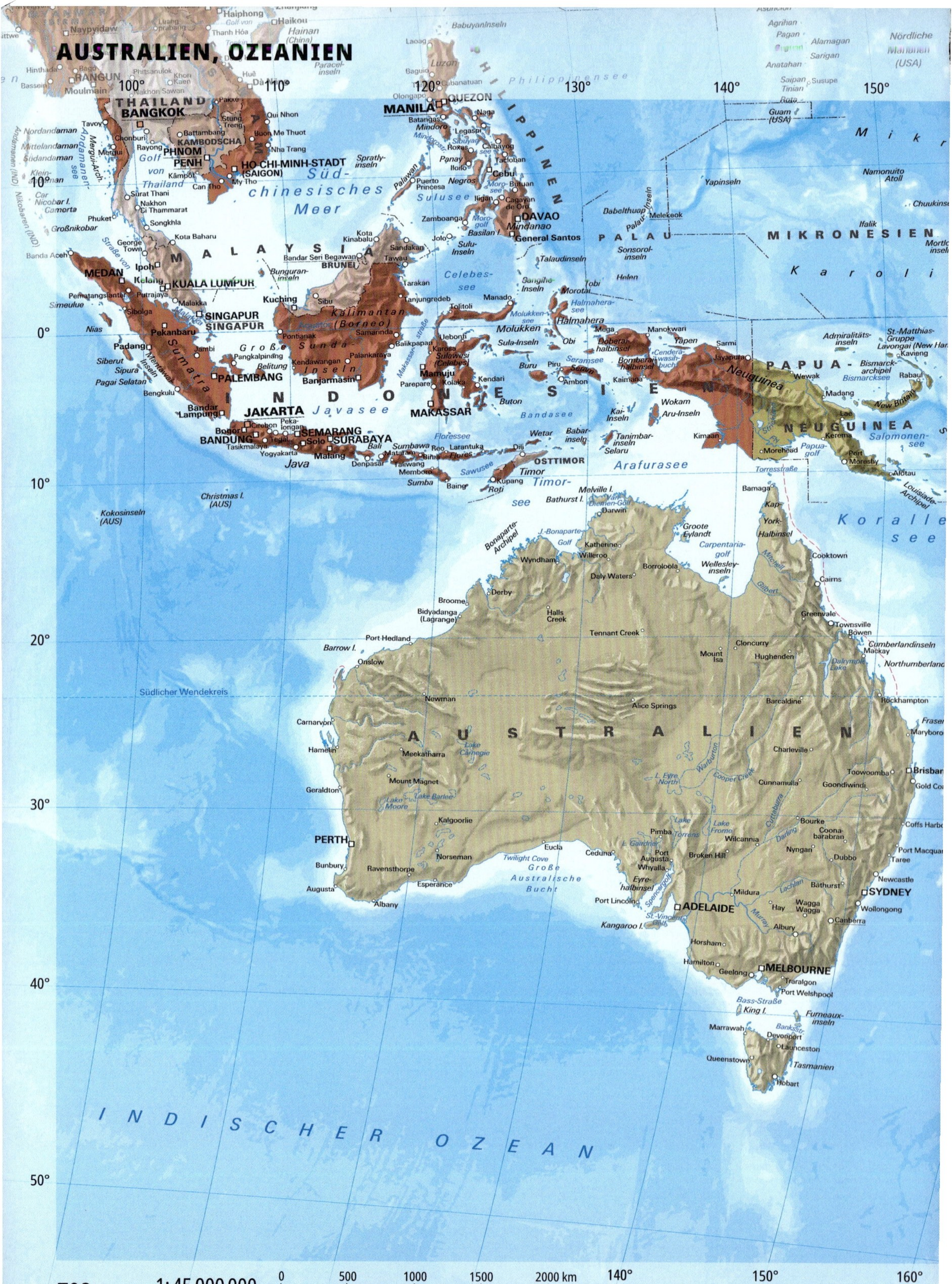

1:45 000 000 — 0 500 1000 1500 2000 km

MARSHALLINSELN
NAURU
TUVALU
KIRIBATI
SALOMONEN
VANUATU
SAMOA
TONGA
FIDSCHI
NEUSEELAND
Nordinsel
Südinsel
AUCKLAND
Wellington
Cook-Straße
TASMAN-SEE
SÜDPAZIFISCHER OZEAN
Cookinseln (NZ)
Chathaminseln (NZ)
Kermadecinseln (NZ)
Norfolk I. (AUS)
Lord Howe I. (AUS)
Neukaledonien
Nouméa
Fidschi-Inseln
Suva
Gilbertinseln
Phoenixinseln
Linieninseln
Tokelau-Inseln (NZ)
Samoa-Inseln
Gesellschaftsinseln
Tahiti
Papeete
Tubuai-Inseln
Australinseln
Äquator
Howland (USA)
Baker (USA)
Jarvis I. (USA)
Niue (NZ)
Wallis
Futuna
Christchurch
Dunedin
Hamilton
Whangarei
Gisborne
Napier
Hastings
Nelson
Greymouth
Invercargill
Stewart Island
Queenstown
160°
170°
180°
150°
10°
0°
20°
30°
40°

115°
120°
125°
703
20°
25°
30°
35°
Becken
Scott Reef
Admiralitätsgolf
Kalumburu
Bonaparte-Archipel
Yorksund
Wyndham
Heywood-inseln
Buccaneer-archipel
Mt. Hann 779
K. Leveque
Sundaystraße
Kimberley Plateau
Derby
Broome
Fitzroy Crossing
Halls Creek
Bidyadanga (Lagrange)
Ngumpan
Rowley Shoals
Rowleyschelf
Wallal Downs
Sandfire Roadhouse
Große
Sandwüste
Port Hedland
Dampier-archipel
De Grey
Exmouth-plateau
Barrow I.
Dampier
Karratha
Marble Bar
Percival Lakes
Lake Tobin
Telfer
L. Dora
Kunawaritji Roadhouse
Lake Auld
Nordwestkap
Exmouth
Exmouthgolf
Onslow
Hamersley Range
Nullagine
Nanutarra Roadhouse
957
Mt. Meharry 1253
Paraburdoo
Newman
L. Blanche
No. 24 Well
Coral Bay
North
Winning
Kenneth Range
West
Lake Disappointment
Südlicher Wendekreis
Gibsonwüste
Western
Austral
Ashburton
Mt. Augustus 1105
Lake MacLeod
Basin
Collier Range
Kumarina
Gascoyne
Carnarvon
Gascoyne Junction
Mt. Gascoyne 789
Landor
Everard Junction
Lake Sprenger
Kap Inscription
Shark Bay
Wooramel Roadhouse
Robinson Range
Mt. Gould 710
770
Carnegie
Lake Carnegie
Warburton
Denham
Byro
Katalundi
Wangawol
Lake Gillen
Overlander Roadhouse
Hamelin
Murchison
Meekatharra
Wiluna
Zuytdorp Cliffs
793
L. Wells
Twin Peaks
Cue
Threesel
Cosmo Newberry
Greenough
Dalgaranga Hill 652
Sandstone
Agnew
Melrose
Yeo L.
Victor
Ajana
Houtman Abrolhos
Yuna
Yalgoo
Mount Magnet
Neale Junction
Lake Rason
Mullewa
Laverton
Geraldton
Leonora
Malcolm
L. Carey
Jubilee Lake
Mingenew
543
Paynes Find
Dongara
Morawa
L. Minigwal
Lake Moore
L. Barlee
Menzies
Menangina
Eneabba
Coorow
L. Rebecca
Wubin
Badgingarra
Nullarbo
Cervantes
Pithara
Cadoux
Koolyanobbing
Kalgoorlie-Boulder
Moora
Southern Cross
Coolgardie
Zanthus
Rawlinna
Loo
Lancelin
Perthbecken
L. Lefroy
Goomalling
Merredin
Euclabeck
Northam
L. Cowan
PERTH
Fremantle
Lake Johnston
Norseman
Madu
Mandurah
Corrigin
Hyden
Lake Hope
L. Dundas
Caiguna
Balladonia Motel
Twilight Cove
Darling Ra.
Brookton
Kulin
Williams
Narrogin
Lake King
Bunbury
Geographe Bay
Collie
Wagin
Lake Grace
Ravensthorpe
Scaddan
Tower Pk. 585
Kap Naturaliste
Busselton
Kojonup
Katanning
Esperance
Israelite Bay
Orleans Farm
Naturaliste-plateau
Nannup
Bridgetown
Jerramungup
Esperance-bucht
K. Arid
Augusta
Manjimup
Kap Leeuwin
Mount Barker
Bremer Bay
Walpole
Albany
Bald Head
0
250
500
750 km
125°

 1:14 000 000

712
713
714
715
130°
135°
140°
20°
25°
30°
35°
Northern Territory
Tanami-wüste
Barklytafelland
Davenport Range
MacDonnell Ranges
Musgrave Ranges
Simpsonwüste
Lake-Eyre-Becken
South Australia
AUSTRALIEN
Queensland
Großes Artesisches Becken
Channel Country
Gulf Country
Sturt-Steinwüste
Strzelecki-wüste
Grey Range
Flinders Ranges
Gawler Ranges
Benda Range
Große Australische Bucht
Head of Bight
Nuyts-Archipel
Eyre-halbinsel
Yorke-Halbinsel
Spencergolf
St.-Vincent-Golf
Investigatorstraße
Kangaroo I.
Sunset Country
Big Desert
Little Desert
Wellesley-inseln
Sir-Edward-Pellew-Inseln
ADELAIDE
Alice Springs
Tennant Creek
Daly Waters
Katherine
Mataranka
Roper Bar
Borroloola
Larrimah
Willeroo
Kununurra
Top Springs
Newcastle Waters
Elliott
Kalkarindji
Wallhallow
Cape Crawford
Helen Springs
Alexandria
Barkly Homestead
Nicholson
Billiluna
Wauchope
Ammaroo
Ooratippra
Yuendumu
Harts Range
Tarlton Downs
Glen Helen
Mt. Liebig 1525
Mt. Zeil 1511
Mt. Leichhardt 1142
Mt. Ocby 695
Mt. Brassey 1215
Erldunda
Yulara
Uluru (Ayers Rock) 863
Kulgera
Mt. Cecil 551
Finke
Amata
Mt. Woodroffe 1436
Mt. Kintore 1073
Mt. Hinkley 1032
Stevensons Peak 1032
Mt. Illbillee 696
Wataru
Marla
Oodnadatta
Mabel Creek
Coober Pedy
Maralinga
Watson
Wynbring
Tarcoola
Kingoonya
Eucla
Yalata
Penong
Coorabie
Ceduna
Streaky Bay
Port Kenny
Elliston
Flinders I.
Mount Hope
Port Lincoln
Port Neill
Kyancutta
Lock
Kimba
Buckleboo
Iron Knob
Whyalla
Wallaroo
Port Augusta
Port Pirie
Port Wakefield
Hawker
Pimba
Andamooka
Leigh Creek
Parachilna
Marree
Lake Eyre North
Lake Eyre South
Lake Torrens
Lake Gairdner
Lake Frome
L. Blanche
Tirari-wüste
Peera Peera Poolanna L.
Warburton Creek
Cooper Creek
Birdsville
Bedourie
Boulia
Hamilton Hotel
Diamantina Lakes
Monkira
Windorah
Quilpie
Toompine
Nockatunga
Thargomindah
Hungerford
Tibooburra
Milparinka
Wanaaring
Packsaddle
White Cliffs
Wilcannia
Broken Hill
Menindee
Olary
Frome Downs
Morgan
Renmark
Wentworth
Mildura
Loxton
Sedan
Murray Bridge
Tailem Bend
Pinnaroo
Lascelles
Ouyen
Sea Lake
Swan Hill
Kerang
Keith
Victor Harbor
Kingscote
Cape Borda
Yorketown
Inneston
K. Spencer
Camooweal
Burketown
Normanton
Karumba
Croydon
Gilbert River
Forsayth
Gregory Downs
Mount Isa
Cloncurry
Julia Creek
Richmond
Hughenden
McKinlay
Kynuna
Duchess
Dajarra
Winton
Middleton
Muttaburra
Longreach
Barcaldine
Isisford
Stonehenge
Tobermorey
Lake Nash
Kalmeta
Quamby
Victoria Vale
Lyndhurst
Gununa
Delta Downs
Morella
Aramac
Tonkoro
Whitewood
Corfield
Ivanhoe
Darnick
Balranald
Booligal
Hay
Echuca
Deniliquin
Dimboola
Horsham
Naracoorte
Charlton
St. Arnaud
Bendigo

Timorsee
Arafurasee
Carpentaria-golf
Timor
OSTTIMOR
Dili
Kupang
Roti
Sawu
Alor
Pantar
Lomblen
Wetar
Atauro
Kalabahi
Lospalos
Tatamailau
2963
1412
Kefamenanu
Ilwaki
Daya-Barat-Inseln
Romang
Damar
Babarinseln
Leti-Inseln
Sermata-Inseln
Yamdena
Saumlaki
Selaru
Tanimbarinseln
Trangan
Aruinseln
Kola
Wokam
Kobroor
Kai Besar
Kai-Inseln
Tayandu-Inseln
Weber-becken
Banda-Inseln
Südbanda-becken
Timorrinne
Sahul Banks
Sahulschelf
Ashmore-Inseln
Cartierinseln
Scott Reef
Macaninseln
Larantuka
Buton
Tukangbesi-Inseln
Raha
Muna
Baubau
Yos Sudarso
Kimaan
Komoran
K. Vals
Merauke
Bado
Melville I.
Bathurst I.
Cobourg-halbinsel
Van Diemen-Golf
Beagle-golf
Darwin
Adelaide River
Pine Creek
Katherine
Jabiru
Gunbalanya (Oenpelli)
Goulburn inseln
Arnhemland
Mountain Valley
Mataranka
Roper Bar
Ropei
Marchinbar I.
K. Wessel
Wessel-inseln
Nhulunbuy
Gove-halbinsel
Kap Arnhem
Bickerton I.
Groote Eylandt
Limmen Bight
Maria I.
Sir-Edward-Pellew-Inseln
Borroloola
Mornington
Gununa
Cape Crawford
Larrimah
Daly Waters
Top Springs
Willeroo
Timber Creek
Kununurra
Wyndham
Kap Londonderry
Kalumburu
Joseph-Bonaparte-Golf
Admiralitäts-golf
Bonaparte-Archipel
Yorksund
Heywood-inseln
Buccaneer-archipel
Mt. Hann
779
K. Leveque
Sundaystraße
Kimberley Plateau
Derby
Broome
Dunham River
Lake Argyle
Fitzroy Crossing
Halls Creek
Nicholson
Ngumpan
Kalkarindji
Newcastle Waters
Elliott
Barklytafelland
Wallhallow
Helen Springs
Tanamiwüste
Tennant Creek
Barkly Homestead
Alexandria
Gregory Downs
Camooweal
Burketown
Billiluna
Lake Gregory
Große Sandwüste
Northern Territory
Davenport Range
Wauchope
Mount Isa
Lake Nash
Ammaroo
Ooratippra
Dajarra
Mt. Leichhardt
1142
Mt. Octy
695
Sandover
Yuendumu
Tobermorey
Tarlton Downs
Harts Range
1215
Mt. Brassey
Boulia
Mt. Liebig
1525
Mt. Zeil
1511
Glen Helen
Alice Springs
L. White
Lake Wills
Lake Mackay
Percival Lakes
Lake Tobin
Telfer
L. Dora
Lake Auld
Kunawaritji Roadhouse
L. Blanche
No. 24 Well
Lake Disappointment
L. MacDonald
Gibsonwüste
Western Australia
MacDonnell Ranges
L. Amadeus
Bedourie
Everard Junction
Lake Sprenger
853
Yulara
Stevensons Peak
1032
863
Uluru (Ayers Rock)
Erldunda
Kulgera
Mt. Cecil
551
Finke
Simpsonwüste
Birdsville
Carnegie
Lake Carnegie
Warburton
Mt. Hinkley
1032
Tomkinson Ranges
Musgrave Ranges
Amata
Mt. Woodroffe
1436
Mt. Kintore
1073
Lake Gillen
Lake-Eyre-Becken
Peera Peera Poolanna L.
Warburton Creek
L. Wells
Große Victoriawüste
817
Watarru
Mt. Illbillee
696
Marla
Oodnadatta
Macumba
L. Throssel
Cosmo Newberry
Melrose
Yeo L.
Lake Rason
Neale Junction
Malcolm
Jubilee Lake
Mabel Creek
Tirari-wüste
Lake Eyre North
Strzeleckiwüste
South Australia
125°
130°
135°
140°
10°
15°
20°
25°
704
710
714
0
250
500
750 km

1: 14 000 000

Nordöstliches Australien

1:14 000 000

0 250 500 750 km

713
145°
150°
155°
160°
30°
35°
40°
Charleville
Morven
Roma
Quilpie
Mangalore
Albany Downs
Surat
Miles
Kingaroy
Yarraman
Caloundra
Aqua Downs
Condamine
1150
Harlin
Esk
Moreton I.
The Gums
Dalby
Moreton-bucht
Brisbane
Darling
Toowoomba
Ipswich
Gold Coast
Moonie
Coongoola
Bollon
Downs
Warwick
1359
Cunnamulla
St. George
Goondiwindi
Lismore
Eulo
Dirranbandi
Boggabilla
Casino
Ballina
Yetman
Tenterfield
Hebel
Mungindi
Hungerford
Barringun
Enngonia
Moree
Warialda
Pokataroo
Grafton
Glenn Innes
Wanaaring
Bingara
Inverell
Brewarrina
Walgett
Burren Junction
New England Range
Bourke
Narrabri
Round Mtn. 1583
Coffs Harbour
Armidale
Gwabegar
Louth
Bendemeer
Coolabah
Coonamble
Gunnedah
Kempsey
Darling
Tamworth
Port Macquarie
Cobar
Quirindi
Lord Howe I. (AUS)
Barnato
Gilgandra
Mount Barrington 1556
Taree
Kap Hawke
Dunedoo
Merriwa
New South Wales
Tottenham
Gilgunnia
Singleton
Maitland
Mudgee
Mount Hope
Ivanhoe
Newcastle
1257
Putty
Parkes
Budgewoi
Orange
The Entrance
Hillston
Lithgow
Gosford
Bathurst
Katoomba
SYDNEY
Booligal
1221
Bulli
Griffith
Hay
Moss Vale
Wollongong
Goulburn
Riverina
Bomaderry
Nowra
Yass
Canberra
Lake George
Tumut
Deniliquin
Australian Capital Territory
Ulladulla
Batemans Bay
Cooma
Mt. Kosciusko 2228
Wangaratta
Nimmitabel
Benalla
Mt. Bogong 1986
Tathra
Australische Alpen
Delegate
Eden
Twofoldbucht
Eildon
River
1292
Victoria
Kap Howe
Cann River
Orbost
MELBOURNE
Mallacoota Inlet
Cranbourne
Bairnsdale
Sale
Port-Phillip-Bucht
Morwell
Traralgon
Phillip Island
Port Welshpool
Südostkap
Tasman-see
Bass-Straße
King I.
Flinders I.
Three Hummock I.
Whitemark
Furneaux-inseln
Hunter I.
Cape Barren Island
Robbins I.
Clarke Island
Smithton
Kap Portland
Banksstr.
Burnie
George Town
Wynyard
Derby
Devonport
Launceston
Tasmanien
St. Marys
Zeehan
Mt. Ossa 1617
Conara
Queenstown
Bicheno
Great Lake
Miena
Freycinethalbinsel
Macquarie Harbour
Tasman-
Tasmanien
Lake Gordon
Maria I.
Maydena
Lake Pedder
Kingston
Hobart
Tasmanhalbinsel
Port Arthur
Dover
South Bruny I.
Stormbucht
Südostkap
Östl. Tasman-plateau
becken

165°
170°
175°
Nanumea
Nanumanga
TUVALU
Stewartinseln
P A Z I F I S C H E R
O Z E A N
Ulawa I.
10°
Duffinseln
Lomlom
Santa-Cruz-Inseln
Nendo (Ndeni)
n Cristobal)
Cristobal-Graben
706
Utupua
Vanikoro
Tikopia
Torres-inseln
Vanua Lava
Banksinseln
Hokua
15°
Espíritu Santo
Luganville
Aoba
Maewo
Vilakalaka
Pentecost
Norsup
Ambrym
Port-Vato
Malakula
Epi
Shepherd-inseln
Neue Hebriden
Efate
Port Vila
Nördliches Fidschi-becken
Huon
Entrecasteaux-riffe
Grand Passage
Grand Récif de Cook
Récif des Français
Erromango
Aniwa
Futuna
VANUATU
20°
Astrolabe-Riffe
Tanna
Belepinseln
Poum
Mt. Panié 1628
Touho
Ouvéa
Loyalitätsinseln
Aneityum
Koné
Lifou
Grand Récif de Kounac
Thio
Mt. Humboldt 1618
Maré
Neukaledonien
Nouméa
Mont-Doré
Île des Pins
Hunter-Island-Rücken
Südlicher Wendekreis
1:14 000 000
0 250 500 750 km
175°

180°
175°
10°
15°
20°
Niutao
Nui
Vaitupu
Nukufetau
Funafuti
Funafuti
Nukulaelae
Niulakita
Atafu
Nukunonu
Fakaofo
Tokelau-Inseln (NZ)
Rotuma
Wallis und Futuna (F)
Île Wallis
Mata-Utu
Île Futuna
Horninseln
SAMOA
Savai'i
Fagamalo
1858
Salelologa
Apia
1158
Upolu
Samoa
Niuafo'ou
Niuatoputapu
Thikombia
Nggelelevu
Vanua Levu
Fidschi-Inseln
Cakaulevu Reef
Rabi
Yasawa-Inseln
Bua
Savusavu
Taveuni
Rakiraki
Lautoka
Ba
Nadi
Viti Levu
Korovou
Koro
Nördliche Lau-Inseln
Lau-Inseln
Korosee
Sigatoka
Navua
Suva
Ngau
Lakeba
Südliche Lau-Inseln
Moala
Moala-Inseln
Matuku
Totoya
Kadavu
FIDSCHI
Vatoa
Ono-i-Lau
Tuvana-i-Ra
Vava'u-Inseln
Vava'u
Late
TONGA
Tonga-Inseln
Kotu-Inseln
Ha'apai-Inseln
Nomuka-Inseln
Otu-Tolu-Inseln
Tongagraben
Nuku'alofa
Tongatapu
Eua
Tongatapu-Inseln
Fidschisee

170°
175°
35°
40°
45°
Cape Reinga
Nordkap
Waitiki Landing
Great-Exibition-Bucht
Awanui
Bay of Islands
Paihia
Kawakawa
Omapere
Whangarei
Great Barrier I.
Dargaville
Ruawai
Wellsford
Kaipara Harbour
Hauraki-golf
Coromandel-halbinsel
AUCKLAND
Tairua
Papakura
Thames
Waihi
Paeroa
Tauranga
Bay of Plenty
Te Araroa
Ostkap
Raglan
Hamilton
Whakatane
1752
Ruatoria
Kawhia
Rotorua
Opotiki
Nord-insel
Tokoroa
Matawai
Te Kuiti
Atiamuri
Nördliche Taranaki-bucht
1394
Awakino
Taupo
Lake Taupo
Gisborne
New Plymouth
National Park
Wairoa
Taranaki (Mt. Egmont) 2518
Mt. Ruapehu 2797
Mahia-halbinsel
Hawke-bucht
Opunake
Hawera
Napier
Taihape
Ruahine Ra.
Hastings
Wanganui
Waipukurau
Bulls
Südliche Taranakibucht
Woodville
Palmerston North
Porangahau
Kap Farewell
Collingwood
Tasman-bucht
D'Urville I.
Tasman Mts.
1529
Porirua
Masterton
Kaiteriteri
Cook-straße
Karamea-bucht
Mt. Kendall 1811
Lower Hutt
Wellington
Nelson
Picton
Tapawera
Blenheim
Westport
Kawatiri
Kap Palliser
Cape Foulwind
2885
Reefton
Springs Junction
Hikurangigraben
2610
Greymouth
Kaikoura
Culverden
Harihari
Neuseeländische Alpen
2271
Waipara
Rangiora
Fox Glacier
2795
Sheffield
Pegasus-bucht
3498
Mount Hutt
Christchurch
Aoraki (Mt. Cook) 3754
Haast
Ashburton
Banks-halbinsel
Akaroa
Lake Pukaki
Lake Tekapo
2499
Canterbury-bucht
Twizel
Milford-sund
3027
Lake Wanaka
Lake Hawea
Omarama
Lake Benmore
Timaru
Milford Sound
Süd-insel
Wanaka
Waimate
Queenstown
Doubtful-sund
1879
Lake Wakatipu
Cromwell
Ranfurly
Lake Te Anau
Oamaru
Alexandra
Te Anau
Clutha
Dusky-sund
Lake Manapouri
Lumsden
Palmerston
1722
Westkap
Clifden
Gore
Dunedin
Milton
Invercargill
Balclutha
Foveauxstraße
Bluff
Stewart Island
980
Halfmoon Bay (Oban)
Südwestkap
Challenger-plateau
NEUSEELAND
Chathaminseln (NZ)
Chatham I.
The One
Hanson-bucht
Petrebucht
Waitangi
Pittstraße
Pitt I.
175°
0
250
500
750 km

1: 14 000 000

AUTORINNEN UND AUTOREN

Aubel, Henning, Studium der Geschichte, Sozialwissenschaften und des Öffentlichen Rechts; freier Autor und Lektor. Verantwortlich für die Rückblicke der baltischen, nordamerikanischen und skandinavischen Staaten sowie der GUS-Staaten.

Breuer, Andras, Geographisches Institut der Universität Bayreuth, Studium der Geographischen Entwicklungsforschung Afrikas. Zusammen mit Martin Doevenspeck verantwortlich für die Rückblicke der Staaten Nord- und Westafrikas.

Doevenspeck, Prof. Dr. Martin, Geographisches Institut der Universität Bayreuth, Professur für Politische Geographie und Institut für Afrikastudien, verantwortlich für die Rückblicke der Staaten Nord- und Westafrikas.

Ell, Renate, Studium der Geoökologie; freie Wissenschaftsjournalistin, vor allem für den Hörfunk. Verantwortlich für das Kapitel Umwelt und das Globale Thema Naturkatastrophen.

Engler, Dr. Philip, Studium der Geographie, Politikwissenschaft und des Raumplanungsrechts; Verkehrsplaner. Verantwortlich für das Thema UN und internationale Organisationen.

Günther, Lars, Studium der Neueren Geschichte, Germanistik und Philosophie sowie der Betriebswirtschaftslehre; freier Autor und Lektor. Verantwortlich für das Kapitel Europäische Union.

Intemann, Gabriele, Studium der Geschichte und Germanistik; freie Autorin, Redakteurin und Journalistin, vor allem für den Hörfunk. Verantwortlich für die Rückblicke Deutschlands, Frankreichs, Italiens, Liechtensteins, Maltas, Monacos, Österreichs, San Marinos, der Schweiz und der Vatikanstadt.

Kiegel, Dr. Heidrun, Studium der Geographie; freie Autorin und Lektorin. Verantwortlich für die Rückblicke der Staaten Mittel- und Südamerikas sowie der Karibik.

Knaden, Monika, Studium der Sinologie, Religionswissenschaften, Japanologie; Lektorin, Übersetzerin und freie Autorin. Verantwortlich für die Rückblicke der Staaten China, Japan, Nord- und Südkorea, Mongolei und Taiwan.

Köppchen, Ulrike, Studium der Politikwissenschaft, Jura und Psychologie; freie Autorin und Redakteurin für Hörfunk- und Printmedien. Verantwortlich für die Rückblicke der Staaten Andorra, Belgien, Luxemburg, Niederlande, Portugal und Spanien sowie für Arktis und Antarktis und das Kapitel Globale Themen (mit Ausnahme des Themas Naturkatastrophen).

Kraft, Dr. Ekkehard, Studium der Geschichte und Slawistik; Dozent in der Erwachsenenbildung und Publizist. Verantwortlich für die Rückblicke der Staaten Südost- und Osteuropas, der Türkei und des Nahen Ostens.

Lotz, Brigitte, Studium der Germanistik, Theater-, Film- und Fernsehwissenschaft und Geschichte; freie Autorin und Lektorin. Verantwortlich für die Rückblicke Afrikas südlich der Sahara und der ostafrikanischen Staaten.

Manig, Dr. Bert-Oliver, Studium der Geschichte und Sozialwissenschaften; freier Autor. Verantwortlich für die Rückblicke der Staaten Süd- und Südostasiens und Ozeaniens sowie Großbritanniens und Irlands.

Ströhl, Alexander, Studium der Wirtschaftswissenschaften und Geographie; wissenschaftlicher Mitarbeiter, Lehrstuhl Wirtschaftsgeographie, Universität Bayreuth. Verantwortlich für das Kapitel Wirtschaft, zusammen mit **Jasper Wellbrock**, Studium der Geographie, Volkswirtschaft und Politikwissenschaft, Wirtschaftsförderung Minden, und **Sebastian Norck,** Studium der Geographie und Anglistik; wissenschaftlicher Mitarbeiter, Abteilung Stadt- und Regionalentwicklung, Universität Bayreuth.

IMPRESSUM

Die Inhalte des Almanachs und des Atlas sind sorgfältig recherchiert und erarbeitet worden.
Dennoch können weder Autoren, Redakteure, Kartografen noch der Verlag für alle Angaben im Almanach und im Atlas eine Haftung übernehmen.

Redaktionsschluss: 15. Juli 2020 (Rückblicke von 1. Juli 2019 bis 1. Juli 2020)

Unser gesamtes Programm finden Sie unter **kosmos.de**
Über Neuigkeiten informieren Sie regelmäßig unsere Newsletter, einfach anmelden unter **kosmos.de/newsletter**

Umschlaggestaltung von GRAMISCI Editorialdesign, Claudia Geffert, München, unter Verwendung einer Zeichnung von Mountain High Maps® Copyright © 1993 Digital Wisdom®, Inc. und Fotos von dpa Picture-Alliance GmbH.

Alle Fotos und die Grafiken der Seiten 24, 28, 57, 77, 138, 199, 210, 219, 220, 227, 249, 307, 349, 351, 404, 427, 450, 457, 474, 475, 477, 487, 488, 489, 490, 494, 512, 515, 517, 560, 561: © dpa Picture-Alliance GmbH

Satellitenbild Seiten 592-593: © WorldSat International Inc., 2017, www.worldsat.ca, All Rights Reserved

FSC
www.fsc.org
MIX
Papier aus verantwortungsvollen Quellen
FSC® C110508

Gedruckt auf chlorfrei gebleichtem Papier

ISBN 978-3-440-16991-9
Projektleitung: Glenn Riedel
Redaktion, Karten, Daten: Irmgard Sigg, Liana Steinborn, Annette Wrobel
Lektorat: Beatrice Weber, Ostfildern
Layout und Satz: CDN Media, Klaus Numberger, Poing
Produktion: Klaus Jost
Druck und Bindung: Westermann Druck Zwickau GmbH, Zwickau
Printed in Germany / Imprimé en Allemagne